TRAITÉ PRATIQUE

D'HYGIÈNE

INDUSTRIELLE ET ADMINISTRATIVE

OUVRAGES DE M. LE DOCTEUR Maxime VERNOIS.

Chez J. B. Baillière et Fils.

Mémoire sur les accidents produits par l'emploi des verts arsenicaux chez les ouvriers fleuristes, en général, et chez les apprêteurs d'étoffes pour fleurs artificielles en particulier. Assainissement hygiénique de cette profession par l'indication d'un nouveau procédé, qui permet d'employer les verts arsenicaux sans qu'il y ait danger pour l'ouvrier et pour le consommateur. Paris, 1859. In-8. Avec une planche chromo-lithographiée.

Note sur le nouvel appareil de ventilation et de chauffage établi à l'hôpital Necker d'après le système du docteur Van Hecke. Paris, 1859. In-8.

De l'action des poussières sur la santé des ouvriers charbonniers et mouleurs en bronze. Paris, 1858. In-8.

Du diagnostic anatomique des maladies du foie et de sa valeur au point de vue thérapeutique. Paris, 1844. In-8.

Mémoire sur les dimensions du cœur chez l'enfant nouveau-né, suivi de recherches comparatives sur les mesures de cet organe à l'état adulte. Paris, 1840. In-8.

Loi universelle (attraction de soi pour soi) ou Clef applicable à l'interprétation de tous les phénomènes de philosophie naturelle, par E. Geoffroy Saint-Hilaire. — Étude et Analyse, par le docteur Max. Vernois. Paris, 1839. In-8. Avec une planche gravée.

De l'état fébrile chronique. Paris, 1838. In-4.

Études physiologiques et cliniques pour servir à l'histoire des bruits des artères. Paris, 1837. In-4, avec 4 pl.

Homœopathie, analyse critique et raisonnée de la Matière médicale de Hahnemann. Paris, 1835. In-8.

En collaboration avec M. le docteur A. Becquerel :

Analyse du lait des principaux types de vaches, chèvres, brebis, bufflesses, présentés au Concours agricole universel de 1856. Paris, 1857. In-8.

De l'albuminurie et de la maladie de Bright. Paris, 1856. In-8.

Du lait chez la femme, dans l'état de santé et de maladie; mémoire suivi de nouvelles recherches sur la composition du lait chez la vache, l'ânesse, la chèvre, la jument, la brebis et la chienne. Paris, 1853. In-8.

PARIS. — IMP. SIMON RAÇON ET COMP., RUE D'ERFURTH, 1.

TRAITÉ PRATIQUE

D'HYGIÈNE

INDUSTRIELLE ET ADMINISTRATIVE

COMPRENANT

L'ÉTUDE DES ÉTABLISSEMENTS INSALUBRES, DANGEREUX ET INCOMMODES

PAR

LE Dᴿ Maxime VERNOIS

MÉDECIN CONSULTANT DE L'EMPEREUR,
MEMBRE TITULAIRE ET VICE-PRÉSIDENT DU CONSEIL D'HYGIÈNE PUBLIQUE ET DE SALUBRITÉ DE LA SEINE,
MÉDECIN DE L'HÔPITAL NECKER, OFFICIER DE LA LÉGION D'HONNEUR.

TOME PREMIER

A - E

PARIS

CHEZ J. B. BAILLIÈRE ET FILS

LIBRAIRES DE L'ACADÉMIE IMPÉRIALE DE MÉDECINE

RUE HAUTEFEUILLE, 19

LONDRES	NEW-YORK
HIPPOLYTE BAILLIÈRE	BAILLIÈRE BROTHERS
219, Regent-Street	440, Broadway

MADRID, BAILLY-BAILLIÈRE, 11, CALLE DEL PRINCIPE

1860

PRÉFACE

———

Le titre de cet ouvrage indique à la fois son objet et son but. Il est particulièrement consacré à l'exposition et à la vulgarisation de notions pratiques d'hygiène professionnelle. Étudier dans sa généralité, et souvent dans ses détails, le travail des principales industries, poser les règles de leur exercice et de leur surveillance, dire en quoi elles sont nuisibles ou incommodes, appeler l'attention des médecins et des administrateurs sur les causes peu connues de beaucoup de maladies, établir une espèce de jurisprudence scientifique pour toutes les questions d'hygiène publique, telle est la tâche que l'auteur s'est proposée. Par sa nature, par sa forme, un pareil livre ne discute pas, il enseigne; il ne conseille pas, il impose. Ici, presque tout a été sacrifié aux faits d'observation, parce que là est le vide à combler dans les écoles. Tandis que l'anatomie a ses amphithéâtres, la chimie ses laboratoires, la médecine ses cliniques si fécondes et si variées, l'hygiène seule en est réduite à un enseignement, brillant il est vrai, mais purement théorique. Pourquoi n'aurait-elle pas aussi ses promenades industrielles, ses visites aux grandes usines et aux petits ateliers? En touchant du doigt et de l'œil les éléments et les milieux où se *fabriquent*, pour ainsi dire, tant d'affections graves, on connaîtrait et devinerait souvent le secret d'un grand nombre de maladies.

C'est pour préparer les esprits à un semblable travail, et diriger les études dans une voie pratique, que ce livre a été écrit. Destiné en général à l'éducation du médecin hygiéniste, il servira en quelque sorte de manuel à tous les membres des conseils, des comités ou des commissions d'hygiène publique. Les manufacturiers et les chefs d'établissements industriels y trouveront des notions spéciales et des enseignements toujours utiles.

L'autorité, avec un zèle qui s'accroît de jour en jour, consulte la science sur la nocuité et l'incommodité des établissements classés dans le décret de 1810 et dans l'ordonnance de 1815; mais il est peu de faits, intéressant par un point quelconque la santé publique, sur lesquels elle ne demande également ment avis aux conseils de salubrité. Ce livre a pour but de les éclairer et de les guider. Que manquait-il en effet jusqu'ici à la plupart des membres de ces conseils? — Les idées générales, les principes? Non sans doute : tout médecin, tout administrateur éclairé, possède les notions suffisantes pour résoudre théoriquement bien des questions. Mais beaucoup d'entre eux ignorent les grands et souvent les petits détails des travaux industriels; il est rare qu'ils puissent de prime abord, dans l'examen d'une question, saisir les points où il faut signaler une cause incommode ou insalubre. Bien moins encore savent-ils toutes les prescriptions, ou seulement les meilleures, à imposer pour remédier à des dangers ou à de simples inconvénients. De nombreuses lois, des ordonnances, des circulaires spéciales, ont été publiées à diverses époques, et constituent parfois la jurisprudence obligée d'une décision. Ce livre devait donc réunir la collection de presque tous ces documents. En hygiène pratique, ce qui intéresse principalement, c'est de savoir ce qui a été fait, non pas dans un seul pays, mais dans toutes les localités où les études hygiéniques ont été suivies. Il a donc fallu compulser les publications éditées, soit en France, soit à l'étranger, pour en extraire les principaux renseignements relatifs aux industries de toutes les régions, et de plus les règlements habituels ou le *régime* imposé le plus ordinairement à l'exercice de toutes ces professions. C'est un travail de cette nature que l'auteur a tenté de faire. Il présentera donc réunis :

1° Les lois organiques françaises qui servent de base à la salubrité publique.

2° Les détails les plus essentiels à connaître des opérations relatives à l'exercice des industries *classées*, et d'une foule d'autres *assimilées* ou non, mais habituellement soumises au contrôle des conseils d'hygiène; ces détails sont suivis d'un résumé complet des causes d'insalubrité et d'incommodité, de l'indication des prescriptions légales à ordonner ou des mesures préventives à imposer, et de l'annexion à chaque article, toutes les fois qu'il y a lieu, des lois, décrets, ordonnances, instructions ou circulaires afférents à chaque objet.

3° Enfin, des notions préliminaires d'hygiène publique générale résumant, autant que possible, en préceptes dogmatiques, les connaissances indispensables à l'examen médical et administratif de la salubrité. Ces notions sont placées en tête de l'ouvrage.

Dans la distribution des matières qui composent ce traité, l'auteur n'a suivi ni l'ordre alphabétique rigoureux, ni l'ordre des classes dans lesquelles sont placés ou auxquelles sont assimilés les divers établissements. Toutes les fois que cela a paru

nécessaire, utile et possible, il a formé *des groupes* qui, sous
un même titre, comme, par exemple, *industrie du cuivre, du
fer, du plomb*, puissent offrir au lecteur la suite et la réunion
naturelle de tous les détails relatifs au même objet. Il a laissé
au rang de l'ordre alphabétique tous les sujets isolés, en ayant
soin cependant de les relier, autant que possible, par un rappel
au chapitre qui pouvait le mieux s'en rapprocher. Il a, de plus,
maintenu dans cet ordre l'indication des chapitres principaux,
avec le renvoi *aux groupes* naturels dans lesquels ils se trouvent
intercalés.

Le détail des opérations, bref pour quelques industries,
beaucoup plus étendu pour d'autres, a été réglé sur l'importance du sujet et sur la nécessité que l'hygiéniste a de les connaître au point de vue de leur influence sur la santé générale
ou spéciale des ouvriers. L'indication des causes d'insalubrité et
d'incommodité aurait pu à la rigueur ne former qu'un seul et
même alinéa, mais l'auteur a suivi en cela une marche parallèle
à la classification réglementaire des industries. L'insalubrité
prime l'incommodité, et, quand il ne s'agit que de cette dernière,
c'est que l'établissement n'est pas insalubre. Quant aux prescriptions, elles ne sont ici posées que d'une manière générale :
selon la disposition des lieux, selon leur situation proche ou
éloignée des habitations, selon l'importance plus ou moins
grande de la fabrique; il en est un certain nombre qui pourront
être omises ou spécialement recommandées. C'est l'examen de
la localité et le texte de la demande qui dicteront surtout les
applications. Il en est quelques-unes, comme le régime des machines à vapeur, dont il n'est point parlé. Celui-ci est toujours
réglé par la *loi sur cette matière*, et l'ingénieur du département
est seul chargé de faire un rapport spécial sur chaque appareil. D'autres prescriptions ne sont énoncées que par un mot :
ventilation, fumivorité, etc., etc. Pour en fixer les conditions
particulières, il faudra consulter les *Considérations prélimi-*

naires d'hygiène publique générale, consacrées tout exprès à la détermination dogmatique de tous les procédés mécaniques du domaine de la salubrité.

Quant aux décrets, lois, règlements, ordonnances, etc., etc., l'auteur s'est borné à insérer les documents actuellement en vigueur, et, en général, a supprimé toutes les lois et ordonnances *rapportées*. Il n'a fait d'exception que pour les plus importantes, ou au moins pour certains articles d'un intérêt particulier.

Quelques planches, intercalées dans le texte, auraient sans doute aidé parfois à son intelligence. L'auteur espère combler plus tard cette lacune.

Ce livre, ainsi qu'on peut en juger par cet exposé sommaire, ne prétend point aux honneurs de l'invention. Il cherche seulement à résumer sous une forme pratique, avec les connaissances les plus précises et les plus utiles, ce que doit savoir toute personne chargée d'enseigner les lois usuelles de l'hygiène, ou d'en surveiller les applications.

Attaché depuis longtemps au conseil d'hygiène de la Seine, l'auteur a pris une part active à tous ses travaux, et a lui-même inspecté presque toutes les industries et les divers objets dont il est question dans ce traité; ce sont là les bases et la garantie les plus solides qu'il ait cru pouvoir lui donner.

Ce livre aura-t-il l'attrait de la nouveauté? n'existe-t-il pas déjà d'autres ouvrages où les questions ont été envisagées de la même manière? Il y aurait de l'injustice et de l'ingratitude à ne pas reconnaître le mérite hors ligne de certains traités sur cette matière. Il faut citer surtout, parmi eux, les travaux de Parent-Duchatelet et Polinière, de MM. Payen, Michel Lévy, Guérard, Chevallier père, Devergie, Villermé, Trébuchet, et principalement de M. Ambroise Tardieu, dont les œuvres ont donné à l'hygiène publique une si vive et si salutaire impulsion. Il faut rappeler les *Comptes rendus des travaux des conseils d'hygiène de Paris, de Nantes, de Lille, de Bordeaux, de Rouen.* — C'est dans cette mine féconde et trop peu connue, c'est dans ces volumes difficiles à acquérir, c'est dans les *Archives du conseil de salubrité de la Seine*, surtout, qu'ont été puisés les principaux documents de cet ouvrage. A lui, peut-être, le seul mérite d'avoir colligé ce qu'ils contenaient de plus utile et de plus applicable. A lui, d'avoir réuni dans un même ensemble l'étude des dangers et des inconvénients des industries, la jurisprudence habituelle et légale de leur exercice, ainsi que les principes d'hygiène publique générale, qui de notre pays ont déjà pénétré chez plusieurs peuples de l'Europe, et s'étendront un jour chez toutes les nations civilisées.

Paris, 15 janvier 1860.

CONSIDÉRATIONS PRÉLIMINAIRES

D'HYGIÈNE PUBLIQUE GÉNÉRALE

DANS SES RAPPORTS AVEC L'ADMINISTRATION

Si l'hygiène publique générale n'est pas encore constituée au même titre que la pathologie ou que la thérapeutique générales, cela tient peut-être à ce qu'on a moins longtemps étudié, moins souvent travaillé cette partie de la médecine, et à ce que l'observation et l'expérience n'ont pas encore pu proclamer à ce sujet des préceptes assurés et de véritables lois. Les éléments en existent cependant dans les remarquables traités déjà publiés sur la matière, et dans certaines œuvres de droit, où les législateurs ont très-habilement et très-heureusement posé les bases de cette science nouvelle. La direction spéciale que j'ai donnée à l'œuvre que je publie ne me permet pas d'entrer ici dans l'étude approfondie de cette question. Elle m'entraînerait beaucoup trop loin, et, par les développements qu'elle demanderait, m'écarterait du but que je me suis proposé d'atteindre. Cependant, comme les industries, dans leur rapport avec l'administration, s'exercent à la fois au centre des villes et dans les campagnes; comme il y a constamment un contact obligé entre la pratique de ces travaux et la vie habituelle des populations, il m'a paru indispensable de dire quelques-unes des conditions générales de l'hygiène publique appliquée à la ville et à la campagne. Là, seulement, peuvent être indiqués sommairement un assez grand nombre de sujets rappelés dans le cours de cet ouvrage. Ce sont surtout des questions générales, comme la ventilation, la désinfection, le bruit, la fumée, les odeurs, l'écoulement des eaux, la propreté des habitations, des ateliers, etc., etc. C'est donc pour éclairer d'avance certains points pratiques de l'hygiène industrielle et administrative que je fais précéder mon livre de ces notions théoriques et parfois législatives. Elles ne doivent être jugées qu'à ce point de vue, qui expliquera suffisamment leur brièveté, ainsi que leur état volontairement incomplet. — L'hygiène publique générale est digne d'un travail plus consciencieux, et son exposition demanderait une plume plus habile que la mienne.

HYGIÈNE PUBLIQUE GÉNÉRALE DE LA VILLE

Toute grande ville, ou mieux toute agglomération d'habitations, quel qu'en soit le but, doit être solidement bâtie, bien aérée, d'un accès facile, abondamment pourvue d'eau, bien éclairée, bien propre. Elle doit offrir à ceux qui y sont réunis un service assuré, fertile et régulier, des choses et des substances de première nécessité, indispensables à la vie, à la salubrité et à la sécurité de tous. Chacune de ces conditions renferme en principe, et comme dans un germe fécond, les bases de la grande et de la petite voirie, et les éléments de l'hygiène publique. On y trouve surtout le service de l'air, de l'eau, de la lumière, de la propreté, et cet art si nécessaire, si peu connu, ou du moins si rarement pratiqué, des constructions hygiéniques. On y rencontre l'indication de tout ce qui a rapport à l'approvisionnement d'une ville, et aux conséquences qui en découlent. Autour de la salubrité, viennent se grouper toutes les mesures préventives, ou directement actives, qui ont pour but d'assurer la santé publique, d'empêcher et d'arrêter le développement des causes d'altération de l'état normal. — Enfin, la sécurité, dans ce qu'elle a d'afférent à l'hygiène, doit procurer à chacun l'exercice libre, sain et avantageux de ses droits, et lui offrir à l'état le plus complet des ressources contre toutes les misères, et des consolations, sinon des remèdes à tous ses maux. (Crèches, salles d'asile, hôpitaux, etc., etc.)

Cette organisation modèle de la ville laisse en dehors de l'hygiène publique un certain nombre de sujets, de pure administration sociale et civile. Mais elle lui abandonne et lui livre tout ce qui concourt à la vie matérielle de l'homme; tout ce qui peut protéger le développement de sa nature, de son industrie, sans nuire à lui-même, ni à la société dont il est membre; tout ce qui peut enfin, selon les forces humaines, venir en aide à sa faiblesse, et réparer efficacement pour lui les atteintes plus ou moins fâcheuses de l'âge et de la maladie. — Sa part est grande et belle, comme on le voit dans nos sociétés modernes, et son domaine est si vaste, qu'il faut immédiatement en limiter l'étendue. Je ne ferai donc souvent qu'indiquer des titres de chapitre, dire un précepte, rappeler une loi. — D'autres, plus tard, développeront ce cadre, et, par d'ingénieux détails, lui ôteront ce que ces notions sommaires ont de trop aride et de trop dogmatique.

Habitation.

L'habitation, dans les sociétés civilisées, est le lieu qui sert d'abri, soit à l'homme seul, soit à l'homme en famille, soit à l'homme, d'une manière accidentelle ou permanente, associé à un plus ou moins grand nombre de ses semblables : 1° à l'état de santé (*crèches, salles d'asile, écoles, colléges, pensions, couvents, ateliers, casernes, salles de spectacle, cités ouvrières*, etc., etc.;) 2° à l'état de maladie (*hôpitaux, hospices, infirmeries, maisons de santé, lazarets*, etc., etc.).

L'habitation doit protéger efficacement l'homme contre les variations et les intempéries de l'atmosphère, selon les pays, selon les usages, selon les saisons. Elle doit sauvegarder la santé, et s'opposer, par sa bonne disposition, à tout ce qui peut engendrer, entretenir ou communiquer des germes de maladie. N'ayant à m'occuper d'elle qu'en ce qui touche à l'hygiène publique dans ses rapports avec l'autorité, je distinguerai ici les constructions privées et les constructions publiques.

Préceptes pour les habitations privées. — Fondations profondément et solidement assises, en proportion de la hauteur de l'édification. — Caves disposées de manière à n'être en aucun cas envahies par les eaux. — Emploi de pierres dures, de bois protégé contre les effets du feu et de l'humidité par des injections ou bains de sels de cuivre ou de fer, et par des lotions silicatées ou d'eau chargée de borate ou de tungtate de soude et de sulfate d'ammoniaque. — Usage du fer, aux lieu et place du bois, toutes les fois qu'il se pourra. — Toiture en ardoises et tuiles, préférablement au zinc, qui fond en cas d'incendie, et peut propager le feu. — Ventilation et aération ménagée par des ouvertures opposées, soit dans les caves, soit dans les escaliers, soit dans l'intérieur des appartements. — Lumière versée à flots, surtout vers le midi, dans tous les détails de la construction. — Suppression des sous-sol et entre-sol. C'est là que les populations s'étiolent et dégénèrent, là que prennent naissance une foule de maladies endémiques. — Faire arriver sous la plaque en fonte de chaque foyer de cheminée une colonne d'air venue du dehors. Cet air échauffé rentre dans l'appartement, et produit à la fois éco-

nomie de combustible et assainissement de l'air ambiant. — Éloigner
le cabinet d'aisance des cuisines. — Établir dans l'un et l'autre des
ventilateurs *permanents*. — Veiller à l'écoulement complet et régulier des eaux ménagères et autres, et garnir d'une bonde hydraulique toute ouverture intérieure des conduits destinés à la circulation
de ces liquides. — Surveiller les tuyaux d'éclairage au *gaz*, les compteurs et les carburateurs. — Éviter l'emploi des huiles de schiste, à
cause de l'odeur et des dangers d'inflammation. — Établir dans
chaque habitation une *citerne*, dont la capacité sera en rapport avec
l'étendue de la surface de la toiture; placer au dedans de la cour
un orifice qui permette de tirer de l'eau pour le service de propreté
et de nettoyage, et un orifice au dehors sur la rue, pour servir de
prise en cas d'incendie. — Établir dans chaque fosse d'aisances un
appareil séparateur, et disposer la fosse aux liquides, de manière
que, directement et constamment, ceux-ci puissent se diriger souterrainement dans l'égout le plus prochain, ou de façon que chaque
soir, à l'aide d'une pompe, ce liquide, véritable foyer d'infection,
puisse y être versé, et suivi d'un lavage à grande eau. — Hourder à chaux et ciment, à la hauteur d'un mètre, tout le pourtour
du rez-de-chaussée, et faire recevoir ces enduits hydrofuges par
l'autorité. — Faire silicater toutes les façades des habitations, de
manière à protéger les murs contre les effets des intempéries et
autres agents extérieurs de destruction, et à n'avoir qu'à opérer
de simples lavages, pour en entretenir la propreté. — Laisser une
cour intérieure d'une étendue déterminée par l'autorité, et fixée d'a-
près la surface occupée par le bâtiment. — Paver, daller ou bitumer
cette cour avec pente et ruisseaux convenablement disposés pour
l'écoulement des eaux pluviales, ménagères ou autres. — N'y jamais
laisser se putréfier des débris de matières fermentescibles, ni accumuler aucune ordure. — Y faire de fréquents lavages. — Maintenir
solidement les gouttières, tuyaux et cheminées. — Disposer sur les
toits des crochets propres à fixer des échelles en cas d'incendie ou
de réparations, et ménager sur les façades des trous entre les plafonds des divers étages, destinés à recevoir les poutres en cas de
badigeonnage ou de recrépissage, et à éviter ainsi les dégâts si habituels des maisons. — Protéger à l'intérieur, par des toiles métalliques, contre tout corps incandescent, l'ouverture, sur la rue, des
caves contenant des substances inflammables.

Ces préceptes exécutés donneraient bientôt naissance à des villes modèles. Mais ils resteront toujours à l'état d'utopie tant que le gouvernement n'instituera pas un conseil des bâtiments *privés* à l'instar des conseils des bâtiments *publics*. Je pense, et c'est une conviction qui m'est personnelle, que dans cette branche de l'hygiène publique aucun progrès ne sera accompli tant qu'on laissera chacun libre d'édifier une maison et d'en coordonner la distribution. Il faudrait qu'on transformât en loi générale, pour tout l'empire, l'article 4 du décret du 26 mars 1852 ainsi conçu : « Tout constructeur de maisons devra adresser à l'administration un plan et des coupes cotés des constructions qu'il projette et se soumettre aux prescriptions qui lui seront faites dans l'intérêt de la sûreté publique et de la salubrité. » Mais cela ne suffirait pas encore, il devrait y avoir de toute nécessité, dans ce conseil des bâtiments privés, plusieurs membres des conseils d'hygiène, seuls experts compétents dans les questions de salubrité. Je ne vois rien dans ces idées qui soit trop restrictif des droits et de la liberté de chacun. Déjà l'autorité fixe la hauteur et souvent la forme des maisons, la disposition des façades, la saillie des boutiques, le mode et les agents de distribution du gaz d'éclairage et de l'eau, la construction des fosses d'aisances, etc., etc. — Ce que je demande compléterait et perfectionnerait l'ensemble de ces mesures préventives, qui, finalement, tournent toujours au bénéfice des populations. Elles rendraient presque inutiles dans l'avenir toute commission des logements insalubres et ferait disparaitre la plupart des plaintes journalières dont sont saisis les conseils d'hygiène à propos d'infractions sans cesse renouvelées aux lois d'une saine construction des habitations. — Les règlements qui imposent à une ville la propreté, la solidité, la salubrité dans ses constructions, ne doivent pas se borner à conseiller. Leur rôle est d'ordonner et de surveiller attentivement l'exécution des prescriptions éditées dans l'intérêt de tous. — (Voir [1] l'extrait du décret du 26 mars 1852, qui prescrit le blanchiment des façades des maisons (pièce n° 1); l'ordonnance de police de la Seine sur la fumée (pièces n°s 16, 17, 18 et 19) et l'instruction du conseil d'hygiène de la Seine du 10 novembre 1848, concernant les moyens d'assurer la salubrité des habitations, t. II, page 177.)

Préceptes pour les habitations ou constructions publiques. — Les constructions publiques sont de droit soumises au contrôle de l'autorité. Rien n'est laissé dans leur édification au libre arbitre de l'ar-

---

[1] Toutes les pièces indiquées ont été renvoyées à la suite des **Considérations préliminaires.**

chitecte. Tous les plans en sont soumis à des commissions spéciales,
qui en étudient, en discutent et en déterminent les dispositions générales et particulières. Ces constructions comprennent surtout les
hôpitaux, les *casernes*, les *ministères*, les *églises*, les *collèges*,
les *salles de spectacle*, etc., etc., et tout ce qui, sous la direction du gouvernement, a besoin de son autorisation pour rassem-
bler accidentellement ou d'une manière permanente une grande
réunion d'habitants. L'intervention de l'hygiène dans ces travaux,
quoique limitée pour quelques-uns, est capitale pour d'autres, et
chacun comprend facilement où commence et où s'arrête son action.
C'est de ce point restreint seul qu'il peut être ici question. Si rien,
dans ces constructions, ne se fait que par ordre et après examen officiel, est-ce dire que tout soit bien disposé, bien conçu ? Malheureusement non : quoiqu'il existe un conseil des bâtiments publics,
quoiqu'on nomme à chaque érection décrétée d'un monument une
ou plusieurs commissions chargées d'en arrêter les plans, que de
salles de spectacle où l'on respire à peine ! que de salles d'hôpitaux
infectes et insalubres ! C'est que dans ces conseils et dans ces commissions il manque en général un élément important : l'élément *hygiène* n'y est pas représenté. Adjoignez à l'architecte, aux administrateurs, un physicien, un chimiste, un hygiéniste, j'ai dit un
médecin, et alors seront probablement évitées tant de fautes contre
les lois de la mécanique et de la salubrité. Je dois être juste cependant : l'administration supérieure, dans un certain nombre de départements, grâce aux incessantes réclamations des médecins, s'a-
dresse aux conseils d'hygiène pour demander leur avis sur toutes les
questions qui intéressent la santé publique. C'est une heureuse concession du pouvoir aux désirs légitimes des défenseurs et des propa-
gateurs de l'hygiène : mais ils ne seront réellement satisfaits que le
jour où cette concession sera transformée en obligation légale.

Voici les principaux préceptes applicables au nom de l'hygiène à certaines constructions qui plus que d'autres intéressent la santé publique.

Hôpitaux. — Les élever sur les confins de chaque grand quartier des villes, ou en dehors, dans un lieu sec, bien aéré, bien
pourvu d'eau. Ne construire à leur centre que des succursales, pour
ainsi dire, destinées à répondre aux besoins urgents et accidentels.—
Les disposer de manière à recevoir des enfants et adultes des deux
sexes et des femmes en couche, afin que les habitants de chaque
quartier puissent trouver *près d'eux* tous les secours nécessaires. —

Faire des salles de douze lits pour la médecine ; de quatre ou six pour la chirurgie. — Disposer des pavillons isolés et des chambres séparées pour les malades atteints d'affections turbulentes ou contagieuses, et surtout pour les femmes nouvellement accouchées. — Chauffer et ventiler les salles à l'aide d'un seul système qui permette de graduer la chaleur et les quantités d'air. — Séparer les salles destinées aux hommes, aux femmes et aux enfants. — Ménager des promenoirs protégés à la fois contre un excès de ventilation et d'insolation. — Annexer à l'hôpital un service de bains simples, composés, et de vapeur, et appliquer à leur construction et à leur mode de fonctionner les préceptes imposés par l'autorité aux établissements de cette nature dans les villes. — (Voir plus loin, au mot *Propreté*, l'article *Bains publics*, p. xvii.) — Entourer l'établissement de plantations d'arbres et macadamiser le sol des rues au pourtour, afin d'atténuer le bruit. — Reléguer à l'extrémité des bâtiments l'amphithéâtre et la salle des morts. Placer près de celle-ci un gardien en permanence, prêt à entendre la sonnette dont un des cordons sera fixé aux bras de chaque cadavre. — Ne jamais sonner la cloche pour les morts. — Ne point permettre de puisards. — Établir une buanderie et veiller à l'écoulement rapide et régulier de toutes les eaux de service dans l'égout le plus voisin. — Apporter la plus grande surveillance au lavage des linges et objets de literie ayant servi à des sujets atteints de maladies infectieuses ou contagieuses. — Brûler tous les résidus des cataplasmes et charpie dont on aura fait usage dans les mêmes circonstances. — Toutes les fois que cela sera possible, instituer une gymnastique, dans les hôpitaux d'enfants surtout. — Ne permettre l'adossement d'aucune maison ou d'aucun établissement contre les murs de l'hôpital.

Les préceptes relatifs à l'érection des *casernes*, des *tribunaux*, des *colléges*, des *salles de spectacle*, des *prisons*, etc., etc., ne peuvent être indiqués ici que très-sommairement et seulement dans les circonstances qui leur sont communes. — Isoler autant que possible ces bâtiments ; — y pratiquer une ventilation soutenue, — y surveiller la solidité des édifices et la bonne disposition des endroits d'où s'échappent habituellement des odeurs et vapeurs nuisibles ou incommodes. (*Dortoirs, cuisines, réfectoires, lieux d'aisances.*)—Macadamiser la voie publique au pourtour. — Avoir une pompe à incendie et tous ses accessoires. (Consulter spécialement pour les *colléges* le rapport de *Bérard*[1].)

[1] *Annales d'hygiène publique et de médecine légale.* Deuxième série, 1854, t. I, p. 414.

Je mentionnerai les *maisons ou cités ouvrières* (voir pièce n° 2 et un rapport très-remarquable de M. Boutron [1]), les *écoles communales* ou *salles d'asile* (pièce n° 3). Je ne parle ici des *crèches* que pour signaler ce fait important, que le conseil d'hygiène de la Seine, dans la séance du 13 mai 1853, en a adopté le principe comme indispensable à toute bonne organisation sociale, et a émis le vœu que leur existence fût reconnue *d'utilité publique :* j'avais l'honneur d'être le rapporteur de la commission (13 mai 1853).

Les *églises*, et en général tous les édifices consacrés au culte, n'ont de rapport avec l'hygiène publique qu'au point de vue de la ventilation et de la calorification. — On doit y apporter la même attention que dans les autres établissements publics. Par une lettre du 8 décembre 1852, M. le préfet de la Seine a émis l'idée que les églises ne devaient pas être considérées seulement comme des propriétés privées des villes, mais comme des monuments dont la conservation est d'intérêt public : qu'en conséquence, il serait juste d'étendre en leur faveur les dispositions des règlements qui ont pour but de préserver de tout danger et de tout préjudice les immeubles voisins d'*usines*, de *machines à vapeur*, etc., etc.

Les *salles de spectacle* doivent toutes avoir, en cas d'accident pendant les représentations, une salle pour le médecin de *service*, munie de tout ce qui est nécessaire pour administrer les premiers secours; le département de la Seine a adopté une organisation parfaite à cet égard. L'inspection de ces salles est confiée à une commission prise dans le sein du conseil d'hygiène (arrêté du 12 mai 1852). Mais on est encore en droit de demander davantage. Après la vérification de la solidité de l'édifice, il faut veiller à ce que la ventilation y soit parfaitement entretenue, qu'un air *frais* surtout, si ce n'est un *air neuf*, y puisse toujours être introduit. C'est en effet par son élévation de température bien plutôt que par le vice de sa composition chimique que l'atmosphère des théâtres est nuisible au public. Disposer au centre des voies de la ventilation des moyens capables de *rafraîchir l'air*, tel est le point capital du problème à résoudre. On peut produire ce résultat de diverses manières, mais surtout en plaçant sur le trajet de la colonne d'air des linges ou des éponges mouillées, dont l'eau s'évapore avec facilité. On trouvera, dans les pièces n° 4 et 5, l'indication de toutes les précautions que l'hygiène et l'autorité ont prescrites d'un commun accord dans la disposition des salles de

---

[1] *Comptes rendus du conseil de salubrité de la Seine*, 1860.

spectacle. — J'y ajouterai la surveillance de l'attache du lustre, et le soin de faire passer les conduits des calorifères dans les réservoirs d'eau pour en empêcher la congélation.

Il faudrait que les établissements dont je viens de parler, et parmi eux surtout ceux qui sont consacrés à l'éducation publique (quelle que soit l'autorité dont ils dépendent), fussent fréquemment inspectés par des membres des conseils d'hygiène. Au nom de la salubrité, comme au nom de la loi, toutes les portes doivent s'ouvrir.

Alimentation.

Après l'*habitation* en général, les villes offrent à l'hygiène publique la surveillance de tout ce qui concourt à la vie matérielle, aux dangers qu'elle peut courir, à l'assistance dont elle a besoin, à la mort elle-même. Les questions d'alimentation proprement dite sont traitées dans cet ouvrage aux mots *Abattoirs publics, Amylacées (matières), Conserves de substances alimentaires, Lait,* etc., etc. Je n'en parlerai pas. Je saisirai seulement ici l'occasion de solliciter de l'autorité l'établissement d'une véritable *censure alimentaire* à l'instar de la censure littéraire *morale.* — L'hygiène publique est très-intéressée à ce qu'aucune substance, solide ou liquide, ne soit offerte et vendue sans avoir été préalablement examinée et autorisée par l'administration. A part la question de salubrité, on vend sous le nom d'*aliments* une foule de corps inertes qui, à l'instar des soi-disant engrais, ne contiennent aucun atome de substance assimilable. Qui pourrait s'opposer à cette mesure administrative ? Elle est destinée à protéger la santé publique, et je la réclame, pour ma part, comme un des moyens les plus efficaces de purifier la source de l'alimentation journalière des populations.

Les *marchés publics* et les *halles* doivent observer un certain nombre de précautions dans le but d'empêcher l'altération des substances qui y sont débitées et de nuire au voisinage par les odeurs qui s'en exhalent (pièce n° 6). Cette ordonnance peut servir de modèle.

Je ne veux pas séparer de la question des substances alimentaires, et au point de vue de l'hygiène industrielle et administrative, les *bureaux de nourrices.* Ces établissements, objet de lucre et de spéculation dans les grandes villes, constituent pour moi, par leur nombre et l'importance de leur nature, un des agents les plus essentiels de l'alimentation publique. C'est de là que partent souvent la santé ou la maladie, la vie ou la mort. Quoique placés sous la surveillance directe de la police, on n'est jamais parvenu à les soumettre à des règlements sévères ; et il en résulte que la santé des nourrices, l'état du lait, la vie intérieure de ces maisons, sont *en général* dans les conditions les plus déplorables de salubrité. En 1853, sur la demande de M. le ministre de la police générale, je fus chargé de rédiger pour le Prince-président un mémoire sur cette question. Je n'hésite pas à rappeler les conclusions que l'examen approfondi des faits m'avait dictées : 1° suppression de tous les bureaux particuliers de nourrices ; 2° création d'une *direction municipale* avec une ou plusieurs succursales selon l'étendue des villes, placée sous l'action directe de l'autorité ; 3° service médical fait par les médecins des hôpitaux de la ville ; 4° examen régulier de toutes les nourrices, de leur lait et de leurs enfants, avec classement en plusieurs catégories, selon leurs qualités bonnes ou moyennes ; 5° rejet absolu de toute qualité inférieure ; 6° réserve d'un certain nombre des excellentes nourrices pour les mères pauvres ne pouvant pas nourrir et présentées ou recommandées par les bureaux de charité. — En somme, garantie administrative, morale et médicale assurée à un service d'alimentation publique de première nécessité.

Propreté.

La *propreté* de la ville, placée sous l'inspection constante et immédiate de l'autorité, constitue une des importantes conditions pratiques de l'hygiène. Elle contribue, en effet, à la pureté de l'air, à la suppression des émanations fétides, à l'assainissement complet et permanent de toutes les voies de communication. Elle s'obtient surtout par l'enlèvement régulier et journalier des ordures, boues et immondices, et par l'écoulement régulier des eaux et liquides de toute nature, versés par suite des usages domestiques ou industriels. Tout ce service est une des dépendances, dans les grandes villes, de ce qu'on appelle la petite et la grande voirie. Il comprend : *le balayage, l'arrosement, l'enlèvement des glaces et neiges, le transport des matières insalubres et incommodes.* — Je donne pour modèle des prescriptions à faire en cette circonstance l'ordonnance du 1er avril 1843, du préfet de police de Paris (pièce n° 7). On verra, dans le cours de l'ouvrage, aux mots *Engrais*, t. I, p. 601, et *Vidanges*, t. II, p. 600, ce qui a rapport à cette partie de l'hygiène publique.

Enfin, la construction et la surveillance des *égouts* complète la série des mesures qui assurent, avec des *eaux* abondantes, la salubrité et la propreté de la ville. Les égouts doivent réunir les conditions suivantes :

« 1° Offrir un écoulement facile aux eaux ménagères et pluviales, et aux diverses matières qui peuvent y être introduites ;

« 2° Empêcher tout dégagement d'odeurs méphytiques, soit dans l'intérieur des habitations, soit sur la voie publique ;

« 3° Être parfaitement imperméables ou étanches pour prévenir l'infiltration des eaux corrompues sur le sol ;

« 4° Être pourvus de moyens d'aération, tels que les gaz délétères ne puissent y séjourner et compromettre la sûreté et la vie des ouvriers chargés des travaux de curage ;

« 5° Présenter de distance en distance, et en contrebas du radier, des réservoirs où puissent se déposer et être promptement enlevées les matières plus ou moins solides, susceptibles d'être employées avantageusement pour l'agriculture [1].

L'abondance et la pureté de l'*eau* sont une des premières conditions de la salubrité et de la propreté des villes. Les plus grands sacrifices ne doivent pas coûter pour arriver à les remplir. — Détournements de fleuves, aqueducs, immenses réservoirs, *intus* et *extra* des villes, distribution sous mille formes différentes et utiles, tout doit être tenté au point de vue de l'hygiène publique. Mais l'*abondance* de l'eau perdrait un de ses précieux avantages si elle n'était accompagnée de sa *pureté*. Les moyens de la constater pourront être rendus vulgaires grâce à l'*hydrotimétrie*, méthode de rapide analyse due à MM. Boutron et Boudet [2], mes collègues au conseil de salubrité. Elle donne le moyen de doser dans les eaux de source et de rivière, non-seulement la chaux et la magnésie qu'elles contiennent, mais encore le carbonate de chaux qui s'est précipité sous l'influence d'une ébullition prolongée, l'acide sulfurique, qui s'y trouve en combinaison avec les bases et même l'acide carbonique titré.

Les *bains* publics comprennent en quelques points toute une partie du ressort de l'hygiène publique. — Il faut en rapprocher les bains de rivière. — Pour ces derniers (voir les articles 187, 188, 189 de la loi du 25 octobre 1840). Ces articles regardent surtout la sécurité.

Préceptes pour les bains chauds et médicamenteux. — Donner aux cabinets les dimensions suivantes : un mètre cinquante centimètres en largeur, deux mètres en profondeur et en hauteur. Construire le robinet à eau chaude, en ivoire, bois ou corne, de manière à ne jamais brûler la main, à pouvoir s'ouvrir et se fermer avec la plus

---

[1] Extrait du Congrès de Bruxelles, troisième séance, 22 septembre 1852.
[2] *Hydrotimétrie.* Paris, 1856.

grande facilité, et à ce que la tige obturatrice ne puisse en aucun cas se détacher du robinet. — Placer la sonnette d'appel à la portée de la main. — Donner aux portes la facilité de s'ouvrir des deux côtés (dehors et dedans). — Établir un vasistas ou ventilateur à la partie supérieure du cabinet. — Frapper de temps en temps à la porte des baigneurs jusqu'à ce qu'ils répondent.

Bains médicamenteux, sulfureux surtout. — Ne jamais permettre l'écoulement sur la voie publique d'eaux chargées de matières colorées ou odorantes [1].

Bains d'étuve ou de vapeurs. — Le baigneur ayant intérêt à prendre ses bains : 1° dans une étuve qui n'a pas été trop chauffée; 2° dans une étuve assez spacieuse pour pouvoir y respirer facilement malgré la présence de la vapeur dans l'air ambiant; 3° à recevoir dans l'étuve une vapeur qui soit à une température fort élevée; il faudra 1° que les étuves *ne soient point en bois,* car le bois s'échauffe et produit une raréfaction de l'air, telle que le bain de vapeurs se transforme en bain d'air chaud comme dans les boîtes à fumigation, et en a tous les inconvénients. — La construction des étuves en bois procure une économie de vapeur et de combustible. Il faut les *proscrire* dans l'intérêt de l'hygiène. — 2° *Qu'elles n'aient pas moins de dix mètres cubes d'air;* cela représente une pièce de deux mètres carrés sur deux mètres cinquante centimètres de hauteur. — 3° Qu'elles soient très-*éclairées* et prennent jour par en haut, afin de pouvoir surveiller le malade malgré la vapeur qui remplit l'espace. — 4° *Qu'à leur voûte existe un vasistas* de quarante centimètres de diamètre, et dans l'intérieur de l'étuve un robinet à eau froide. — 5° Enfin, une condition capitale est d'exiger une machine à vapeur, *uniquement destinée* au service des bains de vapeur, afin de ne jamais faire arriver dans l'étuve qu'une vapeur douce et graduée, et non brûlante et sujette aux variations déterminées par un service commun. Il y aura pour le service des bains un garçon *spécial* habitué à remplir ces fonctions. — Dans l'intérieur de l'étuve et dans un endroit très-apparent sera attaché un thermomètre centigrade à liquide

[1] On peut désinfecter les eaux d'un bain sulfureux qui a été préparé par le foie de soufre du commerce et de l'acide sulfurique, en ajoutant à l'eau cent grammes de sulfate de zinc en poudre grossière. — Ce sel fait cesser aussitôt le dégagement de l'acide sulfhydrique. — La désinfection d'un bain coûte ainsi environ trois centimes. — On pourrait se servir de l'acétate de plomb (cinquante grammes par bain); mais ce procédé est plus coûteux, donne un liquide toxique qui salit les ruisseaux. — Il a cependant l'avantage de *fixer* l'acide sulfhydrique libre contre lequel le sulfate de zinc est impuissant. Le chlorure de chaux serait d'un emploi plus sûr, mais il y aurait dégagement de chlore. M. V.

coloré, qui ne devra jamais marquer plus de cinquante degrés.— Le baigneur ne sera jamais abandonné. — L'eau froide sera à sa disposition, mais jamais le robinet de vapeur[1].— Les *bains de vapeur donnés en ville* offrent parfois des dangers à cause des moyens de chauffage employés. — Les surveiller attentivement ainsi que les bains de fumigation dans des boîtes, dont la température trop élevée peut causer de graves accidents. — Les *bains froids publics* auront tous un règlement visé par l'administration. Enfin les établissements d'*hydrothérapie* devront être inspectés à l'égal des bains publics. (Pièce n° 8.)

Santé publique.

Les villes, par la réunion d'un grand nombre d'industries, par la multiplication des ateliers, par la circulation des voitures dans les rues, et des bateaux sur les canaux et rivières, par la seule agglomération des masses les jours de fêtes publiques, donnent lieu à de nombreuses causes d'accidents et de dangers que l'autorité a dû prévoir et que l'hygiène publique a reçu mission de secourir. — Sans entrer dans aucun détail, je donne ici les instructions et ordonnances relatives aux blessés, noyés et asphyxiés. — (Pièces n°ˢ 9, 10, 11 et 12.) Et, quant à l'usage des poêles et *brazeros*, voir au mot *Logements et Ateliers insalubres*, dans l'ordonnance du 10 novembre 1848, concernant la salubrité des habitations, l'article *Produits gazeux de la combustion*, tome II, p. 179, et spécialement la pièce n° 9.

Les *morgues* et *cimetières* se rattachent aux faits précédents. (Voir, pour les lois et décrets, les pièces n°ˢ 13, 14 et 15 ; et consulter surtout un excellent travail de M. le docteur Vingtrinier[2].) Les Israélites ayant des coutumes spéciales, on doit soumettre à l'inspection de l'autorité l'érection et la disposition de leurs *maisons* mortuaires. Les *postes médicaux* terminent la liste des établissements que l'hygiène publique et d'administration ont de concert élevé dans l'intérêt des populations. — Soit dans l'état normal ou ordinaire, soit bien plus souvent à l'occasion des fêtes publiques données en plein air ou dans de grands édifices, ou de cérémonies dans les églises, l'autorité devra toujours établir des *postes*, où seront constamment de service un ou plusieurs médecins; ces postes comprendront tous les objets in-

[1] Devergie, *Rapport de la Seine*, mars 1853.
[2] Conseil de la Seine-Inférieure, 20 septembre 1852, et Congrès général d'hygiène publique de Bruxelles, 1852, 23 septembre, 4ᵉ séance.

dispensables aux premiers secours à donner aux blessés. (Voir arrêté ministériel, 15 décembre 1848, sur les ambulances à établir sur les ateliers de travaux publics de l'État.)

Bruit. — Odeur. — Fumée.

Une ville dans laquelle on aurait pris pour l'érection et la disposition des habitations, pour la vente des substances alimentaires, pour la distribution des secours, pour la propreté des maisons et du sol, pour la santé publique en général, toutes les précautions qui ont été plus haut sommairement exposées, manquerait encore de certaines conditions capitales du bien-être, si des bruits incessants de toute nature troublaient son repos, et si des vapeurs ou fumées, noires et odorantes, obscurcissaient et viciaient l'air, en salissant constamment les édifices que l'autorité prend à cœur d'entretenir dans un état permanent de brillante propreté. L'administration, d'accord avec l'hygiène publique, a donc dû s'occuper sérieusement de la solution de ces questions d'intérêt particulier et général.

Les *bruits* dans une grande ville sont une des incommodités les plus fréquentes, et s'élèvent parfois à la hauteur de l'insalubrité elle-même. Il existe à Paris un assez grand nombre d'ordonnances qui réglementent ce sujet, et prescrivent les précautions à prendre, pour les atténuer si l'on ne peut les éteindre tout à fait dans l'exercice de quelques industries. (Voir *Batteurs d'or*, t. Ier, p. 274; *Forges de grosses œuvres*, t. II, p. 7, etc., etc.) Mais, en dehors des bruits liés d'une manière presque fatale à l'exercice de certains métiers, il y a une foule de cris et de bruits (son de trompe, joueurs d'orgues, crieurs de nouvelles, etc., etc.), qui envahissent la voie publique, les cours particulières, et contre lesquels la loi est muette. Il est à désirer que de nouvelles ordonnances frappent ces causes d'incommodité, et limitent, comme pour les industriels à *poste fixe*, à des heures et dans des proportions déterminées, la production de ces bruits nuisibles aux travailleurs qui ont besoin de calme, et aux malades qui ont besoin de repos. — C'est du reste déjà dans ce but qu'on macadamise ou qu'on pave en bois le pourtour et les abords des hôpitaux, des maisons d'éducation, — des écoles publiques, — des tribunaux, etc., etc. Il faudrait étendre cette protection administrative, et en faire surtout un principe aussi sacré que celui de la salubrité des habitations ou la pureté des denrées alimentaires.

La *fumée*, comme le bruit, doit disparaître d'une cité bien administrée. Si l'État protége le commerce et le développement des grands travaux; s'il accorde à quelques industries droit de domicile au centre de nombreuses populations, et favorise ainsi tous les intérêts matériels bien entendus des classes laborieuses, il doit demander à son tour au nom du *droit commun* et de l'hygiène publique, tout ce qui peut écarter de ces usines les inconvénients permanents de leur existence. Un de ceux-ci, le plus habituel et le plus incommode, c'est la *fumée*. On lira dans les pièces, nᵒˢ 16, 17, 18 et 19, les travaux que le conseil de la Seine a faits à ce sujet, et les ordonnances de police qui en ont été la conséquence. De pareilles prescriptions devraient être imposées à tout le pays. Les industriels, auxquels on ordonne de brûler la *fumée* qu'ils produisent, trouveront dans ces documents les renseignements dont ils peuvent avoir besoin. — Ils devront se rappeler qu'en dehors de tout appareil, une cheminée *haute*, à *très-large section*, avec *tirage* énergique, appelant dans la cheminée une quantité d'air considérable, réunit les conditions *capitales et effectives de la fumivorité*.

Ventilation. — Aération.

L'économie intérieure de tous les bâtiments, de tous les édifices, des marchés, des usines, des ateliers, serait imparfaite et nuisible souvent à ceux qui y vivent, si, concurremment avec toutes les conditions qui en assurent la solidité, la propreté, qui en écartent le bruit, les odeurs et la fumée, elle n'était pourvue d'un bon système de *ventilation* ou d'aération. En hygiène publique, l'air est à la fois, comme l'eau, un aliment et un agent de désinfection ou de purification. Il faut donc s'inquiéter partout de sa nature et de sa quantité, et savoir le distribuer avec intelligence. Le renouvellement de l'air peut être obtenu de diverses manières, et est principalement indispensable là où se trouvent réunis beaucoup d'individus, donnant lieu à de la chaleur et à des miasmes, soit par eux-mêmes, soit par les matières qu'ils travaillent (ateliers, usines), ou par suite de leurs maladies (hôpitaux), ou dans des lieux destinés à recevoir les immondices ou les matières excrémentitielles (cabinets d'aisance); cette ventilation peut être *produite naturellement*, c'est-à-dire sans appareils spéciaux, ou *artificiellement*, à l'aide de machines qui déterminent des courants, ou qui injectent des quantités d'air frais et pur là où l'air était devenu impropre aux usages faciles et ordinaires de la respiration. — Dans le premier cas, ménager des ouvertures *opposées*, dont le diamètre sera en rapport avec le cubage des pièces. — Selon leur disposition et les besoins spéciaux, diriger le courant de bas en haut, ou de haut en bas, par de simples ouvreaux ou des cheminées d'appel ou d'aération. — Faire qu'il soit permanent, et qu'on puisse en graduer la vitesse et le volume, à l'aide de ventilateurs bien construits, appliqués aux portes ou aux murs ou aux carreaux. — Tel est, dans la grande majorité des cas, le meilleur moyen de ventiler les appartements; mais, quand il s'agit de produire de grands et de constants effets, dans des établissements publics, présentant des surfaces étendues et multipliées, l'aération réclame en général des appareils particuliers, et ces appareils sont souvent les mêmes que ceux qui servent au *chauffage* — ou le chauffage lui-même, en quelques circonstances, à l'aide de foyers placés en des points déterminés, d'où l'air raréfié imprime à toute une colonne le courant qui, à la température ordinaire, n'aurait pas eu de moteur suffisant. En parlant du chauffage, on verra comment les agents qui le produisent sont aptes à procurer la ventilation. — On ne s'occupe en général que de cette espèce d'*aération* que j'appellerais volontiers *intérieure*. Mais, en hygiène publique, il y en a une autre, importante au même titre, c'est l'*aération extérieure*, c'est celle qui résulte de la disposition des cours de tous les édifices et maisons, de la largeur des rues, de leur direction, de leur exposition au midi, etc., etc. — Faire de larges rues, des maisons peu élevées, des places spacieuses, des cours d'habitation proportionnées à la surface des bâtiments, tels sont les grands moyens de ventilation *publique* d'une ville que je dois rappeler, et que toute bonne administration doit chercher à établir, malgré les oppositions et le mauvais vouloir de certains intérêts privés.

Chauffage.

La température de l'air, constituant une de ses qualités essentielles, au point de vue de l'hygiène et de la santé individuelle ou collective, il devient important de dire quelques mots du chauffage et des principes qui doivent en régler l'administration et l'usage. — Le chauffage est en général obtenu à l'aide de calorifères. — Ce sont des appareils dans lesquels un foyer, entouré d'une enveloppe épaisse et de larges surfaces de transmission, échauffe de l'air pris à l'extérieur, pour l'envoyer, en vertu de sa moindre pesanteur spécifique, dans une direction plus ou moins éloignée. Ils sont appelés, selon leur construction spéciale et le mode qui produit la chaleur, *calorifère à air chaud, calorifère à vapeur, calorifère à circulation d'eau chaude.* — Je ne puis, ni ne veux entrer ici dans la description des appareils nombreux auxquels ces divers systèmes ont donné naissance. Les plus répandus sont ceux de MM. Duvoir, Grouvelle, Thomas et Laurent et Van Hecke. Je n'hésite pas, d'après mes propres études comparatives, à recommander le système Van Hecke, dont j'ai donné un plan détaillé [1]. Au lieu du matériel coûteux et considérable des autres, celui-ci n'entraîne qu'une machine à vapeur de deux chevaux, dont le bruit est à peine perceptible. Les effets sont considérables et la dépense relativement très-faible. — La ventilation mécanique ou par injection qu'il produit est bien supérieure à la ventilation par *aspiration* des autres appareils. A l'aide d'un mécanisme ingénieux, chacun peut lire et déterminer le volume d'air qui pénètre dans une salle en un temps donné : et, tandis que le système de MM. Duvoir, Grouvelle et Thomas, ne donne par heure et par malade que trente, soixante et quatre-vingt-dix mètres cubes, celui de M. Van Hecke peut en procurer quatre-vingt-dix-sept [2]. J'ajouterai, avec le conseil de la Seine (17 avril 1858), que la bonne réussite d'un appareil de chauffage et de ventilation est essentiellement subordonnée à la disposition des conduites d'entrée et de sortie de l'air, aux dimensions des orifices et des conduites elles-mêmes, et autres détails analogues qui sont indépendants des chaudières à eau et à vapeur, et des appareils qui procurent le chauffage et déterminent la circulation permanente de l'air, — de l'eau, — ou de la vapeur.

Un mode de chauffage tout récent est celui qui a lieu par le *gaz.* Il peut, comme tous les autres systèmes, donner lieu à de graves accidents, et est régi par les ordonnances relatives à l'usage du gaz d'éclairage (Voir *Gaz d'éclairage*, t. II, p. 29). Les autres calorifères ont quelquefois, par leur construction vicieuse, déterminé des accidents déplorables (en 1858, explosion à l'église Saint-Sulpice, à Paris). Il est donc utile de connaître les prescriptions qui sont imposées à tous ceux qui en construisent et en font usage. Je joins, à cet effet, aux autres documents, la circulaire de M. Legrand, sous-secrétaire d'État des travaux publics, adressée à tous les préfets, en

[1] *Annales d'hygiène publique*, deuxième série. Paris, 1859, t. XI, p. 30.
[2] Les appareils Duvoir, non munis d'une soupape de sûreté, peuvent être très-dangereux. (Voir pièce n° 20.)

date du 11 février 1845. — (Voir pièce n° 20, et consulter, pour
plus de détails, le rapport de M. Poggiale au ministre de la guerre,
sur les principaux systèmes de chauffage et de ventilation [1]; le congrès général d'hygiène de Bruxelles [2], et au mot *Machines à vapeur*,
l'ordonnance sur les calorifères à eau chaude, tome II, p. 227.)

Des *chauffoirs publics*, pendant les saisons rigoureuses, seraient
une création utile, analogue à *l'assistance alimentaire* et *pécuniaire*.
Car détruire la misère, le froid et la faim, doit être le but de toutes
les institutions civilisées.

Désinfection.

La ventilation, quel que soit le mode par lequel elle est opérée, est
sans doute un des premiers moyens à employer pour purifier l'air,
mais dans beaucoup de circonstances elle est impuissante à lui enlever les mauvaises odeurs dont il peut être imprégné, et surtout à
détruire les miasmes nuisibles qui souvent y sont répandus. La *désinfection* fait donc partie, en hygiène publique, des grandes mesures
de salubrité dont le médecin et l'administrateur doivent attentivement surveiller l'exécution. Cette question est immense dans ses
causes comme dans les éléments propres à les combattre. La viciation de l'air n'a pas de *remède spécifique*. Mais, comme en général elle
est produite par la décomposition ou la fermentation des matières
organiques à l'état solide, liquide ou gazeux, tous les corps qui seront doués d'une action chimique sur ces phénomènes, pourront
être conseillés comme remède à l'infection. Une grande quantité de
poudres ou de liquides à base de sels minéraux ou de substances
végétales ont été proposés dans ce but. Je citerai principalement les
chlorures, les hypochlorites de soude, de chaux et de potasse, les
sulfates de fer et de zinc, le carbonate de soude. — Le sulfate double de potasse et d'alumine. — Le sulfate de sesquioxyde de fer. —
(En général, il faut des solutions métalliques très-concentrées et des
sels très-bien préparés.) — Le goudron minéral, la chaux, l'azotate
de plomb, l'acide pyroligneux, les huiles pyrogénées du bois, les cendres de houille, les dernières eaux-mères du sulfate de fer, le sulfate
double de fer et d'alumine provenant du lavage des pyrites exposées
à l'air, le charbon végétal, le noir animal. Le charbon surtout *récemment* carbonisé mêlé ou non à du plâtre, à de l'argile, à du gou-

---

[1] Paris, 1859.
[2] 1852, séance du 22 septembre.

dron. — Le charbon uni aux acides. — Le charbon de tourbe. La tourbe mêlée au chlorure de manganèse et l'*eau* en grande quantité, toutes les fois qu'elle pourra être employée. Tels sont les principaux agents de la désinfection, qui, cependant, n'est souvent qu'apparente et non réelle : — *Apparente*, quand elle substitue accidentellement une *odeur* à une autre *odeur*, — sans attaquer ou détruire la cause de l'infection; — *Réelle*, quand son agent décompose le corps ou le gaz nuisible, et forme une nouvelle combinaison inoffensive. — Tous les désinfectants, que j'ai rapidement énumérés, ne le sont donc qu'à des degrés divers, et ne le sont surtout qu'à la condition d'être employés en doses et qualités convenables. — L'air *infecté* est-il privé plus ou moins complétement d'*ozone*. Et certains corps, — comme les carbures d'hydrogène, le goudron, etc., etc., — n'agiraient-ils qu'en lui rendant l'ozone qu'il avait perdu? Là est un sujet de recherches spéciales à l'ordre du jour, et qui peut dans l'avenir rendre de grands services à l'hygiène publique.

La désinfection ne s'applique pas seulement et directement à l'air. — Celui-ci, le plus souvent, n'est traité que d'une manière indirecte par suite de l'action immédiate produite sur les causes matérielles saisissables de l'infection. C'est ainsi que, l'air étant infecté, il faut tout de suite rechercher la cause des émanations putrides ou autres qui l'ont altéré. C'est dans cet ordre de recherches que se trouve placée la désinfection des matières fécales (Voir *Vidanges*, t. II, p. 600). La désinfection des immondices, — des voiries, — des boues, — des égouts,— des puits,— des cours d'eau,— des fontaines, etc., etc. Les causes de ces altérations sont nombreuses; il faut les attaquer directement, et *certainement* toutes peuvent être combattues à l'aide des moyens que j'ai indiqués. Les règlements administratifs sont anciens et nombreux à ce sujet. Je rappellerai comme un document curieux à consulter pour l'époque, l'instruction rédigée, en août 1814, par une commission composée de Chaussier, Geoffroy, Petit, Deyeux, Bayle et Leroux, concernant les procédés de désinfection.

Exercice de la médecine et de la pharmacie.

Il est un dernier objet qui, dans l'organisation générale hygiénique d'un pays, doit toujours être placé, au premier chef, sous la surveillance de l'autorité : c'est l'exercice de la médecine et de la pharmacie. Autant elle doit protéger la profession loyale et honorable, autant elle doit s'armer de rigueur contre toute manœuvre ou toute médication dont l'usage peut compromettre la santé publique. Cette surveillance appartient à l'administration; mais, je le dis à regret, l'administration use bien rarement de son droit, et rares aussi sont les tribunaux et les villes où le charlatanisme est inquiété, poursuivi, condamné, comme le prescrit la loi. Un certain nombre de conseils d'hygiène ont toujours considéré comme dépendant de leurs attributions la répression du charlatanisme, et, à plusieurs reprises, comme celui de la Gironde, ont éloquemment flétri cette lèpre morale de notre profession. L'association générale de tous les médecins de l'empire aura, je l'espère, dans ses résultats et dans ses bienfaits, celui de combattre et d'éteindre le charlatanisme. L'inspection des pharmacies est faite par les écoles de pharmacie, et là où il n'en existe pas, elle a été rendue aux conseils d'hygiène par décret du 23 mars 1859. La loi a fixé les termes de l'exercice de la pharmacie.— Quiconque s'écarte et s'éloigne de ces lois, comme la pharmacie homœopathique par exemple, tant par la forme que par le fond, doit être rappelé à l'exercice régulier et normal de la profession. — La santé publique y est intéressée comme à un des sujets qui touchent de très-près la vie de la société tout entière.

HYGIÈNE PUBLIQUE GÉNÉRALE DE LA CAMPAGNE

Je serai très-bref sur ce sujet; déjà tout ce qui touche à l'habitation, à l'air, à la propreté de la voie publique a été indiqué, et ces points de contact entre la ville et la campagne sont assez nombreux sur le terrain de la salubrité générale; il n'y a que des observations restrictives à présenter; quoiqu'en principe on doive se montrer aussi exigeant et aussi soucieux de la santé publique partout où l'homme habite, se rassemble et se livre au travail ou à l'industrie, on comprend que le large espace, que la pureté et le volume de l'air se trouvant considérablement augmentés, et, d'autre part, les habitudes de luxe et de confortable n'existant pour ainsi dire point à la campagne, il y a lieu de se départir un peu de la rigueur des règlements imposés à la ville. Avant tout, cependant, il faut recommander l'assainissement des cours de l'habitation, c'est-à-dire la suppression des cloaques d'eaux impures et infectes; la disposition régulière des fumiers et non leur dispersion, qui cause une perte réelle au cultivateur. — L'écoulement facile des liquides de toute nature. — Le nivellement du sol; — son empierrage partout où il sera possible.— L'isolement des

étables et leur aération convenable. — Il faudra défendre les couvertures en chaume, les amas d'immondices dans les rues. — Il
faudra prescrire l'établissement d'une *citerne* dans chaque ferme,
surtout dans les localités pauvres en eau. — On utiliserait avec avantage, dans ce but, toutes les eaux pluviales, et, quand cela se pourra,
les eaux de drainage. — Le gouvernement, sous ce rapport, rendrait
un grand service à l'agriculture et aux populations en aidant les cultivateurs et en les encourageant dans la construction des citernes, à
l'égal de l'établissement des drains. — Quand l'autorité voudra apporter plus d'ordre et de salubrité dans la campagne, elle y parviendra,
en persuadant d'abord aux habitants que toutes les mesures réclamées sont dans leur intérêt, qu'elles ont pour but de diminuer le
nombre des maladies et des épizooties, dont eux et leurs animaux
sont atteints; de s'opposer à la déperdition d'engrais précieux; —
d'augmenter la quantité et la qualité de leurs produits; — de les
mettre à l'abri des disettes d'*eau* et des ravages du feu, etc., etc.
Avec un peu de ferme vouloir, d'exemple et de persévérance, on rendra le village aussi salubre que la ville. Il faut cependant aussi le protéger contre les dangers et les inconvénients des usines qui vont s'y
établir, contre les décompositions incessantes qui s'opèrent à la surface ou dans la profondeur du sol, contre les marais, les eaux stag-
nantes naturellement ou artificiellement infectes.

Les précautions à prendre relativement aux usines, sont exposées
à chaque article des industries spéciales : toutes celles qui regardent
la salubrité de l'habitation ont été indiquées plus haut. Il n'y a donc
qu'à signaler quelques chapitres particuliers.

Animaux.

La campagne étant habituellement l'asile du plus grand nombre
d'animaux, je place ici ce qui regarde les *infirmeries* où ils sont
traités, et les précautions à prendre en cas d'animaux malades ou
atteints d'affections contagieuses; — si les infirmeries étaient placées
dans l'intérieur des villes, il faudrait leur imposer les mêmes conditions. — Cour vaste et bien aérée, pavée, dallée ou bitumée, avec
pente convenable pour l'écoulement des urines, des déjections et des
eaux de lavage. Dans le cas où il y aurait impossibilité de les conduire à un égout, ces divers liquides devraient être recueillis dans
des fosses étanches et jetés le soir dans les champs, dont ils ne
peuvent qu'accroître la fertilité. — Nettoyage matin et soir des écu-

ries ou niches, avec aération mesurée sur l'état de santé des animaux. — Limitation de leur nombre, selon l'espace de l'établissement. — Soins très-sévères de propreté, imposés aux gens de service. (Voir Pièces n°s 21, 22, 23, pour les règles à suivre en cas
d'épizootie ou de maladie contagieuse des animaux.)

La construction ou l'établissement des *abattoirs* communs, à plusieurs villages voisins, ou *abattoirs communaux*, devra être encoura-
gée partout par l'autorité, dans le but de diminuer les inconvénients
et parfois les dangers des abattoirs particuliers (voir *Abattoirs*, t. I,
p. 74). Les *abreuvoirs* publics seront établis de manière à éloigner
tout accident, tant pour les animaux que pour ceux qui les conduisent.

Puits. — Canaux. — Rivières.

C'est surtout à la campagne que, soit pour les usages particuliers,
soit pour le service des usines ou manufactures, on établit les puits et
les puisards. La construction, le curage, la désinfection des puits, exigent l'accomplissement de soins parfaitement indiqués dans les pièces
n°s 24, 25 et 26. Quant aux puisards qu'on doit proscrire d'une manière presque absolue, il ne faut en permettre le maintien ou l'établissement que dans des cas très-rares et très-limités; — là seulement par
exemple où il n'existe aucun autre moyen de faire écouler les eaux; il
faut les défendre dans les terrains sablonneux, à cause de la facilité
d'imbibition du sol, qui porterait ainsi fort loin des causes d'infection
et d'insalubrité. — Quand on connaît le siège et le passage d'un cours
d'eau plus ou moins profond, et que les nécessités exigent l'établissement d'un puisard, il faut le faire *tuber* dans toute la portion qui traverse la nappe d'eau; et en principe ordonner sa suppression et la construction d'une fosse étanche, toutes les fois que le puisard est devenu
la cause certaine ou très-probable de l'infection des puits ou sources
d'eau placés dans son voisinage.

Le curage des *rivières*, des *canaux*, des *étangs*, sera fait sous la
surveillance de l'administration, qui devra, dans le but d'éviter les
miasmes qui se développent sur les bords des chaussées, et souvent
sur de très-grandes surfaces, lors des changements de niveau des
eaux, ordonner que les bords des tourbières, des étangs, de tous les
fossés humides, soient taillés *à pic* et non en *talus inclinés*. On a pu
ainsi assainir, dans la Bresse, des localités autrefois décimées par
des fièvres paludéennes. Le curage aura toujours lieu en février ou
mars.

Chemins de fer.

Il est une dernière question d'hygiène publique, générale et industrielle, dont je dois dire un mot. Elle est relative aux chemins de fer. Ils traversent la ville et la campagne, ils transportent chaque jour des quantités considérables de voyageurs, et à côté des avantages incontestables d'une locomotion rapide, se placent cependant des inconvénients et des dangers. — Les convois d'animaux, qui les transforment accidentellement en écuries ou vacheries ambulantes, donnent lieu à des incommodités notoires et demandent que l'autorité leur impose un certain nombre de conditions dans l'intérêt de la santé publique. Les chemins de fer constituant, au moins dans l'état actuel, en France, une *industrie privée*, voici les prescriptions auxquelles ils devraient être soumis, au point de vue de l'hygiène publique :

1° Déposer dans chaque convoi de voyageurs, et non plus seulement dans certaines gares, une boîte de secours contenant les pièces et instruments indispensables au premier pansement d'un blessé.

2° Ne jamais enfermer les voyageurs dans les wagons, mais disposer les divers moyens de fermeture de telle façon, qu'en cas de besoin la main puisse *facilement* atteindre les crochets ou la serrure.

3° Ne jamais mettre en circulation des wagons récemment peints, et laissant percevoir d'une manière nuisible l'odeur des essences ou vernis.

4° Dans l'été, laisser toujours une ventilation active, renouveler l'air des wagons, même en l'absence des voyageurs, et surtout quand les voitures sont exposées dans les gares à toute l'action de l'ardeur du soleil.

5° Ne jamais se servir de voitures non couvertes ou dépourvues de moyens convenables de fermeture.

6° Terminer chaque convoi de voyageurs par un ou deux wagons, chargés de sacs de terre ou autres substances destinées, *selon des ordonnances* tombées en désuétude, à amortir le choc, en cas de rencontre de deux convois.

7° Soumettre les wagons-écuries qui transportent les animaux, à toutes les précautions hygiéniques nécessaires à leur propre santé et indispensables à la salubrité publique. — Les désinfecter souvent, et ne pas les laisser séjourner dans les gares à côté des wagons destinés aux voyageurs.

8° Modifier peu à peu la construction des wagons, de façon que, à l'instar de ce qui a lieu dans d'autres pays, le voyageur, s'il est indisposé, puisse sortir du wagon et prendre l'air. — Multiplier la création des wagons-lits, et disposer dans chaque train tout ce qui peut, en cas d'accidents, faciliter l'administration des secours aux voyageurs malades ou blessés.

9° Enfin, ne jamais transporter en même temps que les voyageurs, des substances inflammables ou fulminantes, comme la poudre, les allumettes chimiques, les essences[1], etc., etc.

Si je me suis bien exprimé dans les Considérations qui précèdent, il est maintenant facile de comprendre ce que peut et doit faire une administration éclairée dans l'intérêt sanitaire des populations, ainsi que le rôle important que le médecin hygiéniste est appelé à remplir dans notre organisation sociale. Mais l'autorité a encore un devoir à accomplir : c'est celui de vulgariser, par tous les moyens dont elle dispose, les connaissances élémentaires que j'ai cherché à retracer. Cours publics et gratuits, dans les grands établissements de l'État, sur l'hygiène civile et populaire ; leçons appropriées à chaque âge, dans toutes les écoles ; publication et colportage de manuels, écrits en termes clairs et précis, sur toutes les matières qui regardent la pratique de l'hygiène : telle est sa mission et tel est le besoin de notre époque.

Toutes les ordonnances, la plupart du conseil de la Seine, que j'ai rapportées dans ce précis, et celles qui sont rappelées dans le cours de cet ouvrage, devraient être, par autant de décrets spéciaux du gouvernement, rendues exécutoires et applicables à tous les départements de l'Empire. — Ce serait le seul et le plus rapide moyen de rendre partout uniforme l'action de l'administration et de faire profiter les populations de tous les bienfaits de l'hygiène publique. Ce serait aussi la première partie de ce *Code sanitaire* depuis si longtemps attendu. La réunion actuelle (décret du 30 novembre 1859), dans une seule main, de tout ce qui regarde la police de l'Empire, et l'initiative toujours si intelligente du Comité d'hygiène publique placé près du ministre de l'agriculture et des travaux publics, prépareront et hâteront l'accomplissement de ces vœux.

[1] Consulter P. de Pietra Santa, *Étude médico-hygiénique sur l'influence qu'exercent les chemins de fer sur la santé publique.* (*Annales d'hygiène publique et de médecine légale*, deuxième série, Paris, 1859. tome XII. p. 5.)

DOCUMENTS

Habitation.

Pièce n° 1. — BLANCHIMENT DES MAISONS. (Extrait du décret du 26 mars 1852, promulgué le 6 avril 1852.)

. . . .

Art. 4. Tout constructeur de maisons devra adresser à l'administration un plan et des coupes cotés des constructions qu'il projette, et se soumettre aux prescriptions qui lui seront faites dans l'intérêt de la sûreté publique et de la salubrité.

Vingt jours après le dépôt de ces plans et coupes au secrétariat de la préfecture de la Seine, le constructeur pourra commencer ses travaux d'après son plan, s'il ne lui a été notifié aucune injonction.

Une coupe géologique des fouilles pour fondation de bâtiment sera dressée par tout architecte constructeur et remise à la préfecture de la Seine.

Art. 5. La façade des maisons sera constamment tenue en bon état de propreté. Elles seront grattées, repeintes ou badigeonnées, au moins une fois tous les dix ans, sur l'injonction qui sera faite au propriétaire par l'autorité municipale.

Les contrevenants seront passibles d'une amende qui ne pourra excéder cent francs.

Art. 6. Toute construction nouvelle, dans une rue pourvue d'égouts, devra être disposée de manière à y conduire ses eaux pluviales et ménagères.

La même disposition sera prise pour toute maison ancienne en cas de grosses réparations, et, en tout cas, avant dix ans.

. . . .

Pièce n° 2. — CONDITIONS GÉNÉRALES POUR LA CONSTRUCTION DE MAISONS D'OUVRIERS. (Extrait du Congrès général d'hygiène de Bruxelles, deuxième séance, 21 septembre 1852.)

L'érection des maisons d'ouvriers doit être soumise à certaines conditions qui concernent spécialement l'hygiène et l'économie. Ces conditions sont les suivantes :

Emplacement salubre, ouvert et accessible à la libre circulation de l'air et à l'action des rayons solaires ;

Terrain sec et à l'abri des émanations nuisibles ;

Exposition convenable, autant que possible du sud-est au nord-ouest ;

Espace suffisant pour ménager autant que possible à l'habitation une cour ou un petit jardin ;

Jouissance d'eau saine et abondante ;

Écoulement facile des eaux ménagères et pluviales et des matières des latrines, au moyen d'égouts couverts ou d'aqueducs disposés d'après les meilleurs systèmes.

Emplacement. — Le choix de l'emplacement doit être déterminé d'après les circonstances et les besoins ; le prix du terrain doit être aussi peu élevé que possible.

On évitera, si faire se peut, les impasses et les bataillons carrés, qui entravent la libre circulation de l'air ; si l'on se voyait obligé d'y ériger les constructions, on pourvoira du moins à ce qu'au moyen d'espaces, de jardins ou de cours, la ventilation puisse s'y établir d'une manière suffisante.

Les maisons adossées l'une à l'autre, sans espace intermédiaire, ont le grave inconvénient d'empêcher cette ventilation si nécessaire. Cependant si, à raison de la configuration et de la valeur du terrain et de l'économie qui doit présider aux constructions, on croyait devoir adopter cette disposition, il importerait, dans ce cas, d'établir la ventilation au moyen de petites cours latérales.

Élévation des maisons et des étages. — L'élévation des maisons doit être limitée en raison de la largeur des rues ou des passages sur lesquels elles sont situées, en se conformant à cet égard aux règlements locaux. Un, et suivant les circonstances, deux étages, indépendamment du rez-de-chaussée, telle est l'élévation la plus convenable pour les maisons d'ouvriers.

La hauteur des étages, mesurée entre le plafond et le plancher, ne peut être inférieure à deux mètres soixante centimètres.

Distribution intérieure des maisons. — Nombre et dimensions des pièces. Séparation des ménages.

En règle générale, il convient que chaque famille ait, autant que possible, son habitation séparée. Cette habitation contiendra au moins trois ou quatre pièces, une cuisine, une chambre de réunion ou de travail, et une ou deux chambres à coucher.

Les logements doivent être disposés de manière qu'il y ait complète séparation entre les parents et les enfants ayant atteint un certain âge, et, pour ceux-ci, entre les filles et les garçons.

Il importe que la dimension des chambres soit proportionnée au nombre de leurs habitants, à leur destination et au mode de ventilation qui y est adapté. Nulle ne peut mesurer moins de trente-cinq à quarante mètres cubes ; la dimension la plus convenable est de douze à quatorze mètres carrés de superficie. Dans les chambres à coucher en particulier, il faut qu'il y ait au moins quatorze mètres cubes par personne.

Si le prix du terrain était trop élevé pour qu'on pût affecter à chaque famille une maison séparée, il faudrait avoir recours à d'autres combinaisons, qui, tout en conservant la séparation des ménages, permettraient de réaliser toutes les économies désirables dans les constructions. A cet effet, on pourrait ériger des maisons pour deux, trois ou un plus grand nombre de familles ou de ménages, de manière que chaque logement fût, autant que possible, distinct et indépendant des autres logements disposés sous le même toit.

Cours et jardins. — Il est à désirer que la cour ou le jardin annexé à la maison ait au moins en longueur et en largeur une superficie équivalente à la façade des bâtiments qui le dominent ; le sol doit être mis à l'abri de l'humidité, au moins dans la partie qui borde l'habitation, par un pavement, et avoir une certaine pente pour l'écoulement des eaux. Dans le cas où il ne serait pas possible de donner aux cours les dimensions qui viennent d'être indiquées, il serait nécessaire de tenir au moins l'un des murs de côté, et, s'il est possible, celui du midi, à la hauteur d'un simple rez-de-chaussée.

Sol, caves et planchers. — Le sol sur lequel l'habitation est construite doit être exempt d'humidité. Si cette dernière condition peut être obtenue, il suffira de tenir le sol intérieur plus élevé d'une marche au moins au-dessus du sol extérieur; si elle fait défaut, il sera nécessaire, en tenant d'autant plus à l'exhaussement, de recourir aux moyens d'asséchement dont l'efficacité a été constatée par l'expérience, et parmi lesquels on peut citer le drainage, l'établissement d'une voûte isolant le terrain du sol même des pièces, sous lequel l'air circulerait librement, etc.

Les caves ne diminuent l'humidité que lorsqu'elles sont bien ventilées par de larges soupiraux et que les matériaux qu'on a employés à leur construction sont hydrofuges.

Il convient cependant, en tout cas, que chaque maison destinée au logement d'une ou de deux familles ait sa cave établie dans les meilleures conditions de salubrité.

Le dallage en pierre des chambres est généralement froid, humide et partant insalubre. Le carrelage en carreaux de terre cuite ou en briques a les mêmes inconvénients, quoique à un moindre degré. Cependant il peut être adopté pour les pièces du rez-de-chaussée, particulièrement pour celle destinée à servir de cuisine. Pour les chambres affectées au logement, on doit en tout cas donner la préférence au plancher, au-dessous duquel il convient de ménager des courants d'air qui l'empêchent de toucher au sol, ou tout au moins de placer des corps pulvérulents propres à absorber l'humidité.

Toitures et plafonds. — Les matériaux et les formes de toitures les plus convenables sont ceux qui permettent de conserver une température modérée, qui évitent le mieux l'humidité, qui facilitent l'écoulement des eaux, et qui ne privent pas l'habitation de l'influence de la lumière et du renouvellement de l'air.

La toiture ne doit jamais recouvrir immédiatement l'habitation; elle doit en être séparée par un plafond.

Les toits doivent être inclinés de manière à faciliter l'écoulement des eaux et à empêcher l'accumulation des neiges; ils seront garnis de chéneaux en métal de dimensions suffisantes.

Les eaux provenant des chéneaux doivent être dirigées verticalement dans des gouttières et déversées, autant que possible, dans un réservoir ou citerne à l'usage de l'habitation.

VERNOIS. HYG. IND. I. c

Il est utile, particulièrement à la campagne, de donner à la toiture une saillie de quarante à cinquante centimètres, afin de garantir les murs de l'action des pluies.

Le grenier doit être éclairé au moyen de lucarnes pouvant s'ouvrir à volonté et qui, pendant les chaleurs, aident à la ventilation de la partie supérieure de l'habitation.

La surface des plafonds sera unie, les renfoncements formés par les solives arrêtent le mouvement de l'air. Revêtus d'une couleur blanche, ils donnent plus de lumière réfléchie à l'appartement.

Portes et fenêtres. — Lorsque l'espace est suffisant, il convient que la porte d'entrée donne accès sur un porche ou dans un petit vestibule, d'où l'on communique avec les diverses parties de l'habitation.

Les fenêtres doivent être en rapport avec la hauteur des étages, avec l'exposition et le mode de construction de la maison, l'étendue et la destination des pièces, etc. En règle générale, il convient que leur superficie totale soit au moins égale au vingtième de la capacité cubique des pièces à éclairer.

Escaliers. — Il importe d'éviter, dans la construction des maisons d'ouvriers, les escaliers roides, en forme d'échelles. Sans occuper un trop grand espace, proportion gardée à l'étendue de la maison, l'escalier doit être convenablement éclairé et aéré. Il doit être solide et commode; à cet effet, on donnera aux marches vingt-cinq centimètres de giron et dix-sept centimètres d'élévation. L'escalier sera enfin muni d'une rampe solide à hauteur d'appui.

Chauffage, ventilation. — Chaque chambre doit être munie d'une cheminée, et, à défaut, d'un tuyau d'aérage.

Les poêles ou les appareils destinés au chauffage peuvent, selon les circonstances, être disposés de manière à chauffer simultanément deux pièces contiguës ou superposées.

La combinaison du chauffage et de la ventilation en hiver pourra s'opérer à l'aide de procédés analogues à ceux qui sont employés dans les salles d'école.

Pendant l'été, la ventilation sera établie naturellement par l'ouverture des portes, des fenêtres et des cheminées, et subsidiairement au moyen d'ouvertures ou de ventouses recouvertes de toile métallique, établies dans le mur, à un mètre quatre-vingts centimètres au-dessus du sol, et dans la partie supérieure de la pièce, en communication avec l'air extérieur.   .

Cabinets d'aisances. — Il importe que chaque maison ait, autant que possible, un cabinet d'aisances inodore, et que, dans les bâtiments affectés au logement de plusieurs familles, les cabinets soient disposés de manière à servir au plus à deux ou trois ménages, dont chacun, à cet effet, sera muni d'une clef.

A moins d'adopter les procédés perfectionnés, et notamment les tuyaux à siphon et les lavages plus ou moins fréquents, il est préférable de disposer les sièges d'aisances hors mais à proximité de l'habitation, que de les etablir dans l'intérieur. Si cet arrangement était impraticable, il faudrait du moins éloigner le cabinet de la chambre à coucher et des autres lieux où l'on réside le plus souvent, en fermer exactement l'entrée, et maintenir, si faire. se peut, un courant d'air entre le cabinet et l'habitation.

Il convient, en tout cas, d'établir dans la partie supérieure du cabinet, ou mieux encore sur la voûte de la fosse, un tuyau d'appel qui entraîne les gaz vers l'air extérieur.

Distribution d'eau. — Toute maison d'ouvriers doit être pourvue de deux sortes d'eau. S'il est impossible de réaliser cette condition, il est du moins indispensable d'affecter à l'usage d'un certain nombre d'habitations voisines un puits avec pompe et une citerne dont l'accès soit facile.

Écoulement des eaux ménagères, égouts, cuvettes. — Les puits d'absorption ne peuvent, sans inconvénients graves et sans danger plus ou moins imminent, recevoir, même à la campagne, les eaux ménagères et les matières fécales ; à défaut d'égouts publics, il est indispensable de recevoir ces eaux et ces matières dans des fosses ou citernes voûtées et revêtues avec soin d'une couche de mortier hydraulique.

Lorsqu'une même maison est affectée à plusieurs ménages qui habitent aux divers étages, il est utile de fournir à chaque ménage en particulier les moyens d'évacuer ses eaux ménagères, sans devoir les descendre à bras. Les plombs et les cuvettes destinés à cet effet à chaque étage ne devront jamais être ouverts dans l'appartement. Ceux en fonte ou en grès sont préférables aux autres. Il convient de donner aux tuyaux de descente une dimension suffisante, afin que l'aérage s'y fasse mieux, et de les fermer avec une grille, afin que les matières qui y tomberaient ne les encombrent pas.

Appendice des habitations. — En règle générale, il convient d'éviter les alcôves. Lorsqu'elles sont jugées nécessaires, elles doivent être disposées de manière à pouvoir être ventilées avec facilité.

A défaut de caves, il convient de disposer pour chaque ménage un réduit ou une petite pièce, bien ventilée, pour les provisions, ainsi qu'un dépôt pour le combustible.

Les murs intérieurs doivent être soigneusement recrépis et blanchis, et le bas des murs, qui serait sujet à se souiller, peint à l'huile ou au goudron de gaz, en forme de plinthe ou de lambris.

Pièce n° 3. — CONSTRUCTION DES ÉCOLES COMMUNALES ET DES SALLES D'ASILE. (Extrait de la circulaire du 30 juillet 1852, adressée par M. le ministre de l'instruction publique aux préfets des départements.)

Monsieur le préfet, depuis 1833, l'État a constamment aidé les communes qui s'imposaient des sacrifices pour acquérir ou construire des maisons d'école. Les secours du gouvernement, portés partout où leur utilité a paru bien constatée, ont excité d'heureux efforts de la part des départements et des communes en faveur de ces établissements, et il en est résulté une amélioration notable dans la situation matérielle de l'enseignement primaire.

Cependant je suis informé que, malgré vos recommandations et la surveillance exercée par les inspecteurs primaires, beaucoup de projets d'école n'ont pas été exécutés selon les plans approuvés, et laissent par conséquent à désirer sur des points essentiels. Il m'a paru nécessaire de préserver l'avenir contre les fâcheux effets de ces transformations commandées le plus souvent par une parcimonie oublieuse des intérêts sérieux de l'instruction primaire.

Il m'arrive journellement des projets qui ne sont pas convenablement établis, et je me vois dans l'obligation de les rejeter, soit parce qu'ils n'assureraient pas aux nouvelles maisons une distribution appropriée sous tous les rapports à leur destination, soit parce qu'ils sont conçus dans des proportions exagérées.

La première chose à rechercher, pour l'établissement d'une école, c'est un lieu central, d'un accès facile et bien aéré. — Quant à la maison, elle doit être simple et modeste, mais commode, isolée de toute habitation bruyante ou malsaine, qui exposerait les enfants à recevoir des impressions, soit morales, soit physiques, non moins contraires à leurs mœurs qu'à leur santé. La salle de classe sera construite sur cave, planchéiée, bien aérée et éclairée, accessible aux rayons du soleil, et surtout que la disposition des fenêtres, garnies chacune d'un vasistas, permette de renouveler l'air facilement. Il faut, enfin, que l'habitation de l'instituteur et de sa famille soit composée de telle sorte, qu'il puisse disposer de trois pièces au moins, y compris une cuisine, et d'un jardin, autant que possible. Il est aussi à désirer qu'il y ait une cour fermée ou un préau pour réunir les élèves avant la classe et les garder en récréation.

Les dimensions de la classe doivent être proportionnées à la population scolaire. Cette population se détermine en prenant le nombre des enfants de sept à treize ans dans les communes où il y a des salles d'asile, et de cinq à treize ans dans toutes les autres.

L'aire de la classe doit présenter, par élève, une surface de un mètre carré, et une hauteur de quatre mètres. L'expérience et la théorie démontrent que toute salle de classe construite dans ces proportions se trouvera dans de bonnes conditions hygiéniques et offrira les dispositions les plus convenables pour la direction méthodique d'une école. On tolérera cependant une hauteur de trois mètres trente centimètres dans les maisons qui ne seront pas construites à neuf.

Dans les écoles mixtes, il faut veiller à ce que la classe soit divisée par une cloison en deux parties, l'une pour les garçons, l'autre pour les filles. Dans toutes les écoles, les latrines doivent toujours être en vue de l'estrade du maître, et divisées en deux cabinets distincts et isolés l'un de l'autre, dans les écoles réunissant les deux sexes.

Vous voudrez bien, monsieur le préfet, tenir la main à ce que ces prescriptions soient toujours soigneusement observées par les communes qui voudront arriver à une meilleure installation de leurs écoles publiques. Lorsqu'elles auront besoin d'être aidées, vous réclamerez pour elles les secours de l'État, qui ne les leur refusera jamais quand il sera démontré qu'elles s'imposent de véritables sacrifices.

Pièce n° 4. — MESURES DE SURETÉ PUBLIQUE, ET MODE DE CONSTRUCTION A OBSERVER DANS L'ÉRECTION DES SALLES DE SPECTACLE. (Ordonnance du 25 mai 1829.)

Nous, préfet de police,
Ordonnons ce qui suit :

1. A l'avenir tous propriétaires, entrepreneurs et directeurs de théâtres, autorisés à construire de nouvelles salles de spectacle dans la ville de Paris et dans la banlieue, seront tenus de bâtir et distribuer lesdites salles conformément aux différents modes de construction réglés par les articles qui suivent, et qui leur sont imposés dans un intérêt de sûreté publique.

2. Sur tous les côtés des salles de spectacle qui ne seront pas bordés par la voie publique, il sera laissé un espace libre ou chemin de ronde destiné soit à l'évacuation de la salle, soit aux approches des secours en cas d'incendie.

Cet isolement ne pourra jamais être moindre de trois mètres de largeur pour les salles de spectacle qui ne contiendraient pas au delà de mille personnes.

Pour les autres salles, la largeur sera déterminée eu égard au nombre de personnes que la salle pourra contenir, à la hauteur de la salle et au genre de spectacle.

Le chemin de ronde sera constamment fermé par des portes, à ses issues sur la voie publique.

3. Les murs intérieurs, les murs qui séparent les loges d'acteurs et le théâtre, le mur d'avant-scène, le mur qui séparera la salle, le vestibule et les escaliers, seront en maçonnerie.

4. Les portes de communication entre les loges d'acteurs et le théâtre seront en fer et battantes, de manière à être constamment fermées.

Le mur d'avant-scène, qui s'élèvera au-dessus de la toiture, ne pourra être percé que de l'ouverture de la scène, et de deux baies de communication fermées par des portes en tôle.

L'ouverture de la scène sera fermée par un rideau en fil de fer maillé de deux centimètres au moins de maille, qui interceptera entièrement toute communication entre les parties combustibles du théâtre et de la salle, et ce rideau ne sera soutenu que par des cordages incombustibles.

Et les décorations fixes dans les parties supérieures de l'ouverture d'avant-scène seront toujours composées de matières incombustibles.

5. Tous les escaliers, les planchers de la salle et les cloisons des corridors seront en matériaux incombustibles.

6. Les salles de spectacle seront ventilées par des courants d'air pris dans les corridors, et auxquels l'ouverture au-dessus du lustre fera constamment appel.

7. Aucun atelier ne pourra être établi au-dessus du théâtre.

8. Des ateliers ne pourront être établis au-dessus de la salle que pour les peintres et les tailleurs, et sous la condition que les planchers seront carrelés et lambrissés, et, dans le cas où on établirait des ateliers pour les pein-

tres, la sorbonne sera enfermée dans des cloisons hourdées et enduites en plâtre, plafonnée et carrelée, et fermée par une porte en tôle.

9. Aucune division ne pourra être faite dans les combles que pour les ateliers ci-dessus désignés.

10. La couverture générale sera supportée par une charpente en fer, et sera percée de grandes ouvertures vitrées.

11. La calotte de la salle sera en fer et plâtre sans boiseries.

12. La salle ne sera chauffée que par des bouches de chaleur, dont le foyer sera dans les caves.

13. Dans l'une des parties les plus élevées du mur d'avant-scène, et sous le comble, il sera placé un appareil de secours contre l'incendie, avec colonne en charge, au poids de laquelle il sera ajouté une pression hydraulique assez puissante pour fournir un jet d'eau dans les parties les plus élevées du bâtiment, et la capacité de cet appareil sera déterminée pour chaque théâtre.

14. Les pompes seront établies au rez-de-chaussée dans un local séparé du théâtre par des murs en maçonnerie.

15. Les pompes seront toujours alimentées par les eaux de la ville, recueillies dans des réservoirs, et par un puits, de manière que les deux conduits puissent suffire au jeu des pompes établies.

16. En dehors des salles de spectacle, il sera établi des bornes-fontaines alimentées par les eaux de la ville, et pouvant servir chacune au débit d'une pompe à incendie; le nombre en sera déterminé par l'autorité.

17. Tous les théâtres auront un magasin de décorations hors de leur enceinte, pour lequel les directeurs demanderont une autorisation à la préfecture de police.

Ces magasins seront établis suivant les conditions qu'il sera jugé nécessaire d'imposer dans l'intérêt de la sûreté des habitations voisines.

18. Les directeurs et constructeurs ne pourront faire aucun magasin de décorations et accessoires sous la salle et le théâtre; le magasin d'accessoires sera toujours séparé du théâtre par un mur en maçonnerie.

19. Il y aura au moins deux escaliers spécialement destinés au service du théâtre, et donnant issue à l'extérieur.

Le préfet de police, DE BELLEYME.

Pièce n° 5. — ÉTABLISSEMENT DES DÉCORATIONS THÉATRALES EN TOILES ET PAPIERS ININFLAMMABLES, POUR PRÉVENIR L'INCENDIE DES SALLES DE SPECTACLE. (Ordonnance du 17 mai 1838.)

Nous, conseiller d'État, préfet de police, ordonnons ce qui suit :

1. A l'avenir, tout directeur de théâtre de la capitale et la banlieue ne pourra plus mettre en scène aucun décor neuf, à moins que les fermes, châssis, terrains, bandes d'eau, rideaux, bandes d'air, plafonds, frises, gazes, toiles de lointain, n'aient été rendues ininflammables, soit par une préparation des toiles, soit par un marouflage, qui rendraient également les décors

ininflammables. (Les sels habituellement employés à cet effet sont le borate et le tungtate de soude, le sulfate d'ammoniaque et le silicate de potasse.)

2. Il est pareillement enjoint aux directeurs de faire procéder immédiatement au marouflage avec papier ininflammable des doublures de châssis vieux à l'usage actuel de la scène.

3. Ils ne pourront aussi employer pour l'enveloppe des artifices et pour bourrer les armes à feu que des matières non susceptibles de continuer à brûler, même sans flammes.

4. Les toiles et papiers destinés aux décorations indiquées par l'article 1er seront toujours, avant leur emploi, soumis à l'examen de la commission des théâtres, ou d'un de ses membres désigné par nous, lequel vérifiera et constatera si les toiles et papiers qui lui seront présentés par les directions théâtrales sont réellement ininflammables.

5. La vérification et la réception desdites toiles seront constatées par l'application immédiate sur leur tissu, de deux mètres en deux mètres, d'une estampille de notre préfecture.

6. Le papier reconnu pareillement ininflammable sera aussi estampillé, avant son usage, à notre préfecture.

7. L'établissement de tout décor neuf, avec des toiles et papiers non estampillés à notre préfecture, donnera lieu, non-seulement à la suspension de la représentation, mais encore à l'enlèvement immédiat des décors de l'intérieur du théâtre.

Le préfet de police, G. DELESSERT.

Alimentation.

Pièce n° 6. — MESURES DE SALUBRITÉ A OBSERVER DANS LES HALLES ET MARCHÉS[1].
(Ordonnance du 11 octobre 1831.)

Nous, préfet de police,
Considérant que les détaillants qui occupent des places dans les halles et marchés ne les entretiennent pas avec la propreté convenable; qu'ils déposent, dans les passages réservés à la circulation du public ou sur le sol de leurs places, des débris de matières animales ou autres, suivant la nature de leur commerce, qui répandent une odeur infecte, et qu'il importe, dans l'intérêt de la salubrité des quartiers où sont situés ces halles et marchés, de faire cesser promptement cet état de choses;
Vu la loi des 16-24 août 1790;
Vu les articles 2, 22, 25, 33 et 34 de l'arrêté du gouvernement, du 12 messidor an VIII (1er juillet 1800);
Ordonnons ce qui suit :

Dispositions générales.

1. Il est enjoint à tous les détaillants établis dans les halles et marchés d'entretenir dans un état constant de propreté l'intérieur et les abords de leurs places.

[1] Voir l'ordonnance du 1er avril 1832 (Gisquet).

2. Il leur est défendu de jeter, dans les passages réservés pour la circulation, des pailles ou débris quelconques. Tous les débris doivent être rassemblés dans des seaux ou paniers, pour être déposés aux endroits affectés à ces dépôts dans chaque marché.

3. Il est enjoint aux détaillants de n'avoir que des étalages ou ustensiles mobiles ou transportables. Il leur est expressément défendu de les fixer aux poteaux par des clous, ou aux murs par des scellements.

Toute dérogation au présent article, qui serait nécessitée par des motifs de salubrité, en faveur de certaines espèces de marchandises, sera l'objet de permissions spéciales délivrées par l'administration.

4. Il est défendu de placer sur les entraits du comble, des abris, des coffres, des paniers pleins ou vides, et généralement des effets, marchandises ou matériaux quelconques, rien ne devant gêner la circulation de l'air sous les combles.

5. Il est défendu d'élever les étalages latéralement, de manière à intercepter la vue et la circulation de l'air d'une place aux places voisines.

6. Il est défendu de conserver, dans les étalages, des marchandises avariées, impropres à la consommation.

7. Tous les mois et plus souvent, s'il est nécessaire, à des jours qui seront désignés par l'administration, les marchands déplaceront leurs étalages et ustensiles quelconques, pour nettoyer à fond le sol qu'ils recouvrent.

Dispositions particulières à certaines professions.

Tripiers et marchands d'abats.

8. Il est enjoint aux tripiers et marchands d'abats de renouveler l'eau des baquets dans lesquels ils font tremper les têtes, pieds et fressures de veau, les pieds de moutons, etc., assez fréquemment pour qu'elle ne contracte aucune mauvaise odeur, sans jamais laisser la même eau plus de six heures.

9. Avant d'opérer ce renouvellement, ils doivent faire écouler entièrement l'eau du trempage, rincer et nettoyer les baquets.

10. Il leur est expressément défendu de jeter, dans les passages ou sur le sol de leurs places, les marchandises avariées ou débris quelconques; ils devront les conserver dans des seaux ou baquets qu'ils auront soin de faire enlever, tous les jours, ou de vider dans les voitures du nettoiement à leur passage.

11. Après la vidange des baquets du trempage, il leur est enjoint de laver à grande eau la partie du sol par laquelle se sera fait l'écoulement.

12. Les tables, et généralement toutes les parties de l'étalage et ustensiles qui sont en contact avec les marchandises de triperie, seront fréquemment grattées et lavées, et au moins tous les soirs avant la fermeture du marché.

13. Une fois au moins par semaine, les tables, seaux et baquets, devront être lavés sur tous les points avec une solution de chlorure d'oxyde de sodium ou de chlorure de chaux[1].

_____

[1] *Préparation du chlorure de chaux liquide.* — On prend une livre de chlorure de chaux

Bouchers et charcutiers.

14. Il est enjoint aux bouchers et charcutiers sur les marchés de gratter et nettoyer leurs tables, et notamment les ais sur lesquels ils coupent leurs viandes, de manière qu'il n'y reste aucun débris de viande, de graisse et d'os.

Marchands de volaille et de gibier.

15. Il est défendu aux marchands de volaille de placer des cages et paniers vides ou contenant des animaux vivants dans les cours et passages intérieurs des marchés ou au dehors sur la voie publique.

16. Il leur est défendu de saigner et plumer des volailles, y compris les pigeons, soit à leurs places, soit dans les passages ou aux abords des marchés.

17. Il leur est défendu de jeter sur le sol les intestins de volailles. Ils devront les conserver dans des seaux qui seront vidés dans les voitures du nettoiement et rincés ensuite.

Marchandes de marée et de poisson d'eau douce.

18. Il est expressément défendu de se servir de tampons de papier pour exposer en vente le poisson. On ne pourra employer à cet usage que des blocs de pierre ou de bois, ou des terrines de grès renversées.

19. Il leur est enjoint de la manière la plus expresse de déposer les débris et la vidange des poissons dans des seaux qui seront vidés fréquemment, et au moins une fois par jour, aux points désignés à cet effet, et immédiatement rincés avec soin.

20. Il leur est enjoint de gratter et laver, tous les jours, les tables sur lesquelles le poisson est exposé en vente. Ces marchands devront, en outre, les laver, ainsi que les baquets servant à l'usage du poisson, au moins une fois par semaine, avec une solution de chlorure d'oxyde de sodium ou de chlorure de chaux.

Marchandes de salines.

21. Il est enjoint aux marchandes de salines de renouveler fréquemment l'eau des baquets où elles font dessaler le poisson.

Les inspecteurs des marchés veilleront à ce que, par un trop long trempage, le poisson ne soit pas altéré et rendu impropre à la consommation.

Ces marchandes devront, en ce qui concerne la propreté de leurs étalages et ustensiles, se conformer à ce qui est prescrit aux marchandes de marée.

---

sec; on met le chlorure dans un pot de grès, dit pot à beurre; on verse dessus une voie d'eau, que l'on agite à plusieurs reprises : la liqueur claire qui surnage au dépôt blanc est le chlorure de chaux liquide avec lequel on doit laver les objets désignés dans l'ordonnance. On se sert, pour opérer ce lavage, d'une éponge, d'un linge ou d'une brosse; lorsqu'on a enlevé tout le liquide clair, le résidu, jeté dans le ruisseau, sert encore à l'assainissement.

Le chlorure de chaux liquide peut être conservé dans le pot même, en le bouchant bien, ou bien tiré à clair dans des flacons bouchés en liége.   M. V.

Marchandes de viandes cuites.

22. Il est défendu aux marchandes de viandes cuites de jeter, soit dans l'intérieur de leurs places, soit dans les passages ou sur la voie publique, aucun débris de leurs marchandises. Il leur est enjoint de ne conserver et de n'exposer en vente que des viandes saines. Il leur est enjoint aussi de ne renfermer les marchandises qu'elles conservent d'un jour à l'autre que dans des coffres disposés de manière que l'air puisse s'y renouveler ; ces coffres devront être nettoyés, au moins une fois par semaine, en les lavant avec une solution de chlorure d'oxyde de sodium ou de chlorure de chaux.

Le préfet de police, SAULNIER.

Propreté.

Pièce n° 7. — BALAYAGE, PROPRETÉ DE LA VOIE PUBLIQUE ET TRANSPORT DES MATIÈRES INSALUBRES. (Ordonnance du 1er avril 1843 [1].)

Nous, conseiller d'État, préfet de police,

Vu l'article 3 du titre XI de la loi des 16-24 août 1790 ;

Vu les articles 2 et 22 de l'arrêté du gouvernement du 1er juillet 1800 (12 messidor an VIII);

Vu l'article 471 du Code pénal ;

Considérant qu'il est utile de rappeler fréquemment aux habitants les obligations qui leur sont imposées pour assurer le maintien de la propreté de la voie publique, et qu'il importe d'ajouter aux règlements existants de nouvelles dispositions dont l'expérience a fait connaître la nécessité; que notamment l'administration municipale ayant autorisé ou fait établir des urinoirs publics sur plusieurs points de la voie publique, il est convenable de prescrire à cette occasion les mesures réclamées par la décence, la propreté et la salubrité ;

Considérant aussi qu'il est nécessaire de prendre des précautions pour prévenir les inconvénients résultant du transport dans Paris des matières insalubres,

Ordonnons ce qui suit :

TITRE PREMIER. — *Balayage de la voie publique et nettoiement des trottoirs, des ruisseaux, des devantures de boutiques, des grilles d'égouts, et des abords des bâtiments en construction, ateliers ou chantiers de travaux.*

1. Les propriétaires ou locataires sont tenus de faire balayer complètement chaque jour, sauf les cas prévus par l'article 3 ci-après, la voie publique au devant de leurs maisons, boutiques, cours, jardins et autres emplacements.

Le balayage sera fait jusqu'aux ruisseaux, dans les rues à chaussée fendue.

[1] Cette ordonnance, qui reproduit presque tous les articles des ordonnances précédentes, contient cependant de nombreuses modifications et de nombreuses additions, enfin un nouveau classement et une refonte générale des ordonnances sur cette matière; c'est pourquoi elle est reproduite ici dans son entier. — Voir l'ordonnance du 1er octobre 1844. M. V.

Dans les rues à chaussée bombée et sur les quais le balayage sera fait jusqu'au milieu de la chaussée.

Le balayage sera également fait sur les contre-allées des boulevards jusqu'aux ruisseaux des chaussées.

Les boues et immondices seront mises en tas; ces tas devront être placés de la manière suivante, suivant les localités;

Savoir :

Dans les rues sans trottoirs, entre les bornes; dans les rues à trottoirs, le long des ruisseaux du côté de la chaussée si la rue est à chaussée bombée; et le long des trottoirs si la rue est à chaussée fendue; sur les boulevards, le long des ruisseaux de la chaussée, côté des contre-allées.

Dans tous les cas, les tas devront être placés à une distance d'au moins deux mètres des grilles ou des bouches d'égouts.

Nul ne pourra pousser les boues et immondices devant les propriétés de ses voisins.

2. Le balayage sera fait entre six heures et sept heures du matin depuis le 1er avril jusqu'au 1er octobre, et entre sept heures et huit heures du matin depuis le 1er octobre jusqu'au 1er avril.

En cas d'inexécution, le balayage sera fait d'office aux frais des propriétaires ou locataires.

3. Lorsque des travaux de pavage auront été exécutés, le balayage quotidien prescrit par l'article 1er sera suspendu sur les parties de la voie publique où ces travaux auront été opérés.

En ce qui concerne le pavage neuf et les relevés à bout, c'est-à-dire les pavages entièrement refaits, le balayage ne sera repris que dix jours après l'achèvement des travaux, lorsque les entrepreneurs de la ville auront relevé ou enlevé les résidus du sable répandu pour la consolidation du pavé, et que les agents de l'administration auront averti les propriétaires et locataires que le balayage devra être repris.

En ce qui concerne les pavages en recherches ou réparations partielles, le balayage sera repris dès l'avis donné par les agents de l'administration.

Les sables balayés et relevés avant les dix jours de l'achèvement des travaux ou avant les avis donnés par les agents de l'administration seront répandus de nouveau aux frais des contrevenants.

4. En outre du balayage prescrit par l'article 1er, les propriétaires ou locataires seront tenus de faire gratter, laver et balayer chaque jour les trottoirs existant au devant de leurs propriétés, ainsi que les bordures desdits trottoirs aux heures fixées par l'article 2.

Cette disposition est applicable aux dalles établies dans les contre-allées des boulevards; les propriétaires ou locataires sont tenus de les faire gratter, laver et balayer chaque jour; les boues et ordures provenant de ce balayage seront mises en tas sur la chaussée pavée, le long des ruisseaux, côté des contre-allées, conformément à l'article 1er.

L'eau du lavage du trottoir et des dalles devra être balayée et coulée au ruisseau.

Les propriétaires ou locataires devront également faire nettoyer intérieurement et dégager les gargouilles placées sous les trottoirs des rues et sous les dallages des boulevards, de toutes ordures et objets quelconques qui pourraient les obstruer. Ce nettoiement doit être fait chaque jour aux heures prescrites pour le balayage.

5. Les devantures de boutiques ne pourront être lavées après les heures fixées pour le balayage, et l'eau du lavage devra être balayée et coulée au ruisseau.

6. Dans les rues à chaussée bombée, chaque propriétaire ou locataire doit tenir libre le cours du ruisseau au devant de sa maison; dans les rues à chaussée fendue il y pourvoira conjointement avec le propriétaire ou locataire qui lui fait face.

Les ruisseaux sous trottoirs dits en encorbellement devront être dégagés des boues et ordures et tenus toujours libres et en état de propreté.

Pour prévenir les inondations par suite de pluie ou de dégel, les habitants devant la propriété desquels se trouvent des grilles d'égouts les feront dégager des ordures qui pourraient les obstruer. Ces ordures seront déposées aux endroits indiqués en l'article 1er.

7. Il est prescrit aux entrepreneurs de travaux exécutés sur la voie publique ou dans des propriétés qui l'avoisinent de tenir la voie publique en état constant de propreté aux abords de leurs ateliers ou chantiers et sur tous les points qui auraient été salis par suite de leurs travaux; il leur est également prescrit d'assurer aux ruisseaux un libre écoulement.

En cas d'inexécution, le nettoiement de ces points de la voie publique sera opéré d'office et aux frais des entrepreneurs.

TITRE II. — *Entretien des rues ou parties de rues non pavées.*

8. Il est enjoint à tout propriétaire ou locataire de maisons ou terrains situés le long des rues ou partie de rues non pavées de faire combler chacun en droit soi, les excavations, enfoncements et ornières et d'entretenir le sol en bon état, de conserver et de rétablir les pentes nécessaires pour procurer aux eaux un écoulement facile et de faire en un mot toutes les dispositions convenables pour que la liberté, la sûreté de la circulation et la salubrité ne soient pas compromises.

9. Les concierges, portiers ou gardiens des établissements publics et maisons domaniales sont personnellement responsables de l'exécution des dispositions ci-dessus, en ce qui concerne le balayage de la voie publique, le nettoiement des trottoirs, des ruisseaux, des devantures de boutiques, des grilles d'égouts, ainsi que l'entretien des rues ou parties de rues non pavées, au devant des établissements et maisons auxquels ils sont attachés.

TITRE III. — *Dépôts et projections sur la voie publique, dans la rivière et dans les égouts.*

10. Il est expressément défendu de déposer dans les rues, sur les places, quais, ports, berges de la rivière, et généralement sur aucune partie de la

voie publique, des ordures, immondices, pailles et résidus quelconques de ménage.

Ces objets devront être portés directement des maisons aux voitures du nettoiement et remis aux desservants de ces voitures au moment de leur passage.

Toutefois les habitants des maisons qui n'ont ni cour ni porte cochère pourront déposer les ordures, paille et résidus ménagers, le matin avant sept heures, depuis le 1er avril jusqu'au 1er octobre, et avant huit heures, depuis le 1er octobre jusqu'au 1er avril. En dehors de ces heures il est formellement interdit de faire aucun dépôt de ce genre sur la voie publique.

Ces dépôts devront être faits sur les points de la voie publique désignés en l'article 1er pour la mise en tas des immondices provenant du balayage.

11. Il est interdit de déposer dans les rues, sur les places, les quais, ports, berges de la rivière et généralement sur aucune partie de la voie publique des pierres, terres, sables, gravois et autres matériaux.

Dans le cas où des réparations à faire dans l'intérieur des maisons nécessiteraient le dépôt momentané de terres, sables, gravois et autres matériaux sur la voie publique, ce dépôt ne pourra avoir lieu que sous l'autorisation préalable du commissaire de police du quartier.

La quantité des objets déposés ne devra jamais excéder le chargement d'un tombereau, et leur enlèvement complet devra toujours être effectué avant la nuit. Si, par suite de force majeure, cet enlèvement n'avait pu être opéré complétement, les terres, sables, gravois ou autres matériaux devraient être suffisamment éclairés pendant la nuit.

Sont formellement exceptés de la tolérance, les terres, moellons, ou autres objets provenant des fosses d'aisances; ces débris devront être immédiatement emportés sans pouvoir jamais être déposés sur la voie publique.

En cas d'inexécution, il sera procédé d'office et aux frais des contrevenants, soit à l'éclairage soit à l'enlèvement des dépôts.

12. Il est défendu de déposer sur la voie publique les bouteilles cassées, les morceaux de verre, de poterie, faïence, et tous autres objets de même nature pouvant occasionner des accidents.

Ces objets devront être portés directement aux voitures de nettoiement, et remis aux desservants de ces voitures.

13. Il est interdit aux marchands ambulants de jeter sur la voie publique des débris de légumes ou de fruits, ou tous autres résidus.

Les étalagistes ou tous autres individus autorisés à s'établir sur la voie publique pour y exercer une industrie doivent tenir constamment propres l'emplacement qu'ils occupent ainsi que les abords de cet emplacement.

14. Il est défendu de secouer sur la voie publique des tapis et autres objets pouvant salir ou incommoder les passants, et généralement d'y rien jeter des habitations.

15. Il est défendu de jeter des pailles ou des ordures ménagères à la rivière, sur les berges, sur les parapets, cordons ou corniches des ponts.

16. Il est défendu de jeter des eaux sur la voie publique; ces eaux devront

être portées au ruisseau pour y être versées de manière à ne pas incommoder les passants.

Il est également défendu d'y jeter et faire couler des urines et des eaux infectes.

17. Il est expressément défendu de jeter dans les égouts des urines, des boues et immondices solides, des matières fécales, et généralement tous corps ou matière pouvant obstruer ou infecter lesdits égouts.

TITRE IV. — *Urinoirs publics.* (Voir t. II, p. 576.)

18. Dans les voies publiques où des urinoirs sont établis, il est interdit d'uriner ailleurs que dans ces urinoirs.

Les personnes qui auront été autorisées à établir des urinoirs sur la voie publique devront les entretenir en bon état, et en faire opérer le nettoiement et le lavage assez fréquemment pour qu'ils soient constamment propres et qu'il ne s'en exhale aucune mauvaise odeur.

En cas d'inexécution, il sera pourvu d'office, et aux frais des contrevenants, à la réparation, au nettoiement et au lavage de ces urinoirs.

TITRE V. — *Transport, chargement et déchargement des objets qui seraient de nature à salir la voie publique ou à incommoder les passants.*

19. Ceux qui transporteront des plâtres, des terres, sables, décombres, gravois, mâchefers, fumier, litière et autres objets quelconques qui seraient de nature à salir la voie publique ou à incommoder les passants, devront charger leurs voitures de manière que rien ne s'en échappe et ne puisse se répandre sur la voie publique.

En ce qui concerne le transport des terres, sables, décombres, gravois et mâchefers, les parois des voitures devront dépasser de quinze centimètres au moins toute la partie supérieure du chargement.

Les voitures servant au transport des plâtres, même lorsqu'elles ne seront pas chargées, ne pourront circuler sur la voie publique sans être pourvues d'un about devant et derrière, et sans être recouvertes d'une bâche.

Le déchargement des plâtres devra toujours être opéré avec précaution et de manière à ne pas salir la voie publique ni incommoder les passants.

Le nettoiement des rues ou parties de rues salies par suite de contraventions au présent article sera opéré d'office et aux frais des contrevenants.

20. Lorsqu'un chargement ou un déchargement de marchandises ou de tous autres objets quelconques aura été opéré sur la voie publique dans le cours de la journée, et dans les cas où ces opérations sont permises par les règlements, l'emplacement devra être balayé et les produits du balayage enlevés.

En cas d'inexécution, il y sera pourvu d'office et aux frais des contrevenants.

TITRE VI. — *Transport des matières insalubres.*

21. Les résidus des fabriques de gaz, ceux d'amidonnerie, ceux de féculerie passés à l'état putride, ceux des boyauderies et des triperies; les eaux prove-

nant de la cuisson des os pour en retirer la graisse; celles qui proviennent des fabriques de peignes et d'objets de corne macérée; les eaux grasses destinées aux fondeurs de suifs et aux nourrisseurs de porcs; les résidus provenant des fabriques de colle forte et d'huile de pieds de bœuf; le sang provenant des abattoirs; les urines provenant des urinoirs publics et particuliers; les vases et eaux extraites des puisards et des puits infectés; les eaux de cuisson de têtes et de pieds de mouton; les eaux de charcuterie et de triperie; les raclures de peaux infectes, les résidus provennt de la fonte des suifs, soit liquides, soit solides, soit mi-solides, et en général toutes les matières qui pourraient compromettre la salubrité, ne pourront à l'avenir être transportées dans Paris que dans des tonneaux hermétiquement fermés et lutés.

Toutefois les résidus des féculeries qui ne seront pas passés à l'état putride pourront être transportés dans des voitures parfaitement étanches, et les débris frais des abattoirs, des boyauderies et des triperies, dans des voitures garnies en tôle ou en zinc, étanches également, mais de plus couvertes. Pourront être également transportées de cette manière les matières énoncées dans le paragraphe premier du présent article, lorsqu'il sera reconnu qu'il y a impossibilité de les transporter dans des tonneaux, mais seulement alors pendant la nuit jusqu'à huit heures du matin.

22. Le noir animal ayant servi à la décoloration de sirops et au raffinage des sucres, les os gras et les chiffons non lavés et humides, ne pourront être transportés que dans des voitures bien closes.

23. Les tonneaux servant au transport des peaux en vert et des engrais secs de diverses natures devront être clos et couverts.

Signé : G. Delessert.

Pièce n° 8. — bains. (Arrêté du préfet du département de la Gironde, du 26 septembre 1854 [1].)

Le préfet du département de la Gironde,

Vu un rapport, en date du 19 mai 1854, par lequel le conseil d'hygiène et de salubrité signale la nécessité de soumettre les établissements de bains, de caisses fumigatoires, de bains de vapeur ou bains médicamenteux à la surveillance de l'administration;

Vu les instructions de M. le ministre de l'agriculture, du commerce et des travaux publics, en date du 22 août 1854;

Vu les propositions de M. le maire de Bordeaux, en date du 7 septembre 1854;

Vu l'ordonnance royale en date du 18 juin 1843, et la circulaire émanée du ministre de l'intérieur, en date du 5 juillet suivant;

Vu la loi du 22 germinal an XI;

Considérant qu'il résulte des instructions ci-dessus visées que les bains

[1] Il serait urgent d'étendre les dispositions de cet arrêté aux bains et douches hydrothérapiques, et d'en faire une mesure générale, applicable à tous les établissements de bains publics de Paris et des départements. M. V.

médicamenteux doivent être assimilés aux bains minéraux; que, dès lors, l'administration a le droit et le devoir de les réglementer de façon que la santé des personnes qui les fréquentent soit protégée,

Arrête :

Art. 1er. Les établissements de bains, de caisses fumigatoires, de bains de vapeur ou bains médicamenteux, existant dans le département, seront soumis aux visites ordonnées par les articles 29, 30 et 31 de la loi du 22 germinal an XI.

Art. 2. Aucun bain médicamenteux ne pourra être administré dans les établissements *spéciaux*, sans la prescription écrite d'un médecin, qui devra en fixer, *pour chaque malade, la composition, la température et la durée.*

Art. 3. Le maire de Bordeaux et le jury médical du département sont chargés d'assurer, chacun en ce qui le concerne, l'exécution du présent arrêté.

Fait à Bordeaux, le 26 septembre 1854.

Le préfet de la Gironde, *signé* : E. DE MENTQUE.

Santé publique.

Pièce n° 9. — DANGERS AUXQUELS EXPOSENT LES VAPEURS DE LA BRAISE.
(Instruction rédigée par le conseil de salubrité. 13 octobre 1823.)

Beaucoup de personnes croient qu'on peut, sans danger pour la vie ou la santé, brûler de la braise dans une chambre ou tout autre lieu fermé, et que les vapeurs du charbon sont seules nuisibles.

C'est une erreur funeste qu'il importe d'autant plus de combattre, que chaque année elle coûte la vie à plusieurs individus, et que l'hiver dernier particulièrement elle a donné lieu à des accidents nombreux.

L'autorité agit donc dans l'intérêt général en rappelant, dans une instruction spéciale, les dangers que présente l'usage de la braise, et les premiers moyens à employer pour y remédier.

1° En s'exposant aux vapeurs de la braise allumée, on court le même danger que si on s'exposait aux vapeurs du charbon allumé, c'est-à-dire que les émanations de la braise peuvent causer presque aussi promptement la mort que les émanations du charbon.

2° En conséquence, l'usage d'allumer de la braise et de la laisser plus ou moins consumer dans un vase placé au milieu d'une chambre est des plus dangereux.

3° Alors même que, par l'effet de circonstances particulières qu'il serait trop long de détailler, cette imprudence ne ferait pas instantanément périr ceux qui la commettraient, elle pourrait néanmoins déterminer des maladies très-graves et souvent mortelles.

4° Ainsi toutes les fois que l'on allume de la braise dans une chambre, dans une cuisine, etc., pour se chauffer ou pour tout autre usage, il faut prendre les mêmes précautions que si c'était du charbon; c'est-à-dire

D'HYGIÈNE PUBLIQUE GÉNÉRALE.

XLIX

qu'on ne doit placer la braise allumée que sous une cheminée, afin que le courant d'air entraîne la vapeur malfaisante; il convient même d'aider au tirage de la cheminée en ouvrant les portes ou les fenêtres.

5° Il résulte de ce qui vient d'être dit que vouloir chauffer soit avec de la braise, soit avec du charbon des chambres ou des cabinets habités, qui n'ont pas de cheminées, c'est s'exposer aux plus grands dangers.

6° C'est une erreur de croire qu'un morceau de fer placé sur le brasier en détruit les mauvais effets.

Quelque personnes s'imaginent que, pour éviter tout danger, il suffit de quitter la chambre aussitôt que la braise est allumée, et de n'y rentrer qu'après que la braise est éteinte; c'est également une erreur.

C'en est une enfin de croire qu'on empêche la braise de produire des vapeurs malfaisantes en la couvrant de cendres.

7° Dans les cas d'accidents occasionnés par la vapeur de la braise ou du charbon, il faut, le plus promptement possible, retirer du lieu vicié la personne malade ou paraissant privée de la vie, la placer au grand air, la tête un peu élevée, la débarrasser de tout vêtement capable de la serrer ou de la gêner, l'arroser légèrement et à plusieurs reprises d'eau fraîche ou d'eau et de vinaigre, et réclamer aussitôt les secours d'un homme de l'art [1].

Signé : le vice président et les membres du Conseil de salubrité.

Vu et approuvé la présente instruction, par nous, conseiller d'État, préfet de police, pour être imprimée, affichée et distribuée partout où il en sera besoin dans le ressort de la préfecture de police.

G. DELAVAU.

Pièce n° 10. — INSTRUCTION SUR LES SECOURS A DONNER AUX NOYÉS, ASPHYXIÉS OU BLESSÉS RETIRÉS DE L'EAU, OU TROUVÉS SUR LA VOIE PUBLIQUE ET AUTRES LIEUX, DANS LE RESSORT DE LA PRÉFECTURE DE POLICE. (Arrêté du 1er janvier 1836.)

Nous, conseiller d'État, préfet de police,

Vu l'ordonnance de police d'un de nos prédécesseurs, en date du 2 décembre 1822, et l'instruction qui y est annexée;

Considérant qu'il est utile de renouveler les instructions relatives aux secours à donner aux noyés, asphyxiés ou blessés, et de faire connaître les modifications et les améliorations obtenues par l'expérience, depuis la publication de l'ordonnance précitée, dans la manière d'administrer les secours, pour les rendre plus efficaces;

Vu la loi des 16-24 août 1790;

---

[1] Une ordonnance spéciale, mais en tout conforme à celle qui précède, a été rendue pour défendre les *brazeros* ou les *calorifères portatifs*, dans lesquels on a l'habitude de brûler de la braise sans qu'aucun conduit porte au dehors les produits gazeux de la combustion. Le conseil de la Seine, séance du 27 mai 1853, en a demandé la proscription absolue pour le chauffage des appartements, et surtout des chambres à coucher. Il a, de plus, demandé que ces appareils ne pussent être vendus que revêtus d'une plaque indiquant en gros caractères qu'on ne devait s'en servir que pour *étuves*, ou *séchoirs*, ou *serres*, et ventiler la pièce avant d'y entrer. M. V.

VERNOIS, HYG. IND. I.

d

Vu les articles 2, 24 et 42 de l'arrêté du gouvernement du 12 messidor an VIII (1er juillet 1800),

Et le décret du 13 juin 1811,

Arrêtons ce qui suit :

1. La nouvelle instruction sur les secours à donner aux noyés, et asphyxiés, rédigée par le conseil de salubrité du département de la Seine, sera imprimée, publiée et affichée.

2. Tout individu trouvé blessé sur la voie publique ou retiré de l'eau en état de suffocation ou asphyxié par des vapeurs méphitiques, par le froid ou par la chaleur, devra être immédiatement transporté au dépôt de secours le plus voisin ou dans un hôpital, s'il s'en trouve à proximité, pour y recevoir les secours nécessaires.

3. Lorsqu'un individu sera retiré de la rivière, il ne sera point nécessaire, comme on paraît le croire assez généralement, de lui laisser les pieds dans l'eau jusqu'à l'arrivée des agents de l'autorité; les personnes présentes devront immédiatement lui administrer des secours en attendant l'arrivée des hommes de l'art et des agents de l'autorité.

On devra également porter des secours immédiats à tout individu trouvé en état d'asphyxie par strangulation (pendaison). Les personnes qui arriveront les premières sur le lieu de l'événement devront s'empresser de détacher ou de couper le lien qui entoure le cou.

Les secours à donner dans ce cas sont indiqués par le § 1er, page 13, de l'instruction précitée. (Voyez ci-après.)

4. On ne saurait trop inviter les personnes qui, en attendant l'arrivée d'un médecin, administreront les premiers secours, à ne pas se laisser décourager par le peu de succès de leurs soins et par les signes de mort apparente, attendu que, pour les personnes étrangères à la médecine, rien ne peut faire distinguer la mort réelle de la mort apparente, que la putréfaction.

5. Si l'individu rappelé à la vie a besoin de secours ultérieurs, il sera transporté à son domicile, s'il le demande, sinon à l'hospice le plus prochain.

6. Aussitôt qu'un officier de police judiciaire aura été averti qu'une personne a été asphyxiée, noyée, blessée ou victime de tout autre accident grave, il se transportera à l'endroit où se trouve l'individu ou sur le lieu de l'événement, et il en dressera procès-verbal; il devra être assisté d'un médecin.

Le procès-verbal contiendra :

1° La désignation du sexe, le signalement, les nom, prénoms, qualité et âge de l'individu, s'il est possible de les connaître;

2° La déclaration de l'homme de l'art sur l'état actuel de l'individu ;

3° Les renseignements recueillis sur cet accident;

4° Les dépositions des témoins et de toutes les personnes qui auraient connaissance de l'événement.

7. Il sera alloué à titre d'honoraires, récompense ou salaire, aux per-

sonnes qui auront repêché, secouru ou transporté un noyé, un asphyxié ou blessé,

Savoir :

1° Pour le repêchage d'un noyé rappelé à la vie, vingt-cinq francs; pour le repêchage d'un cadavre, quinze francs ;

2° Pour le transport à l'hospice ou à son domicile d'un noyé, asphyxié ou blessé, de trois à cinq francs, suivant les distances;

Néanmoins les maires des communes du ressort de la préfecture de police pourront, lorsque le transport exigera l'emploi d'une charrette et d'une heval, allouer au commissionnaire la somme qui leur paraîtra rigoureusement juste.

3° A l'homme de l'art, les honoraires déterminés par le décret du 18 juin 1811 (six francs; plus, s'il y a lieu, une indemnité qui sera calculée sur la durée et l'importance des secours).

Ces frais seront payés à la caisse de la préfecture de police, après la réception du procès-verbal et sur le vu des certificats distincts et séparés, qui seront délivrés aux parties intéressées.

Nous nous réservons de faire remettre une médaille de distinction à toute personne qui se serait fait remarquer par son zèle et son dévouement à secourir un noyé ou un asphyxié.

8. Le directeur et le directeur adjoint des secours publics veilleront constamment à l'entretien et à la conservation des brancards et de leurs accessoires, des boîtes de secours et des instruments, médicaments et autres objets qui les composent.

Indépendamment des visites partielles et fréquentes auxquelles ils sont obligés par leurs fonctions, le directeur des secours et son adjoint seront tenus de faire, tous les ans, dans les premiers jours du mois de mai, une visite générale des boîtes et des brancards, pour s'assurer s'ils sont en bon état; ils nous rendront compte du résultat de leur examen, et nous proposeront toutes les mesures qui tendraient à l'amélioration et au perfectionnement du système des secours publics.

9. L'officier de police et le commandant du poste où une personne à secourir aurait été transportée veilleront à ce qu'après l'administration des secours et le transport de l'individu, les brancards et accessoires en dépendant soient rapportés au lieu ordinaire de leur dépôt, comme aussi à ce que les ustensiles et médicaments soient fidèlement réintégrés dans la boîte fumigatoire.

Si quelque ustensile se trouvait dégradé, ou quelque médicament épuisé, l'officier de police ou le commandant du poste nous en rendrait compte immédiatement.

L'un et l'autre veilleront à ce que, dans le cas de déplacement de la boîte de secours, elle soit promptement reportée au lieu ordinaire du dépôt.

10. Les propriétaires des bains chauds et des bains froids établis sur la rivière sont tenus d'avoir à leurs frais et d'entretenir en bon état une boîte de secours dans chacun de leurs établissements.

— Le préfet de police, GISQUET.

Pièce n° 11. — SUR LES SECOURS A DONNER AUX NOYÉS ET ASPHYXIÉS. (Instruction lue, discutée et approuvée par le conseil de salubrité, dans la séance extraordinaire du 29 avril 1842 [1].)

Remarques générales.

1° Les personnes asphyxiées ne sont souvent que dans un état de mort apparente.

2° Rien ne peut faire distinguer aux yeux des personnes étrangères à la médecine la mort apparente de la mort réelle, que la putréfaction.

3° On doit donner des secours à tout individu retiré de l'eau ou asphyxié par d'autres causes, à moins que la putréfaction ne soit évidente.

4° Un séjour de plusieurs heures sous l'eau ou dans tout autre lieu capable de déterminer une asphyxie ne doit pas empêcher d'administrer les secours prescrits.

5° La couleur rouge, violette ou noire du visage, le froid du corps, la roideur des membres, ne sont pas toujours des signes de mort.

6° Les secours les plus essentiels à prodiguer aux asphyxiés peuvent leur être administrés par toute personne intelligente; mais, pour obtenir du succès, il faut les donner sans se décourager, quelquefois pendant plusieurs heures de suite.

On a des exemples d'asphyxiés rappelés à la vie après des tentatives qui avaient duré six heures et plus.

7° Quand il s'agit d'administrer des secours à un asphyxié, il faut éloigner toutes les personnes inutiles; cinq ou six individus suffisent pour les donner; un plus grand nombre ne pourrait que gêner ou nuire.

8° Le local destiné aux secours ne devra pas être trop chaud; la meilleure température est de dix-sept degrés du thermomètre centigrade (quatorze degrés du thermomètre de Réaumur); ce précepte confirme l'utilité de celui qui précède et qui prescrit d'éloigner les personnes inutiles, lesquelles, outre qu'elles encombrent le local et vicient l'air, en élèvent aussi la température.

9° Enfin les secours devront être administrés avec activité, mais sans précipitation et avec ordre.

Asphyxiés par submersion (noyés). — *Règles à suivre pour ceux qui repêchent un noyé.*

1° Dès que le noyé aura été retiré de l'eau, s'il est privé de mouvement et de sentiment, on le tournera sur le côté, et de préférence sur le côté droit. On inclinera légèrement la tête en avant, en la soutenant par le front; on écartera doucement les mâchoires et l'on facilitera ainsi la sortie de l'eau qui pourrait s'être introduite par la bouche et par les narines. On peut même immédiatement après le repêchage du noyé, pour mieux faire sortir l'eau, placer la tête un peu plus bas que le corps, mais il ne faut pas la laisser plus de quelques secondes dans cette position [2].

---

[1] Cette instruction a été imprimée à la place de celle du 1ᵉʳ janvier 1856, comme plus complète.   M. V.

[2] Il faut bien se garder de la pratique suivie par quelques personnes, et qui consiste

2° Pendant cette opération, qui ne devra pas être prolongée au delà d'une minute, on comprimera doucement et par intervalles le bas-ventre de bas en haut, et l'on en fera en même temps autant pour chaque côté de la poitrine, afin de faire exercer à ces parties les mouvements qu'elles exécutent lorsqu'on respire.

3° Si le noyé est assez près du dépôt de secours pour qu'il puisse y être transporté en moins de cinq à six minutes, soit par eau soit par terre, on le couchera, dans la première supposition, dans le bateau, de manière que la poitrine et la tête soient beaucoup plus élevées que les jambes. Dans le second cas, on le placera sur le brancard, de manière qu'il y soit presque assis, et on le transportera le plus promptement possible, mais en évitant les secousses, jusqu'au lieu où d'autres secours devront lui être donnés.

4° Si le noyé est trop éloigné du lieu où les secours devront lui être administrés pour que le transport puisse être effectué en moins de cinq à six minutes, et si la température est au-dessous de zéro (s'il gèle), il convient d'ôter les vêtements du noyé, en s'aidant de ciseaux, afin de procéder plus vite, d'essuyer le corps, de l'envelopper dans une ou plusieurs couvertures de laine, ou encore, à défaut de couvertures, de l'entourer de foin, en laissant toujours la tête libre, et de le porter ainsi au lieu où l'on devra continuer les secours.

Des soins à donner lorsque le noyé est arrivé au dépôt des secours médicaux.

1° Dès l'arrivée d'un noyé, ou avant si on le peut, on enverra chercher un médecin ou un chirurgien.

2° Immédiatement après l'arrivée du noyé, s'il est encore habillé, on lui ôtera ses vêtements, et, pour aller plus vite, on les coupera avec des ciseaux. On essuiera son corps, on lui mettra une chemise ou peignoir ainsi qu'un bonnet de laine, et on le posera doucement sur une paillasse ou sur un matelas placé sur une table, entre deux couvertures de laine. La tête et la poitrine devront être plus élevées que les jambes.

3° On couchera une ou deux fois le corps sur le côté droit, on fera légèrement pencher la tête en la soutenant par le front, pour faire rendre l'eau. Cette opération ne devra durer qu'une demi-minute chaque fois. Il est inutile de la répéter s'il ne sort pas d'eau ou de mucosités (des glaires, de l'écume).

4° On imitera les mouvements que font la poitrine et le ventre lorsqu'on respire, en exerçant avec les mains sur ces parties, comme cela a été déjà dit plus haut, des compressions douces et lentes. On laissera un repos d'environ un quart de minute entre chaque opération. On réitérera cette tentative de temps à autre (de dix minutes en dix minutes, plus ou moins).

5° Tout en exerçant ces compressions, on s'occupera d'aspirer l'eau, l'écume ou les mucosités qui pourraient obstruer les voies de la respiration.

A cet effet, on prend la seringue à air (seringue d'étain, munie d'un ajutage en cuivre), on pousse le piston jusqu'à l'ajutage, on enduit cet ajutage de suif, •

à pendre le malade par les pieds, dans l'intention de lui faire rendre l'eau qu'il pourrait avoir avalée. Cette pratique est excessivement dangereuse. M. V.

ou mieux encore d'un mélange de mine de plomb et de graisse; on le place dans la douille en cuivre du tuyau flexible, on l'y fixe par une fermeture à baïonnette; on introduit ensuite la canule du tuyau flexible dans une des narines que l'on fait tenir complétement fermée par un aide, ainsi que l'autre narine et la bouche, en rapprochant les lèvres; enfin on tire doucement et graduellement vers soi le piston de la pompe ou seringue.

Si, par ce moyen, on avait aspiré beaucoup de mucosités, et s'il en sortait encore par la bouche ou les narines, il serait utile de répéter cette opération.

Quand il s'agit d'un enfant au-dessous de trois ans, on n'aspire chaque fois que jusqu'au quart de la capacité de la seringue. Pour un enfant plus âgé (jusqu'à douze ou quinze ans), on aspire jusqu'à la moitié; et s'il s'agit d'un adulte, on peut aspirer jusqu'à la capacité entière de la seringue.

6° Aussitôt que la respiration tend à se rétablir, c'est-à-dire dès qu'on s'aperçoit que le noyé happe pour ainsi dire l'air, il faut cesser toute aspiration ou tout autre moyen spécialement dirigé vers le rétablissement de cette fonction.

7° Si les mâchoires sont serrées l'une contre l'autre, surtout si le noyé a toutes ses dents et qu'elles laissent peu d'interstices entre elles, il convient alors d'écarter très-légèrement les mâchoires, en employant le petit levier en buis. On maintiendra l'écartement obtenu en plaçant entre les dents un morceau de liége ou de bois tendre. Cette opération devra être exécutée avec ménagement et sans violence.

8° Dès le commencement des opérations qui viennent d'être décrites, c'est-à-dire dès l'arrivée du noyé, un des aides s'occupera de tout ce qui est nécessaire pour réchauffer le corps.

9° Pendant qu'on s'occupera de rétablir la respiration, l'aide remplira d'eau le caléfacteur, et versera dans la galerie inférieure l'alcool nécessaire pour la porter à l'ébullition : une fois que cet alcool sera éteint, il introduira l'eau chaude dans la bassinoire; on promènera la bassinoire par-dessus le peignoir de laine sur la poitrine, le long de l'épine du dos et sur le bas-ventre, en s'arrêtant plus longtemps sur le creux de l'estomac et aux plis des aisselles. On frictionnera les cuisses et les extrémités inférieures avec des frottoirs en laine préalablement échauffés, la plante des pieds et l'intérieur des mains avec des brosses, sans cependant trop appuyer, surtout au commencement de l'opération.

10° Quels que soient les moyens qu'on emploie pour réchauffer le corps d'un noyé, il faut se régler sur la température extérieure. Tant qu'il ne gèle pas on peut être moins circonspect. Cependant, il ne faut jamais chercher, dès le début des secours particulièrement, à exposer le corps du noyé à une chaleur supérieure à trente-cinq degrés centigrade. La bassinoire a, il est vrai, un degré de chaleur plus élevé; mais, comme elle agit à travers une couverture ou une chemise de laine, et ne reste pas longtemps appliquée à la même place, son action se trouve par cette raison suffisamment affaiblie.

Si, au contraire, il gèle, et que le noyé, après avoir été retiré de l'eau, soit resté assez longtemps exposé à l'air froid pour que des glaçons se soient formés sur son corps, il faut alors, aussitôt qu'il arrive et même avant, ouvrir les portes ainsi que les fenêtres, afin d'abaisser la température au degré de glace fondante (ce qu'on constate par le thermomètre), lui appliquer sur le corps des compresses ou linges trempés dans de l'eau à zéro, dont on élève peu à peu la température. Cette opération doit toutefois s'opérer plus promptement pour les noyés que pour les asphyxiés par l'action du froid seulement, et sans qu'il y ait eu submersion. On peut, chez les submergés, élever la température de deux degrés toutes les deux minutes, et, lorsqu'on est arrivé à vingt degrés, avoir recours aux frictions, ainsi qu'à la chaleur sèche. Il faudra en même temps élever la température du lieu où l'on donne les secours en refermant les portes et les fenêtres. Il ne faut cependant pas que la chaleur du local arrive plus haut que dix-sept degrés du thermomètre centigrade (quatorze degrés du thermomètre de Réaumur).

11° Tout en employant les moyens nécessaires pour réchauffer le noyé et rétablir la respiration, on le frictionnera avec des frottoirs de laine chauds sur les cuisses, les bras, et de temps à autre de chaque côté de l'épine du dos ; on brossera doucement, mais longtemps, la plante des pieds, ainsi que le creux des mains. On pourra frotter aussi avec les frottoirs en laine le creux de l'estomac, les flancs, le ventre et les reins, dans les intervalles où l'on ne promènera pas la bassinoire.

12° Si le malade donne quelques signes de vie, il faut continuer les frictions et l'emploi de la chaleur, mais bien se garder d'entreprendre rien qui puisse gêner, même légèrement, la respiration. Si le noyé fait des efforts pour respirer, il faut discontinuer pendant quelque temps toute manœuvre qui pourrait comprimer la poitrine ou le bas-ventre.

13° Si, pendant les efforts plus ou moins pénibles que fait le noyé pour aspirer l'air, ou pour le faire sortir, on s'aperçoit qu'il a des envies de vomir, il faut provoquer le vomissement en chatouillant le fond de la bouche avec la barbe d'une plume.

14° Dans aucun cas il ne faut introduire le moindre liquide dans la bouche d'un noyé, à moins qu'il n'ait repris ses sens et qu'il ne puisse facilement avaler.

15° Si le médecin n'est pas encore arrivé, on peut faire prendre au malade une cuillerée d'eau-de-vie camphrée ou d'eau de mélisse spiritueuse mêlée à une cuillerée d'eau, et le coucher dans un lit bassiné, ou du moins sur un brancard garni d'un matelas et d'une couverture, en ayant soin de tenir la tête élevée.

16° Si le ventre est tendu, on donne un lavement d'eau tiède dans laquelle on a fait fondre une forte cuillerée à bouche de sel. Mais il ne faut jamais employer ce moyen avant que la respiration et la chaleur soient bien rétablies.

17° Dans le cas où, après une demi-heure de secours assidûment administrés, le noyé ne donnerait aucun signe de vie, et si le médecin n'était pas encore arrivé, on pourrait recourir à l'insufflation de fumée de tabac dans le fondement.

Voici la manière de la pratiquer :

L'appareil qui sert à cet usage se nomme appareil fumigatoire. Pour le mettre en jeu, on humecte du tabac à fumer, on en charge le fourneau formant le corps de machine fumigatoire, et on l'allume avec un morceau d'amadou ou avec un charbon ; ensuite on adapte le soufflet à la machine : quand on voit la fumée sortir abondamment du bec du chapiteau, on y adapte le tuyau fumigatoire, au bout duquel on ajoute la canule qu'on introduit dans le fondement du noyé.

On fait mouvoir le soufflet, afin de pousser la fumée dans les intestins du noyé. Si la canule se bouche en rencontrant des matières dans le fondement, ce qu'on reconnait à la sortie de la fumée au travers des jointures de la machine, ou à la résistance du soufflet, on la nettoie à l'aide de l'aiguille à dégorger, et l'on recommence, en ayant soin de ne pas introduire la canule aussi profondément.

Chaque injection de fumée devra durer une à deux minutes au plus, et dans aucun cas elle ne devra être portée au point qu'on s'aperçoive que le ventre se ballonne (qu'il augmente d'une manière sensible de volume, qu'il se gonfle et se tende).

Après chaque opération, qu'on pourra répéter plusieurs fois de quart d'heure en quart d'heure, on exercera à plusieurs reprises une légère pression sur le bas-ventre, de haut en bas, et, avant de procéder à une nouvelle fumigation, on introduira dans le fondement une canule fixée à une seringue ordinaire vide, dont on tirera le piston vers soi, de manière à retirer l'air que les intestins pourraient contenir en trop.

18° Quand le noyé revient à la vie, il faut, si on ne peut pas faire autrement, le porter sur le brancard à l'hôpital le plus voisin. Mais, lorsqu'on peut disposer d'un lit, on le bassine et on y laisse reposer le malade pendant une heure ou deux. S'il s'y endort d'un bon sommeil, il faut le laisser dormir. Si, au contraire, sa face, de pâle qu'elle était, se colore fortement pendant l'envie de dormir, et qu'en se réveillant le malade retombe aussitôt dans un état de somnolence, on doit préparer des sinapismes (pâte de farine de moutarde et d'eau tiède) et lui en appliquer entre les épaules, ainsi qu'à l'intérieur des cuisses et des mollets. On lui posera en même temps six à huit sangsues derrière chaque oreille. Il est entendu qu'on n'aura recours à ces moyens qu'autant qu'il n'y aurait pas de médecin présent ; car, dans le cas contraire, ce serait à lui à décider s'il faut tirer du sang, en quelle quantité, sur quel point et par quel moyen.

Asphyxiés par les gaz méphitiques.

On comprend sous la dénomination générale d'asphyxies par les gaz méphitiques, les asphyxies produites par la vapeur du charbon, par les émanations des fours à chaux, des fosses d'aisances, des puits, des puisards, des citernes, des égouts, des cuves à vin, bière, cidre, vinaigre, des caves renfermant de la drèche, en un mot par les gaz impropres à la respiration.

Tous peuvent être traités par les moyens qui suivent :

1° Il faudra sortir promptement l'asphyxié du lieu méphitisé et l'exposer au grand air.

2° On le déshabillera avec le plus de promptitude possible ; mais, si l'asphyxie a lieu dans une fosse d'aisances, on arrosera préalablement le corps de l'asphyxié avec de l'eau chlorurée[1], et on le déshabillera immédiatement après, afin d'éviter le danger auquel on s'exposerait en approchant trop près de son corps.

3° On place le malade assis dans un fauteuil ou sur une chaise, on le maintient dans cette position. Un aide placé derrière lui lui soutient la tête. On lui jette avec force de l'eau froide par potée sur le corps, et principalement au visage ; cette opération doit être continuée longtemps, surtout dans l'asphyxie par la vapeur du charbon, des cuves en fermentation, en un mot, dans l'asphyxie par le gaz acide carbonique.

4° De temps à autre on s'arrête pour provoquer la respiration en comprimant à plusieurs reprises la poitrine de tous côtés, en même temps que le bas-ventre de bas en haut, comme il a été dit pour les noyés.

5° Si l'asphyxié commence à donner quelques signes de vie, il ne faut pas discontinuer les affusions d'eau froide ; seulement il faut faire attention, dès qu'il fait quelques efforts pour respirer, de ne plus lui jeter de l'eau de manière qu'elle puisse entrer dans la bouche.

6° S'il fait quelques efforts pour vomir, il faut lui chatouiller l'arrière-bouche avec la barbe d'une plume.

7° Dès qu'il pourra avaler, il faudra lui faire boire de l'eau vinaigrée.

8° Lorsque la vie sera rétablie, il faudra, après avoir bien essuyé le malade, le coucher dans un lit bassiné, et donner un lavement avec de l'eau dégourdie dans laquelle on aura fait fondre gros comme une noix de savon, ou encore, à laquelle on aura ajouté, pour chaque lavement, deux cuillerées à bouche de vinaigre.

C'est au médecin à juger s'il y a lieu de donner un vomitif ; c'est à lui aussi à choisir les moyens de traitement à employer après que l'asphyxié est revenu à la vie.

Asphyxiés par la foudre.

Lorsqu'une personne aura été asphyxiée par la foudre, il faut immédiatement la porter au grand air, si elle n'y est déjà, la dépouiller promptement de ses vêtements, faire des affusions d'eau froide pendant un quart d'heure, pratiquer des frictions aux extrémités, et chercher à rétablir la respiration

---

[1] *Préparation de l'eau chlorurée.* — Prenez :

    Chlorure de chaux sec. . . 30 grammes.
    Eau. . . . . 1 litre.

On verse sur le chlorure de chaux une petite quantité d'eau, pour l'amener à l'état pâteux ; puis on le délaye dans la quantité d'eau indiquée. On tire la liqueur à clair, et on la conserve dans des vases de verre ou de grès bien fermés.

On peut aussi employer avec avantage l'eau chlorurée préparée avec le chlorure d'oxyde de sodium, en mettant quarante grammes de chlorure dans un demi-litre d'eau. M. V.

par des compressions intermittentes de la poitrine et du bas-ventre (comme pour les noyés).

Asphyxiés par le froid.

Lorsque la mort apparente a été produite par le froid, il est de la plus haute importance de ne rétablir la chaleur que lentement et par degrés. Un asphyxié par le froid qu'on approcherait du feu, ou que, dès le commencement des secours, on ferait séjourner dans un lieu même médiocrement échauffé, serait irrévocablement perdu. Il faut en conséquence ouvrir les portes et les fenêtres de la chambre où l'on se propose de secourir un asphyxié par le froid, afin que la température de cette chambre ne soit pas plus élevée que celle de l'air extérieur.

On emploiera les moyens suivants :

1° On portera l'asphyxié, le plus promptement possible, de l'endroit où il a été trouvé au lieu où il devra recevoir des secours ; pendant ce transport on enveloppera le corps d'une couverture, ou bien, à défaut de couverture, de paille ou de foin, en laissant cependant la face libre. On évitera aussi de faire faire au corps, et surtout aux membres, des mouvements brusques.

2° On déshabillera l'asphyxié, et l'on couvrira tout son corps, y compris les membres, de linges trempés dans de l'eau froide, et qu'on rendra plus froide encore en y ajoutant des glaçons concassés. Il est préférable, toutes les fois que cela est possible, de se procurer une baignoire et d'y mettre l'asphyxié dans une assez grande quantité d'eau froide pour que tout son corps et surtout les membres en soient couverts. On aura soin, dans ces opérations, d'enlever les glaçons qui pourraient se former à la surface du corps.

3° Lorsque le corps commencera à être dégelé, que les membres auront perdu leur roideur et offriront de la souplesse, on fera exercer à la poitrine ainsi qu'au ventre quelques mouvements (comme pour les noyés), afin de provoquer la respiration. Ces mouvements consistent à comprimer doucement, et par intervalles, le ventre de bas en haut, et la poitrine de chaque côté, dans le but de faire exercer à ces parties les mouvements qu'elles exécutent lorsqu'on respire. On fera en même temps des frictions sur le corps, soit avec de la neige, si on peut s'en procurer, soit avec des linges trempés dans de l'eau froide.

4° Si, dans ces circonstances, la roideur a cessé et que le malade soit dans un bain, l'on en augmentera la température de trois à quatre degrés de dix minutes en dix minutes, jusqu'à la porter peu à peu à trente-cinq degrés du thermomètre centigrade (vingt-huit degrés du thermomètre de Réaumur). Si on ne peut pas disposer d'une baignoire, il faut se servir des linges dont on enveloppe le corps ou avec lesquels on le frotte.

5° Lorsque le corps commence à devenir chaud, ou qu'il se manifeste des signes de vie, on l'essuie avec soin et on le place dans un lit, mais qui ne doit pas être plus chaud que l'asphyxié. Il ne faut pas non plus qu'il y ait du feu dans la pièce où est le lit avant que le corps ait recouvré entièrement sa chaleur naturelle.

6° Lorsque le malade commence à pouvoir avaler, on lui fait prendre une tasse d'eau froide, à laquelle on aura ajouté une cuillerée à café d'eau de mélisse.

7° Si le malade continuait d'avoir de la propension à l'engourdissement, on lui ferait boire un peu d'eau vinaigrée, et, si cet assoupissement était profond, on administrerait des lavements irritants, soit avec de l'eau et du sel [1], soit avec de l'eau de savon.

Il est utile de faire observer que, de toutes les asphyxies, l'asphyxie par le froid offre, selon l'expérience des pays septentrionaux, le plus de chance de succès, même après douze ou quinze heures de mort apparente.

Asphyxiés par strangulation ou suspension (pendaison).

1° La première opération à pratiquer, c'est de détacher ou plutôt, pour aller plus vite, de couper le lien qui entoure le cou, et, s'il y a suspension (pendaison), de descendre le corps en le soutenant de manière qu'il n'éprouve aucune secousse; tout cela sans délai et sans attendre l'arrivée de l'officier public; défaire les jarretières, la cravate, les cordons de jupes, le corset, la ceinture de culotte; en un mot, toute pièce de vêtement qui pourrait gêner la circulation.

2° On placera le corps, toujours sans lui faire éprouver de secousses, selon que les circonstances le permettront, sur un lit, sur un matelas, sur de la paille, etc., de manière cependant qu'il y soit commodément, et que la tête, ainsi que la poitrine, soit plus élevée que le reste du corps.

3° Si le corps est dans une chambre, on doit veiller à ce qu'elle ne soit ni trop chaude ni trop froide, et à ce qu'elle soit aérée

4° Il est instant d'appeler le plus tôt possible un homme de l'art, parce que la question de savoir s'il faut ou s'il ne faut pas faire une saignée, reposant en grande partie sur des connaissances anatomiques relatives à la direction de la corde ou du lien [2], il n'y a que le médecin qui puisse bien apprécier les circonstances que présente cette direction.

5° Si, après l'enlèvement du lien, les veines du cou sont gonflées, la face rouge tirant sur le violet; si l'empreinte produite par le lien est noirâtre, et si l'homme de l'art tarde d'arriver, on peut mettre derrière les oreilles ainsi qu'à chaque tempe six à huit sangsues.

---

[1] Une grande cuillerée de sel dans le lavement entier.

[2] *Note commémorative pour les gens de l'art.* — Les pendus ou étranglés meurent d'apoplexie, lorsque le lien a été placé autour du cou de manière à comprimer de préférence les gros vaisseaux du cou et à empêcher ainsi le reflux du sang des parties situées au-dessus de la constriction. D'autres, au contraire, meurent par suffocation, parce que le lien placé entre le larynx et l'os hyoïde ferme aussitôt, par l'abaissement de l'épiglotte, l'entrée du larynx, et que, d'une autre part, le lien, s'appuyant sur l'angle de la mâchoire et sur l'apophyse mastoïde, ne comprime pas assez les vaisseaux du cou pour empêcher le retour du sang du cerveau. Quant au genre de mort mixte, produit à la fois par l'apoplexie et par la suffocation, il a lieu vraisemblablement lorsque le lien est placé de manière à interrompre la sortie ainsi que l'entrée de l'air, et en même temps le retour du sang de la tête. Ce double effet peut être produit par le lien placé au-dessous du larynx dans une direction horizontale autour du cou. Dans ce cas, la trachée-artère et les vaisseaux du cou sont comprimés en même temps. M. V.

6° Si la suspension ou la strangulation a eu lieu depuis peu de minutes, il suffit quelquefois, pour rappeler à la vie, de faire des affusions d'eau froide sur la face, d'appliquer sur le front et sur la tête des linges trempés dans de l'eau froide, de faire en même temps des frictions aux extrémités inférieures.

7° Dans tous les cas, il faut dès le commencement exercer sur la poitrine et le bas-ventre des compressions intermittentes comme pour les noyés, afin de provoquer la respiration.

8° On ne négligera pas non plus de frictionner l'asphyxié avec des flanelles, des brosses, surtout à la plante des pieds et dans le creux des mains.

9° Les lavements ne peuvent être utiles que lorsque le malade a commencé à donner des signes non équivoques de vie.

10° Dès qu'il peut avaler, on lui fait prendre par petites quantités de l'eau tiède additionnée d'un peu d'eau de mélisse, de vin ou d'eau-de-vie.

11° Si, après avoir été complétement rappelé à la vie, il éprouve des étourdissements, de la stupeur, les applications d'eau froide sur la tête deviennent utiles.

12° En général, il doit être traité après le rétablissement de la vie avec les mêmes précautions que les autres asphyxiés.

Asphyxiés par la chaleur.

1° Si l'asphyxie a eu lieu par l'effet du séjour dans un lieu trop chaud, il faut porter l'asphyxié dans un endroit plus frais, mais pas trop froid.

2° Le débarrasser de tout vêtement qui pourrait gêner la circulation.

3° Le médecin seul peut décider s'il y a lieu à tirer du sang.

4° Les bains de pied médiocrement chauds, auxquels on peut ajouter des cendres ou du sel, sont indiqués.

5° Lorsque le malade peut avaler, il faut lui faire boire, par petites gorgées, de l'eau froide, acidulée par du vinaigre ou du jus de citron, et lui donner des lavements d'eau vinaigrée, mais un peu plus chargée en vinaigre que l'eau destinée à être bue.

Les boissons échauffantes sont toujours nuisibles en pareil cas.

6° Si la maladie persiste, et si elle fait des progrès, on peut, sans attendre l'arrivée du médecin, appliquer huit à dix sangsues derrière les oreilles ou à l'anus.

7° Si l'asphyxie a été déterminée par l'action du soleil, comme cela arrive surtout aux moissonneurs et aux militaires, le traitement est le même; mais il faut, dans ce cas, lorsque le malade ne sue plus, insister sur les applications d'eau froide sur la tête.

Détail des objets contenus dans les boîtes ou armoires de secours, suivant l'ordre dans lequel on les emploie ordinairement.

1° Une paire de ciseaux de seize centimètres de long, à pointes mousses; 2° un peignoir en laine; 3° un bonnet de laine; 4° une seringue ou pompe à air avec son tuyau élastique et sa canule à narine; 5° une petite boîte contenant un mélange de graisse et de mine de plomb, pour graisser l'ajutage et la douille de la seringue à air; 6° un levier en buis; 7° un caléfacteur de demi-litre à un litre; 8° deux frottoirs en laine; 9° deux brosses; 10° une bassinoire à eau bouillante; 11° le corps de la machine fumigatoire; 12° son soufflet; 13° un tuyau et une canule fumigatoire; 14° une boîte contenant du tabac à fumer; 15° une seringue à lavement avec canule; 16° une aiguille à dégorger la canule; 17° des plumes pour chatouiller la gorge; 18° une cuiller étamée; 19° un gobelet d'étain; 20° un biberon; 21° une bouteille contenant de l'eau-de-vie camphrée; 22° un flacon contenant de l'eau de mélisse spiritueuse; 23° un flacon renfermant un demi-litre d'alcool; 24° une petite boîte renfermant plusieurs paquets d'émétique; 25° dix centigrammes de chlorure de chaux en poudre; 26° un flacon de deux cents grammes de vinaigre; 27° cent grammes de sel en trois paquets; 28° des bandes à saigner, des compresses et de la charpie; 29° un nouet de soufre et de camphre pour la conservation des objets en laine; 30° une palette; 31° un briquet.

Outre ces objets, on placera un thermomètre centigrade dans chaque localité où ce placement pourra avoir lieu.

Lu et adopté en conseil, après délibération, séance du 20 mai 1842.

Signé : HUZARD, vice-président; CADET DE GASSICOURT, secrétaire.

Vu et approuvé pour être imprimé et distribué dans les postes de secours.

Le conseiller d'État, préfet de police, G. DELESSERT.

Pièce n° 12. — SECOURS A DONNER AUX BLESSÉS [1]. (Instruction du conseil de salubrité du 6 septembre 1850.)

Lorsqu'une personne est trouvée blessée sur la voie publique, les premiers secours à lui donner, en attendant l'arrivée de l'homme de l'art, qu'il faut toujours appeler immédiatement, sont :

1° *Dans tous les cas*, relever le blessé avec précaution, et le conduire ou le transporter sur un brancard [2], au poste le plus voisin, ou dans le lieu le plus rapproché où il puisse être secouru;

2° *En cas de plaie*, si le médecin tarde à arriver, et s'il paraît y avoir du danger, il faut découvrir doucement la partie blessée, en coupant, s'il est nécessaire, les vêtements avec des ciseaux; afin de s'assurer de l'état de la blessure. On lavera celle-ci avec une éponge ou du linge imbibé d'eau fraîche, pour la débarrasser du sang ou des corps étrangers qui peuvent la souiller;

3° *S'il n'y a qu'une simple coupure*, et que le sang soit arrêté, on doit rapprocher les bords de la plaie et les maintenir en cet état, en la couvrant d'un morceau de taffetas gommé, dit taffetas d'Angleterre, ou de bandelettes de sparadrap, qu'on aura pris soin de passer devant une bougie allumée, ou au-dessus de charbons ardents, pour les ramollir et les rendre collantes;

[1] Voir l'ordonnance du 17 juillet 1850.
[2] Le brancard devra être tout à la fois solide et léger, muni d'une couverture, et disposé de manière à pouvoir être facilement et entièrement entouré d'une toile cirée, avec fenêtre ménagée devant la figure du blessé. M. V.

4° *En cas de contusion ou de bosses*, il faut appliquer sur la partie des compresses imbibées d'eau fraîche, avec addition d'extrait de Saturne, quinze à vingt gouttes d'extrait de Saturne pour un verre d'eau; à défaut d'extrait de Saturne, on peut se servir de sel commun. Ces compresses seront mainte-nues en place au moyen d'un mouchoir ou de tout autre bandage, médio-crement serré, et on les arrosera fréquemment, afin de les tenir humides.

5° *S'il y a perte de sang abondante*, ou hémorrhagie par une plaie, on de-vra chercher à l'arrêter en appliquant sur cette plaie, soit des morceaux d'amadou, soit des gâteaux de charpie, soutenus au moyen de la main, d'un mouchoir ou de tout autre bandage qui comprime suffisamment, sans exagération.

Si le sang s'échappe par un jet rouge, écarlate, saccadé, et que le blessé soit pâle, défaillant, menacé de mourir par hémorrhagie, il importe d'exer-cer de suite avec les doigts une forte compression sur l'endroit d'où part le sang. Cette compression sera remplacée ensuite par un tampon d'amadou, de charpie ou de linge, appliqué sur la plaie ou au-dessus d'elle, et maintenue par une bande assez serrée, sans l'être cependant au point d'étrangler le membre.

6° *Si le blessé crache ou vomit du sang*, il faut le placer sur le dos ou sur le côté correspondant à la blessure, la tête et la poitrine élevées, doucement soutenues, et lui faire prendre par petites gorgées de l'eau fraîche.

Les plaies qui peuvent exister à l'extérieur, et qui fournissent aussi du sang, seront fermées au moyen d'un linge fin posé sur elles, et d'un gâteau de charpie surmonté de compresses et d'un bandage. Des compresses trem-pées dans de l'eau fraîche, pourront, en outre, être appliquées sur la poi-trine ou sur le creux de l'estomac.

7° *Dans le cas de brûlure*, il faut conserver et replacer avec le plus grand soin les parties d'épiderme soulevées ou en partie arrachées.

On percera les cloques ou ampoules avec une épingle, et on en fera sortir le liquide. On couvrira ensuite la partie brûlée d'un linge fin enduit de cé-rat, ou trempé dans de l'huile d'amandes douces, et on placera par-dessus ce linge des compresses imbibées d'eau fraîche, que l'on arrosera fréquem-ment.

8° *Dans le cas de foulure ou d'entorse*, il faut plonger, s'il est possible, la partie blessée dans un vase rempli d'eau fraîche, et l'y maintenir pendant très-longtemps, en renouvelant l'eau à mesure qu'elle s'échauffe. Si la partie ne peut être plongée dans l'eau, il faut la couvrir ou l'envelopper de com-presses imbibées d'eau, que l'on entretiendra fraîche au moyen d'un arro-sement continuel.

9° *Dans le cas de luxation ou déboîtement*, il faut éviter avec le plus grand soin de faire exécuter au membre malade aucun mouvement brusque et étendu. On se contentera de soutenir et placer ce membre dans la position qui occasionne le moins de douleur au blessé, et l'on attendra ainsi l'arrivée du chirurgien.

10° *Dans le cas de fracture*, il faut éviter, plus encore que dans le cas de luxation, d'imprimer au membre blessé aucun mouvement inutile. Pendant le transport du blessé, on doit le porter ou le soutenir avec la plus grande précaution.

S'il s'agit du bras, de l'avant-bras ou de la main, on rapprochera doucement le membre du corps, et on le soutiendra avec une écharpe dans la position qui sera la moins pénible pour le blessé.

Si le mal existe à la cuisse ou à la jambe, il faudra, après avoir placé doucement le blessé sur le brancard ou sur un lit, étendre avec précaution le membre fracturé sur un oreiller, et l'y maintenir à l'aide de deux ou trois rubans suffisamment serrés par-dessus l'oreiller. On peut aussi, à défaut de ce moyen, rapprocher le membre blessé à côté du membre sain, et les unir ensemble dans toute leur longueur, sans trop les serrer, mais de manière que le membre sain soutienne l'autre, et prévienne le dérangement de la fracture. Un point important est de soutenir le pied, et de l'empêcher de tomber au dedans ou au dehors.

11° *Dans le cas de syncope ou de perte de connaissance*, il faut tout d'abord desserrer les vêtements, enlever ou relâcher tous les liens qui peuvent comprimer le cou, la poitrine ou le ventre. On couchera ensuite le blessé horizontalement, la tête médiocrement élevée, et on s'efforcera de le ranimer au moyen de fortes aspersions d'eau fraîche sur le visage, de frictions sur les tempes et autour du nez avec du vinaigre. On pourra passer un flacon d'ammoniaque sous les narines, sans l'y laisser séjourner; on fera des frictions sur la région du cœur avec de l'alcool camphré ou toute autre liqueur spiritueuse. Ces secours doivent quelquefois être prolongés longtemps avant de produire le rappel à la vie. Si le blessé a perdu beaucoup de sang, et s'il est froid, il faut pratiquer sur tout le corps des frictions avec de la flanelle, le couvrir avec soin, et réchauffer son lit.

Lorsque la syncope commence à se dissiper, et que le blessé reprend ses facultés, on peut lui faire avaler de l'eau sucrée avec quelques gouttes d'eau spiritueuse.

Lorsque la perte de connaissance est accompagnée de blessures considérables au crâne, il faut se contenter de placer le blessé dans la situation la plus commode, la tête médiocrement soulevée, maintenir la chaleur du corps, surtout des pieds, et attendre l'arrivée du médecin.

Si le blessé est dans un état d'ivresse qui paraisse dangereux par l'agitation extrême qu'il excite, ou par l'anéantissement profond des forces qu'il détermine, on peut lui faire prendre par gorgées, à quelques minutes d'intervalle, un verre d'eau légèrement sucrée, avec addition de dix à quinze gouttes d'ammoniaque. Si l'on peut se procurer de l'acétate d'ammoniaque, cette substance, à la dose de vingt à vingt-cinq gouttes, devra être préférée à l'ammoniaque. L'administration de l'une ou de l'autre de ces préparations pourra être répétée une fois, s'il en est besoin.

Il importe de se rappeler qu'un nombre trop grand de personnes autour des individus blessés ou autres, qui ont besoin de secours, est toujours nuisible. Pour être efficaces, ces secours doivent être donnés avec calme, et appropriés exactement aux différents cas spécifiés dans la présente instruction.

Lu et approuvé dans la séance du 6 septembre 1850.

Vu et approuvé la présente instruction pour être annexée à notre ordonnance du 17 juillet 1850.

Paris, le 17 septembre 1850.

Le préfet de police, P. CARLIER.

État des objets que doivent contenir les boîtes à pansement.

1° Une paire de ciseaux de seize centimètres de long à pointes mousses; 2° cinq coussins de balle d'avoine (deux longs pour la cuisse, et trois plus courts pour la jambe); 3° deux attelles pour fracture de cuisse; 4° trois attelles pour fractures de jambe; 5° deux attelles pour fractures d'avant-bras; 6° trois attelles pour fractures de bras; 7° deux pièces de toile pour drap fanon, pour cuisse et pour jambe; 8° une pièce de ruban de fil écru; 9° un vase en cuir bouilli; 10° une éponge et son enveloppe en taffetas gommé; 11° étui, épingles, aiguilles et fil; 12° quatre grands flacons contenant : dextrine, — alcool, — vulnéraire, — alcool camphré, — acétate de plomb liquide; 13° quatre petits flacons contenant : éther, — ammoniaque liquide, — vinaigre des quatre voleurs, — alcool de mélisse; 14° bandes; 15° compresses; 16° charpie; 17° sparadrap; 18° gobelet d'étain; 19° cuiller en fer étamé; 20° palette pour la saignée; 21° agaric de chêne.

Pièce n° 13. — DISTANCE FIXÉE POUR LES CONSTRUCTIONS DANS LE VOISINAGE DES CIMETIÈRES HORS DES COMMUNES [1]. (Décret du 7 mars 1808.)

Art. 1er. Nul ne pourra, sans autorisation, élever aucune habitation ni creuser aucun puits à moins de cent mètres des nouveaux cimetières transférés hors des communes en vertu des lois ou règlements.

Art. 2. Les bâtiments existants ne pourront également être restaurés ni augmentés sans autorisation. — Les puits pourront, après visite contradictoire d'experts, être comblés en vertu d'ordonnance du préfet du département, sur la demande de la police locale.

[1] L'autorité, selon les cas, et sur les rapports des conseils d'hygiène, se réserve la faculté de réduire ces distances, — surtout quand le cimetière ne doit pas s'étendre du côté des habitations projetées (séance du 9 avril du conseil de la Seine, 1858). — En outre, le conseil d'État a plusieurs fois décidé que les communautés religieuses (surtout celles qui ont un pensionnat) ne devaient pas avoir de cimetière particulier, mais qu'elles pouvaient user des dispositions de l'article 14 du décret du 23 prairial an XII, qui permet à tout propriétaire de se faire enterrer dans sa propriété (sauf autorisation préalable de l'autorité); ce qui a été déjà confirmé par un arrêté du conseil d'État du 4 juillet 1832.   M. V.

Pièce n° 14. — sur les sépultures[1]. (Extrait du décret du 23 prairial an XII, 12 juin 1804.)

Titre premier. — *Des sépultures, et des lieux qui leur sont consacrés.*

1. Aucune inhumation n'aura lieu dans les églises, temples, synagogues, hôpitaux, chapelles publiques, et généralement dans aucun des édifices clos et fermés où les citoyens se réunissent pour la célébration de leurs cultes, ni dans l'enceinte des villes et bourgs.

2. Il y aura, hors de chacune de ces villes ou bourgs, à la distance de quarante mètres au moins de leur enceinte, des terrains spécialement consacrés à l'inhumation des morts.

3. Les terrains les plus élevés et exposés au nord seront choisis de préférence. Ils seront clos de murs de deux mètres au moins d'élévation. On y fera des plantations en prenant les précautions convenables pour ne point gêner la circulation de l'air.

4. Chaque inhumation aura lieu dans une fosse séparée : chaque fosse qui sera ouverte aura un mètre cinq décimètres à deux mètres de profondeur sur huit décimètres de largeur, et sera ensuite remplie de terre bien foulée.

5. Les fosses seront distantes les unes des autres de trois à quatre décimètres sur les côtés et de trois à cinq décimètres à la tête et aux pieds.

6. Pour éviter le danger qu'entraîne le renouvellement trop rapproché des fosses, l'ouverture des fosses pour de nouvelles sépultures n'aura lieu que de cinq en cinq années; en conséquence, les terrains destinés à former les lieux de sépultures seront cinq fois plus étendus que l'espace nécessaire pour y déposer le nombre présumé des morts qui peuvent y être enterrés chaque année.

Titre II. — *De l'établissement des nouveaux cimetières.*

7. Les communes qui seront obligées, en vertu des articles 1 et 2 du titre Ier, d'abandonner les cimetières actuels et de s'en procurer de nouveaux hors de l'enceinte de leurs habitations, pourront, sans autre autorisation que celle qui leur est accordée par la déclaration du 10 mars 1776, acquérir les terrains qui leur seront nécessaires en remplissant les formes voulues par l'arrêté du 7 germinal an IX.

8. Aussitôt que les nouveaux emplacements seront disposés à recevoir les inhumations, les cimetières existants seront fermés et resteront dans l'état où ils se trouveront, sans que l'on en puisse faire usage pendant cinq ans.

9. A partir de cette époque, les terrains servant maintenant de cimetières pourront être affermés par les communes auxquelles ils appartiennent, mais

---

[1] Voyez le Code civil, article 77, et le décret du 4 thermidor an XIII (23 juillet 1805), qui exigent l'autorisation préalable des officiers de l'état civil pour les inhumations; le décret du 18 mai 1806, concernant le service dans les églises et les convois funèbres; et celui du 18 août 1811, qui contient des dispositions sur le service des inhumations, et un tarif des droits à payer pour le service et la pompe des sépultures et des cérémonies funèbres à Paris.
Voyez encore les articles 358 et suivants du Code pénal, qui punissent les infractions au Code civil et au décret du 4 thermidor an XIII, et les violations des sépultures. M. V.

à condition qu'ils ne seront qu'ensemencés ou plantés, sans qu'il puisse y être fait aucune fouille ou fondation pour des constructions de bâtiments jusqu'à ce qu'il en soit autrement ordonné.

TITRE III. — *Des concessions de terrains dans les cimetières.*

10. Lorsque l'étendue des lieux consacrés aux inhumations le permettra, il pourra y être fait des concessions de terrains aux personnes qui désireront y posséder une place distincte et séparée pour y fonder leur sépulture et celle de leurs parents ou successeurs, et y construire des caveaux, monuments ou tombeaux.

11. Les concessions ne seront néanmoins accordées qu'à ceux qui offriront de faire des fondations ou donations en faveur des pauvres et des hôpitaux, indépendamment d'une somme qui sera donnée à la commune et lorsque ces fondations ou donations auront été autorisées par le gouvernement dans les formes accoutumées, sur l'avis des conseils municipaux et la proposition des préfets.

12. Il n'est point dérogé, par les deux articles précédents, aux droits qu'a chaque particulier, sans besoin d'autorisation, de faire placer sur la fosse de son parent ou de son ami une pierre sépulcrale ou autre signe indicatif de sépulture, ainsi qu'il a été pratiqué jusqu'à présent.

13. Les maires pourront également, sur l'avis des administrations des hôpitaux, permettre que l'on construise, dans l'enceinte de ces hôpitaux, des monuments pour les fondateurs et bienfaiteurs de ces établissements, lorsqu'ils en auront déposé le désir dans leurs actes de donation, de fondation ou de dernière volonté.

14. Toute personne pourra être enterrée sur sa propriété, pourvu que ladite propriété soit hors et à la distance prescrite de l'enceinte des villes et bourgs.

Pièce n° 15. — SERVICE INTÉRIEUR DE LA MORGUE DE PARIS [1]. (Arrêté réglementaire du 1er janvier 1836.)

Nous, conseiller d'État, préfet de police, arrêtons ce qui suit :

1. Seront reçus et déposés à la Morgue, après accomplissement des formalités ci-après indiquées, les cadavres ou portions de cadavres d'individus non reconnus ou non réclamés, quel que soit le lieu où ils aient été trouvés dans le ressort de la préfecture de police.

2. Le greffier-concierge de la Morgue recevra et enregistrera tous les renseignements qui lui seront donnés sur les personnes disparues. Il nous en rendra compte sur-le-champ.

3. Nul cadavre ou portion de cadavre ne peut être reçu à la Morgue sans un ordre du préfet de police, du procureur du roi ou d'un officier de police judiciaire.

4. Aussitôt après l'arrivée d'un cadavre à la Morgue, le greffier nous fera

---

[1] Voir l'arrêté du 1er janvier 1836, et l'instruction y annexée.

remettre l'ordre d'envoi et nous transmettra le procès-verbal de la levée du corps, ainsi que le rapport du médecin appelé à constater le décès, dans le cas où ces pièces lui auraient été envoyées.

Il nous adressera également les papiers, l'argent monnayé et tous autres objets quelconques, à l'exception des vêtements qui seraient trouvés sur le cadavre ou qui l'accompagneraient ; ces objets resteront en dépôt à la préfecture, à la conservation des droits de qui il appartiendra.

5. A l'arrivée d'un corps à la Morgue, le greffier-concierge vérifiera si le signalement est conforme à l'ordre d'envoi du corps ou à l'un des signalements portés aux déclarations qui lui auraient été faites antérieurement à l'occasion de la disparition d'individus ; dans l'un et l'autre cas, il nous rendra compte sur-le-champ et avant toute autre démarche de ses observations.

6. Le greffier-concierge de la morgue inscrira sur un registre les renseignements qui lui seront donnés sur l'état civil de l'individu, le genre de mort, la cause de la mort, l'autorité qui aura fait l'envoi, le nombre et la nature des pièces qui lui auront été adressées. A défaut de nom et prénoms, il inscrira le signalement du corps, le nombre et la nature des vêtements, et, en un mot, tous les indices qui peuvent concourir à faire reconnaitre le sujet.

7. Tout cadavre apporté à la Morgue demeurera, s'il n'est pas connu, déposé dans la salle d'exposition aux regards du public pendant soixante-douze heures au moins ; ses vêtements seront aussi exposés pour aider à la reconnaissance.

Si, lorsque l'exposition ne pourra plus être continuée, la reconnaissance du corps n'a pas eu lieu, il sera procédé à l'inhumation. Les vêtements resteront encore exposés pendant quinze jours.

8. Il pourra être procédé, par le médecin-inspecteur de la Morgue, à la visite des cadavres ou portions de cadavres qui y seront apportés. Le résultat de cette visite nous sera transmis directement.

9. Si le médecin-inspecteur de la Morgue trouve des traces ou indices de mort violente, il nous en rendra compte sur-le-champ, afin que nous puissions provisoirement suspendre l'inhumation.

10. Les personnes qui se présenteront au greffe de la Morgue pour faire la reconnaissance d'un cadavre devront être immédiatement conduites auprès du commissaire de police du quartier, par le greffier-concierge, pour l'accomplissement des formalités légales ; après quoi, le corps reconnu sera immédiatement soustrait aux regards du public.

11. Aucune inhumation de corps déposés à la Morgue ne pourra être faite sans une autorisation du procureur du roi. Lorsque l'ordre d'inhumation sera donné sur un extrait du procès-verbal, cet extrait devra porter le signalement du cadavre, l'indication du lieu où il a été trouvé et la cause de la mort.

12. L'autorisation d'inhumer étant donnée, lorsque la cause de la mort

n'est pas bien connue et notamment dans le cas de mort subite, il pourra, sur notre autorisation, être procédé à l'ouverture du corps par le médecin-inspecteur de la Morgue ; son rapport d'autopsie nous sera remis, et la cause du décès sera incrite sur les registres du greffe.

13. Aucune ouverture du corps ne pourra être faite qu'en présence d'un officier de police judiciaire et dans la salle affectée à cette opération.

14. La translation des corps de la Morgue au cimetière aura lieu la nuit dans une voiture convenablement close. Le garçon de la Morgue, chargé de cette translation, devra rapporter exactement, à chaque voyage, les reçus du concierge du cimetière.

15. Les parents ou amis d'une personne dont le corps aura été déposé à la Morgue pourront obtenir la translation du défunt à son domicile, en justifiant des moyens de le faire inhumer.

16. Cette translation ne pourra être opérée que par l'administration des pompes funèbres, d'après notre autorisation, et lorsque le permis d'inhumer aura été délivré par le procureur du roi.

17. Les effets et vêtements appartenant aux cadavres reconnus seront rendus à la famille, si elle les réclame, en justifiant de ses droits.

Les vêtements des corps non reconnus seront conservés à la Morgue pendant six mois au moins, aux termes de l'ordonnance du roi du 23 mai 1830. A l'expiration de ce délai, ils seront remis, s'il y a lieu, à l'administration des domaines comme objets vacants et sans maîtres ; il sera dressé, par le commissaire de police du quartier de la Cité, procès-verbal de cette remise.

18. La Morgue sera ouverte au public tous les jours ; l'ouverture aura lieu à six heures du matin en été, et à sept heures en hiver.

Elle sera fermée à huit heures en été et à la nuit tombante en hiver.

19. Lorsqu'il y aura des cadavres dans la salle d'exposition ou dans la salle des morts, le fourneau d'appel sera allumé à cinq heures du matin ; le feu sera renouvelé à midi et huit heures du soir ; l'entretien du feu sera proportionné au nombre des cadavres exposés.

20. Tout corps, à son arrivée, sera déposé dans le lavoir. Il y sera déshabillé, lavé et exposé immédiatement aux regards du public, hors le cas où il serait connu ou méconnaissable. Les vêtements seront lavés au battoir, et à grande eau ; ils seront placés au-dessus du corps pendant le temps indiqué à l'article 7 ci-dessus.

21. Après le temps voulu pour l'exposition des vêtements, ils seront portés au séchoir, réunis et conservés en paquets avec un numéro d'ordre correspondant à celui d'inscription sur les registres.

22. Le greffier et les garçons de service sous ses ordres sont spécialement chargés des soins de propreté de la Morgue.

Hors des heures consacrées au service des salles intérieures, les garçons de la Morgue seront chargés de maintenir l'ordre dans la salle du public.

Ils feront alternativement le service de nuit.

Ils opéreront la translation des corps au cimetière.

23. Dans aucune circonstance, les gens de service de la Morgue ne peuvent demander aux parents aucune somme, à titre d'indemnité, de peines, de frais de dépense ou pour tout autre motif.

24. Les garçons de service ne pourront introduire dans la salle de garde ni leur femme, ni leurs enfants, ni aucune personne étrangère à l'établissement. Ils ne pourront non plus, sous aucun prétexte, établir leur domicile à la Morgue, y prendre leurs repas, ni y préparer leur nourriture.

25. Le greffier-concierge dressera à la fin de chaque mois :

1° Un état certifié des corps transférés au cimetière ;

2° Un état certifié de tous les corps reçus à la Morgue.

Cet état contiendra, savoir :

Pour les sujets reconnus, 1° la date de l'entrée ; 2° les nom, prénoms, âge, profession et domicile de la personne décédée ; 3° la cause de la mort ; 4° le genre de mort ; 5° l'heure du décès ; 6° l'indication du lieu de décès.

Pour les sujets non reconnus : 1° la désignation succincte du corps ; 2° le genre de mort ; 3° le lieu où le corps a été trouvé.

26. Il sera dressé à la fin de chaque année, sous la direction du médecin inspecteur, une statistique de tous les sujets apportés à la Morgue. Elle contiendra tous les documents propres à éclairer sur les causes et circonstances des décès.

27. Il sera tenu à la Morgue trois genres de registres :

1° Registre d'inscription en double, l'un pour rester dans cet établissement, l'autre pour être déposé à la fin de chaque année aux archives de la préfecture de police ;

2° Un répertoire ;

3° Un registre pour recevoir les déclarations.

28. Un exemplaire du présent arrêté restera constamment affiché dans chacune des salles de la Morgue.

29. Les ordonnances et arrêtés en date des 29 thermidor an XII, 29 avril 1800, 25 mars 1816 et 2 décembre 1822, sont rapportés en ce qui concerne les dispositions contraires au présent arrêté.

30. Le greffier-concierge de la Morgue, le médecin-inspecteur de cet établissement et le commissaire de police de la Cité sont spécialement chargés, chacun en ce qui le concerne, de l'exécution du présent arrêté.

Le conseiller d'État, préfet de police, GISQUET.

Bruit. — Odeur. — Fumée.

Pièce n° 16. — DEMANDE TENDANT A IMPOSER DES APPAREILS FUMIVORES A TOUS LES DIRECTEURS D'USINE. (Conseil d'hygiène publique et de salubrité du département de la Seine, 20 mai 1854.)

Monsieur le préfet,

Dans une lettre en date du 25 novembre 1853, le sieur Lebey, propriétaire à Paris, vous a demandé de vouloir bien imposer à tous les directeurs d'usines, l'obligation de consumer la fumée de leurs fourneaux. Une ordonnance du 18 mars 1852, dit-il, a ordonné à tous les propriétaires de gratter et badigeonner au moins une fois en dix ans la façade de leurs maisons : cette mesure ne remplira qu'en partie l'effet qu'on est en droit d'en attendre, si les usines continuent à projeter dans l'air la fumée épaisse qui est une des causes les plus actives de la détérioration des façades des maisons et de tous les édifices publics : et il ajoute qu'il y aurait ainsi bénéfice pour la salubrité de la ville, et économie notable de combustible et d'effet utile pour les industriels.

Cette question vous a paru assez importante pour en saisir le conseil d'hygiène publique et de salubrité; et, par une lettre en date du 7 février 1854, vous l'avez prié de vous soumettre ses observations sur ce sujet.

Une commission prise dans son sein, et composée de MM. Payen, Combes et du rapporteur soussigné, a été chargée d'étudier cette affaire et de vous transmettre l'avis du conseil.

La commission, monsieur le préfet, a cru pouvoir résumer dans la solution des deux questions suivantes les réponses qu'elle avait à faire à votre communication.

1° Existe-t-il des moyens connus et déjà sanctionnés par l'expérience d'éteindre complétement ou de diminuer d'une manière très-sensible la fumée produite dans les fourneaux des machines à vapeur par la combustion des houilles grasses?

2° L'administration doit-elle intervenir pour rendre obligatoire l'usage des appareils qui remplissent ce but?

Sur le premier point :

La commission a l'honneur de vous rappeler, monsieur le préfet, que, depuis longtemps en France, et surtout en Angleterre, on s'est évertué avec plus ou moins de succès à combattre les inconvénients attachés à la dispersion dans l'air des fumées épaisses produites par les usines à vapeur. Il y a près de quarante ans qu'un appareil destiné à brûler la fumée a été établi dans une maison de bains située quai de Gèvres. En 1822, un industriel, M. Collier, en inventa et perfectionna plusieurs. Dans les *Annales des Mines*, tome II, première série 1837, M. Cordier, dans une notice sur le chauffage des machines à vapeur, a signalé tous les inconvénients du chauffage ordinaire, et décrit un distributeur dont l'effet était complétement fumivore. M. Payen, dans les Bulletins de la Société d'encouragement (année 1840), a fait connaître un appareil de la même nature. Enfin, dans les *Annales des Mines*, quatrième série, tome II, 1847, M. Combes a inséré un rapport très-étendu fait à la commission centrale des machines à vapeur sur les moyens de brûler et de prévenir la fumée des foyers où l'on consomme de la houille. Ce mémoire contient toutes les indications théoriques et pratiques pour la construction des appareils fumivores, et les conséquences qui en découlent sont le résultat de longues et patientes expériences faites spécialement sur cette question à l'établissement de la pompe à feu de Chaillot, à l'entrepôt des marbres et à la manufacture des tabacs.

Il y a, monsieur le préfet, plusieurs moyens de brûler ou de prévenir la fumée des fourneaux dans les usines. Ces moyens peuvent dépendre du combustible qui est employé : ainsi, toutes les fois qu'on brûlera du coke, du charbon sec de Charleroi ou quelque autre houille sèche analogue à l'anthracite, il n'y aura pas ou peu de fumée produite ; s'il en existe au début du chauffage du fourneau, on pourra encore l'éviter à l'aide de certaines précautions qui sont habituellement prescrites : au contraire, le charbon de terre, et en général toutes les houilles grasses, quand il n'arrive pas assez d'air sur elles, ou qu'il ne s'en mêle pas assez ni suffisamment aux produits gazeux de la combustion, immédiatement après leur sortie du foyer, donnent lieu à une fumée noire et épaisse, dont les inconvénients sont tels, qu'ils ne sauraient être tolérés.

Il existe en outre un certain nombre d'appareils connus sous les noms de : — Distributeurs mécaniques, — de grilles de Taillefer, — de grilles mobiles patentées de Jucker, — de distributeurs de Collier, etc., etc..., qui peuvent presque tous, avec peu de frais et de modifications graves à apporter à la machine, être adaptés au foyer des fourneaux de toutes les usines.

Enfin, les soins d'un chauffeur intelligent pendant le tisage et dans la manière de charger la grille, diminuent encore considérablement les causes de la production de la fumée, alors même que le fourneau serait pourvu d'un appareil fumivore.

Évidemment, on n'a surtout à s'occuper que des usines dans lesquelles on brûle exclusivement des houilles grasses. Dans ce cas, la fumée peut être consumée : elle doit être entièrement noyée dans une masse considérable d'air et disparaître, comme une goutte d'encre noire peut complétement être effacée dans une quantité suffisante d'eau.

Ainsi donc, monsieur le préfet, à la première question posée, la commission peut répondre : Oui, il est possible d'éviter ou de diminuer considérablement la fumée produite dans les usines par la combustion des houilles grasses. — Plusieurs moyens certains existent, et des appareils, susceptibles d'être perfectionnés, remplissent déjà ce but dans un assez grand nombre d'établissements.

Sur le second point :

La commission a été unanime pour vous prier, monsieur le préfet, de vouloir bien rendre obligatoire la mesure de brûler la fumée produite par les fourneaux des usines. Déjà, en 1857, M. Cordier, dans le travail cité plus haut, s'exprime ainsi : L'adoption des appareils fumivores satisferait aux nécessités de l'ordre public... et l'administration serait fondée à intervenir pour la rendre obligatoire... Si cela était vrai en 1857, que dire aujourd'hui à une époque où Paris semble pour ainsi dire prendre une vie nouvelle et où l'édilité communale fait tant et de si justes frais pour en rendre les habitations salubres et somptueuses à la fois ? — La fumée, d'ailleurs, ne nuit pas seulement à la propreté des monuments et des maisons particulières, elle est souvent une ruine pour certaines industries voisines des usines; dans d'autres circonstances, son incommodité devient presque une condition insalubre.

La commission pense donc qu'il y a à la fois opportunité et urgence pour certains quartiers de prescrire aux directeurs d'usines de brûler la fumée que produisent leurs fourneaux. Elle ne croit pas qu'il y ait lieu de recommander un appareil ou un moyen plutôt qu'un autre. Elle est persuadée que, dès qu'une ordonnance sera rendue à ce sujet, la concurrence s'emparera de la production, et, par suite, du perfectionnement de ces appareils. La commission est d'avis que l'adoption de cette mesure ne doit rien changer aux dispositions relatives à la hauteur des cheminées et à leur section suffisante. Malheureusement elle ne remédiera pas tout à fait aux inconvénients de la poussière entraînée souvent par le courant d'air. Mais l'expérience a démontré que les moyens employés jusqu'à ce jour pour s'y opposer gênaient trop le tirage et ne remplissaient pas le but désiré. C'est surtout par les soins du tirage et de la charge régulière de la grille qu'on évitera ces inconvénients.

La commission doit encore vous exprimer son opinion sur la pensée émise dans la lettre du sieur Lebey, et qui pourrait être reproduite d'une manière trop absolue. Il s'agit de l'économie que les industriels réaliseraient sur la quantité du combustible, eu adoptant les appareils fumivores. Cette question est encore très-problématique; quelquefois ce résultat a pu être obtenu. Plus souvent ce résultat n'a pas eu lieu. La chaleur perdue avant est compensée par la déperdition résultant de la grande masse d'air chaud qui s'écoule par la cheminée.

La commission ne saurait trop insister également sur les soins que le chauffeur doit donner aux fourneaux, afin que les industriels ne pensent pas que l'établissement d'un appareil fumivore suffit pour produire l'effet prescrit. Cet appareil n'est bon qu'à la condition, d'abord, d'une excellente disposition, et, en second lieu, dos soins intelligents du chauffeur.

Quant à la prescription de faire passer toutes les usines actuellement disséminées dans le département de la Seine, de l'état *fumeux* ou *fumant* à l'état *fumivore*, la commission pense qu'on pourrait peut-être ne l'imposer d'abord que dans les beaux quartiers de la capitale; là où les préjudices sont les plus grands, où les usines sont en plus petit nombre, et où on expérimenterait sur les effets de l'application de la mesure. L'administration, d'ailleurs, conserve toujours le droit d'en étendre la mise en pratique et de la prescrire d'autorité aux polices déjà délivrées au nom de l'intérêt et de la salubrité de la ville. Mais la commission est d'avis avec le conseil que la nouvelle mesure dont il est ici question n'aura d'effet réel et pratique que si les commissaires de police de chaque quartier en font l'objet d'une surveillance très-sévère, et la font exécuter à l'instar des ordonnances les plus importantes.

M. VERNOIS, rapporteur.

Lu et approuvé dans la séance du 9 juin 1854. PAYEN, président.

Pièce n° 17. — APPAREILS A VAPEUR. (Ordonnance du 11 novembre 1854.)

Considérant que la *fumée* des usines où l'on fait usage d'appareils à vapeur donne journellement lieu à de vives réclamations ;

Que cette fumée obscurcit l'air, pénètre dans les habitations, noircit la façade des maisons et des monuments publics, et constitue une cause très-grave d'incommodité et d'insalubrité pour le voisinage ;

Qu'il importe dès lors de faire cesser un tel état de choses à une époque surtout où la ville et le gouvernement font des sacrifices considérables pour l'embellissement de Paris et de ses environs, et où l'on s'occupe avec tant de sollicitude de l'assainissement des maisons et de la propagation des meilleures règles d'hygiène et de salubrité ;

Considérant qu'il existe plusieurs moyens pratiques et connus de brûler la fumée produite dans les fourneaux des appareils à vapeur par la combustion de la houille ; que l'expérience a démontré que ces moyens peuvent facilement, et à peu de frais, être appliqués aux usines actuellement existantes ; que, d'un autre côté, l'emploi des houilles sèches et du coke est souvent économique et ne donne lieu qu'à très-peu de fumée ;

Considérant d'ailleurs que les appareils à vapeur n'ont été généralement autorisés qu'à la condition de ne pas produire une fumée incommode pour le voisinage, et qu'en outre les propriétaires des usines sont tenus, aux termes mêmes de leurs permissions, de se conformer à toutes les conditions que l'administration juge convenable de leur prescrire dans l'intérêt de la salubrité ;

Vu : 1° les lois des 14 décembre 1789 (article 50), et 16-24 août 1790, les arrêtés du gouvernement des 12 messidor an VIII, et 3 brumaire, an IX ;

2° Le décret du 15 octobre 1810, et l'ordonnance royale du 14 janvier 1815, concernant les établissements dangereux, insalubres ou incommodes ;

3° L'ordonnance royale du 22 mai 1843, concernant les machines et chaudières à vapeur, et l'instruction ministérielle du 23 juillet suivant ;

4° L'article 471, paragraphe 15, du Code pénal ;

5° Les rapports du conseil d'hygiène publique et de salubrité du département de la Seine, et notamment celui du 9 juin 1854 (rapporteur M. Vernois);

Ordonnons ce qui suit :

I. Dans le délai de six mois, à partir de la publication de la présente ordonnance, les propriétaires d'usines où l'on fait usage d'appareils à vapeur, seront tenus de brûler complétement la fumée produite par les fourneaux de ces appareils, ou d'alimenter ces fourneaux avec des combustibles ne donnant pas plus de fumée que le coke ou le bois.

II. Les contraventions aux dispositions qui précèdent seront déférées aux tribunaux compétents, sans préjudice des mesures administratives qu'il y aurait lieu de prendre, suivant les cas.

III. Les sous-préfets des arrondissements de Sceaux et de Saint-Denis, les maires et les commissaires de police des communes du ressort de la préfecture de police, l'ingénieur en chef des mines, chargé du service spécial des appareils à vapeur, le chef de la police municipale, les commissaires de police de Paris, l'inspecteur général de la salubrité, l'architecte commissaire de la petite voirie et les préposés de la préfecture de police sont chargés, chacun en ce qui le concerne, de tenir la main à l'exécution de la présente ordonnance qui sera imprimée et affichée.

Le préfet de police, PIÉTRI.

Pièce n° 18. — SUR LES MOYENS D'EMPÊCHER LA PRODUCTION DE LA FUMÉE ET D'EN OPÉRER LA COMBUSTION. (Instruction du conseil d'hygiène publique et de salubrité du département de la Seine.)

Depuis la promulgation de l'ordonnance de police du 11 novembre 1854, rendue sur l'avis du conseil d'hygiène publique et de salubrité, et portant que, dans un délai de six mois, les propriétaires d'usines où l'on fait usage d'appareils à vapeur seront tenus de brûler la fumée produite par les fourneaux de ces appareils ou de les alimenter avec des combustibles qui ne donnent pas plus de fumée que le coke ou le bois, plusieurs usiniers, auxquels ladite ordonnance est applicable, se sont adressés à l'administration pour lui demander l'indication des moyens à employer afin de satisfaire à ses prescriptions. Quelques-uns d'entre eux ajoutent qu'ils ont fait, à diverses époques, des tentatives pour brûler la fumée, et n'en ont obtenu que des résultats incomplets ou nuls. D'un autre côté, plusieurs personnes ont appelé l'attention de M. le préfet de police sur des procédés ou appareils fumivores pour lesquels elles sollicitaient son approbation. Les procédés ainsi indiqués et les applications qu'on en a faites ont été l'objet de l'examen du conseil d'hygiène publique et de salubrité. Les nouvelles observations qu'il a recueillies l'ont confirmé dans l'opinion qu'il est possible de prévenir, au moyen de dispositions judicieuses et de soins convenables donnés à la conduite du foyer, l'émission de fumée par les fourneaux alimentés avec de la houille.

L'administration n'a point à prescrire ni à recommander de préférence certains appareils ou procédés fumivores. Elle engagerait ainsi sa responsabilité et risquerait de toucher à des intérêts privés auxquels elle doit et veut rester étrangère. D'ailleurs les moyens de prévenir ou de brûler la fumée sont nombreux et variés; ils doivent être modifiés non-seulement dans les dimensions, mais dans les parties essentielles des appareils qu'ils comportent, suivant les fourneaux auxquels on les applique. Le but de la présente instruction est donc uniquement de donner des indications générales aux propriétaires d'appareils à vapeur, qui doivent adopter, après examen et informations, le procédé qui leur paraîtra le mieux approprié au genre de foyers qu'ils emploient, et s'adresser pour l'exécution à un ingénieur ou constructeur de leur choix.

L'origine de la fumée est dans les produits volatils qui se dégagent abondamment de la plupart des combustibles, tels que les diverses variétés de houille, la tourbe, le bois, lorsqu'ils sont exposés soudainement à une température élevée. Ces produits sont, en majeure partie, des carbures d'hydrogène, qui sont eux-mêmes très-combustibles. Mais, pour qu'ils s'enflamment, deux conditions sont nécessaires : 1° leur mélange avec l'air en proportion convenable ; 2° une haute température de ce mélange. Si ces deux conditions ne sont pas réalisées dans le foyer lui-même ou dans les conduits que parcourent les produits gazeux de la combustion, les carbures d'hydrogène subissent une décomposition dont le résultat est un dépôt abondant de suie ou de charbon, en particules ténues, qui sont entraînées dans le courant de gaz sortant par l'orifice de la cheminée. Lorsque l'on jette sur une grille, actuellement couverte de coke incandescent, une quantité de houille assez considérable pour la couvrir presqu'en totalité d'une couche de vingt à vingt-cinq centimètres d'épaisseur, les parties de houille fraîche qui se trouvent en contact avec le coke subissent une distillation rapide ; la température de l'intérieur du foyer baisse subitement, en même temps que le passage de l'air à travers la grille et la charge de combustible se trouve obstruée. Aucune des deux conditions nécessaires pour l'inflammation des carbures d'hydrogène n'est réalisée ; aussi voit-on des torrents d'une fumée opaque sortir par la cheminée. L'introduction de l'air dans de telles circonstances, par la porte du foyer ou par toute autre ouverture débouchant directement au-dessus du chargement de houille, reste sans effet, parce que la température est insuffisante pour l'inflammation des produits gazeux. La fumée décroît graduellement d'intensité, à mesure que la houille se convertit en coke, par le dégagement des parties volatiles ; que l'air trouve un accès plus libre à travers le combustible aggloméré en morceaux, laissant entre eux d'assez larges intervalles, et que la température s'élève de nouveau par l'effet de la combustion. Si, avant que la distillation soit complète, on agite avec un ringard le mélange de houille et de coke déposé sur la grille, on amène des portions de houille non encore carbonisée au contact des fragments de coke les plus chauds, la distillation devient plus rapide et il y a une recrudescence de fumée.

Les foyers, dont les grilles ont assez d'étendue pour que les charges de combustible ne les recouvrent qu'en partie et en couche de faible épaisseur, donnent peu de fumée, surtout si la houille y est chargée par petites quantités à la fois, et si le chauffeur a la précaution de déposer la charge sur la partie antérieure de la grille, de telle sorte que les produits gazeux de la distillation arrivent aux carneaux en passant sur la surface du coke embrasé qui recouvre la partie postérieure, et laisse toujours un passage suffisant à l'entrée de l'air. La production de fumée est considérablement accrue par les dimensions trop petites des grilles, eu égard à la quantité de combustible qui doit être brûlée dans un temps donné, et par une mauvaise conduite du foyer de la part des chauffeurs, qui chargent à de trop longs intervalles et par trop grandes quantités à la fois. Elle est d'autant plus abondante, toutes choses égales d'ailleurs, que l'on fait usage de combustibles contenant plus de parties volatiles, et, pour ne parler que de la houille, de variétés plus grasses et plus colorantes. Les houilles sèches de quelques mines du département du Nord et des environs de Charleroi, en Belgique, ne donnent que peu de fumée dans des foyers passablement construits et alimentés avec quelque soin. Le coke n'en donne pas du tout; il ne s'écoule par l'orifice de la cheminée des foyers alimentés avec ce combustible, que des gaz incolores entraînant quelques cendres ou poussières extrêmement ténues.

Il n'est pas possible de décrire dans une instruction les nombreux appareils et procédés qui ont été imaginés dans le but de prévenir, de brûler ou de condenser la fumée. Nous ne pouvons qu'indiquer d'une manière générale les principes sur lesquels ils reposent [1].

Tous les appareils et procédés fumivores connus ont pour but de réaliser les deux conditions que nous avons indiquées comme nécessaires pour opérer l'inflammation et la combustion complète dans le fourneau des carbures d'hydrogène résultant de la distillation du combustible.

Les uns comportent des appareils mécaniques mis en jeu par la machine à vapeur employée dans l'établissement, et qui ont pour objet de distribuer le combustible sur la grille, soit d'une manière continue, soit par petites portions à la fois, à des intervalles de temps réguliers et courts. Tels sont les distributeurs mécaniques et les grilles mobiles qui sont généralement désignées par les noms de leurs inventeurs.

D'autres comportent seulement des appareils fixes ou mus à la main par le chauffeur; ils sont destinés à mesurer les charges de combustible que l'on introduit dans le foyer, sans donner accès, par l'ouverture de la porte, à un grand volume d'air qui donnerait et occasionnerait un refroidissement nuisible; ils sont, le plus souvent, combinés avec des dispositions particulières du foyer et des ouvertures ménagées dans la porte, ou les parois et munis de registres qui sont ouverts, après chaque chargement, pour admettre l'air nécessaire à la combustion des produits de la distillation. Quelques-uns sont disposés de manière que le combustible frais soit amené dans le foyer en dessous du combustible déjà carbonisé, à l'inverse de ce qui a lieu dans les fourneaux ordinaires, où le combustible frais est jeté à la paille sur le coke dont la grille est couverte. L'air arrive sur la houille, à l'endroit où elle commence à distiller, de sorte que les produits volatils combustibles s'enflamment au moment même où ils prennent naissance.

Un grand nombre d'appareils comportent deux ou plusieurs foyers qui doivent être chargés alternativement; des jeux de registres convenablement disposés, et que le chauffeur manœuvre au moment opportun, forcent les produits fumeux du foyer récemment chargé à passer dans celui qui contient du combustible déjà carbonisé, quelquefois même à traverser la grille de ce foyer et le coke embrasé qui la couvre, l'air arrivant d'ailleurs en quantité

---

[1] On trouvera des renseignements et des détails plus étendus sur cette matière dans divers recueils scientifiques et industriels, particulièrement dans une notice, insérée au *Bulletin de la Société d'encouragement pour l'industrie nationale*, du mois de mars 1855, et imprimée séparément par les soins de la Société.

suffisante, soit entre les barreaux de cette grille, soit, au besoin, par des ouvreaux particuliers, les produits gazeux émanés du premier foyer s'enflamment et sont brûlés complétement dans le second.

D'autres procédés comportent seulement des fourneaux et des grilles de formes spéciales, par exemple, des grilles inclinées et disposées en marches d'escalier, et des ouvreaux pourvus de registres, par lesquels l'air extérieur est admis au milieu des produits gazeux de la combustion, soit d'une manière continue, soit par intervalles.

On a essayé d'éviter la fumée au moyen d'un courant d'air forcé qu'un ventilateur lance sous la grille, ou qui est simplement déterminé par un filet de vapeur venant de la chaudière, et que l'on fait jaillir dans l'axe d'un tuyau cylindrique, ouvert à ses deux extrémités, dont une débouche dans l'atmosphère et l'autre dans le cendrier.

On a appliqué au chauffage des chaudières à vapeur et autres foyers industriels la combustion du gaz oxyde de carbone qui se dégage abondamment par les gueulards des hauts fourneaux à fondre les minerais alimentés au charbon de bois ou au coke. On se procure même l'oxyde de carbone mêlé à d'autres produits gazeux inflammables en traitant dans des appareils spéciaux des combustibles de toute nature, et principalement ceux de qualité inférieure, tels que des poussiers de halle à charbon, des houilles terreuses, de la tourbe, etc. Ces gaz sont amenés dans les foyers où on veut les utiliser en même temps que de l'air atmosphérique en proportion convenable. Le mélange, une fois allumé, continue à brûler sans émission de fumée.

Enfin on a, dans quelques cas, soumis les gaz fumeux qui émanent d'un ou de plusieurs fourneaux à une sorte de lavage qui les dépouille des particules de charbon et des poussières dont ils sont chargés. A cet effet, on les fait passer dans une galerie sur une couche d'eau qui en occupe la partie inférieure. Un appareil approprié relève incessamment l'eau pour la laisser retomber en pluie ou la lancer en gouttelettes au milieu du courant gazeux. On obtient ainsi un dépôt de noir de fumée que l'on retire de temps à autre de la galerie de condensation.

Il n'est aucun des procédés énumérés ci-dessus qui n'ait été déjà appliqué pour prévenir ou supprimer la fumée, et qui n'ait donné des résultats satisfaisants sous ce rapport, lorsqu'il a été adapté à des foyers bien disposés, confiés à des chauffeurs attentifs et un peu intelligents. On a cité, il est vrai, un grand nombre d'insuccès, mais ils sont imputables à un défaut d'harmonie entre les appareils et les foyers auxquels on a voulu les appliquer, ou bien à la négligence des chauffeurs, des contre-maitres et propriétaires d'usines, et, le plus souvent, à ce que l'on a voulu forcer la production de vapeur, en dépassant les limites en vue desquelles les appareils avaient été primitivement établis. L'administration, pressée par de fréquentes et vives réclamations de mettre un terme aux inconvénients sans cesse croissants de la fumée, n'a pas dû se laisser arrêter par des faits négatifs qui ne sauraient prévaloir contre les bons résultats obtenus d'ailleurs d'une manière soutenue au moyen d'appareils judicieusement appliqués et mis en œuvre avec les précautions convenables.

Dans le cas où, par suite des dimensions trop petites de la grille ou de toute autre circonstance, aucun moyen de prévenir la fumée ne serait applicable, l'emploi des combustibles fumeux devrait être remplacé par l'usage exclusif du coke.

Les membres de la commission : Guérard, Henri Fournel, F. Bruzard, Ch. Combes, rapporteur.

Lu et approuvé dans la séance du 27 avril 1855.

Le vice-président, Boussingault; le secrétaire, Trébuchet.

Vu et approuvé, le préfet de police, Piétri.

Pièce n° 19. — SUR LA SUPPRESSION DE LA FUMÉE. (Extrait du rapport fait au conseil d'hygiène publique et de salubrité du département de la Seine, par une commission composée de MM. Combes, président et rapporteur; François Delessert; H. Davillier, président de la chambre du commerce; Lebaudy, raffineur; Sauvage, ingénieur en chef du matériel et de la traction des chemins de fer de l'Est; Payen, Fournel, Baube, Dubois, Trébuchet. 1859.)

. . . .

En résumé, la fumée émise par les fourneaux de chaudières à vapeur et autres fourneaux appliqués à des fabrications diverses, à la cuisson des aliments en grand et même aux usages domestiques existant dans la ville de Paris et aux environs, a diminué notablement depuis l'ordonnance de police du 11 novembre 1854; cela est dû surtout à l'usage de plus en plus répandu des houilles maigres ou demi-grasses, provenant, pour la plus grande partie, de quelques mines de houille des environs de Charleroi et du centre de la Belgique.

Un grand nombre de fourneaux ou d'appareils fumivores ont été proposés; fort peu d'applications en ont été faites, et la plupart ont été presque aussitôt abandonnées comme étant inefficaces, occasionnant une augmentation plutôt qu'une économie de combustible, exigeant trop de soins du chauffeur dans la conduite du feu.

Cependant les essais, suivis avec beaucoup de soins par les ingénieurs du corps impérial des mines et par des ingénieurs libres, ont démontré que plusieurs appareils adaptés à des fourneaux bien construits et pourvus de cheminées suffisamment larges et hautes pour donner un bon tirage font complétement disparaître la fumée, sans que leur emploi entraîne une augmentation de dépense de combustible.—Des appareils fumivores continuent d'être employés à la satisfaction des directeurs ou exploitants dans plusieurs établissements publics et privés, où quelques-uns sont placés depuis plus d'une année (les grilles Taillefer, à la manufacture impériale des tabacs; la grille Kicowelden, à la pompe à feu du quai d'Austerlitz ; la grille Raymondière à l'imprimerie impériale; les fourneaux Duméry, dans les ateliers de la compagnie des chemins de fer de l'Est, au Muséum du Jardin des Plantes, dans quelques établissements de restaurateurs et maisons particulières; un appareil Wuitton à [la boulangerie centrale, place Scipion; la porte Grado sur quelques bateaux à vapeur de la compagnie Piau; des appareils de M. Foucou, chez M. Dugdale, à Courcelles; au fourneau du journal la *Patrie*; dans la savonnerie de M. Arlot, à la Villette).

Nonobstant l'emploi plus fréquent des houilles maigres ou demi-grasses, il existe encore dans la ville de Paris et dans les environs un grand nombre de fabriques produisant une fumée abondante, opaque, accompagnée, dans quelques cas, de vapeurs acides ou infectes; cet état de choses est une cause grave d'incommodité et d'insalubrité pour les propriétés et les habitants du voisinage. Les observations qui vous ont été adressées à ce sujet par M. le préfet de la Seine et les réclamations formées par divers particuliers sont bien fondées.

Avec des houilles maigres ou demi-grasses brûlées dans les fourneaux dont les *grilles*, les *carneaux* et la section intérieure de la cheminée en briques dépasse en hauteur le faîte des maisons voisines, les soins d'un chauffeur intelligent suffisent en général pour prévenir une émission de fumée nuisible ou incommode. tandis qu'avec les mêmes houilles et, à plus forte raison, avec des houilles grasses et fumeuses, un fourneau mal construit, surtout si le feu est mal dirigé, produit une fumée opaque extrêmement nuisible et incommode. Les fourneaux munis de cheminée en tôle sont pour la plupart dans ce cas; presque toutes ces cheminées ont un diamètre et une hauteur insuffisantes. La combustibilité du métal contribue probablement à augmenter la fumée, parce que le refroidissement diminue le tirage, hâte l'extinction de la flamme et ne fait que favoriser la séparation du carbone sous la forme de suie et de noir de fumée. Une bonne construction des fourneaux, des dimensions suffisantes des grilles, des carneaux et de la section intérieure des cheminées; l'élévation des cheminées, qui peuvent être rétrécies avec avantage à leur orifice supérieur, sont les conditions indispensables auxquelles il doit être satisfait, dans tous les cas, pour toute espèce de fourneaux, qu'ils soient appliqués au chauffage de chaudières à vapeur ou à tout autre usage. Ces conditions suffiront, en effet, surtout avec les soins d'un bon chauffeur et moyennant l'emploi exclusif de houilles maigres ou demi-grasses dont le marché de Paris est abondamment approvisionné, pour prévenir l'émission de fumée incommode. Leur absence rend au contraire la combustion de la fumée impossible ou très-difficile, même avec le secours des meilleurs appareils fumivores connus.

Peut-être est-il impossible d'obtenir une combustion complète de la fumée produite par des houilles grasses et menues, même dans des fourneaux bien construits, munis de bons appareils et placés sous la direction d'un chauffeur soigneux; mais il est incontestablement possible et même aisé d'en diminuer considérablement l'intensité. L'administration ne saurait donc tolérer plus longtemps l'émission des torrents de fumée noire que vomissent dans l'atmosphère les cheminées de beaucoup d'usines et de quelques bateaux à vapeur naviguant sur la Seine, dans l'intérieur de Paris.

Un des plus grands obstacles à l'adoption par les manufactures d'appareils fumivores sera vraisemblablement après la construction défectueuse de beaucoup de fourneaux qui seront à modifier, et le défaut d'emplacement convenable, l'exagération des prospectus distribués par les inventeurs ou prétendus tels des appareils de ce genre qui, sans exception aucune, annoncent une économie plus ou moins considérable de combustible comme devant résulter, en même temps que l'absence de fumée, de l'application des appareils qu'ils offrent au public. Ces promesses n'ont été réalisées presque dans aucun cas; nous tenons même pour certain, d'après les faits observés, que, si la fumivorité peut être obtenue sans augmentation de dépense, et même généralement avec une petite économie de combustible, celle-ci sera peut-être compensée par l'accroissement des frais d'entretien du fourneau et de l'appareil fumivore. Mais, alors même qu'il devrait en résulter pour les manufacturiers une légère augmentation de dépense et quelque gêne, nous ne saurions voir là un motif de laisser subsister plus longtemps un état de choses compromettant pour la salubrité publique et qui cause à des tiers désintéressés des dommages et une incommodité considérables hors de toute comparaison, avec les soins et le petit excès de dépense qu'auront à faire les exploitants d'usines pour supprimer les inconvénients dont la population tout entière a à souffrir.

Nous estimons, en conséquence, qu'il y a lieu de remettre en vigueur l'ordonnance du 11 novembre 1854, en l'étendant, ainsi que le demande, M. le préfet de la Seine, à toutes les manufactures, fabriques et ateliers quelconques où la houille est consommée en grand, ou plutôt de rendre une nouvelle ordonnance qui viserait celle de 1854, et dont l'article 1er serait ainsi conçu :

Art. 1er. Dans le délai de trois mois à dater de la publication de la présente ordonnance, tout propriétaire ou exploitant d'usine renfermant des fourneaux servant au chauffage de chaudières à vapeur ou à tout autre usage, comme aussi tout propriétaire ou exploitant de bateaux à vapeur stationnant ou naviguant sur la Seine, sera tenu de construire ou de modifier ses fourneaux de manière à faire cesser toute émission de fumée ou de cendre nuisible aux propriétés, ou incommode pour les habitants du voisinage.

(Les articles 2 et 3 de l'ordonnance de 1854 seraient conservés.)

Nous estimons, en outre, qu'il conviendrait, afin de faire exécuter la nouvelle ordonnance mieux que ne l'a été celle de 1854, de prendre les mesures suivantes :

1° Inviter MM. les commissaires de police à vous adresser la liste des usines situées dans leur quartier respectif, qui ont été l'objet de plaintes, ou qui sont notamment incommodes par l'émission de fumée, de cendres ou simplement de buée.

2° Inviter M. l'ingénieur en chef des mines, chargé du service spécial des machines à vapeur, de vous désigner, de son côté, les fourneaux de chaudières à vapeur établies à terre ou sur des bateaux, qui produisent habituellement une fumée épaisse ou incommode, en y joignant pour chacun des fourneaux qui produisent beaucoup de fumée des renseignements aussi précis que possible sur la quantité de combustible brûlé par heure de travail, la nature du combustible et sa provenance, les dimensions de la grille et de la surface de chauffe de la chaudière, la section du vide intérieur de la cheminée, sa hauteur et son mode de construction (en brique et en tôle), les causes présumées de la production de fumée.

3° Ces renseignements seraient renvoyés à une commission formée de membres du conseil d'hygiène publique et de salubrité, lesquels, après avoir visité, ensemble ou séparément, les usines désignées en commençant par celles qui seraient indiquées comme étant les plus incommodes, auraient à vous proposer les mesures spéciales qu'il y aurait lieu de prescrire à leurs propriétaires [1].

Signé : HENRI DAVILLIER, SAUVAGE, BAUBE, PAYEN, HENRI FOURNEL, DUBOIS, CHARLES COMBES, président et rapporteur.

Lu et approuvé dans la séance du 8 juillet 1859.

Le vice-président, HENRI FOURNEL; le secrétaire, A. TREBUCHET.

Chauffage.

Pièce n° 20. — CALORIFÈRES A EAU. (Circulaire adressée à MM. les préfets par M. Legrand, sous-secrétaire d'État des travaux publics, à la date du 11 février 1845.)

Monsieur le préfet,

On emploie quelquefois maintenant, pour le chauffage et la ventilation des édifices ou des habitations particulières, une espèce de calorifère à eau, dont l'usage exige certaines précautions pour éviter les accidents.

L'appareil, envisagé dans ce qu'il a d'essentiel, présente les dispositions suivantes :

Une chaudière remplie d'eau, et qui reçoit la chaleur d'un foyer ordinaire, est située dans les caves de l'édifice ou dans l'une des pièces de l'habitation que l'on veut chauffer ou ventiler.

Cette chaudière communique par un tuyau ascendant avec un réservoir également rempli d'eau, construit dans un des étages supérieurs ou dans les combles du bâtiment. Du fond du réservoir partent plusieurs autres tuyaux qui se ramifient dans les salles qui doivent être chauffées, et fournissent l'eau à des cylindres que l'on y a placés, et qui font l'office de poêles ou de cheminées. Ces tuyaux se réunissent de nouveau dans la partie inférieure du trajet en un tuyau de retour qui ramène l'eau dans la partie la plus basse de la chaudière.

Ainsi, quand le système fonctionne, il s'établit un courant continu : l'eau s'élève de la chaudière dans le tuyau ascensionnel par l'effet de la diminution survenue dans son poids spécifique sous l'influence du calorique; elle circule dans les canaux qui lui sont offerts, y dépose sa chaleur, et revient ensuite à son point de départ pour s'échauffer et circuler de nouveau.

[1] Je recommande l'appareil de M. Van den Ouwelant : il produit la fumivorité à l'aide d'une masse considérable de vapeur surchauffée et d'air chaud, lancés à la fois à la partie supérieure du foyer. Il s'adapte facilement à tous les générateurs de vapeur. M. V.

Le réservoir supérieur est muni d'une soupape chargée d'un poids. La tension de la vapeur d'eau dans ce réservoir peut dès lors atteindre le nombre d'atmosphères représenté par ce poids, plus la pression atmosphérique, et sa température acquiert le nombre de degrés correspondant à cette pression.

Quant à la tension dans l'intérieur des tuyaux des poêles et de la chaudière, on conçoit qu'elle varie suivant la position de ces parties de l'appareil. Elle est égale, pour chacune d'elles, à la pression dans le réservoir, augmentée du poids de la colonne d'eau, qui a pour hauteur la distance comprise entre ce réservoir et le point que l'on considère. Cette pression est à son maximum dans la chaudière, puis elle décroit jusqu'au réservoir.

A l'égard de la température dans les poêles et tuyaux de descente, elle est inférieure à celle de l'eau du réservoir, et d'autant plus basse que ces parties se trouvent à des étages plus éloignés du réservoir. Elle est, au contraire, dans la chaudière et dans la colonne ascendante, supérieure au degré de l'eau du réservoir.

Ces appareils pourraient occasionner de très-fâcheux accidents s'ils étaient mal exécutés.

La rupture d'un poêle, d'un des tuyaux, ou seulement une fuite qui viendrait à se déclarer, présenterait de graves dangers pour les personnes qui se trouveraient dans les salles où cette rupture aurait lieu, et où se répandrait toute l'eau contenue dans le réservoir supérieur et dans les parties situées entre ce réservoir et le point de rupture.

La chaudière pourrait aussi se déchirer sous la pression qu'elle supporte, et qui dépend de la hauteur où est placé le réservoir et de l'activité du feu.

Il pourrait même y avoir explosion dans le cas où le tuyau qui met la chaudière en communication avec le réservoir, serait obstrué par quelque cause accidentelle.

Enfin, le foyer de la chaudière, lorsqu'il s'agit d'un appareil de grandes dimensions, consommant une quantité notable de combustible, peut incommoder les voisins par la fumée.

Ces systèmes de calorifères sont donc semblables, sous ces divers rapports, à une chaudière à vapeur fermée, dont les ramifications s'étendraient dans les différents points où sont placés les tuyaux de conduite.

Ils rentrent en conséquence dans les dispositions de l'ordonnance royale du 22 mai 1843, relative aux chaudières et machines à vapeur, et il y a lieu de leur appliquer l'article 67, lequel a prévu le cas où, à raison du mode de construction de certains appareils, des conditions spéciales seraient à prendre.

Il importe qu'on ne les établisse pas sans une autorisation donnée suivant les formes indiquées au titre II de ladite ordonnance;

Que le réservoir supérieur soit toujours muni de soupape de sûreté;

Que toutes les parties de l'appareil soient soumises à une pression d'épreuve triple de la pression effective maximum qu'elle aura à supporter : cette dernière pression étant celle qui correspond à la charge des soupapes du réservoir supérieur, augmentée d'autant d'atmosphères qu'il y a de fois dix mètres de distance verticale jusqu'à ce réservoir.

L'épreuve devra être faite sur place, après la pose et avant que les pièces du calorifère soient masquées par les parquets, boiseries, ou murs du bâtiment. Elle pourra être opérée par parties successives ou sur l'ensemble, mais toujours de manière que les joints des tuyaux aient été soumis à la pression d'épreuve.

Les dimensions de soupapes de sûreté seront fixées dans chaque cas par le préfet sur le rapport des ingénieurs.

Il en sera de même des conditions du local de la chaudière.

MM. les ingénieurs s'assureront, lors de la pose de l'appareil, si l'on a pris toutes les précautions propres à éviter toutes les ruptures ou les fuites qui pourraient être occasionnées par des variations de température, et si les joints sont disposés de manière à résister à une longue durée et à présenter une imperméabilité complète.

L'emploi de la fonte pouvant augmenter beaucoup les chances de rupture et d'accidents, l'usage de ce métal devra, en général, être ici interdit.

L'acte d'autorisation reposera d'ailleurs sur diverses obligations qui seront reconnues devoir être exigées selon chaque espèce.

Je vous invite, monsieur le préfet, à prendre un arrêté réglementaire rappelant les dispositions qui précèdent, et à lui donner toute la publicité nécessaire, soit par des affiches, soit par l'insertion dans le recueil des actes administratifs de votre département, soit par ces deux moyens à la fois.

Je vous prie aussi de m'adresser, conformément à l'article 67 précité de l'ordonnance, une exposition des permis par lesquels vous autoriserez l'établissement de ces calorifères.

Veuillez m'accuser réception de la présente circulaire, dont je transmets une ampliation à MM. les ingénieurs.

Recevez, etc., etc.

Animaux.

Pièce n° 21. — CHEVAUX ET AUTRES ANIMAUX VICIEUX OU ATTEINTS DE MALADIES CONTAGIEUSES. (Ordonnance de police du 31 août 1842.)

Art. 1er. Il est défendu de vendre et d'exposer en vente dans les marchés, et partout ailleurs, des chevaux ou d'autres animaux atteints ou présentant des symptômes de maladies contagieuses.

Il est également défendu d'employer à un service public quelconque, et même de conduire sur la voie publique, des animaux atteints ou présentant des symptômes de maladies contagieuses, vicieux ou hors d'état de service.

2. Toute personne qui aurait en sa possession des chevaux ou d'autres animaux atteints ou présentant des symptômes de maladies contagieuses, est tenue d'en faire sur-le-champ sa déclaration : savoir : dans les communes rurales de la préfecture de police, devant le maire, et à Paris, devant le commissaire de police.

3. Il sera fait de fréquentes visites par un artiste vétérinaire de notre préfecture ou par tout autre préposé que nous désignerons à cet effet, soit dans

les marchés, soit sur les places affectées au stationnement des voitures de place, ou sur tout autre point de la voie publique, à l'effet de rechercher les animaux atteints de maladies contagieuses, vicieux ou hors d'état de faire le service public auquel ils sont employés.

4. Les animaux dont il est question dans l'article précédent seront, à Paris, conduits dans une fourrière destinée à les recevoir, et dans les communes rurales, ils seront conduits dans une fourrière semblable, s'il y en a une, ou consignés dans un tel endroit que le maire jugera convenable.

Le propriétaire sera requis de se présenter, pour être présent à la visite qui sera faite de l'animal, dans le plus court délai, par un artiste vétérinaire que l'autorité désignera.

Si l'animal est reconnu sain par le vétérinaire, il sera rendu au propriétaire.

Si la maladie est reconnue incurable, et si le propriétaire consent à ce que l'animal soit abattu, il sera marqué d'une M faite aux ciseaux et d'une manière très-apparente, dans le poil de la croupe, et conduit sans délai à l'abattoir. Il sera dressé de la visite un procès-verbal qui contiendra le consentement à l'abatage.

L'abatage devra avoir lieu en présence du vétérinaire ou de tout autre préposé de l'administration qui nous en rendra compte.

Toutefois, le propriétaire pourra, à ses frais, faire conduire l'animal à l'école d'Alfort, pour y être traité, si l'école juge devoir essayer un traitement.

Si le propriétaire ne consent pas à l'abatage, il nommera un expert breveté des Écoles, pour visiter l'animal d'une manière contradictoire. En cas de dissidence, il sera nommé par nous un tiers expert, pour, sur son rapport, être statué ce qu'il appartiendra.

5. Après l'accomplissement des formalités prescrites par l'article précédent, s'il est décidé que la maladie n'est pas incurable, ou si l'animal est seulement reconnu vicieux ou impropre au service public auquel il est employé, il sera loisible au propriétaire de le faire traiter, soit à l'école d'Alfort, soit dans sa propre écurie, dans ce dernier cas, aux conditions suivantes :

L'animal sera marqué d'un signe représentant une équerre tracée aux ciseaux d'une manière très-apparente, dans le poil, au défaut de l'épaule gauche.

L'écurie où devra être placé l'animal en traitement, non-seulement sera isolée de manière qu'elle ne puisse présenter de danger de contagion pour les animaux bien portants, mais encore elle devra être très-saine et suffisamment large pour que le traitement et le pansement soient faciles; elle ne devra même contenir aucun autre cheval ou animal quelconque.

Cette écurie sera désignée au vétérinaire de l'administration, et l'animal ne pourra y être placé que sur l'avis de ce vétérinaire, et d'après la permission de l'autorité; jusqu'à ce moment, l'animal restera dans la fourrière destinée aux animaux atteints de maladies contagieuses.

L'animal en traitement ne pourra plus travailler, ni même être promené sur la voie publique ou dans tout autre lieu où il pourrait se trouver en contact avec des animaux sains. Il devra toujours être soumis aux visites des préposés de l'administration.

Lorsqu'il paraîtra guéri, le propriétaire en fera la déclaration à l'autorité, qui, sur une nouvelle visite du vétérinaire commis par elle, donnera ou refusera l'autorisation de l'employer aux travaux ordinaires.

6. Les visites ordonnées par l'article 3 de la présente ordonnance seront faites également dans les écuries des entrepreneurs de diligences et de messageries, des aubergistes, des voituriers, rouliers, maîtres de poste, loueurs de voitures, marchands de chevaux et autres établissements renfermant des animaux.

L'expert vétérinaire sera accompagné dans ces visites par le maire de la commune ou par le commissaire de police toutes les fois qu'il sera nécessaire.

Il sera procédé dans ces établissements, à l'égard des animaux malades ou vicieux, comme il est dit dans les articles 4 et 6.

Toutefois, faute par les propriétaires de se rendre gardiens des animaux ou de présenter un gardien, les animaux seront conduits à la fourrière, ainsi qu'il est dit en l'article 4 de la présente ordonnance.

7. Les propriétaires d'animaux conduits à la fourrière dans les cas prévus par les articles qui précèdent, seront tenus de consigner le montant des frais de nourriture pour huit jours, sauf la restitution d'une partie de ces frais, si l'animal était abattu ou rendu avant l'expiration de la huitaine.

Si le propriétaire se refuse à faire cette consignation ou à faire procéder à la visite contradictoire après en avoir été requis, conformément aux dispositions qui précèdent, l'animal sera abattu.

8. Les écuries et autres localités dans lesquelles auront séjourné les animaux atteints de maladies contagieuses, ou les chevaux seulement suspectés de morve, seront aérées et purifiées, à la diligence des maires ou des commissaires de police, par les soins des hommes de l'art.

Ces dispositions sont applicables aux équipages, harnais, colliers et autres objets à l'usage habituel des animaux malades.

9. Toute personne qui sera appelée à traiter les animaux atteints de maladie contagieuse devra en faire la déclaration, savoir : dans les communes rurales, au maire, et à Paris, à un commissaire de police. Ces fonctionnaires nous en rendront immédiatement compte.

10. Il est expressément défendu aux personnes qui exercent l'art vétérinaire de prendre d'autre titre que celui qui leur est confié par le brevet, diplôme ou certificat de capacité délivré suivant les formes prescrites par les règlements.

11. Dans un mois, à compter de la publication de la présente ordonnance, les personnes qui exercent l'art vétérinaire dans le département de la Seine et dans les communes de Sèvres, Saint-Cloud et Meudon, seront tenues de faire enregistrer à notre préfecture le titre en vertu duquel elles se livrent à cette profession.

12. Il est défendu de coucher ou de faire coucher qui que ce soit dans les écuries où il se trouverait des animaux atteints de maladies contagieuses, ou des chevaux seulement suspectés de morve. La même défense est faite en ce qui concerne les écuries servant d'infirmerie, ou tout local servant à loger des animaux malades de quelque espèce qu'ils soient.

13. Les personnes qui seraient exceptionnellement autorisées à traiter les animaux atteints de maladies contagieuses, ou qui auraient des infirmeries vétérinaires et qui voudraient faire surveiller les animaux pendant la nuit, devront faire établir la chambre du gardien de manière qu'elle ne soit pas en communication avec l'écurie et que la surveillance s'exerce au moyen d'un châssis vitré.

Le préfet de police, Signé : G. DELESSERT.

Pièce n° 22. — Suite à l'ordonnance du 31 août 1842. (Séance du conseil de la Seine du 28 mai 1858.)

Sur le rapport de MM. Huzard et Vernois, le conseil a proposé d'ajouter à cette ordonnance un article additionnel ainsi conçu : « Dans les infirmeries d'animaux, quels que soient l'espèce et le genre de leur maladie, il sera affiché sur la porte l'avis suivant : Avis aux personnes qui soignent les animaux : 1° Les hommes qui soignent les animaux devront suspendre leurs soins toutes les fois qu'ils auront aux mains ou aux avant-bras des coupures, écorchures, ou autres plaies, et cela jusqu'à parfaite guérison. — 2° Les hommes qui, plus particulièrement, soignent les animaux affectés de maladies contagieuses, même quand ils n'auraient aucune plaie, devront toujours, avant de panser les animaux et laver les harnais et ustensiles d'écurie, se frotter les mains et les avant-bras avec de l'huile ou de la graisse[1]. »

Pièce n° 23. — BIENS ET USAGES RURAUX. — POLICE RURALE. (Extrait du décret de l'Assemblée constituante du 28 septembre 1791, 6 octobre, titre II, article 13.)

Les bestiaux morts seront enfouis dans la journée, à quatre pieds de profondeur, par le propriétaire et dans son terrain, ou voiturés à l'endroit désigné par la municipalité pour y être également enfouis, sous peine par le délinquant de payer une amende de la valeur d'une journée de travail, et des frais de transport et d'enfouissement[2].

---

[1] L'autorité devra faire afficher ces prescriptions dans tous les établissements publics où il y a beaucoup de chevaux (grandes administrations publiques, — marchands de chevaux, — maîtres de poste, grandes auberges dans les campagnes, etc., etc.). En un mot, il faut agir contre la contagion de la morve, du farcin et du charbon, comme on le fait à l'égard des champignons vénéneux, de la rage, etc., etc.   M. V.

[2] Un arrêté municipal de la Seine (1837) a défendu de suspendre des taupes, et autres animaux morts, aux arbres de la campagne, ou de les jeter dans les cours d'eau et étangs.   M. V.

Puits. — Canaux. — Rivières.

Pièce n° 24. — PUITS, PUISARDS, PUITS D'ABSORPTION ET ÉGOUTS A LA CHARGE DES PARTICULIERS. (Ordonnance du 20 juillet 1858.)

Nous, préfet de police, etc.

TITRE PREMIER. — *Dispositions communes aux puits, puisards, puits d'absorption et égouts particuliers.*

§ 1er. — Percement, établissement et construction.

Art. 1er. Aucun puits, soit ordinaire, soit d'absorption, ne sera percé; aucune opération d'approfondissement, de sondages et autres, ne sera entreprise; aucun puisard ni égout particulier ne sera établi, sans une déclaration préalable faite par écrit, à Paris, à la préfecture de police, et à la mairie, dans les communes rurales; cette déclaration indiquera l'endroit où l'on a le projet de faire les travaux.

§ 2. — Curage.

2. Il ne pourra être procédé à aucun ouvrage de puits, puisard et égout particulier, sans une déclaration préalable qui sera faite par écrit, quarante-huit heures à l'avance à Paris, à la préfecture de police, et, dans les communes rurales, à la mairie; les mesures nécessaires dans l'intérêt de la salubrité publique et de la sûreté des ouvriers seront prescrites par suite de cette déclaration.

3. Nul ne pourra exercer la profession de cureur de puits, puisard et égout particulier, sans être pourvu d'une permission du préfet de police; cette permission ne sera délivrée qu'après qu'il aura été justifié de la possession du matériel nécessaire au curage.

4. Les ouvriers ne pourront descendre dans les puits, puisards et égouts particuliers, pour quelque cause que ce soit, sans être ceints d'un bridage, à la partie supérieure duquel un anneau sera fixé.

En ce qui concerne les puits et puisards, une corde sera attachée à cet anneau. Pendant tout le temps que les ouvriers travailleront dans l'intérieur, l'extrémité de cette corde sera tenue par d'autres ouvriers en nombre suffisant placés à l'extérieur, afin de pouvoir, au besoin, retirer ceux qui sont dans l'intérieur et les secourir.

Les ouvriers, employés dans l'intérieur des égouts particuliers, ne seront pas attachés, mais des ouvriers en nombre suffisant et pourvus de cordes se tiendront extérieurement auprès de l'ouverture la plus rapprochée de la partie de l'égout où travaillent ceux de l'intérieur, afin de pouvoir, au besoin, les attacher pour les retirer et les secourir.

Les ouvriers qui resteront à l'extérieur des puits, puisards et égouts particuliers devront aussi avoir la ceinture avec l'anneau.

5. Les puits, puisards et égouts particuliers, abandonnés, ou qui, sans être abandonnés, seraient soupçonnés de méphitisme, ne seront curés qu'avec les précautions prescrites par l'instruction annexée à la présente ordonnance.

On prendra les mêmes précautions, lorsque les travaux auront été suspendus pendant vingt-quatre heures.

6. Si nonobstant les précautions indiquées par l'instruction, un ouvrier est frappé du plomb, c'est-à-dire s'il est asphyxié, des secours lui seront immédiatement portés, ainsi qu'il est dit dans l'instruction ci-annexée, et les travaux seront suspendus.

Il est en outre enjoint aux propriétaires, principaux locataires et entrepreneurs, de faire sur-le-champ la déclaration de cet accident : à Paris, au commissaire de police du quartier; et, dans les communes rurales, au maire.

7. Les matières extraites des puits, puisards et égouts particuliers, qui auront été reconnus méphitisés, devront être versées immédiatement dans des tonneaux hermétiquement fermés et lutés à l'instant même, et de là, sans pouvoir être déposées sur la voie publique, portées directement à la voirie ou autres lieux autorisés par l'administration.

Le curage des puits, puisards et égouts particuliers devra toujours être fait intégralement et sans interruption, à moins d'accidents; généralement le travail devra être opéré de telle sorte, qu'aucun déversement de matières ou d'eaux infectes n'ait lieu dans les habitations, ni sur la voie publique.

Après le curage des puits, puisards et égouts particuliers qui auront été reconnus méphitisés, les ustensiles devront être lavés, et le produit du lavage versé dans les appareils, pour être emportés aux lieux indiqués ci-dessus.

§ 3. — Réparation.

8. Les dispositions des articles 2, 4, 5 et 6 sont applicables à la réparation des puits, puisards et égouts particuliers.

Dans les cas prévus par l'article 6, la démolition ou réparation ne pourra être reprise qu'avec les précautions qui seront prescrites par l'autorité locale sur l'avis des gens de l'art.

9. Les ouvriers qui trouveraient dans les puits, puisards et égouts particuliers des objets de quelque valeur ou pouvant faire soupçonner un délit, en feront la déclaration : à Paris, au commissaire de police du quartier; et, dans les communes rurales, au maire.

Il leur sera donné une récompense s'il y a lieu.

TITRE II. — *Dispositions spéciales aux puits.*

10. L'ouverture des puits, quel que soit leur genre de construction, sera défendue dans tout son pourtour, par un garde-fou en maçonnerie ou en fer, d'une hauteur de soixante-dix centimètres au moins.

Les puits situés dans les marais pourront être seulement défendus par une enceinte formée par un mur en terre solidement établi, ce mur aura au moins un mètre de hauteur, et sera à un mètre au moins de distance du puits.

11. Il est enjoint aux propriétaires ou principaux locataires des maisons où il y a des puits, de les entretenir en état de salubrité, de les garnir de cordes, poulies et seaux, et d'avoir soin que les pompes et autres machines hydrauliques qui y seraient établies soient constamment maintenues en bon

état, de manière que les puits, pompes et machines puissent servir en cas d'incendie, ainsi que pour l'arrosement de la voie publique.

12. Il est défendu de faire écouler dans les ruisseaux les eaux infectes extraites des puits ; ces eaux seront portées aux lieux autorisés par l'administration dans des tonnes de vidanges fermées avec cadenas, ou dans des tonneaux hermétiquement fermés et lutés, tels qu'ils sont adoptés pour les fosses d'aisances.

TITRE III. — *Dispositions spéciales aux puisards.*

13. Les puisards devront être couverts en maçonnerie et fermés par une cuvette à siphon.

L'ouverture d'extraction des puisards, correspondante à une cheminée de un mètre cinquante centimètres au plus de hauteur, ne pourra avoir moins de un mètre en longueur sur soixante-cinq centimètres de largeur ; lorsque cette ouverture correspondra à une cheminée excédant un mètre cinquante centimètres de hauteur, les dimensions ci-dessus spécifiées seront augmentées de manière que l'une de ces dimensions soit égale aux deux tiers de la hauteur de la cheminée.

La disposition de l'article 12, concernant l'écoulement des eaux, est applicable aux puisards.

TITRE IV. — *Dispositions particulières aux puisards, puits d'absorption et égouts particuliers.*

14. Aucun puisard, aucun puits d'absorption ne sera établi sans une autorisation spéciale, qui sera accordée, s'il y a lieu, par suite de la déclaration prescrite par l'article 1er.

La profondeur du puits d'absorption sera déterminée dans la permission qui sera délivrée, s'il y a lieu.

Toutes les dispositions relatives aux puisards proprement dits seront applicables aux puisards pratiqués au-dessus ou aux approches des puits d'absorption.

15. Il est enjoint aux propriétaires et principaux locataires des maisons où il existe des puisards et des égouts particuliers de les entretenir en bon état, tel qu'ils ne puissent compromettre la sûreté et la salubrité publique.

Il est expressément défendu de jeter dans les égouts particuliers des boues et immondices solides, des eaux vannes, des matières fécales, et généralement tous corps et matières pouvant obstruer et infecter lesdits égouts.

TITRE V. — *Dispositions générales.*

16. Les contraventions, etc.   . . .

Pièce n° 25. — CURAGE ET RÉPARATION DES PUITS. (Instruction du 20 février 1812.)

Lorsqu'il est nécessaire de curer un puits ou d'y descendre, pour y faire quelques réparations, le premier soin que l'on doit avoir est de s'assurer de l'état de l'air qu'il renferme. Cet air peut être vicié par différentes causes, et donner lieu à des accidents très-graves. Il faut donc commencer par descendre une lanterne allumée jusqu'à la surface de l'eau. Si elle ne s'éteint pas on la retire, et, par le moyen d'un poids attaché à une corde, on agite fortement l'eau jusqu'à son fond; on redescend la lanterne; si, à cette seconde épreuve, la lumière ne s'éteint pas, les ouvriers peuvent commencer leurs travaux, en se munissant, par précaution, d'un petit appareil désinfectant de Guyton-Morveau. Il est important que les ouvriers soient revêtus d'un bridage.

Si la lumière s'éteint, on remarquera la profondeur à laquelle elle cesse de brûler. On ne descendra point dans le puits, parce qu'on y serait asphyxié. Le gaz, ou air méphitique, qui ne permet ni la combustion, ni la respiration, peut être du gaz azote, du gaz acide carbonique, du gaz oxyde de carbone, de l'hydrogène sulfuré. Dans l'incertitude où l'on est sur sa nature, il faut, quel qu'il soit, renouveler l'air du puits, et, pour cela, le moyen le plus prompt et le plus certain est un ventilateur.

Pour l'établir, il faut, avec des planches, du plâtre et de la glaise, boucher hermétiquement l'ouverture du puits. Au milieu de cette espèce de couvercle pratiquer un trou de un décimètre environ de large, sur lequel on placera un fourneau ou réchaud de terre, qui ne pourra recevoir d'air que celui du puits. On ajoutera près de la mardelle un tuyau de plomb ou fer-blanc qui descendra dans le puits, jusqu'à un décimètre de la surface de l'eau. Cet appareil une fois établi, on remplira le fourneau de braise ou de charbon allumé, et on le couvrira d'un dôme de terre cuite ou de tôle, surmonté d'un bout de tuyau de poêle, afin de donner au fourneau la propriété d'attirer beaucoup d'air. Quand le fourneau a été en activité pendant une heure ou deux, suivant la profondeur du puits, on l'enlève et l'on descend dans le puits la lanterne. Si elle s'éteint encore à peu de distance de la surface de l'eau, c'est que le gaz méphitique s'y renouvelle.

Alors il faut mettre le puits à sec, attendre quelques jours, l'épuiser de nouveau et recommencer l'application du fourneau ventilateur, ou, si l'on ne peut établir cet appareil, y substituer un ou deux forts soufflets de forge que l'on adaptera au tuyau prolongé jusqu'à la surface de l'eau. Ces soufflets mis en action pendant un quart d'heure ou deux déplaceront l'air vicié du puits. Enfin, on redescendra la lanterne et, si elle s'éteint, il faut renoncer à l'usage du puits et le condamner.

Si, par un essai préliminaire fait par un homme de l'art, on a reconnu la nature du gaz délétère que l'on veut détruire, on peut employer les réactifs suivants :

Pour neutraliser l'acide carbonique, on verse dans le puits avec des arrosoirs plusieurs seaux de lait de chaux, et l'on agite ensuite l'eau fortement.

Pour détruire le gaz hydrogène sulfuré ou carboné, on fait descendre au fond du puits, par le moyen d'une corde, un vase ouvert contenant un mélange de manganèse et de muriate de soude arrosé d'acide sulfurique. Mais, lorsque le gaz est de l'azote, il faut avoir recours au fourneau ventilateur ou au soufflet, et en vérifier l'effet par l'épreuve de la lanterne allumée.

Les membres composant le conseil de salubrité près la préfecture de police :

Signé : PARMENTIER, DEYEUX, C. L. CADET DE GASSICOURT, J. J. LEROUX, HUZARD, DUPUYTREN, PARISET et PETIT.

Pour copie conforme, le secrétaire général, PIIS.

Pièce n° 26. — CURAGE ET RÉPARATION DES PUITS, PUISARDS ET ÉGOUTS PARTICULIERS. (Instructions du conseil de salubrité.)

Ces instructions, en date du 20 juillet 1838, sont, quant au curage et à la réparation des puits, la reproduction de l'instruction du 20 février 1812.

Avec les modifications suivantes :

L'ordonnance du 20 février 1812 forme un premier paragraphe ou titre de la présente instruction, intitulé *Puits* et *Puisards*.

Les cinq premiers alinéa sont semblables à l'ordonnance de 1812.

Le sixième est ainsi modifié :

« Alors il faut mettre le puits à sec, attendre quelques jours, l'épuiser de nouveau, et recommencer l'application du fourneau ventilateur, ou, si l'on ne peut obtenir cet appareil, y substituer un tarare ou tout autre ventilateur dont le tuyau ira prendre l'air au fond du puits pour le jeter dehors.

« On peut aussi se servir du ventilateur de Wutig, de grands soufflets en cuir et mieux en bois, dont le tuyau descend jusqu'à une très-petite distance de la surface de l'eau. Ces moyens peuvent offrir dans beaucoup de localités des avantages par la facilité avec laquelle on les produit.

« Il sera donné à cet égard, soit à la préfecture de police, pour Paris, soit à la mairie, pour les communes rurales, les indications qui pourraient être nécessaires.

« Après quatre heures de ventilation, on descendra la lanterne, et si elle s'éteint, il faut renoncer à l'usage du puits, et le condamner. »

Les septième et huitième sont semblables ; enfin le neuvième et dernier de ladite ordonnance de 1812 est ainsi modifié :

« Pour détruire le gaz hydrogène sulfuré ou carboné, on fait descendre au fond du puits un vase en fonte, ouvert, contenant un mélange de quatre onces d'oxyde noir de manganèse et de douze onces de sel marin sur lequel on verse à différentes reprises huit onces d'acide sulfurique du commerce concentré, marquant soixante-six degrés, acide connu sous le nom d'huile de vitriol.

« A défaut d'acide sulfurique, on emploierait quatre onces d'oxyde noir de manganèse et seize onces d'acide hydrochlorique du commerce, qui est aussi connu sous le nom d'acide muriatique.

« On pourra aussi jeter dans le puits de l'eau dans laquelle on aura dé-layé du chlorure de chaux (une once de chlorure sec par litre) ; cette dernière opération est même plus facile à exécuter que l'autre, et les effets n'en sont pas moins certains.

« Dans tous les cas, si le puits exhalait une odeur d'œufs pourris, et alors même que la chandelle ne s'éteindrait pas, il faudrait, avant d'y descendre, y jeter plusieurs seaux d'eau chlorurée.

« Lorsque le gaz est de l'azote, il faut avoir recours à la ventilation, et en vérifier l'effet par l'épreuve de la lanterne allumée.

« Lorsque les gaz déplacés par le ventilateur ou par le fourneau d'aspiration sont remplacés par des gaz qui ne permettent pas à la lumière de brûler, on doit alors faire agir continuellement le ventilateur, de manière que les ouvriers soient constamment sous un courant d'air qui vient du dehors, et que les gaz, qui ne peuvent servir d'aliments à la combustion et à la respiration, soient sans cesse jetés au dehors par le ventilateur. »

La présente instruction a, de plus que celle de 1812, un § 11, intitulé : *Egouts particuliers.*

Elle est terminée par un paragraphe intitulé : *Secours à donner aux asphyxiés par les émanations des puits, puisards et égouts particuliers,* qui se retrouve dans les articles de l'instruction du 29 avril 1842, à la suite de l'arrêté du 1er janvier 1836, ayant pour objet : *Secours à donner aux asphyxiés,* etc.

Signé par les membres de la commission du conseil de salubrité, MARC et A. CHEVALLIER.

Vu et approuvé en conseil,

Le vice-président, J. PELLETIER, le secrétaire E. EMERY.

Vu pour être annexée à l'ordonnance du 20 juillet 1838.

Le conseiller d'État, préfet de police, G. DELESSERT.

TRAITÉ PRATIQUE

D'HYGIÈNE

INDUSTRIELLE ET ADMINISTRATIVE

PREMIÈRE PARTIE

LÉGISLATION SERVANT DE BASE A L'HYGIÈNE ET A LA SALUBRITÉ PUBLIQUES [1].

I. LOI OU DÉCRET SUR LA CONSTITUTION DES MUNICIPALITÉS DU 14 DÉCEMBRE 1789.
(Extrait.)

. . . .

Art. 50 . . . .
Les fonctions propres au pouvoir municipal, sous la surveillance et l'inspection des assemblées administratives, sont de . . . .
De faire jouir les habitants des avantages d'une bonne police, notamment de la propreté, de la *salubrité*, de la sûreté et de la tranquillité dans les rues, lieux et édifices publics. . . . .

II. LOI SUR L'ORGANISATION JUDICIAIRE DES 16-24 AOUT 1790. (Extrait.)

. . . .

TITRE XI. — *Des juges en matière de police.*

1. Les corps municipaux veilleront et tiendront la main, dans l'étendue de chaque municipalité, à l'exécution des lois et des règlements de police, et connaîtront du contentieux auquel cette exécution pourra donner lieu.

[1] Les décrets, lois, ordonnances, circulaires et arrêtés *spéciaux* sont placés à la suite des objets qu'ils concernent.

3. Les objets de police confiés à la vigilance et à l'autorité des corps municipaux sont :

1° Tout ce qui intéresse la sûreté et la commodité du passage dans les rues, quais, places et voies publiques; ce qui comprend le nettoiement, l'illumination, l'encombrement et l'enlèvement des encombrements, la démolition ou la réparation des bâtiments menaçant ruine, l'interdiction de ne rien exposer aux fenêtres ou autre partie des bâtiments qui puisse nuire par sa chute, et celle de ne rien jeter qui puisse blesser ou endommager les passants, ou causer des exhalaisons nuisibles.

4° L'inspection sur la fidélité du débit des denrées qui se vendent au poids, à l'aune ou à la mesure, et sur la salubrité des comestibles exposés en vente publique.

5° Le soin de prévenir, par des précautions convenables, et celui de faire cesser, par la distribution des secours nécessaires, les accidents et fléaux calamiteux, tels que les incendies, les épidémies, les épizooties, en provoquant aussi, dans ces deux derniers cas, l'autorité des administrations de département et de district.

. . . .

III. ARRÊTÉ QUI DÉTERMINE LES FONCTIONS DU PRÉFET DE POLICE A PARIS DU 12 MESSIDOR AN VIII (1er juillet 1800).

Art. 1er. . . . .

Police municipale. — Petite voirie.

Art. 21. Le préfet de police sera chargé de tout ce qui a rapport à la petite voirie, sauf le recours au ministre de l'intérieur contre ses décisions. — Il aura, à cet effet, sous ses ordres, un commissaire chargé de surveiller, permettre ou défendre l'ouverture des boutiques, étaux de boucherie ou de charcuterie, l'établissement des auvents ou constructions du même genre qui prennent sur la voie publique, l'établissement des échoppes ou étalages mobiles. — D'ordonner la démolition ou réparation des bâtiments menaçant ruine.

Liberté et sûreté de la voie publique.

22. Le préfet de police procurera la liberté et la sûreté de la voie publique, et sera chargé à cet effet : d'empêcher que personne n'y commette de dégradation, de la faire éclairer, de faire surveiller le balayage auquel les habitants sont tenus devant leurs maisons et de le faire faire, aux frais de la ville, dans les places et la circonférence des jardins et édifices publics; de faire sabler s'il survient du verglas, et de déblayer, au dégel, les ponts et lieux glissants des rues; d'empêcher qu'on n'expose rien sur les toits ou fenêtres qui puisse blesser les passants, en tombant. — Il fera observer les règlements sur l'établissement des conduits pour les eaux de pluie et les gouttières. — Il empêchera qu'on n'y laisse vaguer des furieux, des insensés, des animaux malfaisants ou dangereux; qu'on ne blesse les citoyens dans la marche trop rapide des chevaux ou des voitures; qu'on n'obstrue la

libre circulation, en arrêtant ou déchargeant des voitures ou marchandises devant les maisons, dans les rues étroites ou de toute autre manière. — Le préfet de police fera effectuer l'enlèvement des boues, matières malsaines, neiges, glaces, décombres, vases sur les bords de la rivière après les crues des eaux. — Il fera faire les arrosements dans la ville, dans les lieux et dans la saison convenables.

Salubrité de la cité.

23. Il assurera la salubrité de la ville : — en prenant des mesures pour prévenir et arrêter les épidémies, les épizooties, les maladies contagieuses ; en faisant observer les règlements de police sur les inhumations; — en faisant enfouir les cadavres d'animaux morts, surveiller les fosses vétérinaires, la construction, entretien et vidange des fosses d'aisances; en faisant arrêter, visiter les animaux suspects de mal contagieux, et mettre à mort ceux qui en seront atteints; en surveillant les échaudoirs, fondoirs, salles de dissection et la basse geôle; en empêchant d'établir, dans l'intérieur de Paris, des ateliers, manufactures, laboratoires, ou maisons de santé, qui doivent être hors de l'enceinte des villes, selon les lois et règlements; — en empêchant qu'on ne jette ou dépose dans les rues aucune substance malsaine; en faisant saisir et détruire dans les halles, marchés et boutiques, chez les bouchers, boulangers, marchands de vin, brasseurs, limonadiers, épiciers-droguistes, apothicaires, ou tous autres, les comestibles ou médicaments gâtés, corrompus et nuisibles.

Incendies, débordements. — Accidents sur la rivière.

24. Il sera chargé de prendre les mesures propres à prévenir ou arrêter les incendies. — Il donnera des ordres aux pompiers, requerra les ouvriers charpentiers, couvreurs, requerra la force publique, et en déterminera l'emploi. — Il aura la surveillance du corps des pompiers; le placement et la distribution des machines et ustensiles de tout genre destinés à les arrêter, des corps de garde et magasin de pompes. — En cas de débordements et débâcles, il ordonnera des mesures de précaution, telles que déménagement des maisons menacées, ruptures de glaces, garage de bateaux. — Il sera chargé de faire administrer des secours aux noyés. Il déterminera, à cet effet, le placement des boîtes fumigatoires ou autres moyens de secours. — Il accordera et fera payer les gratifications et récompenses promises par les lois et règlements à ceux qui retirent les noyés de l'eau.

25. . . . . . . etc. . . . .

IV. LOI SUR L'ADMINISTRATION MUNICIPALE DU 18-22 JUILLET 1837. (Extrait.)

. . . .

TITRE II. — Chapitre premier. — Des attributions des maires.

9. Le maire est chargé, sous l'autorité de l'administration supérieure : 1° de la publication et de l'exécution des lois et règlements ; 2° des fonctions

spéciales qui lui sont attribuées par les lois; 3° de l'exécution des mesures de sûreté générale.

10. Le maire est chargé, sous la surveillance de l'autorité supérieure: 1° de la police municipale, de la police rurale et de la voirie municipale, et de pourvoir à l'exécution des actes de l'autorité supérieure qui y sont relatifs; 2°. . . . .

11. Le maire prend des arrêtés à l'effet : 1° d'ordonner les mesures locales sur les objets confiés par les lois à sa vigilance et à son autorité; 2° de publier de nouveau les lois et règlements de police, et de rappeler les citoyens à leur observation. . . . .

V. ORDONNANCE CONCERNANT LES ATELIERS, MANUFACTURES OU LABORATOIRES [1].
(Paris, le 12 février 1806.)

Le conseiller d'État, chargé du quatrième arrondissement de la police générale de l'Empire, préfet de police, et l'un des commandants de la Légion d'honneur,

Considérant qu'il s'établit journellement dans la ville de Paris des ateliers, manufactures ou laboratoires qui, soit par la nature des matières qu'on y travaille, soit par l'usage du feu qu'on y fait, soit enfin par le défaut de précautions suffisantes, peuvent compromettre la salubrité et occasionner des incendies;

Considérant que ces sortes d'établissements excitent des plaintes qui obligent l'autorité d'en prononcer la suppression ou d'en suspendre l'activité, et qu'il résulte souvent que les frais considérables auxquels ils ont donné lieu deviennent en pure perte pour les propriétaires ;

Vu l'arrêt du 7 septembre 1497;

Les arrêts des 28 octobre 1672 et 24 février 1673 ;

Les lettres patentes du mois d'octobre 1673;

L'ordonnance de police du 10 juin 1701 ;

Les lettres patentes du 7 janvier 1763 ;

L'ordonnance de police du 15 novembre 1781;

La loi du 13 novembre 1791 ;

Et les articles 2 et 23 de l'arrêté du gouvernement du 12 messidor an VIII,

Ordonne ce qui suit :

1. Il est défendu d'établir, dans la ville de Paris, aucun atelier, manufacture ou laboratoire qui pourraient compromettre la salubrité ou occasionner un incendie, sans avoir préalablement fait, à la préfecture de police, la déclaration de la nature des matières qu'on se proposera d'y préparer et des travaux qui devront y être exécutés.

Il sera déposé en même temps un plan figuré des lieux et des constructions projetées.

2. Aussitôt après cette déclaration, il sera procédé par des gens de l'art,

---

[1] Voir les ordonnances des 5 novembre 1810, 20 février 1815, et 30 novembre 1837.

assistés d'un commissaire de police, à la visite des lieux, à l'effet de s'assurer si l'établissement projeté ne peut point nuire à la salubrité ni faire craindre un incendie. Il en sera dressé procès-verbal d'enquête de *commodo et incommodo*, pour être statué ce qu'il appartiendra.

3. La présente ordonnance sera imprimée, publiée et affichée.

Les commissaires de police, l'inspecteur général du quatrième arrondissement de la police générale de l'Empire, les officiers de paix, l'architecte commissaire de la petite voirie, l'inspecteur général de la salubrité, les commissaires des halles et marchés et les autres préposés de la préfecture de police sont chargés, chacun en ce qui le concerne, de tenir la main à son exécution.

Le conseiller d'État, préfet de police, Dubois.

VI. DÉCRET CONCERNANT LES ÉTABLISSEMENTS INSALUBRES. (15 octobre 1810.)

1° MOTIFS. — *Rapport du ministre de l'intérieur.*

Il s'est élevé, à différentes époques, des plaintes très-vives contre les établissements dans lesquels on fond le suif, on tanne les cuirs, et l'on fabrique la colle forte, le bleu de Prusse, le vitriol, le sel de saturne, le sel ammoniac, l'amidon, la chaux, la soude, les acides minéraux, etc. On prétend que leur exploitation occasionne des exhalaisons nuisibles à la végétation des plantes, et à la santé des hommes. Ces plaintes furent communiquées en l'an XIII à la classe des sciences physiques et mathématiques de l'Institut, qui rédigea un travail que mes prédécesseurs ont constamment pris pour règle, toute les fois qu'ils ont eu occasion de statuer sur des demandes en suppression de fabriques. Tout serait donc terminé s'il n'était pas parvenu de nouvelles réclamations. Ce sont les manufactures de soude qui les font principalement naître. On m'assure que les vapeurs causées par ces manufactures anéantissent les végétaux qui se trouvent dans le voisinage, et oxydent en très-peu de temps le fer sur lequel elles s'arrêtent. Un pareil état de choses ne saurait être vu avec indifférence. S'il est juste que chacun soit libre d'exploiter son industrie, le gouvernement ne peut, d'un autre côté, tolérer que, pour l'avantage d'un individu, tout un quartier respire un air infect, ou qu'un particulier éprouve des dommages dans sa propriété. J'admets que la plupart des établissements dont on se plaint n'occasionnent pas des exhalaisons contraires à la salubrité publique, mais, à coup sûr, on ne saurait nier que ces exhalaisons ne soient fort désagréables, et que, par cela même, elles ne préjudicient aux propriétaires des maisons voisines, en empêchant qu'ils ne louent ces maisons, ou en les forçant, s'ils les louent, à abaisser les prix de leurs baux. La sollicitude du gouvernement embrassant toutes les classes de la société, il est de sa justice que les intérêts de ces propriétaires ne soient pas plus perdus de vue que ceux des manufacturiers. Un moyen qui me paraît propre à concilier ce qu'on doit aux uns et aux autres serait d'arrêter en principe que les établissements qui répandent une odeur forte et gênant la respiration ne seront dorénavant formés que dans des localités isolées. Une disposition semblable ne saurait nuire à ces établissements : le seul changement qu'il apporterait à l'état des choses, c'est qu'au lieu d'être dans les villes, où ils font naître des plaintes continuelles, ils se trouveraient dans des emplacements où ils n'incommoderaient personne. Ces considérations m'ont fait penser qu'il serait sage de dresser un tableau de ceux dont la formation ne sera plus permise dans les communes et qu'il convient d'éloigner des habitations particulières. La classe des sciences physiques et mathématiques de l'Institut pouvant seule dresser ce tableau d'une manière satisfaisante pour le public et pour l'administration, je l'ai priée de vouloir bien s'en occuper. Le travail qu'elle m'a envoyé à cet égard ne laisse rien à désirer. Il consacre d'abord les principes posés par la lettre que je lui ai écrite pour le lui demander; il est terminé par la proposition de diviser en trois classes les manufactures et ateliers qui répandent une odeur insalubre ou incommode. Dans la première classe seraient compris les établissements qu'il convient d'éloigner des habitations particulières; dans la seconde, ceux dont l'éloignement des habitations n'est pas rigoureusement nécessaire, mais dont il importe néanmoins de ne permettre la formation qu'après avoir acquis la certitude que les opérations qu'on y pratique sont exécutées de manière à ne pas incommoder les propriétaires du voisinage, ni à leur causer des dommages. La dernière classe renferme les établissements qui peuvent rester sans inconvénient auprès des habitations.

La division faite par la classe des sciences physiques et mathématiques paraîtra sans doute sage à Votre Majesté; Elle m'a donné lieu de rédiger un projet de décret impérial, dans lequel j'ai tâché de concilier tous les intérêts. D'après ce projet, le ministre de l'intérieur peut seul délivrer les permissions nécessaires pour la formation des établissements compris dans la première classe. Ces établissements étant ceux dont l'activité occasionne le plus de réclamations, j'ai pensé que la création devait en être subordonnée à son approbation. Sa décision, qui ne sera prise qu'en connaissance de cause, sera un garant que, s'il accorde la permission, c'est qu'il a jugé qu'il ne pouvait en résulter aucun inconvénient, ni pour la salubrité publique, ni pour les propriétés du voisinage. Dans le cas où ces propriétés éprouveraient des dommages, un article du projet permet de demander des indemnités, dont la quotité sera réglée par l'autorité judiciaire. Cette disposition n'a pas besoin d'être justifiée. Les tribunaux statuant sur tout ce qui intéresse la propriété, sa nature et son exercice, il est naturel de leur envoyer la connaissance des plaintes qui peuvent être adressées.

Il aurait été à désirer qu'il eût été possible de déterminer la distance où les établissements compris dans la première classe doivent être des habitations particulières. Ce point a beaucoup occupé la classe des sciences physiques et mathématiques de l'Institut, et le résultat de ses méditations a été qu'on ne saurait le décider d'une manière positive. Une manufacture peut, en effet, quoique très-rapprochée des maisons, être placée de manière à n'incommoder personne, tandis qu'une autre qui en est à une distance considérable, va, par sa situation sur une hauteur, les couvrir de vapeurs infectes qui en rendront le séjour insupportable. Il n'a donc pas été possible d'établir la différence dans le projet de décret ; et, quelque désir que j'eusse d'empêcher qu'on n'agît arbitrairement, il a fallu abandonner ce soin à la sagesse de l'autorité locale.

Ce sont les préfets et les sous-préfets qui accordent les permissions qu'exige la mise en activité des établissements placés dans la seconde et dernière classe, après avoir fait procéder à des informations *de commodo et incommodo*. La formation de ces établissements cause moins de réclamations que l'exploitation de ceux compris dans la première classe ; et il est convenable de leur donner cette attribution, afin d'abréger les délais qui auraient lieu si l'on était forcé de s'adresser au ministre de l'intérieur. Le projet fait une exception à cette règle pour Paris et les villes où il y a des commissaires généraux de police. Le préfet de police de la première de ces villes, et les commissaires généraux, ayant eu, jusqu'à présent, la surveillance des établissements qui répandent une odeur insupportable ou incommode, il m'a paru qu'il ne fallait apporter aucun changement à ce qui existe. La loi du 22 germinal de l'an XI, titre v, les charge d'ailleurs de régler les affaires de police entre les ouvriers et ceux qui les emploient ; et de cette attribution découle, à certains égards, celle que je propose ici de leur conserver.

Les derniers articles du projet parlent des établissements déjà en activité ; d'après ces articles, ils sont conservés dans l'emplacement qu'ils occupent. Votre Majesté approuvera sans doute cette disposition. Ils ont été créés dans la persuasion qu'on ne les troublerait pas dans leurs travaux, et il serait contraire aux principes de l'administration de revenir sur ce qui a été fait. Seulement, les entrepreneurs de fabrique de soude qui n'opèrent point à vases clos sont tenus de se pourvoir d'une permission, ou, s'ils en ont une, de la faire confirmer. Partout où il a été établi de ces fabriques, on les a dénoncées comme anéantissant la végétation et oxydant très-promptement le fer, et il importe d'en subordonner l'exploitation à l'accomplissement des formalités prescrites par le projet, afin de prouver aux propriétaires du voisinage que leurs intérêts ne sont pas plus perdu de vue que ceux des manufacturiers.

J'ajoute que les plaintes dont elles ont été l'objet ont déterminé quelques préfets, notamment celui de la Seine-Inférieure, à ordonner des mesures particulières dont ils sollicitent l'approbation, et que j'ai ajourné ma décision jusqu'à ce que Votre Majesté ait pris un parti sur le travail que j'ai l'honneur de lui soumettre. Le projet ne fait subir la loi commune aux établissements en activité qu'autant qu'ils seront transférés d'un emplacement dans un autre, et qu'il y aura dans leur exploitation une interruption de six mois ; alors il les assimile aux établissements à former, c'est-à-dire qu'ils ne peuvent être remis en activité qu'après avoir obtenu, s'il y a lieu, une nouvelle permission.

Tels sont, Sire, les motifs qui m'ont dirigé dans la confection du travail que j'ai l'honneur de présenter à Votre Majesté. J'avais d'abord pensé qu'il convenait d'ordonner l'apposition d'affiches, toutes les fois qu'il serait adressé une demande en établissement d'une manufacture répandant une odeur insalubre ou incommode; mais des réflexions ultérieures m'ont fait changer d'avis. Une disposition semblable aurait donné naissance à des oppositions nombreuses et souvent peu fondées, et empêché par suite la formation des fabriques de produits chimiques, fabriques qui méritent toute la protection et la bienveillance de Votre Majesté, puisqu'elles nous fournissent des produits pour lesquels nous étions auparavant tributaires de l'étranger. Il m'a paru préférable de faire procéder à des informations *de commodo et incommodo*, qui présentent toutes les garanties qu'on peut désirer. J'ai l'honneur de proposer à Votre Majesté de revêtir de son approbation le projet de décret ci-joint.

2° *Extrait des registres de la classe des sciences physiques et mathématiques de l'Institut du 26 frimaire an XIII.*

Le ministre de l'intérieur vient de consulter la classe sur une question dont la solution intéresse essentiellement notre industrie manufacturière.

Il s'agit de décider si le voisinage de certaines fabriques peut être nuisible à la santé.

La solution de ce problème doit paraître d'autant plus importante, que, par une suite naturelle de la confiance que méritent les décisions de l'Institut, elle pourra désormais former la base des jugements du magistrat, lorsqu'il s'agit de prononcer entre le sort d'une fabrique et la santé des citoyens.

Cette solution est d'autant plus urgente, elle est devenue d'autant plus nécessaire, que le sort des établissements les plus utiles, je dirai plus, l'existence de plusieurs arts a dépendu jusqu'ici de simples règlements de police, et que quelques-uns, repoussés loin des approvisionnements, de la main-d'œuvre ou de la consommation, par les préjugés, l'ignorance ou la jalousie, continuent à lutter avec désavantage contre les obstacles sans nombre qu'on oppose à leur développement. C'est ainsi que nous avons vu successivement les fabriques d'acide, de sel ammoniac, de bleu de Prusse, de bière, et les préparations de cuir, reléguées hors de l'enceinte des villes, et que chaque jour ces mêmes établissements sont encore dénoncés à l'autorité par des voisins inquiets ou par des concurrents jaloux.

Tant que le sort de ces fabriques ne sera pas assuré; tant qu'une législation purement arbitraire aura le droit d'interrompre, de suspendre, de gêner le cours d'une fabrication; en un mot, tant qu'un simple magistrat de police tiendra dans ses mains la fortune ou la ruine du manufacturier, comment concevoir qu'il puisse porter l'imprudence jusqu'à se livrer à des entreprises de cette nature? Comment a-t-on pu espérer que l'industrie manufacturière s'établît sur des bases aussi fragiles? Cet état d'incertitude cette lutte continuelle entre le fabricant et ses voisins, cette indécision éternelle sur le sort d'un établissement, paralysent, rétrécissent les efforts du manufacturier, et éteignent peu à peu son courage et ses facultés.

Il est donc de première nécessité, pour la prospérité des arts, qu'on pose enfin des limites qui ne laissent plus rien à l'arbitraire du magistrat, qui tracent au manufacturier le cercle dans lequel il peut exercer son industrie librement et sûrement, et qui garantissent au propriétaire voisin qu'il n'y a danger ni pour sa santé ni pour les produits de son sol.

Pour arriver à la solution de ce problème important, il nous paraît indispensable de jeter un coup d'œil sur chacun des arts qui, jusqu'à ce moment, ont excité le plus des réclamations.

Pour y parvenir, nous les diviserons en deux classes : la première comprendra tous ceux dont les opérations laissent échapper dans l'atmosphère, par suite de la putréfaction ou de la fermentation, quelques émanations gazeuses qu'on peut regarder comme incommodes par leur odeur, ou dangereuses par leurs effets.

La seconde classe comprendra tous ceux où l'artiste, opérant par le moyen du feu, développe ou dégage, en vapeur ou en gaz, divers principes qui sont plus ou moins désagréables à respirer, et sont réputés plus ou moins nuisibles à la santé.

Dans la première classe, on peut faire entrer le rouissage du chanvre et du lin, la boyauderie, les boucheries, les amidonneries, les tanneries, les brasseries, etc.

Dans la seconde, la distillation des acides, celle des vins, des matières animales, l'art du doreur sur métaux, les préparations de plomb, de cuivre, de mercure, etc.

Les arts compris dans la première classe, considérés sous le rapport de la santé publique, méritent une attention toute particulière, parce que les émanations qui se dégagent par la fermentation ou la putréfaction sont réellement nuisibles à la santé, dans quelques cas et dans quelques circonstances particulières : par exemple, le rouissage qu'on pratique dans des eaux tranquilles ou dans des mares, infectent l'air et tuent le poisson ; les maladies qu'il occasionne sont toutes connues et décrites; aussi de sages règlements ont-ils ordonné, presque partout, que cette opération fût pratiquée hors l'enceinte des villes, à une certaine distance de toute habitation, et dans des eaux dont le poisson n'est pas une ressource pour l'habitant. Sans doute les règlements doivent être maintenus; mais, comme leur exécution entraîne, à leur tour, quelques inconvénients, il est à désirer que le procédé de M. Brale, dont MM. Monge, Berthollet, Tessier et Mollart ont constaté la supériorité, soit bientôt connu et adopté.

Les autres opérations qu'on exécute sur les végétaux ou sur certains produits de la végétation, pour en obtenir des liqueurs fermentées, comme les brasseries ; pour en extraire des couleurs, comme dans les fabriques de tournesol, d'orseille et d'indigo, ou pour les dépouiller de quelques-uns de leurs principes, comme dans les amidonneries, papeteries, etc., ne nous paraissent point de nature à pouvoir exciter une inquiète sollicitude de la part du magistrat : dans tous ces cas, les émanations qui s'élèvent de ces matières en fermentation, ne peuvent être dangereuses que dans l'enceinte des vaisseaux et appareils qui les contiennent ; elles cessent de l'être du moment qu'elles sont mêlées à l'air extérieur : il ne faut donc qu'un peu de prudence pour éviter tout danger. D'ailleurs le danger n'est jamais pour les habitants des maisons voisines ; il n'intéresse et ne menace que les ouvriers de la fabrique, de sorte que le règlement qui ordonnerait la translation de ces fabriques au dehors des villes et loin de toute habitation serait, de la part de l'autorité, un acte à la fois injuste, vexatoire, nuisible au progrès des arts, et ne remédierait pas au mal qu'entraîne l'opération.

Quelques préparations qu'on extrait des matières animales exigent souvent la putréfaction de ces mêmes matières, comme dans celles qui ont pour objet la fabrication des cordes à boyaux ; mais plus souvent l'emploi de ces substances animales expose à voir se corrompre les matières mêmes dont on se sert, par un trop long séjour dans l'atelier ou par suite d'une tempé-rature trop chaude ; c'est ce qui s'observe surtout dans les teintures en coton rouge, où l'on se sert du sang en abondance. L'infection qu'exalent les ma-tières corrompues se répand au loin, et forme pour tout le voisinage une atmosphère très-désagréable à respirer. Il est d'une bonne administration de faire renouveler les matières pour prévenir la corruption, et de faire maintenir assez de propreté dans l'atelier pour qu'on n'y laisse ni traîner ni pourrir les résidus des substances animales qu'on y emploie.

Sous ce dernier rapport, les boucheries offrent bien quelques inconvé-nients ; mais ils ne sont pas assez graves pour qu'on doive les placer hors des villes et les concentrer sur un seul point, comme des spéculateurs le proposent journellement à l'autorité. Un peu d'attention de la part du magistrat, pour que les bouchers ne répandent pas au dehors le sang et quelques débris des animaux qu'ils égorgent, suffit pour remédier pleine-ment à tout ce que les boucheries présentent de malsain ou de dégoûtant.

La fabrication de la poudrette commence à s'établir dans toutes les grandes villes de la France : l'opération par laquelle on ramène les ma-tières fécales à l'état de poudrette développe nécessairement et pendant longtemps une odeur très-désagréable. Les établissements de cette nature doivent donc être formés dans des lieux bien aérés et éloignés de toute habitation : non que nous regardions les produits gazeux qui s'en exhalent comme nuisibles à la santé ; mais on ne peut nier qu'ils ne soient incom-modes, infects, désagréables, pénibles à respirer, et que, sous tous ces rapports, ils ne doivent être écartés de l'habitation des hommes.

Il y a une observation très-importante à faire sur la décomposition spon-tanée des substances animales ; c'est que les émanations paraissent en être d'autant moins dangereuses que les matières qui éprouvent la putréfaction sont moins humides ; dans ce dernier cas, il se dégage une quantité consi-dérable de carbonate d'ammoniaque, qui donne son caractère prédominant aux autres matières qui se volatilisent et corrigent le mauvais effet de celles qui seraient délétères. Ainsi la décomposition des matières stercorales en plein air et dans des lieux dont la position et l'inclinaison permettent aux liquides de s'échapper, la décomposition des résidus du cocon du ver à soie, développent une énorme quantité de carbonate d'ammoniaque qui châtre la vertu vénéneuse des quelques autres émanations, tandis que ces mêmes substances, décomposées dans l'eau ou abreuvées de ce liquide, exhalent des miasmes douceâtres et · nauséabonds dont la respiration est très-dangereuse.

Les arts nombreux dans lesquels le manufacturier produit et répand dans l'air, par suite de ses opérations et à l'aide du feu, des vapeurs plus ou moins désagréables à respirer, constituent la seconde classe de ceux que nous avons à examiner.

Ceux-ci, plus intéressants que les premiers et bien plus intimement liés à la propriété de l'industrie nationale, sont plus souvent encore l'objet des réclamations portées à la décision des magistrats; et, sous ce rapport, ils nous ont paru mériter une attention plus particulière.

Nous commencerons notre examen par la fabrication des acides.

Les acides dont la préparation peut exciter quelques plaintes de la part des voisins de la fabrique, sont le sulfurique, le nitrique, le muriatique et l'acéteux.

Le sulfurique s'obtient par la combustion d'un mélange de soufre et de salpêtre. Il est bien difficile que, dans cette opération, il ne se répande une odeur plus ou moins marquée d'acide sulfureux, autour de l'appareil dans lequel s'opère la combustion; mais, dans les fabriques conduites avec intelligence, cette odeur est à peine sensible dans l'atelier; elle ne présente aucun danger pour les ouvriers qui la respirent journellement, et aucune plainte de la part des voisins ne saurait être fondée. Lorsque l'art de fabriquer l'acide sulfurique a été introduit en France, l'opinion publique s'est fortement prononcée contre les premiers établissements; l'odeur de l'allumette qu'on brûle dans nos foyers ne contribuait pas peu à exagérer l'effet que devait produire la combustion rapide de quelques quintaux de soufre; aujourd'hui l'opinion est si bien revenue sur leur compte, que nous voyons plusieurs de ces fabriques prospérer paisiblement et sans trouble au milieu de nos villes.

La distillation des eaux-fortes et de l'esprit de sel (acide nitrique et muriatique) ne présente pas plus de danger que la fabrication de l'acide sulfurique. Toute l'opération se fait dans des appareils de grès ou de verre; et le premier intérêt du fabricant est, sans contredit, de diminuer la déperdition ou la volatilisation autant qu'il est en son pouvoir. Cependant, quelque attention qu'on donne au procédé, l'air qu'on respire dans l'atelier est toujours imprégné de l'odeur particulière à chacun de ces acides; néanmoins la respiration y est libre et sûre, les hommes qui y travaillent journellement n'y sont pas du tout incommodés, et les voisins auraient grand tort de se plaindre.

Depuis que les fabriques de blanc de plomb, de vert-de-gris et de sel de saturne se sont multipliées en France, le vinaigre y est devenu d'un usage plus général.

Lorsqu'on distille cet acide pour le rendre propre à quelques-uns de ces usages, il se répand au loin une odeur très-forte de vinaigre, qui ne présente aucun danger; mais, lorsqu'on évapore une dissolution de plomb dans cet acide, les vapeurs prennent alors un caractère douceâtre, et produisent sur les hommes qui les respirent habituellement tous les effets particuliers aux émanations du plomb lui-même. Heureusement que ces effets n'affectent que les ouvriers qui travaillent dans l'atelier, et qu'ils sont insensibles pour toutes les personnes qui vivent dans le voisinage.

Les préparations de mercure et de plomb, celles de cuivre, d'antimoine et d'arsenic, les opérations du doreur sur métaux, présentent presque toutes quelques dangers pour les personnes qui habitent les ateliers et concourent aux opérations ; mais les effets se bornent dans l'enceinte des ateliers ; tout y est, pour ainsi dire, aux risques et périls des entrepreneurs et fabricants. Il est digne des chimistes de s'occuper des moyens de prévenir ces fâcheux résultats ; déjà même on a obvié à plusieurs inconvénients à l'aide de cheminées qui aspirent les vapeurs et les portent dans les airs hors de toute atteinte pour la respiration ; et aujourd'hui toute l'attention de l'administration doit se borner à diriger la science vers les moyens de perfectionnement dont ces procédés sont susceptibles sous le rapport de la santé.

La fabrication du bleu de Prusse, l'extraction du carbonate d'ammoniaque par la distillation des matières animales dans les nouvelles fabriques de sel ammoniac, produisent une grande quantité de vapeurs ou exhalaisons fétides. A la vérité, ces exhalaisons ne sont pas dangereuses pour la santé ; cependant, comme, pour être bon voisin il ne suffit pas de n'être pas dangereux, et qu'il faut encore n'être pas incommode, les entrepreneurs de ces sortes d'établissements, lorsqu'ils ont à se déterminer sur le choix d'un emplacement, doivent préférer celui qui est éloigné de toute habitation. Mais, lorsque l'établissement est déjà formé, nous nous garderons bien de conseiller aux magistrats d'en ordonner la translation ; il suffit, dans ce cas, d'exiger de l'entrepreneur qu'il construise des cheminées très-élevées, pour noyer dans les airs les vapeurs désagréables qui sont produites dans ces opérations : ce moyen est surtout praticable pour la fabrication du bleu de Prusse, et c'est en le pratiquant que l'un de nous a fait conserver au milieu de Paris une des fabriques les plus importantes dans ce genre, contre laquelle les voisins et l'autorité s'étaient déjà ligués.

Dans le rapport que nous soumettons à la classe, nous n'avons cru devoir nous occuper que des principales fabriques contres lesquelles de violentes réclamations se sont élevées en divers temps et en divers lieux. Il est aisé de voir, d'après ce qui précède, qu'il en est peu dont le voisinage soit nuisible à la santé.

D'après cela, nous ne saurions trop inviter les magistrats chargés de la santé et de la sûreté publiques, à écarter les plaintes mal fondées qui, trop souvent, se dirigent contre les établissements, menaçant chaque jour la fortune de l'honnête manufacturier, retardent les progrès de l'industrie, et compromettent le sort de l'art lui-même.

Le magistrat doit être en garde contre les démarches d'un voisin inquiet ou jaloux ; il doit distinguer avec soin ce qui n'est qu'incommode ou désagréable, d'avec ce qui est nuisible ou dangereux ; il doit se rappeler qu'on proscrit pendant longtemps l'usage de la houille, sous le prétexte frivole qu'elle était malsaine; il doit, en un mot, se pénétrer de cette vérité, c'est qu'en accueillant les plaintes de cette nature, non-seulement on parviendrait à empêcher l'établissement en France de plusieurs arts utiles, mais on arriverait insensiblement à éloigner des villes, les maréchaux, les charpentiers, les menuisiers, les chaudronniers, les tonnelliers, les fondeurs, les tisserands, et généralement tous ceux dont la profession est plus ou moins incommode pour le voisin. A coup sûr, les arts que nous venons de nommer forment un voisinage plus désagréable que celui des fabriques dont nous avons parlé; le seul avantage qu'ils ont sur ces dernières, c'est leur ancienneté d'exercice. Leur droit de domicile s'est établi avec le temps et par le besoin : ne doutons pas que, lorsque nos fabriques seront plus vieilles et mieux connues, elles ne jouissent paisiblement du même avantage dans la société. En attendant, nous pensons que la classe doit profiter de cette circonstance pour les mettre, d'une manière spéciale, sous la protection du gouvernement, et déclarer que les fabriques d'acide, de sel ammoniac, de bleu de Prusse, de sel de saturne, de blanc de plomb, les boucheries, les amidonneries, les tanneries, les brasseries, ne forment point un voisinage nuisible à la santé lorsqu'elles sont bien conduites.

Nous ne pouvons pas en dire autant du rouissage du chanvre, des boyauderies, des voiries, et généralement de tous les établissements où l'on soumet une grande quantité de matières animales ou végétales à une putréfaction humide; dans tous ces cas, outre l'odeur très-désagréable qui s'exhale, il se dégage encore des miasmes qui sont plus ou moins malfaisants.

Nous devons ajouter que, quoique les fabriques dont nous avons déjà parlé, et que nous avons considérées comme n'étant pas nuisibles à la santé par leur voisinage, ne doivent pas être déplacées; néanmoins l'administration doit être invitée à exercer sur elles la surveillance la plus active, et à consulter les personnes instruites, pour prescrire aux entrepreneurs les mesures les plus propres à empêcher que les odeurs et la fumée ne se répandent dans le voisinage. On peut atteindre ce but, en améliorant les procédés de fabrication, en élevant les murs d'enceinte pour que la vapeur ne soit pas déversée sur les habitations voisines, en perfectionnant la conduite du feu, qui peut être telle, que la fumée elle-même soit brûlée dans les foyers ou déposée dans les longs tuyaux des cheminées; en entretenant la plus grande propreté dans les ateliers, de manière qu'aucune matière ne s'y corrompe, et que tous les résidus susceptibles de fermentation aillent se perdre dans des puits profonds, et ne puissent, en aucune manière, incommoder les voisins.

Nous observerons encore que, lorsqu'il s'agit de former de nouveaux établissements de bleu de Prusse, de sel ammoniac, de tanneries, d'amidonneries, et généralement de toute fabrication qui produit nécessairement des vapeurs très-incommodes pour les voisins ou des dangers toujours renaissants par la crainte du feu ou des explosions, il serait à la fois sage, juste et prudent de prononcer en principe que ces établissements ne pourraient être

formés dans l'enceinte des villes et près des habitations qu'avec une autorisation spéciale, et que, dans le cas où les entrepreneurs ne rempliraient
pas cette condition indispensable, la translation de leurs établissements
pourrait être ordonnée, sans indemnité.

Il résulte donc de notre rapport :

1° Que les établissements de boyauderies, de voiries, de rouissage, et généralement tous ceux dans lesquels on amoncelle et fait pourrir ou putréfier
en grandes masses des matières animales ou végétales, forment un voisinage
nuisible à la santé, et qu'on doit les porter hors de l'enceinte des villes et
de toute habitation ;

2° Que les fabriques dans lesquelles on développe des odeurs désagréables
par le moyen du feu, comme dans la fabrication des acides, du bleu de
Prusse, du sel ammoniac, ne forment un voisinage dangereux que par défaut
de précaution, et que les soins de l'administration doivent se borner à une
surveillance active et éclairée, pour faire perfectionner les procédés dans la
fabrication et la conduite du feu, et pour y maintenir une propreté convenable ;

3° Qu'il serait digne d'une bonne et sage administration de faire des règlements qui prohibassent pour l'avenir, dans l'enceinte des villes et près
des habitations, l'établissement de toute fabrique dont le voisinage est essentiellement incommode ou dangereux, sans une autorisation préalable.
On peut comprendre dans cette classe les poudreries, les tanneries, les amidonneries, les fonderies de métal et de suif, les boucheries, les amas de
chiffons, les fabriques de bleu de Prusse, de vernis, de colle-forte, de sel
ammoniac, de poteries, etc.

Telles sont les conclusions que nous avons l'honneur de soumettre à la
classe.

3° *Rapport fait à la classe des sciences physiques et mathématiques, d'après la demande de S. E. le ministre de l'intérieur, sur la question de savoir quel parti on
doit prendre, par rapport aux fabriques dont le voisinage peut porter préjudice
aux particuliers.* (Par la section de chimie. — 1809.)

En comparant les fabriques qui existaient il y a vingt ans, avec celles qui
sont aujourd'hui en activité, on est frappé de l'amélioration que les procédés qu'on suit dans ces dernières ont éprouvée, et en même temps on est
forcé de convenir qu'elles doivent cet avantage aux lumières qu'elles ont
empruntées de la chimie et de l'heureuse application qu'elles ont su en faire.

Par une conséquence naturelle de cet état de choses, le nombre des fabriques a dû nécessairement augmenter, et l'industrie nationale, en se perfectionnant, a dû nécessairement aussi donner lieu à de nombreuses spécula-
tions, dont les résultats sont devenus d'autant plus avantageux, qu'ils ont
tourné au profit de la société.

Mais, si d'un côté on doit savoir gré aux fabricants du zèle qu'ils mettent
à poursuivre leurs travaux et à les multiplier, ainsi que des sacrifices que
souvent ils font avant même d'avoir acquis la certitude d'obtenir des suc-

cès, on a aussi quelques reproches à leur faire sur l'insouciance avec laquelle plusieurs d'entre eux choisissent les localités où ils établissent leurs fabriques.

Uniquement occupés de l'emploi des moyens qui doivent leur procurer les résultats qu'ils désirent obtenir, ils ne cherchent pas toujours à s'assurer si les matières premières dont ils se servent, ou les produits qu'ils en séparent, donnent, pendant leur traitement, naissance à des vapeurs d'une odeur désagréable, qui, en se répandant plus ou moins promptement, et à des distances plus ou moins éloignées, finissent par incommoder ceux qui les respirent.

C'est sans doute à ce peu de précaution ou à cet oubli qu'on doit attribuer les plaintes formées contre certaines fabriques, et les demandes réitérées tendant à obtenir leur suppression ou au moins leur éloignement des lieux environnés d'habitations,

S'il est impossible de ne pas reconnaître souvent la justesse de ces plaintes, on est forcé de convenir que quelquefois elles n'ont pour véritable prétexte que des inquiétudes mal fondées, des préventions, des jalousies et des rivalités.

Il devenait donc nécessaire de chercher des moyens qui, en dissipant à cet égard toute espèce d'incertitude, fixassent, d'une manière sûre et constante, les bases sur lesquelles doivent être établies les décisions des magistrats, devant qui les plaintes étaient portées.

Déjà, en l'an XIII, le ministre de l'intérieur, convaincu des difficultés que présentait un travail fait d'après ces vues, avait écrit à la classe des sciences physiques et mathématiques pour l'inviter à s'occuper de cet objet important. Les commissaires qui, à cette époque, furent nommés, rédigèrent un rapport dans lequel ils proposaient plusieurs des mesures qu'ils croyaient qu'on devait prendre, et indiquaient surtout les manufactures ou fabriques qui leur paraissaient devoir être conservées et celles qu'il convenait d'éloigner du voisinage des lieux habités; ce rapport, fait avec beaucoup de soin et rempli d'observations très-intéressantes et judicieuses, a été unanimement adopté par la classe, et a souvent guidé le magistrat de police, soit lorsqu'il croyait devoir faire droit aux récclamations qui lui étaient présentées, soit lorsqu'il jugeait convenable de les écarter.

Malheureusement l'expérience ne tarda pas à prouver que ce rapport qui, d'abord, avait paru suffisant pour remplir les vues du ministre, n'offrant que des données générales, était susceptible de différentes interprétations qui, suivant qu'elles étaient plus ou moins favorables aux réclamants et aux fabricants, donnaient lieu à de nouvelles plaintes que les parties qui se croyaient lésées poursuivaient avec chaleur.

Voulant faire disparaître ces inconvénients, le ministre s'est de nouveau adressé à la première classe de l'Institut; et, après avoir exposé dans une lettre très-détaillée les motifs qui l'engagent à réclamer encore son avis, il l'invite à prendre sa demande en grande considération.

La classe, à son tour, convaincue de l'importance de l'affaire qui lui était soumise, a pensé qu'elle devait charger du soin de l'examiner ceux de ses membres qui, par la nature de leurs travaux particuliers, étaient plus à portée de connaître, non-seulement les divers produits que les fabriques fournissent au commerce, mais encore les opérations employées pour obtenir ces produits. En conséquence, elle a arrêté que la section de chimie serait invitée à présenter incessamment un rapport sur la demande du ministre.

Le premier soin de la commission a été de bien se pénétrer des diverses observations insérées dans la lettre du ministre; elles méritaient en effet de fixer d'autant plus l'attention, qu'elles présentaient un aperçu des motifs qu'on pouvait faire valoir pour éloigner certaines fabriques et en conserver d'autres.

Voici, à cet égard, comment le ministre s'est exprimé :

« S'il est juste, est-il dit dans sa lettre, que chacun puisse exploiter librement son industrie, le gouvernement ne saurait, d'un autre côté, voir avec indifférence que, pour l'avantage d'un individu, tout un quartier respire un air infect, ou qu'un particulier éprouve des dommages dans sa propriété. En admettant que la plupart des manufacturiers dont on se plaint n'occasionnent pas d'exhalaisons contraires à la salubrité publique, on ne niera pas non plus que ces exhalaisons peuvent être quelquefois désagréables, et que, par cela même, elles ne portent un préjudice réel aux propriétaires des maisons voisines, en empêchant qu'ils ne louent ces maisons, ou en les forçant, s'ils les louent, à baisser le prix de leurs baux. Comme la sollicitude du gouvernement embrasse toutes les classes de la société, il est de sa justice que les intérêts de ces propriétaires ne soient pas perdus de vue plus que ceux des manufacturiers. Il paraîtra peut-être, d'après cela, convenable d'arrêter en principe que les établissements qui répandent une odeur forte et gênant la respiration ne seront dorénavant formés que dans des localités isolées. »

Il était difficile de se refuser à l'évidence de principes aussi incontestables que ceux établis dans le paragraphe de la lettre qu'on vient de citer. Aussi la commission s'est-elle empressée de les adopter et de les considérer comme devant servir de base aux différentes propositions qu'elle avait à faire.

Toutes les fabriques variant entre elles par la nature des travaux qui les occupent, il était nécessaire de se procurer une connaissance exacte de celles qui, étant en activité surtout dans le ressort de Paris, devaient principalement fixer l'attention. Pour cela, la commission s'est adressée à M. le préfet de police, qui, sur-le-champ, a donné des ordres dans ses bureaux, pour qu'il fût rédigé un tableau de tous les ateliers, fabriques et établissements qui sont sous sa surveillance.

C'est d'après ce tableau que la commission a opéré, et qu'elle a arrêté qu'il serait divisé en trois classes, dont la première comprendrait les établissements ou fabriques qui décidément devaient être éloignés des endroits habités; la seconde, ceux de ces établissements qui, pouvant rester auprès des habitations, avaient cependant besoin d'être surveillés; et enfin, la troisième, ceux qui pouvaient être placés partout, et dont le voisinage n'offrait aucun inconvénient, soit sous le rapport de la sûreté, soit sous celui de la salubrité.

En lisant ce tableau [1], qui se trouve annexé au présent rapport, on sera bientôt convaincu : 1° que les établissements compris dans la première classe ne doivent pas rester auprès des habitations, puisque les matières qu'on y travaille et les produits qu'on en retire, ou répandent une odeur désagréable qu'il est difficile de supporter et qui nuit à la salubrité, ou sont susceptibles de compromettre la sûreté publique par des accidents auxquels ils pourraient donner lieu. Ainsi, par exemple, les boyauderies, dans lesquelles on rassemble les intestins des animaux pour leur faire subir différentes préparations qui les amènent à cet état particulier où ils doivent être pour permettre qu'ensuite on les emploie à divers usages ; les fabriques de colle forte, dans lesquelles on ne se sert que de débris d'animaux qu'on fait macérer dans l'eau jusqu'à ce qu'ils aient éprouvé une fermentation putride très-avancée, et qu'on croit nécessaire pour obtenir la substance qui forme la colle; les amidonneries, dans lesquelles aussi les grains, les sons, les recoupes, les griots doivent indispensablement être soumis à la fermentation putride ; les ateliers d'équarrissage et de poudrette ; tous ces établissements et beaucoup d'autres de cette espèce, considérés sous le rapport de la salubrité, ne peuvent et ne doivent pas, à cause de la mauvaise odeur qu'ils répandent, être placés près des habitations.

En vain essaye-t-on de prouver par de simples raisonnements l'innocuité des gaz qui proviennent de ces fabriques, jamais on ne parviendra à persuader qu'on peut les respirer impunément et que l'air qui les contient n'est pas aussi insalubre qu'on le croit. Par d'autres raisons non moins essentielles, on a dû placer dans la première classe des fabriques qu'il convient d'éloigner celles qui peuvent compromettre la sûreté publique. Telles sont, entre autres, les ateliers d'artificiers et les poudrières, qui, malgré toutes les précautions que prennent ceux qui les dirigent, sont susceptibles d'une foule d'inconvénients dont malheureusement on n'a que trop d'exemples. Au reste, en demandant l'éloignement des fabriques dont il vient d'être question, on ne fait, pour ainsi dire, que réclamer l'exécution d'anciennes ordonnances de police qui n'ont jamais été abrogées, et d'après lesquelles il est constant qu'il y avait certaines fabriques qu'on ne souffrait jamais dans l'intérieur des villes. Si alors on se contentait de les reléguer dans les faubourgs, c'est que les faubourgs, qui étaient peu peuplés, offraient de vastes terrains inhabités sur lesquels les fabricants pouvaient établir des ateliers, sans craindre que leur voisinage pût devenir incommode aux plus proches voisins. Mais aujourd'hui que les fabriques se sont multipliées, et que, dans les faubourgs, les maisons particulières sont presque en aussi grand nombre et presque aussi resserrées que dans l'intérieur de la ville, on ne voit plus sans inquiétude de nouvelles fabriques s'y élever, et si l'on supporte celles

[1] Voir ce tableau, page 63.

qui existent depuis longtemps, c'est que les propriétaires des maisons qui ont été bâties depuis n'ont pas droit de se plaindre, puisqu'ils ont dû s'attendre aux inconvénients auxquels les exposait le voisinage de ces établissements. Quoique, d'après ce qui vient d'être dit, la nécessité d'écarter toutes les fabriques comprises dans la première classe du tableau paraisse bien démontrée, la commission doit néanmoins faire observer qu'elle n'est pas éloignée de croire à la possibilité d'en pouvoir diminuer le nombre par la suite, surtout si les fabricants, abandonnant quelques-uns des procédés qu'ils emploient aujourd'hui, parviennent à en découvrir d'autres qui, sans avoir les mêmes inconvénients que ceux dont ils se servent, n'en soient pas moins propres à leur procurer les résultats qu'ils cherchent à obtenir.

Déjà même on sait que, dans quelques fabriques de soude et de bleu de Prusse, dont le voisinage est si redoutable lorsqu'on emploie les procédés ordinaires, on commence à faire usage d'opérations nouvelles au moyen desquelles le gaz acide muriatique et hydrogène sulfuré sont si bien coercés, absorbés ou dilatés, qu'à peine même sont-ils sensibles dans l'intérieur des fabriques ; mais il reste à savoir si ces opérations faites en grand auront du succès, et si leur emploi n'est pas lui-même sujet à quelques inconvénients.

2° Les ateliers, établissements et fabriques compris dans la seconde classe du tableau, n'ont pas été jugés par la commission être dans le cas qu'on exigeât qu'ils fussent aussi éloignés des lieux habités que ceux compris dans la première classe ; mais cependant elle a pensé qu'il était indispensable de les surveiller.

Pour bien sentir les motifs de cette opinion, il suffit de savoir que la plupart des opérations qui se pratiquent dans ces établissements ne peuvent produire de vapeurs nuisibles qu'autant qu'on ne prend pas tous les soins qui conviennent pour opérer leur condensation. Or, comme les procédés et les appareils au moyen desquels on parvient aisément à s'en rendre maître sont aujourd'hui parfaitement connus et presque généralement adoptés, on n'a besoin que de recommander qu'ils soient employés ; et il est indubitable qu'ils le seront, lorsque les propriétaires des fabriques dont il s'agit sauront qu'on les surveille, et que la moindre négligence de leur part pourrait les exposer à recevoir l'ordre de cesser leurs travaux.

Il faut cependant convenir que, dans plusieurs des fabriques comprises dans cette seconde classe, quelque précaution qu'on prenne pour bien luter les appareils, il y a toujours des gaz qui se séparent et qui, sans doute, incommoderaient leurs voisins, si leur quantité n'était pas si peu considérable que rarement ils dépassent l'intérieur des ateliers. Aussi les ouvriers qui y travaillent seraient-ils les seuls fondés à s'en plaindre, si l'habitude de les respirer ne les rendait pas, pour ainsi dire, insensibles à leur action.

C'est ainsi, par exemple, que lorsqu'on entre dans les fabriques d'acide sulfurique, nitrique et muriatique simple et oxygéné, on est frappé tout à coup de l'odeur de ces acides, tandis que les ouvriers s'en aperçoivent à peine et qu'ils n'en sont incommodés que quand, faute de prévoyance, ils en respirent beaucoup à la fois.

Au surplus, peut-être serait-il prudent d'exiger surtout que les grandes fabriques d'acides fussent placées à l'extrémité des villes, dans des quartiers peu peuplés, et qu'elles fussent disposées de manière que, dans le cas où quelques gaz viendraient à s'en échapper, ils pussent être entraînés sur-le-champ par des courants d'air. Cette précaution suffirait pour mettre les voisins à l'abri de toute espèce d'inquiétude.

3° Quant aux établissements indiqués dans la troisième classe, la commission est d'avis qu'il y a d'autant moins d'inconvénient à permettre qu'ils soient placés près des habitations, que, sous aucun rapport, ils ne peuvent être nuisibles, et que les précautions qu'on a droit d'exiger des propriétaires de ces établissements sont les mêmes que celles que tous les individus qui vivent en société prennent ordinairement lorsqu'ils ne veulent pas se nuire réciproquement.

Reste maintenant à s'occuper d'une demande que le ministre a faite, et qui est relative à la distance des habitations que doivent observer les fabriques dont l'éloignement est jugé nécessaire et indispensable.

La commission ne doit pas se dissimuler qu'en méditant sur cette demande, elle s'est trouvée fort embarrassée pour y répondre.

En effet, on conçoit facilement que, toutes les localités n'étant pas les mêmes, si on établissait la distance où doivent être placées les manufactures des lieux habités, il en résulterait que souvent un local assez voisin d'habitations pourrait cependant, par la nature même de sa position, convenir à l'établissement d'une manufacture, sans que les habitants des maisons les plus voisines fussent dans le cas de s'apercevoir des vapeurs qui s'exhaleraient de cet établissement. Ainsi, par exemple, on suppose un local placé dans un fond et environné, du côté des endroits habités, par de hautes montagnes; assurément un local semblable, quoique voisin d'habitations, n'offrirait aucun inconvénient pour y placer une fabrique, puisque les vapeurs, avant de parvenir au sommet des montagnes, auraient été forcées de traverser une grande masse d'air atmosphérique, où elles auraient perdu, en s'y dissolvant, toute leur propriété insalubre. Cette supposition, qu'on cite pour exemple, paraîtra d'autant moins déplacée qu'il est possible de la justifier par un fait dont un des membres de la commission vient tout récemment d'être témoin. Ce fait mérite d'être cité.

Un fabricant de soude artificielle, après avoir été obligé de quitter un emplacement dans lequel il avait fait ses premiers essais, parce que ses voisins se plaignaient de la vapeur acide à laquelle ils étaient exposés, imagina avoir trouvé un endroit qui ne serait pas sujet au même inconvénient que le premier, en se plaçant dans le fond d'une profonde carrière abandonnée, qui, d'un côté, est bordée de montagnes de la hauteur de quatre-vingt-huit mètres, à partir du sol de la carrière, et dont le côté opposé donne sur la campagne. Quelques habitants des maisons construites sur le plateau de ces montagnes conçurent des inquiétudes lorsqu'ils apprirent qu'on allait s'occuper de l'établissement projeté. Ils mirent aussitôt tout en œuvre pour s'y opposer, et ils vinrent à bout, à force de tracasseries, de déterminer le fabricant à abandonner le local qu'il avait choisi, quoique sous beaucoup de rapports il eût dû lui convenir.

Une autre raison encore qui prouve la difficulté d'établir dans un règle-ment, d'une manière exacte, la distance qu'on doit assigner aux fabriques qui sont dans le cas d'être éloignées, c'est que les gaz qu'elles répandent n'étant ni de même nature ni également expansibles, ni délétères au même degré, il ne serait pas raisonnable d'exiger qu'elles fussent toutes également forcées à s'isoler des villes ou des lieux habités. Or, comme pour fixer les limites de chaque fabrique il faudrait avoir des renseignements positifs, tant sur les localités que sur l'extension plus ou moins grande que chaque fabrique voudrait donner à ses travaux, et qu'on ne peut pas se les procurer facilement, il en résulte que, quant à présent, une fixation exacte des dis-tances que doivent observer ces fabriques est presque impossible. Cependant, pour se tirer d'embarras, la commission a pensé qu'on pourrait adopter provisoirement les moyens suivants, qui consistent à établir en principe gé-néral que toutes les fabriques comprises dans la première classe du tableau ne pourront être placées qu'à des distances assez éloignées des villes, pour ne pas incommoder les habitants des maisons les plus voisines, et que, quant au surplus, on s'en rapportera aux autorités chargées de la surveillance et de la police des fabriques; attendu que, par la nature de leurs fonctions, elles sont plus à portée que personne de se procurer des informations sur les avantages ou sur les inconvénients que pourraient présenter les localités où les fabricants voudront s'établir.

A ces moyens on pourrait encore ajouter la précaution d'exiger de tout fabricant qui voudra s'établir une déclaration de l'endroit où il a intention de se placer, ainsi que du genre d'opérations qu'il se propose de suivre, et de ne lui accorder la permission de commencer ses travaux qu'après l'avoir prévenu que, dans le cas où il surviendrait des plaintes contre lui, plaintes qui seraient constatées par des personnes en état de juger si elles sont légi-times, il lui serait enjoint de fermer sa fabrique et de la porter ailleurs. On serait bien sûr alors que le fabricant, qui ne voudrait pas courir le risque de perdre les dépenses qu'il aurait faites, ne manquerait pas de choisir un emplacement où il serait à l'abri de tout reproche.

La commission est d'autant plus fondée à croire au succès des moyens qui viennent d'être proposés, que déjà l'expérience a prononcé en leur faveur.

Pour en avoir la preuve, il suffit de savoir que, depuis trois ans environ, aucune fabrique ne peut s'établir, soit dans Paris, soit aux environs, sans une permission spéciale, laquelle n'est accordée que lorsque des personnes nommées à cet effet se sont transportées sur les lieux et ont constaté si les fours, les fourneaux, les cheminées et généralement tous les bâtiments sont construits de manière à ne donner aucune inquiétude sous le rapport de l'incendie, et si les opérations que le fabricant se propose d'exécuter ne sont pas de nature à nuire aux propriétaires voisins.

C'est, on le répète, avec de semblables mesures, qu'on est parvenu à éloigner plusieurs fabriques qui, si elles eussent été placées où on voulait les établir, n'auraient pas manqué de donner lieu à des plaintes bien fondées, et auxquelles, par conséquent, il aurait été impossible de ne pas faire droit, sans commettre une injustice.

Dans toutes les fabriques actuellement existantes, celles où depuis quelque temps on s'occupe de l'extraction de la soude en décomposant le sel marin ont excité de vives réclamations qui malheureusement ne sont que trop fondées. Pour s'en convaincre, il suffit de savoir qu'il est de notoriété publique que presque toutes les propriétés voisines de ces fabriques ont été tellement endommagées, qu'il a fallu souvent les abandonner : on cite même, entre autres choses, des récoltes entières, dans l'étendue à peu près d'un quart de lieue qui ont été entièrement détruites.

Assurément des fabriques de cette espèce doivent être plus éloignées que d'autres, et les localités qui leur conviennent sont celles qui, à une très-grande distance, sont environnées de terrains inhabités et incultes. Cependant cette condition ne devra être de rigueur qu'autant que les fabricants de soude artificielle persisteront à se servir du procédé qu'ils ont employé jusqu'ici pour se débarrasser de l'acide muriatique qu'ils dégagent du sel marin; car si, comme on l'a déjà dit, ils en trouvaient un autre, au moyen duquel ils parvinssent à s'opposer à l'évaporation de l'acide, il n'y aurait plus alors le moindre doute que les fabriques de soude pourraient être assimilées à beaucoup d'autres qui n'exigent pas un éloignement très-considérable des lieux habités.

D'après toutes les considérations exposées dans ce rapport, la commission propose à la classe de répondre à S. Exc. M. le ministre de l'intérieur :

1° Que toutes les fabriques existantes, soit dans les villes, soit dans les environs, n'étant pas également susceptibles de devenir incommodes, de nuire à la salubrité, et de causer des inquiétudes par rapport aux accidents auxquels elles peuvent donner lieu, leur éloignement des endroits habités n'est pas non plus également nécessaire ;

2° Que pour établir les différences qui existent entre ces fabriques, considérées sous le rapport des inconvénients dont elles sont susceptibles, il convient de les diviser en trois classes ;

3° Que dans la première classe on peut placer les fabriques qui, donnant naissance à des émanations incommodes et insalubres, doivent nécessairement être éloignées des habitations ;

4° Que les fabriques de la seconde classe, formées de toutes celles qui, ne devenant susceptibles d'inconvénients qu'autant que les opérations qu'on y pratique sont mal exécutées, doivent être soumises à une surveillance exacte et sévère, sans exiger qu'elles soient aussi éloignées que les premières. Seulement il serait à désirer que les grandes fabriques d'acides minéraux fussent toujours placées à l'extrémité des villes, dans des quartiers peu peuplés ;

5° Que les fabriques de troisième classe, n'étant sujettes à aucun inconvénient, n'offrent point de motifs pour qu'on ne consente pas à ce qu'elles soient placées auprès des habitations ;

6° Qu'il est difficile, pour ne pas dire impossible, de déterminer les distances où il doit être permis aux fabricants de la première classe de s'établir, mais qu'il est à propos de leur imposer d'une manière générale l'obligation de s'éloigner des lieux habités;

7° Que provisoirement on pourrait laisser aux autorités chargées de la police et de la surveillance des fabriques le soin de s'assurer si les localités choisies par les fabricants sont à une assez grande distance des habitations, ou placées de manière à ne pas porter préjudice à leurs voisins;

8° Que tout fabricant qui voudra s'établir sera tenu de demander la permission aux autorités compétentes, et désignera en même temps le genre d'industrie qu'il se propose d'exercer;

9° Qu'avant de délivrer la permission demandée, le fabricant sera averti que, dans le cas où l'expérience prouverait que les localités qu'il a choisies ne sont pas suffisamment éloignées et que les vapeurs qui s'exhalent de sa fabrique sont nuisibles sous le rapport de la salubrité ou autrement, il lui sera enjoint de porter ailleurs son établissement;

10° Que les fabricants de soude artificielle doivent être rigoureusement astreints à se placer dans des endroits inhabités et incultes, tant qu'ils n'auront pas trouvé d'autre moyen pour se débarrasser de l'acide muriatique qu'ils séparent du muriate de soude, que de le laisser perdre dans l'atmosphère;

11° Enfin, que les mesures à prendre n'auront pas un effet rétroactif pour les fabriques ou établissements déjà en activité, pourvu, toutefois, qu'on ait la preuve que les opérations qu'on y pratique ne sont pas susceptibles de compromettre la salubrité et de porter atteinte aux propriétés des voisins.

4° *Texte du décret du* 15 *octobre* 1810.

Art. 1er. A compter de la publication du présent décret, les manufactures et ateliers qui répandent une odeur insalubre ou incommode ne pourront être formés sans une permission de l'autorité administrative.

Ces établissements seront divisés en trois classes :

La *première classe* comprendra ceux qui doivent être éloignés des habitations particulières;

La *seconde classe*, les manufactures et ateliers dont l'éloignement des habitations n'est pas rigoureusement nécessaire, mais dont il importe néanmoins de ne permettre la formation qu'après avoir acquis la certitude que les opérations qu'on y pratique sont exécutées de manière à ne pas incommoder les propriétaires du voisinage, ni à leur causer des dommages;

Dans la *troisième classe* seront placés les établissements qui peuvent rester sans inconvénient auprès des habitations, mais doivent rester soumis à la surveillance de la police.

Art. 2. La permission nécessaire pour la formation des manufactures et ateliers compris dans la première classe sera accordée avec les formalités ci-après, par un décret rendu en notre conseil d'État.

Celle qu'exigera la mise en activité des établissements placés dans la seconde classe le sera par les préfets sur l'avis des sous-préfets.

Les permissions pour l'exploitation des établissements placés dans la dernière classe seront délivrées par les sous-préfets, qui prendront préalablement l'avis des maires.

Art. 3. La permission pour les manufactures et fabriques de première classe ne sera accordée qu'avec les formalités suivantes : La demande en autorisation sera présentée au préfet, et affichée par son ordre, dans toutes les communes, à cinq kilomètres de rayon ; dans ce délai, tout particulier sera admis à présenter ses moyens d'opposition. Les maires des communes auront la même faculté.

Art. 4. S'il y a des oppositions, le conseil de préfecture donnera son avis, sauf la décision du conseil d'État.

Art. 5. S'il n'y a pas d'opposition, la permission sera accordée, s'il y a lieu, sur l'avis du préfet et le rapport de notre ministre de l'intérieur.

Art. 6. S'il s'agit de fabrique de soude, ou si la fabrique doit être établie dans la ligne des douanes, notre directeur général des douanes sera consulté.

Art. 7. L'autorisation de former des manufactures et ateliers compris dans la seconde classe ne sera accordée qu'après que les formalités suivantes auront été accomplies : L'entrepreneur adressera d'abord sa demande au sous-préfet de son arrondissement, qui la transmettra au maire de la commune dans laquelle on projette de former l'établissement, en le chargeant de procéder à des informations *de commodo et incommodo*. Ces informations terminées, le sous-préfet prendra, sur le tout, un arrêté qu'il transmettra au préfet ; celui-ci statuera, sauf le recours à notre conseil d'État par toutes parties intéressées. S'il y a opposition, il y sera statué par le conseil de préfecture, sauf le recours au conseil d'État.

Art. 8. Les manufactures et ateliers, ou établissements portés dans la troisième classe, ne pourront se former que sur la permission du préfet de police, à Paris, et sur celle du maire dans les autres villes [1]. S'il s'élève des réclamations contre la décision prise par le préfet de police ou les maires, sur une demande en formation de manufacture ou d'atelier compris dans la troisième classe, elles seront jugées en conseil de préfecture.

Art. 9. L'autorité locale indiquera le lieu où les manufactures et ateliers compris dans la première classe pourront s'établir, et exprimera sa distance des habitations particulières. Tout individu qui ferait des constructions dans le voisinage de ces manufactures et ateliers après que la formation en aura été permise ne sera plus admis à en solliciter l'éloignement.

Art. 10. La division en trois classes des établissements qui répandent une odeur insalubre ou incommode aura lieu conformément au tableau annexé au présent décret. Elle servira de règle toutes les fois qu'il sera question de prononcer sur des demandes en formation de ces établissements.

[1] Voyez l'art. 5 de l'ord. du 14 janvier 1815.

Art. 11. Les dispositions du présent décret n'auront point d'effet ré-troactif. En conséquence, tous les établissements qui sont aujourd'hui en activité continueront à être exploités librement, sauf les dommages dont pourront être passibles les entrepreneurs de ceux qui préjudicient aux pro-priétés de leurs voisins : les dommages seront arbitrés par les tribunaux.

Art. 12. Toutefois, en cas de grave inconvénient pour la salubrité publique, la culture ou l'intérêt général, les fabriques et ateliers de première classe qui les causent pourront être supprimés en vertu d'un décret rendu en notre conseil d'État, après avoir entendu la police locale, puis l'avis des préfets, reçu la défense des manufacturiers ou fabricants[1].

Art. 13. Les établissements maintenus par l'art. 11 cesseront de jouir de cet avantage dès qu'ils seront transférés dans un autre emplacement, ou qu'il y aura une interruption de six mois dans les travaux. Dans l'un et l'autre cas, ils rentreront dans la catégorie des établissements à former, et ils ne pourront être remis en activité qu'après avoir obtenu, s'il y a lieu, une nouvelle permission.

VII. ORDONNANCE CONCERNANT LES MANUFACTURES ET ATELIERS QUI RÉPANDENT UNE ODEUR INSALUBRE OU INCOMMODE [2]

(Paris, le 5 novembre 1810. — Approuvée par S. Exc. le ministre de l'intérieur le 17 novembre 1810.)

Nous, Étienne-Denis Pasquier, chevalier de la Légion d'honneur, baron de l'empire, conseiller d'État, chargé du quatrième arrondissement de la police générale, préfet de police du département de la Seine et des communes de Saint-Cloud, Sèvres, Meudon, du département de Seine-et-Oise, etc.,

Vu les articles 2 et 23 de l'arrêté du gouvernement du 12 messidor an VIII, et l'article 1er de celui du 3 brumaire an IX,

Ordonnons ce qui suit :

1. Le décret impérial du 15 octobre 1810, relatif aux manufactures et ateliers qui répandent une odeur insalubre ou incommode, ensemble le tableau y annexé, seront imprimés, publiés et affichés, avec la présente or-donnance, dans le ressort de la préfecture de police[3].

2. Les demandes en autorisation pour former des manufactures ou ateliers compris dans la première classe du tableau annexé au décret précité nous seront adressées pour être par nous procédé conformément aux articles 3, 4, 5, 6 et 9 du décret.

3. Les demandes en autorisation pour former des manufactures ou ateliers compris dans la deuxième classe seront adressées, savoir :

1° Pour Paris, au préfet de police;

[1] Cet article n'a été appliqué que deux fois, l'une par une ordonnance du 20 fé-vrier 1821, relative à une fonderie de suif établie à Rouen; et l'autre, par une ordon-nance du 17 octobre 1826, relative à une fonderie de suif du Mans.
[2] Voir les ord. des 20 février 1815 et 30 novembre 1837.
[3] Voir ce décret à l'Appendice.

2° Pour les communes rurales du département de la Seine, aux sous-préfets de Saint-Denis et de Sceaux ;

3° Et pour les communes de Saint-Cloud, Sèvres et Meudon, aux maires de ces communes.

Il sera par nous statué sur ces demandes conformément à l'article 7 du décret.

4. Les demandes en autorisation pour former des manufactures ou ateliers compris en la troisième classe nous seront adressées pour être par nous statué conformément à l'article 8 du décret.

5. Les propriétaires ou entrepreneurs énonceront dans leurs demandes la nature des matières qu'ils se proposent de préparer dans leurs manufactures ou ateliers, et des travaux qui devront être exécutés ; ils déposeront en même temps un plan figuré des lieux et des constructions projetées.

6. Indépendamment des formalités prescrites par le décret, il sera procédé, par le conseil de salubrité établi près la préfecture de police, assisté de l'architecte commissaire de la petite voirie, à la visite des lieux, à l'effet de s'assurer si l'établissement projeté ne peut nuire à la salubrité ni faire craindre un incendie.

7. Les propriétaires d'une manufacture ou d'un atelier aujourd'hui en activité, dans le ressort de la préfecture de police seront tenus d'en faire la déclaration avant le 1er janvier prochain, savoir :

1° Dans Paris, à la préfecture de police ;

2° Dans les communes rurales du département de la Seine, aux sous-préfets de Saint-Denis et de Sceaux ;

3° Dans les communes de Saint-Cloud, Sèvres et Meudon, aux maires de ces communes.

8. Les sous-préfets des arrondissements de Saint-Denis et de Sceaux, et les maires des communes de Saint-Cloud, Sèvres et Meudon enverront à la préfecture de police l'état des déclarations qu'ils auront reçues.

9. La présente ordonnance sera soumise à l'approbation de S. Exc. le ministre de l'intérieur.

10. Les sous-préfets des arrondissements de Saint-Denis et de Sceaux, les maires des communes rurales du ressort de la préfecture de police, les commissaires de police, l'inspecteur général du quatrième arrondissement de la police générale de l'empire, les officiers de paix, l'architecte commissaire de la petite voirie, les commissaires des halles et marchés, l'inspecteur général de la salubrité et les autres préposés de la préfecture de police sont chargés de tenir la main à son exécution.

Le conseiller d'État, préfet de police, Baron PASQUIER.

VIII. CIRCULAIRE ET INSTRUCTION DU MINISTRE DE L'INTÉRIEUR AUX PRÉFETS, CONCERNANT L'EXÉCUTION DU DÉCRET DE 1810 (22 novembre 1811).

Vous connaissez le décret du 15 octobre 1810, qui règle les formalités à remplir par les entrepreneurs d'établissements qui répandent une odeur insalubre ou incommode. Quelques-unes de ces dispositions ayant fait naître des demandes d'explications, je crois devoir suppléer par des détails aux lacunes qui peuvent s'y trouver. Vous savez qu'il divise les établissements en trois classes, et que ni les uns ni les autres ne peuvent être mis en activité *sans une permission de l'autorité administrative.* La formation de ceux qui sont compris dans la première classe ne pouvant avoir lieu qu'en vertu d'un décret rendu en conseil d'État, et qu'après qu'il a été apposé des affiches dans un rayon de 5 kilomètres, il était nécessaire de déterminer la durée de ces affiches; j'ai pensé qu'elle devait être d'un mois. Vous voudrez bien veiller à l'accomplissement de cette formalité, dont le but est de faire connaître le projet de former l'établissement, afin que ceux qui auraient des réclamations à présenter ne puissent se plaindre de n'avoir pas été avertis en temps utile. Que ce projet donne naissance ou non à des oppositions, le certificat des maires des communes dans lesquelles les affiches auront été apposées devra mentionner cette circonstance. S'il est adressé un mémoire, il conviendra de le joindre aux pièces de l'affaire, afin que l'autorité qu'indique le décret du 15 octobre 1810 pour statuer sur les oppositions puisse juger si elles sont fondées.

Il est arrivé quelquefois que des conseils de préfecture ont pris des décisions contraires à des demandes en formation d'établissements ou en suppression de ceux en activité avant le décret du 15 octobre; ces décisions ont donné lieu à des particuliers de m'écrire, pour me prier de les annuler. Ce n'est point à moi qu'ils auraient dû s'adresser pour obtenir cette annulation. Le décret trace aux parties la marche qu'elles ont à suivre. Elles doivent se pourvoir à la commission du contentieux du conseil d'État, en employant le ministère d'un avocat près le conseil. Il conviendrait de faire connaître la marche à ceux dont on n'aurait pas accueilli les demandes; on leur éviterait ainsi une correspondance qui ne saurait leur faire atteindre le but qu'ils se proposent, et à moi, des réponses dans lesquelles je ne puis que les renvoyer aux dispositions qui régissent la matière.

Quoique la nomenclature annexée au décret du 15 octobre ait été rédigée avec soin, le temps a néammoins fait connaître qu'on avait oublié d'y comprendre quelques fabrications qui ont des rapports avec celles dont il parle. Ces fabrications ayant été l'objet de demandes d'instructions de la part de plusieurs préfets, je crois devoir vous indiquer la classe dans laquelle elles doivent être rangées. Vous trouverez ci-joint une nomenclature supplémentaire à ce sujet, nomenclature qui servira dorénavant de règle aux autorités du département dont l'administration vous est confiée.

Voilà les instructions que je crois devoir vous adresser. Il serait inutile d'entrer dans des détails pour faire sentir l'importance des dispositions du décret du 15 octobre : elle est telle qu'il ne saurait recevoir une trop grande publicité. Les mesures qu'il prescrit intéressent toutes les communes, puisque, dans toutes, il existe ou il peut se former des établissements qui répandent une odeur insalubre et incommode. S'il convient de n'accorder des permissions qu'après s'être assuré que les exploitations ne nuisent ni à la salubrité publique ni aux propriétés d'autrui, il serait, d'un autre côté, contraire aux vues du gouvernement de dégoûter, par des tracasseries injustes, les personnes qui auraient le projet de former des ateliers de la nature de ceux dont il est ici question. Leur industrie nous procure des produits, ou qui sont indispensables pour la consommation journalière, ou que nous serions obligés de tirer de l'étranger, s'ils ne les fabriquaient pas. On a plusieurs fois exprimé le désir de voir déterminer, d'une manière positive, la distance où ces établissements doivent être des habitations particulières. Si cette détermination avait été possible, il n'est pas douteux qu'il n'eût fallu déférer à ce vœu; mais, quelque bonne volonté qu'ait eue l'administration à cet égard, elle n'a pu en remplir l'objet. Un établissement peut, en effet, quoique très-rapproché des maisons, être placé de manière à n'incommoder personne; tandis qu'un autre, qui en est assez éloigné, va, par sa situation, les couvrir de vapeurs qui en rendront le séjour désagréable. Un pareil état de choses s'oppose donc à ce qu'il soit établi des règles fixes, et l'on est dans la nécessité de laisser aux autorités locales le soin de déterminer les distances. Si l'on doit s'en rapporter à leur sagesse sur ce point et pour cet objet, j'aime à croire que, dans l'examen des demandes, elles se mettront au-dessus de toutes les petites passions, et que, mues uniquement par des motifs d'utilité publique, elles donneront des avis dictés par des considérations d'un ordre supérieur, telles que le besoin d'occuper la classe ouvrière et de procurer à la localité un établissement dont l'exploitation doit augmenter ses richesses. Il ne tiendra pas à vous que ces vues ne soient remplies; j'en ai pour garant votre zèle pour tout ce qui peut ajouter à la prospérité de notre industrie. Je désire qu'en donnant la plus grande publicité au décret, vous fassiez connaître en même temps aux sous-préfets et aux maires les principes qui doivent les diriger. Les éléments de la lettre que vous leur écrirez peuvent être pris, en partie, dans celle que j'ai l'honneur de vous adresser. Vous ajouterez d'autres détails si vous les jugez utiles. Veuillez m'informer de ce que vous aurez fait sur cet objet.

IX. ORDONNANCE DU 14 JANVIER 1815.

1° MOTIFS. — *Rapport du ministre des manufactures et du commerce.*
(Du 9 février 1814.)

D'après le décret du 15 octobre 1810, les établissements qui répandent une odeur insalubre ou incommode sont divisés en trois classes, et ne peuvent être mis en activité sans une autorisation du gouvernement. Dans quelques circonstances, les permissions sont accordées par Votre Majesté; dans d'autres, elles le sont par les préfets ou par les sous-préfets, après avoir pris l'avis des maires. Si les demandes en formation d'établissements donnent naissance à des oppositions, ces oppositions sont jugées par les conseils de préfecture, et, en cas d'appel, par le conseil d'État. L'expérience a fait connaître la sagesse de cette marche, et l'on n'a qu'à se féliciter de l'avoir adoptée.

La formation des établissements insalubres ou incommodes n'était autrefois assujettie à aucune règle fixe. De cet état de choses il résultait, ou que le propriétaire près duquel ils étaient placés éprouvait des dommages dans sa propriété, ou que les entrepreneurs étaient exposés à des tracasseries souvent suscitées par la malveillance, et même à voir ordonner la clôture de leurs ateliers par l'autorité publique, ce qui entraînait quelquefois la ruine de ces entrepreneurs. Le décret du 15 octobre a fait cesser ces inconvénients en présentant aux uns et aux autres une garantie; et, sous ce rapport, il est un grand bienfait pour toutes les classes de la société. Il y avait d'abord été annexé une nomenclature des établissements qui ne peuvent être formés sans une permission de l'autorité administrative. Depuis, le ministre de l'intérieur avait senti la nécessité d'en ajouter une seconde. Des réclamations qui me sont survenues de divers points de l'empire m'ont convaincu qu'elle ne suffisait pas, et qu'une nouvelle était encore nécessaire. Au lieu de rédiger une troisième nomenclature, il m'a paru qu'il était préférable d'en faire une générale, qui comprendrait tous les établissements, et c'est cette nomenclature que j'ai l'honneur de présenter à Votre Majesté. Si on la compare aux deux précédentes, on y voit que des fabrications nouvelles sont assujetties à l'obligation de remplir les formalités prescrites par le décret du 15 octobre; et qu'il en est quelques-unes qu'on a changées de classe, en les plaçant, dans certains cas, à la première, et, dans d'autres, à la seconde ou à la troisième. Des perfectionnements qui, depuis la publication du décret du 15 octobre, ont été apportés à des branches d'industrie, ont nécessité cette disposition. Alors on ne connaissait pas les moyens à employer pour absorber les miasmes. Ces moyens ayant été trouvés, la mesure précédemment en vigueur ne pouvait plus être la même, il fallait lui faire éprouver des modifications.

Il n'est pas seulement convenable de faire une nouvelle nomenclature, il importe encore de mettre en harmonie les articles 2 et 8 du décret du 15 octobre, dont l'un décide que les permissions pour la mise en activité des établissements compris dans la troisième classe seront délivrées par les sous-préfets, et l'autre par les maires. Ces articles ont donné lieu à plusieurs demandes d'explications. Le projet de décret qui accompagne la nomenclature règle ce point, en donnant l'attribution aux sous-préfets, qui ne peuvent statuer qu'après avoir pris l'avis du maire et de la police du lieu.

La nomenclature que j'ai l'honneur de présenter à Votre Majesté a été examinée avec le plus grand soin par le comité consultatif des arts et manufactures attaché à mon ministère. Comme elle est le résultat de l'expérience et des observations suggérées par l'exécution du décret du 15 octobre, Votre Majesté jugera peut-être utile de la faire servir de règle, toutes les fois qu'il sera question de former des ateliers dont l'activité donne lieu à des exhalaisons insalubres ou incommodes. J'ai l'honneur de lui proposer de l'approuver, ainsi que le projet de décret auquel elle est jointe.

2° *Texte.*

Louis, etc.

Vu le décret du 15 octobre 1810, qui divise en trois classes les établissements insalubres ou incommodes dont la formation ne peut avoir lieu qu'en vertu d'une permission de l'autorité administrative ; le tableau de ces établissements qui y est annexé ; l'état supplémentaire arrêté par le ministre de l'intérieur le 22 novembre 1811 ; les demandes adressées par plusieurs préfets à l'effet de savoir si les permissions nécessaires pour la formation des établissements compris dans la troisième classe seront délivrées par les sous-préfets ou par les maires ; notre conseil d'État entendu, nous avons ordonné et ordonnons ce qui suit :

1. A compter de ce jour, la nomenclature jointe à la présente ordonnance servira seule de règle pour la formation des établissements répandant une odeur insalubre ou incommode.

2. Le procès-verbal d'information *de commodo et incommodo*, exigé par l'article 7 du décret du 15 octobre 1810, pour la formation des établissements compris dans la seconde classe de la nomenclature, sera pareillement exigible, en outre de l'affiche de demande, pour la formation de ceux compris dans la première classe. Il n'est rien innové aux autres dispositions de ce décret.

3. Les permissions pour la formation des établissements compris dans la troisième classe seront délivrées, dans les départements, conformément aux articles 2 et 8 du décret du 15 octobre 1810, par les sous-préfets, après avoir pris préalablement l'avis des maires et de la police locale.

4. Les attributions données aux préfets et aux sous-préfets par le décret du 15 octobre 1810, relativement à la formation des établissements répandant une odeur insalubre ou incommode, seront exercées par notre directeur général de la police, dans toute l'étendue du département de la Seine, et dans les communes de Saint-Cloud, de Meudon et de Sèvres, du département de Seine-et-Oise.

5. Les préfets sont autorisés à faire suspendre la formation ou l'exercice des établissements nouveaux qui, n'ayant pu être compris dans la nomenclature précitée, seraient cependant de nature à y être placés ; ils pourront accorder l'autorisation d'établissement pour tous ceux qu'ils jugeront devoir appartenir aux deux dernières classes de la nomenclature, en remplissant les formalités prescrites par le décret du 15 octobre 1810, sauf, dans les deux cas, à en rendre compte à notre directeur général des manufactures et du commerce.

X. LE DIRECTEUR GÉNÉRAL DE L'AGRICULTURE, DU COMMERCE, DES ARTS ET MANUFACTURES, AUX PRÉFETS, CONCERNANT L'EXÉCUTION DE L'ORDONNANCE DE 1815 (4 mars 1815).

Le décret du 15 octobre 1810 a prescrit différentes mesures au sujet des établissements qui répandent une odeur insalubre ou incommode. Vous savez qu'il les divise en trois classes, et qu'on ne peut les former sans une permission de l'autorité administrative. La nomenclature annexée à ce décret ne les comprenant pas tous, il m'a paru nécessaire d'en faire dresser une plus complète. Sa Majesté a bien voulu, sur la proposition du ministre de l'intérieur, l'approuver le 14 janvier dernier; et, dorénavant, elle doit servir de règle aux autorités, toutes les fois qu'il leur sera adressé des demandes en formation d'établissements de la nature de ceux dont il est question.

Je n'ai pas besoin de vous rappeler que les dispositions du 15 octobre sont de la plus haute importance : elles présentent à la fois une garantie aux propriétaires et aux entrepreneurs d'établissements insalubres ou incommodes : aux propriétaires, en les assurant qu'il ne sera point formé dans leur voisinage, à leur insu et sans des précautions, des ateliers dont l'activité peut, par des exhalaisons nuisibles ou désagréables, préjudicier à leurs propriétés; aux entrepreneurs, en leur donnant la certitude que, lorsqu'ils auront obtenu une permission, ils ne seront plus troublés dans l'exercice de leur industrie. Sous ce double rapport, la législation actuelle est, pour les uns et les autres, un véritable bienfait, en ce qu'elle prévient les difficultés qui s'élevaient souvent entre eux. Auparavant, les fabriques de produits chimiques n'avaient, à certains égards, qu'une existence précaire. Des dispositions positives n'étant pas établies, la clôture de manufactures dont la formation avait entraîné des dépenses considérables était quelquefois ordonnée. De là la ruine de l'entrepeneur, et, par suite, celle d'une industrie dont l'exploitation nous procurait des marchandises qu'il fallait souvent tirer de l'étranger.

L'ordonnance du 14 janvier renferme deux dispositions nouvelles d'un grand intérêt. La première met en harmonie les articles 2 et 8 du décret du 15 octobre, qui ne s'expliquait pas positivement sur l'autorité qui doit délivrer les permissions nécessaires pour la mise en activité des établissements portés dans la troisième classe; elle donne cette attribution aux sous-préfets, qui ne peuvent l'exercer qu'après avoir pris préalablement l'avis des maires; par l'autre, les préfets sont autorisés à suspendre la formation ou l'exploitation de certains établissements que l'on pourrait créer, bien qu'ils ne soient compris dans aucune des classes de la nouvelle nomenclature. Ce qui a fait penser que ces dispositions seraient utiles, c'est, d'une part, d'empêcher la continuation des travaux dont le résultat nuirait à la salubrité publique ou aux intérêts des propriétaires du voisinage, et, de l'autre, de ne pas retarder la formation de fabriques dont l'activité ne peut présenter aucun inconvénient. S'il survenait, dans votre département, des affaires qui fussent de la nature de celles dont il est ici question, je vous serai obligé de m'en informer, afin que j'examine ce qu'il sera convenable de prescrire.

Le décret du 15 octobre, en déterminant les formalités à remplir pour la mise en activité des établissements compris dans la première classe, n'a point parlé de la durée des affiches, qui doivent être apposées dans un rayon de cinq kilomètres. Une décision du ministre de l'intérieur a réparé cette emission en la fixant à un mois. Depuis, il a été réglé qu'indépendamment des affiches, de la visite des lieux par un architecte, et d'un rapport fait par des hommes chargés, dans la localité, de ce qui concerne la salubrité publique, il serait dressé un procès-verbal *de commodo et incommodo, dans lequel tous les voisins de l'établissement projeté seraient entendus.*

Il importe beaucoup de veiller à la stricte exécution de cette disposition : elle a été prescrite pour prévenir les plaintes que des particuliers pourraient adresser, au moment de la mise en activité des travaux, pour n'avoir pas été avertis en temps utile et pour s'être trouvés, de cette manière, dans l'impossibilité de présenter des réclamations. Que le projet de former l'établissement fasse naître ou non des oppositions, les certificats des maires de commune dans lesquelles il aura été apposé des affiches devront faire mention de cette circonstance. S'il s'en élève, elles seront soumises au conseil de préfecture, afin qu'aux termes de l'article 4 du décret du 15 octobre, il donne son avis sur leur objet. Vous voudrez bien ensuite m'adresser toutes les pièces de l'affaire, afin que je propose d'accorder, s'il y a lieu, la permission.

La marche à suivre ne sera pas entièrement la même lorsqu'il sera question des établissements de deuxième et troisième classe. Vous savez que ce sont les préfets et sous-préfets qui accordent, après qu'il a été rempli diverses formalités, les permissions pour la mise en activité de ces établissements. Au lieu de m'adresser, ainsi que l'ont fait plusieurs préfets, la délibération du conseil de préfecture sur les oppositions, vous la notifierez directement aux parties intéressées, afin que celle qui n'en sera pas satisfaite puisse, si elle le juge convenable, se pourvoir au comité contentieux du conseil d'État. Vous ne suspendrez cette notification que dans le cas où vous ne partageriez pas l'opinion du conseil de préfecture : alors toutes les pièces de l'affaire me seront transmises avec vos observations, afin que j'examine, s'il y a lieu, de provoquer une décision contraire à celle qu'aura prise le conseil.

Le même décret du 15 octobre indique les formalités à remplir lorsque, en cas de graves inconvénients pour la salubrité publique, la culture ou quelque autre motif d'intérêt général, on sollicite le déplacement d'un atelier de première classe. Ce déplacement ne peut avoir lieu qu'en vertu d'une ordonnance de Sa Majesté, rendue sur le vu du rapport de la police locale, de l'avis du conseil de préfecture et des moyens de défense des manufacturiers. — Par ma lettre du 15 juin dernier, je vous ai prié de m'envoyer tous les six mois l'état des établissements de deuxième et troisième classe dont la formation aura été autorisée dans votre département. J'ai l'honneur de vous renouveler cette demande. Je tiens d'autant plus à avoir l'état dont il s'agit, qu'indépendamment des renseignements que j'y trouverai, il me procurera encore la certitude que les autorités locales surveillent l'exécution de mesures qui n'ont pas moins pour objet la salubrité publique que l'intérêt des fabricants et des propriétaires.

Le décret du 15 octobre, l'ordonnance du 14 janvier et la nouvelle nomenclature qui s'y trouve jointe ne sauraient recevoir une trop grande publicité. Les uns et les autres de ces actes intéressent l'universalité des communes du royaume, puisque dans toutes il existe ou il peut se former des établissements insalubres ou incommodes. Dans leur exécution, il se présentera souvent des cas où la sagesse de l'autorité locale préviendra les difficultés que pourraient faire naître la malveillance ou la rivalité. S'il est juste qu'on ne place pas auprès des habitations des ateliers dont l'activité peut causer du préjudice aux propriétaires, il ne convient pas moins de protéger les hommes utiles qui les forment : leur industrie nous procure des produits souvent indispensables pour la consommation journalière, et, sous ce point de vue, ils méritent un intérêt particulier. Il a été demandé plusieurs fois qu'on déterminât d'une manière positive la distance où les établissements insalubres ou incommodes doivent être des habitations. S'il avait été possible de le faire, l'administration se serait empressée de déférer à ce vœu. Des motifs de plusieurs sortes ont rendu inutile sa bonne volonté à cet égard. Un établissement peut, quoique très-rapproché des maisons, être placé de manière à n'incommoder personne; tandis qu'un autre, qui en est éloigné, les couvrira de vapeurs qui en rendront le séjour fort désagréable; sa situation sur une hauteur peut amener ce résultat. Il n'est donc pas possible de fixer la distance; on a dû laisser ce soin à la sagesse des autorités locales. Dans l'examen des demandes de permissions, elles se mettront sans doute au-dessus des petites passions, et, mues uniquement par des motifs d'utilité publique, elles donneront des avis dictés par des considérations d'un ordre élevé. J'en ai pour garants la prudence et le discernement qu'une foule d'entre elles ont déjà montrés dans plusieurs circonstances. Vous jugerez sans doute convenable, en adressant aux sous-préfets et aux maires des principales communes de votre département le décret du 15 octobre, l'ordonnance du 14 janvier et la nouvelle nomenclature, d'entrer dans quelques détails sur les principes qui doivent les diriger. Je me repose sur votre zèle du soin de les éclairer, bien persuadé de votre empressement à seconder mes vues.

XI. INSTRUCTION CONCERNANT LES CONSEILS D'HYGIÈNE. — CIRCULAIRE MINISTÉRIELLE RELATIVE AUX ÉTABLISSEMENTS DE PREMIÈRE CLASSE.

J'ai eu occasion de remarquer, dans ces derniers temps, que les instructions relatives aux demandes en autorisation d'établissements dangereux, insalubres ou incommodes, de première classe, entraînaient de longs retards. Ces délais sont d'autant plus fâcheux qu'ils entravent la création d'ateliers nouveaux pouvant offrir, par le travail, des ressources aux populations ouvrières, et qu'ils peuvent causer à des industriels des pertes considérables, en rendant des capitaux improductifs pendant plus ou moins longtemps. Je sais que, par leur nature, ces affaires réclament un examen attentif, et qu'il faut concilier avec les intérêts de l'industrie les garanties qu'on doit aux propriétaires voisins des établissements projetés. Je sais aussi qu'il y a des retards inévitables, puisqu'ils résultent des prescriptions relatives à l'affichage de la demande, à l'enquête de *commodo et incommodo*, et je tiens compte, en outre, du temps nécessaire pour faire dresser les plans à produire, pour soumettre le dossier, s'il y a lieu, au conseil d'hygiène et de salubrité de l'arrondissement, ainsi qu'au conseil de préfecture; mais je ne saurais trop vous recommander de tenir la main à ce que toutes ces formalités soient accomplies sans interruption et avec toute la célérité possible, de telle sorte que les intéressés ne puissent accuser l'administration de lenteur ou d'incurie.

J'insisterai, de plus, monsieur le préfet, sur la nécessité de ne transmettre les dossiers à mon département que quand ils seront complets, afin que l'on puisse y trouver immédiatement tous les éléments indispensables de solution. Souvent, en effet, les instructions soumises à l'examen de mon administration laissent à désirer, en ce sens que toutes les formalités nécessaires n'ont pas été remplies; souvent aussi les plans joints aux pièces n'ont pas une étendue suffisante pour qu'il soit possible de se rendre compte exactement de la situation de l'établissement projeté. De là la nécessité de réclamer de nouvelles pièces ou de provoquer des suppléments d'instruction, et la décision s'en trouve retardée quelquefois de plusieurs mois. Il est un autre point, monsieur le préfet, sur lequel j'appelle votre attention particulière : veuillez apporter le plus grand soin à ce que les demandes d'autorisation soient affichées pendant un mois dans un rayon de 5 kilomètres, à partir du point assigné au siège de l'usine, conformément aux dispositions du décret du 15 octobre 1810 et de la circulaire du 22 novembre 1811, et aussi à ce que l'époque d'ouverture et de fermeture de l'enquête soit connue de toutes les communes situées dans le même rayon de 5 kilomètres. Je vous recommande également de ne pas manquer de prendre l'avis du conseil de préfecture quand la demande fait naître des observations, et d'en saisir préalablement le conseil d'hygiène de l'arrondissement, toutes les fois que la salubrité publique y est intéressée.

Enfin, je vous serai obligé de faire joindre au dossier un plan, en double expédition, sur échelle métrique, ayant au moins 500 mètres de rayon, et indiquant avec précision la situation de l'établissement ainsi que la distance à laquelle il se trouve des maisons voisines, surtout de celles appartenant aux opposants ; ce plan devra être certifié par le maire de la localité et revêtu de votre visa.

J'espère, monsieur le préfet, que ces instructions préviendront, à l'avenir, les causes d'ajournement que présentent le plus souvent les affaires de cette nature, et je vous prie de les porter à la connaissance des autorités locales chargées de réunir les éléments des décisions à prendre sur les demandes en autorisation d'établissements dangereux, insalubres ou incommodes.

XII. ORDONNANCE DU ROI PORTANT QUE LES FOURS A PLATRE ET A CHAUX CESSENT D'ÊTRE COMPRIS DANS LA PREMIÈRE CLASSE DES MANUFACTURES ET ATELIERS QUI RÉPANDENT UNE ODEUR INSALUBRE OU INCOMMODE. (Des 29 juillet — 22 août 1818.)

LOUIS, etc.,

Sur le rapport de notre ministre secrétaire d'État au département de l'intérieur ;

Vu le décret du 15 octobre 1810, relatif aux manufactures et ateliers qui répandent une odeur insalubre et incommode, notre ordonnance du 14 janvier 1815, sur le même objet, et la nomenclature divisée en trois classes qui s'y trouve annexée ; voulant accorder pour la formation et le déplacement de celles desdites fabriques dont l'exploitation présente le moins d'inconvénient les facilités que nous a paru réclamer l'intérêt de l'industrie :

Notre conseil d'État entendu ;

Nous avons ordonné et ordonnons ce qui suit :

1. A compter de la publication de la présente ordonnance, les fours à plâtre et les fours à chaux permanents cessent d'être compris dans la première classe des manufactures et ateliers qui répandent une odeur insalubre ou incommode.

2. Ces mêmes fours feront désormais partie des établissements de deuxième classe ; leur création, en conséquence, ou leur déplacement, ne seront soumis qu'aux formalités prescrites par l'article 7 du décret du 15 octobre 1810.

3. Toutes les permissions concernant des établissements de la nature dont il s'agit, provisoirement accordées par notre ministre secrétaire d'État de l'intérieur, depuis le 1er janvier 1816, par suite d'instructions rendues en conformité des articles 3, 4 et 5 du décret du 15 octobre 1810, sont et demeurent confirmées.

4. Notre ministre de l'intérieur est chargé de l'exécution de la présente ordonnance.

XIII. ORDONNANCE QUI CLASSE DE NOUVEAUX ÉTABLISSEMENTS. (Du 5 novembre 1826.)

CHARLES, etc.,

Vu le décret du 15 octobre 1810, et les ordonnances des 14 janvier 1815, 29 juillet 1818, 25 juin et 29 octobre 1823, 20 août 1824, et 9 février 1825, notre conseil d'État entendu,

Nous avons ordonné et ordonnons ce qui suit :

1. Le rouissage de chanvre en grand, par son séjour dans l'eau, est maintenu dans la *première classe* des établissements insalubres, dangereux ou incommodes, sous la dénomination suivante : *Routoirs servant au rouissage en grand du chanvre et du lin par leur séjour dans l'eau.*

2. Sont rangées dans la même classe les fabriques de visières et feutres vernis.

3. Sont rangés dans la *deuxième classe* les forges de grosses œuvres, c'est-à-dire celles où l'on fait usage des moyens mécaniques pour mouvoir, soit les marteaux, soit les masses soumises au travail; les fours à cuire les cailloux destinés à la fabrication des émaux; les raffineries de blanc de baleine; le blanchiment des tissus et les fils de laine ou de soie par le gaz ou l'acide sulfurique; les fabriques de phosphore; les dépôts de rogue.

4. Sont rangés dans la *troisième classe* les fabriques d'acide acétique (les fabriques d'acide pyroligneux continuent d'appartenir à la première classe ou à la deuxième classe où les a placées l'ordonnance du 14 janvier 1815, suivant les procédés dont on y fait usage); les fabriques d'acide tartreux; les fabriques de caramel en grand; les fabriques de briquets phosphoriques et de briquets oxygénés; les blanchiments de toile et fils de chanvre, lin ou coton, par les chlorures alcalins; le lustrage des peaux.

5. Le blanchiment des toiles par l'acide muriatique oxygéné est maintenu dans la *deuxième classe*, sous la désignation suivante : *Blanchiment des toiles et fils de chanvre, lin et coton par le chlore.*

6. Les buanderies et blanchisseries de profession et les lavoirs qui en dépendent sont rangés dans la *troisième classe* quand ils ont un écoulement constant de leurs eaux, et dans la *seconde classe* lorsque cette condition n'est pas remplie complétement.

7. L'établissement des fabriques, usines, ateliers, dépôts compris dans les articles qui précèdent ne pourra plus avoir lieu qu'après l'accomplissement des formalités déterminées par le décret du 15 octobre 1810 et l'ordonnance du 14 janvier 1815, suivant la classe à laquelle ils appartiennent.

XIV. ORDONNANCE DU ROI RELATIVE AU CLASSEMENT DE DIFFÉRENTES FABRIQUES, USINES, ETC., AU NOMBRE DES ÉTABLISSEMENTS DANGEREUX, INSALUBRES OU INCOMMODES. (Du 20 septembre 1828.)

Art. 1er. Les fabriques de sel ammoniac extrait des eaux de condensation du gaz hydrogène sont rangées dans la première classe des établissements dangereux, insalubres ou incommodes.

2. Sont rangés dans la deuxième classe des mêmes établissements et ateliers :

La carbonisation du bois à air libre, lorsqu'elle se pratique dans des établissements permanents et ailleurs que dans les bois et forêts ou en rase campagne, — les dépôts de chrysalides, — l'extraction de l'huile et des autres corps gras contenus dans les eaux savonneuses des fabriques, — le dérochage du cuivre par l'acide nitrique, — les battoirs à écorce dans les villes, — les usines à laminer le zinc, — le secrétage des peaux ou poils de lièvre et de lapin.

3. Feront partie de la troisième classe des mêmes établissements et ateliers :

Les tréfileries, — les fabriques d'ardoises artificielles et mastics de différents genres.

4. La durée des affiches et des publications pour les demandes en permission d'établir des verreries est définitivement fixée à un mois, comme
pour toutes les autres demandes relatives à la formation d'établissements
dangereux, insalubres ou incommodes de la première classe, à laquelle continueront d'appartenir les fabriques de verre, cristaux et émaux, qui demeurent soumises au régime du décret du 15 octobre 1810 et de l'ordonnance du 14 janvier 1815.

5. La rédaction de l'article 8 de l'ordonnance de classification supplémentaire du 9 février 1825 est rectifiée ainsi qu'il suit :

Les dispositions de l'ordonnance du 14 janvier 1815 qui ont rangé la fabrication du noir d'os ou d'ivoire dans la première classe lorsqu'on n'y brûle
pas la fumée, et dans la seconde classe lorsque la fumée est brûlée, sont
applicables à toute calcination d'os d'animaux, fabrication et revivification de
charbon animal.

6. La création et l'exploitation des établissements, fabriques, usines, dépôts
et ateliers compris dans les articles qui précèdent restent soumises aux
formalités prescrites par les décret et ordonnance réglementaires des
15 octobre 1810 et 14 janvier 1815, suivant la classe à laquelle ils appartiennent.

XV. ORDONNANCE DU ROI QUI RANGE DANS LES DIVERSES CLASSES DES ÉTABLISSEMENTS
DANGEREUX, INSALUBRES OU INCOMMODES, PLUSIEURS FABRIQUES, USINES,
DÉPÔTS ET ATELIERS. (Du 31 mai 1833.)

LOUIS-PHILIPPE, etc.; — Vu, etc.,
Nous avons ordonné, etc.,

1. Sont rangés dans la première classe des établissements dangereux,
insalubres ou incommodes :

La fabrication en grand du chlorure de chaux,

La fonte des graisses à feu nu,

La cuisson des huiles de lin.

2. Sont rangés dans la seconde classe des mêmes établissements et
ateliers:

Toutes les combinaisons de l'acide pyroligneux avec le fer, le plomb ou
la soude,

Les ateliers pour la fonte et la préparation des bitumes pisasphaltes,

Les ateliers où l'on fabrique en petites quantités, c'est-à-dire dans une
proportion de trois cents kilogrammes au plus par jour, soit des chlorures
alcalins (eau de javelle), soit du chlorure de chaux,

Les fabriques de chromate de potasse,

La fabrication de feutre goudronné propre au doublage des navires,

Les ateliers où l'on prépare les matières grasses propres à la production
du gaz,

La carbonisation et la préparation des schistes bitumineux pour fabriquer
le noir minéral,

Les sécheries de morues,

Les fabriques de vernis à l'esprit-de-vin.

3. Sont rangés dans la troisième classe des mêmes établissements et ateliers :

La fabrication en grand avec les sels ammoniacaux de l'ammoniaque ou lcali volatil,

Les échaudoirs dans lesquels on traite les têtes et les pieds d'animaux afin d'en séparer le poil,

La cuisson des têtes d'animaux dans des chaudières établies sur un fourneau de construction, quand elle n'est pas accompagnée de fonderie de suif,

Les établissements en grand pour l'engraissage des oies,

Le battage en grand et journalier de la laine et de la bourre.

4. Les échaudoirs dans lesquels on prépare et l'on cuit les intestins et autres débris des animaux continueront à faire partie de la première classe, conformément à l'ordonnance royale du 14 janvier 1815.

5. La création et l'exploitation des établissements, fabriques, usines, dépôts et ateliers compris dans les articles qui précèdent restent soumises aux formalités prescrites par les décret et ordonnance réglementaires du 15 octobre 1810 et 14 janvier 1815, suivant la classe à laquelle ils appartiennent.

XVI. ORDONNANCE CONCERNANT LES ÉTABLISSEMENTS DANGEREUX, INSALUBRES OU INCOMMODES. (Du 30 novembre 1837.)

Nous, conseiller d'État, préfet de police,

Vu 1° Les articles 2 et 23 de l'arrêté du gouvernement du 12 messidor an VIII, et l'article 1er de celui du 3 brumaire an IX;

2° Le décret du 15 octobre 1810, et l'ordonnance royale du 14 janvier 1815;

3° Les ordonnances royales des 29 juillet 1818, 25 juin et 29 octobre 1823, 20 août 1824, 9 février 1825, 5 novembre 1826, 7 mai et 20 septembre 1828, 23 septembre 1829, 24 mars 1831, 31 mai 1833, 5 juillet 1834, 30 octobre 1836 et 27 janvier 1837, portant classification des diverses industries comprises dans le tableau annexé à la présente ordonnance,

Ordonnons ce qui suit :

1. Le décret du 15 octobre 1810 et l'ordonnance royale du 14 janvier 1815 précités seront de nouveau publiés et affichés dans le ressort de notre préfecture [1].

2. Toute personne qui voudra établir dans le ressort de notre préfecture des manufactures ou ateliers compris dans l'une des trois classes de la nomenclature annexée à la présente ordonnance devra nous adresser une demande en autorisation, conformément aux articles 3, 7 et 8 du décret du

[1] Voir ce décret et cette ordonnance à l'Appendice.

15 octobre 1810, et à l'article 4 de l'ordonnance du 14 janvier 1815 précités.

3. Aucune demande en autorisation d'établissements classés ne sera instruite, s'il n'y est joint un plan en double expédition, dessiné sur une échelle de cinq millimètres par mètre, et indiquant les détails de l'exploitation, c'est-à-dire la désignation des fours, fourneaux, machines ou chaudières à vapeur, foyers de toute espèce, réservoirs, ateliers, cours, puisards, etc., qui devront servir à la fabrique. Ce plan devra indiquer les tenants et aboutissants aux ateliers.

Lorsque la demande aura pour objet l'autorisation d'ouvrir un établissement compris dans la première classe, il devra être produit par le pétitionnaire, indépendamment du plan ci-dessus indiqué, un second plan, également en double expédition, dressé sur une échelle de vingt-cinq millimètres pour cent mètres, et qui donnera l'indication de toutes les habitations situées dans un rayon de huit cents mètres au moins.

4. Il ne pourra être fait aucun changement dans un établissement classé et autorisé sans une autorisation nouvelle.

Tout établissement dans lequel on aura fait des changements à l'état des lieux désignés sur le plan joint à la demande et dans l'autorisation pourra être fermé.

5. Tout propriétaire d'établissements classés qui n'est pas pourvu de l'autorisation exigée par le décret du 15 octobre 1810 précité, devra, dans le délai d'un mois, à compter du jour de la publication de la présente ordonnance, nous adresser la demande pour obtenir, s'il y a lieu, la permission qui lui est nécessaire.

Le conseiller d'État, préfet de police, G. DELESSERT.

XVII. ORDONNANCE DU ROI QUI RANGE PLUSIEURS ATELIERS DANS LES DIVERSES CLASSES DES ÉTABLISSEMENTS DANGEREUX, INSALUBRES OU INCOMMODES. (Du 27 mai 1838.)

LOUIS-PHILIPPE, etc.;

Vu, etc.;

Considérant, etc.;

Art. 1. Sont rangés dans la première classe des établissements insalubres, dangereux ou incommodes :

Les ateliers du désargentage de cuivre par le mélange de l'acide sulfurique et de l'acide nitrique,

La fabrication en grand des soudes de varech, lorsqu'elle s'opère dans des établissements permanents,

La combustion des plantes marines, lorsqu'elle se pratique dans des établissements permanents,

Les ateliers pour la préparation des soies de cochon par tout procédé de fermentation.

Art. 2. Sont rangés dans la seconde classe des mêmes établissements :

Les ateliers dans lesquels la filature des cocons s'opère en grand, c'est-à-dire les filatures contenant au mois six tours.

Art. 3. Sont rangés dans la troisième classe des mêmes établissements :
Les ateliers pour le travail des fanons de baleine.

Pour l'arrêté du pouvoir exécutif du 18 décembre 1848, relatif à l'institution des conseils de salubrité, (*voir* page 44.)

XVIII. CIRCULAIRE MINISTÉRIELLE RELATIVE AUX DEMANDES EN AUTORISATION D'ÉTABLISSEMENTS CLASSÉS. (Du 6 avril 1852.)

Monsieur le préfet, il vous appartiendra à l'avenir de statuer sur les demandes tendant à obtenir l'autorisation de créer des ateliers dangereux ou incommodes, de première classe, dans les formes déterminées pour cette nature d'établissements et avec les recours aujourd'hui existants pour les ateliers de deuxième classe.

Vous aurez, en conséquence de cette disposition, à conserver les affaires de cette nature qui pourraient être en cours d'instruction dans votre préfecture; il vous appartient même de donner suite à celles dont mon ministère avait été saisi et sur lesquelles il n'a pas encore été statué difinitivement; à cet effet, j'ai l'honneur de vous en renvoyer les dossiers.

Veuillez dorénavant, monsieur le préfet, suivre la nouvelle marche indiquée dans le décret, et prononcer, selon qu'il y aura lieu, l'admission ou le rejet des demandes, après accomplissement des formalités prescrites par le décret du 15 octobre 1810 et l'ordonnance du 14 janvier 1815, et après que vous aurez pris l'avis du conseil d'hygiène et de salubrité de l'arrondissement dans lequel l'établissement sera projeté; le conseil de préfecture devra d'ailleurs être consulté, comme par le passé, sur les oppositions qui se produiraient dans le cours de l'instruction, tout en conservant sa juridiction pour le cas où les opposants croiraient devoir y recourir après la décision d'autorisation.

Je me réserve de vous adresser des instructions plus développées sur les diverses questions qui, après un examen approfondi, me paraîtront devoir naître de l'application du décret du 25 mars, en ce qui concerne les établissements dangereux, insalubres ou incommodes; mais, dès aujourd'hui, je ne saurais trop vous recommander de tenir la main à ce que les affaires de cette nature soient instruites avec toute la célérité possible, le but des récentes dispositions adoptées par monseigneur le Prince-Président étant d'abréger les détails qui pouvaient retarder la solution des demandes en création d'ateliers, et porter ainsi préjudice à l'industrie et aux populations ouvrières.

XIX. INSTRUCTIONS SUR LA DÉCENTRALISATION ADMINISTRATIVE EN CE QUI CONCERNE LES ÉTABLISSEMENTS INSALUBRES DE PREMIÈRE CLASSE. (Du 15 décembre 1852.)

Monsieur le préfet, je viens, ainsi que ma circulaire du 6 avril dernier l'énonçait, compléter mes instructions pour l'application du décret du 25 mars précédent, en ce qui concerne les établissements insalubres ou incommodes.

Le premier point sur lequel j'appellerai votre attention, parce qu'il a été déjà l'objet d'une interprétation erronée, c'est le cas où il s'agit de suppression d'un établissement, par application de l'article 12 du décret du 15 octobre 1810; les affaires de ce genre doivent être instruites comme elles l'étaient avant le décret du 25 mars et soumises ensuite à l'administration supérieure, qui ne statuera qu'après avoir pris l'avis du conseil d'État. Le décret ne décentralise, en effet, que les demandes en autorisation, et ses motifs ne s'auraient s'appliquer à des instances qui se présentent en général très-rarement, n'offrent pas un caractère d'urgence et peuvent entraîner une sorte d'expropriation.

Pour ce qui concerne les établissements nouveaux qui, n'ayant pas été compris dans la nomenclature des ateliers classés, vous sembleraient de nature à être rangés dans la première classe, vous n'aurez point à en déterminer le classement même provisoire; mais vous en référerez à mon ministère, afin que la mesure puisse être l'objet d'un décret, vous bornant à suspendre au besoin la formation ou l'exploitation de l'usine.

A l'égard des établissements non encore classés qui vous paraîtraient devoir entrer dans l'une ou l'autre des deux dernières classes, vous pouvez, d'après l'ordonnance du 14 janvier 1815, art. 5, en permettre provisoirement la formation, en portant immédiatement cette décision à ma connaissance. Toutefois vous comprendrez facilement qu'il convient de n'user de cette faculté que dans les cas urgents, et je vous recommande de me soumettre, en général, la question du classement avant de laisser ouvrir l'usine, même à titre provisoire. C'est le moyen de prévenir, pour l'administration, l'inconvénient d'avoir à revenir sur ces décisions, et, pour les industriels, des dépenses qui deviendraient inutiles, si le classement primitif n'était pas maintenu.

La marche que je viens d'indiquer aura, en outre, l'avantage de permettre à l'administration de procéder par mesure générale, de telle sorte qu'une même industrie ne soit plus rangée dans des classes différentes, suivant les apprécations diverses des autorités départementales.

Votre responsabilité s'étant accrue en raison de l'extension de vos pouvoirs, je ne saurais trop vivement vous engager à provoquer, dans l'examen des demandes en autorisation d'établissements de première classe, tous les avis qui pourraient être utiles ; je vous ai déjà invité, par ma circulaire du 6 avril, à consulter, sur toutes ces affaires, le conseil d'hygiène et de salubrité de l'arrondissement. Je tiens en outre à votre disposition, pour les cas les plus graves, les hautes lumières du comité consultatif des arts et manufactures : les dossiers que vous m'enverrez pour lui être soumis seront l'objet d'un examen attentif, et vous trouverez toujours dans les rapports du comité de précieux éléments de décision.

Désirant vous aider dans l'accomplissement de cette nouvelle et importante partie de vos devoirs administratifs, j'ai fait dresser un tableau (annexe A) indiquant les conditions d'exploitation qu'il est dans l'usage d'exiger à l'égard des établissements qui présentent le plus d'inconvénients pour le voisinage. Vous y trouverez les garanties qu'il importe d'exiger, communément, dans les autorisations. Elles m'ont paru applicables dans la plupart des cas ; mais vous aurez à y ajouter ou à y retrancher certaines conditions suivant les différences des situations, et en tenant compte des divers modes de système et de fabrication. Ainsi comprises, les indications de l'annexe précitée seront souvent un guide utile, et elles produiront, autant que possible, l'uniformité si désirable dans cette partie de la jurisprudence administrative.

Je vous recommande de nouveau, et très-instamment, de procéder à l'instruction des affaires avec la plus grande activité, afin d'éviter des délais préjudiciables à l'industrie.

Aux termes de l'article 6 du décret du 25 mars, vous avez à me rendre compte des actes de votre administration, dans les formes à déterminer. Pour vous faciliter l'accomplissement de cette obligation, en ce qui concerne les établissements insalubres, je vous adresse un modèle de tableau que vous voudrez bien faire remplir et m'envoyer à la fin de chaque trimestre. Ce tableau est destiné à présenter la situation des affaires d'établissements insalubres de toute classe. Il est divisé en trois parties, l'une relative aux autorisations accordées, la seconde aux autorisations refusées, et la troisième aux autorisations en instance.

Je vous prie de tenir la main à ce que ce document soit établi avec le plus grand soin, et à ce qu'il me parvienne exactement dans la première quinzaine des mois de janvier, avril, juillet et octobre de chaque année. Le premier envoi devra avoir lieu avant le 15 janvier prochain, et je pourrai ainsi, tout en vérifiant si mes instructions ont été ponctuellement observées, faire continuer le travail de statistique spéciale commencé dans les bureaux de mon ministère.

Enfin, le paragraphe 9 du tableau B, annexé à l'article 2 du décret, chargeant les préfets de statuer sur les demandes en autorisation de créer des ateliers insalubres ou incommodes de première classe, avec les recours existants pour les ateliers de deuxième classe, je crois devoir, pour prévenir toute hésitation, vous tracer la marche à suivre en cas de pourvoi.

Lorsqu'une demande en autorisation est admise par l'autorité préfectorale, ceux qui croient avoir à s'en plaindre, qu'ils aient ou non figuré dans l'enquête, sont indistinctement reçus à former opposition devant le conseil de préfecture, qui statue contradictoirement, sauf recours au conseil d'État.

Dans l'hypothèse contraire, c'est-à-dire quand l'autorisation a été refusée, la seule voie ouverte au demandeur est celle du recours au conseil d'État ; son appel au conseil de préfecture ne serait pas recevable.

C'est dans ce sens que doit être entendu l'article 7 du décret du 15 octobre 1810, interprété par la circulaire du 3 novembre 1828, et c'est d'après ces principes que doivent être désormais introduits les recours en matière d'établissements de première classe.

Signé HEURTIER.

XX. ANNEXE A. — CONDITIONS A INSÉRER DANS LES ARRÊTÉS D'AUTORISATION DE CERTAINS ÉTABLISSEMENTS RANGÉS DANS LA PREMIÈRE CATÉGORIE DES ATELIERS DANGEREUX, INSALUBRES OU INCOMMODES.

§ Ier. *Fabrique d'acide sulfurique.* — 1° Élever la cheminée de l'usine servant au dégagement du gaz à une hauteur convenable, qui sera déterminée d'après l'examen de la localité;

2° Condenser complétement les vapeurs ou gaz odorants ou nuisibles.

§ II. *Fabrique d'allumettes chimiques.* — 1° N'employer dans la confection des allumettes ni chlorate de potasse ni aucun autre sel rendant les mélanges explosibles;

2° Broyer à sec et séparément les matières premières dont on fait usage;

3° Ne jamais préparer à la fois au delà d'un litre de matières mélangées de phosphore, lesquelles devront être conservées à la cave, dans un vase plongé dans l'eau;

4° Se livrer à cette fabrication dans un atelier légèrement construit, plafonné et non planchéié, et isolé de toute construction;

5° Recouvrir en plâtre tous les bois apparents dans les pièces où l'on confectionne les allumettes;

6° Déposer les objets fabriqués dans un local séparé, qui ne présente aucun danger sous le rapport du feu;

7° Opérer le transport des allumettes fabriquées dans des boîtes de métal, tel que fer-blanc, zinc, etc.;

8° Se conformer, en outre, à toutes les dispositions des règlements existants, et à toutes celles qui pourraient être prescrites ultérieurement sur le fait des fabriques d'allumettes chimiques.

N. B. L'autorisation devra être limitée à cinq ans.

§ III. *Fabrique d'amorces fulminantes.* — 1° Se conformer à toutes les dispositions prescrites par les ordonnances des 25 juin 1823 et 30 octobre 1836, dour les fabriques de poudre ou matières fulminantes;

2° Construire le séchoir et l'atelier de tamisage en matériaux légers, et la poudrière en maçonnerie; séparer les diverses parties de l'établissement par des talus de terre de trois mètres de hauteur;

3° Établir en dehors des talus les fourneaux du séchoir, pour l'élévation de la température duquel il ne sera employé que la vapeur ou l'eau chaude.

N. B. L'autorisation devra être limitée à cinq ans.

§ IV. *Artificiers.* — 1° Établir la poudrière au-dessus du niveau du sol et la couvrir d'une toiture légère;

2° Ne jamais avoir en dépôt plus de quatre à cinq kilogrammes de poudre à la fois pour les besoins de la fabrication.

N. B. L'autorisation devra être limitée à cinq ans.

§ V. *Boyauderies.* — 1° Tenir l'atelier dans un grand état de propreté au moyen de fréquents lavages, soit à l'eau pure, soit à l'eau chlorurée;

2° Ne recevoir que des menus convenablement préparés ou nettoyés;

3° Ne conserver aucuns résidus susceptibles de fermenter et de se putréfier ;

4° Donner écoulement rapide aux eaux de lavage.

§ VI. *Calcination des os.* — 1° Clore l'établissement de murs ;

2° Apporter les os dans l'établissement complétement décharnés et limiter les approvisionnements aux besoins de la fabrication ;

3° Opérer la calcination des os à vases clos, et diriger la fumée des fours dans une cheminée commune, construite en briques et élevée de dix mètres au-dessus du sol.

§ VII. *Ateliers d'équarrissage et de cuisson de débris d'animaux.* — 1° Clore l'établissement de murs et l'entourer d'arbres ;

2° Paver les cours intérieures ; daller les caves à abattre les animaux, et y opérer de fréquents lavages ;

3° Garnir de dalles cimentées à la chaux hydraulique, jusqu'à un mètre de hauteur, le pourtour de l'atelier d'abatage et celui des ateliers de cuisson ;

4° Recevoir les matières liquides résultant du travail de l'équarrissage dans des citernes voûtées et closes ; soumettre les chairs et les autres matières animales à une dessiccation suffisante pour qu'elles ne soient plus sujettes à se corrompre ;

5° Ne faire dans l'établissement aucune accumulation d'os ou de résidus ;

6° Faire la cuisson des chairs à vases clos, dans les vingt-quatre heures de l'abatage ;

7° Ne transporter les animaux morts à l'équarrissage que dans des voitures couvertes et munies d'une plaque indiquant leur destination.

§ VIII. *Dépôts d'engrais, de poudrette,* etc. — 1° Désinfecter les matières fécales dans les fosses d'aisance, et les transporter au moyen de tonneaux hermétiquement fermés ;

2° Déposer les matières dans des fosses recouvertes de hangars, et les couvrir de charbon, afin d'éviter toute émanation désagréable ;

3° Construire les fosses destinées à recevoir les matières fécales en maçonnerie et les cimenter de façon à empêcher le liquide de filtrer à travers les terres et d'infecter les puits ou citernes ;

4° Déposer sous les hangars, et à l'abri de l'humidité, les matières converties en engrais.

§ IX. *Fonderies de suif.* — 1° Recouvrir la chaudière dans laquelle la graisse est mise en fusion d'une hotte de planches parfaitement jointes ;

2° Mettre cette hotte en communication avec la cheminée de tirage, et luter les joints de manière à forcer les vapeurs de se rendre dans le tuyau d'appel.

§ X. *Gaz d'éclairage.* — Se reporter aux conditions prescrites par l'ordonnance du 27 janvier 1846, portant règlement sur les usines et les établissements d'éclairage par le gaz.

N. B. L'extension que prennent la plupart de ces usines exige qu'elles soient éloignées le plus possible des habitations, et même qu'elles soient établies hors des villes.

§ XI. *Fabriques de toiles cirées, de cuirs vernis, de vernis.* — 1° Faire construire l'étuve en matériaux incombustibles ;

2° Construire en plâtre et moellons le local où l'on fait cuire les huiles, et surmonter les chaudières d'une hotte avec un tuyau pour le dégagement des vapeurs.

§ XII. *Triperies.* — N'amener dans la triperie que des matières fraîches, parfaitement lavées, et prêtes à être soumises à la cuisson.

Le décret du 19 février 1853 a rangé dans la première classe les fabriques de potasse par la calcination des résidus provenant de la distillation de la mélasse,

Et dans la deuxième classe les fabriques de conserves de sardines situées dans les villes.

XXI. DÉCRET DU 18 DÉCEMBRE 1848.

TITRE PREMIER. — *Des institutions des conseils d'hygiène publique et de leur organisation.*

Art. 1ᵉʳ. Dans chaque arrondissement, il y aura un conseil d'hygiène publique et de salubrité.

Le nombre des membres de ce conseil sera de sept au moins et de quinze au plus.

Un tableau dressé par le ministre de l'agriculture et du commerce réglera le nombre des membres et le mode de composition de chaque conseil.

Art. 2. Les membres du conseil d'hygiène seront nommés pour quatre ans par le préfet et renouvelés par moitié tous les deux ans.

Art. 3. Des commissions d'hygiène publique pourront être instituées dans les chefs-lieux de canton par un arrêté spécial du préfet, après avoir consulté le conseil d'arrondissement.

Art. 4. Il y aura au chef-lieu de la préfecture un conseil d'hygiène publique et de salubrité de département.

Les membres de ce conseil seront nommés pour quatre ans par le préfet et renouvelés par moitié tous les deux ans.

Un tableau dressé par le ministre de l'agriculture et du commerce réglera le nombre des membres et le mode de composition de chaque conseil.

Ce nombre sera de sept au moins et de quinze au plus.

Il réunira les attributions des conseils d'hygiène d'arrondissement aux attributions particulières qui sont énumérées à l'article 12.

Art. 5. Les conseils d'hygiène seront présidés par le préfet ou le sous-préfet, et les commissions de canton par le maire du chef-lieu.

Chaque conseil élira un vice-président et un secrétaire, qui seront renouvelés tous les deux ans.

Art. 6. Les conseils d'hygiène et les commissions se réuniront au moins une fois tous les trois mois, et chaque fois qu'ils seront convoqués par l'autorité.

Art. 7. Le membre des commissions d'hygiène de canton qui, sans motifs d'excuses approuvés par le préfet, aura manqué de se rendre à trois convocations consécutives sera regardé comme démissionnaire.

TITRE II. — *Attributions des conseils et des commissions d'hygiène publique.*

Art. 9. Les conseils d'hygiène d'arrondissement sont chargés de l'examen des questions relatives à l'hygiène publique de l'arrondissement qui leur seront renvoyées par le préfet ou le sous-préfet. Ils peuvent être consultés spécialement sur les objets suivants :

1° L'assainissement des localités et des habitations ;

2° Les mesures à prendre pour prévenir et combattre les maladies endémiques, épidémiques et transmissibles ;

3° Les épizooties et les maladies des animaux ;

4° La propagation de la vaccine ;

5° L'organisation et la distribution des secours médicaux aux malades indigents ;

6° Les moyens d'améliorer les conditions sanitaires des populations industrielles et agricoles ;

7° La salubrité des ateliers, écoles, hôpitaux, maisons d'aliénés, établissements de bienfaisance, casernes, arsenaux, prisons, dépôts de mendicité, asiles, etc.

8° Les questions relatives aux enfants trouvés ;

9° La qualité des aliments, boissons, condiments, médicaments livrés au commerce ;

10° L'amélioration des établissements d'eaux minérales appartenant à l'État, aux départements, aux communes, et aux particuliers, et les moyens d'en rendre l'usage accessible aux malades pauvres ;

11° Les demandes en autorisation, translation ou révocation des établissements dangereux, insalubres ou incommodes ;

12° Les grands travaux d'utilité publique, constructions d'édifices, écoles, prisons, casernes, ports, canaux, réservoirs, fontaines, halles, établissements de marchés, routoirs, égouts, cimetières, la voirie, etc., sous le rapport de l'hygiène publique.

Art. 10. Les conseils d'hygiène publique d'arrondissement se réuniront et coordonneront les documents relatifs à la mortalité et à ses causes, à la topographie et à la statistique de l'arrondissement, en ce qui touche la salubrité publique.

Ils adresseront régulièrement ces pièces aux préfets, qui en transmettront une copie au ministre du commerce.

Art. 11. Les travaux des conseils d'arrondissement seront envoyés au préfet.

Art. 12. Le conseil d'hygiène et de salubrité du département aura pour mission de donner son avis,

1° Sur les questions d'hygiène publique qui lui seront renvoyées par le préfet ;

2° Sur les questions communes à plusieurs arrondissements ou relatives au département tout entier.

Il sera chargé de centraliser et coordonner, sur le renvoi du préfet, les travaux des conseils d'arrondissement.

Ce rapport sera immédiatement transmis par le préfet, avec les pièces à l'appui, au ministre du commerce.

Art. 13. La ville de Paris sera l'objet de dispositions spéciales.

XXII. INSTRUCTIONS DU COMITÉ CONSULTATIF D'HYGIÈNE PUBLIQUE SUR LES ATTRIBUTIONS DES CONSEILS D'HYGIÈNE PUBLIQUE ET DE SALUBRITÉ.

Le décret du 18 décembre 1848, qui institue les Conseils d'hygiène et de salubrité, leur a donné des attributions étendues; mais, soit que, dès l'origine, celles-ci n'aient pas paru assez nettement définies, soit plutôt que l'épidémie qui, presque immédiatement, est venue fondre sur le pays ait détourné de toute autre préoccupation les hommes dévoués qui dirigent ou composent les conseils et absorbé complétement leur temps et leur zèle, les attributions fixées par le décret ont été en partie méconnues et n'ont été remplies que dans un petit nombre d'arrondissements. Aujourd'hui que rien ne peut plus entraver la marche régulière des conseils, l'intérêt de la santé publique, qui leur est confié, exige qu'ils donnent à tous leurs travaux une égale activité, et qu'ils ne laissent pas plus longtemps dans l'oubli les grandes questions qui leur sont soumises. C'est pour faciliter l'accomplissement de cette tâche, et combler en même temps quelques lacunes rendues évidentes par les premiers rapports transmis à l'administration supérieure, qu'il a paru opportun d'exposer et d'interpréter dans une instruction nouvelle les attributions des conseils et des commissions d'hygiène publique.

Il est une remarque générale à faire sur le but de ces nouvelles institutions, qui n'a pas toujours été bien compris. Ce n'est pas seulement le nom des anciens conseils de salubrité établis dans quelques grandes villes qui a changé : leur mission, désormais agrandie, ne se borne plus à donner un avis sur l'autorisation ou le classement des établissements réputés insalubres; elle embrasse, en se rattachant à une organisation régulière et permanente qui comprend le pays tout entier, l'étude de toutes les questions sanitaires. C'est pour ne pas s'être suffisamment rendu compte de ce but élevé que, dans certains arrondissements, les conseils ont été ou se sont crus privés de l'initiative nécessaire à leur action efficace. Tout en restant dans les limites de leurs attributions, placés près de l'administration pour répondre à son appel et l'éclairer de ses avis, ils ne sauraient se dispenser de recueillir spontanément tous les renseignements qui peuvent intéresser l'hygiène des localités de leur circonscription, et de signaler à l'autorité toutes les mesures d'assainissement, toutes les améliorations qui peuvent paraître utiles. Il n'est pas douteux que l'administration ne s'empresse de les réaliser toutes les fois qu'il sera possible de le faire.

Les attributions spéciales des conseils sont déterminées par l'article 9 du décret, divisé en 12 paragraphes qu'il convient d'examiner successivement.

1° *L'assainissement des localités et des habitations* se rattache en partie à la loi récemment promulguée sur les logements insalubres, et il est bon de se reporter aux instructions que l'administration centrale a rédigées sur ce sujet. Il est à désirer notamment que le concours des conseils d'hygiène vienne en aide à l'autorité municipale et facilite par ses avis l'exécution de la loi. Mais, en outre, les conseils d'arrondissement, et plus encore peut-être les commissions cantonales ou les correspondants, ne doivent pas perdre de vue la recherche et la destruction de toutes les causes locales d'insalubrité qui peuvent résulter de la disposition particulière des lieux ou des habitations. Il y aurait un grand intérêt à ce que, dans chaque commune, on procédât à une enquête minutieuse et complète, à une sorte de recensement, maison par maison, de manière à recueillir tous les renseignements propres à diriger l'administration dans l'assainissement des différentes localités. Cette mesure, qui demande dans l'exécution une grande réserve, a donné d'excellents résultats en Angleterre et dans quelques villes de France pendant la dernière épidémie de choléra. Il est facile de comprendre l'importance qu'il y aurait à ne pas attendre, pour réaliser ces améliorations, qu'elles fussent rendues plus urgentes par l'imminence du danger. On pourrait procéder à l'inspection des localités et habitations insalubres en se conformant au programme ci-joint.

FEUILLE D'INSPECTION DES COMMISSIONS SANITAIRES

DÉPARTEMENT		CANTON
d	d	
ARRONDISSEMENT		COMMUNE
d	d	

Quartier d
rue   (largeur légale.)

Maison n°

M.   propriétaire, demeurant

M.   principal locataire, demeurant

VISITE DU   185   .

NUMÉROS D'ORDRE.	TITRES.	QUESTIONS.	RÉPONSES.	OBSERVATIONS.
1.	VOIE PUBLIQUE.	Est-elle pavée? L'écoulement des eaux y est-il facile? Est-elle généralement humide? Quelle est sa largeur? Quelle est la hauteur moyenne des bâtiments qui la bordent? Quelle est sa direction ou orientation? Y a-t-il des égouts? Y a-t-il des urinoirs?		

NUMÉROS D'ORDRE.	TITRES.	QUESTIONS.	RÉPONSES.	OBSERVATIONS.
2.	BATIMENTS SUR LA RUE.	Hauteur. Profondeur. Nombre d'étages. Hauteur de l'étage le plus bas.	", ", ",	
3.	BATIMENTS SUR LA COUR.	Profondeur de la plus grande. Nombre d'étages. Hauteur de l'étage le plus bas.	", ",	
4.	ENTRÉE DE LA MAISON.	Est-ce une porte cochère? Est-ce une allée? L'allée est-elle obscure? Est-elle suffisamment aérée ou ventilée? Quel est l'état du sol? Est-ce un ruisseau en pavé? Est-ce un caniveau en pierre? Est-ce une gargouille couverte?		
5.	LOGEMENT DU PORTIER.	Combien de pièces? Longueur de l'ensemble des pièces. Largeur. Hauteur de la pièce la plus basse. Combien de croisées? Quelle est leur surface totale? Le jour est-il direct sur l'extérieur? Comment la loge est-elle éclairée la nuit? Y a-t-il une cheminée? Y a-t il un poêle? La loge est-elle aérée? Les murs sont-ils humides? Comment est revêtu le sol? Le sol est-il en contre-bas du sol extérieur?	", ",	
6.	COUR.	Quelle est la largeur de la cour? Quelle est sa longueur? Est-elle pavée? Est-elle dallée? L'écoulement des eaux est-il complet? Y a-t-il des gouttières aux bâtiments? Les ruisseaux sont-ils en bon état? La cour est-elle aérée ou ventilée? Est-elle bien tenue?	", ",	
7.	PUITS.	Où est-il placé? Son eau est-elle claire? Son eau est-elle abondante? Peut-on s'en servir en cas d'incendie? Y a-t-il une pompe? Est-elle en bon état?		
8.	EAUX DE LA VILLE.	Y a-t-il une concession? Où sont placés les robinets?		
9.	PUISARD.	Est-il bien tenu? Est-il étanché? Reçoit-il des eaux pluviales? Reçoit-il des eaux ménagères? Répand-il de l'odeur? Est-il fermé par une cuvette à siphon?		

NUMÉROS D'ORDRE.	TITRES.	QUESTIONS.	RÉPONSES.	OBSERVATIONS.
9.	PUISARD. (Suite.)	Quelle est la dimension de la pierre qui recouvre l'orifice ? Y a-t-il un égout sous une voie publique voisine ? Y a-t-il un moyen de supprimer le puisard ?		
10.	COURS D'EAU ET ÉTANGS.	Sont-ils bien encaissés ? Forment-ils des parties marécageuses ? Desservent-ils des lavoirs ? Ces lavoirs sont ils en amont des habitations ? Desservent-ils des routoirs ? Desservent-ils des établissements insalubres ?		
11.	EAUX MÉNAGÈRES.	Sont-elles absorbées dans le sol ? S'écoulent-elles sur le sol par un ruisseau ? S'écoulent-elles sur le sol par un caniveau ? S'écoulent-elles sur le sol par une gargouille couverte ? Où sont-elles conduites ? sur le sol ? Où sont-elles conduites ? dans un égout ? Où sont-elles conduites ? dans un puisard ? Où sont-elles conduites ? à une mare d'évaporation ? Quel est l'état de la mare ?		
12.	FOSSE D'AISANCE.	Y en a-t-il ? Est-elle construite en maçonnerie ? Est-elle ventilée suffisamment ? Où se trouve la pierre d'extraction ? Est-ce simplement un tonneau enterré ? Est-ce une fosse mobile ? Quel est le système de fosse mobile ? Est-il établi suivant les prescriptions de la police ?		
13.	LATRINES.	Y en a-t-il ? Sont-elles bien tenues ? Leur sol est-il imperméable ? Où s'écoulent les urines ? Les tuyaux sont-ils en fonte ? Les tuyaux sont-ils en terre cuite ? Les tuyaux sont-ils isolés ? Y a-t-il des ventouses ? Quelles sont les dimensions de ces ventouses ? Les latrines sont-elles aérées sur une cour ? Les latrines sont-elles aérées sur un escalier ?		
14.	ESCALIERS.	Sont-ils éclairés ? Par combien de croisées ? Par une lanterne sur le comble ? Sont-ils ventilés à chaque étage ? Sont-ils bien tenus ? Les murs sont-ils en bon état ?		

NUMÉROS D'ORDRE.	TITRES.	QUESTIONS.	RÉPONSES.	OBSERVATIONS.
15.	PLOMBS OU CUVETTES.	Combien y en a-t-il ? Sont-ils en bon état ? Sont-ils à l'intérieur ? Y a-t-il une ventilation ?		
16.	CAVES.	Y en a-t-il ? Sont-elles humides ? Sont-elles ventilées ?		
17.	ÉCURIE, ÉTABLE.	Quelle est leur hauteur ? Leur pavé est-il au-dessous du sol de la cour ? Dans quel état sont les ruisseaux ?		.
18.	MAGASINS.	Quels objets renferment-ils ? Ces objets sont-ils d'une nature dangereuse ? Ces objets sont-ils malsains ?		
19.	ATELIERS, FABRIQUES, BUANDERIES ET AUTRES ÉTABLISSEMENTS INDUSTRIELS.	Quel est le genre de fabrication ? Sont-ils bien tenus ? Sont-ils aérés ou ventilés ?		
20.	DÉPÔTS.	Y a-t-il des dépôts d'immondices ? Y a-t-il des dépôts de fumier ? Y a-t-il des dépôts d'autres natures ? Sont-ils malsains ? Sont-ils dangereux ? Sont-ils enlevés régulièrement ?		
21.	ANIMAUX.	Quels sont-ils, et leur nombre ? Où sont-ils placés ? dans la cour ? Où sont-ils placés ? dans les bâtiments ?		
22.	ABATTOIR.	Existe-t-il un emplacement affecté à cet usage ? A quelle distance est-il des habitations ? Dans quelle direction eu égard aux vents régnants ?		
23.	CIMETIÈRE.	Est-il éloigné des habitations ? Dans quelle direction est-il ? Les fosses sont-elles assez profondes ? Y a-t-il des fosses communes ?		

OBSERVATIONS GÉNÉRALES.

Nota. Ces observations s'appliqueront à l'état général de la maison; elles signaleront les logements les plus malsains.

BULLETIN SPÉCIAL A CHAQUE CHAMBRE OU LOGEMENT.

Rue   n°   étage.

DEMANDES.	RÉPONSES.	DEMANDES.	RÉPONSES.	
			pour la première pièce.	pour la deuxième pièce.
Quel est le nom du locataire? Sa profession? Le nombre d'habitants du logement? Le logement est-il sous comble? Quelle est la hauteur moyenne de l'étage? Y a-t-il des soupentes? A quelle distance sont-elles des plafonds? Le plancher haut est-il plafonné? Le plancher haut est-il à solives apparentes? Le sol est-il planchéié? Le sol est-il carrelé? Le sol est-il en bon état? Y a-t-il de l'humidité au sol? Y a-t-il de l'humidité sur les murs? Y a-t-il des alcôves? Y a-t-il des cabinets? Couche-t-on dans la pièce de travail?		Quel est le nombre des pièces? Quelle est leur longueur? Quelle est leur largeur? Quel est le mode d'éclairage? Est-ce un châssis vitré vertical? Est-ce un châssis à tabatière? Y en a-t-il plusieurs? Quelles sont les dimensions de chacun? Le châssis est-il à coulisse? Le châssis est-il dormant? Quelle distance y a-t-il de l'ouverture au plafond? Quelle est la hauteur de l'appui? Quel est le mode de chauffage? Est-ce une cheminée? Est-ce un poêle? Y a-t-il de l'odeur de latrines? Y a-t-il des dépôts dans le logement? Quelle est la nature de ces dépôts?		

Certifié par les membres de la commission soussignés,

A   le   185   .

2° *Les mesures à prendre pour prévenir et combattre les maladies endémiques, épidémiques, et transmissibles* ont été la principale occupation de la plupart des conseils pendant les dernières années, et, dans aucun cas, elles ne devront être négligées. L'étude approfondie des maladies épidémiques dans leur cause, leur marche et leur mode de propagation, doit être poursuivie dans ce but. C'est à ce titre que l'enquête sur le choléra, qui a été récemment provoquée par le ministre de l'agriculture et du commerce, et dont le programme a été adressé à tous les conseils d'hygiène, mérite toute leur attention et réclame toute leur activité. Les éléments doivent en être réunis, et il importe qu'un plus long retard dans l'envoi des documents ne vienne pas paralyser les efforts de l'administration supérieure pour obtenir une histoire complète du choléra épidémique en France. Nous n'avons pas à entrer dans le détail des mesures à prendre pour prévenir et combattre les maladies endémiques, épidémiques et transmissibles. Il appartient aux conseils locaux d'apprécier et de provoquer celles qui leur paraîtront le plus convenables. Nous recommandons seulement que les instructions rendues publiques soient exactement transmises au ministre, afin que les moyens qui paraîtront le plus utiles puissent être répandus et généralisés.

3° *Les épizooties et les maladies des animaux* doivent occuper au même titre les conseils d'hygiène, qui sauront mettre à profit les lumières des vétérinaires distingués qu'ils comptent dans leur sein. Non-seulement il est bon qu'ils s'attachent à répandre parmi les populations des notions exactes sur l'hygiène des animaux domestiques; mais ils doivent plus spécialement faire-porter leurs instructions sur les maladies qui déciment le bétail, ou qui peuvent se communiquer des animaux à l'homme.

4° *La propagation de la vaccine* a été presque partout l'objet de la constante sollicitude des conseils d'hygiène, qui ont reçu des préfets mission de répartir les récompenses ou indemnités allouées par les conseils généraux aux médecins qui ont employé le plus de zèle pour propager la vaccine. Quelques-uns ont proposé qu'une prime modique soit accordée aux parents qui soumettront leurs enfants à cette opération préservatrice. Il ne parait pas qu'on puisse attendre de ce moyen des résultats bien satisfaisants, et qu'il doive être substitué aux encouragements distribués aux vaccinateurs. Il n'est pas hors de propos d'insister ici sur l'utilité incontestable des revaccinations, et d'engager les médecins, de la manière la plus pressante, à en répandre les bienfaits. Dans tous les cas, on devra, dans chaque commune, veiller à ce que les registres prescrits pour la constatation du nombre et des effets des vaccinations soient tenus avec la plus grande exactitude.

5° *L'organisation et les distributions de secours médicaux aux malades indigents* est un des problèmes les plus difficiles et les plus graves qui puissent être actuellement soumis aux méditations des hommes qui se dévouent au soulagement de leurs semblables. On ne peut, quant à présent, qu'inviter les conseils à mettre à l'étude cette question, dont ils peuvent mieux qu'aucun autre corps préparer la solution. Deux sujets également importants s'y rattachent d'une manière étroite: d'une part, l'établissement de dépôts de médicaments; d'autre part, l'institution de médecins cantonaux, sur lesquels l'opinion est loin d'être fixée, et qui méritent de la part des conseils le plus sérieux examen.

6° *Les moyens d'améliorer les conditions sanitaires des populations industrielles et agricoles*, s'ils ne peuvent être tous indiqués avec certitude et réalisés dans un temps prochain, doivent, du moins, être recherchés consciencieusement et avec le ferme désir d'arriver à un résultat utile. Les conseils d'hygiène comprendront tout ce qu'a d'élevé et de délicat cette partie de leur mission. Déjà, sur quelques points, des efforts très-louables ont été tentés et peuvent marquer la voie à suivre. Ils ont principalement consisté dans une enquête ouverte sur l'industrie dominante dans chaque canton et sur les procédés qu'elle emploie. Il y a certainement, dans cette étude, l'une des plus fécondes qui puissent être soumises aux conseils, la source d'indications extrêmement précieuses et qui pourront être mises à profit dans l'intérêt de la santé publique.

7° *La salubrité des ateliers, écoles, hôpitaux, maisons d'aliénés, établis-*

sements de bienfaisance, casernes, arsenaux, prisons, dépôts de mendicité, asiles, etc., doit être, de la part des conseils d'hygiène, l'objet d'une surveillance générale. Leur action ne peut s'exercer, en effet, que dans des limites assez restreintes sur les établissements qui ressortissent à des autorités spéciales. Toutefois il n'est pas douteux que si une cause d'insalubrité permanente ou passagère résidait dans l'intérieur de l'un de ces établissements, les investigations des conseils d'hygiène ne dussent se porter de ce côté. L'administration près de laquelle ils sont placés ne manquerait pas d'ailleurs de faire appel à leurs lumières, et trouverait les moyens d'assurer l'accomplissement de leur mission. A plus forte raison leur concours devrait-il être réclamé pour l'inspection sanitaire des établissements privés ou publics, départementaux ou communaux, qui sont placés sous la surveillance de l'autorité civile administrative. Des règlements spéciaux concernant la salubrité pourraient être utilement élaborés et rédigés par les conseils d'hygiène pour les ateliers, écoles, hôpitaux et asiles. Ces mesures n'ont pas seulement en vue les conditions intérieures des établissements et le maintien de la santé de leurs habitants ; elles seront utiles encore au point de vue de l'hygiène publique, et principalement dans les temps d'épidémie.

8° *Les questions relatives aux enfants trouvés* rentrent par plus d'un point dans le domaine des conseils. Leur concours peut être extrêmement utile pour centraliser les renseignements relatifs aux tours, aux conditions sanitaires et à la situation des nourrices disséminées dans les campagnes, à la mortalité des enfants trouvés et à tout ce qui peut éclairer les questions très-diverses et très-complexes que soulève, au point de vue social, économique et hygiénique, le problème difficile de l'éducation des enfants trouvés.

9° *La qualité des aliments, boissons, condiments et médicaments livrés au commerce* doit être constatée par des inspections sinon régulières, du moins provoquées de temps à autre par l'autorité. Elles auront surtout pour but de rechercher et de poursuivre les falsifications, ou de faire disparaître les substances alimentaires altérées qui seraient de nature à nuire à la santé publique. Cette mission acquiert une importance toute particulière dans le cours des épidémies. Les conseils ont d'ailleurs montré pendant la dernière invasion du choléra qu'ils comprenaient toute l'utilité de ces mesures de précaution. Il n'est pas hors de propos de faire remarquer que les attributions des conseils d'hygiène doivent rester complétement distinctes de celles des écoles de pharmacie et des jurys médicaux, chargés par la loi de la visite des officines et des médicaments, et de n'exercer que dans des cas urgents et exceptionnels.

10° *L'amélioration des établissements d'eaux minérales appartenant à l'État, aux départements, aux communes et aux particuliers, et les moyens d'en rendre l'usage accessible aux malades pauvres,* ne rentrent que très-secondairement dans les attributions des conseils d'hygiène. Aussi n'y a-t-il pas lieu de donner à cet égard des instructions générales. Il convient seulement de rappeler que, dans certains cas particuliers, et suivant les intérêts des arrondissements ou des populations, les conseils pourront être appelés à donner leur avis sur l'aménagement et la distribution des eaux minérales, ou sur l'influence que peut exercer sur la salubrité des lieux la présence des sources thermales.

11° *Les demandes en autorisation, translation ou révocation des établissements dangereux, insalubres ou incommodes,* constituent, sinon la principale, du moins la plus commune occupation des conseils d'hygiène et de salubrité. La législation et la jurisprudence administrative ont dès longtemps fixé la marche à suivre dans les informations que nécessitent les demandes en autorisation, et l'on ne peut qu'y renvoyer les membres chargés spécialement de procéder à ce genre d'examen. Il serait bon que les rapports généraux adressés annuellement à l'autorité supérieure par les conseils départementaux ne se bornassent pas à une simple indication de l'objet des demandes et fissent mention des principaux résultats de l'enquête dans ce qu'ils peuvent avoir d'intéressant pour l'hygiène publique. On comprend, en effet, qu'il serait très-important de pouvoir établir sur des renseignements précis la statistique comparative des établissements dangereux, insalubres ou incommodes, suivant les différentes régions de la France.

12° *Les grands travaux d'utilité publique, constructions d'édifices, écoles, prisons, casernes, ports, canaux, réservoirs, fontaines, halles, établissements des marchés, routiers, égouts, cimetières, voiries, etc., sous le rapport de l'hygiène publique,* pourront être soumis par l'administration à l'examen des conseils, dont le contrôle s'exercera sur tout ce qui touche à la salubrité, et dont il est fort à désirer que les études et les avis soient exactement transmis à l'autorité supérieure par les soins de l'administration locale.

Outre les attributions spéciales qui sont déterminées par l'article 9 du décret constitutif, il en est de plus générales prescrites par l'article 10, qui dispose ainsi :

Les conseils d'hygiène publique d'arrondissement réuniront et coordonneront les documents relatifs à la mortalité et à ses causes, à la topographie et à la statistique de l'arrondissement en ce qui touche la salubrité publique. Ils adresseront régulièrement les pièces au préfet, qui en transmettra une copie au ministre du commerce.

Ainsi la mortalité et ses causes, la topographie médicale et la statistique dans ses rapports avec l'hygiène publique, tels sont les sujets généraux d'études proposés dès leur origine à tous les conseils d'arrondissement et de département ; et certes il n'en est pas qui soient plus dignes de leurs laborieuses investigations, puisque de leurs communs efforts peut sortir une œuvre considérable pour laquelle la France n'aurait pas dû se laisser devancer par d'autres nations, c'est-à-dire, une statistique générale destinée à fixer et à éclairer les plus graves questions sanitaires qui puissent intéresser l'existence d'un grand peuple. Cependant cette partie de la mission des conseils est celle qui paraît avoir été jusqu'ici la plus négligée ; dans un très-petit nombre d'arrondissements seulement, des commissions ont été nommées pour préparer les éléments nécessaires à un tel travail. Il est permis de penser que ce retard prolongé a pour principal motif l'absence de direction et d'ensemble dans les recherches à suivre, et qu'il est tout à fait opportun d'offrir aux conseils un plan d'études uniforme, une sorte de programme d'après lequel les documents pourraient être réunis et coordonnés de manière à acquérir une valeur et une autorité nouvelles.

A. La Mortalité doit être examinée dans son chiffre total et dans sa répartition proportionnelle, suivant la population, le sexe, l'âge, l'état de mariage, la profession et la cause du décès.

L'état civil fournit quelques-uns de ces renseignements, et des publications officielles les reproduisent pour toute la France. Mais il serait extrêmement important que ces recensements fussent surveillés et rectifiés par les commissions cantonales d'hygiène ou les délégués communaux. Les conseils d'hygiène auraient ensuite à dresser la statistique proportionnelle et à faire ressortir les circonstances locales qui pourront avoir influé sur les chiffres obtenus et les résultats particuliers qui pourront en découler.

Pour la division par âge, sexe et état de mariage, on pourrait adopter le tableau suivant, déjà usité depuis longtemps.

AGE.	HOMMES.				FEMMES.				TOTAL DES DEUX SEXES.		TOTAL GÉNÉRAL.
	non mariés	mariés.	veufs.	TOTAL.	non mariées	mariées.	veuves.	TOTAL.	masculin.	féminin.	
Mort-nés.											
De 0 à 3 mois.											
De 3 à 6 mois.											
De 6 mois à 1 an.											
De 1 à 2 ans.											
De 2 à 3 ans.											
De 3 à 4 ans.											
De 4 à 5 ans.											
De 5 à 6 ans.											
De 6 à 7 ans.											
De 7 à 8 ans.											
De 8 à 9 ans.											
De 9 à 10 ans.											
De 10 à 15 ans.											
De 15 à 20 ans.											
De 20 à 25 ans.											
De 25 à 30 ans.											
De 30 à 35 ans.											
De 35 à 40 ans.											
De 40 à 45 ans.											
De 45 à 50 ans.											
De 50 à 55 ans.											
De 55 à 60 ans.											
De 60 à 65 ans.											
De 65 à 70 ans.											
De 70 à 75 ans.											
De 75 à 80 ans.											
De 80 à 85 ans.											
De 85 à 90 ans.											
De 90 à 95 ans.											
De 95 à 100 ans.											
Centenaires.											
Inconnus.											

Après la mention des mort-nés, les périodes des âges seraient trimes-
trielles pour la première moitié de la première année, semestrielles pour la
seconde, annuelles d'un à 10 ans, quinquennales de 10 à 100 ans; on note-
rait à part les centenaires et les inconnus. La mention de la profession des
décédés ou de leurs parents, quand ce sont des enfants, qui ne figurent pas
jusqu'à présent dans les statistiques officielles, aurait pourtant un très-
grand intérêt pour l'hygiène publique; sans s'astreindre à des catégories
fixes, les conseils sauraient mettre en relief, dans les relevés, les particula-
rités essentielles qui pourraient résulter de la mortalité comparative dans
les principales professions exercées par la population de chaque canton ou
de chaque arrondissement.

L'indication de la cause de la mort, si elle pouvait être exactement connue, donnerait à la statistique des décès une incontestable utilité, et tous
les efforts de l'administration et des médecins chargés de l'éclairer doivent
tendre à l'obtenir. Il ne faut pas se dissimuler que tout ou presque tout, à
cet égard, est encore à faire. N'est-il pas inouï, en effet, que non seulement dans les campagnes, mais dans la plupart des villes, même de premier
ordre, il n'existe pas de vérifications des décès faites régulièrement par un
homme de l'art? C'est là certainement une mesure essentiellement protectrice de
la santé publique et dont les conseils d'hygiène doivent, avant tout, faire sentir l'importance et poursuivre l'adoption près des administrations municipales. Quelque bien organisé que soit un service de vérification de décès,
il ne peut fournir d'une manière positive la notion des causes de mort, et
il ne doit pas dispenser d'un autre moyen de l'obtenir, qui consisterait à
inviter les médecins, dans tous les cas où ils ont été appelés, à faire connaître d'une manière aussi exacte que possible à la personne chargée de la
vérification la cause présumée de la mort. Cette désignation, par des raisons
qu'il est inutile de développer, laisserait sans doute beaucoup à désirer;
mais les conseils d'arrondissement, sans lui accorder une valeur trop absolue, pourraient néanmoins en tirer d'utiles renseignements; il ne serait pas
nécessaire pour cela de suivre rigoureusement un cadre nosologique, dont
l'apparente précision sert seulement à dissimuler d'inévitables erreurs. Jusqu'à ce qu'une division uniforme consacrée dans ce but par la science ait été
généralisée, il convient de se borner à l'indication statistique des causes de
mort, sans tenter de les catégoriser. Il ne serait pas sans avantage de rapporter à chaque mois de l'année, et, s'il était possible, au sexe ou à l'âge, le
chiffre de décès fournis par chaque cause particulière, conformément au
cadre suivant :

CAUSES DE MORT.	JANVIER.									
	DE 0 A 1 AN.		DE 1 A 5 ANS.		DE 5 A 15 ANS.		DE 15 A 45 ANS.		AU-DESSUS.	
	masculin.	féminin.	masculin.	féminin.	masculin.	féminin.	masculin.	féminin.	masculin.	féminin.

Et ainsi de suite pour les autres mois. Si, comme on doit l'espérer, l'importance d'une telle mesure était comprise, nul doute qu'avant peu elle ne donnât des résultats du plus haut intérêt; et l'on peut affirmer que ceux-ci s'obtiendraient facilement avec de la persévérance au début, et avec le concours éclairé des conseils d'hygiène.

B. La TOPOGRAPHIE de chaque arrondissement au point de vue de la salubrité publique offre encore aux conseils un champ d'étude aussi fertile qu'étendu; elle comprendrait un exposé sommaire, mais précis, de la constitution géologique et hydrographique du sol, la situation géographique, la description succincte et l'exposition des lieux; l'indication détaillée des causes d'insalubrité qui se rencontrent dans chaque localité, et des maladies endémiques qui en sont la conséquence.

La STATISTIQUE, en ce qui touche la salubrité, devrait, pour être complète, donner, outre la mortalité et ses causes, 1° un résumé des observations thermométriques et des phénomènes météorologiques; 2° la distribution des habitants suivant la superficie, ou la population spécifique; 5° un état faisant connaître la nature, le nombre, la situation et les conditions d'existence des établissements industriels ou manufacturiers, notamment de ceux qui sont réputés incommodes ou insalubres, ainsi que la nature des occupations, les mœurs et les habitudes les plus répandues parmi la population; 4° enfin les provenances et le prix courant des subsistances, la consommation en céréales, viandes, denrées diverses et boissons fermentées et autres.

En terminant ce commentaire de l'article 10 du décret constitutif, il est bon de faire remarquer que ces documents relatifs à la mortalité, à la topographie et à la statistique, dont le récolement et la coordination sont prescrits aux conseils d'hygiène, ne sont pas un stérile surcroît de travail qui leur serait imposé; ils constituent, à vrai dire, la base fondamentale de toutes leurs attributions et le point de départ nécessaire de leurs études journalières. Si l'on se reporte aux questions qui, aux termes du décret, doivent faire l'objet spécial et habituel de leur examen, à celles notamment qui sont comprises sous les n°° 1, 6, 7, 9, 10, 11 et 12 de l'article 9, il est facile de voir qu'aucune de ces questions ne peut être résolue avec quelque certitude si l'on ne possède les données générales que peuvent seules fournir les recherches prescrites par l'article dont il est ici question. Ces travaux, on ne saurait trop le répéter, n'ont pas seulement une utilité locale; ils offrent encore un intérêt plus vaste, en formant, en quelque sorte, pour toute la France un répertoire complet de tous les documents relatifs à l'hygiène publique. C'est pourquoi il importe que, conformément à la lettre du décret, ils soient régulièrement adressés aux préfets, et par eux transmis au ministre du commerce.

L'article 12 donne au conseil qui réside au chef-lieu du département la mission spéciale de « centraliser et coordonner les travaux des conseils d'arrondissement, et d'adresser chaque année au préfet un rapport général qui sera immédiatement transmis avec les pièces à l'appui au ministre du commerce. » Tout ce qui a été dit précédemment montre assez l'importance que le gouvernement attache à l'exactitude de ces communications. Mais, pour qu'elles remplissent le but que l'on s'est proposé d'atteindre et qu'elles donnent les bons résultats que l'on est en droit d'en attendre, il importe que les rapports généraux des conseils de département ne consistent pas dans une sèche énumération des travaux des conseils d'arrondissement. Un exposé des principales questions, une appréciation raisonnée des solutions proposées, et enfin une copie conforme des travaux statistiques ou des mémoires les plus importants, doivent être joints à ces rapports, comme pièces à l'appui, ainsi que le veut le décret, et peuvent seuls leur donner une valeur réelle.

En résumé, les attributions et les devoirs des conseils d'hygiène sont de deux ordres : d'une part, ils sont saisis par l'administration près de laquelle ils sont placés de questions spéciales et urgentes qui réclament une prompte solution et qui forment en quelque sorte les affaires courantes; d'une autre part, ils ont, par le fait même de leur constitution, à s'occuper d'une manière continue de certains travaux déterminés, d'un intérêt plus général, qu'ils doivent poursuivre sans relâche. Ces travaux ne sont pas l'œuvre d'un jour; mais si, dès le principe, des sous-commissions se les étaient partagés, ainsi que cela s'est fait dans plusieurs départements, et en avaient fait l'objet d'une étude suivie, on posséderait déjà des matériaux immenses sur la topographie et la statistique médicale de toute la France.

C'est seulement de cette manière que le but de l'institution nouvelle sera atteint, et que, se pénétrant chaque jour davantage de l'étendue et de la portée de leurs attributions, et se conformant à l'esprit du décret qui les a institués, les conseils d'hygiène publique et de salubrité se montreront vraiment dignes de la haute et belle mission qui leur est confiée.

Délibéré en séance du comité consultatif d'hygiène publique.

Le président, MAGENDIE; *le secrétaire rapporteur*, A. TARDIEU.

XXIII. ARRÊTÉ DU MINISTRE DE L'AGRICULTURE ET DU COMMERCE SUR L'ORGANISATION DES CONSEILS D'HYGIÈNE PUBLIQUE ET DE SALUBRITÉ. (Du 15 février 1849.)

Le ministre de l'agriculture et du commerce, vu les articles 1 et 4 de l'arrêté du chef du pouvoir exécutif, en date du 18 décembre 1848, sur l'organisation des conseils d'hygiène publique et de salubrité,

Arrête :

Art. 1er. Le nombre des membres du conseil d'hygiène et de salubrité, tant de département que d'arrondissement, sera fixé conformément au tableau annexé au présent arrêté.

Art. 2. Le nombre des médecins, pharmaciens ou chimistes et vétérinaires, est fixé, pour chaque conseil, dans la proportion suivante :

NOMBRE DES MEMBRES.	MÉDECINS DOCTEURS EN MÉDECINE CHIRURGIENS ET OFFICIERS DE SANTÉ.	PHARMACIENS OU CHIMISTES.	CHIMISTES.
10	4	2	1
12	5	3	1
15	6	4	2

Les autres membres sont pris, soit parmi les notables agriculteurs, commerçants ou industriels, soit parmi les hommes qui, à raison de leurs fonctions ou de leurs travaux habituels, sont appelés à s'occuper des questions d'hygiène.

Art. 3. L'ingénieur des mines, l'ingénieur des ponts et chaussées, l'officier du génie chargé du casernement, ou, à son défaut, l'intendant ou le sous-intendant militaire; l'architecte du département, les chefs de division ou de bureau à la préfecture dans les attributions desquels se trouve la salubrité, la voirie et les hôpitaux, pourront, dans le cas où ils ne feraient pas partie du conseil d'hygiène publique et de salubrité de leur résidence, être appelés à assister aux délibérations de ce conseil avec voix consultative.

Art. 4. Dans les cantons où il n'aura pas été établi de commissions d'hygiène publique, des correspondants pourront être nommés par le préfet sur la proposition du conseil d'arrondissement.

XXIV. DÉCRET RELATIF A L'ORGANISATION DU CONSEIL DE SALUBRITÉ ÉTABLI PRÈS LA PRÉFECTURE DE POLICE ET A L'INSTITUTION DE COMMISSIONS D'HYGIÈNE PUBLIQUE ET DE SALUBRITÉ DANS LE DÉPARTEMENT DE LA SEINE. (Du 15 décembre 1851.)

Au nom du peuple français,

Le Président de la République,

Sur le rapport du ministre de l'agriculture et du commerce ;

Vu l'article 13 de l'arrêté du pouvoir exécutif, en date du 18 décembre 1848, relatif à l'institution des conseils de salubrité et d'hygiène publique;

Vu l'avis du préfet de police, en date du 23 janvier 1851;

Le comité consultatif d'hygiène publique entendu,

Décrète :

Art. 1ᵉʳ. Le conseil de salubrité établi près la préfecture de police conserve son organisation actuelle ; il prendra le titre de *Conseil d'hygiène publique et de salubrité du département de la Seine.*

La nomination des membres du conseil d'hygiène publique et de salubrité continuera d'être faite par le préfet de police, et d'être soumise à l'approbation du ministre de l'agriculture et du commerce.

Art. 2. Il sera chargé en cette qualité, et dans tout le ressort de la préfecture de police, des attributions déterminées par les art. 9, 10 et 12 de l'arrêté du 18 décembre 1848. (*Voir* page 44).

Art. 3. Il sera établi dans chacun des arrondissements de la ville de Paris, et dans chacun des arrondissements de Sceaux et de Saint-Denis, une commission d'hygiène et de salubrité, composée de neuf membres, et présidée à Paris par le maire de l'arrondissement, et, dans chacun des arrondissements ruraux, par le sous-préfet.

Les membres de ces commissions seront nommés par le préfet de police, sur une liste de trois candidats présentés, pour chaque place, par le maire de l'arrondissement, à Paris ; par les sous-préfets de Sceaux et de Saint-Denis, dans les arrondissements ruraux.

Les candidats seront choisis parmi les habitants notables de l'arrondissement. Dans chaque commission il y aura toujours deux médecins au moins, un pharmacien, un vétérinaire reçu dans les écoles spéciales, un architecte, un ingénieur. S'il n'y a pas de candidats dans ces trois dernières professions, les choix devront porter de préférence sur les mécaniciens, directeurs d'usines ou de manufactures.

Les membres des commissions d'hygiène publique du département de la Seine sont nommés pour six ans, et renouvelés par tiers tous les ans. Les membres sortants peuvent être réélus.

Il sera établi pour les trois communes de Saint-Cloud, Sèvres et Meudon, annexées au ressort de la préfecture de police par l'arrêté du 3 brumaire an IX, une commission centrale d'hygiène et de salubrité, qui sera présidée par le plus âgé des maires de ces communes, et dont le siége sera au lieu de la résidence du président. Toutes les dispositions qui précèdent seront du reste applicables à cette commission.

Art. 4. La commission dont il est question au dernier paragraphe de l'article précédent et chacune des commissions d'hygiène d'arrondissement éliront un vice-président et un secrétaire qui seront renouvelés tous les deux ans.

Le préfet de police pourra, lorsqu'il le jugera utile, déléguer un des membres du conseil d'hygiène publique du département auprès de chacune desdites commissions pour prendre part à ses délibérations avec voix consultative.

Art. 5. Les commissions d'hygiène publique et de salubrité se réuniront, au moins une fois par mois, à la mairie ou au chef-lieu de la sous-préfecture, ou, pour ce qui concerne la commission centrale des communes de Saint-Cloud, Sèvres et Meudon, à la mairie de la résidence de son président, et elles seront convoquées extraordinairement toutes les fois que l'exigeront les besoins du service.

Art. 6. Les commissions d'hygiène recueillent toutes les informations qui peuvent intéresser la santé publique dans l'étendue de leur circonscription.

Elles appellent l'attention du préfet de police sur les causes d'insalubrité qui peuvent exister dans leurs arrondissements respectifs, et elles donnent leur avis sur les moyens de les faire disparaître.

Elles peuvent être consultées, d'après l'avis du conseil d'hygiène publique et de salubrité du département, sur les mesures et dans les cas déterminés par l'art. 9 de l'arrêté du gouvernement du 18 décembre 1848.

Elles concourent à l'exécution de la loi du 13 avril 1850 (*voir cette loi*), relative à l'assainissement des logements insalubres, soit en provoquant, lorsqu'il y a lieu, dans les arrondissements ruraux, la nomination des commissions spéciales qui peuvent être créées par les conseils municipaux en vertu de l'art. 1er de ladite loi, soit en signalant aux commissions déjà instituées les logements dont elles auraient reconnu l'insalubrité.

En cas de maladies épidémiques, elles seront appelées à prendre part à l'exécution des mesures extraordinaires qui peuvent être ordonnées pour combattre les maladies, ou pour procurer de prompts secours aux personnes qui en seraient atteintes.

Art. 7. Les commissions d'hygiène publique et de salubrité réuniront les documents relatifs à la mortalité et à ses causes, à la topographie et à la statistique de l'arrondissement, en ce qui concerne la salubrité.

Ces documents seront transmis au préfet de police et communiqués au conseil d'hygiène publique, qui est chargé de les coordonner, de les faire compléter, s'il y a lieu, et de les résumer dans des rapports dont la forme et le mode de publication seront ultérieurement déterminés.

Art. 8. Le conseil d'hygiène et de salubrité du département de la Seine fera, chaque année, sur l'ensemble de ses travaux et sur l'ensemble des travaux des commissions d'arrondissement, un rapport général qui sera transmis par le préfet de police au ministre de l'agriculture et du commerce.

Fait à l'Élysée National, le 15 décembre 1851.

Par le président, LOUIS-NAPOLÉON-BONAPARTE,

Le ministre de l'agriculture et du commerce,

Signé LEFEBVRE-DURUFLÉ.

XXV. DÉCRET DU 24 MARS 1858.

NAPOLÉON, etc.;

Vu le décret du 15 octobre 1810, relatif aux autorisations d'établissements insalubres ou incommodes,

Les ordonnances du 14 janvier 1815, 15 avril 1838 et 20 mai 1843,

Le décret du 25 mars 1852, sur la décentralisation administrative en Algérie;

Sur le rapport de notre ministre sécrétaire d'État au département de la guerre,

Avons décrété et décrétons ce qui suit :

Art. 1er. Le décret du 15 octobre 1810, les ordonnances des 14 janvier 1815, 15 avril 1838 et 20 mai 1843, et le décret du 25 mars 1852, sont rendus exécutoires en Algérie, sous la réserve des dispositions énoncées ci-après.

Art. 2. Les autorisations d'établissements insalubres ou incommodes sont accordées en Algérie, savoir :

Celles relatives aux établissements de 1re classe, par le gouverneur général;

Celles de 2e classe :

En territoire civil, par les préfets;

En territoire militaire, par les généraux commandant les divisions;

Celles de 3e classe :

En territoire civil, par les sous-préfets;

En territoire militaire, par les commandants de subdivision.

En cas d'oppositions, les demandes d'autorisation relatives à chacune des classes seront déférées, tant pour les territoires civils que pour les territoires militaires, à l'examen du conseil de préfecture siégeant au chef-lieu de la province.

Fait au palais des Tuileries, le 24 mars 1858.

Signé NAPOLÉON.

XXVI. DÉSIGNATION DES ATELIERS ET ÉTABLISSEMENTS INSALUBRES, INCOMMODES OU DANGEREUX. (Décret de 1810.)

PREMIÈRE CLASSE.

Abattoirs publics et communs à ériger dans toute la commune, quelle que soit sa population. Voy. *Tueries.*

Acide nitrique. Eau-forte (Fabrication de l').

Acide pyroligneux (Fabrique d'), lorsque les gaz se répandent dans l'air sans être brûlés.

Acide sulfurique (Fabrique de l').

Affinage de l'or ou de l'argent par l'acide sulfurique, quand les gaz dégagés pendant cette opération sont versés dans l'atmosphère.

Affinage de métaux au fourneau à coupelle ou au four à réverbère.

Allumettes (Fabrication d') préparées avec des poudres détonantes et fulminantes. Voy. *Poudres fulminantes.* (Cette classification comprend les allumettes chimiques.)

Amidonniers. Les amidonneries où le travail s'opère sans fermentation putride, par lavages successifs, et quand elles ont un écoulement constant de leurs eaux, sont provisoirement rangées dans la deuxième classe. (Décision ministérielle du 22 mars.)

Amorces fulminantes. Voy. *Fulminate de mercure.*

Arcansons ou résines de pin (Travail en grand des), soit pour la fonte et l'épuration de ces matières, soit pour en extraire la térébenthine.

Artificiers.

Bleu de Prusse (Fabriques de), lorsqu'on n'y brûle pas la fumée et le gaz hydrogène sulfuré.

Bleu de Prusse (Dépôt de sang des animaux destiné à la fabrication du). Voy. *Sang des animaux.*

Boues et immondices (Dépôt de). Voy. *Voirie.*

Boyaudiers.

Calcination d'os d'animaux lorsqu'on n'y brûle pas la fumée.

Cendres d'orfévre (Traitement des) par le plomb.

Cendres gravelées (Fabrication des) lorsqu'on laisse répandre la fumée au dehors.

Chairs ou débris d'animaux. Les dépôts, les ateliers ou les fabriques où ces matières sont préparées par la macération ou desséchées pour être employées à quelque autre fabrication.

Chanvre (Rouissage du) en grand, par son séjour dans l'eau.

Chanvre (Rouissage du lin et du). Voy. *Routoirs.*

Charbon animal (La fabrication ou la revivification du) lorsqu'on n'y brûle pas la fumée.

Charbon de terre (Épurage du) à vases couverts. Cette classification comprend les fours à coke.

Chlorure de chaux (Fabrication en grand du).

Chlorures alcalins, eau de javelle (Fabrication en grand des) destinés au commerce, aux fabriques.

Colle forte (Fabrique de).

Combustion des plantes marines, lorsqu'elle se pratique dans les établissements permanents.

Cordes à instruments (Fabriques de).

Cretonniers.

Cristaux (Fabriques de). Voy. *Verre.*

Cuirs vernis (Fabriques de), même quand on ne fait qu'appliquer le vernis. Voy. *Outres de peau de bouc.*

Débris d'animaux (Dépôts, etc., de) Voy. *Chairs et échaudoirs.*

Dégras, ou huile épaisse à l'usage des tanneurs (Fabrique de).

Désargentage du cuivre par le mélange de l'acide sulfurique et de l'acide nitrique (Les ateliers de).

Eau de javelle (Fabrication de l'). Voy. *Chlorures alcalins.*

Eau-forte (Fabrication d') Voy. *Acide nitrique.*

Échaudoirs ou cuisson des abattis des animaux tués pour la boucherie.

Échaudoirs, dans lesquels on prépare et l'on cuit les intestins et autres débris des animaux. (Cette classification ne comprend pas les ateliers destinés à la cuisson des issues et du gras-double, dont le nettoyage et l'échaudage ont lieu préalablement dans l'intérieur des abattoirs. — Décision ministérielle du 11 août 1837.)

Émaux (Fabrique d'). Voy. *Verre.*

Encre d'imprimerie (Fabrique d').

Engrais (Les matières provenant de la vidange des latrines ou des animaux destinés à servir d'). Voy. *Poudrette, Urate.*

Équarrissage.

Éther (Fabrique d') et les dépôts d'éther, lorsque ces dépôts en contiennent plus de 40 litres à la fois.

Étoupilles (Fabriques d') préparées avec des poudres ou des matières détonantes ou fulminantes. Voy. *Poudres fulminantes.*

Feutres vernis (Fabriques de). Voy. *Visières.*

Fourneaux (Hauts). La formation de ces établissements est en outre régie par la loi du 21 avril 1810 sur les mines.

Fulminate de mercure, amorces fulminantes, et autres matières dans lesquelles entre le fulminate de mercure (Fabrique de).

Gaz hydrogène. Extrait des eaux de condensation du gaz hydrogène. Voy. *Sel ammoniac.*

Goudron (Fabrication du).

Goudron (Fabrique de) à vases clos. Étaient primitivement rangées dans la deuxième classe.

Goudrons (Travail en grand des), soit pour la fonte et l'épuration de ces matières, soit pour en extraire la térébenthine.

Graisses à feu nu (Fonte des). La fonte des graisses au bain-marie n'est point classée.

Gras-double (Cuisson du). Voy. *Échaudoirs.*

Huiles de lin (Cuisson des).

Huile de pied de bœuf (Fabriques d').

Huile de poisson (Fabriques d').

Huile de résine (Distillation de l'). Voy. *Résine.*

Huile de térébenthine et huile d'aspic (Distillation en grand de l').

Huile épaisse à l'usage des tanneurs (Fabriques d'). Voy. *Dégras.*

Huile rousse (Fabriques d') extraite des cretons et débris de graisse à une haute température.

Lin (Rouissage du). Voy. *Routoirs.*

Litharge (Fabrication de la).

Massicot (Fabrication du), première préparation du plomb pour le convertir en minium.

Ménageries.

Minium (Fabrication du), préparation du plomb pour les potiers, faïenciers, fabriques de cristaux, etc.

Noir animalisé (Fabriques et dépôts de).

Noir d'ivoire et noir d'os (Fabrication du), lorsqu'on n'y brûle pas la fumée.

Orseille (Fabrication de l'). Voy. *Orseille (fabrique d')* dans la 2ᵉ *classe.*

Os d'animaux (Calcination d'). Voy. *Calcination d'os.*

Porcheries.

Poudres ou matières détonantes et fulminantes (Fabriques de), Fabrication d'allumettes, d'étoupilles ou autres objets du même genre préparés avec ces sortes de poudres ou matières.

Poudres ou matières fulminantes. Voy. *Fulminate de mercure.*

Poudrette.

Résines (Le travail en grand des), soit pour la fonte et l'épuration de ces matières, soit pour en extraire la térébenthine, comprenant les usines qui distillent les résines pour les convertir en huiles.

Résineuses (Le travail en grand de toutes les matières), soit pour la fonte et l'épuration de ces matières, soit pour en extraire la térébenthine.

Rouge de Prusse (Fabrique de), à vases ouverts.

Routoirs servant au rouissage en grand du chanvre et du lin par leur séjour dans l'eau.

Sabots (Ateliers à enfumer les), dans lesquels il est brûlé de la corne ou d'autres matières animales dans les villes.

Sang des animaux destiné à la fabrication du bleu de Prusse (Dépôts et ateliers pour la cuisson ou la dessiccation du).

Sel ammoniac ou muriate d'ammoniac (Fabrication du), par le moyen de la distillation des matières animales.

Sel ammoniac extrait des eaux de condensation du gaz hydrogène (Fabrication de).

Soies de cochon (Ateliers pour la préparation des), par tout procédé de fermentation.

Soudes de varech (Fabrication en grand des), lorsqu'elle s'opère dans des établissements permanents.

Soufre (Fabrication des fleurs de).

Soufre (Distillation du).

Suif brun (Fabrication du).

Suif en branches (Fonderies de) à feu nu[1].

Suif d'os (Fabrication du).

Sulfate d'ammoniaque (Fabrication du), par le moyen de la distillation des matières animales.

---

[1] Les fonderies qui emploient l'acide sulfurique, le bain-marie ou la vapeur, doivent néanmoins rester dans la première classe, quand les appareils sont mal construits; dans le cas contraire, elles sont de deuxième classe.

Sulfate de cuivre (Fabrication du) à vases ouverts.

Sulfates métalliques (Grillage des), en plein air.

Tabac (Combustion des côtes du), en plein air.

Taffetas cirés (Fabriques de).

Taffetas et Toiles vernies (Fabriques de). Voy. *Outres de peau de bouc.*

Térébenthine (Travail en grand pour l'extraction de la).

Toiles cirées (Fabriques de), comprenant les toiles grasses d'emballage, toiles goudronnées pour bâches. (Décret du ministre du commerce du 8 janvier 1844.)

Toiles vernies (Fabrication des). Voy. *Taffetas vernis.*

Tourbe (Carbonisation de la) à vases ouverts.

Tripiers.

Tueries dans les villes où la population excède 10,000 âmes.

Urates (Fabrication d'), mélange d'urine avec la chaux, le plâtre et les terres.

Vernis (Fabriques de).

Verre, cristaux et émaux (Fabriques de), ainsi que l'établissement des verreries proprement dites, usines destinées à la fabrication du verre en grand.

Visières et feutres vernis (Fabriques de).

Voiries et dépôts de boues ou de toute autre sorte d'immondices.

DEUXIÈME CLASSE.

Absinthe (Distillerie d'extrait ou esprit d').

Acide muriatique (Fabrication de l'), à vase clos.

Acide muriatique oxygéné (Fabrication de l'), quand il est employé dans les établissements mêmes où on le prépare. Voy. *Chlore.*

Acide nitrique, eau-forte (Fabrication de l'), par la décomposition du salpêtre, au moyen de l'acide sulfurique, dans l'appareil de Wolf.

Acide pyroligneux (Fabrication d'), lorsque les gaz sont brûlés.

Acide pyroligneux (Toutes les combinaisons de l') avec le fer, le plomb ou la soude.

Aciers (Fabriques d').

Affinage de l'or ou de l'argent par l'acide sulfurique, quand les gaz dégagés pendant cette opération sont condensés.

Affinage de l'or ou de l'argent, au moyen du départ et du fourneau à vent. Voy. *Or.*

Amidonneries avec séparation du gluten, quand le travail s'opère sans fermentation putride par lavages successifs, et quand elles ont un écoulement constant de leurs eaux.

Battoirs à écorce dans les villes.

Bitume en planche (Fabriques de).

Bitumes pissasphaltes (Ateliers pour la fonte et la préparation des).

Blanc de baleine (Raffineries de).

Blanchiment des tissus et des fils de laine ou de soie par le gaz ou l'aci le sulfureux.

Blanchiment des toiles et fils de chanvre, de lin ou de coton *par le chlore.*

Blanchiment des toiles *par l'acide muriatique oxygéné.* Voy. *Toiles.*

Blanc de plomb ou de céruse (Fabrication de).

Bleu de Prusse (Fabriques de), lorsqu'elles brûlent leur fumée et le gaz hydrogène sulfuré.

Briqueteries. Voy. *Tuileries.*

Buanderies des blanchisseurs de profession et les lavoirs qui en dépendent, quand ils n'ont pas un écoulement constant de leurs eaux.

Calcination d'os d'animaux, lorsque la fumée est brûlée.

Caoutchouc (Fabriques où l'on prépare les tissus imperméables au moyen du caoutchouc dissous dans la térébenthine), (*provisoirement*).

Carbonisation du bois à air libre, lorsqu'elle se pratique dans des établissements permanents, et ailleurs que dans les bois et forêts ou en rase campagne.

Cartonniers.

Cendres d'orfèvres (Traitement des), par le mercure et la distillation des amalgames.

Cendres gravelées (Fabrication des), lorsqu'on brûle la fumée.

Céruse (Fabrique de). Voy. *Blanc de plomb.*

Chamoiseurs.

Chandeliers. Cette industrie comprend la fabrication des bougies stéariques.

Chanvre. Voy. *Peignage.*

Chanvre imperméable (Fabrication du). Voy. *Feutres goudronnés.*

Chapeaux (Fabriques de).

Chapeaux de soie ou autres préparés au moyen d'un vernis (Fabrication des).

Charbon animal (Fabrication ou Revivification du), lorsque la fumée est brûlée.

Charbons de bois. (Magasins de Paris).

Charbon de bois, fait à vases clos.

Charbon de terre épuré, lorqu'on travaille à vases clos.

Châtaignes (Dessiccation et conservation des).

Chaux (Fours à) permanents (*primitivement dans la 2ᵉ classe*).

Chiffonniers.

Chlore acide muriatique oxygéné (Fabrication du), quand ce produit est employé dans les établissements même où on le prépare.

Chlorure de chaux (Ateliers où l'on fabrique en petite quantité, c'est-à-dire, dans une proportion de 300 kilogrammes au plus par jour, du).

Chlorures alcalins, eau de javelle (Fabrication des), quand ces produits sont employés dans les établissements mêmes où ils sont préparés.

Chlorures alcalins, eau de javelle (Ateliers où l'on fabrique en petite quantité, c'est-à-dire dans une proportion de 300 kilogrammes au plus par jour, des).

Chromates de Potasse (Fabrique de).

Chrysalides (Dépôts de).

Cire à cacheter (Fabriques de).

Colle de peau de lapin (Fabriques de).

Corroyeurs.

Couverturiers.

Cuirs verts (Dépôts de).

Cuirs verts et peaux fraîches (Dépôts de).

Cuivre (Fonte et laminage du).

Cuivre (Dérochage du), par l'acide nitrique.

Eau de javelle (Fabrique de l').

Eau-de-vie (Distilleries d').

Eau-forte (Fabrication de l'). Voy. *Acide nitrique.*

Eaux savonneuses des fabriques (Extraction des), et des autres corps gras contenus dans les eaux savonneuses et des fabriques. Voy. *Huiles.*

Éponges. Voy. *Lavage.*

Faïence (Fabriques de).

Feutre goudronné propre au doublage des navires (Fabrication de), comprenant la fabrication des chanvres imperméables.

Filature de cocons. Les ateliers dans lesquels elle s'opère en grand, c'est-à-dire, qui contiennent au moins six tours, sont, comme par le passé, soumis à la seule surveillance de l'autorité municipale.

Fonderies de fer. Voy. *Hauts fourneaux.*

Fonderies au fourneau à la Wilkinson.

Fondeurs en grand au fourneau à réverbère.

Forges de grosses œuvres, c'est-à-dire celles où l'on fait usage des moyens mécaniques pour mouvoir, soit les marteaux, soit les masses soumises au travail.

Fours à cuire les cailloux destinés à la fabrication des émaux.

Galons et tissus d'or et d'argent (Brûlerie en grand des).

Gaz hydrogène (Usines et Ateliers de).

Gaz (Ateliers où l'on prépare les matières grasses propres à la production du).

Gazomètre.

Genièvre (Distilleries de).

Hareng (Saurage du).

Hongroyeurs.

Huile (Extraction de l') et des autres corps gras contenus dans les eaux savonneuses des fabriques.

Huile de térébenthine et autres huiles essentielles (Dépôts d').

Huiles (Épuration des), au moyen de l'acide sulfurique.

Indigoteries.

Lard (Ateliers à enfumer le).

Lavage et séchage d'éponges (Établissements de).

Lavoir des blanchisseurs de profession. Voy. *Buanderies.*

Lin. Voy. *Peignage.*

Liqueurs (Fabrication des).

Maroquiniers.

Machines et chaudières à haute pression, c'est-à-dire celles dans lesquelles la force élastique de la vapeur fait équilibre à plus de deux atmosphères, lors même qu'elles brûleraient complétement leur fumée.

Machines et chaudières à basse pression, c'est-à-dire fonctionnant à moins de deux atmosphères, brûlant ou non la fumée.

Mégissiers.

Moulins à broyer le plâtre, la chaux et les cailloux.

Moulins à farine dans les villes.

Noir de fumée (Fabrication du).

Noir d'ivoire et d'os (Fabrication du), lorsqu'on brûle la fumée.

Noir animal (Carbonisation et Préparation de schistes bitumineux pour fabriquer le).

Or et argent (Affinage de l') au moyen du départ et du fourneau à vent.

Orseille (Fabrique d') à vases clos, en n'employant que de l'ammoniaque ou des sels alcalins à l'exclusion formelle de l'urine.

Os (Blanchiment des) pour les éventaillistes et les boutonniers.

Os d'animaux (Calcination d'). Voy. *Calcination d'os.*

Oxyde de zinc.

Papiers (Fabriques de).

Parcheminiers.

Peaux de lièvre ou de lapin. Voy. *Sécrétage.*

Peaux fraîches. Voy. *Cuirs verts.*

Peignage en grand des chanvres et lins dans les villes (Ateliers pour le).

Phosphore (Fabriques de).

Pipes à fumer (Fabrication des).

Plâtre (Fours à) permanents, *primitivement dans la première classe.*

Plomb (Fonte et Laminage du).

Poêliers fournalistes. Poêles et fourneaux de faïence et terre cuite.

Poils de lièvre et de lapin. Voy. *Sécrétage.*

Porcelaine (Fabrication de la).

Potasse. Voy. *Chromate de potasse.*

Potiers d'étain.

Potiers de terre.

Rogues (Dépôts de salaisons liquides connues sous le nom de).

Rouge de Prusse (Fabrique de) à vases clos.

Salaison (Ateliers pour la) et le saurage des poissons.

Salaisons (Dépôts de).

Schistes bitumineux. Voy. *Tourbes* et *Carbonisation.*

Séchage d'éponges. Voy. *Lavage.*

Sécheries de morues.

Sécrétage des peaux ou poils de lièvre et de lapin.

Sel ou muriate d'étain (Fabrication du).

Soufre (Fusion du), pour le couler en canon et épuration de cette même matière par fusion ou décantation.

Sucre (Fabriques de).

Sucre (Raffineries de).

Suif (Fonderies de) au bain-marie ou à la vapeur.

Sulfate de soude (Fabrication du) à vases clos.

Sulfates de fer et de zinc (Fabrication du), lorsqu'on forme ces sels de toutes pièces avec l'acide sulfurique et les substances métalliques.

Sulfures métalliques (Grillage des), dans les appareils propres à tirer le soufre et à utiliser l'acide sulfureux qui se dégage.

Tabac (Fabriques de).

Tabatières de carton (Fabrication des).

Tanneries.

Tissus d'or et d'argent (Brûleries en grand des). Voy. *Galons*.

Toiles (Blanchiment des) par l'acide muriatique oxygéné.

Tôle vernie.

Tourbe (Carbonisation de la) à vases clos.

Tuileries et briqueteries.

Vernis. Voy. *Chapeaux*.

Vernis à l'esprit-de-vin (Fabriques de).

Vernisseurs. Voy. *Tôle vernie*.

Zinc (Usine à laminer le). L'instruction des demandes en établissement d'usines à fondre le zinc et le minerai de zinc est régie par la loi du 21 avril 1810 sur les mines.

TROISIÈME CLASSE.

Acétate de plomb, sel de Saturne (Fabrication de l').

Acide acétique (Fabrication de l').

Acide tartrique (Fabrication de l').

Alcali caustique en dissolution, eau seconde (Fabrication de l').

Alcali volatil. Voy. *Ammoniaque*.

Alun. Voy. *Sulfate de fer et d'alumine*.

Ammoniaque ou alcali volatil (Fabrication en grand avec les sels ammoniacaux de l').

Ardoises artificielles et mastics de différents genres (Fabriques d').

Baleine (Travail de fanons de).

Battage en grand et journalier de la laine et de la bourre.

Blanchiment des toiles et fils de chanvre de lin ou de coton par les chlorures alcalins.

Blanc d'Espagne (Fabriques de).

Bois dorés (Brûleries de).

Borax (Raffinage du).

Borax artificiel (Fabriques de).

Bougie de blanc de baleine (Fabrique de).

Bourre. Voy. *Battage.*

Boutons métalliques (Fabrication de).

Brasseries.

Briqueteries ne faisant qu'une seule fournée en plein air, comme on le fait en Flandre.

Briquets phosphoriques et briquets oxygénés (Fabriques de).

Buanderies.

Buanderies des blanchisseurs de profession et les lavoirs qui en dépendent, quand ils ont un écoulement constant de leurs eaux.

Camphre (Préparation et Raffinage du).

Caractères d'imprimerie (Fonderies de).

Caramel en grand (Fabriques de).

Cendres (Laveurs de).

Cendres bleues et autres précipités du cuivre (Fabrication des).

Chantiers de bois à brûler, dans les villes.

Charbon de bois, dans les villes (Les dépôts de).

Charbon de bois de Paris (Lieux destinés à la vente du) à la petite mesure (Dépôts de 100 hectolitres).

Chaux (Fours à) ne travaillant pas plus d'un mois par année.

Chicorée, café (Fabriques de).

Chromate de plomb (Fabriques de).

Ciriers.

Colle de parchemin et d'amidon (Fabrique de). Voy. *Gélatine.*

Corne (Travail de la) pour la réduire en feuilles.

Cristaux de soude, sous-carbonate de soude cristallisé (Fabrication des).

Cuisson de têtes d'animaux dans les chaudières établies sur un fourneau de construction, quand elle n'est pas accompagnée de fonderie de suif. Voy. *Échaudoir.*

Dégraisseurs. Voy. *Teinturiers dégraisseurs.*

Doreurs sur métaux.

Eau seconde (Fabrication de l') des peintres en bâtiments.

Échaudoirs, dans lesquels on traite les têtes et les pieds d'animaux, afin d'en séparer le poil.

Encre à écrire (Fabrique d').

Engraissage (Établissement en grand pour l').

Essayeurs.

Étain (Fabrication de feuilles d').

Fécules de pommes de terre (Fabriques de).

Fer-blanc (Fabriques de).

Fondeurs au creuset.

Fromages (Dépôts de).

Gaz hydrogène (Des petits appareils pour fabriquer le), pouvant fournir au plus en 12 heures 10 mètres cubes, et les gazomètres qui en dépendent.

Gaz (Ateliers pour le grillage des tissus de coton par le). La surveillance de la police locale établie pour les ateliers d'éclairage par le gaz est applicable aux ateliers pour le grillage.

Gazomètres (non attenant à des appareils producteurs, et dont la capacité excède 10 mètres cubes); ceux d'une capacité moindre peuvent être établis d'après déclaration à l'autorité municipale.

Gélatine extraite des os (Fabrication de la) par le moyen des acides et de l'ébullition.

Glaces (Étamage des).

Grillage de tissus de coton par le gaz (Ateliers de). Voy. *Gaz hydrogène.*

Laine. Voy. *Battage.*

Laques (Fabrication des).

Lavoirs à laine (Établissement des).

Lavoir des blanchisseurs de profession. Voy. *Buanderies,* dans la 2ᵉ *classe.*

Lustrage des peaux.

Mastics. Voy. *Ardoises artificielles et mastics de différents genres.*

Moulins à huile.

Ocre jaune (Fabrication de l') pour le convertir en ocre rouge.

Papiers peints et papiers marbrés (Fabriques de).

Plâtre (Fours à) ne travaillant pas plus d'un mois par année.

Plomb de chasse (Fabrication du).

Plombiers et Fontainiers.

Potasse (Fabriques de).

Précipité du cuivre (Fabrication de). Voy. *Cendres bleues.*

Sabots (Ateliers à enfumer les).

Salpêtre (Fabrication et Raffinage du).

Savonneries.

Sel (Raffinerie de) [1] .

Sel de Saturne (Fabrication du). Voy. *Acétate de plomb.*

Sel de soude sec, Sous-carbonate de soude sec (Fabrication du).

Sirops de fécule de pommes de terre (Exhalation des).

Soude (Fabrication de la) ou Décomposition du sulfate de soude.

Sulfate de cuivre (Fabrication du) au moyen de l'acide sulfurique et de l'oxyde de cuivre ou du carbonate de cuivre.

Sulfate de fer et d'alumine. (Extraction de ces sels des matériaux qui les contiennent tout formés, et transformation du sulfate d'alumine en alun.

Sulfate de potasse (Raffinage du).

Tartre (Raffinage du).

Teinturiers.

Teinturiers dégraisseurs.

Toiles peintes (Ateliers de) [2].

---

[1] On doit assimiler aux raffineries de sel les usines destinées à l'élaboration du sel gemme et au traitement des eaux salées. Ces usines sont en outre régies par la loi du 2 avril 1810, sur les usines, par celle du 17 juin 1840, et enfin, par l'ordonnance du 7 mars 1841. Instruction du ministre des travaux publics.

[2] Cette classification comprend les ateliers d'impression sur étoffes, avec cette différence qu'il peut y avoir lieu à une tolérance pour les ouvriers imprimeurs travaillant en

Tréfileries.

Tueries dans les communes où la population est au dessous de 10,000 habitants. Voy. *Abattoirs.*

Vacheries dans les villes dont la population excède 5,000 habitants.

Verdet (Fabrication du). Voy. *Vert-de-gris.*

Vert-de-gris et verdet (Fabrication du)

Viandes (Salaison et Préparation des).

Vinaigre (Fabrication du).

chambre, et n'ayant pas plus de deux ou trois tables d'impression, alors qu'il est démontré que leur travail ne peut donner lieu à aucune espèce d'inconvénient. (Décret du ministre du commerce du 16 novembre 1836.)

DEUXIÈME PARTIE

INDUSTRIES CLASSÉES OU ASSIMILÉES — CAUSES D'INSALUBRITÉ
ET D'INCOMMODITÉ — PRESCRIPTIONS ADMINISTRATIVES

ABATTOIRS PUBLICS, ET TOUT CE QUI TOUCHE AUX BOUCHERIES,
CHARCUTERIES, BOUVERIES, BERGERIES, PORCHERIES ET VACHERIES.

Abattoirs publics. (1re classe). — 15 octobre 1810. — 14 janv. 1815. 15 avril 1856.
Tueries (1re classe). — Dans les villes au-dessus de 10,000 âmes.
Tueries (2e et 3e classes). — Dans les villes au-dessous de 10,000 âmes.
15 octobre 1810. — 14 juillet 1815.

DÉTAIL DES OPÉRATIONS. — Les opérations qui se pratiquent
dans un abattoir sont fort connues. On y tue tous les animaux
destinés à la boucherie, et l'on y prépare pour l'industrie une
grande partie des débris qui ne peuvent servir à l'alimentation, le sang, la graisse, les cornes, les peaux vertes, les intestins et leur contenu.... Tous ces objets sont journellement
manipulés et quelquefois emmagasinés, et peuvent donner lieu
à de graves accidents et inconvénients au point de vue de la
salubrité. Il n'y a donc rien de surprenant que, depuis longtemps, l'administration ait cherché à réglementer tout ce qui
se rattache au régime intérieur d'un abattoir. Petit ou grand,
on devra toujours leur appliquer les mêmes règles. On distingue dans la pratique les abattoirs de *bouchers*. C'est à ceux-
ci que s'appliquent les lois ou règlements joints à cet article.
Et les abattoirs ou *brûloirs de porcs*. (Voir Porcheries.) — Il
faudra toujours demander la centralisation des services de cette
nature, toutes les fois qu'un certain nombre de communes

seront agglomérées ou assez rapprochées pour que la distance ne puisse nuire à la distribution régulière de la viande. Cette mesure a surtout pour but de faire peu à peu disparaitre du centre des habitations ces *tueries*, ou *petits* abattoirs, toujours incommodes et parfois dangereux pour le voisinage.

Causes d'insalubrité. — Odeurs putrides résultant de la fermentation des débris des matières animales — (viandes, sang, fumiers).

Dangers graves dans le cas où les animaux *mutilés* s'échappent des abattoirs.

Causes d'incommodité. — Odeur inhérente aux murs des abattoirs, et en dehors de toute cause d'incurie et de malpropreté, tenant au séjour habituel des animaux — et due à l'imprégnation du sol.

Écoulement d'eaux sanguinolentes ou chargées de matières grasses ou autres.

Cris des animaux. — Possibilité de leur évasion.

Prescriptions. — A toutes les mesures ordonnées dans les règlements ci-annexés, il faut joindre les défenses suivantes :

A moins de circonstances toutes particulières, ne plus autoriser d'abattoirs particuliers au centre des habitations. — Engager les communes à se réunir et à n'avoir qu'un abattoir commun, isolé.

Veiller à ce que les portes soient parfaitement closes, et les animaux bien fixés au moment de l'abatage.

Ne jamais permettre l'établissement de puisards, faire remplacer ceux qui existent par des fosses étanches (ordonnance de 1853), et maintenir le droit des conseils d'hygiène, de pouvoir les supprimer, au nom de la salubrité, malgré la faculté laissée aux Maires, par les ordonnances, d'agir autrement.

N'autoriser qu'à la condition 1° d'un éloignement de 15 à 20 mètres, les brûloirs dépendant des boucheries, dans la banlieue des grandes villes ; 2° de disposer d'une quantité d'eau suffisante ; 3° d'être à la proximité d'un égout. (Consulter s'il y a lieu, le titre ix de l'ordonnance du 11 septembre 1818, — 19 septembre 1818.)

I. ORDONNANCE CONCERNANT LES MESURES DE SALUBRITÉ A OBSERVER DANS LES ABATTOIRS GÉNÉRAUX [1]. (Du 29 avril 1825.)

Nous, conseiller d'État, préfet de police,

Considérant que les mesures de salubrité prises, jusqu'à ce jour, dans le abattoirs généraux, sont insuffisantes, et qu'il importe de remédier aux inconvénients graves qui pourraient résulter de l'état actuel des choses;

Vu les ordonnances des 11 septembre 1818, et 9 janvier 1824,

Ordonnons ce qui suit :

1° A compter de la publication de la présente ordonnance, les bouchers sont tenus d'avoir, chacun, dans leur échaudoir, au moins un baquet et une brouette qui devront toujours être en état de service.

2° Il leur est enjoint de saigner leurs bestiaux dans leurs baquets, d'enlever exactement chaque jour toutes leurs vidanges et de les porter dans les coches.

3° Il est défendu aux bouchers de laisser couler dans les égouts le sang ainsi que les résidus provenant de leurs abats.

Ils sont expressément tenus de veiller à ce que leurs garçons se conforment à cette défense.

4° Il est enjoint aux tripiers de prendre toutes les précautions nécessaires pour ne laisser couler aucune matière animale avec leurs eaux de lavage.

Ils sont tenus de se pourvoir, chacun, d'une brouette au moins, d'enlever exactement, tous les jours, leurs vidanges et de les porter dans les coches.

5° Les contraventions seront constatées par des procès-verbaux réguliers qui nous seront transmis, et punies conformément aux lois et règlements.

6° La présente ordonnance sera imprimée et affichée.

Ampliation en sera transmise à M. le conseiller d'État, préfet du département de la Seine.

Les commissaires de police des quartiers où sont situés les abattoirs généraux, le commissaire inspecteur général des halles et marchés et les préposés de la préfecture de police dans ces abattoirs sont chargés de tenir la main à son exécution.

Le conseiller d'État, préfet de police, G. DELAVAU

II. ORDONNANCE CONCERNANT L'OUVERTURE ET LA POLICE DE L'ABATTOIR PUBLIC ET COMMUN DE LA COMMUNE DE BELLEVILLE [2]. (Du 12 avril 1841.)

Nous, conseiller d'État, préfet de police,

Vu : 1° L'ordonnance royale du 19 mai 1839, qui autorise l'établissement d'un abattoir public et commun avec porcheries et fondoirs de suif à Belleville, sur un terrain situé à l'angle de la rue et de l'impasse Saint-Laurent, qui fixe les droits d'abatage à percevoir dans cet établissement;

---

[1] Voir les ordonnances des 30 décembre 1819, 5 décembre 1825 et mars 1830.

[2] Elle peut servir de modèle pour tous les cas de ce genre.

2° Le rapport du conseil de salubrité, en date du 20 janvier dernier, sur l'exécution des conditions imposées par l'ordonnance royale sus-mentionnée;

3° Les lois des 16-24 août 1790 et 19-22 juillet 1791;

4° Les arrêtés du gouvernement du 1er juillet 1800 (12 messidor an VIII), et 25 octobre 1800 (3 brumaire an IX),

Ordonnons ce qui suit :

Ouverture de l'abattoir et classement des bouchers.

1. L'abattoir public et commun de la commune de Belleville sera ouvert le 28 avril courant.

A compter de cette époque, l'abatage des bœufs, vaches, veaux, moutons et porcs y aura lieu exclusivement, et toutes les tueries particulières situées dans le rayon de l'octroi de la commune de Belleville seront interdites et fermées.

Toutefois les propriétaires et les habitants qui élèvent des porcs pour la consommation de leur maison conserveront la faculté de les faire abattre chez eux, pourvu que ce soit dans un lieu clos et séparé de la voie publique.

2. La répartition des bouchers dans les échaudoirs aura lieu par la voie du sort. Toutefois le maire de la commune pourra y faire les changements et mutations reconnus nécessaires dans l'intérêt du service.

Abatage des bestiaux et des porcs.

3. Les bouchers peuvent abattre, à toute heure du jour et de la nuit, mais seulement dans les échaudoirs à ce destinés.

4. Il leur est défendu d'abattre des bestiaux dans la cour du travail.

5. Les porcs pourront être abattus, brûlés et habillés, à toute heure du jour ou de la nuit, dans les brûloirs et échaudoirs affectés à cet usage. Ce travail ne pourra se faire ailleurs, sous aucun prétexte.

Les portes des brûloirs et des échaudoirs seront fermées au moment de l'abattage. Dans tous les cas les grilles de l'abattoir devront être tenues constamment fermées; deux seulement seront ouvertes pour le service de l'établissement.

6. Les bœufs, vaches ou taureaux, avant d'être abattus, doivent être fortement attachés à l'anneau scellé à cet effet dans chaque échaudoir.

Les bouchers seront responsables des effets de toute négligence à cet égard.

7. Les bœufs et taureaux dont l'espèce est connue pour être dangereuse ne pourront être conduits dans des bouveries aux échaudoirs qu'avec des entraves ou accouplés.

8. Les veaux et moutons seront saignés dans des baquets, de manière que le sang ne puisse couler dans les égouts.

9. Il est expressément défendu de laisser ouvertes les portes des échaudoirs au moment de l'abatage des bœufs.

10. Il est enjoint aux bouchers et charcutiers de laver ou faire laver exactement les échaudoirs après l'abatage et l'habillage.

11. Il est défendu de laisser séjourner dans les échaudoirs aucuns suifs,

graisses, dégrais, ratis, panses et boyaux, cuirs et peaux en vert ou en man-
chon, salés ou non salés.

12. Conformément à l'ordonnance royale du 19 mai 1839, art. 1er, et 10,
les bouchers et les charcutiers feront enlever les fumiers tous les deux
jours.

13. Tout amas de bourres, têtes ou pieds de bœufs ou de moutons est
défendu. Les bouchers sont tenus de les faire enlever, au moins une fois
par semaine.

14. Les bouchers et les charcutiers, quand ils en seront requis par le
maire ou par les agents de l'autorité, devront faire gratter les murs intérieurs ou extérieurs des échaudoirs ainsi que les portes.

15. Il est défendu de déposer dans les rues et cours, les peaux et cuirs
des bestiaux.

16. Les bouchers auront la faculté de recueillir le sang des animaux par
eux abattus. Ils devront le recevoir et le renfermer dans des futailles bien
closes ; ces futailles devront être enlevées de l'abattoir tous les jours, pendant l'été, et dans le délai de trois jours pendant l'hiver.

17. Les personnes chargées de ce travail devront, pendant l'abatage, se
tenir dans la cour du travail.

Il leur est défendu d'embarrasser les passages avec les futailles. Elles devront les placer dans les lieux qui leur seront indiqués par le maire ou l'un
de ses agents.

Tous les jours, après le travail, les futailles pleines devront être roulées
aux places qui leur seront affectées.

18. Les bouchers et charcutiers se pourvoiront de tinets, étous, baquets,
brouettes et de tous les instruments et ustensiles nécessaires à leur travail,
et les entretiendront en bon état de service et de propreté.

19. Les bouchers et les charcutiers sont tenus d'avoir, dans l'abattoir,
des garçons pour recevoir et soigner les bestiaux à leur arrivée.

20. Toutes les viandes et issues qui, après l'abatage et l'habillage, se
trouveraient corrompues et nuisibles, ne pourront être livrées à la consommation. Elles seront enfouies ou envoyées à la ménagerie par les soins du
maire ou du commissaire de police, et aux frais du propriétaire.

En cas de contestation, la vérification des viandes reconnues insalubres
sera faite en présence du maire ou du commissaire de police et du propriétaire, par deux bouchers appelés comme experts.

Dans tous les cas, les pieds, peaux, cuirs et suif de l'animal qui aura
fourni ces viandes et issues seront laissés au propriétaire.

21. Il est défendu aux bouchers et charcutiers de laisser séjourner, dans
les rues et cours de l'abattoir, des panses de bœufs, vaches, veaux, moutons, des boyaux de moutons ou de porcs.

Les vidanges ou autres résidus seront déposés dans les coches dallés à ce
destinés et enlevés tous les jours indistinctement et sans triage.

22. Les bouchers, charcutiers, tripiers et les fondeurs sont tenus de déposer, tous les soirs, chez le concierge de l'abattoir, les clefs des greniers,

échaudoirs, bergeries, écuries, fondoirs et porcheries Ce concierge les leur remettra, ou à leurs garçons, suivant leurs besoins.

Dans aucun cas les bouchers, charcutiers ou autres, ne pourront emporter ces clefs.

Bouveries, bergeries et greniers à fourrages.

23. Aucune voiture de fourrages ne sera reçue dans l'abattoir, si son chargement ne peut être resserré avant la nuit tombante.

24. L'entrée et la circulation dans les greniers à fourrages sont interdites depuis le coucher jusqu'au lever du soleil.

25. Il est défendu de fumer dans les bouveries, bergeries et greniers à fourrages.

26. Les corridors des greniers à fourrages et leurs escaliers devront être nettoyés au moins deux fois par semaine.

Des garçons bouchers, charcutiers, tripiers et fondeurs.

27. Il ne sera admis dans l'abattoir que des garçons munis de livrets. Les livrets seront déposés à la mairie.

L'entrée de l'abattoir sera interdite à tout garçon qui ne se conformerait pas à cette disposition, sans préjudice des poursuites à exercer contre les maîtres qui les emploient.

28. Il est défendu aux garçons bouchers, charcutiers, tripiers et fondeurs, de détruire ou de dégrader aucun objet dépendant de l'abattoir ou des échaudoirs, et spécialement les pompes, tuyaux, robinets, tampons, grilles, égouts, comme aussi de laisser ouvert aucun robinet sans nécessité.

Les maîtres bouchers, charcutiers, fondeurs ou tripiers sont responsables des dégâts faits par les garçons qu'ils emploient.

Fonte des suifs.

29. Conformément au huitième paragraphe de l'art. 1er de l'ordonnance royale du 19 mai 1839, la fonte des suifs en branches devra être opérée par le procédé de l'acide sulfurique ou par tout autre mode qui ne puisse nuire au voisinage ; autrement, c'est-à-dire en cas de plaintes fondées, la suppression du fondoir pourra être ordonnée.

30. La fonte des suifs n'aura lieu que la nuit, à partir de la fermeture du jour jusqu'au lever du soleil.

31. Les fondeurs ne pourront faire usage de lumières qu'avec des lanternes closes et à réseaux métalliques. L'usage des chandeliers, bougeoirs, martinets, lampes à la main, leur est formellement interdit.

32. Tous les combustibles amenés pour le service des fondoirs seront rentrés aussitôt après leur arrivée.

33. Les fondeurs sont tenus de faire nettoyer et ratisser au moins deux fois par semaine le carreau des fondoirs, et les rampes et marches des escaliers qui y conduisent.

34. Les cheminées du fondoir seront ramonées une fois par mois et plus souvent s'il y a nécessité.

35. Aucune voiture chargée de suif ne pourra rester dans l'intérieur de

l'abattoir. Aussitôt son chargement terminé, elle devra être conduite à sa destination.

36. Les fondeurs ou leurs garçons ne pourront, sous aucun prétexte, laisser du bois ou autres combustibles devant l'ouverture du foyer des chaudières.

37. Quand une fonte sera commencée, les garçons ne pourront quitter le fondoir.

38. Après la fonte ils devront s'assurer de l'extinction complète du feu et de la clôture de l'étouffoir. Il leur est expressément défendu de sortir du fondoir le bois en partie consumé pour l'éteindre au dehors.

39. Il leur est également défendu de laisser des fumiers aux portes des écuries. Ils devront, tous les matins avant neuf heures, les transporter aux lieux à ce destinés.

Triperie.

40. L'atelier de cuisson des issues, etc., devra être tenu dans le plus grand état de propreté.

Il est défendu de sortir de l'abattoir des issues qui n'aient pas été cuites, ou au moins vidées et lavées.

41. Il est enjoint à l'entrepreneur de cuisson de prendre toutes les précautions nécessaires pour ne laisser couler aucune matière animale avec les eaux de lavage. Il devra en faciliter l'écoulement jusqu'aux égouts.

42. Conformément au § 9 de l'article 1er de l'ordonnance royale du 19 mai 1839, les matières intestinales, les résidus de triperie et les curures du bassin de la conduite seront enlevés tous les jours, ou désinfectés avec la poudre désinfectante.

43. Les bois et autres combustibles qui arriveront pour le service de l'entrepreneur de cuisson devront être rentrés dans la journée.

44. Les tripiers ou leurs garçons ne pourront, soit à leur entrée, soit à leur sortie de l'abattoir, refuser la visite de leurs voitures ou hottes, lorsqu'ils en seront requis.

45. Tarif des droits d'abatage, etc.....

46. Le concierge de l'abattoir ne laissera sortir aucune voiture ni paquet sans les visiter.

47. Il ne sera admis dans l'abattoir aucune personne étrangère au service, à moins d'une permission spéciale.

48. Il est défendu d'y amener des chiens autres que ceux des conducteurs de bestiaux. Ces chiens devront être muselés.

49. Il est défendu d'y traire les vaches sans la permission des bouchers auxquels elles appartiennent.

50. Il ne pourra être introduit de voitures dans les bouveries, si ce n'est pour enlever les animaux morts naturellement.

51. Il est défendu d'élever et entretenir, dans l'abattoir, aucun porc, pigeon, lapin, volaille, chèvre et mouton, sous tel prétexte que ce soit.

. . . .

54 [1]. Les bouchers, charcutiers, fondeurs et tripiers ne pourront employer ni faire employer, pour le transport des marchandises, que des voitures couvertes.

55. Les conducteurs se tiendront à pied à la tête de leurs chevaux et ne pourront conduire qu'au pas.

56. Il est défendu à toutes les personnes logées dans l'abattoir de jeter ou de déposer au-devant de leurs habitations aucuns fumiers, immondices et eaux ménagères.

57. Il est défendu d'entrer la nuit dans les bouveries et bergeries, ou toits à porcs, avec des lumières, si elles ne sont pas renfermées dans des lanternes closes et à réseaux métalliques.

58. Il est défendu d'appliquer des chandelles allumées au mur et aux portes, intérieurement et extérieurement, et en quelque lieu que ce soit.

61. Il est expressément défendu de coucher dans les échaudoirs, bouveries, bergeries, séchoirs et greniers. Tous les soirs les clefs des séchoirs seront retirées et déposées chez le concierge.

62. La présente ordonnance sera imprimée, affichée, etc.

Signé le conseiller d'État, préfet de police, G. DELESSERT.

Boucheries (2ᵉ classe par assimilation).

Documents relatifs à l'exercice de la boucherie.

I. INSTRUCTION CONCERNANT LES DISPOSITIONS REQUISES POUR LES ÉTABLISSEMENTS DE BOUCHERIE.

L'article 1ᵉʳ de l'ordonnance du 15 nivôse, concernant le commerce de la boucherie, porte qu'aucun étal, aucun échaudoir et aucun fondoir ne peuvent exister dans Paris, sans une permission spéciale du préfet de police; mais, pour obtenir cette permission, il faut que l'établissement qu'on désire conserver ou former réunisse les conditions requises.

Le préfet de police croit devoir faire connaître les dispositions générales jugées nécessaires pour la conservation ou pour la formation des étaux, des échaudoirs et des fondoirs, afin d'éviter aux bouchers des frais considérables de location et autres qui seraient en pure perte.

Un étal doit avoir au moins deux mètres et demi de hauteur, sur trois et demi de largeur et quatre de profondeur. Il ne suffit pas que le local soit disposé d'une manière convenable et qu'il soit tenu avec propreté, il faut encore que l'air y circule librement et même transversalement. Cette précaution devient plus nécessaire à l'égard d'un étal ouvert au sud ou à l'ouest, parce que l'air en est mou et peu propre à la conservation de la viande.

Il ne peut y avoir dans un étal ni âtre, ni cheminée, ni fourneau, et toute chambre à coucher doit en être éloignée ou séparée par des murs sans communication directe.

La sûreté et la salubrité exigent qu'il ne soit formé de nouveaux échaudoirs qu'au delà des limites déterminées, au nord, par les anciens boulevards, c'est-à-dire, à partir de la porte Saint-Antoine jusqu'à la place de la

---

[1] Les articles 52 et 53 sont étrangers à l'hygiène.

Concorde, et au midi par les rues du Bac, de Sainte-Placide, du Regard, de Notre-Dame-des-Champs, du cimetière Saint-Jacques, de l'Estrapade, Copeau et de Seine.

Tout échaudoir doit être placé dans une cour suffisante, bien pavée, très-aérée, et où il existe un bon puits. Le local aura au moins six mètres et demi de long, sur quatre de large et trois de haut.

La circulation de l'air est aussi nécessaire dans un échaudoir que dans un étal. Il importe surtout qu'un échaudoir soit dallé en pierres jointes au ciment; qu'il y soit établi un puisard assez grand ou une auge pour recevoir le sang des bestiaux. La bouverie, l'étable à veaux et la bergerie seront réunis dans la même cour; le sol en sera plus élevé, et ils devront être rapprochés de l'échaudoir autant que possible.

Les bouchers sont tenus de faire enlever tous les jours la voirie. Les règlements de police veulent en outre qu'elle soit déposée dans un endroit à ce destiné, et que les eaux sales ne soient vidées que pendant la nuit, depuis neuf heures du soir jusqu'à deux heures du matin.

L'entrée principale de l'établissement doit être facile et commode pour les bœufs; elle ne peut être commune à aucune autre exploitation.

Plusieurs bouchers fondent des suifs en branches. Il convient donc qu'ils puissent faire construire des fondoirs à portée des échaudoirs; mais on ne saurait être trop sévère sur le choix des emplacements pour les fondoirs. Il importe qu'ils soient placés dans des bâtiments isolés et dans des cours, afin que l'air puisse y circuler librement et que l'accès en soit très-facile.

Le fourneau doit être construit suivant les règles de l'art, et surmonté d'une hotte, avec une conduite de cheminée, en briques, qui sera plus ou moins-élevée en raison des localités.

Telles sont les précautions générales à prendre pour les établissements de boucherie. Les motifs les plus puissants en réclament l'observation rigoureuse. Les commissaires de police et les préposés de la préfecture, chargés de les visiter, régleront leur conduite d'après la présente instruction. Ils y prendront les principales bases des rapports qu'ils auront à faire. Ils auront soin d'entrer dans tous les détails nécessaires et convenables pour motiver une décision.

Le conseiller d'État, préfet de police, Dubois.

II. RAPPORT A L'EMPEREUR, PAR S. EXC. LE MINISTRE DE L'AGRICULTURE, DU COMMERCE ET DES TRAVAUX PUBLICS, CONCERNANT LE COMMERCE DE LA BOUCHERIE A PARIS. (Février 1858.)

Lorsque le consulat entreprit la grande tâche de rétablir en France l'ordre et la prospérité, aucun service n'était plus en souffrance que celui de l'alimentation de Paris en viande de boucherie.

Les fléaux de toutes sortes qui avaient sévi sur le pays, depuis la révolution, les assignats, la terreur, le maximum, avaient jeté un trouble profond dans toutes les affaires commerciales. Le commerce de la boucherie avait de plus été soumis à des causes particulières de désordre. De 1793 à 1800, la guerre civile avait arrêté la production dans le Poitou, dans le Maine et dans une partie de la Normandie; les réquisitions de guerre pour les armées de l'intérieur et de l'extérieur avaient achevé de désorganiser les relations habituelles de la boucherie et des éleveurs; enfin la police insuffisante de la capitale ne parvenait pas à empêcher l'introduction dans Paris et la vente, même sur la voie publique, des viandes les plus malsaines.

Le mal était grand, il fallait le faire cesser sans retard.

Afin de rendre la sécurité au commerce de la boucherie dans Paris et de rappeler dans cette profession des hommes honnêtes et solvables, l'arrêté consulaire du 8 vendémiaire an XI, complété par le décret du 6 février 1811, oblige les bouchers, dont le nombre fut limité, à se munir d'une autorisation du préfet de police et à verser un cautionnement.

Pour déterminer les éleveurs à amener leurs bestiaux sur les marchés d'approvisionnement de Paris, on astreignit les bouchers à faire tous leurs achats exclusivement sur ces marchés et à les payer comptant par l'intermédiaire d'une caisse municipale, la caisse de Poissy, chargée de leur faire des avances à un intérêt modéré.

La santé publique compromise par les désordres du commerce de la boucherie, et par suite la tranquillité de la capitale menacée, dans un temps où il était nécessaire plus que jamais de l'assurer, justifiaient alors cette dérogation au principe de la liberté commerciale et professionnelle consacré par la loi des 2–17 mars 1791. On ne songea pas toutefois à étendre cette mesure au delà de Paris; et, dans tout le reste de la France, même dans la banlieue de la capitale, le commerce de la boucherie demeura libre comme tous les autres.

Plus tard, sous le gouvernement de la Restauration, l'ordre n'étant plus compromis, l'approvisionnement de Paris étant assuré, le système de la limitation du nombre des bouchers ne se défendit plus par les nécessités exceptionnelles qui l'avaient fait établir. Les inconvénients inhérents au système et sur lesquels il avait fallu passer pour en éviter de plus considérables encore, excitèrent des plaintes nombreuses. Les éleveurs et les consommateurs réclamèrent avec persévérance contre l'organisation des bouchers, qui rendaient ceux-ci maîtres du prix des bestiaux sur les marchés et du prix de la viande à l'étal. La chambre de commerce et le conseil municipal de Paris, le conseil d'État, le gouvernement, jugèrent ces réclamations fondées, et le système succomba dans ses dispositions principales. Une ordonnance du 12 janvier 1825 y substitua un système mixte et transitoire, où le nombre des bouchers cessait d'être limité, mais où les cautionnements et la caisse de Poissy y étaient maintenus à titre obligatoire.

Cette ordonnance avait blessé des intérêts fort actifs. On n'eut pas la patience de l'expérimenter jusqu'au bout, et quoique les résultats obtenus n'eussent en réalité rien de défavorable, comme le démontrent les documents du temps étudiés avec impartialité, sans consulter aucun des corps dont les délibérations avaient préparé l'ordonnance de 1825, on la rapporta.

L'ordonnance du 18 octobre 1829 rétablit le système entier de l'arrêté de l'an XI, en limitant le nombre des bouchers à quatre cents, et en ajoutant aux dispositions anciennes l'interdiction de revendre, soit sur pied, soit à la cheville, les bestiaux achetés sur les marchés autorisés.

Mais à peine ce système était-il établi, que la force des choses y faisait brèche.

D'abord, on augmenta le nombre des bouchers; de quatre cents il fut porté à cinq cent un, nombre actuel.

Les marchés, ouverts deux fois par semaine à la vente de la viande en détail, reçurent un plus grand nombre de forains, qui commencèrent à faire une petite concurrence aux bouchers établis.

La préfecture de police déclara ne pouvoir pas faire exécuter les dispositions qui interdisaient la vente à la cheville; cette vente fut ouvertement tolérée dans les abattoirs, ainsi que l'introduction des viandes à la main directement portées par les forains au domicile des acheteurs. Les bouchers furent même autorisés à acheter leurs animaux en dehors des marchés d'approvisionnement; mais seulement au delà d'un rayon de 10 myriamètres autour de Paris.

Par ces concessions on ne donna point satisfaction aux réclamations des éleveurs et des consommateurs et on excita les plaintes des bouchers. En 1840, lorsque l'administration reprit l'examen de la question, ces plaintes n'étaient pas moins vives et pressantes que celles des éleveurs et des consommateurs.

A partir de 1848, le système fut entamé de nouveau et plus gravement.

On introduisit la vente quotidienne de la viande sur les marchés, et sur cent soixante et une places existant dans ces marchés, cent vingt et une furent données aux forains.

On établit au marché des Prouvaires la vente à la criée en gros des viandes abattues provenant directement de l'extérieur, et sur cinq marchés la vente en détail.

Les réclamations des bouchers devinrent plus vives, le public et les éleveurs ne cessèrent pas de se plaindre : le public, du prix élevé de la viande à l'étal comparativement au bas prix des bestiaux sur pied et de la viande dans les départements; les éleveurs, du bas prix des bestiaux sur pied comparativement au prix élevé de la viande à l'étal.

Tel était l'état des choses, lorsque survint la crise alimentaire dont le gouvernement de Votre Majesté s'est efforcé de combattre les fâcheux effets par tous les moyens en son pouvoir, et à laquelle la Providence a mis un terme par la dernière récolte. A ce moment les doléances du public prirent un nouveau caractère d'intensité.

Il eût été injuste de rendre la boucherie de Paris responsable de la cherté excessive de la viande, à partir de 1854. Cette cherté tenait à des causes générales, parmi lesquelles on peut signaler sans regret l'accroissement de la consommation de la viande, dû au développement du travail et de la prospérité publique. Depuis plusieurs années, la consommation de la viande a non-seulement augmenté dans une large proportion à Paris et dans la plupart des villes des départements, mais elle s'est accrue encore davantage dans les campagnes ; et comme la cherté était plus grande encore à Paris qu'ailleurs, il devenait plus urgent que jamais d'aviser aux moyens de donner satisfaction aux réclamations contre l'organisation de la boucherie dans ce qu'elles avaient de fondé.

Toutefois, une dernière épreuve était encore possible : celle de la taxe autorisée par la loi des 19-22 juillet 1791. L'administration résolut, avant de proposer à Votre Majesté un parti définitif, d'en faire un essai sérieux et complet.

La taxe est le correctif ordinaire du monopole. Envisagée théoriquement, il semblerait qu'elle dût satisfaire et concilier tous les intérêts : l'intérêt du boucher, auquel elle assure une juste rémunération ; l'intérêt du consommateur, puisqu'elle prend pour base du tarif le prix de revient dûment constaté, surélevé seulement d'un bénéfice équitable; l'intérêt de l'éleveur lui-même, puisque le boucher, assuré de son bénéfice dans tous les cas, n'est pas stimulé à faire baisser le prix du bétail au-dessous du prix vrai déterminé par l'offre et la demande mises en présence.

Si la taxe avait pu fonctionner sincèrement dans ces conditions elle aurait sans doute fait cesser les plaintes, et le système de la limitation devenu inoffensif, il n'y aurait peut-être plus eu de raison très-péremptoire pour le détruire.

Mais il a fallu reconnaitre, après une épreuve de plus de trois ans, que la taxe ne contenait pas en elle les conditions nécessaires d'une exécution sincère, et qu'en pratique, elle ne produisait pas les résultats que paraissait indiquer la théorie;

Que les bouchers n'ayant plus un intérêt personnel et direct à discuter le prix du bétail, la taxe devenait la base obligée des transactions du marché, et favorisait ainsi la permanence de la cherté;

Que malgré les précautions prises, *la taxe ne prévoyait pas et ne pouvait pas prévoir toutes les habiletés de métier par lesquelles l'économie de ses calculs est détruite et le bénéfice du boucher indûment augmenté au détriment du public, et d'une manière d'autant plus fâcheuse, que c'est sous le couvert de l'administration, qui ne peut pas l'empêcher, que cet abus se produit.*

Il faut donc renoncer à la taxe; il y a sur ce point évidence entière. Or la taxe supprimée, le monopole subsisterait sans contre-poids; on n'aurait plus, comme dans la boulangerie et dans l'industrie des chemins de fer, le correctif indispensable du tarif destiné à empêcher l'abus du privilége, et l'on se trouverait en présence d'un système actuellement démantelé de toutes parts, qui, dans l'état où l'ont réduit les atteintes qu'il a reçues successivement depuis 1830 et particulièrement depuis 1848, excite les réclamations de tous les intérêts, sans exception.

D'un autre côté, si le système était rétabli dans son intégrité première, il est incontestable qu'il rencontrerait de nouveau, indépendamment de la contradiction incessante du principe auquel il déroge, les difficultés d'exécution, les abus, les plaintes qui depuis trente ans ont toujours forcé la main à l'administration et ne lui ont jamais permis de le conserver intact.

L'état de choses en vue duquel l'organisation actuelle de la boucherie a été conçue n'a-t-il pas d'ailleurs subi les modifications les plus profondes? La célérité avec laquelle les chemins de fer permettent d'amener aujourd'hui les bestiaux sur les marchés d'approvisionnement, et la promptitude extraordinaire que procure le télégraphe électrique pour la transmission des ordres dans les pays d'élevage n'ont-elles pas créé une situation nouvelle avec laquelle l'ancienne réglementation de la boucherie n'est plus en harmonie?

On était donc logiquement amené à se demander si le moment n'était pas venu de renoncer à un système qui n'avait jamais été admis que comme une exception, et de rentrer dans le droit commun; si, au temps où nous sommes il y avait quelque péril à replacer le commerce de la boucherie sous le principe vrai et fécond de notre droit public moderne, en vertu duquel le réegnicole peut exercer sur tel point du territoire où il lui plaît de s'établir, telle profession commerciale ou industrielle qu'il lui convient de choisir.

L'examen approfondi auquel cette question a été soumise dans le sein de votre conseil d'État a levé tous les doutes.

La liberté du commerce de la boucherie dans Paris ne pourrait faire courir de dangers à la sûreté et à la santé publiques que si elle compromettait l'approvisionnement de Paris et la salubrité de la viande livrée à la consommation; si elle devait avoir pour effet d'élever encore le prix de cette denrée de première nécessité ou de le soumettre à des fluctuations trop considérables.

Il n'est vraiment pas nécessaire d'insister beaucoup pour démontrer que l'approvisionnement de Paris en viande de boucherie ne cessera pas d'être assuré parce que le nombre des bouchers ne sera plus limité, parce que les bouchers ne seront plus obligés d'acheter leurs bestiaux sur les marchés de l'approvisionnement de Paris, ou parce que la caisse de Poissy cessera d'exister. C'est qu'en effet, dans cette situation nouvelle de la boucherie, l'éleveur ou le marchand de bestiaux seront tout aussi sûrs que par le passé de rencontrer sur les marchés de Paris les deux conditions qui le déterminent à y envoyer ses animaux, savoir: l'affluence des acheteurs et le payement au comptant.

Le payement au comptant est aujourd'hui complétement passé dans les mœurs commerciales pour les denrées vendues sur les marchés, et l'état actuel du crédit fait que le marchand qui achète sur les marchés, quelle que soit la nature de la denrée, n'est nullement embarrassé pour trouver l'argent comptant nécessaire à ses achats.

A la halle de Paris, la vente en gros de la volaille et du gibier, du poisson de mer et du poisson d'eau douce, du beurre, des œufs et des légumes se fait au comptant pour une somme totale bien supérieure à celle des achats de la boucherie de Paris. Sur les marchés à bestiaux de Paris, les bouchers de la banlieue achètent pour près de 30 millions; les bouchers des départements avoisinant celui de la Seine, pour près de 18 millions, et payent comptant sans le secours de la caisse de Poissy. Les bouchers de Paris, qui achètent eux-mêmes pour près de 18 millions, ne demandent sur cette somme à la caisse de Poissy que 6,500,000 fr. Le payement comptant restera donc la règle de la boucherie libre, comme il est la règle de tous les autres commerces qui s'approvisionnent dans les marchés, cela n'est pas douteux.

Il est également certain que l'affluence des acheteurs sur les marchés d'approvisionnement de Paris sera toujours la même. En effet, il n'y a pas de raison pour que l'éleveur cesse d'y rencontrer les bouchers de la banlieue de Paris et les bouchers des départements avoisinant celui de la Seine, dont la situation ne sera pas changée. Or, lorsque les bouchers libres de la banlieue et les bouchers libres des départements entourant celui de la Seine dans un rayon de plus de cinquante lieues trouvent leur intérêt à venir s'approvisionner sur les marchés de Paris, parce que c'est là qu'ils peuvent le mieux choisir les animaux qui leur conviennent, et parce que c'est là aussi que l'importance de l'offre modère le plus sûrement le prix, comment douter que les bouchers de Paris ne continuent eux-mêmes à y faire habituellement leurs achats?

Il n'y a pas davantage de craintes sérieuses à concevoir pour la salubrité des viandes.

Il ne peut pas s'agir, en effet, de restreindre les droits de l'administration pour l'inspection des viandes à l'abattoir et à l'entrée dans Paris, non plus que les pouvoirs qui lui sont attribués par les lois pour assurer la fidélité du débit et la salubrité des viandes vendues dans les étaux ou sur les marchés. L'admirable organisation de la police de la capitale, *dont les moyens seront augmentés, s'il en est besoin, et dans la proportion qui sera nécessaire, donne à cet égard toute garantie. Si depuis que la viande à la main, par suite de nouvelles mesures prises dans ces dernières années, entre pour 25 pour 100 dans la consommation parisienne, la préfecture de police a pu en écarter*, je ne dis pas seulement *les viandes corrompues*, qui peuvent facilement être reconnues et contre lesquelles le public est surtout protégé par sa propre vigilance, *mais les viandes provenant d'animaux malades ou abattus trop jeunes, dont l'insalubrité est plus difficile à constater*, il n'y a pas de raison pour que, sous le régime de la liberté de la boucherie, cette protection ne puisse être rendue tout aussi efficace ; il n'y a là qu'une question de personnel et de mesures sagement combinées pour faciliter l'inspection des viandes à l'abattoir et aux barrières.

Il est à remarquer de plus, à ce point de vue de la salubrité, que la charcuterie, l'épicerie, la vente du poisson, qui présentent autant de dangers, ne sont pas monopolisées et que la liberté dont elles jouissent n'empêche pas d'exercer une surveillance efficace sur les denrées qu'elles mettent en vente.

Si l'on veut dire que la liberté du commerce de la boucherie augmentera la proportion des viandes provenant d'animaux de moins belles espèces et engraissées avec moins de soins et de dépenses, parce que les bouchers seront amenés par la concurrence à rechercher le bon marché dans les bestiaux, *il resterait à démontrer qu'un tel résultat dût être préjudiciable à la santé publique. Loin de là, on peut penser qu'il serait favorable à la classe ouvrière, parce que celle-ci, ayant la facilité de se procurer à bas prix une viande moins belle, il est vrai, mais toujours parfaitement saine et nutritive, pourrait remplacer avec avantage, par la viande de boucherie, une partie de ses aliments actuels.*

Quant au prix de la viande, il serait contraire à l'une des lois les mieux démontrées de l'économie politique que la liberté du commerce de la boucherie le rendît plus élevé.

Il est admis partout, il est d'expérience universelle, que dans une profession libre la concurrence amène le bon marché. Il est facile de s'en rendre compte. Le commerçant qui a en face de lui un concurrent et qui ne peut pas transiger et s'entendre avec lui, parce que, dans une profession toujours ouverte, le concurrent qu'il aura désintéressé sera toujours et immédiatement remplacé par un autre, s'ingénie, avant tout, à trouver des combinaisons pour réduire son prix de revient et pouvoir ainsi donner la marchandise à moindre prix que son confrère ; car c'est par le bon marché surtout qu'on attire la masse du public. Si les moyens qu'il emploie ne sont pas toujours légitimes, c'est au public à y regarder de près, à la police à constater les fraudes, à la loi pénale à les réprimer. Mais, ce qu'il y a de certain, c'est qu'en règle générale la liberté de la concurrence oblige le marchand à baisser ses prix. Et si cela est vrai du commerce en général, pourquoi cela ne serait-il pas vrai aussi du commerce de la boucherie en particulier.

Est-ce qu'il serait plus à craindre dans cette profession que dans aucune autre que la liberté ne se réglât pas elle-même et que le nombre des étaux dépassant de beaucoup les besoins de la population, l'ensemble des frais généraux de la profession s'augmentât dans des proportions sensibles et de nature à augmenter le prix de la marchandise ? Qu'on voie ce qui s'est passé en 1825 ; l'illimitation de la boucherie, qui a duré cinq ans, n'a porté le nombre des bouchers dans Paris qu'à cinq cent quatorze, treize de plus seulement que le nombre jugé nécessaire lorsque la limitation fut rétablie.

Est-ce qu'il serait à craindre, en sens opposé, que des capitalistes, venant à accaparer les étaux de la ville de Paris, ou les bestiaux dans les pays d'élève, se rendissent maîtres du prix de la viande sur pied ou du prix de la viande à l'étal, pour rançonner le public ? L'accaparement des bestiaux dans les pays d'élèves ne s'est jamais fait jusqu'ici, quoique rien dans les règlements actuels ne s'y opposât ; *il est donc bien probable qu'une opération de cette nature offre trop de chances défavorables pour être tentée.* Mais si jamais elle devait être reconnue possible et avantageuse, ce n'est pas le maintien du système de la limitation qui y mettrait obstacle, ce n'est pas non plus le système de la liberté du commerce de la boucherie qui la rendrait plus facile. *Quant à l'accaparement des étaux de la ville par une grande compagnie, rien n'est plus difficile à comprendre qu'une spéculation de ce genre, dans un commerce où la marchandise dépérit si promptement et exige plus qu'aucune autre, et sous peine de pertes considérables, les soins minutieux et la surveillance directement intéressée du maître.*

Telles sont les considérations qui démontrent, au point de vue de la salubrité et du prix des viandes, comme au point de vue de l'approvisionnement de Paris, que le rétablissement des principes de la liberté commerciale dans *l'exercice de la profession de la boucherie ne saurait créer aucun péril à la sûreté ou à la santé publiques.*

Quoi qu'on en ait dit, cette démonstration est complétement confirmée par l'expérience des faits.

J'ai déjà signalé la cause des désordres de la boucherie parisienne de 1791 à l'an II, qui ne peuvent pas être attribués à la liberté de ce commerce, et qui n'ont été que la conséquence naturelle de la désorganisation générale que le consulat est venu faire cesser.

J'ai dit également que l'épreuve de 1825, étudiée dans ses conséquences, d'après les documents mêmes de l'époque, n'avait eu aucun résultat fâcheux, bien qu'elle ait été incomplète.

J'ajoute que la boucherie est libre dans presque toute l'Europe : En Belgique, en Suisse, en Piémont, en Prusse, en Angleterre, à Berlin, ville de six cent mille âmes, à Londres, ville de deux millions d'âmes, et que dans ces diverses contrées, dans ces grandes capitales, on ne s'est jamais plaint de désordres causés par ce système. Enfin, sans aller plus loin que notre pays, Paris est la seule ville de l'Empire qui soit soumise au régime de la limitation. Dans les plus importantes cités de la France, à Lille, à Rouen, à Toulouse, à Bordeaux, à Lyon, le commerce de la boucherie est resté libre ; il l'est également aux portes mêmes de Paris, dans ces grandes communes suburbaines des Batignolles, de Montrouge, des Ternes, de la Chapelle, de Montmartre, qui entourent la capitale, et ne contiennent pas une population moins dense que celle de la capitale elle-même. Or, nulle part, en France, on n'a remarqué ou allégué que la santé et la sûreté publiques eussent été compromises du chef de la liberté de la boucherie.

En résumé, le système de la limitation *incomplet* mécontente tout le monde et froisse tous les intérêts, et *complet*, il n'a jamais pu se maintenir. D'un autre côté, après un examen approfondi de la question, après une instruction qui a duré plusieurs années, après une enquête qui a éclairé tous les faits, il a été démontré que la liberté de la profession de boucher, à Paris, réclamée au nom d'un principe fondamental de notre droit public, ne peut plus aujourd'hui être la cause ni l'occasion des désordres qui ont motivé pour un temps le sacrifice de ce principe. Après avoir vu ma conviction *partagée par le conseil d'État*, qui a eu sous les yeux toutes les pièces de l'instruction, *et notamment la délibération par laquelle le Conseil municipal de Paris et la Chambre de commerce de Paris se sont pro-*

noncés contre le régime de la liberté de la boucherie, je ne pouvais donc plus hésiter, Sire, à proposer à Votre Majesté de faire rentrer l'exercice de cette profession dans le droit commun.

Tout le système de la limitation est contenu dans l'ordonnance du 18 octobre 1829. L'arrêté de l'an XI et l'ordonnance de 1825 ont été abrogés expressément et dans toutes leurs dispositions. Il suffit, par conséquent, de rapporter l'ordonnance du 18 octobre 1829, pour rétablir de plein droit, dans l'exercice de la profession de boucher à Paris, l'application des règles générales en matière de liberté professionnelle écrites dans la loi de 1791.

L'article 1ᵉʳ du décret que j'ai l'honneur de soumettre à l'approbation de Votre Majesté porte donc abrogation de l'ordonnance du 18 octobre 1829, et ainsi se trouveront supprimés la limitation du nombre des bouchers, le cautionnement et les marchés obligatoires, l'interdiction de la vente à la cheville et de la revente sur pied, et l'obligation imposée aux bouchers d'abattre dans les abattoirs municipaux. Toutefois, *les tueries particulières dans l'intérieur de la ville resteront toujours frappées d'interdiction par l'ordonnance générale du 15 avril 1838, qui conserve toute sa force.*

Ainsi se trouvera aussi *supprimée,* avec différentes dispositions de détail qui complétaient le système, l'*institution du syndicat* qui, dans le régime nouveau, ne pourrait pas avoir ce rôle d'auxiliaire officiel de l'administration, en vue duquel surtout il avait été créé sous le régime ancien, et qu'une préoccupation peut-être trop vive des intérêts de la corporation lui a quelquefois fait négliger.

La suppression du système de la limitation de la boucherie *n'implique pas, comme je l'ai dit déjà, l'abandon des droits de surveillance et d'inspection de l'administration. Le nouveau régime exigera, au contraire, qu'ils soient très-sérieusement exercés dans les abattoirs et à l'entrée des viandes dans Paris, aussi bien que dans les étaux et sur les marchés.* Il convenait, pour que personne ne s'y trompât, qu'ils fussent expressément réservés. Tel est l'*objet de l'article 2.*

Il fallait de plus assurer à l'administration les moyens d'accomplir ses devoirs de surveillance, et d'intervenir, comme elle a droit de le faire en vertu de ses pouvoirs généraux de police, et comme elle le fait à l'égard d'autres professions, pour *fixer les conditions de salubrité* qu'exige *dans la tenue des étaux l'intérêt de la santé publique.* C'est dans ce but que l'article 2 oblige tout individu qui veut exercer la profession de boucher à faire une déclaration préalable à la préfecture de police.

Enfin, comme cette surveillance nécessaire deviendrait très-difficile avec le *colportage de la viande, ce mode de vente est interdit par l'article 4,* sans qu'il soit d'ailleurs porté atteinte au droit d'apport et de vente à domicile, qui n'offre pas d'inconvénients.

L'article 5 dispose qu'il sera institué sur les marchés aux bestiaux destinés à l'approvisionnement de Paris des facteurs auxquels les propriétaires de bestiaux pourront envoyer leurs animaux en consignation, pour les vendre soit à l'amiable, soit à la criée. Ces facteurs offriront aux éleveurs une double garantie, celle qui résulte du choix de l'administration, et celle de leur cautionnement, qui sera déterminé en raison de l'importance de leur gestion, et qui, conformément aux lois de la matière, répondra par privilège de tous les faits de charge.

Si l'animal sur pied ne trouve pas acheteur aux conditions qui auront été fixées, le facteur pourra, en vertu de l'article 6, et d'après les instructions qu'il aura reçues, l'envoyer immédiatement à l'abattoir même s'il trouve acheteur à l'amiable, ou bien l'expédier à l'extérieur en franchise de droit d'octroi, s'il a avantage à le faire, ou bien encore l'envoyer sur les marchés à la criée de l'intérieur, où toutes les précautions administratives devront être prises pour que la criée fonctionne sincèrement.

La création sur les marchés aux bestiaux de facteurs, offrant les mêmes garanties que ceux qui existent déjà pour la vente des principales denrées destinées à la consommation de Paris, répondra à un vœu formé depuis longtemps par l'agriculture, et elle est d'autant plus nécessaire, que du moment qu'on veut adopter complétement le régime de la liberté, il serait difficile de maintenir l'institution de la caisse de Poissy. Le conseil d'État avait pensé, il est vrai, qu'on pourrait la conserver avec un caractère purement facultatif, mais ce système aurait l'inconvénient de maintenir deux catégories de bouchers, les uns ayant un cautionnement pour pouvoir se servir de l'entremise de la caisse, et les autres n'en ayant pas et s'affranchissant de l'intermédiaire de cette caisse. D'ailleurs, dans une délibération du 4 décembre dernier, le conseil municipal s'est refusé à faire les fonds qui pourraient être nécessaires pour en assurer le service, si elle était conservée avec un caractère facultatif.

Au surplus, comme institution de crédit, la caisse de Poissy, il faut bien le reconnaître, ne rend plus les mêmes services qu'autrefois. Les avances de cette caisse aux bouchers, qui, en 1820, représentaient près de la moitié du montant des achats des bouchers de Paris, n'en représentent pas en ce moment le dixième; d'année en année, elles vont toujours en diminuant. Dans l'état actuel des choses, cet établissement n'atteint même pas complétement le but qu'il s'est proposé à l'égard des producteurs. Il assure, il est vrai, le payement au comptant de tous les bestiaux achetés par les bouchers de Paris; mais en général les éleveurs ne viennent pas sur les marchés, ils expédient leurs bestiaux à des commissionnaires qui sont chargés d'en opérer la vente, et c'est à ces commissionnaires que la caisse remet le prix des animaux qu'ils ont vendus. Cette intervention des commissionnaires, dont les opérations ne sont soumises à aucun contrôle, diminue beaucoup pour les éleveurs l'importance de la garantie du payement au comptant, et il n'est pas douteux qu'ils trouvent une garantie beaucoup plus sérieuse dans l'institution de facteurs assujettis à un cautionnement et soumis à la surveillance de l'administration. Par ces divers motifs, je pense qu'il y a lieu de supprimer la caisse de Poissy, et cette suppression fait l'objet de l'article 8 du décret.

Suivant l'article 9, les dépenses relatives à l'inspection de la boucherie et au service des abattoirs, qui étaient prélevées sur l'intérêt du cautionnement des bouchers, reprendront naturellement leur caractère de dépenses municipales, et devront dorénavant être supportées par la ville de Paris, pour laquelle les produits du droit d'abatage, constituent, du reste, un revenu important.

Enfin l'article 11 du décret fixe au 31 mars l'époque à laquelle devra commencer son exécution. Ce délai est indispensable pour que l'administration puisse aviser aux mesures de détail que comportera la transition du régime actuel de la boucherie de Paris au régime de liberté qui lui est substitué. Il permettra particulièrement de pourvoir à l'installation des facteurs destinés à remplacer la caisse de Poissy, et qui paraissent appelés à donner au commerce des bestiaux et à celui de la boucherie les garanties et l'utile concours que cette caisse était impuissante à leur assurer.

Le gouvernement *doit-il espérer*, Sire, que la suppression du système de la limitation des bouchers *amène une modification immédiate et favorable au public dans le prix de la viande? Je ne le crois pas.* Les effets d'un monopole survivent pendant un certain temps aux décrets qui en prononcent la suppression; les intérêts qui peuvent être ou se croient lésés s'agitent, cherchent à reconquérir le privilége qui leur a été enlevé, tout au moins, à profiter largement des avantages qui leur sont réservés, grâce à la la lenteur inévitable avec laquelle s'installe toujours un régime nouveau, et même, par une habileté facile à comprendre, ils ne manquent pas d'exploiter cette lenteur ou les circonstances extérieures et accidentelles qui peuvent momentanément retarder les avantages du système contre le système lui-même. Mais de telles difficultés sont trop faciles à prévoir pour que le gouvernement ne s'en soit pas rendu compte à l'avance et ne soit pas résolu à les dominer par la persévérance, et, s'il est nécessaire, par sa fermeté. Avec le temps, ces difficultés seront vaincues, les bouchers honnêtes et intelligents comprendront qu'ils n'ont rien à redouter de la libre concurrence introduite dans leur profession, et le système, fonctionnant sans entraves, produira de salutaires résultats. Sans doute, il ne donnera pas et il ne peut donner le bon marché absolu et permanent, mais il donnera le prix sincère, *dégagé autant que possible des frais parasites et des bénéfices exagérés*, ce prix sincère que produisent seuls la concurrence et le cours naturel du commerce. La viande sera chère lorsque le bétail sera cher, cela est évident; mais lorsque le bétail sera à bon marché, le public en profitera nécessairement.

Tel sera, avant qu'il soit longtemps, sans doute, le résultat définitif du régime nouveau, et, en attendant, sans compromettre aucun intérêt public, il aura eu le mérite de rétablir le droit commun dans une profession où le privilége et l'exception ne se justifiaient plus. Il aura, de plus, dès à présent, rendu à l'administration cet important service, de l'affranchir de la responsabilité pleine de périls que faisait peser sur elle un privilége sujet à abus, institué par elle et dont elle n'était pas maîtresse de régler l'usage : *l'impuissance reconnue de la taxe l'a constaté.*

Votre-Majesté, j'ose l'espérer, ne refusera pas sa sanction au projet de décret que j'ai l'honneur de lui soumettre.

Je suis avec le plus profond respect, Sire, de Votre Majesté,

Le très-obéissant, très-dévoué et très-fidèle serviteur et sujet.

Le ministre de l'agriculture, du commerce et des travaux publics,

E. ROUHER.

III. LIBERTÉ DU COMMERCE DE LA BOUCHERIE. (Décret du 24 février 1858.)

NAPOLÉON,

Par la grâce de Dieu et la volonté nationale, empereur des Français,

A tous présents et à venir, salut :

Sur le rapport de notre secrétaire d'État au département de l'agriculture, du commerce et des travaux publics;

Vu les lois du 2-17 mars, 14-17 juin 1791 et 1er brumaire an VII;

Vu les lois du 14 décembre 1789, et 16-24 août 1790;

Vu le décret du 6 février 1811, et celui du 15 mai 1843;

Vu l'ordonnance du 18 octobre 1829;

Vu les délibérations du conseil municipal de Paris, en date du 19 octobre 1855 et 4 décembre 1857;

Notre conseil d'État entendu :

Avons décrété et décrétons ce qui suit :

Art. 1. L'ordonnance du 18 octobre 1829, relative à l'exercice de la profession de boucher dans Paris, est abrogée.

Art. 2. Tout individu qui veut exercer à Paris la profession de boucher doit préalablement faire à la préfecture de police une déclaration où il fait connaître la rue ou la place et le numéro de la maison ou des maisons où la boucherie et ses dépendances doivent être établies.

Art. 3. La viande est inspectée à l'abattoir et à l'entrée dans Paris, conformément aux règlements de police, sans préjudice de tous autres droits appartenant à l'administration pour assurer la fidélité du débit et la salubrité des viandes vendues dans les étaux ou sur les marchés.

Art. 4. Le colportage en quête d'acheteurs des viandes de boucherie est interdit dans Paris.

Art. 5. Il sera institué sur les marchés à bestiaux autorisés pour l'approvisionnement de Paris, des facteurs dont la gestion sera garantie par un cautionnement et dont les fonctions consisteront à recevoir en consignation les animaux sur pied et à les vendre, soit à l'amiable, soit à la criée, et aux conditions indiquées par le propriétaire.

L'emploi de ces facteurs sera facultatif.

Art. 6. Tout propriétaire d'animaux jouit, comme les bouchers, du droit de faire abattre son bétail dans les abattoirs généraux, d'y faire vendre à l'amiable les viandes provenant de ces animaux, de la faire enlever pour l'extérieur en franchise du droit d'octroi, ou de l'envoyer sur les marchés intérieurs de la ville affectés à la criée des viandes abattues.

Art. 7. Les bouchers forains sont admis, concurremment avec les bouchers établis à Paris, à vendre ou faire vendre en détail sur les marchés publics, en se conformant aux règlements de police.

Art. 8. La caisse de Poissy est supprimée.

Les cautionnements des bouchers actuellement versés dans la caisse de Poissy leur seront restitués dans le délai de deux mois, à partir du jour où cette caisse aura cessé de fonctionner.

Art. 9. Les dépenses relatives à l'inspection de la boucherie et au service des abattoirs généraux seront supportés par la ville de Paris.

Art. 10. Les dispositions des décrets, ordonnances et règlements sur la boucherie de Paris, non contraires au présent décret, continueront à recevoir leur exécution.

Art. 11. Le présent décret sera exécutoire à dater du 31 mars prochain.

Art. 12. Notre ministre secrétaire d'État au département de l'agriculture, du commerce et des travaux publics est chargé de l'exécution du présent décret, qui sera inséré au Bulletin des lois.

Fait au palais des Tuileries, le 24 février 1858.

NAPOLÉON.

Par l'Empereur,

Le ministre secrétaire d'État au département de l'agriculture, du commerce et des travaux publics.

E. ROUHER.

IV. ORDONNANCE CONCERNANT L'EXERCICE DE LA PROFESSION DE BOUCHER A PARIS.
(Du 16 mars 1858.)

Nous, sénateur, préfet de police,

Vu le décret impérial en date du 24 février dernier,

Ordonnons ce qui suit :

Art. 1. Tout individu qui voudra exercer à Paris la profession de boucher devra en faire préalablement la déclaration à la préfecture de police, conformément à l'article 2 du décret ci-dessus visé, et indiquer le lieu où il se propose d'ouvrir son étal.

A défaut d'opposition formée par la préfecture de police, dans un délai de quinze jours, l'étal pourra être ouvert.

L'opposition ne pourra être basée que sur l'inexécution des conditions déterminées par l'article 2 ci-après.

Dans le cas d'opposition, le requérant devra, s'il persiste, faire subir au local les appropriations nécessaires; lorsqu'elles auront été exécutées, il en donnera avis à la préfecture de police, et, si, dans un délai de quinze jours à dater du dépôt de cet avis, la préfecture de police ne notifie pas de nouvelle opposition, le requérant pourra ouvrir son étal.

Art. 2. L'ouverture d'un étal sera subordonnée aux conditions suivantes :

Le local aura au moins 2 mètres 50 centimètres d'élévation. 3 mètres

50 centimètres de largeur, et 4 mètres de profondeur; il sera fermé dans toute sa hauteur par une grille en fer;

La ventilation devra y être établie au moyen d'un courant d'air transversal;

Le sol sera entièrement dallé, avec pente en rigole et en surélévation de la voie publique;

Les murs seront revêtus d'enduits ou de matériaux imperméables;

Il ne pourra y avoir dans l'étal ni âtre, ni cheminée, ni fourneaux;

Toute chambre à coucher devra en être éloignée ou séparée par des murs sans communication directe.

A défaut de puits ou de concession d'eau pour le service de l'étal, il y sera suppléé par un réservoir de la contenance d'un demi-mètre cube, qui devra être rempli tous les jours.

Art. 3. Notre ordonnance en date du 1ᵉʳ octobre 1855, concernant la taxe de la viande, est rapportée.

En conséquence le prix de la marchandise sera désormais librement débattu entre le boucher et le consommateur.

Art. 4. La présente ordonnance recevra son exécution à partir du 31 mars courant.

Elle sera publiée et affichée à la suite du décret impérial du 24 février dernier.

Art. 5. Les commissaires de police de la ville de Paris, le directeur de l'approvisionnement, les inspecteurs de la boucherie et les autres préposés de la préfecture de police sont chargés, chacun en ce qui le concerne, d'en assurer l'exécution.

Le sénateur, préfet de police, signé PIÉTRI.

Vente de la viande de bœuf sur les marchés.

Dans les documents annexés à l'article *Boucherie, charcuterie, abattoirs,* on peut voir la série de précautions prises par l'autorité pour surveiller, au point de vue de l'hygiène publique et privée, la nature des viandes livrées à la consommation.

Un inspecteur, sur chaque marché, ne laisse mettre en vente que la chair reconnue *saine*. Quand les animaux sont morts de maladie ou ont été abattus pour cause de faiblesse, l'inspecteur sait reconnaître en général, à l'aspect de la viande, son origine et sa nature particulière. Une maladie ne peut pas avoir duré longtemps ou avoir revêtu le caractère d'une grande gravité, sans qu'un œil exercé puisse s'en apercevoir. Il s'ensuit : que dans des grandes villes, là où la population est la plus nombreuse, et le service municipal le mieux organisé, on peut être rassuré sur la nature des viandes qui sont vendues. — Il est bon de rappeler cependant qu'il est convenable de ne livrer à l'alimentation que des veaux au-dessus de trente jours, par conséquent proscrire les fœtus ou *cabots*.

Les *saucissons* entrent pour une grande partie dans l'alimentation du peuple. La difficulté qu'il y a de reconnaître à l'apparence extérieure la nature et la qualité des substances qu'ils contiennent donne lieu souvent à un commerce très-répréhensible. Pour ne rien perdre, les marchands soumettent à l'ébullition tous les déchets de viande crue ou cuite atteints en partie déjà de fermentation, hachent tous ces débris, les assaisonnent fortement et en composent des saucissons qu'ils livrent à très-bas prix. Quelquefois, ils y font entrer les utérus *purulents* des vaches mortes après le part. C'est déjà bien assez qu'on tolère la cuisson et la macération des parties génitales des deux sexes pour être mêlées aux viandes qui font la base des saucissons. L'autorité a défendu la vente des utérus ou autres parties du corps à l'état purulent. — On doit les convertir immédiatement en engrais, mais surtout il faut exercer sur cette industrie la plus active surveillance. (Voir les ordonnances de police à l'article *Charcutiers*.)

Documents sur la viande de cheval.

1. RAPPORT AU CONSEIL D'HYGIÈNE PUBLIQUE ET DE SALUBRITÉ DU DÉPARTEMENT DE LA SEINE. (Du 14 février 1856.)

Monsieur le préfet,

Dans sa lettre du 9 janvier dernier, Son Excellence le Ministre du commerce, de l'agriculture et de travaux publics, pose au conseil d'hygiène publique et de salubrité les trois questions suivantes :

1° Dans quelle mesure la viande de cheval pourrait-elle être utilisée dans l'alimentation ?

2° Quels seraient les avantages qui pourraient résulter de son emploi ?

3° Quels seraient les inconvénients ?

PREMIÈRE QUESTION. — *Dans quelle mesure la viande de cheval pourrait-elle être utilisée dans l'alimentation ?*

Si par cette question Son Excellence demande en quelle quantité la viande de cheval peut entrer dans la nourriture d'un individu, la réponse est fa-

cile : On peut dire que toutes les personnes qui ont mangé de cette viande
l'ont trouvée bonne ou au moins pas mauvaise; que les personnes qui l'ont
analysée lui ont trouvé à peu près les mêmes éléments que l'on rencontre
dans celle du bœuf, et qu'il y a tout lieu de penser que, dans des conditions
de vente semblables à celles imposées au débit de toute autre viande, elle
ne sera pas plus nuisible que d'autres, et pourra être consommée en même
proportion.

Si Son Excellence demande en quelle quantité cette viande pourra entrer
dans la consommation générale, la réponse ne peut être aussi positive. L'expérience seule pourra la faire. Dans l'état actuel des choses, on peut cependant avoir quelques probabilités.

Tant qu'un cheval peut travailler, sa chair est d'un prix plus élevé que
celle des autres animaux de boucherie; d'un autre côté, si, pour faire usage
de la chair de cheval, on attend qu'il ne puisse plus payer sa nourriture par
son travail, il arrive à un état tel qu'il n'est plus possible de le livrer à la
boucherie, qu'il faut le refaire au moyen de l'engraissement, si toutefois
l'âge le permet encore.

Mais alors s'élève la question de savoir, *si la nourriture donnée au cheval pour l'engraisser ne serait pas mieux employée à nourrir des moutons,
des vaches, des bœufs ?* Nous ne pensons pas que la solution de cette nouvelle
question soit douteuse; nous croyons que dans les fermes à moutons, par
exemple, la nourriture qu'on dépenserait pour engraisser un vieux cheval,
serait employée moins lucrativement que si elle était donnée aux moutons;
que dans les fermes où les bœufs et les vaches sont les principaux animaux
de vente, la nourriture qu'on emploierait pour engraisser un vieux cheval
serait utilisée plus économiquement à engraisser un bœuf ou une vache;
enfin, que dans les villes, la même nourriture serait plus lucrative employée à compenser les travaux d'un animal de service.

Dans l'état actuel des choses, il paraît donc ne pouvoir être consommé
que des chevaux pas trop âgés, qu'un accident tue ou met hors de service pour un temps assez long.

Et qu'on ne croie pas que la valeur commmerciale des chevaux, diminuant petit à petit, permettrait de les convertir économiquement en viande
à un certain moment et avant l'époque où ils ne seraient plus propres au
travail! Cette valeur commerciale ne s'amoindrit qu'en raison même de la
diminution du prix du travail que l'animal peut faire, et cette diminution
effective dans le prix du travail n'arrive, sauf accident, je le répète, qu'à un
âge où les muscles sont devenus plus rigides, plus maigres, où l'engraissement est plus nécessaire, plus long, plus difficile et par conséquent plus
dispendieux.

La mesure ou la quantité de la viande de cheval que dans les circonstances économiques agricoles actuelles on peut consommer, se réduit donc, dans
les villes comme dans les campagnes, à celle des chevaux tués ou estropiés
par accident, et qui sont, ou assez jeunes, ou en assez bon état, pour que
la viande n'en soit pas mauvaise.

Une boucherie spéciale où l'on débiterait la viande de ces animaux produirait-elle à la longue une industrie nouvelle qui consisterait et qui arriverait à faire économiquement des chevaux de boucherie ? C'est une question que l'expérience, je le répète, pourrait seule décider.

Ce qu'il y a de certain :

C'est que les peuples nomades du nord de l'Asie, *qu'on dit* manger de la viande de cheval, ne le font, *dit-on aussi*, que d'une manière exceptionnelle, dans des cas rares.

C'est que, à Copenhague, où, sur la fin du siècle dernier, il y a eu une boucherie publique de viande de cheval, cette boucherie n'existe plus.

C'est que, quelques personnes, dans le nord de l'Europe, ont tenté en vain d'introduire cette alimentation. J'en puis citer un exemple parce que entre autres il a été consigné dans la gazette politique de 1785 première quinzaine de février. Cette tentative a été faite en Suède par un baron de Cidersteim; il n'en est pas résulté pour ce pays l'usage de manger de la chair de cheval, quoique la Société patriotique de Suède ait pris, à cette époque, cette tentative sous sa protection.

Cependant M. le bourgmestre de Bruxelles, en répondant à une lettre que vous lui avez écrite à ce sujet, et en disant qu'il n'existe aucun débit autorisé de viande de cheval à Bruxelles, ajoute :

« Mais cette viande est débitée pour la consommation dans la commune de Vilvorde, à deux lieues de Bruxelles. Un individu paraît se livrer depuis assez longtemps et avec succès dans cette commune à ce genre de commerce; il vend la viande au prix de 14 centimes le 1\[2 kilogr. La classe ouvrière, *me dit-on*, recherche avec empressement cet aliment : un médecin de la localité, qui est en grande réputation, prend un vif intérêt à cette alimentation et la préconise. »

Ce fait, contrairement aux autres, est entièrement en faveur de la consommation de la viande de cheval.

DEUXIÈME QUESTION. — *Quels seraient les avantages de cette alimentation?*

La viande de cheval étant reconnue être une nourriture saine, il est probable qu'elle aurait des consommateurs, puisqu'elle en trouve à Vilvorde, et qu'ainsi elle viendrait fournir un supplément de nourriture animale à la population peu aisée. Ce supplément ne pourrait être considérable quant à présent, puisqu'il ne pourrait provenir que des chevaux peu âgés, mis tout à fait, ou au moins pour un certain temps, hors de service. Quant aux vieux chevaux, ils donneraient une viande assez inférieure pour que, si elle était mise en vente, en commençant une tentative, on dût craindre qu'elle ne dégoûtât complétement la génération actuelle de cet essai.

La mesure ou la quantité de viande de cheval disponible ne pourrait encore, quant à présent, je le répète, faire diminuer le prix actuel des viandes de boucherie.

Enfin, il faut avoir présent à la pensée que, pour produire de la viande de cheval en plus de la quantité que les accidents mettraient économiquement dans la consommation, il faudrait employer les mêmes substances alimentaires qu'exige la production des viandes de mouton, de vache, de bœuf, et que la viande de ces animaux non-seulement est supérieure, mais encore, que toutes les circonstances de culture en France portent à croire et même donnent presque la certitude que cette dernière viande des animaux actuels de boucherie se produira toujours à meilleur marché dans l'économie rurale que la viande de cheval.

TROISIÈME QUESTION. — *Quels seraient les inconvénients?*

Si les considérations qui précèdent étaient des erreurs; si des essais venaient faire voir qu'on peut faire de la viande de cheval avec économie, on ne peut prévoir d'autres inconvénients que la nécessité d'une surveillance très-active et spéciale dans le débit de cette viande, afin qu'une avidité coupable ne vienne pas mettre à la portée des populations des viandes de chevaux affectés de maladie qui indiquent des altérations profondes dans l'économie et qui pourraient faire craindre des dangers pour la santé des consommateurs.

Ce serait surtout dans les commencements d'une tentative que cette nécessité d'une surveillance spéciale se produirait.

Peut-être pourrait-on craindre que la viande de cheval, si la consommation prenait de l'extension, vînt faire une concurrence aux autres viandes de boucherie, et par suite diminuer la production de celles-ci. — Nous ne croyons pas que ce fait puisse se produire : mais, s'il arrivait, il serait l'indice d'un besoin auquel on aurait satisfait, et il faudrait s'y soumettre. Au lieu d'être un inconvénient, il serait peut-être un avantage, et il prouverait que nous nous étions trompés.

Conclusions. — Il résulte de ce qui précède : que les questions posées par monsieur le ministre sont, comme presque toutes les questions d'économie agricole, complexes, et qu'on manque des éléments nécessaires à leur complète solution.

Que l'examen des deux premières ne donne pas actuellement l'espérance de la réalisation d'avantages de quelque importance.

Que l'examen de la troisième, celle relative aux inconvénients, ne fait pas surgir des motifs suffisants pour empêcher un essai, si l'administration jugeait qu'il fût opportun d'en tenter.

Signé : M. VERNOIS, HUZARD. — Lu et approuvé dans la séance du 15 février 1856, Le *vice-président* LEBU. — Le *secrétaire* TRÉBUCHET.

II. EXTRAIT D'UNE LETTRE DE M. VERHEYEN, INSPECTEUR VÉTÉRINAIRE DE L'ARMÉE DE BRUXELLES, ADRESSÉE A M. HUZARD. (Du 17 février 1856.)

Monsieur et honoré collègue,

A Bruxelles il n'a jamais existé de boucherie pour le débit régulier de la viande de cheval ; les équarrisseurs de Molenbeck-Saint-Jean se livrent depuis plusieurs années à ce commerce. Chaque fois qu'ils abattent un cheval dont la viande est destinée à la consommation, ils sont obligés de faire une déclaration à la police locale, qui délègue un vétérinaire pour s'assurer de l'état de santé. Cette formalité accomplie, l'autorisation est accordée.

Des abus énormes se sont glissés dans ce commerce; traqués par la police, des équarrisseurs ont abandonné leur chantier et ouvert des clos dans une commune voisine : le mal a été déplacé et l'impunité acquise; l'autorité les laisse avec sécurité se livrer à leurs pratiques frauduleuses; chevaux vivants et morts de n'importe quelle maladie, tout y passe. Dans aucun de ces établissements, la viande ne se vend dépecée, elle est hachée et convertie en saucissons, façon de Boulogne: l'ail, l'oignon, le poivre et le sel n'y font pas défaut. Cet aliment se vend aux classes pauvres et surtout dans les kermesses de village où des marchands forains étalent cet appât qui excite à boire dans des boutiques en plein vent.

En 1847, année de disette, la viande de cheval était entrée pour une assez forte part dans l'alimentation des pauvres ; le gouvernement eut la velléité d'encourager cette consommation. Il saisit l'Académie de médecine de cette question; le rapport motivé que lui adressa ce corps est allé s'engouffrer dans un carton, où il repose en paix. Le gouvernement ne pouvant intervenir dans l'administration des communes, le laisser faire, le laisser aller, ont conservé toute leur force.

Vilvorde, petite ville de cinq mille habitants, à deux lieues de la capitale, à laquelle un chemin de fer la relie, a ouvert une boucherie en 1847; elle débitait jusqu'à cinq chevaux par semaine, au prix de 12 à 15 centimes le 1/2 kilogr.; à la longue, elle n'a pu continuer ses affaires et n'existe plus.

Il est des obstacles qui s'opposeront encore longtemps à ce que la consommation du cheval devienne un fait normal. D'abord, les chevaux qui défrayent les établissements ne sont nullement préparés ; ils sont ou vieux, ou épuisés par le travail; par conséquent, dans un état de maigreur voisin du marasme; cette viande ne peut être ni appétissante ni nutritive. Je pense que la préparation que lui font subir les équarrisseurs de Molenbeck-Saint-Jean, c'est-à-dire la conversion en saucissons, est le meilleur parti que l'on puisse en tirer. Ensuite, le prix de cette catégorie de chevaux a considérablement augmenté par suite de la concurrence de l'agriculture. La campagne de Malines, originairement terrain de bruyères, possède une culture très-avancée. Les exploitants des terres n'hésitent pas à payer 30 francs et même 40 francs un cheval hors de service qu'ils convertissent en engrais. L'immense débit toujours croissant du guano a fait surgir des fabriques d'engrais artificiels, nouvelle concurrence pour les débris d'animaux.

Je doute que l'engraissement du cheval puisse jamais constituer une industrie : sain, vigoureux et dans l'âge convenable, sa valeur commerciale est trop élevée; vieux ou épuisé, la nourriture d'engrais lui profiterait-elle? La transformation des denrées en chairs de bœufs ne rapporterait-elle pas davantage au producteur et avec moins d'embarras? On ne doit pas perdre de vue que l'immobilité du bœuf ne saurait convenir au cheval. En supposant que la viande de cheval engraissé se vende 35 centimes le 1/2 kilogr., je ne pense pas, aux prix actuels des denrées, que cette industrie soit lucrative, voire même rémunératrice.

La guerre d'Orient a amené une hausse considérable dans la valeur commerciale du cheval; les vieux s'en sont ressentis, et on ne s'en défaisait plus, pour me servir d'une expression vulgaire, qu'alors qu'ils étaient usés jusqu'à la corde. Aussi, malgré le haut prix des denrées alimentaires, n'a-t-on pas agité, cette fois, dans notre pays, la question de la consommation du cheval. Je crois que ce que l'on a dit naguère de la minime valeur nutritive de sa chair est une erreur ou un préjugé. Pour ne mentionner que ce que j'ai vu, je dirai que, pendant ma direction à l'école vétérinaire, cette viande formait l'aliment exclusif des porcs, qu'ils ne diminuaient pas en poids, la croissance marchait régulièrement, et ceux impropres à la reproduction s'engraissaient parfaitement. Ce dont il faut tenir compte pour l'homme, c'est, chez les chevaux âgés et maigris, la roideur, la densité, la concentration de l'élément musculaire, la prédominance des tissus fibreux et élastiques que nous savons être aussi réfractaires au suc gastrique que la cellulose végétale l'est aux sucs saccharifiants du tube digestif. Un semblable aliment est fort médiocre, et ne constituera jamais pour nos contrées qu'une ressource accessoire pendant les années de disette et de famine. En temps ordinaire, la conversion en viande de porc, en seigle, en froment, fera rentrer la viande de cheval indirectement dans la consommation, et, sous ce point de vue, le progrès réalisé ne me semble pas dénué d'importance.

Agréez, etc.

III. RAPPORT AU CONSEIL D'HYGIÈNE PUBLIQUE ET DE SALUBRITÉ DU DÉPARTEMENT DE LA SEINE. (Du 29 janvier 1857.)

Monsieur le préfet,

Il y a bientôt une année, monsieur le ministre de l'agriculture, du commerce et des travaux publics avait demandé au conseil d'hygiène publique et de salubrité si l'usage de la viande de cheval était nuisible, si l'on pouvait en autoriser la vente et si son introduction au nombre des substances alimentaires était de nature à venir en aide d'une manière efficace à la consommation de la population. M. Huzard et moi, chargés de répondre à ces questions, nous étions arrivés aux conclusions suivantes :

1° La viande de cheval, pourvu qu'elle soit dans les conditions acceptables par les inspecteurs de la boucherie, n'est pas nuisible.

2° Il n'y a pas d'inconvénient à ouvrir à titre d'essai, et avec certaines précautions, un établissement dans lequel on ne vendra que cette viande.

3° Enfin, il n'est pas probable que la quantité nouvelle de viande, versée ainsi sur le marché, puisse faire baisser le prix des autres viandes, et qu'elle puisse devenir une ressource et à plus forte raison un bienfait pour les classes pauvres.

Les raisons principales que M. Huzard et moi nous donnions à l'appui de cette dernière conclusion étaient celles-ci : Le cheval est rare en France, et sa production ne suffit pas aux besoins : le cheval représentant une force, on use de cette force jusqu'à sa dernière·limite, c'est-à-dire jusqu'à ce que l'instrument qui la produit soit tout à fait hors d'état de remplir sa fonction. Dans ces circonstances, le cheval qui est vendu à l'équarrisseur se trouve dans des conditions si déplorables d'amaigrissement, que ses chairs, bonnes pour faire des engrais, ou d'autres produits, ne seront pas acceptées pour viandes de boucherie. Si l'on ajoute à cela toutes les causes de maladie qui écarteront un grand nombre de ces animaux du concours de la vente, il ne restera plus de véritablement présentable que la viande des chevaux en bon état de santé, morts ou abattus à la suite d'accidents.

Le conseil d'hygiène avait accepté les termes de cette réponse.

La question en était là, monsieur le préfet, quand, le 14 janvier 1857, M. le docteur X.... a sollicité de vous l'autorisation d'ouvrir à Paris quatre nouvelles boucheries spécialement affectées à la vente de la viande de cheval.

Le 17 janvier sa pétition a été renvoyée au conseil d'hygiène, qui m'a chargé de l'examiner et de vous transmettre un avis à ce sujet.

La demande du sieur X.... est basée sur les considérations suivantes :

« La science a résolue depuis quelques années la question de la bonne qualité de la viande de cheval.

« Son usage alimentaire est mis en pratique en Danemark, en Allemagne, en Belgique et en Autriche.

« En France, des expériences récentes ont conduit aux résultats les plus satisfaisants, et cela avec de la viande de chevaux vieux, étiques et hors de tout service.

« Enfin, douze mille chevaux environ sont abattus chaque année à Paris et livrés à l'équarrissage ; en portant à deux cents kilogrammes la quantité de bonne viande que donne un cheval, et en défalquant du premier chiffre le nombre (probable) de chevaux malades, il resterait·encore deux millions de kilogrammes de viandes *perdus* aujourd'hui et qui pourraient servir utilement à l'alimentation publique. »

Ce n'est pas ici le lieu de revenir sur l'appréciation de ces divers motifs, ni de rentrer dans la discussion des faits énoncés, dont quelques-uns ne sont ni aussi certains, ni aussi démontrés, que semble le penser M. le docteur X.... Tel avait été l'objet du premier rapport fait par M. Huzard et par moi. Je ne présenterai qu'une observation générale relative à l'opinion de quelques philanthropes qui, comme M. le docteur X...., se plaisent à établir et à toujours rappeler que la viande de cheval est actuellement perdue complétement pour l'alimentation publique. Sans doute, sous la forme de viande de boucherie et d'aliment direct, l'homme n'en retire en ce moment aucun bénéfice. Mais il ne faut pas perdre de vue que toute cette viande des chevaux conduits à l'équarrissage est transformée en engrais très·utile à l'agriculture. L'industrie intelligente ne laisse rien perdre, et, quand une substance n'est pas apte à être directement employée sous sa forme naturelle, elle se charge de lui faire subir·les métamorphoses nécessaires pour la restituer aux besoins de l'homme. Avec de la mauvaise viande de cheval, elle fait des récoltes excellentes et de la bonne farine ; l'argument des philanthropes, ou mieux des amis de la viande de cheval, ne peut donc être accepté comme un reproche réel et fondé.

Mais toute considération théorique disparaît devant la demande de mise en pratique du débit de la viande de cheval. Y a-t-il lieu d'accorder l'autorisation sollicitée ?

L'avis favorable que M. Huzard et moi nous avons émis précédemment en thèse générale et que le conseil de salubrité a adopté, demande aujourd'hui à être soumis à quelques règles que la sagesse et la prudence hygiéniques doivent surtout ici recommander.

Hormis de très-rares exceptions, les chevaux qui seront présentés pour être abattus et livrés à la boucherie, ne seront jamais dans l'état de force et de santé où se trouvent habituellement les bœufs, les veaux et les moutons; des fatigues exagérées, des maladies chroniques, suite de vieillesse, d'épuisement et de mauvaise ou insuffisante alimentation, mettront la plupart de ces animaux dans des conditions qui devront être soigneusement étudiées. Si j'ajoute que la morve, le farcin et d'autres affections graves pourront compliquer ces fâcheux antécédents et s'y joindre le plus souvent, il deviendra indispensable de ne pas livrer à l'arbitraire la vente et le débit de la viande de cheval; pour le service de la boucherie, il faudra leur imposer des obligations qui ne pèsent pas sur le commerce ordinaire des bestiaux. Un homme spécial, un vétérinaire instruit, devra, au nom de l'autorité, présider à la réception des chevaux destinés à l'alimentation publique, et l'administration déterminera ensuite, par des règlements spéciaux, le lieu où ces animaux seront conduits et abattus, ainsi que le mode de surveillance le plus propre à empêcher la fraude.

Quant à la vente et à la distribution, elle devra être soumise aux règlements qui sont en vigueur pour le débit des viandes acceptées sur les marchés publics. Un inspecteur de la boucherie devra spécialement examiner ces nouveaux produits, et ne les recevoir que quand ils présenteront à l'œil, à la main et à l'odorat, tous les caractères qui appartiennent à une viande bonne à être débitée, quoiqu'on ait avancé que les viandes mangées à Alfort et à Toulouse aient été prises sur des chevaux vieux et étiques; il ne faut pas oublier que ces viandes ont été accommodées pour l'*expérience*, pour le besoin de la cause, chez des particuliers, et avec des soins qui ne pourront jamais être mis en pratique dans les conditions ordinaires et prévues de la vente, et chez les classes inférieures du peuple, auxquelles cette viande paraît plus spécialement destinée.

Quelle que soit la valeur des précédentes observations,

Vu l'innocuité bien reconnue de la viande saine de cheval; vu (dans certaine mesure) la nécessité et l'utilité de tenter de nouveaux moyens d'augmenter la somme des produits alimentaires;

J'estime, monsieur le préfet, qu'il y a lieu d'accorder à monsieur le docteur X... l'autorisation qu'il sollicite, aux conditions suivantes :

1° Avant d'être abattus, pour être livrés à la boucherie, les chevaux devront être déclarés sains par un vétérinaire attaché à l'administration.

2° La vente de la viande qui en proviendra sera soumise pour sa présentation sur le marché et pour son débit aux prescriptions qui régissent la vente et le débit des viandes ordinaires de boucherie.

3° Une ou plusieurs boucheries spéciales seront établies à cet effet. Une étiquette indiquera très-ostensiblement que cette viande est de la viande de cheval.

4° Enfin, l'autorisation, à titre d'essai, sera de une année; l'administration, comme de droit et d'usage, se réservant la faculté de la retirer, si des plaintes fondées lui parvenaient sur l'emploi de la viande de cheval.

Le délégué du conseil d'hygiène publique et de salubrité, signé, Vernois.

Lu et approuvé dans la séance du 6 février 1857, le vice-président, signé Soubeiran, le secrétaire, signé A. Trébuchet.

On peut consulter sur cette question un rapport au conseil de salubrité du Nord (1849); — les *Lettres sur les substances alimentaires et particulièrement sur la viande de cheval*, par M. Isidore Geoffroy Saint-Hilaire; — et le Rapport sur l'usage alimentaire de la viande de cheval, fait par M. le docteur Blatin à la Société protectrice des animaux, publié dans le numéro 6 de la deuxième année des bulletins (novembre et décembre 1856).

Il y a en ce moment plus de deux années que l'autorisation d'ouvrir une ou plusieurs boucheries de viande de cheval a été accordée, et aucun établissement de ce genre n'a encore été inauguré.

Je persiste pour ma part dans les opinions que j'ai émises en 1857. J'ai, depuis cette époque, visité dans le Nord (en Danemark, à Hambourg, en Belgique) les villes où l'on prétendait que l'usage de la viande de cheval était répandu. Je n'y ai vu que de très-rares débits, placés dans les quartiers les plus reculés des villes ou en dehors de leurs murs. Il n'y a que les gens de la classe la plus misérable qui mangent cette viande à Hambourg. Aucune surveillance n'est exercée sur l'origine et sur la vente de la viande. Près des abattoirs et des clos d'équarrissage, à l'étranger, comme près des grandes villes de France, il y a toujours une partie de la viande des chevaux abattus qui est vendue en contrebande et mangée, — je crois sans grave inconvénient. La défense de la vente de la viande à *la main*, dans le département de la Seine, rendra cette fraude plus difficile.

Viande de chevreaux.

IV. RAPPORT AU CONSEIL D'HYGIÈNE PUBLIQUE ET DE SALUBRITÉ DU DÉPARTEMENT DE LA SEINE. (Du 23 novembre 1858.)

Monsieur le préfet,

Il résulte de divers documents envoyés au conseil que votre administration désirerait savoir si la chair des chevreaux est malsaine, et, dans le cas de l'affirmative, dans le cas où cette chair ne devrait pas être tolérée sur les marchés, à quel âge de l'animal la prohibition de sa chair devrait cesser.

Pour bien comprendre la question, quelques détails résultant des documents sont nécessaires.

Les chevreaux qui arrivent sur les marchés se divisent en deux classes. Ceux qui ont été sacrifiés quand ils tetaient encore, dits *tétarts;* et ceux qui ont été sacrifiés après avoir commencé à manger, dits *broutants*. Les premiers ont trente à quarante jours d'existence, les seconds peuvent avoir de trois à quatre mois; quelques broutants cependant arrivent vivants. C'est une exception; les chevreaux arrivent donc presque tous morts et dépouillés de la peau qui a été vendue aux gantiers.

L'apport des chevreaux à Paris n'a commencé à avoir de l'importance que depuis les chemins de fer, qui ont procuré un transport rapide et à bon marché; avant les chemins de fer, les chevreaux étaient généralement consommés dans le pays d'élevage.

Il faut dire ici que les peaux de chevreaux tétarts se vendent le double du prix de celles de chevreaux broutants, et que, le prix du corps de l'animal étant inférieur au prix de la peau même des chevreaux broutants, il en résulte que le très-grand nombre des chevreaux sont tués à l'état de chevreaux de lait ou tétarts. Il résultera par conséquent de cet état de choses que, si la chair des chevreaux est malsaine, c'est la très-grande partie, la presque totalité de la chair des chevreaux qu'il faudrait proscrire.

Cette chair est-elle donc malsaine?

On dit que la viande est peu substantielle : qu'elle est peu nutritive. On va jusqu'à annoncer qu'elle ne contient aucun principe alimentaire; que, si on en mange beaucoup, ou pendant un certain temps, elle devient laxative et donne des diarrhées rebelles.

On ajoute: il est des estomacs qui ne peuvent la supporter.

On ajoute encore c'est la classe ouvrière qui la consomme en plus grande partie à cause du bas prix, et c'est cette classe ouvrière qui peut le moins en neutraliser les effets nuisibles par une nourriture accessoire plus convenable.

Voilà, si je ne me trompe, les grands griefs reprochés à cette chair.

Examinons les causes de répulsion, et voyons ce qu'elles ont de vrai.

Et d'abord rejetons la cause de répulsion suivante, *il est des estomacs qui ne peuvent supporter cette viande.*

Il est bien d'autres aliments, en effet, qui sont dans le même cas, même de forts bons aliments; l'idée de les proscrire eût été ridicule.

Rejetons aussi tout d'abord cette autre raison, que la chair de chevreau ne contient aucun principe nutritif; qu'elle donne des diarrhées rebelles. Ce sont là des exagérations sans preuves, sans probabilités même, et voilà tout; passons à des raisons plus sérieuses.

Cette viande est peu substantielle, est peu nutritive, dit-on : cela peut être, il est vrai; mais nous manquons d'expérience directe à cet égard, c'est une présomption basée sur sa consistance plus molle, sur sa texture qui contient moins de fibrine; mais, de ce qu'elle peut être moins substantielle, moins nutritive que d'autres viandes, en résulte-t-il qu'elle soit malsaine? On peut en douter; nous verrons par quelques faits si on n'a pas raison d'en douter.

Si on en mange beaucoup, elle devient, dit-on, laxative. Cela peut être encore, mais d'autres aliments sont dans le même cas; mais l'excès est une exception; et l'excès dans le meilleur aliment est toujours nuisible.

Si on en mange pendant quelque temps, dit-on encore, elle produit le même effet laxatif.

Cet effet peut sans aucun doute se reproduire, si on mange de cette viande d'une manière continue; mais est-ce la personne dont l'estomac ne peut supporter cette nourriture qui en prendra une seconde fois? Est-ce l'ouvrier terrassier ou forgeron, qui s'apercevra que son repas n'a pas été aussi substantiel qu'à l'ordinaire, qui recommencera à manger cette viande? Cela n'est guère probable.

C'est donc l'ouvrier sédentaire, dont l'exercice musculaire est très-restreint, qui peut, par principe d'économie, faire un usage journalier de cette viande; mais cette supposition d'un usage journalier continu est-elle admissible?

L'ouvrier n'a pas, plus que toute autre personne, le désir d'avoir toujours la même nourriture, surtout lorsque cette nourriture est de la viande et surtout de la viande peu sapide. Il fait d'ailleurs plusieurs repas par jour. Son déjeuner, son dîner, son souper ne se ressemblent pas. Beaucoup ne font même qu'un repas proprement dit : un grand nombre, après avoir mangé la soupe le matin, ne font que des repas accessoires dans la journée, pour arriver enfin au souper ; c'est le pain qui est le fond de ces repas accessoires, avec un morceau de charcuterie ou avec un morceau de viande froide autre que la viande de chevreau, ou avec un morceau de fromage fort ; un verre d'eau, un verre de vin, un petit verre en hiver, complète ces repas accessoires. Le repas de viande chaude fraîchement accommodée, est un repas unique, et, quand ce repas est de la viande de chevreau, cette viande est salée, poivrée, rôtie très-souvent. Ce repas est assaisonné d'un verre de vin au moins, ou de quelque liqueur fermentée. La viande se digère bien, et sans aucun doute alors elle fournit à l'économie une quantité de matière nutritive. *Je le répète*, l'ouvrier n'en mange qu'en quantité restreinte, et celui auquel cette viande ne conviendrait pas s'en apercevrait bien vite avant d'en souffrir et l'abandonnerait,

Quant à l'ouvrier, qui par économie voudrait faire un usage continu de cette nourriture qui lui nuirait, on le trouverait difficilement, je pense, et, si on le privait de cette nourriture, il ne se nourrirait pas mieux pour cela ; il prendrait une nourriture moins nutritive peut-être encore. J'ajoute que, dans les petits restaurants où l'ouvrier prend ses repas, la portion est généralement à prix fixe, qu'elle soit composée d'une espèce de viande ou d'une autre : et que l'ouvrier peut choisir.

Ce qui précède répond à cette objection, à cette vérité même, que la chair de chevreau est principalement consommée par la classe qui peut le moins en neutraliser les effets par une nourriture accessoire plus convenable ; je n'ai donc plus besoin de parler de cette dernière objection.

Voyons maintenant quelle est la quantité de cette nourriture apportée à Paris.

Le contrôleur de l'approvisionnement, M. de Cutollé, déclare que trente-trois mille trois cent deux chevreaux ont été amenés sur le marché en 1857, dont un dixième vivants ; reste donc trente mille suspects, c'est en avril et en mai qu'ils ont été amenés ; je n'ai pu trouver à acheter de cette chair cette année après le 12 juin. En calculant quinze rations par chevreau, c'est environ sept mille cinq cents rations par jour pendant deux mois pour plus de deux cent mille ouvriers, pour peut-être trois cent mille personnes qui mangent plus particulièrement de cette viande. On voit qu'il ne peut y avoir que quelques personnes qui par extraordinaire veuillent faire de cette viande une nourriture continue.

Une autre considération enfin :

Si on défend l'apport sur le marché de Paris de ces chevreaux, ils seront consommés dans la banlieue, le mal, si mal il y a, sera déplacé, ou bien il faudra interdire aux chemins de fer d'amener à Paris de la viande de chevreau.

Ils seront alors, comme autrefois, consommés dans les départements ; voyons donc si cette viande est malsaine là où elle se produit :

Après les raisonnements voyons les faits :

« Le 24 juillet, M. le juge de paix d'Amboise m'écrit : La chair des chevreaux est envoyée sur le marché de Paris, il en est bien consommé dans le pays même, mais cela se borne à un ou deux repas de famille ; et il est impossible d'apprécier ici l'influence que cette nourriture peut avoir sur la santé publique. »

De cette lettre il résulte qu'à la santé on ne se trouve pas mal de l'usage de la chair de chevreau en petite quantité.

Continuons :

Le 25 août, M. Rey, vétérinaire à Grenoble, m'écrit : « Depuis vingt-deux ans que je suis vétérinaire à Grenoble, j'ai toujours vu manger la viande des chevreaux, je n'ai jamais ouï dire qu'elle ait fait de mal. Dans le moment de la grosse vente, la classe ouvrière ne mange pas d'autre viande. Les restaurants en consomment assez. »

16 septembre, une autre lettre de Grenoble de M. le secrétaire de la préfecture adressée à M. le sous-préfet de la Tour-du-Pin, contient ce qui suit :

« On apporte à Grenoble un grand nombre de chevreaux, *ils sont tous tétarts*. La chair n'en est pas regardée comme insalubre. *La classe ouvrière en fait volontiers régal*, néanmoins, l'usage prolongé, comme celui de la viande de veau, causerait des dérangements d'estomac ou d'intestins. Dans les Hautes et Basses-Alpes ; dans une partie de Saône-et-Loire et de la Nièvre, on mange également un assez grand nombre de chevreaux, absolument dans les mêmes conditions que dans l'Isère et avec les mêmes résultats. — Je crois qu'il serait heureux que l'on n'admît pas ces animaux avant l'âge de cinq à six semaines. La viande conserve un goût *sui generis* qui m'a paru peu agréable. J'en ai goûté à plusieurs reprises sans être le moins du monde incommodé. Je vous conseille, à un point de vue gastronomique, de vous en priver totalement. »

Une lettre de M. le sous-préfet de la Tour-du-Pin ajoute à ces renseignements :

« Dans cet arrondissement, il y a peu d'animaux de l'espèce caprine, on mange la viande de chevreau sans qu'il me soit jamais survenu de plaintes sur son insalubrité. »

Une lettre de M. Delambre, receveur des finances à Pontgouin (Isère), mais datée de Bagnères-de-Luchon, aussi de septembre, me dit :

« Le commerce de chevreaux est très-grand dans les environs de Bagnères-de-Luchon, un seul individu en achète chaque année à peu près quatorze mille, dont treize mille cinq cents sont tétarts. La chair de chevreau tétart est très-estimée ici, où elle est préférée à celle du mouton, tandis que personne ici ne se soucie de la chair de broutarts. Tout ce qui se tue ici en première qualité est consommé à Luchon, et le surplus expédié à Toulouse. Les expéditions se font d'avril en juin. — Les broutarts, je vous le répète, sont dédaignés : personne ici ne songerait à condamner comme insalubre la chair de chevreau tétart. »

Enfin, une lettre de M. le directeur de l'École impériale de Toulouse, M. Prince, en date du 30 septembre 1858, me dit :

« Ici les agneaux sont préférés aux chevreaux. Il n'est pas à ma connaissance, ni à celle de plusieurs médecins que j'ai consultés, que ces viandes se soient jamais montrées insalubres ; elles sont d'ailleurs délicates et recherchées. — Dans l'usage ordinaire, on distingue peu les chevreaux de lait de ceux qui ont brouté. »

M. le directeur ajoute un renseignement qui se trouverait en contradiction avec un de ceux de M. Delambre : c'est que le nombre des chevreaux consommés à Toulouse, pour 1855, 1856 et 1857, ne s'élève, en moyenne, qu'à cent deux par année, dont soixante-treize chevreaux de lait et vingt-neuf broutarts: ce qui ré ulte toujours de la lettre de M. le directeur de l'École impériale vétérinaire, c'est que la viande de chevreau ne s'est jamais montrée insalubre.

Résumé. — De tout ce qui précède, il me semble qu'on peut tirer les conséquences suivantes :

C'est qu'il n'est pas prouvé que la viande des chevreaux, même des chevreaux de lait, soit nuisible, quand elle est de bonne nature, ou autrement dans des conditions de bonne conservation.

C'est qu'elle ne pourrait peut-être devenir nuisible que si on en faisait une consommation continue, exceptionnelle; que ce danger n'est pas à craindre à Paris, plus que partout ailleurs.

En conséquence :

Je pense qu'il n'y a pas lieu de proscrire des marchés de Paris la chair des chevreaux, même celle des chevreaux de lait ; qu'il y a lieu, comme pour les autres sortes de chairs de boucherie, peut-être, cependant plus encore pour la première, d'exercer la surveillance active accoutumée.

Signé HUZARD.

Lu et approuvé dans la séance du 26 novembre 1858.

Le *vice-président*, signé CH. COMBES; le *secrétaire*, signé A. TRÉBUCHET.

Charcutiers (3ᵉ classe).

Les charcutiers sont compris parmi les industriels soumis à l'inspection des conseils d'hygiène, à cause de la préparation des substances alimentaires dont la surveillance appartient à l'autorité, et surtout aussi à cause de l'amas et de l'accumulation, dans leur domicile, de matières animales susceptibles d'entrer en fermentation putride.

Il n'y a donc pas ici à s'occuper du détail de leurs diverses opérations, mais à établir les règles de précaution auxquelles ils doivent être soumis. (Voir l'article *Substances alimentaires*.)

CAUSES D'INSALUBRITÉ. — Aucune, quand l'établissement est bien tenu ; graves accidents si les viandes sont putréfiées.

CAUSES D'INCOMMODITÉ. — Odeur et fumée, dans les grandes villes surtout, pendant la préparation de certains aliments.

(Voir *Porcheries* et *Tueries de porcs*, qui sont souvent, en province, annexées aux charcuteries proprement dites.)

PRESCRIPTIONS GÉNÉRALES. — Fourneaux bien construits avec hotte pour conduire la buée dans la cheminée.

Ventilation bien disposée de la pièce où se fait le travail.

Ne jamais fondre les graisses.

Ne jamais garder des viandes corrompues ni de sang altéré.

Gratter souvent et blanchir à la chaux les murs de la chambre de travail.

Bitumer le sol de la cave si l'on y dépose des matières d'où s'échappe du sang ou de la graisse.

Daller la cour et la boutique.

Ne jamais envelopper les saucissons ou autres viandes dans des papiers toxiques.

I. LETTRES PATENTES SUR LE COMMERCE DE LA CHARCUTERIE. (Du 26 août 1783, registrées le 7 septembre 1784.)

1. Les maîtres composant la communauté des charcutiers de la ville et des faubourgs de Paris, créée et rétablie par édit du mois d'août 1776, jouiront seuls et exclusivement à tous autres, sauf les exceptions portées aux articles 3 et 6, ci-après, du droit d'y vendre, débiter tant en gros qu'en détail, et fabriquer toutes sortes de lards, jambons, petit-salé, saindoux, vieux oing ; comme aussi toutes sortes de boudins, saucisses, saucissons, cervelas, andouilles, et généralement tout ce qui se fabrique avec la chair de porcs, tant frais que salés, et même avec d'autres viandes hachées et mêlées avec de la chair de porcs telles que les langues fourrées, les pieds à la Sainte-Menehould, les panaches préparées à la braise, les boudins blancs et autres.

Ils pourront pareillement assaisonner lesdits ouvrages de charcuterie avec telles épices et autres ingrédients nécessaires, pourvu, toutefois, qu'ils soient salubres et non malfaisants.

2. Défenses sont faites, à tous gens sans qualité de s'immiscer en ladite profession, sous quelque prétexte que ce puisse être, même sous celui d'association avec les maîtres de ladite communauté, sous peine de saisie et de confiscation des marchandises et ustensiles.... et de deux cents livres d'amende.

L'article 3 fait exception pour 1° les épiciers, qui peuvent vendre toutes sortes de jambons venant des provinces et de l'étranger, les mortadelles, les saucissons de Bologne, les lards salés et cuisses d'oie provenant des provinces, à la charge de vendre le tout nu, entier et sans débiter ; les traiteurs, pâtissiers et rôtisseurs qui peuvent acheter du marchand forain le lard frais et salé pour la préparation de leurs marchandises, et préparer et vendre les pieds à la Sainte-Menehould, les panaches de porcs à la braise, les boudins blancs, saucissons, andouilles, et langues fourrées ; le tout mêlé de chair de porc et autres viandes, à la charge d'acheter chez les charcutiers, les chairs et issues de porcs entrant dans leurs marchandises.

4. Il sera permis aux maîtres charcutiers d'acheter des issues et abatis de bœufs, veaux et moutons, pour les employer dans les ouvrages de leur profession seulement, sans pouvoir les vendre ni débiter de toute autre manière que celle ci-dessus indiquée.

5. Les maîtres de ladite communauté seront tenus d'exercer bien et loyalement leur profession, et, suivant les règles de l'art, de n'employer que des marchandises saines et non gâtées, ni corrompues, et enfin de tenir leurs vaisseaux, chaudières et autres ustensiles nets, sous peine de saisie et confiscation desdites marchandises et ustensiles, et de telle amende qu'il appartiendra, selon l'exigence des cas.

6. Les marchands forains continueront à jouir de la faculté d'apporter, les jours de marché ordinaires, tant à la halle que dans les marchés de ladite ville et faubourgs de Paris, du porc frais, pour y être vendu, en se conformant, par eux, à l'arrêt du parlement du 22 août 1769. En conséquence, défenses leur sont faites d'introduire dans Paris et ses faubourgs aucunes marchandises de porcs qu'après les avoir coupés par quartiers, à la seconde côte, au-dessus du rognon ; comme aussi de vendre et débiter leurs marchandises dans les rues, même de s'y arrêter, avec leurs marchandises, sous quelque prétexte que ce soit, et, notamment, sous celui de les livrer aux bourgeois ; le tout, sous peine de saisie et confiscation des dites marchandises....., et de deux cents livres d'amende.

Les maîtres de la communauté..... jouiront pareillement de la faculté de porter au marché du porc frais pour y être vendu, en se conformant à ce qui est prescrit par le présent article, et sans qu'ils soient tenus de garnir ladite halle, si ce n'est en cas de nécessité, conformément à la sentence de police du 11 août 1776.

7. Pareilles défenses sont faites auxdits marchands forains ou autres, d'apporter ni exposer en vente, au marché ou partout ailleurs, si ce n'est aux marchés du Parvis Notre-Dame, le mardi de la semaine sainte, aucun jambon, lard salé, boudin, saucisse, andouille, cervelas, langue ou autre marchandise de pareille nature, crues, cuites ou salées, comme aussi d'apporter ni exposer au marché du porc frais qui serait gâté ou défectueux, le tout sous les peines portées en l'article précédent.

8. Lesdits marchands ne pourront hausser dans l'après-midi le prix de la marchandise établi dans la matinée ; celle qui n'aura pas été vendue ne pourra être remportée ni déposée pour être mise en vente au marché suivant, mais sera mise au rabais à la fin du marché.

Défenses sont faites auxdits forains de contrevenir aux dispositions du présent article, et à tout particulier de recevoir lesdites marchandises en dépôt, sous les peines portées en l'article 6 ci-dessus, tant contre lesdits forains que contre lesdits particuliers.

9. Lesdits forains seront tenus de vendre par eux-mêmes, ou par leurs

domestiques, les marchandises qu'ils apporteront au marché, sans pouvoir se servir de l'entremise de facteurs ou de factrices résidant à Paris, et ce, sous peine de cent livres d'amende, tant contre lesdits forains que contre les facteurs ou factrices.

10. Défenses sont faites aux maîtres de la communauté, aux marchands forains et à tous autres, de colporter ou faire colporter dans les rues, places ou marchés, ou de maisons en maisons, aucunes marchandises dépendantes du commerce de ladite communauté, pour les y offrir, vendre et débiter, et ce, sous les peines portées en l'article 6 ci-dessus.

11. Les arrêts et règlements concernant la tenue des marchés des porcs frais et des porcs vivants, le temps de leur durée, les heures fixées pour l'entrée desdits marchés, tant pour les bourgeois que pour les débitants, la police qui doit s'observer dans lesdits marchés, tant de la part des débitants que de celle des marchands forains, et enfin ceux qui concernent l'établissement et la tenue des tueries ou échaudoirs, seront exécutés selon leur forme et teneur; défenses sont faites d'y contrevenir sous les peines portées par lesdits arrêts et règlements.

13. Défenses sont faites aux maîtres et agrégés de ladite communauté, à leurs veuves, d'acheter des marchandises de ladite profession dans les environs et à une distance moindre de vingt lieues de Paris, et de faire le commerce des porcs en vie, ni en vendre dans les marchés; comme aussi aux marchands forains et à tous autres d'acheter dans les foires et marchés qui se tiendront dans ladite étendue aucuns porcs pour les regratter et revendre dans lesdits marchés ou sur les routes, le tout sous les peines portées en l'article 6 ci-dessus.

14. Les maîtres seront tenus de faire imprimer leurs noms en gros caractères à l'extérieur et à l'endroit le plus apparent de leur boutique, sans pouvoir prendre directement ni indirectement l'enseigne de ceux de leurs confrères qui habitent la même rue ou celles adjacentes; ils seront pareillement tenus, lorsqu'ils changeront de demeure, d'en faire, dans la huitaine, leur déclaration....... et d'y indiquer leur nouveau domicile........ le tout sous peine de dix livres d'amende, même de plus grande peine si le cas y échet.

15. Défenses sont faites à tous apprentis et garçons de la professsion, lorsqu'ils voudront se faire recevoir maîtres et s'établir, même dans les trois années qui suivront leur sortie de chez un maître, de prendre à loyer la boutique occupée par le maître chez lequel ils demeureront ou auront demeuré; comme aussi de s'établir, avant l'expiration desdites trois années, à la proximité des maisons qu'ils auront quittées, desquelles ils seront tenus de s'éloigner de manière qu'il y ait au moins quatre boutiques de la profession entre les maisons dans lesquelles ils auront demeuré, et celle de leur établissement, à moins que ce ne soit du consentement des maîtres intéressés, ou pour prendre l'établissement d'une veuve ou fille de maître qu'ils auront épousée, le tout sous peine de fermeture de boutique, de dommages-intérêts et d'amende.

II. Ordonnance concernant le commerce de la charcuterie [1] du **4** floréal an xii
(**24** avril 1804.)

Le conseiller d'État, préfet de police,

Vu les articles 2, 10, 21 et 23 de l'arrêté des consuls du 12 messidor an VIII et l'article 1er de celui du 3 brumaire an IX,

Ordonne ce qui suit :

1. La vente du porc frais et salé et des issues de porc continuera d'avoir lieu, à l'ancienne halle au blé et au marché Saint-Germain, dans les emplacements affectés à cette destination.

2. La vente en gros et en détail du porc et des issues de porc aura lieu les mercredis et samedis.

Elle sera ouverte à sept heures du matin, du 1er vendémiaire au 1er germinal, et à six heures pendant le reste de l'année.

La vente en gros cessera à midi, et celle en détail à cinq heures.

3. L'ouverture et la fermeture de la vente seront annoncées au son d'une cloche.

4. La visite des viandes exposées en vente sera faite avant l'ouverture de la vente. (Lettres patentes du 26 août 1783, art. 12.)

5. Il est défendu de revendre sur les marchés la viande de porc qui y aura été achetée soit en gros, soit en détail, sous peine de saisie et de deux cents francs d'amende. (Lettres patentes du 26 août 1783, art. 6 et 13.)

6. Il est défendu de colporter et de vendre dans les rues et places, ou de maison en maison, du porc frais et salé, ainsi que toute espèce de viande de charcuterie, sous peine de saisie et de deux cents francs d'amende. (Lettres patentes du 26 août 1783, art. 6 et 10.)

7. Les charcutiers établis dans le ressort de la préfecture de police auront seuls la faculté d'amener et de vendre sur les marchés le porc frais et salé et les issues de porc.

8. Il ne peut être formé dans le ressort de la préfecture de police aucun établissement de charcuterie sans une permission spéciale du préfet.

9. Il est défendu d'abattre et de brûler des porcs ailleurs que dans des échaudoirs autorisés à cet effet. (Lettres patentes du 26 août 1783, art. 11).

10. Il est enjoint aux charcutiers de tenir leurs chaudières et autres ustensiles dans la plus grande propreté, sous peine de saisie des ustensiles et d'amende. (Lettres patentes du 26 août 1783, art. 5.)

11. Les charcutiers ne peuvent acheter des issues de bœufs, veaux et moutons que pour les employer dans la préparation des viandes de charcuterie. (Mêmes lettres patentes, art. 4.)

Le conseiller d'État, préfet de police, Dubois.

[1] Voir les ordonnances des 29 janvier 1811 et 19 décembre 1825.

III. ORDONNANCE CONCERNANT LES ÉTABLISSEMENTS DE CHARCUTERIE DANS LA VILLE
DE PARIS. (Du 19 décembre 1835.)

Nous, conseiller d'État, préfet de police,

Considérant que, pour prévenir l'altération des viandes employées et préparées par les charcutiers, il est indispensable que les lieux affectés à l'exercice de cette profession soient suffisamment étendus, ventilés et entretenus
dans un état constant de propreté ;

Considérant que les feuilles de plomb dont sont revêtus les saloirs, pressoirs et autres ustensiles à l'usage des charcutiers, peuvent imprégner les
viandes qui se trouvent en contact avec elles de sels métalliques dont
l'action délétère n'est pas contestée, et que les vases de cuivre employés
presque généralement par les charcutiers pour la préparation des viandes
présentent des dangers plus graves encore ;

Vu l'avis du conseil de salubrité ;

Vu les lois des 16-24 août 1790 et 2-17 mars 1791 ; ensemble l'arrêté du
gouvernement du 12 messidor an VIII (1er juillet 1800) ;

Ordonnons ce qui suit :

1. A compter de la publication de la présente ordonnance, aucun établissement de charcutier ne sera autorisé dans la ville de Paris qu'après
qu'il aura été constaté par les personnes que nous commettrons à cet effet
que les diverses localités où l'on se propose de le former réunissent toutes
les conditions de sûreté publique et de salubrité prescrites dans l'instruction ci-après annexée.

2. Il est défendu de faire usage, dans les établissements de charcutiers,
de saloirs, pressoirs et autres ustensiles qui seraient revêtus de feuilles de
plomb ou de tout autre métal. Les saloirs et pressoirs seront construits en
pierre, en bois ou en grès.

3. L'usage des vases ou ustensiles de cuivre, même étamé, est expressément défendu dans tous les établissements de charcutiers. Ces vases et
ustensiles seront remplacés par des vases en fonte ou en fer battu.

4. Il est défendu aux charcutiers de se servir de vases en poterie vernissée. Ces vases seront remplacés par des vases en grès, ou par toute
autre poterie dont la couverte ne contient pas de substances métalliques.

5. Il est défendu aux charcutiers d'employer, dans leurs salaisons et préparations de viandes, des sels de morue, de varech et de salpêtriers.

6. Les charcutiers ne pourront laisser séjourner les eaux de lavage dans
les cuvettes destinées à les recevoir. Ces cuvettes devront être vidées et lavées
tous les jours.

7. Il est défendu aux charcutiers de verser, avec les eaux de lavage,
qu'ils devront diriger sur l'égout le plus voisin, les débris de viande ou de
toute autre nature. Ces débris seront réunis et jetés chaque jour dans les
tombereaux du nettoiement au moment de leur passage.

8. Les dispositions de l'article 1er ne seront applicables aux établisse-

ments dûment autorisés qui existent actuellement que lorsqu'ils seront transférés dans d'autres lieux ou lorsqu'ils changeront de titulaires.

Les dispositions des articles 2, 3 et 4 ne seront obligatoires, pour ces mêmes établissements, que six mois après la publication de la présente ordonnance.

9. Les contraventions aux dispositions de la présente ordonnance seront constatées par des procès-verbaux ou rapports qui nous seront adressés pour être transmis au tribunal compétent.

10. La présente ordonnance sera imprimée et affichée.

Le chef de la police municipale, l'architecte commissaire de la petite voirie, les commissaires de police, l'inspecteur général des halles et marchés, et les préposés de la préfecture de police, sont chargés, chacun en ce qui le concerne, d'en surveiller l'exécution.

Le conseiller d'État, préfet de police, GISQUET.

INSTRUCTION.

Des boutiques.

Les boutiques affectées à la vente des marchandises fraîches ou préparées devront être appropriées convenablement à cette destination.

L'intervalle entre le sol et le plancher sera au moins de trois mètres.

Le sol sera entièrement revêtu de dalles ou carreaux ; le plancher sera plafonné.

Pour renouveler l'air pendant la nuit, il sera pratiqué immédiatement sous le plafond, du côté de la rue, une ouverture de deux décimètres en carré (environ six pouces en carré) ; une autre ouverture de même dimension, sera pratiquée au bas de la porte d'entrée ou du mur de face ; ces deux ouvertures seront grillées.

Des cuisines ou laboratoires.

Les cuisines et laboratoires devront être de dimensions telles, que les diverses préparations de charcuterie y puissent être faites avec propreté et salubrité.

Les cuisines et les laboratoires auront au moins trois mètres d'élévation ; ils seront plafonnés. Le sol et les parois, jusqu'à la hauteur d'un mètre cinquante centimètres, seront convenablement revêtus de matériaux imperméables, pour faciliter les lavages et prévenir toute adhérence ou infiltration de matières animales.

Les pentes du sol seront réglées de manière que les eaux de lavage puissent s'écouler rapidement jusqu'à l'égout le plus voisin.

Un courant d'air sera établi dans les cuisines et les laboratoires ; les uns et les autres devront être suffisamment éclairés par la lumière du jour.

Des fourneaux et chaudières.

Les fourneaux et chaudières devront être toujours disposés de telle sorte, qu'aucune émanation ne puisse se répandre dans l'établissement ou au dehors.

Les chaudières destinées à la cuisson des grosses pièces de charcuterie et à la fonte des graisses devront être engagées dans des fourneaux en maçonnerie.

Réservoirs, à défaut de puits ou de concession d'eau.

A défaut de puits ou d'une concession d'eau pour le service de l'établissement, il y sera suppléé par un réservoir de la contenance d'un demi-mètre cube, qui devra être rempli tous les jours.

Il ne pourra être établi de soupentes dans les boutiques, les cuisines et les laboratoires, qui, sous aucun prétexte, ne pourront servir de chambres à coucher.

Des caves, et autres lieux destinés aux salaisons.

Les caves destinées aux salaisons devront être d'une dimension proportionnée aux besoins de l'établissement; elles devront être saines et bien aérées, ne point renfermer de pierres d'extraction pour la vidange des fosse d'aisance, ni être traversées par des tuyaux aboutissant à ces mêmes fosses.

Les caves devront avoir au moins deux mètres soixante-sept centimètres d'élévation sous clef : il y sera pratiqué, s'il n'en existe pas, des ouvertures de capacité suffisante pour y entretenir une ventilation continuelle.

Le sol des caves sera convenablement revêtu, pour faciliter les lavages, et prévenir toute adhérence ou infiltration de matières animales.

Les pentes du sol des caves seront disposées de manière à faciliter l'écoulement des eaux de lavage dans les cuvettes destinées à les recevoir.

Si, à défaut de caves, le local destiné aux salaisons est situé au rez-de-chaussée, le sol sera disposé de manière que les eaux de lavage puissent être dirigées sur l'égout le plus voisin.

Le conseiller d'État, préfet de police, GISQUET.

. . . .

Il est fâcheux que dans l'ordonnance qui précède on ait oublié d'imposer aux charcutiers qui font le saurage de ne point employer à cette opération du bois peint, en raison du danger qu'il peut y avoir par la volatilisation de l'oxyde de plomb.

. . . .

Tous les ans, en été, le préfet de police adresse aux commissaires de chaque quartier et de chaque commune de son ressort la circulaire suivante. Elle peut servir de modèle.

« Monsieur, dans l'intérêt de la salubrité publique, il me paraît nécessaire de procéder à une visite générale des charcuteries, ainsi que des établissements de fruiterie, épicerie et marchands de comestibles, où se débitent des salaisons (lards salés, jambons fumés et saucissons). Cette visite a besoin d'être simultanée pour être efficace.

« Je désire qu'elle ait lieu dans tout le ressort de la préfecture de police (tel jour).

« Votre examen devra porter sur toutes les parties des établissements que vous visiterez. Les viandes reconnues par vous hors d'état d'être livrées à la consommation devront, indépendamment de la constatation du délit prévu par la loi du 27 mars 1851, être enfouies immédiatement ou être mises à la disposition de M. X..., équarrisseur, rue X..., lequel se charge de l'enlèvement à leurs frais. Vous excepterez toutefois les graisses que l'on réclamerait pour être employées à des usages industriels, et qui devront alors être mélangées d'essence de térébenthine, afin de ne pouvoir servir à l'alimentation. En cas de doute ou de contestation sur la salubrité des viandes, vous appelleriez un vétérinaire, un chimiste, ou, à défaut, un médecin, en ayant soin de dresser, pour la constatation de ces opérations d'expertise ou de saisie, des procès-verbaux que vous me ferez parvenir sans retard.

« Vous vérifierez encore, dans le cours de votre inspection, si les charcutiers ont supprimé, dans leurs laboratoires, les ustensiles de cuivre ou de plomb et les poteries vernissées (autres que celles tolérées); s'ils ne se servent plus de sel de morue et de varech; si l'eau du puits de la maison où ils sont établis est saine; enfin, si leurs établissements sont bien tenus. Le cas échéant, vous dresseriez, pour me les transmettre, des procès-verbaux ou rapports.

« Enfin, il conviendra que vous inspectiez également les établissements de bouchers, pâtissiers et traiteurs, pour vérifier l'état de salubrité des viandes, et vous assurer qu'on y observe les prescriptions de l'ordonnance de police du 28 février 1853, en ce qui concerne l'emploi, tant des vases de cuivre que de papiers à envelopper les substances alimentaires. Vous ferez porter en votre présence chez un chaudronnier les ustensiles ou vases en mauvais étamage, ou les saisirez s'ils sont oxydés. »

Porcheries (1re classe). — 15 octobre 1810. — 14 janvier 1815.

CAUSES D'INSALUBRITÉ. — Odeur des plus désagréables et souvent putride.

CAUSES D'INCOMMODITÉ. — Cris incessants des animaux.

PRESCRIPTIONS GÉNÉRALES. — On trouvera dans l'extrait suivant des procès-verbaux du conseil de salubrité de la Seine la plupart des indications générales à suivre pour l'établissement d'une porcherie communale. Les porcheries privées doivent être soumises aux mêmes règles, quant à l'aération des étables à porcs, à la disposition du sol, à l'écoulement des eaux,

aux lavages chlorurés pendant l'été, et à l'enlèvement des fumiers.

On pourra dans quelques cas prescrire :

1° L'établissement d'une fosse étanche destinée à recevoir les urines, et qui sera munie d'une soupape hydraulique ;

2° Faire rendre les urines sur de la chaux, de manière à obtenir des urates de chaux insolubles ;

3° N'avoir dans la porcherie aucun dépôt de viandes ou autres matières alimentaires en état de fermentation putride ;

4° Défendre, pendant les mois de juin, juillet et août, de nourrir les porcs avec des eaux grasses ou résidus de restaurants ou d'auberge.

Enfin, il faudra toujours fixer le nombre de porcs qui seront contenus dans la porcherie.

I. CONDITIONS IMPOSÉES PAR LE CONSEIL DE SALUBRITÉ DE LA SEINE. (1840.)

Porcheries.

. . . .

Pour prévenir toute espèce d'inconvénients, le conseil a proposé de n'autoriser la porcherie qu'avec les conditions suivantes :

1° Le sol sur lequel on la construira devra être plus élevé que celui de la plaine d'au moins quatre-vingts centimètres, afin que l'écoulement de toutes les eaux soit facile ;

2° Les toits à porcs auront deux mètres quarante centimètres de hauteur, ils seront bien aérés, les murs de séparation des loges ne dépasseront pas un mètre quarante centimètres ; de cette manière une libre circulation d'air pourra s'établir dans toutes celles d'un même toit. Le sol des loges sera en bitume ou en dalles de pierre dure d'au moins quatre-vingts centimètres de côté. Chacune de ces loges sera pourvue d'une conduite d'eau avec robinet.

3° S'il y a une auge affectée à chaque loge, cette auge, construite en pierre dure, sera placée en dehors, de façon à pouvoir être facilement emplie et vidée sans ouvrir la porte de la loge, et tellement disposée, que les porcs puissent y prendre leur nourriture sans sortir, mais non y monter pour s'y vautrer.

4° . . . .

5° Le sol des cours, tant de celles qui séparent les loges que de celles qui sont destinées au service de la porcherie, sera en bitume ou en dalles de mêmes nature et dimension que ci-dessus; un ruisseau y sera pratiqué; ces cours seront desservies avec des brouettes; les chevaux et les charrettes ne devront pas y être admis.

6° On construira un bassin à baigner les porcs au milieu de la cour principale.

7° Les ateliers destinés à la préparation des aliments seront en moellons avec sol en bitume ou en dalles, incliné convenablement, pour le facile écoulement des eaux, et avec un robinet d'eau pour les lavages; on n'y établira aucune cloison en planches.

8° On emploiera des cuves en pierre dure pour déposer provisoirement ou mélanger les matières alimentaires.

9° Les caniveaux d'écoulement des eaux de toute espèce seront en pierre dure, et en tout semblables aux grands caniveaux d'écoulement des eaux d'un abattoir; ils se rendront immédiatement dans la rigole d'écoulement de l'établissement.

10°, 11°. . . . .

12° La nourriture destinée aux animaux sera préparée chaque jour de manière à être employée dans les vingt-quatre heures qui en suivront la préparation.

13° Aucun porc ne pourra être abattu dans l'établissement; tous devront en être extraits vivants, et, si l'un de ces animaux venait à y mourir, il serait porté immédiatement au clos d'abatage et jeté dans une cuve. Le gardien de la porcherie sera même tenu de prévenir l'inspecteur de l'abattoir toutes les fois qu'un porc tombera malade.

14° Le nombre des porcs de tout âge et de toute grosseur réunis dans l'établissement ne pourra excéder celui qu'aura fixé l'administration.

15° Les excréments solides, et non pailleux, seront désinfectés journellement avec de la poudre désinfectante; ils ne pourront donner lieu dans l'établissement à aucune autre manipulation. Les excréments mêlés de paille, ou sous forme de fumier, seront enlevés tous les jours du 1er avril au 1er novembre et tous les deux jours du 1er novembre au 1er avril.

16° Un réservoir d'eau, contenant deux cent cinquante hectolitres, et muni d'un robinet flotteur, sera construit dans la porcherie pour les besoins du service.

17° L'inspecteur chargé de la surveillance de l'abattoir communal exercera les mêmes fonctions dans la porcherie, il devra faire connaître à l'administration, non-seulement les contraventions aux dispositions ci-dessus prescrites, mais encore toutes les améliorations propres à remédier aux inconvénients que pourrait faire naître la mise en activité ou la trop grande extension de l'établissement.

18° La porcherie sera construite d'après le plan annexé à la demande d'autorisation. Il ne pourra être fait de changement à ce plan sans une permission de l'administration. Enfin, la porcherie devra être, comme l'abattoir communal, entourée d'une double rangée d'arbres à haute tige.

II. ORDONNANCE CONCERNANT L'OUVERTURE ET LA POLICE DES DEUX NOUVEAUX ABAT-
TOIRS A PORCS DE PARIS, APPROUVÉE PAR LE MINISTRE DE L'AGRICULTURE ET
DU COMMERCE. (Du 27 octobre 1848.)

Nous, préfet de police,

Vu : 1° le règlement pour la perception des droits d'octroi et d'abattoir, annexé à l'ordonnance du 23 décembre 1846 ;

2° L'ordonnance du 21 mai 1847, qui a autorisé la ville de Paris à établir deux abattoirs publics pour les porcs, à traiter avec les citoyens Heullant et Goulet, pour la construction desdits abattoirs, et qui a de plus sti-
pulé, article 3 : « Aussitôt que lesdits abattoirs pourront être livrés à leur
destination, l'abatage des porcs y aura lieu exclusivement, et toutes les
tueries particulières, qui existent dans les limites du rayon de l'octroi de
la ville de Paris, seront interdites et fermées ; »

3° Les conventions arrêtées, le 18 août 1847, entre la ville de Paris et
les citoyens Heullant et Goulet, pour la construction des établissements
dont il s'agit ;

4° La lettre, en date du 12 du courant, par laquelle notre collègue le
citoyen préfet de la Seine nous annonce l'achèvement des travaux de construction, et met les abattoirs à porcs à la disposition du commerce ;

5° Les rapports que nous a récemment adressés le conseil de salubrité ;

6° La lettre du ministre de l'agriculture et du commerce, en date du
25 octobre courant ;

Vu les lois du 24 août 1790 et 22 juillet 1791, et l'arrêté du gouvernement du 12 messidor an VIII (1er juillet 1800) ;

Les ordonnances de police du 4 floréal an XII (24 avril 1804), 30 avril
1806, et 25 septembre 1815,

Ordonnons ce qui suit : (Extrait.)

1. . . . .

2. (2° §.) Toutefois les propriétaires et habitants qui sont autorisés à
élever des porcs, pour la consommation de leur maison, conserveront la
faculté de les abattre chez eux, pourvu que ce soit dans un lieu clos et séparé de la voie publique...

9. Les marchands qui abattront par eux-mêmes ou par leurs agents seront tenus d'avoir, dans les abattoirs, des garçons pour recevoir et soigner
les porcs à leur arrivée. Ils devront aussi se pourvoir de tous les instruments et ustensiles nécessaires à leur travail, les entretenir en bon état de
service et de propreté, et fournir, s'il y a lieu, la paille pour la litière des
porcs...

11. Les porcs pourront être abattus, brûlés et habillés à toute heure du
jour et de la nuit, dans les brûloirs, pendoirs et autres lieux affectés ou
qui pourraient l'être, par la suite, à ces travaux. Ils ne pourront se faire
ailleurs, sous aucun prétexte.

12 Les porcs devront être conduits au brûloir avec toutes les précau-

tions nécessaires, pour qu'ils ne puissent s'échapper et vaguer dans l'établissement.

13. Le sang des porcs sera recueilli dans des poêles, vases ou baquets, en bon état de propreté, et de manière qu'il ne puisse se répandre et couler dans les ruisseaux. Le sang qui ne sera pas emporté immédiatement devra être renfermé dans des futailles exactement closes, lesquelles seront ensuite déposées dans les lieux désignés à cet effet. Ces futailles ne pourront séjourner plus de deux jours à l'abattoir.

14. Les portes des brûloirs seront fermées au moment de l'abatage des porcs. Dans tous les cas, les grilles des abattoirs devront être habituellement closes et ne s'ouvrir que pour les besoins du service...

17. Les viandes seront inspectées, après l'abatage et l'habillage. Celles qui se trouveront gâtées, corrompues ou nuisibles, seront saisies et envoyées à la ménagerie du Jardin des Plantes, par les soins de l'inspecteur de police, qui dressera procès-verbal de la saisie. Les porcs morts naturellement seront également saisis, s'il y a lieu. En tous cas, les graisses de l'animal saisi seront laissées au propriétaire.

18. Il est défendu de laisser séjourner, dans les pendoirs et ateliers de dégraissage, aucuns suifs, graisses, dégrais, ratis, panses et boyaux. Les résidus et immondices provenant du nettoyage des intestins devront être transportés aux coches, dans le plus bref délai.

19. Les lavages et grattages des intestins de porcs sont interdits dans les établissements de charcutiers. A dater de l'ouverture des abattoirs à porcs, le travail de préparation des boyaux de porcs devra s'y faire exclusivement.

20. On ne pourra, sous aucun prétexte, fabriquer ni engrais, ni compost dans les abattoirs.

21. Les porcheries et les latrines seront nettoyées tous les jours. Les fumiers et vidanges déposés dans les coches seront enlevés tous les jours aussi, et les coches lavés par les soins et sous la responsabilité des concessionnaires ; ils feront également nettoyer, balayer, gratter, laver et arroser toutes les parties des établissements où ces travaux seront prescrits par l'administration, dans l'intérêt de la bonne tenue, de la propreté et de la salubrité de ces établissements...

27. Il est défendu d'amener et de conserver des chiens dans les abattoirs, ainsi que d'y élever et entretenir des porcs, pigeons, lapins, volailles, chèvres et moutons, sous quelque prétexte que ce soit.

28. Il est défendu à tous marchands, et à toute personne logée dans les abattoirs, de jeter ou déposer en dehors des lieux disposés pour les recevoir aucuns fumiers, immondices et eaux ménagères...

30. Les porcs saignés et les viandes ne pourront être transportés que dans des voitures closes et couvertes, de manière à soustraire complétement leur chargement à la vue du public.

31. Les conducteurs de voitures ne pourront les conduire qu'au pas en entrant dans les abattoirs, et, en en sortant, ils devront les arrêter au passage des grilles, pour les visites prescrites.

32. Il est défendu de fumer dans les abattoirs, d'entrer la nuit dans les bâtiments, écuries et greniers avec des lumières, si elles ne sont renfermées dans des lanternes closes à réseaux métalliques; d'appliquer des chandelles allumées aux murs, aux portes et en quelque lieu que ce soit, intérieurement et extérieurement.

33. Aucune voiture de fourrages, de bois ou autres *matières combustibles* ne sera reçue dans les abattoirs, si son chargement ne peut être resserré avant la nuit.

Le préfet de police, GERVAIS (de Caen).

III. ARRÊTÉ DU CONSEIL D'HYGIÈNE DE LA GIRONDE RELATIF AUX PORCS ATTEINTS DE LADRERIE. (1853.)

Le conseil demande :

1° Que la ladrerie soit classée parmi les vices rédhibitoires ;

2° Que les verrats et truies atteints de cette maladie ou issus de parents qui en étaient affectés soient châtrés jeunes ;

3° Que la viande des porcs ladres soit interdite sur les marchés et dans les charcuteries et qu'elle n'ait lieu que dans un endroit désigné par l'administration, afin que le consommateur ne soit pas trompé (au nom de la loi des 16 et 24 août 1790, art. 3 ; — de l'art. 60 de la loi du 4 brumaire an IV, et par les art. 96 et 98 du Code pénal) sur la salubrité des comestibles;

4° Qu'il soit institué par l'administration des langueyeurs assermentés, qui auraient mission de langueyer les porcs sur le marché ou ailleurs, toutes les fois qu'ils en seraient requis par l'acheteur;

5° Que les porcs reconnus atteints de ladrerie soient marqués au feu sur le dos du mot *ladre*.

Brûloir de porcs. (Voir *Porcheries*.)

DÉTAIL DES OPÉRATIONS. — Les brûloirs à porc sont nombreux tout autour des grandes villes ; ils sont l'annexe presque obligatoire des porcheries. Cependant il en est quelques-uns qui ont cette destination spéciale. Chacun sait en quoi consiste l'opération qui a pour but de brûler les soies du cochon qui vient d'être abattu. Mais on comprend également quelles précautions il y a à prendre contre les chances d'incendie et contre les conséquences obligées de l'abatage des animaux.

Il faut dire cependant que ces brûloirs sont moins insalubres que les abattoirs des bouchers, à cause du feu clair souvent répété qui assainit l'air de ces lieux.

CAUSES D'INSALUBRITÉ. — Aucunes.

CAUSES D'INCOMMODITÉ. — Danger d'incendie.

Cris des animaux sacrifiés.

Fumée pendant le brûlage.

Odeur des fumiers et matières fécales extraites des intestins et qui peuvent rester accumulés dans les brûloirs.

Écoulement d'eaux rousses sanguinolentes.

Cause d'effroi pour les chevaux, quand le brûloir ouvre sur la voie publique.

PRESCRIPTIONS GÉNÉRALES. — Isoler le brûloir des habitations, si surtout on doit souvent et journellement y opérer.

Entretenir les clôtures en parfait état, de manière que les animaux ne puissent jamais s'échapper.

Clore le brûloir complétement du côté de la voie publique.

Entourer la cour où se fait l'opération d'un grillage en fer qui arrête les progrès de la flamme.

Daller le sol du brûloir — ou le bitumer.

Revêtir de dalles bien jointes les murs du brûloir à la hauteur d'un mètre.

Revêtir la porte d'une plaque de tôle dans toute sa hauteur, quand le brûlage se fait en lieu clos.

Garnir de plâtre toutes les charpentes du toit qui sont en rapport avec le passage de la cheminée.

Élever le tuyau de la cheminée de dix à quinze mètres, afin de disperser très-haut dans l'air les flammèches incandescentes.

Donner aux eaux un écoulement convenable et rapide.

Ne pas les recevoir dans un puisard.

Immédiatement après l'écoulement des eaux rousses, qui, selon les localités, aura lieu à ciel ouvert ou par des caniveaux souterrains, pratiquer d'abondants lavages d'eau pure.

Dans ce but, avoir à la disposition du brûloir de l'eau en abondance. Cette prescription est très-importante.

Ne jamais mêler les matières fécales extraites des intestins aux fumiers ordinaires. Les enlever chaque jour du brûloir, et les porter loin des habitations aux lieux fixés par les règlements et arrêtés de l'autorité locale. Voi. *Abattoirs, Brûleries et Boucheries.*

Cuisson de têtes d'animaux dans des chaudières établies sur un fourneau de construction, quand elle n'est pas accompagnée de fonderie de suif (3ᵉ classe. — 31 mai 1853.
Cuisson du gras-double (1ʳᵉ classe).

Détail des opérations. — Cette cuisson s'opère presque toujours sur une grande échelle. Si l'on n'y joint pas la fonte des suifs, elle n'a que peu d'inconvénients. C'est une décoction de ces débris d'animaux. On utilise les viandes qui se vendent et quelquefois les bouillons.

La cuisson du gras-double est autre chose; quoique ce mot ne soit ni dans la nomenclature ni dans le dictionnaire de l'Académie, il est d'un usage habituel en pratique. Le *gras-double* provient de la macération à chaud de la panse du bœuf et des *arbrières* ou œsophages du même animal, avec lesquelles on fabrique une espèce de pâtée pour la nourriture des chiens, et il rentre certainement dans la catégorie des *tripes* ou boyaux des animaux, ou certaines parties de leurs intestins lorsqu'on les a retirés du ventre.

Cette cuisson donne beaucoup d'odeur et produit des eaux animalisées très-puantes.

Causes d'insalubrité. — Aucune pour la cuisson des têtes d'animaux.

Odeur très-putride pour la cuisson du gras-double.

Causes d'incommodité. — Odeur peu agréable.

Buée.

Eaux d'écoulement pour le gras-double.

Fumée.

Prescriptions générales. — Construire le fourneau en briques et fer.

Chaudières en fonte avec hotte pour recueillir la buée et les vapeurs odorantes.

Pendant le travail, tenir l'atelier fermé du côté de la voie publique et des voisins.

Ne travailler que la nuit, quant à la cuisson du gras-double.

Ne point écouler les eaux sur la voie publique.

Enlever tous les jours les raclures de panses ou débris d'animaux. Ne jamais les conserver putréfiés ; ne brûler aucun débris de matière grasse.

I. ORDONNANCE DE POLICE CONCERNANT LA CUISSON DES ABATS DE BESTIAUX.
(Du 11 avril 1786.)

3. . . . . Enjoignons à tous les bouchers de cette ville de livrer et faire livrer par leurs garçons, aux entrepreneurs de la cuisson, lesdits abatis en bon état, et de ne pas souffrir qu'ils soient détériorés; faisons défenses, sous peine d'amende, aux maîtres de la communauté des bouchers, et, sous peine de prison, aux garçons, de détériorer les pieds de bœufs; ordonnons qu'ils seront par eux livrés en totalité et coupés suivant l'usage et d'après la manière prescrite par la délibération des bouchers du 18 décembre 1770.

4. La préparation et cuisson desdits abatis ne pourra être faite ailleurs que dans les bâtiments à ce destinés; défendons aux tripiers, tripières et telles autres personnes que ce soit, sous peine de cinq cents livres d'amende et de confiscation des chaudières et ustensiles, même de punition exemplaire en cas de récidive, de cuire ou préparer, soit chez eux, soit dans les autres endroits de cette ville et faubourgs, les abatis de bœufs et de moutons ou partie d'iceux, sous tel prétexte que ce puisse être.

5. Ne pourront lesdites tripières enlever chez les bouchers et vendre crus que les cœurs et foies de bœufs et les rognons de moutons, ainsi qu'elles l'ont fait ou dû le faire jusqu'à ce jour; leur défendons, sous peine de pareille amende de cinq cents livres, d'enlever, dégraisser et détériorer les tetines de vaches, pieds de bœufs, ou toutes autres parties d'abatis, lesquels seront livrés complets et bien conditionnés aux cuiseurs; permettons néanmoins aux tripières d'enlever chez leurs bouchers et retenir par devers elles douze têtes de mouton par cent, et de les vendre et débiter crues à leurs places; leur défendons d'en prendre ou retenir une plus grande quantité. . . . . . .
12. . . . .

II. ORDONNANCE CONCERNANT LA VENTE, LA PRÉPARATION ET LA CUISSON DES TRIPES [1].
(Du 25 brumaire an XII. — 17 novembre 1803.)

Le conseiller d'État préfet de police,
Vu les art. 2 et 23 de l'arrêt des consuls du 12 mesidor an VIII et celui du 3 brumaire an IX,
Ordonne ce qui suit :
1. Les issues de bœufs, vaches et moutons continueront d'être vendues aux tripières, qui les débiteront comme par le passé (lettres patentes du 1er juin 1782. art. 8).
2. Les issues seront délivrées entières et en bon état; elles devront être composées,

---

[1] Voir les ordonnances des 11 janvier 1813, 25 novembre 1819, 19 juillet 1824, et 15 mars 1850.

Savoir :

1° Celles de bœufs ou vaches, des quatre pieds, de la panse, de la franche mule, de la mamelle, des feuillets, mufles et palais;

2° Celles de moutons, de la tête avec la langue, des quatre pieds, de la panse et de la caillette;

3° Les bouchers ne pourront vendre en détail, sous tel prétexte que ce soit, aucune partie des issues désignées en l'article précédent.

4° Il est expressément défendu de préparer et de faire cuire des issues dans le ressort de la préfecture de police, partout ailleurs que dans des établissements autorisés à cet effet.

5° Les tripières seront tenues d'enlever chaque jour les issues chez les bouchers et de les faire transporter dans les lieux où elles devront être préparées.

Le conseiller d'État préfet de police, DUBOIS.

Vacheries (3° classe). — Dans les villes où la population excède 5,000 habitants. 15 octobre 1810. — 14 janvier 1815.

Quand les vacheries sont bien tenues, même contiendraient-elles un grand nombre d'animaux, elles donnent lieu à peu d'inconvénients. Mais, si l'écoulement des urines a lieu sur la voie publique, si les fumiers ne sont pas enlevés régulièrement, etc., etc., il peut en résulter beaucoup d'incommodité pour les voisins.

Les vacheries, dans les villes et dans les campagnes, doivent donc être soumises à une surveillance sévère. Au point de vue de l'hygiène, il faut également inspecter ces établissements. La nourriture des animaux, le régime sédentaire habituel auquel ils sont soumis, influent singulièrement sur la nature du lait. L'autorité, sous le rapport de l'hygiène publique, a donc un grand intérêt à ce que cette industrie soit exercée dans les meilleures conditions possibles. Les vacheries, à l'égal des bureaux de nourrices, devraient toujours être directement et périodiquement inspectées par un vétérinaire assermenté. Ce n'est que par une série de mesures protectrices de cette nature que l'on pourra, avec le temps, améliorer l'alimentation publique, et, par suite, probablement l'espèce humaine, pour le perfectionnement de laquelle l'autorité fait si peu de chose. Il faut que les hygiénistes arrivent à leurs fins par une voie détournée.

Causes d'incommodité. — Odeurs ammoniacales très-détestables.

Écoulement et décomposition des urines dans les étables, les cours, les ruisseaux des rues, les routes vicinales, etc., etc.

Prescriptions générales. — On trouvera dans les ordonnances qui suivent la plupart des préceptes à suivre dans les autorisations que l'on donne pour l'établissement d'une vacherie.

J'y ajouterai les suivantes, qui sont d'usage :

N'accorder d'autorisation que là où l'espace est suffisamment grand, — où il y a de l'eau en abondance pour les lavages des cours et des ruisseaux.

Donner quatre mètres de hauteur à l'étable.

Jamais moins de quatre mètres de largeur, depuis la mangeoire jusqu'au mur opposé, pour les vacheries à un seul rang.

Pour les vacheries à deux rangs, pas moins de sept mètres de largeur d'une mangeoire à l'autre, si les mangeoires sont placées contre les murs et en regard l'une de l'autre. Si les mangeoires sont situées au milieu de l'étable, pas moins de huit mètres d'un mur à l'autre en largeur.

L'espace réservé à chaque vache sur la longueur de l'étable ne pourra être moindre de deux mètres.

Ventiler parfaitement ces établissements.

Faciliter autant que possible l'ouverture de grandes vacheries. Les précautions y sont mieux prises et la surveillance devient plus facile, en diminuant le nombre des petites, où les conditions hygiéniques sont en général fort mauvaises.

Autant que possible ne les autoriser que dans les faubourgs des villes. (Dès 1817, le conseil de la Seine avait formulé cette demande.)

Limiter le nombre des animaux selon l'espace.

Ne donner des autorisations que pour trois ou cinq ans.

Ne jamais autoriser une vacherie située en contre-bas du sol.

Défendre les puisards et se montrer très-sévère pour l'écoulement des urines et les dépôts de fumier.

　　　　ABATTOIRS PUBLICS.

Désinfection des bergeries, bouveries, écuries [1], etc.

La propreté, la libre circulation de l'air, le lavage à grande eau et les fumigations minérales sont les bases de toute désinfection.

On balayera l'aire, les murs et les planchers des bergeries, bouveries et écuries ; on n'y laissera ni fumier, ni fourrages, ni toiles d'araignées, ni aucune matière combustible.

On ouvrira les portes et les fenêtres pour faciliter la libre circulation de l'air ; on pratiquera même des ouvertures, si celles qui existent ne suffisent pas.

Les murs à la hauteur d'un mètre (trois pieds) seront lavés à grande eau avec des balais, jusqu'à ce qu'ils soient parfaitement nettoyés.

La terre de l'aire des bergeries, bouveries et écuries, sera enlevée de six centimètres (deux pouces) d'épaisseur, renouvelée et rebattue.

On y fera ensuite la fumigation suivante :

On portera dans les bergeries, bouveries et écuries, un réchaud rempli de charbons allumés, sur lequel on mettra une terrine à moitié pleine de cendres.

On posera sur cette cendre une autre terrine ou un vase large quelconque dans lequel on mettra cent vingt-cinq grammes (quatre onces environ) de sel commun un peu humide ; on versera quatre-vingt-treize grammes (trois onces environ) d'huile de vitriol ; on fermera les portes et les fenêtres, et on se retirera aussitôt pour ne pas respirer la vapeur très-abondante qui se dégage, et qui bientôt remplira tout le local. On n'ouvrira que lorsque la vapeur sera entièrement dissipée ; on pourra alors y faire entrer les animaux.

Cette fumigation peut être faite pendant que les animaux seront aux champs ; il suffira d'ouvrir les portes et les fenêtres

[1] Cette instruction est à la suite de l'ordonnance concernant le claveau des moutons, à la date du 16 vendémiaire an X (8 octobre 1801), et se retrouve encore dans l'instruction à la suite de l'ordonnance concernant les bestiaux malades, du 5 fructidor an XI (23 août 1803).

un moment avant que les animaux rentrent dans les bergeries, bouveries et écuries.

Toutes autres fumigations de plantes aromatiques sont inutiles ; elles ne servent qu'à remplacer une odeur par une autre.

Pour la désinfection des waggons qui servent au transport des animaux, voyez *Chemin de fer*.

I. ORDONNANCE CONCERNANT LES ÉTABLISSEMENTS DES VACHERIES DANS LA VILLE DE PARIS [1]. (Du 23 prairial an X — 12 juin 1802.)

Le conseiller d'État, préfet de police,

Considérant qu'en général les établissements de vacheries dans Paris sont nuisibles, mais qu'il peut en être toléré dans quelques quartiers sans inconvénient,

Vu l'art. 3 du titre II de la loi du 24 août 1790, et l'art. 23 de l'arrêté des consuls de la République du 12 messidor an VIII ;

Ordonne ce qui suit :

1. Il ne peut exister dans Paris aucune vacherie sans une permission spéciale du préfet de police.

2. Tous nourrisseurs de vaches à Paris sont tenus de se pourvoir devant le préfet de police, dans le mois, à compter du jour de la publication de la présente ordonnance.

3. A l'avenir, nul ne pourra établir de vacherie dans Paris, sans en avoir préalablement obtenu la permission.

4. Il sera pris envers les contrevenants aux dispositions ci-dessus telles mesures de police administrative qu'il appartiendra, sans préjudice des poursuites à exercer contre eux devant les tribunaux, conformément aux lois et aux règlements qui leur sont applicables.

5. La présente ordonnance sera imprimée, publiée et affichée.

Les commissaires de police, les officiers de paix, le commissaire des halles et marchés, l'inspecteur général de la salubrité et les autres préposés de la préfecture de police sont chargés, chacun en ce qui le concerne, de tenir la main à son exécution.

Le général commandant la première division militaire, le général commandant d'armes de la place de Paris, et les commandants de la légion de la gendarmerie d'élite et de la gendarmerie nationale du département de la Seine sont requis de leur prêter main-forte au besoin.

Le conseiller d'État, préfet de police, DUBOIS.

II. INSTRUCTION POUR L'EXÉCUTION DE L'ORDONNANCE DE POLICE (23 prairial an X) CONCERNANT LES VACHERIES DANS PARIS.

D'après l'ordonnance du 23 prairial an X, aucune vacherie ne peut exister dans Paris sans une permission spéciale du conseiller d'État, préfet de

[1] Voir les ordonnances des 25 juillet 1822 et 27 février 1838.

police; mais il ne suffit pas d'en faire la demande pour l'obtenir, il faut que l'établissement qu'on désire conserver ou former réunisse les conditions requises.

Il est très-important, sous tous les rapports, que les vacheries soient convenablement placées et bien disposées. L'exécution rigoureuse de ces mesures devient encore plus pressante dans Paris. Si les nourrisseurs de vaches avaient été forcés de s'y conformer, il ne s'élèverait pas des plaintes multipliées contre leurs établissements.

Il est une autre précaution à prendre qui n'est pas moins essentielle : la salubrité veut que les vacheries soient tenues avec le plus grand soin ; s'il en était autrement, il en résulterait des maladies qui pourraient atteindre les personnes comme les animaux.

En général les bâtiments des vacheries existantes dans Paris n'ont été ni construits ni disposés pour cet usage ; ils ne présentent aucune commodité pour la distribution des fourrages et l'enlèvement des fumiers ; les étables sont basses et si resserrées, que l'air y pénètre difficilement, ce qui les rend humides et malsaines.

La plupart de ces établissements se trouvent dans les quartiers les plus éloignés et les moins aérés, dans des rues étroites et dont les maisons sont fort élevées.

Il est hors de doute que, dans les circonstances actuelles, des considérations majeures réclament pour les habitants de Paris la conservation des ressources journalières que les vacheries leur procurent. Mais cela ne doit point empêcher de remédier aux inconvénients qu'elles entraînent. Pour obtenir ce résultat il n'y a point d'autre parti à prendre que de reléguer, autant que possible, les vacheries dans les faubourgs, dans des rues peu fréquentées et bien percées. Comme d'ailleurs une pareille mesure ne peut recevoir son exécution que graduellement et d'après une connaissance exacte des localités, il est préalablement nécessaire de procéder au recensement général des vacheries qui existent dans la ville de Paris. Ce recensement devra indiquer l'emplacement et l'état de chaque vacherie, la grandeur et la hauteur et l'exposition des étables ; si elles ont ou non des ouvertures pour le renouvellement de l'air ; s'il y a un puits et une cour pavée, si la rue est assez large et si les urines des vaches y ont leur écoulement. En un mot, ce recensement devra contenir toutes les observations auxquelles les localités pourront donner lieu.

Il convient d'ajouter que les vacheries susceptibles d'être conservées et celles qui seront établies par la suite ne pourront avoir moins de deux mètres et demi de hauteur (sept pieds huit pouces et demi environ). Quant à la longueur et à la largeur, elles doivent être proportionnées au nombre de vaches. Par exemple, les étables destinées à recevoir quatre vaches auront au moins quatre mètres et demi de longueur (quatorze pieds six pouces environ), et ainsi progressivement.

Pour rendre les étables saines, il est nécessaire que le sol en soit plus élevé que celui de la cour, qu'il soit en pente, et qu'on pratique dans les éfables de trois mètres jusqu'à huit, une fenêtre assez grande et à la hauteur d'un mètre environ, pour que l'air puisse se renouveler et circuler librement. Cette fenêtre doit être placée, autant que le local le permettra, du côté opposé à la porte d'entrée, afin d'établir un courant d'air. Si la vacherie est isolée, deux fenêtres placées aux extrémités et en face l'une de l'autre donneront encore plus de salubrité.

Dans les étables de huit mètres et au-dessus il sera indispensable d'ouvrir deux fenêtres, trois dans celles de quinze à vingt mètres, et même davantage selon le besoin.

La sûreté publique et l'intérêt des propriétaires exigent également que l'on prenne des précautions relativement aux dépôts de fourrages établis près des vacheries; ces dépôts devront être séparés des étables par un mur en maçonnerie, s'ils se trouvent placés à côté, et par un plancher recouvert en carreaux, s'ils sont au-dessus. Il ne devra y avoir au même étage aucun ménage ayant âtre, cheminée, poêle ou fourneau.

Les commissaires de police et les préposés de la préfecture, chargés de visiter les vacheries existantes et les localités destinés à des établissements de ce genre, régleront leur conduite d'après la présente instruction. Ils y prendront les principales bases des rapports qu'ils auront à faire; ils auront soin d'entrer dans tous les détails nécessaires et convenables pour motiver une décision.

Fait à la préfecture de police, le 23 prairial an X de la République française.

Le conseiller d'État, préfet de police, DUBOIS.

III. ORDONNANCE CONCERNANT LES ÉTABLISSEMENTS DE VACHERIES DANS PARIS.
(Du 25 juillet 1822.)

Cette ordonnance est rapportée. (Voir l'ordonnance du 27 février 1838.)

IV. ORDONNANCE CONCERNANT LES ÉTABLISSEMENTS DE VACHERIES DANS PARIS ET LES VILLES DE 5,000 AMES. (Du 27 février 1838.)

Nous conseiller d'État préfet de police,
Vu : L'article 3 du titre XI, de la loi des 16 et 24 août 1790;
L'article 23 de l'arrêté du gouvernement du 12 messidor an VIII (1er juillet 1800);
Le décret du 15 octobre 1810 et l'ordonnance royale du 14 janvier 1815;
L'ordonnance de police du 25 juillet 1822;
Ordonnons ce qui suit :
1. Aucune vacherie ne pourra être établie à l'avenir, dans Paris, si ce n'est dans des localités situées entre les murs d'enceinte et les lignes ci-après, exclusivement : savoir :

Côté gauche de la Seine.

L'esplanade et le boulevard des Invalides, le boulevard du Montparnasse, la rue de la Bourbe, la rue et le champ des Capucins, les rues des Bourguignons, de Lourcine (de la rue des Bourguignons à la rue Mouffetard), Censier, de Buffon.

Côté droit de la Seine.

L'allée des Veuves;

Les rues d'Angoulême, de la Pépinière, Saint-Lazare, Coquenard, Montholon;

Du faubourg Poissonnière jusqu'à la rue de Chabrol, de Chabrol, Saint-Laurent, des Récollets, du canal Saint-Martin à partir de la rue des Récollets jusqu'à la Seine.

2. Les étables seront pavées en pente; il y aura un ruisseau pour faciliter l'écoulement des eaux.

3. Les nourrisseurs seront tenus de faire enlever les fumiers, au moins une fois par semaine, avant six heures du matin en été, et avant huit heures en hiver.

4. Le plancher haut des étables devra être plafonné ou au moins hourdé plein, au niveau des solives, de manière à présenter une surface unie.

5. Les dépôts de fourrages seront séparés des étables par un mur en maçonnerie, s'ils sont placés à côté, et par un plancher recouvert d'une aire en plâtre ou d'un carrelage, s'ils sont établis immédiatement au-dessus; dans aucun cas, il ne pourra être placé aucun foyer dans la pièce destinée aux fourrages.

6. Les nourrisseurs tiendront leurs vacheries dans le plus grand état de propreté; ils se conformeront d'ailleurs à toutes les précautions de salubrité qui leur seront prescrites par la permission dont ils devront être pourvus conformément aux règlements sur les états dangereux, insalubres ou incommodes.

7. Il est expressément défendu aux nourrisseurs de mettre de la drèche dans leurs caves, sous quelque prétexte que ce soit.

Ils ne pourront déposer la drèche que dans des trous construits exprès, sous des hangars à claire-voie, et dans des lieux très-éclairés.

Les trous à drèche ne pourront être employés qu'après avoir été reconnus convenables par l'administration.

Ils devront rester constamment ouverts; la drèche seule pourra être recouverte de paille ou de toute autre substance propre à la conserver en bon état.

8. L'ordonnance de police du 25 juillet 1822 concernant les vacheries est rapportée.

9. Les contraventions aux dispositions de la présente ordonnance seront poursuivies devant les tribunaux.

10. Le chef de la police municipale, les commissaires de police, le directeur de la salubrité, l'inspecteur général des halles et marchés et les autres préposés de la préfecture de police sont chargés, chacun en ce qui le concerne, de tenir la main à l'exécution de la présente ordonnance.

　　　　　Le conseiller d'État préfet de police, G. DELESSERT.

Au commencement de l'année 1859, le préfet de la Seine a pris un arrêté qui défend l'écoulement des urines et des eaux des vacheries sur les routes départementales. Il n'y a donc pas lieu, dans ce cas, d'autoriser des établissements qui ne pourraient conduire leurs eaux ailleurs que sur les routes.

ABSINTHE (DISTILLATION). Voyez *Alcool.*

ACIDES.

Acide acétique (Fabrication de l') (3ᵉ classe). — 5 novembre 1826.

Vinaigre (Fabrication du) (3ᵉ classe). — 14 janvier 1815.

Acide pyroligneux (Fabrication de l'), quand les gaz ne sont pas brûlés et se répandent dans l'air (1ʳᵉ classe). — 14 janvier 1815.

Acide pyroligneux (Fabrication d'), quand les gaz sont brûlés (2ᵉ classe). 14 janvier 1815.

DÉTAIL DES OPÉRATIONS. — L'acide acétique se trouve en faibles proportions dans la nature; la séve des végétaux semble seule en contenir, c'est un produit de l'industrie connu depuis l'antiquité.

Les sources qui nous donnent de l'acide acétique sont :

1° La fermentation des matières organisées ;

2° L'oxydation des substances alcooliques en présence de l'air, de l'ozone ou de matières albuminoïdes, ou du noir de platine ;

3° La réaction à chaud des alcalis sur quelques acides végétaux ;

4° La décomposition des matières végétales par la chaleur ;

5° La décomposition des acétates par la chaleur ou par les acides plus fixes ;

6° L'oxydation à l'air de l'aldéhyde.

Il est connu sous différents états :

Anhydre. — Découvert, il y a quelques années, par Gerhardt :

1° Au moyen de l'acétate de potasse fondu et de l'oxychlorure de phosphore ;

2° Par l'action du chlorure de benzoïle sur l'acétate de potasse anhydre.

Monohydraté. — Liquide au-dessus de quinze degrés, solide

et cristallisé en plaques transparentes au-dessous de cette température. Il bout à cent vingt degrés ; il a une odeur vive, une saveur et une réaction des plus acides ; sa densité est mille soixante-trois ; elle augmente, quand on y ajoute de l'eau, jusqu'à mille soixante-dix-neuf ; au delà de cette quantité, sa densité diminue.

L'acide acétique se trouve dans le commerce, sous le nom d'*acide pyroligneux*, quand il contient encore des matières goudronneuses provenant de sa préparation, et sous le nom de *vinaigre* quand il provient de l'oxydation du vin (vin-aigre).

Vinaigre ordinaire. — Le vinaigre se produit, par plusieurs procédés d'oxydation, avec des liqueurs alcooliques, vineuses, contenant au plus onze pour cent d'alcool absolu.

L'action du noir de platine, de l'ozone, ne peut être employée dans l'industrie.

On l'obtient dans l'industrie par la fermentation de l'alcool avec les matières organiques azotées. — L'alcool, sous l'influence de l'oxygène, perd d'abord deux équivalents d'hydrogène, ce qui donne de l'aldéhyde et de l'eau ; mais cet aldéhyde, en se combinant à deux nouveaux équivalents d'oxygène, donne de l'acide acétique.

La fermentation développe toujours cette odeur d'aldéhyde et d'éther acétique (provenant de la réaction de l'acide acétique sur l'alcool non acétifié) qui donne au vinaigre une odeur souvent très estimée.

Les vins, les eaux-de-vie de mélasse, de glucose, de pommes de terre, de grains, de sorgho, d'asphodèle, de chiendent, etc.; enfin, tous les produits alcooliques, de quelques sources sucrées qu'ils viennent, peuvent donner de l'acide acétique.

1° *Ancien procédé.* — On prend du vin ou de l'alcool suffisamment étendu (du vin de lie), on le met en contact avec du vinaigre déjà formé, contenant, s'il se peut, des mères du vinaigre, ou matières mucilagineuses azotées qui se forment dans les opérations précédentes. On active quelquefois cette fermentation avec un millième d'orge germé, même plus, si l'on opérait avec de l'alcool étendu à un ou deux pour cent.

L'opération se fait dans un *cellier* conservant facilement une température de vingt-cinq à trente degrés, dont l'air peut être renouvelé et réglé à volonté par des ouvertures spéciales.

On se sert de tonneaux de deux cent trente litres environ, percés dans leur fond supérieur d'un trou de bonde de $0^m,10$ de diamètre, pour permettre le renouvellement de l'air. Ces tonneaux sont superposés sur trois rangs, remplis au tiers du vinaigre provenant d'opérations précédentes, auquel on ajoute dix litres de vin qu'on laisse s'acétifier pendant huit jours; après quoi on ajoute dix litres de vin nouveau, et ce, tous les huit jours. Quand le tonneau est à peu près rempli de liquide acétifié, on en retire quarante litres, et on y ajoute dix litres de vin, comme précédemment.

Le vin blanc est préféré au rouge, pour sa plus grande richesse en matières albuminoïdes et son peu de couleur.

Dans le Nord, on clarifie le vinaigre avec des *râpes*. Ce sont de larges copeaux de hêtre qui accélèrent la fermentation en favorisant la séparation des lies. On préfère ceux qui ont déjà servi à la clarification du vin. Ils contiennent du tartre et des matières fermentescibles. Dans le midi de la France et en Espagne, on clarifie le vinaigre avec le lait chaud. Celui-ci se coagule et entraîne la matière colorante. On emploie dans le même but le levain de boulanger et le noir animal lavé.

2° *Procédé parisien.* — La fabrication du vinaigre est en général peu importante à Paris; elle a lieu principalement avec des vins détériorés et des lies; on fait usage de barriques à double fond pour le fabriquer. On place une certaine quantité de substances âcres au fond et on ajoute du vin de lies. Dès qu'un trouble se manifeste, on ajoute une certaine quantité du *pain des vinaigriers*, pour lui donner du montant; ce pain est composé de différents poivres (cubèbe, blanc, long), de gingembre, de piment. Cette espèce de vinaigre, qu'on ne fabrique plus guère, possède une odeur des plus désagréables; *il paraît même que le dépôt qui se forme dans les tonneaux qui servent à sa fabrication acquiert bientôt une odeur si fétide, que la police avait prescrit aux vinaigriers de ne les nettoyer que la nuit, et d'employer une grande quantité d'eau.*

3° *Procédé allemand.* — Un procédé venu d'un chimiste allemand Schutzembach le procure plus promptement. Il consiste à prendre un liquide alcoolique dans les conditions précédentes (cet alcool doit être celui connu dans le commerce sous le nom d'*alcool bon goût*, ou esprit-de-vin *bon goût*, qu'on mêle à un ou deux pour cent de liqueur fermentescible, jus de betteraves, pommes de terre, petite bière, etc., qu'on fait tomber goutte à goutte dans de grands tonneaux remplis de copeaux de hêtre, destinés à fournir une plus grande surface d'oxydation en divisant davantage la masse liquide.

Chaque tonneau, défoncé à sa partie supérieure, porte à quinze centimètres environ du fond enlevé, un fond percé de trous coniques de quelques millimètres dans lesquels sont passées des ficelles que retiennent des nœuds fermant imparfaitement ces trous coniques, et le long desquelles le liquide alcoolique tombe goutte à goutte sur les copeaux de hêtre empreints de vinaire ou de mères de vinaigre, ou même sur du blé gonflé par ces mêmes matières et disposé en couches de quinze à vingt centimètres sur cinq ou six diaphragmes horizontaux.

L'oxydation donne lieu à *un dégagement de chaleur* qui fait monter l'air. Celui-ci est remplacé par de l'air nouveau qui arrive par des trous situés horizontalement à environ quinze centimètres du fond inférieur, et qui s'échappe à son tour par des trous situés aussi horizontalement à quelques centimètres au-dessous du fond supérieur. Comme il faut trois passages ordinairement pour parfaire l'acétification, on dispose ces tonneaux en séries verticales de trois, et on les fait communiquer.

Il existe un grand nombre de petites fabriques par cette méthode. — Les formules de préparations sont très-variées.

Ce procédé occasionne une perte d'alcool et d'acide acétique par la grande masse d'air qui s'interpose. On peut l'utiliser (Payen), en recouvrant chaque tonneau d'un chapiteau d'alambic, condensant ces vapeurs dans un réfrigérant, ou les faisant arriver dans une chambre contenant des rognures de cuivre où l'air et l'eau donneraient de l'acétate qu'on pourrait faire cristalliser.

Pour avoir incolore le vinaigre ainsi obtenu, et privé des sels de potasse qu'il contient toujours, on le distille. Les premières liqueurs sont les moins riches, mais les plus suaves, les produits éthérés passant les premiers avec l'eau.

4° Procédé anglais. — Le procédé allemand est mis en pratique en Angleterre, mais modifié comme il suit :

On ne se sert pas d'alcool étendu ni de vin, mais de la fécule saccharifiée par l'acide sulfurique et fermentée; et, pour éviter de payer les droits du fisc, on est obligé de laisser l'acide sulfurique dans le liquide alcoolique, pour le transformer en acide acétique. C'est par une distillation postérieure que l'on sépare l'acide acétique de l'acide sulfurique. On emploie de vastes tonneaux contenant cinquante-neuf mètres cubes environ, tandis que les tonneaux allemands n'en contiennent guère que le sixième. Un faux-fond distant de soixante centimètres du fond véritable divise le tonneau en deux parties : l'une supérieure, est remplie de copeaux de hêtre; l'autre reçoit le liquide à mesure qu'il s'écoule.

Un réservoir placé à une hauteur assez grande contient le moût fermenté; un tuyau part de ce réservoir, pénètre par une large ouverture pratiquée dans le couvercle du tonneau et se divise en deux branches, qu'un moteur quelconque met en mouvement. Ces deux branches, pendant le mouvement de rotation, déversent continuellement par de petites ouvertures le liquide du réservoir sur les copeaux. Le moût très-divisé, et par conséquent dans un état très-favorable à l'acétification, arrive graduellement au bas du tonneau, y est repris par des pompes qui l'élèvent de nouveau dans le réservoir. L'air est renouvelé et l'acide carbonique est entraîné en même temps, par un courant de haut en bas au moyen d'un aspirateur hydraulique formé de deux réservoirs d'eau qu'une machine élève et abaisse alternativement, de manière à leur faire jouer le rôle d'une pompe aspirante et foulante. On reconnaît la fin de l'acétification par l'action qu'exercent les gaz retirés du tonneau sur une mèche enflammée, primitivement imprégnée d'acétate de plomb : la mèche continue à brûler, s'il ne se forme plus d'acide carbonique, signe certain de la fin de l'opération.

Acide pyroligneux (vinaigre de bois). — *La distillation du bois* à une température graduellement croissante jusqu'au rouge naissant fournit de grandes quantités d'acide acétique *impur* ou *pyroligneux*.

L'appareil distillatoire de MM. Boutin et Tétu, à Grenelle (Seine), peut servir de modèle. Il est formé de cinq à six chambres en tôle de un mètre et demi de longueur et soixante centimètres sur les autres côtés, destinées à recevoir le bois. Les vapeurs sortent par une ouverture supérieure, et vont se rendre dans un très-long tuyau en cuivre où se fait la condensation. Les gaz, à l'extrémité de ce tuyau, sont ramenés dans le foyer. On étouffe le charbon après que la distillation est opérée dans chaque chambre.

La cellulose en produit fort peu, les bois les plus lourds, par conséquent les plus riches en matières incrustantes, en donnent le plus, quatre pour cent environ; on emploie de grands cylindres de fer, placés verticalement sur un foyer; on chauffe graduellement après les avoir remplis de bois de dimensions convenables; il reste à la fin de l'opération du charbon dans le cylindre ou cornue, et il passe à la distillation :

1° de l'eau ;

2° de l'acide acétique;

3° de *l'acétone;*

4° de l'acétate d'ammoniaque ;

5° de l'esprit de bois ;

6° des *matières goudronneuses*, dont une partie surnage et dont l'autre se précipite;

7° *Des gaz hydrogénés et carburés, de l'acide carbonique et quelques matières peu étudiées* jusqu'à ce jour. Quand l'opération est en train, elle peut se *continuer d'elle-même, en faisant arriver les gaz dans le foyer et les allumant.*

L'acide pyroligneux impur au sortir des fabriques est mêlé à une huile empyreumatique et à du goudron. Il est coloré en rouge brun. — On le distille d'abord pour le séparer du goudron; et il est alors vendu dans le commerce sous le nom d'*acide pyroligneux distillé*. Quand on veut l'avoir *pur*, on isole les matières goudronneuses, on distille partiellement pour séparer la majeure partie du goudron dissous, on sature par la craie le liquide acide presque décoloré provenant de la distillation pour en faire de l'acétate de chaux. — *On a proposé de faire arriver directement les produits pyroligneux* du cylindre distillatoire dans des tubes contenant de la craie; il se formerait ainsi de l'acétate de chaux; l'eau, les matières éthérées *passant avec les gaz au foyer.*

Par l'acétate de soude. — Quand on a obtenu de l'acétate de chaux, on le traite par du sulfate de soude; pour avoir de l'acétate de soude et du sulfate de chaux, on décolore cet *acétate de soude* par du noir animal, ou mieux, et plus ordinairement, on lui fait subir *la fritte* ou la torréfaction.

Fritte. — Cette opération a pour but de détruire par la chaleur les dernières matières goudronneuses qui sont retenues par l'acétate de soude, celui-ci résistant à la température qui carbonise entièrement le goudron. On opère dans une vaste chaudière de fonte, en chauffant avec précaution, car une élévation de température au delà du terme nécessaire détermine la décomposition de l'acétate de soude en carbonate, et la propagation à toute la masse est extrêmement rapide. L'opération est terminée quand la solution d'une partie de la masse est parfaitement incolore et inodore. — On redissout la masse frittée, on la filtre, on laisse cristalliser l'acétate de soude après concentration et on décompose cet acétate de soude par l'équivalent d'acide sulfurique. Il se précipite du sulfate de soude, on décante l'acide acétique qui le surnage et qui n'en retient que des traces, on l'en débarrasse en le distillant dans un alambic d'argent ou de cuivre, dont le chapiteau et le réfrigérant sont en verre ou en argent.

Le premier tiers qui passe à la distillation est le plus faible, c'est-à-dire le plus aqueux. On peut graduer la concentration de son acide par un tube refroidi et en pente avec des tubulures espacées qui laissent couler dans des récipients inférieurs des acides à différents états de concentration. Pour avoir de l'acide plus concentré, il faut le distiller sur de l'acétate de soude anhydre, faire congeler par le froid l'acide obtenu, l'acide concentré cristallise avant l'eau et s'en sépare en grande partie; on décante la partie liquide, on fait cristalliser de même plusieurs fois la partie déjà cristallisée, on obtient ainsi de l'acide monohydraté.

On fait avec l'acétate de soude traité par l'acide sulfurique *très-pur* un acide caustique à odeur très-franche. On l'étend de sept parties d'eau pour l'usage et on le colore avec un peu de caramel. C'est un très-bon vinaigre.

Comme il paraît que le sulfate de soude ne décompose pas entièrement l'acétate de chaux, on a modifié le procédé que j'ai donné plus haut, et on a monté en Allemagne une fabrique où on sature directement l'acide pyroligneux par le sulfure de sodium ; il se fait un *dégagement considérable d'hydrogène sulfuré*, et il se forme de l'acétate de soude qu'on distille avec de l'acide sulfurique pour en retirer l'acide acétique.

On conçoit que l'immense quantité d'hydrogène sulfuré qui doit se dégager dans une semblable fabrication puisse avoir de grands inconvénients. On pourrait s'en débarrasser en l'enflammant : il forme alors de l'eau et de l'acide sulfureux, qu'on peut faire servir à la fabrication de l'acide sulfurique. — On pourrait également s'en débarrasser en le faisant passer dans une série d'appareils contenant du carbonate de soude, on aurait du sulfure de sodium qui pourrait servir à la saturation de l'acide pyroligneux.

Acide monohydraté par le biacétate de potasse. — L'acide monohydraté dont le procédé de préparation vient d'être rappelé peut s'obtenir encore d'une autre manière. L'acide acétique, quoique monobasique, donne deux acétates de potasse ; l'un d'eux est neutre, l'autre biacétate; ce dernier, étant bien desséché et avec précaution, fournit par une distillation ménagée de l'acide acétique monohydraté, il reste de l'acétate neutre dans la cornue.

Vinaigre radical (esprit *acide* du bois). — Un moyen d'avoir de l'acide acétique presque monohydraté consiste à employer de l'acétate de cuivre cristallisé et bien sec. Cet acétate, privé d'eau par une douce chaleur, est introduit dans une cornue de grès qu'on fait communiquer à un réfrigérant; on lute la cornue et l'allonge qui établit cette communication, on chauffe graduellement jusqu'à cessation de toutes vapeurs; l'eau de cristallisation passe d'abord avec un peu d'acide si l'on n'a pas bien séché l'acétate, puis il passe de l'acide presque monohydraté. Les derniers produits ont une odeur d'acétone. L'oxyde de cuivre se réduit en oxydule et même en cuivre au contact des vapeurs hydrogénées; il se sublime un peu d'acétate d'oxydule qui s'attache en cristaux blancs au sommet de la cornue, et qui passe à l'état d'acétate d'oxyde à l'air; comme une faible partie se trouve entraînée dans l'acide condensé, on distille celui-ci pour l'avoir pur.

Par l'acétate de plomb et l'acide sulfurique. — On remplace quelquefois l'acétate de soude par l'acétate de plomb cristallisé. On place celui-ci dans une cornue tubulée qu'on pose sur un bain de sable; on fait communiquer cette cornue avec un réfrigérant, on lute l'appareil, on verse l'acide sulfurique par la tubulure de la cornue, on agite pour bien opérer le mélange, on distille à une chaleur modérée.

Comme cet acide retient de l'acide sulfureux, par la décomposition de l'acide sulfurique, par l'hydrogène et le carbone de l'acide acétique, on le distille sur un cinquantième de son poids de bioxyde de manganèse qui retient cet acide sulfureux à l'état de sulfate.

Pour les fabriques par le procédé allemand, — par les lies de vin, — par les matières sucrées.

CAUSES D'INSALUBRITÉ. — Quelquefois odeur infecte et insalubre produite par le *lavage* des tonneaux.

CAUSES D'INCOMMODITÉ. — Odeur un peu désagréable, — surtout quand on convertit le glucose en sucre.

PRESCRIPTIONS. — N'employer dans le procédé allemand que de l'alcool *bon goût.*

Ventiler convenablement les ateliers où s'opère la fermentation et l'acidification.

Ne se servir pour le soutirage que de tubes en *étain fin* ou
en substance privée de plomb.

Isoler le poêle ou le calorifère par un grillage.

Daller ou paver les ateliers avec pente convenable pour l'écoulement des eaux de lavage, qu'on gardera en vases clos pour
les porter le soir à l'égout, si l'on ne peut les y faire parvenir
directement par un conduit souterrain.

Ne jamais vendre sous le nom de *vinaigre de vin* celui qui a
une autre origine. Celui qui est fabriqué avec de l'alcool peut
porter le titre de *vinaigre d'esprit*.

Pour les fabriques à l'aide de la distillation du bois et de ses produits.

CAUSES D'INSALUBRITÉ. — *Danger d'explosion* pendant la torréfaction de l'acétate de soude dans la fabrication de l'acide acétique à l'aide de ce sel, si l'on vient à changer les cornues
quand elles sont encore chaudes et rouges.

Danger d'incendie (Ateliers d'emmagasinage du bois dans le
cas de la préparation par distillation du bois).

CAUSES D'INCOMMODITÉ. — Gaz et vapeurs dégagés pendant la
distillation du bois se répandant fort loin. — (Hydrogénés et
carburés.)

Acide carbonique dégagé pendant la fermentation.

Odeur et fumée produites pendant la torréfaction ou fritte des
acétates impurs.

Écoulement des résidus liquides de la distillation.

PRESCRIPTIONS. — Toutes celles ordonnées pour les chantiers
de bois, dans le cas d'emmagasinage de matières premières
pour la fabrication par la distillation du bois.

Construction d'un ou de plusieurs réfrigérants.

Construction en matériaux réfractaires des fourneaux destinés à la concentration et à la distillation de l'acide.

Élévation d'une cheminée de trente mètres pour recevoir la
fumée et les vapeurs produites.

Appareil fumivore.

Hotte pour recueillir toutes les vapeurs communiquant avec la cheminée haute.

Ventilation énergique des ateliers.

Opérer la fritte sous les hottes en vases clos bien lutés.

Ne pas diriger les produits liquides empyreumatiques dans des puisards ni sur la voie publique.

Les recueillir et les porter dans l'égout le plus voisin,

Ou bien les faire écouler dans ce même égout par un conduit souterrain.

Paver, bitumer ou carreler les ateliers et les cours, de manière que les eaux de lavage ou autres aient toujours un écoulement rapide et facile.

Recouvrir les chaudières à évaporation de larges hottes qui les dépasseront au moins de cinquante centimètres, et communiquant avec la cheminée.

Ne laisser séjourner dans les cours aucun amas de goudron ou de débris odorants de fabrication.

N'employer que de l'acétate de soude et de l'acide sulfurique très-pur.

Ne livrer au public que des vinaigres qui puissent satisfaire l'odorat et le *goût*, et exempts de toute condition nuisible.

Ne pas vendre les vinaigres ainsi obtenus sous le nom de *vinaigre de vin*.

I. DÉCRET IMPÉRIAL QUI DÉFEND D'INTRODUIRE DANS LE VINAIGRE DES ACIDES MINÉRAUX OU DES MÈCHES SOUFRÉES [1]. (Du 22 décembre 1809.)

NAPOLÉON, etc.

Vu les dispositions de la loi du 22 juillet 1791, relative aux peines à infliger aux falsificateurs des boissons, etc.

Considérant que, dans certains départements, les fabricants et marchands de vinaigre, sous prétexte d'augmenter la force et la qualité acide de ce liquide, sont dans l'usage d'y introduire des acides minéraux ou des mèches soufrées qui, lors de leur combustion, produisent l'acide sulfurique ;

---

[1] Voir ci-après, à sa date, l'extrait du registre des délibérations de l'assemblée de la Faculté de médecine de Paris (22 février 1810), et l'instruction de même date, pour reconnaître les vinaigres qui contiennent de l'acide sulfurique.

Considérant que l'usage intérieur d'un vinaigre contenant de l'acide sul-furique est nuisible à la santé;

Nous avons décrété et décrétons ce qui suit :

1. Il est défendu aux fabricants et marchands de vinaigre d'ajouter, sous quelque prétexte que ce soit, des acides minéraux, et spécialement de l'acide sulfurique, à leurs vinaigres, ni d'y introduire des mèches soufrées.

2. Notre ministre de l'intérieur fera publier une instruction pour indi-quer les moyens de reconnaître la présence et estimer la quantité de l'acid sulfurique qui pourrait avoir été ajouté au vinaigre.

3. Les contrevenants seront poursuivis comme falsificateurs de boissons, conformément à la loi du 22 juillet 1791.

4. Notre grand juge ministre de la justice, et nos ministres de l'inté-rieur et de la police générale, sont chargés, chacun en ce qui le concerne, de l'exécution du présent décret, qui sera inséré au Bulletin des lois.

II. EXTRAIT DU REGISTRE DES DÉLIBÉRATIONS DE L'ASSEMBLÉE DE LA FACULTÉ DE MÉDECINE DE PARIS. (Du 22 février 1810.)

Le vinaigre est un de ces acides dont on se sert journellement pour as-saisonner les aliments : son emploi, dans ce cas, n'offre aucun inconvénient lorsqu'il est pur et naturel; mais le contraire arrive lorsqu'il contient des acides étrangers à sa composition.

Tous les fabricants de vinaigre ne sont pas sans doute suffisamment con-vaincus de cette vérité, puisque plusieurs d'entre eux ne se font pas scrupule d'ajouter à leurs vinaigres de l'acide sulfurique.

Cette fraude, qui deviendrait bientôt générale si on négligeait de l'arrêter, a dû nécessairement fixer l'attention du gouvernement; aussi, après des ob-servations faites à cet égard par le ministre de l'intérieur, a-t-il été rendu en conseil d'État un décret, en date du 22 décembre dernier, qui défend aux fabricants et marchands de vinaigre, sous quelque prétexte que ce soit, d'ajouter à leurs vinaigres de l'acide sulfurique, et même d'y introduire des mèches soufrées.

Le même décret prononce des peines contre ceux qui seront pris en con-travention, et ordonne que le ministre de l'intérieur fera publier une in-struction qui indiquera les moyens de reconnaître la présence et d'estimer la quantité d'acide sulfurique qui pourrait avoir été ajoutée au vinaigre.

C'est sur le mode de rédaction de l'instruction dont il s'agit que le mi-nistre a cru devoir consulter la Faculté : cette instruction, d'après le désir que le ministre a exprimé dans sa lettre, devait être faite avec précision et clarté.

Voici celle que votre commission présente, et qui, si elle ne se trompe, suffira pour satisfaire aux conditions demandées.

Instruction pour reconnaître les vinaigres qui contiennent de l'acide sulfurique.

1. Le décret en date du 22 décembre dernier, rendu en conseil d'État.

porte qu'il est défendu aux fabricants et marchands de vinaigre d'ajouter, sous quelque prétexte que ce soit, des acides minéraux, et spécialement de l'acide sulfurique, à leurs vinaigres, ni d'y introduire des mèches soufrées. On reconnaîtra facilement les contraventions qui seront commises à cet égard, en versant vingt gouttes d'une solution aqueuse de muriate de baryte dans environ quatre onces de vinaigre qu'on aura eu soin auparavant de filtrer, s'il n'était pas clair.

2. Cette épreuve devra être faite dans un vase de verre bien transparent.

5. Si le mélange ne se trouble pas, on sera disposé à croire qu'il ne contient pas d'acide sulfurique; si, au contraire, il se trouble, et que peu de temps après il se forme un précipité au fond du vase, on conclura qu'il y a dans le vinaigre soumis à l'expérience de l'acide sulfurique.

4. La quantité plus ou moins grande de précipité formé suffira pour donner une idée approximative de la quantité d'acide sulfurique que le vinaigre contenait.

5. Ce genre d'essai ne pourra être confié qu'à des personnes habituées à en faire de semblables.

6. Dans le cas où le propriétaire d'un vinaigre qui aurait été jugé, d'après l'expérience qui vient d'être proposée, contenir de l'acide sulfurique, déclarerait ne pas s'en rapporter à cette seule épreuve, il en serait référé à des chimistes qui, après avoir procédé par les voies d'analyse, établiraient dans un rapport leur opinion sur la qualité de ce vinaigre.

7. Tout vinaigre reconnu pour contenir de l'acide sulfurique sera saisi, et ne devra plus être remis dans le commerce qu'après avoir été infecté avec de l'essence de térébenthine, afin que, par ce moyen, il ne puisse plus être employé dans la préparation des aliments.

8. Les vinaigriers pris en contravention seront poursuivis comme falsificateurs de boissons, conformément à la loi du 22 juillet 1791.

L'assemblée, dans la séance du 22 février présent mois, après avoir entendu la lecture du rapport ci-dessus, en a adopté le contenu, et a arrêté qu'une copie en serait adressée à Son Excellence le ministre de l'intérieur.

Acide pyroligneux (Toutes les combinaisons de) avec le plomb, le fer ou la soude (2ᵉ classe). — 31 mai 1833.

DÉTAIL DES OPÉRATIONS. — Il s'agit ici de la fabrication de tous les *acétates* (voir *Fer*, *Plomb*, *Soude*, *Cuivre*), — ou de ce qu'on nomme des pyrolignites. Ils sont fabriqués avec l'acide pyroligneux *distillé* du commerce.

CAUSES D'INCOMMODITÉ. — Émanations très-désagréables qui ont presque toujours lieu pendant la concentration ou le raffinage de ces produits.

Buées abondantes.

Écoulement des eaux de fabrication.

PRESCRIPTIONS. — Surmonter les chaudières à concentration d'une large hotte qui recueille les vapeurs et buées produites et les porte dans une cheminée qui dépasse de deux mètres au moins les toits voisins.

Ventiler énergiquement les ateliers ou les hangars sous lesquels on opère.

Ne pas permettre l'écoulement sur la voie publique d'eaux qui parfois peuvent être toxiques. Les neutraliser alors, et les faire parvenir à l'égout par une conduite souterraine.

Je termine cet article par la transcription d'un rapport très-intéressant de mon collègue M. Bouchardat.

I. RAPPORT AU CONSEIL D'HYGIÈNE PUBLIQUE ET DE SALUBRITÉ DU DÉPARTEMENT DE LA SEINE SUR LA FABRICATION DE L'ACIDE ACÉTIQUE ET DES ACÉTATES, AU MOYEN DES PRODUITS PROVENANT DE LA DISTILLATION DES BOIS.

La fabrication de l'acide acétique et des acétates, au moyen des produits provenant de la distillation des bois présente deux opérations pendant lesquelles se dégagent des produits volatils à odeurs désagréables : 1° la distillation du bois proprement dite; 2° la torréfaction de l'acétate de soude brut.

Nous pensons que ces inconvénients pourront être évités par les dispositions suivantes :

1° *Distillation du bois.*

Jusqu'à ces temps derniers, l'acide pyroligneux brut avait une valeur vénale si faible, que le fabricant n'avait pas grand intérêt à n'en pas perdre et préférait laisser quelques fuites à ses appareils, plutôt que de leur faire subir de fréquentes réparations qui n'auraient pas toujours été payées par ce qu'il aurait recueilli d'acide en plus. Depuis peu, au contraire, cet acide a pris plus de valeur et MM. Boutin et C¹ᵉ comprennent parfaitement qu'il est de toute nécessité pour eux de rendre leurs appareils de distillation aussi parfaits que ceux employés pour la distillation de la houille et de condenser les gaz produits plus complètement qu'on ne le fait jusqu'à présent. Pour atteindre ce but, ils commencent par envoyer les gaz dans une série de tuyaux réfrigérants semblables à ceux employés pour le gaz de la houille et agissant sous l'influence de l'air. Après un parcours d'au moins vingt mètres, les gaz circuleront dans un réfrigérant à eau ayant un développement de quinze mètres; à leur sortie, ils seront dirigés dans un gazomètre distributeur et de là dans les foyers des appareils de distillation, où ils seront complétement brûlés étant lancés sur la surface incandescente du charbon par un grand nombre de jets. Quant aux produits de leur combustion et de ceux de la houille employée à la distillation, au lieu d'être projetés directement dans l'atmosphère, ils seront recueillis à la partie supérieure du fourneau, au moyen d'une couronne en fonte semblable à celle recueillant les gaz des hauts fourneaux, envoyés sous des appareils destinés à utiliser cette chaleur perdue, et de là dirigés dans la cheminée principale de cette vaste usine.

MM. Boutin et Cie sont convaincus qu'ils arriveront ainsi à économiser beaucoup de combustible, et à empêcher le dégagement d'odeurs qui a lieu ordinairement dans cette phase de la fabrication des produits pyroligneux.

2° *Torréfaction de l'acétate de soude brut.*

On sait que quel que soit le nombre de distillations que l'on fasse subir à l'acide pyroligneux, on ne peut jamais parvenir à le priver complétement de goudron. Lorsqu'on sature cet acide par le carbonate de soude, le goudron entre assez intimement dans la composition du sel formé, pour qu'une série de cristallisations ne suffise pas pour le purifier. Il faut donc trouver un autre moyen de priver l'acétate de soude de ce goudron qui le rend impur. A Pouilly-sur-Saône, chez M. Mollerot, l'emploi du noir animal comme matière filtrante, déjà mis en usage par M. Payen, avait parfaitement réussi; cependant ce procédé vient d'être abandonné, peut-être prématurément, comme n'étant pas assez économique.

Le meilleur moyen est de torréfier le sel impur, opération à l'aide de laquelle le goudron est transformé en gaz ou produits pyrogénés volatils qui se dégagent, et en charbon qui reste mélangé à l'acétate de soude qui subit dans cette opération la fusion ignée.

On comprend que ce dégagement de gaz, important quand le sel est très-impur, devra être beaucoup amoindri avec des sels convenablement préparés, et presque nul avec des sels purs.

Le moyen de ne dégager aucune odeur sensible est donc de purifier le sel le plus possible des eaux mères goudronneuses qui l'imprègnent.

Pour arriver à ce résultat tout en faveur du fabricant, car il facilite l'opération délicate de la fusion de l'acétate, MM. Boutin et Cie ne torréfient que des sels privés d'eaux mères par des lavages et un égouttage forcés, dans un appareil à force centrifuge semblable à celui mis en usage dans les sucreries et raffineries de sucre.

Si, contrairement à toutes probabilités, l'emploi de cet appareil n'atteignait pas complétement ce but, nous vous proposons alors de prescrire à MM. Boutin et Cie de couvrir la chaudière dans laquelle se fait la torréfaction de l'acétate de soude brut d'un chapiteau qui permettrait de diriger les gaz sous un foyer et de supprimer ainsi toute odeur.

Signé BOUCHARDAT.

Lu et approuvé dans la séance du 17 août 1855. Le président, BOUSSIN-GAULT; le secrétaire, A. TRÉBUCHET.

Acide azotique (eau-forte) (1re classe). — 15 octobre 1810. — 14 janvier 1815.
Acide azotique par la décomposition du salpêtre (Appareil de Wolf)
    (2e classe).
Acide azotique fumant. — 9 février 1825.

La nature ne nous fournit pas cet acide à l'état de liberté; on le rencontre à l'état d'azotate de potasse, de soude, de chaux, en beaucoup d'endroits.

Il a porté ou porte encore les noms : d'eau-forte, d'acide nitreux ou nitrique. C'est même sous ce dernier nom qu'on le désigne le plus souvent dans les arts.

Détail des opérations. — On l'obtient dans l'industrie :

1° En décomposant l'azotate de potasse par l'argile dans des cornues ;

2° En remplaçant l'argile par l'acide sulfurique dans la décomposition de l'acétate de potasse.

Pour obtenir de l'acide nitrique du salpêtre, Raymond Lulle, au treizième siècle, prit de l'argile et du nitre, et les introduisit dans des cornues nommées *cuines*, qu'on disposait sur deux rangs de huit à dix cornues dans des fourneaux de galère. Le bec de chaque cornue s'engageait dans un récipient en terre ; on chauffait et recueillait l'acide qui distillait. Ce procédé, que l'on avait modifié depuis son auteur, s'est conservé pendant longtemps. La décomposition s'opérait par affinité de l'alumine pour la potasse, et la tendance que l'acide nitrique perd de plus en plus à rester combiné à la potasse quand on élève la température; comme il n'y avait pas d'eau, si ce n'est accidentellement, on ne pouvait recueillir qu'une quantité d'acide en rapport avec l'humidité de l'argile. Les résidus servaient à la production de l'alun.

La fabrication par l'acide sulfurique, qui remplace l'argile, en donne de grandes quantités. Il faut une quantité d'acide sulfurique double de celle qui formerait un sulfate neutre avec la potasse du nitre à décomposer pour opérer le dégagement complet de l'acide azotique. Car il reste à la température où il faut opérer un bisulfate de potasse qui ne peut réagir sur de l'azotate qu'à une température plus élevée qui décomposerait entièrement l'acide dégagé.

On peut opérer dans des cornues de verre, mais cet appareil n'est plus employé que dans les laboratoires.

On remplace bien souvent le salpêtre par l'azotate de soude ou nitre cubique du Pérou ; à poids égal, il fournit plus d'acide.

En grand, on se sert d'une chaudière de fonte, contenant environ deux cent cinquante kilogrammes d'azotate de soude; on ferme cette chaudière *et on la lute soigneusement avec de l'argile mélée à du plâtre*. On verse l'acide sulfurique par une tubulure qu'on referme aussitôt, et on ferme le fourneau dans lequel est placée cette chaudière avec un large couvercle en fonte. Une tubulure de même métal, qui fait partie de la chaudière, fait communiquer celle-ci aux condenseurs par une allonge en verre ; le tout est bien ajusté et luté. Cette allonge se rend dans une tubulure d'un vase cylindrique, en grès, de deux cents litres environ, munie d'un robinet, pour retirer l'acide où s'opère la condensation. Les vapeurs non condensées passent par des tubulures dans dix ou douze vases cylindriques semblables au premier où la condensation s'achève.

Les produits de la combustion passent par une cheminée tournante, à double conduit; sur l'un d'eux est la série des condensateurs, que l'on chauffe en commençant l'opération pour éviter qu'une élévation subite de température ne les brise. On ferme la conduite supérieure quand ils ont acquis une température suffisante.

Les premiers produits qui passent à la distillation sont rougis par de l'acide hypoazotique. Il en est de même des derniers. Quand l'opération est finie, on enlève l'obturateur du fourneau ; il se dégage encore d'abondantes vapeurs nitreuses ; *on délute la chaudière; on divise le sulfate* encore mou, par deux diamètres perpendiculaires ; sous l'influence du refroidissement et du retrait on peut bientôt enlever le sulfate de potasse.

On aurait de l'acide blanc en recueillant à part les premières et les dernières portions, qui sont seules colorées.

Pour décolorer l'acide brut, on le chauffe dans des bombonnes de verre à quatre-vingts, ou quatre-vingt-cinq degrés, *et l'on fait rendre les vapeurs rouges dans les chambres de plomb de la fabrication de l'acide sulfurique; ou bien on les fait rendre dans une colonne de tourilles superposées contenant de la ponce humide qui favorise l'action de l'air et forme de l'acide azotique qui se rend dans une bombonne spéciale.*

Pour l'avoir plus pur, l'acide azotique a besoin d'être distillé.

Fabrication avec des cylindres. — La fabrication à l'aide des cylindres en fonte est la même que celle qui est décrite à l'acide chlorhydrique. Il faut, comme dans le cas précédent, un acide sulfurique assez concentré pour ne guère attaquer les cylindres. Un acide faible aurait l'avantage non économique de décomposer moins d'acide azotique.

Eau seconde. — On appelle eau seconde acide, l'acide azotique faible marquant dix-huit degrés.

Au lieu d'acide sulfurique pour décomposer les azotates de potasse et de soude pour fabriquer l'acide azotique, on emploie industriellement, dans quelques endroits, le sulfate double de fer et d'alumine provenant de l'oxydation à l'air des schistes pyriteux et alumineux ; il faut, dans tous les cas, que tout le fer soit à l'état de peroxyde.

Usages. — L'acide azotique sert à la fabrication de l'acide sulfurique, à l'affinage et au dérochage des métaux précieux ; à la préparation des azotates métalliques, de l'acide oxalique, de la dextrine, à la gravure, au sécrétage des peaux et poils pour la chapellerie, aux essais chimiques, à la production de l'acide picrique pour teindre la soie en jaune.

Causes d'insalubrité. — Dégagement d'abondantes vapeurs nitreuses, pendant l'opération, si la chaudière surtout n'est pas bien lutée, et au moment où l'opération étant finie, on enlève l'obturateur du fourneau et on délute la chaudière.

Action délétère sur la santé des ouvriers et des voisins, si les vapeurs ne sont pas portées très-haut dans l'atmosphère.

Action grave sur la végétation environnante. (Voir *action des* fabriques de produits chimiques.)

Causes d'incommodité. — Odeur et fumée.

L'insalubrité peut être écartée quand on condense avec soin toutes les vapeurs.

PRESCRIPTIONS. — Les mêmes que pour la préparation des acides sulfurique, hydrochlorique.

Acide chlorhydrique ou muriatique (Fabrication de l') en vases clos (2ᵉ classe). — 14 janvier 1815.

Acide chlorhydrique ou muriatique oxygéné. (Voyez *Chlore*.)

Acide chlorhydrique, quand il est employé dans les établissements où on le prépare. — 9 février 1825.

Cet acide ne se trouve guère dans la nature que dans le voisinage des volcans. Connu encore sous les noms d'*acide marin*, *hydrochlorique*, *esprit de sel*, il se présente sous la forme d'un gaz formé de volumes égaux de chlore et d'hydrogène ; on l'emploie à l'état de dissolution aqueuse contenant au plus 0,4285 de son poids d'acide, et d'une densité égale à 1,24.

DÉTAIL DES OPÉRATIONS. — Industriellement, on l'obtient en grand :

Par des cornues de verre, communiquant chacune à un grand ballon, et celui-ci à deux ou trois bouteilles ou bombonnes de verre. On introduit dans la cornue du sel marin, puis, à l'aide d'un entonnoir à douille courbée, de l'acide sulfurique en quantité suffisante pour le décomposer. On ajuste la cornue et le ballon, on lute. La réaction commence à froid, l'acide sulfurique s'empare du sodium ; celui-ci, en se combinant à l'oxygène de l'eau décomposée donne du sulfate de soude ; et le chlore, s'unissant à l'hydrogène mis en liberté, donne de l'acide chlorhydrique, qui se dégage de la cornue : on pourrait le recueillir gazeux sur le mercure.

On élève la température pour activer le dégagement et on chauffe assez pour décomposer les dernières portions de chlorure de sodium. Les cornues sont disposées sur deux rangs au nombre de quatre, six et huit, et chauffées par un foyer placé en avant ; chacune d'elles est entourée par un mur en briques et recouverte de débris de maçonnerie ; la flamme vient en lécher la partie inférieure.

Le ballon est vide, la première bombonne contient une quantité d'eau très-faible pour laver le gaz ; la deuxième en contient ainsi que les suivantes, à peu près à moitié.

L'acide ainsi obtenu est presque incolore ; il est privé de perchlorure de fer qui souille constamment celui qui est préparé dans les cylindres.

Préparation dans les cylindres. — Ce procédé est fondé, comme les précédents et les suivants sur l'action de l'acide sulfurique sur le chlorure de sodium. Les cylindres dont on se sert sont en fonte grise d'un mètre soixante-six centimètres sur soixante-six centimètres de diamètre. A une extrémité se trouve une tubulure pour le dégagement du gaz ; à l'autre est une ouverture destinée à introduire l'acide sulfurique à l'aide d'un entonnoir à double courbée, et une plaque ovale, à poignée serrée à l'aide d'un écrou, qu'on enlève à chaque opération pour introduire le sel marin.

Ces cylindres sont disposés deux à deux dans des fourneaux ; *on les lute avec de l'argile et du crottin de cheval, pour éviter toute fuite dangereuse.* La tubulure communique à une série de bombonnes ; la première est vide et contient l'acide sulfurique et le sulfate de soude entraînés ; les autres sont remplies d'eau à moitié et refroidies, ce qui n'est pas nécessaire pour les dernières, que l'on met à la place des premières, à mesure que celles-ci sont saturées.

Le feu est conduit d'une manière graduellement croissante, et porte les cylindres au rouge sombre à la fin de l'opération.

Pour rendre fixe la position des bombonnes, on y a substitué des réservoirs analogues, munis de tubulures et de robinets tels, que l'on peut vider l'acide saturé, et le remplacer en ouvrant un robinet, par une quantité d'eau convenable provenant d'un réservoir supérieur.

Quand il ne se dégage plus de gaz, on démonte la plaque postérieure pour en retirer le sulfate de soude, et recharger le cylindre par une nouvelle opération.

Fabrication du sulfate de soude pour faire le carbonate et de l'acide chlorhydrique. — L'acide chlorhydrique s'obtient comme produit secondaire de la production du sulfate de soude pour la fabrication de la soude.

Le procédé employé depuis Leblanc, et modifié depuis, se résume en ceci :

Deux fours sont accolés ; le premier est un four à réverbère chauffé directement par un foyer, et pavé en briques ; il communique à volonté par un tiroir en fonte, se mouvant sur une coulisse remplie de sable, avec le second ; celui-ci est en fonte doublée de plomb ou en granit très-dur ; il est chauffé par les produits de la combustion qui ont traversé le premier four et viennent par deux carneaux latéraux sous sa partie inférieure.

Ce second four à cuvette est muni de deux tuyaux de dégagement, traversant la voûte en briques et communiquant avec deux séries de bombonnes qui forment l'appareil condensateur. Une porte, placée à l'arrière de ce four, permet d'introduire le sel marin ; on verse l'acide sulfurique, tel qu'il sort des chambres, c'est-à-dire, non concentré : on lute la porte après l'avoir fermée.

La chaleur provenant des gaz de la combustion du foyer vient, à travers le premier four, sous la cuvette, activer et achever la décomposition du sel du deuxième four. Quand le mélange de sel et d'acide se trouve partiellement décomposé, qu'il a une consistance pâteuse assez ferme, on cesse momentanément le feu, on ouvre le tiroir de communication, on fait passer la masse dans le premier four qui est plus chauffé et où la décomposition devient parfaite. Pendant ce temps, on remplit le second four comme la première fois.

L'acide chlorhydrique qui se dégage du premier four, où la température doit s'élever graduellement presque au rouge, passe avec les gaz de la combustion sous la cuvette du second four, puis dans des conduits latéraux, et de là, dans deux séries de bombonnes où il se condense.

Mais comme il passe en même temps de l'air et les gaz incondensables de la combustion, *il s'échappe toujours un peu d'acide chlorhydrique ; on lance ces gaz dans la cheminée du foyer,* à laquelle on donne parfois une hauteur de cinquante mètres.

Quand l'acide chlorhydrique n'a pas une valeur suffisante, comme à Marseille, où il s'en fabrique d'énormes quantités, on est obligé de le faire écouler dans des conduits en briques ou pierres siliceuses cimentées, qu'on remplit de moellons calcaires à demi plongés dans l'eau : la saturation de l'acide s'effectue et le chlorure de calcium s'écoule.

Procédé par le sulfate de magnésie pour remplacer l'acide sulfurique. — Le sulfate de magnésie, dans les localités où il est commun, comme en Espagne ou près des salines, peut servir à remplacer l'acide sulfurique dans la fabrication de l'acide chlorhydrique. On chauffe au rouge deux parties de sulfate de magnésie et une partie de chlorure de sodium; le résidu se compose de sulfate de soude, de magnésie libre, avec du sulfate de magnésie non décomposé en faibles proportions.

Fabrication au moyen du sulfate de fer et d'alumine. — On fabrique industriellement en France et à l'étranger de l'acide chlorhydrique au moyen du sulfate double de fer et d'alumine qu'on obtient par l'oxydation à l'air des schistes pyriteux et alumineux qu'on substitue à l'acide sulfurique comme plus économique.

Fabrication au moyen du chlorure de magnésium. — Le chlorure de magnésium, qu'on recueille quelquefois en grandes quantités dans les eaux mères des marais salants, peut donner de l'acide chlorhydrique à bon marché en même temps que de la magnésie : il suffit de le décomposer dans un four analogue à celui qui sert à faire le sulfate de soude au moyen du chlorure de sodium. Ce moyen a été quelquefois mis en pratique.

Usages. — L'acide chlorhydrique brut sert à la préparation du chlore, des hypochlorites, du chlorure de zinc, pour la désinfection des matières fécales et la conservation des bois.

Celui qui est plus pur, provenant de bombonnes spéciales, ou mieux, de la fabrication dans le verre, sert à la production des chlorures métalliques, à la fabrication de la gélatine, à l'amollissement de l'ivoire, à la fabrication de l'acide carbonique, des eaux gazeuses, des mélanges frigorifiques avec le sulfate de soude, à faire des essais de manganèse et autres analyses.

Causes d'insalubrité. — Les mêmes que pour les acides nitrique et sulfurique, si l'on opère en vases non clos.

Action légère sur la végétation, même quand on opère en vases clos.

Causes d'incommodité. — Quand on opère en vases clos.

Dégagement peu important de gaz hydrogène et de chlore ou d'acide hydrochlorique en vapeurs.

Dégagement des gaz de la combustion, et avec eux, et à cause d'un peu d'air qui s'y joint, passage d'un peu d'acide chlorhydrique formé dans la cheminée.

Parfois vapeurs odorantes et fumée.

Prescriptions. — Condenser toutes les vapeurs avec soin.

Les faire arriver, après leur condensation dans la cheminée qui reçoit les produits de la combustion.

Et élever cette cheminée à trente mètres et quelquefois quarante mètres d'élévation, afin de diviser les vapeurs à l'infini.

Ne jamais laisser écouler sur la voie publique des eaux chargées d'acide. Les neutraliser par de la chaux ou de la craie, ou leur faire traverser des caniveaux souterrains construits en briques ou en pierres siliceuses bien cimentés, remplis de moellons calcaires, à moitié plongés dans l'eau. L'acide est ainsi saturé et il s'écoule une solution de chlorure de calcium.

Acide hydrofluorique (1ᵉ classe).

Détail des opérations. — Sa préparation rentre dans le chapitre des *produits chimiques*. C'est un corps dont la manipulation est très-dangereuse.

Cet acide est incolore, fumant à l'air. On l'obtient en faisant chauffer doucement, avec trois fois et demie son poids d'acide sulfurique concentré, dans un appareil distillatoire tout en platine ou en plomb, refroidi par la glace, du fluorure de calcium finement pulvérisé.

On ne peut conserver cet acide que dans des vases de plomb ou de platine.

Usages. — Il sert dans la gravure sur cristaux, — mais on a généralement aujourd'hui renoncé à son emploi.

(Voir *Verre, Cristaux, Gravure sur verre.*)

Causes d'insalubrité. — Poison très-violent.

A l'état solide, son contact détermine sur la peau des ulcérations très-douloureuses. Et quand on s'en sert pour la gravure, il rougit et brûle l'extrémité des doigts.

A l'état gazeux, il donne des irritations très-vives des paupières, des yeux : des coryzas et de la toux.

Prescriptions. — N'employer que *le plus rarement possible* cet acide.

Ventiler très-activement la table où on l'emploie à l'état gazeux.

Recommander aux ouvriers le plus grand soin quand ils s'en servent à l'état liquide.

Acide oxalique (Fabrique d') liée le plus habituellement à la fabrication de l'acide sulfurique (1ʳᵉ classe).

Détail des opérations. — On le retire de la décomposition des oxalates par les acides. On fait dissoudre le bioxalate de potasse ou sel d'oseille dans l'eau chaude ; on y verse de l'acétate neutre de plomb jusqu'à cessation de précipité. On obtient ainsi de l'oxalate de plomb insoluble qu'on sépare par filtration et lavages. On décompose cet oxalate de plomb par l'acide sulfurique étendu ; on chauffe légèrement pour parfaire la réaction et pour enlever tout excès d'acide sulfurique. On fait digérer la liqueur avec de l'oxalate de baryte ou de plomb.

Au lieu d'acide sulfurique, on pourrait employer l'acide sulfhydrique ou hydrogène sulfuré, qu'on ferait arriver gazeux dans l'oxalate en suspension dans l'eau ; il se forme du sulfure de plomb insoluble qu'on sépare de l'acide oxalique.

On l'obtient plus ordinairement en soumettant le sucre, l'amidon, le ligneux et un grand nombre de matières organiques à l'action de l'acide azotique convenablement dilué.

On place dans un grand bassin, ou bâche, doublé en plomb et sur le fond duquel s'enroule un serpentin dans lequel circule la vapeur, cinq cents kilogrammes de mélasse et un poids égal d'acide azotique qu'on laisse agir pendant douze heures. Quelquefois, la mélasse ou les autres substances dont la réaction doit produire l'acide oxalique sont mises dans une série de pots de grès déposés au fond de la bâche, qu'on emplit d'eau et qu'on chauffe à quarante-cinq degrés, à l'aide d'une chaudière *ad hoc*.

Après cela, le liquide est élevé au moyen d'une pompe dans un bassin ou réservoir supérieur. On l'y laisse séjourner pendant trois jours ; on le fait alors écouler dans un troisième bassin inférieur chauffé comme le premier. Là, pendant trois jours consécutifs, on ajoute sans discontinuer, de trois heures en trois heures, cinquante kilogrammes d'acide azotique. Et c'est à ce moment qu'il y a un dégagement notable de vapeurs nitreuses dans l'atelier et dans les environs de la fabrique. Après trois jours l'action est complète. On lâche le liquide dans les cristallisoirs doublés en plomb. En deux jours, la cristallisation est opérée. On écoule les eaux mères, on lave, on sèche, on étend sur les cadres placés à l'étuve, chauffée par un calorifère ou par un poêle à cloche.

Il faut chauffer avec ménagement en commençant, puis faire bouillir quand la réaction vive est terminée ; enfin, évaporer pour faire cristalliser. Les proportions d'acide azotique varient avec les matières premières employées ; cet acide ne doit être ajouté que par parties, de manière qu'il ne puisse réagir sur l'acide oxalique déjà formé.

Dans la réaction de l'acide azotique sur le sucre, la fécule.... il se forme un dégagement considérable d'acide carbonique, et surtout de vapeurs hypoazotiques qu'il faut condenser pour ne point nuire à la végétation en les perdant dans l'air ; d'ailleurs, on a tout intérêt à rendre cette fabrication une annexe de celle de l'acide sulfurique pour utiliser les vapeurs hypoazotiques dans les chambres de plomb.

L'acide oxalique est fabriqué industriellement, surtout pour les arts, au moyen des pommes de terre. On réduit celles-ci en une pulpe qu'on lave dans des cuves par simple décantation ;

on saccharifie le dépôt avec 2 pour 100 d'acide sulfurique; on obtient ainsi un produit sucré qu'on débarrasse de l'acide sulfurique par le carbonate de chaux et qu'on évapore jusqu'à obtenir une densité égale à 1,400 ou 1,450. On se sert de ce glucose impur pour obtenir l'acide oxalique au moyen de l'acide azotique, comme il a été exposé déjà.

Les marrons d'Inde, les matières riches en fécule peuvent remplacer la pomme de terre.

On fabrique aussi de l'acide oxalique en se servant de la réaction des alcalis caustiques sur la cellulose, qui donne lieu à la formation d'un oxalate à la température de cent soixante-quinze, ou deux cents degrés. On emploie la fibre ligneuse, la sciure de bois; on la mélange avec trois fois son poids d'alcali supposé sec (potasse et soude mélangées); on chauffe sur des plaques au moyen de carreaux, en agitant sans cesse à une température de cent soixante-quinze à deux cents degrés. L'eau disparaît d'abord, puis, peu à peu, la sciure. Pour isoler l'oxa-late de soude des matières plus solubles, on emploie le système de lavage méthodique usité pour la fabrication du carbonate de soude, et quand les eaux de lavage de la première cuve ne pèsent plus que 1,030, on cesse de laver. Il reste dans la cuve de l'oxalate de soude avec lequel on peut facilement obte-nir de l'acide oxalique.

(Ce procédé n'est employé qu'à l'étranger et fort rarement.)

Usages. — L'acide oxalique est employé en teinture et à divers usages chimiques.

Causes d'insalubrité. — Dégagement de vapeurs nitreuses dans l'atelier et dans les environs de la fabrique.

Action délétère sur la santé des ouvriers et sur la végétation.

Écoulement d'eaux acides.

Causes d'incommodité. — Odeur des vapeurs nitreuses.

Prescriptions. — Faire dégager les gaz dans de la vapeur d'eau, et recevoir cette vapeur où l'acide s'est révivifié, dans des conduits au fond desquels il retombe, et le diriger de nouveau dans l'eau des bâches qu'il recommence à acidifier.

Condenser les vapeurs.

En recevoir l'excédant dans une cheminée haute de trente mètres.

Ne jamais laisser écouler sur la voie publique des eaux acidulées sans les avoir neutralisées et saturées d'alcali.

Avoir dans l'usine beaucoup d'eau pour les usages du service.

Acide picrique ou carbazotique (1re classe, par assimilation à la manipulation des matières résineuses).

Détail des opérations. — Dans une capsule triple du volume des matières à employer, on place trois parties d'acide azotique à trente-six degrés, on chauffe à soixante degrés au moyen de la vapeur ou d'un bain-marie. Cela fait, on retire la capsule, et, au moyen d'un tube effilé, on y verse par fractions de l'huile de houille lourde (obtenue entre cent soixante et cent quatre-vingt-dix degrés). Chaque addition d'huile donne lieu à une réaction violente.

Quand toute l'huile est ajoutée, on verse trois nouvelles parties d'acide azotique, on fait bouillir et l'on évapore en consistance sirupeuse. Il faut éviter de dessécher le *produit* dans cet état, parce qu'il s'enflammerait.

On le lave à l'eau froide pour en séparer l'excès d'acide, puis on le dissout dans l'eau bouillante additionnée d'un millième environ d'acide sulfurique pour en isoler une matière résinoïde. A cet état, c'est de l'*acide picrique.*

La solution chaude peut servir à la teinture sur laine et sur soie, mais point sur les tissus à fibres d'origine végétale. Il n'est besoin d'aucun rinçage, mordant ou apprêt.

Il est soluble dans l'alcool et dans l'éther en fortes proportions. Il est peu soluble dans l'eau froide. Notablement soluble dans l'eau bouillante, il est vénéneux; sa saveur extrêmement amère lui a fait donner son nom.

Usages. — On se sert de l'acide picrique pour donner de l'amertume à la bière (c'est une falsification dangereuse). L'acide picrique, aluné en diverses proportions, est employé dans la teinture sur bois; dans la teinture en jaune, sur

soie, sur laine et sur coton, dans les fabriques de fleurs artificielles ; pour donner aux tissus des apprêteurs une couleur
d'une grande solidité; dans la photographie. (Voir *Arsenite de
cuivre.*)

CAUSES D'INSALUBRITÉ. — L'acide picrique est un poison vio-
lent, même à faible dose.

Danger d'explosion si on le dessèche avant de l'avoir lavé à
l'eau froide.

Danger d'incendie par l'accumulation ou l'emmagasinage
des huiles de houille et de goudron.

CAUSES D'INCOMMODITÉ. — Odeur désagréable et pénétrante
produite par les vapeurs.

Écoulement d'eaux acidulées.

Coloration en jaune, très-persistante, des ongles chez les
ouvriers qui l'emploient.

PRESCRIPTIONS. — Isoler les magasins où sont renfermées les
huiles de houille.

Éloigner les fabriques des habitations (trois cents à cinq cents
mètres).

Élever le tuyau de la cheminée principale à trente mètres de
hauteur.

Condenser les vapeurs.

Neutraliser les eaux avant leur sortie libre de l'établissement.

Acide pyroligneux. (Voir *Acide acétique.*)
Acide stéarique (1er ou 2e classe, selon le procédé employé).

DÉTAIL DES OPÉRATIONS. — L'acide stéarique s'obtient de la
distillation des matières grasses. (Voir *Fonte des graisses, Fabrique de bougies.*)

CAUSES D'INSALUBRITÉ. — Pendant la distillation des matières
grasses, il peut se produire un accident de fabrication assez
insalubre, et sur lequel il est important d'appeler l'attention.
Quand l'acidification des matières grasses placées dans les cornues n'a pas été complète, s'il reste des matières neutres dans

lesquelles la glycérine n'a pas été déplacée, il se produit pendant la distillation de l'acroléine : son action est tellement irritante, que des ouvriers, par suite de son action, ont été privés de la vue pendant quelques jours. L'acroléine est ordinairement à l'état de gaz, échappe à l'action des condenseurs, et se répand dans l'air. (Voir *Bougies stéariques.*)

CAUSES D'INCOMMODITÉ. — Odeur produite par les vapeurs pendant la distillation.

PRESCRIPTIONS. — Luter les cornues avec le plus grand soin.

Aérer l'atelier, — et redoubler les soins sous ce rapport, dès que les ouvriers se plaignent de picotements aux yeux.

Pratiquer la condensation des vapeurs avec la plus grande attention. — Cela est du reste dans l'intérêt du fabricant.

L'acidification des graisses par l'action de la vapeur s'oppose mieux que tout autre procédé à la perte des produits de la distillation.

Faire aboutir l'extrémité du condenseur qui sert à dégager les gaz sous le foyer des fourneaux qui chauffent les tubes dans lesquels passe la vapeur surchauffée. La détruire ainsi complétement par l'action du feu.

Saponifier les matières grasses en vases clos.

Acide sulfhydrique.

L'acide sulfhydrique, ou hydrogène sulfuré, est un gaz formé d'équivalents égaux de soufre et d'hydrogène, d'une odeur d'œufs pourris, d'une densité égale à 1,19, donnant en brûlant une flamme bleue due à de l'acide sulfureux et à de l'eau. On le rencontre dans la nature, en Toscane, dans les fabriques d'acide borique, dans les eaux sulfureuses naturelles ; mais c'est surtout de celui qui se dégage lors de la fabrication du gaz d'éclairage et de la putréfaction des matières organiques qu'il va être question.

DÉTAIL DES OPÉRATIONS. — Pour l'obtenir, on fait réagir l'acide sulfurique étendu, ou l'acide chlorhydrique, sur le sulfure de fer hydraté, préparé à l'aide du mélange et de la combinaison de la limaille de fer et du soufre en présence d'une petite quantité d'eau. On peut l'obtenir plus pur, exempt de l'hydrogène qui pourrait provenir du fer resté métallique dans le sulfure, en attaquant le sulfure d'antimoine pulvérisé par l'acide chlorhydrique; on recueille le gaz, ou plutôt on le fait rendre dans une solution de soude ou de potasse pour en faire des sulfures alcalins.

Acide sulfureux.

L'acide sulfureux est un gaz à odeur particulière, celle de l'allumette soufrée qui brûle; il a une densité égale à 2, 24; il devient liquide par une température de dix degrés au-dessous de zéro; on peut le liquéfier par une pression de deux atmosphères à quinze degrés au-dessous de zéro. L'eau peut en dissoudre cinquante fois son volume; la solution absorbe rapidement l'oxygène de l'air et se change en acide sulfurique. Il décompose l'hydrogène sulfuré; en présence de l'humidité, il se forme du soufre et de l'eau; c'est donc un désinfectant.

Détail des opérations. — On l'obtient par plusieurs procédés:
1° Par la combustion du soufre dans l'air; on emploie des mèches de toile soufrées dans certains cas; mais, le plus souvent, on le brûle dans une capsule en tôle placée dans un fourneau; on ne laisse arriver que l'air suffisant pour la combustion; la flamme qui en résulte s'élève dans une longue cheminée en tôle qui détermine le tirage. L'acide sulfureux et les gaz de l'air passent ensuite dans un long et gros tube rafraîchi par un courant d'eau qui circule dans un tube concentrique; on peut, dans cet état, s'en servir pour le blanchiment de la laine et de la soie. Généralement, on en fait une solution aqueuse, ou mieux, des sulfites de soude ou de potasse; on obtient ainsi, sous un petit volume, une puissance très-énergique qu'on peut transporter; on arrive à opérer cette production de sulfites en faisant traverser l'acide sulfureux dans une longue caisse rectangulaire, en plomb, subdivisée par des cloisons en cases non fermées, contenant une solution de soude ou de potasse.

L'excès des gaz non condensés ou incondensables sort de la dernière case ou cloche pour passer, par un tube, dans un grand vase rempli de cristaux de soude humectés, et, de là, dans une cheminée d'appel ; on n'a presque pas à rejeter d'acide sulfureux en employant cette dernière précaution.

2° On produit quelquefois l'acide sulfureux en chauffant l'acide sulfurique avec un corps combustible, sciure de bois, copeaux secs ; il y a, dans ce cas, combinaison de l'eau de constitution du bois avec l'acide sulfurique, et formation d'acide carbonique avec le carbone du bois et un équivalent d'oxygène de l'acide sulfurique ; l'acide sulfureux passe en même temps que l'acide carbonique. On opère dans des ballons de grès ou de verre, qu'on place sur un seul foyer, dans un bain de sable commun ; on lave les gaz qui s'en dégagent. On peut remplacer le menu bois par du charbon, du soufre, du cuivre, du mercure, mais il y a encore moins d'avantages ; avec les métaux on n'aurait pas d'acide carbonique, et on pourrait utiliser les sulfates.

3° On peut l'obtenir en chauffant dans un ballon de verre quatre parties de soufre avec cinq parties de bioxyde de manganèse ; il se forme du sulfure de manganèse et de l'acide sulfureux.

4° On peut obtenir de l'acide sulfureux en grand en grillant les pyrites ou bisulfures de fer, comme cette opération est décrite à la préparation de l'acide sulfurique.

Usages. — L'acide sulfureux, et mieux les sulfites de soude et de potasse, servent au mutage des tonneaux pour prévenir la moisissure ; à modérer les fermentations trop vives, à conserver les sucs des fruits ; les cadavres eux-mêmes peuvent être conservés longtemps quand on les injecte de sulfate de zinc. C'est l'acide sulfureux de la combustion directe du soufre qui sert à éteindre les incendies dans les espaces fermés ; car cette combustion absorbe rapidement tout l'oxygène de l'air ; on l'emploie aussi au blanchiment. (Voir cet article.) Enfin, en soumettant les viandes récemment abattues à l'action des vapeurs d'acide sulfureux (quinze à vingt minutes), on peut, mieux que par tout autre procédé, les *conserver fraîches et saines* pendant près d'un mois (Voir *Conserves de Substances alimentaires.*)

CAUSES D'INSALUBRITÉ. — Dégagement de vapeurs d'acide sulfureux, et, dans *quelques circonstances*, d'acide azotique, de chlore et d'acide sulfurique.

Action nuisible sur la santé des ouvriers dans les ateliers et sur les voisins.

Action nuisible sur la végétation des champs et jardins qui environnent la fabrique.

Dangers moindres quand on opère en vases clos et qu'on peut condenser toutes les vapeurs.

CAUSES D'INCOMMODITÉ. — Fumée, gaz.

Vapeurs odorantes.

PRESCRIPTIONS. — S'opposer, par les meilleurs moyens, au dégagement du gaz et des vapeurs nuisibles.

Luter avec soin les chambres, les caisses et les cornues.

Brûler le soufre ou les pyrites en vases clos.

Faire arriver tous les produits dans les chambres, et, à l'issue de la dernière, établir le tambour de Gay-Lussac, afin d'y condenser les derniers résultats et d'empêcher les vapeurs de se répandre au dehors.

Faire traverser aux gaz un long chenal horizontal, chargé de matières humides, avant que ces gaz pénètrent dans la cheminée d'issue.

Mettre la cheminée d'appel en relation très-intime avec la dernière chambre et avec les appareils d'évaporation, et lui donner une hauteur de trente-trois à quarante mètres.

Condenser complétement tous les gaz odorants ou nuisibles.

Brûler la fumée.

Acide sulfurique (1re classe). — 15 octobre 1810. — 14 janvier 1815.
Acide sulfurique fumant (non classé. — 1re classe, par assimilation).

Il est connu sous trois états :

1° L'*acide anhydre*; il n'a pas d'emploi industriel ;

2° L'*acide fumant ou de Nordhausen*; c'est un acide monohydraté, contenant des quantités variables d'acide anhydre ;

3° Enfin, l'*acide hydraté ou huile de vitriol*, qui est le plus employé.

DÉTAIL DES OPÉRATIONS. — *Fabrication avec le soufre dans les chambres de plomb.* — Voici succinctement l'opération : le soufre est brûlé dans l'air, l'acide sulfureux produit vient se rendre dans des chambres de plomb ; il s'y trouve en présence d'une grande quantité de vapeurs d'eau qu'on injecte d'une manière continue et d'acide azotique ou des produits de sa décomposition. L'acide sulfureux enlève un équivalent d'oxygène à l'acide azotique, passe à l'état d'acide sulfurique et retombe hydraté au fond de la chambre ; de l'acide hypoazotique a été éliminé par la décomposition de l'acide azotique.

On voit que, s'il n'y avait pas de réaction postérieure, il n'y aurait qu'un équivalent d'acide sulfurique formé pour un d'acide azotique. Mais, comme la vapeur d'eau arrive en abondance, elle décompose trois équivalents de cet acide hypoazotique, donne deux équivalents d'acide azotique qui réagit comme le premier sur l'acide sulfureux, et, de plus, un équivalent de bioxyde d'azote qu'il est du plus haut intérêt de ne point laisser perdre, car il peut donner un équivalent d'oxygène à l'acide sulfureux et passer à l'état de protoxyde d'azote qui n'a plus d'action. C'est dans ce but que, outre la vapeur d'eau, on lance aussi de l'air dans les chambres, afin de le changer en acide azotique et en bioxyde d'azote. On voit combien il est important qu'il y ait toujours dans les chambres *une quantité suffisante d'air et d'eau*, pour utiliser complétement et revivifier les produits de la décomposition de l'acide azotique.

Si l'eau venait à manquer complétement, l'acide sulfureux et l'acide hypoazotique réagiraient l'un sur l'autre, et il se formerait un corps cristallisé ; la présence d'une faible quantité d'eau favoriserait cette réaction. Ce composé, qu'on désigne sous le nom de *cristaux des chambres de plomb*, se forme souvent dans la fabrication ; on doit l'éviter, car il peut se dissoudre dans l'acide sulfurique qu'il altère : on y arrive en maintenant toujours une quantité suffisante d'eau qui le décompose ; un trop grand excès d'eau a pour inconvénient de donner un acide faible.

Appareil. — L'appareil dans lequel on brûle le soufre est une plaque en fonte à bords relevés de huit à dix centimètres ; une chaudière en fer lui est superposée; elle est chauffée par la flamme du soufre, et fournit une partie de la vapeur nécessaire. Il y a deux, ou quatre et même six fours semblables accolés; chacun d'eux est terminé par un gros tuyau de tôle qui va se réunir à un tuyau commun d'une section de passage égale à la somme de tous les autres.

Les gaz de la combustion, azote et oxygène libres, se rendent par ce tuyau avec l'acide sulfureux dans un premier tambour en plomb, où ils reçoivent un jet de vapeurs d'eau, et passent par un tuyau dans un deuxième tambour. Là tombent des filets d'acide azotique sur des pièces en terre cuite ayant la forme de chateaux d'eau, pour qu'ils présentent plus de surface. Une partie de la réaction précipitée s'effectue dans ce deuxième tambour; les produits chargés de vapeurs nitreuses passent dans la grande chambre de plomb, où quatre jets de vapeurs dirigés en tous sens accomplissent la transformation presque complète de l'acide sulfureux en acide sulfurique.

Condensation des vapeurs hypoazotiques. — Les vapeurs et les gaz non condensés passent ensuite dans un troisième tambour, où ils reçoivent de nouveaux jets de vapeur; puis dans un quatrième tambour où il n'y a pas de jet de vapeur, enfin, dans un condensateur où on les fait circuler. Ce condensateur aurait un effet plus parfait si on dirigeait les vapeurs dans un long caniveau couvert où coulerait en sens contraire de l'acide sulfurique à soixante-deux degrés environ.

Dans quelques fabriques on n'emploie qu'une grande chambre de plomb.

Les gaz qui sortent de ce condensateur se rendent dans un petit tambour interposé ou tube en plomb servant de cheminée. Ce tambour est divisé en deux par un diaphragme percé de cinquante à cent trous de trois ou quatre centimètres de diamètre, de manière qu'il présente une section de passage égale à celle de la cheminée. Les trous sont destinés à pouvoir être fermés en plus ou moins grand nombre ; de manière à régler le tirage.

ACIDE SULFURIQUE.

Comme les gaz qui sortent de l'appareil condensateur ne sont pas complétement privés de vapeurs nitreuses, on les fait arriver par un tube dans une colonne en plomb remplie de coke.

Une petite trémie à bascule, divisée en deux compartiments, verse alternativement des deux côtés l'acide à soixante-deux ou soixante-quatre degrés, qui coule d'en haut par un robinet ; cette distribution s'opère par changement de centre de gravité : quand un des compartiments est plein, il vacille et déverse ; l'autre se trouve alors sous le jet et subit bientôt le même renversement. Ce coke ainsi acidulé présente une immense surface et une facile condensation des vapeurs d'acide hypoazotique. Cet acide sulfurique sert à fournir une certaine quantité de vapeurs azotiques à l'acide sulfureux; on le fait couler en cascade en présence de l'acide sulfureux, au contact duquel il cède toutes ses vapeurs azotiques.

A ce mode de condensation des vapeurs hypoazotiques on a substitué celui-ci dans ces derniers temps : On fait arriver les produits de la dernière chambre dans un condensateur, et de là on leur fait suivre trois séries de bombonnes, au sortir desquelles ils passent dans une cheminée dont le tirage sert d'appel à tout l'appareil. Les bombonnes contiennent à moitié de l'acide à soixante degrés; on l'enlève toutes les heures pour le faire servir à la fabrication en utilisant les vapeurs hypoazotiques qu'il a condensées.

Ces bombonnes communiquant toutes entre elles, de manière que leur liquide est à la même hauteur, il suffit pour les remplir de verser l'acide dans la dernière bombonne.

On remplace quelquefois l'acide azotique par des mélanges d'acide sulfurique et d'azotate de soude ou de potasse; ces mélanges, disposés à l'intérieur du four à combustion, peuvent y être décomposés par la chaleur qu'ils reçoivent de la flamme du soufre. L'acide azotique dégagé avec les produits de sa décomposition est employé à la formation de l'acide sulfurique. Quand la décomposition est opérée, on retire les vases qui contiennent le bisulfate de soude ou de potasse, et on les remplace par d'autres remplis du mélange acide. Les azotates doivent être exempts de chlorures pour éviter un dégagement de chlore qui pourrait attaquer les ajustages de platine qui terminent les tubes de vapeurs.

La fabrication de l'acide azotique et celle de l'acide oxalique par l'acide nitrique, le sucre ou autre matière analogue peuvent avec avantage être des annexes de celle de l'acide sulfurique; car on utiliserait dans les chambres les vapeurs nitreuses dégagées.

Fabrication avec les pyrites. — On peut fabriquer l'acide sulfurique en remplaçant le soufre qui nous vient de l'étranger par des pyrites de fer qui cèdent par la chaleur une partie de leur soufre à l'état d'acide sulfureux, si la décomposition s'opère *au contact de l'air*. Le sulfure formant le résidu, étant exposé à l'air, donne un sulfate qui sert à faire l'acide fumant. On opère de deux manières :

Premier procédé. — On réduit le bisulfure en poudre, on place un foyer sous les plaques en fonte qui servent à brûler le soufre, et on met sur ces plaques portées au rouge le sulfure en poudre selon une épaisseur de cinq à six centimètres ; on remue de temps en temps pour renouveler les surfaces ; l'acide sulfureux produit se rend dans les chambres. Quatre mille kilogrammes de pyrites donnent ainsi seize cents kilogrammes d'acide sulfurique à soixante-six degrés.

Deuxième procédé. — Le deuxième procédé évite partiellement le combustible, c'est la chaleur dégagée par la combustion des pyrites qui entretient la combustion ; on opère dans des fours coulants. — On porte au rouge l'intérieur de ce fourneau à l'aide d'un combustible, puis on le charge par le haut de pyrites concassées grossièrement; elles s'enflamment; on continue de charger. On ferme l'obturateur, et le produit de la combustion, c'est-à-dire l'acide sulfureux, se rend dans les tambours ou chambres de plomb.

Quand on charge, on empêche l'accès de l'air inférieur de manière que le tirage s'opère par l'obturateur, ce qui évite *la perte insalubre d'une grande quantité d'acide sulfureux* dans l'atmosphère. Une cheminée sert à commencer le feu, de manière à ne pas lancer dans les appareils les produits de la combustion du charbon. On la ferme quand les pyrites brûlent seules, et alors l'acide sulfureux passe dans les chambres.

Les fours, ordinairement groupés par quatre, ont une cheminée commune. Ils ont chacun quatre portes latérales en fonte *bien lutées avec de la terre argileuse,* ayant chacune quatre à cinq trous ronds d'un centimètre pour fournir l'air; ces portes ne sont ouvertes que toutes les douze heures pour retirer le sulfure. Les pyrites cèdent environ 13 pour 100 de soufre; l'acide qu'elles donnent contient presque toujours de l'arsenic, à cause des arséniures contenus dans ces pyrites.

Fabrication avec le sulfate de chaux. — Ce procédé donne un acide plus cher que celui obtenu du soufre et des pyrites; on pourrait y avoir recours si le prix du soufre venait à augmenter.

Ce procédé consiste à convertir le sulfate de chaux en sulfure, et à décomposer celui-ci de manière à avoir de l'acide sulfhyrique qu'on enflamme dans les chambres de plomb où il donne de l'eau et de l'acide sulfureux. — Le plâtre cuit est mêlé au quart environ de son poids de coke et calciné pendant trois ou quatre heures dans des cornues semblables à celles qui servent à la préparation du gaz; il se forme du sulfure de calcium et de l'acide carbonique mêlé d'oxyde de carbone qui se rend dans un gazomètre. On laisse refroidir le sulfure à l'abri de l'air, puis on l'étale sur des tablettes dans des grandes caisses en présence de l'eau, et l'on y fait passer un courant d'acide carbonique : celui-ci forme du carbonate de chaux et dégage de l'acide sulfhydrique qu'on enflamme pour utiliser l'acide sulfureux provenant de sa combustion.

On a aussi proposé ce procédé : On mélange intimement du sable fin ou acide silicique avec du sulfate de chaux, on expose le mélange au rouge vif; il se forme du silicate de chaux, de *l'acide sulfureux* et de l'*oxygène.* Cette décomposition, qui exige une température très-élevée, peut être favorisée par un courant de vapeur d'eau. Le mélange d'acide sulfureux et d'oxygène se convertit en acide sulfurique en passant sur de la mousse de platine; on fait ensuite arriver ces gaz dans les chambres de plomb, mais on n'emploie pas ce moyen industriellement.

Concentration de l'acide des chambres. — L'acide sulfurique, au sortir des chambres, se rend dans deux chaudières en plomb chauffées par la flamme perdue du foyer, et destinées à évaporer une partie de l'eau. On le dépouille encore des traces de vapeurs nitreuses qu'il retient en le faisant circuler dans une chaudière de plomb divisée et soumise à l'action des vapeurs sulfureuses.

Le liquide amené à cinquante-six degrés et même plus, dans les vases de plomb, arrive au vase de platine dans lequel s'achève la concentration; ce vase a la forme et les dispositions d'un alambic, il est inattaquable par l'acide sulfurique bouillant; on concentre jusqu'à soixante-six degrés; rarement on y parvient, à cause de la grande affinité de l'eau pour l'acide sulfurique; on peut rendre rigoureusement monohydraté l'acide ordinaire en lui ajoutant quelques centièmes d'acide de Nordhausen, on l'appelle alors acide *extra-concentré,* mais on s'en sert rarement.

Les vapeurs dégagées pendant l'évaporation dans le vase de platine contiennent de l'acide sulfurique et des gaz : on les condense dans des bombonnes.

On opérait autrefois cette concentration dans des cornues de verre placées dans des vases de fonte, formant bain de sable, et disposées en lignes droite au nombre de huit, dix et plus; on remplaça les vases de fonte par un simple lut argileux non calcaire; il y a parfois économie d'employer ce procédé, pratiqué encore dans les endroits où le verre est à bas prix.

Avant d'opérer la concentration, il est utile de laisser déposer l'acide; le dépôt contient du soufre qu'il est d'un haut intérêt d'enlever, car il décomposerait l'acide sulfurique et se changerait en acide sulfureux; il renferme encore du sulfate de plomb.

La distillation de l'acide sulfurique le prive de plusieurs corps étrangers; mais, vu le prix élevé de cet acide, on l'emploie peu dans les arts.

Acide fumant de Nordhausen (procédé allemand). — On produit en Bohême, et l'on peut produire en France, un acide sulfurique contenant environ deux équivalents d'acide monohydraté et un d'acide anhydre; c'est celui qu'on désigne sous le nom d'acide *fumant* de Nordhausen (Saxe prussienne).

On le retire du sulfate de fer par distillation.

Les pyrites de fer privées d'alumine, en les faisant séjourner dans l'eau et décantant souvent le liquide trouble, sont calcinées pour fournir du soufre, puis exposées à l'air et à l'humidité pendant plusieurs années.

Il se forme du sulfate de fer qu'on extrait par lessivage et cristallisation ; les eaux mères contiennent de plus en plus, à mesure qu'on les évapore, du sulfate de fer sesquioxydé et du sous-sulfate; on les concentre et les prive presque complètement de leur eau par la chaleur perdue des fours.

Distillation. — Le four distillatoire est un fourneau de galère à un seul foyer chauffant deux cents cornues de verre sur deux rangs, et munies chacune d'un récipient de même forme. On laisse perdre la vapeur d'eau et l'acide sulfureux qui se dégagent d'abord, puis on recueille l'acide sulfurique qui retient dans sa masse de l'acide sulfureux provenant de la décomposition partielle qu'il subit à cette température, et on laisse dégager l'oxygène avec une partie de son acide sulfureux.

Il serait plus avantageux de n'employer, si c'était possible, que du sulfate de sesquioxyde, car il se décomposerait moins d'acide sulfurique, celui-ci n'ayant point à peroxyder le sel.

Le résidu des cornues est de l'oxyde rouge de fer ou du sous-sulfate si la chaleur n'a pas été suffisante.

Acide fumant obtenu par le bisulfate de soude (procédé français). — On peut fabriquer avec avantage, dans certaines contrées où l'acide de Nordhausen est fort cher, un acide fumant en décomposant par la chaleur le bisulfate de soude bien sec. On opérerait dans des cornues en grès analogues à celles qui servent à la préparation de l'acide chlorhydrique dans le verre.

Le principal emploi de l'acide fumant est dans la fabrication du sulfate d'indigo pour la teinture, l'acide concentré ne pouvant le remplacer que très-imparfaitement.

Acide sulfurique anhydre. — Cet acide se présente sous la

forme de houppes soyeuses, blanches, d'une densité presque
égale à deux fois celle de l'eau; il fume à l'air en se volatilisant
et absorbant la vapeur d'eau.

On l'obtient en chauffant l'acide fumant avec précaution
dans une cornue de verre dont le col communique à un tube
en U effilé à son extrémité libre, et entouré d'un mélange réfrigérant : *des vapeurs blanches se dégagent* et se condensent
dans le tube refroidi en beaux cristaux blancs qu'on conserve
dans un tube fermé.

Usages. — Il est sans emploi.

Acide tartrique (acide tartareux, acide de tartre) (3ᵉ classe).
    5 novembre 1826.

Cet acide se trouve dans la nature, dans les raisins, les
ananas, les mûres... On le trouve presque toujours combiné à
la potasse ou à la chaux.

Détail des opérations. —On l'extrait du bitartrate de potasse.

Première méthode. — Pour cela on fait dissoudre dans dix
parties d'eau bouillante une partie environ de crème de tartre
ou bitartrate de potasse; on sature la dissolution par fractions
avec de la craie pulvérisée en remuant continuellement. *Il se
dégage de l'acide carbonique*, il se précipite du tartrate de chaux
et il reste en solution du tartrate neutre de potasse. On sépare
ce dernier par décantation et lavages, on le décompose par du
chlorure de calcium, il se forme du tartrate de chaux insoluble
en quantité égale à la première et du chlorure de potassium soluble. Tout le tartrate de chaux étant réuni, on le décompose
par l'acide sulfurique; on n'a plus qu'à séparer l'acide tartrique
du sulfate de chaux et à le faire cristalliser.

Deuxième méthode. — On a proposé d'opérer plus économiquement en décomposant par l'acide sulfurique la première
portion de tartrate de chaux; le sulfate de chaux, séparé de l'a-
cide tartrique formé, sert à décomposer le tartrate neutre de
potasse en les faisant bouillir quelque temps ensemble. Il se
forme du tartrate de chaux et du sulfate de potasse. Le tartrate

de chaux obtenu est décomposé par l'acide sulfurique et mis à cristalliser avec le premier.

Usages. — L'acide tartrique sert en médecine, en teinture et dans les analyses chimiques.

Causes d'incommodité. — Dégagement peu considérable d'acide carbonique (première méthode).

Fumée.

Vapeurs d'eau.

Prescriptions. — Diriger les vapeurs reçues sous une hotte, — dans une cheminée d'appel. — Et selon les localités, exiger l'élévation de cette cheminée à dix, quinze et vingt mètres.

Recueillir les eaux de lavage et ne les point faire écouler sur la voie publique.

Acide urique et murexide (Fabrique d'), extrait de guano, sans condenser les vapeurs (1ʳᵉ classe, par assimilation à la fabrication des acides et à celle des produits chimiques).

Acide urique et murexide, en condensant les vapeurs ammoniacales et en opérant en vases clos (2ᵉ classe). — 16 octobre 1857 (avis du conseil de la Seine).

Détail des opérations. — Pour obtenir l'acide urique par ce procédé, on délaye le *guano* dans l'eau chaude avec de la potasse du commerce ou de la soude caustique. On se sert à cet effet d'un grand nombre de cuves en bois, dans lesquelles pénètrent les vapeurs d'eau pour chauffer fortement le mélange, — et l'on brasse d'une manière assidue. — Il se dégage une quantité considérable de buées chargées de vapeurs ammoniacales qui se répandent dans tout le voisinage de l'usine.—Après un temps variable, on soutire la dissolution bouillante de l'urate alcalin, que l'on décompose par l'acide hydrochlorique, et l'on obtient un précipité blanc d'acide urique, qu'on lave et qu'on fait sécher.

Les résidus du *guano épuisé* d'acide urique contiennent encore des phosphates et autres sels. — Ils sont mis en tonneaux et livrés aux fabricants d'engrais.

Quand on veut convertir l'acide urique ainsi obtenu en murexine ou murexide (*urate* ou *purpurate* d'ammoniaque), on le transporte dans un autre atelier. — On commence par fabriquer de l'*alloxane*, qui est un des produits de l'oxydation de l'acide urique. L'alloxane s'obtient en traitant l'acide urique pulvérisé par l'acide azotique à froid. — On peut l'avoir encore en agissant sur l'acide urique avec l'acide hydrochlorique et le chlorate de potasse. Si l'opération, dans ce dernier cas, est bien conduite, on n'a pas de dégagement de gaz et le résidu ne donne que de l'alloxane et de l'urée. Dans le premier cas, il y a une vive effervescence.

Quand l'acide urique est ainsi transformé en alloxane, on traite ce produit par l'ammoniaque, et l'on obtient le murexide ou le murexine (rouge pourpre très-employé en teinture).

Le murexide est donc un des dérivés de l'acide urique; on peut l'obtenir *chimiquement* par plusieurs procédés. Industriellement, un des moyens les plus rapides et les moins dispendieux est de précipiter par l'ammoniaque une dissolution d'acide urique dans l'acide azotique.

Usages. — On se sert beaucoup de ce produit pour la teinture de la soie, de la laine, des plumes. (Voir ces articles.)

Causes d'insalubrité. — Dégagement considérable de vapeurs ammoniacales quand on opère à l'air libre.

Causes d'incommodité. — Odeurs très-désagréables.

Écoulement d'eaux de fabrication. — Très-puantes.

Résidus de l'épuisement du guano donnant lieu à des odeurs ammoniacales fort désagréables.

Buées abondantes.

Prescriptions. — Opérer dans des vases clos.

Condenser toutes les vapeurs produites et les recueillir dans l'intérêt de l'industriel qui perd une grande quantité d'ammoniaque quand il agit à l'air libre.

Si l'on opère à ciel ouvert, ne pratiquer l'extraction et la décomposition de l'acide urique que sous des hangars parfaitement ventilés, ayant même une cheminée d'appel. Ne jamais se livrer à ces manipulations dans des caves ou des magasins clos.

Ne jamais laisser accumuler dans les cours ou ateliers de

l'usine des tas de résidus des guanos épuisés. Les mettre chaque jour, au fur et à mesure de la fabrication, dans des tonnes qui seront expédiées aux fabricants d'engrais.

Ne brûler dans l'usine aucun débris de ces tonneaux.

Paver, daller ou bitumer l'atelier.

Ne point laisser couler d'eau de fabrication et de macération sur la voie publique, mais les recueillir et les exporter, dans des tonneaux hermétiquement fermés, soit à la voirie locale, soit pour l'agriculture.

Recevoir, quand on agit à l'air libre, toutes les buées ammoniacales sous une large hotte communiquant avec une cheminée haute de vingt-cinq à trente mètres.

Prescriptions communes à toutes les fabriques d'acide.

Moyens de se débarrasser des vapeurs acides. — M. Kuhlmann, obligé de se débarrasser le plus possible des vapeurs acides provenant de sa fabrique d'acides chlorhydrique, azotique, sulfurique, établie à Saint-Roch-lez-Amiens, a mis en pratique les moyens suivants, bien supérieurs à ceux employés dans la plupart des usines, et qui ont de plus l'avantage de n'en point faire perdre la valeur.

Il opère la condensation des vapeurs chlorhydriques ou nitreuses au moyen du carbonate de baryte naturel : il forme ainsi du chlorure de baryum avec l'acide chlorhydrique, et de l'azotate de baryte avec l'acide azotique. Il est facile de retirer du premier par l'acide sulfurique de l'acide chlorhydrique, et du second, par le même acide sulfurique, de l'acide azotique ; dans les deux cas, on a pour résidu du sulfate de baryte ou blanc fixe employé en peinture, et qui paye les frais de la fabrication.

Pour condenser l'acide chlorhydrique, on fait communiquer chaque four avec deux séries de condensateurs comprenant ensemble cent soixante dames-jeannes, dont les trente dernières seulement contiennent du carbonate de baryte. Les vapeurs du four à calciner le sel se rendent par deux conduits souterrains à l'un des systèmes de touries dont les dernières contiennent du carbonate de baryte. Les vapeurs acides des chaudières se rendent par deux tuyaux dans l'autre série pour se condenser. Toutes ces vapeurs se réunissent en dernier lieu dans un laveur mécanique : c'est une large citerne fermée par un couvercle en bois en voûte de cave, et munie intérieurement d'un agitateur à auges qui entretient dans toute la capacité une pluie permanente d'eau, tenant en suspension du carbonate de baryte qui lave les gaz avant qu'une haute cheminée les lance dans l'atmosphère.

A la suite des chambres de plomb de la fabrique d'acide sulfurique, il y a un appareil condensateur comme le précédent; les vapeurs nitreuses y forment de l'azotate de baryte.

Annexe aux acides.

Produits chimiques. — Les fabriques de produits chimiques ne peuvent pas être d'une manière absolue rangées dans telle ou telle classe des établissements insalubres, dangereux ou incommodes. Leur situation vis-à-vis de la loi dépend de la nature des substances qui sont travaillées et produites. En général, tous les établissements qui portent ce nom fabriquent à la fois les acides azotique, sulfurique, hydrochlorique, etc., etc, et beaucoup d'autres produits qui donnent habituellement lieu aux dangers d'incendie, à la fumée, à l'odeur, à des gaz délétères et à l'écoulement insalubre ou incommode d'une grande quantité d'eaux. — D'autres fois cependant, certaines fabriques se bornent à la production de substances tout à fait inoffensives ; telles sont les fabriques pour les produits pharmaceutiques. Il résulte de cet exposé qu'il faut toujours savoir, quand on parle de fabrique de produits chimiques, quels sont les corps qui y sont préparés. Toutes les causes d'insalubrité, d'incommodité, toutes les prescriptions à faire, sont sous la dépendance de cette première déclaration.

Causes d'insalubrité. — Celles dépendant des produits obtenus.

(Voir dans le *Journal de pharmacie et de chimie*, mars 1858, une note de M. Bussy, analysant les travaux de la commission belge, chargée, en 1854, d'étudier l'influence des fabriques de produits chimiques sur l'hygiène publique.)

Les conclusions sont que l'action de la viciation de l'atmosphère sur la santé des habitants est *nulle*. Il s'agit surtout de la présence dans l'air de l'acide sulfureux et de l'acide hydrochlorique. De nouvelles recherches sont nécessaires.

Causes d'incommodité. — Toutes celles des substances travaillées ; Mais en général :

Fumée,

Odeurs désagréables,

Vapeurs acides,

Écoulement d'eaux de fabrication.

Prescriptions. — En général :

Il faudra faire indiquer d'une manière très-exacte la nature des substances qui seront fabriquées.

Prescrire le plus grand soin dans la construction des fourneaux, des étuves, des hottes, des cheminées. — Ordonner, toutes les fois que cela sera nécessaire, des appareils destinés à *condenser* les vapeurs et à brûler la fumée.

Retenir surtout les vapeurs *acides*, les gaz fournis pendant le traitement du birmuth et la dissolution de l'oxyde de zinc, mêlé de zinc métallique, qu'on emploie à la préparation du chlorure.

Faire absorber tous ces gaz dans des eaux alcalines.

Les précautions habituellement en usage contre l'incendie, et la dispersion des eaux insalubres ou incommodes.

Exiger un grand espace, de l'eau en abondance, une pompe à incendie.

Quant au transport des produits et surtout des acides dans les villes, préférer des voitures à quatre roues, qui sont moins sujettes à verser.

Arrimer avec soin et sur une couche de paille les touries, séparées l'une de l'autre par des tampons de paille, pour parer

au choc provenant du contact des roues et d'un pavé défectueux.

Astreindre les charretiers, dans le cas de rupture d'une bombonne, à laver à grande eau l'endroit où l'acide s'est répandu.

Limiter les autorisations.

ACIER.

Acier (Fabrique d') (2ᵉ classe). — 14 janvier 1815.

L'acier est du fer combiné avec un ou deux pour cent de carbone, il jouit des propriétés du fer; il en diffère par la dureté et
la fragilité que lui donne la *trempe*, opération qui consiste à
le porter au rouge et à le refroidir brusquement en le plongeant dans l'eau froide.

DÉTAIL DES OPÉRATIONS. — Les procédés employés pour la fabrication des aciers du commerce servent à les distinguer,
parce que chacun d'eux donne à l'acier des qualités spéciales.

1° Acier naturel, retiré directement des minerais.

2° Acier de forge, obtenu par l'affinage partiel de la fonte.

3° Acier de cémentation, obtenu par cémentation de fer forgé.

4° Acier fondu, obtenu en fondant les espèces ci-dessus.

Acier naturel. — L'acier naturel s'obtient souvent dans les
forges catalanes; il n'est à proprement parler qu'un fer aciéreux
très-propre aux instruments d'agriculture, tels que socs de char-
rue, etc.

Acier de forge. — On emploie pour l'avoir les fontes lamel-
leuses provenant des minerais spathiques traités au bois; cette
méthode est surtout pratiquée en Allemagne; on les affine dans
un petit foyer semblable à celui de l'affinage au charbon de bois;
on fond dans le foyer sur des charbons incandescents une plaque de fonte; les scories riches que l'on ajoute enlèvent le carbone à la fonte qui passe de l'état solide à l'état pâteux. C'est
alors que l'on met en fusion une nouvelle plaque en l'approchant
de la tuyère, celle-ci ramène la liquidité, mais par l'oxydation
et les scories il y a perte nouvelle de liquidité; on continue de fondre de nouvelles plaques tant que l'on n'est pas arrivé à cent

cinquante ou deux cents kilogrammes. Quand la décarburation est suffisante, on divise la *loupe* en sept ou huit *lopins* coniques qu'on étire sous le marteau; ces barres ne sont point homogènes en tous leurs points, on les trempe et on les livre aux raffineurs.

L'une des extrémités des barres est plus carburée, on la détache sur une enclume en la frappant à faux; l'autre partie de la barre est employée comme fer aciéreux pour les instruments aratoires. Les barres plus carburées sont chauffées à plusieurs reprises, soudées entre elles, reployées sur elles-mêmes, et soudées de nouveau, en formant des trousses dans lesquelles une barre dure est toujours entre deux barres tendres et réciproquement; on finit ainsi par avoir une masse parfaitement homogène; il faut éviter l'action trop vive de l'air, qui décarburerait complétement l'acier.

Acier de cémentation. — Cette fabrication consiste à combiner le carbone au fer mis sous forme de barres plates et minces à une température inférieure à sa fusion; la combinaison se fait par contact, d'abord à la surface et peu à peu jusqu'au centre des barres.

On emploie des caisses rectangulaires en briques réfractaires de deux mètres cinquante centimètres à cinq mètres de longueur, sur une largeur et une hauteur de soixante-dix centimètres environ, supportées sur des briques formant des canaux dans lesquels circule la flamme. Ces caisses sont chauffées par un foyer sur lequel on brûle de la houille ou du bois à volonté, elles sont disposées dans un four voûté qui porte de petites ouvertures formant cheminée qui lancent dans la grande cheminée commune la flamme et les gaz du foyer.

Le cément est formé de charbon de bois dur pulvérisé, mêlé le plus souvent d'un dixième de cendres de bois et d'un peu de sel marin, on en forme une couche de cinq centimètres bien tassée au fond de la caisse, on place de champ un lit de barres d'acier, en laissant entre elles une distance d'un centimètre. Ces barres sont un peu plus petites que la caisse, on les recouvre de quinze à vingt millimètres de cément; on place successivement une nou-

velle couche de barres et de cément jusqu'à quinze centimètres
de hauteur de plus que le bord de la caisse, on ferme chaque
caisse avec des briques ou du sable quartzeux. Chacune des caisses contient cinq à dix mille kilogrammes de fer, on en met
ordinairement deux dans un four, elles portent de petites ouvertures qui permettent de retirer des barres pour juger à quel
point l'opération se trouve. Il faut chauffer pendant sept à huit
jours à la température de la fusion du cuivre; on ne défourne
qu'après avoir laissé refroidir le fourneau; les barres présentent
souvent de petites ampoules qui ont fait donner à cet acier brut
le nom d'*acier de poule*. Cet acier, tel qu'on le retire du fourneau, n'a pas une homogénéité suffisante pour qu'on l'emploie
dans les arts avant de l'avoir raffiné, en formant des trousses
avec les barres telles qu'on les retire des caisses, les travaillant
comme il a été dit pour l'acier de forge.

On transforme souvent en acier de cémentation des objets
fabriqués en fer, telles sont les lames de couteaux, les li-
mes, etc., etc. On appelle *trempe en paquet* cette opération.
Les objets sont stratifiés avec du cément dans des caisses de
tôle dans un foyer incandescent; on juge de la fin de la cémentation par des aiguilles disposées en différents points de la
caisse, on trempe ensuite les objets cémentés par immersion
dans l'eau froide.

Pour donner à l'acier de cémentation une homogénéité parfaite, on le fond dans des creusets d'argile réfractaire dans un
fourneau de fusion ordinaire qu'on charge à la partie supérieure. L'acier fondu, après une chauffe de quatre heures environ, est coulé dans une lingotière en fonte.

Sous le nom d'*étoffes d'acier*, on désigne des barres formées
par la soudure d'une barre de fer doux avec une barre d'acier;
les instruments aratoires, les canons de fusil en sont souvent
fabriqués.

CAUSES D'INSALUBRITÉ. — Aucune.

CAUSES D'INCOMMODITÉ. — Fumée des fourneaux. — Danger du
feu.

Bruit produit par le martinet dans l'opération de l'étirage.

Bruit produit par les chocs répétés quand on divise *la loupe* en plusieurs fragments.

PRESCRIPTIONS. — Isoler l'atelier. — Ne point construire d'étage au-dessus.

Construire les fours en briques et fer.

Les couvrir de larges hottes qui recueillent complétement la fumée.

Élever les cheminées qui reçoivent la fumée et les vapeurs à vingt ou trente mètres de hauteur, selon l'élévation des habitations environnantes.

Faire que la cheminée n'ait aucun contact avec la charpente ou les murs mitoyens.

Éloigner la fabrique des habitations.

Acier (Ressorts en) pour horloges, bandages et lames pour jupons, en) (3ᵉ classe).

DÉTAIL DES OPÉRATIONS. — On prépare une série de paquets formés d'un certain nombre de bandes ou rubans d'acier dur, de diverses épaisseurs, selon l'objet pour lequel on travaille (scies fines, scies ordinaires, ressorts de montre, de bandagistes, lames d'acier pour jupons et corsets). On place ces paquets dans un four à réverbère et on chauffe jusqu'au rouge cerise. Le combustible doit être du coke ou du bois. Au sortir du four, on plonge ces paquets dans un bain d'huile de colza. Cette pratique a pour but de rendre l'acier plus souple, en lui donnant une trempe moins dure, due au refroidissement qui se fait plus lentement dans l'huile que dans l'eau. — Certains aciers se font au suif. — On détache les paquets au sortir de l'huile, et on passe chaque bande d'acier, une à une, entre deux lames de fer incandescent, pour lui donner ce bleu irisé qu'on connaît. — On découpe ensuite ces rubans à la longueur voulue.

CAUSES D'INSALUBRITÉ. — Danger d'incendie par l'inflammation de l'huile.

CAUSES D'INCOMMODITÉ. — Fumée du fourneau. — Odeur de l'huile chaude.

PRESCRIPTIONS. — Construire le four en briques et fer.

L'isoler de tout mur, — par le tour du chat; le surmonter d'une hotte qui recueillera les vapeurs produites au moment de la trempe, — et les dirigera dans une cheminée qui dépassera de deux mètres les toits voisins.

Bitumer ou carreler le sol de l'atelier.

Placer les bains d'huile sous une hotte, et les éloigner convenablement du foyer; car là est le seul danger d'incendie.

Avoir toujours dans l'atelier un baquet plein de sable fin, — en cas de feu.

AFFINAGE.

Affinage de la fonte, ou conversion de la fonte en fer ductile (2ᵉ classe).

C'est par une oxydation énergique que l'on débarrasse la fonte de son carbone et de son silicium en les transformant en acides carbonique et silicique; ce dernier passe à l'état de scorie ou silicate en se combinant à l'oxyde de fer.

On a recours à deux procédés pour l'affinage de la fonte :

1° Affinage au charbon de bois ou au *petit foyer;*

2° Affinage à la houille, ou par la *méthode anglaise.*

Affinage de la fonte au petit foyer. — DÉTAIL DES OPÉRATIONS. — On emploie un petit foyer formé de plaques de fonte revêtues d'argile, profond de vingt-cinq centimètres, large de soixante centimètres environ. Une tuyère en cuivre ou en argile cuite d'une forme demi-circulaire lance l'oxygène nécessaire qui lui est fourni par deux soufflets ou des cylindres en fonte. On allume une quantité assez considérable de charbon, on place dessus de la fonte, elle coule bientôt, et, sous l'action énergique de l'air, elle s'oxyde, forme un silicate tribasique, qui vient au fond du foyer et qu'on laisse sortir partiellement par le trou de coulée. La fonte devient de moins en moins fusible et se décarbure de plus en plus, surtout sous l'action directe du vent qu'elle subit sur la fin de l'opération.

Alors on relève la masse sur les charbons, on souffle au-dessous, de manière à la refondre, ce qui s'appelle avaler la loupe, puis on saisit la masse, quand le fer a *pris nature*, on l'essuie avec un ringard et le bat sous le marteau, disposé à peu près comme celui de la forge catalane; on laisse écouler les scories, et on nettoie le fourneau pour une nouvelle opération.

Cette méthode d'affinage est modifiée dans ses détails selon les contrées où elle est pratiquée, et par conséquent en vue de la qualité des matières premières à transformer.

Affinage de la fonte par la méthode anglaise.

Cette méthode d'affinage s'applique surtout dans les localités où, le combustible végétal étant rare, le combustible minéral est, au contraire, très-abondant.

Détail des opérations. — Il y a deux temps dans l'opération et deux foyers pour l'exécuter.

Dans la première partie de l'opération, la fonte est fondue dans une espèce de creuset d'affinerie appelé *feu de finerie*, en présence du charbon et sous le vent de la tuyère; le métal coule dans une large rigole ou il prend la forme de plaques; on obtient ainsi le *fine-métal*, qui est blanc, cassant et boursouflé, presque dépouillé de carbone et de silicium.

Dans la deuxième partie de l'opération appelée *puddlage*, on expose le fine-métal dans un four à réverbère chauffé, à une très-haute température par un puissant courant d'air oxydant.

Le carbone achève de se brûler; il y a formation d'oxyde de fer magnétique et combinaison de cet oxyde avec le silice; quand l'affinage est terminé, on forme une sorte de boule avec le fer contenu dans le fourneau; on le porte sous le marteau pour l'étirer en barres.

Feu de finerie. — Le feu de finerie est un creuset rectangulaire déterminé par des caisses en fonte, dans lesquelles passe un courant d'eau froide pour empêcher la fusion; le fond du creuset est formé de sable, six tuyères semblables à celle des hauts fourneaux et refroidies de la même manière, lancent l'air que refoule une machine soufflante. Les gaz provenant de la combustion s'échappent de l'usine par une cheminée portée sur un

bâtis en fonte autour duquel on peut aisément circuler et surveiller le creuset.

Puddlage. — Le four à *puddler* est un four à réverbère dont
la sole est horizontale et présente en arrière une dépression
pour l'écoulement des scories; plusieurs portes donnent entrée
dans ce fourneau; deux servent à charger le combustible sur le
foyer qui est complétement séparé de la sole et se trouve à
vingt-cinq centimètres au-dessous de son niveau. Deux portes
donnent entrée sur la sole : l'une sert à l'entrée des fontes et à
leur sortie après l'affinage, l'autre sert à brasser la masse avec
un ringard quand le métal est fondu. Tout le fourneau est en
briques, mais il est maintenu sur toutes ses faces avec des plaques de fonte et des tirants de fer ; la sole est en fonte, un courant passe dessous, ce qui suffit pour empêcher sa fusion; elle
est quelquefois en briques réfractaires recouvertes d'un lit de
scories. Une cheminée de dix à quinze mètres de hauteur détermine le tirage du fourneau.

Le four à puddler est chauffé au blanc; on y introduit deux
cents à deux cent cinquante kilogrammes de fine-métal et cinquante kilogrammes de scories riches ou de battitures, on
ferme les portes, et, quand le métal est en fusion, on ferme peu
à peu la cheminée au moyen d'un registre ; on brasse avec un
ringard, en évitant l'accès d'une trop grande quantité d'air;
il se dégage de l'oxyde de carbone par suite de la réaction que
l'acide carbonique exerce sur l'oxyde des scories; ce gaz brûle
avec une flamme bleue. C'est à l'aspect du métal que l'ouvrier
juge de la fin de l'opération et qu'il divise la masse en cinq ou
six boules ; il les porte successivement sous un marteau du
poids de trois à six mille kilogrammes soulevé au moyen de
cames montées sur une couronne en fonte mue par une roue
hydraulique ou une machine à vapeur.

Usage des gaz du haut fourneau. — Le puddlage de la fonte
se pratique quelquefois avec les gaz seuls du haut fourneau.

Ces gaz sont puisés à trois ou quatre mètres au-dessous du
gueulard; on les fait arriver en arrière de l'autel où il brûle au
contact de l'air chauffé à une température de trois cent cinquante

à quatre cents degrés dans la cheminée du four à gaz lui-même.
Comme la cheminée a un tirage assez faible et que la flamme a
une tendance à sortir par la porte de travail, on obvie à cet inconvénient en faisant arriver un jet d'air à cette porte pour la
refouler.

La disposition est à peu près la même que dans le four à
puddler précédent, excepté qu'il y a une seconde sole au bas de
la cheminée, laquelle sert à chauffer d'abord la fonte au rouge.
Ces fours, assez difficiles à diriger à cause de la production inégale du gaz dans le haut fourneau, perdraient les avantages
qu'offre leur emploi, si on produisait le gaz dans un générateur
spécial.

Autres usages. —Généralement on préfère brûler les gaz sous
des chaudières à vapeur destinées à faire fonctionner les machines soufflantes, les martinets, les laminoirs, etc. On s'en
sert quelquefois pour cuire des briques, de la chaux, griller les
minerais ; ce qui est d'un emploi plus commode que pour le
puddlage.

**Affinage de métaux au fourneau à coupelle ou au fourneau à réver-
bère (1ʳᵉ classe). — 14 janvier 1815.**

Affinage à la coupelle. — Quand les minerais de plomb contiennent de l'argent, et cela arrive presque constamment, on
traite ces minerais pour le plomb, et on sépare par coupellation l'argent du plomb d'œuvre ou plomb argentifère.

Le *fourneau de coupelle* employé dans la métallurgie est une
espèce de fourneau à réverbère formé d'un four circulaire, d'un
foyer latéral; la sole a la forme d'une calotte sphérique, elle est
composée de briques placées de champ sur une base de scories;
on la recouvre d'une couche de marne tassée avec soin ou d'un
mélange de cendre et de chaux, qui constitue la *coupelle* proprement dite. La voûte de ce fourneau est mobile, elle est en tôle
rivée, garnie intérieurement d'argile, et suspendue à une grue
à l'aide de chaînes en fer.

Cinq ouvertures sont placées autour de ce four : 1° une pour
l'introduction de la flamme du foyer; 2° deux pour laisser pas-

ser les buses de deux soufflets destinés à lancer de l'air à la surface du bain métallique et à chasser la litharge; 3° une autre pour introduire ces disques de plomb argentifère; 4° une dernière ouverture pour laisser couler la litharge; on ne bourre que peu à peu, de manière qu'elle soit toujours au niveau du bain.

Pour opérer, on enlève la coupelle précédente afin de la faire servir comme minerai de plomb, puis on mouille la sole ou brique avec de l'eau; cela fait, on applique des couches successives de marne, qu'on tasse fortement avec un pilon; on place le couvercle du fourneau, et on lute exactement l'un avec l'autre.

On charge cent soixante quintaux de plomb environ; on chauffe, et à l'aide de soufflets on insuffle de l'air; tant que la température n'est pas assez élevée, on ne produit pas de litharge, mais des *abzugs* ou poussières sulfurées noirâtres, puis des *abstrichs*, matières oxydées analogues, mais plus agglomérées. enfin, quand la température est suffisante et qu'à l'aide d'un râble on a fait sortir ces abstrichs du fourneau, apparaissent les *litharges noires ou sauvages*, qui vont avec les premiers produits de l'oxydation au fourneau de réduction, où on les revivifie en plomb métallique à l'aide du charbon; puis les litharges ordinaires ou marchandes. Quand l'oxydation va se terminer, qu'il ne reste presque plus de plomb, la litharge ne peut plus s'écouler hors du fourneau, elle est absorbée par la coupelle de marne; au moment où il ne reste plus qu'une mince couche de litharge fondue à la surface du disque d'argent, il se produit une diminution d'éclat à la surface, due à ce qu'il y a une moindre température dans le bain, parce qu'il n'y a plus de chaleur dégagée par la combinaison du plomb avec l'oxygène: ces dernières traces de litharge tournoient rapidement, prennent divers couleurs irisées avant de disparaître et de laisser à nu la surface de l'argent. C'est à cette succession rapide de phénomènes ·de décoloration sur l'argent qu'on a donné le nom d'*éclair*. Des cent soixante quintaux de plomb, on retire environ quatorze kilogrammes d'argent de coupelle, contenant un seizième de plomb, dont on le prive par un raffinage.

Affinage au fourneau à réverbère. — L'affinage de plomb s'o-père en Angleterre dans un four à réverbère qui ne diffère du four ordinaire que par un trou pratiqué dans la sole, afin d'y placer une coupelle. Celle-ci est formée par un mélange de cendre de fougères mêlées d'un huitième à un seizième de cen-dres d'or, afin d'obtenir une coupelle demi-vitrifiée par la po-tasse des cendres, et par conséquent plus durable, car il ne faut pas, comme dans les essais analytiques, que la coupelle puisse absorber l'oxyde de plomb produit, mais bien le laisser couler à la surface; du reste, on n'a jamais à redouter l'ab-sorption de l'argent lui-même dans la coupelle.

Pour fabriquer la coupelle, on prend le mélange tamisé dési-gné précédemment, on en place environ cinq cent quarante et un millimètres sur la sole du fourneau dans l'espace que circonscrit un châssis en fer; on l'humecte, on le tasse à l'aide d'un pilon de mouleur, et à l'aide de couches successives on forme un mas-sif qu'on creuse de forme et de profondeur voulues. Le châssis est fixé sur la sole du fourneau par des brides en fer, on le lute avec de l'argile, on recouvre la coupelle avec des cendres, et on chauffe graduellement jusqu'au rouge de manière à la dessécher complétement sans la fendiller.

A l'aide d'une cuiller en fer, on remplit presque entièrement la coupelle avec du plomb argentifère fondu dans un bassin latéral : on active le feu et on insuffle de l'air à la surface du bain métallique, l'oxydation s'effectue, la litharge surnage, on lui donne un écoulement en faisant une échancrure sur le bord de la coupelle ; on charge de plomb fondu à mesure que la quantité diminue dans la coupelle, tant que l'on n'a pas atteint une quantité assez considérable. Quand l'*éclair* se produit, c'est-à-dire quand les vapeurs du plomb cessent dans le four-neau, que celui-ci s'éclaircit et que toute trace de litharge disparaît de la surface du disque d'argent, on retire la cou-pelle, on enlève le disque, on rejette l'épaisseur de la coupelle qui a absorbé de la litharge pour faire servir le reste à en fabriquer de nouvelles.

Affinage de l'argent de coupelle. — Cet affinage s'exécute en

fondant l'argent dans un fourneau formé d'une cavité hémisphérique en fonte, garnie intérieurement d'une couche épaisse
de marne ou de cendres de bois, destinée à servir de coupelle
et à absorber les oxydes. On remplit cette cavité avec du charbon de bois, on met l'argent par-dessus, et à l'aide d'un
soufflet assez puissant on active la combustion en même temps
que l'oxydation des métaux étrangers à l'argent. Quand la
chaleur a été suffisamment prolongée, l'argent repose sur la
coupelle et le soufflet lance à sa surface de l'air en masse, tant
qu'il se forme des taches ; pendant tout ce temps, on entretient
le feu avec de longs charbons.

L'argent ainsi affiné ne contient pas un centième de métaux
étrangers et sert directement à fabriquer l'argent monétaire
et les différents alliages de l'orfévrerie.

PARALLÈLE DE L'ANCIEN ET DU NOUVEAU PROCÉDÉ.

ANCIEN PROCÉDÉ.	NOUVEAU PROCÉDÉ (méthode anglaise).
Coupellation de tout le plomb, et réduction de toutes les litharges produites.	Coupellation de 1/10ᵉ et réduction d'une moindre quantité de litharge.
Coupellation non interrompue.	Coupellation interrompue et reprise à de longs intervalles.
Fumées considérables et continuelles.	Fumées moins considérables et non continuelles.
Fumées en très-grande partie déversées dans l'air, ou imparfaitement condensées par la hauteur de la cheminée ou par les chambres superposées.	Fumées en grande partie condensées par un condensateur.

Causes d'insalubrité. — Fumées et vapeurs produites pendant
la fusion du plomb et des alliages.

Danger du *rochage* ou de la projection des métaux à l'instant
du refroidissement.

Danger d'asphyxie dans les ateliers non suffisamment ventilés et où le tirage par les hottes et les cheminées n'est pas
convenablement établi.

Quand les vapeurs sont condensées, pas d'insalubrité.

Causes d'incommodité. — (Si les vapeurs sont condensées.)
Inconvénients de la fumée et de quelques vapeurs dépouillées de leurs qualités nuisibles.

Prescriptions. — Condenser les vapeurs produites.

Recueillir celles qui pourraient s'échapper des fourneaux à l'aide de vastes hottes et de cheminées de vingt à trente mètres d'élévation.

Ventiler énergiquement les pièces ou les ateliers mêmes où seront placés les fourneaux.

Dévorer la fumée produite.

Empêcher avec soin la solidification de la croûte superficielle afin d'éviter la projection, ou le soulèvement du métal en fusion, pendant le refroidissement. (Voir article *Essayeurs.*)

Affinage de l'or ou de l'argent par l'acide sulfurique quand les gaz sont versés dans l'atmosphère (1re classe). — 9 février 1725.

Affinage au fourneau à manche, à coupelle ou à réverbère. 14 janvier 1815.

Affinage quand les gaz sont condensés (2e classe). — 14 janvier 1815.

Affinage au moyen du départ et du fourneau à vent (2e classe). 14 janvier 1815. — N'existe plus.

Cette industrie consiste à séparer l'or et l'argent des alliages qu'ils forment entre eux et avec les autres métaux.

Détail des opérations. — Cet affinage s'opère avec l'acide azotique ou l'acide sulfurique.

Premier procédé par l'acide azotique. — L'acide azotique jouit de la propriété de dissoudre le cuivre et l'argent et de laisser l'or intact; c'est sur cette propriété qu'est fondé le départ ou séparation de ces métaux. On emploie un grand alambic en platine placé sur un fourneau à réverbère, surmonté d'un chapiteau qui communique par un tube en platine à un grand récipient en grès garni d'un robinet à la partie inférieure. Ce récipient est placé dans une cuve contenant de l'eau qu'on renouvelle pour la maintenir à une température assez basse; il y a deux tubulures remplies de fragments de verre sur lesquelles tombe un filet d'eau continu. Cet appareil peut servir à fabriquer l'acide azotique, en même temps qu'à dissoudre l'alliage.

Pour opérer l'affinage, on place environ trente kilogrammes de grenaille d'alliage d'or et d'argent dans la cucurbite de platine, il faut pour que l'opération marche bien qu'il y ait trois parties d'argent au moins pour une d'or ; il faut, par conséquent, ajouter de l'argent à l'alliage, s'il n'en contient pas cette quantité. L'acide azotique doit être exempt d'acide chlorhydrique pour ne dissoudre ni le platine ni l'or ; on pourrait aisément l'en priver en ajoutant assez d'azotate d'argent pour l'enlever à l'état de chlorure insoluble qu'on sépare par décantation. Cet acide est ajouté par parties par la tubulure de la cucurbite ; on chauffe pour déterminer la réaction et la dissolution ; *il se dégage une quantité considérable de vapeurs azotiques*, dont une partie se condense dans le récipient et peut servir à une opération subséquente.

Quand la dissolution est aussi complète que possible, qu'il ne se dégage plus de *vapeurs hypoazotiques*, on décante l'azotate d'argent par la tubulure de l'alambic, et on traite le dépôt d'or pulvérulent par de l'acide azotique concentré, et, à l'ébullition, on le lave à l'eau distillée ; enfin, on le fond avec un mélange de nitre et de borax, on a ainsi de l'or presque pur.

L'azotate d'argent décanté de la cucurbite est précipité par des lames de cuivre ; tout l'argent se précipite et est remplacé par une quantité correspondante de cuivre ; l'argent est lavé et soumis à l'action d'une presse hydraulique dans un cylindre de fonte ; enfin, on le fond avec un peu de nitre et de borax pour avoir de l'argent fin.

Deuxième procédé par l'acide sulfurique. — Le procédé de l'affinage par l'acide sulfurique est presque exclusivement pratiqué maintenant parce qu'il est moins coûteux. L'alliage le plus favorable à cette attaque est formé d'un cinquième d'or et d'un dixième de cuivre au plus, le reste étant de l'argent. Lorsque l'alliage contient du plomb, de l'étain ou autre métal oxydable, il faut s'en débarrasser par la coupelle ou par la poussée, s'il n'y en a que des traces, c'est-à-dire en le fondant plusieurs fois avec du nitre.

Quand on n'opère que sur un alliage d'or et d'argent, on le granule en le fondant et le coulant dans une grande masse d'eau, puis on en met trois kilogrammes dans une cornue de platine ovale et chauffée par un fourneau. On dispose plusieurs de ces cornues, on y ajoute un chapiteau et des tubes coniques en platine pour porter dans un gros tube condenseur en plomb *les vapeurs d'acide sulfurique et surtout l'acide sulfureux produit*, puis on introduit six kilogrammes d'acide sulfurique concentré dans chacune. La dissolution, d'abord rapide, se ralentit et n'est complète qu'après douze heures ; après ce temps, on transvase le sulfate dans un réservoir en plomb, on l'étend d'eau pure jusqu'à ce que la dissolution marque quinze ou vingt degrés ; on lave la poudre d'or non attaquée, on réunit les eaux de lavage aux précédentes liqueurs. On précipite ensuite l'argent de son sulfate par des lames de cuivre. On lave à l'eau bouillante le précipité d'argent métallique, et on le comprime avant de le fondre.

L'or est fondu avec un peu de nitre pour le débarrasser des traces de cuivre ; il suffit qu'il y en ait quatre dix-millièmes dans l'alliage pour que les frais d'affinage puissent être couverts.

Quand il ne s'agit que d'argent allié au cuivre ne contenant que de faibles traces d'or, on opère dans des chaudières hémisphériques en fonte, recouvertes d'un chapiteau aussi en fonte et munies de tuyaux pour l'écoulement des vapeurs et des gaz hors de l'atelier. Ces chaudières sont chauffées en dessous sur un fourneau commun avec de l'acide sulfurique concentré ; les sulfates d'argent et de cuivre qui en résultent sont transvasés dans de grandes cuves en plomb et étendus d'eau jusqu'à ce qu'ils marquent trente-six degrés : on fait alors arriver un courant de vapeurs dans la masse par des tubes verticaux, on le continue jusqu'à ce que la matière ne marque plus que vingt-deux degrés ; enfin, on la transvase bouillante à l'aide de siphons dans des bassins où on la décompose par des lames de cuivre; on en sépare l'argent, on le fond comme il a été dit plus haut.

Le sulfate de cuivre est mis à cristalliser dans des vases de plomb; on concentre les eaux mères et *on les abandonne à elles-mêmes* tant qu'elles peuvent donner de nouveaux cristaux; on fait cristalliser de nouveau le sulfate obtenu pour le livrer au commerce dans un état de pureté plus parfaite. L'eau mère acide est noire et connue sous le nom d'*acide noir*, elle sert à tous les usages où l'acide sulfurique impur peut être employé.

Troisième procédé par l'eau régale. — On a pratiqué aussi l'affinage de l'or et de l'argent avec l'eau régale, l'or se dissolvait, et l'argent restait à l'état de chlorure insoluble. Ce départ inverse, comme on l'a désigné, ne se pratique plus à cause du prix élevé de revient. L'or étant précipité de son chlorure par le sulfate de protoxyde de fer, puis coupellé avec du plomb, le chlorure d'argent était réduit par la craie et le charbon dans des creusets chauffés au rouge.

Il existe encore d'anciens moyens de séparation des métaux précieux, qui sont complétement abandonnés aujourd'hui, à cause de l'inconstance des résultats et des difficultés d'opérer en grand.

Quelle que soit la construction des appareils destinés à neutraliser les vapeurs acides, il est très-difficile de s'opposer entièrement à leur dégagement et à leur dispersion dans l'usine ou dans son voisinage. Il sera donc prudent de maintenir ces établissements, en grand surtout, dans la première classe plutôt que dans la deuxième, malgré les vapeurs neutralisées, à cause des réclamations incessantes, quand ils sont placés au centre des habitations.

CAUSES D'INSALUBRITÉ. — Dégagement considérable de fumée et de vapeurs azotiques hypo-azotiques (premier procédé).

Dégagement de vapeurs sulfuriques et dégagement d'acide sulfureux (deuxième procédé).

Dangers attachés à l'action de ces vapeurs sur les ouvriers, sur la végétation, quand on ne condense pas les vapeurs.

Pas de cause d'insalubrité dans le cas contraire.

Dangers d'incendie, à cause du séchoir où sont placés les cristaux de sulfate de cuivre.

CAUSES D'INCOMMODITÉ. — Fumée, — vapeur, — produites par la machine à vapeur.

Vapeur s'échappant des chaudières à évaporation.

Bruit causé par la meule qui écrase les creusets ayant servi à la fonte, dans le but d'obtenir les grenailles métalliques.

Bruit causé par la presse qui comprime les précipités.

PRESCRIPTIONS. — Opérer la dissolution des alliages dans des chaudières closes.

Recueillir les vapeurs qui pourraient s'échapper, dans ce cas, sous une large hotte, et les diriger par une cheminée de trente mètres de hauteur dans l'air.

Faire circuler les vapeurs dans un long tube de plomb, incliné, d'un fort diamètre, contenant de l'eau, pour condenser les vapeurs d'acide sulfurique.

Ou bien faire absorber ces vapeurs par un lait de chaux ou tout autre alcali dans une caisse tournante, avant de lui donner issue dans l'atmosphère.

Recouvrir les chaudières de l'atelier où l'on dessèche l'argent, ainsi que celles où l'on concentre le sulfate de cuivre, d'une hotte en bois communiquant au dehors par des tuyaux de cinq mètres au moins de hauteur au-dessus des toits les plus élevés, dans un rayon de cent mètres, et en tout état de choses de trois mètres au moins au-dessus du toit de l'usine.

Disposer les foyers de manière que la fumée soit brûlée.

Disposer les machines à broyer les creusets de façon à produire le moins de bruit possible.

Briser les glaces l'hiver, si les eaux de fabrication s'écoulent sur la voie publique.

Disposer les appareils à chauffer le séchoir de manière qu'en cas d'incendie, le feu soit limité au séchoir seul.

ALBUMINE (Fabrique d') (3ᵉ classe).

Détail des opérations. — Ce corps se trouve à l'état visqueux ou liquide, il forme le blanc de l'œuf, et différents autres liquides de l'économie animale et végétale ; il contient toujours de la soude, ce qui fait penser qu'il serait combiné partiellement avec elle.

L'albumine jouit de la propriété de se coaguler complètement à une température de soixante-quinze degrés, et de devenir alors opaque et insoluble dans l'eau. Elle est précipitée de sa dissolution aqueuse par l'alcool, les acides ; l'acide phosphorique trihydraté ne la coagule pas, et l'acide acétique concentré ne fait que lui donner une consistance de gelée ; elle présente des réactions assez remarquables avec différents sels ; c'est surtout le précipité qu'elle forme dans le bichlorure de mercure qui mérite un intérêt spécial, puisque c'est à peu près le seul moyen efficace que l'on possède pour en neutraliser les effets toxiques.

Albumine (Fabrique d'). — L'albumine est habituellement recueillie dans les abattoirs. On met à part, dans de grands vases ou dans des tonnes préparées à cet effet, tout le sang destiné à cet usage. On laisse la coagulation s'opérer. On sépare le caillot, et on recueille le sérum, après le complet égouttage du caillot, pour l'envoyer immédiatement dans la fabrique d'albumine.

Préparation de l'albumine industrielle. — Le sérum du sang et les blancs d'œufs servent à clarifier les liquides, surtout les sirops ; mais comme ces matières à l'état liquide ne peuvent se conserver au delà de très-peu de jours, surtout en été, *sans entrer en putréfaction et dégager une odeur infecte*, on est obligé de les dessécher. Cette opération nécessite une température un peu supérieure à la température ordinaire, mais qui ne s'élève guère au delà de quarante-cinq degrés ; pour la pratiquer, on étend le sérum ou le blanc d'œuf en couche mince sur des plaques à bords légèrement relevés, et on les expose au soleil ou dans une étuve à couvert d'air froid, ou mieux chauffé à quarante-cinq degrés environ.

Afin de faciliter cette dessiccation, qu'il faut rendre aussi prompte que possible pour éviter la putréfaction, il est d'un haut intérêt de diviser la masse, afin qu'elle présente plus de surface d'évaporation ; aussi arrive-t-on à un bon résultat en battant fortement en neige l'albumine avant de l'exposer à l'étuve ; il est vrai que pendant l'évaporation une partie retourne à l'état liquide.

L'albumine obtenue par ce moyen est, sous la forme de neige solide, légèrement ambrée et facile à redissoudre dans l'eau à l'aide d'un battage.

On a modifié encore ce procédé en formant une pâte avec l'albumine et du noir animal bien sec, l'étalant au soleil ou à l'étuve pour la faire dessécher ; et quand on a obtenu une dessiccation parfaite, on recommence plusieurs fois de suite la même opération, en ayant soin de mélanger les nouvelles quantités d'albumine au noir albuminé déjà obtenu : puis on dessèche ; le noir animal est destiné à présenter plus de surface à l'évaporation en même temps qu'il pourra servir à décolorer les liquides.

L'albumine ainsi desséchée peut se redissoudre et servir à la clarification des vins, des sirops, à l'*apprêt* et à l'impression de certaines étoffes ; enfin, à tous les usages de l'albumine récente. Elle a remplacé l'albumine des œufs dans les fabriques de gants. — Cette dernière est journellement employée dans la confection des pâtisseries, des macarons ; — dans le lustrage des reliures, — des tableaux, — des boiseries. — On en fait un vernis pour fixer sur les tissus les couleurs insolubles, le bleu d'outremer, les oxydes ferriques, l'oxyde de chrome, les laques.

Causes d'insalubrité. — Si on négligeait les soins nécessaires dans les abattoirs en laissant putréfier le sang recueilli, il en résulterait tous les inconvénients liés à ces sortes de préparations et de travail. (Voir *Abattoirs*.)

Causes d'incommodité. — Aucune ; — si ce n'est l'odeur, lors de l'évaporation au soleil et à l'étuve ; mais elle est très-faible. — Il y aurait des odeurs si on laissait séjourner des fragments de caillots de sang, ou putréfier le sérum.

PRESCRIPTIONS. — Ne laisser jamais séjourner dans les abattoirs ou dans la fabrique des débris de caillots de sang.

Enlever tous les jours ces caillots, et les transporter dans des fabriques d'engrais ou autres produits.

Laver, en été, avec de l'eau chlorurée et toujours à grande eau, les tables, le sol et les vases où le sang a séjourné pendant la coagulation.

Ventiler la pièce où a lieu cette opération.

S'il y a une étuve dans la fabrique d'albumine, l'isoler du reste des bâtiments, dans la crainte d'un incendie.

ALCALI.

Alcali caustique en dissolution (Fabrication d') (5ᵉ classe). — 14 janvier 1815, (Voir *Eau seconde.*)

Ammoniaque (alcali volatil). Fabrication en grand avec les sels ammoniacaux (3ᵉ classe). — 31 mai 1833.

L'ammoniaque est un gaz que l'on trouve dans l'air en petite quantité, presque toujours combiné avec l'acide carbonique ou l'acide azotique ; il est un des produits de la décomposition des matières azotées. L'ammoniaque est formée d'un équivalent d'azote pour trois d'hydrogène : on la nomme encore *azoture d'hydrogène* et *alcali volatil*, à cause de ses propriétés énergiquement alcalines.

Préparation. — DÉTAIL DES OPÉRATIONS. — Pour obtenir l'ammoniaque, on prend un de ses sels, ordinairement le chlorhydrate ou le sulfate; on le mêle avec son poids environ de chaux ; l'*odeur irritante* du gaz se manifeste dès que les matières sont en contact. Le mélange opéré, on le place dans une cornue de verre, et plus en grand, dans une cornue ou vase distillateur en tôle ou en fonte ; on chauffe, le *gaz ammoniac se dégage*, on le recueille sur le mercure si l'on veut le conserver gazeux, ou bien on le fait condenser dans un appareil de Wolf.

L'emploi de vases en verre ou en grès offre, *outre les dangers de la casse*, l'inconvénient de ne pouvoir être lutés commodément avec les différents luts ou mastics dont on se sert habituellement, à cause de leur facile destruction par ce gaz; en se servant d'une cornue de fonte portant une large tubulure fermée par un bouchon de fer rodé avec soin, auquel est soudé un tube en fer pour conduire le gaz un peu loin du fourneau, on obvie complétement à ces inconvénients. Quand on opère en grand, les flacons de Wolf sont munis de robinets destinés à retirer le liquide saturé, le premier contient une faible couche d'eau destinée à laver le gaz et à le dépouiller d'une matière huileuse, provenant du sel ammoniac; le liquide qu'il contient est jeté dans la cornue avec le mélange quand on commence une nouvelle opération. Les deux ou trois flacons suivants condensent le gaz ammoniac; on soutire la solution du premier flacon dès qu'il est saturé. Sur la fin de l'opération, la cornue a été portée à une température rouge, on enlève avec une cuiller le chlorure de calcium fondu, et on charge de nouveau pour continuer l'opération. Les tubes qui amènent l'ammoniaque dans les flacons de Wolf, doivent plonger jusqu'au fond, à cause de la plus faible densité de l'eau chargée d'ammoniaque.

Quand on se sert du sulfate d'ammoniaque, il faut opérer un mélange intime avec la chaux pour en obtenir une décomposition parfaite; il n'y a pas besoin de tant de précautions avec le sel ammoniac qui est volatil; du reste, avec addition d'eau, il est inutile d'avoir recours à cette précaution, le contact devenant dès lors aussi parfait que possible. L'appareil est le même, il reste dans la cornue du sulfate de chaux avec le petit excès de chaux mis pour assurer l'entière décomposition.

L'extraction de l'ammoniaque des eaux de condensation du gaz s'opère à l'aide d'appareils brevetés dont voici la description succincte; ils sont également applicables aux urines putréfiées et à toutes les eaux ammoniacales.

Appareil de M. Mallet. — Cet appareil se compose d'une grande chaudière de deux mille litres environ, montée sur un foyer, munie d'une boîte à étoupes donnant passage à une tige verticale terminée par un agitateur. Le couvercle de la chaudière porte un trou d'homme susceptible d'être fermé hermétiquement au moyen d'un obturateur, et un tube en siphon qui va jusqu'à vingt-cinq centimètres du fond d'une seconde chaudière semblable à celle que je viens de décrire et placée sur un gradin supérieur. Cette deuxième chaudière porte aussi un tube en siphon dont la seconde branche plonge au fond d'un premier vase, dont le couvercle porte un tube plongeur terminé en entonnoir à l'extérieur pour permettre d'y verser un lait de chaux.

Ce premier vase communique à un deuxième, semblable à lui, et ce deuxième à un premier serpentin, à enveloppe close, destiné à réduire la partie condensable des vapeurs ammoniacales. Au sortir de ce premier serpentin, les liquides déjà condensés et les vapeurs descendent dans un deuxième serpentin plus petit, et de là dans un vase en plomb à trois tubulures, puis dans une série de vases semblables, enfin dans un cylindre en plomb, refroidi, muni de tubes de sûreté.

Les eaux ammoniacales viennent d'un réservoir supérieur alimenter les réfrigérants des serpentins, et de là s'écouler dans la seconde chaudière au moment où l'on vient de vider celle-ci dans la première; celle-ci seule est chauffée directement par le foyer, la seconde ne l'étant que par la chaleur perdue. Cette deuxième chaudière contient un lait de chaux suffisant pour dégager toute l'ammoniaque et la remplacer dans sa combinaison avec l'acide carbonique et l'acide sulfhydrique.

Quand on commence l'opération, on remplit aux trois quarts les deux chaudières avec le liquide ammoniacal, on y ajoute la bouillie de chaux par les trous d'homme, on les ferme aussitôt, on chauffe. L'ammoniaque, chargée de vapeur d'eau, vient barboter dans les deux vases laveurs contenant un lait de chaux, puis, en perdant de plus en plus sa vapeur d'eau, dans les serpentins; elle est recueillie dans les vases à trois tubulures et dans le cylindre condensateur en plomb. Il faut pendant l'élévation de température faire mouvoir les agitateurs des chaudières, afin d'en dégager l'ammoniaque et empêcher les soubresauts résultant de l'ébullition. Quand le dégagement de gaz cesse, on vide la première chaudière par un robinet, on fait passer le liquide de la seconde dans la première, on fait arriver graduellement l'eau ammoniacale du réfrigérant dans cette seconde chaudière pour continuer l'opération avec une nouvelle quantité de chaux.

Comme la température du serpentin élève constamment celle du liquide réfrigérant, il en résulte un *dégagement de vapeur d'eau fortement ammoniacale*, on la fait sortir par un tube plongeant dans de l'acide sulfurique faible, qui la change en sulfate d'ammoniaque *en dégageant les acides volatils*.

Les premiers vases condenseurs contiennent de l'ammoniaque caustique, d'une pureté insuffisante, qu'on soutire et emploie à des usages secondaires; les derniers vases, le récipient surtout, contiennent de l'ammoniaque incolore qu'on livre au commerce.

Comme cette ammoniaque est presque toujours souillée par une petite quantité d'huile volatile , on a mis en pratique un procédé de lavage par une huile fixe qui l'en dépouille.

Usages. — Les usages de l'ammoniaque sont très-nombreux : elle sert à dissoudre les écailles d'ablettes pour faire des perles fausses à enveloppe extérieure en verre; elle sert à obtenir l'orseille en remplacement de l'urine putréfiée; elle est employée en teinture, *surtout* pour dissoudre les carmins, donner plus de solubilité dans l'eau à certains principes colorants, modifier la teinte de quelques couleurs, comme les cramoisis et les bleus de Prusse appliqués sur la soie.

Dans la panification, en Angleterre, pour rendre la pâte plus légère.

Dans la fabrication du tabac, pour favoriser le dégagement de l'arome. (Voir *Carbonate d'ammoniaque.*)

Causes d'insalubrité. — Aucune.

Causes d'incommodité. — Odeur irritante, à l'instant où la chaux est mise en contact avec le sulfate ou le chlorhydrate d'ammoniaque.

Dégagement de gaz ammoniac par les fuites quand les appareils sont mal lutés.

Dégagement de vapeurs d'eau fortement ammoniacale, dans l'appareil Mallet.

PRESCRIPTIONS. — Éviter les fuites en lutant avec soin les appareils.

Ne pas se servir de vases en verre ou en grès, dans la crainte de ruptures et à cause des difficultés qu'on éprouve les luter.

Préférer les vases en fonte.

Faire arriver les vapeurs d'eau ammoniacale dans un réservoir contenant de l'acide sulfurique faible, afin de les empêcher de s'échapper au dehors, et d'obtenir en les recueillant ainsi du sulfate d'ammoniaque.

Conduire au dehors par un tuyau suffisamment élevé (quinze mètres au moins), et à l'aide d'une active ventilation, les acides volatils qui se dégagent pendant cette dernière opération.

Sel ammoniac ou muriate d'ammoniaque (Fabrication du) par le moyen de la distillation des matières animales (1re classe). 15 octobre 1810. — 14 janvier 1815.
Sel ammoniac extrait des eaux de condensation du gaz hydrogène (Fabrique de) (1re classe). — 20 septembre 1828.

DÉTAIL DES OPÉRATIONS. — Il ne sera question ici que des deux principaux sels que l'industrie fabrique, ce sont du reste les seuls usités dans les arts. Leur source est celle de l'ammoniaque : les urines en décomposition, les eaux de lavage du gaz d'éclairage, la décomposition par la chaleur des matières animales, etc.

Chlorhydrate ou sel ammoniac. — Le *sel ammoniac* existe dans la nature, mais en quantités si faibles, qu'il faut toujours le fabriquer ; ce sel fut longtemps importé d'Égypte ; on le fabrique maintenant en France avec les produits condensés de la distillation des matières animales.

Ce sel est blanc, cristallisable, volatil, ce qui permet de le séparer facilement des sels fixes auxquels il se trouve uni quelquefois ; il est soluble dans l'eau.

Fabrication en Égypte. — Pour le fabriquer, on se sert en Égypte de la fiente et de l'urine des chameaux qu'on laisse dessécher au soleil ; on emploie le résidu sec, comme combustible.

Des vapeurs épaisses se dégagent pendant cette combustion; le sel ammoniac sublimé est entraîné, vient se condenser sur les parois de la cheminée avec la suie; la suie recueillie est sublimée dans des ballons de verre enduits de terre limoneuse. Cette sublimation sera décrite plus loin, elle fournit le sel ammoniac égyptien, qui ne vient plus en France.

Avec les matières animales. — On fabrique encore l'ammoniaque par la calcination des matières animales, dans le but principal d'avoir du noir animal ou du bleu de l'russe. On opère dans des espèces de cornues à gaz en fonte, terminées d'un côté par un obturateur pour la charge, de l'autre par un tuyau qui se rend à un cylindre condenseur commun. Ces cylindres, en nombre assez élevé et variable, sont placés dans l'intérieur d'un fourneau dont la voûte est triple, et percée la première de vingt évents, la seconde de quatre, la troisième d'un seul qui forme la base de la cheminée.

Les produits de la distillation consistent en huiles volatiles empyreumatiques à un degré éminent, et un liquide qui en possède l'odeur détestable et qui contient du carbonate d'ammoniaque.

Premier procédé. — Pour transformer en chlorhydrate d'ammoniaque le liquide ci-dessus, on le sature directement avec de l'acide chlorhydrique et on évapore jusqu'à vingt-deux degrés Baumé pour laisser cristalliser dans de grandes chaudières en plomb. Ce moyen est mis en pratique dans les localités où l'acide chlorhydrique est à bas prix; mais quand les dissolutions ammoniacales sont trop faibles, comme pour les eaux du gaz, il faut en dégager l'ammoniaque par la chaux (voir *Ammoniaque*), et saturer le produit de la distillation.

Deuxième procédé. — Il consiste à changer le sel ammoniacal en sulfate, puis à traiter celui-ci par le chlorure de sodium à une température de cent degrés pour obtenir du sulfate de soude et du chlorhydrate d'ammoniaque. Ce procédé est surtout applicable aux produits condensés des matières animales. Pour ne pas employer d'acide sulfurique à la formation du sulfate, on filtre les eaux provenant de la distillation des *matières anima-*

les et même du *gaz* sur du plâtre pulvérisé. Le filtre est formé d'une caisse rectangulaire en bois doublée en plomb; près du fond est un grillage, sur lequel repose une toile claire, forte et bien tendue, recouverte d'une couche de plâtre de dix centimètres; les eaux ammoniacales filtrent sur quatre appareils semblables, afin d'éprouver une transformation presque complète. Comme le liquide contient encore de l'ammoniaque non sulfatée, on le sature par un petit excès d'acide sulfurique.

Cela fait, on évapore le sulfate dans des chaudières en plomb très-épaisses, placées sur une voûte en briques dont les carneaux circulent au-dessous.

Décomposition du sulfate par le sel marin. — Le sulfate étant concentré à vingt degrés, on y ajoute la quantité correspondante de sel marin; on remue pour obtenir une dissolution parfaite; on laisse reposer et décante avec un siphon pour isoler les matières insolubles. On concentre de nouveau dans une chaudière d'évaporation : le sulfure de soude se dépose bientôt en cristaux grenus, on a soin de le ramener continuellement au moyen d'un râble et de le jeter dans des trémies placées sur le bord de la chaudière, de manière que les eaux mères provenant de l'égouttage reviennent dans la chaudière. Au moyen de lavages méthodiques, on isole la plus grande partie du sel ammoniac contenu dans ce sulfate de soude. Quand la concentration est suffisante, on fait cristalliser dans des caisses rectangulaires en bois, peu profondes et à bascules, pour faciliter l'enlèvement des eaux mères et l'égouttage des cristaux : ce sel ammoniac est soumis à une seconde cristallisation quand on veut l'avoir blanc, soit en cristaux, soit sublimé.

Sublimation. — La sublimation a surtout pour but de débarrasser le chlorhydrate d'ammoniaque du sulfate de soude qu'il retient; les pains livrés au commerce ont un aspect grisâtre dû à des traces d'huile pyrogénée, et même à un peu de fer; une seconde sublimation le rend blanc. Le *fourneau de sublimation* est formé d'une rigole dans laquelle on dispose deux par deux des matras en grès enduits d'un lut argileux; ces vases reposent sur la voûte, la flamme vient en lécher les parois par des orifices percés entre eux. A quarante centimètres du fond de la rigole se trouvent des plaques en fonte percées d'orifices pour, permettre l'entrée des bouteilles; elles sont destinées à isoler la flamme de la partie supérieure des bouteilles où doit s'effectuer la condensation. Les bouteilles placées sur ces rigoles sont entourées de cendres jusqu'à une certaine hauteur; on y introduit le sel ammoniac en poudre fine, on le tasse à l'aide d'un pilon, et on élève graduellement la température au moyen du foyer inférieur. Le feu doit être maintenu constant à partir de la sublimation, pour éviter l'engorgement des orifices et l'*explosion qui pourrait résulter de la trop grande tension de la vapeur;* on dégorge de temps en temps l'orifice pour prévenir cet accident.

La sublimation doublant le prix du sel ammoniac, il peut être plus avantageux dans un grand nombre de cas de se servir du sel ammoniac cristallisé et pur, obtenu en saturant par l'acide chlorhydrique l'ammoniaque obtenue des eaux du gaz au moyen de la chaux.

Avec les résidus de l'épuration du gaz. — Enfin, le sel ammoniac peut s'extraire en évaporant le produit de l'épuration du gaz par le chlorure de manganèse quand celui-ci est saturé ; ce moyen le donne d'une assez grande pureté ; il suffit d'évaporer le liquide et de le faire cristalliser, car il ne retient pas de manganèse à cause de l'acide sulfhydrique du gaz.

Usages. — Ce sel est indispensable à l'étamage des métaux et à un grand nombre d'opérations industrielles.

Carbonate d'ammoniaque par les anciens procédés (1re classe).
Carbonate d'ammoniaque par les nouveaux procédés (2e classe).

Détail des opérations. — Le carbonate d'ammoniaque s'obtenait autrefois par la distillation des matières animales. — Mais, à part les odeurs très-désagréables développées par le mode de fabrication, on n'avait jamais un carbonate pur. Sa composition était variable, parce qu'il résultait de la combinaison de plusieurs carbonates, à des degrés différents de saturation. C'était pendant cette opération qu'on obtenait l'huile animale de *Dippel,* — d'une odeur infecte. Aujourd'hui il est en général fabriqué dans les grandes usines de produits chimiques, — et on est parvenu à l'obtenir, *sans qu'il y ait à peine de dégagement sensible de vapeurs ammoniacales*. — C'est à l'aide de la double décomposition du sulfate d'ammoniaque brut venant du traitement des eaux du gaz et du carbonate de chaux. Dans des fours en briques on place de larges cornues contenant à parties à peu près égales du sulfate d'ammoniaque et de la craie (carbonate de chaux), on lute le four avec le plus grand soin. — On chauffe successivement jusqu'à deux cents degrés. — Chaque fois on décompose environ trois cents kilogrammes de sulfate d'ammoniaque. L'opération dure trois jours. Un tube partant des fourneaux communique dans une pièce voisine et va se rendre dans des caisses en plomb, sur les parois desquelles se dépose le carbonate d'ammoniaque. Ce carbonate, impur encore, est enlevé des caisses, placé dans des cuves en fonte bien fermées, — soumis à un feu doux et sublimé. Il peut alors être livré au commerce. C'est à peine si par ce procédé il s'échappe quelques vapeurs ammoniacales dans les ateliers. (Fabrique de produits chimiques de Conrad, à Saint-Ouen, Seine.)

Le sel volatil d'Angleterre est le sesqui-carbonate d'ammoniaque ; on le prépare en chauffant un carbonate alcalin, ou terreux, avec le sulfate ou l'hydrochlorate d'ammoniaque. — Il y a décomposition réciproque des deux sels, production d'eau, de gaz ammoniac et de sesqui-carbonate d'ammoniaque qui se condense en croûtes blanches cristallines dans le col de la cornue.

On enlève au gaz d'éclairage, à sa sortie des cornues, le carbonate d'ammoniaque qu'il contient, en le faisant passer par de grands récipients où l'on a mis un mélange de sulfate de chaux et de mousse simplement humectée. Là il se produit du sulfate d'ammoniaque et du carbonate de chaux. On reprend ensuite le traitement des mousses chargées de sulfate d'ammoniaque.

Usages. — On emploie les carbonates ammoniacaux dans la fabrication des autres sels d'ammoniaque, — comme réactifs dans les laboratoires.

Sulfate d'ammoniaque par le moyen de la distillation des matières animales (1re classe). — 14 janvier 1815.
Sulfate d'ammoniaque par les nouveaux procédés (2e classe).

Ce sel est incolore, d'une saveur amère, piquante, soluble dans deux fois son poids d'eau froide et dans son poids d'eau bouillante; il cristallise comme le sulfate de potasse.

Détail des opérations. — On l'obtient en saturant l'ammoniaque dégagée de ses différentes sources par de l'acide sulfurique, ou en décomposant le carbonate brut des eaux du gaz par le sulfate de fer ou par le sulfate de chaux, ou par la distillation des matières animales.

Dans le plus grand nombre des fabriques on procède ainsi : L'ammoniaque qui doit servir provient de la distillation de la houille. — Elle prend naissance simultanément avec le gaz de l'éclairage lui-même. — Une portion de cette ammoniaque, la plus considérable, est recueillie directement dans les condensateurs à l'état de dissolution plus ou moins concentrée, toujours très-impure, l'autre portion vient des épurateurs. On l'obtient en faisant passer le gaz de l'éclairage au travers de plusieurs couches de tannée humide, qui retiennent avec l'ammoniaque et les sels ammoniacaux non condensés dans les réfrigérants une quantité très-notable de goudron. Après cette première épuration par la tannée, le gaz passe dans de nouveaux épurateurs sur du peroxyde de fer hydraté qui absorbe les dernières traces d'hydrogène sulfuré. Quand on décante les épurateurs, on met à part l'oxyde de fer plus ou moins sulfuré que l'on revivifie à l'état d'oxyde pur de fer, par le simple contact de l'air, en l'étalant en couches minces sur le sol. — La tannée chargée d'ammoniaque est placée dans un grand bac à l'air libre et lessivée à froid. — Ce lessivage et le déplacement des divers matériaux qui ont servi à l'opération, ainsi que tout le travail des épurateurs, donnent lieu à un dégagement d'odeurs très-désagréables, qui est inhérent à la fabrication du gaz d'éclairage et tout à fait indépendant de la fabrication des produits commerciaux proprement dits. Les eaux ammoniacales provenant, tant de la condensation directe que du lessivage de la tannée sont réunies et traitées ensuite dans l'atelier où doit être produit le sulfate d'ammoniaque. Ces eaux sont amenées dans un grand réservoir d'où elles sont réparties dans une série d'appareils qui doivent en dégager l'ammoniaque à l'état gazeux. — Chacun consiste dans un système de quatre chaudières fermées, cylindriques, munies d'un agitateur, disposées en gradins, à des hauteurs différentes et communiquant entre elles à la manière des flacons de l'appareil de Wolf. Dans la première chaudière on verse directement l'eau ammoniacale avec un lait de chaux. On porte à l'ébullition. Le gaz et les vapeurs qui se dégagent passent dans les deuxième, troisième et quatrième chaudières, qui renferment aussi de la chaux. Cette opération a pour but de dépouiller autant que possible le gaz de l'acide carbonique et de l'hydrogène sulfuré qu'il contient. Par la condensation des produits, on peut obtenir directement une dissolution d'ammoniaque à vingt-deux degrés. — Mais quand on n'a pas pour but la préparation de l'ammoniaque liquide, on conduit directement le gaz dans un bac en plomb contenant de l'acide sulfurique à quarante-cinq degrés; le *sulfate* d'ammoniaque fourni ne tarde pas à se séparer par cristallisation, il n'y a plus qu'à le retirer et à le faire égoutter. Il est en petits cristaux blancs, suffisamment purs pour la plupart des usages auxquels on le destine. Les eaux ammoniacales épuisées par une seconde ébullition avec la chaux sont jetées encore chaudes dans un fossé de vidange découvert, parfaitement étanche, d'où après les avoir laissées déposer, pour les séparer de la plus grande partie de la chaux, on les écoule dans l'égout par un conduit souterrain.

Ce procédé (procédé Mallet) donne lieu au dégagement de gaz ammoniacaux, à des gaz d'hydrogène sulfuré, lors de la saturation du gaz ammoniac par l'acide sulfurique.

D'autres fois, pour obtenir le sulfate d'ammoniaque, on sature *directement* les eaux ammoniacales par l'acide sulfurique, sans purification préalable au moyen de la chaux. Or l'ammoniaque existant dans ces eaux, combinée pour la plus grande partie à l'acide sulfhydrique, il suit de cette saturation un dégagement d'hydrogène sulfuré *très-considérable*, et, d'une autre part, la nécessité de faire évaporer dans des chaudières le sulfate d'ammoniaque impur, afin de le faire cristalliser, donne lieu, pendant l'ébullition, au dégagement d'huiles plus ou moins volatiles dont l'odeur est détestable.

Quand on épure les eaux du gaz par la chaux et quand on les sature en vases clos, sans évaporation, on diminue sensiblement les inconvénients de la fabrication.

Usages. — Le sulfate d'ammoniaque sert comme engrais ; on l'emploie à faire l'alun ammoniacal, le sel ammoniac, l'ammoniaque elle-même. (Bussy, rapport du conseil de la Seine, 1858.)

Causes d'insalubrité. — Dégagement de gaz très-fétides (gaz ammoniac, gaz hydrogène sulfuré).

Causes d'incommodité. — Écoulement d'eaux de fabrication, — très-odorantes si elles ne sont pas épuisées.

Prescriptions. — Interdire la fabrication du sulfate d'ammoniaque à l'aide de l'emploi des eaux de gaz non épurées par la chaux.

Saturer à l'aide de l'acide sulfurique les eaux épurées, dans des vases clos, — ou par tout autre moyen qui s'oppose au dégagement de l'hydrogène sulfuré.

Fermer toutes les ouvertures donnant sur la voie publique ou les voisins. — Les remplacer par une cheminée d'appel qui enlèvera toute vapeur et toute buée.

Maintenir toujours couvert le fossé de vidange. — Le curer tous les mois.

Ne jamais laisser couler d'eaux sur la voie publique, mais les diriger vers l'égout par un conduit souterrain.

Il serait à désirer que la fabrication de tous les sels ammoniacaux se fît par les procédés que j'ai indiqués pour le carbonate et le sulfate d'ammoniaque. Dans ce cas, alors, les conseils d'hygiène pourraient faire descendre en deuxième classe une industrie autrefois et légalement encore rangée dans la première, à cause des graves inconvénients auxquels elle donne lieu.

Les prescriptions à imposer à la fabrication de l'un ou de l'autre des sels ammoniacaux se trouvent à peu près renfermées dans celles indiquées à l'article *Sulfate d'ammoniaque*.

ALCOOL.

Alcool ou eau-de-vie (Distillerie d') (2ᵉ classe). — 15 octobre 1810. 14 janvier 1815.

L'alcool est le produit de la décomposition du sucre en présence de certains ferments : il se dédouble en alcool et acide carbonique. L'alcool est un liquide incolore, d'une odeur plus ou moins agréable, selon sa provenance, d'une saveur brûlante, s'il est concentré ; agréable s'il est assez étendu. Sa densité égale soixante-dix-neuf degrés, son point d'ébullition, soixante-dix-huit degrés. Il ne se congèle jamais ; si on le mêle à une certaine quantité d'eau, le volume résultant est moindre que la somme des volumes primitifs ; il est éminemment inflammable, sa vapeur elle-même, plus dense que l'air, peut prendre feu et donner lieu à des incendies rapides et difficiles à éteindre. On ne l'emploie presque jamais dans l'industrie à l'état anhydre ; on apprécie la richesse des mélanges d'alcool et d'eau au moyen des aéromètres.

Alcool de vin, cidre, bière.

DÉTAIL DES OPÉRATIONS. — On obtient l'alcool en soumettant à la distillation les boissons alcooliques, telles que les vins, la bière, le cidre, quand leur basse qualité ou leur abondance empêche leur consommation. Les eaux-de-vie ou alcools faibles de vin possèdent un parfum dû à quelques éthers ou huiles essentielles qui les font rechercher pour la consommation, tandis que les alcools de grains, de betteraves, à cause de leur mauvais goût, ne peuvent guère servir que dans les arts.

Alcool de mélasse, jus de cannes.

DÉTAILS DES OPÉRATIONS. — Le jus de cannes, les mélasses de

cannes et de betteraves, contiennent des sucres cristallisables et des sucres incristallisables; on les amène par une addition d'eau à ne marquer que huit à dix degrés, à l'aréomètre de Beaumé, on introduit les liqueurs dans de grandes cuves en nombre suffisant pour les appareils distillatoires. Pour cent kilogrammes de mélasse on ajoute environ deux kilogrammes et demi de levure délayée dans l'eau à vingt-cinq degrés. On mélange intimement le tout, on ferme la cuve et maintient l'atelier de fermentation à une température à peu près constante de vingt à vingt-cinq degrés.

Il se dégage bientôt des bulles d'acide carbonique, une mousse se forme, et, pour éviter qu'elle ne s'élève par-dessus les bords, on verse à la superficie du liquide un demi-litre à deux litres de savon vert. Quand il n'y a plus de dégagement de gaz, que la liqueur n'est plus sensiblement sucrée, la fermentation a cessé, le liquide ne marque plus qu'un degré et demi à trois degrés, et même moins. Il faut immédiatement distiller, parce que la fermentation acide succéderait promptement à la fermentation alcoolique.

Alcool de pommes de terre.

Détail des opérations. — La fécule, les pommes de terre, sont transformées en matière sucrée au moyen de la diastase ou de l'acide sulfurique; et le liquide sucré soumis à la fermentation, puis à la distillation. On distille quelquefois directement le mélange de malt et de pommes de terre fermenté, ce qui nécessite l'emploi d'agitateurs. La saccharification de ces matières s'opère comme celle de l'orge dans la fabrication de la bière.

Alcool de grains.

Détail des opérations. — L'orge, le seigle, l'avoine même, sont employés en Angleterre, en Belgique et dans le nord de la France, à la fabrication de l'alcool; on prend la farine grossière qui provient de leur mouture; on la saccharifie avec du

malt dans de grandes cuves, comme celles qu'on emploie dans
le même cas à la fabrication de la bière; on refroidit les moûts
pour éviter que la fermentation acétique ne se déclare, et on
distille dans les appareils en grand que je décrirai bientôt.

Distillation des marcs de raisins.

. *Alambic ordinaire.* — Détail des opérations. — Pour distiller les marcs de raisins, dans le but d'utiliser les résidus
à la nourriture des animaux, on emploie un alambic formé
d'une cucurbite munie d'un double faux fond mobile, percé
de trous, et maintenu à trente-trois centimètres du fond;
on remplit d'eau l'intervalle. Au-dessus de la cucurbite est
un trou d'homme qui sert à charger les marcs et à retirer
les résidus; il porte un tuyau qui fait communiquer la cucurbite avec un réfrigérant ou serpentin; ce trou d'homme est
fermé pendant la distillation. L'appareil est placé dans un fourneau en maçonnerie, on chauffe et recueille dans un vase le
liquide alcoolique condensé par le serpentin; celui-ci plonge
dans un réservoir d'eau, maintenue à une température suffisamment froide par un courant continu d'eau froide. Quand
le liquide recueilli n'est plus alcoolique, on arrête le feu, on
retire les marcs, on remplace l'eau entre les deux fonds et
recharge de marcs neufs pour une nouvelle distillation.

Appareils distillatoires en grand. — Détail des opérations. —
Quand on opère sur une grande échelle, l'appareil que l'on
vient de décrire est insuffisant et donne des produits trop
faibles qu'il faut redistiller un grand nombre de fois pour les
avoir plus concentrés. D'un autre côté, il faut que le liquide
de la cucurbite arrive au point d'ébullition de l'eau pour être
débarrassé de tout son alcool; c'est surtout pour éviter le passage de cette grande quantité de vapeurs d'eau avec l'alcool
qu'on a construit de nombreux appareils; je ne décrirai que
les deux principaux.

Appareil Laugier. — Détail des opérations. — Deux chaudières, un rectificateur et un réfrigérant composent cet ap-

pareil. La première chaudière a sa surface supérieure au niveau de la paroi inférieure de la seconde. Elle est surmontée d'un tube à brides qui s'adapte à une tubulure de la deuxième chaudière et conduit au fond de celle-ci un courant de vapeur qui s'échappe par une sorte de pomme d'arrosoir.

La seconde chaudière correspond par un tube au rectificateur placé un étage au-dessus d'elle; ce rectificateur est formé par sept tronçons d'hélices dans chacun desquels la portion liquide de la vapeur condensée coule vers la partie la plus déclive, aboutissant à un tube ou récipient commun, qui ramène tous ces produits dans la seconde chaudière. La vapeur alcoolique arrive par le tronçon le plus inférieur, passe par les ajutages de communication des tronçons d'hélices, monte au tronçon supérieur, et vient enfin dans un grand serpentin, où elle se condense.

Le vin à distiller suit une marche opposée : il est maintenu dans un vase à niveau constant par un robinet à flotteur; il arrive par un conduit dont on règle l'ouverture dans la partie inférieure du vase qui enveloppe le serpentin, sert de liquide réfrigérant, monte au fur et à mesure qu'il s'échauffe et qu'une nouvelle quantité de vin le déplace; passe ensuite dans la partie supérieure de l'enveloppe du rectificateur, s'échauffe encore davantage et tombe par un tube inférieur dans la seconde chaudière de distillation. On peut faire passer le vin dans la première chaudière quand celle-ci ne contient plus le liquide alcoolique et qu'on a soutiré les vinasses par un tube de vidange à robinet.

On conçoit que les deux chaudières étant remplies aux deux tiers, par exemple, les produits volatils de la première vont se condenser presque entièrement dans la seconde; on soutire alors la vinasse épuisée de la première chaudière; on y fait arriver par un robinet le liquide de la seconde chaudière; on ferme le robinet de communication, on distille de nouveau. Les vapeurs viennent se condenser encore dans la seconde chaudière, mais partiellement, parce qu'à mesure que l'opération avance le vin devient de plus en plus chaud ; de sorte que, l'opération étant continue, il ne condense qu'une faible partie de vapeurs, et que celles-ci passent alors dans le rectificateur et dans le serpentin. On voit que, à mesure que la chaudière chauffée directement est vidée, on y fait passer le liquide de la deuxième; que celle-ci se remplit du liquide du rectificateur et ainsi de suite.

Il s'agit d'arrêter la distillation quand les vinasses sont épuisées: on le reconnaît en versant une petite partie du liquide soutiré, et condensé dans un serpentin, sur une des parties les plus chaudes de la chaudière, et essayant de l'enflammer; ou bien en le distillant et essayant la liqueur à l'aréomètre.

Appareil Derosne et Dubrunfaut. — Détail des opérations. — Cet appareil consiste en une chaudière dont la partie inférieure forme un double fond hémisphérique, et la partie supérieure une calotte de sphère; ces trois parties sont réunies par leurs bords rabattus à l'aide d'une bride commune. Le double fond reçoit la vapeur au moyen d'un robinet, l'eau qui résulte de sa condensation peut s'écouler par un autre robinet vers le générateur de vapeur.

Cette première chaudière porte un tube destiné à conduire le mélange de vapeur d'eau et d'alcool dans une deuxième chaudière qui remplit les mêmes fonctions que la deuxième de l'appareil Laugier; elle porte un tube qui dirige les vapeurs dans une colonne verticale formée de dix tronçons et terminée par une calotte sphérique.

Cette calotte de sphère est surmontée d'un tube qui conduit les vapeurs au serpentin du premier chauffe-vin, où elles se condensent partiellement, d'où elles passent ensuite dans le serpentin du deuxième chauffe-vin, enfin, dans un troisième serpentin refroidi par un courant d'eau froide, où s'achève la condensation.

Le vin, le cidre, en un mot la liqueur alcoolique, sert de réfrigérant pour les deux premiers serpentins, circule en sens contraire de la vapeur alcoolique, tombe sur dix-huit plateaux superposés dans cette colonne de cuivre qui se trouve entre la deuxième chaudière et les réfrigérants, et arrive très chaude dans la deuxième chaudière, de laquelle on la fait passer dans la première.

Sans entrer dans le détail de la construction de cet appareil, ni décrire les dispositions adoptées pour les plateaux, j'exposerai seulement la direction de la distillation.

On remplit de vin les deux chauffe-vins ou réfrigérants fermés contenant le liquide alcoolique, on en remplit aussi tous les plateaux et les chaudières aux deux tiers de leur hauteur en ayant soin de donner issue à l'air chassé par la colonne liquide. La première chaudière, recevant par son double fond un courant de vapeur de trois à cinq atmosphères, cède l'alcool qu'elle renferme, la vapeur produite vient barboter dans la deuxième chaudière, réchauffer et s'en échapper quand le liquide est suffisamment chaud pour monter dans la colonne. A mesure que la vapeur s'élève, elle perd de plus en plus de son calorique en se condensant au contact du liquide froid qui tombe continuellement sur les plateaux, la vapeur d'eau se condense en beaucoup plus grande proportion que celle d'alcool, celle-ci monte dans les serpentins des chauffe-vins, s'y condense, et va achever sa liquéfaction dans le dernier serpentin.

L'alcool obtenu avec ces appareils est faible; on est obligé de lui faire subir une rectification ou seconde distillation en fractionnant les produits, et mettant de côté les derniers qui sont les plus faibles; on emploie des chaudières d'une plus grande capacité.

Alcool de betteraves.

Cette industrie, toute nouvelle encore, consiste à extraire directement de la betterave l'alcool que le sucre qu'elle contient peut fournir; de nombreux procédés sont employés suivant les circonstances, je n'exposerai que les principaux.

Premier procédé — DÉTAIL DES OPÉRATIONS. — Les betteraves, lavées, râpées et exprimées comme pour la fabrication du sucre, au moyen de presses hydrauliques, fournissent un jus que l'on conduit dans des chaudières à déféquer, puis dans les cuves de fermentation. On ajoute au liquide un kilogramme et demi d'acide sulfurique (préalablement étendu dans dix kilogrammes d'eau) pour cent kilogrammes de sucre contenus dans le jus, ce qui revient à mille kilogrammes de jus, puis, si c'est une première opération, environ sept à huit kilogrammes de levûre de bière pour cent cinquante hectolitres de jus.

Il faut maintenir constamment dans l'atelier de fermentation une température de vingt à vingt-deux degrés ; on obtient facilement ce résultat pendant les froids de l'hiver au moyen de la chaleur perdue des foyers des eaux de condensation.

Les cuves à fermentation sont fermées par un couvercle portant une trappe pour surveiller l'opération et constater ses progrès ; le jus, primitivement à cinq ou six degrés Baumé, descend graduellement jusqu'à un degré, ce qui indique la fin de la fermentation et arrive au résultat voulu au bout de trois ou quatre jours. On se sert de huit ou dix cuves, c'est-à-dire de quatre ou cinq fois plus qu'on n'en peut distiller par jour, afin d'avoir toujours du jus fermenté prêt.

On doit empêcher que pendant la fermentation la température ne s'élève trop haut, parce que l'on produirait de l'acide acétique ; il serait presque impossible de remédier à la fermentation *lactique* ou *visqueuse* qui se produirait sous l'influence d'un ferment altéré. On préviendrait une partie de ces dangers et ceux d'une fermentation trop vive en partageant en deux une cuvée de jus près du terme de sa fermentation, et faisant arriver dans chaque cuvée, sous la forme d'un filet mince, le jus sortant des presses et amené à une température de seize degrés, de manière à rendre la fermentation continue.

Le jus fermenté obtenu, on le distille.

Distillation des cossettes. — DÉTAIL DES OPÉRATIONS. — L'emploi des cossettes desséchées, permettant de travailler en toutes saisons, offre par cela même un immense avantage. Quand on veut obtenir un jus sucré marquant sept à huit degrés, pour le faire fermenter, on dispose les cossettes dans de grandes cuves ou appareils à déplacement que j'ai décrits à l'extraction du sucre, et, avec un courant de vapeur, on élève successivement la température de chacune des cuves. On obtient bientôt un épuisement complet des cossettes, et le liquide, mêlé au tiers du jus frais, fermente parfaitement.

On peut opérer l'épuisement avec de l'eau froide en réduisant les cossettes en lanières minces et longues au moyen d'une râpe à scies à longues dents ; on se sert des mêmes cuves à déplacement, et on maintient bien libres, au moyen de brosses, les trous percés dans le faux fond de chaque appareil.

Distillation dans les fermes (*Procédé Champonnois*). — DÉTAIL DES OPÉRATIONS. — Les betteraves sont lavées dans un laveur mécanique qui a été déjà décrit ; on les coupe en cossettes ou rubans de quelques millimètres de largeur et d'épaisseur sur une longueur variable ; on se sert pour cette opération d'une plaque cylindrique verticale armée de quatre lames disposées en croix, et qui découpe les betteraves contenues dans une trémie dont elle ferme une des parois ; deux hommes suffisent à ce travail.

Pour opérer l'extraction du jus, sans altérer sensiblement le tissu de la betterave et encore moins ses qualités alimentaires, on place cinq cent cinquante kilogrammes de cossettes dans un tonneau à double fond percé de trous, on verse dessus deux cents litres de vinasse à cent degrés, et laisse en repos pendant une heure.

Ce temps écoulé, on soutire le liquide provenant de la macération et on le verse sur un tonneau rempli de betteraves comme le précédent. On recharge d'une quantité égale de vinasse le premier tonneau pour verser le liquide sur le second une heure après, tandis que celui-ci aura fourni un liquide d'épuisement pour le troisième tonneau.

Au sortir de la troisième cuve d'épuisement, le jus de macération est assez riche pour fermenter, et représente deux cent cinquante litres. Par ce procédé, chaque tonneau de cossettes fraîches est épuisé par trois additions de vinasse successives, de plus en plus nouvelle ; les tranches épuisées servent directement à l'alimentation, car elles retiennent les vinasses provenant des jus précédents, c'est-à-dire représentent les betteraves moins le sucre et une partie de l'eau.

Le jus légèrement acidulé provenant toutes les heures de l'épuisement des trois tonneaux est soumis à la fermentation à une température de dix-sept degrés environ; on opère sur deux mille deux cent cinquante litres provenant de neuf soutirages; on commence la fermentation avec quatre kilogrammes de levûre pour les deux cent cinquante premiers litres de jus; on n'a plus besoin de continuer cette addition dans les opérations postérieures.

Après vingt-quatre heures de fermentation, on divise la masse en deux cuves, pour doubler l'opération; dans chacune de ces cuves, on fait arriver lentement, sous forme de filet, le jus de macération à mesure qu'on le produit; la fermentation recommence dans les deux cuves indéfiniment sans que l'on ait besoin de renouveler le ferment, on en distille une et divise l'autre cuve de la même manière pour recommencer une nouvelle opération. Il résulte de là que toutes les vingt-quatre heures on a une cuve à distiller et une autre à diviser pour alimenter une nouvelle fermentation; il faut quatre cuves pour opérer régulièrement. Il se fait un dépôt de matières boueuses ou insolubles qu'on a soin de mettre directement dans la seconde chaudière, et non sur les plateaux qu'il écraserait; on nettoie soigneusement chaque cuve à chaque opération pour y éviter les éléments d'une fermentation acétique ou visqueuse.

La distillation s'exécute ordinairement dans l'appareil Derosne.

Procédé Leplay. — Ce procédé est fondé sur ce fait que les betteraves en morceaux peuvent subir directement la fermentation alcoolique sans que l'on ait besoin d'en extraire le jus.

Détail des opérations. — On commence par extraire une quantité de jus du double poids des betteraves qui doivent être soumises à la fermentation, soit par expression, soit par macération. Ce jus est additionné de 2 pour mille d'acide sulfurique, chauffé à vingt degrés en présence de la levûre de bière dans une cuve munie d'un cylindre de diamètre presque égal au sien, et formant dans cette cuve un double fond percé de trous. Quand la fermentation du jus est devenue très-active, on y jette des betteraves coupées au coupe-racines sous la forme de rubans et acidulées à trois d'acide sulfurique pour mille de betteraves. La fermentation redevient très-vive et se termine en vingt-quatre heures; on soulève alors les cylindres percés pour laisser égoutter les cossettes, puis on les introduit dans une grande colonne dans laquelle on fait passer un courant de vapeur à haute pression; une partie de la vapeur retombe condensée, tandis que l'autre entraîne l'alcool et va se condenser dans des serpentins. On distille, d'un autre côté, le jus fermenté en ayant soin d'en laisser suffisamment pour commencer une nouvelle fermentation; les doses d'acide prescrites sont très-importantes pour prévenir les fermentations acétique, lactique ou visqueuse, qui se déclarent très-facilement.

Modification de M. Dubrunfaut. — On se sert encore d'un procédé analogue : on emploie l'eau acidulée pour faire macérer et lixivier à froid les cossettes fraîches de betteraves, et on soumet le jus à la fermentation.

Autres procédés. — Les glands de chêne, les châtaignes, les marrons, les produits naturels amylacés, en un mot, peuvent fournir de l'alcool, quand on les a transformés en glucose par les acides, et qu'on a distillé le liquide provenant de la fermentation.

Les prunes, les figues, les cerises, les baies de sureau, tous les fruits sucrés, sont aussi susceptibles de subir la fermentation alcoolique.

Le chiendent et les tubercules d'asphodèle contiennent aussi une matière analogue au sucre, qui peut fournir des quantités très-notables d'alcool. Il en est de même des dahlias, des topinambours, des carottes, des navets, des panais, des tiges de cannes à sucre, de maïs, et de sorgho sucré, qui à une certaine époque fournissent un jus sucré très-propre à la fermentation.

Usages de l'alcool. — L'alcool sert à fabriquer les vernis, les liqueurs (*Variétés d'alcool*) qui seront détaillées plus loin, les alcoolats aromatiques; il sert comme moyen de chauffage, seul ou mêlé à de l'essence de térébenthine, et à dissoudre un grand nombre de matières, etc...

Eau-de-vie. — L'eau-de-vie est un alcool bon goût destiné

à servir de boisson, et qui contient environ la moitié de son volume d'alcool absolu ; on la désigne sous les noms de pays où on l'a fabriquée.

Kirsch. — Le kirsch est une eau-de-vie aromatique qu'on fabrique surtout dans la forêt Noire, avec des merises bien mûres dont on a soin de rejeter les queues ; on les écrase sur une claie au-dessus d'une cuve, on pile le quart du marc environ, de manière à mettre les noyaux à nu, pour les réunir au moût et lui communiquer une odeur agréable. On laisse subir au moût la fermentation alcoolique, et on le distille avec le vin de merises dans des alambics étamés ou mieux en étain, chauffés par la vapeur; les dernières liqueurs distillées, étant trop faibles, sont réunies à un moût nouveau.

Rhum. — Le rhum est le produit de la distillation du jus fermenté de la canne à sucre ou *vesou*, qui contient de douze à seize centièmes de sucre; on le produit aussi avec la mélasse.

Documents relatifs aux distilleries d'alcool.

I. ARRÊTÉ DU PRÉFET DU NORD (DISTILLERIES — CONCENTRATION DES VINASSES).
(Du 5 juillet 1855.)

Nous, préfet, etc.
Vu....
Considérant.....
 Arrêtons :
Art. 1er. Il est formellement interdit aux propriétaires des distilleries, soit de jus de betteraves, soit de toute autre matière existant dans le département et déjà autorisées, de faire écouler leurs eaux et leurs résidus dans les fossés, ruisseaux et cours d'eau publics ou privés, navigables ou non navigables.
Art. 2e. L'écoulement des eaux de vinasse au moyen de puits absorbants ne pourra avoir lieu qu'en vertu de notre autorisation.
Art. 3e. Les dispositions relatives à l'écoulement des eaux de vinasse et autres, insérées dans les arrêtés d'autorisation des établissements, sont abrogées.
Art. 4e. Les contraventions au présent arrêté seront constatées, etc...

 NOTA. Cet arrêté est précédé des considérants ci-après transcrits.

Les distilleries de jus de betteraves, de mélasses, etc., dont le nombre s'est considérablement accru depuis un an et tend à s'augmenter encore, emploient dans leurs opérations des quantités d'eau considérables tirées du sol et qu'elles écoulent après la distillation sous forme de vinasses, c'est-à-dire d'eaux saturées d'acides et de matières organiques. Ces eaux se répandent, soit directement dans les rivières, soit dans les fossés et les petits cours d'eau qui, souvent, après un long parcours, les déversent dans les canaux. Les vinasses ainsi exposées à l'air libre entrent en fermentation et exhalent dans leur marche des odeurs fétides qui incommodent les populations au plus haut degré, et non-seulement l'air atmosphérique est vicié par les émanations insalubres, mais les eaux sont partout infectées et rendues impropres aux usages domestiques. Les sources mêmes sont corrompues dans beaucoup de localités par l'infiltration de ces résidus.

L'administration ne pouvait rester indifférente à un état de choses aussi nuisibles à la santé des habitants. De très-vives plaintes s'étant élevées contre ces inconvénients, j'y ai fait droit en interdisant d'une manière absolue aux propriétaires des distilleries existant dans le département de faire écouler leurs vinasses dans les fossés et cours d'eau navigables et non navigables; tel est l'objet de l'arrêté.

La défense prescrite par cet arrêté apportera quelque gêne pour les opérations des distilleries, mais les intérêts de la santé publique doivent être avant tout sauvegardés. Les chefs d'établissements pourront, d'ailleurs, assurer la perte de leurs résidus par les procédés qui leur paraîtront le plus convenables, pourvu qu'il n'en résulte aucun inconvénient pour la salubrité. Au nombre de ces procédés, je citerai le transport des vinasses à certaines distances pour être répandues sur de grandes surfaces de terrains préalablement drainés et auxquelles elles pourront servir d'engrais. Un autre moyen applicable surtout aux distilleries de mélasse, est la concentration des résidus; mais, pour en faire usage, les industriels devront se pourvoir auprès de moi d'une autorisation spéciale, attendu que la concentration comporte la conversion des résidus en potasse, et que les ateliers destinés à ces genres d'industrie sont rangés dans la première classe des établissements incommodes ou insalubres.

Quant à l'écoulement des vinasses dans des puits absorbants, comme il peut en résulter une altération nuisible des sources à l'usage des habitants, j'ai décidé qu'il ne pourra avoir lieu qu'en vertu de mon autorisation. Je statuerai après visite des lieux et instruction sur les demandes qui me seront présentées à cet effet, et en imposant aux pétitionnaires les conditions qu'il aura été reconnu nécessaire de prescrire.

. . . .

Depuis, M. le préfet du Nord, déférant aux propositions du Conseil central de salubrité, toléra l'écoulement de ces eaux dans les rivières et canaux, à la condition expresse qu'il ne serait fait usage que d'acide hydrochlorique pour déterminer la transformation alcoolique des jus de betteraves. Dès lors les conditions d'autorisation ont été formulées comme il suit.

II. CONDITIONS D'AUTORISATION POUR LES DISTILLERIES DE JUS DE BETTERAVES.

« Art. 1er. Substituer, pour la fermentation du jus de betteraves, l'acide hydrochlorique à l'acide sulfurique.

« Art. 2. Après la fermentation et avant la distillation, neutraliser les vins en les filtrant de bas en haut, au moyen d'une cuve remplie de carbonate de chaux. Cette cuve, de deux mètres de diamètre au minimum sur deux mètres de hauteur, sera remplie de carbonate concassé en fragments de la grosseur d'une noix, et maintenue constamment en cet état par l'addition de carbonate calcaire au fur et à mesure de la dissolution de cette matière. Le vin, introduit par le fond, sortira par une série de trop-pleins supérieurs établis au même niveau tout à l'entour de la cuve.

« Art. 3. Après la distillation, amener les vinasses bouillantes immédiatement dans une série de bassins d'épuration géminés, séparés les uns des autres par des déversoirs de superficie. Les murs et les fonds de ces bassins seront en bonne maçonnerie. Le premier bassin servira principalement à combiner la vinasse bouillante avec de la chaux vive en poudre qui devra y être jetée d'intervalle à intervalle, à raison de deux kilogrammes par hectolitre de vinasse. Ce bassin aura dix mètres de longueur sur trois mètres de largeur au moins et un mètre trente centimètres de profondeur. La matière qu'il renfermera sera maintenue en un état continuel d'agitation, soit par un moyen mécanique, soit par l'effort d'un homme armé d'un ringard. Le bassin n° 2 présentera une superficie de cent mètres carrés et une profondeur de un mètre dix centimètres. Il servira au dépôt des matières solides, ainsi que le bassin n° 3 de même superficie et de quatre-vingt-dix centimètres de profondeur.

« Art. 4. Chacune des deux séries de bassins ci-dessus prescrite servira à recevoir alternativement les vinasses de la distillerie, tandis que l'autre, mise en chômage, sera curée à vif fond. Ce nettoiement sera opéré au moins tous les cinq jours ou plus souvent si l'activité de la fabrique l'exige. En aucun cas, la couche des dépôts ne pourra excéder quatre-vingts centimètres dans le bassin n° 3, et un mètre dans les deux autres bassins. Le produit du curage ne pourra séjourner dans l'intérieur de la fabrique; il sera immédiatement transporté sur les terres comme engrais.

« Art. 5. Les eaux provenant du lavage des betteraves, des sacs, etc., pénétreront directement dans le bassin n° 2, celles de réfrigération, de condensation, etc., s'écouleront dans le canal de fuite à l'aval du dernier bassin.

« Art. 6. Les déversoirs de superficie établis à l'aval de chaque bassin seront surmontés d'une pierre de taille dont la crête supérieure sera parfaitement horizontale. Une planche en chêne de vingt-quatre centimètres de largeur, plongeant de douze centimètres dans l'eau, sera placée de champ, à cinquante centimètres en avant de chaque déversoir, sur toute sa longueur et sans interruption, afin d'arrêter tous les corps solides plus légers que l'eau.

« Art. 7. L'établissement sera pavé en pierres dures rejointoyées à la chaux hydraulique.

« Art. 8. Le magasin à alcool sera voûté et séparé des autres parties de l'usine par des murs pleins en briques.

« Art. 9. L'atelier de distillation, séparé par un mur de la chambre à recevoir l'alcool, sera, ainsi que les autres parties de l'usine, pavé en pierres dures cimentées à la chaux hydraulique. Toutes les pièces de bois seront recouvertes d'une épaisse couche de mortier. Des tuyaux d'appel seront placés à la partie supérieure, afin de faciliter la circulation de l'air chargé de vapeurs alcooliques.

« Art. 10. L'éclairage de l'atelier de distillation et de la chambre à recevoir l'alcool aura lieu au moyen de lampes placées dehors et séparées de l'intérieur par des châssis dormants; on ne pourra pénétrer le soir dans ces locaux ainsi que dans les magasins à alcool, qu'avec des lampes de sûreté.

« Art. 11. Un jet de vapeur, partant des générateurs et présentant un robinet placé à l'extérieur, sera introduit dans l'atelier de distillation, pour, le cas échéant, éteindre le feu par l'expansion de la vapeur.

« Art. 12. Le permissionnaire ne pourra fabriquer de la potasse, ni distiller d'autres matières que le jus de betteraves, sans y avoir été préalablement autorisé.

« Art. 13. L'administration se réserve, en outre, le droit de prescrire en tout temps les autres mesures de précautions et dispositions qu'elle jugerait utiles, dans l'intérêt de la sûreté et de la salubrité publiques, et de révoquer la présente permission en cas d'inexécution de l'une des conditions qui précèdent, lesquelles sont toutes de rigueur.

« Art. 14. Le permissionnaire sera tenu de faire connaître à monsieur le préfet l'époque probable de l'achèvement des travaux ci-dessus; il ne pourra mettre sa fabrication en activité avant qu'il n'ait été constaté, par procès-verbal, que toutes les conditions imposées dans l'arrêté d'autorisation sont intégralement remplies.

« Art. 15. Le permissionnaire s'engage d'ailleurs formellement à supporter les frais de visites des lieux de la part d'agents à ce commis par l'administration, chaque fois que monsieur le préfet le jugera convenable [1]. »

Absinthe (Distillation d'extrait ou esprit d') (2ᵉ classe). — 9 février 1825.

DÉTAIL DES OPÉRATIONS. — Voir l'article *Distillation de l'alcool*.

Les distilleries d'absinthe sont très-nombreuses, et depuis dix ans ont pris dans Paris une extension considérable.

[1] L'évacuation des vinasses provenant des distilleries, dans les divers cours d'eau, a donné lieu aux plaintes les plus graves. Un très-remarquable rapport de MM. Chevreul, Wurtz et Mélier a été publié à ce sujet dans les *Annales d'Hygiène*, 1859, deuxième série, tome XI, pages 5 et suiv. — Consulter le *rapport des consc.ls de salubrité du Nord*, n° 17. Année 1859, pages 85 et suiv., et l'article *Eaux insalubres*.   M. V.

Pratiquée en grand, cette distillation réclame l'emploi d'une machine à vapeur.

En *petit*, et c'est le cas le plus fréquent, elle peut être opérée dans l'intérieur·des habitations.

Il existe habituellement une chambre ou atelier où sont placées les plantes qui doivent servir à la préparation de la liqueur.

On les fait passer dans les cucurbites. — Ces cucurbites peuvent contenir de mille à deux mille litres d'absinthe. On n'y verse à la fois que mille ou douze cents litres.

On achète des alcools à soixante-dix-huit degrés, on y ajoute une certaine proportion d'eau pour les distiller avec les plantes nécessaires à cette fabrication.

On chauffe alors les cucurbites par deux moyens à la fois: — à l'aide d'un serpentin dans lequel circule la vapeur, et par la vapeur elle-même, qui agit par barbotage.

L'absinthe se rend dans un réfrigérant, et est recueillie à mesure de sa condensation.

Le liquide obtenu marque habituellement soixante-quinze degrés. On y ajoute de l'eau pour le ramener à soixante-douze degrés, titre du commerce. On le chauffe légèrement dans le colorateur, au contact de la plante dite *petite absinthe*, et on a ainsi la liqueur qui est livrée à la consommation.

L'absinthe suisse se prépare avec les substances suivantes :

Sommités d'absinthe majeure.	2 kilog.	
— — mineure.	1	
Racine d'angélique.	»	122
Calamus aromaticus.	»	122
Badiane.	»	062
Dictame de crête.	»	031
Alcool à vingt degrés.	18	

On laisse macérer le tout huit jours dans le bain-marie de l'alambic, on retire par distillation neuf kilogrammes seulement, auxquels on ajoute quatre grammes d'essence d'anis vert.

Les neuf kilogrammes qui restent dans l'alambic servent à faire l'eau vulnéraire spiritueuse.

L'absinthe ainsi obtenue est incolore; on a l'habitude de la colorer en vert, au moyen du suc d'ache ou d'épinards. La coloration fournie par ces deux matières va toujours en s'affaiblissant, on préfère se servir d'un mélange à proportions voulues des deux matières colorantes suivantes :

Bleu. — On dissout par trituration de l'indigo dans de l'acide sulfurique pur et très-concentré; on sature peu à peu la dissolution par du carbonate de chaux pulvérisé, et on traite ensuite par l'alcool. La liqueur bleue ainsi obtenue n'est pas dangereuse.

Jaune. — Il suffit pour l'obtenir d'épuiser la carthame par l'eau froide. — La liqueur jaune mêlée en suffisante quantité à la liqueur bleue précédente donne la nuance désirée.

Il n'est pas un débitant de liqueurs qui ne tienne à avoir dans son arrière-boutique un appareil à distillation. Quoique beaucoup d'entre eux ne s'en servent pas, le public, à ce qu'il paraît, a besoin de croire que la liqueur est confectionnée sous ses yeux. Il se passe en cela un fait analogue à ce qui a lieu chez es fabricants de chocolat. Tous, alors même qu'ils ne préparent pas chez eux leurs produits, regardent comme une nécessité commerciale de mettre sous les yeux du public un appareil qui, par son jeu perpétuel, semble indiquer qu'il travaille constamment à la confection du chocolat. Le plus souvent cela n'a pas lieu. Il en est de même pour les distillations de liqueurs. Et c'est ce qui démontre et explique le grand nombre de demandes d'autorisations de ce genre.

CAUSES D'INSALUBRITÉ. — Danger d'incendie par suite de l'accumulation de vases contenant des alcools.

CAUSES D'INCOMMODITÉ. — Aucune.

PRESCRIPTIONS. — Placer l'*appareil à distillation* dans une pièce séparée complétement du magasin où sont renfermés les alcools et les liqueurs faites.

Construire le fourneau en briques, fonte ou fer.

Recouvrir d'une large hotte le fourneau où sont placées les cucurbites.

Isoler convenablement ce fourneau des murs de l'habitation.

Avoir constamment dans cet atelier, et selon l'importance de la distillerie, de un quart de mètre à un demi-mètre cube de sable fin en cas d'incendie, pour éteindre la flamme de l'alcool.

En cas de machine à vapeur, se soumettre aux lois et ordonnances sur la matière.

Genièvre (Distillerie de) (2e classe). — 14 janvier 1815.

DÉTAIL DES OPÉRATIONS. — Le genièvre est une eau-de-vie à odeur de genièvre, qu'on fabrique dans le Nord en distillant les eaux-de-vie de grains ou de betteraves, et suspendant dans l'alambic un nouet de toile claire contenant une certaine quantité de fruits de genièvre anciens.

Pour éviter l'odeur et le goût désagréable que possèdent ces eaux-de-vie, on arrête la fermentation qui les produit avant que tout le sucre soit transformé en alcool, on empêche ainsi le développement abondant de l'huile volatile odorante.

CAUSES D'INSALUBRITÉ. — Danger d'incendie.

Danger d'asphyxie pour les ouvriers, quand les ateliers de fermentation ne sont pas convenablement ventilés.

CAUSES D'INCOMMODITÉ. — Odeur.

Vapeurs incommodes provenant de la concentration des vinaigres.

Écoulement d'eaux, — et décomposition de ces eaux sur la voie publique (vapeurs d'acide sulfurique, quand ces eaux se répandent sur un sol riche en sulfate de chaux).

Gaz infect.

PRESCRIPTIONS. — Soumettre le générateur de vapeur aux lois sur la matière.

Quand la distillation se fait à feu nu, ou sur des fourneaux, prescrire l'ouverture extérieure du fourneau en dehors de l'atelier de distillation.

Placer dans des pièces séparées : 1° Le fourneau et la chaudière, 2° la colonne de rectification, 3° le réfrigérant.

Placer les alcools, à mesure de leur production, dans un endroit séparé du reste de l'établissement.

Verser les alcools faibles qu'il s'agit de rectifier dans un dépotoir loin des ateliers, et à une hauteur telle, que le liquide puisse arriver dans les appareils par une pente naturelle.

Séparer du reste de l'usine, par des murs en briques, le magasin à l'alcool. Il n'aura d'autre ouverture que celle qui donnera sur la cour. On n'y pénétrera jamais qu'avec des lampes de sûreté.

Le sol de ce magasin sera pavé en pierres dures et rejointoyées à la cendrée dite de Tournai, ou à chaux et ciments.

Les poutres et autres pièces en bois apparent de l'usine seront enduites d'une forte couche de mortier.

La cheminée de l'usine sera entièrement en maçonnerie de dix-huit à vingt mètres d'élévation.

Les eaux de condensation seront conduites souterrainement à l'égout ou dans un canal.

Interdire l'usage de poêles en fonte ou autres.

Appliquer aux chaudières de larges couvercles à charnières pouvant être abaissés facilement en cas d'incendie.

Faire déboucher dans les ateliers et magasins un tuyau de vapeur, pour éteindre les commencements d'incendie.

Ne circuler le soir et la nuit, dans l'usine, qu'avec la lampe de Davy, modifiée par MM. Combes et Boussingault.

Saturer les eaux avec de la chaux, si on ne peut les diriger convenablement.

Enlever les drèches avec toutes les précautions nécessaires pour prévenir l'écoulement des parties liquides et leur pénétration dans le sol.

Atténuer l'odeur provenant des gaz de la décomposition des résidus dans les fours quand on en extrait le *salin* en les faisant passer dans une colonne de coke incandescent, avant de les lancer dans la cheminée.

Dans le cas où l'on concentre les vinasses pour l'alimentation des animaux ou l'extraction des sels, lancer dans l'atmosphère les vapeurs incommodes, en recouvrant les chaudières d'évaporation avec de grandes cheminées en planches.

Proscrire l'usage des alcools provenant des fulminates (alcools chargés d'éther et d'acide cyanhydrique).

Pourvoir les citernes à mélasses de moyens d'aération.

Distillation de l'écorce de bouleau.

DÉTAIL DES OPÉRATIONS. — L'appareil dont on se sert est un cylindre en fonte, rétréci à son sommet et dont le collet est fermé par une plaque de fonte. Le foyer est latéral, la flamme circule tout autour du cylindre; la distillation a lieu *per descensum*; c'est-à-dire que les produits volatilisés s'échappent par la partie inférieure pour aller dans un récipient suffisamment refroidi. Le cylindre étant rempli d'écorce, on le chauffe graduellement jusqu'au rouge naissant, de manière à ne laisser dans la cornue que du charbon.

On recueille de la vapeur d'eau, de l'acide acétique, du goudron aromatique et quelques autres corps.

USAGES. — Ce goudron, mélangé avec des jaunes d'œufs pour le corroyage, est désigné sous le nom de *bétuline*, et sert depuis longtemps à donner cette odeur et cette souplesse qui caractérisent le cuir de Russie.

Liqueurs (Fabricants de). — Liquoristes (2° classe, assimilée aux dépôts d'alcool).

Les liquoristes, toutes les fois qu'ils fabriquent chez eux la distillation des alcools, doivent demander l'autorisation d'exercer leur industrie, et sont placés sous la direction des conseils d'hygiène.

On ne saurait imaginer le nombre des distillations d'absinthe qui s'est établi à Paris et dans les grandes villes, depuis une dizaine d'années. De même que pour les fabricants de chocolat qui tiennent à fabriquer leur produit devant le public et à avoir dans leur boutique même un appareil à broyer, tous les liquoristes veulent montrer à leurs clients que les boissons qu'ils débitent sont produites par eux-mêmes. Il paraît que cela influe considérablement sur la vente.

Il y a donc lieu d'appliquer à tous les liquoristes *distillateurs* les règles qui ont été tracées à propos de la distillation en général. (Voir *Distillation de l'alcool.*) Là sont décrites les opérations de cette industrie.

CAUSES D'INSALUBRITÉ. — Danger d'incendie.

CAUSES D'INCOMMODITÉ. — Odeurs alcooliques.

Et vapeurs aromatiques diverses, plus ou moins incommodes.

PRESCRIPTIONS. — Isoler complétement les laboratoires d'avec les magasins à liqueur et à esprit. — Pratiquer cette séparation par des cloisons en briques et mieux en maçonnerie.

Hourder en plâtre toutes les boiseries et charpentes apparentes du laboratoire et de la boutique.

Fixer, selon l'espace, la quantité d'alcool qui pourra être emmagasinée.

Avoir un réservoir d'eau proportionné à l'importance de l'établissement.

Et de un quart de mètre à un demi-mètre cube de sable dans le laboratoire en cas d'incendie.

Séparer convenablement les alambics les uns des autres et les éloigner des foyers des chaudières.

Faire que les ouvertures des fourneaux soient très-éloignées des réfrigérants et que les vases destinés à recevoir la liqueur de distillation se trouvent dans de favorables conditions.

Daller les laboratoires et disposer des gargouilles pour l'écoulement facile des eaux.

N'entrer jamais dans les laboratoires avec des chandelles, lampes ou bougies, surtout pendant les distillations.

N'y jamais faire pénétrer des becs de gaz. — Et éloigner les conduites du gaz de la cheminée et des fourneaux.

Proscrire l'usage des poêles (dans les laboratoires), et notamment des poêles en fonte et des tuyaux de fonte ou de tôle susceptibles d'être chauffés à la température rouge.

Faire établir, toutes les fois que cela sera possible, un géné-

rateur à vapeur, préférablement à un fourneau pour le chauffage des alambics.

ALLUMETTES CHIMIQUES. Voir *Phosphore*.

ALUN (Fabrication de l') (3e classe). — 13 octobre 1810.
14 janvier 1815.

On désigne dans le commerce sous le nom d'*alun* le sulfate
double d'alumine et de potasse, ou d'ammoniaque et d'alumine.
Privé d'eau par la chaleur, il prend le nom d'*alun calciné*.

Alun de Côme ou *alun cubique*. — Détail des opérations. —
L'*alumite* ou pierre d'alun qu'on trouve à Tolfa, près de Civita-
Vecchia, et à Pouzzoles, en Italie, est formée d'alun et d'alumine
hydratée. On la calcine pour déshydrater l'alumine et l'oxyde
de fer; on opère dans des fours analogues aux *fours à chaux*,
ou mieux, dans des *fours à réverbère*, en agissant sur de l'alumite grossièrement réduite en poudre. Cela fait, on la met en
tas, à l'air, on l'arrose de temps en temps ; l'alumite se délite;
on la lessive, au bout de un ou deux mois, avec les eaux d'arrosage et on la fait cristalliser.

On obtient ainsi de l'alun cubique, c'est-à-dire, de l'alun
ayant dissous de l'alumine hydratée en excès. A froid, sa dissolution produit toujours des cristaux cubiques ; au-dessus de
quarante-trois degrés, elle laisse déposer un *alun aluminé*
insoluble, et donne des cristaux octaédriques.

On obtient de l'alun cubique en faisant dissoudre de l'alumine en gelée à l'alun octoédrique, opérant à froid; les cristaux s'obtiennent par évaporation spontanée, ou à une température inférieure à quarante degrés.

L'alun ainsi produit ne contient sensiblement pas de fer; il
a ordinairement, sous le nom d'*alun de Rome*, une teinte rosée
due à du peroxyde de fer insoluble qui n'a pas d'inconvénient
dans son emploi. On l'a recherché longtemps, et dans les premiers temps de la fabrication de l'alun ordinaire sans fer, on
avait coutume de rouler celui-ci dans de la brique pilée ou du
sesquioxyde de fer, pour lui donner le même aspect.

On produit l'alun en France par plusieurs procédés.

Fabrication avec les argiles. — Il faut d'abord produire le sulfate d'alumine, puis le combiner au sel de potasse ou d'ammoniaque. — Le sulfate d'alumine s'obtient des argiles aussi peu calcaires et ferrugineuses que possible ; on les calcine modérément dans *des fours à réverbère* ; la chaleur déshydrate l'oxyde de fer, le rend difficile à se combiner aux acides, tandis qu'elle rend l'alumine poreuse et facilement attaquable.

Les flammes perdues du four à réverbère viennent chauffer deux chaudières évaporatoires. L'argile calcinée est pulvérisée et finement tamisée ; on la traite ensuite par l'acide sulfurique pur concentré (celui des chambres) dans un bassin de pierres voûté en briques, et chauffé aussi par la chaleur perdue du four à réverbère. On retire le mélange de ce bassin après quelques jours, et on l'abandonne à lui-même pendant plusieurs semaines, en l'agitant de temps en temps. On décante le sulfate formé, on lave la masse boueuse, on évapore les liqueurs, et, par l'addition du sulfate de potasse ou d'ammoniaque, on le change en *alun*.

Fabrication avec les pyrites de fer et les schistes alumineux. — La plus grande partie de l'alun est fabriquée avec les schistes alumineux. Les plus convenables à cette fabrication sont peu agrégés ; ils sont lamelleux, noirs, contenant la plupart du temps des matières alumineuses qui favorisent beaucoup leur grillage et rendent la masse poreuse. On sépare à la main les gros rognons de pyrites de fer qui s'y trouvent, et on abandonne plus ou moins longtemps à l'air les schistes que l'on doit griller. Ce grillage, qui n'est pas toujours nécessaire, pourrait s'opérer dans des fours ordinaires.

Le sulfure de fer s'oxyde et se change à l'air en sulfate de protoxyde et en sesquioxyde de fer ; mais, comme cette transformation s'effectue en présence de l'alumine, le sulfate de fer cède son acide sulfurique à l'alumine et passe à l'état de sesquioxyde de fer ou au moins de sous-sulfate ; de sorte que par une oxydation suffisante il ne reste pour ainsi dire que du sulfate d'alumine.

Ce grillage s'opère en tas, atteignant parfois en Angleterre cent mille mètres cubes ; ordinairement on ne leur fait atteindre qu'une hauteur de un mètre à deux mètres, une longueur de trente-trois mètres et une largeur de deux ou trois mètres, pour éviter une combustion trop vive qui décompose les pyrites et les sulfates. Sur une aire battue et en pente, pour faciliter l'écoulement des eaux, si le tas n'est pas couvert, on dispose un lit de fagots et on lui superpose une couche de schistes. On allume les fagots au centre du tas, et, à l'aide d'évents pratiqués avec une pioche, on dirige la combustion. On superpose les lits de fagots et de schistes à mesure que le dernier placé est en combustion réglée, et on recouvre le dernier de schistes menus pour le préserver de l'action des pluies. — Quand les schistes sont riches en matières bitumineuses, le premier lit de fagots suffit ; quelquefois on remplace le bois par de la houille.

Avec le bois, la cendre fournit de la potasse qui donne lieu à du sulfate de potasse, et par suite à de l'*alun de potasse.*

Avec la houille, à l'aide de l'ammoniaque provenant de sa combustion, on a du sulfate d'ammoniaque, et par suite de l'*alun à base d'ammoniaque.*

Le grillage laisse toujours perdre *du soufre et de l'acide sulfureux*; outre le sulfate d'alumine et l'alun qui résulte, il y a toujours des sulfates de fer et d'alumine combinés.

Sulfate de fer retiré des pyrites. — Quand le grillage qui dure souvent deux mois est effectué, la masse a diminué de moitié; on la lave pour l'épuiser de ses sels solubles, on répète ces lavages trois ou quatre fois, en se servant des eaux faibles pour les nouveaux épuisements. On concéntre à trente-six degrés ces eaux, on les laisse reposer et déposer pendant quelques heures, on les fait passer ensuite dans des cristallisoirs, où elles abandonnent leur alun en grande partie. On sépare la liqueur qui surnage les cristaux d'alun, on la fait évaporer suffisamment pour que, par refroidissement et repos, le sulfate de protoxyde de fer puisse cristalliser à son tour; on fait concentrer de nouveau les eaux mères, pour en retirer de nouveau du sulfate de fer, etc., etc.

Quand la liqueur n'en donne plus à cause de sa consistance
sirupeuse, on la concentre encore de manière qu'elle se prenne
en masse par le refroidissement ; cette masse est du sulfate
d'alumine qu'on transforme en alun par le sulfate de potasse
ou d'ammoniaque.

On calcule par un essai préalable la quantité de l'un des deux
nécessaires pour opérer la transformation du sulfate d'alumine,
et on agit sur des dissolutions assez concentrées pour que l'alun
se précipite en petits cristaux ; on emploie le sulfate de potasse
en dissolution bouillante, et celui d'ammoniaque dissous dans
deux fois son poids d'eau froide ; ou même une dissolution
tiède d'un mélange des deux. Quand la précipitation ou *brevetage* est effectuée, on décante l'eau mère, on l'évapore en l'a-
gitant, pour avoir de nouveaux petits cristaux que l'on réunit
aux premiers dans une caisse. On les lave d'abord avec des
eaux presque saturées de sulfate de fer, puis, peu à peu, avec
des eaux presque pures ou peu alunées ; enfin, avec un peu
d'eau pure.

On lui donne la forme commerciale en le dissolvant dans
l'eau, de manière que la dissolution marque quarante-huit
ou cinquante degrés, et on le fait cristalliser dans des cristallisoirs coniques qui se démontent au moyen de boulons, quand
la cristallisation est achevée.

Pour l'avoir exempt de fer, on le fait cristalliser de nouveau
en employant une dissolution marquant trente degrés. Dans l'o-
pération du brevetage, on a modifié quelquefois ce procédé en
employant le chlorure de potassium, avec les mélanges de sulfate de fer et d'alumine ; il se précipite de l'alun, et la liqueur
retient du chlorure de fer.

Acétate d'alumine. — Très-soluble et incristallisable, l'affinité de l'alumine pour l'acide acétique est très-faible, la chaleur
les sépare et volatilise l'acide acétique. *Son grand emploi est
dans la fabrication des toiles peintes.* Sa rapide solubilité et son
impossibilité de cristalliser ne lui permet pas de détruire les
dessins.

On s'est servi dans ces derniers temps de l'acétate d'alumine pour rendre les étoffes imperméables; c'est en les trempant dans une solution de ce sel; celui-ci, perdant peu à peu en grande partie et peut-être tout son acide, imprègne le tissu d'alumine qui joue le rôle d'un corps gras. Ce fait, appuyé de nombreuses expériences, a été dernièrement essayé pour les vêtements militaires. Un linge ainsi préparé ne laisse pas passer d'eau au bout de plusieurs jours, et joue le rôle d'une peau, ou autre matière non tissée.

L'acétate d'alumine s'obtient par double décomposition de l'alun et de l'acétate de plomb.

On a essayé d'employer l'acétate de chaux et l'alun par économie, mais l'acétate d'alumine ainsi produit retient du sulfate de chaux, qui est nuisible à la teinture.

Depuis quelques années, on a établi plusieurs fabriques en France, où l'on produit l'alun à l'aide du traitement du kaolin d'Angleterre par l'acide sulfurique.

Cet alun ne contient que de très-minimes quantités de fer, mais son prix est plus élevé.

Usages. — Il est surtout employé, dans les grandes papeteries, à précipiter le savon alcalin, dans les opérations qui ont pour but d'obtenir du papier *très-blanc*. (Voir *Sulfate de fer*.)

Causes d'insalubrité. — Aucune.

Causes d'incommodité. — Odeur infecte quand on traite les terres pyriteuses.

Celles qui sont liées au dégagement de la fumée et des gaz (Acide sulfureux), produits pendant l'opération du grillage, etc., et de la fumée provenant de l'usage des fours à reverbère, ou des fours ordinaires.

Prescriptions. — Élever les cheminées des fours à dix ou quinze mètres, selon le voisinage.

Dévorer la fumée produite.

Et en général, appliquer les règles qui régissent les fabriques de produits chimiques.

AMIDON EXOTIQUE. Voir *Poudres (Poudre coton)*.

AMIDONNERIES. Voir *Amylacées (Matières)*.

AMMONIAQUE. Voir *Alcali*.

AMYLACÉES (Matières).

Fécule de pommes de terre (Fabrique de) (3ᵉ classe). — 9 février 1825.

Les substances amylacées sont formées de grains plus ou moins arrondis, d'aspect variable au microscope, de composition identique à la cellulose, et qui se trouvent dans la cellule végétale.

Le nom de fécule est particulièrement employé pour désigner la matière amylacée que l'on trouve dans la pomme de terre, l'igname, la batate, certaines tiges de palmiers.

Le nom d'amidon sert spécialement à désigner le principe amylacée des céréales, des légumineuses, des chénopodées, etc.

La dimension des grains de fécule varie suivant les végétaux. Elle va en décroissant de la pomme de terre au chenopodium quinoa.

La matière amylacée est formée d'enveloppes concentriques, qui ont pris naissance par des dépôts successifs qui se sont desséchés.

La fécule récemment obtenue et qui n'a été séchée que sur l'aire au plâtre est connue sous le nom de fécule verte, elle contient quarante-cinq pour cent d'eau. En cet état, si on la projette par flocons sur des plaques chauffées à cent cinquante degrés, les granules se gonflent, se soudent et se déssèchent en imitant assez bien certaines fécules exotiques, tapioka, sagou, etc, sous les noms desquelles on la vend.

La matière amylacée s'obtient dans les laboratoires comme dans les arts par des procédés mécaniques; d'ailleurs, si les procédés chimiques parviennent à la reconstituer, ce ne sera sans doute jamais avec son organisation. Le procédé, en général, consiste à obtenir en pulpe ou en poudre fine les matières féculentes et à en séparer par des lavages la matière amylacée des tissus organiques.

Extraction de la fécule. — Pour extraire la fécule de pomme de terre, il faut faire subir à ces tubercules une série d'opérations que voici :

Trempage. — Lavage. — Râpage. — Tamisage. — Dessablage de la fécule. — Épuration et tamisage fin. — Premier égouttage. — Deuxième égouttage sur le plâtre. — Cassage. — Séchage à l'air, séchage à l'étuve. — Écrasage. — Blutage. — Emmagasinage.

Trempage. — Le trempage a pour but de délayer la terre souvent très-argileuse qui adhère aux tubercules. Le trempage se fait dans de grandes cuves en bois ou en maçonnerie, munies de bondes pour le départ des eaux sales et de vannes pour en retirer les pommes de terre.

Lavage. — Le lavage s'opère par un cylindre ordinairement en bois, formé de tringles espacées entre elles de quinze millimètres pour laisser passer la terre et les graviers. Le cylindre, un peu incliné, plonge dans une caisse d'eau; il est doué d'une vitesse de dix à quinze tours par minute, qui fait frotter les pommes de terre entre elles et contre les tringles du cylindre. Les pommes de terre sortent par l'extrémité opposée à celle de leur entrée au moyen d'une grille en hélice et se rendent par un plan incliné à la râpe.

Râpage. — La râpe est un cylindre de cinquante centimètres de diamètre environ, ayant une vitesse de sept à neuf cents tours à la minute et armé de lames de scies écartées de deux centimètres et ne dépassant pas la superficie du cylindre de plus de deux millimètres.

Un filet d'eau coule continuellement sur la surface du cylindre dévorateur, et tend avec la force centrifuge à le débarrasser de la pulpe; celle-ci passe dans un tamis.

Tamisage. — La pulpe de pomme de terre est puisée dans ce récipient par une chaîne sans fin et glisse sur le tamis inférieur; une double chaîne sans fin, munie de traverses qui glissent parallèlement au tamis dans l'épaisseur de la pulpe, la monte sur des tamis superposés jusqu'au dernier; là elle se trouve complétement épuisée de sa fécule et tombe dans un caniveau.

L'eau chargée de fécule, avant de couler dans les cuves de lavage, passe au travers d'un tamis conique plus fin placé directement au dessous des tamis en étages. Ce tamis retient les débris de pulpe très-fins, et les fait écouler par un caniveau spécial.

L'eau chargée de fécule passe à l'aide d'une danaïde (appareil à élever l'eau) dans les cuves pour y subir l'opération de dessablage.

Les tamis superposés qui servent au tamisage de la pulpe sont graduellement plus serrés à partir du haut, et reçoivent des jets d'eau continus.

Dessablage. — Le dessablage est, comme le nom l'indique, une opération qui doit éliminer le sable et les matières terreuses. Elle consiste à agiter et à mettre en suspension la fécule dans l'eau, à laisser reposer quelques minutes pour laisser reposer les matières les plus denses, à décanter le liquide qui tient la fécule dessablée en suspension; ce qui s'obtient à l'aide d'un gros siphon ou d'un robinet placé un peu au-dessous du fond des cuves.

Épuration. — Quand la masse liquide est décantée, on la laisse déposer; on décante l'eau claire qui surnage et on enlève avec un racloir la mince couche grisâtre qui recouvre la fécule ou *gras* de fécule. Celui-ci contient quelques débris très-fins du tissu et de la fécule, qu'on sépare mécaniquement comme l'autre, mais avec des tamis plus fins et quelques précautions particulières.

Quand la fécule ainsi obtenue est suffisamment épurée, on la délaye dans une faible quantité d'eau, et on verse cette bouillie dans des bachots ou petits baquets en bois percés de trous et garnis intérieurement d'une toile.

Égouttage. — On laisse égoutter la fécule pendant quelques heures dans les bachots, et, quand elle y a pris assez de consistance pour le permettre, on renverse les bachots sur une aire de plâtre de quinze centimètres d'épaisseur. Les pains de fécule restent six à huit heures sur ce plâtre qui en absorbe l'eau interposée ; puis on les casse en une dizaine de morceaux que l'on fait dessécher sur des liteaux en bois formant des grilles superposées dans un séchoir à air libre.

Séchage à l'air libre. — Ce séchage doit se faire dans un endroit bien aéré, à l'abri de la poussière et conséquemment éloigné des grandes routes.

Il n'y aurait pas besoin de cette opération si on voulait transformer immédiatement la fécule en glucose.

Séchage à l'étuve. — Le séchage à l'étuve a lieu après trois ou quatre jours d'exposition dans le séchoir à air libre. Il faut graduer la température de peur de souder les grains entre eux, ce qui arriverait infailliblement si on atteignait soixante-cinq degrés à cent degrés trop promptement.

MM. Lacombe et Persac ont construit une étuve munie d'un calorifère, et formé de plans inclinés dont les plus inférieurs, qui sont les plus rapprochés du calorifère sont les plus chauffés, les étages supérieurs ne recevant qu'une température de quarante degrés, c'est-à-dire cinquante degrés de moins que les plus inférieurs : ce n'est que peu à peu que la fécule descend de plan incliné en plan incliné pour arriver séchée complétement au dernier.

Écrasage. Blutage. Emmagasinage. — Quand la fécule est séchée, on écrase les morceaux légèrement agglomérés, soit par un rouleau en fonte, soit par des cylindres de bronze; puis on la fait passer au blutoir. Elle retient en cet état 18 pour 100 d'eau.

Ce procédé donne de 15 à 22 pour 100 au plus de fécule; c'est-à-dire presque tout ce qu'elle peut fournir; le reste de la pomme de terre est constitué par environ 5 pour 100 de tissu cellulaire, quelques sels, et l'eau qu'elle renferme, comme on le voit, en grande abondance.

Usages. — La fécule sert au collage des papiers fins, à la préparation des sirops de fécule, de la dextrine, et de quelques pâtisseries; pour les usages alimentaires, on lui enlève une odeur désagréable qu'elle possède par des lavages avec une dissolution très-faible de carbonate de soude.

Elle peut remplacer le poussier de charbon dans les fonderies; on l'emploie aussi à des essais analytiques.

Elle est vendue sous les noms de tapioka, sagou, quand elle a subi l'espèce de torréfaction dont il a été question plus haut.

CAUSES D'INSALUBRITÉ. — Si les eaux de lavage s'écoulent sur la voie publique sans avoir été préalablement débarrassées de la presque totalité des débris de matières végétales qu'elles contiennent, elles peuvent, par suite de la fermentation de ces matières et de la combinaison des nouveaux produits avec certains éléments du sol, donner lieu à des émanations fétides d'hydrogène sulfuré.

Quelquefois danger d'incendie à cause de l'étuve.

CAUSES D'INCOMMODITÉ. — Écoulement de grandes quantités d'eau sur la voie publique.

Parfois odeur.

Et dégagement de vapeurs nauséabondes, quand on opère la transformation de la fécule en glucose.

Poussière développée pendant le tamisage, la pulvérisation, le blutage; affection de l'appareil respiratoire et de la vision chez les ouvriers employés à ce travail.

PRESCRIPTIONS. — Paver l'atelier et les cours en pierres dures, rejointoyées à la chaux hydraulique, avec pente convenable. — Disposer d'une grande quantité d'eau.

Ne jamais permettre l'écoulement sur la voie publique d'une eau de lavage impure.

D'espace en espace, placer des grillages métalliques pour arrêter les particules de matières organiques.

Faire arriver par des caniveaux bien construits, ou par des ruisseaux en bon état, les eaux de fabrication dans des égouts, ou grands cours d'eau; jamais dans des puisards.

Entourer l'étuve d'un courant d'air froid.

Adapter au couvercle de la cuve où s'opère la transformation de la fécule en glucose, un tube communiquant avec un réfrigérant destiné à opérer la condensation des vapeurs odorantes. La partie non coercible sera dirigée dans la cheminée même de la machine à vapeur pour y être brûlée et disséminée dans l'air.

Sirop de fécule de pommes de terre (Extraction du) (4ᵉ classe).
9 février 1825.

DÉTAIL DES OPÉRATIONS. — (Voir *Fabrique de fécules et de dextrine.*)

La fabrication des sirops en général n'est pas soumise à l'action de l'autorité. L'autorité locale seule doit veiller à ce qu'ils ne soient pas dangereusement falsifiés. Je ne citerai ici qu'un seul sirop, celui dit de groseille. Habituellement il n'en contient pas un atome. L'acide tartrique et le sirop de sucre mélangés de sirop de fécule en forment la base. On le colore avec du vin rouge, une infusion de coquelicots ou une décoction de fruits, de raisin de bois. (*Vaccinium myrtillus.*) — Cette falsification, qui constitue néanmoins, aux termes de la loi, une tromperie sur la nature de la chose vendue, *n'est pas nuisible.* Le plus souvent il en est ainsi pour toutes les confitures vendues chez les épiciers. — Celles d'*abricots* sont faites avec du melon, etc., etc.

Pour les lois, ordonnances sur les matières sucrées. (Voir *Sucre, fabrique de Bonbons.*

Amidonneries, ancien mode (1ʳᵉ classe). — 14 janvier 1815. — 13 octobre 1810.
Amidonneries sans fermentation putride (2ᵉ classe). — 22 mars 1845.
Amidonneries avec séparation du gluten (2ᵉ classe). — Arrêté présidentiel du 6 mai 1849.

Extraction de l'amidon. — L'amidon du commerce est presque en entier fourni par les différentes espèces de blé cultivé en Europe.

Il y a deux procédés d'extraction ; l'un, qui est le plus ancien, a en lui des causes d'insalubrité bien plus grandes et donne un rendement moindre ; l'autre, plus récent, plus salubre, donne aussi des produits plus beaux.

Ancien procédé par fermentation. — Ce procédé consiste à délayer aussi bien que possible la farine dans les eaux sûres provenant des opérations précédentes. Ces eaux, rendues acides par les acides acétique et lactique provenant de la fermentation des matières sucrées que contiennent toujours les farines, renferment en outre des matières organiques qui servent de ferment dans les opérations subséquentes.

Suivant la température, le gluten met quinze à trente jours pour devenir entièrement soluble. Les eaux contiennent alors *des acides acétique, lactique, carbonique, sulfhydrique, de l'acétate d'ammoniaque, du phosphate de chaux, de la dextrine, des matières azotées et du gluten soluble non décomposé.*

L'amidon occupe la partie inférieure, trois lavages successifs par repos et décantation en séparent toutes les parties solubles et les matières peu denses et très-divisées qui sont en suspension. Quand la dernière eau de décantation sort claire, on délaye l'amidon brut dans une nouvelle quantité d'eau ; on l'épure plus ou moins complétement des matières étrangères qu'il contient par un tamisage sur toile métallique ; on le délaye de nouveau et l'épure par un second tamisage sur une toile plus fine. On laisse déposer ; on sépare à l'aide d'une lame la faible couche teintée qui surnage l'amidon et qui contient des débris très-fins de tissu ; on égoutte la masse et on la divise pour la faire sécher comme il a été dit pour la fécule.

Si on veut avoir l'amidon en aiguilles basaltiques ; dès que les pains d'amidon commencent à s'écailler, on les enveloppe de papier et on achève la dessiccation dans une étuve à air chaud, à température graduée.

Au lieu de farine, on emploie plus généralement les sons et les recoupes du commerce ; on les mélange à une certaine quantité d'eau, c'est ce que l'on appelle *mettre en trempe*, on y ajoute une certaine quantité *d'eau sûre* d'une opération précédente. On agite de temps à autre ; la réaction est terminée en dix à vingt jours.

On exécute le *lavage du son* ou séparation de la partie amylacée des matières dissoutes et des débris de tissus végétaux au moyen de tamis ; on charge ceux-ci de *matières trempées* et d'eau claire, et, à l'aide des mouvements qu'on lui imprime, on parvient à faire passer tout, moins les matières grossières en suspension. Les résidus sont de nouveau lavés et employés à la nourriture du bétail ; les eaux de lavage peuvent servir comme eaux sûres. On lave l'amidon qui s'est déposé dans les tonneaux à plusieurs reprises, et on lui fait subir les différents traitements qui ont été déjà exposés pour l'amener à l'état commercial.

Quand les peaux de chevreaux, d'agneaux, etc., ont reçu toutes les façons de rivière, on leur fait absorber un mélange d'œufs, de farine, etc., puis on les fait sécher ; c'est en cet état que l'ouvrier en détache au moyen d'un couteau le *parun*, qui contient par conséquent de la farine, des œufs, de l'alun, des résidus de peaux.

Pour obtenir de l'*amidon de ce parun*, on le fait tremper dans de l'eau, puis on le verse sur un tamis placé au-dessus d'un tonneau. On presse le résidu et traite de nouveau par l'eau ; on le presse une seconde fois pour l'épuiser par plusieurs traitements semblables. On verse dans un cuvier l'eau obtenue par la pression, elle laisse déposer de l'amidon et quelques matières en suspension, on obtient la séparation complète de ces matières par une série de lavages et un traitement consécutif qui n'a pas lieu de prendre place ici.

On conçoit le peu d'importance de cette fabrication, si l'on considère la faible quantité des matières premières, et la basse qualité des produits.

Amidon de riz.

On extrait l'amidon du riz par les méthodes ci-dessous :

1° Mille kilogrammes de riz avec ou sans balle, sont mis avec une lessive de potasse ou mieux de soude caustique faible, pour obtenir une sorte de désagrégation des principes constitutifs. On broie et réduit en poudre le riz ainsi préparé. On fait une dissolution de neuf kilogrammes de borax dans l'eau ; on la verse sur cinquante kilogrammes de chaux vive, et l'on ajoute la quantité d'eau nécessaire pour compléter deux cents vingt-cinq litres ; on mélange bien les deux matières et on laisse déposer. La liqueur claire qui surnage est décantée, on y ajoute le riz réduit en pulpe, on agite pendant trois heures et on porte le tout dans une cuve, avec une quantité d'eau égale à celle que l'on avait déjà employée pour faire la solution; on laisse déposer l'amidon, on le lave et le sèche. Le borax seul, et même la crème de tartre peuvent être employés à cette fabrication.

2° Le riz en grains ou en farine est mis dans des vases peu profonds et recouvert d'un mélange d'eau, de chaux vive et de chlorure de sodium ; on ajoute toutes les demi-heures pendant six heures une quantité égale de liquide semblable qu'on extrait et remplace successivement; on l'agite de temps en temps pendant six jours; on retire le liquide et réduit le riz en farine. Cette farine est soumise à un troisième traitement par la solution précédemment décrite pendant deux à trois heures seulement; après quoi, on divise la matière dans des vases de séparation. Vingt-quatre heures après, on a un dépôt d'amidon combiné à la fibrine, tandis que le gluten surnage; on sépare celui-ci par décantation, et par une addition d'eau plusieurs fois renouvelée : par agitation et repos alternatif, on arrive à séparer entièrement le gluten de l'amidon.

Amidon de marron d'Inde.

On peut supprimer le décorticage et n'employer que le râpage et le tamisage ; on fait macérer dans de l'eau contenant un à deux millièmes d'alun ou d'acide sulfurique. L'amidon se sépare, mais il garde son amertume. Par le procédé Callias, on obtient 15 pour 100 du poids des marrons. L'empois obtenu est plus transparent, plus abondant et moins cher. Le mauvais goût est enlevé à l'aide de l'acide acétique.

Nouveau procédé par lavage. — Ce procédé, qui isole un gluten d'une assez grande pureté, consiste à faire une pâte avec la farine de blé, et 46 à 50 pour 100 d'eau, à l'abandonner à elle-même pendant une demi-heure en été, une heure en hiver, pour bien hydrater le gluten.

Cette pâte doit être soumise à un filet d'eau continu très-faible en commençant, mais qu'on fait durer tant que le gluten n'est pas très-élastique.

Ce lavage est opéré dans une amidonnière; c'est une espèce

de pétrin demi-cylindrique à parois garnies latéralement de deux bandes de toile métallique : un cylindre cannelé, disposé sur toute la longueur de ce demi-cylindre, fait rouler la pâte sur les parois par un mouvement de va-et-vient ; pendant ce mouvement, des filets d'eau continus entraînent l'amidon.

Le liquide, qui emmène avec lui les grains d'amidon, passe à travers deux bandes de tissu métallique, et s'écoule par deux rigoles latérales dans une cuve.

Afin d'obtenir la même quantité dans un temps beaucoup moindre, on fait baigner dans l'eau les toiles métalliques à travers lesquelles se trouve l'amidon, ce qui évite leur engorgement.

Le liquide laisse déposer de l'amidon, qui, lavé, retient encore des parcelles de gluten dont la présence est nuisible dans certaines circonstances. Pour s'en débarrasser, on fait subir à cet amidon une fermentation semblable à celle que subit la farine dans la première méthode d'extraction, c'est-à-dire que l'on ajoute une certaine quantité d'eau sure d'une opération précédente, à l'amidon nouvellement extrait et placé dans une cuve remplie d'eau, et qu'on expose pendant six à dix jours la masse à une fermentation qui dissout le gluten et lui fait prendre la forme des produits énumérés précédemment.

On arrive, par des lavages et un séchage décrits plus haut, à de l'amidon parfaitement pur.

Dans le procédé Colmann, on traite la farine de blé, pour en extraire le gluten et l'amidon, par des lavages exécutés sur deux tables dormantes. Ce mode de faire a la plus grande analogie avec les tables sur lesquelles on lave les minerais bocardés dans certaines usines métallurgiques. Ce procédé est exempt d'inconvénients.

Le gluten qui résulte de cette opération doit être employé frais, car il ne peut être séché sans se colorer fortement, *ni être gardé humide sans se putréfier.* Mêlé à la farine, il sert à fabriquer le vermicelle, le macaroni, etc., par des procédés mécaniques. Il sert à faire le gluten granulé (par mélange à deux fois son poids de farine), et à panifier la farine de riz.

Procédé de Gravelle. — Dans la fabrique de Gravelle, le blé, grossièrement moulu et gonflé par son séjour dans l'eau, est introduit dans des sacs de toile peu serrée qui sont placés dans une auge circulaire; des cylindres cannelés pressent continuellement ces sacs, sur lesquels passe en même temps une certaine quantité d'eau. Par le contact de l'eau et à l'aide de la pression exercée par les cylindres, l'amidon est entraîné avec une certaine portion de gluten très-divisé; il est reçu dans des réservoirs qui sont destinés à le recueillir; il reste dans les sacs du son et une partie du gluten; une autre partie du gluten sort par les mailles de la toile formant les sacs, et il peut être recueilli au dehors.

Ce gluten, ainsi que les résidus, peut être employé à la nourriture des animaux domestiques.

L'amidon produit dans cette opération est ensuite lavé, puis il est converti en masses et livré à la consommation ; les eaux sont conduites à la rivière avant qu'elles aient pu subir la fermentation, qui est la seule cause de l'insalubrité attribuée à ces eaux.

Perfectionnement. — Un industriel du département de l'Aisne, a depuis longtemps appliqué en grand le procédé suivi par les chimistes dans leurs essais; de façon qu'avec deux ouvriers il retire dans dix heures de travail l'amidon contenu dans cinq cents kilogrammes de farine; il en sépare le gluten et obtient plus d'amidon que l'on n'en obtenait par les anciens procédés. Par 'ancien procédé on obtient au plus 45 pour 100 d'amidon; par le nouveau on obtient : 1° en amidon fin, 55 pour 100; 2° en amidon gros noir, 10 pour 100.

Différence, 20 pour 100. Cet industriel a en outre trouvé le moyen : 1° d'approprier le gluten, extrait des farines, de manière à pouvoir le transporter partout où il pourrait trouver de l'emploi ; 2° de faire fermenter l'eau qui a servi à obtenir l'amidon, et à en faire, soit une boisson vineuse, soit de l'alcool.

Blanchiment des fécules.

La fécule et l'amidon peuvent être obtenus d'une blancheur plus parfaite au moyen du chlorure de chaux liquide très-étendu.

On emploie soixante grammes de chlorure de chaux sec pour quatre litres et demi d'eau, et cinq cents d'amidon; on sépare la liqueur chlorée de l'amidon après la réaction, on y ajoute une quantité d'acide sulfurique égale à celle du chlorure déjà employé, et une grande quantité d'eau; on lave à plusieurs reprises le dépôt d'amidon qui se forme.

Par d'autres procédés on se sert d'eau saturée de gaz chloré : le résultat est le même, mais cette opération de blanchiment est peu pratiquée.

USAGES. — L'*amidon* sert à faire les empois. — Les divers apprêts pour les tissus. — Le collage des papiers de qualité supérieure; on l'emploie dans la préparation des dragées et du pastillage. — Pour couler les sucreries nommées *candis* et pour épaissir les mordants dans la teinturerie.

La *fécule* sert à préparer le glucose. — Le léiocomme (amidon grillé), on l'emploie à l'encollage du papier. D'après M. Girardin, une seule fabrique, près Rouen, en emploie par an quatorze à quinze mille kilogrammes. Elle sert à la préparation de la dextrine. — Des pâtisseries légères; des pâtes alimentaires (vermicelle, semoule, tapioka, sagou); sans elle il faudrait prendre de la farine. — On l'extrait avec avantage, pour tous ces usages, des blés gâtés et avariés, des marrons d'Inde, etc.

Le *gluten* extrait des farines, dans la fabrication de l'amidon, a été rendu à l'alimentation (gluten granulé Véron, couscoussou français), etc., etc.— On peut l'introduire en certaines proportions dans le pain ordinaire. — On en fait un pain particulier (conseillé dans la glycosurie); on s'en sert aussi quelquefois pour fixer sur les tissus les oxydes ferriques, le bleu d'outre-mer, — l'oxyde de chrome.

CAUSES D'INSALUBRITÉ. — Par les anciens procédés, les amidonneries donnaient lieu à tous les inconvénients inhérents à l'accumulation de matières végétales en fermentation et en putridité.

A l'odeur insupportable se joignait l'écoulement et le séjour sur la voie publique, souvent dans un très long parcours d'eaux de macération et de lavage très-fétides. Ces eaux n'étaient pas sans danger quand par les égouts elles se rendaient dans les fleuves ou rivières.

Avec les nouveaux procédés il n'y a plus d'insalubrité.

CAUSES D'INCOMMODITÉ. — On peut avoir encore de l'*odeur* et du *dégagement* de gaz hydrogène sulfuré, ou production d'hydro-sulfate d'ammoniaque, si les eaux qui s'écoulent ne sont pas suffisamment débarrassées des débris organiques, et si l'eau coule sur un sol où existe du sulfate de chaux.

Grand écoulement d'eau sur la voie publique.

Poussière abondante que respirent les ouvriers dans les sé-choirs, et quand on concasse les premiers pains obtenus par la dessiccation.

Poussière pendant le tamisage.

PRESCRIPTIONS. — Les mêmes en général que pour les *fécu-leries*.

Recueillir les eaux et les utiliser pour l'agriculture ou pour la nourriture des animaux.

S'il s'agit d'une amidonnerie qui se sert encore des *anciens procédés* il faut :

Exiger le pavage ou bituminage des cours et ateliers à cuves;

Ne permettre le séjour dans l'usine des secondes eaux dites *sures*, autrement que pendant le temps nécessaire pour mettre de nouvelles cuves en fermentation;

Assainir par des cheminées d'aérage les citernes où les eaux sont reçues;

N'emporter ces liquides qu'en vases clos, à l'aide d'une pompe, et le soir, si les usines sont situées au centre des ha-bitations.

Quand les eaux *sures* peuvent être conduites dans les citernes des étables, l'odeur en est habituellement anéantie par les réac-tions chimiques qui s'y produisent.

Ne pas engraisser de porcs dans l'usine sans une autorisa-tion spéciale.

Dextrine (gomme de fécule) (2ᵉ classe). — 23 juin 1856, décision ministérielle.

La dextrine est le produit de la transformation des substances amylacées en un corps isomère, soluble, non susceptible de se colorer en bleu par l'iode et dont les dissolutions dévient à droite la lumière polarisée.

La dextrine se prépare par trois procédés principaux :

Premier procédé, par la torréfaction. — DÉTAIL DES OPÉRATIONS. — L'ancien procédé de préparation de la dextrine consiste à lui faire subir une température de deux cents à deux cent dix degrés ; pour obtenir ce résultat on dispose des couches de fécule de trois à quatre centimètres d'épaisseur dans des tiroirs de laiton superposés sur plusieurs rangs dans un four aérotherme, c'est-à-dire chauffé par l'air chaud ; l'air s'échauffe dans les carneaux qui environnent un foyer central, s'élève dans l'étuve, circule tout autour des tiroirs, et redescend après avoir perdu la plus grande partie de sa température dans le voisinage du foyer, pour s'échauffer et servir de nouveau. — Au lieu d'un four chauffé par l'air, on peut employer la température d'un bain d'huile maintenu à deux cents degrés, et à l'aide d'un agitateur, porter successivement tous les grains de fécule au contact des parois chauffées.

La dextrine ainsi obtenue est légèrement jaune, et porte le nom de léiocomme.

Deuxième procédé, par l'acide azotique. — DÉTAIL DES OPÉRATIONS. — Ce procédé consiste à opérer la désagrégation de la fécule par l'acide azotique et l'emploi d'une chaleur bien inférieure.

On mélange mille kilogrammes de fécule avec trois cents kilogrammes d'eau additionnée de deux kilogrammes d'acide azotique, et on laisse dessécher le mélange dans un séchoir à air libre. Quand les pains se brisent spontanément, on les écrase ; on en place une couche de trois à quatre centimètres dans chacun des tiroirs précédemment décrits, et on élève la température du four de cent à cent vingt degrés. Après une heure ou une heure et demie, la transformation est complète, et l'acide a complétement disparu ; il faudrait bien moins de temps si l'on chauffait un peu plus.

La dextrine fournie par l'emploi de ce procédé est beaucoup plus blanche et même plus soluble.

Troisième procédé, par la diastase. — La diastase (principe développé pendant la germination de l'orge) peut, à une température de soixante-quinze degrés, transformer la fécule en dextrine.

DÉTAIL DES OPÉRATIONS. — On opère dans une chaudière à double enveloppe ; la plus extérieure forme un bain d'eau maintenue à une température de soixante-quinze degrés environ, à l'aide d'un jet de vapeur ; la chaudière intérieure contient de l'eau, on y délaye du malt (orge germée moulue); on élève la température en chauffant l'enveloppe externe, et quand la température a atteint soixante-quinze degrés, on verse peu à peu de la fécule à mesure qu'elle se liquéfie; on maintient la température tant que la solution est bien sensiblement colorée par la teinture d'iode en rouge violacé. Quand cette teinte va cesser de se manifester, on élève à cent degrés le liquide par un jet direct de vapeur pour paralyser l'action de la diastase dont l'influence prolongée donnerait du glucose ; on soutire le liquide, on le filtre, on l'évapore dans une chaudière munie d'un agitateur mécanique.

Le sirop obtenu est susceptible de devenir tellement visqueux par le refroidissement, qu'il prend le nom d'*impondérable* parce que l'aréomètre ne peut y flotter librement.

L'action prolongée de la diastase sur la fécule la change complétement en *glucose* d'une saveur agréable et qui peut, la plupart du temps, remplacer le sirop de sucre de canne, et servir à la fabrication de la bière, enfin, aux différents usages du glucose ordinaire.

USAGES. — La dextrine préparée à l'aide de ce dernier procédé sert, à cause de sa saveur agréable, à fabriquer des pains de luxe, de la bière, des liqueurs alcooliques, et à remplacer la gomme dans l'apprêt de certains tissus.

La dextrine ordinaire peut la remplacer quelquefois, mais c'est surtout dans la confection des bandes agglutinatives propres à maintenir la réduction des fractures, dans l'encollage des papiers et dans l'apprêt des étoffes, qu'elle trouve un plus grand emploi.

On doit rapprocher de la fabrication de la dextrine celle du produit appelé GOMMELINE. La dextrine, surtout celle obtenue par l'acide azotique conserve toujours une légère nuance colorée ; la gommeline est au contraire un produit très-pur et très-blanc ; la dextrine est chauffée à cent degrés pendant une à deux heures ; la gommeline demande deux cent dix degrés et vingt-quatre heures de chauffage. (Voir *Sucre, Amylacées (matières), Glucose.*)

CAUSES D'INSALUBRITÉ. — Aucune.

CAUSES D'INCOMMODITÉ. — Danger d'incendie.

Fumée.

Dégagement de vapeurs odorantes.

PRESCRIPTIONS. — Ventiler convenablement l'atelier où s'opère le mélange de la fécule avec l'eau et l'acide azotique.

Construire l'étuve en matériaux incombustibles. — La couvrir en fer, avec portes en tôle et ouverture du foyer en dehors.

Recevoir les vapeurs de la torréfaction, ou de l'étuve, dans une cheminée en briques ou en tôle, haute de quinze à vingt-cinq mètres.

Construire également en briques le fourneau à torréfaction.

AMPHITHÉATRES DE DISSECTION (1re classe).

DÉTAIL DES OPÉRATIONS. — Tout ce qui constitue l'étude de l'anatomie, de la chirurgie, la préparation et la conservation des pièces anatomiques.

CAUSES D'INSALUBRITÉ. — Les matières organiques en putréfaction (sang, chairs).

Danger pour les élèves quand les salles ne sont pas bien lavées et ventilées.

Danger des piqûres anatomiques.

Causes d'incommodité. — Odeur.

Écoulement d'eaux puantes et sanguinolentes.

Vue par les voisins des tables de dissection, des cadavres et de leurs débris.

Prescriptions. — En première ligne, se soumettre aux décrets, lois et règlements promulgués sur la matière.

Isoler ces établissements de toute habitation quand cela est possible. — Et si la *nécessité des localités* impose l'obligation de les conserver, comme les hôpitaux ou les écoles, dans le centre d'une ville, les entourer de murs élevés, et ne pratiquer que des croisées ouvertes de telle façon que les voisins ne puissent apercevoir ce qui se passe à l'intérieur. Ce n'est plus alors qu'une *tolérance* rendue obligatoire par suite de besoins sociaux d'un intérêt supérieur, mais qui doit appeler la sollicitude la plus vive de l'administration, car le danger, pour ne pas être *évident*, peut être *latent* et *réel*. L'avenir seul prononcera.

Ventiler pendant le jour et surtout pendant toute la nuit.

Pouvoir disposer de grandes quantités d'eau, pour laver fréquemment et abondamment les tables et le sol.

Construire les tables en fonte ou en bois recouvert d'une couche de zinc. — Creuser le centre avec pente pour l'eau et les liquides. — Pratiquer au fond un trou communiquant avec un conduit qui dirige les eaux dans un aqueduc spécial et communique avec une cheminée d'aération, combinée avec le système de ventilation de la salle, de telle façon que le courant d'air pénètre de haut en bas, et attire ainsi avec lui toutes les mauvaises odeurs du cadavre ou des liquides épanchés sur la table.

Faire arriver souterrainement les eaux de lavage à l'égout le plus prochain.

Pratiquer chaque jour, et plusieurs fois par jour pendant l'été, des lotions chlorurées sur le sol.

Ne jamais livrer aux dissections ou aux opérations chirurgicales les cadavres de malades morts de maladies contagieuses (morve, farcin, rage, variole et fièvres éruptives ou puerpérales en temps d'épidémie).

Injecter les cadavres avec une solution de sulfite de soude neutre, à dix-huit degrés de l'aréomètre de Baumé : après six à huit heures, la transsudation s'étant opérée dans tous les tissus, on peut injecter du suif dans les artères.

Ne recevoir l'été, dans les salles de dissection, que ce qui est *rigoureusement* nécessaire de cadavres pour le service des cours et examens nécessaires à l'enseignement officiel.

Quand les parties ont été disséquées et qu'on veut les conserver pendant quelques jours, arrêter la putréfaction ou la fermentation avec des lotions de chlorure de zinc ou des fumigations d'acide sulfureux. Cette dernière méthode pourrait être tentée pour la conservation des corps sans injection d'aucune substance dans les veines.

Documents relatifs à la police des salles de dissection.

I. ARRÊTÉ DU DIRECTOIRE EXÉCUTIF CONCERNANT LA POLICE DES SALLES DE DISSECTION ET LABORATOIRES D'ANATOMIE. (Du 3 vendémiaire an VII — 24 septembre 1798.)

Le Directoire exécutif, ouï le rapport du ministre de l'intérieur,
Arrête ce qui suit :

1. Aucune salle de dissection, soit publique soit particulière, aucun laboratoire d'anatomie, ne pourront être ouverts sans l'agrément du bureau central, dans les communes où il en existe; et ailleurs, sans celui de l'administration municipale : ces administrations feront, pour l'inspection de ces lieux, toutes les dispositions qu'elles jugeront nécessaires, sous la réserve de l'approbation du ministre de la police générale.

2. Pour favoriser l'instruction dans cette partie de l'art de guérir, les directeurs et professeurs des établissements chargés de l'enseignement de l'anatomie se concerteront avec le bureau central ou l'administration municipale.

3. Tout individu ayant droit de s'occuper de dissection sera préalablement tenu : 1° de se faire inscrire chez le commissaire de police de son arrondissement; 2° d'observer, pour obtenir des cadavres, les formalités qui lui seront prescrites par la police, en vertu du présent arrêté et des instructions qui seront données pour son exécution; 3° et de désigner les lieux où seront déposés les débris des corps dont il a fait usage, sous peine d'être privé, à l'avenir, de cette distribution, dans le cas où il ne les aurait pas fait porter aux lieux de sépulture.

4. Les enlèvements nocturnes des cadavres inhumés continueront d'être prohibés et punis suivant la rigueur des lois.

5. Le ministre de la police générale rendra compte au directoire des moyens propres à assurer l'exécution des lois sur la police des dissections, et lui soumettra ses vues sur celles qui, d'après les principes de la législation actuelle, lui paraîtraient susceptibles de quelques changements.

6. Les ministres de l'intérieur, de la justice et de la police générale, sont chargés de l'exécution du présent arrêté.

II. ORDONNANCE CONCERNANT LES COURS DE DISSECTION [1]. (Du 1er brumaire an X — 23 octobre 1801.)

Le préfet de police,

Vu l'arrêté du Directoire exécutif du 3 vendémiaire an VII;

Vu pareillement les instructions du ministre de l'intérieur, du 17 du même mois;

Vu aussi l'article 23 de l'arrêté des consuls du 12 messidor an VIII;

Ordonne ce qui suit :

1. Les cours de dissection ne pourront commencer qu'au 1er brumaire, et finiront avant le 1er floréal de chaque année.

2. Il est défendu d'ouvrir aucune salle de dissection, aucun laboratoire d'anatomie, sans l'autorisation du préfet de police.

3. Cette autorisation ne sera accordée qu'autant que les lieux désignés pour l'établissement ne présenteront aucun inconvénient; à cet effet, un rapport *de commodo et incommodo* sera fait par un commissaire de police, assisté des gens de l'art, et de l'inspecteur général de la salubrité.

4. Il ne pourra être disséqué de sujets morts de maladie contagieuse, ou déjà en état de putréfaction.

5. Les cadavres seront portés dans les salles de dissection ou laboratoires d'anatomie, dans des voitures couvertes, et entre neuf et dix heures du soir.

Il est enjoint de transporter avec les mêmes précautions les débris des corps, aux lieux destinés à les recevoir.

6. Il sera pris envers les contrevenants aux dispositions ci-dessus telles mesures de police administrative qu'il appartiendra, sans préjudice des poursuites à exercer contre eux par-devant les tribunaux, conformément aux lois et règlements de police.

7. La présente ordonnance sera imprimée et affichée; elle sera envoyée aux autorités qui doivent en connaître, aux officiers de police, à l'inspecteur général de la salubrité, et aux autres préposés de la préfecture, pour que chacun, en ce qui le concerne, en assure la stricte exécution.

Le préfet de police, DUBOIS.

[1] Voir les ordonnances des 11 janvier 1815 et 25 novembre 1834.

III. ORDONNANCE CONCERNANT LES AMPHITHÉATRES D'ANATOMIE ET DE CHIRURGIE,
(Du 11 janvier 1815.)

Tous les articles de cette ordonnance sont reproduits, la plupart avec de nombreuses modifications et additions, dans l'ordonnance du 25 novembre 1834 transcrite ci-après.

IV. ORDONNANCE CONCERNANT LES AMPHITHÉATRES D'ANATOMIE ET DE CHIRURGIE.
(Du 25 novembre 1834.)

Nous, conseiller d'État préfet de police,

Considérant qu'il importe de renouveler les dispositions de l'ordonnance de police du 11 janvier 1815, concernant les amphithéâtres d'anatomie et de chirurgie, et d'y apporter quelques changements reconnus nécessaires dans le double intérêt des études anatomiques et de la salubrité;

Vu le rapport du conseil de salubrité, en date du 21 de ce mois;

En vertu de l'arrêté du gouvernement du 12 messidor an VIII,

Ordonnons ce qui suit :

1. Il est défendu d'ouvrir dans Paris aucun amphithéâtre particulier, soit pour professer l'anatomie ou la médecine opératoire, soit pour faire disséquer ou manœuvrer sur le cadavre les opérations chirurgicales.

2. Il est également défendu de disséquer et de manœuvrer les opérations sur le cadavre dans les hôpitaux, hospices, maisons de santé, infirmeries, maisons de détention, et en quelque autre localité que ce soit.

Les amphithéâtres actuellement existants dans les hôpitaux et hospices sont supprimés.

3. Les dissections et exercices sur l'anatomie et la chirurgie ne pourront être faits que dans les pavillons de la Faculté de médecine et dans l'amphithéâtre des hôpitaux établi sur l'emplacement de l'ancien cimetière de Clamart.

4. Il ne pourra être pris aucun cadavre dans les cimetières.

5. Les cadavres provenant des hôpitaux et hospices sont seuls affectés au service des amphithéâtres d'anatomie.

Toutefois, les familles peuvent réclamer, pour les faire enterrer, à leurs frais, les corps de leurs parents décédés dans les hôpitaux et hospices.

6. La distribution des cadavres entre l'amphithéâtre des hôpitaux et les pavillons de la Faculté de médecine aura lieu conformément aux dispositions d'administration intérieure approuvées par nous.

7. Les cadavres ne pourront être enlevés des hôpitaux et hospices que vingt-quatre heures après que le décès aura été régulièrement constaté.

8. Les débris de cadavres seront portés soigneusement au cimetière du Montparnasse, pour y être enterrés dans la partie affectée aux hospices.

9. Il est enjoint à ceux qui sont chargés d'enlever les cadavres, pour les transporter soit aux amphithéâtres ci-dessus désignés, soit au cimetière d'observer la décence convenable.

10. Les cadavres seront portés aux amphithéâtres dans des voitures couvertes et pendant la nuit seulement.

11. Il est expressément défendu d'emporter hors des amphithéâtres d'anatomie des cadavres ou des portions de cadavre.

12. Les dissections devront être suspendues depuis le 1ᵉʳ mai jusqu'au 1ᵉʳ novembre.

13. Les amphithéâtres d'anatomie devront constamment être tenus dans le plus grand état de propreté.

14. Les contraventions seront constatées par des procès-verbaux qui nous seront adressés.

15. Il sera pris envers les contrevenants telles mesures de police administrative qu'il appartiendra, sans préjudice des poursuites à exercer contre eux devant les tribunaux, conformément aux lois et règlements de police.

16. La présente ordonnance sera imprimée et affichée.

Ampliation en sera adressée à M. le préfet de la Seine, au conseil général des hospices civils de Paris, au doyen de la Faculté de médecine, et à chacun de MM. les chirurgiens de service près des hospices ou hôpitaux.

Les commissaires de police, les officiers de paix et le directeur de la salubrité sont chargés de tenir la main à son exécution.

Le conseiller d'État, préfet de police, Gisquet.

ANESTHÉSIQUES.

Les substances à l'aide desquelles on peut paralyser la sensibilité locale ou générale du corps d'une manière complète ou incomplète sont de plusieurs sortes. On connaît surtout aujourd'hui l'éther, le chloroforme, l'amylène, l'acétone ou éther pyro-acétique, quelques carbures d'hydrogène, la plupart des narcotiques, etc., etc.

L'emploi de ces agents est soumis en médecine et en chirurgie à une série de précautions très-minutieuses, qu'il n'est pas ici besoin d'énumérer. Tout médecin les connaît, et est, dans l'application, le seul juge de leur opportunité comme de leur nécessité. Quoi qu'il en soit, les accidents terribles, suivis de mort plus ou moins immédiate, ont été, tant en France qu'en pays étrangers, assez souvent observés pour que l'autorité s'en soit émue, et qu'un très-honorable membre de l'Académie de médecine, M. Hervez de Chégoin, ait proposé à la Société de chirurgie de renoncer d'une manière absolue à l'usage de ces agents, au moins dans le but d'obtenir une anesthésie *complète*. Comme médecin et comme hygiéniste, je ne puis que conseiller la réserve la plus grande dans l'emploi de l'éther ou du chloroforme. Ce qu'il faudrait proscrire surtout, c'est le maniement de ces substances par d'autres mains que celles des docteurs en médecine, et par conséquent en interdire tout à fait l'usage aux dentistes non pourvus d'un diplôme de docteur.

ANTIMOINE (Fonderie d'). Voir *Fonderies de métaux*.

APPAREILS A EAU DE SELTZ ARTIFICIELLE ET APPAREILS DESTINÉS A LA PRÉPARATION DU CAFÉ A L'EAU (3ᵉ classe, par assimilation).

De nombreux accidents arrivent chaque année par suite de l'emploi de ces appareils. On sait qu'il en existe de formes très-variées et dont la nature est plus ou moins solide. Chaque fois, les conseils d'hygiène, dans l'intérêt de la santé publique, sont chargés par l'autorité de faire une enquête sur les causes qui ont pu déterminer ces accidents. Parmi ces causes, les plus fréquentes se rattachent à l'engorgement du tube qui fait communiquer ensemble les deux sphères, à l'épaisseur trop faible du verre ou du grès qui constituent ces appareils, à l'insuffisance du grillage destiné à maintenir leurs fragments dans le cas de rupture, enfin, pour les appareils à eau de Seltz, à une charge trop forte.

PRESCRIPTIONS. — On ne devra donc permettre la vente de ces appareils que quand ils réuniront les conditions suivantes :

Être construits en verre ou en grès à parois d'environ deux millimètres et demi d'épaisseur.

Être munis extérieurement d'un grillage très-solide en fil de fer.

Être pourvus *tous* d'une soupape de sûreté fonctionnant à un dixième d'atmosphère, ou d'une manière générale proportionnée à la force de l'appareil.

Avoir été essayés à une pression double de celle qu'ils doivent supporter.

Surveiller, pour l'eau de Seltz, la dose des sel et acide introduits.

Et avant de s'en servir, constater que le tube qui fait communiquer les deux globes n'est pas engorgé.

Il serait utile et prudent tout à la fois, de *graver* cette dernière prescription sur chaque appareil.

ARCANSONS. Voir *Résineuses (Matières)*.

ARDOISES ARTIFICIELLES ET MASTICS DIVERS
(3e classe). — 20 septembre 1828.

DÉTAIL DES OPÉRATIONS. — (Voir *Mastics*.)

CAUSES D'INSALUBRITÉ. — Aucune.

CAUSES D'INCOMMODITÉ. — Fumée. — Danger du feu.

Humidité et poussière pour les ouvriers.

Certaines maladies des articulations.

PRESCRIPTIONS. — Travailler en plein air.

Diriger la fumée dans des cheminées suffisamment élevées.

Surmonter les chaudières de fusion d'un manteau se rendant à la cheminée.

Placer les ouvertures des foyers et cendriers en dehors de la chambre de fusion.

ARGENTURE DE GRANDS ET PETITS OBJETS (3e cl.,
par assimilation au laboratoire d'un pharmacien, d'un chimiste ou d'un parfumeur).

L'argenture se fait par plusieurs procédés : 1° par le procédé dit *argenture au pouce*, qui consiste à former une bouillie aqueuse avec un mélange d'une partie d'argent en poudre précipité par le cuivre, deux parties de sel marin et deux de crème de tartre; on frotte avec un doigt de gant l'objet à argenter avec une petite quantité de ce mélange et on le lave à grande eau.

2° On a proposé aussi, pour obtenir une argenture légère et très-peu coûteuse, de frotter les objets avec trois parties de chlorure d'argent, deux de crème de tartre, deux de sel marin très-fin, un peu de sulfate de fer mis en bouillie avec un peu d'eau.

3° On se sert quelquefois aussi de la pâte suivante : deux parties de chlorure d'argent, une de *sublimé corrosif*, soixante-douze de sel marin, soixante-douze de sulfate de zinc; on re-couvre les objets avec une couche de cette mixture et on les expose à une température du *rouge sombre pour volatiliser le mercure*; on les lave et les brunit.

4° On peut argenter, très-peu solidement il est vrai, en appliquant par pression des feuilles d'argent sur des plaques de cuivre à l'aide d'un vernis spiritueux.

5° On peut argenter par un procédé entièrement mécanique, le placage au moyen des laminoirs, et cette autre espèce de placage qui consiste à appliquer des feuilles d'argent sur du cuivre décapé au moyen de la chaleur et de la pression exercée par un brunissoir très-solide.

6° Mais c'est l'argenture au moyen des procédés galvaniques qui est assurément de beaucoup la plus pratiquée ; elle a lieu avec les mêmes appareils que pour la dorure, le bain seul est changé; c'est généralement une dissolution de *cyanure d'argent* dans le *cyanure de potassium* ; comme les bains relatifs à la dorure et à l'argenture sont très-nombreux quoique beaucoup encore ne soient pas publiés, il n'y a pas lieu de les détailler ici; on donne quelquefois aux objets argentés un mat plus beau et surtout plus solide à l'aide du borax et de la chaleur.

Argenture des globes.

Procédé Power et Tourasse. — Solution d'un sel d'argent dans l'ammoniaque. — Addition d'un peu d'huile de cassia ou de gérofle. — Puis vernis au copal, avec addition d'un peu d'oxyde de fer.

Procédé anglais d'argenture.

Une nouvelle industrie apparaît en Angleterre ; elle a pour objet l'argenture ou le revêtement en argent de toutes sortes de substances animales, végétales ou minérales. On prépare d'abord les deux solutions suivantes : 1° Chaux caustique, deux parties en poids; sucre de raisin ou de miel, cinq parties; acide racémique, à son défaut, acide gallique, deux parties; eau, six cent cinquante parties. On filtre et on conserve dans des bouteilles bien pleines et bien bouchées, pour éviter autant que possible le contact de l'air. 2° Nitrate d'argent, vingt parties, dissoutes dans vingt parties d'ammoniaque liquide et étendues de six cent cinquante parties d'eau distillée : au moment d'opérer, on mêle les deux liquides en quantités égales ; on agite pour mêler avec soin et l'on filtre.

Pour argenter la soie, la laine, les cheveux, le lin, et autres matières fibreuses, on les lave avec soin, on les immerge un instant dans une solution saturée d'acide gallique, puis dans une solution de vingt parties de nitrate d'argent, dans mille parties d'eau distillée ; on recommence cette double immersion jusqu'à ce que l'aspect noir de l'objet soit remplacé par une légère nuance d'argent ; on les trempe ensuite dans la liqueur composée ou double jusqu'à ce qu'elles soient complétement argentées ; on les fait bouillir dans une solution aqueuse de sel de tartre, on les lave et on les fait sécher.

Pour les os, la corne, le cuir, le papier et autres articles semblables, on peut remplacer les immersions par des applications au pinceau.

Le stuc, la faïence, etc., doivent être stéarinés ou vernissés, ou même, s'ils sont très-poreux, silicatisés ou fluoro-silicatisés, avant l'application des solutions argentifères.

S'il s'agit du verre, du cristal, de la porcelaine, on les nettoie soigneusement avec de l'eau distillée ou de l'alcool, et on les traite ensuite par le liquide composé, versé dans des cuvettes en verre horizontales, en terre ou en gutta-percha. La précipitation de l'argent commence après quinze minutes; elle est terminée après quelques heures ; on lave ensuite dans l'eau distillée, on fait sécher à l'air ou dans une étuve et l'on recouvre d'un vernis protecteur. Pour hâter le dépôt de l'argent, on pourra élever quelquefois la température du liquide ou des objets.

S'il s'agit enfin de métaux, on les décape d'abord à l'acide nitrique, on les frotte à la surface avec mélange de cyanure de potassium et de poudre d'argent ; on les lave dans l'eau et on les plonge ensuite alternativement dans les liquides numéros un et deux, jusqu'à ce qu'ils soient suffisamment argentés. Le fer a besoin d'être plongé d'abord dans une solution de sulfate de cuivre. La manipulation de ces divers procédés est très-facile et peu coûteuse ; le liquide composé ne coûte pas deux francs le litre. (Voir *Étamage de glaces.*)

CAUSES D'INSALUBRITÉ. — Vapeurs mercurielles, dans le cas où l'on emploie le sublimé corrosif (deuto-chlorure de mercure).

Danger possible, dans l'usage des bains de cyanure d'argent et de cyanure de potassium.

CAUSES D'INCOMMODITÉ. — Vapeurs aromatiques plus ou moins incommodes, pendant le transvasement des mélanges d'alcool et des essences (de cassia, de gérofle).

PRESCRIPTIONS. — Appeler l'attention des ouvriers sur les gerçures ou plaies qu'ils peuvent avoir aux mains, pendant le travail relatif aux bains dans lesquels entre le cyanure de potassium.

Interdire le travail dans ces circonstances jusqu'à parfaite guérison.

Faire construire dans l'atelier une hotte qui recueille toutes les vapeurs métalliques ou odorantes.

Donner à la cheminée une hauteur suffisante pour que les vapeurs soient disséminées dans l'air, sans pouvoir nuire aux voisins.

Établir une ventilation active dans l'atelier.

Ne pas y laisser séjourner les vases contenant l'alcool ou les substances et solutions toxiques, qui seront renfermés dans un lieu séparé.

Avoir toujours, en cas d'incendie, un quart ou demi-mètre cube de sable fin dans l'atelier.

ARSENIC.

Étoffes, papiers et divers objets contenant de l'arsenic (assimilé à la 1re classe).

L'emploi des sels d'arsenic dans l'industrie est toujours une chose qui peut devenir dangereuse. En proscrire l'usage d'une manière absolue, au point de vue de l'hygiène, serait certainement une mesure utile et prudente : mais il ne faudrait pas cependant nuire ainsi au développement libre de l'industrie. Le mieux est d'avertir le public des dangers qui sont attachés à son emploi et de chercher à fournir aux fabricants des succéda-nés dont l'usage est inoffensif. Déjà ce problème a été en partie résolu pour les papiers peints et pour les couleurs à l'aquarelle. On a produit des séries de tons jusqu'à un certain point satisfai-santes, et pour l'obtention desquelles on ne s'est servi d'aucuns sels vénéneux. Dans certains pays, cependant, on a été plus radical. La Prusse et la Suède, par exemple, défendent abso-lument l'usage des sels d'arsenic, verts de Schéele, ou de Schweinfurst, ou vert d'Allemagne (arsénites de cuivre) dans la fabrication des papiers colorés. Faudrait-il étendre cette pres-cription aux étoffes et aux autres objets, pains à cacheter, abat-jour, feuillage artificiel, etc., etc., où les sels arsenicaux entrent en tout ou partie de leur composition?

Déjà l'autorité (voir *Sucre*, *Bonbons*) a défendu l'emploi des papiers vénéneux dans l'enveloppement des substances alimen-taires, des bonbons,.etc. (Ordonnance du 28 février 1853.)

Mais de nouvelles industries ont appliqué aux étoffes, soit dans leur coloration, soit dans leur *velouté*, des arsénites de cuivre en poudre, retenus seulement par un apprêt légèrement gommé ou préparé avec l'albumine, du sang ou des œufs ; on a fait ainsi des gazes verdâtres à reflets chatoyants (fabriques de Nimes et Avignon), destinées à des robes de bal ou à la confec-tion des fleurs artificielles.

L'usage de ces étoffes a donné lieu presque immédiatement à des accidents d'empoisonnement. Des bracelets, fabriqués en pâte verdâtre arsenicale (vert de Schweinfurst) imitant la malachite, ont produit sur les bras des éruptions assez graves.

L'industrie où s'emploie avec le plus d'inconvénients le vert de Schweinfurst, ou l'arsénite de cuivre, est sans contredit celle des fleuristes et des apprêteurs d'étoffes pour feuillages artificiels.

La fabrication des herbes a lieu par le *trempage* d'herbes naturelles desséchées dans une solution aqueuse ou à l'essence de vert arsenical. — On les saupoudre ensuite avec de l'arsénite en poudre (l'usage de ce sel broyé à l'huile de lin n'a pas d'inconvénient), et les produits, bien desséchés, peuvent être livrés aux ouvriers et aux consommateurs.

La préparation des étoffes à l'aide desquelles on confectionne les feuilles artificielles se fait en imprégnant *à la main* les toiles d'une solution de vert arsenical unie à l'amidon. Puis ont lieu le *battage* et le *séchage*. C'est pendant cette dernière opération, qui consiste à fixer l'étoffe sur des cadres en bois garnis d'une série de pointes aiguës, que les ouvriers se piquent les doigts et les mains, et s'inoculent dans les blessures le sel arsenical. Il en résulte des ulcères graves et des accidents généraux sérieux. Les étoffes, ainsi préparées, sont calendrées ou non. On les découpe ensuite en feuilles. Enfin on dédouble, on gaufre, on arme, on passe à la cire et on monte toutes les feuilles obtenues. C'est pendant cette série d'opérations que les ouvriers salissent leurs bras et leurs mains de pâte ou de poudre arsenicale. Ils respirent surtout cette dernière et sont exposés souvent à des dangers assez graves. Un grand nombre de prescriptions doivent être ordonnées aux fleuristes s'ils veulent continuer à se servir des verts arsenicaux. — A l'article *Collodion*, on peut voir qu'en incorporant les sels d'arsenic à cette substance on fait disparaître tous les inconvénients de son emploi. Le calendrage des étoffes et le passage des feuilles à la cire diminuent notablement le danger chez les fleuristes.

En teinture et en peinture, on emploie souvent aussi deux sulfures d'arsenic. Le jaune (orpin ou orpiment) et le rouge (réalgar). Ces couleurs ne tiennent pas, — c'est ce qui les rend encore plus dangereuses.

Le *rusma*, pâte épilatrice très-usitée en Orient, contient un de ces sulfures mélangé à de la chaux. Il peut en résulter de graves accidents. On compose uniquement aujourd'hui les pâtes épilatrices avec du sulfure sulfuré de potasse ou de soude.

CAUSES D'INSALUBRITÉ. — Empoisonnement par les poussières des sels arsenicaux que respirent les ouvrières qui travaillent les gazes ; mêmes accidents possibles chez les femmes qui portent ces étoffes ; — et accidents de même nature, possibles aussi dans une réunion où se trouvent froissées plusieurs robes de même tissu. — Même danger pour les ouvrières en fleurs artificielles et pour les ouvriers qui travaillent les pâtes arsenicales, dans le cas surtout où ils auraient des écorchures aux doigts. (Apprêteurs d'étoffes pour feuillages.)

Éruption sur la peau. — Ulcération aux mains et partout où se porte la poudre arsenicale.

Empoisonnement chronique des ouvrières fleuristes.

CAUSES D'INCOMMODITÉ. — Dépôt sur la voie publique d'eaux et d'ordures contenant de l'arsénite de cuivre.

PRESCRIPTIONS. — Défendre la fabrication des étoffes dont le gommage sera assez faible pour être facilement rompu et donner lieu à la pulvérisation et à l'expansion de cette poussière dans l'air ambiant.

Proscrire la fabrication des herbes artificielles obtenues par le *trempage* et le *poudrage* à l'aide de solutions à l'eau ou à l'essence, et de poudre d'arsénite de cuivre.

Défendre la manipulation *directe* de la pâte arsenicale chez les apprêteurs d'étoffes, le battage *immédiat* à la main et la vente de pièces non *calendrées*.

Recommander et faire afficher dans tous les ateliers de fleuristes et d'apprêteurs d'étoffes pour feuillages les conseils suivants :

1° Ne jamais opérer le mélange du vert arsenical avec l'amidon ou d'autres substances à l'aide de la main ; mais y procéder dans un large vase avec une spatule en bois ou en métal qui traversera le centre d'une plaque de peau ou de parchemin servant de couverture au récipient de la pâte.

2° Étendre la pâte arsenicale sur l'étoffe à l'aide d'une brosse à dos de bois, haut de quatre centimètres au moins ; l'usage d'un gant en cuir épais serait très-utile ;

3° Faire le battage de l'étoffe à la main d'une manière indirecte, c'est-à-dire, à travers un morceau de forte toile ;

4° Immédiatement après le brossage et le battage de l'étoffe, se laver les mains dans une eau acidulée avec l'acide hydrochlorique et les enduire de poudre de talc ;

5° A cet effet, avoir toujours dans l'atelier ou dans la chambre où se pratiquent ces opérations, un baquet contenant de l'eau acidulée dans la proportion suivante : une partie d'acide pour neuf parties d'eau et une boîte pleine de talc en poudre ;

6° Laisser un espace de six centimètres au moins entre chaque pointe destinée à fixer l'étoffe sur les cadres de bois pendant le séchage ;

7° Dès que le séchage de la pièce d'étoffe est opéré, la plier en larges rouleaux, de manière à ne déterminer que très-peu de cassures, et la porter immédiatement au calendreur.

8° Recommander aux ouvriers de se frotter les mains avec la poudre de talc, au commencement de la journée, de se les laver à l'eau acidulée et ensuite à l'eau de savon, avant de quitter l'atelier, et d'avoir, autant que possible, un pantalon et une blouse de travail ; enfin, leur rappeler de se nettoyer les mains toutes les fois que pendant le cours de la journée ils auront besoin de faire autre chose que leur ouvrage (manger, boire, rentrer dans leur ménage, préparer leurs aliments, soigner leurs enfants, etc.);

9° Ne pas laisser manger les ouvriers dans l'atelier de travail ni y déposer leurs aliments, et spécialement quant à ceux qui travaillent *chez eux*, avoir une chambre séparée pour les manipulations et les détails de leur industrie ; ne point coucher ni manger dans cette chambre et n'y point laisser jouer de jeunes enfants ;

10° Porter des sabots préférablement à des chaussures ou à des souliers usés ;

11° Deux fois au moins par semaine, saupoudrer le sol de l'atelier avec de la sciure ou de la cendre de bois, l'asperger d'eau et le balayer, de manière à diminuer la quantité de débris de verts arsenicaux et la poussière produite pendant le balayage ;

12° Jeter le soir dans le ruisseau de la rue les résidus du nettoyage de l'atelier, ainsi que les eaux chargées d'arsénite de cuivre qui auront servi au lavage des mains des ouvriers ;

13° Aérer convenablement chez les ouvriers fleuristes la table où s'opère le dédoublage et le montage des feuilles et conseiller aux ouvrières chargées de ce travail de s'éponger fréquemment les fosses nasales et les lèvres avec de l'eau légèrement acidulée avec l'acide hydrochlorique et de plonger souvent les doigts dans de la poudre de talc, qui prendra dans la peau la place qu'occuperait la poudre de sel arsenical ;

14° Les fabricants d'herbes colorées avec le vert de Schweinfurst devront acheter le sel tout broyé avec l'huile de lin, et observer, dans son emploi, les précautions générales recommandées ci-dessus.

Enfin, comme dernier conseil, on pourrait indiquer aux industriels la manière d'obtenir une assez grande série de verts sans avoir recours aux préparations arsenicales ; ils arriveraient à ce résultat en combinant dans des proportions variées divers *bleus*, comme le bleu de Prusse, verdâtre ; l'indigo, l'outremer (bleu *Guimet* du commerce), bleu de cobalt, bleu au bois d'Inde, avec certaines matières colorantes jaunes, comme l'acide piérique (amer de Welter), le chromate de plomb, la graine de Perse, etc., — et en y ajoutant directement l'acétate de cuivre (verdet raffiné), le vert-émeraude (strass, oxyde de cuivre et quelques matières organiques), ainsi qu'on certain nombre de principes colorants verts, animaux ou végétaux. — L'albumine des œufs ou du sang pourrait parfaitement fixer ces couleurs.

Feuilles en papier pour dessert contenant de l'arsenic.

On fabrique une assez grande quantité de feuilles imitant pour la plupart les feuilles de vigne, et destinées à recevoir les fruits de dessert sur les tables.

Ces feuilles sont habituellement ainsi composées. Ce sont des papiers peints qui reçoivent trois couches. — La première, avec une décoction de graine de Perse, mêlée à une quantité variable d'indigo. — La deuxième avec une nouvelle couche semblable à la première, mais additionnée de gélatine et d'alun. —La troisième est constituée par un vernis à la gomme ou à la dextrine.

Ces feuilles ainsi faites n'ont aucun inconvénient.

Mais certains fabricants se servent d'une solution de vert de Schweinfurst (arsénite de cuivre), unie à de l'amidon, sans addition d'aucune substance susceptible de fixer la couleur. —Il en résulte qu'à la moindre humidité déterminée par le contact des fruits, le sel est dissous et peut déterminer des empoisonnements. Pareil accident est arrivé chez moi à quatre domestiques pour avoir mangé des abricots placés depuis plusieurs jours sur de semblables feuilles.

La fabrication de cette dernière espèce doit être sévèrement prohibée. (Voir *Ordonnance du 23 février* 1853, à l'article *Sucre*.)

Documents relatifs à l'arsenic.

I. RAPPORT FAIT PAR M. BUSSY AU COMITÉ CONSULTATIF D'HYGIÈNE PUBLIQUE SUR LA MORT-AUX-MOUCHES. (Adopté dans la séance du 17 novembre 1851.)

Le conseil d'arrondissement de Péronne a émis le vœu que l'interdiction, par l'ordonnance du 29 octobre 1846, sur la vente des poisons ne fût pas applicable à la mort-aux-mouches. Le conseil général, après avoir une première fois repoussé ce vœu, a cru, dans sa dernière session, devoir appeler sur cette question l'attention de monsieur le préfet de la Somme, qui, dans l'impuissance où il se trouve d'apporter aucune modification à la loi existante, en réfère à l'administration supérieure. C'est par suite de ces divers recours que le comité se trouve aujourd'hui saisi.

La mort-aux-mouches, que l'on désigne aussi quelquefois, mais improprement, sous le nom de cobalt, n'est autre chose que de l'*arsenic métalli-*

que partiellement oxydé sous forme de poudre d'un gris noirâtre. Pour l'employer, on en délaye une petite quantité avec du sirop ou avec de l'eau sucrée ou simplement avec de l'eau; les mouches qui viennent absorber ces différents liquides ne tardent pas à succomber.

L'effet est produit par la petite quantité d'acide arsénieux qui existe dans la mort-aux-mouches ou qui se forme par le conctact de l'arsenic métallique avec l'air; c'est donc en réalité et toujours au moyen de l'acide arsénieux que cette substance agit; en laisser la vente libre serait mettre l'acide arsénieux aux mains de tout le monde et annuler entièrement l'ordonnance du 29 octobre.

Cependant on ne peut se dissimuler qu'il y ait un certain intérêt, surtout de commodité, à se débarrasser des mouches. Mais on connaît déjà beaucoup d'autres moyens d'arriver au même résultat sans employer l'arsenic, qui n'est en réalité utile que dans un petit nombre de localités. Parmi tous les moyens qui peuvent être parfaitement imaginés ou qui sont mis en pratique, nous en citerons un qui est particulièrement employé en Angleterre et sur une très-grande échelle : il consiste à placer dans les lieux fréquentés par les mouches des papiers imprégnés d'un enduit agglutinatif qui retient et fixe les insectes; des papiers semblables se vendent pour cet usage chez tous les épiciers de Londres, et remplissent parfaitement le but qu'on se propose. Nous pensons donc que la prohibition de l'arsenic comme mort-aux-mouches peut être maintenue sans préjudicier à aucun intérêt sérieux [1].

Nous ne terminerons pas sans faire remarquer que c'est par erreur qu'il est dit dans les délibérations du conseil d'arrondissement de Péronne qu'il n'y a pas d'exemple d'empoisonnement sur l'homme par la mort-aux-mouches : les exemples d'empoisonnement par ce produit ne sont pas rares, non-seulement sur l'homme, mais sur les animaux domestiques qui touchent aux préparations qui ont été disposées pour les mouches.

En résumé, nous avons l'honneur de vous proposer de répondre à monsieur le ministre que la mort-aux-mouches, pour laquelle on demande une modification à l'ordonnance du 29 octobre, a tous les inconvénients de l'acide arsénieux, qu'elle n'est point indispensable pour la destruction des mouches, qu'on peut la remplacer avantageusement, pour cet usage, par divers moyens de destruction généralement connus et particulièrement par les papiers agglutinatifs, tels que ceux qui sont employés en Angleterre; qu'il n'y a pas lieu, en conséquence, de modifier l'ordonnance du 29 octobre.

Nous pensons, en outre, qu'il pourrait être utile de donner communication du présent rapport au conseil d'hygiène de l'arrondissement de Péronne et de l'inviter à rechercher lui-même les moyens pratiques de concilier les habitudes et les convenances des habitants de la localité avec les justes exigences dont la loi, dans son intérêt supérieur, ne doit pas se départir.

---

[1] Un mélange de décoction de cassia, de miel et d'essence de savon, produit encore de très-bons effets. (*Miahle* et *Grassi*.)

II. RAPPORT FAIT PAR M. BUSSY AU COMITÉ CONSULTATIF D'HYGIÈNE PUBLIQUE SUR LES PAPIERS TUE-MOUCHES. (Adopté dans la séance du 22 novembre 1852.)

M. Ferrand, pharmacien à Lyon, qui se dit inventeur d'un papier propre à tuer les mouches, et dans lequel n'entrerait, selon lui, aucun poison de nature à donner la mort à l'homme ou aux animaux domestiques, signale à monsieur le ministre de la police les dangers qui peuvent résulter de l'emploi des papiers *tue-mouches* dans la préparation desquels il entre des composés arsénieux; il demande que l'on fasse à ces papiers l'application de la législation sur les substances vénéneuses, et qu'on lui délivre une autorisation spéciale pour la vente du papier qu'il fabrique.

Cette demande, adressée d'abord à monsieur le ministre de la police, comme nous l'avons dit plus haut, a été renvoyée au département de l'intérieur; c'est par suite de ce renvoi que le conseil s'en trouve saisi.

Il est effectivement vrai que l'on trouve aujourd'hui des papiers dits papiers tue-mouches qui se débitent sans précaution chez les droguistes et chez les épiciers, quelquefois même chez les pharmaciens. Ces papiers, ordinairement colorés en rouge, portent l'indication de l'usage auxquels ils sont destinés, la manière de s'en servir ainsi que le nom de l'inventeur et son adresse; ils sont d'un usage commode pour tuer les mouches, mais ils ne sont pas sans dangers et pourraient devenir, entre les mains des personnes imprudentes ou mal intentionnées, la cause d'accidents graves.

Ces papiers, en effet, doivent leurs propriétés toxiques à la présence des préparations solubles d'arsenic, acide arsénieux, ou arséniate de potasse dont ils sont imprégnés; on étale sur une assiette un morceau de ce papier, que l'on recouvre d'une très-légère couche d'eau. On l'expose ainsi dans les appartements où abondent les mouches, qui ne tardent pas à succomber, lorsqu'elles viennent prendre le liquide vénéneux. On comprend parfaitement, d'après la nature du toxique et par la manière dont on l'emploie, qu'il y ait là matière à accident.

C'est sur ce fait que monsieur Ferrand appelle l'attention de l'autorité.

L'ordonnance du 29 octobre 1846, sur la vente des substances vénéneuses, nous semble avoir pourvu suffisamment au danger que signale avec raison M. Ferrand; il ne s'agit que d'appliquer les dispositions de cette ordonnance et d'en recommander l'exécution aux jurys médicaux et aux autorités chargées des intérêts de la santé publique. Indépendamment des prescriptions générales qui sont imposées aux personnes qui font le commerce des substances vénéneuses et dont aucune n'est observée pour la vente des papiers arsénieux, l'article 10 de l'ordonnance citée précédemment est ainsi conçu :

« La vente et l'emploi de l'arsenic et de ses composés sont interdits pour le chaulage des grains, l'embaumement des corps et la destruction des insectes. »

L'article 8 s'exprime ainsi :

« L'arsenic et ses composés ne peuvent être vendus pour autres usages que la médecine, que combinés avec d'autres substances. Les formules de ces préparations seront arrêtées sur l'approbation du ministre secrétaire d'État de l'agriculture et du commerce, savoir :

« Pour le traitement des animaux domestiques, par les écoles des professeurs de la Société vétérinaire d'Alfort.

« Pour la destruction des animaux nuisibles et pour la conservation des peaux et objets d'histoire naturelle, par l'école de pharmacie. »

Il y aurait donc simplement à interdire, aux termes de cette ordonnance et d'une manière absolue, la vente et l'emploi des papiers arsénieux dits papiers tue-mouches.

Mais si, comme le prétend M. Ferrand, on peut préparer des papiers tue-mouches sans arsenic, ou mieux encore sans y employer aucune substance toxique pour l'homme ou les animaux domestiques, ce qui serait aussi avantageux qu'imprévu, il y aurait une distinction à faire. Ces derniers pourront être vendus, et le débit devrait en être favorisé. Quant à ceux qui contiennent une substance vénéneuse autre que l'arsenic, ils pourraient encore être vendus, mais en se conformant aux prescriptions de la loi sur les poisons.

La difficulté sera de reconnaître, parmi tous ces papiers, ceux qui contiennent de l'arsenic, ceux qui contiendront un autre poison, ceux qui n'en contiendront pas du tout; jusqu'à présent ce procédé et cette différence ne se sont pas présentés, attendu que tous ces papiers contiennent de l'arsenic.

M. Ferrand, qui est, à notre connaissance, le premier qui ait vendu du papier tue-mouches, employait l'arsenic à sa préparation, comme nous l'avons reconnu sur tous les échantillons que nous avons examinés; ses imitateurs ou contrefacteurs, qu'il signale à l'autorité, ont employé comme lui l'arsenic. Il est vrai que M. Ferrand pense être possesseur d'un procédé qui le dispense d'employer aucune poudre nuisible à l'homme et aux animaux. Nous avons constaté, en effet, que ces mêmes papiers, dont il a adressé un échantillon à monsieur le ministre, ne renferment pas d'arsenic; mais nous ignorons s'ils ne contiennent aucune autre substance vénéneuse, et nous ne sommes pas complétement édifiés sur leur vertu toxique en ce qui concerne les mouches. Ce serait, comme nous l'avons dit, une chose heureuse et qui mériterait d'être propagée que la découverte d'une substance non vénéneuse capable de débarrasser nos maisons des mouches qui les envahissent pendant l'été; mais, avant de se prononcer sur une découverte de cette nature, avant surtout de donner l'autorisation qu'on lui demande et qui est en dehors de ses attributions ordinaires, l'administration a besoin d'être mieux renseignée qu'elle ne l'est sur ce sujet. Il y aurait donc lieu, avant de former et exprimer aucune opinion sur ce point, de demander à M. Ferrand la recette de son papier tue-mouches et de soumettre sa préparation à quelques essais.

En résumé, nous avons l'honneur de vous proposer de répondre à mon

sieur le ministre qu'il y a lieu de faire aux papiers tue-mouches l'application des dispositions de l'ordonnance du 29 octobre 1846;

Qu'il serait nécessaire, si l'administration ne l'a déjà fait, d'adresser à ce
sujet une circulaire à MM. les préfets pour les inviter à rappeler aux jurys
médicaux, aux écoles de pharmacies et aux autorités locales, qu'aux termes
de ladite ordonnance les papiers arsénieux doivent être proscrits d'une
manière absolue; que ceux qui seront préparés avec d'autres toxiques portés au tableau peuvent être vendus, mais avec les précautions exigées pour
les substances vénéneuses.

En ce qui touche M. Ferrand, lui répondre que l'administration verrait
avec intérêt qu'il eût imaginé une préparation propre à tuer les mouches
et qui fût sans danger pour les hommes et les animaux domestiques; mais
qu'il n'est pas dans ses attributions de donner des autorisations spéciales
pour la vente de semblables produits; cependant que, s'il désire que la préparation soit examinée et qu'il en soit fait un rapport à monsieur le ministre, il doit, avant tout, en faire connaître la formule et en mettre une
certaine quantité à la disposition de l'administration.

ARTIFICIERS. Voir *Poudre*.

ASPHALTE. Voir *Bitume*.

ASTICOTS.

Fabrique d'asticots (1re classe, assimilée aux clos d'équarrissage).

En général, les asticots ne sont fabriqués en grand que dans
les clos d'équarrissage. Quelquefois, cependant, cette industrie
s'exerce dans des locaux situés au centre des habitations, et, de
là, des plaintes nombreuses.

DÉTAIL DES OPÉRATIONS. — On favorise le développement des
asticots en superposant un certain nombre de couches de morceaux de viande de cheval ou autres animaux, séparées l'une de
l'autre par une couche de terre humide. Au bout d'un certain
temps, la fermentation putride y attire les mouches, et les larves
ne tardent pas à se développer en grande quantité. — Quand
elles ont acquis la grosseur voulue, on les extrait du milieu des
couches, et on les met dans de grands tonneaux, à l'aide desquels on les transporte où ils sont demandés. On s'en sert
surtout pour la nourriture des faisans, pour la pêche, et quelquefois pour l'élève des volailles de basse-cour. La question de
savoir si la viande des volailles ainsi nourries est nuisible... ne

manque pas d'intérêt et *est à l'étude*, car on ne peut considérer comme travail sérieux les quelques fragments publiés à cet égard. Cette question ne peut être traitée que par des médecins habitués à l'expérimentation. (Voir *Chrysalides* et *Engraissage des oies et poules*.)

CAUSES D'INSALUBRITÉ. — Odeur infecte quand on remue et renouvelle les couches.

Vapeurs et émanations putrides, habituelles et constantes.

PRESCRIPTIONS. — Quand on produit les asticots *dans un clos d'équarrissage*, suivre les prescriptions relatives à cet article.

Dans le cas où cette fabrique a lieu *dans un local attenant à des habitations* et où elle est alors très-restreinte,

Ventiler la pièce ou la cour où sont les couches.

Ne toucher aux couches que pendant la nuit.

Ventiler la pièce où sont les baquets d'asticots.

En opérer le transport dans des tonneaux couverts, et le soir.

Faire des lotions chlorurées sur le sol de la cour et du magasin.

Laver plusieurs fois par semaine les baquets qui ont servi au dépôt ou au transport, avec la même eau chlorurée.

Limiter le nombre des kilogrammes d'asticots qui pourront être fabriqués par semaine et l'étendue des couches.

AZOTATES DE DIVERS MÉTAUX (CUIVRE, FER). Voir *Acides, Acide azotique.*

AZOTIQUE (ACIDE). Voir *Acides.*

BALEINE. Voir *Cuirs, Baleines (Fanons de), Baleines artificielles.*

BATTAGE DES FILS ET DES LAINES.

Battage du fil et du lin, s'il n'y a que dix battes (2ᵉ classe, par assimilation). — Décision ministérielle, 1845.

Battage au-dessus de dix battes à mécanique (1ʳᵉ classe, à proposer).

DÉTAILS DES OPÉRATIONS. — L'opération du battage du fil occupe un grand nombre d'ouvriers dans certains departements. C'est surtout dans le Nord qu'existent les ateliers de cette nature. En 1845, une décision ministérielle les a rangés dans la deuxième classe des établissements incommodes. Mais alors on agissait à bras et à domicile, et sur une quantité relativement peu considérable de marchandises. Depuis cette époque, de grands établissements ont été fondés où tout marche à la vapeur, et où souvent cent à deux cents battes sont à la fois en action. Une pareille industrie, et dans ces proportions, ne saurait rester dans la deuxième classe, et il y aurait lieu, dans les concessions d'autorisation, de ranger ces grands établissements dans la première classe, à cause de leur insalubrité et leur incommodité réunies.

Le battage du fil est une opération destinée à obtenir le *lissage* du fil à coudre. Les ouvriers qui s'en occupent sont connus sous le nom de filiers ou filtiers.

Quand le travail s'opère à la vapeur, on voit dans l'atelier cinquante, cent et plus de *battes* qui retournent et frappent le fil en tous sens. Ces mouvements répétés déterminent un ébranlement constant de l'atelier et des maisons attenantes, — causent un bruit continu et donnent lieu au dégagement d'une poussière considérable. Les ouvriers qui y travaillent tout le jour, et pendant de longues années, deviennent pâles et blêmes, et les organes de la respiration en souffrent assez gravement.

D'un autre côté, l'accumulation de matières combustibles est un danger permanent d'incendies.

Il serait à désirer qu'il se formât de grands établissements où le fil serait à la fois battu, lavé, blanchi et teint; puis de nouveau séché et battu.

CAUSES D'INSALUBRITÉ. — Danger d'incendie.

Action fâcheuse sur la respiration et sur la santé générale des ouvriers.

CAUSES D'INCOMMODITÉ. — Bruit incessant des battes.

Ébranlement du sol et des murs mitoyens qui détériore les bâtiments.

Dégagement perpétuel de poussière.

PRESCRIPTIONS. — Si l'établissement comprend plus de dix battes (première classe), isolement absolu de l'atelier.

S'il n'y a que dix battes — à la main ou à la vapeur : — pratiquer une cheminée d'aérage qui s'ouvrira au-dessus de la toiture, à chaque extrémité de l'atelier. Éloigner l'atelier d'un demi-mètre des murs mitoyens.

Les châssis d'ouverture seront dormants et immobiles.

L'entrée dans l'atelier sera *indirecte*, à double porte, dans le but d'empêcher l'expansion du bruit.

Le moulin à battre le fil sera posé sur une longue poutre en bois qui ne touchera le sol que par les extrémités. Cette poutre sera placée sur un mur particulier qui n'aura aucune communication avec les murs mitoyens.

Les murs et le plafond de l'atelier seront recouverts d'une étoffe épaisse, en *grosse toile*, de façon à amortir les sons produits par le battage.

Ne jamais permettre d'établir des pilons pour battre le fil.

Le travail ne sera pratiqué en été que de sept heures du matin à neuf heures du soir ; en hiver que de huit heures du matin à huit heures du soir.

Les ouvriers ne travailleront jamais le *dimanche*. On leur conseillera de suspendre leurs travaux dès que leurs voies respiratoires deviendront malades. Et il serait prudent de les faire renoncer à ces occupations dès qu'on les verra pâlir et s'amaigrir.

Dans les conditions d'autorisation, on devra toujours limiter le nombre des battes.

Si l'établissement est considérable, on exigera la présence d'une pompe à incendie avec tous ses accessoires.

Tout ce qui concerne l'établissement des battes mécaniques doit être entièrement isolé des murs mitoyens.

Aux extrémités des ateliers, un tuyau partant du plafond de un mètre de section, s'élevant au-dessus des toits, enlèvera la poussière en renouvelant l'air.

Document relatif au battage du fil et du lin.

I. ARRÊTÉ PRÉFECTORAL PORTANT CLASSEMENT DES BATTERIES MÉCANIQUES DE FILS DANS LA DEUXIÈME CATÉGORIE DES ÉTABLISSEMENTS DANGEREUX OU INCOMMODES. (Avril 1845.)

Nous, conseiller d'État, préfet du Nord, officier de l'ordre royal de la Légion d'honneur et de l'ordre de Léopold,

Vu les réclamations d'un grand nombre d'habitants de la ville de Lille dans lesquelles ils signalent les graves inconvénients que leur fait éprouver l'établissement de battes mécaniques mues par la vapeur;

Vu l'avis du conseil central de salubrité;

Vu la lettre de monsieur le ministre de l'agriculture et du commerce en date du 29 mars 1845;

Vu le décret du 15 octobre 1810;

Vu l'article 5 de l'ordonnance royale du 14 janvier 1815, portant que les préfets sont autorisés à faire suspendre la formation ou l'exercice des établissements nouveaux, dangereux, insalubres ou incommodes, qui, n'étant pas compris dans les nomenclatures publiées par le gouvernement, seraient cependant de nature à y être placés; qu'ils pourront accorder l'autorisation d'établissement pour tous ceux qu'ils jugeront devoir appartenir aux deux dernières classes de cette nomenclature, en remplissant les formalités prescrites par le décret du 15 octobre 1810;

Considérant que l'établissement de battes mécaniques mues par la vapeur donne lieu à un bruit continu, retentissant au loin, et tellement assourdissant, que les quartiers dans lesquels elles sont établies deviennent réellement inhabitables; qu'indépendamment de ce bruit, cette industrie entraine un autre inconvénient grave, par la production d'une énorme quantité de poussière, très-souvent chargée de matières colorantes, poussière qui se répand fort loin et s'introduit dans les habitations, ce qui oblige à les tenir closes, et, par conséquent, nuit à leur salubrité; qu'à ces inconvénients se joint encore le danger d'incendie par le grand approvisionnement de fils en magasin;

Considérant qu'en présence d'un état de choses si contraire à la sûreté et à la salubrité publique il convient, jusqu'à ce qu'il ait été statué par une ordonnance royale sur le classement définitif de cette nouvelle industrie, de faire usage de la faculté qui nous est accordée par l'article 5 de l'ordonnance royale du 14 janvier 1815, d'en opérer le classement provisoire.

Arrêtons :

Art. 1er. Les usines dans lesquelles on fait usage des battes mécaniques mues par la vapeur sont rangées dans la deuxième classe des établissements dangereux, insalubres ou incommodes. En conséquence, les usines de cette nature ne pourront être établies qu'après l'accomplissement des formalités prescrites par le décret du 15 octobre 1810, et l'ordonnance réglementaire du 14 janvier 1815, pour les établissements appartenant à cette classe.

Battage des tapis (3e classe).
Battage ou débourrage en grand et journalier de la laine et de la bourre (2e classe). — 31 mai 1833.

DÉTAIL DES OPÉRATIONS. — Tout le monde sait en quoi consiste le battage en grand des tapis. Ceux-ci, enlevés des appartements après un séjour de six mois, en moyenne, et, par suite, remplis de poussière, sont confiés, soit aux marchands qui les ont vendus, soit aux tapissiers, pour le nettoyage et la garde pendant l'hiver. Hors barrière, et loin de toute habitation, dans des terrains vagues sont établis des étendoirs spéciaux. On y fixe les tapis par leurs extrémités, et selon leur dimension. Deux ou trois ouvriers les battent en tous sens. On comprend facilement que le bruit produit, et la poussière considérable à laquelle cela donne naissance, ne puissent être tolérés près des habitations.

Le battage de la laine, de la bourre de crin, de la soie, etc., s'opère habituellement dans des ateliers placés au centre même des habitations. Il a lieu, soit à la main, soit à la mécanique. Quoi qu'il en soit, pendant le débourrage et pendant le battage, il y a bruit et poussière considérables. Les poussières animales qui voltigent dans l'air sont souvent nuisibles à la santé des ouvriers qui séjournent longtemps dans les ateliers de battage. Cela a lieu surtout pour le battage de la laine, quand l'atelier est petit, et qu'il n'est pas convenablement ventilé. Dans ceux où l'on travaille le crin et où l'on a parfois observé des accidents de transmission de morve et de farcin par suite du sang adhérant aux crins, il faut plus encore qu'ailleurs recommander une active ventilation et un lavage chloruré des mains pour les ouvriers après le travail.

On doit rattacher au battage de la laine certaines industries où la manipulation constante de cette matière donne lieu à des inconvénients de la même nature. En première ligne, les fabriques de bas, gilets et jupons en laine. Dans le Nord et dans la Picardie, il existe un grand nombre de ces fabriques, où j'ai pu constater les bronchites, les laryngites et les opthalmies.

Cette industrie, qui n'est pas classée (fabrique de bonneterie), comprend le triage des laines, le battage, le lavage, le peignage (chaleur des fourneaux et des fers chauds), le séchage (feu et étuve), la teinture (eaux d'écoulements), le filage, le soufrage et l'empaquetage. Une paire de bas, avant d'être livrée au commerce, a passé par les mains de vingt ouvriers différents.

Je joindrai à ce chapitre les fabricants de tapisseries. Les ouvrières qui travaillent toute la journée à des ouvrages en tapisserie de laine subissent tous les dangers et les inconvénients d'un air chargé de poussière irritante. En ville, chez des femmes du monde, j'ai plusieurs fois constaté les mêmes accidents.

CAUSES D'INSALUBRITÉ. — Aucune habituellement.

CAUSES D'INCOMMODITÉ. — Bruit.

Quantité considérable de poussières.

Action sur les yeux et sur les voies respiratoires des ouvriers.

Quelquefois, transmission d'accidents graves (morve, farcin) pour les ouvriers qui débourrent et battent le crin (accident rare).

PRESCRIPTIONS. — Ne jamais pratiquer ce battage dans l'intérieur des villes, mais sur les boulevards extérieurs, les remparts, et à cent mètres de distance des habitations.

Les ouvriers batteurs de laine, crin et soie, devront porter un masque à mailles fines qui couvre *tout* le visage.

L'atelier, dans le cas où il pourra être autorisé, au centre des villes, devra être ventilé énergiquement, surtout dans ceux où on travaille le crin. Alors on conseillera avec avantage aux ouvriers de se laver les mains avec de l'eau chlorurée, après le travail. Il sera fermé sur la rue et du côté des voisins. Il ne sera appuyé contre les murs mitoyens aucun appareil ni machine destinés au battage.

Propager autant que possible l'emploi de la machine à débourrer la laine et le coton, inventée par Dannery (prix Monthyon de 1858.)

BATTEURS DE MÉTAUX.

Batteurs d'or et d'argent (3ᵉ classe). — 14 janvier 1815.
Batteurs de zinc, d'étain et de bronze (par assimilation).

DÉTAIL DES OPÉRATIONS. — L'or, l'argent et le cuivre, l'étain, le bronze et le zinc, peuvent être réduits par le battage en feuilles d'une ténuité extrême ; le mode de procéder est à peu près le même pour ces métaux, il varie avec les pays.

On prend de l'or aussi pur que possible, on l'étire au laminoir en rubans d'un cinquantième de millimètre d'épaisseur, en ayant soin de recuire le métal toutes les fois que la chose devient nécessaire. On coupe ces rubans en quartiers de vingt-cinq à trente millimètres de côté, qu'on superpose au nombre de cent cinquante en les séparant les uns des autres, par un carré de vélin de douze centimètres environ ; on place au-dessus et au-dessous du paquet vingt feuilles de vélin sans interposition de feuilles d'or ; ces *emplûres* servent à amortir les coups de marteau sur les premiers quartiers. Ce premier assemblage de feuilles d'or et de vélin se nomme le *premier caucher* ; on le couvre au moyen de deux forts fourreaux de parchemin ouverts par les deux bouts, de manière à l'envelopper entièrement. Puis on le bat sur un bloc de marbre poli de vingt-cinq centimètres de côté, dont trois faces portent une bordure en bois, et la quatrième porte une peau qui sert en même temps de tablier à l'ouvrier et de récipient pour les bavures provenant du battage. Le premier battage a lieu avec un marteau pesant six à huit kilogrammes, de forme circulaire et un peu convexe; quand les feuilles sont aussi étendues que la surface du vélin, on partage en quatre parties égales chaque quartier du premier caucher ; on les superpose pour former un *second caucher*, en remplaçant le vélin par la baudruche ; le marteau qui sert à ce second battage ne pèse que quatre kilogrammes et demi.

Quand les quartiers commencent à désaffleurer les outils, on recommence à diviser chaque quartier en quatre parties égales sur un coussin de cuir et à former avec ces nouveaux quartiers un *troisième caucher*, qu'on bat comme le second. Les feuilles ont atteint alors un huit centième de millimètre environ ; on pourrait les obtenir plus minces encore, mais sans profit pour la dorure et le fabricant.

Les feuilles sont coupées en quatre, et placées dans les *quarterons* ou livrets de papier rouge orangé, saupoudré légèrement d'une couche de terre bolaire de couleur analogue; on comprime ces livrets entre deux planchettes, et à l'aide d'un morceau de linge nommé *frottoir*, on enlève tout ce qui excède les bords.

On a inventé différentes machines pour substituer le battage mécanique au battage à bras d'homme; on a cherché à donner au marteau une impulsion mécanique imitée de celle que lui donne le bras, et à le faire tomber sur *la moule* (cahier de baudruches contenant les feuilles d'or), renfermée dans un châssis en cuivre; cette moule reçoit en même temps un mouvement de rotation qui lui fait présenter successivement toute sa surface à l'action du marteau.

La question de l'ébranlement du sol par la transmission des chocs sur la pierre à battre a sérieusement occupé le conseil de salubrité de la Seine. On a conseillé et prescrit d'interposer entre le corps percutant et le sol des coussinets, des paillassons, des tampons, en matières de diverse nature (ressorts élastiques, caoutchouc, gutta-percha). Mais on a douté de l'efficacité constante de tous ces moyens. Il faut, en effet, pour qu'ils exercent une influence utile, qu'ils soient parfaitement combinés dans leurs dimensions avec la densité très-variable du sol où la pierre à battre est scellée et celle du sol environnant. Ils ont, du reste, pour effet immédiat de diminuer la résistance du point d'appui, et par suite d'entraîner un temps plus long et des efforts plus multipliés dans le travail des batteurs. Il importe donc de savoir si ce désavantage est en rapport avec les inconvénients de la transmission des vibrations. On a pu, à l'observatoire de Paris, empêcher l'action de l'ébranlement du sol de la rue sur la marche et la stabilité des instruments de précision, en suspendant les pendules avec des fils en caoutchouc. Les horlogers et bijoutiers *en chambre*, pour atténuer le bruit de leur presse, se servent avec succès d'une série de paillassons superposés. Il y a de nouvelles recherches à faire sur ce sujet.

CAUSES D'INSALUBRITÉ. — Aucune.

CAUSES D'INCOMMODITÉ. — Bruit incessant très-incommode.

Fumée du fourneau à fusion.

Ébranlement des maisons.

Prescriptions. — Toutes les fois que cela pourra avoir lieu, ne pas placer les pierres à battre au-dessus d'une cave. Les isoler complètement des murs mitoyens.

Dans ce dernier cas, placer dans la cave, au-dessous de la pierre, une colonne très-solide.

Placer au-dessous des pierres à battre des tampons épais en matières élastiques afin d'amortir le bruit : mieux encore, dresser la pierre à battre sur un bâtis de fer, dont les tiges pénétreront profondément dans le sol; et à un mètre, au-dessous de la pierre, entourer ces tiges d'une tranchée circulaire libre : l'air communiquant moins les vibrations que les corps solides.

Limiter le nombre des pierres à battre.

Chauffer le fourneau de fusion au coke ou avec un combustible qui ne donne pas plus de fumée que le bois. Dans le cas contraire, élever une cheminée de vingt à trente mètres.

Dévorer la fumée.

Ne permettre le travail en hiver que de sept heures du matin à sept heures du soir et en été de six heures du matin à neuf heures du soir.

Il pourra y avoir à ce sujet quelques modifications dans la prescription et ne permettre que de huit heures du matin à neuf heures du soir.

Écarter d'une manière absolue tous les établissements de batteurs d'or, d'argent, d'étain ou de bronze, du voisinage des hôpitaux, des casernes, des maisons de santé, des prisons, des tribunaux et des écoles publiques.

Ne jamais placer les piliers qui soutiennent les pierres à battre à moins de trois mètres des murs des propriétés voisines.

Ne jamais donner aucun point d'appui aux presses sur les murs mitoyens.

Garantir par des planches ou des barrières en bois ou en fer les ouvriers de l'action des balanciers ou volants des machines.

Réserver tous droits des tiers intéressés.

Pour les lois et ordonnances, voir *Laminage des métaux*.

BATTOIRS A ÉCORCES DANS LES VILLES (2ᵉ classe).
20 septembre 1828.

DÉTAIL DES OPÉRATIONS. — Le *tan* est l'écorce de chêne séchée, hachée et finement pulvérisée, qui sert à tanner le cuir; la pulvérisation qu'on lui fait subir a pour but d'en rendre l'épuisement plus complet.

Il existe différents appareils à pulvériser le tan; ordinairement on commence à hacher l'écorce au moyen de pilons, et on achève le broyage dans des moulins semblables aux moulins à café. Les pilons qu'on emploie sont en bois et terminés par des fers tranchants. Ils sont successivement soulevés par des cannes placées sur un arbre horizontal; ils tombent par leur propre poids.

Dans quelques pays on écrase seulement l'écorce sous des meules de pierre; quelquefois on emploie une ou deux meules verticales, tournant sur une plate-forme circulaire à bords relevés et mises en mouvement au moyen d'un axe central. L'axe de la meule est ajusté de manière que celle-ci puisse s'abaisser et s'élever suivant le besoin. Deux ramasseurs suivent les meules dans tous leurs mouvements et ramènent sans cesse les écorces sous leur passage, de manière à n'en laisser disperser aucune partie.

Voici deux autres appareils employés avec succès dans un grand nombre de localités. Le *hache-écorce* est une machine à peu près semblable au hache-paille, ou hache-chiffons; il se compose d'une table légèrement inclinée, sur laquelle on fait glisser les écorces entre deux cylindres profondément cannelés et serrés par deux ressorts puissants, ou par un levier terminé par un poids; en quittant les cylindres, les écorces sont coupées par quatre grandes lames d'acier disposées en hélice sur deux cercles parallèles doués d'un mouvement de rotation très-rapide imprimé par une force quelconque. Les écorces, déjà presque écrasées par les cylindres cannelés, sont hachées par les lames à mesure qu'elles se présentent.

La seconde partie de la machine est le *moulin à cloche.* Cet appareil se compose de deux parties principales ; le *boisseau* et la *cloche.* Le premier est un cylindre creux peu épais, terminé en bas par un cône tronqué en fonte, garni de lames inclinées en hélice et fixé par des pattes au bâtis en fonte qui supporte l'appareil : il est surmonté d'une trémie qui débite l'écorce au fur et à mesure. La cloche a également sa surface garnie de dents en hélice et taillées en biseau ; elle est mise en mouvement au moyen d'un arbre vertical, et maintenue par un mécanisme spécial à une distance du boisseau proportionnée au degré de finesse qu'on veut donner au tan. Ce *moulin à cloche* ressemble donc beaucoup au moulin à café des ménages ; le mouvement de rotation imprimé à la cloche amène le broyage rapide du tan qui s'interpose entre elle et le boisseau à mesure que les parties engagées plus profondément quittent le moulin.

CAUSES D'INSALUBRITÉ. — Danger d'incendie.

CAUSES D'INCOMMODITÉ. — Bruit et poussière, odeur du tan.

PRESCRIPTIONS. — Ne fixer aux murs mitoyens aucun des appareils mécaniques destinés au battage.

N'avoir sur les voisins et la voie publique aucune ouverture d'atelier.

Ventiler énergiquement le lieu où s'opère le battage, et au besoin y faire établir une cheminée d'aération.

· Fermer l'atelier à l'aide de doubles portes, dans le but d'atténuer le bruit des meules et des pilons.

Limiter le nombre des pilons et des meules. (Voir *Moulins à tan.*)

BENZINE.

La benzine est un produit volatil qu'on vend impur dans le commerce ; c'est un carbure d'hydrogène ; on l'obtient par une distillation ménagée de l'huile de houille ; elle est employée dans le nettoyage et dans le dégraissage des étoffes et des peaux et à la préparation des dissolutions de gutta-percha et de caoutchouc. On l'emploie à la fabrication de l'*essence de myr-*

bane ou nitrobenzine; c'est au moyen de l'acide azotique concentré et de la benzine qu'on obtient ce produit employé en
parfumerie à cause de son odeur mixte d'essence de cannelle et
d'amandes amères. C'est un produit très-inflammable, et dont
les dépôts doivent être assimilés aux dépôts d'*Essences*. (Voir
Anesthésiques (Substances).

BERGERIES. Voir *Abattoirs, Bergeries*.

BETTERAVES. Voir *Amylacées (Matières)*.

BETTERAVES (JUS ET RAFFINERIE DU SUCRE DE). Voir *Sucre*.

BÉTULINE. Voir *Alcool, distillation de l'écorce de bouleau*.

BITUMES.

Bitumes — Asphaltes (Fabrique de) (2ᵉ classe). — 31 mai 1833.
**Bitumes. Emploi de ces bitumes sur la voie publique ou dans les ha-
bitations privées. — Brai gras. — Huile de poix. — Poix noire.**
(1ʳᵉ classe, si on opère à vases nus, s'il n'y a pas de cheminée haute, et si l'établissement n'est pas isolé.)
Bitume en planches (Fabrique de) (2ᵉ classe). — 9 février 1825.

Malthe, ou poix minérale.

DÉTAIL DES OPÉRATIONS. — Le bitume désigné sous le nom de
malthe ou *pissasphalte* et de *poix minérale* est une matière glu-
tineuse, d'un brun noirâtre, fusible dans l'eau bouillante, qui
se dessèche facilement sans devenir jamais aussi dure que l'asphalte. On en trouve à Puy-de-la-Poix (Puy-de-Dôme), près de
Dax, à Gabian (Hérault) et à Seyssel (Ain); on peut quelquefois
le recueillir à l'état de pureté, et le plus souvent, comme il est
disséminé dans des argiles ou dans des grès, on le retire de
ces matières séchées, soit en les faisant bouillir avec de l'eau
dans de grandes chaudières avec un cinquième de son poids de
bitume préalablement fondu, brassant fortement le mélange;
on puise alors le bitume fondu et le coule dans des moules
rectangulaires, formés de pièces mobiles en tôle, s'assemblant à
clavettes et garnies intérieurement d'une couche mince d'argile
pour prévenir l'adhérence du mastic. Il suffit d'enlever les cla-

vettes après le refroidissement pour en retirer un pain qu'on livre au commerce.

Usages. — La malthe est employée à goudronner le bois et les cordages, à former avec le sable le ciment qui sert à former des bassins imperméables et à recouvrir les trottoirs. Pour en faire des trottoirs, on le fond en y ajoutant autant de sable tamisé de moyenne grosseur qu'il en peut contenir pour former une bouillie très-épaisse; on le coule par parties, en étendant la masse avec une spatule de bois entre des règles de fer qui déterminent l'étendue de la couche et son épaisseur; on tamise dessus du sable de moyenne grosseur, et on bat le tout avec des planchettes rectangulaires pendant qu'il est encore chaud, pour niveler et durcir la surface en la rendant compacte.

Asphalte.

L'asphalte ou bitume de Judée est un corps complétement sec, friable, inodore à froid, mais odorant et électrique par frottement. Il offre une cassure brillante et facilement fusible.

Il nage à la surface du *lac asphaltique* ou *mer Morte*, et se trouve rejeté sur ses bords où on le recueille. Il existe aux Antilles, dans l'île de la Trinité, un bassin qui domine toute l'île, et qui a environ cinq kilomètres de tour. Pendant l'été, il ressemble à une surface liquide, quand le soleil en a fondu une couche de quelques centimètres, et présente dans toute sa profondeur, qui est inconnue, une masse bitumineuse qui semble impure et seulement formée d'une pierre légère, très-poreuse et très-imprégnée de bitume.

L'asphalte employé pour le bituminage des trottoirs publics est composé d'un mélange de bitume, de goudron et de sable.

Usages. — L'asphalte sert à rendre les murs imperméables à l'humidité; il peut être remplacé par la préparation précédente, et encore par le goudron minéral provenant de la distillation des goudrons de houille; ce dernier peut aussi remplacer partiellement le bitume dans la fabrication des trottoirs.

Quand on veut se servir du goudron de gaz, on a coutume de l'épaissir en y ajoutant de la craie en poudre. — Mais on est obligé de le ramollir pour y incorporer la masse pulvérulente. Ce ramollissement ne peut être obtenu que par la chaleur, et cette opération suffit à dégager des vapeurs très-odorantes.

Brai gras. — Poix noire.

DÉTAIL DES OPÉRATIONS. — Ces produits sont obtenus en brûlant les filtres de paille qui ont servi pour la térébenthine et le galipot, *dans des fours ovales*, sans courant d'air, de deux mètres trente centimètres environ de diamètre sur trois mètres de hauteur ; on remplit et on allume ce four par en haut, il est plus étroit à la partie inférieure, et une gouttière, placée au bas, conduit au dehors les produits demi-brûlés et liquides qui retombent. — En cet état, il forme le *brai gras que l'on purifie par fusion* et décantation.

Si on fait rendre le produit liquide dans des cuves d'eau, il se dépose en partie et il surnage une *huile de poix*.

La partie inférieure, évaporée pour la rendre plus solide, est coulée dans des moules de terre et forme des plaques solides, cassantes, brillantes, qu'on désigne sous le nom de *poix noire*.

Cette distillation est continue ; on arrête tous les quinze jours pour enlever du four les résidus fixes qui s'y déposent.

USAGES. — Une des applications du bitume, sur lesquelles les conseils d'hygiène ont été plusieurs fois consultés, consiste à fabriquer ce qu'on appelle des *parquets* bitumés et des *pierres* bitumées.

Dans la fabrication des parquets, il y a toujours beaucoup de fumée noire produite, — une odeur infecte, — un danger d'incendie par l'accumulation sur un même point de bois et de goudron.

Les pierres bitumées sont destinées à préserver de l'humidité les lieux bas qui en sont carrelés ou murés. Ces pierres, en forme de dalles, sont placées dans des fosses en maçonnerie, ou sous l'influence de la chaleur d'un foyer sous-jacent. On les plonge alors dans de grandes chaudières en tôle remplies d'un mélange de brai et d'huile de gaz à une température de cent dix degrés. Elles y séjournent deux, quatre ou huit heures, — on les retire et on les laisse égoutter. De mates elles deviennent sonores, et susceptibles d'un beau poli. L'odeur de goudron s'évapore peu à peu. Ici, il y a encore danger d'incendie. Et beaucoup de mauvaise odeur. Voir *Résineuses (Matières)*.

Bitume – Granit artificiel (Fabrique de) (2ᵉ classe, assimilé à la fonte des bitumes).

Cette industrie se rapproche entièrement de celle qui a pour but le travail des bitumes. Elle consiste à cimenter au moyen de matières bitumineuses des débris de granit préalablement réduits en poudre, pour en former des dalles, des bassins, des conduites d'eau, ou bien, pour recouvrir de ce mélange de larges feuilles de gros papier destiné alors à remplacer les lames de zinc ou de plomb. — Elle offre les mêmes dangers et les mêmes inconvénients. — Les papiers bituminés pour recouvrir les toits ou hangars, outre les chances plus grandes qu'ils offrent à l'incendie, ne sont que de très-courte durée. Recouverts d'une couche de sable fin, ils offrent moins d'inconvénients et plus de solidité.

CAUSES D'INSALUBRITÉ. — Dispersion habituelle dans l'air d'huile volatile empyreumatique, tenant en dissolution des sels ammoniacaux, mélange d'azote, de gaz hydrogène, proto et percarboné, produits pendant la fabrication de l'asphalte, au moment où, la chaudière étant rouge, il y a décomposition des éléments de l'asphalte.

Émanations qui *peuvent* être dans certaines circonstances nuisibles à la santé de l'homme et à la végétation.

Dangers presque permanents d'incendie.

CAUSES D'INCOMMODITÉ. — Fumée abondante, noire, chargée de débris de matières carbonisées.

Odeur très-désagréable et très-pénétrante pendant la fusion du bitume—et la fabrication des asphaltes,—pendant le travail du bitumage des rues et trottoirs des villes, et dans l'intérieur des cours étroites des maisons.

Bruit et fumée qui effraye les chevaux sur la voie publique.

Embarras qu'y causent tous les appareils de bitumage.

Fumée épaisse très-abondante, pour les fabriques de granit artificiel, surtout si l'on porte la température à un degré assez élevé pour décomposer les matières bitumineuses.

PRESCRIPTIONS. — *Pour les fabriques de bitume et d'asphalte:* Isoler la fabrique des habitations voisines.

Placer et conserver les bitumes liquides, ou matières premières, dans des citernes ou dans des bassins étanches recouverts de deux décimètres au moins d'eau. — Ces bassins seront enclos.

Ne jamais concentrer les goudrons ou bitumes pour être amenés à l'état de pissasphalte, que dans des vases distillatoires.

Placer en dehors de l'atelier l'ouverture du fourneau à distillation, et la disposer de telle façon qu'elle ne puisse jamais avoir de communication avec la partie de l'atelier ou la pièce où les réfrigérants et vases de réception de l'huile volatile seront établis.

Isoler d'une manière absolue, et construire en matériaux incombustibles et charpentes en fer, la partie de l'atelier où se fera la distillation.

Avoir toujours dans cet atelier, et selon son importance, de un quart de mètre à un mètre cube de sable fin, en cas d'incendie.

Recouvrir d'une vaste hotte avec tirage énergique la chaudière où s'opérera le mélange du goudron.

Recouvrir cette chaudière de couvercles à bascules et à soupape.

Recevoir toutes les vapeurs produites sous une large hotte et les diriger dans une cheminée haute de trente mètres.

La machine à vapeur aura une cheminée de même dimension et brûlera sa fumée.

Dans certaines localités, on pourra prescrire pour combustible l'usage du coke et défendre les houilles grasses.

Les appareils distillatoires devront être parfaitement lutés (vessie de cochon, macérée dans l'eau et recouverte d'enduit collodioné pour les orifices libres).

Tâcher d'épurer les gaz produits et de les brûler sans odeur, comme le gaz ordinaire.

Ne pas déverser sur la voie publique les eaux ammoniacales résultant de la distillation. Les emmagasiner jusqu'à deux tonnes. Ce produit peut être vendu avantageusement.

Avoir beaucoup d'eau à la disposition de la fabrique.—Et une pompe à incendie, selon la localité et la situation de la fabrique.

Pour les fabricants d'asphalte destinée au bituminage des rues :

Défendre la cuisson de l'asphalte dans la rue et en vases ouverts.

Imposer aux adjudicataires l'obligation d'amener le produit sur place déjà tout préparé,—ou bien se servir d'appareils fermés ayant deux tuyaux, l'un pour le foyer, l'autre pour les vapeurs, et montés sur roues (appareil Bourbonneau). — *Agiter* sans ouvrir la chaudière.—Ne brûler que du combustible qui ne donne pas de fumée sensible (briquettes, charbon de Paris).

Défendre la tourbe crue, la houille et le bois.

N'ouvrir la porte de la chaudière qu'au moment du travail.

Munir le foyer d'un cendrier.

Ne jamais introduire dans les maisons ni sous les portes cochères des appareils garnis d'asphalte non préparée. Dans ces cas spécialement, être très-sévère sur le choix du combustible employé.

Obliger les entrepreneurs de bitumage des rues ou trottoirs, à se soumettre à l'ordonnance de 1854, 11 novembre, sur la nécessité de brûler la fumée.

Pour les fabricants de granit artificiel :

Opérer en vases clos et sous une hotte, qui, après avoir recueilli les vapeurs libres, les porte dans une cheminée haute de dix à vingt mètres, selon les localités.

Isoler de tous murs mitoyens les ateliers de fusion.

Ne jamais garder en magasin qu'une quantité de produits déterminée selon l'importance de l'usine.

Ventiler les ateliers à l'aide de cheminées d'appel d'un bon tirage.

Document relatif à l'industrie des bitumes.

CONSEIL DE SALUBRITÉ DE LA SEINE. (1838.)

Le conseil propose d'imposer à tous les fabricants de bitume et à tous les ateliers où on se servira des matières analogues les conditions suivantes :

1° Les ateliers pour la préparation et la confection des bitumes ne pourront être contigus aux habitations;

2° Les bitumes liquides ou goudrons employés comme matière première seront placés et conservés dans des citernes ou bassins étanches, recouverts au moins de deux décimètres d'eau; ces bassins seront enclos;

3° La concentration des goudrons ou bitumes, pour être amenés à l'état de pissaphalte, ne pourra avoir lieu que dans des appareils distillatoires;

4° Le foyer du fourneau à distillation aura son ouverture à l'extérieur, et ne pourra communiquer avec la partie de l'atelier ou la pièce où les réfrigérants et vases de réception de l'huile volatile seront établis;

5° La partie de l'atelier des bitumiers où se fera la distillation sera même isolée du reste de l'atelier ou des magasins, elle sera construite en matériaux incombustibles, charpente en fer;

6° Les chaudières où se fait le mélange du goudron avec les matières terreuses seront recouvertes d'une hotte dont le tirage sera déterminé par une des cheminées de l'établissement;

7° Les chaudières seront garnies du couvercle à bascule avec soupape décrit dans le rapport;

8° Les chaudières portatives pour l'application du bitume sur place seront garnies du même couvercle;

9° Les fabricants de bitume seront de plus astreints à se conformer aux conditions particulières qui pourront leur être prescrites en raison des circonstances qui ne peuvent être prévues ici.

10° Les fabriques qui travailleront en observant les conditions prescrites ci-dessus devront être considérées comme appartenant à la deuxième classe.

11° Le conseil est d'avis que celles qui travailleront sans observer les conditions prescrites ici, et à vases ouverts, soient considérées comme de première classe.

BLANC DE BALEINE (Raffineries de) (2ᵉ classe).
5 novembre 1826.

DÉTAIL DES OPÉRATIONS. — Le blanc de baleine est retiré de la matière grasse fluide contenue dans la tête de certaines espèces de cachalots. On filtre cette matière dans de grands sacs et on en extrait une huile très-fine, bonne pour l'éclairage et surtout pour le graissage des machines délicates. — Elle agit à peine sur les métaux; le résidu est soumis à une presse hydraulique. Puis on fait digérer à chaud les espèces de tourteaux qui en résultent dans une dissolution alcaline de soude ou potasse peu concentrée. C'est là que s'opère le raffinage. La potasse décompose les matières animales étrangères et colorantes qui s'y trouvaient mélangées, et produit des écumes savoneuses noirâtres qui entrainent toutes les impuretés à la surface du bain. On lave le résidu à l'eau bouillante : on le place dans des cristallisoirs, et par le refroidissement on obtient les pains blancs qui se vendent dans le commerce.

CAUSES D'INCOMMODITÉ. — Buée et odeur.

Fumée.

Quelquefois danger d'incendie.

Grand écoulement d'eaux odorantes et parfois colorées.

PRESCRIPTIONS. — Séparer des ateliers les ouvertures des foyers et des cendriers.

Surmonter les chaudières d'un couvercle métallique, susceptible de les fermer hermétiquement.

Ventiler les ateliers.

En rendre toutes les parties incombustibles.

Diriger convenablement l'écoulement des eaux.

En cas de plainte, élever à quatre ou cinq mètres la cheminée qui reçoit les buées du raffinage.

BLANC D'ESPAGNE (Fabrique de) (3ᵉ classe).
14 janvier 1815.

DÉTAIL DES OPÉRATIONS. — Le blanc d'Espagne employé en peinture est une argile blanche parfaitement pure qu'il faut bien distinguer de la craie de Meudon qu'on désigne improprement sous ce nom. Le blanc de Bougival, qui est tout à fait analogue, quoique d'une qualité inférieure, se prépare ainsi qu'il suit :

Quand l'argile est tirée, on la délaye dans l'eau claire, dans un vaisseau bien net, on la laisse déposer, et jette l'eau qui la surnage ; on remplace cette eau par de la nouvelle, et, après formation du dépôt, on la rejette tant qu'elle ne devient pas parfaitement blanche ; alors on passe la masse délayée de nouveau à travers un tamis de soie, on la laisse déposer dans de grandes cuves ; on sépare l'eau sans troubler le dépôt, on le pétrit ensuite et le moule en bâton pour le plus fin, en masses pour le plus grossier, et on le laisse sécher à l'air. Tel est le moyen général de lévigation qu'on applique à toutes les substances analogues que l'on désire aussi divisées que possible.

Pour le fabriquer près de Paris, on prend souvent de la craie de Meudon en pains. On l'écrase sous une paire de petits cylindres. La poudre passe dans un blutoir à trous très-petits. Après ce tamisage, la *craie* est livrée au commerce en poudre très-fine.

CAUSES D'INSALUBRITÉ. — Aucunes.

CAUSES D'INCOMMODITÉ. — Grandes quantités d'eaux de lavage. Poussière pendant le tamisage.

Action de cette poussière sur la santé des ouvriers.

PRESCRIPTIONS. — Avoir à la disposition de la fabrique une grande quantité d'eau.

En diriger l'écoulement dans un égout ou un cours d'eau.

Ne jamais en permettre la stagnation dans la cour de l'établissement ni sur la voie publique.

Ne point embarrasser les chemins publics par les baquets à lexivation.

Si les ouvriers souffraient de l'action de la poussière pendant l'opération du tamisage, leur faire porter un masque.

Ventiler convenablement l'atelier où le tamisage a lieu. — Avoir une cheminée d'appel dans cet atelier.

BLANC DE PLOMB. Voir *Plomb*.

BLANC DE ZINC. Voir *Zinc*.

BLANC DIT CHAMPÉ (FABRIQUE DE) (3ᵉ classe).

DÉTAIL DES OPÉRATIONS. — Ce produit, sur lequel quelques rapports ont été demandés aux conseils d'hygiène de la Seine, n'a pas été toujours trouvé composé de la même manière.

Quelquefois c'est de l'oxyde de zinc mêlé à de l'huile. On le met dans un manége pour y être broyé entre deux cylindres. Puis, réduit en pains, il est vendu pour être employé en peinture.

D'autres fois, c'était un mélange de sulfate de baryte ou de carbonate de chaux. On le destinait dans la peinture à remplacer le carbonate de plomb.

Sous ce rapport, ce produit se rapprochait des éléments ordinaires de la peinture au blanc de plomb, qui dans le commerce, et pour toutes les qualités moyennes ou inférieures, contient toujours du sulfate de baryte. Il n'y a que le nº 1 *surfin* qui n'en renferme pas.

CAUSES D'INSALUBRITÉ. — Aucunes.

CAUSES D'INCOMMODITÉ. — Bruit des cylindres.

Poussière du broiement et du tamisage.

PRESCRIPTIONS. — Les seules qui regardent la propreté de la voie publique et l'écoulement régulier des eaux, attendu qu'ici il n'y a pas de fabrication d'un produit spécial, mais mélange, sans inconvénient, de substances déjà préparées. (Voir *Plomb* et *Zinc*.)

BLANCHIMENT, BLANCHISSAGE. Voir *Lavoirs*.

BLEU DE PRUSSE.

Bleu de Prusse (Fabrique de), quand on ne brûle pas la fumée et le gaz hydrogène sulfuré (1ʳ classe). — 15 octobre 1810. — 14 janvier 1815.

Bleu de Prusse, quand on brûle la fumée et le gaz hydrogène sulfuré (2ᵉ classe).

Bleu de Prusse (avec changements de procédés).

Bleu de Prusse d'outre-mer artificiel (3ᵉ classe).

DÉTAIL DES OPÉRATIONS. — Le bleu de Prusse présente de nombreuses variétés qui sont toutes des combinaisons différentes du protocyanure et du sesquicyanure de fer avec de l'oxyde et même avec des cyanures doubles. On l'obtient par double décomposition du cyanoferrure de potassium et d'un sel de fer; la fabrication du cyanoferrure est tellement liée à celle du bleu de Prusse, qu'elle va être décrite en même temps :

Cyanoferrure de potassium.

Ce sel, nommé encore *prussiate jaune*, cristallise en gros prismes jaunes hydratés, inaltérables à l'air. Il est soluble dans quatre fois son poids d'eau froide et dans la moitié de son poids d'eau bouillante ; il est insoluble dans l'alcool. Il se décompose par la chaleur et donne du cyanure de potassium.

Il fournit du cyanoferride de potassium quand on le traite par le chlore, de manière que la liqueur ne précipite plus les sels de fer au maximum ; il est en cristaux rouges, anhydres et plus solubles que ceux du cyanoferrure ; on le nomme encore *prussiate rouge*.

Fabrication. — On l'obtient en calcinant dans des cornues en fonte, semblables à celles du gaz, ou dans des vases de formes différentes, les résidus charbonneux de la distillation des matières animales, avec la moitié de leur poids de carbonate de potasse aussi exempt de sulfate que possible. On emploie le sang desséché, les rognures de cornes de sabots, qui fournissent un charbon très-azoté ; on dissout quelquefois la potasse dans une faible quantité d'eau pour opérer un mélange plus intime.

On remplit à peu près à moitié la cornue avec le charbon potassé, on chauffe graduellement jusqu'au rouge, et on maintient cette température pendant plusieurs heures. On a soin d'enlever la plaque qui termine le cylindre de manière à pouvoir de quart d'heure en quart d'heure brasser rapidement la masse avec un ringard en fer. Les *gaz* se dégagent et viennent brûler à l'entrée de la cornue ; ils diminuent de plus en plus à mesure que l'opération s'avance. En présence de la potasse, l'azote et le carbone se combinent pour donner lieu à du cyanogène qui s'unit à la potasse et forme du cyanure de potassium.

Ce cyanure de potassium, au contact de la fonte, se convertit en cyanoferrure : cette soustraction du fer de la cornue l'amincit tellement, qu'en un nombre restreint d'opérations la cornue se trouve percée; on est obligé de lui faire faire demi-tour et de fermer les trous avec de la tôle maintenue à l'aide du ciment de fer. On a cherché à diminuer la rapide destruction des cornues en mélangeant à la masse soumise à la calcination une certaine quantité de fer divisé, mais on n'obtient pas des résultats bien avantageux.

Quand l'opération est terminée, qu'il ne se dégage plus aucun gaz, on puise la matière fondue, et la coule dans des étouffoirs où elle se refroidit à l'abri du contact de l'air et de l'humidité qui l'altéreraient promptement. Après le refroidissement, on la lave à l'eau bouillante, et on filtre le liquide jaune sur des chausses en laine ; cette dissolution peut servir directement à la fabrication du bleu de Prusse; il suffit de l'évaporer et de verser la solution dans des cristallisoirs en bois pour obtenir le cyanoferrure de potassium sous la forme de cristaux, Par des cristallisations successives, on arrive à l'obtenir d'une pureté parfaite ; on emploie les eaux mères qui contiennent des chlorures, sulfates, etc., à la préparation d'un bleu de Prusse de bonne qualité.

Quelquefois, pour prévenir la non-combinaison du cyanure de potassium avec le fer, on précipite le tiers environ du cyanure produit par le sulfate de fer et on mêle le tout aux deux tiers de la solution mis en réserve ; on sépare par une première cristallisation le sulfate de potasse qui se trouve dans le cyanoferrure ainsi formé.

Le cyanoferrure se prépare encore :

1° En décomposant le bleu de Prusse par la potasse;

2° En décomposant le cyanoferrure de potassium par une légère chaleur ;

3° En traitant par l'acide cyanhydrique ou le cyanhydrate d'ammoniaque un mélange de potasse et d'oxyde de fer ;

4° En faisant passer les gaz provenant de la calcination des os sur un mélange de charbon, de fer et de carbonate de potasse.

5° En faisant passer l'air sur un mélange de charbon et de carbonate de potasse et traitant le produit qui en résulte par l'oxyde ou le carbonate de fer. L'air est dépouillé de la plus grande quantité de son oxygène par un passage dans une couche épaisse de coke incandescent avant d'arriver au charbon potassé. Ce procédé mis en pratique sur une grande échelle n'est pas usité en France, et présente peu d'avantages, il ne sera pas décrit plus longuement.

Bleu de Prusse.

Les bleus de Prusse se divisent en bleus de Paris et bleus de Prusse; ces derniers contiennent des proportions variables d'alumine. On emploie le cyanoferrure bien cristallisé, pour le beau bleu et la solution première, ou même les eaux mères de cristallisation pour les qualités inférieures. On fait usage du sulfate de fer bien privé de cuivre pour empêcher que le bleu ne prenne une teinte olivâtre ; on peut enlever au sulfate de fer le sulfate de cuivre qu'il contient en le faisant bouillir avec de l'acide sulfurique sur de la tournure de fer. On laisse suroxyder partiellement à l'air le sulfate de fer avant d'opérer la précipitation par le cyanoferrure. On fait aussi usage d'azotate de sexquioxyde de fer, qui donne un bleu magnifique.

Avec le sulfate de sexquioxyde, on a directement du bleu de Prusse; avec le sulfate de protoxyde, on n'a qu'un précipité blanc qui bleuit immédiatement par suroxydation du fer au contact de l'air ; on a conseillé, avec juste raison, de laver le précipité obtenu avec de l'hypochlorite de chaux, puis avec un peu d'acide chlorhydrique, enfin avec de l'eau pure, pour avoir une belle nuance. Ce bleu de Prusse ainsi lavé est susceptible de se dissoudre dans l'acide oxalique (le sixième de son poids), et de constituer une encre bleue.

On peut encore décomposer le sulfate de fer dans un fourneau : on obtient du peroxyde de fer. Celui-ci est dissous dans l'acide nitrique, et ensuite précipité par l'ammoniaque. On a alors un peroxyde de fer pur que l'on redissout dans l'acide hydrochlorique, et dans cette dissolution on ajoute le ferrocyanate de potasse du commerce. On n'a plus qu'à laver le bleu de Prusse, et à le sécher pour le façonner en boules.

Il faut, dans tous les cas, employer une solution acide du sel de fer, afin de neutraliser la potasse qui est en excès dans la plupart des solutions de cyanoferrure; on évite ainsi la précipitation d'une certaine quantité d'oxyde de fer qui altère beaucoup les nuances. Quand on sature la dissolution de cyano-ferrure brut par un acide, il peut y avoir dégagement d'hy-drogène sulfuré; c'est pour éviter de le laisser dégager dans l'atelier qu'on a proposé d'opérer la saturation dans un ton-neau fermé par un couvercle, muni d'un tuyau qui amène le gaz sous le cendrier du fourneau pour le brûler. A l'aide d'un entonnoir, on introduit l'acide et avec un agitateur on met le liquide en mouvement : à Berlin, le carbonate de potasse du cyanoferrure brut employé est neutralisé, non point par un acide comme en France, mais par l'alun, ce qui donne lieu à un précipité d'alumine qui se mêle au bleu et peut en dimi-nuer la beauté.

On désigne sous le nom de *bleu de Prusse en pâte* le bleu encore humide qu'on emploie directement dans les fabriques de papiers peints, à cause des difficultés que présente la pulvé-risation du bleu séché.

Le bleu obtenu en traitant le sulfate de protoxyde par le cyanoferrure s'appelle *bleu de Prusse basique*.

Le bleu obtenu en précipitant un sel de fer au maximum par un grand excès de cyanoferrure est insoluble dans l'eau char-gée de différents sels et soluble dans l'eau pure. C'est le *bleu de Prusse soluble*.

Le bleu obtenu en précipitant les sels de fer au minimum par le cyanoferride de potassium est connu sous le nom de *bleu de Turubull* : il est plus clair que le bleu de Prusse ordinaire.

Le bleu de Prusse en pâte est employé dans la fabrication des papiers peints et pour la coloration des allumettes chi-miques. On achète, dans ces cas, tout fait dans le commerce, le cyanoferrure de potassium, et on se borne à le décomposer par le sulfate de fer.

Un procédé de fabrication *qui est sans inconvénients* consiste à mélanger une dissolution de potasse cristallisée avec une dissolution de sulfate de fer.

Bleu d'outre-mer.

Le *bleu d'outre-mer* artificiel se fabrique en calcinant pendant cinq à six heures, à une température du rouge sombre, des substances non volatiles, sauf une petite quantité de soufre (substances dont le secret est breveté); la matière obtenue est broyée et lavée à grande eau. La substance soluble entraînée par l'eau est un sel de soude inoffensif, surtout quand elle a été mélangée à l'eau en grandes quantités.

CAUSES D'INSALUBRITÉ. — Odeur désagréable et insalubre dans le premier cas (1re classe).

Aucunes dans le deuxième (2e classe).

CAUSES D'INCOMMODITÉ. — Dans le cas seulement où on prépare le cyanoferrure de potasse.

Dégagement d'odeurs fétides ammoniacales.

Odeur provenant de l'accumulation et dépôt de matières animales putréfiées.

Quand on mélange le bleu de Prusse par le mélange direct d'une solution de prussiate de potasse (hydro-cyanoferrate de potasse) avec les sels de fer et d'alun, ni fumées ni vapeurs.

Autrement, fumées et vapeurs.

Dans tous les cas, écoulement d'eau de lavage.

PRESCRIPTIONS. — Isolement de l'usine.

Cheminée haute, dans les cas de production de gaz et vapeurs, destinée à porter très-haut ces vapeurs et les gaz.

Brûler les produits volatils, en conduisant dans un foyer les gaz résultant de la calcination et de la saturation. — Faire communiquer ce foyer avec une cheminée de vingt-cinq à trente mètres de hauteur. — Construire le fourneau en briques et fer.

Ne jamais permettre de puisard. — Donner aux eaux de lavage un écoulement facile dans un égout ou dans un cours d'eau.

Ne pas laisser les eaux de lessive séjourner dans les ateliers ou sur la voie publique.

BOIS. Voir *Combustibles* (*Industrie des*).

BOISSONS FERMENTÉES (INDUSTRIE DES).

Brasseries (3ᵉ classe). — 15 octobre 1810. — 14 janvier 1815.

DÉTAIL DES OPÉRATIONS. — La bière est une boisson plus ou moins alcoolique, résultant de la saccharification des matières amylacées et de leur transformation en alcool, après une addition des principes aromatiques et amers du houblon.

L'orge est à peu près la seule des céréales employées à la fabrication à cause de son bas prix et de sa richesse en matière amylacée, on y ajoute quelquefois de l'avoine non germée, comme dans la bière de Louvain. On remplace souvent une partie de l'orge par de la mélasse ou de la glucose, même par du sucre brut. La glucose obtenue par l'acide sulfurique contient souvent assez de sulfate de chaux pour rendre la bière qui en proviendrait malsaine et désagréable ; la bière faite avec les matières sucrées est toujours moins bonne, plus sèche, mais moins altérable.

Le houblon, récolté quand il n'est encore que jaune verdâtre et non parfaitement mûr, est odorant, contient une huile essentielle dans deux glandes jaunes situées à la base de chaque bractée ; on le conserve en le desséchant à l'étuve à trente degrés au plus, et le comprimant au moyen d'une presse hydraulique, ou même seulement dans des sacs. Son principe amer a souvent été remplacé frauduleusement par d'autres substances, mais ce n'est pas ici le lieu de parler de ces fraudes.

Maltage. — L'orge qui doit servir de base à la bière est soumise à un *mouillage* dans de grandes citernes au moyen d'une quantité d'eau suffisante pour que les bons grains se précipitent, tandis que les mauvais et les impuretés viennent surnager ; on prolonge le mouillage jusqu'à ce que les grains se ramollissent.

La *germination* a pour but de faire développer la diastase pour la faire servir à transformer l'amidon en glucose.

Le *germoir* est une grande pièce à température sensiblement constante de quatorze à seize degrés, et ordinairement une cave bien dallée. Ou y place l'orge mouillée en tas de trente-cinq centimètres de hauteur, elle prend son volume maximum en vingt-quatre heures ; on étend le tas dès qu'on voit une pro-tubérance blanchâtre, de manière qu'à la fin de la germination la hauteur ne soit plus que de dix centimètres. La masse est retournée deux ou trois fois par jour pour rendre uniforme la chaleur et le développement des germes.

Il faut l'arrêter quand la gemmule a atteint un développement égal aux deux tiers de la longueur du grain. La diastase pro-duite est alors plus que suffisante pour opérer la transformation de l'amidon. Pour arrêter la germination on dessèche prompte-ment à l'air libre l'orge germée ; on l'étend en couches peu épaisses sur un grenier jusqu'à ce qu'elle ne mouille plus les mains quand on la presse, ce qui arrive au bout de quelques heures. Arrivée à ce point, on achève la dessiccation sur l'aire de la *touraille*, où un courant d'air chaud enlève toute l'humidité et tue la jeune plante dans son germe ; cette touraille se compo-sait autrefois d'une plate-forme horizontale de cinq à six mètres de côté en tôle finement percée ou en toile métallique, solide-ment appuyée par des traverses; le grain y est étendu sur une épaisseur de dix à quinze centimètres. Cette plate-forme repose sur une maçonnerie en forme de trémie ou de pyramide ren-versée dont la partie inférieure est occupée par un foyer sur-monté d'une voûte pour préserver du rayonnement direct et activer la combustion. Une deuxième voûte recouvre la pre-mière; les produits de la combustion s'y rendent pour se ré-pandre ensuite dans la trémie par des ouvertures réservées dans les pieds-droits; des courants d'air froid réglés à volonté permettent d'y entretenir une température à peu près con-stante. Il faut éviter l'emploi des combustibles donnant beau-coup de fumée et même empêcher l'accès des produits de la combustion dans la trémie, en les faisant circuler dans des tuyaux en zigzags pour éviter l'odeur de la fumée et la conduire en dehors. On peut avec avantage placer une deuxième grille à un mètre vingt centimètres de distance de l'autre; le grain commence à s'y dessécher avant d'arriver à la seconde, où la température est plus élevée, et produite par un calorifère à air chaud de manière à éviter la présence des produits de la combustion.

Les étuves à fécule, à air chaud ou chauffées par circulation de vapeurs, peuvent servir à la dessiccation du *malt* ou orge germée; il faut toujours ménager un courant d'air assez vif pour entraîner la vapeur d'eau et empêcher une trop grande élévation de température.

Le malt sec est débarrassé de ses radicelles dans un *tarare* à brosses et à ventilateur, ou même en piétinant dessus quand il est encore chaud, au moyen de sabots garnis d'une large semelle de cuir. Les *touraillons* ou déchets du malt sont employés comme engrais. Le malt est surtout produit au printemps et en automne à cause de la température favorable de ces saisons; de là vient le nom de *bière de mars*.

La mouture s'opère dès que les grains ont repris leur eau naturelle; on fait usage de meules en pierre, maintenues à distance suffisante pour détacher les enveloppes, concasser le grain sans trop le briser. Le malt peut être moulu aussi entre deux cylindres en fonte; il faut n'opérer la mouture qu'un petit nombre de jours avant la saccharification. Quelquefois, on torréfie une partie du malt de manière à la caraméliser, pour obtenir diverses sortes de bière.

Brassage. — La saccharification ou première trempe a lieu dans de grandes *cuves-matières* munies d'un double fond placé à quelques centimètres au-dessus du premier, et percé d'un grand nombre de trous. Ce faux fond supporte l'orge, permet l'introduction et la sortie du liquide; entre les deux fonds, se trouvent le robinet de vidange et un tube d'arrivée d'eau chaude. La cuve peut être à volonté fermée en partie ou en totalité.

Le malt est versé sur le faux fond; on fait arriver au-dessous une fois et demie son poids d'eau à soixante degrés, et l'on brasse, soit à bras d'homme, soit à l'aide de *fourquets*, sorte de fourches dont les dents courbes se réunissent au bout. On emploie encore des dents courbes en fer, assemblées en croisillons sur deux ou trois axes horizontaux tournant sur eux-mêmes et autour d'un axe vertical au milieu de la cuve-matière ; on fait aussi usage d'agitateurs mécaniques, semblables à ceux-ci, dans les grandes fabrications.

Quand le malt s'est hydraté et a déjà pendant une demi-heure de repos cédé une partie de ses principes solubles, on fait arriver une quantité d'eau à quatre-vingt-dix degrés, suffisante pour ramener la température du mélange à soixante-dix degrés. On brasse de nouveau, on ferme la cuve et laisse la réaction se continuer pendant trois heures.

La diastase change en glucose presque tout l'amidon, le liquide qui en résulte porte le nom de *moût*, on le soutire dans une cuve plus petite nommée reverdoire, d'où une pompe ou un monte-jus l'élève dans les chaudières ou s'effectue la décoction du houblon. La quantité d'eau employée au brassage dépend de la quantité de bière que l'on veut obtenir.

Pour épuiser le malt et lui enlever tout son amidon à l'état de glucose, on introduit dans la cuve-matière environ la moitié de l'eau que l'on y avait introduite dans la *première trempe* et on procède à la *seconde trempe :* un nouveau brassage, puis un nouveau repos d'une heure achèvent la saccharification ; on soutire le moût et le réunit au premier dans la chaudière à houblon. On a quelquefois recours à une *troisième trempe,* qui a lieu comme la seconde ; il faut favoriser la réaction en maintenant la température très-voisine de soixante-quinze degrés.

La *drèche* ou malt épuisé contient encore 12 pour 100 environ d'amidon et une assez grande quantité d'autres principes alimentaires, ce qui la fait employer à l'alimentation des vaches laitières et autres animaux.

La décoction du houblon s'effectue ordinairement dans des chaudières ouvertes, qui servent aussi à chauffer l'eau des trempes. Le houblon y perd pendant l'ébullition une partie de son huile essentielle, aussi commence-t-on à le remplacer par des chaudières closes, comme des générateurs de vapeur, munies d'un agitateur mécanique.

Pour enrichir le moût, on avait autrefois recours à la concentration : on a bien plus d'avantages à employer la glucose préparée à l'aide de la diastase, ou les mélasses clarifiées, ou enfin les sucres de basse qualité. Il serait sans doute avantageux d'employer la vapeur d'eau à haute pression pour la cuite comme pour l'évaporation des liqueurs destinées au brassage.

Le moût houblonné est abandonné pendant une heure, et décanté au moyen d'un robinet, afin de l'obtenir d'une limpidité parfaite. Dans certaines usines, on fait filtrer le moût dans une caisse de fonte, à double fond percée de trous, où le houblon sert lui-même de matière filtrante. On le fait ensuite refroidir le plus promptement possible jusqu'à la température ordinaire, afin d'éviter son altération ; on employait autrefois de grands bacs qu'on ne remplissait qu'à une hauteur inférieure à quinze centimètres, mais la grande surface exposée à l'air favoriserait la fermentation acide ou visqueuse que l'on voulait à tout prix éviter. On a remplacé avec succès ces bacs par des réfrigérants agissant par circulation d'eau froide ; généralement on fait usage de tubes concentriques dans lesquels l'eau froide circule en sens inverse du liquide chaud, de manière à donner un échange de température méthodique. Les réfrigérants ont des formes variables ; ils doivent être faciles à nettoyer, afin d'empêcher l'altération du métal qui est presque constamment le cuivre rouge étamé.

Le moût refroidi est versé dans la cuve à fermentation appelée *guilloire*; elle est susceptible d'être fermée à volonté, en ayant soin de réserver, par une bonde hydraulique, une issue qui laisse échapper l'acide carbonique sans donner accès à l'air. Pour déterminer la fermentation, on ajoute au moût deux à quatre kilogrammes de levure par mille litres de moût, selon la saison.

La fermentation doit s'accomplir dans un atelier dont la température est d'environ vingt degrés, et dont l'air se renouvelle facilement pour enlever l'acide carbonique dégagé, qui pourrait nuire aux ouvriers. La première fermentation dure de vingt-quatre à quarante-huit heures, elle fournit une écume blanche abondante qu'on fait couler dans un réservoir spécial; le liquide qui en provient est versé de nouveau dans les cuves au moyen d'une pompe.

La fermentation de la bière qui doit être rapidement consommée s'achève dans des quarts, tandis que la bière de garde subit pendant plusieurs semaines une seconde fermentation dans de grands foudres de vingt, cinquante et même de cent hectolitres.

Quant à la bière soutirée dans les quarts, elle recommence une nouvelle fermentation et rejette abondamment par la bonde une écume blanchâtre. Celle-ci tombe dans un caniveau pour se rendre dans un réservoir où elle fournit une grande quantité de liquide qui sert à remplir les quarts; cette longue fermentation évite le collage.

L'écume qui surnage contient la *levûre;* on la soumet à la presse pour la séparer du liquide interposé qu'elle retient encore; on remplit les quarts après douze heures de fermentation, on les laisse rejeter le *bouquet,* écume blanche et légère qui indique la fin de l'opération aux brasseurs qui bondonnent et livrent aussitôt la bière. On colore la bière avec le caramel de glucose, qui est préférable à l'emploi des *infusions de chicorée* et du caramel obtenu à l'aide de mélasses inférieures, qui donnent une saveur empyrameutique. On la clarifie à l'aide des pieds de veaux, pendant la cuisson des moûts. Il faut que ces pieds mis en chaudière soient très-frais. Il ne reste plus qu'à coller la bière rendue à destination, soit avec de la colle de poisson ou de la belle colle de Flandre, employée seule ou avec le concours de l'alun. Il vaut mieux se priver de ce sel, et, la colle de poisson de Russie étant trop chère, se servir d'ichtyocolle française dont la base est un des congénères de la gélatine.

La levûre provient de la matière azotée du moût, elle augmente avec elle; on l'emploie à produire la fermentation alcoolique et la fermentation panaire; il faut l'employer fraîche à cause de son altération éminemment facile; on peut du reste la dessécher à une température de trente degrés, sur une aire en plâtre.

CAUSES D'INSALUBRITÉ. — Rien dans la fabrication ordinaire de la bière n'est insalubre; cela ne peut arriver que si pour la clarifier on s'est servi d'un sel de plomb,—ou si, pour la faire circuler dans la fabrique, on a fait usage de tuyaux en plomb;—ou bien encore, si, malgré toutes les défenses qui ont été faites, on a remplacé, pour donner de l'amertume à la bière, le houblon par l'*acide picrique* ou de la *strychnine*, ou par une substance obtenue à l'aide de la réaction de l'acide azotique sur la résine blanche.

CAUSES D'INCOMMODITÉ. — Fumée des cheminées.

Odeur développée pendant l'ébullition du houblon.

Danger d'asphyxie pour les ouvriers, si l'on ne ventile pas convenablement les chambres où s'opère la fermentation.

Écoulement d'eau considérable.

Embarras de voiture et de tonneaux sur la voie publique.

PRESCRIPTIONS. — Ne laisser exercer la brasserie que par ceux qui ont fait preuve de connaissances positives dans cet art (anciens règlements). (Voir *Statuts des brasseurs*, 16 mars 1750 et février 1780.)

Proscrire dans la fabrique tous les tuyaux qui seraient en plomb, en zinc ou en cuivre.

Se servir préférablement de tuyaux en étain, qui ne contiendront pas plus de 16 pour 100 de plomb. Ils seront assujettis par les soins du fabricant au contrôle du titre exercé pour les mesures de capacité. Néanmoins les industriels restent libres de choisir, pour leurs tuyaux, telle matière inoffensive qu'ils jugeront convenable (gutta-percha, caoutchouc, tuyaux collodionés, tuyaux de plomb étamés).

Établir un léger renouvellement d'air dans le germoir, afin d'écarter pour les ouvriers forcés d'y entrer le danger d'asphyxie résultant de la grande quantité d'acide carbonique qui se dégage pendant l'acte de la germination.

Ventiler énergiquemnt l'atelier où se font les décoctions de houblon.

Couvrir les chaudières destinées à cette ébullition, afin de ne pas perdre l'huile essentielle qui s'évapore.

Recueillir toutes les vapeurs sous une grande hotte et les faire passer, soit dans une cheminée haute, soit dans la cheminée du foyer.

Brûler la fumée du foyer selon les ordonnances, et diriger ce qui n'a pu être empêché dans une cheminée haute de trente mètres.

Avoir dans la fabrique une grande quantité d'eau disponible, afin de pouvoir tenir les ateliers et la cour en parfait état de propreté.

Ne jamais laisser séjourner dans les cours des débris, soit de l'ébullition du houblon, soit de la germination de l'orge.

Faire enlever avec soin tous ces débris.

Conduire toutes les eaux de la fabrique dans l'égout le plus prochain, par une pente et par des ruisseaux convenablement établis.

Mettre un diaphragme ou grille à mailles très-serrées à la sortie des eaux de la fabrique, afin que celles-ci ne contiennent pas au dehors des débris de matières végétales susceptibles d'entrer en fermentation.

Jeter beaucoup d'eau ordinaire dans les eaux de fabrication avant de les laisser écouler au dehors, afin d'en diminuer la coloration.

S'astreindre aux prescriptions de police pour casser les glaces pendant l'hiver, le long des ruisseaux où s'écoulent les eaux.

N'user pour la fabrication de la bière que d'eau très-pure. — Écarter celle qui, comme l'eau du puits de Grenelle à Paris, ayant traversé des terrains argileux et tourbeux, peut donner à la bière un aspect trouble et un goût désagréable. — Il faudrait filtrer ces eaux, ou d'autres analogues, avant de s'en servir.

Document relatif aux brasseries.

CIRCULAIRE DU PRÉFET DU NORD RELATIVE A LA CLASSIFICATION DE LA BIÈRE.

L'article 1er de la loi du 27 mars 1851, adopté dans le but d'obtenir une répression plus efficace de certaines fraudes dans la vente des marchandises, punit des peines portées par l'art. 423 du Code pénal tout individu reconnu coupable d'avoir falsifié des substances ou denrées alimentaires, ou d'avoir sciemment mis en vente des substances ou denrées alimentaires reconnues falsifiées.

L'art. 2 de la même loi dispose que la peine sera de trois mois à deux ans de prison et l'amende de cinquante à cinq cents francs, lorsque les denrées ou substances contiendront des mixtions nuisibles à la santé.

Depuis quelque temps, en exécution de cette loi, des condamnations sévères ont été prononcées par les tribunaux de différents départements, et notamment de la Seine, contre des fabricants de cidre, coupables d'avoir employé, dans la préparation de ce liquide, des procédés dont ils ne connaissaient pas eux-mêmes le danger et qui ont occasionné des accidents graves.

Comme les mêmes procédés produiraient les mêmes résultats si l'on s'en servait pour la préparation de la bière, je crois indispensable de prémunir les brasseurs ainsi que les cabaretiers contre les dangereuses conséquences que pourrait avoir l'emploi des compositions saturnines pour la clarification et le collage des boissons qu'ils fabriquent ou débitent.

En conséquence, à la réception de la présente circulaire, je vous prie, messieurs, de faire connaître à tous les brasseurs et cabaretiers établis dans vos communes respectives, qu'ils doivent s'abstenir avec le plus grand soin de faire usage, pour clarifier les bières, soit du minium, soit de la litharge, soit du sel ou sucre de saturne, associés à la colle de poisson, à la dextrine ou autre excipient, attendu que les liquides préparés au moyen de ces substances, contiennent des parties notables de sel de plomb, et présentent dès lors des dangers réels pour les consommateurs. Vous les préviendrez en même temps que des recherches actives auront lieu, soit par vos soins, soit par les conseils d'hygiène et de salubrité, pour reconnaître si, malgré mes recommandations, on n'aurait pas introduit dans la bière des substances dangereuses que la chimie décèle facilement.

Vous ferez enfin comprendre aux brasseurs et cabaretiers qu'avant de renoncer aux modes de collage et de clarification consacrés par l'usage et dont l'expérience a démontré l'innocuité, pour leur substituer des préparations qui leur seraient préconisées par des personnes étrangères à la science, ils doivent prendre l'avis d'hommes compétents et s'assurer que ces préparations ne contiennent rien de nuisible à la santé.

La loi du 27 mars 1851, que je viens de vous citer, impose à tous les fabricants et débitants une responsabilité très-grande, et l'autorité devrait nécessairement sévir contre tous ceux qui contreviendraient aux sages dispositions qu'elle a édictées.

Je recommande aussi, messieurs, à tous vos soins et à votre sollicitude personnelle l'objet de la présente circulaire, et je vous serai reconnaissant de porter à ma connaissance tous les faits qui, dans cet objet, vous paraîtraient dignes de fixer mon attention, comme intéressant la santé publique

Le préfet du Nord, BESSON.

Je mentionnerai seulement ici certains documents trop étendus pour être insérés, mais qu'on pourra consulter avec intérêt. *Statuts des Brasseurs, 16 mars 1750 et février 1780. Ordonnance sur l'exercice de la brasserie du 2 février 1810. Loi du 28 avril 1816*, où il est prescrit d'étiqueter chaque tonneau.

Cidre naturel et artificiel (3ᵉ classe, par assimilation).

DÉTAIL DES OPÉRATIONS. — Le cidre est une boisson alcoolique obtenue par la fermentation du suc de pommes.

En général, à l'époque de leur maturité, on distingue trois espèces de pommes : les *précoces*, bonnes à recueillir en septembre; les espèces de *maturité moyenne*, qu'on récolte en octobre; enfin, les *tardives*, qui peuvent attendre jusqu'en novembre.

Les variétés de pommes sont très-nombreuses; mais, en raison de la saveur de leur suc, on classe ces variétés en trois catégories : les pommes *acides*, rendant beaucoup de jus, mais clair et très-léger; elles donnent un cidre peu agréable au goût et sujet à noircir (ce qu'on appelle se tuer); les pommes *douces*, elles produisent peu de jus, sans addition d'eau, et fournissent un cidre clair et agréable, tant qu'il est sucré, mais qui devient amer et peu alcoolique lorsque sa fermentation s'avance; les pommes *amères et acres* au goût, elles fournissent un jus très-dense, coloré, qui fermente longuement et produit un cidre généreux dont la conservation est de longue durée.

Les pommes de la seconde classe sont les meilleures pour la fabrication du cidre; elles donnent un suc plus riche en sucre que les autres, plus facile à clarifier et à conserver. Les pommes douces viennent en second lieu, les pommes acides donnent un suc moins sucré et plus difficile à clarifier. En général les pommes qui donnent le jus le plus dense sont presque toujours les plus sucrées et les plus favorables à la fabrication.

La récolte se fait en secouant les branches pour en détacher les fruits mûrs, et achevant par le *gaulage* la récolte des fruits moins mûrs ; la fabrication du cidre doit avoir lieu au moment de la plus parfaite maturation des fruits, environ six semaines après la récolte, parce que la deuxième maturation qui succède à l'abatage augmente encore la quantité du sucre.

Pour obtenir le jus, on a recours à deux opérations successives, le *broyage* ou l'*écrasage*, et le *pressage*.

1° Le *broyage* s'exécute de deux manières : ou par le moulin à broyer ou par la roue qui chemine dans le *tour*.

Le tour est une auge circulaire en bois ou en granit dans laquelle se meut une roue verticale que fait tourner un cheval. On évite ainsi l'écrasage des pepins susceptibles de donner un goût très-désagréable au cidre.

On peut substituer aux meules des cylindres cannelés capables d'être plus ou moins rapprochés à volonté, et alimentés au moyen d'une trémie ; on y passe deux fois la pulpe, afin de la désagréger plus complétement. On pourrait faire usage d'une râpe à betteraves dont les dents de scie seraient plus longues et assez espacées pour ne pas déchirer les pepins ; on obtiendrait une quantité de jus plus considérable : assez généralement on ajoute seize à vingt pour cent d'eau pendant l'écrasage des fruits.

La pulpe qui résulte du broyage est abandonnée à elle-même pendant douze à vingt-quatre heures ; elle devient légèrement orangée à la surface ; le jus se colore, s'éclaircit même et devient plus facile à séparer du marc.

2° Le *pressage* de la pulpe s'exécute au moyen de presses à vis en bois ou en fer ; aussi le jus ne peut-il pas être complétement extrait ; on soumet le marc à une seconde pression avec le quart de son poids d'eau, et on mêle les deux liquides. On a quelquefois recours à une troisième expression, mais le produit en est faible.

La pulpe obtenue par l'écrasage est placée entre des lits de paille et soumise à la presse. Le jus qu'on obtient de la première pression de cette pulpe, sans mélange d'eau, se nomme *gros cidre* ; cette pulpe déjà exprimée est mêlée à de l'eau et soumise de nouveau à la presse, et le jus obtenu de cette seconde, et quelquefois d'une troisième pression, se nomme *petit cidre*.

La nature de l'eau employée influe sur les qualités du cidre obtenu. Il est aisé de comprendre que l'eau stagnante, contenant des matières organiques, doit lui communiquer une odeur détestable.

La fermentation du jus s'accomplit dans des tonneaux debout, où se fait une sorte de *guillage*. Le liquide se clarifie par cette première fermentation ; il dépose ses matières en suspension, et fournit une écume superficielle abondante, en même temps qu'il *se dégage une grande quantité d'acide carbonique.*

Le jus de pommes est composé de beaucoup d'eau, d'une petite quantité de sucre, de ferment, d'albumine, de matière colorante particulière, de traces d'acide acétique, d'acide gallique, de malates de potasse et de chaux, de beaucoup de mucilage, et d'acide malique.

Le jus de pommes est introduit dans des tonneaux de six à sept cents litres de capacité ; il ne tarde pas à y éprouver la fermentation alcoolique qui dure deux à trois mois. Quand elle est terminée, le cidre est clair et peut servir de *boisson*.

Dès que la clarification est produite, on tire au clair dans des fûts de six à huit cents litres, préalablement rincés à l'alcool bon goût, et mieux encore dans les pipes qui ont contenu de l'eau-de-vie ; ces fûts, placés dans une cave et seulement partiellement bouchés, servent à effectuer la *seconde fermentation*, après laquelle le cidre, conservant une saveur douce et sucrée, est bon à être consommé ; il perd bientôt sa saveur sucrée par une dernière fermentation plus lente, devient acide et un peu amer ; il se nomme alors *cidre paré* ou prêt à être bu.

Quand on veut du *cidre mousseux*, on arrête la fermentation quand elle touche à sa fin ; pour cela on le soutire dans des barriques soufrées ; on l'y laisse quelques jours, et, avant que la fermentation recommence, on le met en bouteilles soigneusement ficelées et goudronnées. On pourrait encore ne le laisser fermenter que pendant un mois et le mettre en bouteilles dès que le liquide est éclairci.

On appelle *cidre doux* celui qui n'a pas fermenté.

Le cidre passe assez promptement à un état d'acidité désagréable qui en fait une boisson détestable quand il est vieux et mal conservé; on retarde cette altération par l'addition d'un dixième de cidre doux n'ayant pas subi la fermentation tumultueuse; le cidre est sujet à tourner à la fermentation acide, puis putride; il se colore de plus en plus, brunit, noircit même; on peut l'utiliser en le distillant, dès que la maladie se déclare, afin d'en retirer l'alcool, s'il y a bénéfice.

Le cidre est sujet à passer à la *graisse*, maladie commune aux vins blancs, qui leur donne un aspect glaireux; on l'arrêterait par une addition de tannin pour en obtenir la précipitation à l'état insoluble.

Généralement, le cidre fait pendant l'été est buvable du quatrième au dixième mois. Les meilleurs cidres ne se gardent pas plus de trois ou quatre ans en bon état.

Poiré.

Le poiré est une boisson analogue au cidre, mais plus alcoolique; il n'est point coloré et peut se mêler aux vins blancs légers, auxquels il ressemble beaucoup, pour en assurer la conservation.

On le fabrique de la même manière que le cidre, mais on soumet directement à la presse la pulpe résultant du broyage, afin d'empêcher sa coloration. La fermentation s'accomplit de la même manière, au moyen de la matière albumineuse qui se change en ferment. Il est sujet aux mêmes maladies que le cidre, mais se garde beaucoup mieux que lui.

Cormé.

Les cormes, ou fruits du cormier, donnent une boisson fermentée plus âcre que le poiré, aussi l'emploie-t-on avec le cidre pour empêcher celui-ci de tourner au gras.

On ne pile les fruits que ramollis sur la paille comme les

nèfles, afin d'obtenir un suc plus doux, mais alors en moindre quantité. Il se prépare comme le poiré. (Voir le *Détail des opérations* plus haut.)

Cidre artificiel.

Comme pour toutes les boissons fermentées artificielles, il y a beaucoup de formules pour le composer ; j'en citerai une seule :

Eau.	40 bouteilles.
Cassonade. . . .	1,500 grammes.
Vinaigre.	1 verre.
Fleurs de sureau. .	45 grammes.
Coriandre. . . .	30 grammes.

Abandonner ce mélange jusqu'à fermentation.

CAUSES D'INSALUBRITÉ. — Aucune,

Hors les cas où le cidre aurait été clarifié avec des solutions toxiques.

CAUSES D'INCOMMODITÉ. — Dégagement considérable d'acide carbonique dans les ateliers de fermentation et dans les chambres où les pommes sont accumulées.

Danger d'axphyxie pour les ouvriers ou pour les employés des fermes.

Écoulement des eaux de lavage et de la presse.

PRESCRIPTIONS. — Ne jamais clarifier le cidre avec des solutions d'acétate de plomb et de carbonate de potasse. (Le cidre dissout le carbonate de plomb.)

Comme pour la bière, ne jamais se servir de conduits ou vases en plomb pour l'écoulement des jus.

Ne jamais laisser coucher aucun ouvrier dans les ateliers de fermentation et dans les hangars où se trouvent accumulés des tas de pommes.

Aérer et ventiler convenablement ces ateliers.

(Dans le cas où l'on soupçonnerait la présence du plomb, essayer le cidre avec une solution d'hydrosulfate de soude.)

Voir plus haut, à l'article *Brasseries*, le détail des *prescriptions ordonnées pour les fabriques de bière.*

Boissons artificielles dites alimentaires.

La cherté du vin a donné lieu, il y a quelques années, à de nombreuses demandes pour la vente de boissons artificielles.— L'autorité s'est toujours prêtée à cette fabrication, toutes les fois que ces boissons ne contenaient rien d'insalubre. Il faut donc pour cela qu'elles soient toutes soumises au contrôle des conseils d'hygiène.

Je vais donner ici les formules d'un assez grand nombre de ces boissons :

Eau. . . . . . . 25 litres.
Raisins secs. . . . 5 kilogr.
Gomme.. . . . . 50 grammes.
Genièvre . . . . . 20 —
Sel marin . . . . 50 —
Quatre fleurs. . . 20 —
Fleurs de sureau. . 5 —
Vinaigre d'Orléans. 1/10°

—

Sucre . . . . . . 30 kilogr.
Crème de tartre. . 400 grammes.
Acide tartrique. . 200 —
Sciure de chêne. . 1 kilogr.
Noix de galle. . . 80 grammes.
Iris, sureau, co-
riandre, de cha-
que. . . . . . 400 —
Levûre de bière. . 400 —
Eau. . . . . . . 200 litres.

—

CLAIRETTE BORDELAISE.

Raisins secs. . . . 4 kilogr.
Sucre . . . . . . 3 —
Acide tartrique. . 100 grammes.
Coriandre . . . . 100 —

Alcool. . . . . . 1 litre.
Roses trémières. . 250 grammes.
Eau. . . . . . . 100 litres.

—

Houblon. . . . . 5 grammes.
Sucorée . . . . . 5 —
Chicorée. . . . 5 —
Acide tartrique . . 30 —
Cassonade . . . . 1 kilogr.
Esprit-de-vin . . . 1 décilitre.
Caramel . . . . . 25 grammes.
Eau. . . . . . . 20 litres.

—

Eau de Seine. . . 100 litres.
Mélasse de cannes. 4 kil. 500 gr.
Son fin . . . . . 15 litres.
Pommes sèches con-
cassées. . . . . 7 kil. 500 gr.
Raisins secs broyés. 1 kilogr.
Acide tartrique . . 10 grammes.
Tannin.. . . . . 6 —
Fleurs de tilleul. . 300 —
Fleurs de mauve. . 500 —
Levûre de bière. Quantité suffisante.

—

SOMBRICO MOUSSEUX.

Sucre . . . . . . 40 grammes.
Acide tartrique . . 25 —
Fleurs de sureau. . 5 —
Coriandre . . . . 5 —
  Pour 10 litres de liquide rosé, on ajoute, raisins secs, 30 à 50 gr. Fleurs de roses trémières, 5 gr.

—

ŒNOMALE.

Sucre brut. . . . 1 kil. 875 gr.
Vinaigre . . . . . 750 grammes.
Fleurs de sureau. . 24 —
Eau . . . . 30 litres.

—

HYMODGÈME.

Eau . . . . 100 litres.
Baies de genièvre. . 325 grammes.
Sucre . . . . . . 4 kilogr.
Raisins secs. . . . 2 —

Houblon . . . . . 60 grammes.
Coriandre . . . . 500 —
Acide tartrique . . 50 —

—

MIRTHILÈNE.

Eau . . . . 100 litres.
Baies de mirthilène. 250 grammes.
Sucre . . . . . . 2 kilogr.
Raisins secs . . . 1 kil. 500 gr.
Acide tartrique . . 50 grammes.
Vin du Midi. . . . 15 litres.

—

CIDRE DE SUCRE MOUSSEUX.

Eau . . . . 250 litres.
Sucre . . . . . . 12 à 15 kilogr.
Fleurs de roses . . 30 grammes.
Fleurs de violettes. 30 —
Fleurs de sureau. . 15 —
Levûre de bière. . 1 kilogr.
Colorer avec du jus de réglisse.

On trouvera, dans les *Leçons de chimie élémentaire* de M. Girardin (édit. 1846, page 977), un tableau de presque toutes les boissons fermentées usitées dans les divers pays.

PRESCRIPTIONS. — Soumettre toutes ces boissons à l'examen de l'autorité, avant de les mettre en vente publique.

Déclarer que l'autorité ne *s'oppose* pas à la vente, et ne point donner une *approbation* dont on pourrait abuser. C'est donc une simple *tolérance*, susceptible d'être retirée au gré de l'administration.

Défendre de vendre ces boissons sous les noms de *vin*, de *bière*, de *cidre*, ou autres liquides dont la composition est bien connue.

Rappeler aux exploitants qu'ils devront se soumettre aux lois, règlements et dispositions fiscales relatives à la vente des boissons contenant de l'alcool.

Prohiber dans ces boissons toute substance nuisible ou incommode (*Alun, acétate de plomb, buis, en général les sels minéraux toxiques*). S'assurer qu'on n'a pas mis d'*acide sulfurique* au lieu d'*acide tartrique*.

Si, pour la fabrication de ces liquides, il se formait de grands ateliers, soumettre ceux-ci à une ventilation très-énergique, afin de dissiper l'acide carbonique qui tend toujours à se dégager abondamment pendant la fermentation.

BONBONS. Voir *Sucres (Industrie des)*.

BONNETERIES. Voir *Battage des fils et des laines*.

BORATE ET PHOSPHATE D'AMMONIAQUE.

Le phosphate est soluble dans quatre parties d'eau froide et dans bien moins d'eau bouillante ; il devient phosphate acide par l'ébullition. On l'obtient en précipitant le phosphate acide de chaux par l'ammoniaque ; il se forme du phosphate neutre d'ammoniaque et du phosphate de chaux basique insoluble ; le sel évaporé cristallise.

Usages. — Il sert, comme le *borate d'ammoniaque*, à préserver des incendies les décors, tentures, etc., en formant un verre qui empêche toute flamme. (Voir *Ammoniaque* et *Collodion*.)

BORAX.

Le borax ou borate de soude est un sel efflorescent, contenant 47 pour 100 d'eau quand il est cristallisé en prismes, et seulement 30 pour 100 quand il est cristallisé en octaèdres ; il est soluble dans deux fois son poids d'eau bouillante et douze fois son poids d'eau froide, et un peu plus s'il est à l'état octaédrique. Il fond dans son eau de cristallisation, éprouve la fusion ignée au rouge, et, par la propriété qu'il possède de dissoudre à cette température les oxydes métalliques, il sert à souder le cuivre, l'argent, parce qu'il facilite l'adhérence de la soudure, en lui offrant des points de contact dans un état parfait de désoxydation.

L'Inde, la Chine nous fournissent du borax naturel en cristaux assez volumineux, prismatiques, bien déterminés, toujours teintés et plus ou moins sales ; on le nomme tinckal; il provient de l'évaporation de certains lacs; on le raffine comme le borax artificiel.

Borax artificiel (Fabrique de) (3ᵉ classe). — 9 février 1825.

Pour obtenir le borax artificiel, on place dans une grande cuve douze à quinze cents litres d'eau, on la porte à cent degrés, à l'aide d'un courant de vapeur provenant d'un générateur ; on y verse par fractions treize cents kilogrammes de carbonate de soude cristallisé en maintenant la température. On ajoute ensuite *peu* à *peu* douze cents kilogrammes d'acide borique, en prenant soin d'en jeter de *moins* en *moins* à la fois, quand on arrive aux dernières portions, pour éviter les dangers d'une projection de liquide bouillant dû au dégagement considérable de gaz devenu plus abondant. Quand tout l'acide borique est ajouté, on maintient l'ébullition quelques instants, on cesse le jet de vapeur et laisse reposer, en ayant soin qu'à la température de l'ébullition la liqueur marque bien vingt et un ou vingt-deux degrés. On décante après douze heures de repos, de manière à séparer les carbonates provenant de la décomposition des sulfates terreux, et on fait cristalliser la liqueur. On fait écouler les eaux mères après deux ou trois jours, on les concentre après y avoir ajouté de nouveau du carbonate de soude, et, après quatre cristallisations de ces eaux mères, on les maintient à une température de trente degrés, pour empêcher le sulfate de soude de cristalliser en même temps, parce que ce sulfate a son maximum de solubilité à trente-trois degrés. Depuis quelques années, on fabrique du borax avec le borate de chaux naturel venu de l'Amérique du Sud. On le décompose par l'acide sulfurique ou par l'acide chlorhydrique, et l'on se sert de l'acide borique éliminé pour faire le borate de soude à la manière ordinaire.

On fait cristalliser ensemble tous les cristaux provenant des eaux mères pour les avoir plus purs.

Quel que soit le borax qu'on possède, naturel ou artificiel, il faut lui faire subir un *raffinage* avant de le livrer au commerce.

Borax (Raffinage du) (3ᵉ classe). — 14 janvier 1815.

Borax prismatique. — S'il s'agit de produire du *borax prismatique*, on prend une grande cuve en bois, doublée de plomb, chauffée par un courant de vapeur libre, on y met cinq mille six cents litres d'eau, on la porte à l'ébullition. On place le sel en plaques ou en cristaux dans un panier de fer maintenu plongé à la surface de ce liquide au moyen d'une chaîne, on ajoute quatre à cinq kilogrammes de carbonate de soude par cent kilogrammes de borax, et l'on fait dissoudre de la matière tant que la dissolution ne marque pas vingt-deux degrés Baumé ; alors on cesse le courant de vapeur, on laisse reposer deux heures, et l'on soutire dans de grands cristallisoirs fermés qui ne doivent subir qu'un refroidissement très-lent ; les cristaux sont détachés et séchés à une douce chaleur avant d'être livrés au commerce.

Borax octaédrique. — S'il s'agit de produire du *borax octaédrique*, on opère comme précédemment, mais on continue la dissolution du borax jusqu'à ce que la liqueur marque trente degrés Baumé à l'ébullition ; alors on soutire le liquide reposé quelques heures dans des cristallisoirs maintenus à une température de soixante-dix-neuf à cinquante-six degrés. Il faut éviter un abaissement de température inférieur à cinquante-six degrés, sans quoi il se produirait du borax prismatique ; on le détache du cristallisoir et le fait sécher ; il faut le conserver dans un endroit sec, parce que, en absorbant l'humidité, il se change en borax prismatique.

Usages. — Le borax est surtout employé à la soudure des métaux, à la couverte des faïences, à la production des émaux, de certaines porcelaines opaques, et aux essais métallurgiques et chimiques.

On a appliqué le borax de chaux naturel à la couverte de la porcelaine.

Causes d'insalubrité. — Aucune.

Causes d'incommodité. — Dégagement d'acide carbonique pendant la fabrication.

Fumée. — Buées pendant le raffinage.

Danger de projection de liquide bouillant sur les ouvriers, si l'opération est mal conduite vers la fin.

PRESCRIPTIONS. — Construire parfaitement les chambres ou cuves à condensation et à cristallisation pour éviter les fuites. — Surmonter d'un manteau la cheminée où sont les chaudières à raffinage.

S'il se produit de l'ammoniaque provenant de sels étrangers, conduire les gaz dans un récipient contenant de l'acide sulfurique.

Condenser les vapeurs produites, ou les faire arriver à la cheminée qui reçoit les résultats de la combustion du foyer de la machine à vapeur.

Avoir une cheminée haute de vingt-cinq à trente mètres.

Dévorer la fumée.

Veiller à ce que l'écoulement des eaux se fasse convenablement et ne nuise pas à la voie publique.

N'avoir aucun puisard.

BOUCANAGE DES VIANDES. Voir *Conserves des substances alimentaires*.

BOUCHERIES. Voir *Abattoirs*.

BOUGIES STÉARIQUES OU AUTRES. Voir *Suif*.

BOULES PYROPHILES. Voir *Charbon*.

BOUTONS.

Boutons de pâtes. (Voir *Travail du carton*.)

Boutons d'os. (Voir *Dégraissage des os*.)

Boutons d'écaille. (Voir *Travail de l'écaille et de la corne*.)

Boutons métalliques (Fabrication des) (3ᵉ classe). — 15 octobre 1810. 14 janvier 1815.

Boutons métalliques, quand on se borne au laminage et à l'estampage (3ᵉ classe).

Boutons métalliques, quand on y joint le décapage et le dérochage (2ᵉ classe).

DÉTAIL DES OPÉRATIONS. — *Boutons coulés dans des moules métalliques*. — Les boutons les plus ordinaires, c'est-à-dire les boutons en étain, ou en différents alliages très-faibles, comme ceux d'étain et d'antimoine, s'obtiennent en coulant ces alliages fondus dans des moules en fer ou en laiton gravés ou non gravés. On coule souvent l'anneau ou la queue du bouton en même temps que la plaque, mais très-souvent aussi on la forme avec un fil de laiton étamé recourbé sur lui-même et introduit dans le moule de manière qu'il se trouve pris dans le métal fondu.

Boutons coulés dans le sable. — Les boutons formés d'un alliage peu fusible, comme ceux en alliage d'étain et de laiton, auxquels on ajoute quelquefois un peu de zinc pour rendre l'alliage un peu plus fusible, sont en général coulés dans des moules en sable. Pour cela, on emploie un modèle formé de quatre à douze douzaines de boutons isolés, placés sur le même plan, aussi rapprochés les uns des autres que possible et réunis par des petites tiges destinées à former les jets de coulée. On imprime le modèle en sable entre deux châssis ; on enlève ensuite avec précaution le châssis qui a reçu l'empreinte du dessous des boutons ; on enfonce dans chaque empreinte et à une profondeur égale à celle de la saillie qu'on veut leur donner, les anneaux en fil de laiton; on retire le modèle, on assemble les châssis et on coule l'alliage. Après le refroidissement, on démonte les châssis ; on sépare les boutons les uns des autres, on les dépouille du sable adhérent au moyen d'une brosse ; il ne reste plus qu'à en régulariser les bords sur le tour, à les tailler et à les polir en dedans et en dehors en les tenant fixés sur un mandrin.

Boutons de cuivre dorés. — Les boutons en cuivre, en laiton, en tombac dorés, se fabriquent en découpant dans des feuilles laminées, et au moyen d'emporte-pièce, des rondelles de la grosseur des boutons que l'on veut obtenir; on recuit ces rondelles pour les adoucir, et au sortir du four on les frappe à l'aide de coins qui impriment sur leur pourtour le nom du fabricant et leur donnent une forme un peu convexe qui les empêche de s'attacher les uns aux autres pendant la dorure. On soude les anneaux, on polit les boutons sur le tour au moyen d'un brunissoir d'hématite, ou bien on les introduit dans le *tour à brunir*, long tuyau de tôle ou de cuivre percé de trous, et on les y agite comme si l'on brûlait du café, dans les brûloirs ordinaires; puis on les décape. Il ne reste plus qu'à les dorer : pour cela, on met dans un vase en terre une quantité suffisante d'amalgame d'or avec une petite quantité d'acide azotique étendu, puis on agite les boutons avec un pinceau rude jusqu'à ce qu'ils soient recouverts d'une couche uniforme d'amalgame.

Pour préparer cet amalgame, on place l'or laminé en feuilles minces dans un creuset de Hesse, on le porte au rouge, on y ajoute huit fois son poids de mercure, on laisse quelques moments sur le feu jusqu'à parfaite dissolution, et on refroidit brusquement en le coulant dans l'eau, afin de prévenir la tendance qu'il a à se grumeler par un refroidissement lent. L'épaisseur de la couche d'or dépend de la quantité et de la richesse de l'amalgame. On chasse le mercure des boutons recouverts d'amalgame en les chauffant dans une chaudière en fer, ce qui donne lieu à un dégagement très-abondant de vapeurs mercurielles, et rend le travail des plus dangereux. Dans la plupart des fabriques, les vapeurs passent immédiatement de la chaudière dans un large canal en tôle de fer qui communique à une haute cheminée d'appel; celle-ci produit un tirage vif qui entraîne les vapeurs qui n'ont pu se condenser dans le canal en tôle. Au sortir de la chaudière, les boutons sont lavés à grande eau, séchés, enfin, polis sur le tour, avec un brunissoir d'hématite.

Boutons de cuivre argentés ou plaqués. — Les boutons argentés sont découpés à l'emporte-pièce dans des feuilles de cuivre plaqué, en ayant soin de placer le côté de l'argent en dessous, les anneaux sont soudés au chalumeau avec de la soudure de cuivre ; après avoir tourné ces boutons sur les bords en évitant d'enlever de l'argent, et les avoir décapés sur le revers, on les y argente légèrement en les faisant bouillir avec une dissolution de crème de tartre et de chlorure d'argent; on termine sur le tour au brunissoir.

Les anneaux des boutons sont obtenus par un travail manuel très-ingénieux, mais qu'il est inutile de décrire ici.

L'appareil qui sert à découper les boutons peut présenter diverses formes suivant la nature du travail ; c'est toujours une sorte d'emporte-pièce mécanique qui peut dans certain cas refouler assez le métal pour former l'anneau. Il vient frapper contre des poinçons immobiles qui portent ordinairement le nom du fabricant. Des matrices gravées, ajustées dans un châssis mobile et recevant un mouvement de va-et-vient d'un axe moteur au moyen d'un excentrique, découpent le revers des boutons dans un long ruban métallique qui passe avec une vitesse réglée par la machine entre les poinçons et les matrices. Quand le métal doit subir plusieurs chocs, il faut le recuire : pour le fer même, il est impossible de former l'anneau en même temps que la plaque en repoussant le métal, on le fixe alors à la main.

Il faudrait entrer dans une foule de détails purement manuels ou mécaniques pour donner une idée complète de cette industrie; à cause du nombre et de la forme de ses produits.

CAUSES D'INSALUBRITÉ. — Pour les cas où il y a décapage ou dérochage, voir ces articles.

Vapeurs mercurielles pour les ouvriers doreurs de boutons.

CAUSES D'INCOMMODITÉ. — Pour le cas seul de laminage et d'estampage.

Bruit incommode, comparable à celui qui est produit par les batteurs d'or.

PRESCRIPTIONS. — Pour le cas de dérochage, voir *Cuivre* (*Dérochage du*), y ajouter la prescription suivante :

Les vases destinés à dorer par l'amalgame seront munis de dispositions qui conduiront le mercure volatilisé dans un long tuyau, isolé, en fer, communiquant avec une haute cheminée, par un conduit spécial, dans toute l'étendue et la hauteur de cette cheminée.

Pour le deuxième cas seulement :

N'autoriser autant que possible qu'un nombre très-limité de moutons, selon les localités.

Faire placer entre le sol et la pierre qui soutient le mouton des tampons en matière élastique.

Ne laisser établir ces moutons qu'au rez-de-chaussée, et les éloigner toujours des murs mitoyens.

Fermer toutes les ouvertures donnant sur la rue et du côté des voisins.

Limiter le travail de huit heures du matin à neuf heures du soir en hiver, et de sept du matin à neuf heures du soir en été.

BOUVERIES. Voir *Abattoirs*.

BOYAUX.

Boyauderies (1re classe). — 15 octobre 1810. — 14 janvier 1815.
Boyauderies, procédé Labarraque (2e classe).

DÉTAIL DES OPÉRATIONS. — L'art du boyaudier a pour but de débarrasser la membrane musculeuse des intestins de la membrane *interne* ou muqueuse, et de la membrane *externe* ou péritonéale.

Onze opérations successives sont mises en usage dans cet art :

1° *Dégraissage des boyaux*. — Il faut autant que possible la faire sur des boyaux récents pour qu'elle soit plus facile. On met les boyaux de bœufs ou de vaches dans un baquet contenant une quantité d'eau suffisante pour les humecter et faciliter l'action du couteau. L'ouvrier attache par une de ses extrémités un de ces boyaux à une agrafe fixée à deux mètres de hauteur, saisit la portion du boyau qui pend et la fait passer entre le pouce et l'index de la main gauche. Alors, au moyen d'un couteau qu'il tient de la main droite et fait glisser adroitement le long de l'intestin jusqu'à ses doigts, il sépare une partie de la membrane externe avec la plus grande partie de la graisse ; en continuant d'agir avec son couteau, il parvient à dépouiller l'intestin de toute la partie adipeuse. Quand cette partie du boyau est achevée, il défait le nœud, et, tirant une portion de boyau égale à la première, il agit sur elle comme il vient d'être dit, et ainsi de suite. On lave ces ratissures, on les fond pour en séparer la graisse.

2° *Retournage* ou *invagination*. — Les boyaux dégraissés sont jetés dans un cuvier à moitié plein d'eau, l'ouvrier saisit avec sa main droite un des bouts de boyaux, y introduit le pouce jusqu'à une profondeur de cinq centimètres, et à l'aide de sa main gauche fait recouvrir l'index et le médium pressés contre le pouce avec l'autre extrémité du boyau qu'il retourne : au moyen de l'eau il arrive promptement à renverser les boyaux, puis il les assemble au moyen d'une ficelle et d'un nœud coulant.

3° *Fermentation putride.* — Les paquets de boyaux formés de cinq bœufs à la fois sont placés debout dans des tonneaux défoncés; la corde qui soutient chacun d'eux est fixée à l'ouverture du tonneau qui doit être rempli aux trois quarts; la fermentation putride s'établit en deux ou trois jours en été, en cinq à huit jours en hiver, quelquefois davantage; il n'y a d'autre eau que celle qui mouille les boyaux. Il faut laisser la fermentation s'effectuer jusqu'à ce qu'il apparaisse quelques bulles de gaz fétides à la surface; si la fermentation était assez avancée avant le temps où il est possible de continuer le travail, on jetterait un verre de vinaigre dans chaque tonneau pour l'arrêter, permettre la conservation de la matière en empêchant sa désorganisation complète. Cette opération est des plus infectes.

4° *Ratissage.* — La fermentation n'est qu'une opération préliminaire destinée à rendre le ratissage possible; cette dernière opération a pour but d'enlever la muqueuse ou membrane interne. Pour cela, on jette les paquets de boyaux dans une cuve contenant les deux tiers d'eau; on enlève les ficelles, et on prend chacun des bouts pour le faire glisser à l'aide de la main droite entre le pouce et l'index de la main gauche; le pouce sépare la membrane; on retourne le boyau pour soumettre l'autre surface à la même action.

5° *Lavage.* — Les boyaux ratissés sont jetés dans des cuves pleines d'eau, on les agite plusieurs fois par jour en changeant l'eau une ou deux fois en vingt-quatre heures pendant trois jours. On arrive à obtenir des eaux de décantation qui sont claires quoique toujours fétides.

6° *Insufflation.* — Le boyaudier se munit pour cette opération d'une sorte de bavette en cuir, nommée *bouclier*, qui *le préserve de l'humidité* et lui sert à presser le fil pour nouer les boyaux soufflés. A l'aide d'un tube en roseau de treize à seize centimètres de longueur qu'il introduit par l'un des bouts d'un boyau, il insuffle celui-ci et le joint par une ligature à un autre boyau qu'il insuffle à son tour pour lier, comme le précédent, à un nouveau boyau. *L'ouvrier qui est chargé de ce travail se trouve dans une atmosphère infectée par le dégagement continu et abondant de gaz putrides; après trois jours ordinairement il cesse son travail, ses mains pourraient se dépouiller de leur épiderme s'il le prolongeait au delà de ce terme.* Les boyaux mis bout à bout au moyen de ligatures sont portés au fur et à mesure dans un grand baquet rempli d'eau, puis au séchoir.

7° *Dessiccation.* — Les boyaux insufflés sont desséchés sur des perches horizontales, élevées à deux mètres de hauteur sur des piquets; on les étend de manière qu'ils ne se touchent point et les laisse sur les perches pendant deux à cinq jours. Cette opération a lieu au grand air ou sous des hangars quand le temps est défavorable.

8° *Désinsufflation.* — Quand les boyaux sont secs, on les porte dans une pièce humide ou cellier; des ouvrières y percent chaque boyau près de sa ligature, coupent celle-ci, et en pressant le boyau avec la main en chassent l'air qui y est contenu.

9° *Aunage.* — C'est la mise en paquets de quinze à vingt mètres, qu'on laisse à l'humidité jusqu'au soufrage.

10° *Soufrage.* — Il se fait dans une sorte d'étuve de deux mètres de hauteur sur un mètre soixante-cinq centimètres dans les autres dimensions. On dispose cent paquets de boyaux sur des bâtons; s'ils ne sont pas suffisamment humides, on les asperge d'eau avec une brosse ou un balai. Au-dessous on enflamme cinq cents grammes de fleurs de soufre, on ferme hermétiquement la porte, on la lute même afin d'empêcher la sortie de l'*acide sulfureux*. On ouvre quelques heures après la combustion pour donner accès à l'air. Ce soufrage a pour but de blanchir les boyaux, de détruire la plus grande partie de leur odeur et d'empêcher que les mites les attaquent facilement.

11° *Ployage.* — Après le soufrage, les boyaux sont rapportés au cellier, mis en paquets et conservés dans des cases aérées; on les expédie en y ajoutant du camphre, du poivre et d'autres substances destinées à les préserver des insectes. On les porte surtout en Espagne, en Portugal, et en Amérique.

Amélioration dans les procédés anciens. — On a proposé de laver les boyaux à leur arrivée à l'atelier, pour les débarrasser des matières fécales, de les retourner et de les faire macérer pendant une nuit dans une solution très-faible d'eau de javelle. On fait ainsi disparaître toute odeur et on facilite considérablement la séparation de la muqueuse. Labarraque a proposé et fait mettre en pratique le procédé suivant, destiné à remplacer la fermentation putride. — Les boyaux, déjà dégraissés et retournés, provenant de cinquante bœufs, sont mis dans un tonneau; on verse dessus deux seaux d'eau, contenant chacun sept cent cinquante grammes d'eau de javelle à douze ou treize degrés; on peut augmenter la quantité d'eau si les boyaux ne trempent pas assez. On remue le tout et on laisse en macération pendant toute une nuit. La membrane muqueuse se détache alors aussi facilement qu'après plusieurs jours de fermentation putride; et on évite pour les opérations subséquentes toute odeur repoussante.

La *baudruche* est la membrane péritonéale du cœcum du bœuf, quelquefois l'appendice ilio-cœcal du mouton. Après l'avoir séparée du cœcum, on la met dans une solution de potasse caustique très-faible, et on la ratisse sur une planche au moyen d'un couteau. Cela fait, on la laisse dégorger dans l'eau, puis on l'étale sur un châssis en bois pour la faire sécher, on la coupe, on la colle sur un nouveau châssis, et, quand la colle est sèche, on lave cette membrane avec un liquide contenant trente grammes d'alun par litre d'eau. Dès que la dessiccation s'est opérée, on enduit la baudruche avec une dissolution de colle de poisson dans le vin blanc dans lequel on a fait macérer des substances âcres et aromatiques, pour empêcher l'attaque des mites. Après avoir donné ce *fond*, on la recouvre d'une couche de blancs d'œufs et on la découpe; son principal emploi est dans celui qu'en font les batteurs d'or pour laminer ce métal.

Les *cordes* à boyau, et à rémouleurs surtout, sont faites avec des intestins de cheval dépouillés par la putréfaction de leur membrane muqueuse. Arrivés au point convenable de leur putréfaction, on fait entrer par une de leurs extrémités une boule en bois qui termine un piquet fixé sur un établi, et à la base de laquelle sont quatre lames tranchantes disposées en croix. En tirant le boyau en bas, on le partage en quatre lanières ou bandes qui servent en plus ou moins grand nombre à confectionner des cordes, pour une manipulation compliquée qui ne peut trouver place ici.

Les boyauderies les plus insalubres sont celles où l'on traite sur une grande échelle les boyaux de bœuf et de cheval. Les petites boyauderies, dans lesquelles on ne travaille que les intestins du mouton, ont moins d'inconvénients et peuvent être plus facilement tolérées. C'est avec ces derniers que sont fabriquées les cordes à violon. Autrefois l'Italie et le Piémont avaient presque le privilége exclusif de cette industrie. Maintenant on fait en France cet article aussi bien qu'à l'étranger.

Causes d'insalubrité. — Dégagement d'émanations putrides dans les ateliers où se pratiquent le dégraissage, le retournage et la fermentation.

Dégagement d'odeurs putrides, au moment de la vidange des eaux de macération.

Gaz infects dans les ateliers, surtout s'ils ne sont pas bien ventilés.

Odeurs de même nature provenant des dépôts de rognures d'intestins et d'oreillons déposés dans les cours à l'air libre.

Crevasses et gerçures des mains et des doigts chez les ouvriers qui pratiquent le dégraissage. Odeur persistante et état luisant *particulier* de la peau et des lèvres parfois, chez les ouvriers qui insufflent et manient les intestins. Cette odeur pénètre et dure dans la peau des mains, comme l'odeur *sui generis* qui s'attache aux pattes des oiseaux de bassecour, et à certaines parties du tissu cellulaire qui avoisine l'anus.

Causes d'incommodité. — Odeur détestable répandue au loin,

—soit par les ateliers de fermentation ou de travail, — soit par les hangars ou chantiers de dessiccation, et même par les magasins où sont conservés les boyaux prêts à être expédiés. L'odeur *s'incruste* dans les murs et devient, malgré tous les moyens de ventilation et d'assainissement, une cause permanente d'infection.

Écoulement d'eaux fétides et chargées de matières fermentescibles et colorées de sang ou d'autres matières en solution.

PRESCRIPTIONS. —Placer ces établissements à la distance voulue de toute habitation.

Exiger des quantités d'eau considérables, afin de pouvoir pratiquer souvent et abondamment les lavages nécessaires.

Ventiler énergiquement les ateliers de travail et les greniers où sont conservés les boyaux emballés, — mettre dans ces greniers du chlorure de chaux sec dans des assiettes.

Bitumer ou daller le sol des ateliers de fermentation, y faire matin et soir des lotions chlorurées, — y ajouter même quelques gouttes d'acide sulfurique dans des solutions de chlorure de chaux ou de zinc, afin d'opérer plus rapidement et plus instantanément la désinfection.

Hourder à chaux et ciment à la hauteur d'un mètre les murs des ateliers, et y faire de fréquents lavages chlorurés. Les peindre à l'huile ou au blanc de zinc, ou mieux, les recouvrir d'une couche de collodion.

Faire écouler directement les eaux, et par un conduit couvert et souterrain, dans l'égout ou le fleuve le plus prochain.

Dans le cas où cela ne peut avoir lieu, faire construire une fosse étanche dans laquelle toutes les eaux seront recueillies ; recouvrir cette fosse par des planches bouvetées sur lesquelles on jettera dix-huit à vingt centimètres de terre.

Désinfecter ces eaux avec le sulfate de zinc ou de fer avant de les extraire et de les transporter dans des tonneaux à des voiries désignées. Ces opérations ne peuvent avoir lieu que pendant la nuit.

Désinfecter les cuves à macération par des lotions chlorurées (un kilogramme de sulfate de zinc par deux hectolitres d'eau).

Ne jamais permettre de puisards pour ces eaux.

Établir à la sortie des cuves à fermentation ou des ateliers des grilles destinées à tamiser les eaux et à retenir tous les débris de matières animales.

Ne jamais laisser exposer à l'air les oreillons dans le but de les dessécher, avant de les livrer aux fabricants de colle, à moins qu'ils n'aient subi une première dessiccation dans une étuve *ad hoc*.

Ne jamais laisser séjourner dans les cours des débris d'intestins frais ou en putréfaction.

Les faire enlever tous les jours et les transporter, soit de l'abattoir à la fabrique, soit de la fabrique aux voiries ou fabriques de colle, dans des voitures couvertes, très-propres, et chaque jour lavées au chlorure désinfectant. Les peindre en dedans avec du goudron très-sec, et auparavant en charbonner les parois intérieures.

Conseiller aux ouvriers de se graisser les mains avant le travail avec une pommade au sulfate de zinc et de ne pas quitter l'atelier sans se les être lavées avec de l'eau chlorurée.

Ne pas pratiquer dans la boyauderie la fonte des graisses en grand et à feu nu, sans une autorisation spéciale. — N'y fondre que les graisses de la fabrique au bain-marie. — Purifier le suif avec l'alun ou l'acétate de plomb préférablement aux cendres.

Tolérer les boyauderies restreintes, et qui ne traitent que le petit boyau (boyau de mouton), près des habitations, mais avec toutes les prescriptions de propreté et de salubrité indiquées plus haut.

Faire sécher les boyaux préparés sous un hangar à l'abri de la pluie, autant que cela sera possible; autrement entourer de planches hautes l'étendoir.

Envoyer aux fabricants d'engrais tous les résidus gras ou animaux non utilisés.

Préparation en grand des vessies de cochon.

On doit rattacher aux boyauderies l'industrie qui a pour but de préparer en *grand* les *vessies de cochon*. Leur accumulation et leurs diverses manipulations, à peu près semblables à celle des intestins, donnent lieu aux mêmes causes d'insalubrité et d'incommodité. Cette industrie spéciale sera donc placée dans la même classe.

Cordes à instruments (Fabriques de) (1re classe). — 15 octobre 1810. 14 janvier 1815.
Cordes avec des boyaux nettoyés (2e classe).

DÉTAIL DES OPÉRATIONS. — Les cordes à instruments sont fabriquées avec des boyaux de moutons ; on les vide aussitôt l'animal abattu, pour empêcher la coloration que leur communiqueraient bientôt les matières fécales, et l'affaiblissement qu'ils éprouveraient rapidement; on les met en liasse pour les apporter à la fabrique. On les réunit par paquets de dix, pour les faire tremper pendant douze heures dans une rivière courante, ou, faute de rivière, dans des cuviers contenant de l'eau de puits adoucie par deux grammes de carbonate de soude par litre environ, si elle est séléniteuse comme celle de Paris. Après cette macération, on racle les boyaux sur une planche, un à un, à l'aide d'une canne faite avec du roseau, pour en séparer la membrane muqueuse et la membrane péritonéale. Les boyaux sont alors réduits au vingtième environ de leur volume ; on les met par dix dans des terrines, on verse dessus deux litres d'une dissolution de potasse très-faible, puis on les prend un à un pour les passer sous le dé afin d'en séparer la membrane cellulaire et les filaments laissés par le raclage précédent; on répète trois fois dans le même jour, de deux heures en deux heures, la macération dans une lessive alcaline et le passage sous le dé ; enfin on fait à sec un quatrième passage sous le dé. On alterne dès lors les passages à sec avec ceux dans l'eau alcaline, en augmentant chaque jour d'un degré du pèse-sel particulier qu'on emploie, la richesse alcaline de la lessive, de manière à terminer par une liqueur marquant seize degrés qui correspondent à un degré et demi Baumé.

Les boyaux sont alors suffisamment nettoyés; on doit les filer au moment où, déjà gonflés, ils laissent échapper quelques bulles gazeuses et montent sur l'eau ; en attendant trop longtemps, le boyau *tournerait* et serait perdu ; cet accident est le commencement de la putréfaction ; il est bien moins à redouter en hiver. — Les boyaux à filer sont soigneusement triés suivant leur couleur, leur grosseur, leur qualité ; on les file sur des métiers qui portent environ trois longueurs de violon et on fait trois cordes à la fois. Le métier garni de cordes filées est porté au *soufroir*, afin de blanchir les cordes. L'appareil et l'opération se trouvent à l'article boyauderies.

Au sortir du soufroir, on laisse un peu sécher les cordes, puis on les retord en leur faisant subir en même temps une forte tension ; enfin on procède à l'*étrichage* ; c'est-à-dire qu'on frotte environ cinquante fois et d'un bout à l'autre les cordes tendues et mouillées avec la dissolution alcaline, au moyen d'un assemblage de cordes en crin, de manière à avoir un nettoyage et un dégraissage parfaits. On enlève les saletés au moyen d'une éponge ; on soufre de nouveau, pour recommencer le tordage et le soufrage ; enfin on enduit les cordes d'huile d'olive pour les couper et les mettre sous la forme commerciale.

On ne teint ordinairement que les cordes tachées : le bleu s'obtient avec le tournesol de Hollande qu'on met tremper dans une lessive de potasse à un degré Baumé ; il faut alors les isoler des cordes soufrées qui les feraient passer au rouge. — Le rouge s'obtient avec le marc de cochenille, qu'on fait bouillir dans l'eau de potasse à un degré ; on peut soufrer pour augmenter l'éclat.

Les cordes à rémouleur se font avec les intestins de chevaux, traités à peu près de la même manière.

CAUSES D'INSALUBRITÉ. — Odeur putride et gaz infect, dégagés, soit par les boyaux eux-mêmes, soit par les débris des raclures des peaux, quand les boyaux sont apportés dans la fabrique sans avoir été nettoyés. (Voir article *Boyauderie.*)

CAUSES D'INCOMMODITÉ. — Écoulement d'eaux fétides. (De macération et de lavage.)

PRESCRIPTIONS. — (Voir article *Boyauderie.*)

Exiger beaucoup d'eau dans la fabrique.

N'y laisser entrer que des boyaux préparés.

Isoler le soufroir de tous les autres bâtiments, ou des murs, dans la chambre où il est placé, si la fabrique est peu considérable. — Faire ouvrir la porte en dehors.

Document relatif à l'industrie des boyaux.

ORDONNANCE CONCERNANT LES BOYAUDIERS ET LES FABRICANTS DE CORDES A INSTRUMENTS. (Du 14 avril 1819.)

Nous, ministre d'État, préfet de police,

Vu le décret du 15 octobre 1810 et l'ordonnance du roi du 14 janvier 1815, contenant règlement sur les manufactures, établissements et ateliers qui répandent une odeur insalubre ou incommode;

L'avis du conseil de salubrité;

Et la lettre de Son Excellence le ministre secrétaire d'État, au département de l'intérienr du 11 mars 1819.

Considérant que la situation et la disposition des ateliers de la plupart des boyaudiers et fabricants de cordes à instruments, établis dans le ressort de la préfecture de police, présentent des inconvénients sous le rapport du renouvellement de l'air et de l'écoulement des eaux; que ces inconvénients aggravent encore ceux qui résultent, pour la salubrité publique, de la défectuosité des procédés employés par les fabricants pour la préparation des intestins; et qu'en attendant qu'il soit possible de prescrire l'emploi des perfectionnements dont l'art de la boyauderie serait reconnu susceptible, il importe d'obliger les fabricants à prendre les précautions et les mesures propres à diminuer les inconvénients signalés;

En vertu des arrêtés du gouvernement du 12 messidor an VIII (1er juillet 1800), et du 2 brumaire an IX (25 octobre 1800),

Ordonnons ce qui suit :

1. Les demandes en autorisation pour former des établissements compris dans l'une des trois classes de la nomenclature annexée à l'ordonnance du roi du 14 janvier 1815, continueront de nous être adressées.

2. Les emplacements qui seront indiqués, dans les demandes, pour établir des boyauderies ou des fabriques de cordes à instruments, devront être isolés de cent mètres au moins de toute habitation (autre qu'un établissement aussi incommode) et placés, autant que possible, sur le bord d'une rivière ou d'un ru.

A défaut de cours d'eau, il y sera suppléé par un puits en état de fournir abondamment de l'eau.

Il sera joint à la demande en autorisation un plan figuré des lieux et des constructions projetées.

3. En exécution de l'article 1er du décret du 15 octobre 1810, aucune boyauderie et fabrique de cordes à instruments, ainsi que tout autre établissement répandant une odeur insalubre ou incommode, ne peut être mis

en activité qu'en vertu d'une autorisation délivrée dans les formes prescrites tant par le décret que par l'ordonnance royale précités.

4. Tout boyaudier ou fabricant de cordes à instrument, dont l'établissement est en ce moment légalement formé, sera tenu, si déjà son établissement n'en est pourvu, d'y établir sans délai un puits qui puisse fournir, en
toute saison, la quantité d'eau nécessaire à son établissement.

5. Il est expressément défendu d'établir aucun puisard pour recevoir les
eaux de lavage et de macération.

Les puisards existants seront comblés et supprimés dans le plus court
délai.

6. Il est également défendu aux boyaudiers et fabricants de cordes à instruments de faire écouler leurs eaux de lavage et de macération sur la voie
publique, ni sur quelque portion de terrain que ce soit. En conséquence, il
leur est enjoint de recevoir ces eaux dans un tonneau sur voiture, pour être
versées le soir, soit à la voirie, soit dans un égout ou dans une rivière
voisine.

Sont exceptés de ces dispositions et de celles de l'article 4, les boyaudiers
et fabricants de cordes à instruments dont les ateliers sont situés au bord
d'une rivière ou d'un ruisseau naturel, pourvu toutefois que l'écoulement
des eaux puisse y avoir lieu immédiatement, soit par les conduits souterrains,
soit par des caniveaux dallés et bien cimentés, et qui puissent être constamment tenus en bon état de propreté.

7. Les tonneaux destinés à la macération des intestins seront placés sous
un hangar ou dans un atelier qui sera dallé, et, s'il est possible, ouvert à
tous les vents.

Les fabricants dont les ateliers ne seraient pas ainsi disposés seront tenus
d'y pourvoir sans retard.

8. Les contraventions à la présente ordonnance seront constatées par des
procès-verbaux ou des rapports qui nous seront transmis.

Il sera pris envers les contrevenants, dans l'intérêt de la salubrité publique, telle mesure de police administrative qu'il appartiendra, sans préjudice des poursuites à exercer devant les tribunaux conformément aux lois.

9. La présente ordonnance sera imprimée et affichée.

Les sous-préfets des arrondissements de Saint-Denis et Sceaux, les maires
des communes rurales du ressort de la préfecture de police, les commissaires de police à Paris, les officiers de paix, l'architecte commissaire de
la petite voirie, l'inspecteur général de la salubrité et tous les préposés de
la préfecture de police, sont chargés d'en surveiller et assurer l'exécution.

Le ministre d'État, préfet de police, comte ANGLÈS.

BRAI SEC ET GRAS. Voir *Asphalte* et *Résineuses* (*Matières*).

BRAISE CHIMIQUE. Voir *Combustibles* (*Industrie des*).

BRASSERIES. Voir *Boissons fermentées*.

BRIQUETERIES ET TUILERIES.

Briqueteries ou tuileries (2ᵉ classe). — 14 janvier 1815.
Briqueteries ou tuileries avec une seule fournée en plein air par an (5ᵉ classe).

Briques.

Détail des opérations. — Les *briques* sont des pierres artificielles de forme ordinairement rectangulaire, composées d'argile moulée et durcies au feu. Les briques sont fabriquées avec différentes variétés d'argile ; quand celle-ci est pure, c'est-à-dire ne contient que des traces d'oxydes de fer, de chaux, de magnésie..., les briques sont blanches et *réfractaires* aux feux les plus violents produits dans les arts.

Préparation des terres. — L'argile ordinaire, mêlée ou non à du sable fin ou à des marnes sableuses, sert à la fabrication des briques ; on l'emploie quelquefois aussitôt sa sortie de terre, mais il est bien plus avantageux de ne l'extraire qu'en automne, de la laisser l'hiver exposée à la gelée, à la pluie, — et de ne la travailler qu'au printemps. On brise alors les mottes d'argile, on les jette dans des fosses peu profondes, on les arrose et les abandonne au repos pendant quelques jours. On corroie ensuite l'argile humide jusqu'à ce qu'elle possède à peu près la consistance d'un mortier, soit avec les pieds, soit en la faisant piétiner par des bœufs ou par des chevaux, de manière à la rendre aussi homogène que possible et à en séparer les cailloux qui y sont mélangés. On recommence ce travail plusieurs fois de suite en changeant la terre de place chaque fois, de manière à la diviser le plus possible, — afin de rendre encore plus parfaite l'homogénéité de l'argile. On la corroie quelquefois dans des tonnes semblables à celles qu'on emploie dans la fabrication des mortiers, et dans lesquelles un axe vertical en fer, armé de bras inclinés aussi en fer, est mis en mouvement par un cheval ou par une machine ; l'argile, jetée à la partie supérieure, arrive graduellement au bas de la tonne et s'échappe par une ouverture ménagée à la base.

D'autres fois, on opère ce corroyage au moyen de deux cylindres en fonte qui broient la matière à mesure qu'elle vient s'interposer. On emploie même une drague pour puiser la matière dans la fosse et la verser au fur et à mesure dans l'appareil broyeur : si l'argile est trop grasse, on y incorpore du sable ou des cendres de charbon de terre préalablement tamisés.

Fabrication. — Quand l'argile est prête, l'aide ou *porteur* vient la placer au fur et à mesure du besoin sur le banc du *mouleur*, qui la tasse dans un moule en bois ou en fer, enlève le superflu avec une tige en fer, place le moule et la brique sur une plaque saupoudrée de sable fin, et retire verticalement le moule. L'aide porte ces briques sur une aire unie par le pilonnage et saupoudrée de sable, les y pose à plat et les laisse sécher jusqu'à ce qu'elles aient acquis une consistance assez grande pour qu'on puisse les relever de champ sans crainte d'affaissement. Un peu plus tard, on les met en *haies*, c'est-à-dire qu'on en fait des murailles en les plaçant de champ, en laissant entre chacune d'elles un grand intervalle pour donner un libre accès à l'air et amener une prompte dessiccation. On a imaginé un grand nombre de machines pour remplacer le moulage tel qu'il vient d'être décrit, mais on en fait encore peu usage.

Fours. — Les briques sont cuites dans des fours spéciaux ou en plein air. — Les fours ont ordinairement la forme carrée ou la forme rectangulaire ; on en fait peu de ronds et d'elliptiques ; ils sont assez épais et en briques réfractaires à l'intérieur, afin de bien concentrer la chaleur et d'opposer une grande résistance à ses effets. Tantôt ils sont découverts, tantôt ils sont couronnés par une voûte cylindrique percée d'un grand nombre d'ouvertures pour donner issue à la fumée ; les briques à cuire font partie constituante du four dans quelques cas.

Quelle que soit la forme du four, les briques sont toujours espacées pour laisser circuler la flamme et la chaleur du foyer ; on les met presque toutes sur champ. Ces briques reposent sur des voûtes placées au-dessus des grilles du foyer qui font partie du four, mais sont formées quelquefois par les briques à cuire elles-mêmes. Dès que le four est rempli de briques, on mure la porte qui a servi au chargement et on commence par un feu très-doux qui achève la dessiccation des briques ; on augmente graduellement le feu sans jamais dépasser une limite que la pratique indique. La conduite du feu et l'arrangement des briques dans le four sont d'une haute importance pour le résultat et demandent une grande attention.

Cuisson en plein air, au bois, à la tourbe. — Quand la cuisson a lieu en plein air, au bois ou à la tourbe, il faut un peu plus de combustible, mais les frais d'établissement sont considérablement diminués. On commence par disposer les briques de manière à en faire un tas rectangulaire en y ménageant des canaux dans lesquels on charge plus tard le combustible. On recouvre extérieurement ces tas avec une légère couche d'argile maigre mêlée de sable qui supplée aux parois du four, et on étend une couche de terre ou de gazon à la partie supérieure.

A la houille, méthode flamande. — Quand la cuisson a lieu en plein air et à la houille, comme on la pratique presque *exclusivement en Flandre,* on donne aux canaux de chauffe des dimensions beaucoup plus faibles que lorsqu'on fait usage de la tourbe, parce qu'ils ne servent qu'à allumer les tas, et on les remplit de houille à mesure qu'on les ménage. On interpose une couche de houille menue entre chaque couche de briques, on revêt les parois extérieures d'une couche d'argile, on couvre le four avec une couche de terre. On allume la houille qui se trouve dans les canaux de chauffe, l'inflammation se propage peu à peu dans toute la masse ; la fumée, les gaz et la vapeur d'eau s'échappent par les ouvreaux ménagés dans la couverture en terre. On donne quelquefois une forme très-allongée à ces sortes de fours et on les allume à une des extrémités ; on peut retirer des briques cuites et froides à mesure que le feu s'est propagé plus en avant.

Système Tigot. — La cuisson des briques par le système Tigot consiste à malaxer la terre avec un sixième d'une dissolution d'alun, de nitrate de potasse et de soude. Cette dissolution tient en suspension des débris de charbon de bois et de menu coke. Par ce moyen, on n'a pas de fumée, — et il y a très-peu d'inconvénients pour le voisinage.

Tuiles.

La terre qui sert à faire les tuiles est l'argile comme pour les briques : on la mêle presque toujours à une certaine quantité de sable pour empêcher qu'elles se fendent au feu. On varie beaucoup leurs formes. Quand elles sont un peu compliquées, on a recours à des presses à balancier pour les obtenir. La préparation de la terre et le moulage ne diffèrent guère de ce qui est dit à ce sujet à l'article *briques ;* les procédés de fabrication mécanique sont peu employés.

Les tuiles sont quelquefois cuites dans des fours construits exprès, mais très-souvent on les cuit à la partie supérieure des fours à briques, parce qu'elles exigent moins de chaleur, vu leur plus faible épaisseur. Les fours spécialement consacrés à leur cuisson sont de grands bâtiments à parois parallèles, doubles, très-épaisses, entre lesquelles on dispose un mélange de briques et de terre peu conductrices, on les enterre même partiellement dans certains cas. Les tuiles y sont placées sur des arcades formées par des briques et disposées de telle sorte, que la chaleur puisse circuler sans difficulté ; ces fours contiennent environ cent mille briques.

On construit dans certains endroits des fours d'une contenance trois fois plus petites, à murs simples, consolidés par des contre-forts et par un amas de terre. — On cuit toujours au bois.

Tuiles vernissées. — On recouvre quelquefois les tuiles, en tout ou en partie, d'un vernis vitrifié de couleurs diverses qui leur donnent un aspect agréable et en assurent la durée. Pour cela, on pulvérise finement vingt parties d'alquifoux (sulfure de plomb), et trois parties de peroxyde de manganèse ; on y ajoute une certaine quantité d'argile obtenue par lévigation et une certaine quantité d'eau pour en faire une bouillie peu épaisse : on y plonge les tuiles avant de les porter au four et on cuit comme à l'ordinaire.

Pannes. — On fabrique, dans le nord de la France, des espèces de tuiles appelées *pannes* (du mot flamand *panm*, qui veut dire *tuile*), qui servent à couvrir les hangards et toitures des usines. Les pannes sont en grande majorité composées comme les tuiles ordinaires : la forme seule varie. On a l'habitude de placer de quatre en cinq mètres une panne en verre, afin de donner du jour, par les toitures, aux ateliers ou hangards ainsi recouverts. Ces pannes en verre sont fabriquées dans les verreries ordinaires.

CAUSES D'INSALUBRITÉ. — Pendant la cuisson en plein air, rayonnement considérable de la chaleur à cinquante ou soixante mètres, — projection dans l'atmosphère d'air fortement chauffé et chargé des produits de la combustion du charbon. — Action nuisible de la chaleur sur les récoltes et sur les feuilles des arbres.

CAUSES D'INCOMMODITÉ. — Fumée épaisse et noire pendant le petit feu.

Danger d'incendie.

Action de l'humidité sur les articulations des pieds de ceux qui marchent la pâte.

PRESCRIPTIONS. — Éloigner les fours de toute habitation, — surtout si l'on cuit à l'air.

Élever la cheminée à dix ou quinze mètres au-dessus des toits voisins.

A *la campagne*, ne pas permettre ces fours, à moins qu'ils ne soient éloignés de cinquante à soixante mètres des toits couverts de chaume.

Séparer des fours les magasins aux fagots, et mieux, si cela se peut, les placer dans un champ éloigné.

Diriger la bouche du four dans le sens opposé aux routes, afin de ne pas effrayer les chevaux.

334   BRIQUETERIES ET TUILERIES.

Pour les briqueteries permanentes, placées *très-près* des champs en culture, ordonner de ne *cuire* qu'après l'enlèvement des récoltes.

Pour les tuileries plus éloignées, empêcher la cuisson pendant le mois de juin, époque de la floraison des céréales.

Quant aux briqueteries temporaires, prescrire, comme pour les brûleries de bois, de protéger les cultures voisines à l'aide de toiles ou de paillassons destinés à arrêter la dispersion des vapeurs et de la chaleur.

Dans les villes, ordonner, s'il le faut, de ne brûler que des charbons qui donnent très-peu de fumée (escarbille ou charbon de Charleroi).

Les fabriques de pannes donnent lieu aux mêmes inconvénients, et sont soumises au même régime que les tuileries de deuxième classe.

Poterie de terre (2ᵉ classe). — 14 janvier 1815.

DÉTAIL DES OPÉRATIONS. — La terre qui sert à fabriquer la poterie vulgaire est une argile plus ou moins blanche, douce au toucher; on l'extrait en automne, on la fait hiverner dans des caves pour la laisser pourrir, et on la prépare comme la terre à briques, mais avec plus de soins.

Façonnage. — Les différentes pièces de poterie sont modelées et tournées comme les pièces correspondantes de faïence; pour la poterie commune, l'ouvrier se sert à peu près exclusivement de ses mains; les instruments en fer n'étant que rarement nécessaires.

Fours de cuisson. — Le four dans lequel on cuit habituellement la poterie se compose d'un foyer voûté de trois mètres et demi de hauteur et de profondeur environ, sur deux mètres soixante centimètres de largeur, terminé en haut par une ouverture cintrée; le four est au-dessus, percé de carreaux pour la circulation de la flamme : son plancher est plane. Il est surmonté souvent d'un étage voûté appelé l'*Enfer*, dans lequel on cuit les pièces en échappade, c'est-à-dire à feu nu, en les maintenant à leurs quatre coins par de petites colonnes en biscuit.

— Les grands fours ont une double voûte, l'une d'elles sert à cuire les *frittes*.

Les pièces sont disposées avec ordre les unes sur les autres ; les plus épaisses et celles qui risquent le moins des atteintes du feu sont plus rapprochées du foyer. On laisse le moins de vide possible dans le fourneau, ce à quoi on parvient facilement en ne plaçant que des pièces de même hauteur sur chaque couche. La conduite du feu est la même que pour la faïence ; on chauffe toujours au bois.

Vernis vitrifié. — Pour vernisser les poteries, on emploie divers procédés.

1° On délaye de l'argile de Murviel dans de l'eau, on y trempe les poteries qui en prennent une couche mince qu'on laisse sécher ; après cela on les plonge dans une nouvelle eau contenant en suspension du verre porphyrisé ; cette couche vitreuse se fond pendant la cuisson et laisse un vernis blanc.

2° On trempe les poteries dans une dissolution concentrée de chlorure de sodium (sel de cuisine), et on cuit comme à l'ordinaire.

3° Ce procédé n'est qu'une modification du précédent : on cuit les poteries sans les recouvrir d'aucune matière vitrifiable, et, quand on a atteint une très-haute température, on projette dans le foyer du sel marin qui se volatilise, se porte à la surface de la poterie, y forme un enduit de silicate de soude par décomposition du sel marin.

4° Pour obtenir un *vernis vitrifié noir*, on expose les vases très-chauds à la fumée du charbon ; on y parvient aisément en jetant dans le foyer porté à une température presque blanche du charbon de terre et fermant les issues du four.

On fait encore un bon vernis *sans plomb* pour les poteries, par le procédé suivant : On prend une dissolution sirupeuse de *verre soluble* (voir article *verre*), on y ajoute un lait de chaux, contenant 5 à 6 pour 100 de chaux, on évapore ce sel, en agitant sans cesse. — On triture le résidu dans un moulin et le tamise très-fin. On plonge les poteries dans la solution de verre soluble, on les recouvre d'une couche bien égale de la poudre précédente, et laisse sécher. On plonge de nouveau les pièces ainsi préparées dans le verre soluble, on laisse sécher et met au four. On peut faire beaucoup de vernis sans oxydes vinineux. Ceux qu'on emploie le plus sont des borates, des phosphates, des silicates, des métaux alcalins et terreux.

Au lieu d'un vernis inoffensif comme les précédents, on a recours dans certains cas à des couvertes en émail formé de litharge, de *minium*, de sable blanc, auxquels on ajoute pour le colorer de l'oxyde de manganèse pour avoir le brun, de l'oxyde d'étain pour avoir le blanc, etc. (Voir *émaux, faïence, vernis.*)

CAUSES D'INSALUBRITÉ. — Action des sels de plomb, dans la manipulation, quand on prépare le vernis avec un composé plombique.

CAUSES D'INCOMMODITÉ. — Fumée au petit feu.

Écoulement d'eaux sales.

Humidité constante pour les ouvriers et rhumatisme des pieds.

Danger d'incendie.

PRESCRIPTIONS. — Élever la cheminée des fours à trois ou quatre mètres au-dessus des toits voisins. Isoler le tuyau des chevrons de la toiture par un intervalle de vingt centimètres sur toutes ses faces, et le construire en maçonnerie.

Ne jamais placer près des fours le hangar ou le magasin au bois.

Ne pas laisser l'eau séjourner en mares dans les cours de l'établissement.

Ne se servir pour combustible que de charbon de Charleroi, ou de ceux qui ne donnent pas plus de fumée que lui.

Proscrire l'emploi des sels de plomb dans le vernissage des poteries.

Document relatif aux poteries.

SENTENCE DU CHATELET DE PARIS POUR ÉLOIGNER DU MILIEU DE LA VILLE LES FOURNEAUX DE POTIERS DE TERRE. (Du 4 novembre 1486.)

A tous ceux qui ces présentes lettres verront, Jacques d'Estouteville, chevalier, seigneur de Beyne, baron d'Ivry et de Saint-Andry en la Marche, conseiller chambellan du roy, notre sire, et garde de la prévosté de Paris, salut, sçavoir faisons : Comme procès feust meu et pendant en jugement pardevant nous, au Chastelet de Paris, entre le procureur du Roy, nostredit seigneur, audit Chastelet, pour et au nom dudit seigneur, le procureur de la ville de Paris, maistre Martin, Berthelot, Oudin Bonnart, Hémon Bourdin, Jehan Langlois, Guillaume Nourry, Robert Lebret, et Hugues Duguet, adjoints avec les dessusdits demandeurs et requérant l'entérinement de certain rapport des médecins et chirurgiens, d'une part, et Collin Gosselin, potier de terre, défendeur d'autre part; sur ce que lesdits demandeurs disoient et maintenoient que cette ville de Paris estoit la ville capitale de ce royaume en laquelle le Roy nostredit seigneur et ses prédécesseurs roys de France auroient toujours fait tenir leurs estats, pour le gouvernement de leur royaume, comme la cour souveraine, c'est à sçavoir le parlement et ses chambres des comptes, du trésor des généraux, des monnoyes, et autres; où à cette cause, toute manière de gens d'autorité d'Église, et autres estoient tenus venir, venoient et arrivoient en cette ville, tant pour le fait du royaume, comme pour les faits particuliers, et y en avoit toujours en grand nombre de divers païs et diverses contrées, lesquels y estoient reçus de quelque part qu'ils feussent descendus et venus; et d'autant qu'il y avoit plus grand nombre de peuple, estoit sujete ladite ville, et dangereuse à recevoir infection, tant pour les communications des estrangers comme autrement, dont en cette occasion en estoient advenus par cy-devant grands inconvéniens et y pourroient encore advenir pour chacun jour; et pour obvier à ce qui est, pour la conservation de la chose publique, estoit besoin et nécessité de garder au mieux qu'il seroit et est possible, de tenir et faire tenir que, en ladite ville, il n'y eust aucunes infections, ne que en icelles ne feust exercée chose dont infections peussent venir ne procéder, et pour ce faire, pourroient estre contraints les habitans d'icelle ville, et tous autres; et tout comme dit est, pour obvier aux grands inconvéniens qui pourroient advenir, par faute de ce, à tous les habitans de ladite ville, et pour se monstrer disoient iceux demandeurs, que pour faire pots de terre convenoit que la terre feust argillée, et avant qu'elle feust mise en œuvre, falloit qu'elle feust toute pourrie et détrempée par longue espace de temps en caves corrompues; et à cette cause, quand ladite terre estoit mise en estat et disposition de mettre en œuvre, et qu'elle y estoit mise, feust, en façon de pots et autres ouvrages, mis au fourneau pour cuire, et ce feu estoit dedans lesdits fourneaux, jailloit et issoit grandes fumées et vapeurs puantes et infectées, à l'occasion des matières qui estoient corrompues, et aussi de plomb souffré et limaille, verre et autres matériaux que l'on mettoit dedans lesdits ouvrages : et sans lesquelles matières on ne pouvoit faire lesdits ouvrages : Et pour obvier aux grands inconvéniens qui pourroient advenir, estoit besoin et nécessité de défendre que les ouvrages ne feussent faits en cette ville de Paris, qui estoit, comme dit est, la ville capitale du royaume, et en laquelle venoient et habitoient toutes gens d'autorité d'Église et autres, à l'occasion desdites fumées et infections, lesquelles estoient contraires au corps humain, et par icelles pourroient être engendrées grandes maladies; et pour ce, que ledit défendeur, lequel estoit et est potier de terre, s'estoit et est habitué en un hostel, assis en la rue de la Savonnerie, pour faire sondit mestier, et faisoit cuire, comme encore fait, ses pots et autres ouvrages de poterie, dont il issoit grande fumée puante et infectée, tellement que les voisins tant de ladite rue, comme autres ayant maisons contiguës de la maison où il demeuroit, pour la grande puanteur et infection, bonnement ne pouvoient faire résidence en leurs maisons, ou ceux qui y faisoient résidence, se y estoient tenus, parce qu'ils n'avoient autre habitation, ou autre juste excusation, ceux voisins s'estoient retirés par devers nous, et avoient fait ou baillé leur requeste, afin de pourvoir au cas, ainsi qu'il appartiendroit par raison, et leur avoit été permis de faire voir et visiter ladite maison, pour sçavoir s'il pourroit venir inconvéniens ainsi desdites fumées et infections, et lesquels lesdits voisins en suivant icelle permission par honorables hommes et sages maistres, Jacques de Bruges et Guillaume Miret, docteurs en médecine : Philippe Rogue, chirurgien juré du roy, nostredit seigneur, audit Chastelet, avoient fait voir et visiter ladite maison, lesquels avoient rapporté que ladite fumée estoit préjudiciable à la santé des corps humains, et que de ce leur pouvoit venir plusieurs maladies mauvaises et accidens; et après laquelle visitation faite, cuidant lesdits voisins que ledit défendeur gracieusement et sans figures de procez se voulust deslogier de ladite maison, et à tout le moins cesser de cuire de ses pots et autres ouvrages de son mestier, mais néantmoins, il n'en avoit rien voulu faire, et avoit toujours persisté à cuire ainsi qu'il avoit accoustumé de faire; et à cette cause ledit procureur du roy, et aussi lesdits voisins avoient fait appeler pardevant nous ledit défendeur; et après ce que le procureur de la ville se seroit adjoint avec eux, auroient iceux demandeurs allencontre dudit défendeur, allégué les choses dessus dites, avec plusieurs autres faits et raisons servant à leur propos et intention, tendant et concluant par lesdits demandeurs allencontre dudit défendeur, afin que par nous nostre sentence, jugement et à droit, en ensuivant ladite requeste, par eux ou l'un d'eux à nous baillée, ledit défendeur feust condamné et contraint à guider hors dudit hostel, auquel estoit et est demeurant, rue de la Savonnerie, où pendoit pour enseigne les Rats, à tout le moins que défenses luy feussent faites de non cuire pots de terre dorénavant audit hostel, ne autre chose concernant fait de pots de terre, sur certaines et grosses peines à appliquer au roy, nostredit seigneur; et outre feussent les fosses et fourneaux, où ledit défendeur cuisoit et cuit ses pots et faisoit sa poterie, cassez et rompus, nonobstant chose par icelui Gosselin proposée ou maintenue au contraire, dont il feust débouté ès dépens desdits demandeurs, et des raisons et défenses faites et proposées au contraire par ledit défendeur, à plein déclarées audit procez : oyes lesquelles parties en tout ce qu'elles eussent voulu dire et proposer, maintenir et alléguer l'une allencontre de l'autre; nous les eussions appointées à estre de nous délibéré de ce leur faire droit, ou autrement les appointer, comme de raison seroit, le plaid fait entre elles, qu'elles bailleroient par écrit à la cour par manière d'avertissement, selon la teneur de l'appointement sur le fait, duquel la teneur est telle : Jour est assigné aux premières sentences qui par nous seront données et prononcées, audit Chastelet de Paris, au procureur du roy, nostre sire, audit Chastelet, pour et au nom dudit seigneur, à Pierre Bezon, procureur de la ville de Paris; Simon Basamier, procureur; maistre Martin Berthelot, Oudin Bonnard, Aymon Bourdin, Jehan Langlois, Guillaume Nourry, Robert Lebret, et Hugues Duguet, adjoints avec les dessusdits, et Guillaume Dupré, procureur; Colin Gosselin à estre de nous délibéré de faire droit auxdites parties, ou autrement les appointer comme de raison; sera sur ce plaid fait entre elles qu'elles bailleront par advertissement sans préfixion dedans d'huy en huit jours en demandant desdits procureur du roy de la ville, à Bazannier ès dits noms, et requérant l'intérinement du rapport des jurez, fait à la requeste dudit procureur du roy, en défendant dudit Dupré audit nom, et aller avant. Ce fait, l'an quatorze cent quatre-vint-six, le lundy 4 septembre; ainsi signé : J. Vic.

En ensuivant lequel appointement lesdites parties eussent mis et baillé par escript à cour leurdit plaidoyé par manière d'avertissement : ensemble tout ce dont elles s'estoient voulu aider l'une contre l'autre; ce fait lesdites parties ou leurs procureurs pour elles nous eussent requis droit par nous leur estre fait sur ledit procez, sçavoir faisons que vu de nous icelui procez, le plaidoyé desdites parties, les lettres, rapport des médecins et chirurgiens, lettres royaux et autres exploits et enseignemens desdits demandeurs, avec ledit appointement à estre délibéré dessus transcrit : Et tout vu et considéré, ce qui faisoit à voir et considérer, et sur ce conseil à sages, nous disons que défenses seront faites audit Gosselin, de ne cuire dorénavant pots de terre, sur peine de vingt livres parisis d'amende, et que icelui Gosselin, veut cuire sesdits pots et autre chose en cette ville de Paris en autres lieux détournez, faire le pourra jusqu'à ce que par justice autrement en soit ordonné, et sans dépens de cette présente poursuite, d'une part et d'autre, et pour cause par nostre sentence, jugement et par droit; en témoin de ce, nous avons fait mettre à ces présentes le scel de ladite prévosté de Paris. Ce fut fait et prononcé en jugement, audit Chastelet, en la présence des procureurs desdites parties, dont et de laquelle sentence ! dit Gosselin en personne appela en parlement, le samedy, quatrième jour de novembre, l'an mil quatre cent quatre-vingt-six : ainsi signé : J. Tostés.

BRIQUETS. Voir *Phosphore*.

BROCHEURS EN GRAND (Ateliers de) (2ᵉ ou 3ᵉ classe, par assimilation aux fabricants de papiers peints).

Détail des opérations. — Brocher un volume, c'est en assembler les feuilles, les coudre, les recouvrir de papier collé, enfin, leur donner une certaine solidité. Le brocheur commence par s'assurer que toutes les feuilles ont été ployées dans l'ordre voulu; cela fait, il place deux *gardes* ou feuilles de papier du format du livre sur la planchette de l'appareil à coudre; l'une d'elles est destinée à être collée à la couverture, l'autre à servir de second tuteur au texte; il coud au moyen d'une aiguille courbe, de manière que les fils fassent *chaînette*, c'est-à-dire, entrelacent les fils fixes qui leur servent de guides et de points d'appui.

Quand toutes les feuilles sont cousues, le brocheur passe une couche de colle de farine sur le dos de chaque livre, et en étend une pareille couche sur toute la surface de la couverture; il pose le dos du livre à plat sur le milieu de la couverture, relève la première garde des deux côtés, l'applique fortement, de manière à empêcher les plis, puis il pose le volume à plat. Comme on cherche généralement à donner aux livres le plus gros volume possible, on ne les soumet pas à la presse; on se contente de les placer les uns sur les autres, et on recouvre chaque pile d'un tas pour empêcher la déformation due à la dessiccation. Celle-ci s'opère dans des séchoirs chauffés de différentes manières (poêles, calorifères). Le livre sec, on l'ébarbe avec des ciseaux et on colle le titre.

Causes d'insalubrité. — Aucune.

Causes d'incommodité. — Danger d'incendie.

Bruit.

Odeur de papier et carton détrempés.

Prescriptions. — Astreindre les brocheurs qui doivent travailler en grand à faire une déclaration préalable, avec indication des lieux dans lesquels ils se proposent d'établir leurs ateliers.

Exiger d'eux de ne monter ces ateliers que dans des chambres isolées; les éloigner d'une manière absolue de tous les établissements publics.

Plafonner l'intérieur des séchoirs en plâtre et ne laisser apparente aucune partie de bois.

N'établir que des communications indirectes entre les séchoirs et les autres parties de l'établissement.

Entourer les poêles et leurs tuyaux de grillage en fil de fer à mailles de un centimètre carré d'ouverture.

Ne déposer et suspendre aucun papier, ni devant les ouvertures des séchoirs, ni sur leurs côtés.

Engager les brocheurs à se servir de la vapeur et de calorifères, au lieu de poêles, dans les séchoirs.

N'employer pour la suspension des feuilles de papier que des cordes imprégnées d'une forte dissolution d'alun.

Pour le travail de la nuit, ne se servir dans les ateliers que de lampes à cheminées de verre.

Assembler solidement les tuyaux des poêles.

Enfin, pour le chauffage, n'employer que de la houille qui donne une suie difficilement combustible.

BROME (Extraction du). Voir *Iode.*

BRONZAGE DES MÉTAUX.

Bronzage (2ᵉ classe, s'il y a décapage).

Bronzage (3ᵉ classe, si on pratique le bronzage seulement).

Bronzage du cuivre, du bronze, du laiton. — Détail des opérations. — Le cuivre, le bronze, le laiton, et les objets en zinc préalablement recouverts de cuivre ou d'un de ses alliages se bronzent ordinairement avec l'hydrogène sulfuré en dissolution dans l'eau ou un sulfure alcalin; tels sont les sulfures de potassium, de sodium, le sulfhydrate d'ammoniaque; on les applique au moyen d'un pinceau à une ou plusieurs couches, de manière à produire une mince couche de sulfure de cuivre qui donne cette coloration appelée bronze. Il faut dans tous les cas que les pièces soient bien décapées et polies.

Les foies d'antimoine ou d'arsenic, qu'on obtient en faisant bouillir les sulfures d'antimoine ou d'arsenic naturels dans le foie de soufre, donnent un bronzage plus beau.

On emploie aussi avec un grand succès une dissolution au douzième de sel de *schlippe*. Celui-ci est un sulfo-antimoniure de sodium. On le prépare en fondant un mélange de quatre parties de sulfate de soude effleuri, trois parties de sulfure d'antimoine et une partie de charbon pulvérisé; on reprend par l'eau bouillante et demi-partie de soufre, on filtre et laisse cristalliser. Il suffit de suspendre par un fil les objets à bronzer dans la solution chauffée presque à l'ébullition. On termine souvent soit avec de la plombagine, soit avec un vernis contenant de la sanguine, ou du jaune de chrome ou du bronze en poudre.

Au lieu d'une couche de sulfure on préfère souvent donner lieu à la formation d'une couche d'oxydule qui résiste mieux aux frottements; on y arrive en faisant bouillir les pièces jusqu'à une coloration que l'expérience indique, dans deux parties de vert-de-gris, une de sel ammoniaque dissous dans du vinaigre et assez d'eau pour n'avoir presque plus de saveur métallique ni de dépôt blanchâtre par l'eau. Il faut opérer dans un vase de porcelaine.

Pour donner au laiton une couleur noire, mate, on le décape et l'enduit d'un mélange très-étendu d'une partie d'azotate d'étain et une de chlorure d'or. Au bout de dix minutes on enlève cet enduit avec un linge humide.

Il serait plus économique d'employer une dissolution d'azotate de mercure faite à froid : on obtient ainsi sur le cuivre ou ses alliages un dépôt de mercure qui devient noir par l'hydrogène sulfuré ou les sulfures alcalins.

Bronzage vert ou patine antique. — Pour obtenir le bronzage vert, on applique sur les pièces décapées au moyen d'une brosse, à chaud ou à froid, un des trois mélanges suivants:

1° Un litre de vinaigre, trente grammes de sel ammoniac, quinze grammes d'alun, quinze d'arsenic.

2° Quatre parties de sel ammoniac, une partie de bioxalate de potasse dissous dans quatre cent quarante-huit parties de vinaigre incolore; on l'applique avec un pinceau à plusieurs couches sur l'objet chauffé.

3° Une partie de chlorhydrate d'ammoniaque, trois parties de crème de tartre, six parties de sel de cuisine, huit parties d'une dissolution d'azotate de cuivre d'une densité égale à un, quarante-six, et douze parties d'eau bouillante.

Bronzage des fusils. — On emploie de nombreux mélanges pour donner aux fusils une couleur variable, et les protéger contre la rouille.

Premier procédé. — Huit parties d'eau distillée, deux parties de sulfate de cuivre, une partie d'éther contenant en dissolution du chlorure de fer.

Deuxième procédé. — On chauffe le canon et on le frotte avec un mélange d'huile d'olives et de chlorure d'antimoine, on recommence plusieurs fois; on termine quelquefois en donnant une couche légère d'eau seconde, enfin, on lave à l'eau, sèche, polit avec un brunissoir d'acier et recouvre d'un vernis.

Troisième procédé. — On vend en Belgique un liquide composé de quarante-cinq grammes de sulfate de fer, un litre d'eau et quelques gouttes d'alcool nitrique. Il agit très-lentement.

Causes d'insalubrité. — Celles du décapage, quand il a lieu.

Causes d'incommodité. — Dégagement d'odeurs diverses, ammoniacales ou autres.

Prescriptions. — Aérer l'atelier. — Opérer sous le manteau d'une cheminée. — Ordonner toutes celles du décapage, quand il est pratiqué.

BRONZE (Fonte du). Voir *Fonderie de métaux.*

BROSSES EN GRAND (Fabriques de) (3ᵉ classe, par assimilation).

Détail des opérations. — La fabrique de brosses en crins peut se faire en grand ou sur une échelle très-limitée. Ce n'est pas à ce dernier cas que s'adressent les prescriptions de l'autorité.

Lorsque l'opération a de l'importance, elle comprend l'emmagasinage d'une grande quantité de crins et de soies, qui ont besoin d'être lavés et préalablement un peu ramollis.

Ce lavage a lieu dans de grandes chaudières remplies d'une eau rendue alcaline par l'addition du *savon vert* en proportions variables.

Il en résulte une fumée et une buée souvent considérables qui sont des inconvénients, mais non des dangers.

Les eaux de lixiviation sont sales, et retiennent beaucoup de matières susceptibles d'entrer en putréfaction, si on les laisse séjourner à l'air et à l'humidité.

Puis on passe au soufroir les crins lavés, afin de les blanchir.

Enfin, on assemble ces crins, par force, par grandeur, selon la nature des objets à confectionner, et on les rogne, également selon les nécessités de la fabrication.

Les fabricants brûlent quelquefois ces déchets, au lieu de les vendre aux tapissiers, et donnent ainsi lieu à de très-mauvaises odeurs.

Les travaux de menuiserie et d'ébénisterie n'ont aucun inconvénient.

CAUSES D'INSALUBRITÉ. — Aucune.

CAUSES D'INCOMMODITÉ. — Fumée. — Buée nauséabonde. — Écoulement d'eaux susceptibles de se putréfier. — Vapeurs d'acide sulfureux. — Mauvaise odeur, suite de la combustion des rognures.

PRESCRIPTIONS. — Faire bouillir les crins et soies en vases clos, avec soupape.

Recevoir la buée de l'ébullition dans une hotte suffisamment large, qui communique avec une cheminée haute et entraîne ces vapeurs à une hauteur convenable, relativement aux habitations voisines (cinq mètres au-dessus des maisons environnantes).

Tenir le soufroir parfaitement clos, isolé de tout mur mitoyen, et éloigné du magasin des bois. — Ne l'ouvrir que le soir, — autant que possible.

Ne jamais brûler les déchets et rognures des crins.

Ne pas jeter les eaux de macération sur la voie publique dans

les villes, mais les mener par des conduites souterraines à l'é-
gout ou au cours d'eau le plus voisin.

Dans le cas où cela ne pourrait avoir lieu, les verser le soir
seulement dans la rue, et, immédiatement après, faire des lavages à grande eau.

Casser les glaces produites pendant l'hiver par suite de l'é-
coulement de ces eaux.

Ne point permettre de puisards.

BRULERIES EN GRAND.

Brûlerie des bois dorés (3ᵉ classe). — 14 janvier 1845.

DÉTAIL DES OPÉRATIONS. — Autrefois on retirait le métal précieux de ces différents objets en les brûlant comme un combustible ordinaire dont on utilisait la chaleur ; on traitait les
cendres par amalgamation, comme les cendres d'orfévre ; on
obtenait une très-grande quantité de cendres due surtout à la
couche de craie sur laquelle est immédiatement appliquée la
dorure. On a remplacé ce procédé par le suivant.

On place ces bois dans une auge, on verse dessus une assez
grande quantité d'eau bouillante et on ferme hermétiquement
pour conserver la chaleur ; on obtient encore de meilleurs résultats de l'emploi de la vapeur passant sur ces bois renfermés
dans une chaudière. L'eau bouillante dissout la colle qui fixe
l'or, celui-ci se détache, et tombe dans l'eau ; on peut aider
beaucoup à sa séparation en se servant d'une brosse ; le blanc
reste sur le bois, à l'exception d'une mince couche (l'*assiette*),
qui est en partie entraînée. Quand on a fini le lavage, on laisse
reposer l'eau, on décante, on évapore à siccité le dépôt, on le
détache de la chaudière et on le brûle au moyen d'une moufle
pour détruire la colle ; on amalgame le résidu comme les cendres d'orfévre. (Voir *Cendres d'orfévre.*)

Brûlerie des galons et tissus d'or et d'argent (2ᵉ classe). — 14 janvier 1845.

DÉTAIL DES OPÉRATIONS. — On brûle les galons et tissus d'or
et d'argent en les mettant en pelotes serrées au moyen de fil

de fer; au fond tombe le résidu avec du flux noir, et on l'af. fine. (Voir *Affinage d'or et d'argent*.)

Quand la dorure ou l'argenture est sur soie ou sur laine, on peut enlever la matière organique en la dissolvant dans la po- tasse ou dans la soude caustique; le métal reste seul; la matière organique disparaît; il suffit de laver le dépôt et de le fondre.

Ces brûleries ont lieu soit à l'air libre, sous des hangars, soit dans des ateliers disposés pour recueillir convenablement les produits de la combustion. (Voir *Brûleries de bois dorés* et *Affinage d'or et d'argent*.)

CAUSES D'INSALUBRITÉ. — Dégagement de vapeurs métalliques.

CAUSES D'INCOMMODITÉ. — Odeurs et émanations très-désagréa- bles, provenant de la combustion de matières végétales et ani- males. — Émanations métalliques. — Fumée.

PRESCRIPTIONS. — Opérer dans des ateliers clos.

Surmonter le foyer d'une large hotte communiquant avec une cheminée d'un bon tirage.

Élever la cheminée à deux ou trois mètres au-dessus du faî- tage des maisons voisines, dans un rayon de vingt-cinq à trente mètres.

Toutes celles afférentes au traitement des *Cendres d'orfèvre* ou à l'*Affinage de l'or*. (Voir ces articles.)

BRULOIR. Voir au mot *Abattoirs* l'article *Porcheries*.

BRUNISSAGE (3e classe, par assimilation).

DÉTAIL DES OPÉRATIONS. — Le *brunissage* est une opération qui consiste à faire disparaître au moyen d'instruments appe- lés *brunissoirs* les petites aspérités qui restent sur les métaux, même après le polissage au moyen de la ponce, du rouge d'An- gleterre, etc.

Les brunissoirs sont en acier, en agate, en hématite, etc., et de formes appropriées aux usages auxquels on les destine; ils sont toujours engagés dans un manche qui peut être très-court ou très-allongé quand il doit s'appuyer sur l'épaule de l'ouvrier.

Supposons une pièce d'argenterie sortant de l'atelier : on la débarrasse de la crasse qui la recouvre au moyen de ponce finement pulvérisée et d'une brosse trempée dans l'eau de savon noir : on en frotte même les endroits qui doivent rester mats, on essuie avec un linge usé et on brunit. Pour cela, on prend un brunissoir convenable, on le tient très-près de l'acier ou de la pierre, on l'appuie fortement sur la pièce, en le faisant glisser par un mouvement de va-et-vient continu sans le soulever. Quand la main doit parcourir un grand espace sans perdre son point d'appui, il est avantageux pour l'ouvrier de tenir son brunissoir de manière à l'avoir en dehors du petit doigt; il va plus vite et l'instrument est plus solidement tenu.

On doit toujours humecter le brunissoir avec du savon noir pour faciliter le mouvement et empêcher l'échauffement; d'ailleurs, le savon noir enlève facilement les corps gras à cause de son alcalinité. On frotte le brunissoir sur le cuir s'il perd de son mordant. Le brunissage achevé, on enlève le savon au moyen d'un linge usé, mais pour les petites pièces on préfère un lavage à l'eau de savon, après lequel on dessèche dans la sciure de bois.

Causes d'insalubrité. — Aucune évidente ni habituelle.

Causes d'incommodité. — Accumulation de parcelles métalliques dans les ongles et sur les doigts. — Nuisible seulement s'il s'agissait de plomb ou de mercure. — Face palmaire de la main droite calleuse et noircie. — Mêmes callosités sur la peau qui recouvre la face dorsale et le bord radial de l'index surtout la face de la tête du deuxième métacarpien, — ainsi que l'extrémité de la face palmaire du pouce.

Prescriptions. — Beaucoup de propreté pour les ouvriers.

BUANDERIES. Voir *Lavoirs*.

CAFÉ.

Café (Torréfaction en grand du) devrait être classée. — Cette proposition a déjà été faite par le conseil d'hygiène du Nord (6 octobre 1858).

Café (faux — Fabrique de).

La fabrication du faux café, ou des produits qui peuvent plus ou moins simuler les grains ou la poudre du café véritable, constitue une industrie répréhensible, soumise à l'enquête des conseils d'hygiène et de salubrité. Elle rentre dans l'étude spéciale des falsifications et ne doit être rappelée ici que pour mémoire. Il en existe deux fabriques en France : l'une à Lyon, l'autre au Havre. — La base de ces produits est formée avec un mélange en proportions non déterminées, d'orge torréfiée et d'enveloppes brûlées de cacao, — d'autres fois, avec des substances amylacées provenant de diverses semences indigènes.

Ces falsifications tombent sous l'application des articles 425 du Code pénal et de la loi des 10, 19 et 27 mars 1851 et 15 avril 1853, contre ceux qui préparent des produits destinés à frauder les marchandises.

CALCINATION.

Calcination de l'ocre jaune. Voir *Ocre.*
Calcination d'os. Voir *Noirs (Industrie des).*

CAMPHRE (PRÉPARATION ET RAFFINAGE DU) (3ᵉ classe). — 14 janvier 1815.

Camphre du Japon.

DÉTAIL DES OPÉRATIONS. — Pour obtenir le camphre du Japon, on coupe l'arbre et ses racines en tronçons que l'on divise et que l'on place avec de l'eau dans des cucurbites sphériques en fer, surmontées de chapiteaux en terre cuite. L'intérieur est garni de cordes, roseaux, paille de riz ; on distille : le camphre, volatilisé et entraîné par la vapeur d'eau, vient se fixer dans le chapiteau, d'où on le détache sous la forme de camphre brut, en grains grisâtres, agglomérés et impurs, qu'on expédie en Europe.

Raffinage. — La Hollande a gardé pendant longtemps le secret et le monopole du raffinage du camphre. On raffine maintenant en France tout le camphre qu'on y emploie. Pour le raffiner, on le mêle au cinquantième de son poids de chaux vive, on le divise dans des matras de verre à fond plat, placés chacun sur un bain de sable et entièrement recouvert de sable.

On chauffe graduellement jusqu'à fondre le camphre et le faire entrer en ébullition ; on l'entretient à cet état jusqu'à ce que toute l'eau qu'il contient soit évaporée. Alors on découvre peu à peu le haut du matras en retirant le sable, de manière à refroidir et à permettre au camphre de s'y condenser; on continue ainsi jusqu'à ce que le matras soit entièrement découvert; on attend que l'appareil soit refroidi pour en retirer le pain de camphre.

Cette opération est assez difficile à conduire. Il faut éviter une ébullition trop rapide, car le haut du vase s'échaufferait trop, et le camphre retomberait en gouttes dans le fond du vase. D'un autre côté, si le refroidissement était trop rapide, il se condenserait sous forme de neige volumineuse; aussi faut-il maintenir une température peu inférieure à cent soixante-quinze degrés pour l'avoir transparent, sous la forme de ménisque, qu'on lui donne dans le commerce. La sublimation de douze cent cinquante grammes de camphre exige sept à huit heures, et le camphre produit doit, si l'opération est bien faite, n'avoir aucune odeur de goudron.

Procédé de Gay-Lussac. — Gay-Lussac a proposé de raffiner le camphre en le distillant dans une chaudière en forme d'alambic, maintenant assez chauds le sommet et le col du vase pour que le camphre ne puisse s'y solidifier, ce qu'on obtient par une distillation rapide. Ce camphre est reçu liquide dans un vase de cuivre étamé, formé de deux hémisphères juxtaposés. Quand le camphre est solidifié dans l'hémiphère inférieur, on le détache en chauffant celui-ci après avoir enlevé l'hémisphère supérieur.

Ce procédé, qui donne un camphre aussi beau et plus économiquement, se prêterait plus à l'introduction frauduleuse de matières étrangères dans le camphre.

Pour avoir le camphre des labiées, il faut en retirer l'huile, l'exposer à l'air à une température de vingt degrés; l'huile s'évapore peu à peu, il reste un camphre cristallin qui est identique par sa composition avec celui du Japon.

Camphre de Bornéo.

Il existe un camphre très-analogue que l'on trouve quelquefois dans le commerce, c'est le camphre de Bornéo; plus odorant que le camphre du Japon, il est en larmes plus petites, ayant l'odeur du camphre ordinaire, à laquelle se joint celle du patchouli. Il est fourni par le Dryobalaneps camphora (Diptéro-carpées) qui vit à Sumatra : cet arbre laisse découler, quand on lui fait une incision, un corps huileux, liquide, d'une odeur plus suave que le camphre lui-même et que l'on n'exporte pas.

Pour avoir le camphre solide de Bornéo, on coupe l'arbre en tronçons qu'on subdivise avec des coins pour isoler le camphre qui se trouve en lames ou glaçons cristallins, entre des fibres et des veines au centre du bois, ou près du centre. Un arbre en fournit de cinq à dix kilogrammes.

Reproduction du camphre.

Le camphre a été reproduit ainsi que son odeur par la distil-lation du succin avec une solution de potasse caustique suffi-samment concentrée ; il se sépare de la liqueur distillée avec son odeur et ses propriétés.

On l'obtient encore en traitant le succin par l'acide nitrique et cristallisant. En saturant le produit de la distillation par la potasse, et reprenant par l'éther, on isole le camphre qui est ici en assez faibles proportions.

Le camphre artificiel obtenu par l'action de l'acide chlorhy-drique gazeux sur l'essence de térébenthine *n'est pas un cam-phre*, il n'en a que l'aspect, mais pas les propriétés.

CAUSES D'INSALUBRITÉ. — Aucune.

CAUSES D'INCOMMODITÉ. — Odeur pénétrante, mais qui se con-fond avec toutes celles qui se rencontrent dans les fabriques de produits chimiques où généralement le camphre est sublimé.

PRESCRIPTIONS. — Ventiler énergiquement l'atelier où se pra-tique la sublimation.

Opérer sous un manteau de cheminée relativement élevé au-dessus des toits voisins.

Placer l'ouverture des foyers au dehors de l'atelier.

CAOUTCHOUCS IMPERMÉABLES (Industrie des). Voir
Étoffes.

CARACTÈRES D'IMPRIMERIE (Fonte des). Voir *Plomb.*

CARAMEL. Voir *Sucres (Industrie des).*

CARBO-AZOTIQUE (Acide). Voir *Acides.*

CARBONISATION DU BOIS, DE LA HOUILLE, DU POUSSIER DE MOTTES. Voir *Combustibles (Industrie des).*

CARTONNIERS. Voir *Papier (Industrie du).*

CENDRES.

Cendres (Laveurs de) (3ᵉ classe). — 14 janvier 1815.

DÉTAIL DES OPÉRATIONS. — *Origine.* — Dans les ateliers où l'on travaille les métaux précieux, le plancher est garni, surtout autour des établis, de claies formées de tringles en bois entre-croisées à angle droit, de manière à laisser entre elles des jours de deux pouces carrés; cette disposition permet aux poussières et aux fragments qui tombent de passer à travers ces trous, et prévient leur adhérence aux chaussures des ouvriers. De temps à autre on enlève ces claies, on balaye soigneusement, on enlève à la main les particules métalliques visibles, on met le reste dans des tonnes fermées, et quand on en a une assez grande quantité on les brûle pour en détruire la partie organique.

Grillage, ancienne méthode. — Ces cendres peuvent être essayées approximativement en les coupellant avec du plomb ; on les livre ordinairement en cet état au *laveur à façon.* Celui-ci doit rendre parfaite la combustion des matières combustibles qui entraîneraient le métal précieux pendant les lavages. — Dans ce but, on employait autrefois un fourneau à trois étages, c'est-à-dire, formé par trois grilles équidistantes; sur chacune d'elles, on introduisait du charbon par une porte correspondante, et on disposait sur la couche supérieure des cendres, ou même des balayures qu'on incinérait aussitôt en mettant le feu à cette couche. A mesure que la matière organique disparaissait les cendres passaient au travers des grilles, tombaient successivement sur les deux foyers inférieurs et y subissaient une

incinération parfaite. Les cendres ainsi obtenues contenaient les
particules métalliques à l'état globuleux et faciles à laver.

Grillage, nouvelle méthode. — Pour n'avoir pas à traiter les
cendres du combustible lui-même, on remplace généralement
cet appareil par un four à réverbère à voûte surbaissée ou par
des fourneaux à plusieurs étages; la flamme vient successivement
lécher les surfaces de ces étages et griller les balayures.

Ce four est carré et en briques, le foyer et le cendrier en occupent la partie inférieure, des plaques en fonte convenablement distancées sont engagées par trois côtés seulement dans
la maçonnerie; l'autre côté est distant de la paroi du fourneau
de trois centimètres environ, et comme l'ouverture de la plaque
formant l'étage supérieur se trouve du côté opposé, il s'ensuit
que la flamme a déjà parcouru la surface de la plaque inférieure
avant d'arriver à elle. La troisième plaque est superposée à la
première; on ramène successivement les cendres des plaques
supérieures qui sont les moins chauffées aux plaques inférieures qui le sont bien davantage.

Lavage. — Aux cendres ainsi obtenues on ajoute les creusets de fusion; ceux-ci sont pilés, passés au tamis fin, on sépare
ainsi une partie riche en métal qu'on ne peut plus pulvériser :
la partie pulvérulente est lavée au moyen d'une *sébile* de bois
dans un baquet d'eau; ce qui reste est réuni à la portion non
pulvérisable.

Les cendres provenant de la combustion des balayures sont
mises à tremper dans l'eau; au bout d'un certain temps on les
y délaye et les jette sur une passoire; ce qui reste dessus est le
gros qu'on réunit aux débris riches des creusets. La partie passée
à travers la passoire est à son tour lavée à la *sébile* ou *plateau*;
on obtient un deuxième résidu appelé *menu-gros* qu'on réunit
au gros et aux débris riches des creusets pour les fondre au
creuset avec du *flux noir.*

La partie fine des creusets et les cendres ainsi lavées sont de
nouveau lavées, mais dans un tonneau ou dans un cuvier plein
d'eau, muni latéralement de trous bouchés avec des chevilles.
On opère la décantation en enlevant successivement les che-

villes à partir de la cheville supérieure, tant que le liquide sort clair. Au moyen de lavages et de décantations, on parvient à enlever aux cendres toutes les parties solubles, c'est ce qu'on désigne sous le nom de cendres *bien dégraissées.* (Voir *Affinage.*)

CAUSES D'INSALUBRITÉ. — Aucune.

CAUSES D'INCOMMODITÉ. — Écoulement d'eau assez considérable.

PRESCRIPTIONS. — Surveiller l'écoulement des eaux sur la voie publique.

Ne se livrer à aucune opération de grillage ou de traitement des cendres.

Diriger les buées dans une cheminée.

Ne gêner en rien la voie publique par le chargement ou le déchargement des matières premières.

Cendres bleues. Voir au mot *Cuivre (Industrie du)* l'article *Sels de cuivre.*

Cendres gravelées. Voir *Potasse.*

Cendres d'orfévre (Traitement des) par le plomb, le mercure et la distillation des amalgames (1re classe). — 14 janvier 1815.

DÉTAIL DES OPÉRATIONS. — *Amalgamation.* — Les cendres obte-nues comme il vient d'être dit sont amalgamées : le mercure a la propriété de s'unir à la plupart des métaux, de former avec eux des alliages, appelés amalgames, qui restent liquides dont un excédant de mercure. Pour opérer l'amalgamation, on fait usage du *moulin des laveurs :* c'est un baquet en bois, cerclé en fer, dont le fond est creusé en cul de poule. On met le mercure au fond, puis les cendres avec une certaine quantité d'eau; on agite le tout pendant douze heures au moyen d'un arbre verti- ' cal terminé par deux barres de fer croisées à angle droit, et recevant son mouvement d'une manivelle, de manière à renou-veler continuellement les surfaces de contact.

Au lieu de cette disposition, on emploie quelquefois un tonneau horizontal traversé par un axe mobile armé de bras entre-croisés.

Distillation de l'amalgame. — Quand la trituration est suffi-sante, on abandonne la masse au repos pour faciliter la réunion du mercure ; on le décante, on lave l'amalgame avec de l'eau, on l'essuie, puis on le passe à travers une peau de chamois qui retient un amalgame à proportions définies et laisse écouler le mercure en excès. Il reste dans la peau une pelote solide : on en réunit un certain nombre; on les place dans une cornue de fonte formée de deux pièces réunies par une gorge. On lute la jointure et on distille sur un fourneau ordinaire, en ayant soin d'adapter au col de la cornue une sorte de tube en toile mouillée, imparfaitement fermé, plongeant à peine dans un vase d'eau froide, de manière à permettre la rentrée de l'air, à la fin de l'opération, et à ne pas laisser échapper les vapeurs mercurielles. Après la distillation, on trouve le métal fin dans l'appareil, et le mercure condensé au fond du vase plein d'eau.

Le métal obtenu par amalgamation est réuni à celui retiré du *gros*, du *menu gros*, et soumis à l'affinage avant d'être employé. (Voir *Affinage de l'or*.)

Utilisation des résidus. — Quelque soin que l'on prenne dans l'amalgamation, il reste toujours dans les cendres une certaine quantité d'or ou d'argent non enlevée par le mercure ; on les revend pour leur faire subir un nouveau traitement qui consiste à les mélanger avec la moitié de leur poids de *cendrée*. Celle-ci n'est autre chose que l'écume que les plombiers enlèvent à la surface de leur bain de plomb en fusion ; le métal y est en partie oxydé, et fond moins facilement, ce qui leur permet de s'emparer du métal fin, avant de se réunir. On coupelle le culot de plomb enrichi. (Voir *Affinage à la coupelle*.)

CAUSES D'INSALUBRITÉ. — Vapeurs mercurielles. — Et dissémination de l'oxyde de plomb.

Émanations d'oxyde de plomb venant du fourneau à coupellation et des fourneaux où s'opère l'alliage du plomb et de l'argent par le mélange des cendres de ces deux métaux.

Action du mercure et du plomb sur les ouvriers qui sont attachés à ce travail.

PRESCRIPTIONS. — Surmonter d'une hotte le fourneau à coupellation.

Élever convenablement la cheminée.

Travailler pendant la nuit.

Recommander aux ouvriers toutes les précautions hygiéniques nécessaires pour ne pas être atteints par les effets du plomb et du mercure.

CÉRAMIQUE (INDUSTRIE).

Briques. Voir *Briqueteries et Tuileries.*
Cristaux. Voir *Verreries.*
Émaux (Fabrique d') (1re classe). — 14 janvier 1815.

Les émaux peuvent être regardés comme des verres contenant dans leur masse une certaine quantité de matière opaque.

Généralement, ce verre est fusible facilement, parce qu'il est presque toujours destiné à former la couverte d'un grand nombre de faïences et à servir à la peinture dite sur émail.

DÉTAIL DES OPÉRATIONS. — L'émail des faïenceries s'obtient en calcinant dans un petit four à réverbère, nommé *fournette*, des proportions variables d'un alliage se rapprochant de celui-ci : 14 à 25 *d'étain pour* 100 *de plomb;* la quantité d'étain croissant avec la qualité des produits que l'on veut obtenir. On chauffe le four au rouge, l'alliage entre en ignition par places, s'oxyde rapidement ; on maintient toujours à découvert la surface métallique, en ramassant sans cesse sur un point peu chauffé l'oxyde produit. Il suffit de le réduire en poudre et d'en retirer par lévigation les produits les plus ténus et les plus parfaits. Quand la *calcine* est prête, on la combine avec une *fritte* obtenue avec du sable blanc et du carbonate de soude et de potasse ; cette fritte se prépare dans l'étage inférieur du four à faïence; elle contient 10 à 12 de soude pour 100 de silice. La fritte obtenue est mêlée avec son poids environ de calcine et fondue dans l'étage inférieur du four à faïence. Le bassin dans lequel s'opère la fusion des matières est fait avec les éléments de la fritte, qui se cuit en même temps pour servir à un autre mélange.

L'oxyde d'antimoine, le phosphate de chaux, l'*acide arsénieux*, le sulfate de potasse, peuvent servir aussi à la fabrication des émaux. L'emploi de l'oxyde d'antimoine exige la suppression du plomb si l'on veut un alliage blanc, parce qu'il donne un alliage sensiblement jaune.

Ce que l'on désigne sous le nom de *verre d'albâtre* est un verre opalin, rendu tel par l'introduction dans la masse vitreuse d'une certaine quantité de verre froid préalablement *étonné*, c'est-à-dire porté au rouge et refroidi brusquement dans un bassin rempli d'eau froide ; les fragments ténus qui se produisent sont opaques, il suffit de travailler la masse à une température assez basse pour leur conserver leur opalescence.

La coloration des émaux est à peu près la même que celle des verres, et leur fabrication n'est pas une industrie bien considérable. (Voir *Verreries*.)

CAUSES D'INSALUBRITÉ. — Comme pour les verreries, danger constant d'incendie.

Action nuisible sur les ouvriers par la manipulation des sels de plomb et parfois d'arsenic.

CAUSES D'INCOMMODITÉ. — Fumée.

Odeur.

PRESCRIPTIONS. — Toutes celles des *verreries*. (Voir *Verreries*.)

Fours à cuire les cailloux destinés à la fabrication des émaux (2ᵉ classe). 5 novembre 1826.

L'autorisation doit être spécialement donnée pour un ou plusieurs fours. — (Voir *Porcelaine fine* et *Émaux*.)

CAUSES D'INSALUBRITÉ. — Aucune.

CAUSES D'INCOMMODITÉ. — Chaleur très-considérable fournie par les fours.

Beaucoup de fumée.

Danger d'incendie.

PRESCRIPTIONS. — (Voir les articles *Émaux* et *Faïence fine*.)

Construire le four en briques réfractaires.

Ne l'adosser à aucun mur mitoyen.

Recevoir la fumée dans une cheminée élevée de cinq mètres au moins au-dessus des toits environnants, dans un rayon de cent mètres environ.

Faïences (Fabriques de) (2ᵉ classe). — 14 janvier 1815.

Détail des opérations. — La faïence est une sorte de poterie faite avec des argiles assez fincs ; celles-ci donnent une pâte qui reste blanche, si elles sont pures, qui devient plus ou moins rougeâtre, si elles contiennent de l'oxyde de fer, et même brune, s'il y a des quantités suffisantes d'oxyde de manganèse.

Ces faïences subissent *deux feux* : un premier à une très-haute température ; les pièces qui ont résisté à cette première cuisson sans se déformer, malgré le retrait qu'elles éprouvent, sont assez poreuses pour que, par simple immersion, on puisse les recouvrir d'une *couverte* facilement fusible. C'est après un séchage complet qu'on les soumet à une deuxième cuisson qui fait fondre la couverte ou émail ; cette cuisson n'a pas besoin, à beaucoup près, d'une température aussi élevée que la première.

L'émail qui les recouvre est celui qui a été décrit à l'article *Émaux* ; on fait souvent usage d'un émail qu'on obtient en fondant cent parties de sable, quatre-vingts de carbonate de potasse ou de soude et cent vingt à cent cinquante de *minium* ; c'est donc un verre très-plombeux, assez attaquable par les agents chimiques ; on le rend opaque par une certaine quantité d'oxyde d'étain fait à part. Pour diminuer les dangers d'un émail trop plombeux et augmenter sa dureté, on force les proportions d'oxyde d'étain et on diminue celles de minium. L'émail est généralement bleu par une petite quantité de *smalt* (verre de Cobalt) pour diminuer sa teinte généralement jaune.

L'argile employée à cette fabrication doit être passée entre deux cylindres de fonte qui commencent la division de la masse plastique, puis elle doit subir plusieurs lévigations pour être séparée des matières étrangères qu'elle renferme presque toujours. On la divise alors dans un *patouillet*, qui consiste ordinairement en un axe horizontal mis en mouvement par une machine ou des chevaux ; cet axe porte des bras terminés par une surface large, placés perpendiculairement à l'axe ; ils divisent rapidement dans une caisse pleine d'eau la terre que l'on

y jette de temps en temps. Une petite vanne fermée par une
toile métallique assez fine ne laisse passer pendant le mouvement de battage opéré par les bras de fer que l'argile en suspension suffisamment divisée. Un conduit la mène dans un
cylindre légèrement conique, dont la surface est recouverte par
une toile métallique très-fine ; l'eau chargée d'argile arrive dans
un tuyau très-large qui enveloppe l'axe, tombe dans le cylindre ;
celui-ci ne laisse passer que la partie la plus ténue, qui se rend
dans des réservoirs où elle subit plusieurs lévigations.

L'argile est souvent mêlée à une proportion considérable de
quartz ou sable siliceux blanc réduit en poudre impalpable. Le
travail de la pâte est analogue à celui de la porcelaine, mais
moins long ; on la bat longtemps ; on la foule et on l'abandonne
à elle-même pendant quelque temps avant de lui faire subir un
façonnage à la main et au tour. L'*ébauchage* est la mise en forme
grossière sur le tour, le *tournassage* donne le fini et règle les
épaisseurs. Les pièces non arrondies sont moulées dans le
plâtre.

La première cuisson s'exécute dans des fourneaux analogues
à ceux de la porcelaine, et, comme la pâte ne se ramollit point,
à l'instar de celle de la porcelaine, il suffit d'empiler dans des
cazettes ou *gazettes* cylindriques les assiettes ou autres pièces
les unes sur les autres.

Les pièces doivent avoir subi une dessiccation lente et parfaite
dans des salles où passent les cheminées des fours avant de les
introduire dans le four.

Après la première cuisson, la pâte étant poreuse, on plonge
les pièces dans une eau chargée d'émail maintenu en suspension, les pièces se recouvrent promptement d'une couche suffisamment épaisse. Cette opération constitue l'*engobage*. Dans
la deuxième cuisson, comme l'émail fondrait et souderait les
pièces de faïence les unes avec les autres, on soutient chacune
d'elles par trois pointes au moyen de trois petites fiches triangu-
laires en terre cuite qui portent sur trois trous équidistants et placés à la même hauteur sur la cazette ; on les nomme *permettes*.

Les fours sont chauffés au bois ; un même four sert ordinairement à donner les deux cuissons à la fois. Pour cela, le four se compose de voûtes à deux étages superposés; l'étage inférieur est très-bas et offre d'un côté une ouverture qui sert de foyer; sa voûte est percée de carneaux. L'étage supérieur est plus vaste et reçoit les pièces *en crue*; on le charge par une porte qui est murée pendant la cuisson; sa voûte est aussi percée de carneaux. Les pièces *en couverte* sont placées dans la partie inférieure de l'étage supérieur; l'étage inférieur ne reçoit pas de pièces.

Le feu est allumé sur la voûte inférieure, la flamme passe entre le plancher de séparation des deux voûtes et circule entre les pièces. Quand elle commence à rougir, on ne jette plus le bois sous la voûte, mais on le pose transversalement sur l'ouverture par où on le jetait, et on l'y dispose en talus; la chaleur augmente rapidement, les pièces sont cuites en trente ou trente-six heures, et défournées quelques jours après quand le refroidissement est suffisant.

Faïence rouge.

Quelques faïences sont vendues non recouvertes d'émail; ce sont généralement des pots à fleurs, et surtout les *alcarrazas*; ces vases sont poreux et laissent facilement transsuder l'eau à leur surface; la partie liquide évaporée produit un froid assez vif pour abaisser de quatre à cinq degrés la température de l'eau qui y est contenue.

Faïence fine.

La *faïence fine*, c'est-à-dire à couverte transparente, et qu'on désigne souvent sous les noms de *terre de pipe, terre anglaise, porcelaine de Montereau*, est recouverte d'un simple verre ou vernis *à base de plomb*. Sa pâte est formée d'argile blanche et de silex finement broyé; elle est peu dure, facilement rayée et attaquable, ce qui peut la rendre dangereuse pour certains usages; on la cuit en cazette et en deux fois.

L'argile qui sert à sa préparation doit être séchée aussitôt après son extraction, concassée avec des maillets de bois pour en séparer les cailloux et les particules colorées, enfin gâchée et passée au tamis de soie. — Le silex doit être calciné au rouge pour le réduire en poudre; cette pulvérisation a lieu au moyen de maillets armés de têtes de clous dans les petites fabriques; dans les grandes manufactures, on se sert de moutons puissants, mis en mouvement par des machines. Le broyage du silex se fait à *sec* dans des moulins semblables aux moulins à farine, ou à l'*eau*, comme pour l'émail des faïenciers. Ces moulins sont formés de deux meules horizontales en grès dur; l'inférieure est mobile et sert de fond au baquet, percé sur l'un de ses côtés d'un trou que l'on ferme à volonté; la meule supérieure est ronde ou ovale, et profondément échancrée. — Le mélange de silex et d'argile s'effectue au tamisage de celle-ci ou dans des fosses de cinq mètres environ; l'eau se sépare peu à peu, on la décante par des trous percés de distance en distance sur une ligne verticale, et, quand la terre s'est séparée complétement, a pris de la consistance, on la met dans des biscuits de rebut pour la sécher partiellement et augmenter sa densité. On emploie souvent des *aires en plâtre* qui absorbent bien plus rapidement l'humidité, et on active la dessiccation par des courants d'air.

Afin de bien lier le silex et l'argile, on *marche* la pâte, c'est-à-dire qu'un ouvrier, armé d'un bâton pour lui servir d'appui, pétrit avec ses pieds nus la terre étendue sur le *marche-pâte*, en décrivant sans cesse une spirale du centre à la circonférence; arrivé au milieu, il change de position, coupe la pâte par tranches, et recommence de la fouler aux pieds jusqu'à homogénéité parfaite.

Le marchage des pâtes a lieu aussi bien pour la faïence ordinaire et la porcelaine que pour la faïence fine.

Pipes.

Les pipes sont faites avec une pâte à peu près semblable, se cuisent dans les mêmes fours, mais à une température bien plus faible. On ne les recouvre pas de vernis plombeux. (Voir *Porcelaine*.)

CAUSES D'INSALUBRITÉ. — Emploi du minium (plomb) pour la préparation de l'émail.

Danger pour la *santé des ouvriers* : 1° Pendant l'opération de l'*engobage*, ou trempage des pièces dans l'émail, si surtout ils ont des écorchures aux mains ;

2° Pendant le broiement à *sec* des silex, pour la faïence fine principalement (action de la poussière);

3° Pendant qu'on *marche* la pâte (action de l'humidité), rhumatismes aigus ou chroniques, et douleurs des extrémités inférieures.

CAUSES D'INCOMMODITÉ. — Fumée des fours, surtout au commencement des fournées.

Odeur peu agréable.

Danger d'incendie (accumulation de bois à brûler).—Séchoir. —Feu des fours.

PRESCRIPTIONS. — Établir les fours en briques et fer.

Les surmonter d'une large hotte communiquant avec une cheminée haute (dix à vingt mètres), selon l'importance de la manufacture.

Entourer la fabrique de murs élevés.

Ne jamais diriger l'ouverture des fours sur la voie publique.

Bien ventiler l'atelier où l'on broie le silex.

Se servir de bois pour combustible.

Avoir toujours beaucoup d'eau à la disposition de l'établissement.

Faire écouler les eaux convenablement.

Ne laisser dans le séchoir aucun bois apparent.

Surveiller avec soin la santé des ouvriers. (Voir l'art. *Plomb* (Industrie du).

Avoir une pompe à incendie dans les grands établissements. (Voir Émaux, *Porcelaine, Poterie.*)

Usine à faïencer la poterie de fer et fonte émaillée (2° classe, par assimilation).

DÉTAIL DES OPÉRATIONS. —Depuis un certain nombre d'années, il s'est établi des usines spécialement destinées à la fabrication de la poterie de toute espèce en fer, doublée de faïence,—où l'on compose à la fois la pâte céramique et on l'applique sur les vases de fer ou de fonte. L'enduit vernissé dont on revêt ainsi tous les ustensiles destinés aux usages domestiques est un émail presque analogue à celui dont on se sert pour polir la poterie et la faïence ordinaires.

La nature de la pâte varie selon le degré de résistance que l'on veut donner à la couche vitriforme de l'enduit. On peut voir aux articles *Faïence, Porcelaine, Verreries*, la série des corps employés pour la composition de ces pâtes.

Cet émail est toujours *plombeux* ou plombique. Il faut une très-haute température pour que la fixation de cet émail soit solide. Mais ces poteries sont beaucoup plus attaquables, et, par suite, véritablement dangereuses dans quelques circonstances.

Décapage. — Avant de recouvrir la fonte d'émail, on la décape avec de l'acide sulfurique ou avec de l'acide chlorhydrique préalablement étendu; on a reconnu qu'on pouvait économiser la quantité d'acide et surtout empêcher l'altération du métal lui-même, qui avait grande tendance à se dissoudre aux angles quand on fait usage d'acides purs étendus, en employant l'acide sulfurique étendu, provenant de l'épuration des huiles, ou en additionnant cet acide de glycérine, de tannin brut, de naphtaline, etc..., qui permettent la séparation de l'oxyde et protégent le métal. — Le décapage effectué, on écure au grès, on lave à l'eau froide, puis à l'eau bouillante, on sèche, et l'on applique deux couches d'émail, l'une pour fond, la seconde pour couverte.

Première couche d'émail (fond). — La première se compose de silex calciné broyé finement et de borax pulvérisé, on calcine le mélange; on y ajoute de l'argile de potier (un vingtième), on délaye le tout dans de l'eau de manière à avoir une bouillie suffisamment épaisse; on y plonge les pièces, il doit en rester une couche d'un millimètre et demi d'épaisseur, on laisse à demi sécher cette première couche avant d'appliquer la seconde au moyen d'un tamis.

Deuxième couche d'émail (couverte). — La seconde couche

se compose de verre blanc non plombeux, de borax, de soude, tout bien mélangé et fritté au creuset. On laisse refroidir et démêle le produit de la fritte dans de l'eau chaude avec une nouvelle quantité de soude ; on évapore à sec, pulvérise et tamise sur les pièces imbibées de la première couche. — Les pièces à faïence ayant reçu leur deuxième couche sont séchées dans une étuve à cent degrés et cuites dans une moufle : les pâtes céramiques entrent alors en déliquescence, s'unissent au fer ou à la fonte, et forment une couche intérieure de véritable faïence.

On a cherché depuis longtemps à remplacer l'émail plombeux par un émail inoffensif ; mais les moyens connus ne donnent pas tous de bons résultats et sont peu répandus relativement aux autres ; ils sont constitués par des borates, des silicates de potasse, de chaux, de magnésie, mêlés à du verre, à un excès de chaux ou de magnésie pour donner de l'opacité, à du quartz, etc., etc...

C'est à côté de cette industrie qu'il faut ranger celle qui a pris le nom de fabrique de *tuyaux en fer controxydés*, qui consiste à recouvrir le métal avec une couche *vitrifiée* de composition variable, destinée à s'opposer à l'oxydation du fer.

CAUSES D'INSALUBRITÉ. — Les mêmes que pour la manufacture des faïences, sous le rapport de la fabrication et de l'usage de l'émail au minium.

Danger des préparations de plomb, si l'on chauffe de manière à décomposer la couche de faïence.

— Il y a de plus un danger réel dans l'emploi des produits.

CAUSES D'INCOMMODITÉ. — Chaleur et fumée très-considérables, au début de l'opération.

Dangers d'incendie à cause de la chaleur considérable que subissent les fours.

Inconvénients du four à réverbère.

PRESCRIPTIONS. — Construire l'étuve et le four en briques et fer.

Couvrir les fours d'une large hotte.

Opérer en vases clos.

Recueillir les vapeurs dans un tuyau qui communique avec la cheminée du foyer.

Isoler les fours, la cheminée et l'étuve de tous murs mitoyens. Éloigner de cette partie de l'usine le magasin aux combustibles.

Élever le tuyau de la cheminée à dix ou quinze mètres.

Ne brûler que du bois.

Faire surveiller par l'autorité la parfaite fabrication des ustensiles, au point de vue de la solidité de l'émail.

Recommander de ne pas faire bouillir du vinaigre ou tout autre liquide acide dans les vases faïencés. (Voir *Porcelaine.*)

Fourneaux et poêles en faïence et terre cuite. Voir *Poêliers.*
Grès.

Les *grès* sont des espèces de porcelaines dont la potasse se trouve partiellement remplacée par la strontiane ou la baryte.

Leurs pâtes sont plastiques et faciles à travailler ; en général on ne leur fait subir *qu'un seul feu ;* pourtant, si on veut les émailler ou leur donner un lustre, on a recours à une deuxième cuisson. Quelquefois, au lieu d'oxyde métallique et d'un verre à base de plomb, on emploie un mélange de sel marin et de potasse dont on enduit les cazettes. Ce procédé est fondé sur la volatilité du sel marin et sa décomposition sur la poterie, par le silice, qui donne lieu à un verre à base de soude. (Voir *Faïences, Poterie.*)

Pipes à fumer (Fabrication des) (2ᵉ classe). — 14 janvier 1815.

DÉTAIL DES OPÉRATIONS. — Voir, au mot *Faïence,* l'article *Pipe.*

CAUSES D'INCOMMODITÉ et PRESCRIPTIONS. — Les mêmes que pour les petites fabriques de faïence.

Poêliers-fournalistes. — Poêles et fourneaux en faïence et terre cuite (Fabrication des) (2ᵉ classe). — 15 octobre 1810. — 14 janvier 1815.

DÉTAIL DES OPÉRATIONS. — Les opérations relatives à cette fabrication sont les mêmes à peu de chose près que celles des potiers de terre. (Voir, au mot *Briqueteries,* l'article *Poterie.*)

Porcelaine (Fabrication de la) (2ᵉ classe). — 14 janvier 1815.

La *pâte de porcelaine* est un mélange de kaolin (argile), de feldspath, de craie, et quelquefois de sable siliceux, d'argile plastique. Le feldspath et le quartz doivent être *étonnés* et soumis à une lévigation après avoir été réduits en poudre au moyen de meules verticales.

On divise la porcelaine en *porcelaine tendre* et en *porcelaine dure*.

Porcelaine tendre de Sèvres.

La *porcelaine tendre de Sèvres* était faite avec une fritte vitreuse, rendue moins fusible et opaque par une addition de marne blanche et de craie. La pâte neuve ainsi formée était mêlée intimement et battue avec les débris des pièces précédentes; le mélange s'accomplissait avec une dissolution bouillante de savon noir, la pâte ainsi préparée portait le nom de *chimisée*. Le savon noir a pour effet de servir de liant à la masse, on le remplaçait quelquefois par un mucilage de gomme adragante.

Les pièces étaient moulées et tournées sèches pour leur donner l'épaisseur convenable. On les encastrait dans des cazettes en ayant soin de leur fournir un grand nombre de points d'appui, à cause du ramollissement et de la déformation qui en résulte.

La *couverte* était formée avec une espèce de cristal qu'on pulvérisait et délayait à l'état de poudre fine dans de l'eau et du vinaigre, de manière à former une bouillie claire. On versait une certaine quantité de cette bouillie, parce que, le biscuit n'étant point absorbant, la couverte ne pouvait être donnée par immersion. Il fallait donner deux ou trois couvertes, porter chaque fois les pièces à une haute température; c'est cette double couverte d'un brillant gras qui donne tant de prix au *vieux sèvres*.

Le travail au tour de la porcelaine sèche donne lieu à une quantité abondante de poussière siliceuse. Cette circonstance, les difficultés du travail et de la cuisson, ainsi que le haut prix de la matière et des produits, ont fait à peu près renoncer à cette fabrication.

La *porcelaine épaisse* dite *de Tournay* est un mélange d'argile, de craie, de chaux et de soude. La quantité d'argile qu'elle renferme lui donne du liant et facilite beaucoup la façon.

Porcelaine dure.

La *porcelaine dure* est généralement composée de kaolin et de feldspath quartzeux. Le kaolin subit plusieurs lavages, on en sépare environ un quart de son poids de petit sable ; le feldspath est calciné pour faciliter la pulvérisation, on le broie finement et on le mêle au kaolin ; la pâte qui en résulte est mise dans des cuves où on la laisse aussi longtemps que possible. On lui fait subir un travail très-prolongé avant de la façonner ; on la divise en petites masses ; on la sèche sur une aire poreuse ; on la mêle avec des débris d'ancienne pâte ; on la foule aux pieds, ce qui s'appelle *marcher la pâte* ; enfin, on la conserve longtemps dans des caisses fermées pour lui faire subir ce qu'on appelle la *pourriture*, qui consiste en une destruction lente de la matière organique, par les agents atmosphériques.

A cause du peu de liant qu'elle possède, la pâte est d'un travail difficile ; supposons qu'on veuille faire une assiette, on l'ébauche au tour en lui laissant une grande épaisseur ; on l'applique sur un moule de plâtre et la comprime avec une éponge humide ; on colle au moyen d'une pression exercée par le pouce un boudin ou ruban qui doit faire le pied de la pièce. Quand, par absorption de l'humidité par le moule, la pièce est devenue plus consistante, on l'en détache, on la fixe sur le tour et on la tournasse au dehors, avec un outil de fer très-tranchant nommé *tournassin*. Les pièces de garnissage, telles que les anses, les becs, les pieds, etc., se moulent séparément et sont fixées aux pièces au moyen de la pâte, délayée dans l'eau, nommée *barbotine* ; on raye la surface d'applique pour faciliter l'adhérence.

La dessiccation la plus lente possible donne les résultats les plus beaux, en évitant toute espèce de gerçure, fentes, etc., qui amènerait la casse des pièces pendant la cuisson.

C'est à côté de cette industrie qu'il faut placer un certain nombre de fabriques qui ne sont pas spécialement classées, mais qui se livrent à des opérations analogues. Telles sont les petites usines où l'on se sert de fours à cuire la mosaïque, les cornues en terre cuite, les boutons en porcelaine, les verres d'optique, etc., etc. (Voir *Fours à porcelaine.*)

Causes d'incommodité. — Fumée, dans le commencement du petit feu.

Danger d'incendie.

Poussière siliceuse abondante pendant le travail au tour de la porcelaine sèche. — Action de cette poussière sur les organes respiratoires des ouvriers et sur ceux de la vision. (Bronchites, tubercules pulmonaires, ophthalmies.)

Douleurs spéciales dans les pieds et jambes des ouvriers qui marchent la pâte.

Prescriptions. — Isoler le fourneau et la cheminée des murs mitoyens.

Les construire en matériaux incombustibles.

Élever la cheminée de deux à trois mètres au-dessus des toits voisins.

Isoler les magasins aux combustibles.

Aérer énergiquement l'atelier où se travaille au tour la porcelaine sèche. — Faire porter aux ouvriers un masque en toile métallique.

Ne pas faire travailler longtemps les mêmes ouvriers au marchage de la pâte.

Four à porcelaine, à pipes, à émail, pour boutons et dents artificielles (de petite dimension) (3ᵉ classe, par assimilation).

Détail des opérations. — Le *four* à porcelaine dure est une espèce de tour à deux ou trois étages, construite en briques réfractaires. On chauffe avec du bois léger, du tremble fendu et bien sec. Chaque étage de la tour est formé par une voûte percée de carneaux; le tout est recouvert d'un toit à claire-voie placé à une assez grande distance de la dernière voûte. Il n'y a pas de cheminée, parce que le four ayant une grande hauteur et ne présentant qu'un faible espace vide, le tirage y devient naturellement très-vif.

Chacun des quatre foyers latéraux se compose d'une cuve rectangulaire, terminée au bas par une grille, et communiquant avec le four par un grand nombre d'ouvertures rectangulaires; la flamme de ces foyers est renversée; l'air arrive par l'ouverture supérieure de l'alandier, de sorte que les cendriers peuvent être fermés, puisque la grille n'a pas pour fonction de donner accès à l'air. On chauffe plus généralement maintenant à la houille, parce qu'on a des produits aussi beaux et à plus bas prix.

Les pièces subissent deux cuissons; la première s'opère avant qu'elles aient été recouvertes d'un vernis vitreux, et constitue le *dégourdi*. On place les pièces dans l'étage supérieur du four; on leur fait subir une température très-élevée qui ne les altère pas dans leur forme et produit un faible retrait.

Au sortir du four où la porcelaine subit sa première cuisson, on la recouvre de la matière qui doit former la *glaçure*. Pendant la deuxième cuisson, on emploie pour couverte la roche feldspathique et la maintient en suspension dans de l'eau vinaigrée. On immerge rapidement chacune des pièces dans la liqueur trouble; en les retirant, l'eau est absorbée immédiatement et la pièce reste couverte.

La *cuisson au grand feu* s'opère dans des *étuis* ou *cazettes*, faits d'une argile très-réfractaire, mélangée à un tiers de vieilles cazettes pilées. A cause du ramollissement qu'éprouve la porcelaine pendant sa cuisson, on est obligé de placer chaque pièce dans un étui particulier, sur une plaque ou *rondeau* bien dressé qu'on enduit d'argile ou de sable pour empêcher l'adhérence de la pièce et permettre sa dilatation.

On commence le feu en jetant *dans les quatre alandiers ou foyers latéraux* des morceaux de bois blanc assez gros, on continue *le petit feu* pendant quinze heures, de manière à porter le four au rouge cerise. Le four s'échauffe peu à peu, les pièces peuvent se dilater graduellement et lentement; elles ne risquent par conséquent pas de casser.

Alors on change le mode de chargement, ce qui s'appelle *couvrir le feu*; on dispose les bûches horizontalement à l'entrée des quatre foyers, et on les pousse dans le foyer; il se fait une flamme très-vive et longue qui circule entre les piles d'étuis qui contiennent les pièces, et constitue ce qu'on appelle *le grand feu*. On charge d'autant plus vivement de bûches fendues et bien sèches qu'on approche davantage de la fin de la cuisson; le tirage devient extrême, le four est porté au blanc. La seconde cuisson dure quinze à vingt heures; on reconnaît qu'elle est finie en examinant des fragments de porcelaine appelés *montres* qui sont renfermés dans des étuis sur différents points; leur point de cuisson sert à régler le feu et à indiquer la fin de l'opération. De trois à huit jours après le refroidissement, on défourne.

Le sable qui adhère aux pieds des pièces est détaché en frottant avec un grès dur.

Dans l'intérieur des villes, il y a encore une grande quantité de *petits fours* à porcelaine, dits *moufles*, et qui ne peuvent être établis sans une autorisation spéciale.

Ces moufles, souvent ajoutées aux fourneaux à coupelle, ne sont, dans ce cas, que de petits fourneaux à réverbère portatifs au milieu desquels on ajoute une moufle au petit four demi-cylindrique percé de trous pour y déterminer un courant d'air. Cette moufle, étant entourée de toute part de combustible embrasé, s'échauffe très-fortement, et l'on peut ainsi y exécuter toutes les opérations de la cuisson de la porcelaine.

Il faut adjoindre à cet article les fours très-restreints, dits *fours à pipes*, placés dans de petits ateliers où la pâte destinée à fabriquer des pipes se prépare, se moule, se sèche et se lisse avec une agate. — Il faut chauffer ce four avec du bois et non avec du charbon de terre dont la fumée pourrait altérer la blancheur de la terre mise à cuire.

Il en est de même des fours de minimes dimensions dans lesquels on cuit des pâtes, avec lesquels on confectionne des *mosaïques imitées*, des cornues en terre cuite pour la distillation de la houille dans la production du gaz à éclairage. De même des creusets de petite dimension : — pour la fabrique des boutons en porcelaine, — la fonte des verres d'optique, — l'émail pour les dents artificielles.

Causes d'incommodité. — Danger d'incendie. — Fumée, surtout au début de l'opération. — Eaux de lavage des terres.

Prescriptions. — Isoler le four de tout mur mitoyen.

Lui adapter un tuyau de fonte qui soit isolé dans toute la hauteur du coffre de la cheminée.

Construire le four en briques réfractaires.

Installer un ventilateur entre le four et le parquet. Faire une prise d'air au plancher haut.

Éloigner de ce plancher haut le registre du fourneau.

Ne se servir, pour combustible, que de coke ou de bois de hêtre, à l'exclusion des bois tendres comme le bouleau et le peuplier.

Revêtir de plâtre, du côté du fourneau, le mur de la pièce où est le combustible, et y mettre une porte en tôle.

Jeter, tous les soirs, les eaux de lavage et avoir pour ces eaux un écoulement facile.

Si le feu ne doit durer que vingt-quatre heures, le commencer à l'entrée de la nuit.

Poterie de terre. Voir au mot *Briqueteries et Tuileries* l'article *Poterie de terre.*

Tuiles. Voir le mot *Briqueteries et Tuileries.*

Verreries. — Cristaux (Fabriques de), ainsi que l'établissement des verreries proprement dites, usines destinées à la fabrication du verre en grand (1re classe). — 14 janvier 1815. — 20 septembre 1828.

Sous le nom général de *verre*, on désigne les silicates à base de potasse, de soude et d'autres oxydes métalliques ; souvent l'acide silicique est partiellement remplacé par l'acide borique. Les verres peuvent être regardés comme des sels dont les proportions combinées sont variables avec la qualité que l'on veut obtenir. Tous sont fusibles à une température variable également avec la quantité d'oxydes métalliques qu'ils renferment.

On désigne sous le nom de *verre soluble* un silicate de potasse ou de soude à grand excès de base, soluble en entier dans l'eau bouillante. Il s'obtient en fondant dans un creuset un mélange de dix parties de carbonate de potasse, quinze de sable et un de charbon. Le produit fondu est coulé, pulvérisé et mis dans l'eau froide, pour le priver des petites quantités de sulfate de potasse et de chlorure de potassium, etc., qu'il pourrait contenir ; puis, on le dissout dans l'eau bouillante, on le laisse déposer ; on se sert de la liqueur décantée pour rendre les tissus et les bois ininflammables, et durcir les pierres destinées aux constructions monumentales ; on peut surtout l'employer à revêtir l'intérieur des citernes : on doit alors l'appliquer avant que le ciment soit sec.

Le *verre de Bohême* est un silicate à base de potasse, de chaux et d'alumine. — Le *verre à vitres* est composé de silice, de soude et de chaux. — Le *verre à glaces* est formé à peu près par les mêmes éléments ; la potasse y remplace la soude. — Le *verre à bouteilles* est formé de silice, de potasse ou de soude, d'alumine, de chaux, d'oxydes de fer et de manganèse en faibles quantités. — Le *cristal* est un silicate de potasse et de plomb — Le *flint-glass* et le *crown-glass* sont des silicates très-riches en oxyde de plomb et en potasse.

Quel que soit le verre qu'on fabrique, il doit rester intact au contact de l'air, de l'eau et de presque tous les acides. Les alcalis concentrés et l'acide fluorhydrique le dissolvent ; aussi les verres très-riches en alcalis deviennent solubles dans l'eau; le *verre de Fuchs* ou *verre soluble* en est l'exemple le plus frappant.

On emploie le carbonate de potasse et celui de soude, tantôt indifféremment, tantôt forcément l'un ou l'autre ou leur mélange ; on emploie la chaux caustique ou vive et plus souvent son carbonate. — Quand on remplace le carbonate de soude par le sulfate de soude, on ajoute une quantité suffisante de charbon pour décomposer l'acide sulfurique en acide sulfurique et acide carbonique. — Le bioxyde de manganèse dont on se sert dans les verreries a pour but de suroxyder l'oxyde de fer qui se trouve dans les matières premières destinées au verre commun, pour le faire passer à l'état de silicate de sexquioxyde de fer qui est presque incolore.

Pour le verre à bouteilles, on emploie généralement la soude brute de varechs mêlée ou non de cendres ; on y ajoute quelquefois une proportion considérable de cendres lavées ou *char- rées* qui introduisent des silicates d'alumine et de potasse. On charge aussi de *calcin*, ou fragments de verre ou de bouteille.

Dans la préparation du verre, la silice réagit sur les carbonates alcalins et se substitue à l'acide carbonique pour former des silicates. Il faut une température beaucoup plus vive que celle de la fusion pour chasser complétement les gaz de la masse vitreuse ; il faut encore employer le même moyen quand les sels de soude et de potasse employés ne sont pas purs, pour faire venir à la surface du bain les sulfates et les chlorures qui s'y trouveraient, et qui, plus légers que le verre fondu, peuvent s'en séparer facilement ; ces scories constituent ce que l'on nomme *fiel de verre* ou *sel de verre*.

Le mélange des matières qui doivent donner du verre par la fusion subit une calcination ou fritte, qui détermine un commencement de combinaison et permet d'introduire la masse toute rouge dans les creusets.

Les différentes sortes de verre peuvent prendre des couleurs plus ou moins vives, selon les quantités d'oxydes ou de composés métalliques que l'on emploie ; l'oxyde de cobalt donne le *bleu* ; le protoxyde de cuivre, un beau *rouge* ; l'oxyde de chrome, le silicate de cuivre, un mélange d'oxyde de cobalt, d'oxyde d'antimoine et de chlorure d'argent, le *vert* ; le bioxyde et le silicate de manganèse, le *violet* ; le pourpre de cassius, une belle teinte *pourpre* ; l'oxyde d'urane, le chromate de plomb, certaines combinaisons d'argent, des mélanges d'oxyde antimonieux et d'oxyde de plomb, un beau *jaune* ; le noir de fumée, une *couleur jaune variable* ; le poussier de charbon, le *jaune topaze* ; enfin le *noir* et le *gris* sont obtenus par les oxydes de manganèse, de cobalt et de fer. Il suffit de mettre quelques centièmes de ces corps dans la pâte pour la colorer. Dans la préparation du *rubis* de Bohême, et pour l'affinage du verre, on se sert quelquefois d'acide arsénieux; il faut prendre alors de grandes précautions pour que les ouvriers n'en soient pas incommodés.

Quelquefois, après avoir ébauché un verre d'une couleur, on plonge la pièce dans un bain de couleur différente, soit entièrement, soit partiellement, de manière à obtenir des superpositions que la taille fait ressortir pour produire des effets magnifiques.

Recuit. — Le verre façonné serait éminemment fragile et impropre à beaucoup d'usages, si, par un *recuit* ménagé, on ne pouvait lui rendre sa faible élasticité. Pour cela, on le place dans des fours analogues à celui que je vais décrire. — Par une ébullition dans l'eau graduellement amenée, on peut rendre les verres beaucoup plus résistants aux changements brusques de température, si on les laisse refroidir très-lentement avec cette eau.

Fourneau de fusion pour le verre à bouteilles. — Le fourneau des verreries est en briques bien réfractaires et reliées entre elles avec de l'argile ou avec un coulis en consistance de bouillie. On donne le nom de coulis aux raclures de briques délayées dans l'eau. Le cendrier est en contre-bas du sol d'environ cinquante centimètres. Les fours ont ordinairement un mètre trente centimètres à deux mètres soixante centimètres de longueur, les parois sont épaisses de quatre-vingts centimètres ; elles forment un carré dont chaque pan a une entrée pour le passage de l'air et le service du tiseur. Ces murs sont élevés de trois mètres trente centimètres, et viennent se réunir en forme de cintre en laissant dans le milieu la place de la grille qui va d'un bout à l'autre. L'âtre est en grès dur et réfractaire ou en briques bien cuites.

Chaque four contient huit creusets placés chacun sur une banquette en briques réfractaires. A ce four sont accolées deux et plus souvent quatre *arches*. Ce sont autant de petits fours placés aux coins du fourneau de fusion, qui reçoivent le calo-

rique par des ouvertures ménagées dans l'épaisseur du mur
et qu'on nomme *lunettes*. Ces arches servent à préparer la fritte
pour le verre à bouteilles, et à recuire le verre blanc ; on s'en
sert aussi pour donner aux creusets une dureté suffisante pour
n'avoir plus guère à redouter la casse quand on les expose au
grand feu.

Les creusets sont conservés dans un endroit chaud avant de
les introduire dans les arches; il faut les soumettre à une température graduellement croissante, et n'employer pour la première fois, que du *groisil* ou *calcin*, afin de ne pas les attaquer
par les alcalis et les *enverrer* suffisamment. Les creusets à verre
blanc ont soixante-sept centimètres, ceux à verre à bouteilles
ont de quatre-vingts à quatre-vingt-dix centimètres. Chacun
d'eux est servi par un maître ouvrier et par un aide.

Les ouvreaux, placés à quinze centimètres au-dessus des creusets, donnent passage aux diverses pièces fabriquées, à la fumée, à la flamme et aux gaz de la combustion; les lunettes
activent considérablement le tirage. On établit un mur de séparation entre les ouvreaux, afin de préserver le souffleur des
rayons calorifiques de l'ouvreau voisin.

Au pied de chaque ouvreau, est le *trou de canne*, large de
cinq centimètres, correspondant à l'intérieur du fourneau de
fusion, et destiné à chauffer les cannes. Au-dessus des ouvreaux
commence la voûte ou couronne du fourneau, à laquelle on
donne une forme sphérique ou légèrement aplatie, et qu'on
recouvre d'un enduit de terre et de sable de quelques centimètres d'épaisseur; c'est ce que l'on appelle *habiller le four;* des
barres de fer assurent la consolidation parfaite des différentes
parties du four. Une ouverture, ménagée au sommet de la voûte,
laisse dégager les produits de la combustion. Les pots de fusion
sont introduits par le foyer; on les retient au moyen d'une bâ-
tisse qu'on nomme *fausse claie*, de manière à ne laisser pour
l'entrée du combustible qu'un espace de trente à trente-cinq
centimètres de côté.

A la droite de l'ouvrier et à hauteur d'appui est une auge
remplie d'eau et une *fourchette*. La fourchette est destinée à

placer la canne pour la rafraîchir au moyen de l'eau de la caisse.
— Sur le plancher et au-dessus de la caisse, est le *marbre*, ou
petit établi de soixante-cinq centimètres de hauteur, garni d'une
plaque de fonte ; c'est sur cette plaque que l'ouvrier fait la
paraison, c'est-à-dire tourne et retourne le verre pâteux, à l'extrémité de sa canne, afin de lui donner la forme. — Auprès du
marbre est un billot de hêtre, dans lequel on a creusé plusieurs
cavités en forme de demi-poires maintenues constamment
mouillées.

Fours à glaces. — Les fours à glaces sont à peu de chose près
semblables aux fours à verre à bouteilles ; ils ont quatre arches
disposées de la même façon ; trois servent à cuire les creusets : ce
sont les arches à pots, la quatrième sert à la dessiccation des
matières avant leur enfournement, c'est l'arche à matière. Outre
son ouverture principale, nommée gueule, chacune de ces arches
en a une autre appelé *bonnard*, par laquelle on peut, s'il est besoin, faire du feu dans l'arche pour recuire les creusets. Le four
à fusion pour les glaces dure de douze à quatorze mois ; les
arches peuvent durer jusqu'à trente ans.

Fours à recuire les bouteilles. — Ces fours peuvent contenir
toutes les bouteilles faites en une seule fournée. On chauffe
assez pour les tenir au rouge sombre pendant quatre à cinq
heures, et on laisse refroidir pendant trente-six à quarante
heures. Le four est carré, n'a pas de grille : une aire de briques
en tient lieu. Le foyer est sous l'aire où l'on dépose les bouteilles : la flamme passe par plusieurs ouvertures et peut parcourir toutes les bouteilles : jamais on ne doit élever la température au point de ramollir les bouteilles. Les fours à recuire,
modernes, sont à feu continu ; ils se composent d'une longue
galerie, chauffée vers le milieu par un foyer et terminée par
des portes à ses deux extrémités. Une chaîne en fer sans fin
traverse ce four longitudinal. On y accroche des chariots en
fer sur lesquels sont disposés les objets à recuire. Ils entrent
par une des extrémités et sortent par l'autre, après avoir séjourné dans le four le temps convenable pour obtenir un bon
recuit.

Fours à vitres. — Le four à vitres à la houille de M. Dartigues est destiné à contenir huit pots et à contenir quinze
à dix-sept cents kilogrammes de verre, avec dix-huit cents
kilogrammes de houille, ni trop collante ni décrépitante. Les
quatre arches ont une paroi commune, c'est-à-dire qu'elles
se touchent deux à deux. La sole est circulaire; la fumée passe
par les arches avant de s'échapper au dehors ; des obturateurs
règlent le tirage.

Les fours à verre à vitres au bois de M. Dartigues contiennent aussi huit pots accolés quatre par quatre, et elliptiques,
afin de diminuer l'espace qu'ils occupent. A droite de l'ouvrier
se trouve aussi l'auge et la fourchette pour refroidir la canne, le
marbre et le bloc de hêtre que nous avons déjà décrits.

Fours d'étendage. — Les fours d'étendage des manchons de
verres à vitres se composent de deux fours contigus, séparés
l'un de l'autre par un petit mur de briques très peu épais qui
s'étend depuis la sole jusqu'à la voûte ; au bas de ce mur de
séparation se trouve une ouverture de un mètre de largeur et
de quelques centimètres seulement de hauteur : Elle sert au
passage des carreaux étendus dans le premier compartiment.
De ce foyer, placé au-dessous de la sole partent deux ouvertures
qui fournissent la chaleur aux deux compartiments, et surtout
au premier, qui doit être bien plus chauffé que l'autre. Les cylindres à étendre sont placés horizontalement sur une table; on
glisse une goutte d'eau sur l'arête supérieure et l'on y passe un
fer rougi qui détermine une cassure nette sur toute la longueur.
Après quoi on présente successivement les cylindres à l'orifice
du fourneau d'étendage, et on les pousse peu à peu dans l'intérieur
du four sur deux coulisses qui règlent leur marche. Quand ils
sont près de plier, l'ouvrier étendeur saisit le plus chaud au bout
d'une règle en fer, l'attire vers le milieu du four sur une plaque en fonte ou quelquefois en verre épais saupoudrée de plâtre.
A l'aide de sa règle, l'étendeur affaisse les deux côtés du man-
chon, et, au moyen d'une barre de fer terminée par une masse
de même métal dont l'un des côtés est bien poli, il passe rapidement sur la surface du verre, l'aplanit parfaitement. Le car-

reau étendu est poussé dans le deuxième compartiment où il se refroidit lentement.

La *canne* à souffler est un tube en fer de deux à trois millimètres de diamètre intérieur, enveloppé dans une partie de sa longueur d'un cylindre de bois qui le rend plus maniable et moins chaud à la main du souffleur.

Vitres.

Pour faire une vitre, l'aide *cueille* une certaine quantité de verre avec une canne chauffée, la tourne continuellement pour empêcher la masse du fluide de s'en séparer, reprend une nouvelle quantité de matière et passe la canne garnie au souffleur. Celui-ci rassemble le verre à l'extrémité, tourne toujours et cueille une nouvelle quantité; quand il en a suffisamment, il réchauffe la masse et la souffle dans l'eau en la tournant sans cesse de manière à constituer un sphéroïde. Quand le verre est ramolli au point convenable, il lui imprime un mouvement de battant de cloche, qui, sous l'influence continuelle du souffle, donne au verre la forme d'un cylindre terminé par des calottes de sphères.

Quand la pièce, encore molle, a acquis l'étendue nécessaire, il chauffe une des extrémités fortement, de manière à la ramollir et à dilater l'air pour déterminer une ouverture qu'il rend circulaire par un nouveau mouvement de battant de cloche. Il ne reste plus qu'à en égaliser la surface, à séparer au moyen d'un ciseau la canne de la cloche, à porter le cylindre au four d'étendage, et à tailler les vitres avec un diamant.

Bouteilles.

Pour faire une bouteille, l'aide cueille la masse fondue à l'extrémité de la canne et la passe au souffleur; en soufflant et tournant sans cesse, celui-ci détermine peu à peu le volume et la forme de la bouteille en se servant d'un moule. Pendant que la bouteille est encore molle, l'ouvrier pousse le fond en dedans, en tenant sa canne renversée verticalement, puis il arrondit le bord du col, et fixe le cordon. Au moyen d'un léger choc, il détache la bouteille et la porte au four à recuire.

Dans un système de fabrication, qui porte le nom de système

Semet, ou continu, on pratique simultanément la fonte et le soufflage. On obtient ainsi le double de produits fabriqués avec la même somme de calorique. — Dans ce cas particulier, la fabrique pourrait peut-être être placée dans la deuxième classe.

Perles en verre. Voir, au mot *Perles*, l'article *Perles en verre*.

Glaces.

Les glaces doivent être facilement fusibles afin de pouvoir les rendre assez fluides pour en dégager les gaz qui formeraient dans la masse des bulles et des stries; la matière qui les constitue est coulée sur des tables de bronze de onze centimètres d'épaisseur. Une épaisseur moindre rendrait la réussite impossible, excepté pour les petites glaces. Un rouleau, pesant deux à trois cents kilogrammes, glisse sur des tringles latérales, d'une hauteur égale à celle qu'on veut donner à la glace; la glace encore molle est introduite dans un four à recuire; enfin, on la coupe.

On procède au polissage avec une autre glace, plus petite, servant de molette, et du sable quartzeux grenu, puis avec du sable plus fin; la glace est alors *dégrossie*. On donne le *douci* avec de l'émeri de plus en plus fin, et le *polissage* parfait au moyen du colcothar et de polissoirs pesants revêtus de feutre. Ce travail se fait à l'aide de machines dans les grands établissements (Voir, au mot *Étain*, l'article *Étamage des glaces*.)

Cristal.

Le cristal demande de plus grands soins dans sa fabrication que le verre ordinaire. C'est un silicate de plomb et de potasse. Le silicate de soude et de plomb ne peut donner un cristal incolore. Il ne faut pas non plus forcer la dose de plomb, parce que le cristal serait facilement rayé, et d'une teinte sensiblement jaune, due au silicate de plomb. Le sable siliceux doit être blanc et même lavé à l'acide chlorhydrique s'il retient un peu d'oxyde de fer. La potasse doit être pure. (Voir, au mot *Potasse*, les moyens de l'obtenir telle.) Il faut surtout qu'elle ne contienne ni oxyde de fer ni oxydes de manganèse qui coloreraient la masse. Le silicate de plomb est obtenu non avec la litharge du commerce, qui n'est jamais suffisamment pure, mais avec le minium, fabriqué exprès. L'oxygène de celui-ci brûle la matière organique que contient le salin ordinaire, et qui ressemble à l'*alumine*. Si on emploie l'azotate de potasse, on peut se servir de litharge pure.

Les pots dans lesquels a lieu la fusion du mélange contiennent environ trois cents kilogrammes de mélange. La fusion dure quatorze heures, et il faut un temps égal pour le travail du produit.

Les fours sont ordinairement chauffés au bois ; quand on les chauffe à la houille, on modifie la forme des creusets, pour éviter l'action désoxydante de la flamme. On emploie des creusets couverts ou à moufle; l'ouverture verticale de ces creusets se trouve en face de l'ouvreau du fourneau.

Flint-glass. — Crown-glass.

Le flint-glass et le crown-glass sont deux espèces de cristal qu'on fabrique pour l'optique. Chaque fourneau ne contient qu'un creuset; celui-ci repose sur un bâti de maçonnerie et se trouve de toutes parts entouré par un feu des plus vifs. La fusion parfaite exige douze heures et plus; on introduit alors dans le creuset un cylindre d'argile pure, très-réfractaire par conséquent, et chauffé au rouge blanc, on l'agite dans la masse vitreuse fondue au moyen d'une barre de fer rouge à son extrémité en crochet, et qui s'appuie au dehors sur un chevalet. La masse est intimement mélangée pour rendre plus facile le dégagement des bulles de gaz et le verre très-homogène. On sort le cylindre après plusieurs brassages, et on laisse refroidir pendant huit jours. On divise ce verre froid pour en séparer les parties les plus homogènes et les façonner.

Gravure sur cristal et sur verre. — La gravure sur verre se fait par deux procédés ou par l'emploi de l'acide fluorhydrique ou par le travail à la *meule*.

L'emploi de l'acide hydrofluorique est basé sur la propriété qu'il a d'attaquer la silice et de détruire le verre. On s'en sert à l'état gazeux pour avoir des traits opaques, à l'état liquide pour avoir des transparents; on enduit le verre d'un vernis; on trace le dessin, on fait agir le gaz; on met une couche de mastic, quand on a besoin de s'en servir à l'état liquide; et on se conduit alors comme pour la gravure à l'eau-forte. Le maniement de cet acide est très-dangereux. Aussi les fabricants y ont-ils en général renoncé, et préfèrent-ils l'usage de la meule. Le travail est plus long, mais plus parfait. Avec l'acide hydrofluorique on ne peut faire aucun objet d'*art*. Les surfaces ne sont point régulièrement attaquées et les coutours du dessin sont plus ou moins rongés. Il y aurait donc lieu d'en *proscrire* ou d'en limiter beaucoup l'emploi.

Causes d'insalubrité. — Danger du feu.

Danger pour la santé des ouvriers, à cause de la radiation extrêmement vive de la chaleur sur le corps, et de la lumière sur les yeux principalement. Du reste leur constitution robuste résiste facilement à ces inconvénients.

Danger pour les ouvriers qui travaillent le *soufflage*. — On a signalé dans les fabriques du département du Rhône et de la Loire, bassin de Rive-de-Gier, que des accidents syphilitiques étaient souvent communiqués d'un ouvrier à un autre par l'intermédiaire du *tube à souffler*. (*Arch. génér. de médec.*, avril 1859, page 412.) Ce fait demande vérification. On a également noté des gengivites ulcéreuses. (Putégnat, de Lunéville.)

Danger dans l'emploi de l'acide arsénieux; et de l'acide hydrofluorique pour la gravure du verre.

Causes d'incommodité. — Fumée abondante lancée continuellement dans l'atmosphère.

Prescriptions. — Isoler ces fabriques de toute habitation.

Encourager le système des fourneaux à *travail continu*.

Construire les fourneaux en briques réfractaires et fer.

Recevoir les vapeurs produites sous des manteaux qui les portent dans la cheminée du foyer.

Prescrire des cheminées habituellement de dix à quinze mètres de hauteur, mais de vingt-cinq mètres, si l'usine est rapprochée des habitations.

Aérer les ateliers, de manière cependant que les ouvriers en sueur n'en souffrent pas.

Aérer surtout le fourneau dans lequel on introduit des pâtes contenant de l'acide arsénieux, et les chambres basses où se répandent ses vapeurs, ainsi que les ateliers de gravure, quand on emploie l'acide hydrofluorique à l'état gazeux.

Conserver à part toutes les substances vénéneuses employées dans la fabrication.

CHAMOISEURS. Voir *Cuirs (Industrie des)*.

CHAMPIGNONS. Voir, au mot *Conserve des substances alimentaires*, l'article *Champignons*.

CHANDELLES (Fabrique de). Voir *Suifs (Industrie des)*.

CHANTIERS DE BOIS. Voir *Combustibles (Industrie des)*.

CHANVRE.

Chanvre (Rouissage du) en grand, par son séjour dans l'eau (1re classe). 15 octobre 1810. — 14 janvier 1815. — 5 novembre 1826.

Chanvre (Rouissage du) par l'action des acides, de l'eau chaude ou de la vapeur (2e classe). — Décision ministérielle provisoire.

Chanvre. Routoirs servant au rouissage en grand du chanvre et du lin par leur séjour dans l'eau (1re classe). — 14 janvier 1815. — 5 novembre 1826.

Le *rouissage* est une opération qui a pour but d'enlever aux fils de lin et de chanvre la matière gommo-résineuse qui les réunit l'un à l'autre et à la partie ligneuse du végétal, désignée sous le nom de *chènevotte*.

Procédé ordinaire.

Détail des opérations.—1° Le rouissage s'effectue par l'exposition du lin ou du chanvre pendant un temps variable avec la température et la nature de la matière, dans une *eau courante* ou *stagnante* (produit le plus défectueux de tous), jusqu'à ce que la chènevotte se sépare facilement de la filasse. Les lieux où se pratique cette opération portent le nom de *routoirs*.

Le lin et le chanvre, préalablement dépouillés de leurs graines, au moyen d'un passage entre deux rouleaux, puis assortis

suivant leur maturité et leur grosseur, sont disposés par couches dans des pièces d'eau. Les couches du fond sont plus chargées et moins exposées à la température extérieure ; elles
demandent un temps plus long ; les couches supérieures subissent avant elles une sorte de fermentation putride qui non-
seulement énerve la ténacité de la fibre, mais si elle est poussée
un peu trop loin, répand une odeur des plus désagréables,
qu'on regarde comme insalubre et capable d'engendrer des
fièvres endémiques. L'eau des routoirs est aussi regardée
comme nuisible aux bestiaux et mortelle pour les poissons,
bien que Parent-Duchâtelet semble avoir expérimentalement
démontré le contraire.

On croit que pendant cette fermentation il se fait de l'ammoniaque qui réagit sur la substance résineuse, la dissout, et facilite la séparation des fibres.

Voici comment on opère habituellement dans le département
du Nord : le rorage et le rouissage se font à l'eau stagnante
ou à l'eau courante. Le rorage n'est employé que pour le lin de
qualité inférieure, afin d'éviter les frais de main-d'œuvre.

Les routoirs sont *publics* ou *privés*. — Les publics sont généralement constitués par des *clairs* auxquels l'extraction de la
tourbe a donné une certaine profondeur toujours favorable au
rouissage. Les *particuliers* ont lieu dans des fossés, dans des
petits marais. — Le rouissage se fait après la récolte du lin,
en août et en septembre. Le rouissage à l'eau courante, avec
quelques variétés dans l'exécution, est presque seul mis en
usage. Les routoirs préférés sont des étangs avec des sources
de fond. L'immersion se fait avec l'aide d'appareils appelés
ballons, de la dimension de dix à vingt mètres cubes, et pouvant
contenir deux cents boyaux ou quatre cents gerbes environ,
d'un poids de quatorze cents kilogrammes. Le lin se trouve
serré par liens et entièrement entouré de paille pour empêcher
la vase de s'y attacher. Les ballons sont enfouis dans l'eau
pendant six à huit jours, suivant la température.

Le rouissage à l'eau stagnante se fait, 1° par des procédés
différents appelés *petit tour*, *demi-tour* et *grand tour*, suivant l'é-

poque où se fait le curage après l'immersion dans l'eau. D'autres fois, on plonge simplement les bottes dans les routoirs. — On les retourne tous les trois ou quatre jours, — puis on les retire après huit ou neuf jours d'immersion. Les bottes ont ordinairement le poids de dix kilogrammes. — Les immersions sont funestes aux poissons. Il paraît que, quand le lin a séjourné un an dans les granges avant d'aller au rouissage, il n'empoisonne plus le poisson. — C'est un fait qu'il serait important de vérifier.

Après le rouissage, on détache les fibres de la surface des tiges à l'aide d'une machine appelée *braie* et d'un instrument nommé *espadon*. C'est le *teillage*. — Vient ensuite le *sarançage*, ou division finale des fibres à l'aide d'un autre instrument appelé *saran*. On livre alors le lin pour être filé, et former les toiles, la dentelle et la batiste.

2° Dans les localités qui n'ont point d'eau à proximité, on expose le chanvre à la rosée et à la lumière. Sous l'influence de ces deux agents et de l'air, la désagrégation des fibres a lieu par une sorte de combustion lente de la matière résineuse; ce procédé donne un résultat généralement moins parfait.

Moyens mécaniques.

Les moyens mécaniques, employés pour remplacer le rouissage, n'ont pas donné jusqu'ici des résultats satisfaisants.

Parmi les procédés employés dans quelques localités pour remplacer le rouissage ordinaire, en voici deux indépendants des variations atmosphériques et exempts de causes d'insalubrité.

Procédé Rouchon.

1° Au moyen d'une eau acidulée; on opère dans une auge ou un récipient quelconque en bois de dimensions proportionnées à la quantité de substances à rouir; on place dans ce récipient de l'eau contenant un kilogramme d'acide sulfurique par deux cents litres d'eau pour le chanvre, et par quatre cents litres s'il s'agit du lin. Cette liqueur est donc peu acide, on a soin de l'agiter avant d'introduire les bottes de lin ou de chanvre. Celles-ci doivent être complétement submergées; au bout d'un certain temps, on les retire pour les remettre en pile en changeant l'ordre de superposition. On bout de cinq à six heures, on arrose avec de l'eau ordinaire, on plonge de nouveau dans l'eau acidulée et on alterne plusieurs fois ces différents bains jusqu'à rouissage parfait. On cesse alors les bains acides pour laver à grande eau; au besoin même, on enlève les dernières traces d'acide par une lessive faible obtenue avec des cendres ou les alcalis du commerce; on termine dans ce cas par un lavage à l'eau ordinaire.

Procédé Schenck, à peu près semblable au procédé Wilson (d'Écosse).

2° Au moyen de l'eau tiède renouvelée. Ce procédé, originaire d'Amérique, consiste à disposer le lin privé de graines debout et serré sur le faux fond de cuves spéciales. On place dessus un grillage en bois pour maintenir le lin immergé; on fait arriver de l'eau chauffée à trente-six degrés, de manière à dépasser le niveau du grillage. Il s'établit bientôt une fermentation. Il se dégage des gaz acides, et en particulier des *traces* d'acide sulfhydrique. On cherche du reste à les éviter avec soin, car elles nuiraient à la qualité des fibres textiles. Alors on renouvelle l'eau par un petit filet s'introduisant sous le faux fond au milieu et à la partie supérieure de la cuve, de manière à entretenir la température constante et à déplacer au fur et à mesure l'écume brune qui monte à la surface. Le rouissage est terminé en trois ou quatre jours, suivant la pureté de l'eau; on évacue alors tout le liquide qui baigne le lin, et on passe celui-ci par brassées, entre quatre rouleaux composant une sorte de laminoir, continuellement arrosé par de nombreux jets d'eau tombant en pluie, qui élimine le liquide engagé dans les tissus avec les matières qu'il retient encore en dissolution et en suspension. Cela fait, on dessèche le lin dans des séchoirs à air libre, puis à l'étuve, et on procède aux autres préparations du lin.

Procédés divers.

On a proposé, plutôt que mis en pratique, les procédés suivants pour rouir le chanvre et le lin sans porter préjudice à la santé publique.

1° L'action de l'eau chaude ou froide, tombant d'une hauteur suffisante.

2° L'enfouissement des tiges.

3° L'action de la vapeur à différentes pressions.

4° La mise en tas et l'arrosage, en aidant au besoin la fermentation par un ferment.

5° L'action d'un lait de chaux, à températures variées.

6° L'action des dissolutions alcalines caustiques, ou carbonatées, ou même d'une dissolution de savon vert chauffée à quatre-vingt-dix ou quatre-vingt-quatorze degrés.

7° L'emploi de l'urée. (Voir *Compte rendu des travaux du Conseil de salubrité de Lille*, 1852, page 186.)

La question du rouissage du chanvre dans les cours d'eau a très-vivement occupé la presse en Belgique : son insalubrité a été tour à tour niée et affirmée. (Voir les *journaux de Belgique*, juin et juillet 1857.)

CAUSES D'INSALUBRITÉ. — Par les anciens procédés, dégagement longtemps prolongé de vapeurs putrides dues à la décomposition et à la putréfaction des matières végétales.

Altération des cours d'eau. — Fièvres intermittentes.

Par les nouveaux procédés (action de l'eau, de la vapeur), il n'y a *plus* de dégagement, d'émanations nuisibles, — ou au moins en très-minime quantité.

CAUSES D'INCOMMODITÉ. — Eaux de macération très-infectes (nouveau procédé), contenant des matières pectino-azotées, — et un enduit visqueux très-prompt à fermenter.

Odeur incommode.

Dégagement considérable de gaz acides avec traces d'acide sulfhydrique, dans le procédé par l'eau chaude et la fermentation.

Écoulement d'eaux acides et d'eau de lavage, dans le procédé par la macération acide.

Danger attaché aux étuves.

Poussière dans l'atelier.

PRESCRIPTIONS. — Éloigner le rouissage de toute habitation, — de trois cents à mille mètres, quand il se pratique par les anciens procédés.

Toutes les fois que cela sera possible, défendre le *rouissage* par les anciens procédés de macération à l'air libre, dans les cours d'eau et dans les mares. — Si cela ne se peut, prescrire le curage des fossés une fois par année.

Ordonner l'adoption des nouveaux procédés.

Dans ce cas, faire ventiler énergiquement les ateliers où seront placées les cuves à macération et où s'opère le teillage, et y faire pratiquer des cheminées d'appel très-actives.

Ne laisser aucune ouverture sur la voie publique.

Dans le procédé par la vapeur d'eau, recevoir les eaux dans une citerne, bien construite, et ne jamais les laisser couler sur la voie publique.

Mêler la matière résino-glutineuse aux capsules séminales provenant de l'égrainage, et donner ce mélange aux porcs en nourriture.

Faire passer l'eau de macération, quand elle n'est pas trop colorée et trop chargée, à travers un filtre de charbon avant de la laisser écouler dans des cours d'eau.

Quand on ne reçoit pas l'eau dans des citernes, la faire arriver dans plusieurs séries successives de bacs en maçonnerie, ou de cuves et de fosses bien cimentées, remplies de chaux. La chaux en excès précipite les matières organiques et s'oppose à la fermentation putride des dépôts.

Dans ces cas, ventiler le lieu où sont placés les bacs, et, après chaque opération, les frotter avec un balai de bois, les badigeonner à la chaux, ou mieux avec le brai ou le charbon.

Surveiller l'écoulement des eaux qui ne devront jamais être versées sur la voie publique, mais *neutralisées*, si elles sont acides, et désinfectées si elles conservent de l'odeur. Ne pas autoriser les *puisards* et ne permettre de jeter ces eaux que pendant la nuit.

N'éclairer l'atelier que par des lampes, ou derrière des verres dormants.

Prendre pour l'*étuve* toutes les précautions ordonnées contre l'incendie; c'est-à-dire l'isolement de l'étuve, — sa construction en matériaux incombustibles. Séparer du foyer ou générateur de la chaleur par des grillages les matières mises à dessécher.

Exporter comme engrais les eaux de lavage et les matières sédimenteuses qui se déposent dans les cuves.

Enfin, laisser aux préfets le soin de réglementer les routoirs à eau courante. — De désigner les rivières, pour que le service de la navigation ne soit pas gêné, non plus que celui des chemins de hâlage. — Ce service doit être placé sous la surveillance des ingénieurs.

Chanvre imperméable. Voir *Étoffes imperméables (Industrie des)*.

Chanvre-lin (Teillage du) à la mécanique (2ᵉ classe). — Décision ministérielle du 2 septembre 1836.

Le teillage est une opération qui a pour but de détacher les fibres ligneuses de la surface des tiges, — et de les isoler convenablement.

DÉTAIL DES OPÉRATIONS. — Depuis longtemps, et dans certains pays encore, le teillage s'opère à l'aide d'un instrument appelé *espadon*. Mais dans les grandes fabriques on procède habituellement par un battage mécanique. La broyeuse est une machine mue à la vapeur, qui reçoit le lin entre plusieurs cylindres et écrase successivement les tiges au degré nécessaire pour que la séparation de fibres ait lieu. On agit ainsi avec moins de fatigue, plus rapidement et plus régulièrement.

CAUSES D'INSALUBRITÉ. — Action de la poussière sur les organes de la respiration et sur l'appareil de la vision chez les ouvriers.

Danger, comme dans tous les ateliers où il y a des machines, d'être blessé par les engrenages. — Danger d'incendie.

PRESCRIPTIONS. — Séparer l'atelier de travail du point où se développe la poussière par suite du tassement du lin.

Ne placer aucun foyer dans l'intérieur de l'atelier où se trouvent accumulées les tiges de lin.

L'éclairer le soir à l'aide de lampes placées derrière des châssis dormants.

Aérer l'atelier à l'aide d'une cheminée d'appel. — Ne lui laisser aucune ouverture sur la voie publique.

Disposer la table sur laquelle on étend le lin qui doit être saisi par le premier cylindre de la broyeuse, de façon qu'elle soit assez longue pour que l'ouvrier ne puisse atteindre avec ses doigts les cannelures de la machine.

Recouvrir les engrenages, — et les isoler, pour que les ouvriers ne puissent être saisis par eux.

CHAPEAUX.

Chapeaux (Fabriques de) de castor, de feutre (2ᵉ classe). — 14 juillet 1815.

DÉTAIL DES OPÉRATIONS. — Les opérations de la chapellerie sont nombreuses et quelques-unes d'entre elles donnent lieu à d'assez graves inconvénients.

Les matières premières employées dans cette fabrication sont, pour les feutres de première qualité, les poils de castor, de lièvre, de lapin, — du rat musqué, — du cachemire et du veau. Pour les feutres de qualité inférieure, on se sert de laine d'agneau ou de chameau.

Le feutrage est fondé sur la propriété qu'ont les poils de former, au moyen d'une légère agitation et de la pression, un tissu naturellement solide, qu'on ne peut plus diviser qu'en le déchirant. Les poils du castor, du lièvre, du lapin, agités seuls, seraient difficilement feutrés. — Il faut y ajouter un peu de laine d'agneau ou de vigogne.

On commence par *dégaler* les peaux sèches, avec une carde fine, puis on les *bat* pour en enlever la poussière. On les fend en deux, on en sépare les pattes, on les *ébarbe* à l'aide de ciseaux. On coupe la *jarre* ou poil long qui dépasse le duvet, c'est le premier *éjarrage*. Le second, ou le véritable éjarrage, est celui qui a pour but d'enlever le poil des *peaux préparées*.

Ces opérations préliminaires ne sont pas nuisibles, mais elles donnent lieu à du bruit et de la poussière. Il s'agit alors de détacher les poils de la surface de la peau. C'est ce qui constitue le *sécrétage* des peaux. (Voir, pour cette préparation, l'article *Sécrétage*, au mot *Cuirs* (*Industrie des*).

Il est en général pratiqué dans des ateliers spéciaux, loin des chapelleries. Et quand les poils ont été bien *triés* et empaquetés dans des papiers, on les livre au commerce.

C'est alors qu'intervient le *feutrage*. Il est précédé de l'*arçonnage* ou battage de poils à l'arçon (l'arçon est une espèce d'arc fixé au sol et relié par une corde qu'on fait vibrer sur les poils afin de les agiter et de les *feutrer*), cela donne lieu à de la poussière fortement chargée de nitrate de mercure, et à un bruit sourd et monotone. Avant d'être soumis à l'arçonnage, les poils ont été mélangés à une petite quantité de laine et cardés, afin de pouvoir être feutrés.

On a donné le nom de *batissage* au premier degré du feutrage : c'est à ce moment qu'on humecte les poils réduits en duvets par l'arçonnage. On appelle *feutrière* la toile sur laquelle on place les poils pour les disposer en tissu : on en fait une ou deux couches ; on *mouille*, et on les étoupe; le feutrage se termine alors à la *foule*. — La foule est un atelier où sont huit à dix bancs inclinés, rangés autour d'une chaudière remplie d'eau acidulée, avec l'acide sulfurique ou du tartre (lie de vin), ou mieux avec du vitriol qui est inodore; l'eau est maintenue à une température de quatre-vingts degrés centigrade. Elle donne lieu à beaucoup de buée acide. On y plonge les pièces de feutre. Chaque ouvrier les presse sur son banc comme une blanchisseuse presse son linge sur sa planche. — Avec un rouleau on exprime l'eau de chaque pièce, et la main garnie d'un gant ou semelle en cuir nommée *manicle* termine l'opération du feutrage. Le feutre est alors porté sur la *forme*, où on le lessive à l'eau bouillante, pour le débarrasser du tartre. On le soumet aussi, à plusieurs reprises, chez le teinturier, à l'action d'une eau chargée de compositions variables (bois de campêche, gomme, noix de galles concassées, vert de gris, sulfate de fer).

Après chaque immersion on fait sécher à l'étuve, et, quand le feutre est teint définitivement, on le lave à l'eau fraîche ou chaude (deux à trois chaudes); on expose à l'air pour donner l'*évent*; on sèche, on donne la forme, on les lisse, puis on met l'apprêt (gomme arabique, colle forte, fiel de bœuf, vinaigre). On les passe à la vapeur pour faire pénétrer l'apprêt. — On sèche de nouveau à l'air, et le feutre alors peut être livré au chapelier proprement dit, pour être garni et livré aux consommateurs. Toutes ces dernières manipulations déterminent des incommodités, telles que la buée acide et odorante des chaudières de la *foule*, l'écoulement d'une grande quantité d'eaux acides et colorées (voir *Teinturiers*), et des odeurs dues à l'évaporation des matières d'apprêt appliquées sur le feutre.

Les divers chapeaux varient selon le mélange des poils. — Les chapeaux de soie (voir cet article) sont formés de carcasses ou galettes trempées dans un apprêt imperméable, et faites avec des poils de lapin et un peu de coton, préparés comme pour le *feutre* ordinaire; on les lisse avec un fer rouge pour brûler les poils trop longs, on les couvre d'un vernis qu'on fait sécher, puis on colle de la peluche, on lisse et on débite.

Les chapeaux dits mécaniques ne diffèrent des feutres ordinaires que par les ressorts qui y sont ajoutés et un peu plus de souplesse dans le feutre employé.

Les chapeaux de paille n'offrent aucun inconvénient dans leur fabrication; mais, au point de vue de leur emmagasinage en grand, et du danger d'incendie toujours attaché à l'agglomération des matières faciles à s'enflammer, il y aurait à prescrire dans les villes quelques précautions particulières. C'est un point sur lequel on doit appeler l'attention de l'autorité.

CAUSES D'INSALUBRITÉ. — (*Arçonnage* et *Feutrage*.)

Écoulement d'eaux acides (*foule*).

Maniement des eaux acides par les ouvriers, et respiration de buées acides.

CAUSES D'INCOMMODITÉ. — Bruit (*Arçonnage* et *foule*).

Poussière noire pendant l'arçonnage des poils imprégnés encore de nitrate de mercure.

Odeur et dispersion de la buée, soit de la foule, soit des lavages multipliés du feutre. — Odeur des matières colorantes ou des apprêts. — Fumée des foyers.

Écoulement d'eaux odorantes ou colorées.

PRESCRIPTIONS. — Faire sortir de la foule par des cheminées à large section toutes les buées et vapeurs.

Daller, carreler ou bitumer le sol des ateliers de la foule, y faire un caniveau pour l'écoulement des eaux.

Ventiler convenablement les ateliers, à cause du feu de la chaudière et des buées acides ou odorantes. Si l'atelier est considérable, établir les fourneaux et bancs sous une large hotte qui portera les buées dans une cheminée de hauteur variable selon les localités.

Dans les quartiers où il existera des égouts, y faire arriver les eaux de foule et de lavage, par des conduits souterrains. — Autrement, ordonner que l'écoulement de ces eaux n'aura lieu que le soir et sera suivi d'un lavage et balayage à grande eau pure. — Pendant les temps de glace, interdire le versement de ces eaux sur la voie publique et ordonner le bris des glaces qui auraient pu être produites par les eaux ordinaires.

En cas d'écoulement d'eaux colorées, eaux de teinture. (Voir article *Teinturiers*.)

Placer aux ateliers d'arçonnage et de confection des galettes, des doubles portes, afin d'éloigner et atténuer le bruit.

Veiller à la bonne construction et disposition de l'étuve.

Chapeaux de soie ou autres, préparés au moyen d'un vernis (2ᵉ et 3ᵉ classe). — 27 janvier 1837.
Chapeaux de soie, si l'on fabrique le vernis (1ʳᵉ classe).

DÉTAIL DES OPÉRATIONS. — La fabrication des chapeaux de soie est beaucoup plus simple que celle des chapeaux de feutre. Elle est constituée par la *foule*, l'*enformage*, le *dorage* ou le *vernissage* et le *séchage*.

Il existe à cet égard deux catégories d'ouvriers : les uns, que l'on nomme communément *galetiers*, mettent à la foule et préparent la coiffe ou la trame solide des chapeaux destinés à recevoir la soie; les autres, sous les noms d'*apprêteurs* ou d'*approprieurs*, enduisent d'apprêt le feutre, le recouvrent de soie, par conséquent, le repassent et le livrent ensuite au cha-pelier pour terminer le chapeau destiné au commerce.

Les galetiers se bornent à la foule et à la dessiccation de la calotte. Ils sont exposés constamment à la buée des cuves et à la vapeur du charbon de terre ou autre employé au chauffage de ces cuves.

Les *approprieurs* ou *apprêteurs* sont plus ou moins exposés à des accidents, selon qu'ils préparent ou non dans leur atelier les vernis destinés à donner l'apprêt et la consistance à la forme du chapeau. Ce vernis est habituellement composé de gomme copal, de caoutchouc et d'essence de térébenthine, — ou de gomme laque et d'alcool. Il peut prendre feu à distance, et d'autant plus facilement qu'il se prépare à chaud. On comprend, dans ce cas, qu'un simple atelier de chapellerie soit transformé en fabrique de vernis et en aurait tous les inconvénients. Les prescriptions et la surveillance de l'administration ont presque partout fait disparaître ce danger. Et alors les apprêteurs n'ont plus qu'à se servir d'un vernis tout préparé, acheté d'avance, et à observer pour sa garde et son usage les précautions que l'on a pour un corps facile à s'enflammer.

Quand le chapeau a été enduit de son vernis, on le place dans l'étuve, où il se trouve suspendu. Au-dessous de lui se trouve un premier diaphragme en toile, et plus bas un deuxième en fil de fer. — Ils sont destinés, le premier à recevoir les gout-tes de vernis qui pourraient tomber des chapeaux; le deuxième, à empêcher cette toile d'être en contact avec le poêle ou le foyer qui chauffe l'étuve.

On a apporté à la fabrication des *chapeaux* dits de soie un assez grand nombre de modifications. Je citerai la suivante qui est assez répandue et offre moins d'inconvénients que la pré-cédente. — Elle supprime le *feutrage* et la *teinture*, et se fait au moyen de toiles enduites de gomme laque.

La première opération consiste à verser dans une chaudière contenant de l'eau bouillante la gomme laque et environ trente grammes d'ammoniaque par chaque litre d'eau. Il se dégage alors une vapeur qui entraine une certaine quantité d'alcali. La dissolution qui suit cette opération donne lieu à un sirop épais et inodore. On plonge ensuite dans cette matière les toiles coupées en bandes et on les soumet à la presse. — C'est en superposant ces bandes en sens divers qu'on *forme* les chapeaux. On rend ces bandes adhérentes à l'aide d'une solution de gomme laque étendue au pinceau, et on les fait passer au-dessus d'un fer chauffé (l'étoffe de soie est collée de la même manière). Pour rendre certaines parties du chapeau plus souples (la laque étant très-cassante), on passe sur elles un fer chauffé et chargé d'un peu de gomme élémi; — mais dans ce moment il se fait un dégagement de vapeurs odorantes et très-désagréables à l'odorat.

Causes d'insalubrité. — Danger d'incendie, soit qu'on fabrique le vernis, soit que pour sa garde on ne prenne pas les précautions voulues.

Danger d'incendie, à cause de l'alcool qui sert dans la préparation des *galettes* sur lesquelles on applique le tissu de soie.

Causes d'incommodité. — Fumée des foyers.

Buée des cuves pouvant se répandre au dehors.

Exposition des ouvriers à la buée et à la vapeur des foyers allumés pour chauffer les cuves.

Vapeurs du vernis au moment du chauffage de l'apprêt.

Danger d'incendie dans l'étuve.

Prescriptions. — Construire le fourneau en briques et fer, ayant les portes en fonte; étant éloignés des murs, par un espace de quarante à cinquante centimètres, — avec hotte large destinée à recevoir la fumée et la buée, et à les porter dans la cheminée.

Élever le tuyau de fumée à deux ou trois mètres au-dessus du faîtage des maisons voisines, à moins qu'il ne soit brûlé que du coke ou un combustible ne donnant pas plus de fumée que le bois.

Interdire absolument la fabrication du vernis.

Avoir un magasin spécial ou une armoire fermée pour garder

les vernis (résine copal, térébenthine, bitume, etc.), et placer le magasin loin de l'étuve et des fourneaux.

Placer dans l'étuve les diaphragmes dont il a été question.
Ventiler l'atelier.

Faire écouler convenablement l'eau des chaudières et des étuves.

Avoir toujours une certaine quantité de sable fin en cas d'incendie du vernis.

— Pour les autres modes de fabrication, il faut toujours avoir soin de prescrire un fourneau en matériaux incombustibles, une hotte qui recueille toutes les buées de vapeurs ou autres, et ordonner de fermer complétement l'atelier au moment de l'application de la gomme élémi ou autres corps qui pourraient donner lieu à des émanations désagréables — En dehors de cela, une ventilation convenable des ateliers.

Feutres vernis pour visières (Fabriques de) (1re classe) — 5 novembre 1826. **Feutres vernis, si le vernis n'est pas fabriqué** (3e classe).

DÉTAIL DES OPÉRATIONS. — Voir *Chapeaux de feutre*.

Ces feutres une fois fabriqués sont soumis comme les chapeaux de soie à l'application d'un *vernis* qui demande une série de précautions particulières qui ont été indiquées. (Voir *Chapeaux de soie*.)

Pour les causes d'insalubrité, les causes d'incommodité et les prescriptions, voir *Chapeaux de feutre* et *Chapeaux de soie vernis*.

CHARCUTIERS. Voir *Abattoirs*.

CHÂTAIGNES. Voir, au mot *Conserves des substances alimentaires*, l'article *Châtaignes*.

CHAUDIÈRES A VAPEUR. Voir *Machines*.

CHAUDRONNIERS (ATELIERS DES).

Chaudronniers (Ateliers de) dans Paris et les grandes villes où l'on fabrique des chaudières, réservoirs, appareils ou vases quelconques ayant plus d'un mètre cube de capacité.

Chaudronniers (Ateliers de) où l'on fait usage de quatre foyers simples ou de deux foyers doubles.

Il n'est pas besoin d'entrer dans aucun détail à ce sujet. Les termes de la désignation et du classement indiquent parfaitement les objets dont la fabrication incombe sous l'action et la surveillance de l'autorité : en dehors de ces limites, il y a tolérance, quoique bien souvent encore le métier de chaudronnier pour les vases de petite dimension soit de la plus grande incommodité.

CAUSES D'INSALUBRITÉ. — **Aucune.**

CAUSES D'INCOMMODITÉ. — **Bruit incessant.**

Fumée des foyers.

Danger d'incendie.

Action du cuivre sur la *peau*,—et quelquefois sur la santé générale.

PRESCRIPTIONS. — Limiter les heures de travail de sept heures du matin à huit heures du soir, l'hiver, et de six heures du matin à huit heures du soir, l'été.

Ne brûler que du coke ou un combustible qui ne produise pas plus de fumée que le bois ou le charbon de bois.

Ne pas permettre ces ateliers dans le voisinage des établissements publics, des tribunaux, des bibliothèques, des hôpitaux et hospices, des maisons de santé, des salles d'asile, des écoles communales.

CHAUX.

Chaux (Fours à) permanents (2ᵉ classe). — 15 octobre 1810. — 14 janvier 1815. — 29 juillet 1818.

Chaux (Fours à) non permanents (3ᵉ classe).

La chaux ne se rencontre pas libre dans la nature, parce qu'elle se change promptement en carbonate au contact de l'acide carbonique de l'atmosphère.

DÉTAIL DES OPÉRATIONS. — Pour obtenir de la chaux, il faut calciner ou porter à une température rouge pendant un nombre d'heures suffisant le calcaire compacte ordinaire; celui-ci perd bientôt peu à peu *son acide carbonique*. Il y a donc avantage à employer les pierres légèrement humides, à les casser, de manière qu'elles soient promptement portées au rouge en tous leurs points.

Pour opérer la calcination, on se sert de différentes formes de fours.

Fours discontinus ou non permanents. — Ces fours sont en briques et revêtus à l'intérieur de briques réfractaires; on les taille quelquefois dans le calcaire lui-même, ils n'ont besoin alors que d'être revêtus de briques à l'intérieur; des ouvertures réservées à la partie inférieure servent à retirer la chaux. On forme une voûte avec de grosses pierres calcaires; on achève de remplir le fourneau avec la pierre cassée, on chauffe avec du bois, d'abord avec ménagement pour échauffer la masse, puis activement pour parfaire la décomposition jusqu'aux parties supérieures. Quand la cuisson est terminée, on défourne.

On construit quelquefois ces fourneaux avec la pierre à chaux elle-même, on l'entoure de gazon et de terre, et on laisse au centre une cheminée pour servir au dégagement des gaz de la combustion et de la décomposition, ce qui ressemble beaucoup à la carbonisation du bois dans les forêts.

Cuisson en tas. — On se dispense même en Écosse et en Belgique de donner la forme de fourneaux; on stratifie la pierre à chaux avec de la houille, de manière à construire un cône tronqué de cinq mètres de diamètre à la base, et trois mètres cinquante centimètres au sommet. On réserve une cheminée centrale, on allume le feu et on dirige la combustion comme pour la carbonisation du bois; on abrite avec des gazons, absolument de la même manière. On obtient assez promptement une grande masse de chaux et de bonne qualité.

Mais ces moyens de calcination obligent à employer une quantité de combustible très-considérable, on se sert plus généralement de fours coulants, où la cuisson est continue.

Fours coulants, ou continus, ou permanents. — Ces fours sont de deux espèces : dans l'une, on charge le combustible mêlé au calcaire; dans l'autre, on chauffe par un foyer latéral.

Four sans foyer latéral. — Ce four est en moëllons et en briques; il est conique, garni intérieurement de briques réfractaires; il a ordinairement quatre mètres de diamètre supérieur; il est tronqué et terminé à la base par un cylindre en briques de un mètre soixante-six de diamètre sur soixante-six centimètres de hauteur, au fond duquel est une borne conique de même hauteur, en grès dur, destinée à faciliter le dégorgement et l'écoulement de la chaux.

On chauffe avec de la houille sèche ou du coke, et on emploie de la pierre calcaire suffisamment concassée. Pour commencer le feu, on entoure la borne centrale de bois sec, qu'on recouvre avec cinq hectolitres de houille en gros fragments. On étend sur cette surface trois hectolitres de pierre cassées, et successivement six charges de trois à quatre centimètres de charbon menu, et de seize centimètres de pierres. On allume par les ouvreaux inférieurs, et, quand le feu a gagné les couches supérieures, on continue de charger des pierres et du charbon. Quand les couches inférieures sont suffisamment cuites, on en fait sortir une certaine quantité de chaux, et on la remplace en versant du charbon et des pierres sur les couches supérieures. On voit qu'il s'agit de remplacer le combustible et la matière au fur et à mesure que l'on retire la chaux produite pour rendre l'opération continue.

Four à foyer latéral. — Ce four a pour avantage de ne pas fournir à la chaux une partie des résidus de la combustion de la

houille, et de permettre de brûler du bois, de la tourbe, etc...
Il est formé d'un long cône peu rétréci à son sommet, surmonté par un cône évasé à sa partie supérieure, et terminé à sa
base par un autre cône tronqué et renversé, dans lequel est
pratiquée une embrasure destinée à retirer la chaux en la faisant glisser sur un plan incliné à partir de la sole.

Le foyer est opposé à l'embrasure; sa flamme se rend dans
le fourneau, qui lui sert de cheminée, par trois ouvertures
équidistantes, placées à un mètre cinquante centimètres ou
deux mètres au-dessus de la sole.

Pour commencer le feu, on forme une voûte à sec au-dessus
de la sole; on remplit le four avec des fragments à peu près réguliers; on allume un feu de bourrées sèches sous la voûte, et,
quand la flamme s'est élevée aux carneaux qui amènent la flamme
du foyer latéral, on chauffe celui-ci. On surmonte quelquefois le
fourneau d'une hotte conique en tôle qui active le tirage et permet de le régler plus facilement; cette hotte est munie d'une
porte par laquelle on charge la pierre, au fur et à mesure que
l'on retire la chaux par l'embrasure inférieure.

La chaux *grasse* est celle qui provient de la calcination complète de la craie, du marbre ou des pierres à chaux les plus
pures.

La chaux *maigre* vient de la calcination des pierres calcaires
qui renferment des proportions notables de carbonate de magnésie et de fer, et qui donnent avec l'eau une pâte peu liante.

La chaux produite dans les différents fours que j'ai décrits
doit être conservée dans un endroit bien sec, que la pluie ne
puisse jamais atteindre; sans cette précaution elle s'hydraterait,
et, si la *quantité d'eau était suffisante, il y aurait grand danger
d'incendie, à cause de la chaleur dégagée par la réaction.*

Usages. — Le principal usage de la chaux grasse est dans la
fabrication des mortiers; on s'en sert pour préparer la potasse,
la soude et l'ammoniaque caustiques, pour obtenir les hypochlorites décolorants, les jus de betteraves et un grand nombre
d'autres produits.

Chaux hydraulique.

Le calcaire sensiblement pur donne de la *chaux grasse* ou *aérienne*; le calcaire contenant des proportions assez considérables de magnésie, un peu d'oxyde de fer, de sable quartzeux et d'argile, donne de la *chaux maigre et non hydraulique*, qui ne foisonne presque pas, durcit beaucoup à l'air, et, quoique pouvant remplacer la chaux grasse, lui est beaucoup inférieure. Si le calcaire contient une proportion d'argile suffisante (silice et alumine), il donne une *chaux* qui a reçu le nom d'*hydraulique*. Elle forme avec l'eau une pâte qui jouit de la propriété de se solidifier promptement, même sous l'eau, sans que la combinaison ait lieu avec un grand dégagement de chaleur. Le calcaire pur, qui n'a perdu qu'une partie de son acide carbonique, peut servir comme chaux hydraulique de basse qualité, car il fait prise sous l'eau, mais on ne peut pas le préparer facilement; cette chaux se trouve accidentellement dans les produits de la calcination et forme les *incuits*.

La chaux hydraulique contient de 10 à 30 pour 100 d'argile; cette dernière quantité est, pour ainsi dire, le maximum que l'on peut désirer, car au delà il y a bien solidification, et solidification très-prompte, mais au bout d'un certain temps elle se fissure, se réduit spontanément en bouillie, ce qui l'a fait nommer *chaux limite*.

Quand la quantité d'argile est de 18 pour 100, la chaux hydraulique fait prise en quinze jours, et durcit encore jusqu'au sixième et huitième mois. Quand la quantité d'argile est de 26 pour 100, la chaux fait prise en six ou huit jours, et durcit encore dans les mois suivants. Quand la quantité d'argile atteint 30 pour 100, la prise est effectuée en deux ou quatre jours, la dureté augmente encore par la suite et devient extrêmement grande; elle constitue alors le ciment romain. Il faut regarder la chaux hydraulique non point comme un *mélange*, mais bien comme une *combinaison*, comme un silicate de chaux et d'alumine à grand excès de chaux; au contact de l'eau, il semble que le silicate se combine avec l'hydrate de la chaux libre ; les oxydes de fer et de manganèse qui y sont contenus ne semblent jouer aucun rôle.

DÉTAIL DES OPÉRATIONS. — La chaux hydraulique *provient de la calcination* des calcaires naturels, ou des mélanges artificiels de calcaire à chaux grasse avec de l'argile. Le calcaire naturel se trouve sur quelques points de la France seulement, mais en quantité considérable. Les marnes calcaires n'ont souvent besoin que d'un peu d'argile ou de calcaire pour donner une matière propre à en fabriquer.

La calcination de ces matières premières doit avoir lieu avec de grands ménagements, parce que, si l'on allait au delà de la température nécessaire pour décomposer le carbonate et déshydrater l'argile, il y aurait réaction des éléments entre eux, et une sorte de vitrification qui empêcherait l'hydratation et par conséquent mettrait obstacle à l'obtention de bons résultats.

Quand le calcaire hydraulique naturel manque, on en fait un artificiel ; on rend le mélange de ces deux matières parfaitement homogène en les délayant dans l'eau, dans une auge circulaire au moyen de deux meules verticales que font tourner deux chevaux ; quand le mélange est effectué, on enlève une vanne, la bouillie coule dans des bassins en maçonnerie. Dès que le dépôt est devenu compacte, on décante l'eau qu'on peut utiliser à un nouveau délayage ; on façonne la pâte en briquettes qu'on expose sur un sol battu pour les dessécher graduellement, on les empile dans le four et on les calcine comme il a été dit précédemment,

Ciments. — Mortiers.

La chaux grasse sert à former le mortier ordinaire; pour cela on l'éteint, c'est-à-dire on l'hydrate en lui donnant la forme de bouillie, en ayant la précaution de ne pas interrompre le jet liquide et de ne pas le laisser couler au delà du temps nécessaire pour éviter *de noyer la chaux*, ce qui nuit à sa qualité. La chaux grasse doit tripler de volume : on peut la conserver sous terre dans un endroit un peu humide, elle n'y subit aucune altération. Le mortier qui est fait avec cette chaux absorbe lentement l'acide carbonique de l'air, à ce point que, dans les maçonneries épaisses, le centre n'est presque jamais carbonaté.

La chaux hydraulique sert à former les mortiers destinés à sceller les pierres des constructions de la marine et des parties des constructions qui doivent subir l'action de l'eau. La chaux hydraulique absorbe une assez grande quantité d'eau pour s'hydrater, mais foisonne rarement au delà de deux fois son volume.

DÉTAIL DES OPÉRATIONS. — Les mortiers se font en mêlant du sable de différentes grosseurs à la chaux éteinte en présence de l'eau; on emploie un rabot ou rable, à l'aide duquel, par un mouvement de va-et-vient imprimé par le bras de l'homme, on opère un mélange assez parfait. Quand il s'agit de grands travaux, on emploie un tonneau offrant à sa partie inférieure, sur la paroi latérale, une porte destinée à la sortie du mortier : un arc vertical, que fait tourner un cheval, porte à des hauteurs égales des bras de fer destinés à diviser la masse pendant la rotation de l'arbre. On charge alternativement de la chaux et du sable, et on retire à la base une quantité correspondante de mortier. L'opération est continue, si l'on règle la vitesse et qu'on charge d'une manière continue la même quantité de mélange. On donne quelquefois à ces machines de grandes dimensions, mais on emploie alors des machines à vapeur pour les mettre en mouvement.

On fabrique aussi le *mortier* à l'aide de deux roues qui parcourent une auge circulaire peu profonde dans laquelle on jette le mélange de sable et de chaux. Des râteaux ramènent sans cesse le mortier sous les roues, et quand le mélange est assez parfait, on ouvre une trappe placée au fond de l'auge, et on reçoit au bas du manége le mortier prêt à être employé.

Béton.

Le *béton* est un mélange de mortier et de petites pierres ; on le fait en proportions variables, avec un mélange de chaux grasse et de chaux hydraulique, et plus généralement encore avec de la chaux hydraulique seule, parce qu'il est destiné surtout à présenter un sol artificiel très-solide et imperméable dans les travaux où l'eau a un accès très-facile. On effectue le mélange à bras à l'aide de grilles en fer ; la fabrication dans les tonneaux réussit moins bien.

Pouzzolane.

On connaît sous le nom de *pouzzolane* une roche poreuse volcanique des environs de Pouzzoles, près de Naples, qui jouit à un haut degré de la propriété de former avec la chaux grasse un ciment hydraulique ; on a appliqué ce nom à toutes les roches que l'on trouve sur divers points de la France et qui produisent les mêmes effets, et le nom de *pouzzolane artificielle* au mélange de briques ou de tuiles pilées avec la chaux grasse ; cette propriété tient à une combinaison de la chaux avec la pouzzolane.

Causes d'insalubrité. — Dégagement d'acide carbonique, quand on n'opère pas en vases clos, et même dans ce dernier cas.

Le gaz acide carbonique chaud s'élève, est porté souvent à cent mètres par le vent, et, froid, retombe, soit dans les habitations, où il peut être respiré, soit sur la végétation, à laquelle il peut nuire.

Causes d'incommodité. — Fumée peu abondante mais constante (on se sert habituellement d'escarbille, espèce de coke, résidu de la combustion imparfaite de la houille). — Près des bois, on chauffe avec des broussailles, — même quand on brûle de l'anthracite.

Odeur pénétrante.

Buée de vapeurs d'eau. — Vue du feu par les chevaux.

Prescriptions. — Construire les fours en briques.

Élever les cheminées d'une hauteur variable, selon les localités.

Autant que possible, ne plus autoriser de fours qu'à la condition d'agir en *vases clos*, de manière à supprimer presque complétement la fumée, l'odeur et les vapeurs d'eau et d'acide carbonique.

Limiter le temps des autorisations.

Quand il y aura un grand nombre de fours réunis, éloigner ces établissements des habitations.

Ne jamais laisser les bouches de ces fours ouvertes en regard de la voie publique, dans la crainte d'effrayer les chevaux. Dans ce cas, entourer les fours permanents ou non permanents d'un mur. (Voir, au mot *Plâtre*, l'article *Fours à plâtre*.)

CHEVAL (Viande de). Voir *Abattoirs*, *Boucheries*.

CHEVREAU (Viande de). Voir *Abattoirs*, *Boucheries*.

CHICORÉE-CAFÉ (Fabriques de) (3ᵉ classe). — 9 février 1825.

Détail des opérations. — Dans le nord de la France, de l'Allemagne..., on cultive, pour la préparation du café-chicorée, une espèce à feuilles très-larges, à racines très-grosses ; on ne fume pas les terres, afin de ne pas développer le chevelu ni donner de mauvais goût. Les racines sont récoltées en octobre ; on les découpe, au moyen d'un coupe-racines, en rondelles de cinq à six millimètres d'épaisseur environ, et on les fait sécher à l'étuve. Très-souvent on mélange ces racines avec une certaine quantité de betteraves ou de carottes préparées de la même façon.

Au sortir de l'étuve, on les arrose avec de la mélasse en quantité suffisante ; on les torréfie, on les réduit en poudre grenue dans un moulin ordinaire, et on les met en paquets soigneusement préservés de l'humidité au moyen d'une feuille d'*étain*.

Le café-châtaigne est un mélange de betteraves arrosé d'huile d'olives et de châtaignes desséchées ; on torréfie et on pulvérise comme dans le cas précédent.

Il existe beaucoup de ces mélanges, tous préparés de la même manière.

Usages. — On se sert quelquefois de l'extrait amer de chicorée, fabriqué dans ces usines, pour donner de l'amertume à la bière.

Causes d'insalubrité. — Aucune.

Causes d'incommodité. — Odeur persistante et nauséabonde développée pendant la torréfaction.

Bruit du moulin et du découpoir.

Danger d'incendie à cause de l'étuve.

Prescriptions. — Surmonter l'atelier de torréfaction par une cheminée d'aérage, et l'appareil par un large manteau en communication avec la cheminée. Celle-ci et le tuyau d'aérage devront s'élever à cinq mètres au-dessus des toits environnants.

Toutes les pièces de bois apparentes, comme le plafond, seront recouvertes d'une forte couche de mortier.

Construire l'étuve en matériaux incombustibles.

L'isoler de toute espèce de bâtiments.

Allumer le foyer au dehors.

Construire les portes en tôle.

Élever la cheminée de l'étuve à dix ou vingt mètres, afin de disséminer très-haut dans l'atmosphère les vapeurs provenant de la dessiccation des substances.

Ne jamais se servir de feuilles de plomb pour envelopper ces poudres.

Ne pas tolérer ces fabriques à cause des moulins et découpoirs près d'aucun établissement public (écoles, tribunaux, hôpitaux).

CHIFFONNIERS (Dépôt de chiffons) (2ᵉ classe). — 15 octobre 1810. — 14 janvier 1815.

Détail des opérations. — Tout le monde connaît l'industrie à laquelle se livrent les chiffonniers; il n'est ici question que de leurs ateliers, ou des maisons où ils placent en dépôt toutes les matières qu'ils ont recueillies dans les immondices des rues, ou qui leur sont apportées directement par les ouvriers qui travaillent en *détail*. Ces boutiques sont en général placées dans les rues les plus malsaines et les quartiers les plus mal tenus des villes.

On y sent, en entrant, une odeur fade et fétide, déterminée surtout par l'amas d'os, la plupart chargés de chairs en partie putréfiées et de peaux de lapin encore *en vert*. Dans les boutiques bien tenues, il y a des compartiments où sont placés les objets de même nature, le linge, le papier, les os, les débris de vaisselle ou de bouteilles, et presque toujours un ou plusieurs ouvriers ne sont occupés qu'au triage de ces matières. Dans les magasins les plus pauvres et les plus mal organisés, ces matières gisent pêle-mêle sur le sol, qui le plus souvent n'est pas même carrelé. On comprend donc quelles émanations fétives doivent s'en exhaler. Ces derniers font ce qu'on appelle le *gros chiffon*; les autres font le *chiffon bourgeois*. La plupart ont une cave ou un grenier dans lesquels ils emmagasinent les os ou les chiffons jusqu'à ce qu'ils en aient une quantité suffisante pour la vente.

CAUSES D'INSALUBRITÉ. — Parfois odeur putride et très-nuisible pour l'ouvrier et sa famille qui couchent dans les chambres remplies de débris animaux ou végétaux, — et pour les voisins de ces boutiques ou dépôts.

CAUSES D'INCOMMODITÉ. — Odeur désagréable.

Danger d'incendie par suite de l'accumulation des matières inflammables (chiffons, papiers).

PRESCRIPTIONS. — Ventiler les chambres, caves ou greniers destinés à servir de magasins aux divers objets recueillis.

Ne jamais y introduire et y garder, non plus que dans les cours adjacentes, des os encore garnis de chairs, ou des peaux de lapins, de chats, de chiens ou de rats, *en vert*.

Conserver et transporter les os dans des sacs fermés.

Aérer nuit et jour les chambres ou caves où seront placés ces sacs.

Ne jamais les garder plus de huit jours, ainsi que les chiffons sales.

Enlever, l'été, les os tous les trois jours.

Faire de fréquentes lotions sur le sol et sur les tas de chiffons avec de l'eau chlorurée. (Voir *Dépôt d'os*.)

Document relatif aux chiffonniers.

ORDONNANCE DE POLICE CONTRE LES CHIFFONNIERS QUI INFECTENT L'AIR PAR LES IMMONDICES DE LEUR PROFESSION, PUBLIÉE ET AFFICHÉE LE 23 DU MÊME MOIS. (Du 10 juin 1701.)

Sur le rapport fait à l'audience de police au Châtelet par maître Pierre Dumesnil, conseiller du Roy, commissaire au Châtelet de Paris, ancien préposé pour le fait de la police au quartier Saint-Martin; qu'il a reçu plusieurs plaintes, tant des bourgeois et propriétaires que des locataires de la rue Neuve-Saint-Martin; de ce que plusieurs particuliers chiffonniers et autres demeurant en ladite rue, cul-de-sac d'icelle et ès environs, se mêlent de trafiquer de chiens, pour la nourriture desquels ils font provision de chair de chevaux qui infectent le quartier; lesquels chiens, au nombre de plus de deux cents, ils lâchent, la nuit et le jour, dans la rue, en sorte que des passants en ont été mordus; et lorsque ces chiens sont renfermez, ils troublent par leurs hurlemens le repos des habitans pendant la nuit; comme aussi de ce que lui commissaire a eu avis qu'au préjudice des ordonnances et règlemens de police qui font défenses aux chiffonniers de vaguer et aller dans les rues de cette ville et faubourgs qu'à la pointe du jour; aucuns d'eux se sont mis en usage depuis quelques années, et nonobstant les défenses qui leur feurent par nous réitérées l'année dernière, de sortir de leur maison à minuit, et de marcher dans les rues sous prétexte d'amasser des chiffons, ce qui peut donner lieu à la plus grande partie des vols qui se font tant des auvents que des grilles et des enseignes, même causer ou favoriser l'ouverture des boutiques, salles et cuisines qui vont au rez-de-chaussée, étant facile auxdits chiffonniers d'en tirer, avec les crocs dont ils se servent, les linges et la plupart des choses qu'on a coutume d'y laisser; à quoi étant nécessaire d'y pourvoir : Nous, après avoir ouï ledit commissaire en son rapport et les gens du Roy en leurs conclusions; Ordonnons que les arrêts, statuts et règlemens de police seront exécutez selon leur forme et teneur; et en conséquence, avons fait défenses à tous chiffonniers, chiffonnières, et autres, de vaguer par les rues, ni amasser les chiffons, avant la pointe du jour, à peine de trois cents livres d'amende, et de punition corporelle. Mandons aux officiers du guet d'emprisonner les contrevenans. Leur défendons pareillement d'avoir dans leurs maisons plus d'un chien qu'ils seront tenus d'enfermer pendant la nuit, en sorte que les voisins ni les passans n'en puissent recevoir aucune incommodité; faisons défenses auxdits chiffonniers et écorcheurs de chiens et autres animaux et à toutes autres personnes telles qu'elles puissent être, de fondre ni faire fondre en leurs maisons aucunes graisses de chevaux, chiens, chats et autres animaux pour cause et quelque occasion que ce soit. Leur enjoignons de faire ladite fonte dans les lieux écartez hors de la ville, et à telle distance que la mauvaise odeur n'en puisse incommoder les citoyens; le tout à peine de trois cents livres d'amende : permettons d'emprisonner les contrevenans en vertu de la présente ordonnance, qui sera exécutée nonobstant oppositions ou appellations quelconques. Lue et publiée à son de trompe et cry public dans ladite rue Neuve-Saint-Martin, et affichée partout où besoin sera. Mandons aux commissaires du Châtelet et à tous autres officiers de police de tenir la main à son exécution. Ce fut fait et donné par messire Marc René de Voyer de Paulmy d'Argenson, chevalier, conseiller du Roy en ses conseils, maître des requêtes ordinaire de son hôtel et lieutenant général de police de la ville, prévôté, et vicomté de Paris, le vendredy dixième juin mil sept cent un.

Signé : DE VOYER D'ARGENSON. — CHAILLON, greffier.

CHLORE.

Chlore (acide muriatique oxygéné — Fabrication du), quand ce produit est employé dans les établissements mêmes où on le prépare (2ᵉ classe). — 9 février 1825.

DÉTAIL DES OPÉRATIONS. — Pour obtenir le chlore, on fait réagir deux équivalents d'acide chlorhydrique sur un seul de bioxyde de manganèse ; il se forme du chlore, du chlorure de manganèse et de l'eau.

Premier procédé.

On se sert de *bombonnes* d'une centaine de litres disposées chacune dans une chaudière en fonte chauffée avec précaution, et communiquant entre elles par un tube en plomb. On les remplit d'acide chlorhydrique, aux deux tiers, et on y introduit par le goulot, et à l'aide de tenailles spéciales, un cylindre percé de trous, contenant l'oxyde de manganèse ; on lute les bombonnes, et on élève la température pour activer la décomposition de l'acide chlorhydrique.

Deuxième procédé.

On peut l'obtenir par le sel marin, l'acide sulfurique, et le bioxyde de manganèse ; c'est l'acide chlorhydrique naissant de la réaction de l'acide sulfurique sur le chlorure de sodium qui réagit à son tour sur le bioxyde de manganèse pour donner du chlore. On emploie ce procédé seulement quand le prix de revient de l'acide chlorhydrique est supérieur à celui qui se forme dans cette réaction.

Troisième procédé.

Le chlore peut aussi s'obtenir en chauffant du chlorure de sodium, du bioxyde de manganèse et du sulfate de magnésie jusqu'au rouge. L'acide chlorhydrique naissant se trouvant en présence du bioxyde de manganèse donne du chlore.

Le chlore isolé ou dissous dans l'eau (le tiers de son volume), a peu d'emploi dans les arts; on l'emploie combiné à la chaux le plus souvent, ce qui permet un transport facile et une production commode sans appareils spéciaux.

Chlorhydrique (Acide). Voir *Acides*.
Chlorure de chaux (Fabrication en grand du) (1⁰ classe). — 31 mai 1855.
Chlorure de chaux (en petite quantité, trois cents kilogrammes au plus par jour) (2⁰ classe). — 31 mai 1853.

Sous les noms de chlorure de chaux, chlorure décolorant (poudre de Tenant ou de Knox, — poudre de blanchiment), hypochlorite de chaux, on désigne un corps en poudre blanche, d'odeur d'acide hypochloreux, partiellement soluble; les acides affaiblis en dégagent de l'acide hypochloreux, et celui-ci, réagissant sur l'acide chlorhydrique, élimine du chlorure de calcium, donne en définitive de l'eau et du chlore.

Ce chlorure de chaux contient de l'hypochlorite de chaux, du chlorure de calcium et de la chaux hydratée en excès pour empêcher la décomposition si facile de l'hypochlorite.

Détail des opérations. — On l'obtient en faisant arriver le chlore qui se dégage de l'appareil décrit plus haut dans une caisse contenant un lait de chaux, et plus ordinairement pour celui qu'on doit transporter, dans une chambre en maçonnerie, où se trouvent disposées en étagères des tablettes recouvertes de deux centimètres de chaux hydratée, ou bien, une simple couche de ce produit sur les dalles de granit de la chambre. Il faut remuer à l'aide de râteaux pour faciliter l'absorption du gaz et suspendre le dégagement quand le chlore n'est plus absorbé, ce que l'on reconnaît facilement quand il vient à s'échapper dans un tube placé à dessein qui plonge dans une solution de tournesol ou du sulfate d'indigo qu'il décolore.

Il faut éviter une élévation de température et un dégagement trop abondant de chlore, qui transformerait en chlorate l'hypochlorite formé.

Dans les ateliers où l'on emploie le chlore en dissolution, on place la chaux au sein d'une grande masse d'eau contenue dans des cuves en granit ou en bonne maçonnerie, et on fait barboter le chlore dans ce lait de chaux.

Chlorures alcalins (eau de Javelle — Fabrication en grand des) destinés au commerce et aux fabriques (1re classe). — 9 février 1825.
Chlorures alcalins quand les produits sont employés dans l'établissement même (2e classe). — 9 février 1825.

L'*eau de Javelle* est le chlorure de potasse.

DÉTAIL DES OPÉRATIONS. — On l'obtient en faisant passer un courant de chlore dans une dissolution de potasse perlasse marquant douze degrés ; on la laisse déposer quelques jours ; il se dépose de la silice provenant de la décomposition du silicate contenu dans la potasse. — On la colore ordinairement en rose au moyen du caméléon minéral ; pour obtenir celui-ci, on fait un mélange intime d'un kilogramme d'oxyde de manganèse en poudre avec quatre kilogrammes de potasse perlasse, on fond le mélange, on le brasse pour le rendre homogène, on le porte au rouge et le laisse refroidir. Pour s'en servir, on pulvérise la matière obtenue, on la dissout dans de l'eau de Javelle et on laisse déposer ; la liqueur surnageante très-foncée sert à colorer l'eau de Javelle.

Chlorure de potasse et de soude.

On emploie souvent aussi les chlorures ou hypochlorites de potasse et de soude; on les obtient liquides comme il vient d'être dit pour celui de chaux, et, afin de donner plus de fixité au produit, on laisse un petit excès de l'alcali.

Comme on emploie à cette fabrication les carbonates de potasse et de soude, le petit excès d'alcali qui reste passe à l'état de carbonate.

DÉTAIL DES OPÉRATIONS. — Le plus souvent on obtient l'hypochlorite de potasse par double décomposition de l'hypochlorite
de chaux en dissolution par le carbonate alcalin ; il se précipite
du carbonate de chaux.

USAGES. — Le chlore et surtout les hypochlorites servent au
blanchiment des tissus végétaux, du papier, à la désinfection
des ateliers où l'on manie des matières putrides, des salles de
dissection, aux enlevages de couleur, etc. (Voir chacun de ces
chapitres.)

L'action qu'ils exercent dans le blanchiment semble due à
l'activité du chlore pour l'hydrogène des matières colorantes
qui sont plus facilement attaqúées que les tissus eux-mêmes, et
à l'élimination d'une quantité correspondante d'oxygène naissant qui forme de l'eau et de l'acide carbonique aux dépens
des autres éléments du principe colorant.

Les hypochlorites fournissent abondamment de l'oxygène
naissant, pendant que leur chlore passe à l'état d'acide chlorhydrique, et sont d'énergiques agents de blanchiment. Il ne
faudrait pas trop prolonger leur action sur les tissus, surtout
avec des dissolutions peu étendues, sans quoi on détruirait le
tissu lui-même.

Le chlore et les hypochlorites servent comme agents oxydants
et chlorurants dans la fabrication des produits chimiques et
l'analyse.

CAUSES D'INSALUBRITÉ. — Dégagement de *chlore* et d'acide hypochloreux, dangereux pour les ouvriers, quand les ateliers ne
sont pas bien ventilés.

CAUSES D'INCOMMODITÉ. — Odeur désagréable.

Écoulement des eaux de fabrication.

Action corrosive des chlorures alcalins sur les ongles des
blanchisseuses ou des ouvriers qui travaillent ce produit.

PRESCRIPTIONS. — Le chlore dégagé en faible quantité n'est
pas tellement insalubre ou incommode qu'il faille en prévenir
absolument l'écoulement ou l'expansion dans les usines placées
à proximité des habitations.

Quand il se dégage *en excès*, ou quand il n'est pas retenu

par la dissolution alcaline, il faut le concentrer et le neutraliser dans un lait de chaux.

Les prescriptions varient selon l'importance de la fabrique ; c'est-à-dire selon les quantités de chlore ou de chlorure alcalins produits. — Quand on ne fabrique pas, par semaine, plus de trois cents kilogrammes de ces matières, l'établissement est rangé dans la deuxième classe.

Construire les fourneaux en briques et fer.

Les surmonter d'une large hotte destinée à recueillir toutes les vapeurs qui pourraient s'échapper des appareils mal lutés.

Entretenir toujours à une certaine épaisseur le bain de sable dans lequel sont placés les matras d'où se dégage le chlore, dans le but d'éviter les ruptures de ces matras.

Ouvrir le tuyau de la cheminée au ras du plafond et faire passer par cette ouverture le tuyau du foyer : ce tuyau prolongera son élévation de deux à trois mètres dans le corps de la cheminée.

Terminer par un appareil propre à dissoudre dans l'eau le gaz surabondant, les chambres ou les tourilles dans lesquelles on dépose la chaux éteinte, de manière à multiplier les surfaces. (Fabrication en grand du chlorure de chaux.)

Bitumer ou daller le sol des ateliers.

Ventiler énergiquement le laboratoire et les magasins où sont conservés les produits.

Utiliser les produits de la distillation.

Ne jamais les verser sur la voie publique sans les avoir désinfectés et neutralisés par la chaux.

Recommander aux ouvriers qui se servent de ces produits ou les manipulent de signaler les accidents qu'ils pourraient éprouver sur les voies de la respiration, sur les paupières, sur les ongles. — Dans ce dernier cas, faire huiler ou graisser les doigts avant le travail.

CHROMATE.

Chromate neutre de potasse (Fabriques de) (2ᵉ classe). — 31 mai 1833.

Le chromate neutre de potasse est un sel cristallisé, jaune, soluble dans la moitié de son poids d'eau ; il fond par la cha- leur rouge et se prend en masse par le refroidissement. Il rend le linge et le papier très-combustibles comme l'azotate de potasse.

DÉTAIL DES OPÉRATIONS. — On obtient le chromate neutre de potasse du chromite de fer naturel qui contient, en outre de l'alumine, du manganèse et de la silice. On pulvérise finement ce minerai ; on le mélange selon sa richesse avec moitié ou trois quarts de son poids d'azotate de potasse ; on chauffe le mélange dans un creuset graduellement jusqu'au rouge. En grand, on opère cette calcination dans un four à réverbère, il se dégage du bioxyde d'azote qu'il faut lancer dans l'atmosphère, ou mieux condenser pour ne pas rendre l'air insalubre ; et il reste une masse poreuse, si l'on a eu la précaution de ne pas trop élever la température pour éviter la fusion de la masse ; les autres corps deviennent insolubles.

On reprend par l'eau ou par évaporation des cristaux ; il faut quelquefois ajouter un peu d'acide azotique pour retenir l'alu- mine et faire cristalliser plusieurs fois le chromate pour le débarrasser complétement du nitre.

L'emploi de l'acide sulfurique, pour opérer cette saturation, donnant lieu à du sulfate qui se cristallise en même temps et avec les mêmes formes que le chromate, on ne peut le substituer à l'acide azotique.

Pour obtenir le chromate de potasse, on emploie dans quel- ques contrées un procédé d'origine américaine qui consiste à débarrasser le minerai du fer qu'il contient. On pulvérise le minerai avec du charbon, on chauffe le mélange dans un four à réverbère ne recevant pas d'air ; l'oxyde de fer se réduit à l'état métallique. Quand la réduction est achevée, on retire la charge du four pour la remplacer par une nouvelle, et on la reçoit dans de l'acide sulfurique étendu ; le fer se dissout ; on obtient, par évaporation de la liqueur saturée, du sulfate de fer en cristaux. Le dépôt provenant des cuves à acide contient tout le chrome ; on le calcine avec du carbonate de potasse comme à l'ordinaire, et l'on obtient directement du chromate de potasse.

(Ce procédé n'est usité qu'à l'étranger.)

USAGES. — Le chromate de potasse fournit les jaunes aladins du commerce pour teindre la soie.

Bichromate de potasse.

Le bichromate de potasse cristallise en larges tables rectangulaires anhydres d'un rouge intense ; sa poussière est rouge orangé, soluble dans dix parties d'eau à dix-sept degrés. Ce sel fond sans se décomposer, à moins qu'on n'élève au rouge blanc sa température.

DÉTAIL DES OPÉRATIONS. — On l'obtient en ajoutant à une dissolution de chromate neutre de l'acide azotique, de manière à rendre la liqueur acide ; le bichromate se dépose, car il est peu soluble.

USAGES. — Ces deux sels servent dans la teinture.

Chromate de plomb (Fabriques de) (3e classe). — 9 février 1825.

On vend dans le commerce, sous la forme de pains cubiques, du chromate de plomb présentant des nuances variant du jaune à l'orangé.

DÉTAIL DES OPÉRATIONS. — C'est en employant le chromate neutre de potasse et l'acétate neutre de plomb, ou en décomposant le chlorate de chaux par un sel de plomb, qu'on obtient le chromate jaune et l'acétate plus ou moins basique pour le chromate orangé.

Tous les chromates sont des sels vénéneux. (Voir *Plomb (Industrie du)*.

USAGES. — On les emploie en peinture, en teinture et pour les fleurs artificielles.

Chromate de chaux.

On fabrique depuis quelque temps du chromate de chaux.

DÉTAIL DES OPÉRATIONS. — On réduit en poudre impalpable, au moyen de billes métalliques et de tonneaux tournant sur leur axe, un mélange de craie et de minerai de chrome. On place cette poudre sur une épaisseur de cinq à six centimètres sur la sole d'un four à réverbère d'une grande dimension et d'une construction appropriée, et on remue de temps en temps la masse à l'aide d'un agitateur. Le sesquioxyde de chrome se change en chromate de chaux, la matière se colore en vert jaunâtre, complétement soluble dans l'acide chlorhydrique (sauf les impuretés). On divise la masse au moyen d'une meule, on la délaye dans l'eau chaude, et on y verse de l'acide sulfurique jusqu'à réaction acide; on change ainsi le chromate neutre en bichromate.

Pour éliminer le sulfate de sexquioxyde de fer qui s'y trouve contenu, on ajoute du carbonate de chaux. Le bichromate ainsi préparé peut être transformé en bichromate de potasse par le carbonate de potasse; d'ailleurs il peut servir directement à fabriquer les différents chromates employés en peinture. L'emploi de la chaux à l'exclusion de l'azotate de potasse et des autres azotates employés jusqu'ici à la fabrication des chromates est exempt de cette production de gaz rutilants qui rend cette fabrication particulièrement incommode. (Voir *Potasse* et *Plomb (Industrie du)*.

CAUSES D'INSALUBRITÉ. — Aucune.

CAUSES D'INCOMMODITÉ. — Dégagement de gaz rutilants et de fumée abondante pendant la combustion des minerais de chrome.

Flamme des foyers.

PRESCRIPTIONS. — Construire le four à réverbère, selon les règles imposées à cet égard. (Voir *Fours à réverbère*.)

Ne pas diriger l'ouverture de ces fours vers les chemins ou la voie publique.

Élever la cheminée des fourneaux de dix à quinze mètres selon les localités et le voisinage.

Ne pas jeter sur la voie publique les eaux de fabrication.

CHRYSALIDES (Dépôt de), AMAS DE VERS MORTS SUITE D'ÉPIZOOTIE (2ᵉ classe). — 20 septembre 1828.

Dans tous les pays où il y a des magnaneries, où se fait l'é-
lève des vers à soie, il arrive un moment où les chrysalides renfermées dans leurs cocons de soie sont accumulées en magasin,
placées dans de grandes caisses et expédiées dans les fabriques
où l'on s'occupe spécialement du filage de la soie et de la préparation des cocons. Sous l'influence de l'agglomération de ces
matières animales, de la chaleur souvent, et de la mort des animaux, il se développe une fermentation putride qui donne lieu
à des odeurs fétides insupportables, et à une dépréciation notable des produits. — Pendant longtemps le commerce a subi de
grandes pertes par suite de cette altération des cocons, et l'on
comprend la série de précautions qui doit être ordonnée pour
les dépôts de chrysalides.

Aujourd'hui l'on emploie le procédé suivant. On étend les
cocons sur le sol en couches légères, et on les soumet à l'action
du soleil. Au moyen de ce traitement, non-seulement les chrysalides périssent asphyxiées comme dans un four ou un étouffoir, mais à la longue elles passent à l'état complet de dessiccation : ce n'est plus alors une matière animale, mais une poussière
inerte. Plus de décomposition à craindre, par conséquent, plus
de souillure pour la soie; alors, au moyen d'un appareil mécanique, les cocons sont aplatis, pressés comme des figues sèches
et disposés par couches dans des caisses ou dans des ballots. Ils
arrivent ainsi à Londres ou à Marseille, d'où ils sont dirigés sur
les filatures pour y être soumis à un traitement régulier.

Il arrive souvent que des épizooties meurtrières frappent sur
les magnaneries, et que de grandes quantités de vers périssent
en très-peu de temps. On jette alors ces vers dans des cours peu
espacées, ou on les laisse accumulés en tas dans les chambres
mêmes où les vers sont élevés. Ces débris animaux se corrom-
pent très-vite et causent de graves inconvénients par la mauvaise
odeur à laquelle ils donnent naissance.

Les volailles sont très-avides de ces débris, même corrompus. Il paraît que leur viande à la suite de cette alimentation contracte un fort mauvais goût. Ces études doivent être reprises au point de vue de la physiologie et de l'hygiène publique. (Voir *Asticots, Engraissage des volailles*.)

CAUSES D'INSALUBRITÉ. — Émanations fétides.

CAUSES D'INCOMMODITÉ. — Mauvaise odeur résultant de la fermentation putride des chrysalides.

PRESCRIPTIONS. — Faire dessécher les cocons au soleil ou dans une étuve modérément chauffée.

Ventiler très-activement les ateliers où sont réunis les chrysalides, soit avant, soit pendant l'emballage.

Dans le cas de maladie sur les vers, ne jamais les garder en tas dans les magnaneries, ou les cours, ou sur les fumiers. Il faut les enterrer à un mètre de profondeur, — et ne pas les laisser manger par les animaux de basse cour, les poules surtout. Cela pourrait donner à leur chair un goût détestable.

CIDRE NATUREL ET ARTIFICIEL. Voir *Boissons fermentées (Industrie des)*.

CIMENTS. Voir *Chaux*.

CIRAGE (FABRIQUES DE) (3ᵉ classe). — Décision ministérielle du 27 avril 1837.

Le cirage est une matière noire, pâteuse, qui, étendue en faibles couches sur les chaussures, et frottée avec une brosse, y laisse un vernis brillant. Les qualités qui doivent distinguer un bon cirage sont : de n'attaquer aucunement le cuir, de présenter un brillant suffisant, de laisser une couche peu perméable à l'humidité, et assez dure pour résister aux frottements.

DÉTAIL DES OPÉRATIONS. — Généralement, c'est le sulfate de chaux qui lui donne de la consistance, le sucre qui lui donne du brillant, et le noir d'os ou d'ivoire de la couleur. Le plus souvent on se sert de sucre de fécule à l'état brut, c'est-à-dire, non débarrassé d'acide sulfurique ; ce dernier, mis au contact du noir d'os, donne lieu à une effervescence, en dégageant l'acide carbonique du carbonate de chaux du noir animal, ce qui produit le sulfate de chaux nécessaire à la fabrication. Il ne faut jamais employer d'acide chlorhydrique, parce que le chlorure de calcium qui se formerait empêcherait le cirage de sécher. On fait usage quelquefois d'un peu de vinaigre, de bière aigrie et même d'huile : la gomme ne doit pas être employée, parce qu'elle rend le cirage cassant.

Voici une recette qui peut servir de point de comparaison pour un grand nombre d'autres :

Noir d'ivoire.	2 parties.
Mélasse.	2 parties.
Acide sulfurique à 66 degrés.	0,40
Noix de galle concassée. . . .	0,12
Sulfate de fer.	0,12
Eau.	2 parties.

La mélasse sert à diviser le noir. On dissout le sulfate de fer dans la moitié de l'eau, on ajoute la moitié de la solution au mélange de noir et de mélasse. L'acide sulfurique est ajouté à la seconde partie de la solution de sulfate de fer, et ce liquide est versé lentement dans le mélange précédent; l'effervescence due à la saturation des carbonates se produit, la masse se boursoufle, on y ajoute l'infusion de noix de galle; cette dernière forme un tannate de fer avec l'oxyde de fer isolé du sulfate, et contribue à rendre la matière colorante plus divisée et plus abondante.

Causes d'insalubrité. — Aucune.

Causes d'incommodité. — Dégagement de gaz acide carbonique, en plus ou moins grande quantité, dans l'atelier, au moment de la saturation des carbonates.

Odeur toute particulière et souvent peu agréable.

Prescriptions. — Aérer et ventiler convenablement la pièce où se prépare le cirage.

Si la fabrique est considérable, opérer le mélange de la pâte sous une hotte munie d'un tuyau d'appel destiné à disperser les gaz dans l'atmosphère.

CIRE A CACHETER (2ᵉ classe). — 14 janvier 1815.

La cire à cacheter est un mélange composé de gomme laque ou mieux de résine laque, de térébenthine et même de colophane pour la cire commune; on lui donne différentes couleurs au moyen de substances métalliques qu'il faut quelquefois broyer avec de l'essence de térébenthine avant de les incorporer.

Détail des opérations. — On fond dans une marmite ou vase en fer la térébenthine de Venise avec la laque sans élever la température au delà du point nécessaire, on ajoute la matière colorante quand la masse est en fusion parfaite. On verse ensuite la matière fondue sur un marbre suffisamment échauffé par un réchaud placé au-dessous, et on la divise en magdaléons qu'on étend à l'aide de planchettes en bois dur nommées *polissoirs*. Quand on a étendu la masse en bâtons, on laisse ceux-ci entre deux réchauds ardents pour leur donner du brillant en fondant leur surface.

On les aromatise avec différentes substances, telles sont le benjoin, le styrax, le baume du Pérou; on les colore en *rouge* avec le vermillon, le minium et le colcotar; en *bleu*, avec l'outremer et l'indigo; en *jaune*, avec le chromate de plomb; en *noir*, avec le noir de fumée; en *vert*, avec le vert-de-gris, etc., etc.

La cire destinée à prendre des empreintes (*cire à sceller*) est formée en fondant quatre parties de cire blanche, une partie de térébenthine de Venise, et y ajoutant du vermillon pour colorer. Elle se ramollit en la malaxant, et prend facilement l'empreinte des objets sur lesquels on l'applique avec compression.

Causes d'insalubrité. — Aucune.

Causes d'incommodité. — Danger d'incendie.

Prescriptions. — Toutes celles qui sont ordonnées pour les fabriques d'essence et de vernis. (Voir *Vernis*.)

CIRE BLANCHE, CIRIERS (3ᵉ classe). — 15 octobre 1810. — 14 janvier 1815.

Détail des opérations. —On choisit la cire et on la met en tas reconnus à peu près identiques pour leur faculté de blanchir.

Ces diverses qualités sont traitées séparément. On fond environ cinq cents kilogrammes de cire dans une chaudière de cuivre étamé ayant la forme d'un œuf, et contenant au moins un dixième d'eau. Cette opération n'a lieu que de mai à septembre. Quand la masse est en fusion, on la brasse vivement, puis, au moyen d'un robinet inférieur, on fait écouler la cire dans une cuve qu'on recouvre de son couvercle, et d'une couverture en toile piquée contenant de la bourre, afin de conserver la chaleur, et de permettre à la cire de se séparer avant le refroidissement; l'eau vient occuper la partie inférieure de la cuve avec toutes les impuretés.

Quand ce dépôt s'est effectué, il faut couler la cire pour l'obtenir en rubans; pour cela, on la fait tomber sur la passoire placée au-dessus du *gréloir* ou instrument à rubaner la cire. Cette passoire retient les matières étrangères à la cire, et qui sont à peu près de la même densité qu'elle.

Le *gréloir* est placé sur une baignoire alimentée par un courant d'eau froide, qui renouvelle continuellement l'eau. Il es formé d'une caisse en cuivre, placée en travers de la baignoire, et dont le fond a la forme d'une gouttière renversée pour permettre aux impuretés de descendre dans la partie la plus basse. Le fond de cette gouttière est percé de nombreux trous de deux millimètres de diamètre, et distants de treize millimètres Aux extrémités du gréloir se trouvent deux cavités qu'on remplit de braises ou de cendres chaudes, pour empêcher que la cire ne se refroidisse sur ces points qui perdent plus rapidement leur température. Au-dessous du gréloir est un cylindre, ordinairement en noyer, mis en mouvement au moyen d'une manivelle: il plonge à moitié dans l'eau de la baignoire.

La cire qu'on verse dans la passoire tombe dans le gréloir, puis sur le cylindre, se gèle en entrant dans l'eau, de sorte que chaque filet forme un petit ruban de quelques millimètres de diamètre; au moyen d'une fourche spéciale, un ouvrier repousse ces rubans vers le fond de la baignoire, les en retire pour les placer dans une manne et les porter sur les carrés de toile. Pendant tout le temps que dure le grêlage, la cuve garde l'enveloppe qui la protége contre le refroidissement, puis elle est nettoyée, et ce, à chaque opération, pour servir à une nouvelle fonte.

On donne le nom d'*étendoir* ou de *blanchisserie* à l'espace à l'air libre, exposé au soleil, où le cirier blanchit sa cire. Il est composé ordinairement de bâtis en bois de chêne de soixante-cinq centimètres de hauteur, vingt-cinq mètres de longueur, et trois de largeur, qu'on maintient à l'aide de pieux et sur lesquels on fixe un grand nombre de liteaux et de chevilles méthodiquement disposés. Les toiles ont vingt-cinq mètres de longueur sur trois mètres et demi de largeur, avec un rebord de soixante-six centimètres de hauteur ; des anneaux de fer attachés sur les bords servent à fixer les toiles aux chevilles. On laisse la cire dix à vingt jours sur les toiles, suivant le temps, puis on la remue avec une fourche pour la retourner. C'est ce que l'on nomme *régaler*. La lumière du soleil détruit peu à peu le principe colorant, et quand celui-ci a suffisamment disparu, on retire la cire, on la tasse dans des sacs que l'on met en magasin pendant trente ou quarante jours pour lui faire subir une *sorte de fermentation* qui lui permet d'acquérir un degré de blancheur plus parfait.

Le *regrélage* ou *seconde fonte* s'exécute comme le premier, mais avec quelques précautions particulières. La mise en sacs et l'emmagasinage se succèdent comme pour la première opération.

A la troisième fonte, quelques manufacturiers ajoutent du lait afin d'obtenir une purification complète, mais ce moyen d'épuration est imparfait et onéreux, parce qu'il y a entraînement d'une certaine quantité de cire. On emploie plus ordinairement l'alun ou la crème de tartre réduite en poudre; on mêle souvent à la crème de tartre une certaine quantité de borax calciné pour la rendre soluble ; le mélange de ces sels avec la cire s'effectue au moyen d'un tamis. On ne rubane pas la cire; on la moule après deux heures de repos dans la cuve, on a soin de mouiller les moules pour empêcher l'adhérence de la cire.

On emploie souvent la vapeur d'eau produite par un générateur pour chauffer les différentes chaudières que l'on emploie à ces opérations.

Procédés divers.

Par le chlore. — On a mis en pratique un procédé de blanchiment par le chlore. Mais bientôt on y a substitué l'hypochlorite de potasse ou eau de Javelle. On fond la cire, on y mêle une certaine quantité de chlorure de potasse, on brasse jusqu'à refroidissement pour recommencer la même opération autant de fois que la chose semble nécessaire. On lave la cire à grande eau, puis on l'expose à l'air, enfin on la clarifie par l'alun ou par la crème de tartre. Le chlorure de potasse forme avec la cire une sorte de liaison intime qui n'a pas lieu avec les chlorures de soude ou de chaux; c'est son chlore qui réagit sur la matière colorante pour la détruire. Ce procédé a été employé même pour les cires, dites réfractaires, c'est-à-dire, qui ne peuvent blanchir par l'exposition à la lumière.

Par ébullition dans l'eau. — On a proposé de blanchir la cire au moyen de plusieurs décoctions, avec l'eau, jusqu'à ce que la cire ait acquis un degré de blancheur suffisant.

Par des acides très-oxydants. — On a mis en usage l'acide azotique très-étendu d'eau, même l'acide chromique obtenu par le bichromate de potasse et un acide puissant, comme l'acide sulfurique.

CAUSES D'INSALUBRITÉ. — Aucune.

CAUSES D'INCOMMODITÉ. — Odeur pendant la fonte de la cire.

Dégagement de gaz dans les ateliers où sont placés les sacs où doit se produire l'espèce de *fermentation* destinée à faire blanchir la cire.

Odeur du chlore, dans le cas d'emploi de cet agent.

Écoulement d'eau odorante et quelquefois acidulée.

Fumée du fourneau ou du générateur à vapeur.

PRESCRIPTIONS. — Construire les fourneaux en briques et fer. Les surmonter d'une large hotte qui puisse recueillir toutes les vapeurs produites, et la terminer par un tuyau qui se rende dans la cheminée du foyer.

Brûler la fumée.

Couvrir la chaudière en cuivre pendant la fonte de la cire.

Faire ouvrir les foyers et cendriers en dehors de la chambre de travail.

Séparer de tout foyer les approvisionnements de matières inflammables.

Bien aérer l'atelier et surtout les magasins.

Ne jamais écouler sur la voie publique les eaux de fabrication.

Les diriger vers l'égout le plus prochain, et les faire suivre d'un lavage à grande eau.

Ne jamais avoir de puisard.

CLOS D'ÉQUARRISSAGE. Voir *Équarrissage*.

CLOUS.

Clous (Fabriques de) à tapissier, sans dérochage (3ᵉ classe).
Clous (Fabriques de) avec dérochage (2ᵉ classe).

La fabrique spéciale de ces clous rentre dans la classe des fonderies de peu d'importance. La plupart des ouvriers qui se livrent à cette industrie pratiquent à la fois le dérochage des vieux clous, la fonte du métal, son alliage et la mise en forme des boutons. — Si ces opérations sont faites sur une grande échelle, elles rentrent dans une autre catégorie. Le dérochage, par exemple, ajouté même pour peu de chose à l'exercice d'une industrie, donne lieu tout de suite à des dangers ou à de graves inconvénients. Et le bruit d'*un* ou de *plusieurs* moutons, pour le moulage des boutons, peut faire classer la fabrique dans la deuxième classe des établissements incommodes ou insalubres, surtout selon le point où la fabrique sera établie.

Les fabriques de clous à tapissier sont assez nombreuses à cause de la grande quantité qui est consommée dans le commerce.

Détail des opérations. — Elles consistent dans l'usage d'un

fourneau destiné à la fonte du métal, puis dans la confection et le moulage du bouton lui-même. Cette dernière partie a lieu à l'aide de la pression du métal dans son moule par un mouton d'une force variable. Et il en résulte parfois un bruit constant et fort désagréable pour ceux qui sont placés près de l'atelier.

CAUSES D'INSALUBRITÉ. — Aucune.

CAUSES D'INCOMMODITÉ. — Toutes celles du dérochage, quand il a lieu. (Voir, au mot *Cuivre (Industrie du)*, l'article *Dérochage*.)

Fumée du fourneau. — Vapeurs désagréables produites par la fonte.

Bruit des moutons.

Danger d'incendie.

PRESCRIPTIONS. — Toutes celles applicables au dérochage, quand il a lieu.

Avoir un creuset de fusion. Il contiendra de vingt-cinq à quarante kilogrammes de matières, selon les localités.

Construire le fourneau en briques et fer. — S'il est adossé à un mur mitoyen, laisser le *tour du chat* entre le mur et le fourneau. — Ménager au-dessus de lui une hotte qui le dépasse en tous sens d'au moins cinquante centimètres. Cette hotte sera terminée supérieurement par une ouverture qui la fera communiquer avec la cheminée du foyer. — Cette cheminée sera plus haute de deux mètres que le faîtage des cheminées voisines.

Daller, carreler ou bitumer le sol de l'atelier.

Relativement aux *moutons*, en limiter le nombre et le poids. — Se conformer, pour leur disposition, au règlement sur les moutons. (Voir *Machines à vapeur* et *Batteurs de métaux*.)

Éclairer et ventiler convenablement les ateliers.

COALTAR. Voir *Résineuses (Matières)*.

COBALT (ARSENIC MÉTALLIQUE, POUDRE AUX MOUCHES) (DÉPÔT EN GRANDE QUANTITÉ DE) (3e classe, par assimilation).

Plusieurs substances métalliques très-oxydables, telles que le fer en limaille et le soufre mélangés, — les pyrites sulfureuses et arsenicales, les houilles, à cause du sulfure de fer qui devient sulfate, l'alun préparé avec les pyrites, jouissent de la propriété d'absorber l'oxygène de l'air et de l'eau. — Réduites en poudre, entassées dans un lieu humide, elles s'échauffent et s'enflamment spontanément d'une manière plus ou moins active.

Plusieurs incendies ont eu lieu par suite de ces combustions spontanées.

Causes d'insalubrité. — Aucune.

Causes d'incommodité. — Danger d'incendie.

Prescriptions. — N'avoir jamais qu'une faible quantité de cette substance en magasin.

Ne jamais la déposer dans un lieu humide.

COCONS.

Filature de cocons en grand, c'est-à-dire contenant au moins six tours (2ᵉ classe). — 15 octobre 1810. — 27 mai 1838.

Filature de cocons au-dessous de six tours; mais habituellement ces ateliers sont simplement soumis à la surveillance de l'autorité municipale (3ᵉ classe).

Les cocons de soie peuvent être considérés comme formés d'un fil glutineux continu, soudé à lui-même dans ses différents circuits. Une sorte de *bourre* ou *frison* garnit la surface des cocons et provient du canevas grossier qui a servi à l'insecte de point d'appui pour former son cocon.

Détail des opérations. — Le *battage* et la *purge* sont les deux opérations que l'on fait subir aux cocons pour enlever cette bourre. On en jette une certaine quantité dans une bassine d'eau bouillante; l'eau dissout la gomme sécrétée avec le fil; on les agite avec un balai en bouleau, en bruyère ou en chiendent; on saisit tous les brins de bourre que le balai porte à son extrémité pour les disposer sur le bord de la bassine. Il faut renouveler l'eau au moins quatre fois par jour, parce qu'elle se charge et se salit de plus en plus.

Quand la bourre est séparée, l'ouvrière saisit dans les bassines tous les maîtres brins des cocons, en prend de trois à vingt, de manière à former deux fils, surveille leur envidage sur les bobines ou sur les dévidoirs, leur passage à la filière qui doit les unir, la croisure, la torsion qui doit enfin donner de la *soie grége* ou soie en écheveaux. Il existe un grand nombre de machines destinées à activer et à régulariser ce travail ; elles n'ont pas besoin d'être décrites ici.

Au lieu de bassines chauffées à feu nu, on emploie souvent des réservoirs chauffés à la vapeur.

On a aussi conseillé de faire bouillir les cocons en masse dans la chaudière ou de les faire couler comme une lessive dans un cuvier, et de les dévider dans l'eau froide ou même à sec.

Causes d'insalubrité. — Aucune.

Causes d'incommodité. — Odeurs fétides provenant de l'accumulation et de la décomposition de matières animales (putréfaction de chrysalides).

Eaux d'immersion des cocons.

Poussière pendant le battage des cocons. (Voir travail de la *Laine* et de la *Soie*.)

Prescriptions. — Ne jamais conserver dans la fabrique les chrysalides mortes et leurs débris. — Ne pas en nourrir les volailles ou les porcs, mais les enfouir en terre, pour qu'ils soient convertis en engrais.

Ne jamais écouler sur la voie publique les eaux de macération ou d'immersions ; ne les jeter dans un cours d'eau que le soir. — Ne pas avoir de puisard.

Bien ventiler les ateliers de travail, avec le plus grand soin.

Faire des lotions chlorurées dans les bassines qui ont servi depuis longtemps. (Voir *Chrysalides*.)

COKE. Voir *Combustibles (Industrie des)*.

COLLES (Industrie des).

Gélatine extraite des os (Fabrication de la) par le moyen des acides et de l'ébullition (3ᵉ classe). — 9 février 1825.

La gélatine est le produit de la décoction prolongée des os (déchets d'os de tabletterie par l'acide hydrochlorique), des peaux non tannées dans l'eau ; elle tire son nom de la propriété que possède sa dissolution bouillante de se prendre en gelée par refroidissement.

On désigne sous le nom de *chondrine* la gélatine particulière qu'on obtient en faisant bouillir pendant quarante-huit heures des cartilages d'homme ou de veau, en filtrant, en évaporant la liqueur et en séparant les matières grasses par l'éther. — Si l'on traitait ces mêmes cartilages non par l'eau bouillante mais par l'acide chlorhydrique, qu'on les lavât ensuite et les fît bouillir avec de l'eau, la chondrine qu'on obtiendrait ne pourrait, comme la précédente, se prendre en gelée par refroidissement ; elle n'a pas d'usage.

La *gélatine pure* est incolore, transparente, dure et douée d'une grande cohérence ; elle se ramollit, se gonfle dans l'eau, mais ne s'y dissout qu'à chaud ; elle donne une consistance de gelée à quarante fois son poids d'eau. Elle se putréfie rapidement au contact de l'eau ; l'acide acétique prévient cette putréfaction sans lui enlever sa propriété adhésive. L'acide sulfurique la change en suc de gélatine, l'acide azotique en acide oxalique ; l'acide acétique la ramollit, puis la dissout. Chauffée, elle se décompose en donnant une vive odeur de corne brûlée.

La *gélatine alimentaire* est celle que l'on prépare avec des matières premières de choix ; elle doit être bien transparente et incolore.

La *colle forte* n'a pas besoin d'être préparée avec des matières aussi récentes et aussi belles, ni d'avoir un aspect aussi flatteur.

Gélatine alimentaire.

DÉTAIL DES OPÉRATIONS. — Les os de bœuf sont les seuls employés à cette préparation. On enlève toutes les matières grasses, viandes, cartilages, qui y adhèrent, et on les casse avec une hachette.

Deux procédés sont mis en usage pour l'extraire :

1° *Par les acides.* — Les os préparés sont mis dans une chaudière avec de l'eau, et portés à l'ébullition pour les priver de leurs matières grasses qui feraient rancir la gélatine. On les porte ensuite dans de grands bacs en bois avec un égal poids d'acide chlorhydrique faible marquant six degrés. On laisse réagir à basse température à l'abri du soleil. Au moyen d'un robinet placé à la partie inférieure, on soutire tous les jours le liquide et le remplace chaque fois par une nouvelle quantité d'acide faible : les eaux acides non saturées servent à de nouveaux traitements méthodiques. Il faut ordinairement un poids d'acide fort égal à celui des os.

On ne peut et doit traiter par les acides que les os à large surface. — Les os *débouillis* ne peuvent servir à la préparation de la gélatine par les acides. — Ils doivent pour cela être préparés dans des marmites autoclaves et sous une forte pression.

Après sept à huit jours de traitement, tout le phosphate et les autres sels de chaux sont dissous ; on enlève les os ramollis, on les lave à grande eau, puis on les chaule et les fait sécher sur des filets à mailles solides; cette condition est indispensable pour avoir un bon produit.

Pour obtenir de la gélatine avec ces résidus desséchés, on les fait digérer dans l'eau à une température qui ne doit pas dépasser cent degrés : aussi opère-t-on la plupart du temps dans une chaudière à double fond chauffée à la vapeur, ou à l'aide d'un bain-marie. Quand la dissolution est terminée, on laisse déposer, puis on soutire dans des moules en bois doublés de plomb ou de zinc.

Les pains ainsi obtenus sont découpés à l'aide de machines, et mis à dessécher sur des filets tendus par des cadres en bois, dans un air bien renouvelé. C'est l'opération la plus difficile de celles de la fabrication de la gélatine, parce que les variations de température, d'humidité, peuvent en peu de temps la ramollir, la fendiller ou la faire putréfier. On achève sa dessiccation dans une étuve.

2° Par la vapeur. — Dans le midi de la France, on a employé et on emploie encore pour extraire la gélatine des marmites de Papin et des marmites autoclaves; la pression intérieure est de trois atmosphères, et la chaudière ordinairement sphérique, pour lui donner une plus grande résistance.

C'est Darcet, qui, en 1817, fit produire la vapeur dans un générateur spécial pour éviter de brûler la matière et de former une combinaison de la gélatine avec le phosphate des os. La vapeur ne doit pas donner à chaque appareil une température supérieure à cent six degrés : chaque appareil consiste en quatre cylindres indépendants et semblables ; ils sont en fonte et peuvent résister à une très-forte pression. Chaque cylindre placé verticalement est chauffé par un tube de vapeur adapté à sa partie inférieure. Un autre tube amène à la partie supérieure l'eau accessoire, et, au moyen d'une allonge, permet d'en injecter sur les os au moment propice. Les os qui doivent subir l'action de la vapeur sont dans un cylindre métallique percé de trous, et entrant avec facilité dans le cylindre de fonte; il est mis en mouvement au moyen d'une moufle comme les quatre autres cylindres. La partie supérieure de chacun de ces cylindres peut être fermée pendant l'opération à l'aide d'un obturateur muni d'une vis de pression ; une tubulure qui y est ménagée permet d'y introduire un thermomètre ; un robinet ajusté à la partie inférieure sert à retirer la solution gélatineuse.

On fait passer un courant de vapeur sans mettre l'obturateur pour dépouiller les os de leur odeur, puis on ferme le cylindre. — On aurait un plus beau produit si on se servait d'os privés de leur graisse par l'ébullition dans l'eau, et passés à la chaux pour enlever les substances qui ne donnent point de gélatine. — On ouvre le robinet de vidange suffisamment pour laisser passer la dissolution et non la vapeur. Les premiers produits contiennent presque toute la graisse; on les met de côté pour la séparer ; la vapeur déplace la gélatine et la dissout. Si la vapeur ne suffit point, on introduit un jet d'eau froide; il faut quatre jours pour épuiser par la vapeur.

La liqueur gélatineuse est tirée à clair, après repos, on la rapproche au bain-marie, à la vapeur ou à feu nu, et quand elle est arrivée à une consistance suffisante, on la soutire dans une cuve enveloppée de corps mauvais conducteurs de la chaleur, et on l'abandonne au repos pendant cinq à six heures; on la soutire de nouveau, on y ajoute 3 pour 100 d'alun en poudre, on brasse, on laisse encore reposer dans un endroit chaud, et on concentre pour laisser refroidir, couler en moules et dessécher comme il sera détaillé pour la colle forte.

Ce procédé permet l'emploi des os du résidu pour la fabrication du noir animal, ce qui n'a pas lieu quand on se sert d'acide chlorhydrique.

Sous le nom de *liquide lactiforme*, on a préparé un produit susceptible de se coaguler comme la gélatine, et d'entrer dans la préparation de certains aliments. Le liquide est obtenu en faisant bouillir dans une marmite autoclave, à une température de cent quarante degrés, et pendant quarante minutes environ, une quantité déterminée d'os frais concassés (trois kilogrammes), et un kilogramme au plus de viande, — contre cinq ou six fois autant d'eau. Le résidu donne de la viande cuite et des os bouillis. Le liquide *blanc* lactiforme est un médiocre bouillon qui contient (sur 100 parties, 96 d'eau, 4—10 de matières grasses,— 2,25 de *gélatine modifiée*, 0,50 de matière albumineuse), et quelques sels.

La *gélatine* qui se produit dans la cuisson des pâtés ou d'autres préparations alimentaires analogues doit se refroidir *très-lentement* pour être bonne. Quand elle se refroidit *trop vite*, elle reste *liquide*, et cet état est la conséquence d'une altération toute particulière qu'elle a subie; le développement des sporules d'une certaine espèce de champignons a souvent donné lieu à des accidents graves d'empoisonnement. La gelée *liquide* chaude n'est pas nuisible.—La gelée *liquide* froide doit être rejetée.

Gélatine pour objets imitant la nacre et les écailles.

Pour préparer cette espèce de gélatine, on ne se sert que des peaux de têtes et de pieds de veaux, très-fraîches.

Colle d'amidon et de poisson (Fabriques de) (3e classe). — 15 octobre 1810. — 14 janvier 1815.

DÉTAIL DES OPÉRATIONS. — La *colle de pâte* s'obtient en délayant les farines de blé, de seigle, avariées ou non, avec un peu d'eau bouillante; on étend graduellement le mélange avec une quantité d'eau suffisante pour avoir une émulsion claire et homogène. On la verse dans une chaudière et remue sans cesse; à soixante-quinze degrés la masse s'épaissit considérablement, on la fait bouillir pendant quelques minutes et la retire du feu.

On a également conseillé, pour la fabriquer, de délayer dans l'eau les amidons et fécules du commerce, celle du marron d'Inde, etc., avec un deux cent vingtième de leur poids d'acide sulfurique, de laisser le dépôt s'effectuer; on décante le liquide acide, on sèche la fécule à l'étuve; ainsi préparée, elle est plus propre à donner une colle plus adhésive, ce qu'il faut attribuer à une désagrégation plus complète des globules d'amidon.

La farine de graines de phalaris *canariensis*, la pomme de terre, peuvent servir à préparer une colle à peu près semblable.

La *colle de poisson* est fournie par la vésicule aérienne de certains poissons, tels que les squales, les raies et surtout les esturgeons du Volga. Elle se présente dans le commerce sous trois formes principales : en lyres, en feuilles, en cœur; on l'emploie spécialement pour coller la bière et les vins blancs, et à différents usages domestiques ou pharmaceutiques. Elle ne se prépare pas en France.

On a tenté en France d'en fabriquer une artificielle au moyen des écailles de carpes ; on met celles-ci dans un baquet avec un quart de leur poids d'acide chlorhydrique qu'on étend d'eau; on agite pour dissoudre les parties calcaires, puis on lave pour les séparer du résidu qu'on place dans une chaudière de cuivre rétrécie à son ouverture et fermée avec un couvercle. Quand l'eau vient à surnager librement les écailles, après une ébullition prolongée, on passe; il reste une matière cornée, et on a un bouillon auquel on ajoute soixante grammes d'alun par chaque cent kilogrammes. On fait bouillir de nouveau, laisse déposer, décante et évapore après avoir décoloré la dissolution par un courant d'acide sulfureux.

On peut l'obtenir en plaques par dessiccation.

On a également essayé d'en faire avec les os des grands animaux de mer.

CAUSES D'INSALUBRITÉ. — Aucune.

CAUSES D'INCOMMODITÉ. — Odeur désagréable quand les matières employées ne sont pas très-fraîches.

Buées venant des chaudières à ébullition.

PRESCRIPTIONS. — Recouvrir les chaudières d'un manteau ou entonnoir qui communique avec la cheminée.

Construire une cheminée d'une hauteur variable selon les localités.

Bien aérer l'atelier.

Le paver, daller ou bitumer.

Y ménager un écoulement facile des eaux.

Ne jamais jeter aucun liquide de travail sur la voie publique.

Ne jamais conserver de matières animales en putréfaction.

Ne point travailler en juillet et août (mois les plus chauds).

Colle de parchemins, de peaux de lapins (Fabriques de) (2ᵉ classe). — 9 février 1825.

DÉTAIL DES OPÉRATIONS. — Les peaux de lapins et de lièvres, livrées au commerce, sous le nom de *vermicelle*, à cause de la forme en fils allongés qui résulte du sécrétage des peaux à la main ou à l'aide des *machines-tondeuses*, les rognures de peaux non tannées, les *parchemins*, les tendons, les cartilages, les pieds de moutons, de chèvres, servent à fabriquer une colle qui trouve son principal emploi dans le collage des papiers.

Ces différentes matières sont mises en macération dans l'eau de chaux, de manière à les gonfler pour en détacher plus facilement les matières étrangères, puis dans de l'eau acidulée, enfin dans l'eau pure, de manière à les obtenir parfaitement nettes. On les introduit dans une chaudière de cuivre avec dix fois leur poids d'eau, en ayant soin de les placer dans un panier pour empêcher toute adhérence avec les parois de la chaudière. La température est maintenue pendant un long temps très-voisine du point d'ébullition; on projette de temps en temps au moyen d'un tamis une certaine quantité de chaux délitée, de manière à absorber les matières grasses à l'état de savon calcaire. On écume et l'on recommence le chaulage tant qu'il se forme une nouvelle écume; après quoi on laisse la température de la solution s'abaisser pendant six heures. Une goutte du liquide saisie pour essai doit se prendre en gelée sur une assiette; on soutire sur une chausse ou sur un drap de laine étendu sur une cuve, et l'on recommence une nouvelle ébullition avec les résidus laissés dans la chaudière, de manière à les épuiser.

Cette colle est employée à l'état de dissolution; on la mêle avec 2 ou 3 pour 100 d'alun et même avec trente grammes de sel ammoniac ou de sulfate de zinc, afin de faciliter l'opération du collage pendant l'été en empêchant la fermentation.

CAUSES D'INSALUBRITÉ. — Aucune.

CAUSES D'INCOMMODITÉ. — Odeur des peaux, si elles ne sont pas apportée *très-desséchées.*

Buée qui s'échappe de la chaudière à macération.

Odeur fade de cette buée.

Écoulement d'une grande quantité d'eau putréfiable.

Odeur des résidus.

PRESCRIPTIONS. — Opérer en vases clos.

Chauffer la chaudière avec de la vapeur d'eau, préférablement à l'eau.

Ne recevoir dans la fabrique que des peaux et débris de peaux très-desséchés.

Couvrir les chaudières pour s'opposer à la dispersion de la buée. — Surmonter le fourneau d'une large hotte.

Diriger la buée dans le tuyau à fumée et élever celui-ci de quatre à vingt mètres.

Enlever les marcs, après chaque opération. — S'en débarrasser au moins deux fois par semaine. — Ne les jamais jeter sur la voie publique ni dans le cours d'eau. On peut avantageusement les vendre pour engrais.

Aérer les ateliers. — Les daller, bitumer ou paver à la chaux. — Y rendre l'écoulement des eaux très-facile, et s'opposer à ce que ces eaux puissent rester en stagnation, soit dans les ateliers, soit dans les cuves de la fabrique.

Laver fréquemment les ruisseaux et caniveaux, soit à l'eau simple, soit à l'eau chlorurée.

Placer à l'extrémité des caniveaux, sortant des ateliers ou de la cour, des diaphragmes ou grilles destinés à arrêter tous débris de matières animales.

Ne jamais brûler aucun résidu (rognures, bourres de gants) dans la fabrique.

Dans les fabriques où il y a une étuve ou un séchoir, prendre toutes les précautions contre le feu et protéger les filets sur lesquels on étend la colle amenée à une consistance convenable.

Ne brûler que du coke ou autre combustible ne donnant pas plus de fumée que le bois.

Laver les baquets à macération avec de l'eau chlorurée.

Colle forte (Fabriques de) (1re classe). — 15 octobre 1810. — 14 janvier 1815.

DÉTAIL DES OPÉRATIONS. — On emploie à sa préparation des matières très-diverses, des débris de peaux non tannées, des surons d'indigo (les cuirs d'emballage), des intestins, des os de bœufs, porcs, veaux, etc. Ils ont différents noms, — ce sont : les *brochettes* ou raclures de peaux préparées par les mégissiers, — les *buenos-ayres*, où peaux d'emballage et rognures de peaux venant du Brésil, — les *effleurures* qui proviennent de la fabrication des buffles, — les *patins* ou gros tendons de bœufs, — enfin, les *carnasses*, matières à la fois tendineuses et membraneuses.

On reçoit ces matières premières de pays plus ou moins éloignés. — Elles sont sèches, alors; les autres sont fraîches et viennent des abattoirs une ou deux fois par semaine. Elles consistent surtout en pieds de bœufs, têtes de veaux, tendons et oreilles de moutons.

Les matières fraîches qui servent à cette fabrication sont désignées sous le nom de *colles-matières fraîches;* leur dessiccation forme quelquefois une industrie. — Pour conserver ces colles-matières, on les fait macérer pendant quinze jours dans un lait de chaux renouvelé plusieurs fois. — Cette macération ne doit jamais être assez prolongée pour qu'il se développe le plus faible degré de putréfaction. On n'aurait alors qu'une colle de qualité inférieure. — On les fait sécher en les retournant très-souvent, soit sur des claies, soit sur une aire en pente. Cette préparation permet leur conservation, et leur enlève les matières qui ne donneraient pas de gélatine; on ne doit mettre ces matières en magasin que lorsqu'elles sont bien sèches.

Il faut opérer loin des habitations à cause de l'odeur désagréable qui imprègne ces établissements et qui se répand fort loin.

Avant d'employer ces *colles-matières sèches*, le fabricant leur fait subir une seconde immersion dans l'eau de chaux pour les dépouiller plus complétement des matières qui ne font que gêner la fabrication et ne fournissent point de colle, et les fait gonfler. A l'aide de lavages, on enlève l'excès de chaux qui nuirait au travail, et les dernières traces en disparaissent à l'état de carbonate par une exposition à l'air.

La colle s'obtient dans des chaudières à double fond remplies d'eau servant de bain-marie et munies de tuyau de vidange à robinet pour faire écouler l'eau chargée de gélatine. Il faut opérer *avec rapidité* et à une *température modérée*, sans quoi la gélatine se putréfierait. C'est dans ce but que les fabricants suspendent leurs travaux en juillet, août, décembre et janvier. Tantôt on sépare le produit formé à un temps donné de l'opération pour éviter qu'il subisse une trop longue ébullition, tantôt on prolonge la cuite des matières jusqu'à ce qu'elles soient entièrement fondues. Le premier moyen donne une gélatine plus collante.

Les produits de l'ébullition sont soutirés dans une chaudière maintenue chaude et laissée en repos; on les décante et les évapore suffisamment. Pendant ce temps, on continue d'épuiser par deux ébullitions nouvelles les matières restées dans la chaudière; on y réunit le produit de l'expression des dépôts de la première cuite et on les évapore. On redissout le tout, le clarifie par repos et décantation, après y avoir ajouté un cinq-centième d'alun en poudre. On obtient ainsi une colle claire qu'il faut évaporer.

L'alun réagit sur la chaux, donne du sulfate de chaux et de l'alumine qui se précipite en gelée avec les matières en suspension.

La colle séparée du marc est évaporée et coulée dans des moules en sapin où elle se prend en masse. Il serait avantageux, sous le rapport de la propreté, d'employer des moules en zinc ou au moins garnis de zinc ; ils ne pourraient s'imprégner de l'odeur putride qui se produit lorsqu'on abandonne quelque temps les moules en bois à eux-mêmes. L'*entonnage* de la colle dans les moules se fait dans des pièces séparées appelées raf-fraichissoirs, où l'on maintient *une température aussi basse que possible ; cette pièce a besoin d'être dallée pour pouvoir la nettoyer facilement des égouttures des seaux et des moules, et l'arroser pour la tenir fraîche.*

Les moules sont simplement retournés, s'ils sont en métal, et préalablement dégagés au moyen d'un couteau de la gelée qu'ils contiennent, s'ils sont en bois.

Le *découpage* des pains se fait au moyen d'une lame de cuivre tendue par un gros fil de cuivre et un écrou dans une monture de scie, ou mieux, au moyen d'une machine qui donne toujours un travail plus régulier, parce que l'on peut plus facilement guider la lame au moyen d'une planche à entailles disposées aux distances voulues. Souvent on enlève aux deux extrémités du pain une feuille mince pour détacher d'un côté des particules graisseuses, de l'autre des corps solides. Les plaques découpées sont portées au séchoir.

Le *séchoir* est une vaste pièce, un hangar recouvert par un toit, et dont les quatre faces sont garnies de persiennes pour donner issue à tous les vents. Ce séchoir est garni dans toute son étendue de châssis sur lesquels sont tendus des filets, et qui sont maintenus à huit centimètres l'un de l'autre ; bien que la colle se trouve de toutes parts enveloppée par l'air, il faut la retourner deux ou trois fois par jour pour la faire dessécher et faciliter la séparation de la feuille quand elle est sèche.

La colle est encore molle au sortir du séchoir ; on achève sa

dessiccation dans une étuve modérément chauffée. Pour la lus-
trer, on trempe chaque feuille dans un baquet d'eau chaude et
on frotte au fur et à mesure de leur sortie avec une brosse
trempée dans l'eau tiède ; on les met vingt-quatre heures à
l'étuve pour achever la dessiccation.

Procédés et perfectionnements divers. — On a proposé de
mettre les colles-matières dans une solution d'acide sulfureux
et de la renouveler tant que l'odeur n'a pas été détruite. Il en
résulte une décoloration de la matière qui n'empêche pas l'obtention d'un bon produit.

Des essais ont été faits pour décolorer les colles-matières dans
de grandes cuves au moyen du chlorure de chaux qu'on addi-
tionne d'acide chlorhydrique, afin de rendre le dégagement de
chlore plus prompt et plus complet.

Enfin on a fabriqué souvent la colle forte au moyen de la glycérine et des rognures de peaux qu'on fait bouillir longtemps
après une macération préalable dans l'eau pour les nettoyer.
Cette colle remplace le mélange de gélatine et de mélasse dont
on fait usage pour confectionner les rouleaux d'imprimerie et
les moules flexibles.

Souvent aussi on a tenté de la produire au moyen d'autoclaves, ou par la vapeur à haute pression ; mais on a presque
abandonné ces moyens, parce que la colle n'a pas une cohérence
assez grande ; on ne les emploie que pour la gélatine alimentaire.

J'ai décrit le procédé de fabrication de la gélatine au moyen
de l'acide chlorhydrique, j'ajouterai ici que plusieurs fabriques se sont montées auprès des lieux de production de cet
acide. On fait usage de vapeurs acides qui ont déjà traversé
les tourilles de condensation, et on les fait arriver dans
une batterie de cuves en bois ou en pierre dure, qu'on dispose par rangées et qu'on charge d'os concassés et mouillés.
L'acide réagit comme je l'ai expliqué : les vapeurs qui se
dégagent des cuves où sont contenus les os, sont très-acides ; on
les fait arriver dans l'appareil ci-dessus décrit. C'est la cheminée du four à préparer le sulfate de soude qui est formée

par deux conduits concentriques; le plus extérieur est annulaire et enveloppe l'autre, il sert de cheminée au four à soude, le second est de deux tiers moins élevé et rempli de coke qu'un filet d'eau froide maintient toujours humide pour condenser les gaz acides qui n'ont pas réagi sur les os. La cheminée annulaire chauffe celle-ci et emporte les gaz qu'elle n'a pas condensés.

Il y a quelques inconvénients à cette disposition, c'est que la cheminée intérieure refroidit l'autre et diminue le tirage; d'un autre côté, elle est elle-même maintenue tiède, ce qui est très-défavorable à la condensation. Il vaudrait mieux séparer ces deux cheminées.

Colle forte liquide.

La colle forte ordinaire ne peut être conservée au contact de l'eau pendant longtemps sans entrer en putréfaction. On a cherché à la conserver à l'état liquide en évitant cette altéraration. L'alcool ne peut agir que pour retarder ou empêcher sa putréfaction, mais dans ce dernier cas il en faudrait une dose qui la rendrait impropre à ses usages.

Une ébullition longtemps prolongée avec des acides lui enlève la faculté de se prendre en gelée, sans lui enlever ses propriétés adhésives, et la rend inaltérable à l'air. — On sait depuis longtemps que la colle forte que l'on a fait bouillir dans l'eau pendant longtemps et à plusieurs reprises perd son état solide pour toujours.

Voici le procédé de fabrication de la colle liquide inaltérable de M. Demoulin : — On fait dissoudre un kilogramme de colle Givet ou de Cologne dans un litre d'eau, dans un pot vernissé, au bain-marie; on remue de temps en temps. Quand la dissolution s'est effectuée, on y ajoute par parties deux cents grammes d'acide azotique à trente-six degrés. — *Il se dégage une grande quantité de vapeurs nitreuses;* quand tout l'acide est versé, on retire le pot du feu et on le laisse refroidir. Cette colle se garde très-longtemps, même à l'air, et peut servir comme lut pour enduire les bandelettes des appareils à distillation.

Certaines formules abaissent la quantité d'acide à cent vingt grammes.

Causes d'insalubrité. — Odeurs et émanations insalubres, — produites par l'accumulation de matières animales, dont une partie subit toujours les effets de la fermentation.

Causes d'incommodité. — Odeur très-désagréable pendant les opérations. — Pendant la vidange des baquets. — Odeur du lavage du sol et des cases en bois qui s'emprègnent des émanations de colle forte.

Émanations des matières animales fraîches.

Écoulement d'eaux susceptibles de fermenter.

Buée et fumée des appareils.

Prescriptions. — Si l'usine n'est pas très-éloignée des habitations, ne permettre la fabrication qu'à l'aide de déchets de tanneries (déchets de peaux de bœufs, veaux, moutons), préalablement desséchés et passés à la chaux.

Paver, daller ou bitumer les ateliers.

Les soumettre à de fréquents lavages d'eau chlorurée.

Ne jamais conserver des matières animales susceptibles de fermenter.

Les soumettre tout de suite, soit à la macération à la chaux, soit au lavage.

Ne faire servir l'eau des cuves qu'à un seul lavage.

La renouveler chaque jour pendant l'été, — deux fois la semaine en hiver.

Garnir d'une crapaudine percée de trous l'embouchure de la bonde, pour s'opposer au passage des débris de matières animales.

Recevoir toutes les eaux dans un tonneau de métal, placé dans un bassin étanche creusé dans le sol. Ce tonneau sera percé d'une foule de petits trous, de manière à ne laisser écouler que l'eau et à conserver les débris. Ces débris seront repris, réunis à tous les autres de la fabrique placés dans des tinettes semblables à celles des fosses d'aisances, et enlevés deux fois par semaine au moins.

Désinfecter les eaux extraites des tonneaux, si besoin est. —

Les verser le soir, seulement, dans le ruisseau de la rue, chaque jour, et faire suivre cet écoulement d'un jet abondant d'eau pure.

Bien balayer le ruisseau.

Avoir un tonneau d'eau chlorurée de quatre à cinq hectolitres, préparée avec un demi-kilogramme de chlorure de chaux dans l'eau du tonneau, et la projeter avec une lance de pompier dans les cours, sur les murs, dans les ruisseaux.

Enfermer les os provenant de la fabrication dans des tonneaux bien clos, et les enlever deux fois par semaine au moins de la fabrique.

Ne pas conserver de pieds de bœufs en *vert* plus d'un jour dans l'établissement sans les passer à la chaux, ou les tremper dans de l'eau qu'on chlorurera en cas d'odeur fétide.

Ne brûler aucun débris.

Ne pas déverser sur la voie publique la chaux venant des cuves à macération.

Porter au loin et dans un lieu bien isolé les marcs de colle forte.

Établir au-dessus de la chaudière un manteau qui fasse pénétrer toutes les buées dans la cheminée. Élever celle-ci à dix ou quinze mètres selon les localités.

Remplacer les cuves en bois pour la macération par des *pleins* en maçonnerie parfaitement étanche et pouvant se vider entièrement.

Dans le cas où l'on garderait les os, les placer dans un hangar ou magasin aéré par une cheminée d'appel, comme dans le cas de dépôt d'os.

COLLODION. Voir, au mot *Étoffes*, l'article *Étoffes imperméables.*

COLOPHANE. Voir *Résineuses* (*Matières*).

COMBUSTION DES PLANTES MARINES. Voir *Soude* (*Fabrique de*).

COMBUSTIBLES (Industrie des).

Charbon végétal.

Le charbon végétal comprend toute espèce de charbon fabriqué avec des matières d'origine végétale.

Charbon de sucre.

DÉTAIL DES OPÉRATIONS. — Le charbon de sucre s'obtient de la carbonisation du sucre cristallisé; il est employé aux usages chimiques.

Charbon de linge.

DÉTAIL DES OPÉRATIONS. — Le charbon de linge peut remplacer l'amadou; il suffit de le placer dans une boîte et de faire jaillir sur lui les étincelles produites au moyen d'un briquet et d'une pierre à fusil. Ce charbon est obtenu en faisant brûler de vieux linges, il doit à sa porosité et au peu de chaleur qu'il a subie la propriété qu'il a de s'enflammer, propriété qui est commune à tous les charbons de bois légers, préparés dans ces conditions, si on vient à les exposer à l'air avant un parfait refroidissement.

Charbon de bois fait à vases clos (2e classe). — 14 janvier 1815.
Carbonisation du bois ailleurs que dans les bois ou forêts ou en rase campagne (2e classe). — 20 septembre 1828.

Le charbon de bois ordinaire est fabriqué par plusieurs procédés.

Fabrication en vases clos.

DÉTAIL DES OPÉRATIONS. — La production de l'acide acétique par la distillation du bois laisse dans les cornues un charbon poreux léger, qui brûle facilement et qui est recherché dans quelques usages seulement.

On a remplacé quelquefois les cylindres mobiles par des fosses bien battues dans lesquelles l'air arrive par des ouvertures ménagées à la base et traversées par des tubes en terre cuite. Les fosses sont fermées par des couvercles en tôle, mobiles à l'aide de leviers, et porte à vingt-cinq centimètres de la surface du sol une large tubulure en terre cuite qui communique à une caisse en briques fermée, où se condense la majeure partie du goudron, de l'eau et de l'acide acétique; le

reste des vapeurs est condensé dans des réfrigérants semblables à ceux de l'acide acétique.

Le bois est empilé horizontalement dans ces fosses ; on
réserve au milieu une cheminée centrale dans laquelle on
place du charbon allumé pour commencer la carbonisation ;
quand celle-ci est en train, on ferme les soupiraux peu à peu,
et après trois ou quatre jours, on enlève le charbon à la main,
car il est assez refroidi.

Dans quelques pays la distillation se fait par *descensum*, c'est-
à-dire que les produits volatils viennent distiller par une ouverture inférieure et s'écoulent par un tube dans un récipient
placé plus bas que la fosse.

Ancienne méthode des forêts.

DÉTAIL DES OPÉRATIONS. — L'ancienne méthode des forêts consiste à construire sur une aire légèrement inclinée des tas rectangulaires avec du bois de longueur déterminée par l'usage,
sur une longueur de deux à trois mètres, une longueur de
douze à treize mètres au plus, et une hauteur graduellement
croissante de soixante centimètres à cinq mètres. Des planches
maintenues par des pieux contiennent et déterminent ces tas ;
elles sont tapissées de *fraisil* (poussier de charbon mélangé de
terre calcinée), qui protége les parois latérales contre les
courants d'air extérieurs ; le bois est disposé ordinairement
transversalement et le plus serré possible, il est recouvert d'un
mélange de fraisil humide bien battu qui sert de couverture,
et qu'on arrose pour éviter sa combustion pendant le travail.

Le feu est allumé sous la partie antérieure, c'est-à-dire sous
la partie la moins élevée ; on ferme le foyer dès que la fumée
s'élève à travers la couverte, et on ouvre quelques trous dans
la partie extérieure de la couverture pour établir le tirage.
Quand une fumée bleuâtre remplace la fumée noire primitive,
on bouche ces trous et on en ouvre d'autres plus loin, et ainsi
de suite tant que la carbonisation n'est pas complète. On peut
enlever la partie antérieure charbonnée avant la fin de la carbonisation totale.

Nouvelle méthode des forêts.

Détail des opérations. — La nouvelle méthode des forêts consiste à choisir une *aire de carbonisation* ou *faulde* sur un terrain sec, assez ferme, en pente, et surtout à l'abri des courants d'air. Cela fait, on place autour d'un axe fixé en terre deux ou trois couches superposées de bois debout, et l'on continue d'adosser les bûches les unes contre les autres, aussi serrées que possible, en plaçant les essences les plus dures au centre de la meule.

Au lieu de cette disposition, on emploie quelquefois la suivante : on dispose autour de l'axe central une petite meule en bois debout, et on place tout autour, dans le sens des rayons, les bûches dans le sens horizontal. Dans tous les cas, le bois offre des interstices qu'on remplit de petit bois ; on recouvre la meule d'une couche de dix centimètres environ de brindilles, feuillages, mousses, puis d'une couche argileuse et sablonneuse de cinq centimètres environ. Une cheminée est ménagée au centre, elle présente sur sa surface des évents espacés qui restent ouverts pendant l'opération, elle sert en outre à allumer la meule.

L'allumage s'opère en jetant dans la cheminée des brindilles et du menu charbon embrasé ; on laisse le feu se propager tant que la partie centrale n'est pas en complète ignition. Ce moment arrivé, on bouche la cheminée, puis on pratique quelque temps après des évents que l'on peut boucher à mesure que la flamme diminue, en prenant une teinte bleuâtre, et on en ouvre d'autres qui s'éloignent graduellement du centre jusqu'à ce que ces évents de dégagement soient arrivés près des évents d'admission réservés dès l'origine à la base de la meule, ce qui indique la fin prochaine de la carbonisation. On laisse le refroidissement s'accomplir, on défait la meule, on étale le charbon et on sépare les fumerons ou charbon roux.

L'air, en arrivant par les évents d'admission, se dépouille de son oxygène en traversant la meule ; une quantité correspondante d'acide carbonique sans oxyde de carbone se dégage alors, et cette formation est due à l'action de l'oxygène sur le charbon lui-même et non sur les produits de la distillation, qui s'accomplit comme en vases clos.

Pour que la formation d'acide carbonique ait lieu, il faut une température élevée et une couche de charbon incandescent assez épaisse ; ceci n'a pas lieu dans les meules où la surface de séparation du bois et du charbon n'offre qu'une légère épaisseur et une température peu élevée. Les produits gazeux ne sont presque jamais susceptibles de s'enflammer; ils circulent dans les interstices que le bois présente et *vont se dégager aux évents.* Jamais on ne retire la quantité théorique de charbon que renferme le bois ; ce n'est guère même au delà de la moitié de ce qu'il peut donner, tandis que le charbon fabriqué dans des tonnes de fer représente les deux tiers de celui que contient le bois dont il provient.

Charbon obtenu par la vapeur surchauffée.

Détail des opérations. — On peut obtenir la carbonisation du bois à une température assez basse, puisque l'on peut avoir un charbon propre à la fabrication de la poudre de chasse, sans dépasser trois cent quarante degrés ; c'est en se servant de la vapeur surchauffée. Le bois, mis en vase clos, est maintenu à une température de trois cent quarante degrés à l'aide d'un courant de vapeur qui passe dans un serpentin placé au-dessus d'un foyer.

Le charbon est roux si l'on ne se sert que d'une température de deux cent soixante-dix degrés; il est à l'état de fumeron s'il n'a été soumis qu'à une chaleur de cent cinquante degrés. Le charbon fait à trois cents degrés et plus est de bonne qualité, il donne beaucoup de chaleur et contient encore beaucoup d'hydrogène et même d'oxygène.

Causes d'insalubrité. — Aucune.

Causes d'incommodité. — Dégagement considérable de fumée épaisse au début de l'opération.

Dégagement d'acide carbonique sans oxyde de carbone.

Odeur empyreumateuse qui est portée fort loin par l'air.
Parfois danger d'incendie.

Prescriptions. — Selon les localités, éloigner plus ou moins
des habitations les endroits où s'opère la carbonisation.

Elle doit toujours avoir lieu loin des habitations.

Entourer de grandes claies les côtés de la brûlerie vers lesquels souffle le vent, afin de diminuer l'incommodité de la fumée et de l'odeur, et d'arrêter les flammèches qui parfois pourraient être portées au loin.

Ces prescriptions ne sont applicables qu'aux brûleries de
bois qui quelquefois sont autorisées dans des parcs ou lieux
vagues près des villes.

Carbonisation de la tourbe à vases ouverts (1ʳᵉ classe).
Carbonisation de la tourbe à vases clos (2ᵉ classe). — 15 octobre 1810. —
14 janvier 1815.

La tourbe provient d'un commencement de carbonisation des
végétaux des lieux marécageux ; elle forme des couches provenant des dépôts successifs ; présentant, tantôt les débris recon-
naissables des végétaux, tantôt une masse spongieuse brune.

Détail des opérations. — *On les carbonise à peu près de la
même manière que le bois ;* elle donne un charbon dense, brûlant presque sans flamme, et laissant une telle quantité de
cendres que celles-ci conservent la forme du fragment dont elles
proviennent. Les produits de sa carbonisation ont, *outre l'odeur
ordinaire, celle du tabac brûlé.* (Voir *Comptes rendus du conseil
d'hygiène.* — Nantes, 1829.)

Carbonisation du poussier de mottes (2ᵉ classe).

Détail des opérations. — Cette carbonisation s'opère soit à
l'air libre, soit dans des fours.

A l'*air libre*, on dispose sur des couches de paille le tan qui
a séjourné sur les peaux dans les tanneries, on y met le feu; et
ce feu dure habituellement plusieurs jours de suite ; dans cette
opération il se dégage beaucoup de fumée, et surtout beaucoup
de gaz ammoniacaux et de l'acide pyroligneux.

En *vases clos*, on accumule le tan dans des fours en laissant entre le four et la hotte qui le surmonte une circulation d'air libre qui diminue le tirage et permet la carbonisation lente.

Une cheminée surmonte les fours. — Dans ce cas, il y a les mêmes émanations, mais elles sont portées haut dans l'atmosphère, et sont moins incommodes pour le voisinage.

Causes d'insalubrité. — Dégagement de gaz ammoniacaux, suite de la combustion des débris organiques restés adhérents à la tannée qui a séjourné sur les peaux.

Causes d'incommodité. — Dégagement de fumée et de gaz fétides ou désagréables (gaz ammoniacaux et gaz acide pyroligneux).

Odeur désagréable.

Danger d'incendie quand on opère à l'air libre.

Prescriptions. — Proscrire dans les villes la carbonisation à l'air libre et ordonner la construction d'un four.

Le four devra être recouvert d'une large hotte et surmonté d'une cheminée haute de quinze à trente mètres selon les localités.

Le four sera éloigné de toute habitation.

On le chauffera avec du coke.

Il y aura entre le four et la cheminée un espace à circulation libre de l'air, afin de diminuer le tirage et rendre la combustion lente.

Charbon.

Le charbon, sous quelque état qu'il se présente, est toujours insoluble dans tous les dissolvants; la chaleur rouge en présence de l'oxygène le détruit; les agents chimiques ne peuvent réagir sur lui, sans le concours d'une chaleur élevée. La nature le présente seule à l'état cristallisé et transparent, constituant le diamant.

Charbon minéral.

Charbon de terre (Épurage du) à vases ouverts (1ʳᵉ classe). — 13 octobre 1810. — 14 janvier 1815.

Charbon de terre en vases clos (2ᵉ classe).

Coke (Fabrique de) et fours à coke (2ᵉ classe).

Le coke est le charbon poreux qui résulte de la décomposition de la houille en vases clos. Il brûle sans fumée et avec peu de flamme. Pendant cette distillation il se dégage du gaz hydrogène protocarboné, de l'hydrogène bicarboné, de l'oxyde de carbone, de l'acide carbonique, des vapeurs de carbure d'hydrogène. (Voir *Gaz hydrogène, fabrication spéciale du coke.*)

Houille.

La houille est le produit d'une ancienne carbonisation de végétaux; son extraction est l'objet d'une grande industrie et exige de nombreux instruments et de grandes précautions. On doit toujours assurer les voûtes formées par l'extraction de la houille pour éviter leur éboulement; il faut entretenir dans la plupart des houillères une ventilation très-active pour enlever l'acide carbonique, l'azote et le grisou ou gaz hydrogène carboné qui peuvent causer les plus grands dangers.

L'acide carbonique provient souvent du séjour des ouvriers pendant un temps trop long relativement à la masse d'air qu'ils ont à respirer; les houillères en fournissent aussi et le contiennent dans leur masse par suite de combustion lente et ancienne. L'azote peut avoir une semblable origine; mais il est plus souvent le résultat de la désoxygénation de l'air par les pyrites qui se changent en sulfates. — Le grisou ou gaz des houillères est l'hydrogène protocarboné, comprimé dans la houille elle-même, et le résultat ancien de la décomposition de la matière organisée; il brûle au contact d'un corps en ignition quand il est mêlé à l'oxygène, et produit une détonation effroyable quand la masse est assez considérable; la dilatation de l'air, puis sa contraction instantanée après la détonation, renversent avec violence les ouvriers et causent chaque année la mort d'un grand nombre d'entre eux.

La lampe de sûreté de Davy et celle de M. Boussingault servent d'indicateur à l'ouvrier quand le danger devient imminent; c'est une lampe à huile dont la flamme est entourée d'un tuyau de toile métallique fine, qui, en refroidissant la chaleur rayonnée, empêche l'inflammation du mélange détonant. La flamme de cette lampe prend divers aspects, suivant les proportions du gaz détonant dans l'atmosphère; elle peut même s'éteindre, si elles deviennent considérables.

On peut rendre ces lampes très-utiles, lors même que l'inattention et l'imprudence de l'ouvrier le font rester au milieu du grisou; c'est en suspendant à quelques centimètres de la mèche un fil de platine en spirale, qui devient incandescent dans le mélange détonant quand la mèche s'éteint et peut encore servir de guide à l'ouvrier. D'ailleurs quand celui-ci arrive dans un air moins dangereux, la lampe se rallume d'elle-même sous l'influence du platine.

La ventilation des mines est le meilleur moyen d'enlever ce gaz malfaisant; on y arrive en déterminant des courants d'air, en brûlant de la houille à un des puits et en en laissant un autre ouvert.

Il paraît que le chlorure de chaux peut aussi rendre d'utiles services pour se débarrasser de ce gaz.

Certaines houilles retirées des mines et mises en tas s'échauffent et peuvent brûler spontanément; cet effet est dû à la chaleur dégagée par la combinaison du sulfure de fer qu'elles renferment avec de l'oxygène de l'air.

On voit par là qu'il faut les étendre en tas de peu de hauteur, et à distance des habitations, pour éviter que ces incendies se communiquent.

La houille présente différentes variétés; elle est sèche ou grasse : cette dernière sorte est la houille qui contient des quantités assez considérables de matières bitumineuses; elle est très-estimée pour faire le gaz d'éclairage et donne un bon coke; la houille sèche est spécialement employée au chauffage des chaudières à vapeur.

Graphite.

C'est un charbon naturel, gris bleuâtre, d'un aspect cristallin, peu combustible, nommé improprement *plombagine* et *mine de plomb*, contenant des traces de fer; on l'emploie à faire des creusets et des crayons. Pour ceux-ci, on le découpe mécaniquement en parallélipipèdes qu'on encarte dans des roseaux ou des cylindres de bois préparés. Comme le graphite naturel propre à cet emploi est devenu assez rare, on se sert de graphite en petits blocs et même des débris nombreux de la fabrication; il suffit de les pulvériser et d'en retirer par lévigation une poudre extrêmement ténue qu'on agrége encore humide sous une presse hydraulique : on emploie ces blocs artificiels avec autant et même plus de succès que les blocs naturels.

L'acide sulfurique additionné d'un quart de chlorate ou de bichromate de potasse et bien mélangé à de la plombagine, puis chauffé graduellement jusqu'au rouge, divise celle-ci parfaitement en lui donnant un volume quatre fois plus grand au moins. Il faut chauffer d'abord au bain-marie pour *laisser dégager l'acide chloreux et éviter une explosion qui serait imminente*, si l'on chauffait brusquement au rouge.

Anthracite et lignite.

L'anthracite et le lignite sont des charbons assez naturels purs et rares en France.

Le lignite peut bien plus facilement brûler que l'anthracite, et donne de l'acide acétique impur à la distillation.

Usages. — On les emploie comme combustibles dans certains hauts fourneaux.

Charbons artificiels. — Charbon omnibus. — Charbon solaire (3ᵉ classe)

Les charbons *artificiels* sont connus sous un grand nombre de dénominations diverses qui correspondent aux détails plus ou moins variés de leur fabrication. Quelles que soient les modifications apportées dans la confection de ces produits, ils se ressemblent tous par la nature des éléments qui les constituent, et par le but que se proposent leurs inventeurs : c'est-à-dire, de produire un combustible qui ne donne que peu ou point de fumée apparente, et qui puisse être vendu à bas prix. Le charbon dit de Paris, dont on donne plus bas, avec détail, la fabrication et la manipulation, sert de type à toutes les productions de ce genre.

Je puis cependant signaler un certain nombre de formules :

Mélange à parties égales de poussier de charbon de bois et de poussier de coke, avec argile et chaux grasse en proportions déterminées.

Mélange de tannée, de houille pulvérisée, de résidus de betteraves ou de pommes de terre, avec du goudron de gaz ou toute autre matière bitumineuse, capable de donner de la consistance au mélange.

Poussier de houille humecté d'une dissolution très-étendue d'un nitrate (de plomb, de potasse, etc.).

Mélange de poussier de coke et de houille agglutiné par de l'argile, à peu près dans les proportions suivantes :

Poussier de houille. . .	133^{k}34
Coke.	66,66
Craie.	25,50
Argile de Vanves. . . .	5,50

DÉTAIL DES OPÉRATIONS. — On *marche* cette pâte comme de la terre à briques ; on la moule à la main ou dans des caisses modelées ; on en fait des rondins de deux à trois centimètres de diamètre et de six centimètres de hauteur. — On sèche sur des claies, puis à l'étuve. — Puis on cuit dans des cornues verticales chargées par le haut. — On décharge par le bas. — Ces cornues sont semblables à celles dont *Selligues* se servait pour distiller les schistes bitumineux du terrain houiller et en extraire le *pétrole*. Les gaz se dégagent par un petit tube, à l'extrémité duquel on les allume. Ces cornues sont chauffées au rouge sombre ; après quatre à cinq heures la cuisson est complète. Les charbons cuits sont reçus dans des caisses en fer qu'on ferme immédiatement pour éteindre le charbon. Quand il est refroidi on le livre au commerce.

D'autres fois, on opère la carbonisation en vases *clos*, ou du moins dans lesquels on ne laisse arriver qu'une très-petite quantité d'air. — De là résulte une sorte de distillation, dont les produits gazeux imparfaitement brûlés donnent lieu à la formation du noir de fumée. Ce noir est recueilli dans des chambres à condensation, placées à distance des fours.

L'inconvénient dans l'usage de ces charbons est de donner très-peu de fumée et de faire croire au public qu'il peut être brûlé, dans des *brasero*, dans des chaufferettes, sans danger et sans besoin de communication avec l'air extérieur. — Et, de plus, l'addition de nitrate de plomb, aujourd'hui défendue, a pu causer de graves accidents. Ces nitrates sont destinés à favoriser et activer la combustion.

Boules pyrophiles (Fabrique en grand de) (1ʳᵉ classe, par anticipation). — Paris, rapport et ordonnance de 1846.

La fabrication *en grand* des boules dites *pyrophiles* ou *pyrogènes*, — des *fagots volcaniques*, — des *boules igniphores*, doit être rangée dans la première classe des établissements insalubres, à cause des dangers incessants d'incendie auxquels elle donne lieu.

DÉTAIL DES OPÉRATIONS. — Tous ces produits sont formés par des produits ligneux, par des tringles de sapin, par des agglomérations de copeaux, par de la tannée, par des pommes de pin naturelles, enduits d'une forte couche de résine.

La fabrication, la manipulation et l'emmagasinage de ces substances offrent tous les inconvénients des matières facilement combustibles, et, dans les détails des opérations, causent nécessairement de l'odeur, de la fumée et des vapeurs résineuses fort incommodes.

CAUSES D'INSALUBRITÉ. — Danger incessant d'incendie.

CAUSES D'INCOMMODITÉ. — Odeurs et vapeurs résineuses.

Fumée abondante.

PRESCRIPTIONS. — Isoler la fabrique.

Couvrir les chaudières, comme pour les charbons *artificiels*, avec un couvercle pendant la fusion de la résine.

Disposer l'ouverture du foyer de manière que la résine en fusion ne puisse y parvenir.

Recevoir sous une large hotte toutes les vapeurs produites et les diriger dans une cheminée haute de vingt mètres.

Ne laisser aucune charpente de bois apparente dans l'atelier de travail et dans les magasins. Les hourder toutes en plâtre, ainsi que les murs.

Surveiller et aérer les magasins.

Exiger, si la fabrique est considérable, qu'il y ait une pompe à incendie et tous ses accessoires. — Quant à la manière de conserver ces produits, pour les débitants des villes, il faut qu'ils soient enfermés dans des tonneaux couverts, ou dans des caisses vitrées, afin de les préserver de toutes les causes accidentelles d'inflammation, comme jet de débris d'allumettes encore enflammées, etc., etc.

Dans ces derniers cas, on pourrait peut-être exiger, dans l'atelier ou la boutique du débitant, une quantité suffisante de sable fin.

Braise chimique (3ᵉ classe, par assimilation).

La braise chimique est une des variétés de charbon artificiel qui se vend à Paris et dans quelques villes de province depuis un certain nombre d'années.

On la débite, soit sous ce nom, soit sous celui de petites planchettes dites *allumettes-feu* ou *pastilles ignifères*.

DÉTAIL DES OPÉRATIONS. — Elle est formée par un mélange de résine, de sciure de bois et de poussière de charbon de bois. On fond la résine et on y incorpore peu à peu les autres matières. Puis, quand la substance est devenue assez dense et est encore molle, on la moule. La braise chimique était immergée à froid, dans une dissolution de nitrate de plomb, dans le commencement de sa fabrication. Sur les avis du conseil de salubrité de la Seine, on a remplacé l'azotate de plomb par l'azotate d'ammoniaque.

On fait sécher et on livre au commerce.

Le sel ajouté donne lieu chimiquement à une combustion *lente* qui donne à peine l'apparence de fumée. C'est là un inconvénient lié à un avantage ; car des cas d'asphyxie en ont été la conséquence, par la conviction où le public était que ce combustible, et ceux qui lui sont comparables, ne produisaient pas de fumée. Il faut toujours rappeler, dans toutes les instructions relatives aux *braseros* et à l'usage de ces charbons artificiels, que la combustion lente, comme la combustion rapide, donne lieu à des produits impropres à la respiration et souvent nuisibles à la vie.

Causes d'insalubrité. — Danger d'incendie.

Causes d'incommodité. — Fumée produite par la fonte de la résine.

Odeur.

Danger de vapeurs nuisibles si l'on se servait de l'azotate de plomb.

Danger d'incendie.

(Mêmes inconvénients que pour les charbons artificiels.)

Prescriptions. — Mêmes prescriptions en général que pour toutes les fabrications *en grand* de charbons artificiels ;

Mais en outre : — Proscrire d'une manière absolue le bain de nitrate de plomb. Le remplacer par le nitrate d'ammoniaque, autre sel *non* toxique et pouvant produire chimiquement le même effet.

Recueillir sous une hotte et diriger dans une cheminée haute de quinze à vingt mètres les vapeurs provenant de la fonte de la résine.

Opérer la fusion à vases couverts.

Ne laisser dans l'atelier aucuns bois apparents, les recouvrir avec du plâtre.

Avoir toujours dans l'atelier un quart ou un demi-mètre cube de sable fin.

Tenir cette braise en casiers isolés de toute autre espèce de combustible. (Voir *Charbon artificiel*.)

Charbon de Paris.

DÉTAIL DES OPÉRATIONS. — On fabrique, sous ce nom, un charbon moulé, pesant, quoique assez poreux, en agglomérant les poussiers et résidus de charbon de bois, de tourbes et de coke, à l'aide du goudron de gaz, et en carbonisant la masse.

On broie ces divers résidus avec 8 à 12 pour 100 d'eau, entre deux cylindres cannelés, puis entre deux autres cylindres à surface unie. Cela fait, on broie la poudre à l'aide de moulins à meules coniques avec trente-trois à quarantes litres de goudron de gaz par cent kilogrammes.

A l'aide d'une machine qui refoule la pâte dans des cylindres creux, on forme des boudins que l'on expose pendant deux jours environ dans un en droit bien aéré, où ils prennent une plus grande consistance; ils ont douze centimètres de long sur quatre de diamètre.

La *carbonisation s'opère dans des fours* à doubles moufles, construits en briques, chauffés par un foyer placé au milieu, dont la flamme circule dans des carneaux tout autour de ces moufles pour se rendre ensuite dans une cheminée traînante, et de là à un générateur de vapeur pour utiliser toute la chaleur. Une porte en fonte ferme chaque moufle; elle est garnie intérieurement de briques et soigneusement lutée à l'argile. La chaleur est élevée jusqu'au rouge; les cylindres de charbon, disposés dans ces moufles sur des caisses de tôle, perdent d'abord leur eau, puis des carbures d'hydrogène qui s'enflamment au contact de l'air qu'on laisse arriver par des ouvraux; la combustion des produits volatils suffit, et même au delà, dans les opérations subséquentes.

Il reste du charbon entre les particules primitives, et c'est ce charbon interposé qui maintient la masse.

Quand il n'y a plus de dégagement de flamme, par cessation de combustion des produits gazeux, on délute l'une des portes, on retire les caisses, on les vide dans un étouffoir en tôle, et l'on charge de nouveau à l'aide de pelles disposées pour ce travail.

Au lieu de poussier de charbon, on emploie souvent des brindilles de forêts ou du tan, que l'on carbonise dans des fours en maçonnerie.

Houille (même agglomérée). — Péras artificiels.

Les nombreux poussiers de houille ne pouvant être brûlés sur des grilles, on les transforme en charbon solide, comme le charbon de Paris, dans les houillères elles-mêmes.

Détail des opérations. — On les soumet d'abord à un criblage hydraulique; le crible est composé d'une cuve, munie de diaphragmes percés de trous et placés à la moitié de sa hauteur; elle communique à une pompe foulante et contient de l'eau. Le charbon même est placé sur le diaphragme, et à l'aide de la pompe on refoule l'eau entre les trous; on met ainsi le charbon en mouvement, et, en relevant le piston, la masse retombe sur les diaphragmes; il ne passe que les matières terreuses et pulvérulentes à travers la grille inférieure, ce qui recommence à chaque coup de piston.

On sépare la matière pulvérulente, on la dessèche dans des fours où des râteaux mélangent continuellement la masse; quand l'humidité a disparu, on fait couler du brai fondu (7 à 8 pour 100), et on laisse le mélange s'opérer par le mouvement continu des râteaux.

Le mélange homogène et chaud est retiré à l'aide des pelles et mis en forme de demi-cylindres de trente-deux centimètres de long sur seize centimètres de diamètre, à l'aide d'un piston mû par une pression hydraulique de vingt mille kilogrammes. Le refroidissement donne aux pains moulés une cohésion bien plus grande que celle des péras naturels; ils servent dans les même cas que le charbon de terre ordinaire. (Voir, au mot *Résineuses* (*Matières*), l'article *Goudron*.)

Sous le nom d'*agglomérés de houille*, à l'aide du goudron ou du brai gras, on confectionne une espèce de combustible très-usité dans certaines fabriques, sur certains bateaux à vapeur. Le goudron employé est celui qui provient de la production du gaz d'éclairage; l'autre est le goudron épais, résidu de la distillation ordinaire du goudron. — On fait les premiers à *froid*, les seconds à *chaud*; dans le premier cas, il faut placer les charbons ou briquettes à l'étuve. Dans le deuxième cas, le produit sèche à lair. Pendant la mise à l'étuve, et plus tard pendant la combustion, il se dégage, comme dans la distillation de la houille, de l'acide sulfhydrique, de l'ammoniaque, du gaz hydrogène carboné, de la créosote et d'autres vapeurs âcres. Il n'est pas *démontré* que l'usage de ce charbon soit nuisible à la santé.

CAUSES D'INSALUBRITÉ. — Dégagement de gaz nuisibles, dans le cas où l'on se sert de la dissolution de nitrate de *plomb*; et danger d'asphyxie, si l'on brûle ces charbons dans des vases qui ne soient pas munis d'un tuyau destiné à porter au dehors les produits gazeux de la combustion.

CAUSES D'INCOMMODITÉ. — Poussière pendant la pulvérisation.

Fumée considérable produite quand la carbonisation des matières premières est effectuée à l'air libre.

Odeur des gaz.

Odeur de noir de fumée, quand on ajoute à la fabrication du charbon artificiel celle du noir.

Danger d'incendie, quand les chambres à noir sont trop rapprochées des foyers.

Douleurs dans les pieds chez les ouvriers qui *marchent* la pâte.

PRESCRIPTIONS. — Isoler les fourneaux de toute habitation.

Élever la cheminée qui reçoit la fumée de dix à vingt mètres, selon les localités — et l'importance de la fabrique.

Chauffer les fours avec du coke.

Isoler et séparer de deux à trois mètres des fours les chambres où l'on recueille le noir de fumée.

Construire ces chambres en matériaux incombustibles.

Revêtir de plâtre tous les bois apparents à l'intérieur de ces chambres.

Proscrire d'une manière absolue l'emploi du nitrate de plomb, — ou autre nitrate toxique. — Le remplacer par du nitrate de potasse, de soude ou d'ammoniaque.

Chantiers, dépôts de bois de chauffage.
Magasins de charbon de bois à Paris (2ᵉ classe). — 5 juillet 1854.
Chantiers de bois à brûler, dans les villes (3ᵉ classe). — 9 février 1825.

CAUSES D'INSALUBRITÉ. — Aucune.

CAUSES D'INCOMMODITÉ. — Danger d'incendie.

Embarras de la voie publique.

PRESCRIPTIONS. — Le terrain où sera placé le chantier devra être clos de murs en maçonnerie de trois mètres de hauteur.

Les cases formant magasins seront construites de manière qu'elles ne puissent contenir plus de cent mètres cubes de charbon, et qu'elles n'auront par conséquent que cinq mètres de face sur six de profondeur, sur une hauteur nécessaire pour n'empiler le charbon qu'à trois ou quatre mètres de hauteur.

Les murs de ces magasins seront construits en maçonnerie, ils auront cinquante centimètres d'épaisseur; ils seront séparés des murs mitoyens, et même des murs d'habitation dépendant de la propriété, par un espace qui ne pourra avoir moins de quinze centimètres, connu sous le nom de tour du chat; si les murs sont construits en briques et matériaux incombustibles, ils pourront ne pas avoir cinquante centimètres d'épaisseur.

La toiture des magasins et les murs qui en forment les parois ne seront percés d'aucune ouverture. Pour les couvertures, on proscrira le zinc, attendu qu'il est capable de fondre et de s'enflammer, et qu'en brûlant il peut propager l'incendie sur tous les corps combustibles avec lesquels il est en contact, et qu'il lance même des parcelles enflammées qui peuvent porter l'incendie à une certaine distance.

Les cases ne pourront être établies devant d'autres cases qu'en laissant entre elles un espace qui ne pourra avoir moins de trois mètres.

On ne pourra circuler dans les chantiers, le soir et la nuit, qu'avec une lanterne vitrée.

On placera le poêle du bureau du chantier sur une dalle.

On sera très-réservé sur le *temps* d'autorisation à accorder.

Jamais, sous aucun prétexte, on ne laissera stationner sur la voie publique aucune voiture servant à l'exploitation de l'établissement.

Il ne sera apporté aucun changement à la disposition des lieux sans l'autorisation de l'administration.

Dépôts de charbon de bois dans les villes (3ᵉ classe). — 9 février 1825.

Débitants à la petite mesure de gros bois, charbon de bois et autres combustibles, tels que falourdes, fagots, cotrets, charbon de terre, tourbe, etc. (3ᵉ classe).

Dépôts de charbon de bois à Paris (3ᵉ classe). — 5 juillet 1834.

Ces dépôts, dans les villes, ont lieu habituellement dans les grands chantiers où les bois eux-mêmes sont accumulés. Il existe cependant quelques grands établissements ou marchés, comme autrefois le marché des Récollets, à Paris, où sont agglomérées de grandes quantités de charbon de bois. On y réunit ordinairement le charbon de terre; il y a un certain nombre de précautions à prendre pour que l'incendie surtout ne se développe pas dans ces établissements.

Dans les villes, il y a un très-grand nombre de petits dépôts de charbon de bois, de charbon de terre, de bois et d'autres combustibles. Cela a lieu chez les charbonniers et constitue presque toute leur industrie. On comprend qu'ils ont ainsi chez eux tous les éléments d'un foyer d'incendie et que l'administration, au point de vue de la sécurité publique, a le droit et le devoir de leur imposer quelques règles, destinées à sauvegarder leur maison et celles des voisins.

Causes d'insalubrité. — Aucune.

Causes d'incommodité. — Danger d'incendie.

Poussière souvent très-grande au moment où l'on vide les sacs et où l'on trie chaque espèce de charbon.

Pas d'action sur la santé des charbonniers.

Prescriptions. (Pour les dépôts de troisième classe.) — Couvrir en plâtre tous les bois, pans de bois, cloisons, séparations et planchers hauts.

Selon les localités, limiter l'approvisionnement ordinaire à.......... de kilogrammes de charbon de terre, et.......... d'hectolitres de charbon de bois.

Séparer chaque espèce de combustible par un espace convenable et à l'aide de cloisons en maçonnerie.

Ordonner aux charbonniers de conserver dans des cases
vitrées en matières incombustibles, avec couvercles à charnières,
les combustibles faciles à s'enflammer, comme les boules pyrogènes, ou autres, toutes les fois surtout qu'ils seront exposés
au dehors.

Ne s'éclairer, la nuit, dans la boutique, qu'au moyen d'une
lanterne enveloppée d'un réseau métallique.

Ne pas faire de feu dans les lieux où sont déposés les combustibles.

Ne pas emmagasiner du charbon fabriqué en *vases clos*.

Ne cribler, tamiser ni ébraiser le charbon sous aucun prétexte, soit au dedans, soit au dehors des magasins.

Ne débiter le charbon qu'à la petite mesure.

Ne pas en avoir une plus grande que le décalitre.

Ne pas se servir de membrure pour la vente du bois.

Ne pas vendre à la fois plus de deux cents kilogr. de bois ou
de charbon de terre.

Exhiber la permission de vendre aux agents de l'autorité
et leur donner accès dans leur boutique, à toute réquisition.

Pour de plus grands dépôts, voir les *prescriptions* imposées
aux chantiers de bois, ainsi que les ordonnances et arrêtés
de police ou du conseil d'hygiène de Paris.

Pommes de pin (Dépôt de) (2ᵉ classe, par assimilation).

CAUSES D'INCOMMODITÉ. — Danger d'incendie.

PRESCRIPTIONS. — Opérer les dépôts, quand ils sont considérables et dans l'intérieur des villes, sous des hangars très-aérés.

Tenir les pommes de pin enfermées dans des sacs dont le
nombre devra être fixé selon l'espace.

Quand ces dépôts sont très-peu importants (voir *dépôt de
bois et charbon*), se borner à mettre les pommes dans une case
isolée, recouverte d'une vitrine.

Documents relatifs aux chantiers de bois de chauffage.

I. ORDONNANCE DE POLICE CONCERNANT LES CHANTIERS, APPROUVÉE LE 30 GERMINAL AN X, PAR LE MINISTRE DE L'INTÉRIEUR [1]. (Du 27 ventôse an X.)

1. Tous les bois de chauffage qui arrivent pour l'approvisionnement de Paris et qui sont destinés à être vendus doivent être déposés dans des chantiers.

2. Les chantiers seront établis hors des anciennes limites de Paris, et, autant que faire se pourra, sur des terrains peu éloignés de la Seine.

En conséquence, il n'en sera formé que dans les cinq arrondissements — Saint-Antoine, — Saint-Bernard, — île Louvier, — Saint-Honoré, — la Grenouillère (c'est-à-dire le Gros Caillou).

(Un sixième arrondissement a été autorisé sous le titre d'arrondissement Poissonnière, par une décision du ministre de commerce, en date du 18 mars 1832.)

10. Il ne pourra être établi des chantiers que sur des terrains éloignés des maisons, et assez étendus pour que les bois puissent y être rangés en piles, séparées suivant leurs qualités, et que la dessiccation des bois flottés puisse s'y faire aisément et sans danger pour le voisinage.

29. Dans les chantiers, les bois seront placés à huit mètres au moins de distance de tous bâtiments et des rues, ruelles ou passages publics, et à quatre mètres au moins de toutes autres clôtures.

Il est défendu de déposer dans lesdits espaces des planches, harts ou autres débris de trains ou de bateaux, bois de charpente ou d'ouvrage, et enfin de faire usage de tout ou de partie desdits espaces.

51. Les bois seront empilés solidement, avec grenons de deux longueurs de bûche à chaque encoignure.

Les théâtres et piles de bois ne pourront être élevés de plus de dix mètres quarante centimètres.

50. Il est défendu de fumer dans les chantiers et d'y porter du feu, même dans des chaudrons grillés.

Dans le cas où, pendant la nuit, les marchands seraient obligés d'aller dans leurs chantiers, ils pourront y porter de la lumière, mais seulement dans des lanternes fermées.

II. ORDONNANCE CONCERNANT LES CHANTIERS DE BOIS DE CHAUFFAGE [2].
(Du 1er septembre 1834.)

Nous, conseiller d'État, préfet de police,

Vu : 1° la loi du 14 décembre 1789, celle des 16-24 août 1790, et celle des 19-22 juillet 1791;

---

[1] Il n'y a ici qu'un extrait de cette ordonnance, les autres articles n'étant point applicables à la matière.

[2] Voir les ordonnances des 1er et 15 novembre 1854, 15 décembre 1855, et 6 juin 1857.

2° L'ordonnance de police du 27 ventôse an X;

3° Le décret du 15 octobre 1810, l'ordonnance du roi du 14 janvier 1815 et celle du 9 février 1825;

4° Les articles 2 et 32 de l'arrêté des consuls du 12 messidor an VIII;

Considérant que les modifications qu'a subies, depuis la publication de l'ordonnance de police du 27 ventôse an X, l'aspect général de la ville de Paris, sous le rapport des constructions, du percement de nouvelles rues, et de la formation de quartiers neufs, rendent nécessaire la révision de ce règlement;

Qu'il convient de fixer d'autres limites aux portions de la ville où peuvent être établis les dépôts et chantiers de bois de chauffage, et d'indiquer les quartiers où, vu la multiplicité et la hauteur des bâtiments, le peu de largeur ou la déclivité des rues, ces établissements peuvent donner lieu, soit à des incendies, soit à de fréquents embarras de la voie publique, soit encore à des accidents sous le rapport de la salubrité de l'air;

Ordonnons ce qui suit :

. . . .

2° Nul ne pourra former dans Paris un chantier, magasin ou dépôt de bois de chauffage, sans notre autorisation.

Toute demande à fin d'autorisation de chantier devra être accompagnée d'un plan figuré indiquant les dimensions du terrain et ses tenants et aboutissants.

3° Les piles de bois devront être éloignées d'au moins trois mètres des clôtures ou bâtiments formant l'enceinte des chantiers.

Les piles ne pourront, dans aucun cas, excéder douze mètres de hauteur, et, quand la distance entre les piles et la limite du chantier ne sera pas d'au moins huit mètres, la hauteur des piles devra être réduite de manière que la distance dont il s'agit soit toujours égale aux deux tiers de cette hauteur, de telle sorte que les piles établies à trois mètres de distance ne pourront avoir que quatre mètres cinquante centimètres d'élévation.

Toute pile de bois dont l'élévation ou l'éloignement des clôtures ne serait pas conforme aux dispositions du présent article y sera immédiatement réduite.

Les espaces réservés entre les bois et les clôtures, ou entre les piles pour la circulation du public, devront être toujours maintenus dégagés de tout objet qui pourrait en gêner le libre accès, comme perches, harts, etc.; les piles devront être construites d'aplomb avec grenons de deux longueurs de bûche à chaque encoignure; les roseaux seront liés à des distances convenables avec le corps des piles au moyen de perches et de bûches qui y seront entrelacées.

4° Il est défendu de fumer dans les chantiers et d'y faire ou d'y avoir du feu pour quelque usage que ce puisse être.

On ne pourra y circuler pendant la nuit que muni d'une lanterne fermée.

5° Les propriétaires de chantiers sont tenus de prendre contre les dangers d'éboulement de leurs piles de bois toutes les précautions de sûreté nécessaires.

14° L'ordonnance de police du 27 ventôse an X est rapportée.

15° Les commissaires de police, les officiers de paix, les préposés de la préfecture de police, et spécialement l'inspecteur général de l'approvisionnement en combustibles de la ville de Paris et les préposés sous sa direction sont chargés de l'exécution de la présente ordonnance, qui sera publiée et affichée.

Le conseiller d'État, préfet de police, GISQUET.

III. EXTRAIT DES RAPPORTS DE 1840 à 1845. — CONSEIL DE SALUBRITÉ DE LA SEINE (1843).

§ CHANTIERS ET MAGASINS DE CHARBONS DE BOIS ET DE TERRE.

Prescriptions.

1° Un chantier de bois doit généralement occuper un terrain vaste et bien aéré;

2° Il ne doit pas avoisiner une industrie sujette elle-même aux incendies ou des maisons assez spacieuses destinées à être habitées par des malades;

C'est dans des conditions de ce genre qu'il a été formulé, par l'un de nous, un refus d'autorisation dans son rapport sous le n° 495;

3° Les piles de bois doivent être isolées de toute habitation, fût-ce même celle de l'industriel (en général un à deux mètres de distance);

4° Il ne doit pas être déposé dans le chantier de bois flotté avant d'avoir été lavé et égoutté.

5° Le chantier doit être clos de toutes parts, au moyen de murs en maçonnerie;

6° En général on astreint l'industriel à déposer dans son chantier une quantité de stères de bois qu'il ne peut dépasser sans une autorisation nouvelle;

7° Les charrettes et voitures de transport ne doivent, sous aucun prétexte, stationner aux abords de ces établissements.

Quant aux dépôts de charbons de bois,

Il faut préciser le chiffre d'hectolitres qu'ils pourront contenir;

Prescrire que le bâtiment servant au dépôt soit construit en matériaux incombustibles;

Qu'il en soit de même des cases ou séparations des diverses espèces de charbons;

Que la porte de clôture de ces magasins soit en tôle ou au moins doublée en dedans avec de la tôle;

Que la toiture ne soit pas en zinc;

Que tous les pans de murs soient isolés des murs mitoyens ou des murs d'habitation;

Que le tamisage du charbon ne puisse être fait que dans l'intérieur du magasin;

Enfin, qu'il n'y soit pas emmagasiné de charbons provenant de la distillation du bois.

Il n'en est pas de même des charbons de terre, qui peuvent au contraire rester en plein air et pour lesquels il n'y a de prescriptions à faire que des mesures générales en vue de la propreté des établissements.

COMPTEURS A GAZ. Voir *Gaz hydrogène*.

COMPTOIRS DITS ÉLECTRIQUES DES MARCHANDS DE VINS. Voir, au mot *Étain*, l'article *Étain* (*Comptoirs d'*).

A une certaine époque, dans le but d'attirer les clients, un certain nombre de débitants de vins, à Paris, avaient imaginé de faire établir sur leurs comptoirs une pile électrique à plusieurs éléments, et à l'aide de cet instrument, qu'ils chargeaient sans réflexion et sans notions spéciales, ils électrisaient un grand nombre de personnes. Des accidents assez graves survinrent, et l'autorité fit disparaître ces piles. — Leurs comptoirs avaient pris le nom de *Comptoirs électriques*.

CONSERVES DE SUBSTANCES ALIMENTAIRES (INDUSTRIE DES).

Champignons (Fabrique de conserves de).

Les conseils d'hygiène sont souvent consultés sur l'usage des conserves de champignons.

DÉTAIL DES OPÉRATIONS. — Elles se pratiquent dans divers pays, soit avec les champignons généralement comestibles, soit avec toute espèce de champignons. On commence par faire bouillir à deux ou trois reprises les champignons. On sait que, par cette opération, quand elle est bien faite, on enlève aux champignons vénéneux tout leur principe toxique, car le poison se dissout complétement dans l'eau chaude; mais, d'une part, l'eau de décoction devient un poison, et, d'une autre, on ne serait jamais assuré, en popularisant ce procédé, que l'ébullition aurait été portée au point voulu. C'est ce qui fait que les conseils d'hygiène ne doivent pas rapporter les ordonnances en vigueur à ce sujet.

A la suite de l'ébullition, on recueille une masse filandreuse dont les qualités nutritives peuvent être contestées, mais qui, placée alternativement, couche par couche, et séparée par un peu de sel marin, dans des vases profonds, se conserve bien, et sert à l'alimentation de certains peuples, les Génois, par exemple.

CAUSES D'INSALUBRITÉ. — Aucune.

CAUSES D'INCOMMODITÉ. — Aucune.

PRESCRIPTIONS. — Ne pas user de vinaigre.

Et ne pas les conserver dans des vases de cuivre, de plomb ou de zinc.

Documents relatifs aux fabriques de conserves de champignons.

I. ORDONNANCE DU LIEUTENANT GÉNÉRAL DE POLICE DE PARIS, QUI FAIT DÉFENSES D'EXPOSER NI VENDRE AUCUNS MOUSSERONS, MORILLES ET AUTRES ESPÈCES DE CHAMPIGNONS D'UNE QUALITÉ SUSPECTE OU GARDÉS D'UN JOUR A L'AUTRE. (DU 13 mai 1782.)

Vu le rapport des médecins et chirurgiens du Châtelet, faisons très-expresses inhibitions et défenses d'exposer ni vendre aucuns mousserons, morilles et autres espèces de champignons d'une qualité suspecte, ou qui, étant de bonne qualité, auraient été gardés d'un jour à l'autre; et ce, sous peine de cinquante livres d'amende.

II. ORDONNANCE CONCERNANT LA VENTE DES CHAMPIGNONS [1]. (Du 1er mai 1809.)

Nous, Louis-Nicolas-Pierre-Joseph Dubois, commandant de la Légion d'honneur, comte de l'Empire, conseiller d'État, chargé du quatrième arrondissement de la police générale, préfet de police du département de la Seine et des communes de Saint-Cloud, Sèvres et Meudon, du département de Seine-et-Oise, etc.

Considérant qu'il importe de prendre des mesures pour prévenir les accidents occasionnés par l'usage des champignons de mauvaise qualité;

Vu, 1° les articles 23 et 33 de l'arrêté du gouvernement du 12 messidor an VIII, et l'article 1er de celui du 3 brumaire an IX;

2° L'ordonnance de police du 13 mai 1782;

3° Les rapports de l'École de médecine et du conseil de salubrité près de la préfecture de police;

4° L'instruction rédigée par le conseil de salubrité sur les moyens de distinguer les bons champignons d'avec les mauvais;

[1] Voir l'ordonnance du 12 juin 1820.

Ordonnons ce qui suit :

1. Le marché aux poirées continuera d'être affecté à la vente en gros des champignons.

2. Tous les champignons destinés à l'approvisionnement de Paris devront être apportés sur le marché aux poirées.

3. Il est défendu d'exposer et de vendre aucuns champignons de bonne qualité qui auraient été gardés d'un jour à l'autre, sous peine de cinquante francs d'amende. (Ordonnance de police du 13 mai 1782.)

4. Les champignons seront visités et examinés avec soin avant l'ouverture de la vente.

5. Les seuls champignons achetés en gros au marché aux poirées pourront être vendus en détail, dans le même jour, sur tous les marchés aux fruits et légumes.

6. Il est défendu de crier, vendre et colporter des champignons sur la voie publique.

Il est pareillement défendu d'en colporter dans les maisons.

7. Les contraventions seront constatées par des procès-verbaux qui nous seront adressés.

8. La présente ordonnance sera imprimée, publiée et affichée, ainsi que l'instruction du conseil de salubrité.

Cette instruction sera adressée aux sous-préfets des arrondissements de Saint-Denis et de Sceaux, aux maires et aux curés des communes rurales, pour y donner la plus grande publicité.

9. Les commissaires de police, l'inspecteur général du quatrième arrondissement de la police générale de l'Empire, les officiers de paix, les commissaires des halles et marchés, et les autres préposés de la préfecture de police sont chargés de tenir la main à l'exécution de la présente ordonnance.

Le conseiller d'État, préfet de police, DUBOIS.

III. INSTRUCTION DU CONSEIL DE SALUBRITÉ SUR LES CHAMPIGNONS.

Les champignons les plus propres à servir d'aliments sont, de leur nature, difficiles à digérer. Lorsqu'ils sont mangés en grande quantité, ou qu'ils ont été gardés quelque temps avant d'être cuits, ils peuvent causer des accidents fâcheux.

Il y a des champignons qui sont de vrais poisons, lors même qu'ils sont mangés frais.

Pour les personnes qui ne connaissent point parfaitement ces végétaux et qui ont l'imprudence d'en recueillir dans les bois ou dans les champs, nous allons indiquer les principaux caractères propres à distinguer l'espèce des champignons; ensuite, nous décrirons en abrégé plusieurs espèces bonnes à manger; enfin nous placerons à côté de ces espèces la description des champignons qui en approchent pour la ressemblance, et qui cependant sont pernicieux.

Le champignon est composé d'un chapiteau ou tête, et d'une tige, sorte de queue ou pivot qui le supporte. Lorsqu'il est très-jeune, il a la forme d'un œuf, tantôt nu, tantôt renfermé dans une bourse. Quand le chapeau se développe sous forme de parasol, il laisse quelquefois autour de la tige les débris de la bourse, qui prennent le nom de collet.

Le chapeau est garni en dessous de feuillets serrés qui s'étendent du centre à la circonférence.

Bon champignon.

Champignon ordinaire, agaricus campestris. — On le trouve dans les pâturages et dans les friches. Il n'a point de bourse, son pivot ou pied à peu près rond, plein et charnu, est garni d'un collet très-apparent. Son chapeau est blanc en dessus, ses feuillets ont une couleur de chair ou de rose plus ou moins claire.

C'est ce champignon que l'on fait venir sur couche, et c'est le seul *champignon de couche* qu'il soit permis de vendre à la halle et dans les marchés de Paris. Il ne peut nuire que lorsqu'on en mange en trop grande quantité, ou qu'il est dans un état trop avancé.

Mauvais champignon.

On peut confondre avec cette bonne espèce une autre qui est très-pernicieuse, c'est le *champignon bulbeux, agaricus bulbosus,* ainsi nommé parce que la base de son pivot est renflée en forme de bulle, autour duquel on retrouve les vestiges d'une bourse qui renfermait le chapeau. Il a aussi le collet comme le bon champignon. Les feuillets sont blancs et non point rosés, le dessous du chapeau est tantôt très-blanc, tantôt verdâtre, quelquefois le chapeau verdâtre est parsemé en dessus de vestiges ou débris de la bourse.

C'est ce champignon, surtout celui qui est blanc en dessus, qui a trompé beaucoup de personnes et qui a causé des accidents funestes.

Il faut rejeter tout champignon, ressemblant d'ailleurs au champignon ordinaire, dont la base du pied ou pivot est renflée en forme de bulbe, qui a une bourse dont on retrouve les débris et dont les feuillets du chapeau sont blancs et non point rosés.

Bons champignons.

Oronge vraie, agaricus aurantiacus. — Ce champignon a une bourse très-considérable. Il est ordinairement plus gros que le champignon de couche. Son chapeau est rouge en dehors ou rouge orangé; ses feuillets sont d'une belle couleur jaune. Son support ou pied est jaunâtre, très-renflé, surtout par le bas. Il est garni d'un collet assez grand et jaunâtre. Ce champignon, qu'on trouve dans les taillis à Fontainebleau et dans le midi de la France est un mets très-délicat et très-sain.

Oronge blanche, agaricus ovoideus. Elle est moins délicate que la précédente; elle a la même forme, une bourse et un collet pareils, elle n'en diffère qu'en ce que toutes les parties sont blanches.

Mauvais champignon.

Oronge fausse, agaricus pseudo-aurantiacus. Son chapeau est en dessus d'un rouge plus vif et non orangé, comme celui de l'oronge vraie; il est parsemé de petites taches blanches qui sont les débris de la bourse. Son support est moins épais, plus arrondi, plus élevé; les restes de la bourse ont plus d'adhérence avec la bulle qui est à la base du support. La réunion de la couleur rouge du chapeau et de la couleur blanche des feuillets est un indice assuré pour distinguer la fausse oronge de la vraie.

La fausse oronge se trouve dans les environs de Paris et en divers lieux de la France, notamment dans la forêt de Fontainebleau; c'est un des champignons les plus vénéneux et qui produit les accidents les plus terribles.

Bons champignons.

Mousserons.— Ils croissent au milieu de la mousse ou dans des friches gazonnées. Ils sont d'une couleur fauve; le chapeau, de forme plus ou moins irrégulière, est couvert d'une peau qui a le luisant et la sécheresse d'une peau de gant. Le pivot plein et ferme, peut se tordre sans se casser. On en distingue de deux espèces : l'une plus grosse, plus irrégulière, à pivot plus gros et en proportion plus court; c'est le *mousseron ordinaire, agaricus mousseron.* L'autre est plus menu, son chapeau est plus mince, son support est plus grêle, c'est le faux mousseron, *agaricus pseudo-mousseron.* Ils sont bons à manger tous les deux, et d'un goût fort agréable.

Mousserons suspects.

On peut confondre avec ce mousseron plusieurs petits champignons de même couleur et de même forme qui n'ont point son goût agréable. On les distinguera parce que la surface de leur chapeau n'est pas sèche, qu'ils sont d'une consistance plus molle, que leur support est creux et cassant.

Parmi les champignons feuilletés, il en est encore beaucoup que l'on peut manger impunément; mais comme ils ressemblent à d'autres plus ou moins dangereux, il est prudent de s'en abstenir.

On doit cependant encore distinguer la *chanterelle, agaricus cantharellus.* C'est un petit champignon jaune dans toutes ses parties. Son chapeau, à peu près aplati en dessus, prend en dessous la forme d'un cône renversé, couvert de feuillets épais semblables à de petits plis, et est terminé inférieurement en un pied très-court. Cette espèce est recherchée.

Parmi les champignons non feuilletés, nous ne parlerons pas du *cepe* ou *bolet, boletus esculentus,* dont une espèce est très-estimée dans le Midi, mais dont on fait peu de cas à Paris, non plus que des *vesse-loups, lycoperdon,* dont on fait très-rarement usage, à cause du peu de goût qu'elles ont et parce que leur chair se change trop promptement en poussière.

Bon champignon.

Morille, phallus succulentus. — Sur un pivot élargi par le bas; porte le chapeau toujours resserré contre lui, ne s'ouvrant jamais en parasol, inégal et comme celluleux sur sa surface extérieure; ce champignon croît dans les taillis au pied des arbres; il est sain et très-recherché.

Mauvais champignon.

Le *satyre*, *phallus impudicus*, qui ressemble à la morille par son chapeau celluleux, a un pied très-élevé sortant d'une bourse. Le chapeau est plus petit et laisse suinter une liqueur verdâtre. Ce champignon exhale une très-mauvaise odeur et est très-dangereux.

Bon champignon.

Girole ou *clavaire*, *clavario corolloides*.—Ce champignon diffère de tous les précédents. C'est une substance charnue ayant une espèce de tronc qui se ramifie comme le chou-fleur, et se termine en pointes mousses ou arrondies. Sa couleur est tantôt blanchâtre, tantôt jaunâtre, tirant sur le rouge. Son goût est assez délicat. On ne connaît dans ce genre aucune espèce pernicieuse.

On ne saurait trop recommander à ceux qui ne connaissent pas particulièrement les champignons, de ne manger que ceux qui sont généralement reconnus pour bons : le *champignon de couche*, le *champignon ordinaire*, l'*oronge vraie*, l'*oronge blanche*, les *deux mousserons*, la *chantarelle*, le *cepe*, la *morille*, et la *girole*.

Accidents causés par les champignons.

Les personnes qui ont mangé des champignons malfaisants éprouvent plus ou moins promptement des accidents qui caractérisent un poison âcre stupéfiant; savoir : des nausées, des envies de vomir, des efforts sans vomissements, avec défaillance, anxiétés, sentiment de suffocation, d'oppression; souvent ardeur avec soif, constriction à la gorge; toujours avec douleur à la région de l'estomac, quelquefois des vomissements fréquents et violents, des déjections alvines (selles ou garde-robes), abondantes, noirâtres, sanguinolentes, accompagnées de coliques, de ténesme, de gonflement et de tension douloureuse de ventre. D'autres fois, il y a au contraire rétention de toutes les évacuations, rétraction et enfoncement de l'ombilic.

A ces premiers symptômes se joignent bientôt des vertiges, la pesanteur de la tête, la stupeur, le délire, l'assoupissement, la léthargie, des crampes douloureuses, des convulsions aux membres et à la face, le froid des extrémités et la faiblesse du pouls. La mort vient ordinairement terminer, en deux ou trois jours, cette scène de douleur.

La marche, le développement des accidents présentent quelque différence, suivant la nature des champignons, la quantité que l'on en a mangée et la constitution de l'individu. Quelquefois les accidents se déclarent peu de temps après le repas, le plus ordinairement ils ne surviennent qu'après dix à douze heures.

Le premier objet, dans tous ces cas, doit être de procurer la sortie des champignons vénéneux. Ainsi on doit employer un vomitif, tel que tartrate de potasse antimonié ou émétique ordinaire ; mais, pour rendre ce remède efficace, il faut le donner à une dose suffisante, l'associer à quelque sel propre à exciter l'action de l'estomac, délayer, diviser l'humeur glaireuse et muqueuse dont la sécrétion est devenue plus abondante par l'ingestion des champignons. On fera donc dissoudre dans un demi-kilogramme (une livre ou chopine) d'eau chaude, deux à trois décigrammes (quatre ou cinq grains) de tartrite de potasse antimonié (émétique) avec douze à seize grammes (deux ou trois gros) de sulfate de soude (sel Glauber), et on fera boire à la personne malade cette solution par verrées tièdes, plus ou moins rappro-chées, en augmentant les doses jusqu'à ce qu'elle ait des évacuations.

Dans les premiers instants, le vomissement suffit quelquefois pour entraî-ner tous les champignons et faire cesser les accidents; mais si les secours convenables ont été différés, si les accidents ne sont survenus que plu-sieurs heures après le repas, on doit présumer que la partie des champi-gnons vénéneux a passé dans l'intestin, et alors il est nécessaire d'avoir recours aux purgatifs, aux lavements faits avec la casse, le séné et quelques sels neutres pour déterminer des évacuations promptes et abondantes. On emploiera dans ce cas avec succès, comme purgatif, une mixture faite avec l'huile douce de ricin et le sirop de pêcher, que l'on aromatisera avec quel-ques gouttes d'éther alcoolisé (liqueur minérale d'Hoffmann) et que l'on fera prendre par cuillerées plus ou moins rapprochées.

Après ces évacuations, qui sont d'une nécessité indispensable, il faut, pour remédier aux douleurs, à l'irritation produite par le poison, avoir recours à l'usage des mucilagineux, des adoucissants que l'on associe aux fortifiants, aux nervins. Ainsi on prescrira aux malades l'eau de riz gommée, une lé-gère infusion de fleurs de sureau coupée avec le lait, et à laquelle on ajou-tera de l'eau de fleurs d'oranger, de l'eau de menthe et un sirop. On em-ploiera aussi avec avantage les émulsions, les potions huileuses aromatisées avec une certaine quantité d'éther sulfurique. Dans quelques cas on sera obligé d'avoir recours aux toniques, aux potions camphrées; et lorsqu'il y aura tension douloureuse du ventre, il faudra employer les fomentations émollientes, quelquefois même les bains, les saignées; mais l'usage de ces moyens ne peut être déterminé que par les médecins, qui les modifient sui-vant les circonstances particulières; car l'efficacité du traitement consiste essentiellement, non pas dans les spécifiques ou antidotes, à l'aide desquels on abuse si souvent le public, mais dans l'application faite à propos de re-mèdes simples et généralement bien connus.

Les membres composant le conseil de salubrité,

Signé, PARMENTIER, DEYEUX, THOURET, HUZARD. LEROUX.
DUPUYTREN, C. L. CADET.

Châtaignes (Dessiccation et conservation des) (2ᵉ classe). —14 janvier 1815

Détail des opérations. — Les châtaignes sont débarrassés du *brou* ou *hérisson* qui les enveloppe en piétinant dessus avec des sabots. Les châtaignes restent recouvertes par l'enveloppe coriace appelée *tan*, et c'est le plus ordinairement sous cette forme qu'elles sont livrées à la consommation.

Mais dans certaines contrées, où elles forment une grande partie de l'alimentation, on les dessèche au four, ou mieux sur des claies établies à deux mètres environ d'élévation; on fait au-dessous un feu de bois et de brou de manière à ne produire pas de flamme et uniquement de la fumée. Les châtaignes suent bientôt leur eau, leur écorce coriace s'ouvre peu à peu, se détache complétement : ainsi desséchées, elles portent le nom de *castagnons* et peuvent se garder longtemps. Ces châtaignes ont acquis un arome tout particulier; elles sont blanches, dures, coriaces, se ramollissent par la cuisson; on s'en sert à faire la *polenta;* on les fait cuire avec du lait, du beurre.... ou on les emploie à l'engraissage des volailles.

On conserve souvent les châtaignes en les stratifiant avec de la paille ou du sable, après les avoir dépouillées de leur hérisson.

Causes d'insalubrité. — Aucune.

Causes d'incommodité. — Quantité considérable de fumée produite pendant l'opération de la dessiccation. (Assimilables aux brûleries de bois.)

Odeur de cette fumée.

Prescriptions. — Ne jamais opérer que loin des habitations.

Le mieux serait de construire des fours *ad hoc* et de munir les fours de cheminées hautes. Ces prescriptions devraient être faites dans le cas où cette industrie s'établirait dans un centre d'habitations important.

Aérer les ateliers où sont emmagasinées les châtaignes.

Proscrire toute ouverture du séchoir ou des lieux de dépôt du côté de la voie publique ou des voisins.

Cornichons (Préparation des).

Procédé ordinaire des restaurateurs.

Détail des opérations. — On fait bouillir les cornichons dans une chaudière de cuivre rouge où l'on a mis du vinaigre additionné de sel marin. Après quelques minutes on les enlève et on les place dans un tonneau en bois hermétiquement fermé; on remplit ensuite ce tonneau avec du vinaigre chauffé dans la même bassine. — Et on conserve.

Ce procédé, comme d'autres qui lui ressemblent beaucoup, a toujours l'inconvénient de laisser des traces d'acétate de cuivre dans le cornichon ou dans le liquide où il baigne. Aussi des ordonnances de police sont-elles souvent intervenues pour réglementer la préparation, la coloration et la conservation de certaines substances alimentaires ou de certains condiments. (Voir, au mot *Sucres (Industrie des)*, *l'ordonnance du préfet de police* (28 février 1853) *relative aux vases et ustensiles de cuivre*.) Il y est défendu aux épiciers de transporter, conserver dans des vases de cuivre non étamés, de plomb, de fer galvanisé, de zinc, les cornichons, etc., etc. — Il est *très-dangereux* de faire bouillir du vinaigre dans des bassines en cuivre ou de laisser dans les bassines du vinaigre bouillant pour donner de la coloration aux légumes, fruits, etc.

Fruits à l'eau-de-vie (Préparation des).

Détail des opérations. — On prépare un liquide dit *première eau*, en chauffant par un serpentin traversé par un courant de vapeur, environ cent cinquante litres d'eau contenue dans une chaudière de cuivre; on y ajoute deux litres de sel marin et cinq litres de vinaigre, et on y plonge un panier d'osier rempli de fruits cueillis un peu avant la maturité. On amène graduellement la température à être voisine de l'ébullition; on arrête le courant de vapeur, et on rejette le contenu du panier, qui ne sert qu'à fournir ses sucs au liquide. Une nouvelle quantité de fruits est placée dans le panier; on plonge une deuxième fois celui-ci et on chauffe lentement avec le serpentin jusqu'à quatre-

vingt-dix-huit degrés environ; on enlève les fruits, partie à
l'aide d'une écumoire, partie avec le panier, et on les refroidit
immédiatement dans un bassin d'eau froide.

On recommence la même opération sur de nouveaux fruits,
en ayant soin de remplacer le liquide évaporé par un semblable; puis on place ces prunes dans des barriques remplies d'alcool bon goût, à vingt-deux degrés centésimaux, contenant
six kilogr. soixante-six centig. de sucre par cent kilogrammes;
c'est dans ce liquide qu'on conserve ces fruits; avant de les
livrer, on les verse dans un alcool semblable, mais contenant
seize kilogrammes et demi de sucre par cent litres.

Il faut empêcher l'oxydation de la bassine de cuivre, et comme
elle ne se produit qu'à froid, parce que l'air a accès dans ce
cas seulement, on doit avoir soin de vider tout le liquide acide
qu'elle contient chaque fois qu'on arrête l'opération, sans quoi
le cuivre s'y dissoudrait et causerait les dangers les plus graves.

Harengs (Saurage des) (2ᵉ classe). — 14 janvier 1815.

Harengs blancs.

DÉTAIL DES OPÉRATIONS. — Dès que les harengs sont pêchés,
on les sale; on les désigne sous les noms de *harengs d'une nuit*
quand ils ont été salés le jour même de la pêche, et de *harengs
de deux nuits*, ceux qui ne l'ont été que le lendemain, à cause
de leur facile putréfaction; aussi les premiers sont-ils toujours
plus estimés. Les harengs sont privés de leurs entrailles ou
breuilles; on ne leur laisse que les œufs et la laite; on les lave
en eau douce, puis on les fait macérer pendant douze ou quinze
heures dans une dissolution concentrée de sel marin. Cela fait,
on les *varande*, c'est-à-dire qu'on les fait égoutter, puis on les
lite; on les dispose par lits dans des *caques* ou barils dont le
fond est recouvert de sel; on interpose une couche de sel entre
chaque couche de harengs. — Le navire rentré au port, on vide
les barils, on jette les harengs dans des cuves, on les lave dans
leur propre saumure, et des femmes les *litent* de nouveau dans
de nouveaux barils où on les presse fortement.

Harengs saurs.

DÉTAIL DES OPÉRATIONS. — Le hareng rouge, sor ou saure, ou sauret, s'apprête comme le blanc, mais on le laisse moitié plus longtemps dans la saumure. — Les harengs, ainsi salés, sont attachés à des branches de bois appelées *aines*, dans des espèces de cheminées ou de fours *ad hoc*, appelés *roussables*. On fait au-dessous un petit feu de copeaux de bois que l'on dirige de façon qu'il donne très-peu de flamme et beaucoup de fumée. On y laisse le poisson jusqu'à ce qu'il soit entièrement sauré, c'est-à-dire, *sec* et *enfumé*. Il suffit de vingt-quatre heures pour traiter ainsi dix à douze mille harengs. Le hareng *blanc* est simplement salé. — Le hareng *rouge* est sauré ou enfumé.

Herbes (Cuisson en grand d') (3e classe).

Dans beaucoup de grandes villes, les nécessités de l'alimentation exigent une grande consommation de légumes. — Pour en avoir, sinon en tout temps, au moins au delà de la saison dans laquelle en les récolte, on a pris l'habitude de les faire cuire et de les conserver ainsi pendant un certain temps. La chicorée et les épinards sont dans ce cas.

DÉTAIL DES OPÉRATIONS. — Cette cuisson s'opère dans de très-grands vases en cuivre, car les vases de terre donnent aux herbes cuites un mauvais goût et la cuisson ne s'opère que très-imparfaitement dans la faïence ou la porcelaine. Cette fabrication en grand ne peut avoir lieu sans un grand usage d'eau de lavage et une production considérable de buée et de fumée. — Ces conserves sont ensuite débitées et gardées dans de la faïence.

CAUSES D'INSALUBRITÉ. — Aucune.

CAUSES D'INCOMMODITÉ. — Dégagement d'une buée abondante pendant la cuisson.

Dégagement d'odeurs fades.

Dégagement de la fumée des foyers.

Écoulement souvent considérable d'eaux colorées sur la voie publique.

PRESCRIPTIONS. — Ne se servir en fait de vases de métal, que de vases en cuivre parfaitement étamés.

Faire suivre l'écoulement des eaux de cuisson, qui a lieu ordinairement sur la voie publique, d'un grand lavage à l'eau pure.

Surmonter la cheminée ou les fourneaux, où a lieu la cuisson des herbes, d'une large hotte qui recueille parfaitement toute la buée et la dirige dans la cheminée du foyer.

Fermer les ateliers pendant la cuisson, surtout au moment où on découvre les bassines.

Couvrir les bassines pendant la cuisson.

Lard (Ateliers à enfumer le) en grand (2ᵉ classe). — 14 janvier 1815.

DÉTAIL DES OPÉRATIONS. — Cette industrie consiste simplement à soumettre le lard à l'action plus ou moins intense et prolongée de la fumée de bois, afin de le faire pénétrer de sa matière empyreumateuse, qui a la propriété de préserver les chairs de la putréfaction.

CAUSES D'INSALUBRITÉ. — Aucune.

CAUSES D'INCOMMODITÉ. — Fumée considérable.

Odeur particulière peu agréable.

PRESCRIPTIONS. — Opérer dans des ateliers fermés du côté de la voie publique et bien ventilés.

Disposer les pièces à enfumer sous une hotte à très-large section, qui recueille toutes les vapeurs produites, et communique avec une cheminée qui s'élèvera au moins à deux mètres au-dessus des toits voisins.

Morues (Sécheries et salaison de) (2ᵉ classe). — 31 mai 1833.

DÉTAIL DES OPÉRATIONS. — On pêche la morue à la ligne ; c'est sur le lieu même de la pêche que se fait la salaison en *vert* de la morue. — Aussitôt prise on la remet au *décolleur* qui lui coupe la tête, lui arrache la langue, les entrailles, le foie, et la fait immédiatement, à l'aide d'un trou nommé *éclair*, passer au *trancheur* qui, dans l'entre-pont, est chargé de l'ouvrir, après en avoir détaché l'*arête*. Les foies sont mis dans un tonneau ou *fois-*

sière, les œufs dans un autre ; on garde le cœur et la rate pour appât. — Quand le trancheur a fini son opération, on étend le poisson en couches de un mètre carré environ, et chaque couche est recouverte d'un fort lit de sel. On en forme chaque jour un certain nombre et on laisse chaque pile *s'écouler* pendant trois à quatre jours. Au bout de ce temps, les morues sont arrangées dans une partie de la cale, et on les tasse, en formant successivement une couche de poisson et une couche de sel. Cela reste ainsi jusqu'au débarquement. Disposée de cette manière, la morue arrive sous le nom de *morue verte*.

Presque toute cause de fermentation a déjà été éloignée.

Les *noues* ou vessies natatoires sont traitées comme les morues elles-mêmes.

Au moment du débarquement, la morue est transportée et secouée sur des tonneaux ouverts par le haut, dans le but de ramener et d'utiliser tout le sel en grains qui adhère faiblement à la surface. Elle est ensuite plongée dans un lavoir contenant de l'eau salée. Cette manière d'agir a pour but de la débarrasser de l'excès de sel que la première opération ne lui a pas tout à fait enlevée et de lui donner un meilleur aspect pour la vente.

Au sortir du lavoir, la morue est portée sous un hangar ouvert de tous les côtés, où elle est suspendue à des perches. L'opération du séchage dure de trois à cinq jours, selon que l'air est plus ou moins sec. Elle ne se pratique que pendant trois mois de l'année. Quand elle est terminée, la morue est tassée de nouveau dans des magasins pour être livrée à la consommation. D'autres fois, cependant, au lieu de faire le séchage sous un hangar, on le pratique sur la grève ou sur des rochers dénudés, en ayant soin de les retourner au bout de quelques heures d'exposition. On agit ainsi pendant quelques jours de suite. — Puis on en fait des tas dont on augmente successivement la hauteur ; de sorte qu'au sixième jour chaque masse pèse de deux à cinq mille kilogrammes. On continue d'empiler, en laissant chaque fois un plus long intervalle de temps ; on dit alors que les morues sont à leur premier, deuxième, troisième *soleil*, selon le nombre de fois qu'on les a empilées. On va en général jusqu'au dixième soleil pour bien terminer l'opération. Le mot de *soleil*, employé ainsi, n'indique que le nombre de jours, car on évite avec soin l'action directe du soleil lui-même. La morue noircirait et entrerait rapidement en fermentation.

Dans bien des pays on opère la dessiccation des morues en les suspendant à des branches d'arbres ou à des perches, en les maintenant ouvertes à l'aide d'un bâton fixé transversalement. —Un bon vent les dessèche en trois ou quatre jours; par ce procédé elles deviennent très-dures.

Une surveillance, exercée par l'État, examine les produits de la pêche avant leur débarquement, et fait rejeter à la mer les produits altérés, et par suite impropres à l'alimentation. L'inspection, selon les localités, pourrait n'avoir lieu qu'à terre, à la condition de transformer immédiatement en engrais les poissons déjà entrés en fermentation. On ne perdrait point ainsi des quantités considérables de substances utiles à l'agriculture.

La morue est distribuée dans le commerce sous trois formes. —L'une où le poisson, dépouillé des viscères et privé de la tête, est desséché, durci et roulé sur lui-même en forme de bâton; on l'appelle *stockfisch*. On en use peu en France. Elle se consomme presque entièrement dans le Nord, et notamment dans la Norvége. — La deuxième, est la *morue verte*. J'ai décrit sa préparation. Le poisson est également dépouillé de la noue, de l'arête, privé de la tête et salé. — La troisième, c'est la *morue sèche*, non salée.

Causes d'insalubrité. — Odeurs et émanations putrides, quand on laisse entrer les morues en putréfaction, ou quand on ne donne pas un écoulement convenable aux eaux de lavage.

Causes d'incommodité. — Écoulement souvent considérable d'eaux putrescibles.

Eaux saumâtres, altérées par des débris organiques.

Odeurs infectes des citernes, quand elles sont mal tenues.

Infiltration dans la terre d'eaux chargées de matières animales, quand les citernes ou fosses sont mal construites.

Prescriptions. —Ventiler de tous côtés les hangars sous lesquels on pratique la sécherie, et surtout ceux où l'on dépose les morues au sortir des barils, au moment du débarquement.

Paver ou bitumer le sol des ateliers.

Opérer immédiatement la séparation et le rejet des poissons altérés, et dans des fosses préparées *ad hoc*. Les transformer aussitôt en engrais.

Autoriser dans les villes le séchage *forcé* en atelier clos.

Prescrire une cheminée d'appel.

Et éloigner des habitations tout *séchage* en plein air, soit libre, soit sous un hangar.

Selon les localités, diviser les sécheries de morues en deux catégories : 1° celles qui sont établies sur le bord des rivières, des fleuves, ou de la mer; — dans des villes; — et où l'écoulement des eaux est constant; 2° celles qui, n'étant pas placées sur un cours d'eau, sont munies de citernes pour recueillir toutes les eaux de lavage.

Dans le premier cas, permettre le travail pendant toute l'année, parce qu'il y a un écoulement permanent des eaux. — Mais ordonner que le lavage aura lieu sur un bateau en pleine eau, ou que les canaux conducteurs des résidus de lavage avanceront assez dans le cours des rivières ou des fleuves pour que les débris de poissons ne séjournent pas sur les bords.—Multiplier dans ces canaux le nombre des diaphragmes métalliques.

Dans le deuxième cas, ne permettre le travail que du 1er octobre au 30 mars.

Creuser des citernes ou des fosses imperméables destinées à recevoir les eaux des *bailles* où se lavent les morues.

Appliquer à l'intérieur des citernes une couche d'argile plastique de trente-trois centimètres d'épaisseur; — ou mieux les *silicates* d'après les procédés de M. Kulmann.

Disposer ces fosses de manière qu'en temps d'orage ou de grosses pluies leur contenu ne puisse déborder.

Recouvrir ces fosses de lourds madriers en chêne, bouvetés, et solidement établis, à la surface desquels on étendra quarante-cinq centimètres de terre, dans le but de s'opposer à toute émanation putride.

placer au déversoir de la citerne, et à l'extrémité des tuyaux, des grilles destinées à retenir les matières organiques.

Chaque jour recueillir ces matières et les enfermer dans des tonnes hermétiquement closes, — pour les vendre comme engrais.

Ne vider ces fosses que le soir. — Pendant les six mois d'été, toutes les semaines régulièrement. — En hiver, tous les mois. Si l'on ne vend pas ces résidus, ne les jeter que dans des lieux *autorisés* à les recevoir.

Curer et assainir les citernes, au moins une fois par mois.

Ne jamais permettre de puisards, dont l'effet serait d'altérer les eaux des puits d'alentour par des infiltrations d'eaux salines et animalisées.

Enfin, quand le lavage des morues est terminé, laver et assainir les ateliers et les bacs où il a été pratiqué.

Poissons (Salaisons et saurage des) (2ᵉ classe). — 9 février 1825.

Détail des opérations. — La salaison des poissons se fait par des procédés variés, mais qui se rapprochent beaucoup de ceux qui sont employés pour la salaison des viandes. En général, après les avoir débarrassés des écailles et du sang, quelquefois pour certaines espèces, après leur avoir enlevé le paquet intestinal et la tête, et leur avoir fait subir un lavage à grande eau, on les place par couches superposées, sel, poisson, sel, poisson, et ainsi de suite, dans des pots ou des barils.

Le saurage est une opération qui consiste à soumettre les poissons à l'action plus ou moins prolongée de la fumée. Le saurage du hareng peut servir de type. (Voir *Harengs* (*Saurage des*), *Sardines* (*Conserves des*), *Rogues*.)

Causes d'insalubrité. — Odeurs fétides provenant de l'accumulation et de la décomposition des grandes quantités de matières animales qui entrent facilement en fermentation.

Causes d'incommodité. — Amas de débris qui fermentent, et odeur *spéciale* aux poissons.

Écoulement d'eaux de lavage sales et puantes.

Salpêtrage des murs.

Extension rapide et pénétration rapide des odeurs.

PRESCRIPTIONS. — Les fondations auront la profondeur de celles des habitations voisines.

L'atelier, les magasins servant aux poissons arrivant, à ceux caqués et au sel, ainsi que les cours, seront pavés en dalles ou pierres dures posées sur une couche de béton à la cendre de Tournay bien rejointoyées à la même cendrée repoussée et lissée. Ce parement aura une pente de cinq à six centimètres par mètre vers le centre de l'atelier, pour ramener les liquides dans une cuvette inodore qui les conduira, au moyen d'un aqueduc, dans un égout.

Les murs séparatifs des maisons voisines seront revêtus de contre-murs en briques réfractaires ou en pierres dures ayant une hauteur d'un mètre cinquante centimètres et une épaisseur de treize centimètres. Ce mur, construit à la chaux vive ou au ciment romain, fera corps avec le mur principal et le dessous du parement.

L'aqueduc, cimenté comme les autres constructions partant de dessous la cuvette hermétique, ne laissera échapper aucun liquide dans son parcours.

Quant aux débris solides, ils seront enfermés dans des tonneaux bien clos pour être transportés aux endroits déterminés. Ces tonneaux seront très-propres à l'extérieur.

Justifier d'une quantité d'eau suffisante pour les opérations, le lavage des paniers et instruments.

Ne rien laisser stationner dans la rue.

On pourra, pour éviter tout ébranlement et tout choc contre les murs des maisons qui avoisinent, poser sur béton le nombre de madriers nécessaires pour y établir solidement des rails en fer qui dirigeront les véhicules de service pour l'atelier.

Ne *brûler* aucun débris dans l'atelier ou l'usine ; s'en débarrasser dans les vingt-quatre heures.

Laver chaque jour le sol à l'eau chlorurée, — ou acidulée à l'acide *acétique*.

Et spécialement pour le saurage.

Éloigner des habitations les ateliers de saurage et les clore de toute part.

Ventiler convenablement l'atelier.

Le surmonter d'une cheminée d'appel — à fort tirage, et dont la hauteur sera variable selon les localités (trois à dix mètres).

Y placer des obturateurs mobiles pour faire varier le tirage, alimenté par des ouvreaux à la partie inférieure de la pièce.

Paver, daller ou bitumer l'atelier de travail.

Y faire des lotions fréquentes d'eau pure et chlorurée.

Ne faire écouler les eaux que le soir.

Nous aurions pu encore parler ici de l'industrie des salaisons liquides connues sous le nom de *rogues*, comme annexe à l'industrie de la salaison et du saurage des poissons. Les opérations sont les mêmes, les inconvénients aussi. Mais, comme les conseils d'hygiène ne sont jamais consultés que sur les dépôts de rogues; comme ce n'est jamais que par leur accumulation que les rogues peuvent donner lieu aux causes d'insalubrité et d'incommodité, et aux prescriptions administratives, nous avons cru ne pas devoir faire rentrer dans l'industrie des conserves de substances alimentaires où l'on fabrique les produits, de simples dépôts où l'on ne fait qu'emmaganiser des produits déjà fabriqués.

Nous renvoyons au mot *Rogues* (*Dépôt de*).

Il en est de même pour les dépôts de fromage.

Document relatif à la salaison et au saurage des poissons.

ARRÊTÉ DU PRÉFET DU NORD (du 26 mars 1857).

Vu la loi des 16 et 24 août 1790, et celle du 22 juillet 1791;

Vu les articles 319, 320, 471 (§ 15), 475 (§ 14), et 477 du Code pénal;

Vu la loi du 18 juillet 1837;

Vu l'avis du comité consultatif d'hygiène, et les instructions du ministre de l'agriculture, du commerce et des travaux publics;

Considérant que l'emploi généralement usité des bassines de cuivre pour la salaison des poissons est une cause de danger pour la santé publique, en ce qu'il peut avoir pour effet de mettre ces denrées alimentaires en contact avec les sels toxiques produits par l'action du sel marin sur le cuivre,

Arrête :

Il est interdit de se servir de vases en cuivre, pour la salaison des poissons, dans l'étendue du département du Nord.

Exécutoire à partir du 1er juillet 1857.

    20 mars 1857.

                          Signé BESSON.

(Voir, au mot *Cuivre* (*Industrie du*), l'ordonnance du 28 février 1833.

Sardines à l'huile (1re classe, par assimilation aux sécheries de morue et cuisson d'huile).

DÉTAIL DES OPÉRATIONS. — Les sardines sont d'abord lavées à grande eau, puis on leur tranche la tête et les ouïes. — On les range sur des diaphragmes en laiton, afin de pouvoir les plonger dans des bassines et les en extraire avec facilité. Puis on les introduit dans de larges chaudières remplies d'huile, disposées sur des fourneaux. L'huile a été portée à un assez haut degré de chaleur. — Puis on les égoutte et on les met en boîte.

Ces opérations doivent être faites avec une très-grande rapidité. — En une heure et demie, on peut préparer cinq à six mille sardines.

CAUSES D'INSALUBRITÉ. — Vapeurs épaisses et d'une odeur très-désagréable, développées pendant la cuisson des huiles.

Odeurs souvent putrides de tous les débris de têtes et de sardines ramassées en tas, et qui entrent rapidement en décomposition.

CAUSES D'INCOMMODITÉ. — Buée des chaudières.

Odeur des produits de l'égouttage.

Écoulement des eaux de lavage chargées de matières organiques très-putrescibles.

PRESCRIPTIONS. — Ne jamais pratiquer le grillage en plein air.

Recouvrir les chaudières pendant la cuisson des huiles.

Recueillir toutes les buées et vapeurs sous un large manteau de cheminée et les faire parvenir dans une cheminée d'un mètre et plus de section et haute de trente mètres.

Ne jamais laisser couler librement dans l'usine ou sur la voie publique les eaux de lavage. Mais les recueillir dans une citerne, ou les faire écouler dans des cours d'eau la nuit, — ou dans l'égout le plus voisin.

Ne travailler que la *nuit*. — Ne jamais laisser séjourner dans l'usine les débris de poisson, mais les vendre pour engrais, et s'en débarrasser chaque jour, si cela est possible.

Paver, daller ou bitumer avec chaux et ciment les ateliers et cours de l'usine.

Une ou deux fois par mois, laver les murs des ateliers à l'eau chlorurée et blanchir à la chaux, comme pour les boyaudiers.

Faire des lotions chlorurées sur le sol des ateliers.

Sardines, thon et anchois (Conserves de) (2ᵉ classe — dans les villes). — 27 mai 1858. — Décret du 19 février 1853.

DÉTAIL DES OPÉRATIONS. — La pêche des sardines a lieu principalement sur les côtes de Bretagne; aussitôt pêchées, on les porte, à l'aide de mannes en osier, dans des magasins où on les laisse égoutter une ou deux heures; puis on les vide. On dispose une couche de sel au fond de chaque baril, puis une couche de sardines placées en rond, de manière que les têtes occupent la circonférence et les queues le centre; on continue les lits alternatifs de sel et de sardines, et on les laisse prendre le sel pendant dix ou douze jours. Au bout de ce temps, on enfile par la gueule et par les ouïes sur des petites brochettes de coudrier, on les presse les unes contre les autres; puis on les porte sur le bord de la mer pour les y laver. On recommence à les *liter* de nouveau dans des barils avec du sel; le fond de ces barils est garni de feuilles de fougère et percé de petits trous bouchés avec des chevilles; ces barils sont soumis à une assez forte pression : pour cela, on engage dans un trou pratiqué dans un mur l'extrémité d'une forte solive, on la fait appuyer au moyen d'un billot sur les sardines, et on charge l'autre extrémité de ce levier de manière à faire sortir une assez grande quantité d'eau et d'huile des sardines par les trous du fond. Après ce pressage, on recouvre le baril de feuilles de fougère et on expédie.

Les anchois sont pêchés sur les côtes de la Méditerranée; on leur coupe la tête, on leur enlève le fiel et les boyaux, on les met en barils ou *barrots*, en ayant soin de les disposer par lits

en conservant, un trou au milieu. Le sel dont on se sert contient le dixième de son poids d'ocre rouge intimement mêlé :
quand on a lité les anchois avec ce sel, on verse par le petit trou
réservé une dissolution de sel marin assez concentrée pour
qu'un œuf du jour y surnage. On couvre chaque barrique d'une
brique et on les expose au soleil ; la chaleur établit une sorte
de fermentation qui assure la conservation de ces poissons.

CAUSES D'INSALUBRITÉ. — Odeurs et dégagement de vapeurs
nuisibles, dans le cas où on laisserait séjourner dans les ateliers des débris de matières animales en putréfaction.

CAUSES D'INCOMMODITÉ. — Odeur très-forte des poissons accumulés sous les hangars ou dans les ateliers.

Odeur des intestins et têtes d'anchois réunis en masse, en
séjournant même un seul jour dans la fabrique.

Écoulement des eaux de lavage.

Écoulement des eaux grasses de pressage.

Odeur s'exhalant des magasins.

PRESCRIPTIONS. — Aérer convenablement les hangars et les
ateliers de travail et les magasins de marchandises.

Ne jamais conserver plus de deux à trois jours les débris d'intestins ou d'autres parties des poissons. — Ne pas les garder à
l'air libre, mais les enfermer dans des vases en zinc ou en bois
très-bien bouchés ; y mêler des substances absorbantes et désin-
fectantes, comme le charbon, la chaux vive. — Les vendre pour
engrais, ou les porter au lieu indiqué par l'autorité pour servir de voirie.

Laver, chaque jour de travail, le soir, à grande eau d'abord,
puis à l'eau chlorurée, le sol des ateliers.

Paver, bitumer ou daller le sol.

Ne jamais laisser écouler sur la voie publique les eaux de
lavage.

Les diriger vers l'égout le plus prochain par un conduit souterrain, — ou les recueillir dans une citerne, ou fosse étanche.

Cette prescription s'adresse surtout aux eaux grasses de
pressage.

Viandes (Boucanage des).

La fumée est un antiseptique puissant par son acide acétique, par sa créosote, par son acide carbonique et par ses huiles
empyreumatiques.

L'industrie des viandes fumées est surtout exercée en Allemagne. — A Hambourg, on abat les bœufs dans les derniers
mois de l'année, on les fume, puis on les sale, mais peu fortement, parce qu'il y a peu de difficulté à conserver la viande
fumée et qu'on lui enlèverait une grande partie de son parfum
et de sa saveur. On ajoute ordinairement du nitre ou salpêtre
au sel pour conserver la couleur rouge des viandes.

Les foyers à fumée sont dans les caves où s'effectue la salaison, et la chambre où l'on reçoit la fumée est à la hauteur d'un
quatrième étage : il y a ordinairement deux foyers. — Les deux
conduits ou cheminées amènent la fumée aux deux extrémités
opposées de la chambre des viandes; cette fumée est tiède, et
se dépouille d'une grande partie de son calorique et de ses principes au contact des morceaux de viande disposés en étages et
séparés les uns des autres par un espace d'environ quinze centimètres. Cette première chambre n'a que cinq pieds de hauteur; elle est destinée aux grosses pièces, qui y font un séjour
de trois à quatre semaines; on fait en sorte que la fumée y
arrive avec une température constante et en égale quantité; on
munit les cheminées de registres pour en régler la quantité. —
La gelée est favorable à l'opération, les temps humides lui sont
contraires.

La fumée de cette première chambre sort par un trou pratiqué dans le plancher supérieur pour se rendre dans une seconde chambre où sont disposées aussi en étages les petites
pièces, telles que : andouilles, saucisses, boudins, etc..., en
général, toutes celles qui ne dépassent pas dix à treize centimètres de diamètre; elles y restent huit à dix semaines.

Pour produire la fumée, on emploie des copeaux ou de l'é-
corce de chêne, toujours dans un grand état de dessiccation,
jamais moisis ou altérés, pour éviter tout mauvais goût. — En

Espagne, en Italie, on brûle des feuilles et des troncs de ci-
tronniers, d'orangers, de romarin, de sauge, de marjo-
laine, etc., dont la fumée donne aux viandes une odeur spéciale. — En Allemagne, on fait usage de hêtre, de bouleau,
de laurier, et même de bois et de fruits de genévrier; et, pour
enlever à la fumée les produits condensables ou entraînés
qu'elle contient toujours, tels que la suie, le goudron, des
parcelles de charbon, etc., on la fait circuler dans une série
de tuyaux en zigzag avant de l'introduire dans la chambre; ces
tuyaux peuvent être nettoyés facilement par les tampons qui
ferment les articulations : la fumée traverse un tambour en
tissu métallique avant de pénétrer dans la chambre.

Si l'on opère sur de faibles quantités, on met les viandes
dans un morceau de toile, on les suspend dans une cheminée
ordinaire, ou bien on les roule dans la farine pour empêcher
les particules de la fumée d'y adhérer.

En Angleterre, on plonge les pièces à fumer dans de l'eau
salée pour les dépouiller du sang et des parties solubles qu'elles
contiennent; on les fait égoutter et on les frotte chaque jour
pendant une semaine avec un mélange de dix parties de sel et
une de salpêtre ; on les met ensuite dans la saumure qui en
résulte et qui suffit pour la moitié des pièces; on y ajoute une
faible quantité de sel ammoniac et de cassonade, et on les
abandonne dans ce mélange pendant quelque temps. On a soin
de les retourner de temps à autre, puis on les fume avec du
genièvre humide pendant huit à dix jours.

Les saumons, les anguilles et autres poissons de grosse taille
doivent être coupés par tronçons avant d'être fumés; on les
laisse depuis un petit nombre de jours jusqu'à un mois.

Un boucanage lent pénètre mieux la viande, la rend plus
agréable et la conserve mieux.

Viandes (Conservation des).

Dans un mémoire inséré aux *Annales d'hygiène publique et de
médecine légale*, en juillet 1857 (2ᵉ série, tome VIII), et intitulé
Recherches chronologiques sur les moyens appliqués à la conser-

vation des substances alimentaires, de nature animale et végétale, MM. Chevallier, père et fils[1], ᴀɪᴅᴇ́s par MM. Vincent et Guerre, ont à peu près rapporté tous les procédés connus sur cette matière. Je ne saurais ici les énumérer tous. J'ai été chargé pour ma part d'examiner un grand nombre de produits conservés par des méthodes bien diverses, et avec des résultats, je dois le dire, presque toujours imparfaits, insuffisants et parfois dangereux. Je vais donc donner un résumé analytique rapide des divers procédés proposés pour la conservation des substances alimentaires. — Chacun y puisera les notions nécessaires à éclairer son jugement et à se prémunir contre beaucoup d'inventions.

Il y a quelques principes à rappeler au début de cet article.

Les conserves d'aliments et des viandes en particulier ont d'autant plus d'importance qu'elles laissent aux substances leur *état cru*, leur *saveur* et leur *fraîcheur*, pendant un temps qui puisse être de vingt-cinq à trente jours, et pour les températures les plus élevées. — Avec une viande conservée *crue*, on peut faire du bouillon et du rôti, et toutes les autres préparations habituelles. — Avec une viande conservée *cuite*, on est privé de presque tous ces avantages, et, de plus, on ne peut plus en général accommoder la substance conservée à une autre sauce que celle sous laquelle elle se présente. La *saveur* est presque toujours modifiée, et le goût finit par se fatiguer de manger un aliment qui a toujours la même saveur.

Un oubli impardonnable, commis par presque tous les hommes qui se sont occupés de la conservation des viandes, c'est qu'il ne suffit pas d'arrêter la fermentation de la matière, mais bien de produire une viande nouvelle pour ainsi dire, qui tôt ou tard puisse être mangée à l'égal des viandes ordinaires de boucherie, sous le rapport de la couleur, de la saveur, du jus.

Enfin, autant que possible il faut conserver à la viande son état solide et sa forme habituelle.

Toutes ces conditions réunies peuvent expliquer la supério-

[1] Voir la *Conservation des viandes*, etc., par Guerre. — Paris, 1858, imprimé chez Chaix.

rité de certains produits, et l'état d'abandon dans lequel sont tombées tant de préparations.

Les viandes peuvent être conservées, soit à l'état *solide*, soit à l'état *pulvérulent*. Pour arriver à ce résultat, on les traite en général par des méthodes plus ou moins analogues. La première forme est toujours préférable. — La deuxième implique toujours une dessiccation préalable, portée très-loin, et entraîne presque toujours leur mélange ou leur altération avec d'autres substances plus ou moins nutritives et étrangères à la viande elle-même.

On a proposé de conserver la viande :

1° Par tous les moyens généraux qui ont pour effet et pour but d'arrêter la fermentation. Parmi ces moyens, les uns ont été depuis longtemps appliqués au traitement des cadavres, à l'art des embaumements, et peuvent contenir des matières toxiques inacceptables pour les substances alimentaires. D'autres communiquent aux viandes ainsi préparées des odeurs et une saveur qu'on ne peut leur retirer, soit par la ventilation, soit par la cuisson. Le nom de chaque substance indiquera suffisamment qu'une viande traitée par elle sera mangeable ou pas. — Voici la liste des moyens qui suspendent ou arrêtent la fermentation putride, dans les viandes comme dans les autres corps organisés. — Acide acétique. — Acide sulfureux. — Glace. — Eau glacée. — Courant d'air froid. — Chaleur élevée. — (Modification moléculaire des tissus selon les degrés de température.) — Charbon en poudre ou concassé (combustion lente au contact). — Iode. — Tous les principes volatils artificiels formés uniquement ou essentiellement de carbone et d'hydrogène qui paralysent l'action de l'hydrogène humide. (Éther, chloroforme, benzine, naphte, huile de houille brute ou rectifiée.) — Huile de schiste. — Éther acétique. — Naphtaline, — Huile d'esprit de bois. — Essences de caoutchouc, de pommes de terre, d'amandes amères. — Éther iodhydrique. — Tous les composés binaires de carbone et d'un métalloïde, autres que l'hydrogène. — Le vide obtenu par l'eau bouillante. — La vaporisation sur une plaque de fonte rougie. — La chaleur d'un four. — Les moyens hydropneumatiques. — L'introduction du gaz hydrogène ou de l'acide carbonique dans les boîtes de conserves. — (Ils détruisent l'oxygène libre.) — L'acide pyroligneux, soit seul, soit uni à un oxyde, à un carbonate, à un azotate, un chlorhydrate ou un sulfate. — Les sels d'arsenic et de mercure.

Les viandes *desséchées*, soit à l'air, soit au soleil, soit dans des étuves, et découpées en lanières ou fragments de peu d'épaisseur, peuvent être conservées pendant longtemps sans altération. Dans le Mexique, au Pérou, elles sont d'un usage habituel, et souvent *officiel* dans les troupes. (Voir *Boucanage de viande*.)

Les viandes conservées *par le froid* ne sont protégées que pendant trop peu de temps. Toutes celles préparées à l'aide de corps empyreumateux sont détestables. — L'usage de l'acide sulfureux en vapeur (sur lequel je reviendrai bientôt), et celui du charbon en poudre, qui demande une mention très-remarquable et appelle des recherches suivies, sont les seuls procédés qui méritent d'être signalés;

2° Par le vide. — A l'abri de l'air, — dans des boîtes hermétiquement fermées ou dans des sacs, toiles ou enveloppes animales (intestins desséchés), vernis ou enroulés eux-mêmes à l'intérieur ou à l'extérieur. — Ce procédé a donné de bons résultats, pour les viandes cuites seulement;

3° Dans des gaz particuliers.

Gaz hydrogène plus ou moins carboné. — Oxyde de carbone, protoxyde d'azote. — Acide carbonique. — Azote ou deutoxyde d'azote, seuls ou mélangés ensemble, — ou dans de l'eau saturée de ces gaz.

Dans des vapeurs résineuses et empyreumatiques.

Dans des produits de gaz sulfureux — et des produits de la combustion de plantes aromatiques.

Dans le gaz acide carbonique comprimé.

Les difficultés pratiques qu'offre cette série de moyens font qu'ils sont restés à l'état de théorie;

4° Par les acides (en solution).

Acide acétique. — Acide sulfureux. — Acide hydrochlorique. — Acide pyroligneux. — Gaz carbonico-sulfureux.

Les acides sulfureux, acétique et hydrochlorique, ont donné quelquefois des résultats très-remarquables, pour la conservation des poissons surtout. — Appliqués au traitement des viandes, celles-ci conservent de leur macération une odeur et un goût qui les rendent détestables;

5° Par la salaison et les saumures.

Ces procédés sont très-connus. — Ils ont leurs avantages et leurs inconvénients : et, parmi ces derniers, ceux de ne jamais donner de viande *fraîche* et *douce* et d'exposer ceux qui se nourrissent longtemps avec ces préparations à des maladies accidentelles ou durables d'une certaine gravité (voir *Conserves de sardines, de harengs*);

6° Par l'enfumation.

(Voir *Saurage des poissons* et *Boucanage des viandes*.) C'est un procédé qui consiste à les soumettre à l'action des principes empyreumatiques de la fumée (suie, acide pyroligneux);

7° Par lavages.

Ces lavages avec des solutions acides ou salines diverses (sel, salpêtre), lotions aromatiques, ne peuvent conserver la viande que pendant un temps très-court, et ne répondent pas aux conditions réclamées pour la préservation des viandes et leur utilisation;

8° Par immersion.

L'immersion plus ou moins prolongée dans l'eau chaude ou bouillante, ou dans des solutions chimiques ou empyreumatiques, est moins un procédé que le premier temps d'une ou plusieurs méthodes différentes, qui se terminent toujours par la dessiccation ou par l'enrobage, dont je vais bientôt parler;

9° Par concussion ou pression mécanique.

En tassant les viandes dans de grands vases qu'on emplit d'eau pour en chasser l'air, et qu'on referme immédiatement. — Ou en les comprimant à l'aide de presses hydrauliques dans des tonneaux hermétiquement bouchés.

Comme on ne peut jamais chasser tout l'air contenu et s'assurer du bon état de toute la viande ainsi encaissée, et que les tonneaux peuvent être soumis à des variations *sensibles* de température, cette méthode est essentiellement vicieuse ;

10° Par succion.

C'est le même procédé que le vide opéré à l'aide d'appareils pneumatiques. — Si le vide est bien fait et que la viande soit en morceaux d'un demi-kilogramme à un kilogramme, on peut quelquefois obtenir de bons résultats ;

11° Par l'injection.

La méthode employée pour conserver les cadavres a été appliquée à la conservation des viandes; on injecte les animaux, aussitôt après qu'ils ont été abattus, avec des solutions plus ou moins concentrées de chlorure d'alumine, — de sucre et de fécule, mélangés ensemble, — ou de solutions réunies de sel de cuisine, de salpêtre et d'acide pyroligneux.

Ce dernier procédé doit donner aux chairs un goût fort peu agréable. Il y aurait peut être de l'intérêt à répéter des expériences d'après cette méthode ;

12° Par dessiccation.

Cette dessiccation peut être obtenue à l'air libre, — par l'action du soleil, — dans des appareils à ventilation *froide* ou par le *froid*, — dans des étuves à vapeur ou par le *chaud*, — par le chlorure de calcium, — par la vapeur surchauffée, — dans de l'argile chaude.

Tous ces procédés ont pour but d'enlever à la viande ou aux autres substances alimentaires, animales ou végétales, une très-grande quantité d'eau, et de les réduire énormément de volume. Les procédés Appert, Masson, Chollet, Morel Fatio, de Lignac, sont en partie basés sur cette dessiccation. Dans bien des cas, cependant, comme pour le lavage ou l'immersion, ou l'imprégnation par des gaz, ce procédé est suivi d'autres manipulations, et ne constitue pas à lui seul une méthode ;

13° L'enrobage.

Il est constitué par l'enveloppement des viandes crues ou cuites avec une couche de substance de nature très-variable.

— C'est une espèce de vernis, habituellement sec et solide, plus ou moins épais, plus ou moins cassant, et d'autres fois un enduit consistant, semi-solide, semi-fluide, dans lequel on a ajouté à la substance active des corps souvent inertes et destinés seulement à donner de la densité au liquide.

Enrobages *solides*. — Par : Les corps gras (beurre, graisses, acide stéarique, mélangés avec quelques poudres inertes comme le talc). — Le plâtre fin. — La dextrine. — La fécule. — La gomme arabique. — La gélatine. — La décoction épaisse de varechs blancs. — L'ichthyocolle. — Le sulfate de chaux bien calciné. — Le talc. — Le sucre. — Le sel de cuisine (salaison, saumure). — Le goudron. — La résine (galipot).—La cire à cacheter. — La cire fondue. — Le caoutchouc. —La gutta-percha. — Le collodion. — Le charbon en poudre (animal et végétal). — La suie. — L'alun (sulfate d'alumine et de potasse). — L'albumine. — Le tan. — La sciure de bois ou de liége. — L'alpha, espèce de pâte de papier obtenue du jonc. — Ces substances sont aromatiques ou non.—Un premier enrobage est souvent fait avec des feuilles d'étain et de papier goudronné pour isoler les viandes du contact des corps divers qui composent les enrobages solides.

Enrobages *semi-solides* ou *liquides*. — Alcool concentré. — Rhum. — Solutions aqueuses d'acide carbonique, d'acide sulfureux, de chlorure de sodium, d'aluminium ou de potassium, d'acide acétique, d'acide hydrochlorique, de mélasse, de sel ammoniac, de tannin. — La glycérine. — La bière. — Un liquide hydroalcoolique.

A la lecture de cette liste de substances, il est facile de reconnaître qu'il y en a quelques-unes dont l'odeur se communiquera toujours plus ou moins facilement aux chairs ainsi enrobées. Plus la viande est chaude et macérée, plus l'odeur pénètre dans son tissu et y persiste. Les préparations avec la résine, le tannin, l'alcool, le caoutchouc, la gutta-percha, le collodion, la cire à cacheter, donnent des produits détestables et desquels il est presque impossible d'enlever la saveur âcre et désagréable de l'enrobage. — Si les viandes enrobées par les autres substances ont été bien préservées, elles peuvent être mangées; tout dépend de la méthode employée.

Après cette longue énumération, je crois faire une chose utile en disant quel est le procédé qui pourrait être recommandé à l'autorité, dans les circonstances où elle a besoin de recourir à la conservation des viandes (disettes locales, absence habituelle de viandes dans un pays, — nécessité de bouillon et de viandes fraîches à la suite d'épidémies, — nécessité d'un approvisionnement certain et rapide des armées en campagne, pendant de longs voyages sur terre et sur mer,—amélioration de la nutrition des populations).

Ce procédé qui me paraît supérieur à tous les autres est la préparation des viandes fraîches par le gaz acide sulfureux. Il suffit de soumettre dans une boîte en bois, hermétiquement fermée, pendant quinze à vingt minutes, un morceau de viande à l'action des vapeurs de ce corps (soit de la fleur de soufre, soit d'une mèche soufrée allumée), pour que la viande soit modifiée de telle façon, qu'elle puisse être conservée pendant vingt et trente jours, par des températures d'été très-élevées, et soustraite à toute fermentation. — Si le morceau dépasse en poids trois kilogrammes, on peut y pratiquer des hachures, des sections incomplètes. C'est le moyen de faire pénétrer les vapeurs plus profondément. La viande ainsi traitée a un aspect noirâtre, un peu ridé, avec une teinte blanchâtre à sa surface (est-ce du soufre sublimé?—s'est-il formé un hyposulfite?), et a perdu un peu de son poids par l'évaporation due à la chaleur de la combustion du soufre. — Mais cette viande n'est pas cuite. On peut faire avec elle un excellent bouillon, — obtenir des rôtis dont la chair ruisselle de jus savoureux.—La fumigation sulfureuse n'a laissé aucune trace de son passage et de son action. — J'ai moi-même souvent préparé des viandes de toute espèce par ce procédé. Après quinze et vingt jours, j'ai obtenu des mets dont on n'a pu soupçonner l'origine.

Et je suis persuadé pour ma part que si le gouvernement, au lieu d'avoir envoyé en Crimée, et dernièrement encore en Italie, des convois d'animaux de boucherie, dont les trois quarts périssaient en route, on eût expédié de Marseille des caisses de gigots, de rosbifs, etc., etc., ainsi préparés, toute cette riche et abondante alimentation serait arrivée saine et sauve à nos troupes. On eût également évité la perte de temps due à l'abatage des animaux, et la perte matérielle des peaux, débris, etc., etc., qui, *en guerre*, sont presque obligatoirement abandonnés. Je ne suis pas du reste le seul de mon avis. On a écrit (*Ann. d'hyg.*, juillet 1857) qu'on ne concevait pas comment chaque boucher en France n'était pas pourvu d'une boîte à *soufrer* la viande. — Espérons que le temps et l'expérience éclaireront l'autorité, les industriels et les populations. Il est juste d'ajouter que si ce procédé est ancien quant à ses applications à l'arrêt de la fermentation, et même à la conservation accidentelle des viandes, c'est aux expériences de M. Robert (de Nantes) et Faucheux (de Paris) que la vulgarisation pratique de la méthode est due.

La conservation du poisson frais est encore aujourd'hui plus incertaine que celle de la viande. — Il paraît cependant que des lotions faites avec une solution très-étendue d'acide acétique ou d'acide hydrochlorique, ou bien un *trempage* dans une solution au dixième pour les gros poissons, et très-diluée pour les petits et les crevettes, — trempage pendant cinq à six minutes, et conservation ensuite dans de l'eau de mer (procédé Gorge), suffiraient pour enlever les odeurs détestables d'un commencement de fermentation, et permettre la conservation du poisson au delà des limites ordinaires. J'ai chez moi un poisson conservé depuis plus d'une année. — Il est momifié, — et j'ai beaucoup de raisons de croire qu'il a été simplement immergé dans de l'eau acidulée avec l'acide acétique. — On a d'autres fois proposé de les enrober dans de la poudre de talc. — J'ai pratiqué cet essai, mais sans succès.

La conservation des légumes se pratique par des procédés qui, quoique brevetés, sont à peu près connus de tout le monde. D'après l'attention et la perfection avec lesquelles on travaille, les produits sont plus ou moins parfaits. — Il y a cependant des cas où il semble que le tour de main n'ait aucune influence.

Les conserves, selon les localités (ce qui veut dire, selon la nature du légume, du sol qui l'a porté, des eaux qui l'ont arrosé), sont bonnes ou défectueuses. Ce fait, quoique observé, est cependant exceptionnel.

La conservation des fruits constitue l'art du confiseur. (Voir *Rapports du conseil de Paris*, 1846, page 29, et 1856.) Moléon, tome Ier, page 103, et Chevallier. — *Loco citato.*

Viandes (Salaison et préparation des) (3e classe). — 14 janvier 1815.

DÉTAIL DES OPÉRATIONS. — Ces opérations sont le plus souvent exécutées par les charcutiers. — Les viandes que l'on sale se réduisent en général à la viande des porcs, et, dans quelques pays, à celle de quelques grosses pièces de bœuf. — Le *salt-buf* des Anglais ne se conserve pas et se débite rapidement. (Voir *Boucanage des viandes.*)

CAUSES D'INCOMMODITÉ. — Odeur des viandes accumulées.

Amas de matières facilement fermentescibles.

Écoulement des eaux de lavage.

PRESCRIPTIONS. — Paver, daller ou bitumer le sol des ateliers avec pente convenable pour l'écoulement des eaux.

Ne point laisser couler les eaux sur la voie publique, mais les diriger dans un égout par un conduit souterrain. — A la campagne, les recevoir dans une fosse étanche, et ne les écouler que la nuit.

Si les eaux d'ébullition et de lavage sont très-chargées de sang et de débris organiques, ne pas les laisser séjourner dans les ateliers, mais les vendre pour engrais, ou les jeter aux lieux ordinaires de la voirie locale.

Revêtir les murs mitoyens, à un mètre cinquante centimètres de hauteur, d'un enduit hydrofuge à chaux et ciment.

Ne point adosser aux murs mitoyens les tonneaux pleins de sel.

Ne laisser séjourner dans les ateliers aucuns débris de chair en putréfaction.

CORMÉ. Voir *Boissons fermentées* (*Industrie des*).

CORNE (Travail de la). Voir *Cuirs*, *Peaux* et *Annexes* (*Industrie des*).

CORNICHONS. Voir *Conserves de substances alimentaires*.

CORROYEURS. Voir *Cuirs* (*Industrie des*).

COTON.

Coton (Débourrage des cardes de) (3ᵉ classe, par assimilation).

Détail des opérations. — Le débourreur, muni d'une brosse, soulève par une de leurs extrémités deux *chapeaux* de la carde, à une hauteur d'environ vingt centimètres, les nettoie, et les replace en regard du tambour, qui opère une révolution sur son axe de cent vingt tours à la minute. Il les enlève ensuite par l'autre extrémité de la même manière, et ainsi de suite.

La débourreuse mécanique de Dennery peut s'opposer aux inconvénients de ce débourrage.

Causes d'insalubrité. — Une peut-être, celle de l'action de la poussière de coton sur la santé des ouvriers débourreurs.

Causes d'incommodité. — Poussière abondante.

Bruit.

Prescriptions. — Aérer et ventiler énergiquement l'atelier.

Opérer près d'une cheminée d'appel, à bon tirage.

Ne pas faire travailler longtemps le même ouvrier au débourrage.

Pour le bruit et la poussière, voir *Battage de la laine*.

Coton (Préparation des déchets dits Plocs de) (1ʳᵉ classe, par assimilation). — Conseil d'hygiène de la Seine-Inférieure, 1857.

Une grande quantité de déchets, dits et connus sous le nom de plocs de coton, déchets imbibés d'huile ou d'un corps gras, sont réunis dans un espace souvent très-restreint — et soumis, après le séchage plus ou moins parfait à l'air, à un battage continu fort incommode pour le voisinage.

Causes d'insalubrité. — Danger d'incendie.

COTON (ATELIERS POUR LE GRILLAGE AU GAZ DES FILS ET TISSUS DE). 495

Danger pour la santé des ouvriers (air rempli de poussière de coton).

CAUSES D'INCOMMODITÉ. — Bruit incessant.

Odeur produite par l'amas des matières grasses.

Poussière produite pendant le battage.

PRESCRIPTIONS. — Celles en général qui s'appliquent aux dépôts de matières inflammables (essences, huiles, papiers). (Voir ces articles.)

Limiter la quantité de plocs de coton, selon l'étendue du local.

Quant à la poussière et au bruit, voir *Battage de la laine et du lin*.

Coton (Ateliers pour le grillage au gaz des fils et tissus de) (3ᵉ classe). — Ordonnance ministérielle du 9 février 1825.

DÉTAIL DES OPÉRATIONS. — Les tissus de coton destinés à l'impression sont généralement flambés pour les dépouiller des filaments duveteux qui les recouvrent ; il en est de même pour certaines autres étoffes, comme le velours.

Grillage par une plaque rougie. — Le plus ancien des moyens employés au grillage des tissus consiste en un appareil formé d'un fourneau d'où part un conduit rectangulaire en fonte qui se rend à une cheminée pour donner issue aux produits de la combustion. La voûte ou surface supérieure de ce conduit est une plaque de fonte formant un demi-cylindre que traverse la flamme ; la longueur de cette plaque est d'un mètre soixante-dix-huit centimètres environ, son diamètre est de trente et un centimètres.

Grillage par l'alcool. — Dès 1815 on a mis en usage le grillage au moyen de l'alcool. Ce liquide, enflammé dans une petite auge demi-circulaire, se place en avant du cylindre sur lequel s'appuie l'étoffe ; une brosse placée plus en avant relève le duvet, tandis que derrière l'appareil une lame tranchante nettoie l'étoffe à mesure qu'elle a subi le grillage.

Grillage par le gaz. — C'est en 1816 que l'on a eu recours au gaz. On employa d'abord un tube percé de petits trous dans lequel on faisait arriver le gaz; on réglait la longueur du tube sur celle des étoffes en fermant ou en ouvrant des robinets qui donnaient issue au gaz sur telle ou telle longueur; on a imaginé de renverser la flamme; enfin, on a perfectionné le procédé comme il va être dit :

On fait arriver le gaz du gazomètre par un tube qui le conduit dans un bec formé d'un tuyau horizontal percé d'un grand nombre de petites ouvertures et mis en mouvement avec des rouleaux à vitesse réglée.

Au-dessus du tube ou bec est un tuyau horizontal portant une fente pour l'introduction de la flamme; ce tuyau communique par sa partie supérieure avec des tubes où l'on produit l'aspiration, soit à l'aide d'un ventilateur, soit à l'aide d'une pompe à air. Celle-ci est formée d'un balancier et de deux corps de pompe ou cloches, dont le mouvement alternatif de haut en bas dans des réservoirs d'eau aspire l'air des tubes.

Quand on veut griller des fils, on les envide sur des bobines d'où ils se dévident sur d'autres bobines, en passant au travers de la flamme. — Certains tissus, comme le velours, ne se grillent que d'un côté; on les passe d'abord entre deux cylindres de bois recouverts d'étoffe de laine, puis sur des brosses qui relèvent les poils, puis à travers la flamme, au sortir de laquelle on les passe entre deux cylindres semblables pour éteindre toute étincelle.

Si le tissu doit être grillé des deux côtés, on place deux appareils successifs, mais disposés en sens inverse, afin d'obtenir le résultat désiré en une seule opération. La vitesse du passage dans la flamme est réglée selon la nature des fils ou des tissus; dans tous les cas, le mouvement ne doit jamais être interrompu, sans quoi le tissu s'enflammerait aussitôt.

On a, sur la fin de l'année 1857, appliqué la vapeur surchauffée au grillage des tissus : on la fait passer dans un cylindre sur lequel glisse l'étoffe.

CAUSES D'INSALUBRITÉ. — Danger d'incendie.

CAUSES D'INCOMMODITÉ. — Dégagement d'une quantité considérable de vapeurs acides et de fumée odorante (grillage des tissus).

Dégagement d'étincelles vives, dues à la combustion ou à la décomposition du duvet ou des fibres étrangères au tissu.

PRESCRIPTIONS. — Isoler l'atelier.

Le ventiler parfaitement à l'aide de cheminées d'appel.

Couvrir la cheminée d'un chapeau, afin d'éviter la dispersion des étincelles.

Fermer les croisées de l'atelier pendant l'opération.

NOTA. La surveillance de la police locale établie par l'ordonnance du 20 août 1824 pour les ateliers d'éclairage par le gaz (voir *Gaz hydrogène*) est applicable aux ateliers pour le grillage des tissus.

Coton-poudre. Voir *Poudre.*

COULEURS.

Couleurs (Fabriques de).

Les fabriques de couleurs sont classées par la nature des corps qui entrent dans leur composition.

Elles sont en général bornées à la production d'une seule espèce. — Les débits en grand réunissent l'ensemble de ces produits.

Voici la classification des principales :

Blanc de plomb.	2e classe.
— d'Espagne.	3e
— de zinc.	2e
Bleu de Prusse.	1re
Chromate de plomb.	3e
— de potasse.	2e
Cendres bleues.	3e
Laques.	3e
Minium.	1re
Rouge de Prusse (oxyde de fer).	1re et 2e
Verdet.	3e

Dans certaines couleurs, telles que le *vert* de montagne, le vermillon vert, il entre du cuivre et de l'arsenic.

Il faut donc faire la plus grande attention pour ne pas jeter sur la voie publique les eaux de laboratoire. — On devra les recueillir dans une tonne, les traiter chimiquement, si l'on veut en extraire les principes utiles, ou les jeter à l'égout.

Couleurs non vénéneuses (Fabriques de).

Je signale ici cette fabrication comme étant un progrès apporté à l'hygiène domestique. L'usage des boîtes de couleurs pour peindre à l'aquarelle est très-répandu dans les familles, et surtout dans les collèges. Ces boîtes sont mises sans défiance à la disposition de beaucoup d'enfants. Ces couleurs sont habituellement composées avec des substances toxiques, comme le vert de Schweinfurst, les oxydes et carbonates de cuivre, l'iodure de mercure, le vermillon, le chromate de plomb, l'erpin, la gomme-gutte, le jaune de Naples, etc., etc. Quelques cas d'empoisonnement ont éveillé l'attention de l'autorité. MM. Bourgeois et Duret (fabrique à Vaugirard,—débit rue Saint-Fiacre, à Paris) ont eu l'idée de composer une série de tons avec des substances non vénéneuses. Voici ce qu'ils emploient : — Pour les *jaunes*, les laques végétales avec le jaune indien, l'ocre jaune. — Pour les *rouges*, les laques de cochenille du Brésil, l'ocre rouge. — Pour les *verts*, l'indigo et le bleu de Prusse. — Pour les *blancs*, la terre de pipe azurée. — Pour les *bleus*, l'outremer, le bleu de Prusse, la laque d'indigo. — Pour les *bruns*, la terre de Sienne. — Pour les *noirs*, le charbon. — Pour les *roses*, la cochenille. — Pour les *lilas*, la cochenille et l'outremer. — Dans l'intérêt de l'hygiène publique, ces notions doivent être popularisées.

(Rapp. Chevallier. — Paris, novembre 1857.)

COUVERTURIERS (2ᵉ classe). — 15 octobre 1810. — 14 janvier 1815.

DÉTAIL DES OPÉRATIONS. — On appelle *couverturiers* les fabricants de couvertures en coton et en laine; il ne sera question que de ces dernières.

Les couvertures en laine sont ourdies et tissées comme les

draps ; elles portent à leurs extrémités et aux coins des dessins et des bandes de diverses couleurs. Quand on les a passées au foulon, le *pareur* les carde des deux côtés afin d'en faire sortir les poils aussi également que possible. Quelquefois on les fait tondre au sortir du foulon, mais on a toujours soin de les parer.

Pour cela, on se sert des chardons à foulon (*dipsacus fullonum*) ; on les emploie généralement à la main, mais aussi quelquefois fixés à une machine. Dans le premier cas, on en dispose un certain nombre sur le même plan dans un outil que l'on nomme *croisée*, parce qu'effectivement les règles de bois qui le composent et qui retiennent les queues de chardons forment une croix avec le manche. La couverture est suspendue verticalement sur une perche horizontale qui lui permet de glisser. Deux ouvriers, tenant chacun d'une main une croisée garnie de chardons et de l'autre une croisée vide, élèvent en même temps les bras ; chacun d'eux fait agir sa croisée garnie sur l'une des surfaces, tandis que la croisée vide sert de point d'appui à la première.

Dans quelques fabriques, on a disposé les chardons sur un cylindre contre lequel l'étoffe vient successivement s'appliquer. Le lainage ne s'opérant bien que quand le tissu est mouillé, il faut souvent sécher les chardons pour leur rendre l'élasticité qu'ils perdent au bout d'un certain temps. — La substitution des cardes métalliques aux chardons n'a jamais été réalisée avec un succès durable.

On passe ensuite les objets fabriqués au *soufroir*.

CAUSES D'INSALUBRITÉ. — Aucune.

CAUSES D'INCOMMODITÉ. — Dégagement de poussière, de débris nombreux et très-déliés de filaments de laine dans les ateliers ; les ouvriers qui y travaillent assidûment sont exposés à des bronchites, — à des laryngites, — à la tuberculisation pulmonaire, — à des ophthalmies.

Odeur du soufroir — et d'huile rance.

Bruit des ateliers de foule et de travail.

PRESCRIPTIONS. — Ventilation très-énergique et très-habilement disposée des ateliers de fabrication. Y placer à chaque angle des cheminées d'appel.

Appliquer au *soufroir* toutes les dispositions relatives à cet objet. (Voir, au mot *Lavoirs*, l'article *Blanchiment*.)

Isoler autant que possible ces ateliers quand ils sont placés au sein des grandes villes.

CRÉMAGE DU FIL EN GRAND (2ᵉ classe). — 31 mai 1853.

DÉTAIL DES OPÉRATIONS. — Le crémage du fil consiste en deux opérations :

1° Le fil est soumis à l'action d'une dissolution bouillante de sous-carbonate de soude ;

2° Les écheveaux sont placés dans des cylindres situés horizontalement au-dessus d'un bac mis en mouvement par le moyen d'un engrenage ou d'une manivelle. Le mouvement a lieu de manière que les diverses parties des écheveaux soient successivement plongées dans une forte solution de chlorure de chaux, contenue dans le bac indiqué. Pendant cette opération, il y a une grande agitation du liquide et un dégagement abondant de vapeurs formées d'acide hypochloreux.

Les fils sont ensuite mis à dessécher, soit à l'air, soit dans des séchoirs ou des étuves.

CAUSES D'INSALUBRITÉ. — Dégagement de vapeurs d'acide hypochloreux, insalubre dans une certaine mesure pour les ouvriers qui le respirent.

CAUSES D'INCOMMODITÉ. — Buée considérable pendant les opérations.

Dégagement de gaz odorants.

Écoulement considérable d'eaux insalubres. (Eaux de lessivage et bains acidulés.)

PRESCRIPTIONS. — Ventiler énergiquement les ateliers où sont placés les bacs contenant la solution de chlorure de chaux.

Y pratiquer une cheminée d'appel.

Placer les ouvertures des portes et fenêtres en regard les unes des autres.

Pratiquer dans le toit de nombreuses ouvertures.

Recouvrir les fourneaux où sont placés les bacs remplis de la dissolution bouillante de sous-carbonate de soude d'une large hotte qui recueille la buée et la condense dans la cheminée du foyer.

Ne donner aux bacs qu'une profondeur de trente à trente-cinq centimètres.

S'il y a une étuve, y appliquer les règles ordinaires. (Voir, au mot *Papiers*, l'article *Étuves*.)

Faire écouler convenablement les eaux au dehors.

Briser les glaces l'hiver.

CRETONNIERS. Voir *Suifs (Industrie des)*.

CRINS (Préparation et apprêts des). Voir *Cuirs (Industrie des)*.

CRISTAUX. Voir *Céramique (Industrie)*.

CUBILOTS. Voir *Fer (Industrie du)*.

CUIRS (Industrie des) et tout ce qui s'y rattache, Baleines, Cornes, Crins, Écailles, Travail des peaux, Soies.

Baleine (Travail des fanons de) (3e classe). — 27 mai 1838.

Les fanons de baleine, comme la corne et les autres produits animaux analogues, ne sauraient être utilisés dans le commerce sans avoir subi plusieurs opérations préparatoires.

Détail des opérations. — La principale consiste dans le débarillage ou la cuisson. — Pour cela, on place les fanons dans de grandes cuves remplies d'eau légèrement alcaline, dans le but de déterminer le ramollissement de la substance et de pouvoir ensuite la façonner aux usages industriels. Pendant cette opération, il se dégage beaucoup de vapeurs nauséabondes qui se répandent dans les environs de la fabrique. Il en résulte une grande quantité d'eau dite de débarillage, qui contient en suspension avec beaucoup de matières hétérogènes des débris putrescibles de fanon ramollis. Les fabricants ne perdent pas ces eaux : ils les conservent, soit dans des bacs, soit dans des mares et les laissant à dessein se putréfier à l'air libre. Le développement de l'ammoniaque qui a lieu ainsi leur est utile, car il alcalinise ces eaux qui servent de nouveau à la cuisson et accélèrent le ramollissement. Ajoutez à cela que les mêmes fabricants, pour ne rien perdre, ont aussi l'habitude de chauffer le foyer de leurs chaudières avec les rognures des fanons, et produisent ainsi des odeurs insupportables pour leur voisinage. — Ces habitudes vicieuses ont fait place aujourd'hui à l'accomplissement des mesures prescrites par les conseils d'hygiène.

CAUSES D'INSALUBRITÉ. — Aucune.

CAUSES D'INCOMMODITÉ. — Odeurs détestables résultant de la combustion des rognures de fanons employées pour chauffer les chaudières à cuisson.

Vapeurs nauséabondes produites pendant l'ébullition à vases nus des fanons.

Vapeurs ammoniacales développées par les eaux de débarillage abandonnées à dessein dans des mares ou des fossés, ou jetées parfois sur la voie publique.

PRESCRIPTIONS. — Construire une hotte qui reçoive toutes les vapeurs produites pendant l'ébullition.

Diriger ces vapeurs dans la cheminée, haute de vingt mètres, à laquelle aboutissent les produits de la combustion du chauffage.

Couvrir les chaudières avec un large couvercle à soupape et à bascule.

Ne jamais brûler les résidus, débris et rognures des fanons.

Ne les accumuler en tas dans aucune partie de la fabrique.

Les faire enlever au moins deux fois par semaine en hiver et trois fois en été.

Ne jamais laisser écouler sur la voie publique, ni conserver dans des citernes, mares ou fossés, les eaux de débarillage. — Ne les faire jeter ou parvenir à l'égout ou à la rivière que pendant la nuit.

Laver les cuves avec le chlorure de chaux ou le sulfate de fer pour les désinfecter.

Baleine artificelle.

On fait de fausses baleines pour parapluies, corsets, au moyen des cornes. On les dégraisse, les ouvre, les aplatit comme à l'ordinaire; puis on les met dans un bain d'eau contenant 5 pour 100 de glycérine ou d'eau putride ammoniacale. Après quelques jours d'immersion, on plonge les cornes dans un deuxième bain, contenant huit cents litres d'acide azotique, un demi-litre acide pyroligneux, six kilogrammes de tannin, deux kilogrammes et demi de crême de tartre, deux kilogrammes et demi de sulfate de zinc et cent vingt-six kilogrammes d'eau. Un bain de gélatine chaud peut remplacer le précédent; les cornes y acquièrent une flexibilité assez grande pour les usages auxquels on les destine.

Chamoiseries (2ᵉ classe). — 14 janvier 1815.

DÉTAIL DES OPÉRATIONS. — Les opérations de la chamoiserie sont une dépendance de toutes celles que le cuir subit dans les tanneries et les mégisseries. Elles consistent d'abord dans une macération à l'eau courante des peaux sèches de bœuf ou autres animaux de provenance étrangère. Les peaux d'agneaux et de chèvres sont à peu près seules réservées à ce travail. Après cette opération, qui a pour effet de les gonfler et de les ramollir, on les *éboure*, c'est-à-dire qu'on enlève tout le poil qui les recouvre. Cela se fait en les plongeant dans une bouillie de chaux, ou seulement en les enduisant, du côté de la chair, d'une pâte de chaux et d'orpiment (rusma oriental) qui fait tomber le poil en vingt-quatre heures. On verra à l'article *Tannage* que cet effet est dû au sulfure de calcium (c'est le sulfure sulfuré de potasse ou de soude qui fait la base des meilleures pâtes épilatoires chez l'homme). On pourrait très-facilement appliquer, ainsi que je l'ai fait plusieurs fois, ce principe aux chevaux, afin de supprimer le *tondage* par les ciseaux.

Les peaux sont alors soumises au travail du chevalet, c'est-à-dire au *raclage*, — puis, étendues sur une table où elles sont

enduites d'huile de morue et de baleine. — On les porte ensuite dans une auge en bois ou *fouloir*, où elles reçoivent pendant deux à trois heures le choc d'une batterie de pilons, habituellement mus par la vapeur, choc qui fait pénétrer l'huile
dans les peaux. Enfin, on les *évente* ou on les expose à l'air. On
recommence plusieurs fois la percussion avec une dose nouvelle
d'huile et un retour à l'*évent*. — On aide même à la pénétration de l'huile par la mise à l'étuve qu'on appelle l'*échauffe*.

On passe de nouveau les peaux au chevalet, pour enlever
l'épiderme; on les dégraisse avec une lessive de potasse à deux
degrés. (On donne le nom de *dégras* au savon incomplet qui
résulte de cette lessive, ainsi que de l'huile exprimée des
peaux après chaque torsion.) On leur rend de la souplesse en
les étirant et les polissant au moyen du *polissoir*, muni d'un
fer qui les ramollit et les assouplit sans en rien enlever.

On procède enfin au *remaillage*, qui consiste à faire *cotonner*
la peau à l'aide d'un couteau mousse promené à la surface des
peaux, et analogue dans son action à celle du chevalet.

On peut alors les livrer au commerce.

Causes d'insalubrité. — Odeur des cuves à macération.

Émanations malsaines dans l'atelier.

Causes d'incommodité. — Eaux de macération.

Amas des résidus du raclage.

Odeurs qui s'en échappent.

Odeur des huiles employées.

Bruit des pilons.

Danger du feu dans l'étuve.

Prescriptions. — Avoir dans la fabrique un cours d'eau ou
une source abondante d'eau.

Daller, bitumer ou carreler l'atelier où sont placées les cuves
à macération.

Bien ventiler cet atelier ainsi que celui où se fait le graissage
des peaux.

Placer l'étuve isolément, et en éloigner le magasin des
huiles. — Prendre pour l'étuve toutes les précautions habituelles. (Voir, au mot *Papiers*, l'article *Étuves*.)

Laver souvent le sol des ateliers avec de l'eau chlorurée.

Ne jamais jeter les eaux de macération sur la voie publique pendant le jour. — Les conduire jusqu'à l'égout le plus prochain, à l'aide de ruisseaux bien entretenus ; et faire suivre la jetée des eaux d'un lavage abondant d'eau ordinaire.

Briser les glaces pendant l'hiver.

Ne jamais garder dans l'établissement, soit dans les ateliers, soit dans les cours, des amas de débris du raclage des peaux. — Les faire sortir au moins trois fois par semaine de la fabrique.

Ne jamais brûler ces résidus desséchés.

Ne laisser séjourner sur la voie publique ni peau à sécher ni tonne ou débris de tonne à dégras.

Corne (Travail de la) pour la réduire en feuilles (aplatissage des cornes). (3e classe). — 15 octobre 1810. — 14 janvier 1815.

Corne (Travail de la) dans l'intérieur des villes (2e classe). — Décret du 19 février 1853.

DÉTAIL DES OPÉRATIONS. — Pour donner aux cornes les formes si variées auxquelles l'industrie est parvenue, on commence par les débarrasser de leur noyau intérieur par une macération plus ou moins prolongée dans l'eau froide ou dans de l'eau de chaux une quinzaine de jours environ, puis on en sépare la base et la pointe qui servent à divers usages. Ce travail préparatoire achevé, on procède à l'*aplatissage à blanc*.

Aplatissage à blanc. — Pour cela, on fait de nouveau macérer les cornes dans l'eau froide. On les jette au bout de quelques jours dans une chaudière remplie d'eau bouillante, où on les laisse pendant quelques heures. On les retire deux par deux de la chaudière et on les enfile sur les deux branches d'une longue pince, au moyen de laquelle on les fait tourner rapidement au-dessus d'une flamme claire, pour les chauffer bien également, et on les fend longitudinalement avec une serpette pendant qu'elles sont chaudes. Dès que les cornes sont fendues, on saisit les bords de la fente à l'aide de pinces plates, et on les étend en les tournant de temps à autre au-dessus d'une flamme claire. Les plaques ainsi obtenues sont placées entre des plaques de fer poli, soumises à l'action modérée d'une presse, et quand elles sont refroidies, on les retire pour les plonger dans l'eau froide pendant quelques moments.

Les cornes ainsi préparées conservent leur couleur et leur opalescence : on prépare presque exclusivement par ce moyen les cornes de buffle.

Aplatissage à vert. — L'*aplatissage à vert* a pour but d'augmenter la transparence de la corne; on ne peut l'exécuter que sur des cornes entièrement blanches. On commence par faire chauffer la corne préparée à blanc au-dessus d'un feu de charbon de bois, puis, au moyen d'outils appropriés, on gratte et on coupe les parties noircies par la fumée et toutes celles défectueuses que présente la corne et qui pourraient en altérer la transparence. Ce *dollage* effectué, on plonge les cornes pendant un jour ou deux dans l'eau froide pour les ramollir, puis dans l'eau chauffée au-dessous de cent degrés, en ayant soin de les maintenir aplaties au moyen de pinces. Au sortir de l'eau chaude, on insinue les cornes entre des plaques chauffées inégalement et on les soumet à la presse, après les avoir imbibées de graisse ou de suif fondu. Quelquefois on se borne à étendre le corps gras (huile non épurée souvent) sur les plaques. Il se dégage alors des odeurs très-incommodes. La pression doit être énergique, mais graduée ; quand on retire les cornes, on les charge de poids pour les empêcher de se déformer. La corne possède une couleur brun sale, mais elle est transparente ; on augmente encore sa transparence par le grattage et par le polissage.

On a remplacé ce procédé par l'exposition des cornes, pendant dix à vingt minutes, à un courant de vapeurs d'eau.

Soudure des cornes. — Les cornes ainsi préparées sont fondues ou sciées à l'aide de scies circulaires pour les amener à l'état de feuilles minces. Il faut souvent les réunir par soudure; pour cela, on les ramollit dans l'eau bouillante entre des plaques de bois pour empêcher toute courbure, on taille en biseau les parties à réunir, on superpose les bords, on les maintient au moyen de feuilles de papier collées ou de fils serrés, et on les soude à l'aide de pinces chauffées ou d'étaux particuliers, suivant la forme des pièces. Au lieu de pinces on emploie quelquefois une presse et des plaques de cuivre convenablement chauffées ; on ne desserre qu'après refroidissement ; il ne reste plus qu'à gratter, à poncer et à polir la soudure.

Ce procédé de soudure appliqué aux rognures de corne et d'écaille permet d'en fabriquer de nouvelles plaques qu'on emploie à la fabrication d'objets vulgaires. Tels sont des boutons, des tabatières, etc., etc.

On traite aussi par des procédés analogues les sabots de cheval, les onglets du bœuf, et les fanons dits de cachalot, avec lesquels on fait la *baleine factice*. On les torréfie légèrement, puis on les comprime à l'aide de pinces chaudes et de la presse. On en fait des plaques pour boutons.

Corne à lanternes.

On choisit les grandes cornes pour ce travail ; on les rogne, les fend, les jette dans l'eau bouillante ; alors on les ouvre avec des pinces, les comprime sous une plate-forme en fer chauffée et les laisse refroidir dans la presse.

Dans quelques ateliers, on fend ces cornes dans l'épaisseur au moyen de ciseaux d'acier ; on leur donne une égale épaisseur avec des instruments tranchants ou en les pressant entre des plaques chaudes. — Dans d'autres, on emploie un banc de fer sur lequel on fixe les plaques et un plateau mobile au moyen d'un mécanisme qui les découpe en feuilles de dimensions régulières et déterminées ; des fers chauds sont placés sur la corne, la maintiennent molle et facilitent le passage du tranchant : quand les feuilles sont coupées, on les charge pour éviter leur déformation.

On les polit, sans dressage ni frottement, en les pressant dans un cadre métallique de la forme des feuilles ; on superpose une douzaine de celles-ci en les séparant par des plaques en cuivre épaisses et polies, et l'on serre le tout dans des plaques chaudes. Au lieu de plaques chaudes, on peut mettre la presse toute chargée dans l'eau bouillante, puis dans l'eau froide ; les feuilles qu'on obtient ainsi sont polies.

Corne artificielle.

On l'obtient à l'aide de morceaux d'érable ou de poirier, trois fois plus grands que les pièces. On les plonge pendant cinq à six jours dans la lessive des savonniers étendue; les fibres se ramollissent; on les fait bouillir cinq à six heures dans un bain composé de brun de Cassel, 125,0. Eau 3000, dissolution d'étain, 60; fernambouc. 500; vinaigre, 1000; potasse, 90; au sortir du bain, on presse, on chauffe, ce qui réduit considérablement le volume des pièces : on enduit d'un vernis, benjoin, 125; et sang-dragon, 60.

Corne rectifiée par le caoutchouc.

On donne ce nom, dans le commerce, à une préparation qui sert à fabriquer une certaine espèce de *becs* de plume.

C'est un mélange de caoutchouc et de corne réduits en poudre, à l'aide d'opérations successives et analogues pour les deux corps, dont le but est de les ramollir d'abord, de les obtenir en feuilles minces faciles à se dessécher. — De les broyer en poudre. — Puis de les réunir par la chaleur en une pâte molle, qui, soumise à un laminoir, donne des plaques de l'épaisseur qu'on désire. — On les fait sécher et on les travaille.

Écaille.

L'écaille est une matière de nature cornée qui recouvre en plaques de dimensions et d'épaisseurs variables la carapace de certaines tortues, principalement du caret.

On les détache de la carapace en mettant le feu par-dessous; elles se soulèvent d'elles-mêmes; on emploie quelquefois l'eau bouillante. — L'écaille se travaille comme la corne; il faut la faire bouillir dans de l'eau contenant une poignée de sel marin par litre, pendant une heure environ, avant de la redresser; il n'est pas besoin, comme pour la corne, d'une macération préalable dans l'eau froide. — Quand on opère sur de jeunes écailles, on se sert d'une eau plus salée, on fait bouillir moins longtemps; d'un autre côté, la chauffe et le serrage pour la soudure, n'ont pas besoin d'être aussi fortes que pour la corne.

Usages. — On fabrique avec elle une foule d'objets divers, — des peignes, — des brosses, — des boutons, — des couverts, et pour l'Orient des tasses à café, et surtout des tabatières.

Quand il s'agit de souder deux morceaux d'écaille, on les taille en biseau, les superpose et les serre au moyen de pinces plates à mâchoire large, que l'on a fait chauffer. L'écaille se ramollit et se soude solidement. On soude souvent l'écaille en superposant les biseaux et les faisant un peu chevaucher. On les serre entre deux plaques, au moyen d'une vis : on les plonge dans l'eau bouillante et on serre la vis de plus en plus, de manière à niveler la soudure. Il faut, dans tous les cas, que les parties à souder soient de la plus rigoureuse propreté.

Ces divers objets sont obtenus par le moulage dans des moules en bronze, des râpures, tournures et rognures d'écaille. On introduit dans chaque moule la quantité de matière pulvérisée que l'expérience a fait juger suffisante : on ajoute le contre-moule à vif et on place douze ou vingt-quatre de ces moules dans une chaudière parallélogrammique remplie d'eau chaude. On chauffe en serrant graduellement les vis jusqu'à ce que le contre-moule ne s'élève plus au-dessus du moule, ce qui indique que le vide est rempli par de l'écaille fondue, — après refroidissement on démonte les moules, et l'objet *est fabriqué*.

Poudre de corne.

Les cornes, sabots.... d'une grande dimension sont vendues aux aplatisseurs. (Voir plus haut *Aplatissage des cornes*.)

Les plus défectueuses servent à faire la râpure ou poudre de corne. Pour l'obtenir, on fixe les débris entre les deux mâchoires d'un étau, et on râpe au moyen d'une râpe à bois; on la vend aux tablettiers pour en faire de la corne fondue. Les fragments trop peu volumineux pour être râpés sont lavés à l'eau froide, divisés grossièrement au moyen d'un hachoir, mêlés au quart de leur poids de râpure et mis dans de l'eau bouillante pendant deux heures. On se sert quelquefois d'une lessive faible, après quoi on comprime la matière pendant une heure entre deux disques de fer ou de laiton et un cercle chauffés presque au rouge naissant : ces galettes obtenues, il est facile de les râper pour vendre la poudre aux tablettiers. Beaucoup d'objets en corne sont fabriqués au moyen de pièces soudées par pression. (Voir *Écaille*.)

Les taches que l'on voit sur les objets en corne pour donner l'apparence de l'écaille sont obtenues au moyen de dissolutions métalliques. Pour les taches rouges, on emploie une dissolution d'or dans l'eau régale ; pour les noires, l'azotate d'argent ; pour les brunes, l'azotate d'argent à chaud ou une dissolution chaude de litharge dans la potasse, le sulfate d'indigo, etc., etc.

CAUSES D'INSALUBRITÉ. — Odeur et émanation des eaux de macération quand elles ne sont pas renouvelées tous les jours.

Quelquefois, à l'aide du sang qui reste sur la corne ou des poils chargés du même corps et adhérents à la corne, on a observé des cas de contagion de charbon, ou de morve et de farcin. Quelquefois l'inspiration de la poudre mélangée au sang desséché pourrait, par le contact sur les doigts ou sur la muqueuse des voies de la respiration, produire le même effet ; ces cas sont très-rares.

Danger d'incendie quelquefois.

CAUSES D'INCOMMODITÉ. — Fumée des foyers allumés pour chauffer les plaques.

Dégagement de gaz acide carbonique et d'oxyde de carbone, suite de la combustion du charbon.

Odeur des cuves à macération.

Odeur des masses de cornes accumulées dans les ateliers.

Odeur des corps gras décomposés sur les plaques rouges.

PRESCRIPTIONS. — Effectuer le ramollissement de la corne sous le *manteau* d'une cheminée haute de deux à trois mètres au-dessus des toits.

Ne jamais travailler la corne brute, mais celle qui a été précédemment bien lavée et desséchée.

Renouveler tous les jours les eaux de macération ; ne jamais les jeter sur la voie publique ou dans des cours particulières, non plus que dans des puisards ; mais les diriger par des conduits souterrains à l'égout le plus voisin, ou les verser dans une citerne voûtée, munie d'une bonde hydraulique. Ces eaux peuvent être utilisées et vendues comme engrais.

Recommander aux ouvriers de n'avoir aucune écorchure aux mains et aux doigts.

Ne jamais laisser accumuler les rebuts d'os et de corne dans l'atelier.

Ventiler et aérer fortement les ateliers de travail, ceux de chauffage surtout.

Avoir toujours dans l'atelier un baquet contenant environ cinq cents grammes de chlorure de chaux délayés dans l'eau et un quart ou un demi-mètre cube de sable fin, en cas d'incendie.

Ne jamais brûler dans les foyers aucun débris de corne.

Couvrir constamment les cuves à trempage.

Engager les fabricants à remplacer les plaques de fer rougies au feu, par la vapeur d'eau.

Défendre de se servir d'huile non épurée pour enduire la corne pendant l'aplatissage.

Corroieries (2ᵉ classe). — 15 octobre 1810. — 14 janvier 1815.

DÉTAIL DES OPÉRATIONS. — Le cuir destiné à être corroyé est mis à tremper dans une cuve à eau pendant trente à quarante heures. Quand il est suffisamment imbibé et gonflé, on le porte sur des dalles où il est foulé par un ouvrier chaussé de patins en bois garnis de rainures. Le cuir est ensuite étendu sur une table. Là il est *corroyé*, c'est-à-dire frotté fortement en tous sens à l'aide d'une petite planche taillée en biseau ou d'une lame armée d'un double manche et appelée *étire*, de manière à en exprimer toute l'eau. Le cuir est alors mis à sécher sous des hangars ou dans une étuve (chambre chauffée par un poêle), si l'air extérieur est humide. Quand il est sec à la surface, on le passe au gras (mélange de suif et d'huile de poisson ou de *dégras* venant de chez les chamoiseurs). A cet effet, on l'étend de nouveau sur une table, on l'enduit de graisse et on le remet à sécher. Quand le gras a pénétré, on en applique une nouvelle dose. Ainsi de suite, jusqu'à ce que le cuir soit suffisamment *nourri;* alors on le met en *noir* en l'enduisant de bière aigrie qui a séjourné sur de la ferraille, ou en *couleur*, ou en *blanc*, à l'aide d'une solution d'oxysulfure de calcium. A la suite de ces diverses opérations, on le passe souvent sous des cylindres de verre ou d'agate pour le *lisser*.

Cuirs factices.

On fabrique en Angleterre et en France des cuirs factices, vernis, mats, chagrinés au moyen d'une étoffe de laine, de fil, ou même de coton qui reçoit une préparation de vernis particulière, tant pour l'endroit que pour l'envers. Ce vernis est composé de farine de seigle cuite, de blanc d'Espagne pulvérisé et d'huile de lin ; on y ajoute une matière colorante ; on obtient ainsi une pâte que l'on étend sur le tissu au moyen d'une raclette. On polit ensuite la surface et l'on y applique des couches de couleur au moyen de l'huile de lin cuite et de l'essence de térébenthine ; on polit de nouveau et applique un vernis.

Pour la préparation formant peluche ou chair, on emploie une mixtion grasse ou maigre. La première est formée d'huile de lin cuite mélangée à du blanc de céruse et à de l'essence ; on l'étend comme un vernis. — La deuxième est une dissolution de gélatine, de colle de pâte, de gomme, de caoutchouc ou de gutta-percha. Quelle qu'elle soit, on la saupoudre de poudre de laine ou de coton au moyen d'un tamis; on laisse sécher, et, au moyen d'une brosse, on enlève tout ce qui n'adhère pas.

On fabrique en Amérique un cuir artificiel au moyen des rognures de cuir pulvérisées, soudées par la presse et au moyen d'une matière adhésive imperméable.

Causes d'insalubrité. — Aucune.

Causes d'incommodité. —- Danger d'incendie.

Odeur désagréable de macération des cuirs.

Grand écoulement d'eaux fétides.

Chez les ouvriers, durillons épais à la base des quatre doigts et à la face palmaire des deux mains. — Coloration brune et espèce de tannage de la peau des mains.

PRESCRIPTIONS. — Aérer convenablement les ateliers.

Tenir les portes et les fenêtres des ateliers fermées pendant le travail à l'huile de dégras. — Ne laisser que des ouvertures dans le bas comme ventilateurs.

Ne jamais introduire, dans la fabrique des peaux en vert ou non tannées.

Ne pas y fabriquer le dégras. — Ne pratiquer aucune opération de tannerie.

Placer l'étuve loin des ateliers. — A l'intérieur, revêtir de plâtre tous les murs et solives.

Exiger que le poêle destiné au chauffage soit placé sur une plaque de fonte quand le plancher du séchoir est en bois.

Plâtrer le passage du tuyau du séchoir.

Ne jamais brûler, dans l'établissement, et surtout dans le poêle ni dans la rue, les bourriers, les débris ou rognures de peaux (par rognures, on doit entendre tout ce que le corroyeur enlève pour rendre la peau égale, à plus forte raison les lanières qui sont vendues au commerce pour faire des bretelles), — ni les tonneaux ou douves ayant contenu du dégras, du suif ou de l'huile de poisson.

Chauffer le poêle de l'étuve au coke, ou, dans le cas de l'emploi du charbon de terre, surélever le tuyau de deux à trois mètres au-dessus du faîtage des maisons voisines.

Carreler, daller ou bitumer les ateliers du rez-de-chaussée.

Faire en sorte que les eaux s'écoulent facilement, et placer dans le cours des ruisseaux intérieurs, et surtout au sortir de l'atelier, des grilles destinées à arrêter les débris animaux.

Dans le cas où il existe des cuves pour un trempage un peu prolongé des peaux, prescrire l'établissement d'une conduite souterraine allant joindre l'égout le plus voisin pour le déversement des eaux.

Renouveler les eaux de macération deux fois la semaine en été.

S'il n'y a pas d'égout où les eaux puissent se rendre, ne jamais les faire écouler dans une rivière, ou les transporter loin de l'établissement, en campagne, que le soir passé huit heures en hiver et dix heures en été.

Dans le cas où on pratique la teinture des peaux, établir une hotte au-dessus de la chaudière à teinture, afin de conduire la buée dans une cheminée. (Voir *Teinturiers*.)

Quant à la fabrication des cuirs *blancs*, comme elle exige l'emploi d'une solution d'oxysulfure de calcium qui peut se préparer dans l'établissement, mais dont la préparation ne se renouvelle qu'à de longs intervalles, il y a lieu, comme dans le cas précédent, de prescrire une hotte, une conduite souterraine pour l'écoulement des eaux et des lavages fréquents de cette conduite.

Enfin, dans tous les cas, les ateliers doivent être fréquemment lavés à l'eau chlorurée.

Crins (Préparation des). Apprêt et teinture (3ᵉ classe). — Décision ministérielle du 5 décembre 1843.

On connait deux sortes de crins : le *crin plat*, qui est tel qu'on l'a détaché de l'animal, et le *crin crêpé*, qui a été filé en cordes et *bouilli*, pour lui donner une forme tortillée et une *espèce d'élasticité*.

DÉTAIL DES OPÉRATIONS. — La préparation des crins destinés à l'industrie comporte plusieurs opérations : la première est le *triage* des crins en longs et courts, en noirs et en gris. Vient ensuite le *lavage*, puis le *peignage* des longs, à l'aide du loup, le *battage* des courts. Pendant le peignage l'ouvrier enroule le crin sur sa main droite, et y détermine à la longue un gonflement caractéristique. Ces opérations causent beaucoup de poussière : la *mise en corde* des crins courts et moyens; c'est alors qu'on les fait *bouillir*, pour les faire friser. Cette macération à l'eau chaude, dans de grandes chaudières, donne lieu, surtout au moment où l'on retire les crins de la cuve, à une quantité considérable de buée, quelquefois odorante et fort désagréable, qui se répand dans tout l'atelier et au dehors, si l'on n'a pas pris les précautions convenables pour s'y opposer. Après le *bouillage* vient la *teinture;* les gris et les blancs y sont seuls habituellement soumis. Les formules du bain de teinture sont variables. En voici une : On place vingt kilogrammes de crin dans de l'eau de chaux, et on laisse macérer pendant douze heures. On fait bouillir dix kilogrammes de bois de Campêche pendant trois heures; on y met trois cents grammes de sulfate, et mieux d'acétate de fer, et on y plonge le crin ; vingt-quatre heures suffisent à la teinture.

On n'a plus qu'à procéder au *rinçage*, au *séchage* à l'*étuve*, et à la mise en œuvre ou au *tissage*.

USAGES. — Le crin plat ou long sert à la fabrication de certains boutons, à celle des cordes à étendre le linge, et à celle des tamis, des étoffes; les poils courts sont employés par les tapissiers, les matelassiers et les selliers.

CAUSES D'INSALUBRITÉ. — Aucune.

CAUSES D'INCOMMODITÉ. — Buée venant des cuves de bouillage et de teinture, pendant l'opération, et surtout à la fin quand on retire les crins.

Odeur de la buée et des eaux de teinture.

Poussière dans l'atelier de battage pendant le triage.

Quelquefois communication d'accidents graves aux ouvriers, par des crins imprégnés de sang d'animaux morts du charbon ou de la morve.

Action du crin sur la main droite du peigneur. — Rougeur et gonflement.

Écoulement considérable d'eaux de fabrication.

Danger d'incendie à cause de l'étuve.

PRESCRIPTIONS. — Avoir un atelier séparé pour les cuves à *bouillage* et à teinture, un autre pour l'étuve.

Couvrir les cuves pendant le bouillage, — et agiter le crin dans la cuve, sans la découvrir.

Placer les cuves sur des fourneaux en briques, séparés des murs de l'habitation par quarante ou cinquante centimètres d'espace libre. — Revêtir les fourneaux de larges hottes, dépassant les cuves de cinquante centimètres au moins, et étant terminées par l'orifice, à large section, d'un tuyau qui se rendra dans une cheminée destinée à recevoir la fumée et la buée.

Ventiler l'atelier par bas. — Et y placer un tuyau d'appel.

N'ouvrir les ballots de crins qu'au grand air.

Tenir les croisées d'atelier presque constamment fermées, mais les clore tout à fait au moment où l'on tire les crins des étuves, soit après le bouillage, soit après la teinture; ne pratiquer cette opération du *bouillage* que pendant la nuit.

Ventiler énergiquement l'atelier où s'opère le triage et le battage des crins.

Construire isolément l'étuve. — Entourer le poêle d'un grillage en fer, et le placer sur une plaque de pierre. Plâtrer le tuyau à son passage hors de l'étuve. — Doubler de tôle l'intérieur de la porte.

Ne jamais faire écouler sur la voie publique les eaux de bouillage ou de teinture, surtout quand elles seront chaudes.

Les laisser refroidir et ne les verser que le *soir*, soit directement à l'égout le plus prochain, soit par une conduite souterraine allant de l'atelier à l'égout ou cours d'eau le plus prochain, et le *soir seulement*. (Voir au mot *Teintureries* les prescriptions relatives aux ateliers de teinture.)

Crins de bœuf et de cheval, soies de cochon (Préparation des) par la fermentation (1re classe). — 27 mai 1828.

DÉTAIL DES OPÉRATIONS. — Le procédé qui consistait à préparer les soies de cochon et les crins d'animaux par la fermentation ne se pratique plus. — On introduisait les crins dans de grandes fosses, en partie pleines d'eau, et on les fermait selon les saisons; on les abandonnait ainsi pendant une semaine ou un mois; à l'ouverture des fosses, et quand on faisait l'extraction des crins, il se dégageait des odeurs de la plus grande putridité. Par ce procédé on altérait et brûlait la marchandise, et il y avait une perte de 40 à 50 pour 100. L'intérêt des industriels les a fait renoncer eux-mêmes à cette pratique.

Comme pour les crins, on commence par trier les soies, on les bat, on les peigne ou carde, on les lave et on les fait bouillir.—Puis on les soumet à la teinture, qui a lieu avec le sulfate de fer et le bois de Campêche, et on ne les teint qu'en *noir*. Cela se fait dans une grande chaudière; cinq à six heures d'ébullition suffisent. Après cela, ils sont secoués, séchés, bouillis et séchés de nouveau, soit à l'air libre, soit dans une étuve.

Ceux de première qualité sont mis à part. — Les soies courtes et les crins qui ont encore un peu d'épiderme sont placés dans des paniers à l'air, pour qu'une faible fermentation s'en empare et détruise les restes des matières organiques.

Les soies destinées à la brosserie sont triées, battues, cardées, peignées à la main, puis mises en *carottes*. On les fait bouillir et on les sèche. — Enfin, toutes les racines ayant été tournées d'un même côté, elles sont mises en paquets, suivant leurs qualités, et vendues aux fabricants de brosses.

Les soies courtes mêlées aux crins frisés sont livrées à la teinture. — On les lave, sèche et peigne deux fois, on les mêle alors au grand crin, dans des proportions variées, et on les file.

Une grande partie des crins *secs* arrivent en *balles* de Montevideo et Buenos-Ayres.

CAUSES D'INSALUBRITÉ. — Odeurs infectes et insalubres.

Danger d'affections charbonneuses pour les ouvriers.

CAUSES D'INCOMMODITÉ. — Buées nauséabondes au moment de l'ouverture des fosses ou des chaudières d'ébullition.

Écoulement considérable d'eaux de macération chargées de matières organiques décomposées.

Odeur de fermentation venant des paniers où l'on met pourrir les *courtes soies*.

PRESCRIPTIONS. — Proscrire l'ancien procédé de fermentation.

Couvrir les chaudières à ébullition d'un couvercle métallique à charnières.

Opérer sous un manteau de cheminée, fermé par devant à l'aide d'un vitrage, afin qu'aucune buée ne puisse se répandre dans l'atelier et de là au dehors.

Faire arriver toutes les vapeurs et buées dans une cheminée haute de vingt-cinq mètres à partir du sol.

Daller, paver ou bitumer le sol de l'atelier.

Établir une cheminée d'appel dans le magasin où seront renfermées les balles de crin sec ou les soies nouvellement lavées.

S'il y a une étuve, la construire en matériaux incombustibles avec porte doublée de tôle à l'intérieur. — Isoler l'étuve des autres parties de l'établissement.

Ne jamais jeter les eaux de macération, ou d'ébullition, ou de teinture sur la voie publique, mais, par des conduits souterrains, les mener à des citernes étanches, ou à l'égout le plus voisin.

Si on se débarrasse des eaux pour engrais, les exporter en vases clos.

Ne recevoir dans l'usine aucun débris de matières animales, sans y avoir été spécialement autorisé.

Enfin, faire surveiller les mains des ouvriers, et la peau en général, dans la crainte qu'ils ne gagnent, en travaillant les crins, quelque affection de nature charbonneuse.

Cuirs de Russie.

Le *cuir de Russie*, connu encore sous le nom de *cuir roussi*, est un cuir de vache ou de veau ordinairement teint, cylindré et imprégné d'huile empyreumatique de bouleau à laquelle il doit son odeur.

Détail des opérations. — Pour l'obtenir, on débourre les peaux avec une lessive faible de cendres et de chaux vive, de manière à n'attaquer que l'épiderme : on les lave à la rivière, puis on les foule plus ou moins longtemps; cela fait, on les met en fermentation pendant huit jours dans des cuves, et l'on recommence le foulage et la fermentation.

On fait aigrir de la farine de seigle délayée dans une grande quantité d'eau au moyen d'un levain; on y plonge les peaux pendant quarante-huit heures, puis on les lave à la rivière. Cette préparation a pour but de disposer les peaux au tannage; quand elle est terminée, on plonge les peaux dans une décoction d'écorce de saule ou de peuplier déjà en grande partie refroidie, on les y foule pendant une demi-heure, en répétant cette manipulation deux fois par jour pendant une semaine.

On renouvelle le bain de tan pour y maintenir les peaux pendant encore une semaine, puis on les fait sécher pour les imprégner d'huile de bouleau. Pour bien faire pénétrer celle-ci, on expose le cuir au soleil et on étend plusieurs couches à mesure que les précédentes sont sèches; il faut que les peaux ne soient pas dans un état de siccité parfait, afin que l'imbibition soit égale, moins rapide, et qu'il ne se forme point de taches.

(Voir, pour la préparation de l'huile empyreumatique de bouleau, au mot *Alcool*, l'article *Distillation de l'écorce de bouleau*.)

La couleur rouge du cuir de Russie est ordinairement obtenue au moyen du bois de Brésil, la couleur noire au moyen du pyrolignite de fer.

Pour graver sur le cuir de Russie les losanges qu'on a coutume d'y voir, on fait usage d'un cylindre d'acier de huit centimètres de diamètre sur trente-deux de longueur, dont la surface est formée d'un grand nombre de filets serrés, analogues à ceux d'une vis sans fin. Ce cylindre est chargé d'une masse de pierres de deux cents kilogrammes environ; on le promène en long, puis en large sur le cuir, en le faisant appuyer sur des barres de fer fixées sur le banc de bois sur lequel est le cuir; on a des carrés ou des losanges suivant l'inclinaison donnée.

Le granulé du cuir se fait par un moyen à peu près semblable.

Tous ces cuirs sont aujourd'hui parfaitement imités par des compositions qui en ont toutes les apparences, entre autres la moleskine. Le tissu qui s'en rapproche le plus, et qui donne au gaufrage le plus beau grain, est celui qui est obtenu par M. Bérard Touzelin à l'aide du collodion.

Cuirs secs ou en saumure (Débarquement de) (2ᵉ *classe*, par assimilation au dépôt de *Cuirs verts*).

Dans quelques ports de mer (Bordeaux, Marseille), le débarquement des cuirs secs ou en saumure qui arrivent de l'Amérique, de Buenos-Ayres, etc., etc., donne lieu à des inconvénients tellement graves, qu'à plusieurs reprises les conseils d'hygiène ont été appelés à formuler quelques règles à ce sujet. J'ai cru devoir en dire ici quelques mots.

Les peaux embarquées sèches à leur point d'origine ne devraient causer aucun inconvénient; mais sur le même navire on les entasse à côté de beaucoup d'autres en *saumure*. Celles-ci arrivent donc dans un état de fermentation presque putride, qui a communiqué une partie de leur mauvaise odeur aux peaux sèches. On a parfois signalé qu'une partie de ces marchandises avaient été déposées sur les quais, sous la forme d'une masse putrilagineuse des plus infectes. — Si, le jour du débarquement, le vent venait à souffler vers la ville, on comprend le danger auquel elle serait exposée.

Ce qui ajoute encore à ce danger, c'est l'inconvénient de la poussière qui résulte du baguettage des peaux.

CAUSES D'INSALUBRITÉ. — Odeurs et vapeurs de matières animales en putréfaction très-insalubres.

Danger pour la santé des ouvriers qui manipulent ces marchandises, et parfois de toute une ville, par suite des exhalaisons que le vent peut y faire parvenir.

CAUSES D'INCOMMODITÉ. — Poussière considérable produite par le baguettage des peaux.

PRESCRIPTIONS. — Ne faire opérer le débarquement des peaux en saumure qu'après qu'un inspecteur ou un membre du conseil d'hygiène aura examiné leur état.

Faire jeter à la mer toutes les peaux en putréfaction.

Ne laisser pratiquer le débarquement des peaux que dans un lieu de la côte le plus éloigné de la ville, et jamais sur les quais, si la fermentation putride s'est emparée de la marchandise.

Ne point opérer le baguettage des peaux sur les quais de la ville, mais transporter ces peaux comme la laine, comme les tapis, hors les murs, pour y pratiquer le battage.

Ne point laisser à l'air ni sur la voie publique des peaux en saumure, et se soumettre pour les dépôts aux règles tracées à l'article *Dépôt de cuirs verts*.

Cuirs vernis (Fabriques de) (1re classe). — 15 octobre 1810. — 14 janvier 1815. L'application du vernis constitue un établissement de 1re classe. (Lettre du ministre de l'intérieur du 28 février 1831.)

Cuirs vernis, quand on ne prépare pas le vernis dans l'établissement (2e ou 3e classe). — 3e (à proposer), dans le cas où toutes les vapeurs sont brûlées et les appareils parfaitement construits.

DÉTAIL DES OPÉRATIONS. — Les peaux destinées à la teinture sont presque constamment celles de chèvre; on commence par les dégorger pendant deux ou quatre jours dans de l'eau aigrie provenant d'une opération précédente; on les épile, on les écharne et les fait digérer pendant vingt-quatre heures dans un bain de son aigri. Ces opérations rentrent dans la corroierie; c'est à leur suite qu'on *déreille* ou amincit la peau, qu'on la *met au vent* ou qu'on en enlève l'eau par la pression sur un marbre et qu'on la *nourrit*, c'est-à-dire qu'on l'enduit d'*huile de dégras*. Habituellement on reçoit les peaux sèches et tannées. On les divise en *belles* et en *moins belles;* les premières destinées à la teinture en rouge, les autres à une teinture de couleurs différentes.

La cochenille sert à teindre en rouge; on en prend trois à quatre cents grammes par douzaine de peaux; on la fait bouillir avec de l'alun et de la crème de tartre pendant quelques minutes; on passe et partage la liqueur en deux portions égales pour donner deux couches. Les peaux sont cousues et placées dans un tonneau; on y verse la teinture et on agite pendant une demi-heure; on renouvelle alors le bain et on continue d'imprimer au tonneau un mouvement continu pendant une demi-heure; cela fait, on rince les peaux et les tonneaux.

Le tannage, quand il a lieu, s'exécute en introduisant dans le sac formé par les peaux cousues une certaine quantité de sumac; on le gonfle au moyen de l'air et le ferme; on a préparé une dissolution faible de sumac; on y plonge les peaux pendant vingt-quatre heures, ce qui suffit à leur tannage.

Les peaux qui doivent prendre une couleur autre que le rouge sont tannées au sumac tout d'abord, puis foulonnées avec de l'eau tiède, repliées du côté de la chair, pour disposer les peaux à la teinture, sauf pour le bleu et pour le noir; toutes les peaux sont passées dans un bain très-chaud de bois de Campêche, à plusieurs reprises, afin d'obtenir la teinte dont on a besoin.

Le noir se donne en imprégnant la surface de la peau à l'aide d'une brosse, avec une dissolution d'acétate de fer, obtenue en laissant digérer de la ferraille avec de la bière aigrie.

Le bleu s'obtient avec le bleu de Prusse, mais généralement avec le sulfate d'indigo, le sulfate de fer et la chaux en proportions voulues.

Le violet et la couleur pensée s'obtiennent par le bleu et une couche ou deux de cochenille.

Le jaune s'obtient avec l'épine-vinette.

On comprime fortement les peaux avec une presse hydraulique pour dégager l'excès de couleur et l'eau.

Avant d'être vernies, les peaux doivent subir encore deux opérations préalables.

L'une d'elles, l'apprêtage, est la seule pratiquée dans la plupart des cas.

L'*encollage* se fait en appliquant avec une brosse une couche de colle de Gand qu'on fait sécher immédiatement à une haute température. On enlève la plus grande partie de cette couche desséchée au moyen de grès pilé et d'un ponçage pour adoucir la surface : l'encollage a pour but de faciliter la fixation de l'apprêt.

L'*apprêtage* a pour but de boucher tous les pores du cuir; on en adoucit la surface par un nouveau ponçage. L'*apprêt* est un mélange en proportions variables de blanc de Meudon (craie en poudre), d'ocres, de noir d'ivoire ou de fumée, de bleu de Prusse... avec de l'huile de lin rendue siccative par un mélange de céruse et de litharge. L'apprêt est plus ou moins fluide; on en applique cinq à six couches à froid avec des pinceaux larges dits blaireaux ou avec un racloir. Après chaque application les peaux sont remises à l'étuve chauffée à quarante ou soixante degrés, ensuite lissées à la pierre ponce ; on peut aussi les sécher au soleil.

Le *vernissage* succède à l'apprêtage; le vernis est encore de l'huile de lin rendue siccative par de la litharge et de la céruse à laquelle on ajoute du noir d'ivoire, du bitume de Judée... du vernis gras au copal et une certaine quantité d'essence de térébenthine. On a encore usé d'un vernis fait avec une certaine proportion déterminée de caoutchouc et d'huile de lin. — On place le mélange dans une chaudière à feu doux — chauffée avec le bois pendant sept à huit heures. Après le refroidissement on ajoute l'essence de térébenthine, le noir de fumée, le noir d'ivoire, etc., etc., et on agite à froid. On l'étend sur le cuir apprêté au moyen d'un pinceau dit *queue de morue*. Les peaux ainsi vernies sont portées dans une étuve chauffée de cinquante-six ou soixante-quinze degrés; afin d'éviter l'accès de la poussière, on cloue les peaux sur des cadres, le vernis en dessous, et on les pose à plat dans des tiroirs qui passent à travers les murs de l'étuve, afin qu'on puisse les tirer du dehors sans ouvrir celle-ci. Ces tiroirs sont recouverts d'une étoffe moelleuse, de laine ordinairement, qu'on entoure de papier pour éviter le contact immédiat du vernis. Les proportions des mélanges, la température de l'étuve varient avec la couleur et la peau.

CAUSES D'INSALUBRITÉ. — Danger d'incendie, surtout quand on fabrique le vernis dans l'usine. Voir *Vernis (Fabriques de)*.

CAUSES D'INCOMMODITÉ. — Odeur de cuir et de colle désagréable.

Odeurs plus incommodes, si l'on fabrique le vernis et si l'on y cuit les huiles.

Écoulement d'eaux de travail plus ou moins colorées.

Poussière pendant le brossage et le ponçage des peaux. — Action sur la santé des ouvriers (poussières chargées de sels de plomb).

Fumée du calorifère.

PRESCRIPTIONS. — Construire en matériaux incombustibles et loin des bâtiments de la fabrique le hangar qui doit renfermer le fourneau destiné à la préparation du vernis.

Établir sur la chaudière un couvercle à charnière, de façon à la clore parfaitement dans le cas où le feu s'y manifesterait.

Isoler le bâtiment destiné à l'étuve. — Le construire en matériaux incombustibles. Recouvrir à l'intérieur la porte de l'étuve dans toute sa hauteur avec une plaque de tôle d'une épaisseur suffisante.

Disposer dans l'étuve un grillage autour du calorifère et des tuyaux de fonte à trente ou cinquante centimètres de distance au moins, de façon que les châssis de bois sur lesquels sont étendues les peaux ne puissent se trouver en contact ni avec le calorifère ni avec ses tuyaux.

Surélever la cheminée du calorifère de quatre mètres au-dessus du toit.

Carreler et plafonner l'étuve. Recouvrir de plâtre tous les bois apparents. Placer le calorifère sur une plaque en pierre. Ne point avoir de chaudière pour la cuisson des huiles.

Ne point écouler les eaux de fabrique sur la voie publique, les mener par un conduit souterrain ou les jeter chaque soir à l'égout.

Enfermer les vernis dans un atelier isolé, et n'y pénétrer le soir qu'avec une lampe de sûreté.

Ne préparer les vernis que pendant la nuit.

Ne jamais encombrer la voie publique par l'exposition des produits en voie de fabrication. (Voir *Vernis*.)

Cuirs verts et peaux fraîches (Dépôt de) (2ᵉ classe). — 14 janvier 1815. — 27 janvier 1837.

Ces dépôts peuvent être considérables dans certaines villes ou dans certaines localités où l'abondance des eaux attire les fabriques souvent réunies de tannerie, de mégisserie et de corroierie. Ils donnent presque toujours lieu à des plaintes, qui sont, il faut le dire, fondées.

CAUSES D'INSALUBRITÉ. — Odeurs insalubres, à cause de la fermentation facile, surtout dans les saisons chaudes, des matières organiques et des débris de chair adhérents aux peaux.

Dangers pour les ouvriers qui manient ces peaux, quand ils ont des écorchures aux doigts, de gagner la morve ou le charbon par le contact du sang et des poils.

CAUSES D'INCOMMODITÉ. — Odeurs très-désagréables.

PRESCRIPTIONS. — Reléguer ces dépôts dans des quartiers peu habités, loin surtout de tous les établissements publics et principalement des colléges, des salles d'asile, des écoles, des·hôpitaux et hospices.

Placer les peaux dans un lieu sec et facile à ventiler. Ne jamais les enfermer dans une chambre close, sous des hangars même entourés de planches, sans y ménager une cheminée d'aération.

Ne pas les laisser séjourner plus de trois à quatre jours dans le dépôt. — Les livrer de suite au tanneur.

Ne point les abandonner sur la voie publique.

Ne jamais y battre les peaux sèches.

Paver le sol des ateliers, hangars ou magasins, avec pente suffisante pour l'écoulement des eaux salées ou sanguinolentes.

Recevoir celles-ci dans une citerne qui sera vidée tous les jours.

Établir un mur de défense à un mètre cinquante centimètres de hauteur, pour protéger le mur mitoyen de l'action du sel.

Avoir dans les magasins un baquet toujours rempli de chlorure de chaux. — Changer le chlorure deux fois par semaine.

Faire disparaître immédiatement de l'établissement le sel employé aux salaisons des cuirs.

Dégras, huile épaisse à l'usage des corroyeurs et des tanneurs (Fabrique de) (1re classe), — 9 février 1825.

DÉTAIL DES OPÉRATIONS. — Le *dégras* est un mélange d'huile de poisson, de matières animales et de potasse provenant du dégraissage des peaux qui se passent en chamois. Le travail de la chamoiserie consiste en effet à imbiber plusieurs fois les peaux avec de l'huile et une solution de potasse, et à les en dégager par la presse et le fouloir. — Alors on obtient, sous le nom de dégras, un savonule de potasse avec excès d'huile de poisson qui répand une odeur pénétrante très-désagréable. Il est employé dans la corroierie pour fabriquer les *vaches en huile,* parce qu'il a plus de consistance que l'huile, tient mieux sur le cuir, et semble agir comme un savon imparfait en rendant la peau douce et moelleuse.

Pour le faire cuire, on emploie une chaudière en cuivre, en forme de timbale d'environ un mètre de profondeur et un mètre cinquante centimètres de diamètre, placée sur un fourneau en maçonnerie. Au-dessus de cette chaudière est une poulie, qui sert à faire descendre jusqu'au fond une espèce de marmite en cuivre rouge, destinée à servir de récipient à toutes les matières étrangères provenant du remaillage, et qui se précipitent pendant l'ébullition vers le milieu de la chaudière.

Il faut ordinairement vingt-quatre heures pour décuire le dégras; il y a perte des deux tiers environ; après cette cuisson il reste encore un peu d'eau; elle se sépare par le refroidissement, et on obtient le dégras par décantation.

A Paris, par économie, on verse de l'acide sulfurique sur le dégras placé dans la chaudière; on fait bouillir lentement pendant quelques heures; au bout de ce temps l'eau se sépare facilement. On emploie une quantité d'acide proportionnée à la richesse alcaline des lessives dont on a fait usage pendant le dégraissage. (Voir *Chamoiseurs*.)

CAUSES D'INSALUBRITÉ. — Aucune.

CAUSES D'INCOMMODITÉ. — Danger d'incendie.

Odeur très-désagréable.

PRESCRIPTIONS. — Isoler l'usine.

Ne jamais fondre les graisses à feu nu,—opérer en vases clos, dans une cheminée revêtue d'une large hotte, et qui porte les vapeurs à quinze mètres au moins au-dessus du sol.

Pendant le travail, fermer toutes les ouvertures donnant sur la voie publique.

Recouvrir de plâtre toutes les charpentes de bois apparentes.

Paver, bitumer ou daller le sol.

Placer l'ouverture des foyers ou cendriers en dehors de l'atelier où sont les chaudières de fusion et où sont emmagasinées les substances inflammables.

Ne brûler dans l'usine aucun débris de tonne grasse.

Ne pas embarrasser la voie publique de tonnes pleines ou vides.

Dépilage des peaux par l'arsenic (2ᵉ classe).

Dépilage des peaux par les sulfures de baryte, de soude ou de chaux (3ᵉ classe).

DÉTAIL DES OPÉRATIONS. — Le dépilage des peaux est une des opérations qui se pratiquent ordinairement, soit chez les tanneurs, soit chez les corroyeurs ou les mégissiers. Il existe un certain nombre de préparations à l'aide desquelles on peut dépiler les peaux. — Autrefois, on se servait d'une pâte ou d'une solution dans laquelle entrait l'arsenic; aujourd'hui, tant à cause du danger inhérent à son usage qu'à l'innocuité et au bas prix d'autres substances, on y a complétement renoncé. On emploie un lait de chaux saturé de gaz hydrogène sulfuré. On y plonge les peaux à dépiler, et en moins de deux heures l'opération est faite sans que l'épiderme ait eu à souffrir de la préparation.

CAUSES D'INSALUBRITÉ. — Quand on emploie l'arsenic, si les ouvriers ont des gerçures ou des plaies aux mains, ils peuvent être empoisonnés.

CAUSES D'INCOMMODITÉ. — Aucune.

PRESCRIPTIONS. — Proscrire l'usage des préparations arsénicales. (Voir *Secrétage de peaux*, page 538.)

Hongroyeurs (2ᵉ classe). — 15 octobre. — 14 janvier 1815.

DÉTAIL DES OPÉRATIONS. — L'art du hongroyeur a plutôt pour but de conserver les peaux au moyen de l'alun, du sel et du suif, que de les tanner. Il comprend plusieurs opérations.

1° Le travail de rivière consiste à décrotter les peaux vertes de bœufs ou à les décaper de leurs poils sur un chevalet, à les écharner légèrement, et à les rincer pour en séparer le sang. On se sert quelquefois de *plains* à la chaux, comme pour certaines peaux de vaches. — Ce travail est dit de *rivière*, parce qu'il s'opère le plus souvent dans un cours d'eau : autrement il a lieu dans des cuves et nécessite une grande quantité de liquide.

2° L'alunage a pour but de conserver la peau et d'augmenter sa résistance. Pour les premiers passages, on se sert d'un mélange d'alun et de sel qui produit du chlorure d'aluminium et donne une grande souplesse au cuir. — La chaudière dans laquelle on dissout les sels a quarante centimètres de profondeur, soixante centimètres de diamètre; elle est évasée sur les bords; pour chaque cuir on emploie trois kilogrammes d'alun, un kilogramme soixante-quinze grammes de sel marin et trente litres d'eau, qu'on maintient à trente degrés centigrades. La première solution doit être plus riche, car celle-ci ne sert qu'à remplacer celle dont on se sert constamment.

Les peaux sont placées dans des cuves ovales; la *foule* est ordinairement de neuf peaux; on en fait trois *encuvages* ou dix-huit bandes; on les plie la *fleur* en dessus. La solution d'alun est ajoutée tiède; un ouvrier, nu-jambes, va fouler les peaux à grand coups de talon, *en donnant trois tours*, c'est-à-dire, en faisant trois fois le tour de la cuve; — chaque *trois tours* forment *une eau*, chaque *quatre eaux*, *un encuvage*. Cette opération est très-fatigante, mais nécessaire; les cuirs sont laissés pendant huit jours complétement immergés, même bien davantage pendant l'hiver.

Le repassage succède à l'alunage, il consiste à fouler une seconde fois; on donne encore quatre *eaux* avec la solution alunée, en prenant celle-ci de plus en plus chaude; après vingt-quatre heures, on fait égoutter et sécher dans un grenier ou dans un séchoir.

Le redressage s'opère au moyen d'un bâton arrondi de deux centimètres de diamètre environ, que l'ouvrier, à genoux sur le cuir étendu par terre, fait graduellement avancer devant lui.

Le travail de grenier se divise en travail de *première* et travail de *dernière*. — Le travail de première consiste en une espèce de foulage avec des escarpins de cuir épais sans talon; quand il est achevé on met les cuirs en pile.

Le travail de dernière ou de seconde a pour but d'adoucir le cuir et de le disposer à prendre le suif; il faut opérer sur des peaux bien sèches, soit au soleil, soit à l'étuve; cela fait, on les met *au passe en suif*.

Voici la description de l'ancien procédé :

Cette opération se fait dans une étuve de quatre à cinq mètres de côté; on y fait fondre le suif dans une chaudière capable d'en tenir quatre-vingts à quatre-vingt-cinq kilogrammes au moyen d'un fourneau qu'on allume du dehors de l'étuve. Au milieu de l'étuve est un massif carré en pierre, assez grand pour y placer une grille de fer de un mètre de côté, et qui est destinée à supporter le charbon qui doit chauffer l'étuve. Des perches supportent la *venne* ou les vingt-quatre à trente-huit bandes de cuir à échauffer ; et sur chacun des côtés de l'étuve sont deux grandes tables destinées à mettre en suif.

Pendant que le suif fond, on allume des charbons sur la grille, et quand les peaux sont toutes disposées sur les perches, les ouvriers se retirent et ferment l'étuve avec le plus grand soin. La chaleur très-élevée qui y règne fait que bientôt elle est remplie d'une vapeur très-épaisse qui incommoderait beaucoup plus les ouvriers si l'on ne prenait la précaution d'ouvrir la porte un quart d'heure avant le travail. Quand les cuirs sont suffisamment échauffés, les ouvriers, n'ayant sur le corps qu'un tablier court, entrent dans l'étuve, tâtent les bandes, prennent les plus sèches, et ce sont les plus minces, les étendent sur la table voisine de la chaudière à suif. — L'un d'eux saisit un *gipon* ou paquet de *pêne* (extrémités de couvertures de grosse laine), qu'on a lié à une sorte de manche court, le trempe dans le suif fondu, le porte sur le cuir du côté de la chair, en met une quantité suffisante pour le *nourrir* ; deux autres ouvriers, munis chacun d'un gipon, étendent rapidement le suif sur toute la surface. Quand le côté de la chair a reçu assez de suif, on retourne le cuir, on frotte l'autre côté avec les gipons gras, sans autre addition de suif; on porte la bande sur l'autre table, pour recommencer sur une nouvelle bande. Au lieu de suif, on emploie quelquefois la graisse de cheval.

La mise en suif est l'*opération* la plus importante et la plus *fatigante;* les ouvriers, renfermés dans l'étuve, respirent continuellement une fumée de suif et des gaz du charbon qui irritent fortement leurs poumons. Aussi sont-ils obligés de quitter l'étuve quand le charbon s'allume et de n'y entrer que trois ou quatre heures après leur repas, pour n'être pas exposés à un vomissement presque certain. A peine dans l'étuve, une sueur

abondante découle de leur corps. La sensibilité de l'ouïe s'accroît d'une manière très-remarquable, et s'ils éprouvent quelques tintements d'oreilles, ils se hâtent de sortir de peur d'être
pris d'étuve et de courir les plus grands risques de perdre la
vie.

Aujourd'hui, ce mode de faire qui peut peut-être exister encore dans quelques fabriques est prohibé par la jurisprudence
de la plupart des conseils d'hygiène. On remplace les foyers au
charbon par des poêles dits de *Curodeau*, ou par un tambour
dans lequel on fait arriver la vapeur. — Les autres opérations,
au sortir de l'étuve ou de tout appareil qui a chauffé les peaux
convenablement, ont lieu comme je l'ai décrit plus haut. Il y a,
ainsi absence de danger pour les ouvriers, cuirs de meilleure
qualité, et économie de combustible.

Le flambage des cuirs consiste à les passer, pour leur
faire *boire* leur suif, sur un feu de charbon, de manière à fondre le suif et à le faire pénétrer. Quelquefois on se contente de
les empiler dans l'*étuve* et d'y faire un bon feu ; quelques fabricants suppriment même ce travail : c'est le séchage.

Après le flambage, on met les cuirs en pile; on les recouvre
de toiles et les laisse en cet état une demi-heure en été, trois
quarts d'heure en hiver, puis on les met au *refroid*, c'est-à-dire,
on les met sur des perches ou des planchers à claire-voie, pour
leur faire reprendre leur fermeté : aussi se garde-t-on bien de
les mettre au soleil ou à une température un peu élevée.

Les cuirs de chevaux donnent pendant la mise en suif une
odeur plus désagréable que ceux de bœufs.

Causes d'insalubrité. — Par les anciens procédés de *mise en
suif*, danger pour la santé et la vie des ouvriers, exposés à respirer des gaz toxiques.

Causes d'incommodité. — Odeurs putrides détestables provenant de l'accumulation des peaux vertes et des débris des opérations de la *mise en rivière*.

Grande quantité d'eaux de lavage ou de service.

Danger du feu lié à l'existence de l'étuve.

Odeur de suif en fusion.

Fatigue très-grande pour les *ouvriers fouleurs*.

PRESCRIPTIONS. — Défendre l'emploi des anciens procédés de *mise en suif*.

Construire l'étuve ou le poêle d'après les principes généraux applicables à ces objets. (Voir *Fabriques de papiers peints*.)

N'autoriser l'établissement de cette industrie que là où il y aura un cours d'eau ou une grande quantité d'eau habituelle suffisante pour les besoins de la fabrique.

Paver, daller ou bitumer l'atelier de la *mise en rivière*.

Y faire de fréquentes lotions, ainsi que sur les murs et les tables avec des liquides désinfectants (par exemple un kilogramme de chlorure de chaux sec dans cent litres d'eau.)

Ne jamais laisser couler les eaux de travail sur la voie publique. — Leur donner un écoulement facile et souterrain vers le plus prochain égout.

Traiter les peaux vertes dès qu'elles arrivent à l'étuve.

Ne jamais conserver d'amas de raclures.—Les enfermer dans des tonneaux hermétiquement fermés et les transporter chaque jour hors de la fabrique, soit dans des fabriques d'engrais, soit dans un lieu déterminé pour le séjour de ces immondices. Ne jamais les brûler.

Placer les foyers et cendriers des appareils à chauffer l'étuve au dehors.

Pendant le travail, fermer toutes les ouvertures donnant sur la voie publique.

Surmonter l'atelier d'une cheminée d'appel s'élevant à deux ou trois mètres au-dessus des toits voisins.

Ne jamais laisser exposés ou déposés sur la voie publique les peaux à sécher, les marchandises, les déchets et les tonnes à huile ou à graisse.

Lustrage des peaux (3e classe). — 5 novembre 1826.

DÉTAIL DES OPÉRATIONS. — Les peaux minces destinées à la fabrication des portefeuilles, à la gaînerie, sont soumises à un lissage au moyen de cylindres en cristal de roche ou d'agate (voir *Corroierie*) qu'un ouvrier promène sur la peau pendant qu'un mécanisme appuie fortement sur le cylindre. Mais elles doivent, avant cette opération, en subir plusieurs autres qui ont habituellement lieu dans l'atelier du lustreur de peaux. — Cette industrie est une annexe presque obligée du fourreur. Elle s'exerce spécialement sur les peaux d'agneaux déjà sèches. — On imprègne ces peaux encore garnies de poils d'un corps gras, et on l'y fait pénétrer en les foulant à l'aide des pieds pendant un certain temps. Pour leur enlever l'excès des corps gras, on les foule de nouveau, après les avoir largement saupoudrées de sciure de bois d'acajou et de sable. — Ce travail n'exige pas l'emploi de nitrate de mercure nécessaire aux apprêteurs de peaux pour la chapellerie. — Vient ensuite la teinture avec des brosses enduites de la couleur voulue. On les met au séchoir et on les passe ensuite dans des espèces de tonneaux ou tambours où elles subissent un mouvement rapide de rotation. Cette opération, qui se faisait autrefois à la main et à l'air libre, a pour but de les débarrasser de la poussière et des restes desséchés de la teinture qu'elles ont reçue. La dernière opération constitue le lustrage proprement dit. C'est le passage entre des cylindres qui donne aux peaux le luisant nécessaire avant qu'on les livre au commerce.

CAUSES D'INSALUBRITÉ. — Aucune.

CAUSES D'INCOMMODITÉ. — Danger du feu par l'étuve.

Poussière qui peut s'échapper des tambours. — Et action sur la santé des ouvriers, par les poussières de diverses matières colorantes employées dans la teinture.

Poussière de nature variable, souvent albumineuse, pendant le travail des peaux à la brosse.

PRESCRIPTIONS. — N'emmagasiner que des peaux sèches.

Bien ventiler l'atelier où est placé le tambour à battre les peaux. — Ne pas diriger la poussière sur la voie publique.

Ne pas brûler la sciure imprégnée de corps gras qui a servi au travail des peaux.

Isoler l'étuve. — N'y laisser aucun bois apparent. — Les recouvrir de maçonnerie. — Construire l'étuve selon les règles ordinaires. (Voir, au mot *Papier*, l'article *Fabriques de papiers peints*.)

DÉTAIL DES OPÉRATIONS. — La maroquinerie se pratique quelquefois isolément ; — d'autres fois elle accompagne et suit un certain nombre d'opérations qui appartiennent à la tannerie, à la corroierie et à la mégisserie. Telles sont celles qui consistent à agir sur les *peaux* en vert, à les plonger dans un lait de chaux, à les dépiler, — à leur faire subir le travail de rivière, — à les fendre en deux parties, de manière à enlever une couche mince, connue sous le nom de *fleur de peau*. — Tandis que la partie la plus épaisse est traitée par le dégras et amenée à l'état où, dans le commerce, on la vend sous le nom de peau de chamois. Ce travail s'opère habituellement sur les peaux de moutons ou de chèvres. La *fleur* passe dans des cuves où se fait le tannage au sumac. La feuille de sumac est réduite à l'état de farine, et les peaux séjournent quarante-huit heures dans l'eau à laquelle on a mêlé une certaine quantité de cette farine. — Au sortir de ces cuves, on les sèche et on les livre au travail qui constitue spécialement l'art du maroquinier.

Celui-ci achète chez les tanneurs des peaux de chèvres ou de moutons, préparées à peu près comme je viens de le dire. Elles sont à l'état de peaux en *croûte*. On les place sur des chevalets pour leur faire subir l'opération du *battage* ou l'enlèvement de leurs aspérités ; et on les plonge alors dans des cuves pour les *teindre* en diverses couleurs. C'est en cela surtout que consiste la maroquinerie. Les couleurs habituellement employées sont le bois de Campêche et d'épine-vinette, l'indigo et la cochenille. Les teintures se préparent *à chaud* au moyen d'un appareil à vapeur. La cochenille reste quelques instants seulement sur le feu, sous peine de brunir et de donner une couleur mauvaise. Les peaux teintes en bleu par l'indigo sont traitées *à froid* dans une cuve en bois doublée de plomb.

Au sortir des cuves, on lave à grande eau toutes les peaux.—On les gratte et on les étend pour leur faire perdre toute l'eau du bain. On les passe au polissoir. Les corroyeurs en chambre finissent de les travailler.

CAUSES D'INSALUBRITÉ. — Aucune, si l'on n'y pratique aucune opération d'équarrissage et de tannerie.

CAUSES D'INCOMMODITÉ. — Mauvaise odeur.

Buées des cuves à teinture.

Odeur des raclures de cuir accumulées.

Écoulement d'eaux de lavage.

Écoulement d'eaux de teinture.

Danger d'incendie de l'étuve quand il y en a une.

PRESCRIPTIONS. — Proscrire toute opération qui ne sera pas *exclusivement* une opération de maroquinerie. — Ne permettre les préparations préalables des cuirs que s'il existe une autorisation d'exercer la tannerie, la corroierie ou la mégisserie.

Construire le fourneau en fer et briques et l'étuve en matières incombustibles. (Voir *Mégissiers* et *Corroyeurs*.)

Couvrir les cuves d'une large hotte qui recueille les buées et les conduise dans la cheminée du foyer, qui devra dépasser de deux mètres le faîte des toits voisins.

Paver, daller ou bitumer le sol de l'atelier avec pente convenable pour l'écoulement des eaux.

Ne jamais laisser parvenir les eaux de lavage ou de teinture sur la voie publique, mais les conduire à l'égout le plus voisin par un aqueduc souterrain.

Dans le cas où la fabrique est située sur le cours d'une rivière, n'y jeter ces eaux que le soir de minuit à quatre heures du matin; et, dans ce cas encore, faire toutes réserves, s'il existe au-dessous de la maroquinerie des usines auxquelles les eaux de travail pourraient être nuisibles.

Ne jamais laisser accumuler dans la fabrique des débris et rognures humides de peaux. Les vendre pour engrais ou aux fabriques de colle. — Ne jamais les brûler dans l'usine.

Pendant le travail des cuves, tenir l'atelier hermétiquement fermé, afin que les buées et odeurs n'incommodent point le public ou les voisins.

Ventiler activement le magasin où sont entassées les peaux, soit travaillées, soit à travailler.

Pour l'étuve et sa disposition, voir *Mégissiers*.

Mégissiers (2ᵉ classe). — 15 octobre 1810. — 14 janvier 1815.

DÉTAIL DES OPÉRATIONS. — Les mégissiers préparent des peaux blanches avec ou sans poils au moyen de la chaux, de l'alun, du sel et de la pâte : on y emploie les peaux de moutons, d'agneaux, de chevreaux, surtout pour la ganterie, ce qui s'appelle alors *faire la petite peau*, etc. Cette industrie diffère du hongroyage, principalement en ce qu'on ne passe pas les peaux *en suif*.

La première opération consiste à ramollir les peaux dans l'eau si elles sont sèches avant de les *enchaussener* ou passer dans un lait de chaux, dans une cuve contenant mille litres d'eau, on met un demi-tonneau de chaux grasse et trois livres d'orpin contre deux cent cinquante litres de chaux; à les empiler pendant huit à quinze jours et à les débarrasser de la chaux par des lavages à la rivière. En été, l'ouvrier est placé dans un tonneau enterré dont le bord supérieur est peu élevé au-dessus du niveau de l'eau, de sorte qu'il peut laver sans se baisser; en hiver on opère dans des tonneaux. La chaux est destinée à faciliter l'épilage et la séparation de la boue qui adhère à la laine; un *battage* au moyen de *battes* ou bâtons enlève les crottes qui y sont attachées. — Au lieu de chaux, pour faciliter l'épilage, on emploie quelquefois un mélange d'orpiment ou sulfure d'arsenic avec la chaux. On met de nouveau les peaux en tas, puis on les lave à la rivière.

On procède alors à l'*épilage;* autrefois on faisait la *surtoute*, c'est-à-dire qu'on coupait ras la laine avec des ciseaux sans charnière; mais maintenant on abat la laine sur un chevalet au moyen d'un bâton rond. Les peaux pelées ou *cuirets* sont passées dans deux plains de chaux ou laits de chaux, ce qui dure un mois, puis on les lave à la rivière, on les rogne et procède à l'écharnage. On donne ainsi quelquefois cinq ou six *façons*.

L'*écharnage* a lieu au moyen d'un couteau concave; les débris et les rognures servent à faire de la colle. On foule alors les peaux dans des cuviers, au moyen de pilons, pour faciliter la sortie des dernières traces de chaux et on passe *au confit*. C'est un bain chaud d'eau de son contenant deux cents grammes environ par peau; on y fait gonfler les peaux pendant deux ou trois jours en été et jusqu'à trois semaines en hiver; il a pour but de les dégraisser et donne lieu à de la fermentation. Au sortir du confit, on les passe dans l'*étouffe*, c'est une dissolution d'alun et de sel marin chaude, dans laquelle on commence par passer, puis on laisse séjourner les peaux quelques minutes.

La dernière opération consiste à *mettre les peaux en pâte* ou à les *passer au blanc*; pour cela, on foule avec les mains les peaux une à une dans une pâte de consistance de miel, formée avec l'eau d'alun précédente, de la farine et des jaunes d'œufs. C'est l'*habillage* qui se pratique ainsi à l'aide des pieds : trois ou quatre hommes dansent dans une cuve pour fouler convenablement les peaux. Souvent on ne fait qu'une opération du passage dans l'étoffe et dans la pâte, on mélange les différentes matières qui les constituent, pour obtenir une *sauce* qu'on applique plus facilement; et on fait sécher les peaux à l'ombre dans un séchoir.

Il ne reste plus qu'à les humecter en les plongeant quelques instants dans un baquet d'eau, à les étirer au *palisson* et à les faire sécher de nouveau. — On les envoie ensuite à la teinture.

La cherté des œufs fait qu'on les remplace, dans quelques usines de l'Angleterre, par de la cervelle délayée dans l'eau.

Dans la plupart de ces opérations les ouvriers ont sans cesse les mains plongées dans de l'eau fortement chargée de chaux.

CAUSES D'INSALUBRITÉ. — Action souvent très-douloureuse sur les doigts et les mains des ouvriers. — Il se développe au bout des doigts de larges ecchymoses bleuâtres (*choléra des doigts*) suivies d'ulcérations. D'autres fois il se fait un petit trou fistuleux au bout du doigt, la solution de chaux y pénètre et détermine de très-vives douleurs. (C'est le *rossignol* des ouvriers.)—

Ces accidents sont causés par le contact permanent des doigts avec l'eau de chaux. (Voir *Tanneries*.)

CAUSES D'INCOMMODITÉ. — Buée des cuves à l'eau de son chaude.

Odeur de fermentation qui s'en échappe.

Quantité considérable d'eaux de travail.

Odeur des eaux de macération pour ramollir les peaux quand on ne peut travailler directement dans un cours d'eau.

Fatigue du travail pour les ouvriers.

PRESCRIPTIONS. — Défendre toute opération d'équarrissage.

Ne point garder de peaux *en vert*, les plonger dans l'eau de chaux aussitôt qu'elles sont amenées à la fabrique.

Paver, daller ou bitumer l'atelier avec pente convenable pour l'écoulement des eaux.

Munir d'une grille l'orifice qui conduit les eaux au dehors, afin d'empêcher la dispersion des rognures.

Ne jamais écouler les eaux au dehors sur la voie publique — ou dans des cours d'eau riverains qui pourraient souffrir de ces eaux. Les faire parvenir à l'égout voisin par un conduit souterrain bien pavé et cimenté, après avoir traversé une couche de tannée. — Dans quelques cas, où il n'y a rien de nuisible, ne jeter ces eaux que le soir, de minuit à cinq heures du matin.

Ne point conserver d'amas de rognures. — Les porter tous les deux jours aux fabricants de colle ou d'engrais.

Parcheminiers (2ᵉ classe). — 14 janvier 1815.

La parcheminerie est une dépendance de l'art de la chamoiserie.

DÉTAIL DES OPÉRATIONS. — On obtient le parchemin en *dépilant* les peaux de mouton ou de chèvre, en les *passant* à la chaux dans le *plain*, en les décharnant à l'aide du couteau (opération de l'*effleurage*), les passant sur des cendres et les frottant avec une pierre ponce pour les amincir et les adoucir. Le *vélin* ou parchemin vierge se fait exclusivement avec des peaux de veau, de chevreau ou d'agneau mort-né. — Les parchemins pour tambours se font avec des peaux d'âne ou de loup. — Pour les livres, avec des peaux de porc.

Causes d'insalubrité. — Odeur souvent putride des matières animales en putréfaction ou en simple fermentation.

Causes d'incommodité. — Odeurs désagréables.

Écoulement d'eaux souvent infectes.

Débris du grattage des peaux faciles à se putréfier.

Prescriptions. — Dès que les peaux sont réunies dans l'atelier, les mettre dans le *plain* (bain de chaux).

Munir les chevalets à leur partie inférieure de boîtes destinées à recueillir les matières enlevées par le couteau dans l'opération de l'effleurage.

Daller, paver ou bitumer le sol de l'atelier où se fait l'effleurage des peaux.

Plusieurs fois par semaine, et chaque jour, pendant les temps chauds, faire sur le sol des lotions chlorurées.

Diriger les eaux de travail par un conduit souterrain dans l'égout le plus proche. — Ne jamais les laisser se répandre ou se perdre sur la voie publique ou dans des puisards. — En cas d'absence d'égouts, les recueillir dans un tonneau ou dans un réservoir étanche, d'où on les extraira pour les porter le soir seulement au ruisseau, ou, à la campagne, au lieu fixé pour recevoir les immondices. — On devrait toujours les vendre pour engrais.

Ne jamais conserver dans l'atelier des amas de débris putrescibles.

Ne jamais brûler aucun déchet du travail des peaux. (Voir *Chamoiserie, Corroierie, Tannerie.*)

Secrétage des peaux de lièvres et de lapins (2ᵉ classe). — Ordonnance du 20 septembre 1828.

Détail des opérations. — Cette opération, ou le travail particulier de certaines peaux, a pour but d'enlever au derme tous les poils qui y sont adhérents, sans en altérer la structure, afin de pouvoir les livrer ensuite à l'arçonnage et au feutrage. (Voir, au mot *Chapeaux*, l'article *Fabriques de chapeaux de feutre.*)

Le secrétage des peaux a lieu en les frottant avec une brosse en poils de sanglier imbibée d'une solution de nitrate de mercure étendue de deux tiers d'eau. Voici une des formules habituellement employées : sept à huit parties de mercure dans soixante parties d'acide azotique. — On y ajoute trois à quatre parties d'acide arsénieux et une à trois de deutochlorure de mercure. On étend le tout dans deux à trois fois son volume d'eau. Pour rendre l'imbibition uniforme, on réunit les peaux par paires, poil contre poil. On mouille la partie externe de ces deux peaux réunies avec de l'eau de chaux étendue : puis on empile les peaux, on les presse et on les met à l'étuve, où elles demeurent vingt-quatre ou quarante-huit heures, selon le degré de coloration qu'on veut donner aux poils. Il faut cependant que la dessiccation s'opère assez rapidement. Après ce temps on peut couper ou arracher les poils avec facilité. Cette opération se fait encore presque partout à la main : c'est ce qui en constitue le danger, principalement à cause de la poussière mercurielle et arsenicale qui remplit l'air de l'atelier. M. Caumont a cependant inventé une machine, dite machine à éjarrage — (prix Montyon, 1857), qui préserve les ouvriers de l'action de cette poussière et rend le travail plus rapide et plus régulier. Dans le procédé *à la main* tous les poils sont enlevés, réunis ensuite par grosseur et par espèces, formés en paquets de un ou deux kilogrammes, et livrés aux fabricants de feutre. Les peaux sont après coup divisées en lanières et vendues pour faire de la colle de peaux de lapins.

Quand on se sert de la machine à éjarrer, dont l'usage commence à se répandre dans le département de la Seine, on a besoin de deux ouvriers spéciaux. L'un fait mouvoir la machine à la main ; l'autre place les peaux sous le couteau de l'instrument. En même temps que le poil est tondu, la peau est coupée en lanières fines qui tombent dans un réceptacle et qui sont portées chez les fabricants de colle sous le nom de *vermicelle*, à cause de la ressemblance que ces débris ont avec cette pâte. Les toisons, recueillies sur une plaque de tôle, au sortir de la machine, sont livrées à une première ouvrière qui en enlève

les petits morceaux de peau qui auraient pu y demeurer adhérents; une seconde les ébarbe de nouveau, les plie en quatre
sur elles-mêmes, et en fait des paquets de six toisons qui sont
alors livrées aux fabricants de chapeaux.

Cette manière de procéder fait presque complétement disparaître les dangers du maniement des peaux *préparées* et l'inconvénient de la dispersion des poils rendus toxiques dans l'air
de l'atelier, dangers et inconvénients attachés à tous les ateliers de secrétage des peaux.

Ces ateliers sont presque toujours étrangers à la fabrication
des chapeaux, n'y sont point annexés, et constituent une industrie particulière, très-répandue, surtout dans les grands
centres de population. En général ils sont relégués dans les
faubourgs, et l'établissement complet se compose d'un magasin
pour les peaux sèches, — d'un atelier pour leur préparation
et leur imbibition, d'une étuve pour le séchage, et d'une autre
pièce où sont placées les ouvrières qui pratiquent l'éjarrage ou
l'arrachement des poils. Quelquefois tout a lieu et se pratique
dans la même chambre.

Causes d'insalubrité. — Dégagement de vapeurs hypoazotiques pendant la préparation du *nitrate de mercure*.

Dispersion dans l'air de l'atelier, de poils et de poussière
imprégnés de nitrate de mercure et d'acide arsénieux.

Dangers pour la santé des ouvriers (Action sur la peau des
mains, les paupières, les orifices des muqueuses, les bronches.
— Absorption des sels mercuriaux. — Salivation).

Écoulement d'eaux acides. — Danger d'incendie si l'étuve
est mal disposée.

Causes d'incommodité. — Bruit causé par le battage des peaux
avant ou après le secrétage. Bruit de la machine tondeuse.

Poussière pendant le battage. Odeur et dispersion de la buée.

Prescriptions. — Ventiler énergiquement l'atelier où l'on
prépare le nitrate de mercure : il serait préférable de ne jamais
agir que sous une hotte ou le manteau d'une cheminée.

Ventiler de la même manière l'atelier de battage des peaux,
— et, dans ce cas, faire en sorte que les ouvertures ne donnent

ni sur la voie publique ni sur les voisins ; bien aérer le magasin des peaux sèches. — Ne jamais y introduire ou conserver des peaux *en vert.*

Si l'on ne se sert pas de la *machine Caumont,* laisser une croisée ouverte et la revêtir d'une toile métallique à mailles très-fines, pour s'opposer à la dispersion des poils hors de l'atelier.

Y établir, toutes les fois que cela sera possible, une cheminée d'appel à vaste section, surtout si l'atelier contient un grand nombre d'ouvriers. Conseiller à ceux-ci de porter des gants de cuir et un masque en toile métallique. Les engager à secouer chaque jour leurs vêtements et à se laver la figure et les mains au sortir de l'atelier.

En principe, et surtout toutes les fois que les lieux seront mal disposés, défendre la préparation du nitrate de mercure, faire conserver dans un meuble fermé à clef les solutions toutes préparées, — et conseiller l'usage de la machine Caumont.

Maintenir séparés le magasin aux peaux non préparées, aux poils non confectionnés, et l'atelier où s'opère l'arrachement des poils.

Isoler complétement l'étuve destinée au séchage des peaux. La construire comme toutes les étuves, en matériaux incombustibles (briques et fer) avec porte doublée intérieurement en tôle. En faire sortir la buée par des tuyaux spéciaux. — Carreler ou daller le sol. — Enlever toutes les rognures sèches ou humides. — Ne jamais en brûler pour alimenter le feu de l'étuve ou des ateliers. — Ne point jeter sur la voie publique les eaux acides, — mais les mêler à deux ou trois fois leur volume d'eau ordinaire, et les porter le soir à l'égout le plus voisin. En cas de plainte, fixer les heures de travail de la machine tondeuse de huit heures du matin à six heures du soir.

Tanneries (2ᵉ classe). — 14 janvier 1815.

DÉTAIL DES OPÉRATIONS. — *Lavage et craminage.* — Le *tannage* consiste à combiner le tannin avec le tissu des peaux pour les rendre imputrescibles, imperméables et élastiques. C'est de l'écorce de chêne qu'on se sert le plus souvent comme source de tannin.

Les peaux qui doivent être tannées sont *vertes*, c'est-à-dire fraîchement enlevées aux animaux, ou *sèches* ou *salées*. Ces deux dernières sortes nous viennent surtout de l'Amérique; et avant tout traitement il faut les ramener à l'état de peaux vertes. Pour cela on les fait tremper, on les lave et les étire chaque fois, on les foule aux pieds, on les décrotte au *demi-rond*; on les travaille une ou deux fois sur le *chevalet* avec le *couteau rond*, sans tranchant, pour les *craminer* ou leur *donner une passe*, c'est-à-dire les étendre convenablement, les nettoyer et les assouplir. Pour les peaux vertes, il n'est besoin que de les tenir dans l'eau un temps beaucoup plus court afin de les dessaigner et les nettoyer.

Après le passage au chevalet et le craminage, si les peaux sont suffisamment amollies, on les remet à l'eau pendant cinq à six heures, et même quatre fois plus pour les peaux de vaches; il faut tenir compte de la température et de l'écoulement de l'eau, car l'eau tranquille putréfie rapidement les peaux fraîches; la qualité de l'eau est d'une grande importance dans cette industrie; dans quelques pays on se sert d'eau de chaux.

Gonflement et épilage. — On l'obtient par plusieurs procédés :

1° Par un lait de chaux ou même l'eau de chaux. Ce procédé, l'un des plus anciens, se pratique au moyen de cuves ou de bassins en maçonnerie enfoncés en terre; on désigne sous le nom de *pelain* ou de *plain* le liquide qui y est contenu et qui consiste en de la chaux éteinte délayée dans de l'eau.

On a un *train de planage*, c'est-à-dire une série de cuves contenant des liquides de plus en plus riches; on commence par le *plain mort* qui est le plus épuisé, on passe par le *plain faible*, enfin, on arrive au *plain neuf ou vif* qui n'a pas encore servi. Le planage dure de trois semaines à deux mois et même davantage.

Après un premier planage, on procède à la *mise des peaux en retraite*, c'est-à-dire qu'on les range les unes sur les autres au bord du plain dont on vient de les tirer, et qu'on les y laisse plus ou moins longtemps avant de les *abattre*, c'est-à-dire les remettre de nouveau dans le plain. Il faut, chaque fois qu'on abat les peaux dans le [plain ou qu'on en met de nou- velles, brasser l'eau avec des bouloirs pour soulever la chaux, qui sans cela n'agirait que sur le fond; c'est pour éviter encore cet inconvénient qu'on change chaque fois l'ordre des peaux. — On appelle *panser un plain*, y ajouter de la chaux pour lui rendre le degré de force qui lui manque.

Pour dépiler, on se sert exclusivement du *couteau rond* qui n'endommage pas la peau; on emploie quelquefois la *queurce* ou pierre à aiguiser pour adoucir le grain de la fleur, en adou- cir les petites protubérances.

Les peaux épilées sont remises dans les plains; elles passent quinze jours dans chacun d'eux; on les *abat* et les *relève* toutes les vingt-quatre heures.

Le *planage à la chaux* altère quelque peu les peaux, en lais- sant dans leurs pores une quantité de chaux qui se change en carbonate et en savon insoluble qui altèrent la souplesse du cuir. Elle s'oppose aussi à la pénétration du tannin, et nécessite, pour la fabrication des cuirs vernis, une opération toute spé- ciale pour s'en débarrasser.

2° On emploie la soude caustique faible dans plusieurs tan- neries au lieu des plains à la chaux : le gonflement et l'épilage s'obtiennent en trois jours, et le travail de chevalet est beau- coup facilité. La solution est faite avec vingt kilogrammes de carbonate de soude, quinze kilogrammes de chaux et cinq cents litres d'eau pour mille kilogrammes de peaux fraîches.

3° On remplace aussi les plains par le *procédé de l'échauffe*; on le pratique dans des chambres dont les matériaux ne sont point sujets à la pourriture; on recouvre une moitié de chaque peau avec du sel de cuisine, on rabat l'autre moitié dessus, on les empile et les recouvre de paille pour leur faire subir un commencement de fermentation putride; il faut avoir soin de retourner les peaux deux ou trois fois par jour. Quelquefois, en hiver surtout, on se passe de sel et remplace la paille par de la litière. — On peut aussi les enterrer dans le fumier, ou bien les exposer dans un local fermé, chauffé au moyen du tan, et que l'on nomme *chambre de fumée;* les peaux y sont suspendues sur des pièces de bois et portées à une température assez élevée.

4° On opère aussi au moyen de la vapeur dans des chambres de cinq mètres de long sur trois mètres de large environ, parfaitement voûtées; la vapeur arrive sous un faux plancher et pénètre dans la chambre par de nombreux orifices ménagés dans le plancher supérieur; l'eau condensée s'écoule sur le plancher inférieur qui est en pierres bien cimentées et disposé de manière à faciliter l'écoulement. La température de l'échauffe est maintenue régulière de vingt à vingt-six degrés; il ne faut pas l'élever trop haut, de peur d'entraîner de la matière gélatineuse et de produire des picotements sur la peau. Au bout de vingt-quatre heures les poils peuvent s'enlever comme par les procédés ordinaires.

5° On a employé comme moyen épilatoire le sulfure d'arsenic uni à la chaux, déjà usité dans la mégisserie française et anglaise, et comme on a reconnu que l'arsenic ne jouait aucun rôle et que c'était au sulfure de calcium qu'il fallait attribuer tout l'effet, on a conseillé son emploi pur et simple; quelques tanneurs y ajoutent de la potasse verte.

6° D'autres emploient le sulfhydrate de chaux obtenu en bouillie par l'acide sulfhydrique et un lait de chaux. On a également proposé d'y substituer la *chaux de gaz,* c'est-à-dire la chaux provenant de l'épuration du gaz et qui contient le même sel.

7° Pfeiffer a proposé l'emploi de l'eau acidulée obtenue par la distillation de la tourbe et de la chaux.

8° Parmi les procédés les plus employés pour le débourrage et le dégonflement des peaux, celui *à l'orge* est un des plus parfaits et des plus anciens. On possède un *train de passements,* c'est-à-dire une série de quatre ou de cinq cuves contenant les passements ou liqueurs aigris. Dans le *passement mort* ou *ancien,* on met les peaux assouplies et dessaignées, on les y laisse pendant trois jours; on les met dans le deuxième passement ou *passement faible* pendant un temps égal, on les dépouille de leurs poils pour les placer dans le troisième passement. Il faut les lever une fois par jour du passement mort et deux fois des autres.

Le passement se fait avec cinquante kilogrammes environ de farine d'orge pour deux cents kilogrammes de cuir environ; on délaye la farine dans de l'eau ordinaire ou dans un levain préalable, on y ajoute souvent du vinaigre ou de la levûre de bière. Les cuves ont environ un mètre trente centimètres de hauteur et autant de diamètre; il s'établit assez promptement une fermentation acide qu'on favorise autant que possible par une élévation de température.

Le passement à l'orge aigrie peut être fait aussi avec le seigle, celui-ci donne un marc qui se conserve plus longtemps; car il arrive que le passement manque complétement et gâte les produits, la fermentation putride, pouvant s'y développer, surtout sous l'influence d'un orage. Pour éviter qu'il ne *tourne,* quelques tanneurs y ajoutent de la ferraille enveloppée d'un linge ou deux à trois cents grammes de sel ammoniac.

Après les *passements blancs* ou passements à l'orge, on procède dans certaines localités au *passement rouge,* c'est de l'eau claire avec deux ou trois poignées d'écorces qu'on met entre chaque cuir.

On donne le nom de *cuirs de Valachie,* ou *façon de Valachie,* à des cuirs préparés à l'orge dans une seule cuve chaude. Les peaux ramollies dans l'eau, foulées aux pieds, passées au couteau rond, sont débourrées aussitôt qu'est terminée la fermentation avec un mélange de sel marin, d'alun, de salpêtre, et le tout recouvert de paille. Le gonflement a lieu au moyen d'un levain qu'on délaye dans de l'eau et auquel on ajoute de la farine d'orge ou de seigle; on se sert d'eau chaude ou de liquide d'une précédente opération. On se sert de la liqueur pour les passements, on y ajoute du sel marin, on termine par des passements rouges.

Quelques tanneurs suppriment les passements rouges et font les passements blancs avec du son.

9° Mais le meilleur procédé est le procédé *à la jusée*, c'est le plus employé maintenant : il consiste à préparer un *jus* de tan aigri au moyen de la *tannée*, ou tan épuisé par deux et même par quatre macérations, qu'on place dans une grande cuve. On pratique dans celle-ci un *puisard* ou cheminée, qui doit servir à clarifier le jus, et à le retirer de la cuve au moyen de seaux ou d'une pompe. Tous les deux ou trois jours on retire l'eau du puisard afin de la reverser sur la tannée pour l'épuiser, ou sur une autre cuve. En quinze jours ou un mois, la *jusée* a acquis toute l'acidité nécessaire; on désigne encore sous le nom de passements les liquides de force graduelle dans lesquels on fait successivement séjourner les cuirs de manière qu'ils ne soient pas surpris par un liquide concentré. Le temps de chacun des passements varie avec le nombre des cuves, qui est ordinairement de huit; il en est de même du degré de concentration et de l'épaisseur des peaux. Quelques fabricants augmentent l'énergie de la jusée par une addition d'acide sulfurique; il faut en tout cas que les peaux trempent complétement; on les lève de temps en temps et on les met en fosses dès qu'elles ont pris la couleur du cuir lui-même.

10° Le gonflement peut s'obtenir aussi avec la levûre de bière encore chaude délayée dans une cuve contenant de l'eau tiède; on y ajoute du sel marin et on abat les cuirs.

Travail de chevalet. — Après l'emploi de l'un des procédés que je viens d'exposer pour préparer les peaux, on exécute le *travail de chevalet*; il consiste en moyens purement manuels ou mécaniques que je ne puis détailler ici.

Tannage. — Le tannage proprement dit a lieu dans de grandes fosses en fort bois de chêne, ou en maçonnerie revêtue au dedans d'un ciment à la chaux. Les fosses en bois sont bien préférables; elles ne fournissent jamais de chaux au cuir et sont moins perméables. On met au fond de ces fosses seize centimètres de tannée qu'on recouvre de trois centimètres de tan neuf et humecté d'eau; on étend un cuir dessus, on stratifie des couches successives de cuirs séparés par une couche de tan de trois centimètres. On humecte ordinairement le tan pour que les ouvriers ne soient pas incommodés par sa poussière, on termine le remplissage de la fosse par du tan neuf recouvert de tannée. On fait alors arriver assez d'eau pour humecter complétement les peaux et le tan, et faciliter la combinaison du tannin avec le tissu. Ce contact dure quatre, six ou huit mois, suivant l'épaisseur des peaux. On ouvre une fois la fosse pendant ce temps, on retire les peaux et le tan épuisé, et l'on replace les peaux avec du nouveau tan, de manière que les cuirs qui étaient au fond de la cuve reviennent à la partie supérieure. Pour les cuirs forts, le séjour dans les fosses est de dix-huit mois à deux ans, pendant cet intervalle de temps on les retire plusieurs fois pour les changer de place et renouveler le tan.

Par suite de nouveaux procédés, on peut, au lieu de se servir des fosses, faire barboter les peaux dans de grandes cuves contenant une lessive appropriée. — Chez M. Pelletreau, à Château-Renaud, le barbotage a lieu dans des cuves remplies de la solution tannique, et il est exécuté à l'aide de deux roues, à mouvement inverse et à vitesse différente mues par la vapeur.

Les cuirs sortant des fosses sont portés dans des greniers aérés, où, après les avoir nettoyés avec des brosses, on les suspend pendant plusieurs jours pour opérer leur dessiccation.

On a proposé de remplacer l'écorce de chêne par le marc de raisins; — par le bois de myrtille; — par le statice; — par le sesquisulfate de fer (Darcet). — Par les pommes de pin et de mélèze. — Par la bruyère; — par une liqueur de goudron et une de suie, etc.

Les cuirs ainsi préparés sont spongieux et d'inégale épaisseur; on les soumet après dessiccation à l'opération du *martelage* pour détruire cet état; on opère à l'aide de marteaux sur le cuir étendu sur un bloc de pierre ou de marbre. Dans les grands établissements, on emploie des marteaux très-lourds, mis en mouvement par des machines et frappant verticalement sur une enclume à surface de bronze, comme l'est aussi la surface de contact du marteau. Dans le superbe établissement de M. Pelletreau, à Château-Renaud, on se sert d'un marteau mû par la vapeur, dont la pression peut aller jusqu'à vingt mille kilogrammes. Dans d'autres, ce sont des laminoirs qui remplissent les fonctions du marteau.

Pour assouplir les peaux, on les soumet au travail de la *marguerite*, c'est-à-dire d'une espèce de brosse, en bois cannelé, semi-circulaire, fixée à l'avant-bras, et qui, par sa pression énergique, portée dans tous les sens, affaisse les diverses saillies du cuir et lui donne la souplesse voulue. Ce travail est très-fatigant; on a essayé de le remplacer par un cylindre mû à la mécanique.

Après avoir subi toutes ces opérations, il faut rouler les peaux pour les livrer au commerce; M. Pelletreau a imaginé une machine fort ingénieuse, à l'aide de laquelle ce dernier travail de fabrication est exécuté avec une rapidité, une facilité et une précision remarquables.

Le procédé de tannage que je viens d'exposer est celui qu'on emploie presque partout; en voici quelques autres qui ont pour but d'abréger le temps.

1° On a employé des cuves à double fond; les cuirs préparés sont stratifiés avec du tan, on les immerge d'eau ou de jusée faible, on soutire chaque jour le liquide inférieur pour le reverser sur la cuve. On renouvelle le tan plusieurs fois par mois; on peut obtenir un bon cuir en quatre mois.

2° On peut diminuer le tan et le renouvellement des couches en arrosant avec de la jusée très-concentrée.

3° On peut tanner en faisant arriver la liqueur tannante d'une certaine hauteur entre deux peaux maintenues par des châssis, de manière que la pression force le liquide à suinter à la surface extérieure.

4° On a imaginé de former des sacs avec deux peaux, de le remplir de tan, et versant à l'intérieur une dissolution froide de tan, recueillant le liquide à mesure qu'il suinte à travers les pores pour les reverser sur le tan. En dix jours il paraît qu'on obtient un cuir assez bon. La température de l'atelier doit être élevée de vingt à soixante-cinq degrés, jusqu'à tannage parfait.

Le cuir tanné trop vite n'a généralement pas les conditions de durée et d'élasticité du bon cuir. Ainsi, pour rappeler le procédé de Séguin, aujourd'hui abandonné, je dirai que les peaux épilées et gonflées avec un cinq-centième d'acide sulfurique acquéraient rapidement un gonflement supérieur à celui de la jusée, absorbaient très-promptement le tannin, mais les cuirs, quelquefois *creux*, étaient trop durs et cassants.

Le docteur Lapeyrouse a importé en France un procédé déjà mis en pratique en Belgique : il consiste à traiter les cuirs par un bain au chlorure de zinc, corps qui agit à la fois sur l'albumine, la gélatine et la fibrine contenues dans la peau. La combinaison opérée est complète; à l'aide de ce procédé, on supprime la plus grande partie des inconvénients du tannage; — ceux des eaux de lavage surtout.

Je ne puis terminer cet article sur le tannage sans le faire suivre de la note suivante, extraite du *Répertoire de chimie pure et appliquée*, publié par M. Ch. Barreswil (octobre et novembre 1858). C'est l'analyse d'un mémoire dont les idées sont neuves, et, en industrie comme en hygiène, elles doivent modifier la marche à suivre et les mesures à prendre.

RECHERCHES SUR LE TANNAGE, PAR M. KNAPP (DÉPOSÉ A LA SOCIÉTÉ D'ENCOURAGEMENT POUR L'INDUSTRIE NATIONALE).

Ainsi que tout le monde le sait, ce n'est pas la peau, dans le sens le plus étendu de ce mot, que les tanneurs mettent en œuvre, mais bien la peau préparée, autrement dit le *corium*, soit la peau séparée autant que possible des parties inutiles par des moyens mécaniques et chimiques.

La peau préparée, lorsqu'elle est mouillée, se présente comme un tissu d'un blanc de lait, maniable au plus haut degré; vue au microscope, elle paraît composée de fibres parallèles très-déliées, sans couleur, transparentes et réunies par des croisures.

La transparence et l'aspect laiteux sont l'effet de la dispersion de la lumière; la peau, en se séchant, se resserre, prend une apparence homogène et devient pour ainsi dire *cornée*. Elle redevient, d'ailleurs, lorsqu'on la travaille, blanche et maniable comme avant la dessiccation.

Ce changement de nature tient à ce que, lorsque la peau se sèche, les fibres qui la composent se collent les unes sur les autres, exactement comme les surfaces de la peau intestinale qui composent les cordes musicales (cordes à boyaux), de sorte que, les intervalles qui les séparent disparaissent, il n'y a plus de passage pour la lumière.

Le but du *tannage* (ce mot étant pris dans le sens le plus général) est d'abord de détruire autant que possible les tendances de la peau à se pourrir, surtout, et c'est là sa fonction caractéristique, de permettre à la peau, lorsqu'elle se sèche, de rester un tissu fibreux, non transparent, tout en se maintenant *essentiellement maniable* ou susceptible de le devenir de nouveau sous un effort mécanique. Trois opérations sont nécessaires pour que la peau devienne cuir *marchand* : la *préparation antérieure*, le *tannage* et le *corroyage*.

La *préparation* consiste à dépouiller la *fleur* de l'épiderme et du poil qui la recouvrent, la *chair* des membranes adhérentes. La macération et le *travail* suffisent pour préparer la chair; l'apprêt de la fleur demande l'emploi de substances chimiques, soit la chaux, soit les sulfures.

Le mode d'action de ces deux réactifs est différent. La chaux agit en rendant le tissu de l'épiderme plus lâche, ce qui permet d'enlever facilement les poils, tandis que les sulfures agissent sur la base du poil, la rendent flasque et *laiteuse*, si bien que d'un morceau de peau macéré dans ce réactif, on peut enlever le poil par le seul frottement d'un plioir de buis.

On peut se rendre compte de cette action spéciale en mettant un cheveu à macérer dans une dissolution de sulfure alcalin; on voit au bout de quelques secondes, si la dissolution est un peu concentrée, le cheveu devenir flasque, opalescent, puis prendre l'aspect laiteux et perdre toute sa fermeté, les fibres qui le constituent et qui étaient fortement soudées l'une à l'autre se séparent; et on peut alors l'écraser sous la plus petite pression.

Le *tannage*, dont nous avons indiqué le but, n'est pas théoriquement défini; généralement on le considère comme une opération chimique.

On s'accorde à voir dans la peau un principe immédiat s'unissant au tannin ou aux matières tannantes, et alors on la compare à la gélatine; on va même jusqu'à dire que le cuir ordinaire est du tannate de gélatine, etc.

Or, il suffit de la simple discussion des faits connus pour démontrer combien cette manière de voir est éloignée de la vérité.

D'abord, les os acidulés, qui donnent de la gélatine aussi bien que la peau, ne sont pas susceptibles de donner un produit qui, de près ou de loin, ressemble à du cuir, *quelle que soit la quantité de tannin, quel que soit le temps du contact*. Puis les sels de fer et d'alumine qui tannent le cuir ne précipitent pas la gélatine; enfin, la graisse, qui tanne parfaitement bien, n'a aucun rapport avec le tannin.

On pourrait bien dire aussi que, généralement, lorsqu'il y a combinaison chimique, la forme disparaît, et il est certain que dans le tannage, non-seulement la texture de la peau ne disparaît pas, mais encore qu'elle est plutôt mise en relief. Toutefois, on a l'exemple du coton-poudre, et on concevrait que la matière de la peau pût admettre, sans se déformer, le tannin, comme le coton admet l'acide nitrique.

Une objection plus sérieuse est dans ce fait connu, que les substances tannantes, telles que l'alun, peuvent être *enlevées de la peau par un lavage* suffisamment prolongé, et qu'alors la peau reprend ses qualités primitives.

Le tannin lui-même peut être arraché à la peau. Étant donnée une peau qu'on a immergée dans le tannin *pur*, qui s'en est abreuvée et est *devenue du cuir*, on peut, par une faible solution alcaline, en séparer tout ce tannin, de manière que la peau redevient apte à être tannée de nouveau. Disons tout de suite que la peau tannée avec le *tan* cède aussi au carbonate de soude la plus grande partie du tannin qu'elle contient, mais qu'*elle ne cesse pas d'être cuir*, comme il arrive avec la peau tannée au tannin pur. Elle conserve une substance tannante *spéciale au tan* et différente du tannin, que le carbonate de soude ne peut pas dissoudre.

Ces faits sont évidemment en désaccord avec la théorie qui voudrait voir une action chimique dans le tannage; toutefois, ils laissent peut-être encore une certaine incertitude; l'auteur a pensé que des expériences analytiques quantitatives pouvaient seules résoudre la question d'une manière irréfutable. Pour cela, il prend de la peau préparée et purifiée (dans son mémoire il indique les moyens nécessaires pour parvenir à ce résultat), il la sèche dans le vide et opère sur un poids déterminé qu'il soumet à l'action des dissolutions tannantes, et pèse de nouveau, après les avoir rincées et séchées dans le vide. Ces expériences, rappelées en un mot, mais dont l'exécution est très-délicate, sont décrites *in extenso* dans la publication de M. Knapp; elles ont donné les résultats suivants :

La peau immergée dans une dissolution d'alun contenait, après l'opération, 8,5 pour 100 de matières additionnelles. L'augmentation du poids était due uniquement à l'incorporation de l'*alun en nature;* il n'y a pas de décomposition chimique dans cette opération, c'est ce dont l'auteur s'est assuré par l'analyse de la liqueur après l'immersion de la peau. Avec le sulfate d'alumine le résultat a été identique. La peau a fixé 27,9 pour 100 de sulfate d'alumine anhydre. Le chlorure d'aluminium s'est comporté de la même manière; il s'est uni sans décomposition, et la peau en contenait 29,3 pour 100. L'acétate d'alumine a opéré exactement de même; il a été fixé en nature, et la peau soumise à l'expérience en retenait 23 pour 100.

Il résulte de ces faits, non-seulement qu'il n'y a pas de décomposition du sel tannant, comme le pensait *à priori Berzélius,* en sel acide et en sel basique, mais de plus, que les quantités absorbées pour les divers sels ne sont nullement en rapport avec leurs équivalents. L'auteur ajoute que les nombres obtenus dans ses expériences ne sont pas absolus, qu'ils varient avec les circonstances, notamment avec la concentration des liquides, etc., et que le sel fixé peut être enlevé par un lavage prolongé à l'*eau pure.* C'est ainsi que la proportion de chlorure d'aluminium, après trois jours de lavage, a été réduite de 29,3 à 3 pour 100; un lavage plus prolongé aurait certainement enlevé tout le sel.

Les composés correspondants du chrome et du fer se comportent en tout comme les sels d'alumine; seulement ils sont absorbés en moindre quantité; de plus, ils colorent la peau de la couleur qui leur est propre, tandis que les sels d'alumine ne la colorent pas.

Les corps gras sont aptes au tannage comme les sels à base de sesquioxyde. Ce fait seul est en opposition avec l'idée d'une composition chimique de la matière tannante avec la peau; néanmoins l'auteur a voulu voir expérimentalement s'il y avait dans les quantités de ces corps absorbés pour convertir la peau en cuir un certain rapport qui parlât en faveur de la théorie qu'il combattait. Il a plongé des peaux dans des dissolutions alcooliques d'acide stéarique et d'acide oléique, ou éthérées d'huile de poisson, et il a constaté que le *tannage* était parfait, mais que le corps gras n'était nullement modifié, et que la quantité absorbée n'était guère que de 1 à 1 1/2 pour 100. Les résines, dans des expériences comparatives, se sont comportées comme les graisses. Cette minime quantité de matière tannante ne représente guère que la proportion tenue en dissolution par le réactif qui imbibe la peau.

Tant d'expériences si variées démontrent suffisamment que le tannage n'est pas une action chimique; il restait à l'auteur à remplacer par une théorie plus résistante la théorie qu'il renversait.

Pour M. Knapp, la matière tannante a seulement pour fonction d'envelopper les fibres de la peau, de telle manière que leur adhérence devienne impossible, et que la peau conserve sa qualité maniable après la dessiccation, ou tout au moins puisse la retrouver par une action mécanique. *Ce qui est pour lui le vrai caractère du tannage.* Pour démontrer sa proposition, il a institué une série d'expériences dans le but de *tanner la peau sans l'emploi de substances tannantes.*

En considérant que les filaments ne se collent que lorsqu'ils sont pénétrés par l'eau, il est arrivé à l'idée de mettre la peau détrempée en contact avec un liquide (l'alcool ou l'éther, par exemple) qui, chassant l'eau par endosmose, pût ôter par cela seul, aux filaments, cette propriété de se coller. Selon ses prévisions, *par la seule action de l'alcool,* une peau mégissée bien blanche, d'une constitution telle, que *tout praticien est forcé de la reconnaître comme peau mégissée.* Or c'est bien là le *vrai cuir sans matières tannantes,* qui, dans l'eau, redevient peau, et par la cuisson se change en colle.

Cette dernière expérience prouve surabondamment que le tannage n'est pas une action chimique. Quand l'auteur parle du tannage, il entend seulement la *conversion de la peau, que la dessiccation rendrait cornée, en une matière qui reste flexible malgré la dessiccation.* Quant aux autres qualités que le cuir peut prendre dans l'opération du tannage, telles que l'imputrescibilité, etc., on peut dire qu'elles ne sont pas absolument inhérentes à la nature du cuir; elles ne sont d'ailleurs que relatives, et on les obtient à des degrés variables, selon les produits employés et selon les épreuves que la peau doit subir.

On comprend qu'en outre *du caractère de cuir,* la peau reçoive de l'action des sels métalliques d'autres propriétés : qu'elle devienne, par exemple,

relativement *imputrescible;* les sels d'alumine et de chrome étant des anti-
septiques et formant d'ailleurs autour des filaments une enveloppe qui les
préserve du contact de l'air et les rend moins hygrométriques. On comprend
aussi qu'une peau soit *plus ou moins bien tannée;* ainsi, par exemple, il
n'est pas plus difficile d'admettre qu'un cuir tanné *au tan* résiste mieux
au carbonate de soude qu'un cuir préparé au tannin, que d'admettre qu'une
matière tinctoriale (bon teint) tienne mieux à la laine qu'une autre (mauvais teint), sans que l'on veuille pour cela admettre deux modes d'action
dans la teinture, ou deux modes d'action des substances tannantes.

Cette juste comparaison de la teinture et du tannage a conduit M. Knapp
à un nouveau genre de preuves de son ingénieuse théorie. Il a vu que certaines matières pouvaient être incorporées à la peau à la manière des composés tannants, former avec elle une union aussi tenace que celle du tan,
sans que pour cela il résulte du cuir. C'est ainsi que la peau, dans une cuve
d'indigo ou dans une infusion de brou de noix, devient bleue ou brune,
relativement imputrescible et non susceptible de se convertir en colle,
sans que pour cela elle soit devenue cuir, attendu que par la dessiccation
elle se présente sous l'aspect d'une substance cornée non susceptible de
redevenir maniable, comme si ces matières colorantes possédaient plutôt
la propriété de coller les fibres que de les empêcher de se coller.

En dernière analyse, il résulte de cet important travail, comme conclu-
sion principale, que :

1° Le tannage n'est pas une opération chimique. Le cuir tanné n'est pas
plus du tannate de gélatine que le cuir mégissé n'est une combinaison de
gélatine avec le sous-sulfate d'alumine;

2° Que la preuve en est dans les faits suivants :

Certaines matières qui peuvent, comme la peau, se convertir en colle, ne
donnent pas de cuir.

Les matières tannantes ne sont pas absorbées par la peau en proportions
définies.

Les divers sels tannants ne s'unissent pas à la peau en raison de leur
équivalence chimique.

Les sels tannants, le tannin lui-même, peuvent, par les lavages, être
séparés du cuir, de manière que celui-ci redevienne peau.

Les corps gras, qui n'ont aucun rapport avec les composés astringents,
tannent le cuir, et cela sous des poids minimes.

Les peaux peuvent acquérir les propriétés que donne le tannage sans
l'emploi de composés tannants.

Enfin, des substances peuvent s'unir à la peau et la rendre imputrescible, et non susceptible de former de la gélatine, *sans pour cela lui donner
les qualités du cuir.*

Pour l'auteur, le cuir diffère de la peau sèche en ce que dans celle-ci les
fibres sont *adhérentes les unes aux autres,* tandis que dans celui-là elles
restent *isolées les unes des autres;* le rôle de la matière tannante est de
produire et de maintenir cet isolement.

Les matières tannantes enveloppent chaque filament comme une gaîne, au lieu de s'unir à lui comme une matière chimique.

Nous allons maintenant indiquer les conséquences pratiques du travail de M. Knapp. Des expériences suivies en ce moment par un jeune tanneur distingué, ancien élève de l'École centrale des arts et manufactures, M. Perrault, diront ce que doit en attendre l'industrie manufacturière ; les premiers essais ont déjà confirmé en tout point ce qui a été avancé par M. Knapp.

En résumé, pour réaliser un *tannage industriel*, il faut des réactifs qui se laissent fixer sur les fibres de la peau, empêchent l'adhérence de ces fibres, opèrent rapidement, et donnent à la peau la souplesse voulue et la propriété de résister à la putréfaction. Ces conditions sont en partie remplies par l'emploi des sels de sesquioxyde.

L'action tannante (on pourrait dire coréfiante) des sels de fer est connue depuis longtemps, mais on n'a pas encore pu l'utiliser d'une manière suivie. Le cuir tanné aux sels de fers est le plus souvent plat, dur, cassant, même quand les dissolutions renferment le moins possible d'acide sulfurique libre; la réaction acide de sel suffit pour nuire à la qualité du produit. On sait d'ailleurs qu'une réaction alcaline est favorable au gonflement de la peau.

C'est en partant de ces données et de la connaissance des qualités spéciales et remarquables que les corps gras communiquent au cuir, que M. Knapp a été conduit au procédé suivant :

On prépare deux bains, l'un d'eau de savon, l'autre d'une dissolution de fer, d'alumine ou de chrome.

La dissolution de savon ne doit pas contenir plus de un vingtième à un trentième de savon. Si l'on se sert de savon à la soude (le savon mou est préférable au savon dur lorsqu'on ne tient pas à la couleur), le bain doit être maintenu à la température de trente degrés Réaumur.

On prépare aussi la dissolution du sel tannant qui doit être au dixième, soit le chlorure ferrique qui colore la peau en rouge brun, soit le chlorure de chrome qui produit une coloration gris bleu ou le chlorure d'aluminium qui ne colore pas.

Ces dispositions prises, on plonge les cuirs dans la dissolution métallique, on les y agite, puis on les en retire et les y replonge de nouveau, et ainsi de suite, jusqu'à qu'ils soient bien pénétrés. Quarante-huit heures suffisent pour obtenir ce résultat.

Les peaux préparées, et définitivement égouttées, sont jetées dans la dissolution savonneuse; lorsque la réaction est complète, elles sont lavées et séchées.

Cette double opération, comparée à l'ancien procédé, est très-rapide, on la rendrait plus rapide encore en substituant aux dissolutions aqueuses des dissolutions alcooliques de sel tannant et de savon.

Ainsi qu'on le voit, ce procédé, très-différent de la mégisserie, semble aboutir au même résultat. Il faut ajouter que, non-seulement il présente l'avantage de la célérité et de l'économie, mais que de plus il donne une peau plus simple, plus brillante et d'un toucher plus doux.

On pourrait également obtenir un tannage en trempant la peau dans une eau acidulée très-faible, puis dans l'eau de savon, en renouvelant deux à trois fois cette opération, jusqu'à ce que la peau soit bien tannée à cœur; on la laisserait alors sécher et on enlèverait le savon en excès.

Dans le cours du mémoire de M. Knapp, il a été parlé, pour la discussion théorique, d'une expérience consistant à imprégner le cuir d'une dissolution alcoolique d'acide stéarique; l'auteur insiste sur cette expérience, comme promettant un procédé nouveau et expéditif de préparation des peaux. Le cuir ainsi obtenu, dit M. Knapp, est très-flexible, et d'une blancheur plus grande que la peau des gants glacés; le grain en est plus frais et plus éclatant.

CAUSES D'INSALUBRITÉ. — Odeur parfois insalubre; suite de matières animales en fermentation.

CAUSES D'INCOMMODITÉ. — Mauvaise odeur.

Écoulement d'eaux chargées de principes odorants et colorants et de matières grasses.

Accumulation de la tannée chargée de matières animales (battures).

Coloration en rouge jaune particulier des mains des ouvriers.

PRESCRIPTIONS. — Éloigner ces établissements du centre des villes toutes les fois que cela sera possible.

Aérer énergiquement les ateliers.

Placer les cuves et les plains dans le lieu le plus éloigné des habitations.

Construire ces plains à la chaux hydraulique et avec le plus grand soin, afin d'éviter les infiltrations dans le sol.

Paver les cours, et en général toute l'usine, en pierres dures, rejointoyées à la cendrée.

Ne pas garder le jus de plains, à l'air libre surtout, — mais l'exporter dans des tonnes bien closes pour engrais.

Ne jamais laisser couler dans les rivières, surtout si au-dessous de l'usine se trouvent des impressions sur étoffes, les eaux de lavage avant de les avoir *dégraissées* et fait filtrer à travers une couche épaisse de tannée.

Ne jamais brûler les battures ni les vendre à des fabricants de mottes. — Les traiter par la chaux et en faire de la colle.

Ne permettre de brûler la tannée que quand elle aura été parfaitement desséchée.

Ne point tremper ou laver les peaux dans des cours d'eau utilisés pour les usages domestiques, l'abreuvement des bestiaux ou l'alimentation de brasseries ou autres établissements en aval.

Ne jamais déposer sur la voie publique les cuirs verts, les cuirs à sécher, non plus que la tannée.

Ne pratiquer dans l'établissement aucune opération d'équarrissage.

Veaux cirés (Peaux de) (3ᵉ classe, par assimilation).

DÉTAIL DES OPÉRATIONS. — On mouille les peaux de veaux déjà tannées et corroyées.

On les enduit au pinceau et à *froid* d'un mélange de suif, d'huile et de noir de fumée.

Puis on les étend pour les faire sécher.

CAUSES D'INCOMMODITÉ. — Un peu d'odeur de suif et de cuirs accumulés.

PRESCRIPTIONS. — Ventiler convenablement l'atelier ou le hangar sous lequel on travaille, et où les cuirs sont en dépôt, à l'aide d'une cheminée d'appel ou de larges ouvertures.

Travailler sous des hangars couverts.

Ne point avoir l'ouverture sur la voie publique.

Mettre les enduits gras à l'abri de toute cause d'incendie.

N'exposer rien sur la voie publique.

Ne brûler aucun déchet ni rognure, imprégné ou non de suif ou de graisse, dans l'établissement.

N'y recevoir que des cuirs déjà tannés et corroyés.

Si l'on sèche à l'étuve, construire celle-ci en matériaux incombustibles.

CUISSON.

Cuisson de têtes d'animaux. Voir *Abattoirs*.
Cuisson d'herbes. Voir *Conserves alimentaires* (*Industrie des*).

CUIVRE [1] (INDUSTRIE DU).

Acétate de cuivre (vert-de-gris et verdet) (Fabrication de l') (3ᵉ classe). — 14 janvier 1815.

Acétate cristallisé. — Verdet cristallisé.

DÉTAIL DES OPÉRATIONS. — L'acétate d'oxydule n'a aucun emploi industriel, il est trop difficile à obtenir et plus encore à conserver.

L'acétate de cuivre cristallisé qu'on vend dans le commerce est neutre, il servait autrefois à la fabrication du *vinaigre radical*. On l'obtient en saturant d'acide acétique les acétates basiques dont il va être parlé, et faisant cristalliser après concentration suffisante. On l'a fabriqué aussi, et avec avantage, par double décomposition de l'acétate de soude par le sulfate de cuivre; le sulfate de soude qui en résulte sert à décomposer l'acétate de chaux d'une opération subséquente, et l'on évite une distillation coûteuse pour la préparation de l'acide acétique libre.

L'acétate de fer se prépare aussi quelquefois par ce procédé.

Vert-de-gris.

Cet acétate, ordinairement bleu, tirant sur le vert, est en poudre amorphe. On l'obtient dans le midi de la France.

A Montpellier, on mouille des feuilles de cuivre de doublage de navire, ou autres découpées convenablement avec une solution de vert-de-gris; on dispose ces plaques couches par couches, dans des pots de terre nommés *oules*, avec du marc de raisin ayant subi la fermentation acide. Il faut maintenir une température de trente-cinq à quarante degrés; au bout de quinze jours on les retire, on les mouille avec de l'eau et on les laisse pendant un mois à l'air. L'acétate, en absorbant l'eau, provoque aussi la formation d'une nouvelle quantité d'oxyde,

[1] On aurait pu faire, sous le titre de : *Industrie des métaux*, un article qui aurait compris l'étude de tout ce qui a rapport au cuivre, fer, plomb, etc.; mais il eût fallu y rattacher une foule d'industries, comme brunissage, dérochage, dorage, etc., que de prime abord on n'aurait pas cherchées à l'article *Métaux*. J'ai donc pensé qu'il valait mieux parler de chaque métal en particulier.　　　　M. V.

auquel il s'unit et cristallise en fines houppes soyeuses qu'on sépare de la feuille de cuivre, qui sert ainsi jusqu'à la fin. On mouille quelquefois (à Grenoble) les feuilles de cuivre, directement avec du vinaigre, et on les expose ainsi dans une étuve.

CAUSES D'INCOMMODITÉ. — Dégagement d'odeurs acides. Écoulement d'eaux de fabrication.

PRESCRIPTIONS. — Surmonter les chaudières d'un manteau qui recueille les buées et les porte dans une cheminée qui dépasse de deux mètres les toits voisins.

Ne point écouler les eaux de fabrication sur la voie publique, ni dans des cours d'eau utilisée pour les besoins domestiques ou les animaux, ni dans des puisards;—mais les faire parvenir par un conduit souterrain à l'égout le plus proche.

Cendres bleues et autres précipités de cuivre (Fabrique de) (5ᵉ classe). — 14 janvier 1815.

DÉTAIL DES OPÉRATIONS. — Les cendres bleues sont généralement obtenues en précipitant une dissolution d'azotate de cuivre par de la chaux pure; puis, quand le produit est presque sec, on le triture avec de la chaux jusqu'à ce qu'il arrive à une couleur d'un beau bleu velouté. (*Carbonate bleu, Cuivre azuré, Azur de cuivre, Bleu de montagne.*)

Il y a dans le commerce deux espèces de cendres bleues : les unes en *pâte*, les autres en poudre, c'est-à-dire séchées à une douce chaleur, à l'ombre : on les appelle cendres bleues en *pierre*.

Les cendres bleues en pâte se préparent en France de la manière suivante : On mêle une dissolution de sulfate de cuivre avec une autre de chlorure de calcium. — On soutire le chlorure de cuivre. — On ajoute à celui-ci de la chaux délayée dans l'eau. — On le broie *rapidement* après l'avoir égoutté avec de la chaux et de la potasse perlasse du commerce, à quinze degrés aréomètres de Baumé, et on ajoute une quantité variable de sel ammoniac, puis on met immédiatement la pâte en bouteille. Le produit est bleu, mais, appliqué sur le papier, il devient sensiblement vert en se combinant à l'acide carbonique de l'air. Il a reçu le nom de *Bleu de montagne artificiel.*

Il y a trois qualités de cendres bleues en pâte : la première, bleu superfin; — la deuxième, bleu fin; — la troisième, bleu n° 1. — Elles diffèrent entre elles par les proportions de sel ammoniac et de bouillie de chaux. Ces trois qualités se retrouvent dans les cendres bleues en *pierre*.

Les cendres *bleues des affineurs* se préparent en Angleterre avec la liqueur bleue qui reste après la séparation de l'argent de sa dissolution dans l'acide azotique. On met l'azotate de cuivre faible dans une cuve en bois goudronné. — On l'étend de son volume d'eau, on y met des copeaux de cuivre. — On verse tous les jours une certaine quantité de cette liqueur sur un quintal de craie renfermée dans un baquet. Il faut avoir soin d'agiter de temps en temps, de manière à obtenir une décoloration complète. On décante chaque fois la liqueur décolorée (azotate de chaux) pour la remplacer par la liqueur cuivreuse, jusqu'à ce qu'on soit arrivé à la teinte désirée. L'azotate de chaux concentré sert à la place de l'azotate de potasse pour faire de l'acide azotique. C'est un *procédé incertain* qui donne quelquefois du vert pour du bleu.

Le carbonate de cuivre *naturel* est brun. — On le trouve aussi sous le nom de malachite, en mamelons concentriques d'un beau vert, et sous celui de *bleu de montagne* en cristaux d'un beau bleu. Ces cristaux, mis en poudre avec du quartz ou du calcaire, portent le nom de *pierre d'Arménie*, ou cendre *bleue native*. Le *carbonate bleu artificiel* est obtenu en Angleterre par un procédé resté secret.

Le *carbonate* vert, qu'on retire de la décomposition du sulfate ou d'un autre sel de cuivre par un carbonate alcalin, n'est guère employé en peinture, parce qu'il s'altère assez facilement. On l'appelle *vert minéral*.

Le *vert de Scheele* est un arsénite de cuivre. On l'obtient en faisant dissoudre à chaud du carbonate de potasse et de l'acide arsénieux, et versant la liqueur bouillante dans une dissolution également bouillante de sulfate de cuivre. On varie les proportions suivant la nuance qu'on veut avoir.

Le vert de Schweinfurst est un arsénite de cuivre dans lequel on ajoute habituellement un peu d'acétate de cuivre. Il s'obtient en mêlant des dissolutions bouillantes de poids égaux d'acide arsénieux et d'acétate de cuivre, et en maintenant quelque temps à l'ébullition les liqueurs mélangées. (Voir *Arsenic.*)

Les cendres bleues et les autres précipités de cuivre dont je viens de parler sont employés en peinture et en teinture. C'est avec elles qu'en Allemagne on peint les jouets d'enfants. — On fait un usage fréquent de l'azotate de cuivre dans les fabriques d'indienne pour la confection de plusieurs réserves.

CAUSES D'INSALUBRITÉ. — Aucune.

CAUSES D'INCOMMODITÉ. — Écoulement considérable d'eaux de lavage contenant des résidus de chaux et du sel de cuivre — presque toujours vénéneux.

Emmagasinage de la craie. — Poussière. — Dégagement de vapeurs quelquefois odorantes pendant l'agitation du liquide.

PRESCRIPTIONS. — Ventiler parfaitement l'atelier où sont rangées les cuves.

Entretenir les cuves en parfait état, afin d'éviter les fuites d'eau acide.

Daller, bitumer ou carreler le sol de la cour, ou des hangars où s'opère le travail.

Disposer le sol de l'usine de façon que l'écoulement des eaux se fasse facilement.

Ne pas laisser sortir ces eaux de la fabrique avant qu'elles aient presque complétement *déposé*. — Et à cet effet les faire traverser plusieurs réservoirs, où les matières en suspension seront reçues.

Diriger ces eaux, qui contiennent toujours en *solution* des principes vénéneux, par un aqueduc souterrain jusqu'à l'égout, sans qu'elles puissent jamais communiquer avec des réservoirs ou des cours d'eau destinés aux usages domestiques ou à l'abreuvement des bestiaux.

Si la fabrication est considérable, disposer toutes les cuves sous une large hotte, surmontée d'un tuyau d'appel pour recevoir les vapeurs et buées produites.

Surmonter la hotte d'une cheminée de deux à trois mètres, selon les localités. (Voir *Cendres* ou *Cuivre*.)

Sulfate de cuivre (Fabrication du) au moyen de l'acide sulfurique et de l'oxyde de cuivre ou du carbonate de cuivre (3ᵉ classe). — 14 janvier 1815.

Sulfate de cuivre (Fabrication du) au moyen du soufre et du grillage (1ʳᵉ classe). — 14 janvier 1815.

Ce sel, employé dans les arts et l'agriculture, est connu vulgairement sous le nom de *vitriol bleu*, *vitriol de cuivre*, *couperose bleue*, *vitriol de Chypre*.

Il est rarement pur dans le commerce, et présente plusieurs variétés.

DÉTAIL DES OPÉRATIONS. — On l'obtient pur :

1° En traitant à chaud le cuivre par l'acide sulfurique étendu de la moitié de son poids d'eau. *Il se dégage de l'acide sulfureux* et il se forme du sulfate de cuivre. On évapore à sec à la fin de l'opération, c'est-à-dire quand l'acide est sensiblement saturé; on ajoute quelques gouttes d'acide azotique pour peroxyder le fer, et on reprend par l'eau distillée; la plus grande partie du fer reste à l'état de sous-sulfate insoluble, on enlève les dernières traces en faisant bouillir la liqueur avec de l'hydrate ou du carbonate de cuivre, filtrant et faisant cristalliser;

2° En traitant le carbonate de cuivre pur par l'acide sulfurique étendu. — On emploie souvent les carbonates naturels cristallisés.

On l'obtient dans l'industrie :

1° En grillant les pyrites de cuivre et traitant le résidu par l'eau.

2° En traitant ces mêmes pyrites, grillées par l'acide sulfurique, qui change en sulfate l'oxyde mis à nu par le grillage, par la décomposition partielle du sulfate produit.

Dans le grillage des pyrites *il se dégage de l'acide sulfureux*.

3° On l'obtient aussi en traitant les feuilles de cuivre de doublage des navires par la chaleur dans des fours à réverbère; quand elles sont portées au rouge, on projette du soufre sur leur surface, puis on ferme toutes les ouvertures du fourneau.

Il se forme du sulfure de cuivre qui, en laissant entrer l'air, se change en *sous-sulfate de cuivre et acide sulfureux*. On place ces feuilles sulfatisées dans de grandes chaudières remplies d'eau acidulée par l'acide sulfurique; il se forme et se dissout du sulfate de cuivre qu'on fait cristalliser. Les feuilles servent jusqu'à leur épuisement.

4° On en retire de grandes quantités de l'affinage de l'argent aurifère, quand on décompose le sulfate d'argent par des lames de cuivre. Il se précipite de l'argent métallique et il se forme une quantité correspondante de sulfate de cuivre qui se dépose partiellement en petits cristaux par refroidissement de la liqueur après la précipitation : on évapore pour faire cristalliser la liqueur.

5° On emploie quelquefois les battitures ou oxydes en paillettes qui se détachent du cuivre métallique pendant le travail qu'on lui fait subir, et on les traite directement par l'acide sulfurique.

6° Le procédé *Mène* consiste à traiter les vieux cuivres par un mélange de neuf parties environ d'acide sulfurique et une partie d'acide azotique. On opère à froid, dans des baquets en bois placés sur des murs en maçonnerie : l'action ayant eu lieu, on met le produit dans des tonneaux, — on élève la température au moyen d'un courant de vapeur d'eau, et on obtient ainsi une dissolution qui a vingt-deux à vingt-trois degrés à l'aréomètre. On concentre dans une chaudière en cuivre, et on dessèche.

USAGES. — Le sulfate de cuivre sert au chaulage du blé, à la préparation du vert de Scheele, et des cendres bleues, à la teinture en noir, etc., etc.

Le sulfate de cuivre ainsi obtenu forme avec les sulfates alcalins et les sulfates de zinc, de fer, de nickel, etc., des sulfates doubles qu'on emploie dans l'industrie.

Sulfate de cuivre et de fer. — Vitriol de Salzbourg.

On connaît, dans le commerce, sous le nom de *vitriol de Salzbourg*, une combinaison à proportions variables de sulfate de cuivre et de sulfate de fer ; il comprend trois sortes désignées sous les noms de trois, deux et un aigles.

Le plus riche en sulfate de cuivre est le vitriol trois aigles.

On les obtient en grillant les minerais mixtes de cuivre et de fer, et traitant par l'eau après exposition à l'air.

Sulfate de cuivre et de zinc. — Vitriol mixte de Chypre.

Le *vitriol mixte de cuivre et de zinc*, qu'on emploie dans le Midi au chaulage des grains, est obtenu en traitant le minerai de cuivre zincifère à Chessy. — On croit qu'on emploie à cet usage l'hydrocarbonate de cuivre et de zinc naturel.

Usages. — On se sert du sulfate de cuivre en teinture, pour les *réserves*. En agriculture, pour le chaulage des blés.

Causes d'insalubrité. — Exhalaisons d'acide sulfureux et nitreux, nuisibles à la végétation (par le soufre et le grillage).

Causes d'incommodité. — Écoulement des eaux de fabrication. Buées pendant l'évaporation ou la concentration.

Prescriptions. — Faire arriver l'eau sur les minerais en proportion convenable afin d'éviter le dégagement des vapeurs nuisibles (procédé du grillage).

Fermer hermétiquement le fourneau au moment où l'on projette le soufre sur les lames de cuivre.

Opérer sur un fourneau surmonté d'une large hotte qui recueille les gaz produits et les buées, suite de la concentration, et les porte très-haut dans l'atmosphère, à l'aide d'une cheminée élevée de trente à trente-cinq mètres.

Dans le cas où la fabrication a lieu au moyen du carbonate de cuivre ou de l'oxyde de cuivre avec l'acide sulfurique, se borner à élever la cheminée à deux mètres au-dessus des toits voisins.

Cuivrage galvanique (3ᵉ classe).

L'art de recouvrir la surface des objets d'une couche continue, adhérente ou non, d'un métal protecteur ou inaltérable, surtout à l'aide de forces électriques, a pris aujourd'hui une extension telle, qu'il rentre dans la classe des établissements de grande importance au point de vue hygiénique.

Les piles de Daniell, de Bunsen, sont surtout employées à produire le courant électrique. Le plus souvent, le but qu'on se propose est de recouvrir des objets métalliques d'une couche adhérente d'or ou d'argent destinée à leur donner l'aspect des objets dorés ou plaqués par les anciens procédés. Quelquefois, il s'agit de prendre l'empreinte d'un moule, de manière que, la couche déposée n'étant point adhérente, on puisse facilement la séparer et s'en servir comme d'un moule pour reproduire le type primitif. Quel que soit le dépôt métallique que l'on veuille avoir à la surface, il faut cuivrer préalablement, car, bien que, dans ces derniers temps, on soit parvenu à produire une dorure et une argenture solides sans le secours du cuivrage, le moyen qui a donné de tels produits aussi beaux et aussi solides que par les autres procédés *est tenu dans le plus grand secret par son auteur*.

DÉTAIL DES OPÉRATIONS. — On fixe à l'électrode négatif l'objet à cuivrer, et à l'électrode positif une lame de cuivre; on les plonge tous les deux dans une dissolution saturée de sulfate de cuivre, acidulée par l'acide sulfurique. La lame de cuivre est destinée à entretenir dans un état de saturation constant la dissolution de sulfate de cuivre, et, par conséquent, à remplacer le cuivre au fur et à mesure qu'il se déposera. Les autres sels de cuivre sont d'un prix plus élevé et ne donnent pas des résultats plus avantageux.

S'il s'agit de recouvrir un objet d'une couche non adhérente, afin d'en avoir l'empreinte exacte, il faut que sa surface ne présente pas de points rentrants qui puissent faire obstacle à la sortie du moule; il faut, de plus, que cette surface soit conductrice et imperméable à la dissolution.

Les moules de plâtre, de terre de pipe, etc., etc., peuvent être rendus imperméables en les plongeant dans une solution suffisamment chaude de cire, de stéarine; on pourrait, du reste, opérer sur un moule creux de gutta-percha, ou de gélatine rendue plus résistante par la gutta-percha : on aurait ainsi directement la reproduction de l'objet, et l'on pourrait plus facilement dégager le moule dans le cas où il offrirait des difficultés. Si la surface n'est pas suffisamment conductrice, on entoure le modèle d'un fil de cuivre fin, et si cette surface présente des creux qui s'opposent beaucoup à la formation du dépôt, on les fait communiquer à ce fil par d'autres fils en laiton ou en plomb qu'on peut supprimer quand le dépôt a commencé. Pour rendre la surface conductrice, on la recouvre d'une couche très-fine de plombagine très-divisée. Si l'on opère sur des modèles en métal, on peut empêcher l'adhérence en les frottant légèrement avec un peu d'huile.

C'est à l'aide de ces précautions générales que l'on reproduit les cachets, médailles, caractères et planches d'imprimerie, gravures sur métaux et sur bois.

S'il s'agit de déposer une couche de cuivre adhérente sur un métal, il faut que la surface en soit *bien décapée*, soit par les acides (acide sulfurique étendu de trente à trente-cinq fois son volume d'eau), soit par les moyens employés pour l'étamage du fer et du cuivre, que le bain soit neutre et formé généralement d'un sel de cuivre, en présence du cyanure de potassium.

Le dépôt est tenace, à grains fins ou grenus, cassant, selon les conditions où l'on opère; la pratique, plus encore que la théorie, indique les précautions à prendre pour obtenir de bons résultats.

Les cuves contenant la dissolution de sulfate de cuivre sont en verre quand on opère en petit, et en bois revêtu de gutta-percha quand on fabrique pour le commerce.

CAUSES D'INSALUBRITÉ. — Aucune.

CAUSES D'INCOMMODITÉ. — Vapeurs parfois désagréables.

Eaux chargées du sel de cuivre, qu'on pourrait laisser écouler sur la voie publique, mais que l'industriel a intérêt à *traiter*.

PRESCRIPTIONS. — Garder dans une armoire, sous clef, l'acide sulfurique et le sulfate de cuivre destinés à préparer la dissolution.

Ne point écouler les eaux de la cuve sur la voie publique. (Voir *Dorage par la pile* pour les prescriptions relatives à la pile Bunsen.)

Dérochage, Décapage du cuivre par l'acide azotique (2ᵉ classe). — 20 septembre 1828.

Le dérochage et le décapage, qui n'est qu'une autre opération analogue, se pratiquent sur les divers métaux qu'on veut dorer, argenter, cuivrer, étamer, etc., etc. Il faut, pour cela, soumettre les pièces qu'on doit ainsi travailler à une série de traitements dont le but est de les débarrasser des matières organiques adhérentes à leur surface, et qui y ont été fixées par beaucoup de causes différentes (laminage, étirage, usage habituel, malpropreté).

Détail des opérations. — Les opérations du dérochage et du décapage du cuivre varient selon le volume et la délicatesse des objets. On commence par leur faire subir un *recuit*, c'est-à-dire qu'on les chauffe au rouge naissant, à un degré de température variable cependant d'après la nature des pièces. On les plonge alors dans une eau qui contient environ 12 à 15 pour 100 d'acide sulfurique concentré. On les y laisse refroidir jusqu'à disparition de la teinte noirâtre qui les recouvre. On les extrait ensuite de ce bain, pour les plonger dans de l'eau fraîche et les bien laver. Toutes les pièces de cuivre, après avoir été rincées et lavées rapidement, sont immergées dans un bain de cent parties d'acide azotique à trente-cinq degrés, une à deux de suie de bois, et une de chlorure de sodium. On les y laisse très-peu de temps. Le chlorure de sodium, en raison de l'excès de l'acide azotique, est décomposé, et produit de l'acide hydrochlorique; il s'ensuit formation d'un peu d'eau régale mêlée à l'acide nitrique. — Les chlorures contenus dans la suie subissent la même modification, et, de plus, le carbone qui s'y trouve décompose une partie de l'acide nitrique et produit de l'acide nitreux qui, restant en dissolution dans l'acide nitrique, rend encore plus active sa force oxydante sur le métal. En sortant ces pièces décapées du bain, il s'échappe beaucoup de vapeurs acides. Il faut cependant les traiter encore par d'autres dissolutions. La composition de ces bains varie selon qu'on veut conserver aux pièces un aspect poli ou mat. C'est un mélange d'acide sulfurique et d'acide nitrique, additionné d'un peu de chlorure de sodium. Au sortir de ces bains, on lave bien les pièces et on les fait sécher à l'étuve.

On peut encore dérocher à froid, à l'aide de l'acide chlorhydrique très-étendu.

Le dérochage et le décapage s'appliquent de la même manière à l'enlèvement de l'or et de l'argent sur les vieux plaqués et sur les bronzes, les vieux râteliers de dentistes, etc.

On décape aussi quelquefois les feuilles de tôle, afin de leur donner plus d'éclat; il y a, pendant cette opération, dégagement du gaz hydrogène.

Causes d'insalubrité. — Émanations quelquefois très-considérables, selon l'importance des opérations, de gaz hypoazotique, nuisible à la santé des ouvriers (action sur les voies de la respiration, sur les muqueuses nasale et oculaire, sur la peau des mains).

Action nuisible sur la végétation.

Causes d'incommodité. — Odeur désagréable.

Écoulement d'eaux acides. — Destruction lente des conduits par où passent ces eaux. (Caniveaux, égouts.)

Prescriptions. — Faire disposer un atelier spécial pour le dérochage et le décapage dans toutes les fabriques où ces opérations constituent un des traitements des pièces à livrer à l'industrie ou au commerce. (*Fabriques de boutons, de petits objets de cuivre*, etc. etc.)

Fermer hermétiquement cet atelier pendant les opérations.

Y établir un fourneau de tirage avec large hotte surmontée d'un tuyau spécial et isolé, se rendant jusqu'au faîte de la maison, et dépassant de un à trois mètres les cheminées voisines, selon les localités.

Pratiquer au bas de la porte une ventouse à activer le tirant de la cheminée. — Entourer la hotte d'un rideau en cuir en collodion résistant à l'acide, tombant presque à terre, de manière à s'opposer le plus possible à la dispersion des vapeurs acides dans l'atelier.

Quand la hotte et le rideau ne suffisent pas pour s'opposer à la dispersion des vapeurs acides, il faut faire opérer en vases clos.

Ne point autoriser ces ateliers au centre de la population, les reléguer dans des terrains isolés.

Saturer toutes les eaux acides avec de la craie.

Ne jamais les laisser couler sur la voie publique, ou par des conduits souterrains dans les égouts, sans les avoir préalablement neutralisés avec la craie ou la chaux, — ou mieux à l'aide de l'addition de l'eau, jusqu'à ce qu'elles marquent un degré ou un degré et demi à l'aréomètre de Baumé.

Quand elles sont ainsi jetées sur la voie publique, ne le faire que le soir, à la nuit, et, après cette opération, pratiquer un grand lavage à l'eau pure.

Il serait préférable de porter les eaux désacidulées dans un canal ou dans une rivière plutôt que de les jeter dans un égout. Et les fabricants auront toujours intérêt à traiter leurs eaux acides, pour en extraire le métal.

Veiller à ce qu'il n'y ait aucune fissure aux murs de l'atelier et de la cheminée communiquant aux murs mitoyens. Cette précaution est capitale pour les ateliers de dérochage de minime importance tolérés dans les villes.

Dans certaines localités, et selon les cas, ne permettre le dérochage que pendant la nuit.

Bien ventiler. — Diriger les gaz produits et les disperser très-haut dans l'atmosphère.

Dédorage du cuivre et des autres métaux.
Désargentage de cuivre par le mélange de l'acide sulfurique et de l'acide nitrique (1ʳᵉ classe). — 27 mai 1858.

Détail des opérations. — Ces diverses opérations sont entièrement analogues au dérochage.

On chauffe au bain-marie, sur un feu de bois, les liqueurs composées d'un mélange variable, d'acide azotique, chlorhydrique et sulfurique, où sont plongées les matières métalliques recouvertes de la dorure ou de l'argenture qu'on veut enlever. L'or dissous, par exemple, est précipité par l'addition du protosulfate de fer. Le précipité, recueilli sur des filtres, est calciné et vendu, après essai, aux fondeurs qui traitent les cendres d'orfèvre et autres matières analogues.

Pendant cette opération il se dégage beaucoup de vapeurs acides.

CAUSES D'INSALUBRITÉ. — Comme pour le dérochage.

CAUSES D'INCOMMODITÉ. — Comme pour le dérochage.

PRESCRIPTIONS. — Comme pour le dérochage; — et selon l'importance des ateliers.

Condenser les gaz par la chaux.

Tréfilerie du cuivre. Voir *Tréfilerie de métaux*.
Mise en couleur des ornements en cuivre, si l'on n'emploie qu'un ouvrier (3e classe).
Mise en couleur des ornements en cuivre, s'il y a plusieurs ouvriers (2e classe).

DÉTAIL DES OPÉRATIONS. — On passe rapidement les pièces de métal dans un mélange convenablement échauffé d'acide sulfurique et d'acide nitrique (proportions variables) étendus d'eau; puis on les lave à l'eau fraîche et on les sèche rapidement en les brossant avec de la sciure de bois. — On les brunit, et on y applique *à chaud* un vernis coloré.

CAUSES D'INSALUBRITÉ. — Dégagement de vapeurs d'acide hypoazotique.

Dangers d'incendie, si l'atelier contient des vernis et si le vernis y est fabriqué.

CAUSES D'INCOMMODITÉ. — Odeur des vapeurs et du vernis au moment de l'application.

Écoulement d'eaux acides.

PRESCRIPTIONS. — Opérer sous une hotte munie d'un tablier comme pour le dérochage.

Conduire les vapeurs dans une cheminée haute.

Ne jamais écouler les eaux acides sur la voie publique, les neutraliser avec la craie.

Ne pas fabriquer les vernis.

Les conserver dans un lieu isolé et sous clef.

S'il y a une étuve, y appliquer les règles relatives à ce sujet.

Cheminées en cuivre.

On a souvent employé des tuyaux en cuivre pour surélever des cheminées, d'après les prescriptions des conseils d'hygiène. *L'usage du cuivre, dans ces cas, doit être proscrit.* — Car, avec le temps, il s'échappe de ces tuyaux des parcelles de suie imprégnées de sulfate de cuivre, qui se répandent dans les alentours et dans le périmètre de la cheminée, s'attachant aux végétaux et se mélangeant aux eaux dont s'abreuvent les hommes et les bestiaux.

Les agents de l'autorité ont plusieurs fois signalé l'altération des robinets en cuivre qui servent à alimenter les réservoirs d'eau dans les marchés, et, à Paris surtout, à la halle aux poissons (Vert-de-gris). On a proposé le bronzage par des sulfates : mais cela n'a pas donné de résultats solides. Le meilleur moyen, conseillé par M. Payen, est l'étamage. Ce procédé est peu coûteux et pare aux inconvénients signalés.

Effets du travail du cuivre chez les ouvriers.

Tous les ouvriers qui manient le cuivre habituellement, comme les tourneurs en cuivre, les chaudronniers ou autres, ont la peau et les cheveux remplis de poussière métallique, facile à extraire et à reconnaître par les procédés chimiques. On a avancé, en Angleterre, que dans de grandes fabriques de chaudronnerie on avait remarqué la coloration verdâtre des os et du sternum. Ce fait n'a pas acquis une notoriété suffisante pour être admis sans réserves. — On a pendant longtemps, au contraire, reconnu et décrit une colique de cuivre. — Des observations plus récentes, et qui semblent plus précises, se sont élevées contre cette opinion. Pour ma part, j'ai reçu à l'hôpital Necker, et traité dans mon service, un jeune homme attaché à un atelier de tourneur en cuivre qui m'a présenté tous les signes d'une colique spécifique, de telle sorte que la question ne me paraît pas résolue d'une manière définitive.

Documents relatifs à l'industrie du cuivre.

I. DÉCLARATION DU ROI SUR LES VASES ET USTENSILES DE PLOMB ET DE CUIVRE.
(Du 13 juin 1777, registrée le 2 septembre suivant.)

1. Les comptoirs des marchands de vins, revêtus de lames de plomb, les vaisseaux de cuivre dont les laitières et autres personnes vendant du lait font usage dans leur commerce, et les balances, aussi de cuivre, dont se servent les regrattiers de sel et les débitants de tabac, seront et demeureront supprimés; faisons défense auxdits marchands de vins, laitières ou autres personnes vendant du lait, et aux regrattiers de sels et débitants de tabac, d'avoir chez eux, passé le délai de trois mois, à compter du jour de notre présente déclaration, de pareils comptoirs, vaisseaux et balances, d'en faire usage pour leur commerce, et même de substituer l'étain au plomb et au cuivre dont ils sont composés; et ce, à peine de confiscation et de trois cents livres d'amende.

2. Pourront, les marchands de vins, substituer des cuvettes en fer-blanc ou battu aux lames de plomb dont leurs comptoirs sont revêtus; comme aussi les laitières et autres personnes vendant du lait, au lieu de vaisseaux en cuivre, faire usage de vaisseaux de faïence ou terre vernissée ou même de simple bois; et à l'égard des regrattiers de sel et débitants de tabac, ils ne pourront se servir que de balances de fer-blanc ou battu.

II. ORDONNANCE CONCERNANT L'USAGE DES USTENSILES ET VASES DE CUIVRE [1].
(Du 3 fructidor an XIII — 21 août 1805.)

Le conseiller d'État, chargé du quatrième arrondissement de la police générale de l'empire, préfet de police, et l'un des commandants de la Légion d'honneur,

Vu, 1° les articles 2 et 23 de l'arrêté du 12 messidor an VIII,

2° La déclaration du 13 juin 1777, l'article 30 des lettres patentes du 1er novembre 1784, et l'article 20 du titre I de la loi du 22 juillet 1791,

Ordonne ce qui suit :

1. Il sera fait des visites des ustensiles et vases de cuivre dont se servent les marchands de vins traiteurs, aubergistes, restaurateurs, pâtissiers, charcutiers et gargotiers établis dans le ressort de la préfecture de police, à l'effet de vérifier l'état de ces ustensiles, sous le rapport de la salubrité.

2. Les ustensiles et vases empreints d'oxyde de cuivre (vert-de-gris) seront saisis et envoyés à la préfecture de police avec le procès-verbal constatant la saisie.

3. Les ustensiles de cuivre dont l'usage serait dangereux par le mauvais état de l'étamage seront transportés sur-le-champ chez le chaudronnier le plus voisin, pour être étamés aux frais des propriétaires.

[1] Voir les ordonnances des 17 juillet 1816, 23 juillet 1822, et 7 novembre 1838.

4. Il est défendu aux marchands désignés en l'article 1er de laisser séjourner des aliments dans des vases de cuivre étamés ou non étamés.

5. Les comestibles gâtés, corrompus ou nuisibles qui seraient exposés en vente seront confisqués et détruits. Les délinquants seront poursuivis conformément à l'art. 20, tit. 1er de la loi du 22 juillet 1791.

6. Il est défendu aux marchands de vins d'avoir des comptoirs revêtus de lames de plomb, aux débitants de sel et de tabac de se servir de balances en cuivre, et aux nourrisseurs de vaches, crémiers et laitiers, de déposer le lait dans des vases de cuivre; le tout à peine de confiscation et de trois cents francs d'amende. (Décl. du 13 juin 1777, art. 1er.)

Les lames de plomb, les balances et les vases de cuivre qui seraient trouvés chez les marchands de vins, les débitants de sel et de tabac, les nourrisseurs de vaches, crémiers et laitiers, seront saisis et envoyés à la préfecture de police, avec les procès-verbaux constatant les contraventions.

7. Les commissaires de police, à Paris, les maires et adjoints, dans les communes rurales du ressort de la préfecture de police, sont chargés, chacun en ce qui le concerne, de faire les visites prescrites par la présente ordonnance, et d'en dresser des procès-verbaux qui seront transmis au préfet de police.

8. Le commissaire des halles et marchés, l'inspecteur général des boissons et les inspecteurs des poids et mesures concourront à l'exécution des dispositions ci-dessus, et rendront compte du résultat de leurs opérations.

9. Il sera pris envers les contrevenants telles mesures de police administrative qu'il appartiendra, sans préjudice des poursuites à exercer contre eux par-devant les tribunaux, conformément aux lois et règlements qui leur sont applicables.

10. La présente ordonnance sera imprimée, publiée et affichée.

Les sous-préfets des arrondissements de Saint-Denis et de Sceaux, l'inspecteur général du quatrième arrondissement de la police générale de l'empire, les officiers de paix et les préposés de la préfecture de police sont chargés de tenir la main à son exécution.

Le conseiller d'État, préfet de police, DUBOIS.

III. ORDONNANCE CONCERNANT L'USAGE DES USTENSILES ET VASES DE CUIVRE, LES COMPTOIRS DES MARCHANDS DE VINS ET LES BALANCES DES MARCHANDS DE SEL ET DE TABAC [1]. (Du 17 juillet 1816.)

Nous, ministre d'État, préfet de police,

Vu : 1° la déclaration du roi du 13 juin 1777, l'article 39 des lettres patentes du 1er novembre 1781, l'article 20 du titre 1er de la loi du 22 juillet 1791, et l'article 484 du Code pénal;

2° Les articles 2 et 23 de l'arrêté du gouvernement du 12 messidor an VIII (1er juillet 1800), et l'article 1er de l'arrêté du 3 brumaire an IX (25 octobre 1800);

[1] Voir les ordonnances des 23 juillet 1832 et 7 novembre 1838.

Ordonnons ce qui suit :

Voir l'ordonnance du 3 fructidor an XIII (21 août 1805), seulement avec cette addition à la fin, du premier paragraphe, de l'article 6 :

« Les débitants de sel et de tabac ne pourront se servir que de balances de fer-blanc ou battu. »

Le reste comme à l'ordonnance à laquelle il est renvoyé.

Le conseiller d'État, préfet de police, COMTE ANGLÈS.

IV. ORDONNANCE CONCERNANT LES USTENSILES ET VASES DE CUIVRE [1].
(Du 25 juillet 1832.)

Nous, conseiller d'État, préfet de police,

Vu, 1° l'article 20 du titre 1er de la loi du 22 juillet 1791;

2° Les arrêtés du gouvernement du 12 messidor an VIII, 1er juillet 1800), et 3 brumaire an IX (25 octobre 1800);

3° Les articles 319, 320, et 471, § 15, du Code pénal;

4° L'ordonnance de police du 17 juillet 1816;

5° Les rapports du conseil de salubrité,

Ordonnons ce qui suit :

. . . .

Voir l'ordonnance du 3 fructidor an XIII (21 août 1805), avec les modifications suivantes.

Addition à l'article 3, à la fin de l'alinéa. « Lors même qu'ils déclareraient ne pas s'en servir, en cas de contestation sur l'état de l'étamage, il sera procédé à une expertise, et provisoirement ces ustensiles seront mis sous scellés. »

Nouvelle rédaction de l'article 4. « Il est défendu aux marchands désignés en l'article 1er de laisser séjourner dans des vases de cuivre étamés ou non étamés, aucuns aliments et aucunes préparations, quand même ils seraient enveloppés de linge. »

L'article 5 est supprimé.

L'article 6 est devenu 5e.

Enfin il y a les additions suivantes qui forment les articles 6, 7, et 8 :

« 6. Il est défendu aux raffineurs de sel de se servir de chaudières de cuivre pour le raffinage.

« 7. Il est défendu aux vinaigriers, épiciers, fabricants et marchands de liqueurs, de déposer et de transporter dans des vases de cuivre ou de plomb leurs liqueurs, vinaigres et autres acides.

« 8. Les robinets fixés aux barils des liquoristes devront être étamés, à l'étain fin, ou remplis d'un cylindre d'étain fin, dans lequel sera foré le conduit de l'écoulement.

« Ces robinets devront être en bois, lorsqu'ils seront fixés aux barils

[1] Voir l'ordonnance du 7 novembre 1838.

dans lesquels les vinaigriers, épiciers ou autres marchands renferment leur vinaigre.»

Le reste comme à l'ordonnance à laquelle il est renvoyé.

Le conseiller d'État, préfet de police, GISQUET.

V. ORDONNANCE DU 28 FÉVRIER 1833.

TITRE III. — *Ustensiles et vases de cuivre et autres métaux, étamage.*

13. Les ustensiles et vases de cuivre ou d'alliage de ce métal, dont se servent les marchands de vins, traiteurs, aubergistes, restaurateurs, pâtissiers, confiseurs, bouchers, fruitiers, épiciers, etc., devront être étamés à l'étain fin et entretenus constamment en bon état d'étamage.

Sont exceptés de cette disposition les vases et ustensiles dits d'office, et les balances, lesquels devront être constamment entretenus en bon état de propreté.

14. L'emploi du plomb, du zinc et du fer galvanisé est interdit dans la fabrication des vases destinés à préparer ou à contenir les substances alimentaires et les boissons.

15. Il est défendu de renfermer de l'eau de fleurs d'oranger, ou toutes autres eaux distillées, dans des vases de cuivre, tels que les estagnons de ce métal, à moins que ces vases ou ces estagnons ne soient étamés à l'intérieur à l'étain fin.

Il est également interdit de faire usage, dans le même but, de vases de plomb, de zinc ou de fer galvanisé.

16. On ne devra faire usage que d'estagnons neufs, ni bosselés ni fissurés; ils seront marqués d'une estampille indiquant le nom et l'adresse du fabricant, ainsi que l'année et le mois de l'étamage, et garantissant l'étamage à l'étain fin sans aucun alliage.

17. Il est expressément défendu de fabriquer des estagnons en cuivre en dehors des conditions indiquées ci-dessus; il est également défendu à tout distillateur ou détaillant d'en faire usage.

18. Il est défendu aux marchands de vins et de liqueurs d'avoir des comptoirs revêtus de lames de plomb; aux débitants de sel d'avoir des balances de cuivre; aux nourrisseurs de vaches, crémiers et laitiers, de déposer le lait dans des vases de plomb, de zinc, de fer galvanisé, de cuivre et de ses alliages; aux fabricants d'eau gazeuses, de bière ou de cidre, et aux marchands de vins, de faire passer par des tuyaux ou appareils de cuivre, de plomb ou d'autres métaux pouvant être nuisibles, les eaux gazeuses, la bière, le cidre ou le vin. Toutefois les vases et ustensiles de cuivre dont il est question au présent article pourront être employés s'ils sont étamés.

19. Il est défendu aux raffineurs de sel de se servir de vases et instruments de cuivre, de plomb, de zinc et de tous autres métaux pouvant être nuisibles.

20. Il est défendu aux vinaigriers, épiciers, marchands de vins, traiteurs et autres, de préparer, de déposer, de transporter, de mesurer et de con-

server dans des vases de cuivre et de ses alliages non étamés, de plomb, de zinc, de fer galvanisé, ou dans des vases faits avec un alliage dans lequel entrerait l'un des métaux désignés ci-dessus, aucuns liquides ou substances alimentaires susceptibles d'être altérés par l'action de ces métaux.

21. La prohibition portée en l'article ci-dessus est applicable aux robinets fixés aux barils dans lesquels les vinaigriers, épiciers et autres marchands renferment le vinaigre.

22. Les vases d'étain employés pour contenir, déposer, préparer ou mesurer les substances alimentaires, ou des liquides, ainsi que les lames de même métal qui recouvrent les comptoirs des marchands de vins ou de liqueurs, ne devront contenir, au plus, que 10 pour 100 de plomb ou des autres métaux qui se trouvent assez ordinairement alliés à l'étain de commerce.

23. Les lames métalliques recouvrant les comptoirs des marchands de vins ou de liqueurs, les balances, les vases et ustensiles en métaux défendus par la présente ordonnance, qui seraient trouvés chez les marchands et fabricants désignés dans les articles qui précèdent seront saisis et envoyés à la préfecture de police, avec les procès-verbaux constatant les contraventions.

24. Les étamages prescrits par les articles qui précèdent devront toujours être faits à l'étain fin et être constamment entretenus en bon état.

25. Les ustensiles et vases de cuivre ou d'alliage de ce métal, dont l'usage serait dangereux, par le mauvais état de l'étamage, seront étamés aux frais des propriétaires, lors même qu'ils déclareraient ne pas s'en servir.

En cas de contestation sur l'état de l'étamage, il sera procédé à une expertise, et, provisoirement, ces ustensiles seront mis sous scellés.

26. Il n'est rien changé aux dispositions de l'ordonnance de police du 19 décembre 1835, spécialement applicables aux charcutiers, et qui continuera de recevoir sa pleine et entière exécution.

Titre IV. — *Dispositions générales.*

27. Les fabricants et les marchands désignés en la présente ordonnance sont personnellement responsables des accidents qui pourraient être la suite de leurs contraventions aux dispositions qu'elle renferme.

28. Les ordonnances de police des 20 juillet 1832, 7 novembre 1838, et 22 septembre 1841, sont rapportées.

Nota. La constatation récente de la présence du cuivre dans des extraits préparés dans des vases de ce métal, par l'évaporation dans le vide, devrait peut-être faire proscrire ces vases pour cette opération. (Voir 1859, Herbelin, *Journal de la section de médecine de la Loire-Inférieure*, tome XXXIII, page 344.)

VI. ORDONNANCE CONCERNANT LES USTENSILES ET VASES DE CUIVRE ET DE DIVERS MÉTAUX. (Du 7 novembre 1838.)

Nous, conseiller d'État, préfet de police,

Vu, 1° l'article 20 du titre 1er de la loi du 22 juillet 1791;

2° Les arrêtés du gouvernement des 12 messidor an VIII (1er juillet 1800), et 3 brumaire an IX (25 octobre 1800);

3° Les articles 3119, 320 et 471 du Code pénal;

4° L'ordonnance de police du 23 juillet 1832 et celle du 10 février 1837;

5° L'ordonnance de police du 19 décembre 1835, concernant les établissements de charcutiers dans la ville de Paris,

6° Les rapports du conseil de salubrité,

Ordonnons ce qui suit :

Voir l'ordonnance du 23 juillet 1832 avec les modifications suivantes :

Addition à la fin de l'alinéa de l'article 4. « Et de préparer aucune des mêmes substances dans des vases de zinc ou de plomb.»

Addition de ce qui suit, et formant les articles 10 et 11,

« 10. Il n'est rien changé aux dispositions de l'ordonnance de police du 19 décembre 1835, spécialement applicable aux charcutiers, et qui continuera de recevoir sa pleine et entière exécution.

« 11. L'ordonnance de police du 10 février 1837 est rapportée. »

Le reste comme à l'ordonnance à laquelle il est renvoyé.

Le conseiller d'État, préfet de police, G. DELESSERT.

CURCUMA (COLORATION DE DIVERSES SUBSTANCES ALIMENTAIRES PAR LE).

Cette opération n'a rien de dangereux. — On remplace souvent le safran par le curcuma pour colorer les pâtes dites d'Italie (semoule, vermicelle). Voir Lamarck, *Encyclopédie botanique,* tome II, page 228; Merat et Delens, *Matière médicale,* tome II, page 524.

Aux colonies on se sert du curcuma sous le nom d'herbe contre le mal d'estomac.

M. Boussingault a vu, dans les colonies espagnoles de l'Amérique méridionale, le curcuma employé pour colorer presque tous les aliments, sans qu'il en soit jamais résulté d'inconvénients.

Le curcuma entre dans la préparation du cari avec le poivre et le gingembre.

DÉBITS DE BOIS ET DE CHARBON. Voir *Combustibles*
(*Industrie des*).

DÉBOURRAGE DE LA LAINE ET DU COTON. Voir
Battage de la laine.

DÉBRIS D'ANIMAUX, DE CHAIRS, DE SANG (Dépôts
de) (1re classe). Ateliers et fabriques où ces matières sont préparées par la macération ou desséchées pour être employées a
quelque autre fabrication. — 9 février 1825. Voir *Équarissage*
(*Clos d'*).

DÉCAPAGE. Voir *Cuivre* (*Industrie du*).

DÉCATISSAGE (3e classe, par assimilation).

Le décatissage est une des opérations que l'on fait subir aux
draps pendant le cours de leur fabrication. Quoique presque
toujours réunis à l'établissement dans lequel on confectionne
le drap, il y a cependant quelquefois des locaux spécialement
destinés à cette industrie. Quand le drap a été tondu, séché à
la rame et passé à la vapeur dans le but de donner du brillant
à l'étoffe, on le soumet au décatissage. Il a pour effet de rendre plus solide l'apprêt donné à la vapeur et d'empêcher le
drap d'être taché par l'eau.

Détail des opérations. — On étale par couches peu serrées le
drap sur une table où il reste fixé par une pression plus ou
moins forte, à l'aide d'une planche qui s'abaisse sur lui. On
l'enveloppe extérieurement avec un grand morceau de flanelle,
et on fait pénétrer entre les plis du drap, et sous cette flanelle,
par une série de petits trous ménagés dans les bords de la
table, une quantité assez considérable de vapeur d'eau à une
basse pression.

En Angleterre et dans quelques manufactures françaises, on
a cherché à produire le même effet par l'emploi successif de
l'eau froide, avec ou sans pression.

Causes d'insalubrité. — Aucune.

Causes d'incommodité. — Bruit du mouvement des presses.
Buée de vapeurs d'eau.

Prescriptions. — Disposer l'atelier de manière à recueillir

toute la buée sous une large hotte communiquant avec une cheminée d'un bon tirage et d'une large section.

Pendant ce travail, fermer les croisées donnant sur la voie publique.

Établir une ventilation convenable.

DÉDORAGE. Voir *Cuivre (Industrie du).*

DÉGRAISSAGE ET DÉBOUILLAGE DES OS [1] (2ᵉ et 3ᵉ classe, par assimilation à la Fonte de graisses).

DÉTAIL DES OPÉRATIONS. — Cette industrie s'exécute rarement seule. Elle est presque toujours liée à d'autres opérations, qu'elle précède, qu'elle accompagne ou qu'elle suit. Il est dans l'intérêt de tous les fabricants de ne rien perdre des corps gras qui sont adhérents aux os, ou qui entrent dans leur composition; et, d'un autre côté, il est important pour certains usages de l'industrie, que ces os soient entièrement privés des matières grasses qui les salissent. On procède ordinairement au dégraissage des os en les plongeant dans de grandes chaudières autoclaves, où on les fait bouillir, soit dans de l'eau alcaline, soit dans de la vapeur d'eau, qui se charge de toutes les matières grasses et animales. — C'est surtout afin de les rendre bons pour le service des couteliers et des *boutonniers* qu'on fait subir aux os cette préparation.

Les eaux grasses sont portées aux fabriques de chandelles ou de savon, où elles sont traitées convenablement. D'autres fois, elles sont directement employées pour l'agriculture.

Ce débouillage ou dégraissage d'os, comme la fonte de suif d'os, donne lieu à des odeurs très-désagréables. — L'inconvénient ici est presque de l'insalubrité.

On devra toujours se montrer très-sévère dans l'application des règlements et dans l'exécution des prescriptions, d'autant plus qu'avec de bons moyens de ventilation et de tirage on

---

[1] Dans beaucoup de localités, les établissements où l'on pratique le débouillage des os sont réunis aux fabriques du noir animal.   M. V.

peut arriver à diminuer considérablement les inconvénients des odeurs.

CAUSES D'INSALUBRITÉ. — Quand on opère en vases non clos, il se dégage des odeurs très-désagréables et qui peuvent être nuisibles, si l'atelier n'est pas bien ventilé, s'il est peu spacieux et se trouve trop rapproché des habitations.

CAUSES D'INCOMMODITÉ. — Odeurs nauséabondes. — Même quand on opère en vases clos.

Écoulement d'une grande quantité d'eaux putrescibles.

PRESCRIPTIONS. — Opérer dans une chaudière autoclave, portant un couvercle à charnières, une soupape de sûreté et un manomètre.

Placer la chaudière sur un fourneau en briques, surmonté d'une large hotte, qui communiquera avec la cheminée du foyer, et entraînera au dehors les vapeurs nauséabondes.

Cette précaution est souvent insuffisante, parce qu'on ne détermine pas la proportion qui doit exister entre les chaudières et le développement de la hotte, — ainsi que la section de la cheminée. Il faut d'une manière générale poser en principe que l'odeur doit à peine être perçue; l'autorité conserve alors son droit d'agir toutes les fois que ce résultat n'est pas obtenu. Un des meilleurs appareils à opposer aux inconvénients des mauvaises odeurs de cette nature est la construction d'une espèce de coupole fermée pendant le travail, et sous laquelle sont placées les chaudières. Cette coupole se termine par un large tuyau qui communique avec une cheminée de un à deux mètres de section, large aussi dans toute sa hauteur; alors il n'y a aucune buée dans l'atelier, ni dans l'usine, ni chez les voisins.

Ne brûler que du charbon de Charleroi. (Voir l'usine Harlot, à la Villette (Seine), rue d'Allemagne, 202.)

Élever la cheminée de dix à quinze mètres, selon les localités. (En général, cheminée *haute* et *large*, à bon tirage.)

Ne jamais conserver dans l'établissement qu'une quantité d'os suffisant à un approvisionnement de trois jours au plus. — Recouvrir ces os d'une couche de *noir*.

Ne jamais conserver d'eaux grasses.

Les os dégraissés et qui doivent rester dans l'usine seront desséchés dans des étuves à air chaud. Construire ces étuves d'après les règles ordinaires. (Voir fabriques de papiers.)

Ne jamais laisser couler les eaux de lavage sur la voie publique.

Laver deux ou trois fois par mois les murs de l'atelier avec de l'eau chlorurée.

DÉGRAISSEURS (3e classe). — 14 janvier 1815.

Détail des opérations. — Voir *Teinturerie*.

Causes d'insalubrité. — Aucune.

Causes d'incommodité. — Buées.

Écoulement d'eaux sales.

Prescriptions. — Recouvrir la chaudière d'un entonnoir dont l'extrémité supérieure communique avec la cheminée.

Faire arriver toutes les eaux de l'atelier, par un conduit souterrain, au plus prochain égout.

DÉGRAS (Huile de). Voir *Cuirs (Industrie des)*.

DÉPILAGE DES PEAUX. Voir *Cuirs (Industrie des)*.

DÉPOTS EN GRAND.

Dépôts de bois. Voir *Combustibles (Industrie des)*.

Dépôts de boues. Voir *Voierie*.

Dépôts de charbon. Voir *Combustibles (Industrie des)*.

Dépôts de cuirs verts. Voir *Cuirs (industrie des)*.

Dépôts d'eau de fleurs d'oranger. Voir *Eau de fleurs d'oranger*.

Dépôts d'engrais. Voir *Engrais*.

Dépôts d'éther. Voir *Éther*.

Dépôts de fromages. Voir *Fromage*.

Dépôts de paille en grand (chez les grénetiers, emballeurs). Devraient être assimilés aux dépôts de bois et charbon dans les villes, au point de vue des dangers d'incendie.

Dépôts de papier.

Dépôts de plâtres. Voir *Chaux*.

Dépôts de poudrette. Voir *Engrais*.

Dépôts de rogues (Salaisons de). Voir *Conserves de substances alimentaires et Rogues*.

Dépôts de schistes (Huile de). Voir *Huiles (Industrie des)*.

Dépôts de térébenthine (Essence de). Voir *Huiles (Industrie des)*.

DÉROCHAGE. Voir *Cuivre (Industrie du)*.

DÉSARGENTAGE. Voir *Cuivre (Industrie du)*.

DÉSUINTAGE DE LA LAINE ET DES CRINS (Avec l'ammoniaque) (2e classe).

Désuintage de la laine et des crins avec la soude et la chaux (3e classe).

DÉTAIL DES OPÉRATIONS. — La laine contient en grande quantité une matière grasse appelée *suint;* elle en contient d'autant plus qu'elle est plus fine. Les laines grossières en contiennent environ le quart de leur poids; les demi-fines, la moitié; et les mérinos, les deux tiers. Ce suint peut être regardé comme formé d'un savon à base de potasse, d'une certaine quantité d'acétate, de carbonate de potasse, de chlorure de potassium, d'une matière odorante, d'une certaine quantité de chaux combinée.

Ce savon peut s'enlever, par l'eau même froide, mais difficilement, il faut, pour obtenir un dégraissage complet, avoir recours à divers procédés qui vont être décrits.

Premier procédé. — Par l'urine putréfiée.

Pour débarrasser la laine du suint, on la met dans de l'urine putréfiée dite *corrompue,* qu'on a gardée dans un tonneau; on l'étend de trois fois son poids d'eau; on maintient le bain à quarante ou cinquante degrés en ayant soin de le *remuer* de temps en temps. Après une demi-heure de digestion, on rince à grande eau. La laine est enveloppée d'un filet pour l'introduire dans le bain; le lavage à grande eau se fait, autant que possible, dans une rivière; il faut avoir soin de renfermer la laine dans de grandes claies en osier. La laine est séchée en couches minces, afin d'activer l'opération. C'est l'ammoniaque provenant de la décomposition de l'urine qui opère la saponification de la matière grasse.

Deuxième procédé. — Par le savon.

Dans quelques usines, on préfère employer une dissolution de savon. On évite ainsi cette *odeur pénétrante et désagréable* que possède l'urine putréfiée.

Troisième procédé. — Par l'eau chaude.

Quelques fabricants remplacent même l'urine par de l'eau chaude seulement; on y trempe la laine à plusieurs reprises, c'est ce que l'on nomme *échauder*. L'eau obtenue sert à une nouvelle opération; on conçoit qu'elle agisse comme une dissolution de savon puisqu'elle a dissous le suint.

Quatrième procédé. — Par le sulfure de carbone.

On a proposé de séparer le suint de la laine par une digestion dans le sulfure de carbone, qui dissout toute la matière grasse, en répétant le traitement autant de fois qu'il est nécessaire.

Cinquième procédé (brevet anglais), senior 1848.

On plonge la laine dans un bain composé de quatre cents cinquante-trois grammes de carbonate de soude, deux litres vingt-sept décilitres d'eau de riz, et quatre-vingt-un litres d'eau. — On double les quantités des deux premières matières, quand la laine est très-chargée de suint. — On plonge dix kilogrammes de laine dans ce bain pendant cinq à dix minutes. On passe entre des cylindres pour exprimer, et l'on plonge de nouveau dans un bain à peu près aussi concentré; on y laisse la laine pendant dix minutes environ; enfin, le temps nécessaire pour obtenir un nettoyage parfait. — Quand la laine est dégraissée, on la fait séjourner préalablement dans un bain d'eau de chaux.

Sixième procédé (brevet anglais), mercer. 1847.

Il paraît, d'après un brevet anglais, que l'on applique avec succès au désuintage des laines les arséniates et les phosphates de soude, de potasse et d'ammoniaque. On les mêle à une certaine quantité de carbonate de soude et de savon.

Quand la laine est débarrassée de son suint, on l'expose à l'action de l'acide sulfureux pour la blanchir, et on lui rend sa souplesse par une dissolution de savon.

Pour dégraisser les *crins*, on les fait macérer dans une lessive d'eau de soude, pendant un temps variable selon le degré de saleté de ces crins. On les fait sécher, soit à l'étuve, soit en plein air. On les trie, et on les livre au commerce.

Il en est des eaux de macération et de lavage comme de celles qui proviennent du désuintage des laines.

CAUSES D'INSALUBRITÉ. — Grave danger pour la santé des ouvriers, si l'on se sert des *arséniates*.

CAUSES D'INCOMMODITÉ. — Odeur désagréable, quand on opère avec l'urine putréfiée.

Écoulement d'eaux putrescibles, quand on n'opère pas le lavage dans une rivière.

PRESCRIPTIONS. — Ventiler convenablement les ateliers.

Ne jamais écouler les eaux de lavage sur la voie publique.

Proscrire l'emploi des arséniates, attendu que l'emploi des phosphates de soude, de potasse ou d'ammoniaque, donne des résultats satisfaisants.

DEXTRINE. Voir *Amylacées (Matières)*.

DOREURS.

Doreurs sur métaux par le mercure (3ᵉ classe). — 15 octobre 1810. — 14 janvier 1815.

Doreurs sur métaux par la galvanoplastie.

L'or peut être employé à revêtir la surface de tous les objets afin d'en rehausser l'éclat, de les rendre aussi inaltérables que lui et de leur communiquer la plupart de ses propriétés.

L'application des feuilles d'or avec un vernis ne peut donner aux métaux une dorure suffisamment résistante; aussi ce moyen est-il complétement rejeté. On a cherché à rendre intime l'union de l'or et du métal, et, pour ainsi dire, à faire pénétrer les deux métaux l'un dans l'autre aux points de contacts : le mercure, l'affinité chimique et l'électricité sont les trois sources qui servent à produire cette adhérence.

Dorure au mercure.

DÉTAIL DES OPÉRATIONS. — La dorure au mercure, connue depuis l'antiquité, consiste à dissoudre l'or dans le mercure, c'est-à-dire, à l'amalgamer, à recouvrir l'argent, le cuivre, de cette dissolution, et à chasser le mercure par le feu. Comme le mercure attaque ces deux métaux en les dissolvant, il en résulte que, par son évaporation, il reste une dorure solide. Le fer, n'étant pas attaqué par le mercure, ne peut être doré, si l'on ne l'a préalablement cuivré; d'ailleurs, la dorure au mercure est presque entièrement appliquée aux bronzes d'art, avec lesquels elle donne les plus beaux résultats.

L'or employé pour faire l'amalgame doit être aussi pur que possible; afin d'éviter des nuances défavorables, on le lamine pour le diviser, on en met un poids connu dans un creuset qu'on *chauffe au rouge sombre; on y projette alors un poids de mercure* huit fois plus considérable; on opère le mélange avec une tige de fer courbée. Quand la fusion est parfaite, on verse l'amalgame dans une terrine pleine d'eau, on le comprime d'abord entre les doigts, puis on exprime la pâte qui en résulte dans une peau de chamois, de manière à en faire sortir tout le mercure en excès et à l'employer à une nouvelle amalgamation.

Dérochage et décapage des pièces de bronze. — La préparation des pièces consiste à leur faire subir un *recuit* dans un fourneau à moufle, appelé *mouflé*, et dont la température peut être facilement réglée, de manière à amener au rouge cerise toutes les parties des pièces, après quoi on les laisse se refroidir à l'air. On les soumet ensuite à un *dérochage* pour les débarrasser de tout l'oxyde dont elles sont chargées; on y parvient en les laissant séjourner suffisamment dans un bain d'acide sulfurique au dixième, les soumettant à l'action d'une brosse dure, à un lavage à grande eau, enfin à un desséchage dans de la sciure de bois légèrement chauffée.

Quand les pièces sont parfaitement sèches, on les *décape* à l'aide de l'acide azotique ordinaire du commerce ne contenant pas de plomb; puis, avec de l'acide azotique dans lequel on a ajouté du sel de cuisine et de la suie; on ne les laisse qu'un instant dans ce bain; après quoi on les lave à grande eau; on ajoute un peu d'acide sulfurique à l'acide azotique, s'il n'est pas suffisamment concentré. On dessèche dans la sciure de bois chauffée les pièces qui ont subi cette opération, elles en sortent avec une couleur jaune pâle et un aspect légèrement grenu.

A l'aide d'un gratte-brosse, on recouvre uniformément le métal d'une couche d'azotate de mercure, puis d'amalgame d'or, et on l'expose à l'action du feu. Il faut éviter la fusion de l'amalgame, diriger une évaporation bien égale sur tous les points et laver la pièce avec une eau acidulée par du vinaigre quand la volatilisation est terminée.

Si l'on veut que la pièce soit brunie en certains points, et mate sur les autres, on opère des réserves au moyen d'une mixture appelée *épargne* (mélange de blanc d'Espagne, de gomme et cassonade), qu'on place sur tous les endroits qui doivent subir le brunissage. *Après la volatilisation du mercure, l'épargne est carbonisée*, on recouvre la pièce d'un mélange d'alun cristallisé en poudre mélangé de sel marin et de nitre; on la soumet à l'action de la chaleur jusqu'à fusion ignée parfaite; on la retire et la plonge subitement dans l'eau froide, qui détache la couche saline et l'épargne, sans que l'on ait besoin de recourir au grattoir. Il y a diverses précautions à prendre pour varier la couleur de l'or.

Dorure par immersion.

La dorure par immersion consiste à recouvrir d'or les bijoux de cuivre, en les plongeant un certain temps dans une dissolution alcaline d'or.

On dissout une certaine quantité d'or dans l'eau régale et l'on met cette dissolution dans un matras d'essayeur, sous une bonne cheminée, puis on prend un poids de bicarbonate de soude assez considérable, déterminé par la pratique; on en fait dissoudre une moitié dans une marmite dorée par les opérations précédentes, et contenant vingt litres d'eau ; on ajoute l'autre moitié par fractions au chlorure d'or, et, *quand il ne se fait plus d'effervescence*, on verse le tout dans la marmite. On porte celle-ci à l'ébullition pendant deux heures, en ayant soin de remplacer l'eau évaporée.

Le décapage des bijoux se fait en suspendant ceux-ci à un crochet de fer ou de verre, et les trempant dans différents liquides détaillés précédemment : au moment de l'immersion, on ravive ce décapage en trempant de nouveau dans une liqueur acide, de manière à présenter le métal à nu, presque à l'état naissant, et à lui faire contracter avec l'or une adhérence parfaite. On varie les liqueurs destinées à effectuer ce *ravivage* selon la couleur de l'or que l'on veut obtenir ; d'ailleurs, un trempage dans une solution d'azotate de mercure facilite la dorure.

Pour dorer avec ce bain, on trempe les bijoux successivement dans l'eau par paquets, dans la solution d'azotate de mercure, dans l'eau, enfin, dans le bain d'or ; au bout d'une demi-minute au plus, on les retire, on les lave dans l'eau, puis on les sèche dans la sciure de bois.

On donne de la couleur aux objets ainsi dorés, à l'aide d'une dissolution bouillante d'azotate de potasse, de sulfate de fer et de zinc, dans laquelle on trempe les objets, qu'on expose ensuite à un feu clair, jusqu'à ce qu'ils prennent une teinte brune, après quoi on les replonge dans l'eau.

Dorure galvanique.

L'application d'une solution d'or à la dorure par l'électricité fut longtemps cherchée pour obtenir de bons produits, à cause de l'acidité croissante des bains de chlorure d'or qu'on employait.

M. Elkington parvint à d'heureux résultats en se servant d'un bain alcalin, comme il l'avait fait pour la dorure par immersion ; M. Ruolz établit les conditions nécessaires pour la réussite de l'opération.

La préparation des pièces, la production du mat et du bruni, la mise en couleur, sont les mêmes que par immersion. Souvent on ne dore que certaines parties, on excepte les autres par une *épargne* qui est ici tout simplement du chromate de plomb délayé dans une eau gommée.

Le bain, formé ordinairement d'une dissolution de cyanure d'or dans le cyanure de potassium, est contenu dans une cuve en bois mastiquée ou préférablement garnie en gutta-percha.

Deux tiges mobiles en laiton, supportant d'autres tiges, servent à accrocher les objets à dorer ; des piles à courant constant, de Bunsen, servent à fournir l'électricité nécessaire; deux lames d'or servent à entretenir la dissolution dans un état permanent.

Pour obtenir une dorure solide, il faut préalablement cuivrer, parce que si l'on dorait directement sur le fer, il n'y aurait pas d'adhérence. La dorure peut, par un cuivrage préalable, s'appliquer avec un grand succès sur tous les métaux de commerce.

Le platinage se fait par des procédés à peu près semblables.

On dore ainsi le zinc et le fer; — mais alors on ne décape ni ne déroche les pièces premières; — on les trempe préalablement dans un bain de cuivre, — puis dans un bain d'or. — Voir *Zinc* (*Industrie du*).

CAUSES D'INSALUBRITÉ. — Volatilisation du mercure.

Dégagement d'acide hypo-nitrique.

Contact des acides nitrique, sulfurique et hydro-chlorique, avec les mains des ouvriers. — Contact du mercure et du nitrate acide de mercure dans les mêmes circonstances.

Respiration possible de poussière et vapeurs acides, ou contenant du mercure pour les ouvrières, et pendant le ramonage de la cheminée de l'atelier.

De là, tous les accidents de l'intoxication mercurielle aiguë ou chronique.

Émanations acides qui s'échappent de la pile.

CAUSES D'INCOMMODITÉ. — Émanations se répandant dans l'atelier et chez les voisins.

Danger du ramonage des cheminées.

Destruction ou altération grave des pavés, des parois, des égouts, par suite des eaux de laboratoire.

Chez les ouvriers doreurs *à la feuille*, durillons des mains à peu près comme chez les brunisseurs.

PRESCRIPTIONS COMMUNES A TOUS LES PROCÉDÉS. — Ventiler convenablement l'atelier. Veiller à ce que le tirage de la cheminée soit énergique.

Établir des vasistas aux croisées de l'atelier pour se préserver des accidents causés par les courants d'air descendants de la cheminée.

Donner aux fourneaux d'appel l'ouverture la plus étroite possible. Vis-à-vis d'eux, placer des vasistas à soufflets.

Surmonter d'une hotte la cheminée où se pratiquent les amalgames.

Faire construire un tuyau en briques et non en zinc, spécial pour conduire dans l'intérieur de la cheminée, jusqu'en haut, les vapeurs acides ou mercurielles, — avec foyer d'appel énergique, qui s'oppose à ce que les vapeurs de dérochage se mélangent avec l'acide nitreux.

S'assurer si la cheminée est assez élevée et si elle n'a aucune communication avec d'autres cheminées de la maison ou de celles des voisins.

Conseiller, si l'on ne peut ordonner l'usage, pour les ouvriers, de gants en vessie, en taffetas ciré, en caoutchouc, gutta-percha, ou mieux en collodion ou étoffes collodionnées. Leur faire souvent laver les mains avec de l'eau savonneuse, dans le but de saturer les acides dont elles sont si souvent empreintes.

Quant au ramonage des cheminées (dans le cas où un tuyau spécial n'aurait pas été construit), vêtir le ramoneur de telle sorte, que toutes les parties de son corps, la figure exceptée, soient à l'abri de la poussière mercurielle; placer au devant de sa bouche une éponge mouillée, de manière que, pendant l'acte de la respiration, il ne puisse s'introduire dans les poumons aucune parcelle de suie.

Avant l'ascension du ramoneur dans la cheminée, y faire passer une notable quantité de vapeurs d'eau.

Elle a pour objet d'éviter la formation de la poussière et de condenser toutes les vapeurs existantes.

Surélever la cheminée, quel que soit le combustible employé, de deux à trois mètres au-dessus des cheminées voisines, dans un rayon de vingt-cinq mètres : cette élévation, du reste, sera d'autant plus grande, que le quartier sera plus populeux.

Quant au traitement et au déversement des eaux de dérochage, voir *Cuivre* (*Industrie du*), article *Dérochage*.

Pour les doreurs par le procédé du *trempage*, insister sur la bonne ventilation du fourneau de chaque forge. — Élever le tuyau de fumée à deux mètres au-dessus du faîtage des maisons voisines. — Établir de bons fourneaux d'appel — et des vasistas à soufflets dans l'atelier.

Tenir toujours à la disposition des ouvriers un flacon d'alcali volatil, pour qu'ils puissent en respirer les vapeurs dans le cas d'accidents par les vapeurs nitreuses.

Avoir dans l'atelier une certaine quantité de carbonate de chaux, afin de pouvoir saturer immédiatement les eaux acides déversées sur le sol par accident.

PRESCRIPTIONS SPÉCIALES DE LA DORURE PAR LA GALVANOPLASTIE. — Paver, bitumer ou daller le sol de l'atelier où seront placées les cuves destinées au cuivrage des pièces de fer ou de zinc.

Enfermer dans une armoire vitrée les piles de Bunsen, — et faire partir de cette armoire un conduit se rendant dans une cheminée bien construite, et chargée de porter au dehors les vapeurs acides qui se dégagent pendant le fonctionnement de la pile. Aérer parfaitement les ateliers.

Quant au dérochage des pièces de cuivre, voir *Cuivre (Industrie du)*, article *Dérochage*.

EAU DE FLEURS D'ORANGER (FABRIQUE ET DÉPÔTS D') (non classés, mais soumis à l'inspection des conseils, comme objet de consommation habituelle).

Les conseils d'hygiène sont rarement chargés de surveiller la fabrication des eaux de fleurs d'oranger, non plus que celle des autres eaux distillées. Ceci rentre dans les établissements de distillation en grand ou en petit des parfumeurs, et nécessite les mêmes précautions.

Mais, au point de vue de la santé publique, il importe que ces eaux ne soient point falsifiées, et surtout que, par suite d'un emballage ou d'une mise en vases défectueux, elles ne contiennent aucun principe nuisible. C'est dans ce but qu'il est d'usage d'ordonner les prescriptions suivantes :

Les fabricants ou marchands n'emploieront que l'étain pour la soudure et l'étamage des estagnons.

L'eau de fleurs d'oranger ne sera conservée que dans des vases en verre ou en grès.

Il y aura lieu de faire de temps en temps des visites chez les fabricants et les débitants, pour s'assurer s'il n'existe pas dans cette eau de l'acétate de plomb.

EAU-FORTE. Voir *Acides*, (*Acide azotique*).

EAU SECONDE DES PEINTRES EN BATIMENTS (ALCALI CAUSTIQUE EN DISSOLUTION) (3e classe). — 14 janvier 1815.

Cette préparation, simple mélange, se fait au fur et à mesure des besoins, et en très-petite quantité. (Voir *Acide azotique* et *Ammoniaque*.)

EAUX ACIDES.

Les eaux acides sont un des inconvénients graves de beaucoup d'industries. En général on recommande de les *neutraliser*, soit avec la craie, soit avec la chaux : mais *chimiquement* le moyen ne remplit pas tout à fait le but, et *pratiquement* on n'est jamais assuré de son emploi. Le conseil d'hygiène de la Seine, dans sa séance du 16 septembre 1859, a adopté la mesure suivante : Toutes les eaux acides, avant d'être jetées dehors, devront être mêlées à un volume égal ou supérieur d'eau ordinaire, de façon à ne marquer à l'aréomètre de Baumé qu'un degré à un degré et demi. — On pourra néanmoins se servir à volonté de la craie ou de la chaux. Il faudra donc que, dans tous les ateliers où il y a production d'eaux acides, il y ait un aréomètre.

EAUX SAVONNEUSES DES FABRIQUES (2e classe). — 20 septembre 1828.

DÉTAIL DES OPÉRATIONS. — Voir *Lavoirs* et *Savonneries*.

CAUSES D'INSALUBRITÉ. — Aucune.

CAUSES D'INCOMMODITÉ. — Odeur désagréable. Danger du feu. Écoulement d'eaux qui se décomposent très-facilement et deviennent très-fétides.

PRESCRIPTIONS. — Voir *Huiles* (*Industrie des*).

ÉCHAUDOIRS.

Échaudoirs où l'on cuit les abatis des animaux tués pour la boucherie (1re classe). — 15 octobre 1810. — 14 janvier 1815.

Il y a des échaudoirs à bœufs, à veaux et à moutons. Ces échaudoirs peuvent exiger quelques dispositions spéciales, différentes, mais, en somme, on y pratique des opérations analogues. C'est la cuisson des parties dites abatis des animaux tués pour la boucherie.

DÉTAIL DES OPÉRATIONS. — On reçoit dans des cuves spéciales le sang et les intestins, ainsi que toutes les matières contenues dans ces derniers. On ne soumet à la cuisson que les têtes, les pieds et les intestins. Les autres parties sont en général enlevées crues et livrées aux tripiers. (Voir, au mot *Abattoirs*, l'article *Cuisson de têtes*, page 124.)

CAUSES D'INSALUBRITÉ. — Odeurs insalubres, souvent fétides, de matières en fermentation.

CAUSES D'INCOMMODITÉ. — Mauvaises odeurs. Buées odorantes. Écoulement d'eaux rousses. Bruit et cris causés par les animaux. — Entraves à la circulation.

PRESCRIPTIONS. — Isoler l'échaudoir à l'égal d'un abattoir auquel il est le plus souvent réuni. Ventiler largement l'atelier. Opérer sous la hotte d'une cheminée qui porte très-haut la buée et les gaz odorants. Enlever tous les jours les matières qui n'auront pas été soumises à la cuisson, et toutes celles qui seraient en putréfaction. Daller, paver ou bitumer le sol de l'échaudoir. Selon son importance, lui donner des dimensions plus ou moins étendues. Ne pas laisser couler sur la voie publique les eaux rousses. (Voir *Abattoirs*.)

Échaudoirs où l'on prépare et l'on cuit les intestins et autres débris d'animaux (1re classe). — 14 janvier 1815. — 31 mai 1838.

Cette classification ne comprend pas les ateliers destinés à la cuisson des issues et gras-double, dont les nettoiements et l'échaudage ont eu lieu préalablement dans l'intérieur des abattoirs. (Décision ministérielle du 11 août 1837.)

DÉTAIL DES OPÉRATIONS. — Ces opérations doivent être faites dans de grandes chaudières bien couvertes. Elles ont lieu le plus souvent dans une des dépendances de l'abattoir, et sont soumises alors à tous les règlements sur cette matière.

CAUSES D'INSALUBRITÉ. — Aucune.

CAUSES D'INCOMMODITÉ. — Très-mauvaise odeur.

PRESCRIPTIONS. — (Voir *Abattoirs*.)

Échaudoirs où l'on traite les têtes et pieds d'animaux afin d'en séparer le poil (3ᵉ classe). — 31 mai 1833.

Détail des opérations. — Ces opérations se pratiquent en général dans les abattoirs publics. Elles se font dans de grandes chaudières et constituent une véritable macération à chaud. On doit toujours agir sur des matières fraîches.

Causes d'insalubrité. — Aucune habituellement.

Causes d'incommodité. — Buée. Fumée.

Légère odeur. (Elle ne serait mauvaise que si l'on opérait sur des matières animales déjà en fermentation.)

Écoulement d'eaux assez considérable.

Prescriptions. — Opérer sous des hangars ou dans des ateliers bien ventilés.

Se servir de chaudières recouvertes d'opercules terminées par des tuyaux qui se rendent dans la cheminée du foyer.

Proportionner la hauteur des cheminées à celle des habitations voisines, — dans le cas où l'échaudoir ne serait pas compris dans un abattoir public.

Ne laisser écouler sur la voie publique aucune eau de macération ou de lavage.

Daller ou bitumer le sol de l'atelier ou du hangar où l'on opère, avec pente convenable pour l'écoulement des liquides.

Avoir toujours à sa disposition beaucoup d'eau.

Ne jamais opérer sur des matières en putréfaction. Et ne jamais en amasser les débris dans l'atelier ou dans les cours.

ÉCLAIRAGE. Voir *Gaz hydrogène*, et au mot *Huiles* (*Industrie des*) l'article *Huile de colza*.

ÉMAUX. Voir *Céramique* (*Industrie*).

EMBAUMEMENTS ET MOULAGE (non classé).

Le détail de ces opérations ne rentre pas dans le cadre de cet ouvrage.

C'est d'après une simple lettre du préfet de police, dans le département de la Seine ou de l'autorité supérieure dans les autres départements, que les conseils d'hygiène sont chargés d'examiner la nature des liquides qui ont servi aux embaumements.

Cette recherche a pour but d'éclairer la médecine légale, toutes les fois qu'à la suite d'un embaumement il y aurait lieu de procéder à une exhumation et à une analyse. On se borne à constater s'il y a, ou non, de l'arsenic, du cuivre ou du mercure. On peut quelquefois donner la liste complète des substances employées. Mais comme leur nombre est assez grand, et leurs proportions variables, ces détails deviennent à peu près inutiles. Je rappellerai succinctement que l'on se sert habituellement de solutions contenant du sulfate d'alumine, du chlorure d'alumine avec traces de fer, — du chlorure de fer, du chlorure de zinc, de l'acide pyroligneux, du sulfate de zinc.

Il serait très-important que l'examen des liquides ayant servi aux embaumements fût d'usage dans tous les départements.

Le moulage du visage après la mort est une opération qui se pratique quelquefois, mais ne peut et ne doit jamais être faite sans une autorisation spéciale de l'autorité locale. Il faut, de même, pour toute autre opération exécutée sur un mort, qu'il se soit écoulé vingt-quatre heures à partir de la déclaration du décès à la mairie.

C'est encore aux conseils d'hygiène, concurremment avec les agents de l'autorité, à surveiller l'exécution rigoureuse des règlements sur cette matière.

Documents relatifs aux embaumements et moulage.

I. ORDONNANCE CONCERNANT LE MOULAGE, L'AUTOPSIE, L'EMBAUMEMENT ET LA MOMI-FICATION DES CADAVRES [1]. (Du 25 janvier 1838.)

Nous, conseiller d'État, préfet de police,

Considérant que la sûreté publique exige que les cadavres ne soient soumis, avant les délais fixés par la loi pour procéder aux inhumations, à aucune opération capable de modifier leur état, ou de transformer en décès réel une mort qui ne serait qu'apparente;

Considérant que l'autorité, chargée de veiller à la sûreté et à la salubrité publique, doit fixer les délais qui peuvent être accordés, selon les circonstances, pour surseoir aux inhumations, et prescrire les mesures de précaution que nécessiterait la conservation des cadavres au delà du terme d'usage;

---

[1] Rapportée. — Voir l'ordonnance du 6 septembre 1839.

Vu les arrêtés du gouvernement du 12 messidor an VIII (1er juillet 1800), et 3 brumaire an IX (25 octobre 1800),

Ordonnons ce qui suit :

1. A Paris, et dans les autres communes du ressort de la préfecture de police, il est défendu de procéder au moulage, à l'autopsie, à l'embaumement ou à la momification des cadavres avant qu'il se soit écoulé un délai de vingt-quatre heures depuis la déclaration des décès à la mairie, et avant d'avoir, même après l'expiration de ce délai, obtenu notre autorisation.

2. Les demandes aux fins d'autorisation seront faites par les plus proches parents des décédés, et seront revêtues de l'avis des maires ou des commissaires de police.

3. Il n'est fait exception aux dispositions de la présente ordonnance que pour les cadavres des personnes dont le décès aurait été constaté judiciairement.

II. ORDONNANCE CONCERNANT LE MOULAGE, L'AUTOPSIE, L'EMBAUMEMENT ET LA MOMIFICATION DES CADAVRES. (Du 6 septembre 1839.)

Nous, conseiller d'État, préfet de police,

Considérant qu'il importe que les cadavres ne soient soumis, avant les délais fixés par la loi pour procéder aux inhumations, à aucune opération capable de modifier leur état ou de transformer en décès réel une mort qui ne serait qu'apparente;

Considérant que l'autorité, chargée de veiller à la salubrité publique, doit fixer les délais qui peuvent être accordés, selon les circonstances, pour surseoir aux inhumations et prescrire les mesures de précaution que nécessiterait la conservation des cadavres au delà du terme d'usage;

Vu les arrêtés du gouvernement des 12 messidor an VIII (1er juillet 1800), et 3 brumaire an IX (25 octobre 1800);

L'ordonnance de police du 25 janvier 1838, concernant les autopsies;

Ordonnons ce qui suit :

1. A Paris, et dans les autres communes du ressort de la préfecture de police, il est défendu de procéder au moulage, à l'autopsie, à l'embaumement ou à la momification des cadavres avant qu'il se soit écoulé un délai de vingt-quatre heures depuis la déclaration des décès à la mairie, et sans qu'il en ait été adressé une déclaration préalable au commissaire de police à Paris et au maire dans les communes rurales.

2. Cette déclaration devra indiquer que l'opération est autorisée par la famille; elle fera connaître, en outre, l'heure du décès, ainsi que le lieu et l'heure de l'opération.

3. Les maires et les commissaires de police devront nous transmettre ces déclarations, après avoir constaté que l'on s'est conformé aux dispositions de l'article 1er.

4. Il n'est fait exception aux dispositions de la présente ordonnance que pour les cadavres des personnes dont le décès aurait été constaté judiciairement.

ENCRE (*Industrie des*).

Encre à écrire sur le papier (Fabrique d') (3ᵉ classe). — 14 janvier 1815.

L'encre ordinaire, qui sert à écrire sur le papier, est une combinaison à proportions indéfinies de tannin, d'acide gallique, d'oxyde de fer et d'autres substances qui n'y entrent qu'en faibles quantités; ce n'est pas, à proprement parler, une dissolution, mais une suspension de matières insolubles au moyen de matières mucilagineuses, comme la gomme, etc.

Le chlore, l'acide oxalique et d'autres agents chimiques la détruisent facilement.

Parmi les nombreuses formules qui ont été données, en voici une qui fournit une encre de bonne qualité :

Noix de galle concassée.	2^{k}·000
Sulfate de fer cristallisé.	1, 000
Bois de Campêche divisé.	0, 150
Gomme arabique ou de cerisier. . .	1, 200 environ.
Essence de lavande.	60 à 80 gouttes.
Eau de rivière filtrée ou distillée. . .	22 litres.

On laisse macérer : 1° la noix de galle et le bois de Campêche dans dix litres d'eau; 2° la gomme dans cinq litres d'eau. On fait bouillir le mélange de noix de galle et de Campêche pendant deux heures; après trente-six heures environ de macération, on filtre, on mélange le décocté avec la solution de gomme et de sulfate de fer faite à part; on laisse la suroxydation du fer s'accomplir pendant deux ou trois jours, on y ajoute l'essence de lavande, et on conserve dans des vases hermétiquement fermés.

On pourrait aussi épuiser la noix de galle par déplacement avec de l'eau chaude et faire dissoudre la gomme dans l'extrait.

On peut regarder cette formule comme une de celles qui sont le plus employées, quoique la plupart des matières qui entrent dans sa composition soient souvent remplacées par d'autres. Ainsi, les écorces de chêne, de châtaignier, de grenades, le sumac, etc., peuvent être substitués à la noix de galle : la bière épaisse peut remplacer la gomme, quoique sans avantage pour la qualité. On emploie aussi le sulfate de cuivre pour donner une teinte plus foncée et plus belle; le sulfate d'indigo et la garance pour donner une couleur plus noire; un sel de manganèse pour donner au noir une teinte violette; l'essence de lavande ou de citron est destinée à prévenir la moisissure; on se sert de différents sels pour arriver au même résultat.

M. James Starck, en 1842, a entrepris plusieurs séries d'expériences sur les encres à écrire; depuis cette époque, il en a fabriqué deux cent vingt-neuf espèces différentes, et a expérimenté la durée d'écritures faites avec chacune d'elles sur toute espèce de papier. Il a trouvé que l'altération, la diminution de teinte que présentent les encres dérivent de diverses causes, mais surtout de ce que le fer se peroxyde et se sépare à l'état de précipité. De ses nombreuses expériences, il conclut qu'aucun sel, aucune préparation de fer ne donnent d'aussi bons résultats que le sulfate de fer ordinaire, c'est-à-dire la couperose commerciale, dans la fabrication de l'encre, et que si l'on ajoute quelque sel de peroxyde, l'azotate ou le chlorure, par exemple, on augmente bien, il est vrai, la couleur présente de l'encre, mais on diminue sa valeur au point de vue de la durée. L'auteur n'a pu se procurer une encre noire et solide avec les sels de manganèse ou les autres métaux.

Les encres ordinaires les plus solides sont celles qui sont composées de noix de galle de la meilleure qualité, de couperose et de gomme; les proportions que l'expérience a indiquées être les meilleures, sont : six parties de noix de galle pour quatre de couperose. Des lignes écrites avec une encre de cette nature, ont été, pendant douze mois, exposées à l'air et à la lumière solaire, sans subir le moindre changement dans leur couleur, tandis que toutes celles faites, soit avec d'autres composés, soit dans d'autres proportions, seront plus ou moins altérées dans les mêmes circonstances. Cette encre, du reste, ne laisse pas précipiter le gallotannate de fer qu'elle renferme, ce qui rend l'écriture plus durable. L'auteur a reconnu que l'encre à la noix de galle et au campêche était, pour la durée, inférieure à l'encre de noix de galle pure. Toutes les encres de cette espèce perdent leur couleur et pâlissent, et l'on en a vu qui, préparées d'abord seulement avec la noix de galle, étaient très solides, et devenaient altérables lorsqu'on ajoutait du campêche. Le sucre possède une action essentiellement pernicieuse à la durée des encres au campêche et même de toutes en général. Un grand nombre d'autres encore ont été essayées et décrites : Encre de sumac, de myrobolan, de runge, encres dans lesquelles le gallotannate de fer est maintenu en dissolution par les acides nitrique, sulfurique, chlorhydrique ou autres, par l'oxalate de potasse, le chlorure de chaux, etc. L'encre de myrobolan peut être recommandée comme offrant quelques garanties de solidité et comme étant la plus économique que l'on puisse fabriquer. M. Starck a cherché par l'expérience s'il n'existait pas quelques substances foncées en couleur pouvant, par leur addition à l'encre, augmenter la stabilité de celle-ci, tout en évitant ces transformations chimiques qui sont la cause ordinaire de ses altérations. Après avoir expérimenté diverses substances, et entre autres le bleu de Prusse et l'indigo dissous de différentes manières, il a trouvé que le sulfate d'indigo remplissait le but désiré. En ajoutant ce dernier corps en proportion convenable à une encre au gallotannate de fer, on obtient un liquide avec lequel il est agréable d'écrire, qui coule librement à la plume, ne l'embarrasse pas, ne dépose jamais, offre sur le papier, quand il est sec, une teinte d'un beau noir et ne pâlit jamais, si longtemps qu'on conserve l'écriture. Pour obtenir ce but, la plus petite quantité qu'on puisse employer est de huit onces de sulfate pour une pinte d'encre. En somme, la meilleure composition que l'auteur recommande est celle-ci ; douze onces de noix de galle, huit onces de sulfate d'indigo, huit onces de couperose verte, quelques clous de girofle et quatre ou six onces de gomme arabique pour obtenir deux pintes d'encre. Dans le cours de ses expériences, l'auteur a examiné la stabilité d'encres diverses, dans lesquelles on avait introduit du fer métallique, et il assure avoir trouvé que toujours le contact de celui-ci la diminuait; aussi recommande-t-il que tous les actes publics soient écrits avec des plumes d'oie, le contact des plumes métalliques enlevant toujours plus ou moins aux encres, même la meilleure, une partie de leur solidité.

Encre de Chine.

C'est une encre solide formée par du noir de fumée; quand on la délaye, ce noir reste en suspension et laisse sur le papier une trace ineffaçable par les agents chimiques, mais destructible par le grattoir.

On ne sait pas au juste quelle est sa composition, mais on peut faire cette encre en employant du noir de lampe, ou celui provenant de la combustion du camphre calciné et traité par les alcalis caustiques pour le priver de matières hydrogénées; on l'incorpore intimement avec une dissolution chaude de colle de poisson, aromatisée avec du musc, du camphre, etc.

Pour les encres inférieures on peut employer le noir de pêche, de vigne, de liége, etc.; mais il est important d'employer une colle de bonne qualité qui ne fasse que se gonfler dans l'eau et ne se dissolve pas. On peut écrire en caractères presque ineffaçables mécaniquement, en se servant de cette encre délayée dans de l'eau acidulée d'acide chlorhydrique, qui la fait pénétrer dans la substance même du papier.

La bonne encre de Chine donne des traits qu'un pinceau humide ne détrempe point, ce qui prouve qu'il n'y a pas un excès de colle de poisson; et si l'on en étale une couche sur la porcelaine, elle laisse une trace brillante, signe manifeste de la présence d'une quantité suffisante de colle. Il est probable que la matière qui sert en Chine à faire l'encre est la substance végéto-animale extraite des nids d'une espèce d'hirondelles appelées *salanganes*.

Encre de couleur et de sympathie.

Les encres de couleur se font par dissolution de différents principes colorants, végétaux et même minéraux, et souvent aussi par simple suspension de ces matières par un mucilage. L'or et l'argent en poudre servent à écrire en les suspendant dans la gomme et passant les caractères au brunissoir.

Les encres de sympathie donnent des caractères qui n'apparaissent que sous l'influence de certains réactifs.

Encre à marquer le linge.

On a employé à cet usage une solution d'un sel de manganèse qu'on imprimait avec des caractères de bois en relief sur le linge trempé dans une solution gommeuse alcaline; on obtenait des caractères bruns noirâtres.

On y a substitué une solution d'asphalte dans l'essence de térébenthine, tenant en suspension du noir de fumée ou de la plombagine; — puis l'encre de Chine délayée dans l'acide chlorhydrique faible.

On a employé avec succès une encre formée en mêlant à de l'azotate de manganèse pur et concentré une égale quantité d'une décoction de noix de galle, et la moitié de ce poids d'encre ordinaire; on imprimait cette encre sur les étoffes humectées d'une solution de prussiate jaune épaissie par la gomme.

On se sert plus souvent de l'encre dite *anglaise* : pour l'obtenir, on dissout seize grammes de carbonate de soude dans cent vingt-huit d'eau, on y ajoute douze grammes de gomme arabique. On fait une seconde solution avec dix grammes d'azotate d'argent dans vingt-quatre d'eau distillée, et on y ajoute douze grammes de gomme arabique; on conserve ces deux liqueurs à part. La solution alcaline sert à imprégner le linge; on le sèche ensuite à l'aide d'un fer à repasser; on imprime ou on écrit avec une plume d'oie chargée d'une solution d'argent, on expose à la lumière et les caractères noircissent.

Causes d'insalubrité. — Aucune.

Causes d'incommodité. — Buée.

Odeur légère.

Prescriptions. — Ventiler convenablement l'atelier.

Opérer sous une cheminée qui recueille bien la buée qui peut être produite.

Encre autographique.

DÉTAIL DES OPÉRATIONS. — L'encre autographique de bonne qualité est un mélange de huit grammes de cire vierge, deux grammes de savon blanc, deux grammes de gomme laque et trois cuillerées de noir de fumée.

On fait fondre la cire et le savon, et avant que le mélange s'enflamme, on y ajoute le noir de fumée; on laisse brûler le tout pendant trente secondes, on éteint la flamme, puis on ajoute peu à peu la laque en remuant toujours; on remet le vase sur le feu pour faciliter le mélange jusqu'à ce qu'il s'enflamme ou soit prêt à s'enflammer; on éteint la flamme et on ne verse dans le moule que lorsque l'encre est un peu refroidie.

Encre d'imprimerie (1re classe). — 14 janvier 1815.

DÉTAIL DES OPÉRATIONS. — L'encre d'imprimerie est un mélange fortement sirupeux, formé d'huile de lin ou de noix, épurée et cuite, et de noir de fumée préparé avec soin. On emploie ces huiles parce qu'elles sont siccatives et ne s'étendent point sur le papier. On y fait entrer quelquefois du copahu privé d'huile essentielle, de la colophane, et bien préférablement à celle-ci, de la poix noire purifiée, la térébenthine et la litharge pourraient être employées, mais il devient difficile de nettoyer les formes quand on en fait usage; le savon de résine donne à l'encre du liant, et permet de la déposer facilement sur les caractères.

Pour la préparer, on fait bouillir de l'huile de lin dans un pot de terre; après une cuisson suffisante, on retire la chaudière du feu, on la découvre, on *enflamme l'huile*, on la laisse brûler pendant une demi-heure, on l'éteint et la laisse bouillir doucement jusqu'à ce qu'elle ait acquis une consistance convenable. Après refroidissement, on y ajoute un sixième environ de noir de fumée. Tel est en général le moyen qui sert à l'obtenir.

Au lieu de noir de fumée, on se sert quelquefois de bleu de Prusse, de chromate de plomb, de blanc de plomb, qui sont siccatifs, pour obtenir des caractères de couleur.

Encre lithographique.

Détail des opérations. — L'encre lithographique est un composé analogue à l'encre autographique, formée de cire, de suif, de savon, de gomme laque et de noir de fumée; on fond ces matières successivement à une douce chaleur, sans ébullition prolongée, on les enflamme à un certain moment, puis on y délaye le noir de fumée; elle possède, après le refroidissement, une consistance assez ferme mais pourtant facile à couper. On y introduit quelquefois de la résine ou de la térébenthine, et un excès de l'un des composants, selon les usages auxquels elle doit servir.

Causes d'insalubrité. — Aucune.

Causes d'incommodité. — Odeur très-désagréable.

Danger du feu et parfois d'asphyxie pour les ouvriers.

Vapeurs infectes et inflammables pendant l'ébullition prolongée de l'huile de lin dans des vases de fonte ou de cuivre.

Prescriptions. — Opérer sous la large hotte d'une cheminée à grande section, qui porte au dehors toutes les vapeurs.

Surmonter la cheminée d'un tuyau qui dépasse de deux mètres les cheminées du voisinage.

Couvrir les chaudières pendant l'ébullition de l'huile de lin.

Donner une ventilation active dans l'atelier.

Fermer toutes les croisées pendant la cuisson de l'huile, et opérer le soir ou la nuit, si cela est possible.

Construire les fourneaux en briques et fer.

ENGRAIS.

Engrais (Dépôts de matières provenant de la vidange des latrines ou des animaux, et destinées à servir d') (1re classe). — 9 février 1825.
Poudrette (1re classe). — 15 octobre 1810. — 14 janvier 1815.

Détail des opérations. — Il ne s'agit pas ici de la fabrication des engrais (voir *Équarrissage*), mais seulement des dépôts. Il est cependant indispensable, vu la variété de composition de ces engrais, de dire quelques mots sur les matières qui entrent le plus ordinairement dans leur constitution. On se sert en première ligne du produit des vidanges des villes, — des résidus de l'abatage de tous les animaux, — et de toutes les parties (sang, viscères), qui entraient dans leur composition; en dernier lieu, de matières végétales en putréfaction et de débris de matières animales grasses, charbon animal et sang, mêlé au beurre, venant des raffineries de sucre, — cendres et débris venant des fabriques de Javelle sous le nom de *charrées*, ayant servi dans l'industrie et ne pouvant plus être révivifiées. — On mélange ces matières, en proportions variables, à du charbon, de la tourbe, de la terre, les boues des villes et des chemins, — le fumier, le guano (produit des amas de déjections d'oiseaux où se trouve une grande quantité d'urate d'ammoniaque). Ces engrais sont *secs* ou *humides*. Les uns se font rapidement; — d'autres demandent un certain temps de préparation et de manipulation. — Le commerce qui s'en fait est très-considérable.— Ils sont plus ou moins *riches*, et c'est sur eux que la fraude et la falsification se pratiquent souvent, au grand détriment de l'agriculture.

Sous le nom d'engrais animalisé, on a souvent autorisé la fabrication et le dépôt d'un engrais fait avec du sang mélangé à de la tourbe, de la vase de rivière, du charbon végétal en poudre, — de la suie. — On fait cet engrais à froid ou à chaud, on l'introduit dans des sacs, — on le soumet à une forte pression,— mais la fermentation ne tarde pas à se développer, plus ou moins rapidement, selon la quantité du sang qui a été mélangée. Il se dégage alors des gaz très-fétides.

Urate (Fabrication d'), mélange de l'urine avec la chaux, le plâtre et les terres (1re classe).

DÉTAIL DES OPÉRATIONS. — On emploie comme engrais une matière désignée dans le commerce sous le nom d'*urate*; c'est un mélange de plâtre et d'urine. On le réduit en poudre après l'avoir desséché, on le conserve dans un endroit à l'abri de l'humidité. C'est l'urine déjà putréfiée qui sert à cette fabrication; on pourrait peut-être employer l'urine fraîche avec plus d'avantages; on sait, en effet, que l'urine putréfiée dégage en pure perte du carbonate d'ammoniaque, que cette perte s'augmente avec le temps pendant lequel les urines ont été abandonnées à elles-mêmes.

Le plâtre a pour effet de se changer en carbonate de chaux et de sulfate d'ammoniaque, sous l'influence du carbonate d'ammoniaque de l'urine; on peut le remplacer par le sulfate de fer; on fixe ainsi les éléments azotés pour les faire absorber par la plante.

Le *guano* est une substance d'origine animale qu'on a d'abord trouvée sur les bords du Pérou, dans plusieurs îles de la mer du Sud, sur les côtes de la Patagonie et de l'Afrique occidentale. Il y forme des dépôts très-étendus ayant jusqu'à seize et vingt mètres d'épaisseur, qui semblent évidemment le produit pendant plusieurs siècles de l'accumulation des excréments des oiseaux innombrables qui habitent ces contrées.

Le guano s'offre sous l'aspect d'une masse bleuâtre, humide, pulvérulente, douée d'une odeur ammoniacale assez sensible. Il présente dans son intérieur des cristaux assez visibles à l'œil nu; il contient des quantités très-considérables d'acide urique, ul-mique, oxalique, carbonique, sulfurique, unis à l'ammoniaque; la chaux, la soude, la potasse, la magnésie; sa richesse en matière azotée est très-grande, ce qui ajoute beaucoup à l'action que ces sels exercent comme engrais; elle est variable selon les couches dont il provient.

Le guano, par la forte proportion d'acide urique, d'ammoniaque, et de matières azotées qu'il renferme, constitue un des engrais les plus efficaces qui nous arrivent de l'étranger. On peut comparer à son action celle de la fiente des pigeons (ou *colombine*) que l'on élève par centaines dans le nord de la France; et la *poulaitte* ou excréments des poules dont la richesse comme engrais est un peu plus faible. Ces deux matières contiennent de l'urate et du phosphate d'ammoniaque, des phosphates et des carbonates à bases fixes, des matières insolubles.

On fabrique en Angleterre et en France du *guano artificiel* en mélangeant de la poussière d'os, du sel marin, des sulfates de chaux, de soude, d'ammoniaque et de l'urine.

Guano (Dépôts de) (2ᵉ ou 3ᵉ classe, selon l'importance du dépôt).

Les dépôts de guano artificiel ou naturels sont assimilés aux dépôts de toutes les matières odorantes et fermentescibles. Les engrais *secs* en poudre donnent peu d'odeur, et par suite peu d'inconvénients, mais il faut les préserver de toute humidité. Ils peuvent cependant être autorisés dans les villes aux conditions suivantes :

Paver, daller ou bitumer les magasins.

Conserver cet engrais en sacs de toile épaisse.

Ne point les adosser aux murs mitoyens.

Ventiler constamment nuit et jour, soit par des ouvertures bien disposées, soit par une cheminée d'appel, les ateliers ou magasins.

Limiter le nombre de sacs, — ne pas faire des dépôts permanents, mais, à proprement parler, des *entrepôts*, où la marchandise subisse un mouvement de va-et-vient qui ne lui permette pas de s'altérer par un long séjour d'immobilité.

Éloigner de l'atelier toute cause d'humidité.

Causes d'insalubrité. — Odeurs malsaines, dues à la décomposition putride des matières qui composent les engrais, — ou à la fermentation qui, par l'humidité, et à cause de l'hygrométricité des engrais, tend à se développer rapidement dans tout amas de cette substance.

Dégagement de vapeurs ammoniacales et d'hydrogène sulfuré.

Causes d'incommodité. — Odeurs ammoniacales fort désagréables s'étendant fort loin.

Prescriptions. — Éloigner ces dépôts du centre des populations.

Ne les établir que dans les localités *autorisées* spécialement.

Les placer à deux cents mètres au moins des habitations et à cent mètres des routes impériales, départementales ou chemins vicinaux. (Dans le cas où ces derniers chemins ne serviraient qu'à l'agriculture, l'administration pourra réduire la distance indiquée.)

Les entourer d'un mur élevé, si ces distances ne peuvent être telles qu'on doit les prescrire.

N'introduire dans l'établissement aucune matière qui n'ait été préalablement désinfectée, soit dans les fosses d'aisances mêmes, soit dans les abattoirs. — Cette désinfection se fera avec le chlorure de zinc ou le sulfate de fer (neutre), dans les proportions suivantes : dix kilogrammes de sels de zinc, marquant vingt-cinq degrés pour trois à quatre mètres cubes de matières.

Les sels devront être bien préparés et la désinfection *complète*.

N'effectuer le transport des matières à transformer en engrais que dans des tonneaux ou tinettes solidement construits, cerclés en fer, hermétiquement fermés avec des bondes parfaitement assujetties.

Ajouter aux barriques dans lesquelles on transporte le sang des abattoirs quatre kilogrammes de mélange salin (résidus des diverses préparations chimiques), destinés à la préparation de l'engrais.

Ne recevoir le sang, dans les barriques, en été, qu'après y avoir ajouté deux décilitres d'acide sulfureux ou avoir peint l'intérieur avec une épaisse solution de *brai*.

Convertir immédiatement en engrais les matières au fur et à mesure de leur arrivée.

Ne jamais charger ou ouvrir les voitures que dans l'intérieur de l'établissement.

Déposer les matières dans des fosses recouvertes de hangars et les couvrir de charbon en poudre, afin d'éviter toute émanation désagréable.

Faire les fosses en maçonnerie et les cimenter de façon à empêcher le liquide de filtrer et d'infecter consécutivement les puits ou citernes des environs.

Opérer rapidement la dessiccation de l'engrais par son mélange avec la tourbe carbonisée, et sa réduction en poudre, en le déposant par couche de deux à dix centimètres au plus d'épaisseur, dans de vastes hangars bien ventilés, *à l'abri de la pluie*.

Si l'engrais fabriqué est bien sec, il pourra être conservé dans des greniers bien ventilés et sans que l'humidité s'en empare.

Si le mode de fabrication n'empêche pas la production d'eaux vannes, construire une citerne pour recueillir ces eaux, qui ne seront jamais versées sur la voie publique et désinfectées avant leur transport.

Pour l'engrais dit animalisé, mettre un hectolitre de charbon en poudre pour deux hectolitres de sang.

N'autoriser que des engrais *titrés* (richesse en sels ammoniacaux, phosphates et matières organiques). En surveiller la parfaite composition.

Distinguer dans les autorisations les engrais *humides* ou *secs*. —Éloigner même ces derniers.

Pour les fabriques d'urate,—autant que possible, ne se servir que d'urines fraîches.

Couvrir la face interne des tonneaux d'une couche épaisse de goudron, ou de charbon délayé, afin de retarder ou empêcher la fermentation de l'urine sans nuire à l'engrais.

Paver, daller ou bitumer l'atelier de travail.

Le surmonter d'une cheminée d'appel, à large section, et de hauteur variable selon les localités environnantes.

Ne lui donner aucune ouverture sur la voie publique.

Documents relatifs à l'industrie des engrais.

I. RAPPORT DU CONSEIL DE LA SEINE 1829-1838. (Année 1937.)

§ *Dépôt d'engrais et de fumiers.*

. . . .

Le conseil a proposé les mesures suivantes :

1° Il ne pourra être fait, sous aucun prétexte, des dépôts de boues, d'immondices, de matières fécales ou de matières animales, susceptibles de se putréfier, dans l'intérieur des cours et jardins et dans les lieux environnants, appartenant à des fermiers, à des cultivateurs ou à des particuliers, et notamment par les entrepreneurs de l'enlèvement des boues de Paris;

2° Ces dépôts ne pourront être faits que dans les localités autorisées par l'administration, et sur la demande de celui qui voudra les établir; ils devront être placés à une distance d'au moins deux cents mètres des habitations et de cent mètres des routes royales, départementales ou chemins vicinaux; dans le cas où ces derniers chemins ne serviraient qu'à l'agriculture, l'administration pourra réduire la distance indiquée;

3° Les dépôts de boues, d'immondices et de débris d'animaux, formés, soit par les entrepreneurs de l'enlèvement des boues de Paris, soit par tout autre industriel, et destinés à être vendus, étant compris dans les établissements insalubres de la première classe, ils restent d'ailleurs soumis à toutes les formalités prescrites par la loi pour les établissements de cette catégorie.

II. ORDONNANCE CONCERNANT LES DÉPOTS D'ENGRAIS ET D'IMMONDICES DANS LES COMMUNES RURALES. (Du 8 novembre 1839.)

Nous, conseiller d'État, préfet de police,

Considérant qu'il est habituellement formé dans les campagnes, aux environs de Paris, un nombre considérable de dépôts d'engrais, composés de boues, d'immondices ou de débris de matières animales qui, sans constituer précisément des voiries, répandent cependant des exhalaisons infectes;

Considérant qu'il importe de préserver les habitations et les routes de l'influence insalubre que peuvent produire de telles exhalaisons, sans nuire aux avantages que les cultivateurs retirent de l'emploi de ces engrais;

Vu : 1° les nombreuses réclamations qui nous ont été adressées à cet égard;

2° Les avis de MM. les sous-préfets de Sceaux et de Saint-Denis;

3° L'avis du conseil de salubrité;

4° La loi des 16-24 août 1790;

5° Les arrêtés du gouvernement des 12 messidor an VIII et 3 brumaire an IX (1er juillet et 25 octobre 1800).

Ordonnons ce qui suit :

1. Tous dépôts de boues et immondices, autres que ceux qui, formant des voiries, sont soumis aux formalités prescrites pour les établissements insalubres de première classe, ne pourront être faits, dans le ressort de la préfecture de police, sans notre autorisation.

2. Dans aucun cas, il ne sera accordé d'autorisation de former de semblables dépôts dans l'intérieur des cours, jardins ou autres enclos contigus aux habitations, non plus que sur des emplacements qui seraient à une distance moindre de deux cents mètres de toute habitation, et de cent mètres des routes royales et départementales, ainsi que des chemins vicinaux.

Cette distance pourra être réduite dans le cas où les chemins vicinaux ne serviraient qu'à l'agriculture.

3. Lors de l'emploi des boues et immondices à l'engrais des terres, ces matières seront étendues sur le sol dans les vingt-quatre heures qui suivront leur apport aux champs.

4. Les dispositions prescrites par les articles précédents ne sont point

applicables aux dépôts de fumier ordinaire de cheval, de vache et de mouton.

Le conseiller d'État, préfet de police : G. DELESSERT.

III. ARRÊTÉ DU PRÉFET DU NORD. (Du 8 septembre 1856.)

Nous, préfet du département du Nord, etc.;

Vu les lois du 22 décembre 1789 et 28 pluviôse an VIII, qui chargent les préfets de l'administration générale des départements;

Vu les lois des 14 décembre 1789, et 16-24 août 1790, sur la police municipale, la loi du 18 juillet 1837, et les articles 423, 471 et suivants du Code pénal;

Vu la délibération du conseil général du département concernant les mesures à adopter pour la répression des fraudes auxquelles donne lieu le commerce des engrais, et votant une allocation à cet effet;

Considérant qu'il est du devoir de l'administration d'empêcher qu'une substance soit vendue sous le nom d'une autre substance; que c'est surtout dans le commerce des engrais, qui touche à un intérêt public si considérable, qu'on doit s'efforcer d'atteindre ce but;

Considérant qu'il appartient directement au préfet de faire directement des règlements sur les objets de police municipale, lorsqu'il s'agit de mesures générales d'un égal intérêt pour toutes les communes du département;

Arrêtons :

Art. 1er. Tout commerçant vendant des matières désignées comme propres à fertiliser la terre devra placer à la porte de chacun de ses magasins et sur chaque tas de la marchandise mise en vente un écriteau indiquant le nom de l'engrais qu'il débite.

Art. 2. L'écriteau devra, en outre, indiquer les principaux éléments actifs de l'engrais, exprimés en termes qui rendent possible la vérification chimique. Ainsi les matières organiques, s'il en existe, seront désignées par l'azotate qu'elles contiennent.

Art. 3. Les noms déjà connus dans le commerce ne pourront être donnés qu'aux matières qu'elles désignent habituellement et qui ne seront pas mélangées avec des substances étrangères à leur composition.

Si la substance mise en vente n'a pas un nom spécial consacré par l'usage, le marchand pourra lui donner le nom qui lui paraîtra convenable, pourvu qu'il ne prête ni à erreur ni à équivoque.

Art. 4. Le nom de l'engrais, ainsi que la richesse déclarée par le marchand, seront écrits sur les enseignes extérieures et intérieures, sans abréviations, en lettres d'une grandeur uniforme de dix centimètres au moins de hauteur.

Art. 5. Il ne pourra être vendu plusieurs espèces d'engrais de qualités diverses dans le même magasin, qu'autant que les différentes qualités seront parfaitement séparées les unes des autres, et que des écriteaux, indiquant l'espèce et la richesse de chaque engrais, seront placés, non-seulement sur le tas de substances, mais aussi à la porte du magasin, de manière qu'aucune erreur ne soit possible pour l'acheteur.

Art. 6. Dans le mois qui suivra la publication du présent arrêté, tous les marchands d'engrais devront faire, à la mairie du lieu où sont établis leurs dépôts, la déclaration du nom de leurs engrais, et devront établir les enseignes et écritaux disposés comme il est dit ci-dessus.

Art. 7. A l'avenir, aucun marchand d'engrais ne pourra commencer ce commerce ou mettre en vente une substance fertilisante autre que celle qu'il aurait précédemment annoncée, avant d'avoir fait la déclaration prescrite par l'article précédent, et avant d'avoir établi les écriteaux et enseignes dans les conditions ci-dessus énoncées.

Art. 8. Les déclarations seront inscrites sur un registre ouvert à la mairie, et qui indiquera : 1° la date de la déclaration; 2° les nom, profession et demeure du déclarant; 3° la situation du local où le dépôt est effectué; 4° le nom de chacune des substances fertilisantes qui doivent y être mises en vente.

Copie de ce registre nous sera adressée à l'expiration du délai fixé par l'article 6. Des extraits nous en seront également transmis au fur et à mesure des déclarations nouvelles.

Art. 9. MM. les maires et commissaires de police visiteront fréquemment les dépôts des marchands d'engrais, surtout pendant le temps habituel des ventes, afin de s'assurer si toutes les dispositions prescrites par le présent arrêté seront exactement observées, et de dresser, s'il y a lieu, procès-verbal pour constater les contraventions.

Ils pourront, dans leurs visites, et toutes les fois qu'ils le jugeront nécessaire, exiger du marchand un échantillon de l'engrais du poids de deux cents à deux cent cinquante grammes. Cet échantillon sera clos, cacheté et étiqueté en présence du marchand. — L'étiquette mentionnera textuellement le contenu de l'inscription placée sur le tas d'engrais; elle devra être signée par le marchand; s'il refuse de signer, le fonctionnaire requérant dressera procès-verbal de l'opération et de ses circonstances.

Art. 10. Les échantillons ainsi fermés nous seront adressés dans le plus bref délai, pour être par nous transmis au chimiste chargé de la vérification. Le marchand d'engrais sera prévenu à l'avance des lieu, jour et heure où sera faite l'analyse de son échantillon. En sa présence, s'il s'est rendu à l'invitation reçue, ou, en son absence, s'il ne s'est pas présenté, le cachet sera rompu, l'analyse sera faite immédiatement, et le résultat en sera constaté par un procès-verbal du chimiste vérificateur.

Art. 11. Si le résultat de l'analyse constate que l'engrais mis en vente ne doit pas porter la désignation qui lui a été donnée par le marchand ou qu'il n'a pas la richesse qu'il avait annoncée, les pièces seront transmises à M. le procureur impérial pour la poursuite du délit.

Art. 12. Tout acheteur pourra requérir le marchand de prélever, sur la quantité à lui vendue, un paquet de deux cents grammes environ, cacheté et signé par le marchand ou ses représentants, et rappelant l'inscription

portée sur l'écriteau. Cet échantillon devra être déposé à la mairie. Si ultérieurement, d'après les résultats produits, l'acheteur a lieu de supposer
que l'engrais n'avait pas les qualités qui lui étaient attribuées, il pourra
requérir l'analyse de l'échantillon, en s'engageant à payer les frais de l'opération si la matière est reconnue conforme à l'échantillon et à l'inscription.
— L'échantillon nous sera transmis.

Art. 15. Un exemplaire en placard du présent arrêté sera et demeurera
affiché dans chaque magasin d'engrais.

Fait à Lille, le 8 septembre 1856.

ENGRAISSAGE DES OIES, DES POULES, DES PI-GEONS (ÉTABLISSEMENT EN GRAND POUR L') (3e classe). — 31 mai 1833.

Dans certains pays et depuis quelques années dans des grandes
villes, on a l'habitude de faire un commerce important avec
l'engraissage des volailles, et des oies en particulier. Jusqu'à
ces derniers temps on ne s'était occupé de cette industrie, et on
ne l'avait classée qu'à cause et au point de vue de l'incommodité
de sa mauvaise odeur. Mais des faits récents ont appelé sur ces
espèces d'établissements une attention plus particulière. La
grande quantité de débris animaux ou végétaux de toute nature
qui est la conséquence de l'alimentation habituelle d'une grande
cité, a fait concevoir l'idée de nourrir et engraisser les volailles,
près des grandes villes, avec des résidus de viandes plus ou moins
altérées. Il en est résulté des amas notables de matières putrescibles et des odeurs jointes à celles de l'accumulation des volailles dans une localité toujours trop restreinte, et, par suite des
plaintes des voisins de ces établissements, une autre question
physiologique a été soulevée, celle de savoir si les animaux
ainsi nourris avaient une chair bonne, et si l'alimentation habituelle avec de semblables produits ne pouvait pas être nuisible.
On comprend que l'expérience, et une expérience assez longtemps prolongée, *peut seule* résoudre ces difficultés; ce qui
semble hors de doute cependant, c'est que, dans le Midi, les
poules qui se nourrissent à une certaine époque avec les larves
pourries des vers à soie sont d'un goût détestable quand on
les mange, et que les œufs des poules que l'on nourrit avec des
hannetons contractent une saveur fort désagréable. D'un autre

côté cependant, la viande des porcs, qui mangent, comme on le sait, dans certains pays surtout, les objets les plus malsains, ne semble pas toujours sensiblement modifiée par cette espèce d'alimentation. Les poules qui vivent dans les clos d'équarrissage, et dont se nourrissent les ouvriers de ces établissements, mangent beaucoup de débris de viandes plus ou moins corrompues; et cependant elles n'ont donné lieu jusqu'ici à aucune observation sérieuse au point de vue de la santé. Ce que j'ai remarqué chez elles, c'est la fréquence des œufs ayant deux ou trois jaunes. — Ceci peut dépendre de l'excès de nourriture animale, à laquelle elles se sont habituées. Quoi qu'il en soit, il y a lieu de suivre les expériences qui sont en voie d'exécution. J'observe en ce moment une série de faits de cette nature sur l'alimentation des poules avec la viande de cheval, et, jusqu'à nouvel ordre, il n'y a lieu qu'à faire les prescriptions pour les causes d'incommodité, sans rien établir d'absolu sur la proscription des produits. J'ai dit ailleurs (voir articles *Asticots* et *Chrysalides*) ce que je pensais de ce qui a été écrit à ce sujet. — Je dois citer, comme mémoire à consulter, une note de F. Prévost, aide naturaliste au Muséum, insérée dans le n° 5, tome VI, des *Bulletins de la société d'acclimatation*, (mai 1859) : — *Sur l'emploi de la chair du hanneton, desséchée et mêlée à d'autres substances alimentaires dans l'élève de jeunes oiseaux et des volailles de basse-cour.*

CAUSES D'INSALUBRITÉ. — Question de l'insalubrité de la viande, non démontrée. Question à l'étude.

CAUSES D'INCOMMODITÉ. — Odeur détestable produite par l'accumulation d'une grande quantité d'animaux, dont les déjections sont toujours très-fétides.

Odeur souvent fort fétide déterminée par des amas de matières fermentescibles ou en putréfaction destinées à l'alimentation des animaux.

Cris incommodes.

PRESCRIPTIONS. — Isoler autant que possible un semblable établissement.

Ne pas l'autoriser au centre des villes.

N'y jamais laisser introduire des matières animales ou végétales en putréfaction, — les saisir, et faire évacuer immédiatement.

Proscrire l'engraissement par des asticots, parce que la plupart des éleveurs produiraient eux-mêmes ces asticots dans leur établissement.

Laver et nettoyer les cours et les poulaillers, chaque jour et avec le plus grand soin.

Ne point laisser séjourner de fumier dans les cours.

Donner aux eaux un écoulement facile. Ne point les garder dans des citernes, ni les perdre dans des puisards.

Grande surveillance pour prévenir les dégâts, sur les propriétés voisines, à la campagne.

ÉPONGES (Lavage et séchage d') (2e classe). — 27 janvier 1837.

Détail des opérations. — Les éponges qu'on recueille pour être livrées au commerce sont de trois qualités différentes, selon le degré de pureté qu'elles ont au moment de la récolte. Les éponges de la première et de la deuxième qualité, ne contenant que peu de matières fermentescibles, peuvent être lavées sans inconvénients. Celles de la troisième qualité présentent de réels motifs d'incommodité à cause de la mauvaise odeur des eaux de lavage. Elles renferment, en effet, dans leurs alvéoles, une substance gélatineuse, dont l'humidité favorise la fermentation et communique aux eaux de détersion une odeur détestable. — Cela ne peut aller cependant jusqu'à l'insalubrité, car dans les plus grandes fabriques, le lavage des éponges ne se renouvelle que cinq à six fois par an. Il a lieu dans de grandes cuves, à l'eau desquelles on ajoute une certaine proportion de chlorure de chaux. L'action de ce sel a pour effet de désinfecter et de blanchir à la fois les éponges. On les passe d'abord à l'eau pure, puis à l'eau de chaux. — Et on les sèche ensuite sur des cordes, — à l'air froid.

On pourrait essayer, dans cette industrie, l'action de l'acide sulfureux.

Causes d'insalubrité. — Odeur souvent fétide produite par la décomposition et la fermentation des matières animales gélatineuses que contiennent les éponges.

CAUSES D'INCOMMODITÉ. — Écoulement d'eaux odorantes et chargées de chaux.

PRESCRIPTIONS. — Paver, daller ou bitumer le sol de l'atelier où sont rangées les cuves à macération et à lavage. — Associer aux matières en macération un peu de chlorure de chaux ou une dissolution légère d'acide sulfureux.

Donner au sol une pente convenable pour l'écoulement des eaux.

Ne jamais laisser arriver sur la voie publique les eaux de lavage et de macération à la chaux des éponges de troisième qualité.

Les diriger par un conduit souterrain dallé et rejointoyé à chaux et ciment, soit dans un égout voisin, soit dans des citernes bien étanches, d'où on les extraira alors en vase clos, pour les besoins de l'agriculture, et ne pas les laisser couler à ciel ouvert même dans l'intérieur de l'établissement.

Bien aérer l'atelier et les magasins où les éponges seront accumulées pour le séchage.

ÉPURATION DES HUILES. Voir *Huiles (Industrie des)*.

ÉPURATION DES PLUMES ET DUVETS. Voir *Plumes*.

ÉQUARRISSAGE (1re classe). — 15 octobre 1810. — 14 janvier 1815.

DÉTAIL DES OPÉRATIONS. — Elles sont plus ou moins nombreuses selon l'importance du clos d'équarrissage, et selon surtout que l'établissement est privé ou communal. Quoi qu'il en soit, les opérations ont lieu à peu près dans l'ordre suivant : on commence par abattre les chevaux vivants : l'animal est tué d'un coup de massue, et saigné immédiatement. Le sang qui coule sur un plan incliné garni de dalles est reçu dans un tonneau. Il est tout de suite desséché, pulvérisé et mêlé aux engrais. Le corps est alors équarri. Les animaux maigres sont mis à macérer par morceaux pendant un certain temps dans un bain dit de *chimie*. Ce bain, dont la composition est variable, et souvent tenue secrète, comprend habituellement des solutions de potasse ou de chaux. Les chairs macèrent ainsi dans des cuves en bois. Les animaux gras sont placés dans des chaudières autoclaves, pendant trois ou quatre heures, afin de séparer les matières grasses. — Les peaux enlevées sont mises de côté, pour être livrées aux tanneurs ; les crins, coupés d'avance, sont vendus au marchand de *fair ;* les pieds, au marchand de peignes ; les parties tendineuses, au fabricant de colle; les excréments, mêlés à de la poudre désinfectante, sont réunis à l'engrais. Quand la chair dégraissée et la chair maigre ont séjourné, pendant un temps suffisant, soit dans les cuves à macération, soit sous l'action de la vapeur, on les soumet à la presse et on les dessèche. On les pulvérise pour être vendues comme engrais. — Dans beaucoup de clos d'équarrissage, où il n'y a pas de machines à vapeur et où les animaux ne peuvent être traités avec la même rapidité, on pratique de grands bassins dans lesquels on enfouit les morceaux de chair, couche par couche, une de terre mélangée à de la chaux, une de viande, et ainsi de suite. La couche superficielle est de terre et suffisamment épaisse. Au bout d'un certain temps variable, et quand, selon le temps et la nature des viandes, on suppose que la transformation en terreau est opérée, on l'extrait des fosses ; on l'étend à l'air, on la fait sécher, et on la vend, soit pure, soit mélangée à d'autres corps, pour engrais. L'eau qui a servi à la cuisson de la viande est séparée en deux parties distinctes: l'une, oléagineuse, est vendue aux fabricants de savon; l'autre, aqueuse et chargée de gélatine, est coulée dans des baquets où elle se prend en gelée et fournit de la colle dite colle de peau, employée par les peintres en bâtiments. Les os, séparés de la viande, sont ou calcinés dans l'usine, broyés à l'aide de meules et réduits en noir animal, ou desséchés à l'air, triés et livrés aux fabricants d'objets en os. (Voir Rapports du conseil de la Seine. 1835.)

Causes d'insalubrité. — Odeurs fétides et insalubres produites par l'accumulation et le séjour dans un endroit limité de matières animales souvent en putréfaction.

Danger pour les ouvriers de dépecer des animaux morts de

maladies contagieuses pour l'homme (charbon, morve, farcin), inoculables par le sang.

Causes d'incommodité. — Odeurs et buées très-désagréables quand on opère dans des cuves non recouvertes.

Expansion au loin, et selon la direction des vents, de gaz et odeurs fétides, — surtout quand on transvase les eaux de macération, ou quand on remue les couches d'engrais.

Vue désagréable des opérations.

Rats attirés par les matières en putréfaction.

Prescriptions. — Avoir un terrain étendu.

Disposer d'une grande quantité d'eau.

Être placé à la distance, voulue par les règlements, de toute habitation.

Clore l'établissement de murs solides ayant de profondes fondations.

Entourer le clos de plantations d'arbres.

Donner aux eaux ordinaires un écoulement facile.

Opérer la cuisson et la macération dans des chaudières ou marmites autoclaves, alimentées autant que possible par la vapeur.

Dessécher les chairs dans un fourneau analogue au four à coupelle, n'ayant issue que dans le foyer et où les vapeurs seront brûlées à leur passage.

Surmonter le four d'une hotte et d'une cheminée élevée de dix mètres au moins au-dessus du sol.

Le sang, les intestins et les os, seront soumis à la calcination dans ce four.

Daller, bitumer, ou paver à chaux et ciment la partie de l'établissement où les animaux seront abattus ou déposés et dépouillés de leur peau.

Garnir de dalles cimentées à la chaux hydraulique, à la hauteur de un mètre, tout le pourtour de cette partie.

Soumettre à de fréquents lavages chlorurés tous les points des ateliers où s'opérera le travail de l'équarrissage.

Recevoir les matières liquides résultant de ce travail dans des citernes voûtées et closes, et construites de manière qu'il ne s'opère aucune filtration dans le sol. Quand on videra ces citernes, les désinfecter de façon qu'il s'exhale au dehors le moins possible d'odeurs malsaines et nauséabondes. — Ne les vider que la nuit.

Construire les bassins à macération en maçonnerie, et les recouvrir d'un couvercle fermant hermétiquement.

Quand les bassins sont à ciel ouvert, donner un mètre d'épaisseur à la couche de terre qui recouvre extérieurement toutes les couches de la fabrication d'engrais.

Ne jamais équarrir des animaux en putréfaction, mais les enfouir tout de suite à deux mètres de profondeur.

N'ouvrir les chaudières à ébullition qu'après complet refroidissement.

Ne pas laisser séjourner les eaux grasses dans les ateliers.

Ne pas les vendre en *nature*.

Mélanger à des quantités suffisantes de tourbe et de charbon les matières extraites de l'estomac, des intestins, le cœur, le foie, la rate, le cerveau et toutes les issues. — Y mêler 5 p. 100 de leur poids de sulfate de fer.

Ne faire aucune accumulation de débris et d'os. — Faire la cuisson des chairs dans les vingt-quatre heures de l'abatage.

Ne transporter les animaux morts aux clos d'équarrissage qu'au moyen de voitures couvertes et parfaitement closes, dans lesquelles il sera placé un lit de charbon végétal de six centimètres d'épaisseur : avant de fermer les voitures, il sera répandu de la même matière sur les corps, en quantité suffisante pour les couvrir. Renouveler ce charbon à chaque voyage. — Placer sur chaque voiture, une plaque indiquant le nom du propriétaire, et sa destination, — Doubler l'intérieur des voitures en zinc, les tenir extérieurement dans un grand état de propreté.

Ne jamais embarrasser la voie publique avec ces voitures, à l'abord de l'établissement.

Ne donner en général que des autorisations assez limitées (3 à 5 ans).

Recommander à l'autorité une grande surveillance.

Interdire la vente de la viande d'animaux équarris.

Pour les ouvriers. — Les ouvriers employés à l'équarrissage des chevaux morts et atteints pendant la vie de *morve*, de *farcin* et de *charbon*, ou arrivés *à un certain degré de putréfaction*, prendront les plus grandes précautions, afin d'éviter toutes blessures ou écorchures ;

L'ouvrier qui aurait reçu quelques blessures ou écorchures aux mains devra s'abstenir d'équarrir les animaux précités ; et, si des circonstances particulières l'obligeaient à continuer son travail, il faudrait au préalable qu'il cautérisât ses plaies, s'imprégnât les mains d'une couche d'huile et fît en sorte que le pus ou le sang des chevaux atteints de maladies contagieuses ne fût projeté sur aucun point de la peau, ni dans le nez, les yeux, la bouche, etc, car, dans ce cas, la prudence lui commanderait de laver tout de suite la partie imprégnée de pus, qui, sans cette précaution, pourrait être absorbé par l'économie.

Si pendant l'opération de l'équarrissage un ouvrier se blessait, soit avec l'instrument tranchant, soit avec des éclats d'os ou autrement, le propriétaire de l'établissement ou son représentant exigera la cessation immédiate du travail de cet ouvrier, et fera saigner la plaie, en exerçant au-dessus une forte pression, et la cautérisera ensuite avec un fer rouge ou du *nitrate d'argent, soit solide, soit liquide*, qui devra toujours se trouver dans l'établissement.

Après les diverses opérations d'équarrissage des chevaux atteints de maladies ci-dessus désignées, les ouvriers seront rigoureusement tenus de se laver les mains avec du savon ou dans une dissolution alcaline, afin de faire disparaître tout de suite le virus qui pourrait s'y être attaché.

Les propriétaires d'ateliers d'équarrissage sont tenus, sous peine de révocation de leur autorisation et même de dommages et intérêts, s'il y a lieu, de faire exécuter ponctuellement les arrêtés de l'autorité qui seront affichés, sous forme de placard, dans le lieu le plus apparent de l'établissement, après qu'ils en auront donné connaissance à leurs ouvriers.

Ils devront, en outre justifier, envers qui de droit et avant de se livrer à l'équarrissage, qu'ils ont scrupuleusement rempli toutes les conditions énumérées dans les ordonnances de police.

Document relatif au clos d'équarrissage.

ORDONNANCE CONCERNANT LES ÉQUARRISSEURS. (Du 15 septembre 1842.)

Nous, conseiller d'État, préfet de police,

Vu : 1° L'ordonnance de police du 24 août 1811, concernant les équarrisseurs;

2° L'ordonnance de police du 15 octobre 1841, concernant la police et l'ouverture de l'abattoir et de l'atelier d'équarrissage d'Aubervilliers;

3° La loi des 16-24 août 1790;

4° Les arrêtés du gouvernement du 12 messidor, an VIII (1er juillet 1800), et du 3 brumaire an IX (25 octobre 1800);

5° Le décret du 17 mai 1809, article 156;

Ordonnons ce qui suit :

1. Toute personne exerçant ou voulant exercer la profession d'équarrisseur sera tenue d'en faire la déclaration à la préfecture de police, en indiquant le matériel dont elle est pourvue; ce matériel devra être approuvé par nous.

2. Les charrettes ou voitures destinées au transport des animaux devront être construites de manière à ne laisser échapper aucun liquide et à ne pas laisser voir ce qu'elles contiennent.

Elles seront d'ailleurs, préalablement à leur usage, soumises à la vérification des agents que nous désignerons à cet effet. Elles seront ensuite revêtues d'une estampille particulière.

Indépendamment de la plaque dont les voitures doivent être pourvues, conformément à l'article 9 de la loi du 5 nivôse, an VI, et à l'article 3? du décret du 23 juin 1806, les équarrisseurs seront tenus de faire peindre sur un endroit apparent de leurs voitures, en lettres de six centimètres au moins, leurs nom, profession et domicile, ainsi que l'indication du siége de leur établissement.

3. La voiture de l'équarrisseur devra toujours accompagner les convois d'animaux vivants.

Il est défendu de faire entrer dans Paris des animaux morts ou vivants destinés à l'équarrissage.

5. Il est défendu d'abattre et d'équarrir des animaux dans Paris. Ces opérations ne pourront être faites hors de Paris que dans des établissements légalement autorisés.

6. Les animaux morts enlevés dans Paris, de même que les animaux vivants destinés à l'équarrissage, ne pourront être conduits de Paris au clos d'équarrissage que de minuit à six heures du matin en été, et à huit heures du matin en hiver.

Les animaux qui seront dirigés du marché aux chevaux sur l'abattoir devront suivre, pour y arriver, l'itinéraire suivant : les boulevards, le pont

d'Austerlitz, la rue de la Contrescarpe, les quais du canal Saint-Martin jusqu'à la barrière de Pantin, et le chemin de ronde extra-muros, jusqu'à la
barrière des Vertus. (Ordonnance de police du 15 octobre 1841, art. 48.)

7. Les chevaux morveux ou farcineux, et tous les autres animaux attaqués
de maladies contagieuses, morts ou vivants, devront être conduits directement et immédiatement au clos d'équarrissage, sans qu'on puisse les faire
stationner, sous aucun prétexte, dans quelque lieu habité que ce soit.

8. Les équarrisseurs devront, sur la réquisition qui leur en sera faite,
enlever immédiatement les animaux morts sur la voie publique ou chez les
particuliers.

9. Les contraventions aux dispositions de la présente ordonnance seront
déférées aux tribunaux compétents, sans préjudice des mesures administratives qu'il y aurait lieu de prendre suivant les cas.

10. L'ordonnance de police précitée du 24 août 1811 est rapportée.

11. Les sous-préfets des arrondissements de Saint-Denis et de Sceaux,
les maires et les commissaires de police des communes rurales, les commissaires de police de la ville de Paris, le chef de la police municipale, les officiers de paix, le directeur de la salubrité, l'inspecteur contrôleur de la fourrière, l'inspecteur général des halles et marchés, l'inspecteur de l'abattoir
d'Aubervilliers, et les autres préposés de la préfecture de police sont chargés
chacun en ce qui le concerne de l'exécution de la présente ordonnance, qui
sera imprimée et affichée dans toute l'étendue du ressort de la préfecture
de police.

Elle sera, en outre, adressée à M. le colonel de la garde municipale et à
M. le commandant de la gendarmerie du département de la Seine, pour
qu'ils en assurent l'exécution par tous les moyens qui sont en leur pouvoir.

Les préposés de l'octroi sont requis de concourir à l'exécution de l'article 6 de la présente ordonnance, qui, à cet effet, sera adressée à M. le directeur, président le conseil de l'administration de l'octroi.

Ampliation de la présente ordonnance sera adressée à M. le pair de
France, préfet de la Seine.

Le conseiller d'État, préfet de police, G. DELESSERT.

ESSAYEURS (3ᵉ classe). — 14 janvier 1845.

DÉTAIL DES OPÉRATIONS. — L'essayage de la garantie des matières d'or et d'argent, et l'essayage du commerce, ont pour objet
d'établir par des moyens analytiques les quantités de métaux
précieux contenus dans les lingots, les bijoux, etc. La loi défend
de vendre des pièces fabriquées non poinçonnées; celles-ci sont
fabriquées dans chaque chef-lieu de département par un essayeur responsable chargé par l'État de briser toutes les pièces
qui ne sont pas aux titres légaux et de poinçonner les autres.

Les essais se font par voie sèches, ou par voie humide :

Essai par voie sèche.

DÉTAIL DES OPÉRATIONS. — L'essai par voie sèche a lieu par coupellation ; les coupelles qu'on emploie sont poreuses, absorbent facilement l'oxyde de plomb fondu, et sont faites avec de la cendre d'os humectée et légèrement comprimée ; elles peuvent absorber un poids de litharge égal au leur ; ce n'est pas, comme on le voit, une coupelle semblable à celle du plomb argentifère, qui ne doit pas absorber de litharge. Le plomb et le bismuth peuvent seuls servir à la coupellation, parce que leurs oxydes s'absorbent facilement ; on n'emploie que le premier pour plusieurs motifs.

Il faut une quantité de plomb d'autant plus grande qu'il y a plus de cuivre ; on opère sur 0 gr. 50, qu'on considère comme un gramme dans l'essai pour calculer sur un nombre plus élevé.

Le fourneau de coupelle est une sorte de fourneau à réverbère contenant dans son intérieur, une moufle ou demi-cylindre libre à sa partie antérieure, et percé de trous ou fentes en différents points pour donner accès à l'air et fournir un courant d'oxygène. On chauffe ce fourneau avec du charbon de bois, quelquefois même avec du coke, on place la coupelle dans le moufle, on y laisse fondre le plomb, on ajoute la *prise d'essai*, et on active le feu à l'aide d'un soufflet, ou plus commodément à l'aide d'un long tuyau servant de cheminée.

Bientôt, la moufle s'obscurcit de vapeurs plombeuses, le globule d'argent plombifère est surnagé par les gouttelettes huileuses de litharge, le mouvement de celles-ci cesse bientôt, *l'éclair* se produit, on ramène alors la coupelle près de l'entrée de la moufle pour empêcher le *rochage*, c'est-à-dire la projection du métal, ou seulement *son soulèvement pendant le refroidissement* ; ce phénomène tient à ce que l'argent pur absorbe à une haute température une quantité d'oxygène qui peut s'élever à vingt-deux fois son volume ; l'oxygène se dégage pendant le refroidissement ; il faut donc empêcher la solidification de la croûte superficielle pour éviter toute projection.

Le *bouton de retour* doit se détacher facilement et être bien lisse à la surface; on le pèse pour apprécier par son poids le titre de l'alliage. Il faut employer une température qui ne soit pas trop élevée, pour ne pas volatiliser l'argent et du plomb pauvre, c'est-à-dire ne contenant pas ou presque pas d'argent.

S'il s'agit d'essayer des sulfures de plomb argentifères, on extrait le plomb par la fusion avec du fer bien divisé; on coupelle le plomb obtenu qui contient tout l'argent. Quelquefois, on traite ces galines en les fondant avec trois ou quatre dixièmes de leur poids de nitre, il se forme du sulfate de potasse, et la plus grande partie du plomb passe à l'état métallique en entraînant tout l'argent. Les minerais de cuivre sont traités pour cuivre, on coupelle le métal argentifère avec 16 fois son poids de plomb.

On coupelle les matières d'or comme pour l'argent, en ayant soin d'opérer sur un alliage de trois parties d'argent et une d'or; le cuivre passe avec le plomb dans la coupelle, il reste un bouton de retour qui est un alliage d'or et d'argent; on le lamine et le traite par l'acide azotique faible, puis de plus en plus fort; il reste un cornet ou spirale d'or, on le recuit au feu, on le pèse pour en déduire le titre; la différence entre ce poids et celui du bouton d'argent donne le poids de l'argent.

L'essai des alliages d'or se fait, pour les petits bijoux qu'on ne peut détruire, en les frottant sur une pierre de touche (quartz noir à grain fin, inattaquable par les acides), à côté de traits semblables de *Touchaux* ou aiguilles d'alliages connus; on mouille ces traits avec de l'acide nitrique peu concentré, contenant 2 pour 100 d'acide chlorhydrique, et, d'après la couleur que prend la trace laissée par l'objet à essayer, on conclut son titre.

Essai par voie humide.

DÉTAIL DES OPÉRATIONS. — L'essai de l'argent par voie humide rentre exclusivement dans le domaine des essais de laboratoire, car c'est un dorage à l'aide de solutions titrées de chlorure de

sodium et d'azotate d'argent; il est fondé sur la complète inso-
lubilité du chlorure d'argent.

Les essais d'alliage d'or par la voie humide ne sont pas mis
en usage à cause des difficultés qu'ils présentent.

Pour opérer, on dissout l'alliage de cuivre et d'argent dans
l'acide azotique, on ajoute une quantité telle d'une dissolution
normale de sel marin (un décilitre précipite un gramme d'argent), qu'il ne se forme plus de précipité ; la quantité de liqueur
employée indique le titre de l'alliage.

Le détail de cette opération est purement du domaine de la
chimie.

Causes d'insalubrité. — Aucune.

Causes d'incommodité. — Parfois odeurs et vapeurs métalliques, si la ventilation n'est pas bien pratiquée.

Prescriptions. — Opérer sous une cheminée à manteau, pour
porter les gaz dans l'atmosphère.

Établir un tirage convenable.

Ventiler convenablement l'atelier.

ESTAMPAGE (3e classe, par assimilation aux batteurs d'or).

Détail des opérations. — L'estampage est l'art de produire au
moyen de feuilles métalliques, des figures ou des dessins en
relief, au moyen d'une matrice gravée et d'un agent de compression.

Si les pièces qu'on veut reproduire sont de petites dimensions
on peut leur donner une plus grande épaisseur ; mais plus le
relief est considérable et le dessin de grandes dimensions, plus
il devient nécessaire de diminuer l'épaisseur. Pour obtenir les
reliefs qui sont le but de l'estampage, on s'appuie sur la mal-
léabilité du métal, qu'on rétablit chaque fois que le travail l'a
diminuée, en recuisant la pièce ; chose facile, puisque c'est presque toujours du cuivre qu'on estampe.

Ce n'est que par progression qu'on peut établir des reliefs
bien déterminés; on pourrait donc, à l'aide d'une série de
moules, obtenir les fortes saillies qu'on produit quelquefois;
mais c'est à un autre moyen qu'on a recours.

On a un seul moule : on s'en sert pour produire un poinçon en creux qui représente exactement l'empreinte du moule en relief, c'est en coulant du plomb sur le moule qu'on le produit. On atténue les fortes saillies avec un outil, et on verse dans les creux correspondants du moule une certaine quantité de plomb ; on arrive ainsi à offrir à la feuille une surface moins creusée et par conséquent à ne point forcer par une extension trop brusque la feuille métallique à se déchirer. A mesure que l'estampage s'avance, on enlève une certaine quantité de ces lames de plomb de manière à offrir de plus en plus le moule parfait au métal.

Ce moyen est long, on peut le rendre plus économique et plus prompt en superposant plusieurs pièces de cuivre et les soumettant à l'action du mouton, on en diminue graduellement le nombre, de manière à donner successivement à la plus infé-rieure toute la délicatesse des détails exigée par la pièce. On a quelquefois recours à un moyen analogue au premier qui a été cité, c'est l'emploi momentané de quelques feuilles de cuivre superposées dans quelques points seulement. Tous ces moyens ont pour but d'offrir une transition graduée à l'extension du métal.

La pièce qui sert à exercer la compression est un mouton en fonte de fer, fixé très-solidement au poinçon de plomb. Pour arriver à cette consolidation de l'assemblage du poinçon et du mouton on a recours à un procédé tout particulier : le mouton est terminé inférieurement par une surface plane, on y exécute au tour des rainures plus larges au fond qu'à l'entrée. Pour le réunir au poinçon, il suffit de le laisser tomber sur le plomb coulé sur le moule et refroidi, pour que les languettes de plomb s'engagent et s'encastrent dans ces rainures ; les coups succes-sifs ne font qu'augmenter la solidité de l'assemblage de ces deux pièces.

Le poids du mouton, la hauteur d'où il tombe, la multiplicité des coups, rendent le travail de plus en plus parfait et prompt ; mais on n'arrive à obtenir la finesse d'exécution que deman-dent certains ouvrages qu'en employant l'artifice suivant.

C'est en versant sur la feuille à bout d'estampage par le
plomb une certaine quantité d'eau que celle-ci, comprimée
par le poinçon, pousse le métal dans les détails les plus délicats de matrice et lui donne une perfection impossible sans
elle.

Le cuivre a besoin de subir plusieurs *recuits* au rouge, il en
est de même du fer, du laiton, qui s'écrouïraient promptement
et deviendraient éminemment cassants. Le zinc a besoin d'une
température de cent vingt degrés pour être facilement malléable.

C'est par l'estampage qu'on obtient ces nombreux ornements
en cuivre qui servent à la décoration après avoir été dorés ou
mis en couleur, et les longues frises de zinc qu'on emploie à
l'ornementation des devantures; enfin, on en fait usage pour
produire ces miroirs circulaires dont l'enveloppe est en zinc ou
en laiton.

CAUSES D'INSALUBRITÉ. — Aucune.

CAUSES D'INCOMMODITÉ. — Bruit des moutons.

Inconvénient pour les ouvriers dans le maniement habituel
de certains métaux.

PRESCRIPTIONS. — Appliquer la plupart des prescriptions qui
sont ordonnées aux batteurs d'or. (Voir ce mot.)

Limiter le nombre et la force des moutons.

Surveiller la santé des ouvriers. (Voir *Boutons (Fabriques de)*
et *Batteurs d'or.*)

ÉTAIN (INDUSTRIE DE L').

L'étain sert à confectionner des vases qu'on emploie à la
préparation des matières alimentaires; les combinaisons salines
qu'il forme dans ce cas sont sensiblement nulles et jamais vénéneuses. Il sert à fabriquer le bronze, à étamer les glaces et
les métaux.

L'étain pur n'existe pas. — Les ordonnances de police accordent dans l'alliage une proportion de 10 à 18 pour 100 pour
les comptoirs. — L'étain dont on se sert pour l'étamage des
ustensiles de cuisine renferme de 10, 12, jusqu'à 18 pour 100

de plomb. Il serait important d'abaisser ce chiffre et de le réduire aux proportions de 10 pour 100.

Étamage des glaces (3ᵉ classe). — 14 janvier 1815.

Étain et mercure.

DÉTAIL DES OPÉRATIONS. — Cet étamage consiste à recouvrir
une des faces des glaces de verre avec un amalgame d'étain
appelé *tain*. Les glaces sont d'abord polies de manière à rendre
leurs faces planes, lisses et parallèles; on y parvient en commençant à les user avec du grès grossier, continuant avec de l'émeri
ou corindon, terminant enfin avec du colcotar.

Quand la face à recouvrir a été bien décapée et débarrassée
de toute matière étrangère, on place une feuille d'étain obtenue par le battage sur une table de marbre horizontale, in-
clinable à volonté, bien dressée, entourée d'un cadre en bois et
d'une rigole pour l'écoulement du *mercure* en excès. Cette
feuille est d'une seule pièce, on l'étale avec une patte de lièvre,
on la dégraisse en promenant à sa surface un peu de mercure
qui commence l'amalgamation.

Cela fait, on recouvre la feuille d'étain d'une couche de quatre
à six millimètres de *mercure;* on place à l'un des bords une
lame de verre, on fait glisser la glace polie à la surface de manière à pousser lentement en avant une partie du mercure. La
lame de verre est destinée à empêcher toutes les impuretés de
s'engager entre la glace et le mercure; il suffit de charger avec
des blocs de plâtre et d'incliner la table pour que le mercure en
excès puisse s'écouler. Au bout de quelques jours on peut enlever les blocs et la glace même; elle est recouverte d'un amalgame adhérent formé de quatre parties d'étain et d'une de
mercure.

Si l'étamage est défectueux en quelques points, il faut absolument le recommencer en entier; on sépare le mercure et l'étain
enlevés, par distillation.

On peut encore étamer les glaces par le galvanisme.

Étamage par l'argenture et l'ammoniaque.

Il existe plusieurs fabriques de glaces argentées d'un éclat beaucoup plus grand que celui des glaces au tain, et qui ne présente aucune insalubrité dans la fabrication; cette industrie tend à remplacer de plus en plus celle des glaces au mercure.

Jusqu'à ces dernières années les différents moyens mis en pratique consistaient dans l'emploi d'une dissolution d'azotate d'argent dans l'ammoniaque, à laquelle on ajoutait de l'huile de Cassia (essence de cannelle dissoute dans l'alcool), et, au moment de faire couler la dissolution sur le verre, une petite quantité d'essence de gérofle. L'argent réduit peu à peu se dépose en une couche mince, brillante, qu'on protége par un vernis contre les intempéries et les frottements. On a essayé d'y déposer une couche galvanique assez épaisse d'un métal à bas prix, comme le cuivre, qui résiste mieux et se dilate sensiblement comme l'argent.

Aux huiles essentielles on a substitué peu à peu une dissolution de galbanum dans l'alcool, le sucre de raisin, même l'arsénite de cuivre dissous dans l'ammoniaque; mais, de tous les procédés employés, le suivant donne les plus beaux résultats.

On fait deux solutions d'argent; la première contient trois cents grammes d'azotate d'argent, deux cents grammes d'ammoniaque, 1.3 litre d'eau distillée; on filtre pour séparer une petite quantité de poudre noire; on ajoute trente-cinq grammes d'acide tartrique dissous dans cent quarante grammes d'eau distillée, et six à sept litres d'eau. On décante, on ajoute sept à huit litres d'eau distillée sur le tartrate d'argent pour en dissoudre le plus possible; on agite, on décante, et on ajoute encore de l'eau, de manière à avoir dix-sept litres. La deuxième solution contient deux fois plus d'acide tartrique que la première et se prépare de même : ces deux solutions ne sont pas préparées pour plus d'un jour.

Pour argenter le verre plat, on le polit avec un tampon de coton et de la potée d'étain mêlée à la solution n° 1, puis avec

de la potée seule; cela fait, on mouille avec un tampon de
caoutchouc et la solution n° 1, on le chauffe à soixante-cinq degrés, au moyen de la table sur laquelle il repose et qui est elle-
même chauffée au gaz. En quinze à vingt minutes, une couche
d'argent s'est déposée; on verse alors autant de la solution n° 2
que la glace peut en retenir. Quinze ou vingt minutes après, la
couche est devenue opaque, on fait alors écouler la solution ar-
gentique, on lave à l'eau chaude, sèche et vernit. — Les verres
bombés, sphériques, qui ne peuvent être polis par le moyen
précédent, sont mis à tremper pendant douze heures dans un
bain concentré d'hyposulfite de soude, après quoi on les lave et
les remplit successivement des solutions, etc.

On dore et platine par des procédés analogues.

CAUSES D'INSALUBRITÉ. — Manipulation du mercure, sa vaporisation.

Action grave sur la santé des ouvriers. — Empoisonnement aigu et chronique dont les principaux symptômes sont
la salivation, — la chute des dents et le tremblement dit mer-
curiel.

PRESCRIPTIONS. — Les prescriptions ne peuvent être que des
conseils donnés aux ouvriers par les patrons.

Exiger le lavage des mains avec de l'eau de savon en sortant
de l'atelier.

L'usage habituel, momentanément suspendu, d'une boisson
tenant en solution une certaine proportion d'iodure de potassium. (Le médecin de l'établissement en détermine les doses.)

Faire suspendre le travail à tout ouvrier pris de douleurs de
gencives et de commencement de salivation.

Faire alterner le travail au mercure avec d'autres travaux
dans la fabrique.

Faire ventiler les ateliers, — y établir un tuyau d'appel et
des châssis libres qui donnent à tout instant un courant bien
marqué à l'air des chambres à étamage.

Garnir ces chambres d'une double porte.

Étamage des métaux.

Les métaux qui sont destinés à l'étamage doivent subir un décapage préalable, c'est-à-dire être dépouillés de toute trace d'oxyde à leur surface.

Étamage du cuivre.

On décape le cuivre que l'on doit étamer avec un sel double, à équivalents égaux de chlorure de zinc et de chlorhydrate d'ammoniaque, ou sel ammoniac; on projette ce sel sur la surface chauffée, et on l'étend à l'aide d'étoupes; il se forme une combinaison d'oxyde de cuivre avec le sel ammoniac, on se sert souvent de sel ammoniac seul. On fait fondre l'étain sur la pièce chauffée et décapée, et on l'étend sur toute la. surface; pour toutes les petites pièces, on plonge dans un bain d'étain les pièces décapées, en laissant sur le bain une certaine quantité de sel ammoniac. Ceci est l'étamage ordinaire, — il n'y a d'alliage qu'au contact des métaux, et la couche est toujours très-mince, — c'est un étamage qu'il faut très-souvent renouveler.

On se sert quelquefois d'un alliage d'étain et de plomb peu riche en ce dernier métal, ce qui n'a pas grand inconvénient pour certains usages. Cet étamage est simplement superficiel, et, vu sa faible dureté, il faut souvent le remplacer. On a cherché depuis longtemps à substituer à l'ancien étamage un alliage formé en chauffant au rouge six parties d'étain avec un sixième de fer divisé; cet alliage donne un étamage dur, plus *épais*, peu brillant, moins malléable; c'est lui que l'on a désigné sous le nom d'étamage *polychrone* (alliage Biberel). En introduisant du nickel, on donne à cet étamage une plus grande adhérence tout en augmentant son éclat. Avec cette modification, on obtient certainement un étamage supérieur à ceux qui sont habituellement mis en pratique.

On peut étamer par le même procédé le zinc, et même recouvrir de zinc et de plomb une lame d'étain, parce que le chlorure double facilite au point de contact la fusion des deux métaux; il faut opérer avec de grandes précautions dans ce dernier cas.

Étamage par voie humide. — Le cuivre n'est pas susceptible de s'étamer par la voie humide; mais le laiton, à cause du zinc qu'il contient, se prête facilement à cette opération. On applique surtout ce procédé à l'étamage des épingles, des boucles, des porte-plumes. On commence par décaper avec une solution de crème de tartre, d'une eau chargée de lie de vin ou même d'une eau mélangée de lie de bière.

On met les objets décapés dans une bassine à fond plat, on place au fond une couche des objets à étamer, puis une couche de grenaille d'étain, enfin de crème de tartre, et on superpose des couches semblables jusqu'à ce que la bassine soit pleine. On remplit d'eau avec précaution, et l'on fait bouillir pendant une heure; au bout de ce temps les objets sont étamés. Dans cette opération, la crème de tartre dissout l'étain avec dégagement d'hydrogène; il se fait un tartrate double d'étain et de potasse; le laiton, par le zinc qu'il contient, décompose ce sel, le zinc passe dans la dissolution et l'étain se précipite sur le laiton, ou mieux, sur le cuivre mis à nu, et y forme un étamage bien net et bien brillant.

Étamage du fer.

Cette industrie est bien plus importante que la précédente, parce qu'elle comprend la fabrication de la tôle de fer étamé ou *fer-blanc.*

Avant d'étamer la tôle, il faut lui faire subir un décapage parfait; pour cela on reploie sur elles-mêmes les feuilles de tôle coupées de longueurs voulues, on les plonge pendant cinq ou six minutes dans un bain d'acide chlorhydrique étendu de six fois son poids d'eau. Cela fait, on les porte au rouge obscur dans un four à dessécher. On les bat ensuite pour séparer les paillettes de l'oxyde qui s'est formé en même temps qu'on les redresse, puis on les passe de nouveau au laminoir. Pour dépouiller complétement ces feuilles de l'oxyde qui les recouvre en certains points, on les fait séjourner douze heures environ dans une eau aigrie par du son ou des recoupes, puis une heure

dans une eau additionnée de quelques centièmes d'acide sulfurique, après quoi on les passe à grande eau pure. On les
décape plus complétement encore en les frottant avec du sable
et des étoupes; on peut alors les passer à l'étamage. *Pour
éviter la projection dangereuse de l'étain en plongeant les feuilles
mouillées dans le bain métallique*, il faut les faire sécher à l'abri
de l'air, pour éviter une oxydation nouvelle; on y arrive à l'aide
d'un courant de vapeur de manière à exclure l'air, et même
par la présence de vapeurs de sel ammoniac dans des caisses
fermées, chauffées à la partie inférieure.

On fond l'étain dans une chaudière de fer chauffée à la partie
inférieure; on y ajoute une quantité suffisante de suif ou de
graisse, pour former une couche d'un décimètre environ; on
chauffe presque au point d'enflammer la graisse; une autre
chaudière placée à côté sert à fondre la matière grasse; on y
place d'abord les feuilles d'étain au nombre de trois cent quarante environ, on les y laisse une heure. On les retire pour les
plonger verticalement dans le bain d'étain pendant une heure
et demie, pour que ce métal ait le temps de former avec le fer
un alliage réel qui contribue beaucoup à la bonne qualité du
fer-blanc.

Quand l'étamage est arrivé à un degré convenable, on retire
les feuilles, on les laisse égoutter; et, pour les priver de l'étain
qu'elles contiennent en excès, on les soumet à un lavage. Cette
opération consiste à fondre brusquement cet excès de métal et
à le happer par des bains d'étain et de graisse, qui sont eux-
mêmes la source de chaleur.

Les feuilles, débarrassées de leur excès de métal et de la crasse
qui les recouvrait, passent dans un deuxième bain d'étain et de
graisse, sont frottées à l'aide d'une brosse, et plongées de
nouveau dans un troisième bain d'étain et de graisse; puis dans
un dernier bain ne contenant qu'une faible épaisseur d'étain et
beaucoup de corps gras, pour enlever, par une légère secousse,
le dernier bourrelet provenant de l'égouttage du métal.

L'étamage doit être parfait, parce que, s'il y avait des points
non recouverts, il y aurait oxydation très-rapide à l'air hu-

mide, la superposition des métaux formant un couple voltaïque.

Le *moiré* s'obtient en chauffant le fer-blanc de manière à fondre l'étain qui recouvre les feuilles, à décaper leur surface, puis à les laisser sensiblement refroidir ; c'est alors qu'à l'aide de différents mélanges d'acide et d'eau on enlève la surface la plus extérieure et qu'on laisse à nu une cristallisation à reflets qui varient avec les matières premières et la température employées.

L'étamage en grand présentant des inconvénients, on a cherché à en modifier les procédés. Le chlorure de zinc fut reconnu préférable au suif pour recouvrir le bain d'étain ; mais, pour livrer les pièces au commerce, il fallait les passer dans un bain recouvert de suif, ce qui fit renoncer à ce procédé. *Les dangers d'incendie qui résultent de l'emploi du suif, l'odeur désagréable et l'acide carbonique qui se dégagent, ont fait rechercher* divers moyens de faciliter l'usage du chlorure de zinc. Il fallait surtout se débarrasser des taches que produit ce chlorure dans l'étamage en passant à l'état basique ; on employa le sel ammoniac, mais ce sel a une action trop vive ; on lui substitua avantageusement 10 pour 100 de chlorure de sodium ou de potassium et une trace d'acide gras (qui développe parfois une odeur camphrée); comme le lavage à l'eau ne suffit pas à décolorer l'étamage, on immerge les pièces dans l'eau acidulée par l'acide chlorhydrique ou le chlorure d'étain, on les rince et les frotte avec de la sciure de bois ; on évite ainsi les inconvénients exprimés plus haut ; cette substitution des corps gras est pratiquée sur une grande échelle avec une notable économie.

Étamage au plomb. — On a cherché à fabriquer du fer plombé ou au moins étamé avec un alliage de plomb et d'étain, contenant au plus 10 ou 15 pour 100 de ce dernier, dans le but de remplacer le plomb, qui charge trop les toitures, et le zinc, qui résiste moins que lui.

Le meilleur moyen de décapage à employer est celui qui résulte de l'emploi du chlorure double de zinc et d'ammoniaque. Les matières grasses ne peuvent être employées pour recouvrir le bain de plomb, à cause du point élevé de fusion de ce métal ;

on y a substitué le chlorure de zinc mélangé au sel ammoniac en proportions variables. On plonge les feuilles de tôle décapées dans le bain de plomb recouvert du flux préservateur, dont on ne mêle les sels qu'à la surface du bain; et, après un séjour suffisant, on les retire, on les lave à grande eau, et on les frotte avec une brosse et de la sciure de bois pour en séparer tout le flux. On peut augmenter la dureté du plomb en y ajoutant une petite quantité d'antimoine; mais le prix du travail et de la matière s'élève bien sensiblement.

Étamage au zinc. — *Fer galvanisé* ou *zincé. Tôle galvanisée.* — Cette industrie, toute nouvelle encore, quoique les premiers essais datent de la première moitié du siècle dernier, a pris un grand développement; elle a pour but de former à la surface du fer un alliage intime de fer et de zinc. Cette union est tellement parfaite, qu'à l'aide d'une immersion suffisamment prolongée on parviendrait à fondre les deux métaux, et que l'adhérence est encore plus forte qu'entre le fer et l'étain.

Le zinc s'oxyde, il est vrai, comme le fer; mais l'oxydation s'arrête à la couche la plus superficielle; *d'ailleurs, en cas d'incendie, le fer galvanisé ne peut servir comme le zinc à entretenir la combustion;* c'est un avantage immense pour ce produit; c'est ce qui l'a fait employer dans plusieurs ateliers où ces accidents sont à redouter.

Pour opérer le zincage, on emploie du zinc parfaitement pur, on le fond dans des creusets de terre qu'on fixe dans des creusets de fonte en remplissant l'intervalle avec du sable ou du plomb; il faut éviter la présence du fer dans le zinc, parce qu'il se formerait un alliage des deux métaux. On recouvre le bain métallique avec du sel ammoniac ou un flux de résine ou de carbonate de soude pour le préserver de l'oxydation. On y plonge les feuilles de fer bien décapées, on les maintient dans le bain un temps suffisant, après quoi on les laisse refroidir; quant aux petits objets, on les place dans un panier de fer, et, quand ils se sont recouverts d'une couche suffisante, on les projette, à un moment donné par l'habitude, dans une grande quantité d'eau destinée à les dépouiller de leur excès de métal.

Le détail intime de cette fabrication n'est pas connu, parce que son inventeur a pris un brevet. L'étamage ou le zincage de la *fonte* s'opère à l'aide du chlorure double de zinc et d'ammoniaque. Il ne faut pas se servir d'objets zingués pour conserver des substances alimentaires (viande, poissons). (Voir *Zinc.*)

Sous le nom de *peinture galvanique*, on a employé avec succès un alliage formé en maintenant fondues suffisamment longtemps à une haute température, dans un fourneau à réverbère n'offrant aucune issue à l'air, neuf parties de zinc et une de limaille de fer.

On pulvérise cet alliage refroidi, et on l'emploie en peinture, délayé avec de l'huile distillée du goudron de gaz, l'essence de térébenthine et un peu de céruse pour lui donner du corps.

Zincage par voie humide. — On peut recouvrir le cuivre et le laiton d'une couche polie de zinc, en plongeant ces objets décapés avec l'acide chlorhydrique dans une dissolution bouillante de sel ammoniac contenant un excès de grenailles ou de tournures de zinc. Ces objets se recouvrent en peu d'instants. On peut regarder le résultat comme dû à une action électrique.

Étamage par le zinc. — Les ouvriers ambulants recouvrent souvent de zinc, au lieu d'étain, la surface des ustensiles, soit de cuivre, soit de fer, qu'on leur donne à étamer. Cette fraude, dont ils ne connaissent probablement pas les inconvénients, mérite d'être signalée, d'autant mieux qu'on ne la soupçonne pas, car les objets recouverts de zinc ont une plus belle apparence que ceux recouverts d'étain. Le zinc, sans être classé parmi les poisons, peut, dans bien des cas, causer des accidents graves et notamment des vomissements ; il est d'ailleurs un des métaux qui sont le plus promptement attaqués par les acides, et c'est cette propriété même qui fournit un moyen facile de le distinguer de l'étain. Ce moyen consiste à faire bouillir, pendant quelques instants, du vinaigre dans le vase dont on veut essayer l'étamage ; si ce vase n'est recouvert que de zinc, la surface s'en trouvera attaquée, ce qui n'aura pas lieu s'il a été étamé convenablement.

Étamage des tuyaux de plomb.

On a cherché à étamer les tuyaux de plomb destinés à l'écoulement des eaux de fontaine ou de réservoirs, dans le but de diminuer ou de faire disparaître les inconvénients attachés à l'usage de tuyaux en plomb. L'administration tolère encore l'emploi de ce métal pour toutes les conduites d'eaux ménagères ou autres. C'est peut-être un tort. — Le danger est presque effacé au bout de quelque temps, dans le cas où les eaux sont plus ou moins chargées de sels. — Une couche se dépose et se stratifie sur les parois internes du tuyau, et aucune parcelle du métal ne peut plus ordinairement se mêler à l'eau. Voilà pourquoi, quand il s'agit d'une fontaine publique à laquelle les eaux arrivent par des conduits de plomb, il est ordonné de laisser couler l'eau pendant un certain temps sans en faire usage. Mais, quand l'eau de *pluie* est reçue dans les tuyaux de plomb, le danger est imminent. Il est certain que, dans ce cas, les tuyaux de plomb *étamés* à un quart, un demi ou un millimètre, doivent être particulièrement recommandés. (Fabrique de M. Sibille, à Nantes.)

CAUSES D'INSALUBRITÉ. — Aucune.

CAUSES D'INCOMMODITÉ. — Dégagement de gaz hydrogène pendant l'étamage par voie humide.

Dégagement d'acide carbonique.

Projection dangereuse de l'étain au moment où l'on plonge les feuilles dans le bain métallique (fer-blanc).

Danger d'incendie (fusion et inflammation du suif).

Odeurs désagréables.

Bruit.

PRESCRIPTIONS. — Selon les étamages qu'on pratique, agir en plein air ou dans des ateliers *bien ventilés*.

Quand on pratique le décapage, voir pour les prescriptions, au mot *Cuivre (Industrie du)*, l'article *Dérochage*.

Agir sous des hottes qui recueillent parfaitement toutes les vapeurs produites.

Isoler dans un atelier spécial les matières grasses, et en éloigner toutes les causes d'incendie.

Quand on a recours à l'étamage ancien pour les ustensiles de cuisine dont on fait un fréquent usage, conseiller de pratiquer l'étamage tous les mois.

Comptoirs d'étain.

RAPPORT PRÉSENTÉ AU CONSEIL D'HYGIÈNE DE LA SEINE, PAR M. BOUDET, SUR LES COMPTOIRS D'ÉTAIN.

Monsieur le préfet,

Aux termes de l'ordonnance de police rendue par votre prédécesseur le 28 février 1853, les vases d'étain employés pour contenir, déposer, préparer ou mesurer les substances alimentaires ou des liquides, ainsi que les lames du même métal qui recouvrent les comptoirs des marchands de vin ou de liqueurs, ne doivent contenir au plus que 10 pour 100 de plomb ou des autres métaux qui se trouvent ordinairement alliés à l'étain du commerce.

Cependant, malgré ces sages prescriptions, la plupart des comptoirs et des vases en étain employés pour contenir des liquides alimentaires ou médicamenteux sont loin de présenter une composition irréprochable.

Le sieur Vaulot, potier d'étain à Paris, par une lettre en date du 6 février dernier, adressée à M. le procureur impérial, a cru devoir signaler à l'attention de ce magistrat les dangers que de nombreuses infractions à des mesures dictées par une sage prévoyance faisaient courir à la santé publique.

Cette lettre vous a été transmise, monsieur le préfet, et en même temps le sieur Vaulot faisait un appel direct à votre sollicitude pour le même objet, et déposait à la préfecture trois échantillons d'étain, comme pièces justificatives des faits qu'il avait avancés, et vous adressait un procédé particulier de son invention pour la fabrication des comptoirs d'étain, procédé qui, selon lui, aurait l'avantage de rendre praticable et facile la vérification du titre des comptoirs.

Vous avez soumis cette question importante à l'examen du conseil de salubrité, et c'est le résultat de cet examen que je vais avoir l'honneur de vous exposer.

Les trois échantillons d'étain déposés à la préfecture par le sieur Vaulot avaient été pris dans un comptoir appartenant au sieur Boileau, marchand de vins, rue des Trois-Bornes, n° 2.

Le premier avait été détaché de la bordure du comptoir.

Le deuxième avait été détaché de la lame au-dessus du comptoir.

Le troisième avait été détaché de la cuvette.

D'après la vérification de M. Laterrade, vérificateur en chef des poids et mesures,

La bordure était un alliage de vingt-deux parties de plomb et de soixante-dix-huit d'étain. La lame contenait vingt et une parties de plomb pour soixante-dix-neuf d'étain, et la cuvette, qui reçoit les baquetures, était au titre de cinquante-huit parties d'étain pour quarante-deux de plomb.

Dans un rapport spécial, M. Laterrade a déclaré d'ailleurs que des fraudes considérables étaient journellement pratiquées par les fabricants de comptoirs d'étain, et que, malgré les réclamations des intéressés, ils échappaient aux justes sévérités de la justice, parce que la vérification du titre de l'étain des comptoirs offrait de grandes difficultés.

La vérification du titre de l'étain des mesures se pratique en effet au moyen de la balance hydrostatique; or, pour appliquer cette méthode à la vérification des comptoirs, il faudrait en détacher plusieurs lingots, ce qui leur ferait un tort considérable; et encore ce moyen serait-il insuffisant, les fabricants ayant bien soin de couler le plomb pur ou l'alliage le plus riche en plomb dans des parties qui ne peuvent pas être facilement atteintes, et dans lesquelles certains fondeurs n'ont pas craint d'introduire plusieurs kilogrammes de terre glaise.

Je n'ai pas cru devoir me contenter de ces témoignages, j'ai soumis à l'analyse plusieurs fragments d'étain empruntés à des comptoirs de marchands de vin ou à des vases livrés au commerce, et j'ai constaté que les faits avancés par le sieur Vaulot n'étaient malheureusement que trop exacts.

Voici le résultat de mes expériences :

Lingot pris dans un vieux comptoir d'étain.

Plomb. . . 79,30
Étain.. . . 20,70

Fragments d'une lame d'étain destinée à la confection des comptoirs pris au hasard dans l'atelier d'un fabricant.

Plomb. . . 29,00
Étain.. . . 71,00

Biberon en étain.

Plomb. . . 77,07
Étain.. . . 22,03

Seringue.

Plomb. . . 69,05
Étain.. . . 30,05

Petite seringue à injection.

Plomb. . . 38,33
Étain.. . . 61,67

Ces résultats parlent d'eux-mêmes, ils montrent jusqu'à quel point le défaut de tout contrôle appliqué à la fabrication des comptoirs et des vases d'étain a permis à la fraude de se développer, et à quels dangers se trouve exposée la santé publique. Je n'ai pas besoin d'insister sur ces dangers, qui intéressent toutes les classes de la population, pour démontrer combien il est urgent de porter remède à un pareil état de choses, en soumettant les comptoirs et les vases d'étain aux mêmes contrôles que ceux qui sont appliqués depuis longtemps aux mesures du même métal.

Pour les vases, le contrôle peut être exercé au moyen de la balance hydrostatique; mais, pour les comptoirs, M. Laterrade a fait remarquer avec raison que ce procédé était impraticable dans l'état actuel de la fabrication; heureusement le sieur Vaulot a imaginé un système de fabrication des comptoirs qui permet de leur appliquer l'épreuve de la balance hydrostatique.

Jusqu'à ce jour les comptoirs ont été construits au moyen de lames d'alliage de plomb et d'étain découpées de manière à produire par leur juxtaposition et leur soudure les diverses formes que présentent la bordure, la table et la cuvette; ces lames, fabriquées sans contrôle, contiennent des préparations très-différentes de plomb, et sont employées, en raison de leur richesse plus ou moins grande en étain, pour les diverses parties des comptoirs, de telle sorte que le plomb se trouve en quantité plus considérable dans les parties centrales où il est plus difficile de reconnaître la fraude et de prendre échantillon que dans les bordures. D'ailleurs, chaque comptoir étant le résultat de l'assemblage d'un grand nombre de pièces, pour vérifier son titre, il faudrait nécessairement prendre plusieurs échantillons, et l'opération deviendrait d'autant plus compliquée et impraticable, par conséquent, que le comptoir se trouverait altéré dans un plus grand nombre de points et à des degrés différents. Il est à remarquer, en outre, d'après les déclarations du sieur Vaulot, que les fabricants pèsent devant l'acheteur les diverses pièces des comptoirs presque bruts, et comptent un poids assez considérable d'étain pour les soudures. D'où il résulte que celui-ci paye une certaine quantité de métal qui ne se retrouve pas dans son comptoir au moment de la livraison.

Pour obvier à tous ces inconvénients, le sieur Vaulot a eu l'idée de couler les tables de chaque comptoir d'une seule pièce, dans un moule en fer. La cuvette étant coulée à son tour de la même manière dans un autre moule, il suffit, pour achever le comptoir, de découper dans la table et la cuvette, et chacune, étant coulée d'un seul jet, est nécessairement formée d'un métal identique dans toutes ses parties; il suffirait donc de prendre échantillon pour vérifier le titre du comptoir entier par deux épreuves hydrostatiques seulement.

Ce système de fabrication permettrait ainsi de contrôler sans difficulté et sans frais considérables et de poinçonner les comptoirs d'étain; il aurait en outre l'avantage de mettre un terme aux fraudes qui résultent de la livraison des lames à l'état brut et de la spéculation déloyale que les fabricants font sur la soudure employée à réunir les nombreuses lames dont se composent les comptoirs actuels.

La fabrication des comptoirs, telle que le sieur Vaulot l'annonce, et mise en pratique en ma présence dans son atelier, est très-simple et d'une exécution facile. L'expérience qu'il a exécutée devant moi a parfaitement réussi, et j'estime qu'il mérite d'être encouragé dans les efforts qu'il a faits pour perfectionner son industrie et surtout pour mettre un terme à la fraude et aux graves dangers qui en sont la conséquence.

Assurément, l'application générale du système du sieur Vaulot à la fabrication des comptoirs d'étain permettrait de rendre leur poiçonnage obligatoire, et cette mesure est la seule, à mon avis, qui puisse protéger le commerce loyal contre la concurrence décourageante et ruineuse des fraudeurs; la seule qui puisse assurer aux acheteurs et à la santé publique les garanties suffisantes; aussi je n'hésite pas, monsieur le préfet, à vous *proposer d'ordonner que les comptoirs, ainsi que tous les vases d'étain employés pour contenir, déposer ou préparer des substances alimentaires ou des liquides,* SERONT DÉSORMAIS SOUMIS A UNE VÉRIFICATION, et ne pourront être mis en vente ou vendus qu'autant qu'ils auront été poinçonnés à 10 pour 100 de plomb au maximum.   *Signé :* BOUDET.

Lu et approuvé, dans la séance du 29 avril 1859,
Le vice-président, *signé :* HENRI FOURNEL; le secrétaire, *signé :* A. TRÉBUCHET.

Ce rapport est très-important, en ce qu'il détermine les conditions les plus importantes de la fabrication des comptoirs des marchands de vins et indique les moyens à l'aide desquels on pourra constater les fraudes. J'ajouterai que, pour compléter ces détails, quelle que soit la forme adoptée, et sous la garantie nécessaire du *poinçonnage* officiel, il faudrait exiger la pose d'un tuyau extérieur, visible à l'œil, destiné à recevoir toutes les égouttures, et à les conduire immédiatement dans le ruisseau. — Il n'y aurait plus alors de *mousses* reprises et vendues de nouveau par le marchand.

Feuilles d'étain (Fabrication de) (3ᵉ classe). — 14 janvier 1815. (Voir, pour le laminage et le battage, l'article *Batteurs d'or*, etc., etc., t. I, page 274.)

DÉTAIL DES OPÉRATIONS. — On se procure l'étain en lingots, et on le fond dans une chaudière chauffée par la vapeur d'eau. Quand il est en pleine fusion, on le puise avec une poche, et on le verse dans une rainure qu'on fait glisser tout le long d'une plaque métallique froide. Dans ce trajet l'étain se colle sur les parois de la plaque, et on obtient ainsi une feuille dont la minceur est telle, que, aux dimensions de un mètre soixante-dix centimètres de longueur sur cinquante centimètres de largeur, elle ne pèse que quatre cent cinquante grammes. Ces feuilles sont mises aux dimensions voulues et réunies en paquets pour être soumises au *battage*, soit au marteau à main, soit au marteau pilon, qui pèse cinquante-cinq kilogrammes. Les feuilles sont alors amenées à un état de minceur tel, que trente-deux feuilles de quatre-vingts centimètres sur cinquante-cinq (largeur et longueur) ne pèsent ensemble que un kilogramme; c'est le n° 15 du commerce, c'est-à-dire ce qui se fabrique de plus mince. Ce numéro se vend 4 fr. 50 cent. le kilogramme.

Ces feuilles servent à préserver les murs de l'humidité, à envelopper un certain nombre d'aliments (saucissons, chocolat), d'autres objets, le savon.

Dans ces derniers temps, on a proposé d'étamer et on a étamé avec succès des feuilles de plomb très-légères, qui, devenues ainsi moins chères, ont été proposées pour envelopper les aliments. La présence du plomb a dû en faire rejeter l'usage.

CAUSES D'INSALUBRITÉ. — Aucune.

CAUSES D'INCOMMODITÉ. — Gaz pendant la fusion.

Bruit, si l'on pratique le battage.

PRESCRIPTIONS. — Opérer la fusion sous la hotte d'une cheminée d'un bon tirage.

Ventiler convenablement l'atelier.

En cas de battage, voir les prescriptions à l'article *Batteurs d'or*, etc., etc.

Potée d'étain (non classée).

La potée d'étain est un peroxyde obtenu au moyen de l'air et de la chaleur; elle est presque toujours mêlée en quantité variable à de l'oxyde de plomb, parce qu'on ajoute presque toujours de ce métal au plomb pour accélérer l'oxydation. La potée, suivant les proportions relatives de plomb et d'étain, est grise ou jaune rougeâtre; on en sépare le métal non attaqué par lévigation. Elle sert surtout, comme le rouge de Prusse, à polir les glaces, les verres, les émaux.

Pour les objets délicats, on la prépare quelquefois par le

procédé suivant : on précipite le chlorure ou sel d'étain par l'acide oxalique, on recueille le précipité d'oxalate d'étain, on le lave et on le décompose par la chaleur, en employant un vase d'une grande capacité, à cause de l'augmentation de volume pendant la calcination.

Potier d'étain (5ᵉ classe). — 14 janvier 1815.

DÉTAIL DES OPÉRATIONS. — Fabrication très-simple, et dont les détails de forme sont très-multipliés. On se sert habituellement d'un alliage composé de 0,82 d'étain, et de 0,18 de plomb que l'on coule dans des moules en bronze préalablement chauffés, et revêtus intérieurement d'un enduit de pierre ponce pulvérisée et délayée avec du blanc d'œuf.

CAUSES D'INSALUBRITÉ. — Aucune.

CAUSES D'INCOMMODITÉ. — Odeur mauvaise. — Vapeurs métalliques dégagées pendant la fusion de l'étain. — Dispersion de ces vapeurs. — Danger d'incendie par le fourneau.

PRESCRIPTIONS. — Opérer sous une large hotte se rendant à une cheminée dont les dimensions en hauteur varient selon la hauteur des cheminées voisines. Elle devra les dépasser de plusieurs mètres.

Recouvrir d'un opercule les chaudières à fusion, principalement au moment où l'on ajoute la résine.

Atelier très-bien ventilé.

Protochlorure d'étain, sel ou muriate d'étain (2ᵉ classe). — 14 janvier 1815.

Le sel d'étain est un protochlorure, il est sous la forme d'aiguilles blanches, soyeuses, fusibles et même volatiles au rouge sans se décomposer beaucoup. Il a une odeur de poisson, se dissout dans une faible quantité d'eau ; si on augmente cette eau, il se décompose en oxychlorure insoluble et chlorure acide par l'acide chlorhydrique éliminé. — On évite cette décomposition par l'addition d'un chlorure alcalin, comme le sel marin.

Il a une grande tendance à passer à un degré de chloruration plus élevé ; c'est un corps éminemment réducteur. Il forme des chlorures doubles nombreux et cristallisables.

Détail des opérations. — On l'obtient industriellement :

En plaçant sur un bain de sable des vases en grès contenant une partie d'étain en grenailles; on verse de l'acide chlorhydrique de manière à recouvrir, et on agite afin que la grenaille ait à la fois le contact de l'air et celui de l'acide. Après quelques heures de contact, on ajoute de l'acide pour compléter quatre parties.

Une effervescence se produit, *il se dégage une abondante quantité d'hydrogène infect;* on agite de temps en temps le mélange. Quand l'effervescence cesse, on chauffe le bain de sable graduellement, jusqu'à ce que le liquide soit saturé et concentré à quarante-cinq degrés; alors on laisse reposer quelques heures, on tire à clair et on laisse cristalliser. L'eau mère, après une seconde évaporation pour obtenir de nouveaux cristaux, sert à faire le bichlorure en la saturant par un courant de chlore. On a remplacé quelquefois les vases de grès par des cornues.

Les autres procédés de préparation ne sont presque plus employés même dans les laboratoires.

Usages. — Ce corps sert en teinture pour produire des enlevages; il entre dans la *composition* des teinturiers; il sert à faire le pourpre de Cassius et un grand nombre de réactions chimiques. (Voir *Teintureries.*)

Causes d'insalubrité. — Aucune.

Causes d'incommodité. — Dégagement abondant d'hydrogène infect.

Prescriptions. — Opérer sous une hotte se rendant dans une cheminée à bon tirage.

Bien ventiler l'atelier.

Porter à la voirie la plus voisine les résidus de fabrication, et spécialement les eaux provenant de la production du gaz chloré.

Bichlorure d'étain.

Connu encore sous le nom de liqueur fumante de Libavius, il est liquide, incolore, plus dense que l'eau; bout à cent vingt degrés et distille facilement. Il fume à l'air, tant il est avide d'eau. Il peut former un hydrate cristallisable; il n'est point réducteur comme le protochlorure, et ne donne pas de précipité pourpre avec le chlorure d'or.

DÉTAIL DES OPÉRATIONS. — On peut l'obtenir en projetant de l'étain en poudre dans du chlorure sec; il y a grand dégagement de chaleur et de lumière, abondantes vapeurs de bichlorure.

Ce procédé n'est point applicable en grand; on lui a substitué les suivants :

1° La dissolution de l'étain dans de l'eau régale ;

2° La distillation dans des cornues munies de récipients tubulés d'un mélange de quatre parties de sublimé corrosif (bichlorure de mercure) et de deux parties d'étain amalgamé;

3° Le traitement de l'étain divisé en lames minces et placé dans une cornue chauffée presque au rouge par un courant de chlore sec. Un ballon sert au dégagement du chlore, qui va se dessécher dans un ballon ou une éprouvette remplie de chlorure de calcium. Le bichlorure formé va se condenser dans un récipient tubulé adapté à la cornue. Comme ce bichlorure est jaune, parce qu'il a dissous beaucoup de chlore, on le distille avec précaution sur de l'étain en poudre ou du protochlorure sec;

4° Quand on veut l'obtenir très-hydraté, on fait passer un courant de chlore dans les eaux mères de la cristallisation du protochlorure jusqu'à ce qu'elles ne précipitent plus les sels d'or.

Différents moyens anciens procuraient autrefois du bichlorure, mais impur; on obtenait généralement un mélange de protochlorure et de bichlorure, souvent uni à un chlorure alcalin, comme ceux d'ammoniaque et de sodium, et même à du nitrate d'étain. On appelait *composition d'étain* le produit ainsi constitué.

USAGES. — Cette composition sert dans la teinture ou les autres branches de cette industrie, et varie de proportions suivant les usages auxquels on la destine. (Voir *Teintureries*.)

CAUSES D'INSALUBRITÉ. — Aucune.

CAUSES D'INCOMMODITÉ. — Dégagement de vapeurs acides d'eau régale.

Odeur désagréable.

PRESCRIPTIONS. — Ventiler l'atelier.

Opérer sous une cheminée revêtue d'une large hotte.

Condenser les vapeurs d'eau régale dans un appareil de Wolff.

Condenser également les dissolutions d'étain dans des chaudières fermées sous des hottes s'ouvrant dans des cheminées d'un bon tirage.

ÉTHER.

Éther (Fabrique d') (1ʳᵉ classe).

Éther (Dépôts d'), lorsque ces dépôts en contiennent plus de quarante litres à la fois (1ʳᵉ classe). — 27 janvier 1837.

Éther (Dépôts d') qui ne contiennent que cinquante litres (2ᵉ classe). — 27 janvier 1837.

Parmi les éthers qu'on prépare et qu'on fabrique dans l'industrie, l'éther ordinaire, nommé improprement éther sulfurique, tient le premier rang.

Éther ordinaire.

Cet éther est liquide, incolore, très-mobile, d'une odeur suave, bouillant à une température de 35°,6, d'une densité égale à 0,72, environ. La densité de sa vapeur est deux fois et demie plus considérable que celle de l'air.

DÉTAIL DES OPÉRATIONS. — La préparation de ce corps a lieu en petit dans une cornue de verre munie d'une allonge et d'un récipient, mais en grand, où on emploie le même procédé; on se sert d'un alambic en plomb communiquant par un long tube avec un serpentin ordinaire terminé par un flacon à col étroit qui sert de récipient.

On verse peu à peu soixante-dix parties d'alcool à trente-deux degrés ou trente-six degrés sur cent parties d'acide sulfurique concentré placé dans la cucurbite de l'alambic, de manière à ne pas donner lieu à une élévation brusque de la température; on laisse reposer jusqu'au lendemain, en ayant soin de garder une partie de l'alcool pour réchauffer le mélange au moment de la distillation.

On élève et maintient la température à cent quarante degrés, en chauffant à feu nu ; on fractionne souvent les produits distillés en trois portions ; la première est beaucoup plus riche en alcool, la deuxième est la meilleure, la troisième contient, outre l'éther, un peu d'acide sulfureux, provenant de la décomposition de l'acide sulfurique. Sans entrer dans les détails nombreux qui peuvent expliquer la formation de l'éther, je dirai que ce corps provient du dédoublement de l'alcool en éther et en eau ; que l'acide sulfurique pourrait servir indéfiniment avec l'alcool pur, et que c'est le mélange d'éther et d'eau qui passe à la distillation ; d'ailleurs, l'acide sulfurique n'est pas le seul corps qui produise l'éthérification ; mais c'est celui qui est à plus bas prix.

Pour entretenir la distillation, on verse dans l'appareil un litre d'alcool quand on a retiré un litre d'éther aqueux ; cette introduction se fait au moyen d'un tube qui plonge dans la cucurbite, mais, pour éviter cette addition brusque, on peut rendre la distillation continue en faisant arriver par cette tubulure un filet d'alcool, de manière que le thermomètre qui plonge dans l'alambic marque toujours une température de cent quarante degrés.

On pourrait obtenir l'éthérification en faisant arriver la vapeur d'alcool dans un mélange d'acide sulfurique et d'eau bouillant naturellement à cent quarante degrés.

Rectification. — L'éther obtenu contient de l'alcool, de l'eau, de l'huile douce de vin, de l'acide sulfureux, etc., qui le rendent impur ; on le débarrasse de l'alcool en l'agitant avec un peu d'eau, de l'acide sulfureux, en le laissant en contact avec une dissolution faible de potasse ou de soude ou d'un lait de chaux. On le distille ; pour le priver de l'eau qu'il contient encore, on le distille de nouveau après un séjour suffisamment prolongé sur du chlorure de calcium. Cette rectification de l'éther se fait dans un alambic ou une cornue semblable aux précédents, en ayant soin d'opérer au bain-marie, pour éviter tous accidents et maintenir une chaleur assez faible de trente-six degrés environ.

Éther acétique.

Parmi les éthers nombreux que la chimie a fournis à l'industrie, l'éther acétique est un de ceux que l'on fabrique le plus après le précédent.

L'acide acétique n'éthérifie que très-lentement l'alcool, mais si on ajoute de l'acide sulfurique, la combinaison s'effectue promptement. On distille, par des moyens semblables à ceux qui ont été précédemment indiqués, six parties d'alcool et quatre d'acide acétique concentré avec une partie d'acide sulfurique; on lave l'éther obtenu avec un peu d'eau pour lui enlever l'alcool qu'il contient, puis on le rectifie sur du chlorure de calcium.

Le plus souvent, l'acide acétique se produit en même temps qu'il se change en éther, ce qui évite l'extraction de cet acide.

On mêle dans une cornue ou dans un alambic, quand on opère en grand, seize parties d'acétate de plomb desséché avec quatre parties d'alcool et six d'acide sulfurique concentré, ou cent parties d'acétate de soude, quinze parties d'acide sulfurique et six parties d'alcool; on sature l'acide acétique, qui passe en faible quantité, avec un peu de chaux et on rectifie sur du chlorure de calcium.

Quelques autres éthers sont encore fabriqués dans l'industrie, mais en petites quantités; plutôt pour les laboratoires que pour les arts; ils sont formés de la combinaison de l'éther ordinaire avec les oxacides ou de la substitution des métalloïdes à l'oxygène de cet éther.

Causes d'insalubrité. — Grand danger d'explosion et d'incendie.

Causes d'incommodité. — Odeur incommode quand elle est constante.

Prescriptions. — Toutes celles imposées à la distillation de l'alcool.

Avoir un réservoir d'eau superposé aux appareils distillatoires.

Voûter les magasins, y mettre des portes incombustibles.

Éclairer les ateliers par une lumière reçue à travers des verres dormants.

N'y pénétrer qu'avec des lampes de sûreté.

Y avoir toujours, selon l'importance de la fabrication ou *des dépôts*, un quart, un demi ou un mètre cube de sable fin en cas d'incendie.

ÉTOFFES (INDUSTRIE DES).

Étoffes (soie, gaze) en général et en particulier (Fabriques d').

La fabrique des étoffes en général n'est pas classée, et ne donne lieu à aucun inconvénient. Il y a cependant quelques parties spéciales de cette fabrication qui tombent sous la surveillance de l'autorité, à cause des matières inflammables, nuisibles ou toxiques, qui entrent dans leur composition

Je ne citerai que certaines gazes légères préparées et teintes avec une solution gommeuse d'arsénite de cuivre. (Voir *Arsenic.*) A l'état sec, il s'en détache une poussière métallique qui se répand dans l'air, pénètre dans les poumons, s'attache aux doigts, à la membrane muqueuse du nez et de la bouche et a déterminé dés accidents graves, soit chez les ouvrières, soit chez les personnes qui les portaient. De semblables étoffes, ainsi préparées, doivent être proscrites.

Impressions sur étoffes ayant plus de trois tables. (Celles n'ayant que deux ou trois tables sont tolérées sans autorisation. — Décision ministérielle du 16 novembre 1836.)

DÉTAIL DES OPÉRATIONS. — Les tissus destinés à l'impression doivent subir préalablement un blanchiment complet : la série des opérations nécessaires à cette opération est décrite ailleurs. Voir, au mot *Lavoirs (Industrie des)*, l'article *Blanchiment.*

Il y a deux manières d'imprimer : 1° à la *planche* ou à la *main;* — 2° au *cylindre* ou à la *machine.*

Les planches ou blocs sont en bois de poirier et gravées en relief; on les forme avec trois couches de bois superposées ; l'une, gravée, est en poirier ou en pommier ; les deux autres en bois blanc, et toutes disposées à avoir un croisement des fibres. Il faut autant de planches que de couleurs, on les superpose successivement sur l'étoffe au moyen de points appelés *repères*.

Pour imprimer à la main, il faut trois choses principales :
— 1° une *table* munie de tous ses accessoires, et sur laquelle on imprime ; — 2° le *réservoir* ou *baquet* dans lequel la couleur est étendue convenablement pour être transmise à la planche ; — *l'appareil de suspension* pour dessécher promptement les toiles imprimées.

La *table* est élevée de un mètre, longue de deux mètres cinquante centimètres, large de soixante centimètres ; sa surface est plane, recouverte de deux tapis fins en drap, bien tendus, et fixés aux deux extrémités de la table. La pièce à imprimer est enroulée à un des bouts de la table tout autour d'une bobine, on la déroule sur la table au fur et à mesure de l'impression ; on est obligé de tendre les pièces de tissu délicat, soit seulement dans le sens de la longueur, soit encore dans celui de la largeur ; on emploie des châssis en bois à cette extension.

Le *baquet* à couleur est une caisse ou une moitié de tonneau, d'une hauteur de seize centimètres, qui contient la *fausse couleur* ; c'est de la gomme du pays dissoute dans l'eau, ou une décoction de graine de lin épaisse comme de la bouillie ; un châssis de huit centimètres de profondeur s'adapte avec fort peu de jeu dans cette caisse, son fond est en toile cirée, bien collée et clouée tout autour des bords en dehors ; ce châssis se nomme *étui* ; dans cet étui on place le *tamis* ; — c'est un cadre en bois profond de cinq centimètres dont le fond est en drap fin et bien tendu ; on y étale la couleur au moyen d'une brosse ou d'un tampon. — La gomme ou le mucilage qui en occupe la partie inférieure ne sert, pour ainsi dire, que de matelas très-souple. — Il faut autant de baquets que de couleurs : on a mis en pratique l'emploi de baquets à compartiments pour l'impression simultanée de couleurs diverses quand les lignes des dessins ne sont pas trop rapprochées.

L'*appareil de suspension* ou de *dessiccation* est formé de deux bobines sur lesquelles on fixe les toiles imprimées par leurs extrémités, de manière qu'elles se dévident de l'une pour s'enrouler sur l'autre en passant sur un nombre suffisant de cylindres. — Cet appareil peut présenter de nombreuses formes ; plus généralement, ce sont des rouleaux sur lesquels la toile vient passer successivement, de manière à former des plans parallèles, et de là s'enrouler sur une bobine ; on préfère donner aux pièces une direction verticale plutôt qu'horizontale, afin de surveiller plus facilement le travail.

Pour imprimer à l'aide des planches, l'ouvrier, aidé de l'enfant qui le sert; et qu'on nomme le *tireur*, place la pièce de calicot sur un banc disposé au bout de la table et en étale une certaine longueur sur cette table. Le tireur prend un peu de mordant suffisamment épaissi, l'étend au moyen d'une brosse à longs poils ou *brosse à tirer* sur le fond du tamis et aussi uniformément que possible.

L'ouvrier appuie sa planche gravée sur le fond du tamis, pour que les traits de la planche prennent suffisamment de mordant, la porte sur la toile, la recouvre d'un *tasseau* et *frappe dessus au moyen d'un maillet*, ou mieux appuie sur le levier engagé à l'une des extrémités de la table; à l'aide des repères, il porte successivement sa planche sur toute la surface de l'étoffe. Le tireur tire à lui la pièce à mesure qu'elle a reçu l'impression et la porte sur l'étendoir, c'est-à-dire sur des perches fixées au plafond et sur lesquelles on étend les pièces pour les laisser sécher.

Il faut autant de mordants qu'il y a de couleurs différentes qui doivent être *rentrées* dans la première planche d'impression. Ce *rentrage* se fait au moyen de nouvelles planches appelées *rentreuses*, ne portant en relief que les parties du dessin réservées par les premières planches. Des *repères* servent encore à établir la superposition exacte des planches.

On se sert peu maintenant de la planche à impression, on lui préfère le *cylindre*, excepté dans des cas tout spéciaux : ce cylindre fonctionne horizontalement, tourne avec une vitesse de trente-six tours à la minute; il plonge en partie dans une auge en cuivre qui contient le mordant. Une racloire ou *docteur* enlève au cylindre l'excès de matières; elle est en alliage de cuivre et rognures de fer-blanc. Au-dessus et parallèlement se trouve un autre cylindre de 0,33 de diamètre, recouvert de deux enveloppes de drap, et séparé du cylindre gravé par une toile sans fin qui circule d'une manière continue pour empêcher que les mordants n'atteignent l'enveloppe de drap. Ce deuxième cylindre est comme agent de compression; on augmente celle-ci au moyen de deux leviers qui reçoivent une traction réglée au moyen de deux poids très-lourds.

Quand il s'agit de l'impression des couleurs, on fournit plus généralement la couleur au cylindre gravé au moyen d'un troisième cylindre inférieur qui, seul, plonge dans l'auget à couleur.

Les toiles sont cousues bout à bout, et enroulées sur une forte bobine parallèle aux cylindres précédents, dont le frottement sur son axe est augmenté artificiellement pour donner une plus grande tension à la toile. Pendant tout le temps du passage entre les deux cylindres, deux ouvriers, placés latéralement, tendent aussi la toile dans le sens de sa largeur.

On parvient à imprimer plusieurs mordants ou couleurs à la fois, on se sert alors d'autant de cylindres gravés qui viennent s'appuyer sur le cylindre supérieur; le travail est beaucoup plus difficile.

Au fur et à mesure de l'impression des mordants ou des couleurs, on dessèche le tissu pour empêcher l'action que les mordants successifs exerceraient sur les précédents; cette dessiccation a lieu au moyen de treize cylindres, dans lesquels passe un courant de vapeur. Ces cylindres sont superposés deux à deux et munis de petites soupapes qui permettent la rentrée de l'air, quand, par refroidissement, la pression diminue à l'intérieur. En quittant les rouleaux d'impression la toile passe alternativement de l'un à l'autre de ces cylindres. Le dernier est d'un plus fort diamètre pour tendre la pièce.

On dessèche encore la pièce dans une étuve, afin de lui enlever toute son humidité; on opère cette dessiccation dans une étuve chauffée à cinquante ou cinquante-cinq degrés, puis on fait subir aux toiles le *bousage;* c'est un lavage dans une eau contenant les parties solubles de la bouse de vache. Ce *bain de bousage* est destiné à enlever l'excès des épaississants, à donner plus de mordant et à rehausser le ton des couleurs; on le prépare dans une cuve en sapin chauffée par la vapeur libre, arrivant par un tuyau de cuivre percé de petits trous et recouvert d'une planche pour éviter le jet direct de vapeur sur la toile. Le bain de bouse est maintenu à une température variant de quarante-cinq à cent degrés; l'immersion dure de cinq à quarante minutes, après quoi on lave à grande eau.

Voici les principales modifications que l'on fait subir au procédé général d'impression que je viens d'exposer.

Rongeants. — On désigne sous le nom de *rongeants* des substances qui servent à enlever quelques portions des mordants appliqués sur le tissu pour *modifier* ou *virer* les couleurs. Ils se nomment *rongeants blancs* quand ils ont pour but de faire rester blanc le tissu sur lequel on les applique, et *rongeants jaunes*, quand ils ne font que modifier la couleur; c'est le plus souvent en jaune. Ce sont des acides minéraux ou végétaux. On les applique au moyen des *rentreuses*, après les avoir épaissis par un mucilage. Ainsi, veut-on une pièce noire à dessin blanc : on imprime le mordant de noir, et quand ce mordant est sec, on imprime le rongeant blanc et on teint. Après le garançage on lave les pièces à l'eau, et on expose sur le pré jusqu'à l'obtention d'un blanc parfait. Le rongeant jaune est employé de la même façon, mais il ne fait que modifier la couleur.

Enlevage. — On opère aussi par *enlevage;* ainsi une pièce de tissu teinte en rouge, et sur laquelle les rongeants n'auraient pu empêcher la teinture de se combiner au tissu, peut néanmoins présenter des dessins blancs; pour cela on la teint et la ait sécher; on imprime, au moyen de rentrures le dessin désiré, avec un acide convenable étendu d'eau et épaissi par la gomme ou par la dextrine, et l'on passe aussitôt la pièce dans un bain de chlorure de chaux faible qui détruit la couleur partout où l'acide a été imprimé et rien que là.

Cette opération peut s'effectuer au moyen du mécanisme ingénieux que voici : applicable surtout pour les petites pièces, comme des mouchoirs; on les superpose en grand nombre, de manière que la pile serrée ait cinquante-cinq centimètres environ; cette pile est placée entre deux plaques figurant le dessin qu'on veut obtenir, et de manière que les jours se correspondent exactement. On met cette pile dans une bâche de fonte bien calibrée, on fait le vide au-dessous au moyen de puissantes machines pneumatiques. Un vase correspondant aux trous de la plaque supérieure contient du chlorure de chaux liquide qui pénètre promptement à travers les espaces où le vide s'opère, et, comme une presse hydraulique presse très-énergiquement la pile, le liquide ne pénètre que suivant la figure dessinée par les plaques. Il est bien entendu que chacune des plaques superposées est imprégnée de l'acide qui doit réagir sur le chlorure partout où celui-ci peut pénétrer, et c'est suivant le dessin seulement : cette méthode est surtout usitée en Angleterre.

Réserve. — On imprime aussi au moyen de *réserves*, c'est-à-dire en réservant ou préservant la toile de la couleur, au moyen de liquides variables, épaissis et contenant des matières en suspension, ou capables de réagir sur la matière colorante, soit pour empêcher son action, soit même pour la détruire au moment du contact.

Application de la vapeur. — Quand la pièce a reçu toutes les couleurs qui doivent y être appliquées, et qu'elle a été complétement desséchée, on la passe à la vapeur pour augmenter la vivacité ou la solidité des couleurs. On fait usage de cinq appareils différents : la *guérite*, la *boîte*, la *chambre*, la *cuve*, la *colonne*. Je ne décrirai que l'un d'eux, les autres n'en diffèrent guère que par la forme que leurs noms indiquent.

La *cuve* est une cuve ordinaire dont la partie inférieure est munie d'un robinet pour donner issue à l'eau condensée. Cette cuve est fermée à volonté par un couvercle qu'on charge de poids pendant l'opération; une traverse de bois, fixée à quelques centimètres du bord supérieur, permet d'y placer un crochet pour suspendre l'étoffe. Celle-ci est montée sur un *moulinet*; c'est une sorte de cage de bois suspendue au crochet, et contenant dans un lac d'étamine la pièce à exposer à la vapeur; de nombreux liteaux empêchent que les surfaces ne viennent à se toucher. Le cadre ainsi formé est placé dans la cuve, le couvercle est ajusté et l'on fait arriver le courant de vapeur pendant trente minutes environ. Après l'action de la vapeur, on lave à grande eau. — La vapeur perdue est employée au séchage dans les greniers et au chauffage pendant l'hiver.

Au moyen de presses chauffées à la vapeur, et de planches en cuivre, on fait venir sur les étoffes des reliefs qui représentent très-bien la broderie. — Cette industrie (A. Kermann, 10, rue Pierre-Levée, Paris) n'est pas classée, et se rapproche de l'imprimerie en taille-douce.

Causes d'insalubrité. — Aucune.

Causes d'incommodité. — Écoulement d'une grande quantité d'eaux colorées et un peu odorantes.

Buée.

ˏDanger du feu par l'étuve.

Bruit sur les cadres en bois, dans le travail d'impression à la main.

Odeur venant de l'atelier où se préparent les couleurs.

Prescriptions. — S'il n'existe pas un cours d'eau, exiger qu'il y ait une abondance d'eau suffisante pour les besoins de la fabrique.

Ne jamais laisser couler sur la voie publique les eaux de lavage ou de travail. — Mais, par un conduit souterrain, les conduire à l'égout le plus prochain.

Quand on se sert de la *vapeur* pour l'impression à l'aide des cylindres et pour chauffer l'étuve, donner au fourneau, à la chaudière et à la cheminée les dispositions réglementaires. (Voir *Machines à vapeur*.)

Quand on imprime *à la main*, fermer toutes les ouvertures de l'atelier donnant sur la voie publique, — et fixer les heures de travail.

Construire l'étuve d'après les règles ordinaires. (Voir *Fabriques de papiers peints. — Mouleurs en bronze*.)

Réunir dans la *cuisine* aux couleurs, toutes les matières chimiques destinées à cet objet.

Apprêts pour étoffes et toiles imperméables (Fabriques d') (1re classe, par assimilation à la fabrique des Vernis).

Détail des opérations. — Les apprêts pour tissus imperméables sont des mélanges tantôt liquides, tantôt sirupeux, qu'on emploie à chaud ou à froid et que l'on étend à l'aide d'un pinceau, d'un sparadrapier, ou en faisant passer la pièce dans l'apprêt liquéfié et l'exprimant entre deux rouleaux.

On y emploie la térébenthine, le galipot, la poix blanche, l'essence de térébenthine, l'élémi, la gomme laque, le caoutchouc, la glu, la cire, le blanc de baleine, les huiles, et principalement l'huile de lin siccative, les vernis, la litharge, le savon, la gélatine et des matières colorantes ou inertes; presque tous ces matériaux ont leur histoire dans ce recueil; voici quelques-uns des nombreux mélanges dont on fait usage, et, comme type, la fabrication d'un des produits les plus parfaits et les plus compliqués dans leur préparation.

On s'est servi depuis déjà longtemps des produits de l'oxydation du caoutchouc par l'acide azotique. M. Jonas y avait substitué le *caoutchouc des huiles,* qu'il obtenait en faisant réagir de l'acide azotique sur de l'huile de lin qu'on avait enflammée chaude et laissé éteindre spontanément; mais il fallait de grandes précautions pour obtenir ainsi un apprêt imperméable et satisfaisant à toutes les conditions de flexibilité désirable.

Modifiant les procédés qui précèdent, M. Fritz-Sollier fabrique dans le même but deux composés :

1° *Huile brune :* dans une grande chaudière de tôle, on verse deux cents kilogrammes d'huile de lin ; cinq kilogrammes de terre d'ombre; six kilogrammes de litharge; on fait bouillir faiblement pendant trois jours, on laisse déposer douze heures, et soutire la liqueur encore tiède pour la séparer du dépôt.

2° *Huile blonde azotée.* On chauffe, pendant trois jours, deux cents kilogrammes d'huile de lin, trois kilogrammes de litharge ; on a ainsi l'*huile blonde simple.* Pour l'azoter, on met dans une chaudière émaillée de cent litres, huit kilogrammes d'huile blonde, trois litres d'eau, un kilogramme d'acide azotique à quarante et un degré, on chauffe doucement : les vapeurs nitreuses sont lancées dans une cheminée. Quand il se produit une vive effervescence, on retire le feu ; au bout d'une heure de réaction on a une teinte jaune qui devient de plus en plus sensible, on ne cesse pas d'agiter, et on finit par obtenir un corps spongieux d'un jaune orangé. Quand une partie du produit, mise à refroidir sur une assiette se laisse étirer en filets déliés, longs comme ceux du caoutchouc en pâte, on ajoute huit kilogrammes d'huile brune ; on chauffe pendant trois heures en agitant sans cesse. A la fin, on ajoute huit kilogrammes d'essence de térébenthine, on mélange et filtre sur un tamis de laiton. Cette huile blonde azotée sert à rendre imperméables les toile à voiles, les toiles à bâches, les tentures de toutes sortes. On modifie les proportions quand on veut l'appliquer sur soie ou sur pierre.

L'alumine mêlé au caoutchouc fondu donne un bon apprêt (voir, au mot *Alun*, l'article *Acétate d'alumine*); l'emploi de ce sel peut rendre les étoffes imperméables. On plonge les étoffes dans une solution de ce sel. Il se décompose en séchant, perd une grande partie de son acide et laisse de l'alumine en gelée intimement unie au tissu.

On emploie aussi un mélange contenant, 0,500 de gélatine, 0,500 de savon de suif : on fait dissoudre dans dix-sept litres d'eau bouillante, dont on prolonge l'ébullition, en ajoutant peu à peu 0,750 d'alun. On laisse refroidir jusqu'à cinquante degrés, on plonge le tissu dans le bain, on le laisse pénétrer, le retire, le suspend sans torsion pour le faire sécher, après quoi on le calandre.

On fabrique pour les toiles et papiers imperméables un enduit avec les poussières métalliques de la fabrication du zinc, les débris de creusets hors de service, les ocres, mêlés à l'huile de lin rendue siccative. On l'a appliqué avec succès aux toitures et même à un navire.

La laque se dissout difficilement dans l'alcool; l'huile de naphte et l'alcool amylique en dissolvent davantage; on l'emploie plus généralement en dissolution dans le borax, ou après lui avoir fait subir le traitement suivant : on la dissout dans dix fois son poids d'eau et quatre dizièmes de son poids de potasse, on chauffe à l'ébullition et sature par un acide; on obtient ainsi de la laque en gelée qu'on applique directement ou qu'on fond pour la dissoudre dans des liquides appropriés.

C'est ici que je puis parler d'un produit connu sous le nom de *gomme factice.* Il est formé d'huile de lin ou de noix rendue siccative par l'oxyde de plomb, et mêlée à diverses matières terreuses ou colorantes. — J'ai décrit la préparation de l'huile de lin siccative et les inconvénients qui s'y rattachent. Voir *Huiles (Industrie des.)*

Voici un procédé général de fabrication de la gomme factice. On fait bouillir une certaine quantité d'huile de lin dans une cuve en fonte, et quand elle est portée à une température élevée, on la dégraisse au moyen d'une croûte de pain qu'on y laisse jusqu'à ce qu'elle soit noircie. On y ajoute alors de la céruse et de la terre d'ombre, intimement mélangées. On continue de chauffer jusqu'à ce que la matière soit montée quelque peu au-dessus de son niveau, et on la laisse refroidir. Quelquefois, on y mêle un cinquième de caoutchouc préalablement dissous, un dixième de caoutchouc et un dixième de gutta-percha. Enfin, on varie les doses, la chaleur, la manière de faire, selon le degré de souplesse que l'on veut avoir. On l'emploie surtout pour fabriquer des instruments de chirurgie. (Voir *Caoutchouc, Collodion, Gutta-percha.*)

Causes d'insalubrité. — Danger d'incendie.

Odeurs toujours fort désagréables.

Prescriptions. — Les mêmes que pour la fabrication des vernis. (Voir *Vernis.*)

Caoutchouc (Fabriques de) (2ᵉ classe, assimilé aux ciriers. — Décisions ministérielles du 7 janvier 1841 et du 9 août 1844).
Caoutchouc vulcanisé et durci, etc.
Caoutchouc dissous dans la térébenthine, pour étoffes imperméables (2ᵉ classe). — Ordonnance de 1831 et décision ministérielle du 9 août 1844.

Ce corps, bien connu de tout le monde, a une origine végétale ; il est produit par plusieurs espèces d'arbres de la

Guyane, du Brésil et d'une grande partie de l'Amérique méridionale, tels que : le *siphona*, *cahuca*, le *ficus elastica*, *Indica*, etc.

On l'obtient à l'état de suc laiteux blanc, devenant solide, translucide, plus léger que l'eau, élastique ; devenant dur, cassant, et plus resserré sur lui-même au-dessous de zéro. Il reprend par la chaleur ses propriétés extensives et sa souplesse. Il est soluble dans la plupart des carbures d'hydrogène liquides (huiles volatiles produites par la distillation de la houille), l'essence de térébenthine, très-rectifiée (sans cela, il ne serait que ramolli), à *froid*, dans l'essence de térébenthine, il n'est que ramolli et non dissous. L'essence la mieux et la plus rectifiée ne dissout pas plus d'un quinzième de caoutchouc. (Voir *Étoffes imperméables*.) La benzine, l'éther, le sulfure de carbone le gonflent avant de le dissoudre. Il ne se dissout pas dans les huiles ordinaires ; récemment coupé il se soude à lui-même.

Le caoutchouc se présente sous plusieurs formes dans le commerce ; il est blanc, jaune, brun noirâtre, en plaques, en poires creuses, en lanières, etc.; son extraction est assez simple. On fait des incisions aux divers troncs des arbres désignés plus haut, on recueille le suc laiteux qui s'écoule sur des moules en argile desséchée ayant la forme de bouteilles ; quand la concrétion des diverses couches s'est effectuée à l'air, que leur épaisseur est de quatre à cinq millimètres, on fait sortir la terre, et on expédie les poires ; les différentes formes sont dues, comme on le voit, à la forme des moules.

Le caoutchouc brut demande à être travaillé avant d'être livré à l'industrie.

DÉTAIL DES OPÉRATIONS. — On le soumet au broyage, puis au déchiquetage ; on le passe entre des laminoirs qui le pétrissent et le cuisent. Cette première opération est suivie d'un pétrissage plus complet dans un instrument appelé *diable*. On le forme ensuite en grosses poires. Puis on le fond et on le coule en feuilles de diverses épaisseurs et de forme variable.

On est parvenu, dans ces derniers temps, à donner au caoutchouc la propriété de ne pas se ramollir au-dessus de trente à quarante degrés, et de ne pas devenir dur et cassant à zéro. C'est en le faisant entrer en combinaison avec le soufre. Ainsi modifié, il est encore élastique à cent cinquante degrés, résiste mieux aux agents chimiques; mais, n'étant plus adhésif, il ne peut plus se souder à lui-même.

Quand on maintient pendant quelques heures du caoutchouc brut ou façonné dans un bain de soufre fondu, il y a absorption de soufre, 10 à 20 pour 100, et en même temps combinaison d'un à deux centièmes de soufre; car il se dégage de l'hydrogène sulfuré provenant de l'hydrogène naissant perdu par le caoutchouc qui se combine au soufre libre; les alcalis et les dissolvants peuvent enlever l'excès de soufre; les actions mécaniques, le battage, les extensions et rétractions successives, peuvent aussi l'en débarrasser.

Beaucoup de procédés sont mis en usage pour vulcaniser le caoutchouc.

On emploie un bain de soufre fondu, maintenu à cent douze ou cent quinze degrés. On y plonge le caoutchouc épuré et dégorgé par une lessive de potasse et de chaux; — lavé, trituré entre deux cylindres et réduit en feuilles; quand il a absorbé 15 pour 100 de soufre, on élève la température entre cent trente et cent cinquante degrés, pour parfaire la sulfuration.

Un second procédé consiste à malaxer le soufre en poudre avec le caoutchouc, puis à le maintenir suffisamment longtemps de cent trente à cent cinquante degrés.

Un troisième expose le caoutchouc pendant une demi-heure, ou une heure, suivant l'épaisseur des feuilles, à la vapeur d'eau chauffée à cent soixante degrés qui a passé sur du soufre fondu à une plus haute température; la vapeur de soufre entraînée se fixe et se combine en quantité suffisante.

D'après un quatrième on plonge des lames minces de caoutchouc dans un mélange de 100 parties de sulfure de carbone et 2,5, de protochlorure de soufre; c'est ce dernier corps qui fournit le soufre en se décomposant; on a modifié ce procédé en retirant les lames au bout de deux minutes, les plongeant dans l'eau afin de décomposer le protochlorure en excès, et empêcher une trop forte sulfuration.

Un cinquième enfin consiste à maintenir en vase clos, pendant trois heures, les objets à sulfurer dans un bain formé d'une solution à vingt-cinq degrés Baumé de polysulfure de potassium, entretenue à une température de cent quarante degrés, lavant ensuite dans une eau alcaline, puis dans une eau pure.

Il existe un certain nombre d'appareils variés pour réduire le caoutchouc en feuilles, à l'aide d'un système de laminoirs et de cylindres chauffés ou non par la vapeur, et à l'aide desquels on augmente plus ou moins le degré de vulcanisation. On élève quelquefois à quatre-vingt-six et quatre-vingt-sept degrés centigrade la vapeur qui doit soumettre de nouveau à l'action de la fleur de soufre des lames de caoutchouc déjà vulcanisées.

Le caoutchouc préparé par ces divers moyens est sujet à s'altérer spontanément, en dégageant une odeur d'hydrogène sulfuré, ce qui semble dû à la combinaison lente du caoutchouc et du soufre en excès; ce qui le rend cassant, rigide; c'est pour atténuer ces inconvénients que l'on a proposé le procédé suivant :

On saupoudre le caoutchouc fabriqué avec un mélange de quatre parties de soufre, cinquante de chaux hydratée pour cent de caoutchouc, et, pour mieux effectuer le mélange, on l'exécute entre des cylindres écraseurs; on opère la sulfuration en maintenant les objets fabriqués ainsi saupoudrés, pendant une heure et demie environ, dans un bain d'eau ou de vapeur à quarante degrés; la combinaison ou au moins l'absorption n'est pas si considérable à cause de la combinaison de la chaux et du soufre, ce qui donne au caoutchouc une souplesse qu'on chercherait vainement dans celui obtenu par les autres procédés.

Il y a de nombreuses modifications à tous ces modes de faire, mais il n'y a pas lieu de les détailler ici; il en est de même du travail mécanique que l'on fait subir au caoutchouc pour le laminer, le découper en lanières, en fils, et en fabriquer des tissus.

Usages. — L'industrie a multiplié les formes et les usages du caoutchouc.

L'huile de colza qui a dissous un à deux centièmes de caoutchouc, à l'aide d'une température de cent cinq à cent dix degrés, soutenue pendant six heures environ, est d'un bon emploi pour graisser les machines. (Voir, au mot *Huiles* (*Industrie des*), l'article *Huile de colza*, t. II, p. 70.)

On peut former un mastic assez dur et assez élastique pour qu'on puisse l'employer à la fermeture hermétique des bouteilles, en combinant à deux cent dix degrés environ deux parties de caoutchouc et une de chaux; on emploie une dose double de chaux si l'on veut un mastic plus ferme.

Le caoutchouc durci est un mélange à proportions variables de brai sec, caoutchouc, soufre et magnésie, qui donne par une température de cent trente degrés une matière qui, refroidie, est dure et se prête merveilleusement à fabriquer des peignes, baleines de parapluies, etc.

Il existe des fabriques spéciales de *fils* de caoutchouc. Pour les obtenir, on découpe des morceaux bruts de caoutchouc en lanières ou rubans, qui sont ensuite taillés en fils, qu'on enroule sur des espèces de chassis et ensuite sur des bobines; les résidus, traités par l'essence de térébenthine, sont vendus pour servir aux enduits des étoffes imperméables.

Le caoutchouc sert à fabriquer des rouleaux pour l'imprimerie, des tubes et robinets, des instruments de chirurgie, et une foule d'objets domestiques et industriels : on a fabriqué avec un mélange de caoutchouc, de gutta-percha, de silex en poudre et de soufre, des *meules* artificielles. — Cette industrie en *grand* pourrait donner lieu au dégagement de *gaz nuisibles*. — (Rapport de M. Payen, Paris, 6 août 1858.) A l'article *Huiles*, on verra qu'on l'incorpore souvent à ces produits, et qu'il fournit ainsi une substance précieuse pour graisser les différents rouages des machines à vapeur. Enfin et surtout, le caoutchouc est employé pour être appliqué sur la toile et constituer un tissu imperméable; cette industrie offre beaucoup de variétés. Il suffit d'indiquer ici que cela a toujours lieu en principe à l'aide de deux ou trois opérations indispensables : 1° Dissolution de lames minces de caoutchouc dans deux ou trois fois leur

poids d'essence de térébenthine rectifiée, ou une matière analogue, et préparation de cette dissolution soit à *froid* (avec un
mélange d'huile de lin), soit à *chaud*, par l'addition du goudron
végétal, chauffé dans de petites chaudières, entourées d'un courant de vapeurs : on fait passer dans cinq cylindres broyeurs la
masse distendue qui en résulte. 2° Application de cette dissolution sur les toiles tendues pour la recevoir (de deux à huit couches successives). 3° Fixation de cet enduit par le séchage (ou
à l'air ou à l'étuve), par une dernière couche d'une solution
de gomme laque appliquée à l'aide d'une éponge. Cette couche
donne à l'étoffe l'aspect brillant, et l'empêche d'être collante.
Quand on ajoute un peu d'ammoniaque dans la dissolution première du caoutchouc, on en facilite la dessiccation à l'air.

Ces pâtes, que l'on rend plus ou moins fluides, servent aussi à
rendre les murs imperméables, à souder le caoutchouc à lui-
même, à confectionner des reliures souples, etc.

CAUSES D'INSALUBRITÉ. — Danger d'incendie à cause des essences
qu'on est obligé souvent d'emmagasiner et de manier constamment pour la solution du caoutchouc.

Quelquefois, danger pour les ouvriers, si les vapeurs d'essence de térébenthine ne sont pas convenablement chassées de
l'atelier.

CAUSES D'INCOMMODITÉ. — Odeur pénétrante.

Vapeurs d'acide sulfureux dans la fabrication du caoutchouc
vulcanisé.

Pour la fabrication des tissus imperméables :

Odeur du caoutchouc en dissolution.

Odeur des essences et vernis, surtout quand on opère à *chaud*
(double chaudière). — Vapeur en circulation.

PRESCRIPTIONS. — Construire un fourneau en briques pour la
fonte.

Le surmonter d'une hotte communiquant avec une cheminée
haute de dix à vingt mètres, selon les localités.

Pour les fabriques de caoutchouc vulcanisé :

Chaudière isolée pour les préparations de caoutchouc vulcanisé.

La recouvrir d'un couvercle mobile.

Conserver les essences dans un bâtiment de la fabrique bien isolé et construit en matériaux très-légers.

Avoir dans cette partie de la fabrique un demi-mètre ou un mètre cube de sable fin en cas d'incendie.

Avoir dans les grandes fabriques de l'eau en abondance et une pompe à incendie avec ses accessoires.

Ventiler énergiquement les ateliers où l'on emploie l'essence de térébenthine.

Pour les fabriques d'étoffes imperméables :

Si l'on se sert d'une étuve, la construire d'après les règles ordinaires. (Voir, au mot *Papiers*, l'article *Papiers peints*, t. II, p. 273.)

Si l'étendoir est placé sous des hangars, ou à l'air libre, en éloigner toute cause d'incendie.

Isoler le magasin aux essences. N'y jamais pénétrer avec de la lumière. N'y point adosser les fourneaux.

Veiller à ce qu'il n'y ait pas de lézardes dans les murs de l'atelier où se fait la fonte et la préparation du caoutchouc et du vernis; — ainsi que dans la cheminée qui conduit les vapeurs dans l'atmosphère.

Limiter la quantité de goudron et de caoutchouc qui sera fondue. — La chaudière en contiendra trois hectolitres au plus.

Appliquer les solutions à *froid.* — Ne pas permettre de dépôt d'essences ou de matières fabriquées.

Ne pas se servir, pour combustibles, de rognures de toiles imprégnées d'apprêt et de vernis. (Voir, plus haut, *Fabriques d'apprêts pour étoffes et toiles imperméables*, t. I, p. 653.)

Collodion (Fabriques de) et étoffes en collodion (1ʳᵉ classe, par assimilation à la fabrique des matières fulminantes et des vernis).

DÉTAIL DES OPÉRATIONS. — Le collodion est une dissolution de coton-poudre dans l'éther alcoolisé; les *proportions varient* suivant l'emploi qu'on en veut faire, et le mot de *collodion*, en industrie, devient alors le terme générique d'une foule de produits différents par leur propriétés, par leur apparence extérieure, par leurs usages. Les grands fabricants de collodion font eux-mêmes le coton-poudre, ce qui est sans doute une grave contravention; car cette dernière fabrication rentre tout à fait dans la catégorie des fulminates, etc., etc., et doit être soumise aux mêmes précautions. (Voir, au mot *Poudres (Industrie des)*, l'article *Coton-poudre*.)

Les fabriques de collodion pourraient donc à la rigueur ne pas produire elles-mêmes le coton-poudre, et ne fabriquer que les mélanges destinés aux diverses industries. — Ces établissements offriraient cependant encore, dans ce dernier cas, des dangers très-réels, inhérents à l'emmagasinement du coton-poudre, de l'éther, de l'alcool, et des huiles nécessaires à la confection des divers *collodions*.

On trouvera à l'article *Coton-poudre* tous les détails relatifs à la fabrication de ce produit.

Je donnerai cependant ici quelques formules relatives à ses usages divers, qui ont lieu en chirurgie, en photographie (plaques et vernis), en peinture. — On s'en sert aussi pour faire des vêtements imperméables, des étoffes pour fleurs artificielles, etc., etc.

Le collodion des hôpitaux de Paris se prépare par le procédé suivant. On prend :

      Azotate de potasse pulvérisé. . . . . . 1,000 grammes
      Acide sulfurique à soixante-six degrés. 2,000   —
      Coton cardé. 100   —

On mélange l'acide et le sel dans une terrine en grès, on y plonge le coton et le divise promptement dans ce mélange au moyen de baguettes de verre. *Il se fait un dégagement très-considérable de vapeurs d'acide azotique,* qui incommodent au plus haut degré l'opérateur, et dont il ne se préserve que très-imparfaitement en se plaçant dans un courant d'air. Au bout d'un quart d'heure, on le retire et le lave *à grande eau,* jusqu'à ce que celle-ci sorte sans aucune réaction acide ; on le fait ensuite sécher avec précaution.

Le coton ainsi préparé est dissous dans un mélange d'alcool et d'éther dans les proportions suivantes :

Fulmi-coton. . . . . 4 grammes.
Alcool à trente-quatre degrés. . . 6   —
Éther à cinquante-six degrés. . . . 11   —

On passe à travers un linge ou on décante.

Les différents collodions employés dans les arts diffèrent de celui-ci par les proportions de matières déjà indiquées et par l'addition d'un corps gras, ordinairement l'huile de ricin.

L'inconvénient grave de tous les collodions livrés au commerce est leur impureté et la composition toujours variable de leur propre constitution. Ceci tient à la variété du coton employé, à la difficulté que présente à l'absorption de l'acide l'air interposé dans les cardes, etc., etc. Un perfectionnement très-notable a été introduit dans la fabrication elle-même du coton-poudre. Il consiste à se servir du coton réduit en poudre, au lieu de la carde. De cette façon on fait presque entièrement disparaître la production des vapeurs d'acide azotique. Le mélange est plus rapide, plus parfait, plus uniforme. On ne pouvait, par l'ancien procédé, préparer à la fois plus de un à deux kilogrammes de coton-poudre : d'après la nouvelle indication brevetée de M. Bérard-Touzelin, de Paris, on obtient à la fois trente à quarante kilogrammes. — Les collodions obtenus par le coton-poudre fait avec la carde ne contenaient que 6 à 8 pour 100 de matières solides ; maintenant on a des collodions qui en renferment jusqu'à 75 pour 100. Un des meilleurs pour les étoffes destinées à faire des feuillages artificiels contient 2 1/2 pour 100 d'huile de ricin contre 5 pour 100 de collodion. — On comprend quels avantages en peut retirer l'industrie.

Tous ces collodions plus ou moins additionnés d'huile de ricin, ou d'autres corps gras, peuvent être colorés en rouge, en vert, en blanc, à l'aide de couleurs broyées à l'huile de ricin. C'est avec ces couleurs qu'on fabrique sans inconvénients tous les papiers ou les tissus divers où l'on emploie les verts arsenicaux.

Le collodion doit être fabriqué à une époque très-rapprochée de celle de son emploi, si l'on veut jouir de tous ses avantages. C'est donc un progrès réel qui a été accompli de pouvoir garder

le coton-poudre *sans danger*. Jusqu'ici sa conservation deman-
dait les mêmes précautions que celle de la poudre. — Aujour-
d'hui, obtenu par la poudre de coton, et desséché grossièrement, on le plonge dans l'alcool et mieux encore dans l'eau
pure, ce qui évite la perte de l'alcool évaporé (un litre par
kilogramme de coton). Il n'y a plus alors aucun danger d'explosion, et le coton ne perd aucune de ses propriétés, puisqu'il
faut de toute nécessité l'immerger dans de l'alcool et dans
l'éther pour en faire du collodion.

On est obligé de se servir d'une grande quantité d'éther et
d'alcool pour cette fabrication. Il en résulte des dangers d'incendie et une exhalation presque constante de vapeurs éthérées
dans les magasins où sont ces produits ou dans les ateliers où
l'on travaille les divers objets obtenus par le collodion.

Je ne dirai que très-peu de mots sur une industrie naissante,
celle des vêtements en collodion destinés à remplacer les étoffes
en caoutchouc, et tous les objets divers fabriqués depuis longtemps avec cette substance ou la gutta-percha. Ces produits
sont supérieurs à ce qui était connu jusqu'ici dans ce genre d'industrie ; et ils ne sont point inflammables plus que d'autres
tissus. Ils supportent une chaleur de quatre-vingts degrés centigrade sans se ramollir. Ils conservent seulement un peu
d'odeur du corps gras introduit dans le collodion.

La rapidité avec laquelle se dessèche la peinture faite au collodion, son adhérence intime aux corps sur lesquels elle est appliquée, rendront de grands services à ceux qui ont besoin
d'opérer de nombreuses couches de peinture et qui désirent
travailler rapidement. Les peintres en voitures sont dans ce
cas. — Les huit à dix couches peuvent être données en un ou
deux jours et recouvertes de vernis.

Pour obtenir les étoffes, on fabrique du collodion contenant
de soixante à quatre-vingt pour cent de matière solide. — On le
dissout dans la quantité suffisante d'éther (à cinquante-quatre
degrés) et d'alcool (à quarante degrés), on le coule entre deux
glaces séparées l'une de l'autre par un espace variable, selon
l'épaisseur qu'on veut donner à l'étoffe, et en quelques instants

le collodion se solidifie, l'éther s'évapore, et la pièce d'étoffe, se déroulant sur des cylindres chauffés à la vapeur, prend toute la densité nécessaire. On peut fabriquer ainsi cent à deux cents mètres d'étoffe de la largueur voulue : et la facilité comme la rapidité de la fabrication donneront sous peu de temps un avantage marqué à ces produits. Ces étoffes peuvent être gaufrées et colorées selon les tons et les caprices de l'industrie.

CAUSES D'INSALUBRITÉ. — Danger d'explosion du coton-poudre.

Dégagement de vapeurs d'acide azotique, pendant la fabrication de ce coton-poudre, quand elle a lieu dans la fabrique.

CAUSES D'INCOMMODITÉ. — Dégagement de vapeurs d'éther.

Danger de l'emmagasinement de quantités considérables d'éther et d'alcool — pour le feu.

Danger, pour les ouvriers, de vivre dans des ateliers où se développe constamment de la vapeur d'éther.

PRESCRIPTIONS. — Aérer très-énergiquement les ateliers.

Si l'on conserve le coton-poudre en *poudre sèche*, se conformer à toutes les prescriptions ordonnées pour la fabrication des fulminates, des poudres de guerre, etc., etc. (voir cet article), et à tous les règlements sur cette matière si on le fabrique. (Voir, au mot *Poudres (Industrie des)*, l'article *Coton-poudre*.)

Plonger le coton-poudre dans de l'alcool pour le conserver sans danger.

Placer néanmoins ces produits dans un atelier séparé, où jamais ne sera introduit ni feu ni lumière, et protégé contre le soleil.

Conserver l'éther, l'alcool, les huiles, dans des vases en verre ou en grès, — placés dans des magasins spéciaux où l'on prendra toutes les précautions ordonnées pour les magasins et dépôts d'huile ou de substances alcooliques. (Voir ces articles.)

Avoir dans cet atelier un quart ou un demi-mètre cube de sable fin, selon l'importance de la fabrique.

Avoir beaucoup d'eau à la disposition de l'usine.

Si elle est considérable, avoir une pompe à incendie et tous ses accessoires.

Gutta-percha mêlée à la gélatine et à la mélasse (Fabrique d'étoffes et d'instruments en) (3ᵉ classe, assimilée au travail du caoutchouc pour la fonte et la purification).

Gutta-percha (Fabrique d'étoffes et d'instruments en), si l'on emploie des essences (1ʳᵉ classe).

Détail des opérations. — Cette substance exotique, dont l'origine et les propriétés la rapprochent du caoutchouc, est fournie par l'*isonandra percha* (sapotées), qui croît à Bornéo, et dans cette partie de l'Océanie. Elle se trouve comme le caoutchouc en suspension ou émulsion dans la séve laiteuse de cet arbre ; pour l'obtenir on abat l'arbre, on reçoit le suc dans des vases, on le laisse s'épaissir et se séparer de l'eau ; de simples incisions pourraient amener au même résultat ; on l'expédie en masses irrégulières grisâtres ou brunes.

La gutta est plus dure que le caoutchouc ; à la température ordinaire, elle est plus extensible ; elle se ramollit et se laisse pétrir comme une pâte à une température de quarante degrés environ ; elle peut facilement se mouler et se souder à elle-même.

La gutta nous arrive impure ; elle contient des débris ligneux, de la terre, etc. ; on la divise en copeaux à l'aide d'un coupe-racines, on les jette dans de l'eau à vingt-cinq degrés, afin que la gutta s'en sépare, en venant flotter à la surface ; on la fait glisser sur des rouleaux entre deux cylindres armés de lames qui la divisent et la laissent retomber dans l'eau. Elle y dépose de nouvelles impuretés et va se diviser encore dans un troisième cylindre.

Après trois épurations successives, on la chauffe à quatre-vingts degrés dans l'eau ; on la broie sous un cylindre armé de lames, et on l'agglomère dans une série de rouleaux au sortir desquels elle passe au laminoir ou à la filière pour être transformée en feuilles ou en fils.

La gutta ainsi purifiée est altérable lentement à l'air ; elle dégage une odeur sensible, devient fragile, et les courroies surtout qui en sont formées se brisent comme si elles étaient confectionnées avec une matière inflexible ; on n'est pas encore parvenu à empêcher cette altération, qui fait rejeter l'emploi de la gutta dans bien des circonstances.

La gutta étant facilement ramollie à une température de quarante à soixante degrés, on a remédié à cet inconvénient en la vulcanisant au moyen du soufre ou mieux de l'hyposulfite de zinc ou de plomb, avec 15 pour 100 duquel on la chauffe à cent degrés. Pour les moulages, on ajoute du plâtre en proportions très-variables et on expose les objets dans un moule à une température de cent quarante degrés pour parfaire la sulfuration.

On a employé avec succès le produit vulcanisé d'un mélange de la gutta avec le double de son poids de caoutchouc.

L'industrie de la gutta présente les mêmes inconvénients que celle du caoutchouc, quant à l'emploi des dissolvants. On se sert habituellement, pour cette dissolution, d'un carbure d'hydrogène très-volatil, qu'on obtient en distillant de l'huile légère dans un alambic dont la cucurbite a environ soixante litres de capacité.

Les opérations sont alors analogues à la fabrication des vernis d'encre d'imprimerie.

On en fait des pâtes qui, associées à la mélasse et à la gélatine, servent d'enduit aux rouleaux d'imprimerie. — Quant à la solution qui s'applique sur les étoffes, elle est obtenue à l'aide de l'essence de térébenthine.

La gutta est employée à faire des tubes, des fils, des courroies, des vases pour les acides et les alcalis, des rouleaux d'impression typographique, des chaussures, etc.

CAUSES D'INSALUBRITÉ. — Dans le cas d'usage des essences, danger d'incendie.

CAUSES D'INCOMMODITÉ. — Odeur fétide pendant la rectification de l'huile de houille d'où l'on extrait le carbure d'hydrogène, — et pendant que le mélange à la gutta-percha s'opère.

Odeur et vapeurs des essences.

Fumée et buée des fourneaux.

Bruit des presses et des cylindres.

PRESCRIPTIONS. — Quand on se sert d'essences et qu'on fabrique le carbure d'hydrogène, éloigner l'usine de toute habitation, selon les prescriptions de la loi.

Élever la cheminée à quinze ou vingt mètres.

Construire le fourneau en briques et fer. (Voir la fabrication des étoffes imperméables).

Monter l'alambic dans un cabinet isolé.

Fermer l'atelier pendant le travail;

Le ventiler par une bonne cheminée d'appel.

Étoupes (Fabrique d'), avec les déchets de lin (2e classe).

Battage des déchets de lin (3e classe). — Ordonnance royale du 31 mai 1835. — Arrêté du 19 mars 1852 du comité consultatif d'hygiène.

DÉTAIL DES OPÉRATIONS. — Cette fabrique est constituée par une série d'opérations qui sont le lavage (voir, au mot *Lavoirs*, l'article *Lavoirs à laine*), le *séchage*, le *battage* et la mise en étoupes.

Tous les déchets de lin, après le lavage et le séchage, sont ensachés et placés dans un tamis à claire-voie : ce tamis est suspendu à un sommier, et, au moyen d'un mouvement de tamisage, les parties les plus ténues passent à travers le crible, tandis que les filaments les plus longs y restent accumulés. Ils sont alors enlevés pour être *triés*, *secoués* de nouveau, *peignés*, et on en forme ensuite des étoupes de différent volume et de différentes qualités.

CAUSES D'INSALUBRITÉ. — Aucune.

CAUSES D'INCOMMODITÉ. — Poussière, pendant le tamisage et le battage, qui s'élève quelquefois, à l'air libre, jusqu'à quatre mètres de hauteur. — Bruit. — Écoulement des eaux de lavage. — Quelquefois danger d'incendie, à cause de l'accumulation de matières faciles à s'enflammer.

PRESCRIPTIONS. — Agir autant que possible en plein air.

Quand on opère dans des ateliers, — voir les prescriptions pour le battage de la laine.

Prendre toute précaution contre l'incendie.

FIN DU TOME PREMIER.

PARIS. — IMP. SIMON RAÇON ET COMP., RUE D'ERFURTH, 1.

www.ingramcontent.com/pod-product-compliance
Lightning Source LLC
Chambersburg PA
CBHW030018220326
41599CB00014B/1853